합격에 **윙크(Win-Q)**하다!

Win-
# Q
^

Win Qualification

|윙크|

# 기관사 6급
## [필기]

합격에 **윙크(Win-Q)** 하다!

# Win-Q

Win Qualification

|윙크|

Always **with you** ● ● ●

사람이 길에서 우연히게 만나거나 함께 살아가는 것만이 인연은 아니라고 생각합니다.
책을 펴내는 출판사와 그 책을 읽는 독자의 만남도 소중한 인연입니다.
**(주)시대고시기획**은 항상 독자의 마음을 헤아리기 위해 노력하고 있습니다.
늘 독자와 함께하겠습니다.

# PREFACE

+

# 머리말

선박에서 활용되는 이론과 실무 및 관련법은 매우 방대하고 다양하며 선박의 종류, 크기, 항해 구역마다 적용되는 사항이 다르다. 이런 상황에서 수험생들이 짧은 시간에 많은 양의 이론을 공부해서 해기사 시험에 합격하기란 결코 쉽지 않다.

본 교재는 해기사 면허에 응시하는 수험생들을 위해 만들어진 것으로 시험에 나오는 핵심이론 및 핵심예제를 통해 단기간에 합격할 수 있도록 도움을 주고자 한다. 핵심이론은 기관사와 해기사 시험에 빈번히 출제되는 내용을 정리하였기 때문에 6급뿐만 아니라 상위 급수에 도전하는 수험생에게도 필히 익혀야 하는 내용으로 구성하였다. 또한, 기출복원문제는 상세히 풀이한 해설을 활용하면 더욱 쉽게 내용을 이해할 수 있도록 하였다.

대부분의 수험생들이 해기사 시험을 준비할 때 주관처인 한국해양수산연수원 홈페이지에서 제공하는 기출문제를 활용하는데 문제와 답을 암기하는 수준에서 시험을 보니 어려움을 많이 겪는다. 매회 출제되는 문제의 유형도 조금씩 바뀌기 때문에 기출문제의 답만 외우는 공부방법으로는 한계가 있다.

본 교재는 수험생들이 쉽게 합격할 수 있도록 많은 양의 기출문제를 풀어보고 문제에 대한 해설을 통해 내용을 이해하도록 하였다. 해기사 시험의 특성상 고득점보다는 모든 영역에서 고르게 득점하여 평균 60점 이상을 취득해야 하므로 이론을 외우기보다는 기출문제 풀이와 해설을 이해함으로써 해기사에게 필요한 전반적인 지식을 습득하고 실무에 활용할 수 있도록 하였다.

단기간에 합격하기 위해서는 본 교재를 끝까지 풀어보고 문제와 해설을 반복 학습하는 것이 매우 중요하다. 그렇게 한다면 시험 합격은 물론, 실무에서도 유용하게 활용할 수 있을 것이다. 본 교재가 수험생들의 합격은 물론 해기사 실무에도 유용하게 활용될 수 있는 참고도서가 되기를 바란다.

편저자 씀

# ✚ 시험 안내

### 개 요

해기사란 일정 기준의 기술 또는 기능이 있어 선박의 운용과 관련하여 특정한 업무수행을 할 수 있도록 면허받은 자격 또는 그 자격을 가진 자를 말한다.

### 수행직무

수행하는 업무영역 및 책임범위에 따라 1~6급의 항해사 · 기관사, 전자기관사, 1~4급의 운항사 · 통신사(전파전자급, 전파통신급) 및 소형선박조종사, 수면비행선박조종사(중, 소형) 등으로 구분되며, 승선 후 선장 · 항해사 · 기관장 · 기관 사 · 전자기관사 · 통신장 · 통신사 · 운항장 및 운항사의 직무를 수행한다.

### 시험일정

❶ 정기시험
 ㉠ 부산 외 지역에서도 응시할 수 있음
 ㉡ 시험방식
  – 필기 : PBT(Paper Based Test)
  – 면접 : 구술시험(부산 및 인천지역에 한함)
 ㉢ 시행대상 : 항해사(상선), 항해사(어선), 기관사, 소형선박조종사, 통신사, 운항사(지역별 시행 직종 및 등급 확인)
※ 회별 시행 지역, 지역별 시행 직종 및 등급을 공고문에서 반드시 확인하시기 바랍니다.
❷ 상시시험
 ㉠ 승선 및 어로활동 등으로 정기시험 응시가 어려운 분들의 응시 편의를 위한 시험으로 회차별 시행 직종이 다름
 ㉡ 시험방식 : CBT(Computer Based Test)
  – 지정된 시험실에서 컴퓨터 모니터를 통해 문제를 푸는 방식
  – 컴퓨터로 통제되어 자동 채점되며, 시험 당일 합격자를 발표
 ㉢ 시행대상 : 항해사(상선), 항해사(어선), 기관사, 소형선박조종사
 ㉣ 회당 수용 가능 인원에 제한이 있으므로 접수기간 중 인터넷 선착순 마감
※ 회별 시행 지역, 직종 및 등급 등 세부사항은 월별 상시시험 공고문을 반드시 확인하시기 바랍니다.

### 시험요강

❶ 시 행 처 : 한국해양수산연수원(http://lems.seaman.or.kr)
❷ 시험과목 : 기관 1, 기관 2, 기관 3, 직무일반
❸ 검정방법 : 객관식 4지선다형으로 하며 과목당 25문항
❹ 합격기준 : 과목당 100점 만점으로 매 과목 40점 이상, 전 과목 평균 60점 이상

## 출제기준

| 면허등급 | 시험과목 | 과목내용 | 출제비율 |
|---|---|---|---|
| 6급 기관사 | 기관 1 | 내연기관 | 64% |
| | | 외연기관 | 8% |
| | | 추진장치 및 동력 전달장치 | 16% |
| | | 연료 및 윤활제 | 12% |
| | | 합 계 | 100% |
| | 기관 2 | 유체기계 및 환경오염방지기기 | 80% |
| | | 냉동공학 및 공기조화장치 | 20% |
| | | 합 계 | 100% |
| | 기관 3 | 전기공학 및 전기기기 | 92% |
| | | 전자공학 및 전자회로 | 8% |
| | | 합 계 | 100% |
| | 직무일반 | 당직근무 및 직무일반 | 24% |
| | | 선박에 의한 환경오염방지 | 20% |
| | | 응급의료 | 8% |
| | | 비상조치 및 손상제어 | 16% |
| | | 방화 및 소화요령 | 16% |
| | | 해사관계법령 | 16% |
| | | 합 계 | 100% |

 ## 면허를 위한 승무경력

| 면허등급 | 승선 선박 | 직 무 | 기 간 |
|---|---|---|---|
| 6급 기관사 | 주기관 추진력이 500kW 이상의 선박 | 기관의 운전 | 1년 |
| | 주기관 추진력이 500kW 이상의 함정 | 기관의 운전 | 2년 |
| | 주기관 추진력이 150kW 이상 500kW 미만의 선박 | 기관의 운전 | 3년 |
| | 주기관 추진력이 150kW 이상 500kW 미만의 함정 | 기관의 운전 | 3년 |

# ✚ 이 책의 구성과 특징

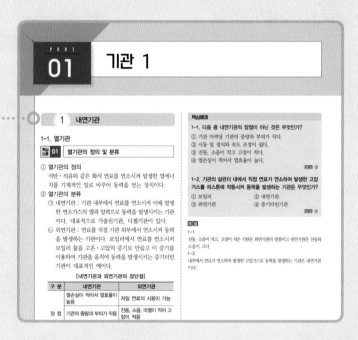

## 핵심이론

필수적으로 학습해야 하는 중요한 이론들을
각 과목별로 분류하여 수록하였습니다.
시험과 관계없는 두꺼운 기본서의 복잡한
이론은 이제 그만!
시험에 꼭 나오는 이론을 중심으로 효과적
으로 공부하십시오.

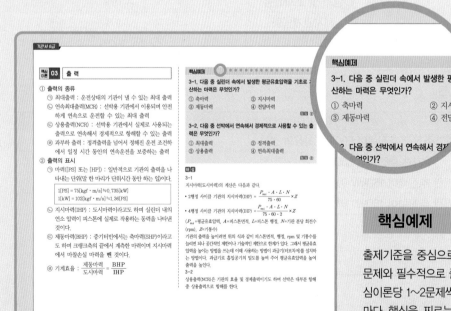

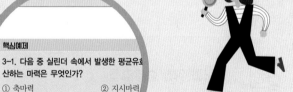

## 핵심예제

출제기준을 중심으로 출제빈도가 높은 기출
문제와 필수적으로 풀어보아야 할 문제를 핵
심이론당 1~2문제씩 선정했습니다. 각 문제
마다 핵심을 찌르는 명쾌한 해설이 수록되
어 있습니다.

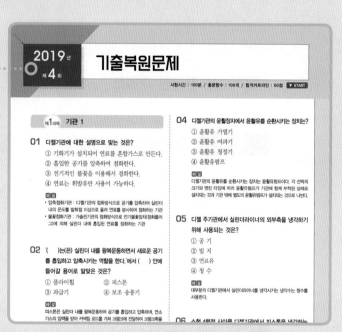

## 기출복원문제

2014년부터 2019년까지 출제된 기출문제를 복원하여 수록하였습니다.
각 문제에는 자세한 해설이 추가되어 핵심이론만으로는 아쉬운 내용을 보충 학습하고 출제경향의 변화를 확인할 수 있습니다.

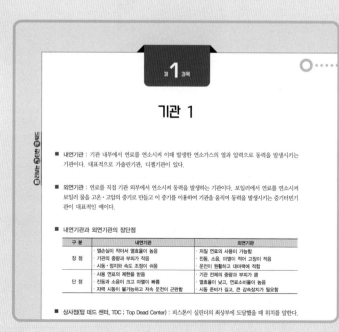

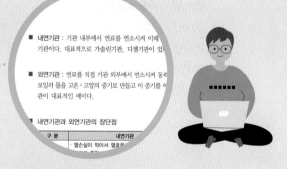

## 빨간키

꼭 알고 시험에 응시해야 할 핵심키워드만을 엄선한 합격비법 핵심요약집 빨리보는 간단한 키워드를 수록하여 시험에 완벽하게 대비할 수 있도록 하였습니다.

# ✚ 목 차

# 빨리보는 간단한 키워드

# 기관 1

■ **내연기관** : 기관 내부에서 연료를 연소시켜 이때 발생한 연소가스의 열과 압력으로 동력을 발생시키는 기관이다. 대표적으로 가솔린기관, 디젤기관이 있다.

■ **외연기관** : 연료를 직접 기관 외부에서 연소시켜 동력을 발생하는 기관이다. 보일러에서 연료를 연소시켜 보일러 물을 고온·고압의 증기로 만들고 이 증기를 이용하여 기관을 움직여 동력을 발생시키는 증기터빈기관이 대표적인 예이다.

■ **내연기관과 외연기관의 장단점**

| 구 분 | 내연기관 | 외연기관 |
|---|---|---|
| 장 점 | • 열손실이 작아서 열효율이 높음<br>• 기관의 중량과 부피가 작음<br>• 시동·정지와 속도 조정이 쉬움 | • 저질 연료의 사용이 가능함<br>• 진동, 소음, 마멸이 적어 고장이 적음<br>• 운전이 원활하고 대마력에 적합 |
| 단 점 | • 사용 연료의 제한을 받음<br>• 진동과 소음이 크고 마멸이 빠름<br>• 자력 시동이 불가능하고 저속 운전이 곤란함 | • 기관 전체의 중량과 부피가 큼<br>• 열효율이 낮고, 연료소비율이 높음<br>• 시동 준비가 길고, 큰 감속장치가 필요함 |

■ **상사점(탑 데드 센터, TDC ; Top Dead Center)** : 피스톤이 실린더의 최상부에 도달했을 때 위치를 말한다.

■ **하사점(보텀 데드 센터, BDC ; Bottom Dead Center)** : 피스톤이 실린더의 최하부에 도달했을 때 위치를 말한다.

■ **행정(스트로크, Stroke)** : 왕복운동을 하는 피스톤의 상사점과 하사점 사이의 직선거리이다.

■ 압축비 $= \dfrac{\text{실린더부피}}{\text{압축부피}} = \dfrac{\text{압축부피 + 행정부피}}{\text{압축부피}}$, (실린더부피 = 압축부피 + 행정부피)

■ **연속최대출력(MCR)** : 선박용 기관에서 이용되며 안전하게 연속으로 운전할 수 있는 최대 출력을 말한다.

■ **상용출력(NCR)** : 선박용 기관에서 실제로 사용되는 출력으로 연속해서 경제적으로 항해할 수 있는 출력을 말한다.

■ **지시마력(IHP)** : 도시마력이라고도 하며 실린더 내의 연소 압력이 피스톤에 실제로 작용하는 동력을 나타낸 것이다.

■ **제동마력(BHP)** : 증기터빈에서는 축마력(SHP)라고도 하며 크랭크축의 끝에서 계측한 마력이며 지시마력에서 마찰손실 마력을 뺀 것이다.

■ **2행정과 4행정 사이클 디젤기관의 장단점**

| 구 분 | 장 점 | 단 점 |
|---|---|---|
| 4행정 | • 피스톤의 4행정 중 작동행정은 1회이므로 실린더가 받는 열응력이 작고, 열효율이 높으며 연료소비율이 낮다.<br>• 흡입행정과 배기행정이 구분되어 부피 효율이 높고 환기 작용이 완전하여 고속 기관에 적합하다.<br>• 시동이 용이하고 저속에서 고속까지 운전범위가 넓다.<br>• 흡기의 전행정에 걸쳐서 연소실이 냉각되기 때문에 실린더의 수명이 길다. | • 흡기밸브, 배기밸브 및 구동장치가 있어 구조가 복잡하고 실린더헤드의 고장이 일어나기 쉽다.<br>• 크랭크 2회전에 1회 폭발하므로 회전력의 변화가 크며, 원활한 운전을 위해 큰 플라이휠이 필요하다.<br>• 기관 출력당 부피와 무게가 2행정 사이클 기관보다 커서 대형 기관에는 부적합하다. |
| 2행정 | • 기관 출력당 부피와 무게가 작으므로 제작비가 싸며 대형 기관에 적합하다.<br>• 크랭크축이 1회전에 1회 폭발하므로 회전력의 변화가 작아 작은 플라이휠을 사용해도 된다.<br>• 흡기밸브와 배기밸브가 없거나 배기밸브만 필요하므로 실린더헤드의 구조가 간단하다. | • 새로운 공기와 교환이 충분하지 않아 소기효율이 낮고 고속 기관에 부적합하다.<br>• 유효행정이 짧고 평균유효압력 및 유효일의 양이 작다.<br>• 매회전마다 폭발하여 열응력이 크고 윤활의 불량과 탄소의 부착이 일어나기 쉬워 실린더라이너의 마멸이 빠르다. |

■ **압축점화기관** : 디젤기관의 점화방식으로 공기를 압축하여 실린더 내의 온도를 발화점 이상으로 올려 연료를 분사하여 점화하는 기관이다.

■ **불꽃점화기관** : 가솔린기관의 점화방식으로 전기불꽃장치(점화플러그)에 의해 실린더 내에 흡입된 연료를 점화하는 기관이다.

■ **디젤노크** : 연소실에 분사된 연료가 착화지연기간 중에 축적되어 일시에 연소되면서 급격한 압력 상승이 발생하는 현상이다. 노크가 발생하면 커넥팅로드 및 크랭크축 전체에 비정상적인 충격이 가해져서 커넥팅 로드의 휨이나 베어링의 손상을 일으킨다.

■ **밸브 틈새(Valve Clearance 또는 Tappet Clearance)** : 4행정 사이클 기관에서 밸브가 닫혀 있을 때 밸브 스핀들과 밸브 레버 사이에 틈새(보통 0.5[mm])가 있어야 하는데, 밸브 틈새를 증가시키면 밸브의 열림 각도와 밸브의 양정이 작아지고 밸브 틈새를 감소시키면 밸브의 열림 각도와 양정이 크게 된다.
  • 밸브 틈새가 너무 클 때 : 밸브가 닫힐 때 밸브 스핀들과 밸브 시트의 접촉 충격이 커져 밸브가 손상되거나 운전 중 충격음이 발생하고 흡기 · 배기가 원활하게 이루어지지 않는다.
  • 밸브 틈새가 너무 작을 때 : 밸브 및 밸브 스핀들이 열 팽창하여 틈이 없어지고 밸브는 완전히 닫히지 않게 되며 이때 압축과 폭발이 원활히 이루어지지 않아 출력이 감소한다.

■ **과급장치** : 과급기(터보차저 또는 슈퍼차저)를 설치하여 연소에 필요한 공기를 대기압 이상의 압력으로 압축하여 밀도가 높은 공기를 실린더 내에 공급하여 연료를 완전연소시킴으로써 평균 유효압력을 높여 기관의 출력을 증대시킨다.

■ **보일러** : 연료를 연소시켜 발생하는 열로 드럼 속의 물을 증발시켜 증기를 만드는 장치이다.

■ **선박의 저항** : 마찰저항, 조파저항, 와류저항, 공기저항

■ **고정피치 프로펠러(FPP)** : 일반적으로 프로펠러라고 하면 고정피치 프로펠러를 말하며 스크루 프로펠러라고도 한다. 날개각이 고정되어 있어 전진과 후진을 할 때는 프로펠러의 회전방향을 바꾸어 주어야 하며(주기관 자체를 역전시켜야 한다), 높은 추력이 발생하고 효율이 높다.

■ **가변피치 프로펠러(CPP)** : 프로펠러 날개의 각도를 변화시켜서 피치를 조정하고 이를 통해 배의 속도와 전진 · 후진 방향을 조정한다.

■ **공동현상(캐비테이션, Cavitation)** : 프로펠러의 회전속도가 어느 한도를 넘어서면 프로펠러 배면의 압력이 낮아지고 표면에 기포상태가 발생하는데 이 기포가 순식간에 소멸되면서 높은 충격 압력을 받아 프로펠러 표면을 두드리는 현상이다.

■ **연료분사조건** : 무화, 관통, 분산, 분포

■ **윤활유의 기능** : 감마작용, 냉각작용, 기밀작용, 방청작용, 청정작용, 응력분산작용

# 기관 2

■ 펌프의 분류

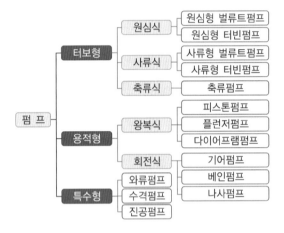

■ **원심펌프** : 대용량에 적합하며 호수(프라이밍)를 실시해야 한다.


■ **왕복펌프**

• 흡입 성능이 양호하다.

• 소유량, 고양정용 펌프에 적합하다.

• 운전조건에 따라 효율의 변화가 적고 무리한 운전에도 잘 견딘다.

• 왕복 운동체의 직선운동으로 인해 진동이 발생한다.


■ **왕복펌프 공기실의 역할** : 왕복펌프의 특성상 피스톤의 왕복운동으로 인해 송출량에 맥동이 생기며 순간 송출유량도 피스톤의 위치에 따라 변하게 된다. 따라서 공기실을 송출측의 실린더 가까이에 설치하여 맥동을 줄인다. 즉, 송출압력이 높으면 송출액의 일부가 공기실의 공기를 압축하고 압력이 약할 때에는 공기실의 압력으로 유체를 밀어 내게 하여 항상 일정한 양의 유체가 송출되도록 한다.

- **회전펌프** : 펌프의 케이싱 내에서 1개 또는 2개 이상의 회전자(로터)의 회전에 의하여 유체를 이송하는 펌프이다.

- **주공기 압축기** : 25~30[kgf/cm$^2$]으로 최고압력을 유지하며 일반적으로 30[kgf/cm$^2$]을 정격압력으로 한다.

- **제어용 압축기** : 선박에서 사용하는 일반 압축공기의 압력은 7~10[kgf/cm$^2$], 기관제어용 공기, 보일러 소제용, 코킹, 청락작업 등 다양한 용도로 사용한다.

- **열교환기** : 유체의 온도를 원하는 온도로 유지하기 위한 장치로 고온에서 저온으로 열이 흐르는 현상을 이용해 유체를 가열 또는 냉각시키는 장치이다.

- **조수기** : 선박에서 청수는 선원의 식수 및 생활용수, 주기관과 발전기의 냉각수, 보일러의 급수 등 매우 다양한 용도로 쓰이는데 바닷물을 이용하여 청수를 만드는 장치를 말한다.

- **유청정기** : 연료유나 윤활유에 포함된 수분 및 고형분과 같은 불순물은 연소 계통에 들어가면 라이너의 마멸이나 연료분사펌프 및 연료밸브를 손상시킬 수 있다. 유청정기로 불순물을 분리해 깨끗한 연료유나 윤활유를 공급해서 시스템상의 손상을 방지한다.

- **유수분리기** : 기관실 내에서 각종 기기의 운전 시 발생하는 드레인이 기관실 하부에 고이게 되는데 이를 빌지(선저폐수)라 한다. 유수분리기는 빌지를 선외로 배출할 때 해양오염을 시키지 않도록 기름 성분을 분리하는 장치이다. 빌지분리장치라고도 하며 선박의 빌지(선저폐수)를 공해상에 배출할 때 유분함량은 15[ppm](100만분의 15) 이하로 배출해야 한다.

- **폐유소각장치** : 청정기에서 나오는 슬러지나 유수분리기에서 분리된 기름, 여과기나 기름탱크의 드레인 등 선박에서 발생한 폐유는 육상처리시설로 보내거나 선내에서 소각 처리해야 한다. 폐유는 공해상 배출이 금지되어 있으며 선내에서는 폐유소각장치를 이용해 처리할 수 있다.

- **오수처리장치** : 선내에서 발생하는 오수가 공공수역에 혼입되면 인간의 건강 또는 환경에 직·간접적으로 피해를 주거나 생태계에 변경을 가져오므로 물리적, 화학적 또는 생물화학적 처리 등을 하여 배출하는 장치이다.

■ **타(러더, Rudder)** : 선박이 전진 또는 후진할 때 배를 원하는 방향으로 회전시키고 항해 시 일정한 침로로 유지하는 장치이다.

■ **조타장치(스티어링 기어, Steering Gear)** : 타를 원하는 상태로 동작시키는데 필요한 장치를 말한다.

■ **하역설비** : 선박에 적화(짐을 싣는 것)하거나 육지에 양화(짐을 내리는 것)하는 작업에 사용되는 기계장치로 데리식, 크레인식 하역설비 및 갠트리 크레인 등이 있다.

■ **양묘기(윈들러스, Windlass)** : 앵커를 감아올리거나 내릴 때 사용하는 장치이고 선박을 부두에 접안시킬 때 계선줄을 감을 때 사용하기도 한다.

■ **계선 윈치(무어링 윈치, Mooring Winch)** : 선박을 부두나 계류 부표에 매어두는데 사용하는 윈치이다. 대표적으로 전동식과 유압식을 주로 사용한다.

■ **캡스턴** : 워핑 드럼이 수직축 상에 설치된 계선용 장치이다. 직립한 드럼을 회전시켜 계선줄이나 앵커체인을 감아올리는데 사용되는데 웜기어장치에 의해 감속되고 역전을 방지하기 위해 하단에 래칫기어를 설치한다.

■ **사이드 스러스터** : 선수나 선미를 옆방향으로 이동시키는 장치로 주로 대형 컨테이너선이나 자동차운반선 같이 입출항이 잦은 배에 설치하여 예인선의 투입을 최소화하고 조선 성능을 향상시키기 위해 설치한다.

■ **냉동기의 4대 구성요소** : 압축기, 응축기, 팽창밸브, 증발기

■ **냉동기 부속기기** : 수액기, 유분리기, 액분리기, 냉매건조기, 제상장치

# 기관 3

■ **옴의 법칙** : $I = \dfrac{V}{R}[\mathrm{A}]$, $V = I \times R[\mathrm{V}]$, $R = \dfrac{V}{I}[\Omega]$

■ **키르히호프의 법칙**

• 제1법칙(전류의 법칙) : 회로의 접속점에 흘러 들어오는 전류의 합과 흘러 나가는 전류의 합은 같다.

$$\Sigma \text{유입전류} = \Sigma \text{유출전류} \rightarrow I_3 = I_1 + I_2$$

• 제2법칙 : 회로망의 어느 폐회로에서도 기전력의 총합은 저항에서 발생하는 전압강하의 총합과 같다.

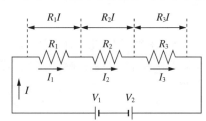

$$\Sigma \text{기전력} = \Sigma \text{전압강하} \rightarrow V_1 - V_2 = IR_1 + IR_2 + IR_3$$

■ **저항의 접속**

• 직렬접속

  – 합성저항 : $R = R_1 + R_2 + R_3$

  – 전류 : 직렬접속에서는 각 저항에 흐르는 전류는 $I$로 일정하다($I_1 = I_2 = I_3$).

  – 전압 : $V = V_1 + V_2 + V_3$

- 병렬접속
  - 합성저항 : $\dfrac{1}{R} = \dfrac{1}{R_1} + \dfrac{1}{R_2} + \dfrac{1}{R_3}$
  - 전류 : $I = I_1 + I_2 + I_3$
  - 전압 : 각 저항의 전압은 $V = V_1 = V_2 = V_3$로 공급전압 $V$와 같다.

■ 전력 : $P = \dfrac{W}{t} = \dfrac{VIt}{t} = VI = I^2 R = \dfrac{V^2}{R} [\mathrm{W}]$

■ 전력량 : $W = Pt = VIt = I^2 Rt [\mathrm{J}]$

■ **발전기의 원리** : 자계 내에서 코일을 회전시켜 기전력을 발생시키는 장치이며 유도기전력의 발생은 패러데이의 전자유도법칙을 응용한 것이고 유도기전력 방향(전류의 방향)은 플레밍의 오른손법칙을 이용한 것이다.

■ **동기발전기의 병렬운전조건** : 주파수, 전압, 위상

■ **자동전압조정기(AVR)** : 운전 중인 발전기의 출력전압을 지속적으로 검출하고 부하가 변동하더라도 계자전류를 제어하여 항상 같은 전압을 유지하도록 하는 장치이다.

■ **전동기의 원리** : 발전기는 운동에너지를 전기에너지로 변환하는 장치라면 전동기는 이와 반대로 전기에너지를 운동에너지로 전환하는 장치이다. 자기장 내에 도체를 놓고 전류를 흘리면 플레밍의 왼손법칙에 의해 전자력이 발생되어 회전하게 된다.

■ **동기전동기의 회전속도**

$n = \dfrac{120f}{p} [\mathrm{rpm}]$

여기서, $n$ : 동기전동기의 회전속도

　　　　$p$ : 전동기 자극의 수

　　　　$f$ : 교류전원의 주파수

■ 변압기의 원리

$$\frac{V_1}{V_2} = \frac{I_2}{I_1} = \frac{N_1}{N_2} = a$$

여기서, $\frac{V_1}{V_2}$ : 변압비

$\frac{N_1}{N_2}$ : 권수비

■ **반도체** : 전류 흐름이 좋은 도체와 전류가 거의 흐르지 않는 부도체의 중간적인 특성을 가진 물질이다.

■ **다이오드** : 교류를 직류로 바꾸는 정류작용에 사용한다.

■ **발광 다이오드** : 최근에 각종 전자기기뿐만 아니라 선박에서 신호를 표시하는 다양한 시스템에 활용하고 있다.

■ **제너 다이오드(정전압 다이오드)** : 전압을 일정하게 유지시키는 정전압회로에 사용한다.

■ **트랜지스터** : NPN형과 PNP형으로 나뉘고 베이스(B), 컬렉터(C), 이미터(E)로 이루어져 있다. 증폭작용과 스위칭 역할을 하여 디지털 회로의 증폭기, 스위치, 논리회로 등을 구성하는데 이용된다.

■ **실리콘 제어정류기(SCR)** : PNPN 접합으로 구성되어 있고 애노드(A), 캐소드(K), 게이트(G) 단자로 이루어져 있으며, 소형으로 무게가 가볍고 고속 동작이 가능하며 제어가 쉽다. 직류전원에서 한번 도통되면 그 상태를 계속 유지하는 특성을 가지고 있다. 순방향 스위칭 특성이 있고 역방향으로는 도통되지 않는다. 접지 스위칭 및 전압 스위칭 등 각종 스위칭 교류출력제어에 사용된다.

# 직무일반

■ **기관 당직** : 기관 구역 및 기관 당직이 허용된 장소에서 기관의 운영 및 유지에 대해 책임을 지는 업무를 말한다.

■ **기관 무인화 운전**

• 기관 무인화 운전이라 함은 무인화 설비를 갖추고 선급의 승인을 얻어 무인화 선박으로 등록된 경우 무인 당직 체제로 운영한다. 즉, 당직 기관사를 지정하고 근무시간 외 시간에는 기관실을 무인화하고 당직 기관사는 기관실의 경보시스템을 인지하는 곳에 있어야 하며 문제 사항을 즉시 조치하도록 하는 시스템을 말한다.

• 무인화 설비를 갖추고 있는 선박은 무인 당직 체제를 운영하되 상황에 따라서는 유인 당직 체제로 기관실을 운영해야 한다. 무인화 설비를 설치하지 않은 선박은 상시 유인 당직 체제로 운영해야 한다.

■ **기관 일지** : 주기관 및 보조기계의 운전상태, 연료소비량, 항해 중 사고, 사고조치 및 기타 작업사항 등을 기록하는 것으로 기관실에 비치하여 기관사가 근무 중의 사항들을 기입해야 한다. 기관일지는 국제적으로 인정되는 공식 자료로서 퇴선 시에도 지참해야 하는 중요한 자료이다.

■ **기관 적요일지** : 매항자 종료 시에 본선의 엔진 상태나 유류 소모량 등을 한눈에 파악할 수 있도록 작성하며 선박의 운항 실태 파악 및 실적 분석 등에 사용한다.

■ **기름기록부** : 연료유탱크에 선박평형수의 적재 또는 연료유탱크의 세정, 연료유탱크로부터의 선박평형수 또는 세정수의 배출, 기관구역의 유성찌꺼기 및 유성잔류물의 처리, 선저폐수의 처리, 선저폐수용 기름배 출감시제어장치의 상태, 사고, 그 밖의 사유로 인한 예외적인 기름의 배출, 연료유 및 윤활유의 선박 안에서의 수급의 사항을 기록하는 것으로 해양환경 관리의 중요한 자료이며 마지막 작성일로부터 3년간 보관해야 한다.

■ **황천 항해** : 황천 항해는 비바람이 심하여 선박이 횡요(좌우로 흔들림)와 동요(앞뒤로 흔들림)를 평소보다 심하게 발생하는 상황에서 항해를 하는 것을 말한다.

■ **해양오염의 종류**

- 기름 : 원유 및 석유제품(석유가스를 제외한다)과 이들을 함유하고 있는 액체상태의 유성혼합물 및 폐유를 말한다.
- 유해액체물질 : 해양환경에 해로운 결과를 미치거나 미칠 우려가 있는 액체물질(기름을 제외한다)과 그 물질이 함유된 혼합 액체물질로서 해양수산부령이 정하는 것을 말한다.
- 포장유해물질 : 포장된 형태로 선박에 의하여 운송되는 유해물질 중 해양에 배출되는 경우 해양환경에 해로운 결과를 미치거나 우려가 있는 물질로서 해양수산부령이 정하는 것을 말한다.
- 유해방오도료 : 생물체의 부착을 제한·방지하기 위하여 선박 또는 해양시설 등에 사용하는 도료 중 유기주석 성분 등 생물체의 파괴작용을 하는 성분이 포함된 것으로서 해양수산부령이 정하는 것을 말한다. 방오시스템(AFS ; Anti-Fouling System, TBT 물질 포함)이라고도 한다.

> ※ 방오시스템(AFS ; Anti-Fouling System)
> - 원치 않는 생물체의 부착을 통제하기 위하여 쓰이는 코팅제, 페인트, 선체표면 장치를 말한다.
> - TBT 물질 함유 : 굴(패류)의 변형, 고동(어패류)의 암수 변형을 일으킨다.

- 폐기물 : 해양에 배출되는 경우 그 상태로는 쓸 수 없게 되는 물질로서 해양환경에 해로운 결과를 미치거나 미칠 우려가 있는 물질이다(기름, 유해액체물질, 포장유해물질을 제외한다).
- 선저폐수(빌지) : 선박의 밑바닥에 고인 액상유성혼합물을 말한다.
- 슬러지 : 연료유 또는 윤활유를 청정하여 생긴 찌꺼기나 기관 구역에서 누출로 인하여 생긴 기름 잔류물을 말한다.
- 오수 : 일상생활에서 발생하는 사람의 배설물이나 목욕실 등에서의 배수이다. 선박에서 오수라 함은 화장실에서 발생하는 선원의 배설물(분뇨)을 말한다.

■ **선박오염물질기록부** : 기름기록부, 폐기물기록부, 유해액체물질기록부는 최종 기재한 날로부터 3년간 선박에 보관해야 한다.

■ **해양오염방지를 위한 선박의 검사** : 정기검사(5년마다), 중간검사(제1종 중간검사 및 제2종 중간검사), 임시검사, 임시항해검사, 방오시스템검사 등

■ **선박 해양오염방지관리인** : 총톤수 150톤 이상의 유조선과 총톤수 400톤 이상인 선박의 소유자는 그 선박에 승무하는 선원 중에서 선장을 보좌하여 선박으로부터의 오염물질 및 대기오염물질의 배출방지에 관한 업무를 관리하게 하기 위하여 해양오염방지관리인을 임명하여야 한다. 단, 선장, 통신장 및 통신사는 제외한다.

■ **응급처치법의 정의** : 응급의료행위의 하나로서 응급환자의 기도를 확보하고 심장박동의 회복, 그 밖에 생명의 위험이나 증상의 현저한 악화를 방지하기 위하여 긴급히 필요로 하는 처치를 말한다.

■ **구조호흡(인공호흡)**
- 어떠한 원인에 의해 호흡 정지가 된 환자에게 인공적으로 폐에 공기를 불어 넣어 자력으로 호흡을 할 수 있게 하는 방법이다.
- 구강 대 구강법 : 기도의 이물질을 제거한 후 처음에는 연속 2회를 충분히 불어 넣고 그 후에는 1분당 12~18회 불어넣는 방법이다.

■ **심폐소생술**
- 심장과 폐의 운동이 정지된 사람에게 흉부를 압박함으로써 그 기능을 회복하도록 할 때 사용하는 응급처치의 방법이다.
- 흉부압박법 : 명치 상부 약 10[cm] 상부에 손바닥을 포개어 올려놓고 수직으로 유연하게 압력을 가하는 방법이다. 성인의 경우 가슴 압박은 30회 시행하며 체중을 실어서 5~6[cm] 깊이로 손바닥이 가슴에서 떨어지지 않도록 하여 강하게 압박하고, 1분에 100~120회의 속도로 빠르게 시행한다. 매번의 압박 직후 압박된 가슴은 원래 상태로 이완되도록 해야 한다.

■ **비상부서배치**
- 선박이 해양사고로 인하여 위험에 처하게 되면 신속하게 대처하고 부득이한 경우에는 모선을 포기하고 퇴선하여 인명의 안전을 확보해야 한다.
- 비상시를 대비하여 평소에 비상 배치표를 만들어 잘 보이는 장소에 게시해야 한다.
- 선장은 승무원 각자가 자신의 임무를 숙지하여 신속하게 대처할 수 있도록 비상훈련을 주기적으로 실시해야 한다.

■ **비상대응훈련**
- 비상부서배치표 및 안전훈련소집 : 비상부서배치표는 선내 눈에 잘 띄는 곳에 게시해야 하며 주기적인 훈련을 실시하고 훈련기록을 유지해야 한다.

- 소화훈련 : 소화펌프의 작동 및 소화호스 분사, 소방원장구 및 개인구조 장비점검, 관련 통신 장비점검, 수밀문, 방화문, 주요 통풍장치의 개폐장치를 점검한다.
- 퇴선훈련 : 경보에 의한 승무원의 소집 및 퇴선절차 확인, 인원 보고, 개인별 복장 및 구명동의 점검, 구명정 엔진 시동, 무선통신 사용법 교육 등을 주·월별 교육훈련을 해야 한다. 구명정의 경우 3개월에 1회(자유낙하식의 경우 6개월에 1회) 이상 수면 위에 띄워서 승무원에 의해 조종해야 한다.
- 비상조타훈련 : 비상조타, 조타기실의 통신시설점검 및 대체 동력원으로 조작훈련 등을 실시해야 한다.
- 기름유출방제훈련 : 선상유류오염 비상계획서를 비치해야 하고 각자 임무에 맞게 유류오염방지 자재의 사용법, 방제대응요령 등의 훈련을 실시해야 한다.
- 인명구조훈련 : 구조정의 진수 및 구조 훈련을 실시해야 한다.

## ■ 화재의 분류

- A급 화재(일반화재) : 연소 후 재가 남는 고체 화재로 목재, 종이, 면, 고무, 플라스틱 등의 가연성 물질의 화재이다.
- B급 화재(유류화재) : 연소 후 재가 남지 않는 인화성 액체, 기체 및 고체 유질 등의 화재이다.
- C급 화재(전기화재) : 전기설비나 전기기기의 스파크, 과열, 누전, 단락 및 정전기 등에 의한 화재이다.
- D급 화재(금속화재) : 철분, 칼륨, 나트륨, 마그네슘 및 알루미늄 등과 같은 가연성 금속에 의한 화재이다.
- E급 화재(가스화재) : 액화석유가스(LPG)나 액화천연가스(LNG) 등의 기체화재이다.

## ■ 휴대용 소화기

- 포말소화기 : 주로 유류화재를 소화하는 데 사용하며 유류화재의 경우 포말이 기름보다 가벼워서 유류의 표면을 계속 덮고 있어 화재의 재발을 막는 데 효과가 있다. A, B급 화재 진압에 사용된다.
- 이산화탄소소화기($CO_2$ 소화기) : 피연소물질에 산소공급을 차단하는 질식효과와 열을 빼앗는 냉각효과로 소화시킨다. B, C급 화재 진압에 사용된다.
- 분말소화기 : 용기 내에 충전된 분말가스를 배합해서 유동화하며 그 압력에 의해 분말을 방출하는 것으로 축압식과 가압식으로 나뉜다. B, C급 화재에 효과적이다.
- 휴대용 포말방사기 : 소화 주관에 소화 호스와 노즐을 연결한 후 포말 원액과 물을 혼합하여 포말을 발생시켜 화재를 진압하는 소화장비이다. B급 화재에 효과적이다.

## ■ 화재탐지장치 : 열탐지기, 연기탐지기, 화염탐지기

## ■ 소방원 장구 : 방화복, 자장식 호흡구, 구명줄, 안전등, 방화도끼

■ **비상탈출호흡구(EEBD)** : 기관실 화재 등 위험한 대기상태의 구역으로부터 탈출용으로 사용된다. 공기의 양은 10분 이상 사용할 수 있도록 충전되어 있어야 한다.

■ **선박법** : 선박의 국적에 관한 사항과 선박 톤수의 측정 및 등록에 관한 사항을 규정함으로써 해사에 관한 제도를 적정하게 운영하고 해상 질서를 유지하여 국가의 권익을 보호하고 국민경제의 향상에 이바지함을 목적으로 한다.

■ **선원법** : 선원의 직무, 복무, 근로조건의 기준, 직업안정, 복지 및 교육훈련에 관한 사항 등을 정함으로써 선내(船內) 질서를 유지하고, 선원의 기본적 생활을 보장·향상시키며 선원의 자질 향상을 도모함을 목적으로 한다.

■ **선박직원법** : 선박직원으로서 선박에 승무할 사람의 자격을 정함으로써 선박항행의 안전을 도모함을 목적으로 한다.

■ **해사안전법** : 선박의 안전운항을 위한 안전관리체계를 확립하여 선박항행과 관련된 모든 위험과 장해를 제거함으로써 해사 안전증진과 선박의 원활한 교통에 이바지함을 목적으로 한다.

■ **선박의 입항 및 출항 등에 관한 법률(약칭 : 선박입출항법, (구) 개항질서법)** : 무역항의 수상구역 등에서 선박의 입항·출항에 대한 지원과 선박운항의 안전 및 질서 유지에 필요한 사항을 규정함을 목적으로 한다.

■ **선박안전법** : 선박의 감항성 유지 및 안전 운항에 필요한 사항을 규정함으로써 국민의 생명과 재산을 보호함을 목적으로 한다.

> ※ 감항성 : 선박이 자체의 안정성을 확보하기 위하여 갖추어야 하는 능력으로서 일정한 기상이나 항해조건에서 안전하게 항해할 수 있는 성능을 말한다.

■ **해양사고의 조사 및 심판에 관한 법률** : 해양사고에 대한 조사 및 심판을 통하여 해양사고의 원인을 밝힘으로써 해양안전의 확보에 이바지함을 목적으로 한다.

■ **해양환경관리법** : 선박, 해양시설, 해양공간 등 해양오염물질을 발생시키는 발생원을 관리하고, 기름 및 유해액체물질 등 해양오염물질의 배출을 규제하는 등 해양오염을 예방, 개선, 대응, 복원하는 데 필요한 사항을 정함으로써 국민의 건강과 재산을 보호하는 데 이바지함을 목적으로 한다.

# MEMO

합격에 **윙크(Win-Q)**하다!

# Win-Q

## 기관사 6급

제 **1** 편

# 핵심이론
# +
# 핵심예제

## 1 내연기관

### 1-1. 열기관

핵심
이론 01 **열기관의 정의 및 분류**

① 열기관의 정의

석탄·석유와 같은 화석 연료를 연소시켜 발생한 열에너지를 기계적인 일로 바꾸어 동력을 얻는 장치이다.

② 열기관의 분류

㉠ 내연기관 : 기관 내부에서 연료를 연소시켜 이때 발생한 연소가스의 열과 압력으로 동력을 발생시키는 기관이다. 대표적으로 가솔린기관, 디젤기관이 있다.

㉡ 외연기관 : 연료를 직접 기관 외부에서 연소시켜 동력을 발생하는 기관이다. 보일러에서 연료를 연소시켜 보일러 물을 고온·고압의 증기로 만들고 이 증기를 이용하여 기관을 움직여 동력을 발생시키는 증기터빈기관이 대표적인 예이다.

[내연기관과 외연기관의 장단점]

| 구 분 | 내연기관 | 외연기관 |
|---|---|---|
| 장 점 | 열손실이 작아서 열효율이 높음 | 저질 연료의 사용이 가능 |
| | 기관의 중량과 부피가 작음 | 진동, 소음, 마멸이 적어 고장이 적음 |
| | 시동·정지와 속도 조정이 쉬움 | 운전이 원활하고 대마력에 적합 |
| 단 점 | 사용 연료의 제한을 받음 | 기관 전체의 중량과 부피가 큼 |
| | 진동과 소음이 크고 마멸이 빠름 | 열효율이 낮고, 연료 소비율이 높음 |
| | 자력 시동이 불가능, 저속 운전이 곤란 | 시동 준비가 길고, 큰 감속 장치가 필요 |

핵심예제

**1-1. 다음 중 내연기관의 장점이 아닌 것은 무엇인가?**

① 기관 마력당 기관의 중량과 부피가 작다.
② 시동 및 정지와 속도 조정이 쉽다.
③ 진동, 소음이 작고 고장이 적다.
④ 열손실이 적어서 열효율이 높다.

정답 ③

**1-2. 기관의 실린더 내에서 직접 연료가 연소하여 발생한 고압가스를 피스톤에 작동시켜 동력을 발생하는 기관은 무엇인가?**

① 보일러
② 내연기관
③ 외연기관
④ 증기터빈기관

정답 ②

해설

1-1
진동, 소음이 작고, 고장이 적은 기관은 외연기관의 장점이고 내연기관은 진동과 소음이 크다.

1-2
내부에서 연료가 연소하여 발생한 고압가스로 동력을 발생하는 기관은 내연기관이다.

## 1-2. 내연기관의 기본용어

**핵심이론 02** 내연기관 주요 부분의 명칭

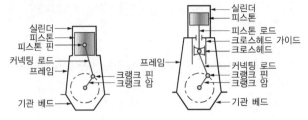

(a) 트렁크 피스톤형 기관     (b) 크로스헤드형 기관

**[내연기관의 명칭]**

※ 트렁크 피스톤형 기관은 4행정 사이클 기관(소형엔진)의 대표적인 예이고, 크로스헤드형 기관은 2행정 사이클 기관(대형엔진)의 대표적인 예이다.

① 크랭크 위치와 사점 : 피스톤이 실린더 내를 왕복운동할 때 그 끝을 사점(데드 센터, Dead Center)이라고 한다.

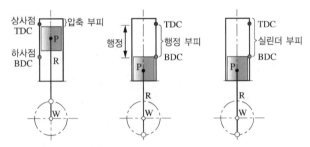

    ㉠ 상사점(탑 데드 센터 : Top Dead Center, TDC) : 피스톤이 실린더의 최상부에 도달했을 때의 위치

    ㉡ 하사점(보텀 데드 센터 : Bottom Dead Center, BDC) : 피스톤이 실린더의 최하부에 도달했을 때의 위치

② 행정(스트로크, Stroke) : 왕복운동을 하는 피스톤의 상사점과 하사점 사이의 직선거리이다.

③ 기관의 회전수 : 크랭크축이 1분 동안에 회전하는 수. 즉, 분당회전수(레볼루션 퍼 미닛 : revolution per minute, rpm)라고 한다.

④ 압축비

    ㉠ 실린더부피 : 피스톤이 하사점에 있을 때 실린더 내의 전 부피

    ㉡ 행정부피 : 피스톤이 왕복운동을 하여 움직인 부피 즉, 상사점과 하사점 사이의 부피

    ㉢ 압축부피 : 피스톤이 상사점에 있을 때 피스톤 상부의 부피

    ㉣ 압축비 $= \dfrac{\text{실린더부피}}{\text{압축부피}} = \dfrac{\text{압축부피} + \text{행정부피}}{\text{압축부피}}$

    (실린더부피 = 압축부피 + 행정부피)

---

**핵심예제**

**2-1. 기관의 rpm이란 무엇인가?**

① 크랭크축이 1초 동안 회전하는 수
② 피스톤이 1초 동안 움직이는 행정 수
③ 크랭크축이 1분 동안 회전하는 수
④ 피스톤이 1분 동안 움직이는 행정 수

**정답** ③

**2-2. 디젤기관의 실린더부피를 압축부피로 나눈 값은 무엇인가?**

① 열효율             ② 압축비
③ 연료소비율        ④ 평균유효압력

**정답** ②

**해설**

2-1
rpm이란 기관의 분당회전수(revolution per minute ; rpm)으로 크랭크축이 1분 동안 회전하는 수이다.

2-2
압축비 $= \dfrac{\text{실린더부피}}{\text{압축부피}} = \dfrac{\text{압축부피} + \text{행정부피}}{\text{압축부피}}$

(실린더부피 = 압축부피 + 행정부피)

## 핵심이론 03 출력

① 출력의 종류
  ㉠ 최대출력 : 운전상태의 기관이 낼 수 있는 최대 출력
  ㉡ 연속최대출력(MCR) : 선박용 기관에서 이용되며 안전하게 연속으로 운전할 수 있는 최대 출력
  ㉢ 상용출력(NCR) : 선박용 기관에서 실제로 사용되는 출력으로 연속해서 경제적으로 항해할 수 있는 출력
  ㉣ 과부하 출력 : 정격출력을 넘어서 정해진 운전 조건하에서 일정 시간 동안의 연속운전을 보증하는 출력

② 출력의 표시
  ㉠ 마력([PS] 또는 [HP]) : 일반적으로 기관의 출력을 나타내는 단위(말 한 마리가 단위시간 동안 하는 일)이다.

  > $1[PS] = 75[kgf \cdot m/s] ≒ 0.735[kW]$
  > $1[kW] = 102[kgf \cdot m/s] ≒ 1.36[PS]$

  ㉡ 지시마력(IHP) : 도시마력이라고도 하며 실린더 내의 연소 압력이 피스톤에 실제로 작용하는 동력을 나타낸 것이다.
  ㉢ 제동마력(BHP) : 증기터빈에서는 축마력(SHP)이라고도 하며 크랭크축의 끝에서 계측한 마력이며 지시마력에서 마찰손실 마력을 뺀 것이다.
  ㉣ 기계효율 : $\dfrac{제동마력}{도시마력} = \dfrac{BHP}{IHP}$

### 핵심예제

**3-1. 다음 중 실린더 속에서 발생한 평균유효압력을 기초로 계산하는 마력은 무엇인가?**

① 축마력          ② 지시마력
③ 제동마력        ④ 전달마력

정답 ②

**3-2. 다음 중 선박에서 연속해서 경제적으로 사용할 수 있는 출력은 무엇인가?**

① 최대출력        ② 정격출력
③ 상용출력        ④ 연속최대출력

정답 ③

### 해설

3-1
지시마력(도시마력)의 계산은 다음과 같다.
- 2행정 사이클 기관의 지시마력(IHP) $= \dfrac{P_{mi} \cdot A \cdot L \cdot N}{75 \cdot 60} \times Z$
- 4행정 사이클 기관의 지시마력(IHP) $= \dfrac{P_{mi} \cdot A \cdot L \cdot N}{75 \cdot 60 \cdot 2} \times Z$

($P_{mi}$=평균유효압력, $A$=피스톤면적, $L$=피스톤 행정, $N$=기관 분당 회전수(rpm), $Z$=기통수)

기관의 출력을 높이려면 위의 식과 같이 피스톤면적, 행정, rpm 및 기통수를 늘리면 되나 공간적인 제한이나 기술적인 제한으로 한계가 있다. 그래서 평균유효압력을 높이는 방법을 쓰는데 이때 사용하는 방법이 과급기(터보차저)를 설치하는 방법이다. 과급기로 흡입공기의 밀도를 높여 주어 평균유효압력을 높여 출력을 높인다.

3-2
상용출력(NCR)은 기관의 효율 및 경제출력이기도 하며 선박은 대부분 항해 중 상용출력으로 항해를 한다.

## 1-3. 내연기관의 분류

**핵심 이론 04** 행정에 의한 분류

① 4행정 사이클 기관 : 흡입 행정, 압축 행정, 작동 행정(=폭발 행정 또는 유효 행정), 배기행정 이렇게 4행정으로 1사이클을 완료하는 기관(피스톤이 4행정 왕복하는 동안 크랭크축이 2회전함으로써 1사이클을 완료)

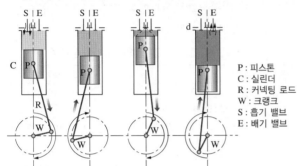

P : 피스톤
C : 실린더
R : 커넥팅 로드
W : 크랭크
S : 흡기 밸브
E : 배기 밸브

(a) 흡입 행정　(b) 압축 행정　(c) 작동 행정　(d) 배기 행정

[4행정 사이클 기관]

　㉠ 흡입 행정 : 배기 밸브가 닫힌 상태에서 흡기 밸브만 열려서 피스톤이 상사점에서 하사점으로 움직이는 동안 실린더 내부에 공기가 흡입된다.
　㉡ 압축 행정 : 흡기 밸브와 배기 밸브가 닫혀 있는 상태에서 피스톤이 하사점에서 상사점으로 움직이면서 흡입된 공기를 압축하여 압력과 온도를 높인다.
　㉢ 작동 행정(폭발 행정 또는 유효 행정) : 흡기 밸브와 배기 밸브가 닫혀 있는 상태에서 피스톤이 상사점에 도달하기 전에 연료가 분사되어 연소하고 이때 발생한 연소가스가 피스톤을 하사점까지 움직이게 하여 동력을 발생한다.
　㉣ 배기 행정 : 피스톤이 하사점에서 상사점으로 이동하면서 배기 밸브가 열리고 실린더 내에서 팽창한 연소가스가 실린더 밖으로 분출된다.

② 2행정 사이클 기관 : 피스톤이 2행정 하는 동안(크랭크축은 1회전) 소기 및 압축과 작동 및 배기 작용을 완료하는 기관

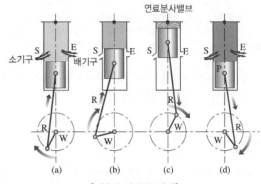

연료분사밸브

소기구　배기구

(a)　(b)　(c)　(d)

[2행정 사이클 기관]

　㉠ 소기와 압축 작용 : 피스톤이 하사점 부근에 있을 때는 소기구(흡입 또는 급기)와 배기구가 동시에 열려 있고, 이때 압축된 소기 공기가 실린더 내에 들어와 배기를 밀어내고 새로운 공기가 채워지고 피스톤이 하사점에서 상사점으로 올라가면서 피스톤에 의해 소기구가 닫히고 그 다음 배기구가 닫혀 공기를 압축한다.
　㉡ 작동(폭발 또는 유효 행정), 배기와 소기작용 : 피스톤이 상사점 부근에 도달하면 실린더 내의 공기는 고온·고압이 되고, 이때 연료를 분사하고 폭발하게 되어 이 압력으로 피스톤을 아래로 밀어 동력을 발생한다.

③ 2행정과 4행정 사이클 디젤기관의 장단점

| 구 분 | 장 점 | 단 점 |
|---|---|---|
| 4행정 | • 피스톤의 4행정 중 작동 행정은 1회이므로 실린더가 받는 열응력이 작고, 열효율이 높으며 연료 소비율이 낮다.<br>• 흡입 행정과 배기 행정이 구분되어 부피 효율이 높고 환기 작용이 완전하여 고속 기관에 적합하다.<br>• 시동이 용이하고 저속에서 고속까지 운전범위가 넓다.<br>• 흡기의 전행정에 걸쳐서 연소실이 냉각되기 때문에 실린더의 수명이 길다. | • 흡기 밸브, 배기 밸브 및 구동 장치가 실린더 헤드에 있어 구조가 복잡하고 실린더 헤드의 고장이 일어나기 쉽다.<br>• 크랭크 2회전에 1회 폭발하므로 회전력의 변화가 커서 원활한 운전을 위해 큰 플라이휠이 필요하다.<br>• 기관 출력당 부피와 무게가 2행정 사이클 기관보다 커서 대형기관에는 부적합하다. |

| 구 분 | 장 점 | 단 점 |
|---|---|---|
| 2행정 | • 기관 출력당 부피와 무게가 작으므로 제작비가 싸며 대형 기관에 적합하다.<br>• 크랭크축이 1회전에 1회 폭발하므로 회전력의 변화가 작아 작은 플라이휠을 사용해도 된다.<br>• 흡기 밸브와 배기 밸브가 없거나 배기 밸브만 필요하므로 실린더 헤드의 구조가 간단하다. | • 새로운 공기와 교환이 충분하지 않아 소기 효율이 낮고 고속 기관에 부적합하다.<br>• 유효 행정이 짧고 평균 유효압력 및 유효일의 양이 작다.<br>• 매회전마다 폭발하여 열응력이 크고 윤활의 불량과 탄소의 부착이 일어나기 쉬워 실린더 라이너의 마멸이 빠르다. |

**핵심예제**

**4-1.** 4행정 디젤기관이 2행정 디젤기관보다 좋은 점은 무엇인가?

① 마력당 중량이 작다.
② 회전력이 고르다.
③ 대형 선박용 기관에 적합하다.
④ 실린더가 받는 열응력이 작다.

정답 ④

**4-2.** 4행정 사이클 디젤기관에서 작동행정은 무엇인가?

① 압축행정　　　　　② 폭발행정
③ 배기행정　　　　　④ 흡기행정

정답 ②

**4-3.** 2행정 사이클 기관의 특성이 아닌 것은 무엇인가?

① 소기구가 필요하다.
② 고속 기관에는 부적합하다.
③ 실린더 헤드 구조가 복잡하다.
④ 캠축과 크랭크축의 회전수가 같다.

정답 ③

해설

4-1
4행정 사이클 디젤기관은 피스톤의 4행정 중 작동 행정(폭발 행정 또는 유효 행정)이 1회 일어나므로 실린더가 받는 열응력이 작다.

4-2
4행정 사이클 디젤기관에서 작동 행정은 폭발 행정 또는 유효 행정이라고 한다.

4-3
4행정 사이클 기관은 배기 밸브와 흡기 밸브 및 구동 장치가 실린더 헤드에 있어 구조가 복잡하다.

---

**핵심이론 05　점화 방법과 연료공급 방식에 의한 분류**

① 점화 방법에 의한 분류

　㉠ 압축점화 기관 : 디젤기관의 점화 방식으로 공기를 압축하여 실린더 내의 온도를 발화점 이상으로 올려 연료를 분사하여 점화하는 기관

　㉡ 불꽃점화 기관 : 가솔린기관의 점화 방식으로 전기불꽃장치(점화플러그)에 의해 실린더 내에 흡입된 연료를 점화하는 기관

**[압축점화 기관과 불꽃점화 기관의 장단점]**

| 구 분 | 장 점 | 단 점 |
|---|---|---|
| 압축<br>점화<br>기관<br>(디젤<br>기관) | 압축비가 높아 열효율이 높고 연료소비량이 적다. | 기관의 구조가 튼튼해야 하며 마력당 용적과 중량이 크다. |
| | 저질연료의 사용이 가능해 연료비가 저렴하다. | 폭발압력이 높아 소음과 진동이 크다. |
| | 연료의 인화점이 높아 화재의 위험성이 적고 안정성이 높다. | 압축비가 높기 때문에 시동이 곤란하다. |
| | 회전력이 크고 대형 기관에 적합하다. | 배기 매연이 나오기 쉽고 윤활유의 오염이 빨리 된다. |
| | 작동에 대한 신뢰성이 크고 내구성이 좋다. | 정밀한 연료분사장치가 필요하고 가격이 비싸다. |
| 불꽃<br>점화<br>기관<br>(가솔린<br>기관) | 동일한 출력을 얻는데 기관의 부피와 무게가 작다. | 대형기관에 부적합하다. |
| | 시동이 용이하다. | 연료비가 비싸다. |
| | 진동과 소음이 적다. | 열효율이 낮고 연료소비율은 높다. |
| | 고속회전을 얻기 쉽다. | 연료의 인화점이 낮아 화재의 위험성이 높다. |
| | 배기 매연이나 냄새가 적다. | 전기점화 장치계통의 고장이 나기 쉽다. |

② 연료 공급 방식에 의한 분류

　㉠ 기화식 기관 : 가솔린기관, 석유기관 등과 같이 기화기를 이용하여 연료와 공기를 실린더 밖에서 혼합하여 실린더 내에 흡입시켜 작동하는 기관

　㉡ 분사식 기관 : 디젤기관, 연료를 실린더 내에 직접 분사하는 기관

핵심예제

**5-1. 다음 중 압축점화로 운전하는 기관은 어느 것인가?**

① 가스기관
② 디젤기관
③ 가솔린기관
④ 증기왕복동 기관

정답 ②

**5-2. 가솔린기관에 비해 디젤기관이 갖는 특성은 무엇인가?**

① 압축비가 높다.
② 시동이 용이하다.
③ 운전이 정숙하다.
④ 연료소비율이 높다.

정답 ①

해설

5-1
압축점화 기관은 디젤기관의 점화방식이다. 일상생활에서 예를 들면, 디젤기관은 트럭 등의 차량이고 가솔린기관은 승용차가 대표적인 예이다.

5-2
디젤기관(압축점화 기관)은 가솔린기관보다 압축비가 높아 열효율이 높고 연료소비량이 적다. 예를 들면, 가솔린기관 차량인 승용차는 승차감이 좋고 정숙한 반면 휘발유 가격이 경유보다 비싸고 트럭과 SUV차량은 소음이 비교적 크고 승차감이 좋지 않다. 그리고 경유의 가격이 휘발유보다 저렴하고 연비가 좋다.

---

## 핵심이론 06 | 피스톤 로드 유무에 의한 분류와 열역학적 분류

① 피스톤 로드 유무에 의한 분류

ㄱ 트렁크 피스톤형 기관 : 피스톤 로드가 없으며 피스톤 핀에 의해 커넥팅로드를 직접 연결시키는 기관으로 소형 기관에 적합하다.

ㄴ 크로스헤드형 기관 : 피스톤과 커넥팅로드 사이에 피스톤 로드가 크로스헤드에 의하여 연결되는 기관으로 대형기관에 적합하다.

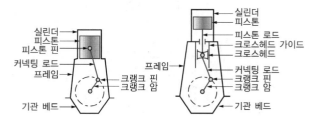

(a) 트렁크 피스톤형 기관    (b) 크로스헤드형 기관

**[피스톤 로드에 의한 기관의 분류]**

② 열역학적 분류

ㄱ 정적 사이클 : 오토사이클이라고도 하며 일정한 용적 하에서 연소가 이루어지며 가솔린기관과 같은 불꽃점화 기관의 기본 사이클이다.

ㄴ 정압 사이클 : 디젤 사이클이라고도 하며 일정한 압력 하에서 연소가 이루어지며 초기의 공기 분사식 디젤기관의 기본 사이클이다.

ㄷ 복합 사이클 : 사바테 사이클이라고도 하며 연소의 일부는 정적 사이클, 나머지 일부는 정압 사이클에서 이루어지는 기관으로 현재 사용되는 무기분사식 디젤기관의 기본 사이클이다.

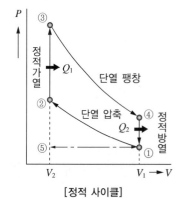

**[정적 사이클]**

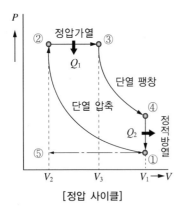

[정압 사이클]

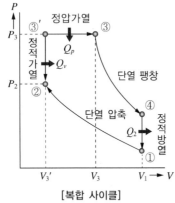

[복합 사이클]

## 핵심예제

**6-1.** 다음 중 불꽃점화기관의 열 사이클로 사용하는 것은 무엇인가?

① 오토 사이클
② 디젤 사이클
③ 랭킨 사이클
④ 사바테 사이클

정답 ①

**6-2.** 다음 중 트렁크형 기관에 없는 것은 무엇인가?

① 피스톤
② 실린더
③ 커넥팅로드
④ 피스톤로드

정답 ④

### 해설

6-1
오토 사이클은 정적 사이클이라고도 하며 가솔린기관과 같은 불꽃점화기관의 열 사이클이다.

6-2
피스톤로드는 크로스헤드형 기관에 있는 것으로 피스톤 로드와 크로스헤드가 연결되고 크로스헤드에 커넥팅로드가 연결되는 대형기관에 주로 쓰인다.

## 1-4. 기관의 연소와 성능

### 핵심이론 07 디젤기관의 연소과정

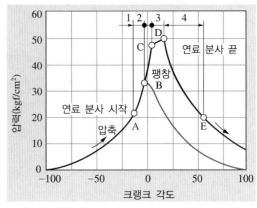

[디젤기관의 연소과정]

① **착화지연 기간(제1단계, A~B)** : 연료는 연소실 내에서 분사되는 즉시 착화되어 연소되지 않고 증발된 연료와 공기가 혼합되어 착화될 때까지 시간이 필요한 기간이다.

② **폭발연소 기간(제2단계, B~C)** : 무제어연소 기간이라고도 하며, 제1~2단계에서 분사된 연료가 착화하여 급격히 연소하는 기간이다.

③ **제어연소 기간(제3단계, C~D)** : 연료유가 계속 분사되면 분사 즉시 연소가 일어나는 기간으로, 이 기간에는 연료 분사량을 조절하여 실린더 내에 압력을 제어할 수 있다.

④ **후연소 기간(제4단계, D~E)** : 제3단계 끝에서 연료분사 밸브가 닫히면 연소가 완전히 끝나는 것이 이상적이나 점 D를 지나서도 연소하지 못한 연료가 팽창기간에서 계속 연소하는 기간으로 후연소가 길어지면 배기온도가 높아지고 배기색은 나빠지며 효율은 저하하는데 다음의 경우 후연소가 길어진다.

㉠ 연료 착화성이 나쁘거나 공기의 압축이 불량하여 착화지연이 클 경우

㉡ 연료분사 밸브에서 연료가 새거나 분사 상태가 불량한 경우

㉢ 연료분사 시기의 조정이 불량한 경우

**7-1. 디젤기관의 연소 과정에 속하지 않는 것은 무엇인가?**

① 후연소 기간
② 착화늦음 기간
③ 폭발적 연소 기간
④ 과조점화 기간

정답 ④

**7-2. 디젤기관의 연소 과정 중 연료 분사량을 조절하여 실린더 내에 압력을 제어할 수 있는 기간은 무엇인가?**

① 착화지연 기간
② 폭발연소 기간
③ 제어연소 기간
④ 후연소 기간

정답 ③

**해설**

7-1
디젤기관의 연소과정은 1단계 착화지연 기간(착화늦음 기간), 2단계 폭발연소 기간(폭발적 연소 기간 또는 무제어연소 기간), 3단계 제어연소 기간, 4단계 후연소 기간으로 나눌 수 있다.

7-2
제어연소 기간은 연료유가 계속 분사되면 분사 즉시 연소가 일어나는 기간으로 분사량을 조정하여 실린더 내의 압력을 제어할 수 있다.

---

## 핵심이론 08 디젤 노크와 세탄가

① 디젤 노크 : 연소실에 분사된 연료가 착화지연 기간 중에 축적되어 일시에 연소되면서 급격한 압력 상승이 발생하는 현상이다. 노크가 발생하면 커넥팅 로드 및 크랭크축 전체에 비정상적인 충격이 가해져서 커넥팅 로드의 휨이나 베어링의 손상을 일으킨다.

※ 디젤 노크의 방지책
- 세탄가가 높아 착화성이 좋은 연료 사용
- 압축비, 흡기 온도, 흡기 압력의 증가와 더불어 연료 분사 시의 공기 압력을 증가
- 발화 전에 연료 분사량을 적게 하고 연료가 상사점 근처에서 분사되도록 분사시기 조정(복실식 연소실 기관에서는 스로틀 노즐을 사용한다)
- 부하를 증가시키거나 냉각수 온도를 높여 연소실 벽의 온도를 상승
- 연소실 안의 와류를 증가시킴

② 세탄가 : 디젤기관의 연료가 착화하기 쉬운 정도를 나타내는 수치로, 발화성이 좋은 세탄과 발화성이 나쁜 $\alpha$-메틸 나프탈렌을 적당한 비율로 혼합하여 표준연료를 만드는데, 이 표준연료 중에 세탄이 차지하는 부피를 백분율로 나타낸 것이다(세탄가가 클수록 착화성이 좋고 디젤 노크를 일으키지 않음).

**8-1. 다음 중 디젤기관의 노킹방지법으로 가장 옳은 것은?**

① 압축비를 크게 한다.
② 공기 흡입압력을 낮춘다.
③ 공기 흡입온도를 낮춘다.
④ 연료 분사를 늦게 한다.

정답 ①

**8-2. 다음 중 디젤기관의 연료가 착화하기 쉬운 정도를 나타내는 수치는?**

① 옥탄가
② 탄소가
③ 세탄가
④ 질소가

정답 ③

**해설**

8-1
디젤 노크를 방지하기 위해서는 압축비를 크게 하고 흡기 온도 및 흡기 압력을 증가해야 하며 연료분사 시기는 상사점에 가까워야 한다.

8-2
디젤기관의 연료가 착화하기 쉬운 정도를 나타내는 수치는 세탄가이고 가솔린기관에서 안티노크(이상폭발이 일어나지 않는 정도)의 수치를 나타내는 것은 옥탄가이다.

## 핵심이론 09 지압도의 종류

① **지압도** : 피스톤의 행정에 따른 실린더 내의 가스의 압력과 부피 변화를 선도로 나타낸 것이다.

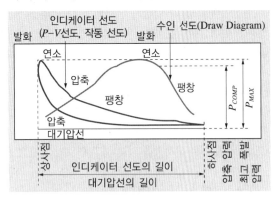

[$P-V$ 선도와 수인선도]

② **$P-V$선도(압력-부피 선도)** : 피스톤 행정에 대한 연소실 내의 압력 변화를 알 수 있으며 세로축에 압력(P), 가로축에 부피(V)로 나타낸 선도이다. 일반적으로 지압도라 부르며 선도의 면적은 실린더 내의 일의 양을 나타내는데, 면적을 측정하여 평균유효압력을 구하고 지시마력(도시마력)을 산출한다.

③ **수인선도** : 지압기와 구동장치에 연결하는 지압기의 줄을 손으로 당겨 지압도($P-V$선도)를 옆으로 확대한 선도이다. 수인선도에서는 압축 압력($P_{COMP}$)과 최고 압력($P_{MAX}$), 연료분사 시기, 분사 기간 및 착화지연, 연소상태 등을 자세히 판단한다.

④ **약스프링 선도** : 지압기의 기존 스프링을 탄성이 약한 스프링으로 바꾸어 측정한 것으로 흡기·배기 작용과 밸브의 개폐 상태를 자세히 판단할 때 사용한다.

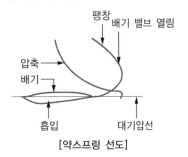

[약스프링 선도]

④ **연속 지압도** : 지압도를 연속으로 찍어 연소실 내의 상태가 어떻게 변화하는지 확인하기 위해 사용한다.

---

### 핵심예제

**9-1. 다음 중 디젤기관에서 지시마력을 계산하기 위하여 이용하는 선도는 무엇인가?**

① 수인선도
② 연속선도
③ 압력-체적선도
④ 약스프링선도

**정답 ③**

**9-2. 다음 중 디젤기관의 흡·배기 밸브의 개폐 상태를 확인하기 위하여 이용하는 선도는 무엇인가?**

① 수인선도
② 연속선도
③ 압력-체적선도
④ 약스프링선도

**정답 ④**

### 해설

**9-1**
지시마력을 구할 때 사용하는 선도는 P-V선도(압력-부피 선도)인데 이 중 부피를 체적이라고도 한다. 압력-체적선도의 안쪽 면적을 측정하여 평균유효압력을 구하고 지시마력을 계산한다.

**9-2**
약스프링선도는 흡기·배기 작용과 밸브의 개폐 상태를 확인하기 위한 것이다.

## 1-5. 기관의 구조

**핵심이론 10** 기관의 고정부

① **실린더** : 실린더는 내부에서 피스톤이 왕복운동하며 피스톤과 연소실을 형성하고 고온·고압에 노출되어 높은 열응력을 받는 부분으로 실린더 라이너, 실린더 블록, 실린더 헤드로 구성된다.

　㉠ 실린더 라이너 : 고온·고압의 연소가스와 접촉하고 내부에는 피스톤이 왕복하므로 고열과 마멸에 견디는 특수 주철이나 합금을 사용하여 제작한다.

　㉡ 실린더 블록 : 소형의 경우 모든 실린더를 일체형으로 제작하지만 대형기관의 경우 여러 개의 실린더마다 블록을 만들어 연결하거나 각 실린더를 한 개씩 별도로 제작한다.

　㉢ 실린더 헤드(실린더 커버) : 실린더 라이너 및 피스톤과 함께 연소실을 형성하고 흡기·배기 밸브 등이 설치된다.

② **기관 베드와 프레임**

　㉠ 기관 베드 : 기관의 전중량을 받아서 선체에 고정시키고 내부에 메인 베어링을 설치하여 기관의 각 부분에서 떨어지는 윤활유를 모으는 섬프탱크 역할을 한다.

　㉡ 프레임 : 기관 베드와 실린더를 연결하여 가스 압력에 의한 힘을 전달하며 윤활유가 새지 않도록 크랭크실(크랭크 체임버 또는 크랭크케이스)을 밀폐하는 역할을 하고 크랭크축과 커넥팅 로드, 크로스헤드 등의 운동 부분이 그 속에 있기 때문에 충격력과 진동을 받는다. 대형 기관에서는 인장볼트 또는 타이 볼트로 실린더 상부에서 프레임과 기관베드를 고정한다.

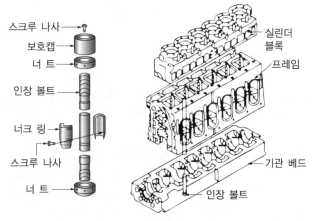

스크루 나사
보호캡
너트
인장 볼트
너크 링
스크루 나사
너트
실린더 블록
프레임
기관 베드
인장 볼트

[인장볼트와 기관베드 및 프레임]

③ **메인 베어링** : 기관 베드 위에 있으면서 크랭크 저널 부분에 설치되어 크랭크축을 지지하고 회전 중심을 잡아 주는 역할을 하며 대부분 상·하 두 개로 나누어진 평면 베어링을 사용한다. 재질은 소형기관에서는 포금(구리와 주석의 합금), 중속 이상의 기관에서는 켈밋(구리와 납의 합금), 대형 저속기관에서는 화이트메탈(납이나 주석을 주성분으로 함)을 주로 사용한다.

---

**핵심예제**

**10-1. 실린더 라이너에서 내부 마멸이 가장 심한 곳은 어디인가?**

① 상사점 부근　　　　② 하사점 부근
③ 중앙보다 약간 위　　④ 중앙보다 약간 아래

**정답 ①**

**10-2. 다음 중 실린더 라이너 마모량을 측정하는 계측기기가 아닌 것은 무엇인가?**

① 실린더 게이지　　　② 텔레스코핑 게이지
③ 안지름 마이크로미터　④ 필러게이지

**정답 ④**

**10-3. 다음 중 메인 베어링 메탈이 편마모할 때의 대책으로 옳지 않은 것은 무엇인가?**

① 각 베어링 하중이 같도록 한다.
② 각 실린더의 출력이 일정하도록 한다.
③ 각 베어링 틈새를 크게 한다.
④ 선체나 베드의 변형이 없도록 한다.

**정답 ③**

**해설**

**10-1**
작동행정 시 상부에서 연소 압력으로 피스톤 링이 실린더 벽에 더욱 밀착하게 되고 상사점과 하사점에서 피스톤이 일단 정지하므로 유막이 끊어지기 쉽다. 그리고 상부에서는 윤활유의 연소가 쉬워 윤활유의 부족이 일어날 수 있어 상사점 부근에서 마모가 가장 심하다.

**10-2**
피스톤이 실린더 내부에서 왕복운동을 하므로 마모가 발생하는데 실린더 게이지, 텔레스코핑 게이지, 안지름 마이크로미터 등으로 실린더 내부의 마모량을 계측해서 기준치 이상의 마모가 발생했을 때는 조치를 취해야 한다. 마모량이 너무 크면 압축압력이 저하되고 연료소모량이 많아지며 출력이 저하된다. 필러게이지는 피스톤과 피스톤 링의 간격(틈새)이나 흡·배기 밸브의 간극 등 두께를 계측하는데 사용하는 계측기기이다.

**10-3**
베어링의 편마모는 베어링 메탈의 표면이 한쪽에 치우쳐서 마모되는 현상을 말한다. 메인 베어링의 틈새가 너무 작으면 냉각이 불량해져서 과열로 인해 베어링이 눌러 붙게 되고, 너무 크면 충격이 크고 윤활유의 누설이 많아지며 편마모가 일어날 수 있다.

**핵심이론 11 기관의 왕복운동부**

① 피스톤 : 실린더 내를 왕복운동하여 공기를 흡입하고 압축하며, 연소가스의 압력을 받아 커넥팅로드를 거쳐 크랭크에 전달하여 크랭크축을 회전시킨다. 피스톤은 높은 열과 압력을 직접 받으므로 충분한 강도를 가져야 하고 열을 실린더 내벽으로 잘 전달할 수 있는 열전도가 좋아야 하며 마멸에 잘 견디고 관성의 영향이 적도록 무게가 가벼워야 한다. 저·중속 기관에서는 주철이나 주강, 중·소형 고속 기관에서는 알루미늄 합금 재질이 주로 사용된다.

   ⓒ 트렁크형 피스톤 : 커넥팅로드와 피스톤이 핀에 의해서 직접 연결된 피스톤으로 4행정 사이클 기관에서 사용하며 크로스헤드가 없으므로 구조가 간단하고 기관의 높이가 낮아진다.

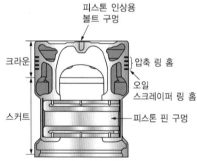

[트렁크형 피스톤]

   ⓛ 크로스헤드형 피스톤 : 대형 2행정 사이클 기관에서 주로 사용하며, 피스톤 로드와 커넥팅 로드에 의해 생기는 측압을 크로스헤드에서 받아서 피스톤 스커트 길이가 트렁크형에 비해 매우 짧다.

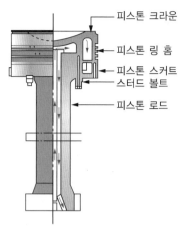

[크로스헤드형 피스톤]

② 피스톤 링 : 압축링과 오일 스크레이퍼 링으로 구성되는데 압축링은 피스톤과 실린더 라이너 사이의 기밀을 유지하고 피스톤에서 받은 열을 실린더 벽으로 방출하며, 오일 스크레이퍼 링은 실린더 라이너 내의 윤활유가 연소실로 들어가지 못하도록 긁어내리고 윤활유를 라이너 내벽에 고르게 분포시킨다. 일반적으로 압축링은 피스톤 상부에 2~4개, 오일 스크레이퍼 링은 피스톤 하부에 1~2개 설치하고 링을 조립할 때는 연소가스의 누설을 방지하기 위하여 링의 절구가 180°로 엇갈리도록 배열한다.

직각 절구　직각단 절구　사절구

[피스톤 링의 절구 이음과 조립 시 방향]

   ⓒ 링의 재질 : 경도가 너무 높으면 실린더 라이너의 마멸이 심해지고, 너무 낮으면 피스톤링이 쉽게 마멸한다. 링의 재질은 일반적으로 주철을 사용하는데 이는 조직 중에 함유된 흑연이 윤활유의 유막 형성을 좋게 하여 마멸을 적게 해 준다.

   ⓛ 링의 펌프작용과 플러터 현상 : 피스톤 링과 홈 사이의 옆 틈이 너무 클 때, 피스톤이 고속으로 왕복운동함에 따라 링의 관성력이 가스의 압력보다 크게 되어 링이 홈의 중간에 뜨게 되면, 윤활유가 연소실로 올라가 장해를 일으키거나 링이 홈 안에서 진동하게 되는데 윤활유가 연소실로 올라가는 현상을 링의 펌프작용, 링이 진동하는 것을 플러터 현상이라고 한다.

③ 커넥팅 로드 : 피스톤이 받는 폭발력을 크랭크축에 전달하고 피스톤의 왕복운동을 크랭크축의 회전운동으로 바꾸는 역할을 한다. 트렁크 피스톤형 기관에서는 피스톤과 크랭크를 직접 연결하고 크로스헤드 기관에서는 크로스헤드와 크랭크를 연결한다.

④ 피스톤 로드 및 크로스헤드
　㉠ 피스톤 로드 : 크로스헤드형 기관에서 피스톤과 크로스헤드를 연결하는 부분으로 피스톤 로드의 상부는 피스톤 크라운에, 하부는 크로스헤드 핀에 고정한다.
　㉡ 크로스헤드 : 피스톤 로드와 커넥팅 로드를 연결하는 장치로서 크랭크 기구의 측압을 흡수하고 커넥팅 로드의 길이를 짧게 하여 크랭크 기구의 회전 중량을 감소시킨다.

**핵심예제**

**11-1. 디젤기관에서 연소실의 기밀유지 및 윤활유가 연소실로 들어가는 것을 막는 역할을 하는 것은 무엇인가?**
① 피스톤 링　　② 피스톤 핀
③ 크랭크실　　④ 커넥팅 로드
정답 ①

**11-2. 커넥팅 로드의 대단부에 풋 라이너를 증가시키면 어떻게 변하는가?**
① 압축비 증가　　② 압축비 감소
③ 피스톤 행정 증가　　④ 피스톤 행정 감소
정답 ①

**11-3. 다음 중 피스톤의 역할이라고 할 수 없는 것은 무엇인가?**
① 연소실을 형성한다.
② 회전력을 고르게 한다.
③ 흡기, 배기작용을 한다.
④ 폭발력을 연접봉을 거쳐 크랭크축에 전달한다.
정답 ②

**해설**

11-1
피스톤 링 중 압축링은 피스톤과 실린더 라이너 사이의 기밀을 유지하고 피스톤에서 받은 열을 실린더 벽으로 방출한다.

11-2
풋 라이너를 삽입하면 피스톤의 높이가 전체적으로 풋 라이너 두께만큼 위로 올라가고 그만큼 연소실의 부피(압축부피)는 작아진다. 피스톤 행정은 상사점과 하사점 사이의 거리인데 행정의 길이는 변함이 없고 상사점과 하사점의 위치에만 변화가 있다.

$$압축비 = \frac{실린더부피}{압축부피} = \frac{압축부피 + 행정부피}{압축부피} = 1 + \frac{행정부피}{압축부피}$$

풋 라이너를 삽입하면 압축부피가 줄어들고 결국 압축비가 커지게 된다.

11-3
회전력을 고르게 하는 것에는 플라이휠과 평형추가 있다. 피스톤은 연소실을 형성하고 흡·배기 작용을 돕고 연소가스의 힘을 커넥팅로드(연접봉이라고도 함)에 전달한다.

## 핵심이론 12 기관의 회전 운동부

① **크랭크축** : 크랭크축은 피스톤의 왕복운동에서 커넥팅 로드에 전달된 힘을 회전운동으로 변화시키고 이 회전력을 중간축으로 전달한다. 운전 중 휨과 비틀림 응력 등 복잡한 힘이 반복 작용하므로 피로한도가 높고 강도가 충분한 재료를 사용하는데, 일반적으로 단조강을 사용하나 고속·고출력 기관에서 니켈-크로뮴강, 니켈-크로뮴-몰리브데넘강과 같은 특수강을 사용한다.

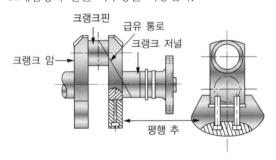

(a) 크랭크 축의 구조

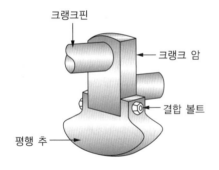

(b) 평형 추

[크랭크축과 평형추]

㉠ 기관의 진동과 평형추 : 왕복운동을 하는 기관에는 폭발 압력, 회전부의 원심력, 왕복운동부의 관성력, 축의 비틀림 등으로 진동이 발생하는데, 크랭크축의 형상에 따른 불균형을 보정하고 회전체에 평형을 이루기 위해 평형추를 설치하여 기관의 진동을 적게 하고 원활한 회전을 하도록 하며 메인 베어링의 마찰을 감소시킨다.

㉡ 크랭크암의 개폐 작용(크랭크암 디플렉션, Crank Arm Deflection) : 크랭크축이 회전할 때 크랭크암 사이의 거리가 넓어지거나 좁아지는 현상으로 기관 운전 중 개폐 작용이 과대하면 진동이 발생하거나 축에 균열이

생겨 크랭크축이 부러지는 경우가 발생할 수 있으므로 주기적으로 디플렉션을 측정하여 원인을 해결해야 한다.

※ 크랭크암 디플렉션의 원인
  • 메인베어링의 불균일한 마멸 및 조정 불량
  • 스러스트 베어링(추력베어링)의 마멸과 조정불량
  • 메인베어링 및 크랭크 핀 베어링의 틈새가 클 경우
  • 크랭크축 중심의 부정 및 과부하 운전
  • 기관 베드의 변형

② **플라이휠** : 작동 행정에서 발생하는 큰 회전력을 플라이휠 내에 운동 에너지로 축적하고 회전력이 필요한 그 밖의 행정에서는 플라이휠의 관성력으로 회전한다.

㉠ 플라이휠의 역할
  • 크랭크축의 회전력을 균일하게 한다.
  • 저속 회전을 가능하게 한다.
  • 기관의 시동을 쉽게 한다.
  • 밸브의 조정이 편리하다.

㉡ 터닝 : 기관을 운전속도보다 훨씬 낮은 속도로 서서히 회전시키는 것을 터닝(Turning)이라 하는데 소형의 기관에서는 플라이휠의 원주상에 뚫려있는 구멍에 터닝 막대를 꽂아서 돌리고 대형의 기관에서는 플라이휠 외주에 전기모터로 기동되는 휠 기어를 설치하여 터닝 기어를 연결하여 기관을 서서히 돌린다. 터닝은 기관을 조정하거나 검사, 수리, 시동 전 예열(워밍 또는 난기)할 때 실시한다. 터닝 시에 피스톤의 왕복운동부, 크랭크축의 회전상태 및 밸브의 작동 상태 등도 확인한다.

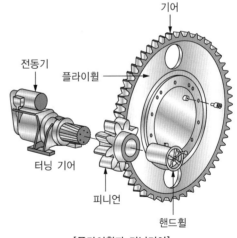

[플라이휠과 터닝기어]

**핵심예제**

**12-1. 다음 중 기관의 회전을 원활하게 하고 진동을 감소시키는 역할을 하는 것은 무엇인가?**

① 크랭크축
② 크랭크 핀
③ 크랭크암
④ 밸런스 웨이트

정답 ④

**12-2. 크랭크암 사이의 거리가 축소되거나 확대되는 작용을 말하는 것은 무엇인가?**

① 디플렉션
② 플러터 현상
③ 비틀림 진동
④ 벤딩 모멘트

정답 ①

**해설**

12-1
기관의 회전을 원활하게 하고 진동을 감소시켜 주는 것은 평형추(밸런스 웨이트)이다.

12-2
크랭크축이 회전할 때 크랭크암 사이의 거리가 넓어지거나 좁아지는 현상을 크랭크암 개폐작용이라 하고 영어로 크랭크암 디플렉션(Crank Arm Deflection)이라 한다. 이를 측정하는 것을 간단히 디플렉션을 계측한다고 한다.

---

**핵심이론 13 흡기 밸브와 배기 밸브의 구동 장치**

① 흡기 밸브와 배기 밸브 : 흡기 밸브는 새로운 공기를 실린더 내에 흡입하고, 배기 밸브는 작동을 끝낸 가스를 배출하는 역할을 하고 실린더 헤드에 설치한다. 4행정 사이클 기관에서는 흡기 · 배기 밸브가 모두 필요하지만 2행정 사이클 기관에서는 보통 소기구를 통하여 공기를 공급하므로 흡기 밸브는 없고 배기 밸브만 설치한다.

② 밸브 구동 장치 : 밸브의 구동은 캠에 의하여 작동되는데 4행정 사이클 기관에서는 흡기 밸브와 배기 밸브를 구동하기 위한 캠이 필요하고, 2행정 사이클 기관에서는 흡기 밸브가 없으므로 배기 캠만 필요하다.

　㉠ 4행정 사이클 기관의 밸브 구동장치 : 캠축이 회전하여 캠의 돌기부가 푸시로드를 밀어 올리고, 푸시로드가 올라가면 밸브레버(로커암)를 거쳐 밸브를 눌러주면 밸브가 열리게 된다. 평소에는 스프링의 힘에 의해 닫혀 있다.

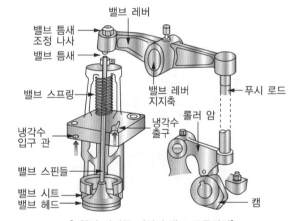

[4행정 사이클 기관의 밸브 구동장치]

ⓛ 밸브 틈새(Valve Clearance 또는 Tappet Clearance)
: 4행정 사이클 기관에서 밸브가 닫혀 있을 때 밸브
스핀들과 밸브 레버 사이에 틈새(보통 0.5[mm])가 있
어야 하는데, 밸브 틈새를 증가시키면 밸브의 열림 각
도와 밸브의 양정이 작아지고, 밸브 틈새를 감소시키면
밸브의 열림 각도와 양정이 크게 된다.

• 밸브 틈새가 너무 클 때 : 밸브가 닫힐 때 밸브 스핀들
과 밸브 시트의 접촉 충격이 커져 밸브가 손상되거나
운전 중 충격음이 발생하고 흡기·배기가 원활하게
이루어지지 않는다.

• 밸브 틈새가 너무 작을 때 : 밸브 및 밸브 스핀들이
열 팽창하여 틈이 없어지고 밸브는 완전히 닫히지
않게 되며 이때 압축과 폭발이 원활히 이루어지지
않아 출력이 감소한다.

ⓒ 2행정 사이클 기관의 밸브 구동 장치 : 밸브는 캠에
의한 유압 전달 장치를 통해서 작동되는데 배기 밸브
가 열릴 때에는 유압 파이프를 통하여 들어온 작동유
가 유압 실린더 내의 피스톤을 작동시켜 밸브 스핀들
을 아래로 밀면 배기 밸브가 열리고, 에어 피스톤의
아래쪽으로 공기가 공급되면 밸브가 닫힌다.

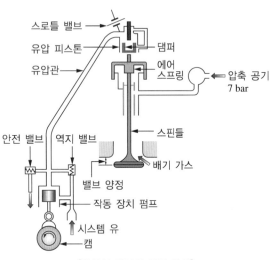

[유압식 밸브의 작동 장치]

ⓔ 캠과 캠축 구동 장치
• 캠 : 용도에 따라 흡기·배기 캠, 시동 캠, 연료 캠
등으로 구분하고 형상에 따라 접선 캠, 정가속도 캠,
원호 캠 등이 있다.

• 캠축 : 흡기 밸브나 배기 밸브를 개폐하기 위한 캠과
연료 펌프를 구동하기 위한 캠 등이 일체로 되어 크랭
크축과 평행하게 기관 블록 옆 부분에 설치된다.
• 캠축 구동 장치 : 크랭크축에서 기어나 체인을 이용
하여 캠축으로 동력을 전달하여 캠축을 회전시킨다.

**핵심예제**

**13-1.** 다음 중 흡기·배기 밸브 간극(태핏 클리어런스)을 측정
할 때 필요한 것은 무엇인가?
① 수동력계
② 필러게이지
③ 실린더게이지
④ 안지름 마이크로미터

정답 ②

**13-2.** 흡기·배기 밸브 틈새가 규정치보다 너무 작으면 어떤 현
상이 일어나는가?
① 닫히는 시기가 빠르다.
② 열리는 시기가 늦다.
③ 밸브 리프트가 커진다.
④ 밸브 리프트가 작아진다.

정답 ③

**해설**
13-1
흡기·배기 밸브의 간극(틈새)을 밸브 클리어런스(Valve Clearance) 또는 태핏
클리어런스(Tappet Clearance)라고도 하며 이를 계측할 때 필러게이지를 사용
한다.
13-2
밸브 간극이 작으면 밸브 리프트가 커져 공기의 출입은 원활하다. 그러나 밸브가
닫힐 때 완전히 닫히지 않는 현상이 발생하여 압축 및 작동 행정에서 연소가스가
새어 나갈 위험이 있다. 또한 밸브 틈새가 작으면 밸브의 열리는 시기는 빨라지고
닫히는 시기는 늦어진다.

## 핵심이론 14 기관의 과급·시동·조속 장치

① 과급 장치 : 과급기(터보차저 또는 슈퍼차저)를 설치하여 연소에 필요한 공기를 대기압 이상의 압력으로 압축하여 밀도가 높은 공기를 실린더 내에 공급하여 연료를 완전 연소시킴으로써 평균 유효 압력을 높여 기관의 출력을 증대시킨다.

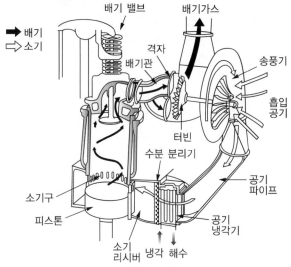

[2행정 사이클 기관의 배기가스 터빈 과급기의 작동원리]

※ 원리 : 각 실린더로부터 나오는 배기가스를 이용하여 과급기의 터빈을 회전시키고 터빈이 회전하게 되면 같은 축에 있는 송풍기가 회전하면서 외부의 공기를 흡입하여 압축한다. 송풍기에서 압축된 높은 온도의 공기는 냉각기를 통과하면서 냉각되어 공기의 밀도가 높아진다. 이렇게 밀도가 높아진 공기는 소기(급기)리시버를 거쳐 소기구를 통해 실린더에 공급되어 연소가 충분히 되도록 한다.

② 시동 장치 : 디젤기관은 자력으로 시동할 수 없으므로 연료가 착화될 때까지 외부에서 크랭크축을 회전시켜 주어야 한다.
　㉠ 소형 기관 : 축전지(배터리)를 이용하여 시동전동기로 크랭크축을 회전시켜 시동한다.
　㉡ 중형 이상의 기관 : 25~30[kgf/cm²]의 압축공기로 각 실린더 헤드에 있는 시동 밸브를 거쳐 작동행정 중에 있는 피스톤을 강하게 밀어내려 크랭크축을 회전시켜 기관을 시동한다.

③ 조속 장치 : 조속기(거버너)는 여러 가지 원인에 의해 기관의 부하가 변동할 때 연료 공급량을 조절하여 기관의 회전속도를 원하는 속도로 유지하거나 가감하기 위한 장치이다.
　㉠ 정속도 조속기 : 발전기용 기관에 주로 사용되는 것으로 부하의 변동에 관계없이 항상 일정한 회전 속도를 유지한다.
　㉡ 가변 속도 조속기 : 주기관용 기관에서 주로 사용하는 것으로 최저 회전 속도에서부터 최고 회전 속도까지 자동적으로 연료 공급량을 조절하여 광범위하게 원하는 속도를 조정한다.
　㉢ 과속도 조속기 : 선박의 주기관 및 발전기 기관에 반드시 설치하는 것으로 비상용 조속기라고도 한다. 황천 항해나 기관의 오작동 등으로 기관이 급회전을 하게 되면 즉시 연료 공급을 차단하여 기관을 안전하게 보호하는 장치로 최고 회전 속도만을 제어한다.

---

**핵심예제**

**14-1. 디젤기관의 시동공기 압력은 얼마인가?**

① 10~15[kgf/cm²]
② 15~20[kgf/cm²]
③ 20~25[kgf/cm²]
④ 25~30[kgf/cm²]

정답 ④

**14-2. 무부하에서 전부하까지 항상 일정한 기관 속도를 유지하는 조속기로서 발전기용 기관에 사용하는 조속기는 무엇인가?**

① 변속도 조속기
② 정속도 조속기
③ 과속도 조속기
④ 속도제한 조속기

정답 ②

해설

14-1
압축공기를 이용하여 시동을 하는 기관에서는 25~30[kgf/cm²]의 압축공기를 이용한다.

14-2
발전기용 기관에 사용하고 부하에 관계없이 항상 일정한 기관속도를 유지하는 조속기(거버너)는 정속도 조속기이다.

## 1-6. 운전과 정비

**핵심이론 15** 운전 및 점검 사항

### ① 시동 전 점검사항

- ㉠ 압축 공기 계통 : 시동 공기탱크 압력 확인($30[kgf/cm^2]$), 드레인 밸브를 이용해 수분을 배출한다.
- ㉡ 윤활유 계통 : 섬프 탱크 레벨 확인, 윤활유 펌프 정상 작동과 온도·압력 확인 및 윤활유 필터를 확인한다.
- ㉢ 연료유 계통 : 연료유 서비스 탱크 레벨 확인 및 드레인 밸브를 이용하여 수분과 침전물 배출, 연료유 공급 펌프 및 순환 펌프를 기동하여 압력 및 온도 확인, 연료유 필터를 확인한다.
- ㉣ 냉각수 계통 : 팽창 탱크 수위 점검 및 냉각수 예열기를 작동하여 기관을 예열한다.
- ㉤ 작동부 이상 유무 : 터닝 기어로 기관을 회전시키면서 이상 유무 확인, 인디케이터 콕으로부터 물이나 기름 등의 이물질이 나오는지 확인한다.
- ㉥ 제어반 점검 : 각종 제어반 계기, 안전장치 및 경보 감시 장치를 확인한다.

### ② 시동 후 점검사항

- ㉠ 기관이 시동되면 각 작동부의 진동, 압력계, 온도계, 회전계 등을 확인 및 이상발열이나 소음을 확인한다.
- ㉡ 각 실린더의 연소 상태 확인, 냉각수, 연료유, 윤활유의 공급과 누설 여부를 확인한다.
- ㉢ 정상적으로 회전수가 올라가는지 확인하고 부하에 따른 적정 회전수인지 확인한다.

### ③ 기관 정지 후 조치사항

- ㉠ 기관 회전수를 서서히 낮추어 기관을 정지시킨다.
- ㉡ 인디케이터 콕을 열고 시동 공기로 기관을 몇 회 공회전시켜 실린더 내의 잔류가스를 배출한다.
- ㉢ 윤활유 펌프나 냉각수 펌프는 기관의 방식에 따라 필요하면 작동을 시킨다.
- ㉣ 크랭크케이스 커버를 열어 베어링 메탈의 탈락이나 내부 작동부의 온도나 너트 풀림을 확인한다.
- ㉤ 추운 지역에서 장기간 정지하고 있을 때는 냉각수 계통의 물을 빼내어 동파 방지, 가능하면 예열(워밍) 상태로 유지한다.

### ④ 고장의 원인과 점검

- ㉠ 시동이 안 될 경우
  - 연료 공급 확인 및 연료유에 물이나 공기가 차 있는지 확인한다.
  - 시동 배터리나 시동공기의 압력을 확인한다.
  - 실린더 내의 온도가 낮거나 냉각수의 온도가 너무 낮은지 확인한다.
  - 연료분사 시기나 연료분사 상태를 확인한다.
  - 흡기·배기밸브의 누설 상태를 확인한다.
- ㉡ 윤활유 소비량이 많을 경우
  - 윤활계통의 누설 여부를 확인한다.
  - 피스톤이나 실린더 마멸의 상태 및 베어링 틈새가 너무 큰지 확인한다.
  - 윤활유의 온도가 높은지 확인한다.
- ㉢ 배기 온도가 너무 높을 경우
  - 연료 분사량이 많은지 확인한다.
  - 과부하로 운전되는지 확인한다.
  - 배기 밸브의 누설여부 및 개폐 상태를 확인한다.
  - 후연소가 너무 길면 온도가 높아지므로 분사시기를 확인한다.
- ㉣ 배기색이 유색인 경우
  - 검은색 : 과부하 운전, 연료 분사량의 과다 및 불완전 연소를 확인한다.
  - 백색 : 실린더 내의 냉각수 유입, 연료유에 수분 함유를 확인한다.
  - 청색 : 윤활유가 과다 유입되어 연소하는지 확인한다.
- ㉤ 기관의 진동이 심할 경우
  - 위험 회전수로 운전하는지 확인한다.
  - 기관의 노킹을 일으키는지 확인한다.
  - 각 실린더의 폭발 압력이 고른지 확인한다.
  - 기관의 인장볼트나 타이볼트가 풀렸는지 확인한다.
  - 각부 베어링의 틈새가 너무 큰지 확인한다.
- ㉥ 기관을 비상 정지시켜야 하는 경우
  - 왕복운동부나 회전 운동부에 이상한 소음이 발생할 때
  - 기관 주요부의 과도한 열이 발생하거나 연기가 날 때
  - 윤활유 압력 저하, 냉각수 온도 급상승, 연료유 공급 압력이 급격하게 저하할 때
  - 기관의 회전수가 최고 회전수 이상으로 급격히 증가할 때
  - 실린더 내의 안전밸브가 열리거나 불량할 때

**핵심예제**

**15-1. 선박의 디젤기관에서 배기색이 나빠지는 일반적인 원인이 아닌 것은 무엇인가?**

① 연료유가 불량할 때
② 기관이 과부하 상태에 있을 때
③ 실린더 내의 압축 압력이 높을 때
④ 연료분사 밸브의 분무상태가 불량한 때

정답 ③

**15-2. 다음 중 윤활유 압력이 저하되는 원인이 아닌 것은 무엇인가?**

① 유량 부족　　　　② 여과기의 막힘
③ 윤활유의 냉각　　④ 윤활유 펌프의 고장

정답 ③

**15-3. 기관의 시동이 곤란한 경우의 조치 사항이 아닌 것은 무엇인가?**

① 시동밸브 작동확인
② 배기가스 온도 검사
③ 흡·배기밸브의 누설 확인
④ 시동공기압력을 상승

정답 ②

**15-4. 기관을 시동 중 엔진이 급회전할 때 취해야 하는 사항이 아닌 것은 무엇인가?**

① 거버너 검사
② 냉각수 펌프의 작동상태
③ 시동 전 가연성 가스를 배제했는지의 유무
④ 한꺼번에 많은 연료가 연소되는지 검사

정답 ②

**해설**

**15-1**
일반적으로 실린더 내의 압축 압력이 높아지면 연소가 잘 이루어진다. 연료의 양이 너무 많은 경우, 연료에 수분이 다량 함유된 경우, 윤활유의 양이 너무 많이 연소되는 경우 등이 배기색이 나빠지는 원인이다.

**15-2**
윤활유의 냉각이 압력 저하의 원인은 아니다. 윤활유의 양이 부족한 경우, 여과기(필터)가 막힌 경우, 윤활유 계의 누설 및 펌프의 고장 등이 압력 저하의 원인이 된다.

**15-3**
시동이 잘되지 않을 경우에는 연료 공급 상태, 시동공기 압력, 시동밸브 작동 상태, 흡·배기 밸브의 누설 등을 확인해야 한다. 배기가스 온도 검사는 시동이 된 후의 검사 사항으로 각 실린더의 배기 온도가 적정한지 확인해야 한다.

**15-4**
기관이 급회전하는 경우는 연료유가 정상 작동상태보다 많이 들어간 경우가 대부분이며 조속기의 오작동으로 급회전하는 경우도 있다. 냉각수 펌프의 작동 유무가 급회전에 영향을 주지는 않는다.

---

## 2　외연기관

### 2-1. 보일러의 원리와 종류

**핵심이론 01　보일러의 원리**

① 개요 : 보일러는 연료를 연소시켜 발생하는 열로 드럼 속의 물을 증발시켜 증기를 만드는 장치이다.
　㉠ 주보일러 : 터빈선에서 주로 사용되는 것으로 추진용 터빈의 증기를 만드는 보일러이다.
　㉡ 보조보일러 : 디젤기관을 주기관으로 사용하는 선박에서 선내의 다양한 용도로 사용하는 증기를 만드는 보일러이다.
② 증기의 성질 : 물을 가열할 경우 물의 온도는 상승하고 일정한 온도에 도달하면 물이 끓기 시작하여 증기가 발생한다.
　㉠ 물 : 액체 상태로 온도가 상승함에 따라 물은 팽창하므로 피스톤은 약간 상승한다.
　㉡ 포화액 : 증발 직전의 액체를 말하는데 물의 온도가 계속 상승하여 100[℃]에 도달하게 되면 물은 여전히 액체 상태이지만 열이 더 가해지면 증발하기 시작한다.
　㉢ 습포화 증기 : 액체와 증기가 동시에 존재하는 혼합물을 말하며 포화 상태인 물에 열을 가하면 증발이 시작되며 가해지는 열량은 모두 증발에 소비되며 부피가 급격히 증가한다.
　㉣ 건포화 증기 : 물이 모두 증발한 상태의 증기를 말하는데 압력이 일정하므로 액체가 모두 증기로 변하는 과정 동안 온도는 일정하게 유지한다.
　㉤ 과열 증기 : 건포화 온도 이상으로 가열된 증기를 말하며 건포화 증기를 계속 가열하면 건포화 온도보다 온도가 높아지며 부피도 증가한다.

③ 증기 사이클 : 보일러에서 연료를 연소시켜 고온·고압의 증기를 만들어 내는 증기 발생 과정을 말하며, 터빈에 공급된 증기가 팽창하면서 열에너지를 동력으로 전환시키는 증기 팽창과정, 터빈에서 일을 하고 나온 증기가 복수기로 들어가 물로 응축되는 복수 과정, 응축된 복수는 급수 계통으로 들어가고 다시 급수 펌프에 의해 보일러로 보내는 급수 과정을 거치는 사이클을 반복한다. 증기 사이클은 기본적으로 랭킨 사이클이 있고 사이클의 열효율을 증대시키기 위하여 부가되는 장치에 따라 재생 사이클, 재열 사이클 및 재생-재열 사이클이 있다.

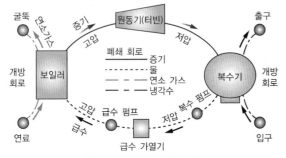

[증기 사이클의 기본 구성]

**핵심예제**

**1-1. 연도가스로 보일러의 급수를 가열하는 장치는 무엇인가?**

① 절탄기
② 과열기
③ 통풍장치
④ 공기예열기

정답 ①

**1-2. 선박용 보일러의 구비조건으로 맞지 않는 것은 무엇인가?**

① 취급이 간단할 것
② 급수 처리가 간단할 것
③ 보일러 내부 압력이 높을 것
④ 부하의 변동에 쉽게 따를 것

정답 ③

**해설**

1-1
절탄기는 연도(연돌이라고도 함, 주기관의 배기가스를 선외로 배출하기 위한 관)가스의 폐열을 회수하여 증기를 생산하는 것이다.

1-2
선박용 보일러는 취급이 간단해야 하고 부하의 변동에 따라 쉽게 조정이 가능해야 한다. 그리고 급수 처리가 간단해야 하는데 보일러 내부 압력이 높을 필요는 없고 선박의 종류에 따라 적정 압력을 유지해야 한다.

---

**핵심이론 02 보일러의 종류**

① **수관식 보일러** : 1개 이상의 드럼으로 구성되어 있고 이 드럼들은 다수의 수관으로 연결되어 있다. 수관을 자유롭게 배치할 수 있기 때문에 공간적 제한이 없으며 수관을 수랭벽으로 배치하여 연소실 주위의 노벽을 고온으로 보호할 뿐만 아니라 열전달 면적을 크게 할 수 있으므로 고효율, 대용량 보일러에 적합하다.

② **연관식 보일러** : 원통 속에 전열면이 되는 연소실과 다수의 연관을 갖추고, 연소실에서 발생한 연소가스가 연관 내에 흘러 연소실 및 연관과 바깥쪽 원통과의 사이에 들어가 물을 증발시키도록 한 보일러이다.

③ **배기 보일러** : 디젤기관을 주기관으로 하는 선박에서 주로 사용하는 것으로 디젤기관의 배기 온도가 300~400[℃] 정도로 높은 열에너지를 가지고 있는데 항해 중에 이 열을 이용하는 배기 보일러를 설치하여 폐열을 회수한다. 절탄기(이코노마이저, Economizer) 또는 배기 가스 이코노마이저(Exhaust Gas Economizer)라고도 한다.

**핵심예제**

**연관 보일러에서 연관 속으로 통과하는 것은 무엇인가?**

① 물
② 증기
③ 연소가스
④ 물과 증기

정답 ③

**해설**

연관 보일러는 연소실에서 발생한 연소가스가 연관 내로 흐르는 것이다. 반대로 수관식 보일러는 수관 속에 물이 흐르는 보일러를 말한다.

## 2-2. 보일러의 부속 장치

**핵심이론 03** 보일러의 주요 부속 장치

① **연소 장치** : 보일러의 주된 연소 장치는 버너이며 용도에 따라 압력 분무식 버너, 공기 또는 증기 분무식 버너를 사용한다.

② **과열기** : 보일러 본체에서 발생되는 증기는 약간의 수분을 함유한 포화증기인데 이 증기를 더 가열하여 수분을 증발시키고 온도가 매우 높은 과열 증기를 만드는 장치이다.

③ **공기 예열기** : 연돌(연도)로 빠져나가는 연소가스의 폐열을 이용하여 연소용 공기를 예열하는 장치이다.

④ **급수 장치** : 보일러 증기 드럼 내의 압력 이상으로 급수의 압력을 높여 보일러 드럼으로 보내는 장치로 주로 다단 터빈 펌프를 사용하며 대부분의 선박에서 자동급수장치를 사용한다.

⑤ **통풍 장치** : 연소에 필요한 공기를 공급하고 연소가스가 보일러 본체와 연돌을 거쳐서 대기로 방출시키는 장치이다.

⑥ **안전밸브(세이프티 밸브, Safety Valve)** : 보일러의 증기 압력이 보일러 설계 압력에 도달하면 자동으로 밸브가 열려 증기를 대기로 방출시켜 보일러를 보호하는 장치로 보일러마다 2개 이상 설치해야 한다.

⑦ **수면계** : 보일러의 수위를 표시하는 장치로 보통 보일러마다 2개의 수면계를 설치한다.

⑧ **수트 블로어** : 연소가스가 닿는 전열면에는 그을음(수트, Soot)과 재가 퇴적되어 열교환을 방해하거나 부식을 일으키므로 이 전열면에 증기 또는 공기를 강제로 불어 넣어서 그을음을 제거하는 장치이다.

⑨ **화염 검출기** : 보일러 점화 시에 연소가 계속되고 있다는 것을 화염 빛에 반응하는 광전 소자를 이용하여 신호를 보내는 장치로 불꽃 화염이 감지되지 않을 시에는 즉시 연료 공급을 차단시켜 역화(Back Fire)나 폭발 등의 사고를 방지하는 장치이다.

---

**핵심예제**

**3-1. 다음 중 보일러에서 연소를 도와주는 장치는 무엇인가?**

① 절탄기　　　　　　② 과열기
③ 안전밸브　　　　　④ 공기예열기

**정답** ④

**3-2. 보일러에서 포화증기를 과열증기로 만들어 주는 장치는 무엇인가?**

① 수면계　　　　　　② 과열기
③ 화염감지기　　　　④ 수트 블로어

**정답** ②

**3-3. 다음 중 보일러에서 수트 블로어가 하는 역할을 가장 잘 설명한 것은 무엇인가?**

① 급수를 가열한다.
② 공기를 예열한다.
③ 그을음이나 재를 제거한다.
④ 과열증기를 만들어낸다.

**정답** ③

**해설**

**3-1**
공기 예열기는 연돌(연도)로 빠져나가는 연소가스의 폐열을 이용하여 연소용 공기를 예열하는 장치인데 차가운 연소용 공기를 예열하면 연소에 도움이 된다.

**3-2**
보일러 본체에서 발생된 포화증기를 온도가 매우 높은 과열증기로 만드는 장치는 과열기이다.

**3-3**
수트 블로어는 수트(그을음이나 재, Soot)를 공기나 증기로 불어내는 장치를 말하는데 주로 절탄기(이코노마이저, Economizer)가 설치된 선박에서 사용하고 기관이 항해 중일 때 작동시킨다. 이때 연돌에는 새까만 그을음과 재가 갑판에 떨어질 수 있으므로 선체의 운항 방향과 바람의 방향을 고려하여 작동시켜야 한다.

# 3 추진장치 및 동력전달장치

## 3-1. 축계장치와 프로펠러

**핵심이론 01 축계장치**

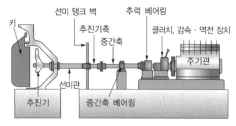

[축계장치]

① 추력축 : 추력(스러스트)이란 앞으로 나아가는 힘을 말하고 추력축은 추진축에 작용하는 추력이 추력 칼라를 통해 추력베어링에 전달되도록 하는 것이다.

② 추력 베어링(스러스트 베어링) : 선체에 부착되어 있고 추력 칼라의 앞과 뒤에 설치되어 프로펠러로부터 전달되어 오는 추력을 추력 칼라에서 받아 선체에 전달하여 선박을 추진시키는 역할을 한다. 그 종류에는 상자형 추력 베어링, 미첼형 추력 베어링 등이 있다.

③ 중간축 : 추력축과 프로펠러축을 연결하는 역할을 하는 것으로 소형 선박에서는 일체로 단조된 일체형을 사용하고, 대형 선박에서는 끼워 맞춤형과 테이퍼형을 주로 사용한다.

④ 중간축 베어링 : 중간축이 회전할 수 있도록 축의 무게를 받쳐 주는 베어링이다.

⑤ 프로펠러축(추진기축) : 프로펠러축은 프로펠러에 연결되어 프로펠러에 회전력을 전달하는 축이다.

⑥ 선미관(스턴튜브, Stern Tube) : 프로펠러축이 선체를 관통하는 부분에 설치되어 해수가 선체 내로 들어오는 것을 막고 프로펠러축을 지지하는 베어링 역할을 한다.

⑦ 선미관 베어링 : 선미관 내부에는 프로펠러축을 회전할 수 있게 하는 선미관 베어링과 해수가 선내로 침입하지 못하도록 하는 선미관 밀봉장치가 설치되어 있는데, 종류에는 해수 윤활식 선미관 베어링과 기름 윤활식 선미관 베어링으로 나뉜다. 해수 윤활식 선미관 베어링의 재료는 리그넘바이티와 합성고무가 쓰인다.

**핵심예제**

**1-1. 프로펠러의 추력을 선체에 전달하는 역할을 하는 것은 무엇인가?**

① 메인 베어링
② 중간 베어링
③ 스러스트 베어링
④ 크로스헤드 베어링

**정답 ③**

**1-2. 다음 중 선미관 밀봉장치의 역할을 가장 잘 설명한 것은 무엇인가?**

① 축계의 스러스트를 지지한다.
② 프로펠러의 부식을 방지한다.
③ 선내에 해수가 침입하는 것을 방지한다.
④ 프로펠러의 추력을 선체에 전달한다.

**정답 ③**

**1-3. 선미관을 해수로 윤활하는 경우 프로펠러축에 씌운 슬리브가 하는 역할 중 주된 역할은 무엇인가?**

① 회전작용
② 윤활작용
③ 냉각작용
④ 부식방지

**정답 ④**

**해설**

1-1
추력(앞으로 나아가는 힘)은 스러스트라고 하는데 스러스트 베어링은 추력을 선체에 전달하는 역할을 한다.

1-2
선미관 밀봉장치는 해수가 선내에 침입하는 것을 방지하는 역할을 한다.

1-3
선미관의 종류에는 해수 윤활식과 기름 윤활식 선미관이 있는데 해수 윤활식 선미관은 소형선박이나 과거 선박에 주로 사용된 방식으로 프로펠러축이 해수와 직접 접촉하면 부식이 잘 일어난다. 그러므로 프로펠러축에 슬리브를 씌워 프로펠러축의 부식을 방지하고 슬리브의 부식이 많이 진행되면 슬리브를 교환하여 준다. 반면 최근에는 주로 기름 윤활식 선미관을 사용하여 해수와의 접촉을 차단해 프로펠러축의 부식을 방지하고 오래 사용할 수 있다.

## 핵심이론 02 프로펠러

① 선박의 저항

　㉠ 마찰 저항 : 선박이 전진할 때 선체의 표면에 접촉하는 물의 점성에 의해 생긴 마찰이다. 저속일 때 전체 저항의 70~80%이고 속도가 높아질수록 그 비율이 감소한다.

　㉡ 조파 저항 : 배가 전진할 때 받는 압력으로 배가 만들어 내는 파도의 형상과 크기에 따라 저항의 크기가 결정된다. 저속일 때는 저항이 미미하지만 고속 시에는 전체 저항의 60%에 이를 정도로 증가한다.

　㉢ 와류 저항 : 선미 주위에서 많이 발생하는 저항으로 선체 표면의 급격한 형상변화 때문에 생기는 와류(소용돌이)로 인한 저항이다.

　㉣ 공기 저항 : 수면 위 공기의 마찰과 와류에 의하여 생기는 저항이다.

② 프로펠러 : 선박 내에 설치된 기관으로부터 동력을 전달받아 회전력에 의해 발생된 추력을 선체에 전달하여 배를 전진시킨다.

　㉠ 피치 : 프로펠러가 1회전했을 때 전진하는 거리이다.

　　• 고정피치 프로펠러(FPP) : 일반적으로 프로펠러라고 하면 고정피치 프로펠러를 말하며 스크루 프로펠러라고도 한다. 날개각이 고정되어 있어 전진과 후진을 할 때는 프로펠러의 회전방향을 바꾸어 주어야 하며(주기관 자체를 역전), 높은 추력을 발생하고 효율이 높다.

　　• 가변피치 프로펠러(CPP) : 프로펠러 날개의 각도를 변화시켜서 피치를 조정하고 이를 통해 배의 속도와 전진・후진 방향을 조정한다.

　㉡ 보스 : 프로펠러 날개를 프로펠러축에 연결해 주는 부분이다.

　㉢ 프로펠러 지름 : 프로펠러가 1회전할 때 날개(블레이드)의 끝이 그린 원의 지름이다.

　㉣ 경사 : 선체와 간격을 두기 위해 프로펠러 날개가 축의 중심선에 대하여 선미 방향으로 기울어져 있는 정도를 말한다.

③ 프로펠러의 캐비테이션 침식

　㉠ 공동 현상(캐비테이션, Cavitation) : 프로펠러의 회전속도가 어느 한도를 넘어서면 프로펠러 배면의 압력이 낮아지고 표면에 기포 상태가 발생하는데 이 기포가 순식간에 소멸되면서 높은 충격 압력을 받아 프로펠러 표면을 두드리는 현상이다.

　㉡ 캐비테이션 침식 : 공동 현상이 반복되어 프로펠러 표면이 거친 모양으로 침식되는 현상으로 프로펠러의 손상을 가져온다. 이를 방지하기 위해서는 회전수를 지나치게 높이지 않고 프로펠러가 수면 부근에서 회전하지 않도록 해야 한다.

---

**핵심예제**

**2-1. 다음 중 물의 점성 때문에 발생하는 저항은 무엇인가?**

① 마찰저항　　　　　　　　② 조파저항
③ 와류저항　　　　　　　　④ 공기저항

정답 ①

**2-2. 기관과 추진축을 항상 일정한 방향으로 회전시키면서 선박을 전・후진시킬 수 있는 프로펠러는 무엇인가?**

① 고정피치 프로펠러　　　② 가변피치 프로펠러
③ 스크루 프로펠러　　　　④ 외차 프로펠러

정답 ②

**2-3. 다음 중 프로펠러의 지름을 설명한 것은 무엇인가?**

① 프로펠러 피치라고도 한다.
② 프로펠러 속도와 같은 말이다.
③ 블레이드 끝이 그리는 원의 직경이다.
④ 프로펠러 보스가 그리는 원의 직경이다.

정답 ③

해설

2-1
마찰저항은 선박이 전진할 때 선체의 표면에 접촉하는 물의 점성에 의해 생긴 마찰이다.

2-2
가변피치 프로펠러는 프로펠러축(추진축)의 회전은 한 방향으로만 하고 날개(블레이드)의 각도를 변화시켜 속도 조정과 전・후진의 방향을 바꾼다.

2-3
프로펠러가 1회전할 때 날개(블레이드)의 끝이 그린 원의 지름을 프로펠러 지름이라고 한다.

## 3-2. 기타 동력전달장치

### 핵심이론 03 클러치, 변속기 및 역전장치

① 클러치 : 동력전달장치의 기관에서 발생한 동력을 추진기축으로 전달하거나 끊어 주는 장치이다.
  ㉠ 마찰 클러치 : 고체 접촉면 사이의 마찰력을 이용하여 회전력을 전달하는 장치이다.
  ㉡ 유체 클러치 : 유체커플링이라고도 하며 기관의 동력을 유체의 운동에너지로 바꾸고 이 에너지를 다시 동력으로 변환하여 변속기에 전달하는 클러치이다.
  ㉢ 전자 클러치 : 전자석의 작용에 의하여 작동시키는 것으로 전자 원판 클러치와 전자 분말 클러치가 있다.
② 변속기 : 주로 자동차나 소형 선박에 사용되며 대형 선박에서는 사용되지 않는 것으로 자동차가 주행할 때에 필요한 구동력을 적재 하중 및 주행 속도에 따라 알맞도록 회전동력을 바꾸는 장치이다.
  ㉠ 수동 변속기 : 수동 조작에 의해 기어를 바꾸는 변속장치이다.
  ㉡ 자동 변속기 : 기관에서 발생한 동력을 전달하고 끊는 클러치의 작용과 회전속도 및 토크를 변화시키는 변속기의 작용이 자동적으로 이루어지는 변속기이다.
③ 감속장치 : 기관의 크랭크축으로부터 회전수를 감속시켜서 추진 장치에 전달하여 주는 장치이다. 기관은 출력증대와 열효율 향상을 위해서는 높은 회전수의 운전이 필요하고, 추진장치(프로펠러)의 효율을 높이기 위해서는 프로펠러의 회전수를 낮게 운전하기 위한 목적으로 감속장치가 필요하다.
④ 역전장치 : 프로펠러를 역전시켜 선박을 전진 또는 후진시키는 장치이다.
  ㉠ 직접 역전 장치 : 대형 저속 기관에서 주로 사용되며, 캠축 이동식 역전 장치가 있다. 연료 분사시기와 흡·배기 밸브의 개폐시기를 바꾸어 주기관을 역회전시키고 프로펠러가 회전하는 방향을 전환한다.
  ㉡ 간접 역전 장치 : 감속 역전기, 가변 피치 프로펠러, 유니언식 역전장치 등이 있으며 주기관의 회전 방향은 일정하며 역전기나 프로펠러 날개(블레이드) 각도를 조정하여 속도나 회전 방향을 전환하는 장치이다.

### 핵심예제

**3-1.** 다음 중 클러치의 종류에 속하지 않는 것은 무엇인가?

① 전자 클러치
② 마찰 클러치
③ 유체 클러치
④ 가스 클러치

정답 ④

**3-2.** 기관의 회전수보다 추진기의 회전수를 낮게 하여 효율을 높이는 장치는 무엇인가?

① 클러치
② 감속장치
③ 변속기
④ 역전장치

정답 ②

### 해설

3-1
동력전달장치에서 동력의 전달을 차단하거나 지속시키는 장치는 클러치이고 그 종류에는 마찰, 유체, 전자 클러치가 있다.

3-2
기관은 회전수가 높아야 효율이 좋고, 추진기(프로펠러)는 회전수가 낮아야 효율이 좋으므로 기관과 추진기 사이에 감속장치를 설치하여 효율을 높인다.

## 4 연료 및 윤활제

### 4-1. 선박의 연료장치

**핵심이론 01** 연료의 성질과 선박의 연료장치

① **연료의 성질** : 연료의 성질에 따라 연료의 분사와 연소상태를 좋게 하고 기관의 성능을 향상시킬 수 있으며 실린더와 피스톤 등의 마모를 방지할 수 있다.
  ㉠ 비중 : 부피가 같은 기름의 무게와 물의 무게비이며 선박에서 많이 사용하는 중유의 경우 0.91~0.99 정도이다.
  ㉡ 점도 : 유체의 흐름에서 분자 간 마찰로 인해 유체가 이동하기 어려운 정도를 말하며 유체의 끈적끈적한 정도를 나타낸다.
  ㉢ 인화점 : 가연성 물질에 불꽃을 가까이했을 때 불이 붙을 수 있는 최저 온도로 인화점이 낮으면 화재의 위험성이 높은 것이다.
  ㉣ 발화점 : 연료의 온도를 인화점보다 높게 하면 외부에서 불을 붙여주지 않아도 자연 발화하는데 이처럼 자연 발화하는 최저 온도를 말하며 착화점이라고도 한다.
  ㉤ 발열량 : 연료가 완전연소했을 때 내는 열량이다.
  ㉥ 연료유의 불순물 : 잔탄소분, 유황분, 수분, 슬러지 등이 있다.

② **선박의 연료장치** : 연료는 연소과정을 통해 열, 빛, 동력 에너지를 얻을 수 있는 물질을 말하며, 내연기관에서는 휘발유, 경유, 중유 등과 같은 액체 연료를 주로 사용하고 천연가스, 액화석유가스 등의 기체 연료도 사용한다.

  ㉠ 디젤유 서비스 탱크 : 청정기에서 청정된 디젤유를 기관에 공급하도록 저장하는 탱크이다.
  ㉡ 중유 서비스 탱크 ; 청정기로 청정한 중유를 기관에 공급하도록 저장하는 탱크이다.
  ㉢ 공급펌프 : 연료유를 서비스 탱크에서 기관까지 공급하기 위하여 압력을 높여 준다.
  ㉣ 순환펌프 : 연료유가 정체되면 냉각되어 점도가 상승하므로 서비스탱크에서 기관 사이를 계속 순환시켜 점도를 유지시킨다.
  ㉤ 연료유 가열기 : 연료유를 기관에 공급할 때 적정 점도를 유지하기 위하여 가열한다.
  ㉥ 기관 입구 연료 필터 : 연료유 중의 고형분과 찌꺼기를 여과하여 연료분사펌프나 연료밸브의 손상을 방지한다.
  ㉦ 연료유 드레인 탱크 : 연료 분사 계통에서 누설하는 연료유가 모이는 탱크이다.

③ **연료 분사장치** : 연료를 발화시키기 위하여 실린더 내의 압축 공기에 연료를 고압으로 분사하는 장치이다. 연료 분사 펌프와 연료분사 밸브(노즐)로 구성되어 있다.
  ㉠ 연료 분사 펌프 : 연료 분사펌프는 연료유를 고압으로 상승시켜서 연료분사 밸브로 보내는 역할을 한다.
  ※ 연료공급량의 조절 : 보슈식 연료 분사 펌프를 예로 들면, 연료유의 공급량을 조정하는 것은 조정래크이다. 조정래크를 움직이면 플런저와 연결되어 있는 피니언이 움직이게 되고 피니언은 플런저를 회전시키게 된다. 플런저를 회전시키면 플런저 상부의 경사홈이 도출구와 만나는 위치가 변화되어 연료의 양을 조정하게 된다.

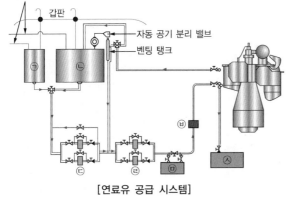

[연료유 공급 시스템]

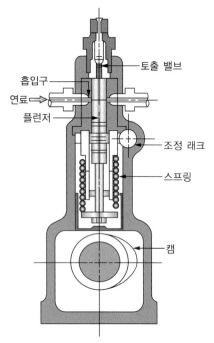

[보슈식 연료 분사 펌프의 예]

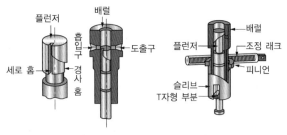

[플런저와 배럴 및 조정래크]

ⓒ 연료분사 밸브 : 연료 분사 펌프에서 고압으로 상승한 연료유의 분무를 원활히 하여 연소가 잘 이루어지도록 한다.

※ 연료분사 조건
- 무화 : 연료유의 입자가 안개처럼 극히 미세화되는 것으로 분사압력과 실린더 내의 공기 압력을 높게 하고 분사밸브 노즐의 지름을 작게 해야 한다.
- 관통 : 분사된 연료유가 압축된 공기 중을 뚫고 나가는 상태로 연료유 입자가 커야 하는데 관통과 무화는 조건이 반대가 되므로 두 조건을 적절하게 만족하도록 조정해야 한다.
- 분산 : 연료유가 분사되어 원뿔형으로 퍼지는 상태를 말한다.

- 분포 : 분사된 연료유가 공기와 균등하게 혼합된 상태를 말한다.

**핵심예제**

**1-1. 선박의 주기관에서 주로 사용되는 연료는 무엇인가?**

① 석 탄　　　　　　② 휘발유
③ 경유 또는 중유　　④ 액화 석유가스

정답 ③

**1-2. 다음 중 연료분사에 필요한 조건과 관계가 적은 것은 무엇인가?**

① 응 집　　　　　　② 분 산
③ 관 통　　　　　　④ 무 화

정답 ①

**1-3. 다음 중 연료 분사 펌프에서 연료유의 공급량을 조절하는 것은 무엇인가?**

① 캠　　　　　　　② 토출밸브
③ 플런저 스프링　　④ 조정래크

정답 ④

**해설**

1-1
선박의 주기관에서는 대부분 중유를 사용한다. 연료 소모량이 많은 대형 선박에서는 중유를 청정기로 청정한 후 가열기로 가열하여 점도를 낮춰서 사용하고 소형 선박의 주기관이나 소형 고속 디젤기관에서는 경유를 주로 사용한다.

1-2
연료의 분사 조건으로는 무화, 관통, 분산, 분포가 있다.

1-3
조정래크(또는 래크)는 연료 분사 펌프의 연료유의 공급량을 조절한다. 조정래크를 움직이면 플런저와 연결되어 있는 피니언이 움직이게 되고 피니언은 플런저를 회전시키게 된다. 플런저를 회전시키면 플런저 상부의 경사홈이 도출구와 만나는 위치가 변화되어 연료의 양을 조정하게 된다.

## 4-2. 내연기관의 윤활

**핵심이론 02**  **윤활유의 성질과 내연기관의 윤활**

① 윤활유의 성질
  ㉠ 점도 : 유체의 흐름에서 내부 마찰의 정도를 나타내는 양으로 끈적거림의 정도를 표시하는 것이며 점도가 높을수록 끈적거림이 크다. 기관에 따라 적절한 점도의 윤활유를 사용해야 한다.
  ㉡ 점도지수 : 온도에 따라 기름의 점도가 변화하는 정도를 나타낸 것으로 점도 지수가 높으면 온도에 따른 점도 변화가 작은 것을 의미한다. 즉, 점도 지수가 높은 윤활유가 겨울철이나 여름철에 점도가 잘 변하지 않아 사용하기 좋은 것이다.
  ㉢ 유성 : 기름이 마찰 면에 강하게 흡착하여 비록 엷더라도 유막을 완전히 형성하려는 성질이다.
  ㉣ 항유화성 : 기름과 물이 혼합되는 것을 유화라고 하는데 기름과 물이 쉽게 유화되지 않고 유화되더라도 신속히 물을 분리하는 성질이다.
  ㉤ 산화안정도 : 윤활유가 고온의 공기에 접촉하면 산화 슬러지가 발생하여 윤활유의 질을 떨어뜨리는데 이런 과정에 의해 윤활유의 질이 나빠지는 정도를 말한다.
  ㉥ 탄화 : 윤활유가 고온에 접하면 그 성분이 열분해 되어 탄화물이 생기는데 이 탄화물은 실린더의 마멸과 밸브나 피스톤 링 등의 고착 원인이 된다.
② 내연기관의 윤활 : 피스톤, 실린더, 각종 베어링의 운동 부분에 윤활유를 공급하여 마찰을 줄이면 기관의 동력 손실을 줄일 수 있고 기계 효율을 높일 수 있다.

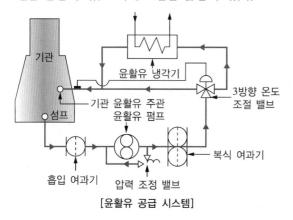

[윤활유 공급 시스템]

③ 윤활유의 기능
  ㉠ 감마 작용 : 기계와 기관 등의 운동부 마찰 면에 유막을 형성하여 마찰을 감소시킨다.
  ㉡ 냉각 작용 : 윤활유를 순환 주입하여 마찰열을 냉각시킨다.
  ㉢ 기밀 작용 : 경계면에 유막을 형성하여 가스 누설을 방지한다.
  ㉣ 방청 작용 : 금속 표면에 유막을 형성하여 공기나 수분의 침투를 막아 부식을 방지한다.
  ㉤ 청정 작용 : 마찰부에서 발생하는 카본(탄화물) 및 금속 마모분 등의 불순물을 흡수하는데 대형기관에서는 청정유를 순환하여 청정기 및 여과기에서 찌꺼기를 분리시켜 준다.
  ㉥ 응력 분산 작용 : 집중 하중을 받는 마찰 면에 하중의 전달 면적을 넓게 하여 단위 면적당 작용 하중을 분산시킨다.
④ 윤활유의 구비조건
  ㉠ 적당한 점도를 가질 것
  ㉡ 청정 기능이 양호할 것
  ㉢ 열과 산에 대한 저항력이 있을 것
  ㉣ 적당한 비중을 가질 것
  ㉤ 카본생성에 대한 저항력이 있을 것
  ㉥ 인화점 및 발화점이 높을 것
  ㉦ 응고점이 낮고 강인한 유막을 형성할 것

**핵심예제**

**2-1. 내연 기관의 실린더 라이너에 윤활유를 주유하는 목적은 무엇인가?**

① 피스톤의 가열
② 흡·배기 밸브의 윤활
③ 라이너의 기계 응력 감소
④ 마멸을 줄이고 연소가스의 누설 방지

정답 ④

**2-2. 윤활유의 점도가 너무 높을 때 일어나는 현상이 아닌 것은 무엇인가?**

① 시동이 곤란해진다.
② 소비량이 감소된다.
③ 내부마찰이 감소된다.
④ 순환계통이 불량해진다.

정답 ③

해설

2-1
윤활유의 기능으로는 감마 작용, 냉각 작용, 기밀 작용, 방청 작용, 청정 작용, 응력 분산 작용 등이 있는데 실린더 라이너의 윤활의 주목적은 마멸을 줄이고(감마 작용) 가스의 누설을 방지(기밀 작용)하기 위함이다.

2-2
윤활유를 기관에 사용할 때 점도가 너무 높으면 유막의 두께 증가, 기름의 내부 마찰 증대, 윤활 계통의 순환 불량, 시동의 곤란, 기관 출력저하, 소비량 감소 등의 현상이 일어난다. 반대로 점도가 너무 낮으면 기름의 내부 마찰 감소, 유막이 파괴되어 마멸 증가, 베어링 등 마찰부의 소손우려, 가스의 기밀 효과 저하 등의 현상이 일어난다.

## ① 유체기계 및 환경오염 방지기기

### 1-1. 선박보조기계

선박에서 보조기계라고 하면 디젤기관을 사용하는 선박의 주기관과 터빈선에서 사용하는 주보일러를 제외한 모든 기계를 말하며 발전기, 보조 보일러 등을 포함한 것이다.

핵심
이론 **01** | **펌 프**

① **펌프의 정의** : 기계적인 운동 에너지를 유체의 위치 에너지나 운동 에너지로 변화시키는 장치이다.

※ 펌프의 분류

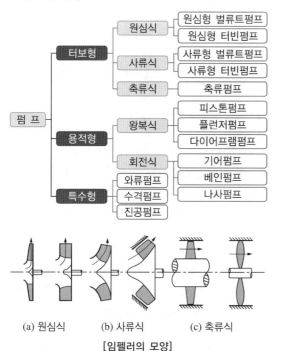

(a) 원심식    (b) 사류식    (c) 축류식
[임펠러의 모양]

② **원심 펌프** : 회전차(임펠러)를 회전시키면 액체는 회전운동을 하게 되고 원심력에 의해 액체가 회전차의 중심부에서 반지름 방향으로 밀려나가게 된다. 이때 회전차 중심부는 진공이 형성되어 액체를 계속 흡입할 수 있는 원리를 이용한 펌프이다.

  ㉠ 안내 날개의 유무에 따른 분류
   • 벌류트 펌프 : 안내 날개가 없으며 낮은 양정에 적합하다.
   • 터빈 펌프 : 안내 날개가 있으며 높은 양정에 적합하다.

  ㉡ 단수에 따른 분류
   • 단단 펌프 : 임펠러가 한 개만 있고 주로 낮은 양정에 사용한다.
   • 다단 펌프 : 임펠러가 2개 이상 있고 고양정용에 사용한다.

  ㉢ 흡입 방식에 따른 분류
   • 단흡입 펌프 : 임펠러의 한쪽 방향으로만 유체를 흡입한다.
   • 양흡입 펌프 : 임펠러의 양쪽으로 흡입하며 송출량이 많을 때 사용한다.

③ **원심 펌프의 운전과 취급**

  ㉠ 원심 펌프의 운전 : 케이싱 내부에 유체가 가득 채워져 있어야 한다.
   • 소형 펌프 : 호수 장치를 통해 케이싱 내에 물을 가득 채워야 한다.
   • 대형 펌프 : 진공 펌프를 설치하여 운전 초기에 진공 펌프를 작동시켜 케이싱 내에 물을 가득 채워 준다.

ⓛ 운전 전의 점검 사항
- 각 베어링의 주유 상태를 확인한다.
- 케이싱 내 공기를 빼고 호수(프라이밍, 케이싱에 물을 채우는 것)를 실시한다.
- 펌프를 수동으로 터닝(서서히 돌려주는 것)하여 이상 유무를 점검한다.
- 원동기(모터)와 펌프 사이의 축심이 일직선에 있는지 확인한다.
- 흡입관 밸브는 열고 송출관 밸브는 닫힌 상태에서 시동을 한 후 규정 속도까지 상승 후에 송출 밸브를 서서히 연다.

ⓒ 운전 중 점검 사항
- 주기적으로 압력, 온도, 원동기의 전압 및 전류, 각부 누수여부, 진동 및 소음 유무를 점검한다.
- 베어링의 온도가 정상 운전 상태인지 확인한다.
- 축봉장치 중 패킹 충전식의 경우 약간의 누설을 허용하면서 운전되는지 확인한다. 기계식 실(메커니컬 실)에서는 누설이 되지 않아야 한다.

ⓔ 정 지
- 송출 밸브를 서서히 닫는다.
- 원동기를 정지시킨다.
- 장기간 정지할 경우 부식 및 동파 방지를 위해 물을 완전히 뺀다.

ⓜ 축추력 방지법
- 양흡입형의 임펠러를 사용한다.
- 균형공(밸런스 홀)을 설치한다.
- 스러스트 베어링(추력 베어링)을 설치한다.
- 균형원판을 설치한다.
- 다단식의 경우 임펠러 배치를 조절하여 추력을 균형 있게 조정한다.

④ **축류 펌프** : 프로펠러 모양의 임펠러를 회전시켜 물을 축 방향으로 보내는데 임펠러에 의해 방출된 물은 선회 운동을 하므로 안내 날개를 사용하여 물이 뒤엉키지 않도록 해 준다.

※ **특 징**
- 구조가 간단하고 형태가 작으며 설치면적이 작아도 된다.
- 대량의 물을 송수할 수 있다.
- 양정의 변화에 따른 효율의 저하가 적다.
- 비교적 고속도의 원동기에 직결할 수 있다.

⑤ **왕복 펌프** : 피스톤 또는 플런저, 버킷 등의 왕복운동에 의해 유체에 압력을 주어 유체를 이송하는 펌프로 선박에서는 빌지 펌프, 보조 급수펌프, 복수기용 추기 펌프 등에 사용한다.

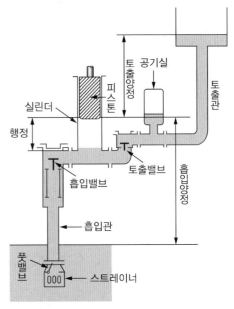

[왕복 펌프의 구조]

ⓖ 분 류
- 왕복운동체의 형상에 의한 분류 : 피스톤 펌프, 플런저 펌프, 버킷 펌프, 다이어프램 펌프
- 펌프 작동에 의한 분류 : 단동 펌프, 복동 펌프, 차동 펌프

ⓒ 특 징
- 흡입 성능이 양호하다.
- 소유량, 고양정용 펌프에 적합하다.
- 운전 조건에 따라 효율의 변화가 적고 무리한 운전에도 잘 견딘다.
- 왕복운동체의 직선 운동으로 인해 진동이 발생한다.

ⓔ 공기실의 역할 : 왕복 펌프의 특성상 피스톤의 왕복운동으로 인해 송출량에 맥동이 생기며 순간 송출 유량도 피스톤의 위치에 따라 변하게 된다. 따라서 공기실을 송출측의 실린더 가까이에 설치하여 맥동을 줄인다. 즉, 송출 압력이 높으면 송출액의 일부가 공기실의 공기를 압축하고 압력이 약할 때에는 공기실의 압력으로 유체를 밀어내게 하여 항상 일정한 양의 유체가 송출되도록 한다.

② 왕복펌프의 운전 : 왕복 펌프는 원심펌프와 달리 시동할 때 흡입 밸브 및 송출 밸브를 완전히 열어 둔 상태에서 시동해야 하고, 정지할 때에는 원동기를 정지하고 입·출구 밸브를 닫는다.

⑥ 회전 펌프 : 펌프의 케이싱 내에서 1개 또는 2개 이상의 회전자(로터)의 회전에 의하여 유체를 이송하는 펌프이다.

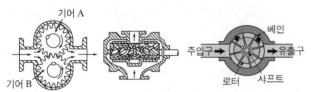

(a) 기어펌프    (b) 나사펌프    (c) 베인펌프

**[회전 펌프의 종류]**

㉠ 기어 펌프 : 케이싱 속에 두 개의 기어가 맞물려 회전하면서 기름을 흡입측에서 송출측으로 밀어내는 펌프이다.
- 밸브가 필요 없으므로 고속 운전이 용이하다.
- 소형이면서도 송출량이 많다.
- 점도가 높은 유체의 이송에 적합하다.
- 진동이 적고 시동하기 전에 물을 채울 필요가 없다.
- 기어가 물릴 때 소음이 비교적 크다.
- 송출측의 유체가 흡입측으로 샐 염려가 있어 압력을 무제한으로 높일 수 없다.

㉡ 나사 펌프(스크루 펌프) : 나사 모양의 회전자(1개 또는 3개)를 케이싱 안에 서로 반대 방향으로 맞물리게 하여 나사 축을 회전시켜서 한쪽 나사골 안의 액체를 다른 나사산으로 밀어내는 방식으로 이모(IMO) 펌프가 대표적인 예이다.
- 복잡한 밸브가 필요 없다.
- 구조가 간단하고 고압에 적합하다.
- 소형으로도 큰 용량을 얻을 수 있고 효율이 좋다.

㉢ 베인 펌프 : 회전자가 회전하면서 원주면에 가공된 홈의 내부에 있는 베인이 원심력에 의해 케이싱의 내면에 밀착하여 회전하면서, 흡입구로부터 유체를 흡입하고 회전하는 동안 공간이 작아지면서 흡입한 유체를 압축한 상태에서 송출구로 밀어내는 원리를 이용한 펌프이다.
- 소음 및 맥동이 작다.
- 유지 및 보수가 용이하다.
- 작게 만들 수 있어 피스톤 펌프보다 단가가 싸다.

- 수명이 길고 장시간 안정된 성능을 발휘할 수 있다.
- 기름에 의한 오염에 주의해야 하고 흡입 진공도가 허용한도 이하여야 한다.

② 회전펌프의 운전 : 왕복 펌프와 마찬가지로 시동할 때 입·출구 밸브를 완전히 열고 시동해야 하고, 정지할 때에는 원동기를 정지하고 입·출구 밸브를 닫는다.

**핵심예제**

**1-1. 다음 중 호수(프라이밍, Priming)장치가 필요한 펌프는 무엇인가?**

① 이모 펌프            ② 기어 펌프
③ 원심 펌프            ④ 플런저 펌프

정답 ③

**1-2. 다음 중 소용량, 고양정용 펌프에 가장 많이 사용되는 것은 무엇인가?**

① 사류 펌프            ② 왕복 펌프
③ 축류 펌프            ④ 벌류트 펌프

정답 ②

**1-3. 다음 중 원심 펌프 운전 중의 주의사항이 아닌 것은 무엇인가?**

① 베어링에 열이 심한지 살펴본다.
② 베어링에 소음이 큰지 살펴본다.
③ 펌프에 진동이 있는지 살펴본다.
④ 패킹 글랜드에서 물이 한 방울도 새지 않게 한다.

정답 ④

**1-4. 다음 중 회전 펌프에 해당되지 않는 것은 무엇인가?**

① 베인 펌프            ② 축류 펌프
③ 기어 펌프            ④ 나사 펌프

정답 ②

**1-5. 다음 중 왕복동 펌프에서 송출유량을 균일하게 할 목적으로 설치하는 것은 무엇인가?**

① 공기실               ② 안내 날개
③ 체크 밸브            ④ 바이패스 밸브

정답 ①

**1-6. 다음 중 윤활유와 같이 점도가 큰 액체를 이송하는데 적합한 펌프는 무엇인가?**

① 베인 펌프            ② 버킷 펌프
③ 기어 펌프            ④ 원심 펌프

정답 ③

**해설**

**1-1**

원심 펌프는 특성상 케이싱 내에 물이 가득 채워져 있어야 원활한 운전이 가능하다. 이를 프라이밍이라고 하는데 이를 위해 필요한 것이 호수(프라이밍) 장치이다.

**1-2**

소용량, 고양정용의 대표적인 펌프는 왕복펌프이다.

**1-3**

원심 펌프의 축봉장치(펌프 회전축과 케이싱의 외부로 관통하는 곳에 유체가 새어 나가는 것을 방지하는 장치)에는 패킹 충전식과 기계적 실(메커니컬 실, Mechanical Seal)이 있다. 패킹 글랜드의 경우 약간의 누설이 있어야 하는데 그렇지 않으면 패킹이 회전축과 패킹의 마찰로 열이 발생되어 손상이 일어난다. 반면, 기계적 실(메커니컬 실)에서는 누설이 되지 않아야 한다.

**1-4**

축류 펌프는 터보형 펌프의 축류식 펌프에 해당한다. 회전식 펌프에는 기어펌프, 나사펌프, 베인 펌프 등이 있다.

**1-5**

왕복동 펌프에서는 피스톤의 왕복운동으로 인해 맥동이 생기고 송출유량에도 변화가 생긴다. 이를 완충하는 장치로 공기실을 설치하여 맥동도 줄이고 송출유량도 일정하게 유지시킨다.

**1-6**

점도가 높은 유체를 이송하기에 적합한 펌프는 기어 펌프이다. 선박에서 주로 사용하는 연료유 및 윤활유 펌프는 대부분 기어 펌프를 사용한다.

---

**핵심이론 02 공기 압축기와 열교환기**

① **공기 압축기의 분류**

　㉠ 주공기 압축기 : 선박의 주기관이나 발전기에 공급되는 시동용 압축공기를 만들기 위한 것으로 엔진별로 차이는 있지만 대략 25~30$[kgf/cm^2]$으로 최고 압력을 유지하며 일반적으로 30$[kgf/cm^2]$을 정격 압력으로 한다.

　　• 선박은 2대 이상의 시동용 공기 압축기와 공기탱크를 설치한다.

　　• 주공기 탱크의 용량은 공기 압축기가 정지된 상태에서 직접 역전식 주기관은 12회 이상, 간접 역전식 주기관(예 가변피치 프로펠러)은 6회 이상 연속 시동이 가능한 용량이어야 한다.

　㉡ 제어용 압축기 : 선박에서 사용하는 일반 압축 공기의 압력은 7~10$[kgf/cm^2]$인데 선박에 따라 주공기 탱크(주기관 시동용 공기탱크)에서 감압해서 사용하기도 하나 선박에 따라 잡용(General Service) 공기 압축기 및 탱크를 설치하여 사용한다. 기관 제어용 공기, 보일러 소제용, 코킹, 청락 작업 등 다양한 용도로 사용한다.

　㉢ 비상용 공기 압축기 : 비상시(블랙아웃)에 발전기 구동을 위해 설치된 압축기로 독립된 엔진으로 기동하기도 하고 비상발전기의 전원으로 구동하기도 한다.

② **공기 압축기의 종류** : 작동 원리에 따라 왕복동식, 터보식, 회전식이 있으며 대부분의 선박에서는 디젤기관 시동에 적합한 왕복동식을 주로 사용한다.

③ **열교환기** : 유체의 온도를 원하는 온도로 유지하기 위한 장치로 고온에서 저온으로 열이 흐르는 현상을 이용해 유체를 가열 또는 냉각시키는 장치이다.

　㉠ 열교환기의 용도 : 연료유 및 윤활유 계통의 가열기 및 냉각기, 냉동장치의 증발기, 응축기, 조수장치의 증발기, 증류기, 청수 냉각기, 보일러 및 증기 계통의 예열기, 절탄기, 복수기 등 다양한 용도에 사용된다.

　㉡ 종류 : 대부분의 선박은 원통 다관식 열교환기 및 판형 열교환기를 사용하며, 이외에 핀 튜브식, 코일식 등이 있다.

**핵심예제**

**2-1. 직접 역전식 주기관을 사용하는 선박에서 시동용 공기탱크의 용량은 기관이 연속해서 몇 회 이상 시동이 가능해야 하는가?**

① 4회　　　　　　　　② 6회
③ 10회　　　　　　　 ④ 12회

정답 ④

**2-2. 일반적으로 시동용 압축 공기 시스템의 정격 압력은 얼마인가?**

① 10[kgf/cm$^2$]　　　　② 20[kgf/cm$^2$]
③ 30[kgf/cm$^2$]　　　　④ 40[kgf/cm$^2$]

정답 ③

**2-3. 다음 중 열교환기의 형상에 따른 분류에서 그 종류가 아닌 것은 무엇인가?**

① 플로트식　　　　　 ② 원통 다관식
③ 판 형　　　　　　　④ 핀 튜브식

정답 ①

**해설**

2-1
시동용 공기탱크의 용량은 시동용 공기압축기가 정지한 상태에서 직접 역전식 주기관은 12회 이상, 간접 역전식 주기관은 6회 이상 연속해서 시동 가능한 용량이어야 한다.

2-2
시동 공기의 압력은 엔진 종류에 따라 25~30[kgf/cm$^2$]의 최고 압력을 유지하고 일반적으로 30[kgf/cm$^2$]을 정격 압력으로 한다.

2-3
열교환기의 종류에는 원통 다관식, 판형, 코일식, 핀 튜브식 등이 있다.

---

**핵심이론 03　조수기와 유청정기**

① 조수기 : 선박에서 청수는 선원의 식수 및 생활용수, 주기관과 발전기의 냉각수, 보일러의 급수 등 매우 다양한 용도로 쓰이는데 바닷물을 이용하여 청수를 만드는 장치를 말한다.

　㉠ 증발식 조수장치 : 증발기 내의 압력에 따라 고압식과 저압식, 증발기의 형식에 따라 침관식과 플래시식이 있다.

　㉡ 역삼투식 조수장치 : 역삼투현상을 이용하여 청수를 얻는 장치이다.

② 유청정기 : 연료유나 윤활유에 포함된 수분 및 고형분과 같은 불순물은 연소계통에 들어가면 라이너의 마멸이나 연료분사 펌프 및 연료밸브를 손상시킬 수 있다. 유청정기로 불순물을 분리해 깨끗한 연료유나 윤활유를 공급해서 시스템상의 손상을 방지한다.

　㉠ 원심식 유청정기 : 기름 속에 포함된 물, 슬러지, 기름을 원심력을 이용하여 청정한다.

　㉡ 원심식 유청정기의 종류 : 드 라발(Gustaf de Laval)식, 샤플리스(Karl Sharpless), 셀프젝터, 그래비트롤 유청정기 등

　　• 봉 수 : 운전 초기에 물이 빠져나가는 통로를 봉쇄하여 기름이 물 토출구로 빠져나가는 것을 방지하는 역할을 한다.

　　• 치환수 : 슬러지 배출을 위해 볼(Bowl) 내에 기름을 대신하여 주입하는 청수이다. 즉, 슬러지 배출 전에 기름이 슬러지와 함께 배출되는 소모량을 줄이기 위해 치환수를 주입하여 볼 내에 기름을 치환수로 채워서 배출 시간에 슬러지만 빠져나가도록 공급되는 청수를 말한다.

　　• 저압 작동수(닫힘 작동수) : 하부 수압실을 채워 원심력에 의한 수압으로 청정기 볼의 주실린더를 닫게 하는 역할을 한다.

　　• 고압 작동수(열림 작동수) : 상부 수압실을 하부 수압실보다 큰 배압을 형성하도록 작동수를 채워 밸브 실린더를 여는 역할을 한다.

　　• 비중판 : 회전통 내의 기름과 물의 경계면의 위치를 적정 위치로 유지하기 위하여 사용하는 것으로 처리 온도와 처리하고자 하는 유체의 비중에 따라 내경을 결정한다.

③ 연료유 및 윤활유의 청정 계통

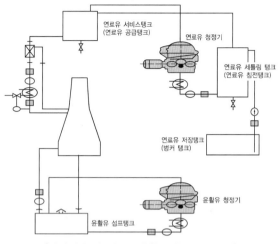

[디젤기관 연료유 및 윤활유 청정기 계통도]

㉠ 연료유 : 연료유 세틀링 탱크(연료유 침전 탱크, Settling Tank)의 연료유를 청정기를 통해서 청정하여 연료유 서비스 탱크(연료유 공급 탱크)로 이송하고, 연료유 서비스 탱크의 레벨이 증가하여 넘칠 경우는 다시 연료유 세틀링 탱크로 순환된다. 연료유는 연료유 서비스 탱크에서 가열기 및 필터를 거쳐 분사펌프로 공급된다.

㉡ 윤활유 : 윤활유는 장시간 사용하면 여러 가지 불순물과 더불어 연료유, 수분 등이 혼합되어 오손되므로 반드시 청정하여 사용하여야 하는데 일반적으로 기관을 운전하는 동안에 윤활유 섬프탱크(L.O Sump Tank) 내부의 윤활유를 청정기를 통해서 계속적으로 순환하며 청정한다.

**핵심예제**

3-1. 증발식 조수 장치는 증발기의 형식에 따라 두 가지로 나뉘는데 옳은 것은?

① 전열식, 삼투식
② 침관식, 플래시식
③ 침관식, 대류식
④ 전도식, 복사식

정답 ②

3-2. 일반적으로 유청정기에서 청정된 연료유는 어디로 이송하는가?

① 섬프 탱크
② 세틀링 탱크
③ 서비스 탱크
④ 이중저 탱크

정답 ③

**해설**

3-1
증발식 조수 장치는 침관식과 플래시식으로 나뉜다. 디젤기관에서는 주기관 냉각청수의 열을 이용한 저압 침관식 조수장치를 많이 사용한다.

3-2
디젤기관의 연료유 청정은 연료유 세틀링 탱크(연료유 침전 탱크)에서 청정기를 통해 불순물을 제거한 후 서비스 탱크(연료유 공급 탱크)로 이송된다.

## 1-2. 해양오염 방지기기

**핵심이론 04** | 유수 분리기

① 용도 : 기관실 내에서 각종 기기의 운전 시 발생하는 드레인이 기관실 하부에 고이게 되는데 이를 빌지(선저폐수)라 한다. 유수분리기는 빌지를 선외로 배출할 때 해양오염을 시키지 않도록 기름 성분을 분리하는 장치이다. 빌지 분리 장치라고도 하며 선박의 빌지(선저폐수)를 공해상에 배출할 때 유분함량은 15[ppm](백만분의 15) 이하로 배출해야 한다.

② 유수 분리장치의 종류

　㉠ 평행판식 유수 분리 장치 : 내부에 수많은 원추상의 포집판이 설치된 형식으로 다수의 평행판 사이를 저속으로 기름이 섞인 물을 통과시키면서 비중차에 의해 기름입자를 부상 분리시키는 방법이다.

　㉡ 필터식 유수 분리 장치 : 유수혼합액의 비교적 직경이 큰 기름 성분 입자가 물과 기름의 비중 차이로 인해 물로부터 분리되어 위로 떠오르는 원리를 이용한다. 왁스, 우레탄폼, 유리섬유 등의 여과제를 통하여 기름이 섞인 물을 흘려 줄 때 미세한 기름입자가 여과제에 흡착되고 여기에 새로운 기름입자가 충돌, 결합함에 따라 더욱 큰 기름입자가 되어 여과재를 통과하면서 분리되는 방법이다.

　㉢ 필터와 원심력을 병용한 유수 분리 장치

　㉣ 평행판식 필터가 결합된 유수 분리 장치

---

**핵심예제**

**4-1. 기관실에서 발생되는 선저폐수 등의 오염된 물을 선외로 배출할 때 기름성분의 배출을 방지하는 장치는 무엇인가?**

① 유청정 장치
② 빌지 분리 장치
③ 폐유 소각 장치
④ 오수 처리 장치

**정답 ②**

**4-2. 선박에서 발생한 선저폐수를 공해상에 배출할 수 있는 유분함량은 얼마 이하인가?**

① 15[ppm]
② 30[ppm]
③ 50[ppm]
④ 100[ppm]

**정답 ①**

**해설**

4-1

빌지 분리 장치 또는 유수 분리 장치는 선박에서 발생한 선저폐수(빌지)를 선외로 배출할 때 기름성분을 분리해 배출하는 해양오염 방지기기이다.

4-2

유수 분리 장치(빌지 분리 장치)로 배출할 수 있는 유분 함량은 15[ppm] 이하이어야 한다.

## 핵심이론 05 │ 폐유 소각 장치

① 용도 : 청정기에서 나오는 슬러지나 유수 분리기에서 분리된 기름, 여과기나 기름 탱크의 드레인 등 선박에서 발생한 폐유는 육상 처리 시설로 보내거나 선내에서 소각 처리해야 한다. 폐유는 공해상 배출이 금지되어 있으며 선내에서는 폐유 소각 장치를 이용해 처리할 수 있다.

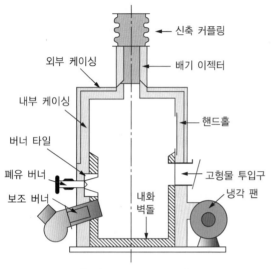

[폐유 소각기 구조의 예]

② 내부구조 : 내부화로와 외부 케이싱으로 구성되어 있어, 외부에 냉각팬, 폐유버너, 폐유펌프, 보조버너, 제어판 등이 부착되어 있다.

　㉠ 내화 벽돌 : 연소 화염에 의해 화로가 손상되지 않도록 화로의 내면에 내화 벽돌로 완전히 덮는다.

　㉡ 냉각팬 : 소각로가 과열되는 것을 방지한다.

　㉢ 신축 커플링 : 연소가스에 의한 연통의 열팽창을 고려하여 신축성이 있는 신축 커플링을 설치한다.

　㉣ 보조버너 : 소각 화로를 충분히 가열하고 폐유가 잘 연소되도록 도와준다.

　㉤ 고형물 투입구 : 선내 생활 쓰레기 중 법적으로 소각 가능한 쓰레기를 투입하여 소각한다.

핵심예제

5-1. 다음 중 선박의 유청정기나 빌지 분리장치에서 나오는 폐유나 슬러지 등을 처리하는 장치는 무엇인가?

① 절탄기
② 보일러
③ 폐유 소각기
④ 오수 처리 장치

정답 ③

5-2. 다음 중 폐유 소각기에서 과열을 방지하기 위해 화로의 내면에 설치하는 것은 무엇인가?

① 이중벽
② 방열판
③ 보조버너
④ 내화벽돌

정답 ④

해설

5-1
폐유 소각기는 청정기에서 나오는 슬러지나 유수 분리기에서 분리된 기름, 여과기나 기름 탱크의 드레인 등 선박에서 발생한 폐유를 선내에서 소각 처리할 때 사용한다.

5-2
내화 벽돌은 연소 화염에 의해 화로가 손상되지 않도록 화로의 내면에 덮은 것을 말하며 소각기의 과열을 방지한다.

## 핵심이론 06  오수 처리 장치

① 용도 : 선내에서 발생하는 오수가 공공수역에 혼입되면 인간의 건강 또는 환경에 직·간접적으로 피해를 주거나 생태계에 변경을 가져오므로 물리적, 화학적 또는 생물화학적 처리 등을 하여 배출하는 장치이다.

② 요건 : 총톤수 200톤 이상의 선박 또는 최대 승무 인원 10명을 초과하는 선박은 다음의 요건을 만족해야 한다.
　㉠ 연안 4해리 이내 : 배출 금지
　㉡ 연안 4~12해리 이내 : 생물 화학적 산소 요구량(BOD) 50[ppm] 이하, 부유 고형물 50[ppm] 이하, 대장균 군수 200/100[mL] 이하로 처리하여 배출
　㉢ 연안으로부터 12해리 이상 : 선박이 4노트 이상의 속도로 항행 중일 때에는 특별한 제한없이 배출 가능

③ 구조 : 폭기 탱크(공기 용해 탱크), 침전 탱크, 멸균 탱크의 3개 부분과 블로어, 배출 펌프, 염소용해기, 공기 디퓨저, 공기 상승관 등의 기기로 구성되어 있다.

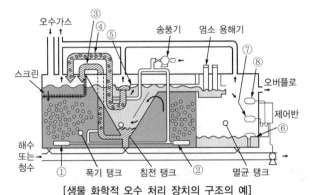

[생물 화학적 오수 처리 장치의 구조의 예]

① 산기기(Air Diffuser)
② 배출펌프
③ 공기 상승관(활성 슬러지 반송)
④ 공기 상승관(부유 찌꺼기 반송)
⑤ 스키머(Skimmer)
⑥ 저수위 플로트 스위치
⑦ 고수위 플로트 스위치
⑧ 이상 고수위 플로트 스위치

**핵심예제**

6-1. 다음 중 선박 내에서 선원들의 생활 오수를 생물 화학적으로 분해하여 정화시키는 장치는 무엇인가?

① 냉동 장치
② 폐유 소각 장치
③ 유수 분리 장치
④ 오수 처리 장치

정답 ④

6-2. 다음 중 생물 화학적 분뇨처리장치의 구성 요소가 아닌 것은 무엇인가?

① 서비스 탱크
② 침전 탱크
③ 멸균 탱크
④ 폭기 탱크

정답 ①

해설
6-1
오수 처리 장치는 선내에서 발생하는 오수가 공공수역에 혼입되면 인간의 건강 또는 환경에 직·간접적으로 피해를 주거나 생태계에 변경을 가져오므로 물리적, 화학적 또는 생물화학적 처리 등을 하여 배출하는 장치이다.
6-2
생·화학적 분뇨처리 장치의 구성요소는 폭기 탱크, 침전 탱크, 멸균 탱크 등으로 이루어져 있다. 서비스 탱크는 연료유나 윤활유 시스템에서 사용하는 탱크로 기관에 연료유나 윤활유를 공급하는 탱크이다.

## 1-3. 선체 보조 기계

**핵심이론 07** **조타 설비**

① 타(러더, Rudder) : 선박이 전진 또는 후진할 때 배를 원하는 방향으로 회전시키고 항해 시 일정한 침로로 유지하는 장치이다.

② 타의 종류
  ㉠ 구조에 의한 분류
    • 단판타 : 한 장의 판으로 되어 있으며 효율이 낮기 때문에 소형·저속선에서 사용한다.
    • 복판타 : 두 장의 유선형 판으로 되어 있으며 물의 저항이 작아 대형선에서 주로 사용한다.
  ㉡ 형상에 의한 분류 : 평형타, 비평형타, 반평형타 등 종류가 다양하다.

③ 조타 장치(스티어링 기어, Steering Gear) : 타(러더, Rudder)를 원하는 상태로 동작시키는데 필요한 장치를 말한다.
  ㉠ 조종장치
    • 기계식 조종 장치 : 조타륜의 운동을 축, 기어 등을 통해 원동기의 출력제어 기구까지 전달한다.
    • 유압식 조종 장치 : 조타실에 있는 텔레모터 기동 실린더와 선미의 조타기실 내에 있는 텔레모터 수동 실린더를 구리관으로 연결하고 연결관 내에 작동 유체에 의해 동력을 전달한다. 이때 작동 유체는 밀도가 크고 응고점이 낮으며 점착력이 작아야 한다.
      ※ 유압식 조종장치의 장점
        • 설치 면적이 작아도 된다.
        • 소음이 작으며, 신속하게 조종할 수 있다.
        • 베어링이 필요 없으므로 윤활유를 공급할 필요가 없다.
    • 전기식 조종 장치 : 조타륜과 원동기의 출력 제어 장치 사이를 전기 기기로 연결하고 조타 신호를 전기적으로 전달하는 방식이다.
    • 전기 유압식 조종 장치 : 전기식 조종 장치와 유압식 조종 장치의 장점을 조합한 방식이다.
  ㉡ 조타기(원동기) : 조타를 하기 위해 동력을 발생시키는 장치이다. 타두재(러더 헤드)에 회전력을 주는 원동기로 증기 복동식, 전동기식, 전동 유압식 등이 있다.

  ㉢ 추종 장치 : 타가 소요 각도만큼 돌아갈 때 그 신호를 피드백하여 자동적으로 타를 움직이거나 정지시키는 장치이다.
  ㉣ 전달 장치(타장치) : 원동기의 기계적 에너지를 축, 기어, 유압 등에 의해 타에 전달하는 역할을 하며 타장치(러더 기어, Rudder Gear)라고도 한다. 체인 드럼식 전달 장치, 기어식(치차식) 전달 장치 및 유압식 전달 장치가 있다.

---

**핵심예제**

**7-1. 조타장치 중 유압식 조종장치에 사용되는 유체(유압유)의 구비 조건으로 알맞지 않은 것은 무엇인가?**

① 인화점이 낮아야 한다.
② 밀도가 커야 한다.
③ 응고점이 낮아야 한다.
④ 점착력이 작아야 한다.

**정답** ①

**7-2. 조타장치 중 전달장치에 사용되지 않는 것은 무엇인가?**

① 유압식          ② 치차식
③ 벨트식          ④ 체인 드럼식

**정답** ③

**7-3. 브리지에 있는 조타륜을 돌려 타가 소정의 각도가 되어 조타륜을 정지하면 타를 그 위치에서 정지시키는 장치는 무엇인가?**

① 타장치          ② 원동기
③ 조종 장치       ④ 추종 장치

**정답** ④

**해설**

7-1
유압유의 구비조건은 밀도가 커야 하고 응고점이 낮아야 하며 점착력이 작아야 한다. 인화점이 너무 낮으면 화재의 위험성이 있다.

7-2
조타 장치의 전달장치는 드럼식, 기어식(치차식) 및 유압식 전달 장치가 있다.

7-3
추종 장치는 브리지에서 배의 방향을 조정하는 조타륜을 돌릴 때 타(Rudder)가 소정의 각도가 되는데 그 신호를 피드백하여 자동적으로 타를 움직이거나 정지시키는 장치이다.

## 핵심 이론 08 기타 보조기계

① 하역설비 : 선박에 적화(積貨, 짐을 싣는 것)하거나 육지에 양화(揚貨, 짐을 내리는 것)하는 작업에 사용되는 기계 장치로 데릭식, 크레인식 하역설비 및 갠트리 크레인 등이 있다.

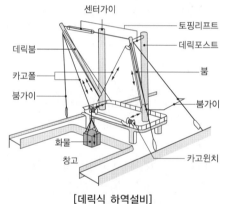

[데릭식 하역설비]

[크레인식 하역설비]

[갠트리 크레인]

② 양묘 및 계선 설비

ㄱ) 앵커 및 앵커 체인

• 앵커(닻) : 정박지에 정박 및 좁은 수역에서 선박을 회전시키거나 긴급한 감속을 위한 수단으로 사용된다.

• 앵커체인 : 선박의 앵커(닻)에 연결하여 선박의 계류 및 앵커를 들어 올리는데 사용한다. 길이의 기준이 되는 1섀클의 길이는 25[m](영국과 미국은 27.5[m])이다.

ㄴ) 양묘기(윈들러스, Windlass) : 앵커를 감아올리거나 내릴 때 사용하는 장치이고 선박을 부두에 접안시킬 때나 계선줄을 감을 때 사용하기도 한다.

ㄷ) 계선 윈치(무어링 윈치, Mooring Winch) : 선박을 부두나 계류부표에 매어두는데 사용하는 윈치이다. 대표적으로 전동식과 유압식을 주로 사용한다.

ㄹ) 캡스턴 : 워핑 드럼이 수직축 상에 설치된 계선용 장치이다. 직립한 드럼을 회전시켜 계선줄이나 앵커체인을 감아올리는데 사용되는데 웜 기어 장치에 의해 감속되고 역전을 방지하기 위해 하단에 래칫 기어를 설치한다.

[캡스턴]

③ 사이드 스러스터 : 선수나 선미를 옆 방향으로 이동시키는 장치로 주로 대형 컨테이너선이나 자동차운반선 같이 입·출항이 잦은 배에 설치하여 예인선의 투입을 최소화하고 조선 성능을 향상시키기 위해 설치한다.

[사이드 스러스터]

핵심예제

8-1. 다음 중 선박에서 화물을 싣고 내리는 것을 주목적으로 설치되는 것은 무엇인가?

① 하역장치          ② 조타장치
③ 계선장치          ④ 양묘장치

정답 ①

8-2. 다음 중 선박의 선수나 선미에 설치하여 정지 및 저속 항해 시 조선 성능을 향상시키기 위해 설치하는 것은 무엇인가?

① 캡스턴            ② 윈들러스
③ 스티어링 기어     ④ 사이드 스러스터

정답 ④

8-3. 다음 중 주로 닻을 감아 올리는데 사용하는 갑판 보조기계는 무엇인가?

① 카고 윈치         ② 무어링 윈치
③ 윈들러스          ④ 사이드 스러스터

정답 ③

해설

8-1
선박에서 짐을 싣고 내리는 것을 하역이라고 하고 이때 사용하는 기계를 하역장치라 한다.

8-2
사이드 스러스터는 선수나 선미에 설치하여 선박을 좌·우로 움직여 조선 성능을 향상시키는 보조기계이다. 보통 선수에 많이 설치하여 바우 스러스터(Bow Thruster)라고 말한다.

8-3
윈들러스는 닻을 감아 올리고 내리는데 사용되는 기계이고 무어링 윈치는 계선(선박을 부두나 계류부표에 매어 두는 것)할 때 계선줄을 감아올리거나 내릴 때 사용한다.

## 2 냉동공학 및 공기조화장치

### 2-1. 냉동기

핵심이론 01   냉 매

① 냉매 : 어떤 공간이나 물체로부터 열을 흡수하여 다른 곳으로 열을 운반하는 매체를 말한다.

 ㉠ 1차 냉매(직접 냉매) : 냉동 장치 내에서 증발하는 과정이나 응축 과정을 통해 열을 흡수 또는 방출하는 냉매이다(예 암모니아, 프레온, 메탄, 에탄, 프로판, 부탄 등).

 ㉡ 2차 냉매(간접 냉매) : 브라인이라고도 하며, 증발이나 응축 과정이 아닌 열전달을 통해 열을 교환하는 냉매로 2차 냉매는 1차 냉매에 의해 냉각된다(예 물, 공기, 염화칼슘, 염화나트륨, 에틸알코올, 에틸렌글리콜 등).

② 냉매의 조건

 ㉠ 물리적 조건
  • 저온에서도 증발 압력이 대기압 이상이어야 한다.
  • 응축 압력이 적당해야 한다.
  • 임계 온도가 충분히 높아야 한다.
  • 증발 잠열이 커야 한다.
  • 냉매 가스의 비체적이 작아야 한다.
  • 응고 온도가 낮아야 한다.

 ㉡ 화학적 조건
  • 화학적으로 안정되고 변질되지 않아야 한다.
  • 누설을 발견하기 쉬워야 한다.
  • 장치의 재료를 부식시키지 않아야 한다.

 ㉢ 기타 조건
  • 가격이 저렴하고 구입이 쉬워야 한다.
  • 자동 운전이 가능해야 한다.
  • 누설되어도 취급자나 피냉동 물체에 해가 없어야 한다.
  • 지구 온난화 등 환경에 나쁜 영향을 주지 않아야 한다.

③ 냉매의 특징
　　㉠ 프레온계 냉매
　　　• 화학적으로 안정하여 연소나 폭발의 염려가 없다.
　　　• 독성과 냄새가 없어 인체에 해가 거의 없다.
　　　• 수분에 잘 용해되지 않으므로 물이 혼입되면 팽창 밸브를 얼음으로 막을 수 있다.
　　　• 천연 고무를 침식하는 성질이 있어 합성 고무로 만든 패킹을 사용해야 한다.
　　　• 색과 냄새가 없으므로 누설 시 핼라이드 토치나 전자식 검지기를 사용해야 한다.
　　　• 오존층 파괴로 인한 지구 온난화 등 환경에 나쁜 영향을 줄 수 있다. 기존 프레온계 냉매 R-12나 R-22는 R-134A나 R-407A 등으로 대체되고 있다.
　　㉡ 암모니아의 특징
　　　• 증발 잠열이 커 냉동 능력이 우수하다.
　　　• 철은 부식시키지 않지만 수분을 포함하게 되면 구리나 구리 합금을 부식시킨다.
　　　• 윤활유를 용해하기 어려우므로 냉매에 섞여서 응축기나 증발기에 들어간 윤활유는 정기적으로 제거해야 한다.
　　　• 냄새가 나고 독성이 강하다.
　　　• 가연성 물질로 폭발의 염려가 있다.
④ 냉매의 누설검사
　　㉠ 암모니아 : 냄새, 황, 리트머스 시험지, 페놀프탈레인 시험지, 네슬러 용액 등으로 판별할 수 있다.
　　㉡ 프레온계 냉매 : 비눗물, 할로겐 누설 검지기, 핼라이드 토치로 판별할 수 있다.

---

**핵심예제**

**1-1. 다음 중 냉매에 대한 설명으로 가장 알맞은 것은 무엇인가?**
① 얼음과 소금의 혼합물을 말한다.
② 식품 등 냉동시킬 물체를 말한다.
③ 냉동 장치에서 발생한 열을 식히는 냉각수이다.
④ 냉동 장치 내부를 순환하면서 액체의 증발열을 이용해서 주위로부터 열을 빼앗는 물질이다.
　　　　　　　　　　　　　　　　　　　정답 ④

**1-2. 다음 중 프레온 냉매를 사용하는 냉동장치에서 가장 해로운 물질은 무엇인가?**
① 기　름　　　　　　　　② 수　분
③ 탄산가스　　　　　　　④ 질소가스
　　　　　　　　　　　　　　　　　　　정답 ②

**1-3. 다음 중 프레온 냉매의 누설검사를 할 때 사용하는 방법은 무엇인가?**
① 맛
② 냄　새
③ 핼라이드 토치
④ 누설하는 냉매의 색을 확인
　　　　　　　　　　　　　　　　　　　정답 ③

**해설**

1-1
냉매는 어떤 공간이나 물체로부터 열을 흡수하여 다른 곳으로 열을 운반하는 매체를 말하며, 1차 냉매(직접 냉매)의 경우 냉매가 증발할 때 주위로부터 열을 빼앗는다.
1-2
프레온 냉매는 수분에 잘 용해되지 않으므로 물이 혼입되면 팽창 밸브를 얼음으로 막을 수 있다.
1-3
프레온계 냉매는 색과 냄새가 없어 누설 검사를 할 때는 비눗물이나 핼라이드 토치를 이용해야 한다.

**핵심 이론 02** 가스 압축식 냉동장치의 구성

압축기

증발기    응축기

찬공기 배출                    더운공기 배출

팽창밸브  ←

[가스 압축식 냉동장치 원리]

① **압축기** : 증발기로부터 흡입한 기체 냉매를 압축하여 응축기에서 쉽게 액화할 수 있도록 압력을 높이는 역할을 한다. 왕복동식 압축기, 로터리 압축기 및 스크루 압축기 등이 있다.

② **응축기** : 압축기로부터 나온 고온·고압의 냉매 가스를 물이나 공기로 냉각하여 액화시키는 장치이다.

③ **팽창밸브** : 응축기에서 액화된 고압의 액체 냉매를 저압으로 만들어 증발기에서 쉽게 증발할 수 있도록 하며 증발기로 들어가는 냉매의 양을 조절하는 역할을 한다. 모세관식, 정압식, 감온식 및 전자식 팽창밸브가 있다.

④ **증발기** : 팽창밸브에서 공급된 액체 냉매가 증발하면서 증발기 주위의 열을 흡수하여 기화하는 장치이다. 건식, 만액식 및 액순환식 증발기가 있다.

⑤ **부속기기**

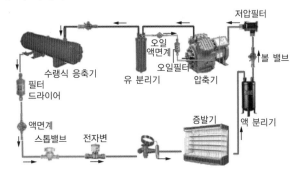

[가스 압축식 냉동장치의 구성과 부속장치]

㉠ 수액기 : 응축기에서 액화한 액체 냉매를 팽창 밸브로 보내기 전에 일시적으로 저장하는 용기이다.

㉡ 유분리기 : 유분리기는 압축기와 응축기 사이에 설치되며 압축기에서 냉매가스와 함께 혼합된 윤활유를 분리·회수하여 다시 압축기의 크랭크케이스로 윤활유를 돌려보내는 역할을 한다. 압축기는 크랭크케이스로부터 순환되는 냉동유에 의해 윤활되는데 압축기가 작동하면 윤활유가 냉매가스와 혼합되어 압축기를 떠나 시스템을 순환하게 된다. 이 소량의 윤활유는 응축기나 증발기의 전열효과를 저하시키고 심한 경우 압축기의 작동에 이상을 일으킨다.

㉢ 액분리기 : 증발기에서 완전히 증발하지 않은 액체와 기체의 혼합 냉매가 압축기로 흡입되면 액 해머(마치 망치로 강하게 두드리는 현상)작용으로 실린더 헤드가 파손되거나 냉동장치의 효율이 저하되는데 이를 방지하기 위해 압축기 안으로 냉매액이 흡입되지 않도록 압축기 흡입관 측에 액분리기를 설치한다.

㉣ 냉매 건조기(필터 드라이어, Filter Drier) : 냉동장치 내에 수분이 있으면 팽창밸브나 모세관에서 결빙이 되어 냉각관의 통로를 좁게 하거나 막아버리고 프레온을 가수 분해시켜 부식을 촉진시킨다. 이를 방지하기 위해 수액기와 팽창밸브 사이에 건조기를 설치하여 수분을 흡수한다.

㉤ 제상장치 : 증발기의 증발관 표면에 공기 중의 수분이 얼어붙게 되면, 증발관에서의 전열작용이 현저히 저하된다. 따라서 증발관에 붙은 얼음을 제거해야 하는데 이러한 목적으로 사용되는 장치이다.

**핵심예제**

**2-1. 다음 중 냉동사이클의 순서를 올바르게 열거한 것은 무엇인가?**

① 응축 → 증발 → 팽창 → 압축
② 팽창 → 응축 → 압축 → 증발
③ 압축 → 응축 → 팽창 → 증발
④ 압축 → 증발 → 응축 → 팽창

정답 ③

**2-2. 다음 중 냉동기의 압축기에서 냉매를 압축하는 이유로 가장 적합한 것은 무엇인가?**

① 냉매의 순환을 좋게 하기 위해서
② 냉매액의 압력을 높이기 위해서
③ 액체 상태의 냉매를 증발기로 보내기 위해서
④ 상온의 냉각수 및 공기에 의해 쉽게 액화하기 위해서

정답 ④

**2-3. 다음 중 냉동기에서 감압작용과 냉매의 유량을 제어하는 장치는 무엇인가?**

① 토출밸브          ② 흡입밸브
③ 팽창밸브          ④ 릴리프밸브

정답 ③

**해설**

2-1
냉동기의 원리는 압축기에서 냉매가스를 압축하고 응축기에서 냉매가스를 액화시키며 팽창밸브에서 감압작용에 의해 냉매가스를 저압으로 만들고 증발기에서 주위의 열을 흡수하는 원리이다. 간단히 말해 압축 → 응축 → 팽창 → 증발의 단계를 순환·반복한다.

2-2
압축기에서 냉매를 압축하여 고온·고압의 가스로 만들어야 응축기에서 상온의 공기나 냉각수로 냉각을 하여 쉽게 액체 상태로 만들어진다.

2-3
팽창밸브는 응축기에서 액화된 고압의 액체 냉매를 저압으로 만들어(감압작용) 증발기에서 쉽게 증발할 수 있도록 하며 증발기로 들어가는 냉매의 양을 조절(유량 제어)하는 역할을 한다.

## 2-2. 공기 조화 장치

**핵심이론 03  공기 조화 장치**

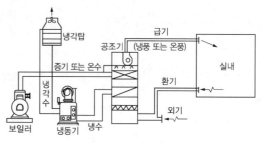

[공기 조화 장치의 예]

① 정의 : 흔히 '냉·난방'이라고 하며, 일정 공간의 온도, 습도, 기류, 청정도 등의 조건을 실내의 사용 목적에 가장 적합한 상태로 유지하는 것을 말한다. 공기 조화 장치의 기능은 공기의 청정, 공기의 습도 조절, 공기의 냉각·가열이라 할 수 있다.

② 공기 조화의 종류
　㉠ 쾌감용 공기 조화 : 실내의 사람들에게 쾌적한 환경을 유지시킴으로서 건강, 위생 및 근무 환경을 향상시키는 것이다.
　㉡ 산업용 공기 조화 : 산업 제품을 생산 및 보관하기 위해 적절한 실내 조건을 유지함으로서 생산성, 품질 향상 및 불량 감소 등을 목적으로 한다.

③ 공기 조화 장치의 구성
　㉠ 공기 조화기 : 실내로 공급되는 공기를 사용 목적에 적합하도록 조절하는 기기이며, 흔히 가정이나 사무실의 실내에서 에어컨 바람이 나오는 부분을 말한다. 공기의 온도와 습도 조절뿐만 아니라 공기를 정화하는 기기도 포함되며 냉각기, 가열기, 가습기 및 공기 여과기 등으로 구성된다.
　㉡ 열원장치 : 냉·난방 열부하를 처리하기 위한 장치로 냉동기, 보일러가 사용되고 부속장치로는 냉각탑, 냉각수 펌프, 급수설비, 부속 배관 등이 있다.
　㉢ 열 운반 장치 : 공기 조화기에서 정화된 공기를 실내로 운반하는 역할을 하며 송풍기와 덕트, 냉·온수 펌프 및 배관 등이 있다.
　㉣ 자동 제어 장치 : 실내 온도, 습도 조건에 맞게 유지하고 경제적 운전을 위해 자동적으로 제어하는 장치이다.

**핵심예제**

**다음 중 공기 조화 장치 중 열원장치에 속하지 않는 것은 무엇인가?**

① 가습기
② 냉동기
③ 보일러
④ 냉각탑

정답 ①

**해설**

가습기는 공기 조화기의 구성 요소이고 열원장치로는 냉동기 및 보일러가 사용되고 부속장치로는 냉각탑, 냉각수 펌프, 급수설비 등이 있다.

## 1  전기공학 및 전기기기

### 1-1. 기본이론

**핵심이론 01** **전 기**

① 물질의 구조

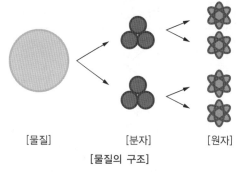

[물질]　　　　[분자]　　　　[원자]

**[물질의 구조]**

㉠ 원자의 구조 : 원자핵 안에는 양(+)의 전기를 띤 양성자와 전기를 띠지 않는 중성자가 들어 있고 전자는 음(−)의 전기를 띠고 있는데 일반적으로 모든 물질은 양전기를 가진 양성자의 수와 음전기를 가진 전자의 수가 같기 때문에 전기적으로 중성을 띠고 있다.

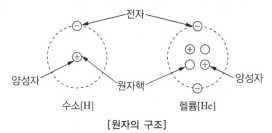

전자

양성자　　　원자핵　　　양성자

수소[H]　　　헬륨[He]

**[원자의 구조]**

㉡ 자유전자 : 원자핵의 구속으로부터 쉽게 이탈하여 자유로이 움직일 수 있는 전자이다.

㉢ 물질의 종류
  • 도체 : 금속이나 구리처럼 전기가 잘 통하는 물질이다.
  • 부도체 : 유리나 플라스틱과 같은 물질 속에 있는 전자는 원자핵에 단단하게 속박되어 있어 다른 원자

들 사이로 돌아다니기가 힘들다. 이와 같이 전기가 잘 통하지 않는 물질이다.
  • 반도체 : 실리콘, 게르마늄 등과 같이 도체와 부도체의 중간 성질을 갖는 물질이다.

② 전기 : 물질 안에 있는 전자 또는 공간에 있는 자유 전자나 이온들의 움직임 때문에 생기는 에너지의 한 형태로, 음전기(−)와 양전기(+) 두 가지가 있는데, 같은 종류의 전기는 밀어내고 다른 종류의 전기는 끌어당기는 힘이 있다.

㉠ 전 하
  • 대전 : 어떤 물질이 양(+)전기나 음(−)전기를 띠는 현상
  • 대전체 : 양(+)전기나 음(−)전기를 띠고 있는 물체
  • 전하 : 대전에 의해서 물체가 띠고 있는 전기이며 기호는 $Q$, $q$, 단위는 쿨롱[C]
  • 전하량 : 물질이 가지고 있는 전기의 양

㉡ 전류 : 도체 내부에서 전자가 이동하는 현상으로 기호는 $I$, 단위는 암페어[A]이다.
  • 직류(DC) : 전기량이 시간이 지남에 따라 크기와 방향이 일정하게 흐르는 것으로 건전지가 대표적인 예이다.
  • 교류(AC) : 전기량이 시간이 지남에 따라 크기와 방향이 주기적으로 변화하는 것으로 선박의 발전기가 대표적인 예이다.

㉢ 전압 : 회로 내의 전류가 흐르기 위해서 필요한 전기적인 압력으로 기호는 $V$, 단위는 볼트 [V]이며, 전압이란 용어는 전위, 기전력과 같은 것으로 사용된다.
  • 전위 : 전기통로 임의의 점에서 전압의 값으로 기호는 $V$, 단위는 볼트 [V]이다.
  • 기전력 : 전압을 연속적으로 만들어 주는 힘으로 기호는 $E$, 단위는 볼트 [V]이다.

ㄹ 저항 : 전기의 흐름을 방해하는 것으로 기호는 $R$, 단위는 옴[$\Omega$]이다. 회로의 전구나 전열기 등이 대표적인 예로 각각에 저항이 있으며 열이나 빛이 발생한다.

**핵심예제**

전기 회로에 전기 기기를 작동시키기 위해 필요한 힘으로 기전력이라고도 하는 것은 무엇인가?

① 직 류　　　　　② 전 류
③ 저 항　　　　　④ 전 압

정답 ④

**해설**

전압은 회로 내의 전류가 흐르기 위해서 필요한 전기적인 압력을 말하며 전위 또는 기전력이라고도 한다.

---

**핵심이론 02 │ 회로 이론**

① 옴의 법칙 : 전기 회로의 부하에 흐르는 전류는 부하에 가해 준 전압의 크기에 비례하고 부하가 가지고 있는 저항값의 크기에는 반비례하여 흐른다.

$I$=전류[A], $V$=전압[V], $R$=저항[$\Omega$]의 관계는 다음의 식과 같다.

$$I = \frac{V}{R}[A], \quad V = I \times R[V], \quad R = \frac{V}{I}[\Omega]$$

② 키르히호프의 법칙

ㄱ 제1법칙(전류의 법칙) : 회로의 접속점에 흘러 들어오는 전류의 합과 흘러 나가는 전류의 합은 같다.

$$\Sigma \text{유입 전류} = \Sigma \text{유출 전류} \rightarrow I_3 = I_1 + I_2$$

[제1법칙]

ㄴ 제2법칙 : 회로망의 어느 폐회로에서도 기전력의 총합은 저항에서 발생하는 전압 강하의 총합과 같다.

$$\Sigma \text{기전력} = \Sigma \text{전압강하} \rightarrow V_1 - V_2 = IR_1 + IR_2 + IR_3$$

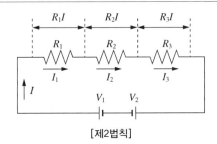

[제2법칙]

③ 저항의 접속

ㄱ 직렬 접속

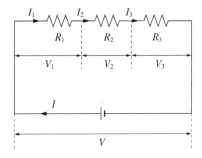

- 합성저항 : $R = R_1 + R_2 + R_3$
- 전류 : 직렬접속에서는 각 저항에 흐르는 전류는 $I$로 일정하다. $I_1 = I_2 = I_3$
- 전압 : $V = V_1 + V_2 + V_3$

ⓛ 병렬접속

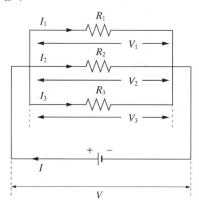

- 합성저항 : $\dfrac{1}{R} = \dfrac{1}{R_1} + \dfrac{1}{R_2} + \dfrac{1}{R_3}$
- 전류 : $I = I_1 + I_2 + I_3$
- 전압 : 각 저항의 전압은 $V = V_1 = V_2 = V_3$로 공급전압 $V$와 같다

④ 전력과 전력량

　ㄱ 전력 : 전기가 하는 일의 능률로 단위 시간[sec]에 하는 일을 말한다. 단위는 와트[W]이다.

$$P = \frac{W}{t} = \frac{VIt}{t} = VI = I^2R = \frac{V^2}{R}\ [\text{W}]$$

　ㄴ 전력량 : 일정한 시간 동안 전기 에너지가 한 일의 양을 말한다. 단위는 줄[J]

$$W = Pt = VIt = I^2Rt\ [\text{J}]$$

2-1. 5[Ω]의 저항에 전류 2[A]를 흘렸다면 저항의 양단에 걸리는 전압은 얼마인가?

① 0.4[V]　　　　　　② 2.5[V]
③ 10[V]　　　　　　④ 20[V]

정답 ③

2-2. 저항값이 $R[\Omega]$인 동일한 저항 두 개를 병렬로 연결했을 때 전체 저항값은 어떻게 되는가?

① $R$과 같다.　　　　② $R$의 1/2배가 된다.
③ $R$의 2배가 된다.　④ $R$의 4배가 된다.

정답 ②

2-3. 다음 중 일정시간 동안 전기 에너지가 한 일의 양은 무엇인가?

① 전 력　　　　　　② 저 항
③ 전 압　　　　　　④ 전력량

정답 ④

해설

2-1

옴[Ω]의 법칙으로 문제를 해결할 수 있다. $V = IR$, $I = \dfrac{V}{R}$, $R = \dfrac{V}{I}$에서 저항($R$)과 전류($A$)가 주어졌으므로 $V = IR$ 식을 이용하면 $V = 2 \times 5 = 10[\text{V}]$이다.

2-2

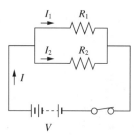

회로도와 같이 저항 $R_1$, $R_2$가 병렬로 연결되었을 때 합성저항을 구하는 공식은 $\dfrac{1}{R_전} = \dfrac{1}{R_1} + \dfrac{1}{R_2}$ 이다.

이때 문제에서 저항이 $R$인 동일한 저항 두 개를 병렬 연결하였으므로 전체저항은 $\dfrac{1}{R_전} = \dfrac{1}{R} + \dfrac{1}{R} = \dfrac{2}{R}$ → $R_전 = \dfrac{R}{2}$이 된다. 즉, $R$의 $\dfrac{1}{2}$배가 된다.

※ 주의, 계산할 때 $\dfrac{1}{R_전}$의 값이 아니라 $R_전$값을 구해야 하므로 $\dfrac{2}{R}$의 계산값을 역수로 해 주어야 한다.

2-3

일정한 시간 동안 전기 에너지가 한 일의 양을 전력량이라고 한다. 참고로, 단위시간 동안 한 일의 양은 전력이라고 한다.

## 1-2. 선박 전기기기

**핵심이론 03** 발전기

① 발전기의 원리 : 자계 내에서 코일을 회전시켜 기전력을 발생시키는 장치이며, 유도기전력의 발생은 패러데이의 전자 유도법칙을 응용한 것이고 유도기전력의 방향(전류의 방향)은 플레밍의 오른손 법칙을 이용한 것이다.

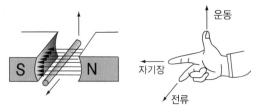

[플레밍의 오른손 법칙]

㉠ 교류 발전기의 원리 : 자석의 N극과 S극에 의한 자기장이 존재하는 공간에 코일을 직사각형 모양으로 두고, 코일을 오른손 엄지손가락이 가리키는 방향으로 회전시키면 플레밍의 오른손 법칙에 의해 가운데 손가락이 가리키는 방향으로 전류가 흐르게 된다. 회전하는 코일에서 발생되는 유도 기전력은 두 링에 접촉하는 브러시를 거쳐서 고정된 전단으로 전달되고 N극과 S극을 번갈아 지나가므로 교류 기전력이 발생된다.

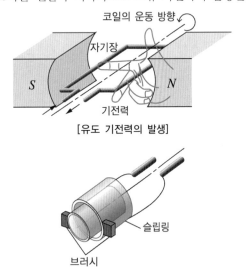

[유도 기전력의 발생]

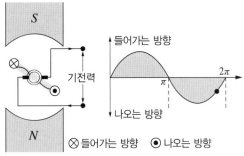

[슬립링과 브러시, 교류의 발생]

㉡ 직류 발전기의 원리 : 교류 발생의 원리에서 슬립링 대신에 정류자편과 브러시를 연결하면 코일 양 끝에서 발생되는 기전력은 두 브러시와 교대로 접촉하면서 교류 기전력을 직류로 전환시킨다.

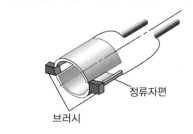

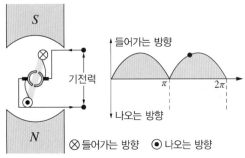

[정류자편과 브러시, 직류의 발생]

② 구 조

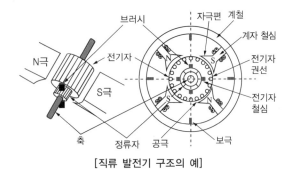

[직류 발전기 구조의 예]

① 계자 : 자속을 발생시키는 부분으로 영구 자석 또는 전자석으로 사용된다. 대부분의 발전기는 철심과 권선으로 구성된 전자석이 사용된다.

   ※ 여자전류 : 자계를 발생시키기 위한 전류로 계자 권선에 흐르는 전류이다. 자속은 권선에 흐르는 전류에 비례하여 발생하는데 이 권선에 공급되는 전류를 말한다.

⑥ 전기자 : 기전력을 발생시키는 부분으로 철심과 권선으로 구성된다.

⑥ 정류자 : 교류 기전력을 직류로 바꾸어 주는 부분이다.

② 브러시 : 전기자 권선과 연결된 슬립링이나 정류자편과 마찰하면서 기전력을 발전기 밖으로 인출하는 부분이다.

③ 직류 발전기의 종류

   ① 타여자 발전기 : 외부 전원(다른 직류 전원 또는 축전지)으로 여자 전류를 공급하는 방식으로 주로 소형 발전기에 사용된다.

   ⑥ 자여자 발전기 : 발전기 자체에서 발생한 기전력의 일부를 여자 전류로 보내 계자의 전원으로 사용하는 방식으로 현재 가장 많이 사용되는 방식이다.

   • 직권 발전기 : 계자 권선을 전기자 권선과 직렬로 연결한 것이다.

   • 분권 발전기 : 계자 권선을 전기자 권선과 병렬로 연결한 것이다.

   • 복권 발전기 : 계자 권선을 직렬과 병렬로 혼합하여 연결한 것이다.

④ 교류 발전기의 원리 : 원리와 구조는 직류 발전기와 같지만 교류 발전기는 발생한 기전력이 직접 슬립 링을 통하여 브러시를 지나 외부 회로에 연결되어 교류를 발생한다. 교류 발전기에는 정류자편이 없다.

   ① 동기 속도 : 자극 수가 정해진 교류기에서 일정한 주파수를 만들기 위한 속도로 다음의 공식이 성립된다.

$$n_s = \frac{120f}{p} [\text{rpm}](n_s=\text{동기속도}, \ p=\text{극수}, \ f=\text{주파수})$$

 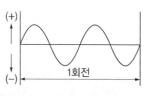

[4극 회전자에 발생되는 교류 파형의 예]

⑥ 3상 교류 발전기의 원리 : 다음의 그림과 같이 원통형 철심의 내면에 3조의 코일을 120° 간격으로 배치하고 내부에 자석을 회전시키면 각각의 코일에서 동일한 형태의 단상 교류가 120° 위상차를 두고 발생하게 되는데 이를 3상 교류라고 한다.

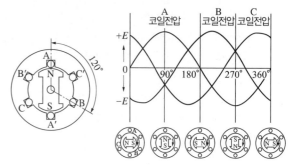

(a) 3상 코일의 배치도    (b) 3상 교류기전력의 발생

[3상 교류 발전의 원리]

⑤ 교류 발전기의 종류

   ① 회전자에 의한 분류 : 동기 발전기의 구조는 크게 고정자와 회전자로 나뉘며 선박에서 사용하는 대부분의 동기 발전기는 회전 계자형이 사용되는데, 계자가 회전을 하고 전기자는 고정되어 있는 방식이다.

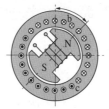 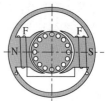

(a) 회전 계자형    (b) 회전 전기자형

[회전 계자형과 회전 전기자형]

ⓛ 여자 방식에 의한 분류 : 동기 발전기의 경우 여자전류는 직류를 공급한다.

- 타여자 동기 발전기 : 자극의 계자권선에 여자전류를 공급하기 위하여 별도의 여자용 직류 발전기를 설치하여 직류 발전기에서 발생하는 전압을 여자용 전원으로 공급하는 방식이다.

- 자여자 동기 발전기 : 교류 발전기의 전기자에서 발생된 교류를 직류로 바꾸어 계자에 공급하는 방식이다.

ⓒ 브러시리스 동기 발전기 : 대부분의 선박에서 교류 발전기로 사용되고 있는 발전기이며, 계자 코일이 고정되어 브러시와 슬립링이 필요 없이 직접 여자 전류를 계자 코일에 공급하는 발전기이다. 계자 코일은 내측 중심에 고정자 코일은 외측에 고정되어 있고 그 사이를 로터가 회전하는 형식으로 보수와 점검이 간단하다.

⑥ 동기 발전기의 병렬 운전 : 선박에서는 주발전기의 단독 운전으로 부하를 전담하기 힘들 때 병렬 운전을 시행하고 발전기의 교대 운전 시에도 발전기를 병렬 운전한 후 단독 운전을 하여 전원을 연속적으로 공급하게 된다.

※ 병렬 운전의 조건

- 병렬 운전시키고자 하는 발전기의 주파수를 모선과 같게 한다(주파수와 주기는 반비례하므로 주파수를 맞추면 주기도 같아진다).

- 전압 조정 장치를 조정하여 모선과 전압을 같게 조정한다(기전력의 크기를 같게 한다).

- 동기 검정기의 바늘과 램프를 확인하여 위상이 같아질 때 병렬 운전을 한다.

- 기타 사항으로 전압의 파형을 같게 해야 한다.

⑦ 자동 전압 조정기(AVR) : 운전 중인 발전기의 출력 전압을 지속적으로 검출하고 부하가 변동하더라도 계자 전류를 제어하여 항상 같은 전압을 유지하도록 하는 장치이다.

### 핵심예제

**3-1. 다음 중 직류 발전기에 해당되지 않는 것은 무엇인가?**

① 동기 발전기
② 직권 발전기
③ 복권 발전기
④ 분권 발전기

정답 ①

### 핵심예제

**3-2. 다음 중 직류 발전기에서 계자 권선과 전기자 권선을 병렬로 연결한 것은 무엇인가?**

① 직권 발전기
② 분권 발전기
③ 복권 발전기
④ 타여자 발전기

정답 ②

**3-3. 선박의 동기 발전기에서 병렬운전에 필요한 조건으로 알맞지 않은 것은 무엇인가?**

① 주파수가 같을 것
② 기전력의 크기가 같을 것
③ 여자전류의 크기가 같을 것
④ 기전력의 위상의 크기가 같을 것

정답 ③

**3-4. 교류기에서 동기 속도의 관계식으로 옳은 것은 무엇인가? ($n_s$=동기속도, $p$=극수, $f$=주파수)**

① $n_s = 120f \cdot p$

② $n_s = \dfrac{120f}{p}$

③ $n_s = \dfrac{120p}{f}$

④ $n_s = \dfrac{p}{120f}$

정답 ②

**3-5. 직류 발전기에서 교류를 직류로 변환시키는 부분은 어디인가?**

① 계 자
② 전기자
③ 회전자
④ 정류자

정답 ④

해설

3-1
직류 발전기 중 자여자 발전기의 종류에는 전기자 권선과 계자 권선의 접속 방법에 따라 직권, 분권, 복권 발전기로 나뉜다. 동기 발전기는 교류 전기를 발생하는 장치이다.

3-2
분권 발전기는 계자 권선이 전기자에 병렬로 연결된 것이고, 직권 발전기는 직렬로, 복권 발전기는 직렬과 병렬을 혼합하여 만든 것이다.

3-3
선박에서 소비 전력이 증가하여 발전기의 발전 용량이 부족할 때에는 두 대 이상의 발전기를 병렬로 운전하여 정전 등의 사항에 대비한다. 한 대의 발전기가 운전 중일 때 다른 발전기를 운전하여 병렬 운전할 수 있는 조건은 각 발전기의 기전력의 크기(전압), 위상, 주파수(주기) 및 전압 파형이 같아야 한다.

3-4
교류기의 동기 속도를 구하는 공식은 $n_s = \dfrac{120f}{p}$ ($n_s$=동기속도, $p$=극수, $f$=주파수)이다.

3-5
직류 발전기에서 교류 기전력을 직류로 바꾸어 주는 부분은 정류자이다.

## 핵심이론 04 전동기

① **전동기의 원리** : 발전기는 운동에너지를 전기에너지로 변환하는 장치라면 전동기는 이와 반대로 전기에너지를 운동에너지로 전환하는 장치이다. 자기장 내에 도체를 놓고 전류를 흘리면 플레밍의 왼손 법칙에 의해 전자력이 발생되어 회전하게 된다.

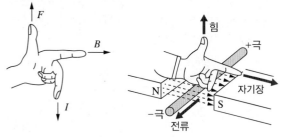

[플레밍의 왼손법칙]

② **직류 전동기의 구조**

   ㉠ 철심 : 계철, 철심, 계자 철심, 전기자 철심으로 구성되어 있고 계철은 철심을 고정시키는 부분으로 브래킷과 함께 전동기의 몸체를 구성한다.

   ㉡ 권선 : 전기자 권선과 계자 권선이 있고 권선에 의해 발생한 자기력선의 상호 작용으로 회전력이 발생하게 된다.

   ㉢ 정류자 : 전기자가 회전해도 전기자 권선이 발생하는 토크의 방향이 같게 되도록 계자의 자극에 대해 항상 같은 방향으로 전류가 흐르게 하는 역할을 한다.

   ㉣ 브러시 : 외부 전원에서 전기자 권선에 직류를 흘려보내는 통로의 역할을 한다.

③ **직류 전동기의 종류** : 직류 전동기는 선박에서는 거의 사용하지 않는다.

   ㉠ 타여자 전동기 : 산업용으로 많이 쓰이며 계자 권선과 전기자 권선에 각각 다른 전원을 연결하는 방식이다.

   ㉡ 자여자 전동기 : 계자 권선과 전기자 권선에 같은 전원을 연결하는 전동기이다.

     • 직권 전동기 : 계자 권선과 전기자 권선을 전원에 직렬로 연결한 구조이다.

     • 분권 전동기 : 계자 권선과 전기자 권선을 전원에 병렬로 연결한 구조이다.

     • 복권 전동기 : 직권과 복권을 조합한 형태로 2개의 계자 권선이 전기자 권선과 직렬과 병렬로 연결된 구조이다.

④ **동기 전동기**

   ㉠ 원리 : 자유회전이 가능한 자침의 외곽에 영구자석을 설치하고 회전시키면 자침은 영구 자석과 척력, 인력에 의해 회전하게 된다.

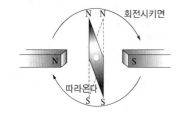

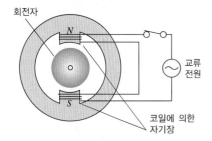

[동기 전동기 원리]

   ㉡ 구조

     • 고정자 : 영구자석 역할을 하는 것으로 교류를 공급하여 회전 자기장을 발생하는 부분이다.

     • 회전자 : 자침 역할을 하는 것으로 전자석으로 만든다.

   ㉢ 동기 전동기의 회전 속도

$$n = \frac{120f}{p} \, [\text{rpm}]$$

($n$=동기 전동기의 회전속도, $p$=전동기 자극의 수, $f$=교류 전원의 주파수)

⑤ 3상 유도 전동기

㉠ 원리 : 회전할 수 있는 도체 원판 위에서 화살표 방향으로 자석을 회전시키면 원판에는 맴돌이 전류가 흐르고 이 맴돌이 전류와 회전하는 자석 사이에는 플레밍의 왼손 법칙에 의해 원판이 회전하게 된다.

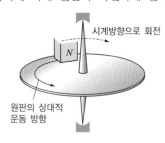

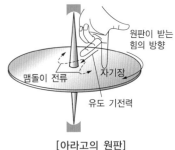

[아라고의 원판]

㉡ 구 조

• 고정자 : 고정자 철심, 고정자 틀(프레임), 고정자 권선으로 구성된다.
• 회전자 : 축, 철심, 권선으로 구성되어 있고 유도 전동기의 토크가 발생하는 부분으로 농형과 권선형이 있다.

[3상 유도 전동기의 구조의 예]

---

**핵심예제**

**4-1.** 다음 중 유도 전동기의 회전속도를 바르게 설명한 것은 무엇인가?

① 슬립이 크면 빨라진다.
② 극수가 많으면 회전속도는 빨라진다.
③ 주파수가 낮고 극수가 많으면 회전속도는 빨라진다.
④ 주파수가 높으면 회전속도는 빨라진다.

정답 ④

**4-2.** 다음 중 선박에서 많이 사용하는 농형 유도 전동기의 특징으로 가장 올바른 것은 무엇인가?

① 구조가 복잡하다.
② 속도 제어가 쉽다.
③ 시동장치가 복잡하다.
④ 발열이 적어 장시간 운전이 가능하다.

정답 ④

**4-3.** 다음 중 회전자 권선과 고정자 권선 사이의 상호 유도 작용으로 회전하는 기기는 무엇인가?

① 변압기        ② 직류 전동기
③ 유도 전동기     ④ 직류 복권 전동기

정답 ③

**해설**

4-1
동기 전동기의 회전 속도를 구하는 공식은 다음과 같다.

$$n = \frac{120f}{p}\,[\text{rpm}]$$

($n$=동기 전동기의 회전속도, $p$=전동기 자극수, $f$=교류 전원의 주파수)
즉, 주파수가 높을수록 빨라지고 극수가 많을수록 느려진다.

4-2
선박에서 많이 사용하는 농형 유도전동기는 다음과 같은 특징이 있다.
• 기동 특성이 좋지 않다.
• 속도 조정이 용이하지 않다.
• 구조가 간단하고 견고하다.
• 발열이 적어 장시간 운전이 가능하다(이 특징 때문에 선박용으로 거의 대부분 사용한다).

4-3
유도 전동기는 맴돌이 전류의 발생과 플레밍의 왼손법칙에 의해 회전하는 원리를 이용한 것이다. 즉, 회전자 권선과 고정자 권선 사이의 상호 유도 작용을 이용한 것이다.

## 핵심 이론 05 | 변압기와 선박용 전지

① 변압기 : 변압기는 전압을 용도에 맞게 올리거나 낮추는 장치이다. 선박이나 가정에서 사용하는 전원은 교류이고 전력은 전압과 전류의 곱($P = VI$)이므로 전압을 크게 하면 전류는 작아진다. 여기서, 전력을 공급하는 전선에서 손실이 발생되는데 전류가 작아지면 손실도 작아지게 된다(왜냐하면 $I^2R$ 만큼의 열손실이 발생하기 때문이다). 따라서 변압기를 이용하여 전압과 전류의 비율을 쉽게 변화시켜 전력의 전송 효율을 높인다.

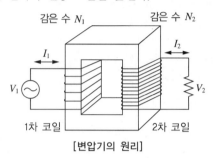

**[변압기의 원리]**

② 변압기의 원리 : 성층한 철심의 양측에 1차 코일과 2차 코일을 감아두고 1차 권선에 전류를 흘리면 철심을 통과하는 자속이 전류의 세기에 따라 전자 유도 작용에 의한 기전력으로 2차 권선에 발생하는 구조로 다음의 관계식이 성립한다.

$$\frac{V_1}{V_2} = \frac{I_2}{I_1} = \frac{N_1}{N_2} = a\left(\frac{V_1}{V_2} = \text{변압비}, \ \frac{N_1}{N_2} = \text{권수비}\right)$$

③ 1차 전지 : 방전 후 충전이 불가능한 전지를 말하며, 일반적으로 양극과 음극으로 이루어진 전극과 전해액으로 구성된다.

④ 2차 전지 : 방전과 충전을 반복해서 사용할 수 있는 전지를 말하며, 납축전지(연축전지)와 니켈 카드뮴 축전지 등이 있다. 납축전지는 선박에서 2차 전지로 널리 사용되고 있다.

㉠ 구 조
  • 극판군 : 여러 장의 양극판, 음극판, 격리판으로 구성된다.
  • 전해액 : 진한 황산과 증류수를 혼합하여 비중 1.28 내외로 사용한다.
  • 전조 : 전지의 용기를 말하며 깨지지 않고 가벼운 재질로 만든다.

㉡ 용량 및 효율
  • 용량(암페어시, [Ah])=방전 전류[A]×종지 전압까지의 방전시간[h]
  • 효율(암페어시 효율)=$\frac{\text{방전 전류×방전시간}}{\text{충전 전류×충전시간}}$×100[%]

㉢ 충전법
  • 보통 충전 : 필요할 때마다 표준 시간율로 충전을 하는 방식이다.
  • 급속 충전 : 짧은 시간에 보통 충전 전류의 2~3배의 전류로 충전하는 방식이다.
  • 부동 충전 : 축전지가 자기 방전을 보충함과 동시에 사용 부하에 대한 전력 공급을 하는 방식으로 이 방식은 정류기의 용량이 적어도 되고 항상 완전 충전 상태이며 축전지의 수명에 좋은 영향을 준다.
  • 균등 충전 : 부동 충전 방식을 사용할 때 1~3개월마다 1회 정도 정전압으로 충전하여 각 전해조의 용량을 균일화하기 위한 방식이다.
  • 보충 충전 : 운송이나 보관 중에 자기방전으로 인한 전압 강하가 발생할 때나 불완전 충전을 하였을 경우 필요한 방식으로 장기간 보관 시 6개월에 1회 정도 보충 충전을 한다.

**5-1. 다음 중 교류전압의 크기를 높거나 낮게 바꾸어 주는 장치는 무엇인가?**

① 변압기　　　　　② 정류기
③ 발전기　　　　　④ 충전기

정답 ①

**5-2. 다음 중 납축전지의 용량을 표시하는 단위는 무엇인가?**

① 볼트[V]　　　　　② 암페어[A]
③ 옴[Ω]　　　　　④ 암페어시[Ah]

정답 ④

**5-3. 다음 중 납축전지의 충전방식으로 평상시에 가장 많이 이용하는 방식은 무엇인가?**

① 급속 충전　　　　② 부동 충전
③ 균등 충전　　　　④ 보충 충전

정답 ②

**해설**

5-1
변압기는 사용 용도에 따라 전압을 크거나 낮게 변압하여 사용하는 기기이다. 송전탑에서 전압을 공급할 때 주로 전압을 크게 하고 전류를 낮추어 손실을 줄이는데 사용하고 일반적으로는 사용 기기의 정격 전압을 맞추려고 변압기를 사용하여 전압을 조정한다.

5-2
납축전지의 용량의 단위는 암페어시로 다음과 같은 식이 성립된다.
용량(암페어시, [Ah]) = 방전 전류[A]×종지 전압까지의 방전시간[h]

5-3
부동충전은 축전지가 자기 방전을 보충함과 동시에 사용 부하에 대한 전력 공급을 하는 방식으로 선박에서 평상시에는 이 방법으로 축전지를 충전함과 동시에 전력을 공급한다.

---

## 2 전자공학 및 전자회로

**핵심이론 01 전자와 반도체**

① 전 자

　㉠ 가전자(최외각 전자) : 원자를 구성하는 전자 중 제일 바깥쪽 궤도를 돌고 있는 전자이다.

　㉡ 자유전자 : 가전자가 원자핵과 결합력이 약해 외부의 영향으로 궤도를 이탈한 전자이다.

　㉢ 자유전자가 많은 물질은 전류를 통하는 도체가 되기 쉬운 것으로 금속은 자유전자가 많아 전자의 이동이 쉬워 전기가 잘 통한다.

② 반도체 : 전류 흐름이 좋은 도체와 전류가 거의 흐르지 않는 부도체의 중간적인 특성을 가진 물질이다.

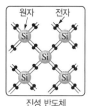  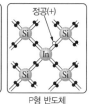

진성 반도체　　　N형 반도체　　　P형 반도체

[반도체의 종류]

　㉠ 진성 반도체 : 불순물이 전혀 들어 있지 않은 순수한 반도체(예 실리콘, 게르마늄)이다.

　㉡ 불순물 반도체 : 순수한 실리콘이나 게르마늄에 약간의 불순물을 가하여 전류가 잘 흐르게 하는 반도체이다.

　　• N형 반도체 : 가전자(최외각 전자)가 4개인 실리콘 속에 가전자가 5개인 비소, 인, 안티모니 등을 혼합하여 과잉 전자를 많게 한 반도체이다.

　　• P형 반도체 : 가전자가 4개인 실리콘 속에 가전자가 3개인 붕소, 인듐, 갈륨 등을 섞어 실리콘 원자의 가전자를 공유 결합하는데 전자가 1개 부족하여 정공이 생기고 이 정공은 주위에서 전자를 끌어오려는 작용을 하게 된다.

　㉢ P-N형 반도체

p형 반도체　　n형 반도체　　　　p형 반도체　　n형 반도체
○정공
●전자

접합 전　　　　　　　　　접합 후

[P-N 접합 확산 이동]

• P-N 접합 확산 이동 : P형 반도체와 N형 반도체를 접합하면 반도체 접합 부근에서 정공과 전자가 서로 결합하고 P형 반도체에 정공은 N형 반도체로 이동하고 N형 반도체 내에 전자는 P형 반도체로 이동한다.

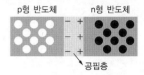

[P-N 접합부 공핍층]

• 공핍층 형성 : P-N 접합 부분에서 정공과 전자가 결합하면 절연 영역인 공핍층이 형성되고 이 공핍층에서는 전자와 정공의 이동이 매우 어렵다.

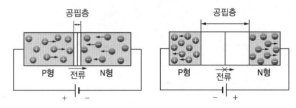

[P-N 접합 특성]

• P-N 접합 특성
  − 순방향 바이어스 : P-N 접합 반도체의 P형에 (+) 전원, N형에 (−)전원(순방향 바이어스 전압이라고 함)을 연결하면 순방향 전류가 흐른다.
  − 역방향 바이어스 : P-N 접합 반도체의 P형에 (−) 전원, N형에 (+)전원(역방향 바이어스 전압이라고 함)을 연결하면 전류가 흐르지 못한다.

③ 반도체의 종류
  ㉠ 다이오드
    • 원리 : P-N 접합으로 만들어진 것으로 전류는 P형 (애노드, +)에서 N형(캐소드, −)의 한 방향으로만 통하는 소자이다.
    • 용도 : 교류를 직류로 바꾸는 정류작용에 사용한다.

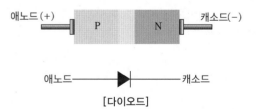

[다이오드]

  ㉡ 발광 다이오드
    • 원리 : 발광다이오드(엘이디, LED)는 순방향 바이어스 상태에서 P-N접합면을 통과하여 주입된 소수 캐리어가 재결합하여 소멸되는 과정에서 빛이 발생되는 성질을 이용한다.
    • 용도 : 최근에 각종 전자기기뿐만 아니라 선박에서 신호를 표시하는 다양한 시스템에 활용하고 있다.

[발광 다이오드]

  ㉢ 제너 다이오드(정전압 다이오드)
    • 원리 : 역방향 전압을 걸었을 때 항복 전압(제너 전압)에 이르면 큰 전류를 흐르게 한다. 항복 전압보다 높은 역방향 전압을 흐르게 하면 전압은 거의 변하지 않는 대신에 전압의 증가분에 해당하는 전류를 흐르게 한다.
    • 용도 : 전압을 일정하게 유지시키는 정전압 회로에 사용한다.

[제너다이오드]

  ㉣ 트랜지스터
    • 원리 : P형 반도체와 N형 반도체의 접합으로 이루어진 다이오드에 P형 또는 N형의 반도체 1개를 접합한 것이다. NPN형과 PNP형으로 나뉘고 베이스(B), 컬렉터(C), 이미터(E)로 이루어져 있다.
    • 용도 : 증폭작용과 스위칭 역할을 하여 디지털 회로의 증폭기, 스위치, 논리 회로 등을 구성하는데 이용된다.

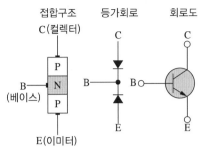

[PNP형 트랜지스터]

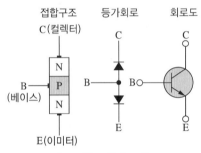

[NPN형 트랜지스터]

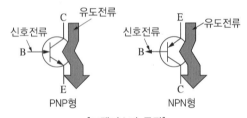

[트랜지스터 동작]

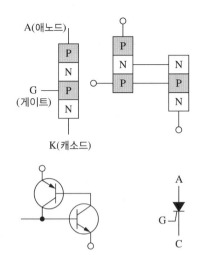

[실리콘 제어 정류기, SCR]

㉻ 실리콘 제어 정류기(에스시알, SCR)
- 원리 : 전력 시스템에서 전압 또는 전류를 제한하는데 사용되는 소자로 스위치(게이트)가 달린 다이오드라고 한다. PNPN 접합으로 구성되어 있고 애노드(A), 캐소드(K), 게이트(G) 단자로 이루어져 있으며, 소형으로 무게가 가볍고 고속 동작이 가능하며 제어가 쉽다.
- 용도 : 직류 전원에서 한번 도통되면 그 상태를 계속 유지하는 특성을 가지고 있다. 순방향 스위칭 특성이 있고 역방향으로는 도통되지 않는다. 접지 스위칭 및 전압 스위칭 등 각종 스위칭 교류 출력 제어에 사용된다.

**핵심예제**

1-1. 다음 중 소자의 다리가 애노드(양극)와 캐소드(음극)로 이루어진 것은 무엇인가?
① 저 항　　② 콘덴서
③ 다이오드　　④ 트랜지스터

정답 ③

1-2. 다음 중 작은 신호를 큰 신호로 증폭할 때 사용하는 것으로 가장 적합한 것은 무엇인가?
① 저 항　　② 다이오드
③ 제너 다이오드　　④ 트랜지스터

정답 ④

1-3. 다음 중 정전압을 얻기 위한 반도체는 무엇인가?
① 다이오드　　② 제너 다이오드
③ 포토다이오드　　④ NPN 트랜지스터

정답 ②

**해설**

1-1
애노드와 캐소드로 이루어진 것은 다이오드이다.

1-2
증폭작용하면 트랜지스터를 떠올려야 한다. 다이오드는 정류작용, 제너 다이오드는 정전압 회로에 이용된다.

1-3
제너 다이오드는 정전압 회로에 이용된다. 포토다이오드(광 다이오드)는 빛이 닿으면 전류가 흐르는 소자이다. 선박에서 보일러의 불꽃을 감지하는 플레임아이에 사용된다.

## 핵심이론 02 전원 회로

① **전원 회로** : 교류 전원을 일정한 전압을 갖는 직류 전원으로 변환시키는 회로이다.

② **전원 회로의 종류**
  ㉠ 정류 회로 : 다이오드를 이용하여 교류를 직류로 바꾸는 역할을 한다.
  • 반파 정류 회로 : 교류 전원의 (+) 전압에서만 전류를 흐르게 하는 회로이다.

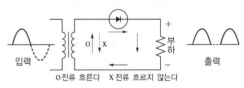

  O전류 흐른다  X전류 흐르지 않는다
  [반파 정류 회로]

  • 전파 정류 회로 : 교류 전원의 (+) 및 (−) 전압 모든 경우에 전류를 흐르게 하는 회로이며 대표적으로 브리지 전파 정류 회로가 있다.

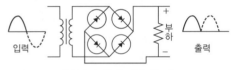

  [브리지 전파 정류 회로]

  ㉡ 평활 회로 : 콘덴서(전하를 저장하는 기능을 가진 일종의 축전기로 이해)는 두 도체와 가운데 절연체로 구성되어 있는데 이 콘덴서를 이용하여 전압의 맥동을 줄여서 일정한 전압을 유지하려는 회로이다. 평활 회로를 이용한 필터 회로에는 LC필터 회로와 RC필터 회로도 비슷하게 전압을 완만하게 평활시킨다.

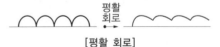

  [평활 회로]

  ㉢ 정전압 회로 : 입력 전압이나 부하 전류가 변하면 출력 전압이 달라지는데 이를 방지하기 위하여 정전압 회로를 이용한다. 종류에는 제너 다이오드, 트랜지스터, 정전압 레귤레이터를 이용한 회로가 있다.

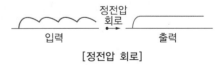

  [정전압 회로]

---

### 핵심예제

**직류 전원 회로의 구성회로가 아닌 것은 무엇인가?**

① 정전압 회로
② 정류 회로
③ 기억 회로
④ 평활 회로

정답 ③

해설

직류 전원 회로는 교류 전원을 일정한 전압을 갖는 직류 전원으로 변환시키는 회로이며 그 종류에는 정류회로, 평활 회로, 정전압 회로 등이 있으며 정류 회로에는 반파 정류회로, 전파 정류 회로로 나뉜다.

# 04 직무일반

## 1 당직근무 및 직무일반

**핵심이론 01** 당직기관사 직무일반

① **기관 당직** : 기관 구역 및 기관 당직이 허용된 장소에서 기관의 운영 및 유지에 대해 책임을 지는 업무를 말한다.

⊙ 일반적인 주의 사항

- 선박과 기관의 유형 및 상태, 기상상태, 긴급 상황, 당직자의 능력 등을 고려하여 무인 또는 유인 기관당직근무를 배치한다.
- 기관실 내 기기 배치 및 파이프라인에 대해 숙지하고 조작이 능숙해야 한다.
- 기관 설비의 작동 방법 및 기기 고장에 대한 대처법을 숙지하고 비상 상황에 대처할 수 있는 능력이 있어야 한다.
- 안전 조치 사항에 의문이 있을 경우 지체 없이 기관장에 보고해야 한다.

⊙ 기관 무인화 운전

- 기관 무인화 운전이라 함은 무인화 설비를 갖추고 선급의 승인을 얻어 무인화 선박으로 등록된 경우 무인 당직 체제로 운영한다. 즉, 당직 기관사를 지정하고 근무 시간 외 시간에는 기관실을 무인화하고 당직 기관사는 기관실의 경보 시스템을 인지하는 곳에 있어야 하며 문제 사항을 즉시 조치하도록 하는 시스템을 말한다.
- 무인화 설비를 갖추고 있는 선박은 무인 당직 체제를 운영하되 상황에 따라서는 유인 당직 체제로 기관실을 운영해야 한다. 무인화 설비를 설치하지 않은 선박은 상시 유인 당직 체제로 운영해야 한다.

② **항해 중 기관 당직**

⊙ 선교로부터 선박의 속력 또는 기기 작동과 관련된 지시사항은 즉시 이행한다.

⊙ 안전 운항에 영향을 미치는 기기 및 장비는 지속적으로 감시한다.

⊙ 기관구역은 주기적으로 순찰을 시행하고 이상이 감지되는 기기에 대해서는 상태를 기록하고 기관장에게 보고해야 한다.

⊙ 비상 상황(기기의 고장, 화재, 침수, 충돌, 좌초 등)이 생겼을 때는 피해를 최소화하기 위한 조치를 취해야 한다.

⊙ 주기관, 보조기계 및 제어 장치의 작동상태를 지속적으로 감시하고 긴급 상황 발생 시 주기관의 수동 작동 방법을 숙지해야 한다.

③ **정박 중 기관 당직**

⊙ 정박 중 작동중인 기기의 운전 상태, 안전 관리 및 해양 오염 방지에 주의한다.

⊙ 하역에 필요한 제반 기기, 선박 평형수의 주입·배출과 관련된 기기와 선박의 안전 설비에 관한 당직 항해사의 요구 사항을 준수한다.

⊙ 연료유, 윤활유, 슬러지, 빌지, 분뇨 저장 탱크의 잔량과 상태를 파악한다.

⊙ 연료유, 윤활유, 기부속, 선용품 등의 수급 및 연료유 수급 시 비상 계획을 이행하고 책임 사관은 재선의 의무를 지킨다.

⊙ 기관실 업무와 특이 사항 등은 기관일지에 항상 기록한다.

**핵심예제**

**1-1. 다음 중 당직 근무 요령으로 적절하지 않은 것은 무엇인가?**

① 정박 중에는 당직근무를 하지 않는다.
② 주기관의 회전수 및 출력 등의 사항을 감시한다.
③ 기관의 이상 유무를 확인하고 이상 발생 시 응급조치를 한다.
④ 당직근무 중인 기관사는 함부로 기관실을 떠나지 않는다.

정답 ①

**1-2. 정박 중 기관 당직자가 기관일지에 기입해야 할 사항이 아닌 것은 무엇인가?**

① 보조기기의 운전시간
② 주기관의 회전수
③ 연료유나 윤활유의 수급 내용
④ 정박장소 및 당일의 작업 내용

정답 ②

**해설**

1-1
정박 중에도 작동중인 기기의 운전 상태, 안전관리 및 기타 정박 작업에 수반되는 사항의 관리를 위해 기관 당직근무를 시행한다.

1-2
정박 중에는 주기관은 운전되지 않으므로 주기관의 회전수는 기입하지 않는다.

---

**핵심이론 02 ｜ 입·출항 및 인수·인계**

① 입·출항 시 주의 사항 : 선박의 입·출항 시[일명 스탠바이라고 함, Stand/By(S/B)] 기관의 고장은 대형 사고로 이어질 수 있으므로 기관실의 주요 기기들의 상태는 신뢰성이 확보되어야 한다. 일반적으로 선박에서 스탠바이는 입·출항 1시간 전에 준비를 하여 선교에 통보한다.

㉠ 공기탱크, 시동공기라인의 공기 드레인(유분, 수분 등의 불순물)을 배출시킨다.
㉡ 기관 제어실과 선교 간의 통신 상태를 확인한다.
㉢ 발전기를 병렬 운전하여 예비 전력을 확보한다.
㉣ 연료유 교환이 필요한 경우에는 연료유 전환절차에 따라 연료유 교환을 한다.
㉤ 주기관의 운전상태 및 누유 여부를 확인하고 주기관 부하에 따른 실린더 오일 주유량을 조절한다.
㉥ 입·출항 체크 리스트를 작성하여 누락한 부분이 없는지 점검한다.
㉦ 출항 전 및 입항 후에는 주기관 에어러닝과 터닝을 실시하여 연소실 내의 잔류 가스를 내보낸다. 특히 출항 전 주기관을 시동하기 전에는 터닝과 냉각수 및 윤활유 펌프를 기동하여 기관을 예열(워밍, Warming)하고 급격한 시동에 따른 기관 고장이 일어나지 않도록 한다.

② 당직 교대 및 인수·인계 : 당직 기관사는 당직 교대 시 다음 사항을 전달하여야 한다.

㉠ 기계 작동과 관련된 기관장의 지침과 지시사항
㉡ 선교로부터의 지시 또는 요청사항
㉢ 기관실에서 진행 중인 작업의 내용, 인원 및 예상되는 위험 사항
㉣ 빌지, 평형수, 청수, 오수, 연료유 탱크 등의 상태 및 이송 등을 위한 특별한 조치사항
㉤ 주기와 보조기계의 상태 및 특이사항
㉥ 경보가 발생된 리스트 및 조치사항과 전달사항
㉦ 기관 일지 및 당직일지의 작성 및 추가 기입 요청 사항

**핵심예제**

**2-1. 다음 중 출항 전 기관사의 유의 사항이 아닌 것은 무엇인가?**

① 연료유와 청수량을 확인한다.
② 기관부 사관 및 부원의 귀선 여부를 확인한다.
③ 기관실 작업의 마무리 및 정비기기의 복구 상태를 확인한다.
④ 주기관은 즉시 시동하면 되므로 선교의 지시에 따라 즉시 기동한다.

정답 ④

**2-2. 다음 중 당직 기관사의 당직 교대 시 인계할 사항이 아닌 것은 무엇인가?**

① 기관장의 지시 사항 및 선교로의 통보 사항
② 당직에 임해야 하는 당직사관이 기관실에 내려온 시간
③ 주기의 회전수, 보기의 운전상태 및 이상 상황
④ 빌지, 연료유 탱크 및 청수탱크의 상태와 특이 사항

정답 ②

**해설**

2-1
기관의 주기관은 출항 전에 터닝 및 청수 펌프와 윤활유 펌프 등을 기동하여 예열(난기 또는 워밍)을 하여 시동을 원활하게 하도록 하며 급작스러운 운전으로 인한 손상을 방지한다.
2-2
교대할 당직 기관사가 기관실에 내려온 시간을 적을 필요는 없다. 나머지 사항은 인수 · 인계 시 통보해야 할 사항이다.

---

**핵심이론 03 기관 일지 및 서류**

① 기관일지 : 주기관 및 보조기계의 운전상태, 연료 소비량, 항해 중 사고, 사고 조치 및 기타 작업사항 등을 기록하는 것으로 기관실에 비치하여 기관사가 근무 중의 사항들을 기입해야 한다. 기관일지는 국제적으로 인정되는 공식 자료로서 퇴선 시에도 지참해야 하는 중요한 자료이다.

② 기관일지의 기재목적
   ㉠ 항해상의 각종 계산과 각종 보고의 기초 자료
   ㉡ 기관의 성능 파악과 기관 이상 발생 원인을 발견하는 자료
   ㉢ 일상 작업을 기록하여 관리
   ㉣ 기관의 관리, 안전 운항, 경제 운전의 기초 자료, 공법 및 사법상의 증거 자료이며 다음의 경우 추가로 기관일지의 제출이 필요하다.
      • 해난 원인을 규명하고 해난 방지의 목적으로 해난 관계인에게 장부 및 서류의 제시 요구
      • 기관장 및 기관사에게 관리자로서의 주의 및 책임 의무를 이행시킬 경우
      • 선박의 감항성(대양 항해 능력) 여부 및 피보험자의 악의 또는 중대한 과실이 없음을 증명할 경우

③ 항해 중 기록 사항
   ㉠ 입 · 출항 시간, 주기 사용 시간, 슬립, 회전수 등
   ㉡ 주기관과 보조기기의 각종 압력, 온도, 전력, 전류 등
   ㉢ 주기관 및 보조기기의 이상이 발생하였을 경우 그 시각과 조치 사항
   ㉣ 당직 중 해상 상태 및 해난 사고가 발생하였을 경우 시각과 상세 사항
   ㉤ 훈련의 실시 및 선내 시간의 변경 등의 사항
   ㉥ 연료유, 윤활유 및 청수의 소모량
   ㉦ 기관실 정비 작업 내용

④ 정박 중 기록 사항
   ㉠ 정박 장소 및 시간과 정박 사유(하역, 연료수급, 수리, 피항 등의 사항)
   ㉡ 기관부 작업 내용과 육상 수리 작업 사항
   ㉢ 기관부 직원과 부원의 교대 및 승하선
   ㉣ 연료유, 윤활유 및 청수의 소비량
   ㉤ 발전기의 운전상태
   ㉥ 연료유 및 윤활유의 수급 사항(공급 업체, 공급 선박, 수급량, 비중, 수급 시간 등)

⑤ 작성 시 주의사항

　ⓐ 기재사항을 오기했을 경우에는 틀린 부분에 줄을 긋고 그 아래 또는 위에 다시 기재하고 최초의 기록을 알아 볼 수 있도록 한다. 절대로 잘못 기재한 부분이 보이지 않게 지우거나 훼손하지 않는다.

　ⓑ 기관일지를 기록할 때는 사실을 충실히 기재하고 기사는 간단명료하게 쓰며 애매한 표현은 피한다.

　ⓒ 영문으로 작성할 때는 일어난 일을 사후에 기록하는 것이므로 시제는 원칙적으로 과거형을 쓴다.

　ⓓ 기재하기 편리한 장소에 비치하여 당직 기관사가 기록한다.

　ⓔ 유인 당직 시에는 매당직 시 당직 기관사가 기록하고 무인 당직 시에는 1일 2회 기록한다.

⑥ 기타 서류

　ⓐ 기관 적요일지 : 매항해 종료 시에 본선의 엔진 상태나 유류 소모량 등을 한눈에 파악할 수 있도록 작성하며 선박의 운항 실태 파악 및 실적 분석 등에 사용한다.

　ⓑ 기름기록부 : 연료유탱크에 선박평형수의 적재 또는 연료유탱크의 세정, 연료유탱크로부터의 선박평형수 또는 세정수의 배출, 기관구역의 유성찌꺼기 및 유성 잔류물의 처리, 선저폐수의 처리, 선저폐수용 기름배출감시제어장치의 상태, 사고, 그 밖의 사유로 인한 예외적인 기름의 배출, 연료유 및 윤활유의 선박 안에서의 수급의 사항을 기록하는 것으로 해양환경 관리의 중요한 자료이며 마지막 작성일로부터 3년간 보관해야 한다.

　ⓒ 입·출항 컨디션 및 입출항 체크 리스트

　ⓓ 정오 보고(Noon Report) : 항해 중 정오(12시) 기준으로 매일 보고서를 작성하여 회사에 보고한다.

　ⓔ 유류 월말 보고서, 보일러 물 테스트, 엔진 냉각수 테스트 리포트 및 절연 저항 테스트 리포트 : 회사의 지침에 따라 주기적으로 작성하여 회사에 보고한다.

**핵심예제**

**3-1.** 다음 중 주기관과 주요 보기의 운전 상태나 연료 소비량 등을 기록하는 것은 무엇인가?

① 벨 북
② 항해일지
③ 기관일지
④ 기름기록부

정답 ③

**3-2.** 다음 중 정박 당직 중 기관일지에 기록하는 사항이 아닌 것은 무엇인가?

① 발전기의 사용 전력
② 발전기의 냉각수 온도
③ 연료유의 수급량
④ 발전기의 배기색

정답 ④

**해설**

3-1
기관일지는 주기관 및 보조기계의 운전상태, 연료 소비량, 항해 중 사고, 사고 조치 및 기타 작업사항 등을 기록한 것이다.

3-2
정박 중에 기관일지에 기록하는 사항은 운전 중인 발전기와 보조 보일러 등의 운전상태 및 정박 작업 사항, 연료유 및 윤활유의 수급 사항 등을 기록한다. 발전기의 배기온도는 기록하나 배기색은 기록하지 않는다.

## 핵심이론 04 기관실 대응요령

① 항해 중 기관 비상정지 또는 후진
  ㉠ 신속히 주기관을 조작하여 정지 또는 후진 명령에 응한다.
  ㉡ 기관장 및 일등 기관사에게 보고한다.
  ㉢ 선교에서 다음 지령에 바로 대응할 수 있도록 인원을 배치하고 발전기 및 기타 보조기계의 시동을 준비한다.
  ㉣ 터빈선에서는 주기관을 급정지 또는 감속하면 보일러의 압력이 빠르게 상승할 수 있으므로 보일러의 압력에 유의하여 연료 공급량과 급수량을 조정한다.
  ㉤ 디젤기관에서는 주기관을 즉시 시동할 수 있도록 공기압축기를 기동하여 시동공기탱크에 압력을 채워 놓는다.

② 항해 중 발전기의 정지(블랙아웃)
  ㉠ 발전기 중 자동 스탠바이 발전기가 자동으로 기동하는 선박에서는 스탠바이 발전기가 기동하여 전원이 투입되는지 확인하고 자동 기동이 실패할 경우 수동으로 운전하여 교대 운전을 준비한다.
  ㉡ 만약 스탠바이 발전기가 운전되지 않고 수동 운전으로도 발전기를 복구시키지 못했다면 비상발전기가 운전되어 비상전원에 송전이 되는지 확인한다. 비상발전기는 블랙아웃 후 45초 이내에 비상전원에 송전이 되어야 한다.
  ㉢ 선교에 상황을 보고하고 주기관의 회전수를 낮추거나 일시 정지시킨다.
  ㉣ 예비 발전기가 기동되면 즉시 전원을 복구하여 송전을 하도록 한다.
  ㉤ 전원이 복구되면 사용 중이던 보조기계를 재기동하고 운전 상태를 확인한다.
  ㉥ 선교에 정상 회복을 보고하고, 주기관의 회전수를 높이고 모든 기기를 정상 운전한다.
  ㉦ 문제가 되었던 발전기의 고장원인을 파악한다.
  ㉧ 고장 부분을 수리하고 시운전 결과가 양호하면 필요에 따라 운전 준비를 하고 만약 본선에서 수리 불가한 경우는 회사에 보고하도록 한다.
  ㉨ 만일 예비 발전기의 시동이 지연되었거나 기타 고장으로 주전원의 복구에 긴 시간이 필요하다면 선교에 이를 알리고 비상 조타를 할 수 있도록 인원을 배치하여야 한다.

③ 황천 항해 : 황천 항해는 비바람이 심하여 선박이 횡요(좌, 우로 흔들림)와 동요(앞, 뒤로 흔들림)가 평소보다 심하게 발생하는 상황에서 항해를 하는 것을 말한다.
  ㉠ 황천항해의 준비
    • 이동물과 중량물을 고박하고 예비품이나 기타 물품의 이동과 낙하를 방지한다.
    • 빌지 탱크 및 각종 탱크의 상부에 부유물을 제거한다.
    • 갑판부와 협력하여 평형수 탱크(밸러스트 탱크)의 양을 사전에 조정하여 흘수가 적당하도록 한다.
    • 보일러의 드럼의 수위를 약간 낮게 유지하여 프라이밍을 방지한다.
    • 해수 펌프의 흡입밸브를 낮은 위치의 것으로 전환하여 횡요와 동요로 인하여 공기가 흡입되지 않도록 한다(기관실에 해수가 처음 들어오는 곳을 시 체스트(Sea Chest)라고 하는데 하이 시 체스트(High Sea Chest)와 로 시 체스트(Low Sea Chest)가 있고, 황천 항해 때는 횡요와 동요가 심하므로 낮은 곳의 로 시 체스트에서 해수를 공급하여야 한다).
    • 기관실 선저폐수(빌지)의 양에 주의하고 로즈박스를 청소하여 동요로 인한 폐색이 일어나지 않도록 한다.
    • 기관 조종실 내의 통로에는 미끄럼 방지용 발판을 설치하여 미끄러지지 않도록 한다.
  ㉡ 황천 항해 시 운전법
    • 기관의 공회전이 일어날 확률이 높으므로 조속기의 작동상태를 주의하고 주기관의 회전수를 평소보다 낮추어서 운전한다.
    • 기관의 회전수가 위험 회전수 범위 내에 들지 않도록 유의한다.
    • 주기관의 배기온도와 연료압력 및 냉각수 온도에 유의하고 주기관이 정지하지 않도록 면밀히 살핀다.

④ 한랭 지역 항해 및 정박
  ㉠ 갑판 및 기관실의 동파를 방지하기 위하여 사용하지 않는 청수라인과 해수라인 등은 물을 빼놓고 보온 조치한다.
  ㉡ 갑판 및 기관실의 정비는 추운 지역으로 들어가기 전에 모두 완료한다.
  ㉢ 기기를 시동할 때에는 수동으로 수회 터닝하고 가급적 서서히 기동한다.

ⓡ 증기 밸브와 배기 밸브를 개방할 때 수격작용이 일어나지 않도록 특별히 주의를 기울인다.

ⓜ 입항 후에는 보일러의 장시간 정지를 피하고 보일러의 오작동이 일어나지 않도록 사전 정비를 해 놓는다.

ⓗ 정지 중인 보일러를 기동할 때에는 충분한 시간을 들여서 서서히 기동한다.

ⓢ 정박 중 사용하지 않는 보조기계의 냉각수는 드레인 시켜 빼 놓는다.

ⓞ 주기관은 항상 예열 상태로 유지한다.

⑤ 정비 작업 안전 관리

ⓖ 정비 작업 전에 계획을 치밀하게 세워 작업이 반복되지 않도록 한다.

ⓛ 작업 전에 사용 공구를 준비하고 위험 요소를 사전에 차단한다.

ⓒ 순차적으로 개방하여 분해한 부품은 분실하지 않도록 정리한다.

ⓡ 수리, 신품교환 등의 중요사항은 기록하고 계측이 필요한 작업에는 계측치를 상세히 기록하여 차후 수리에 참조하도록 한다.

ⓜ 보수 작업이 끝나면 누락된 곳은 없는지 확인하고 시운전이 필요한 기기는 시운전을 하여 이상 유무를 확인한다.

ⓗ 모든 작업 시에는 안전을 제일로 하여 작업을 하고 중량물의 이동은 크레인이나 체인블록을 이용하여 안전사고를 예방한다.

ⓢ 고소 작업 시에는 안전한 발판 설치와 안전벨트를 착용하여 추락을 방지한다.

ⓞ 조명을 충분히 하여 예상치 못한 사고를 방지한다.

ⓩ 화기 작업이 필요한 곳은 화재 발생 물질들을 사전에 확인하고 작업 장소와 연료 탱크 등이 근접 시에는 추가의 조치를 하여야 한다.

ⓧ 밀폐된 곳에서 작업 시에는 환기를 철저히 하고 산소 농도를 측정하여야 하며 안전 요원을 배치하여 질식을 예방한다.

ⓚ 전기 작업 시에는 전원을 차단하고 감전에 유의한다.

**핵심예제**

**4-1. 다음 중 황천 항해 시 기관 당직요령으로 옳지 않은 것은 무엇인가?**

① 주기관의 공회전이 운전을 하면 윤활유 압력을 낮춘다.
② 중량물과 이동물을 고박하여 둔다.
③ 주기관의 회전수가 위험 회전수 범위에서 운전되지 않도록 한다.
④ 주기관의 공회전이 심해지면 핸들을 수동으로 조정한다.

정답 ①

**4-2. 항해 중 폭풍 및 황천 시의 조치 사항으로 볼 수 없는 것은?**

① 각자 당직 위치에 임한다.
② 이동물을 고정한다.
③ 기관을 전속 운전한다.
④ 기관실 침수에 유의한다.

정답 ③

**4-3. 항해 중 조타기에 이상이 발생했을 때 가장 먼저 보고해야 하는 대상은 누구인가?**

① 기관 당직자 스스로 문제를 해결한다.
② 기관장에게 보고해야 한다.
③ 선장에게 보고해야 한다.
④ 당직 항해사에게 보고해야 한다.

정답 ④

**해설**

4-1
주기관의 윤활유 압력은 항상 적정 압력을 유지하여야 한다. 윤활유의 압력이 낮아지면 기관의 안전장치에 의해 긴급정지 될 수 있고 윤활이 제대로 되지 않아 발열 및 베어링의 고착 등의 추가 문제가 발생할 수 있다. 특히 황천항해 중에 주기관이 멈추게 되면 매우 위험한 상황에 놓이게 되므로 주기관이 정지되지 않도록 유의해야 한다.

4-2
황천 항해 시에는 횡요나 동요로 인해 기관의 공회전이 일어날 확률이 높으므로 조속기의 작동상태를 주의하고 주기관의 회전수를 평소보다 낮추어서 운전해야 한다.

4-3
항해 중에 조타기에 문제가 발생했을 경우에는 즉시 당직 항해사에게 보고하여 선박 조종에 유의하도록 해야 한다. 당직 항해사는 운항 상황을 판단하여 선장에게 보고하여 선박의 안전을 확보하도록 해야 한다. 당직 기관사는 당직 항해사에게 보고 후 초동 대처를 하고 기관장에게 보고하여야 한다.

## 2  선박에 의한 환경오염방지

### 2-1. 해양환경오염 및 배출 규제

핵심이론 **01**  해양오염물질 및 종류

① 해양오염

해양오염은 해양에 유입되거나 해양에서 발생되는 물질 또는 에너지로 인하여 해양환경에 해로운 결과를 미치거나 미칠 우려가 있는 상태를 말한다.

② 해양오염물질의 종류

ㄱ 기름 : 원유 및 석유제품(석유가스를 제외한다)과 이들을 함유하고 있는 액체상태의 유성혼합물 및 폐유를 말한다.

ㄴ 유해액체물질 : 해양환경에 해로운 결과를 미치거나 미칠 우려가 있는 액체물질(기름을 제외한다)과 그 물질이 함유된 혼합 액체물질로서 해양수산부령이 정하는 것을 말한다.

ㄷ 포장유해물질 : 포장된 형태로 선박에 의하여 운송되는 유해물질 중 해양에 배출되는 경우 해양환경에 해로운 결과를 미치거나 미칠 우려가 있는 물질이다.

ㄹ 유해방오도료 : 생물체의 부착을 제한하거나 방지하기 위하여 선박 또는 해양시설 등에 사용하는 도료 중 유기주석 성분 등 생물체의 파괴작용을 하는 성분이 포함된 물질이다. AFS(Anti-Fouling System, 방오시스템, TBT물질 포함)라고도 한다.

※ AFS(Anti-Fouling System, 방오시스템)
- 원치 않는 생물체의 부착을 통제하기 위하여 쓰이는 코팅제, 페인트, 선체표면 장치이다.
- TBT물질함유 : 굴(패류)의 변형, 고동(어패류)의 암수변형을 일으킨다.

ㅁ 폐기물 : 해양에 배출되는 경우 그 상태로는 쓸 수 없게 되는 물질로서 해양환경에 해로운 결과를 미치거나 미칠 우려가 있는 물질이다(기름, 유해액체물질, 포장유해물질을 제외한다).

ㅂ 선저폐수(빌지) : 선박의 밑바닥에 고인 액상유성혼합물이다.

ㅅ 슬러지 : 연료유 또는 윤활유를 청정하여 생긴 찌꺼기나 기관 구역에서 누출로 인하여 생긴 기름 잔류물을 말한다.

ㅇ 오수 : 선박에서 오수라 함은 화장실에서 발생하는 선원의 배설물(분뇨) 등을 말한다.

ㅈ 대기오염물질 : 오존층 파괴물질, 휘발성유기화합물 및 대기환경보전법에서 정하는 대기오염물질이다.

핵심예제

**해양오염물질을 설명한 것으로 가장 적절하지 않은 것은?**

① 기름 : 원유 및 석유제품과 이들을 함유하고 있는 액체상태의 유성혼합물 및 폐유

② 유해액체물질 : 해양환경에 해로운 결과를 미치거나 미칠 우려가 있는 액체물질(기름 제외)과 그 물질이 함유된 혼합 액체물질로서 해양수산부령이 정하는 것

③ 폐기물 : 해양에 배출되는 경우 그 상태로는 쓸 수 없게 되는 물질로서 해양환경에 해로운 결과를 미치거나 미칠 우려가 있는 물질

④ 오수 : 선박의 기관실 바닥에 고인 유성혼합물

정답 ④

해설

선박에서의 오수는 화장실에서 발생하는 선원의 배설물(분뇨)을 말하며, 선박의 기관실 바닥에 고인 액상유성혼합물을 선저폐수(빌지)라고 한다.

**핵심이론 02  배출 규제**

① 기름 배출 규제 : 원유 등의 기름 액체 화물은 당연히 배출 대상이 아니며 선박에서 발생하는 선저폐수의 경우 배출할 수 있으며 배출할 경우 다음의 사항과 같이 규제를 한다. 그리고 기관실에서 발생하는 슬러지는 일반적으로 육상시설에 양륙(揚陸 : 선박에서 육상으로 옮김)하도록 한다.

　㉠ 선박으로부터 기름의 배출은 원칙적으로 금지이다.

　㉡ 예외적 상황에서의 배출 허용

　　• 선박의 안전 확보나 인명 구조를 위한 부득이한 경우

　　• 선박의 손상, 기타 부득이한 원인으로 계속 배출되는 경우

　　• 오염 피해를 최소화하는 과정으로 인한 부득이한 경우

　　• 법에 의한 요건을 충족한 경우

　㉢ 다음의 상황을 만족하면 기름의 배출이 허용된다.

　　• 기름 오염 방지설비를 작동하여 배출할 것

　　• 항해 중에 배출할 것

　　• 유분의 함량이 15[ppm](백만분의 15) 이하일 때만 배출할 것

　㉣ 유수 분리 장치 등의 설비를 갖추지 않은 선박은 전량 육상시설에 양륙하여야 한다.

　㉤ 선박에서 발생하는 슬러지 등의 폐유는 항해 중 저장 탱크에 저장하였다가 정박 시 육상 처리 시설로 보낸다. 항해 중 탱크의 용량이 초과한 경우에는 폐유 소각 장치를 이용하여 소각하기도 한다.

② 유해 액체 물질 및 폐기물의 배출 규제

　㉠ 유해액체 물질 배출

　　• 누구든지 해양에서는 유해 액체 물질의 배출을 금지한다.

　　• 배출이 금지되는 유해 액체 물질을 X류 물질, Y류 물질, Z류 물질, 기타 물질, 잠정 평가 물질로 분류한다.

　㉡ 유해 액체 물질의 배출 허용

　　• 선박 또는 해양 시설 등의 안전 확보나 인명 구조의 경우

　　• 선박 또는 해양 시설 등의 손상으로 인한 부득이한 경우

　　• 오염 피해를 최소화하는 과정으로 인한 부득이한 배출

　　• 유해 액체 물질의 산적 운반에 이용되는 화물창(선박 평형수의 배출을 위한 설비 포함)에서 세정된 선박 평형수를 배출하는 경우에는 해양수산부령이 정하는 정화방법에 따라 배출할 것

　㉢ 유해 액체 물질 오염방지 설비

| 구 분 | 정 의 | 오염방지 설비 |
|---|---|---|
| X류 물질 | 해양에 배출되는 경우 해양 자원 또는 인간의 건강에 심각한 위해를 끼치는 것으로서 해양배출을 금지하는 유해액체물질 | 스트리핑 장치, 수면하 배출장치, 통풍 세정장치, 예비 세정장치, 유해 액체물질 및 선박 평형수 등의 배출관 장치 |
| Y류 물질 | 해양에 배출되는 경우 해양 자원 또는 인간의 건강에 위해를 끼치거나 해양의 쾌적성 또는 해양의 적합한 이용에 위해를 끼치는 것으로서 해양배출을 제한하여야 하는 유해액체물질 | 스트리핑 장치, 수면하 배출장치, 통풍 세정장치, 예비 세정장치(응고성 물질 또는 고점성 물질을 운송하는 선박으로 한정), 유해 액체물질 및 선박 평형수 등의 배출관 장치 |
| Z류 물질 | 해양에 배출되는 경우 해양 자원 또는 인간의 건강에 경미한 위해를 끼치는 것으로서 해양배출을 일부 제한하여야 하는 유해액체물질 | 스트리핑 장치, 수면하 배출장치, 통풍 세정장치, 유해 액체물질 및 선박 평형수 등의 배출관 장치 |

　㉣ 분뇨의 배출 : 분뇨(오수)의 경우 '선박 안의 일상생활에서 생기는 분뇨의 배출 해역별 처리 기준 및 방법'에 따른 요건에 적합하게 배출할 수 있다. 오수 처리 장치를 사용해 배출하는 방법이 대표적인 예이다.

　㉤ 폐기물의 배출 : '선박 안에서 발생하는 폐기물의 배출 해역별 처리 기준 및 방법'에 따른 요건에 적합하게 배출할 수 있다.

④ 대기오염 물질의 배출 규제

　㉠ 해양에서는 선박으로 대기오염 물질이 배출되는 것이 규제된다.

　㉡ 오존층 파괴물질, 질소산화물, 연료유의 황 함유량, 휘발성 유기 화합물의 세부 기준 및 목록을 법제화하였고 대기오염 방지를 위한 소각금지 기준도 법제화되어 있다.

　㉢ 배출의 허용

　　• 선박 또는 해양 시설 등의 안전 확보나 인명 구조의 경우

　　• 선박 또는 해양 시설 등의 손상으로 인한 부득이한 배출

- 해저 광물의 탐사 및 발굴 작업의 과정에서의 배출
- 대기오염방지설비의 예비검사 등을 위해 해당 설비를 시운전하는 경우

ⓔ 방지 설비
- 대기오염 물질의 배출을 방지·감축하기 위한 설비 설치(승인된 엔진 사용, 매연 저감 장치 등의 설비 및 기준치를 초과하지 않는 연료유의 공급)
- 대기오염 방지 설비는 기준에 적합하게 유지 및 작동해야 한다.

### 핵심예제

**2-1.** 다음 중 기관실 선저 폐수를 처리하는 요령으로 옳지 않은 것은 무엇인가?

① 빌지 펌프를 이용하여 직접 배출한다.
② 기관실의 빌지 웰이 여유가 있으면 그대로 둔다.
③ 선저폐수 저장 탱크로 이송하여 둔다.
④ 선저폐수를 저장탱크로 이송하고 육상처리시설에 양륙을 한다.

정답 ①

**2-2.** 다음 중 선박에서 발생하는 오염물질의 배출이 허용되지 않는 경우는 어느 것인가?

① 인명 구조를 위한 부득이한 경우
② 선내 정기적인 방제 훈련을 할 경우
③ 선박의 손상으로 인한 부득이한 경우
④ 선박의 안전 확보를 위한 부득이한 경우

정답 ②

### 해설

**2-1**
기름의 배출 : 항해중이고, 기름 오염 방지설비를 작동하고, 유분의 함량이 15[ppm](백만분의 15) 이하일 때만 배출이 가능하다. 정박 중에는 배출이 금지되어 있다.

**2-2**
선내에서 정기적으로 비상훈련을 실시할 때에는 시뮬레이션으로 훈련을 실시하고, 직접 오염물질을 배출시키면서 훈련하지 않는다.

---

### 핵심이론 03 기타 기록부 및 선박 해양오염방지관리인

① 선박오염물질기록부 : 기름기록부, 폐기물기록부, 유해액체 물질 기록부는 최종 기재한 날로부터 3년간 선박에 보관해야 한다.

② 해양오염방지를 위한 선박의 검사 : 정기검사(5년마다), 중간검사(제1종 중간검사 및 제2종 중간검사), 임시검사, 임시항해검사, 방오시스템검사 등

③ 선박 해양오염비상계획서의 관리 : 선박의 소유자는 기름 또는 유해액체물질이 해양에 배출되는 경우에 취하여야 하는 조치사항에 대한 내용을 포함하는 기름 및 유해액체 물질의 해양오염비상계획서를 작성하여 해양경찰청장의 검인을 받은 후 이를 선박에 비치하고, 선박 해양오염비상 계획서에 따른 조치 등을 이행하여야 한다.

④ 선박 해양오염방지관리인 : 총톤수 150톤 이상의 유조선 과 총톤수 400톤 이상인 선박의 소유자는 그 선박에 승무 하는 선원 중에서 선장을 보좌하여 선박으로부터의 오염 물질 및 대기오염물질의 배출방지에 관한 업무를 관리하 게 하기 위하여 대통령령으로 정하는 자격을 갖춘 사람을 해양오염방지관리인으로 임명하여야 한다. 단, 선장, 통신 장 및 통신사는 제외한다.

### 핵심예제

다음 중 유조선이 아닌 선박의 경우 몇 톤 이상일 때 해양오염방 지관리인을 임명하는가?

① 총톤수 50톤 이상
② 총톤수 150톤 이상
③ 총톤수 400톤 이상
④ 총톤수 500톤 이상

정답 ③

### 해설

총톤수 150톤 이상의 유조선 및 총톤수 400톤 이상인 선박의 소유자는 해양오염방 지관리인을 임명해야 한다.

## 3 응급 의료

### 핵심이론 01 응급 처치

① **응급 처치법의 정의** : 응급의료행위의 하나로서 응급환자의 기도를 확보하고 심장박동의 회복, 그 밖에 생명의 위험이나 증상의 현저한 악화를 방지하기 위하여 긴급히 필요로 하는 처치를 말한다.

② **기초 응급처치**

  ㉠ 인공호흡 및 심폐 소생술
  - 인공호흡(구조호흡) : 어떠한 원인에 의해 호흡 정지가 된 환자에게 인공적으로 폐에 공기를 불어 넣어 자력으로 호흡을 할 수 있게 하는 방법이다.
  - ※ 구강 대 구강법 : 기도의 이물질을 제거한 후 처음에는 연속 2회를 충분히 불어 넣고 그 후에는 1분당 12~18회 불어넣는 방법이다.
  - 심폐 소생술 : 심장과 폐의 운동이 정지된 사람에게 흉부를 압박함으로써 그 기능을 회복하도록 할 때 사용하는 응급처치의 방법이다.
  - ※ 흉부 압박법 : 명치 상부 약 10[cm] 상부에 손바닥을 포개어 올려놓고 수직으로 유연하게 압력을 가하는 방법이다. 성인의 경우 가슴 압박은 30회 시행하며 체중을 실어서 5~6[cm] 깊이로 손바닥이 가슴에서 떨어지지 않도록 하여 강하게 압박하고, 1분에 100~120회의 속도로 빠르게 시행한다. 매번의 압박 직후 압박된 가슴은 원래 상태로 이완되도록 해야 한다.

  ㉡ 출혈과 지혈법
  - 출혈이 많으면 생명을 위협받게 되는데 일반적으로 체중 50~60[kg]인 사람의 몸속에는 4,000~5,000 [mL]의 혈액이 있는데 이 중 20[%]인 1,000[mL]가 출혈되면 생명에 위협을 받게 된다.
  - 출혈이 있을 경우 거즈 등을 상처 위에 대고 직접 누르거나 피부 표면에 가까운 동맥을 심장 쪽에서 누른다.
  - 지혈 요령은 출혈이 있는 부위를 압박하고, 출혈부위를 심장부위보다 높게 올리며, 출혈부위를 냉각시키고, 출혈부위에서 가까운 관절을 구부리며 출혈부위를 안정시킨다.

  - 팔이나 다리에 출혈이 있고 직·간접 압박법으로 출혈이 멈추지 않을 경우 지혈대를 사용하여 출혈을 막고 지체 없이 병원으로 이송하여 지혈대를 장시간 사용함에 따라 세포 조직이 파괴되어 절단해야 되는 상황을 방지한다.

  ㉢ 화상 : 화상은 열작용에 의해 피부 조직이 상해된 것으로 화염, 증기, 열상, 각종 폭발, 가열된 금속 및 약품 등에 의해 발생된다.
  - 국부성 화상
    - 1도 화상(홍반점) : 표피가 붉게 변하며 쓰린 통증이 있는 정도이다.
    - 2도 화상(수포성) : 표피와 진피가 손상되어 물집이 생기며 심한 통증을 수반한다.
    - 3도 화상(괴정성) : 피하 조직 및 근육 조직이 손상되어 검게 타고 짓무른 상태가 되어 흉터를 남긴다.
  - 가벼운 화상은 찬물에서 5~10분간 냉각시킨다.
  - 심한 경우는 찬물 등으로 어느 정도 냉각시키면서 감염되지 않도록 멸균 거즈 등을 이용하여 상처 부위를 가볍게 감싸도록 한다. 옷이 피부에 밀착된 경우에는 그 부위의 옷은 제거하지 않는다.
  - 2~3도 화상일 경우 그 범위가 체표면적의 20[%] 이상이면 전신 장애를 일으킬 수 있으므로 즉시 의료기관의 도움을 요청한다.

  ㉣ 골절 : 직·간접적인 외력에 의해 뼈가 부러지는 것이며 출혈 및 감염 등의 2차적 위험이 따른다.
  - 환자를 따뜻하게 하고 안정시킨다.
  - 골절된 부분의 관절이 움직이지 않도록 조치한다.
  - 인접한 관절이나 근육을 손상시킬 수 있으므로 부목 등을 이용하여 고정한다.
  - 피부에 상처가 있을 경우 소독하여 세균 감염을 막는다.

  ㉤ 동상 : 신체조직의 일부가 얼은 상태로 조직이나 세포의 수분이 결빙되지 않은 표재성 동상은 동상부의 통증이 심하지 않다. 동창(심부동상)은 피부와 피부 이하의 깊은 조직까지 동결되어 부종이 발생하는데 세포가 파괴되는 현상이 발생할 수 있다.
  - 동상당한 부위를 천천히 따뜻하게 한다. 성급하게 보온하면 통증이 심해지고 조직이 파괴된다.

- 수건으로 잘 마사지하여 감각이 생기면 미지근한 물로 마사지한다.
- 수포가 생기거나 괴사성이면 세균감염에 유의한다.
  ㅂ 동창 : 국소적 한랭 손상의 가장 중증인 상태로서 조직이나 세포의 수분이 결빙된 상태를 말한다.
  - 동창 부위를 절대 문지르지 않아야 한다.
  - 환자를 따뜻한 곳으로 옮기고 손상된 부위가 외부의 물리적 자극을 받지 않도록 보호한다.
  - 미지근한 물에 담그고 따뜻하게 해 준다.
  - 물집은 절대 터뜨리지 않아야 한다.
  - 가능한 신속하게 전문의의 치료를 받도록 조치한다.

---

**핵심예제**

**1-1. 다음 중 성인의 경우 인공호흡은 1분간 몇 회 정도 실시해야 하는가?**

① 1~3회  ② 12~18회
③ 25~35회  ④ 40~45회

정답 ②

**1-2. 화상을 입은 환자가 발생했을 경우 응급처치 방법으로 옳지 않은 것은 무엇인가?**

① 감염을 방지한다.
② 환부를 냉각시켜야 한다.
③ 가벼운 화상은 찬물에 5~10분간 냉각시킨다.
④ 옷을 입은 채 화상을 입었을 경우 옷을 벗긴다.

정답 ④

**1-3. 다음 중 외상을 입고 출혈이 심할 경우 응급 처치 방법으로 옳지 않은 것은 무엇인가?**

① 출혈부를 심장보다 낮게 유지한다.
② 출혈부의 가까운 관절을 구부린다.
③ 소독거즈 등으로 지혈을 시행한다.
④ 출혈부에서 심장에 가까운 쪽의 동맥을 압박한다.

정답 ①

**해설**

1-1
인공호흡의 경우 1분당 12~18회 정도 실시해야 한다.
1-2
옷을 입은 부위에 화상을 입었을 경우 그대로 벗기면 상처부위가 2차 손상을 입을 수 있으므로 전문 의료기관으로 이송 전에는 옷과 화상 부위가 밀착된 곳의 옷을 잘라서 남겨 놓아야 한다.
1-3
출혈 부위는 심장보다 위쪽에 유지하여야 출혈을 줄일 수 있다.

---

**핵심이론 02  응급 구조 활동 원칙 및 준수사항**

① 응급 구조 활동의 원칙
  현장조사(Check) → 응급의료서비스 기관에 연락(Call) → 처치 및 도움(Care)의 3단계
  ㉠ 사고 발생의 직접적인 원인 및 주변 상황을 신속히 판단한다.
  ㉡ 6하 원칙에 따라 전문 의료 기관에 구조를 요청한다.
  ㉢ ABC 검사법(기도, 호흡, 순환), 의식유무, 호흡·맥박·체온 및 부상 등 환자의 상태를 면밀히 파악하고 적절한 응급처치를 실시한다.
② 응급 처치 활동 시의 일반적 유의사항
  ㉠ 긴급한 환자를 우선 처치한다.
  ㉡ 응급처치원임을 밝혀 부상자 환자와 주위사람들이 안심하고 처치원에게 협력할 수 있게 한다.
  ㉢ 부상자·환자의 상태 조사와 자세교정을 한다.
③ 응급처치원의 준수사항
  ㉠ 자신이 처치원임을 밝힌다.
  ㉡ 자신의 안전을 확보해야 한다.
  ㉢ 환자나 부상자에 대한 생사 판정은 하지 않는다.
  ㉣ 응급 처치하는 자가 임의로 의약품을 사용하지 않는다.
  ㉤ 어디까지나 응급처치에 그치고 다음 사항은 전문 의료 요원의 처치에 맡긴다.

---

**핵심예제**

**선박에서의 응급처치 내용으로 옳지 않은 것은?**

① 맥박이 뛰고 있는가 살핀다.
② 부상자의 체온 유지에 힘쓴다.
③ 골절된 뼈를 잘 맞춘다.
④ 환자를 위로하여 준다.

정답 ③

**해설**
부목으로 골절된 부분의 관절이 움직이지 않도록 고정조치하고, 다음 사항은 전문 의료요원의 처치에 맡긴다.

## 4  비상조치 및 손상제어

**핵심 이론 01**  해양사고의 종류와 조치

① **해양사고** : 해양 및 내수면(內水面)에서 발생한 다음의 어느 하나에 해당하는 사고를 말한다.

　㉠ 선박의 구조·설비 또는 운용과 관련하여 사람이 사망 또는 실종되거나 부상을 입은 사고

　㉡ 선박의 운용과 관련하여 선박이나 육상시설·해상시설이 손상된 사고

　㉢ 선박이 멸실·유기되거나 행방불명된 사고

　㉣ 선박이 충돌·좌초·전복·침몰되거나 선박을 조종할 수 없게 된 사고

　㉤ 선박의 운용과 관련하여 해양오염 피해가 발생한 사고

② **비상 부서배치** : 선박이 해양사고로 인하여 위험에 처하게 되면 신속하게 대처하고 부득이한 경우에는 모선을 포기하고 퇴선하여 인명의 안전을 확보해야 한다.

　㉠ 비상시를 대비하여 평소에 비상 배치표를 만들어 잘 보이는 장소에 게시해야 한다.

　㉡ 선장은 승무원 각자가 자신의 임무를 숙지하여 신속하게 대처할 수 있도록 비상훈련을 주기적으로 실시해야 한다.

③ **해양사고의 종류와 조치**

　㉠ 충 돌

　　• 자선과 타선에 심각한 위험이 있는지를 먼저 판단한다.

　　• 자선과 타선의 인명구조에 임한다.

　　• 선체의 손상과 침수 정도를 파악한다.

　　• 선명, 선적항, 선박 소유자, 출항지, 도착지 등을 서로 알린다.

　　• 충돌시각, 위치, 선수 방향과 침로, 기상 상태 등을 기록한다.

　　• 퇴선 시에는 중요 서류를 반드시 지참한다.

　㉡ 충돌 시의 선박운용

　　• 최선을 다해 회피 동작을 취하고 필요한 경우 타력을 줄이고 후진 기관을 사용한다.

　　• 충돌 직후에는 기관을 정지하고 후진기관을 사용할 때에는 선체 파공이 커질 위험이 있어 침몰될 수도 있으므로 상황을 잘 판단하여 사용해야 한다.

　　• 파공이 크고 침수가 심할 경우 수밀문을 닫아서 충돌된 구획만 침수되도록 조치한다.

　　• 심각한 위험이 있을 경우에는 연속된 음향 신호를 포함한 긴급 신호를 울려서 구조를 요청한다.

　　• 충돌 후 침몰이 예상될 때는 사람을 대피시킨 후 수심이 낮은 곳으로 이동시킨다.

　㉢ 좌초 : 선박이 암초나 개펄 위에 얹히는 것을 말한다.

　　• 즉시 기관을 정지한다.

　　• 손상 부위와 정도를 파악하고 선저부의 손상 정도는 확인하기 어려우므로 빌지와 탱크를 측심하여 상황을 판단한다.

　　• 후진 기관을 사용할 때는 손상 부위가 더 커질 수 있으므로 신중해야 한다.

　　• 본선의 기관을 사용하여 이초가 가능한지 파악하고 자력 이초가 불가한 경우에는 육상 당국에 협조를 요청한다.

　㉣ 이초 : 좌초 상태에서 빠져나오는 것을 말한다. 만조 때를 이용하여 본선의 양묘기로 앵커를 감아 들면서 기관을 적절히 사용하여 빠져나와야 하는데 다음의 사항을 유의한다.

　　• 고조가 되기 직전에 시도하고 바람이나 파도, 조류 등을 최대한 이용한다.

　　• 선체 중량의 경감은 이초를 시작하기 직전에 시도한다.

　　• 기관의 회전수를 천천히 높이고, 반출한 앵커 및 앵커 체인을 감아올린다.

　　• 모래나 개펄 위에 좌초되었을 때에는 모래나 진흙이 냉각수로 흡입되어 기관이 고장날 수 있으므로 주의한다.

　　• 암초에 얹혔을 때에는 얹힌 부분의 흘수를 줄이고, 모래의 경우에는 얹히지 않은 부분의 흘수를 줄이는 것이 좋다.

　　• 개펄에 얹혔을 경우에는 선체를 좌우로 흔들면서 기관을 사용하는 것이 좋다.

　　• 선미가 얹혔을 경우는 키와 프로펠러에 손상이 가지 않도록 선미 흘수를 줄인 후 기관을 사용한다.

　　• 구조선을 이용하여 이초하는 경우는 좌초선과 구조선은 강한 와이어 로프를 연결하고 구조선도 앵커를 투하하여 감아 들이면서 빠져 나온다.

ⓜ 화재 : 선내에서 화재가 발생하면 비상벨을 울려서 각자의 임무에 따라 신속하게 초기 진화 작업을 수행한다. 특히 기관실이나 거주 구역의 화재는 발화 초기에 진입하지 못하면 현장 접근이 어려워 진화가 불가하므로 다음과 같이 조치한다.

- 화재 구역의 통풍과 전기를 차단한다.
- 어떤 물질이 타고 있는지를 알아내고 적절한 소화 방법을 강구한다.
- 소화 작업자의 안전에 유의하여 위험한 가스가 있는지 확인하고 호흡구를 준비한다.
- 모든 소화 기구를 집결하여 적절히 진화한다.
- 작업자를 구출할 준비를 하고 대기한다.
- 불이 확산되지 않도록 인접한 격벽에 물을 뿌리거나 가연성 물질을 제거한다.
- 진화 작업이 불가능하다고 판단될 때는 신속히 빠져나와 고정식 소화장치를 이용하여 진화한다. 고정식 소화장치를 이용하기 전에는 선내 신호를 하여 빠져나오지 못한 선원이 대피할 수 있도록 한다.

ⓗ 침수 : 침수는 외판, 파이프, 밸브 등의 노후나 좌초된 경우, 황천을 만나 손상을 입은 경우들이 있다. 침수가 발견되면 원인과 침수 구멍의 크기, 깊이, 침수량 등을 파악하여 응급조치하고 모든 방법을 동원해 배수해야 한다. 응급조치가 어려운 경우는 한 구획만 침수되도록 수밀문을 폐쇄해야 한다.

- 수면 위나 아래의 작은 구멍의 경우는 쐐기를 박고 콘크리트로 부어서 응고시킨다.
- 수면 아래에 큰 구멍의 경우는 방수판을 먼저 붙이고 방수매트로 응급조치한 후 콘크리트 작업을 시행한다.
- 인접구획을 보강할 때에는 파손이 너무 커서 침수가 많아지면 수압을 받아 격벽이나 수밀문이 손상을 입게 되므로 지주를 받쳐 주어야 한다.

**핵심예제**

**1-1. 다음 중 침수 사고 예방법으로 적절하지 않은 것은 무엇인가?**

① 수밀문의 정비 및 작동을 확인한다.
② 기관실 빌지 펌프의 정비 및 작동을 확인한다.
③ 구명정 훈련을 정기적으로 실시한다.
④ 해수계통의 파이프라인의 누설 개소를 점검한다.

정답 ③

**1-2. 다음 중 선박이 암초에 좌초되었을 경우 가장 먼저 취해야 하는 행동은 무엇인가?**

① 물이 새는 곳을 파악한다.
② 선장에게 보고한다.
③ 구명정 탈출을 준비한다.
④ 기관장에게 보고한다.

정답 ①

**1-3. 다음 중 침수 방지(방수) 설비가 아닌 것은 무엇인가?**

① 수밀문
② 수밀격벽
③ 빌지 펌프
④ 윤활유 펌프

정답 ④

**해설**

**1-1**
구명정의 훈련은 침수 예방이라기보다 침수나 화재 등으로 인해 선박을 버리고 대피하는 최후의 경우를 대비하여 실시하는 훈련이다.

**1-2**
선박이 좌초되었을 경우에는 침수가 발생할 위험이 가장 크므로 물이 새는 곳을 파악하는 것이 가장 시급한 일이며 초기 대처가 매우 중요하다.

**1-3**
수밀문이나 수밀 격벽은 침수 구역의 침수 발생 부위의 응급조치가 시행되지 않았을 경우 그 구획만 침수되도록 하여 침수구역을 최소화 하는 설비이고 빌지펌프나 해수펌프 등은 배수를 위한 펌프이다. 윤활유 펌프는 방수 설비가 아니다.

## 핵심 이론 02 | 해양사고의 비상 대응훈련

① 해양사고의 예방
   ㉠ 선체 및 기관의 적절한 정비 및 보수 유지가 필요하다.
   ㉡ 선원들의 정신적, 육체적 건강과 업무에 필요한 충분한 지식과 기능 및 경험이 있어야 한다.
   ㉢ 구명 설비, 소방 설비, 수밀 설비, 하역 설비 등의 점검을 정기적으로 실시해야 한다.
   ㉣ 항해 및 정박 중 선내 순시를 주기적으로 실시하여 선박의 안전상 이상 유무를 확인한다.

② 비상 안전 훈련
   비상안전훈련에는 소화훈련, 비상조타훈련, 선상유출대응훈련, 퇴선훈련, 단정훈련, ISPS(선박보안심사)교육 및 훈련 등이 있다.
   ㉠ 비상 부서 배치표 및 안전훈련 소집 : 비상 부서 배치표는 선내 눈에 잘 띄는 곳에 게시해야 하며 주기적인 훈련을 실시하고 훈련기록을 유지해야 한다.
   ㉡ 소화훈련 : 소화 펌프의 작동 및 소화호스 분사, 소방원장구 및 개인구조장비 점검, 관련 통신 장비 점검, 수밀문, 방화문, 주요 통풍 장치의 개폐장치 점검
   ㉢ 퇴선훈련 : 경보에 의한 승무원의 소집 및 퇴선 절차 확인, 인원 보고, 개인별 복장 및 구명동의 점검, 구명정 엔진 시동, 무선통신 사용법 교육 등을 주, 월별 교육훈련을 해야 한다. 구명정의 경우 3개월에 1회(자유낙하식의 경우 6개월에 1회) 이상 수면 위에 띄워서 승무원에 의해 조종해야 한다.
   ㉣ 비상 조타 훈련 : 비상 조타, 조타기실의 통신 시설 점검 및 대체 동력원으로 조작 훈련 등을 실시해야 한다.
   ㉤ 기름 유출 방제훈련 : 선상 유류 오염 비상 계획서를 비치해야 하고 각자 임무에 맞게 유류 오염 방지 자재의 사용법, 방제 대응 요령 등의 훈련을 실시해야 한다.
   ㉥ 인명구조 훈련 : 구조정의 진수 및 구조 훈련을 실시해야 한다.
   ※ 국제해상인명안전협약(SOLAS)
   비상 안전 훈련의 상세와 주기가 규정되어 있으며, 상선안전에 관한 협약 중 가장 중요한 협약으로 타이타닉(1914)침몰의 영향으로 최초 채택되어 1960년 개정되고 1965년 발효되었다.

### 핵심예제

다음 중 선원이 비상상황에 대비하여 선박을 탈출하기 위해 주기적으로 실시해야 하는 훈련은 무엇인가?

① 소화훈련
② 퇴선훈련
③ 비상조타훈련
④ 기름유출방제훈련

**정답 ②**

**해설**

선박에서는 여러 가지 상황에 대비하여 비상 대응 훈련을 실시하는데 그 중에서도 퇴선 훈련은 선박의 비상상황을 조치하기 불가능하다고 판단될 때 선원의 생명을 지키기 위해 실시하는 탈출 훈련이다.

## 5 방화 및 소화요령

선박 화재의 요소와 특성

① 화재의 3요소
- ㉠ 연료(가연성물질) : 연소되기 쉬운 물질을 말하며 산소가 존재하는 경우에 그 자체의 화학에너지가 지속적으로 산화 반응을 일으켜 열에너지로 변화할 수 있는 물질이다.
- ㉡ 산소 : 가연물이 연소하기 위해서는 일정 농도 이상의 산소가 필요하다.
- ㉢ 점화원 : 발화점 이상의 온도에 도달하게 하는 점화원이 있어야만 연소가 일어난다.

② 화재의 특성
- ㉠ 발화점(이그니션 포인트, Ignition Point) : 공기 중이나 산소 중에서 가연물질을 서서히 고온으로 가열하면 외부에서 불꽃이나 열원을 가까이 하지 않아도 스스로 타기 시작하는 최저온도이다.
- ㉡ 인화점(플래시 포인트, Flash Point) : 가연물질을 가열하면서 불꽃이나 전기불꽃 등과 같은 점화원을 직접 접촉시켰을 때 연소되기 시작하는 최저온도이다.
- ㉢ 기관실에서 보관중인 연료유나 석유 화학 제품들의 발화점이나 인화점은 높을수록 화재예방에 도움이 된다.

**핵심예제**

**화재의 3요소에 해당되지 않는 것은?**
① 연 료
② 공 기
③ 산 소
④ 점화원

정답 ②

**해설**
점화의 3요소 : 연료, 산소, 점화원

화재의 분류 및 소화 설비

① 화재의 분류
- ㉠ A급 화재(일반 화재) : 연소 후 재가 남는 고체 화재로 목재, 종이, 면, 고무, 플라스틱 등의 가연성 물질의 화재이다.
- ㉡ B급 화재(유류 화재) : 연소 후 재가 남지 않는 인화성 액체, 기체 및 고체 유질 등의 화재이다.
- ㉢ C급 화재(전기 화재) : 전기 설비나 전기 기기의 스파크, 과열, 누전, 단락 및 정전기 등에 의한 화재이다.
- ㉣ D급 화재(금속 화재) : 철분, 칼륨, 나트륨, 마그네슘 및 알루미늄 등과 같은 가연성 금속에 의한 화재이다.
- ㉤ E급 화재(가스 화재) : 액화석유가스(LPG)나 액화천연가스(LNG) 등의 기체 화재이다.

② 소화 장비 및 설비
- ㉠ 휴대용 소화기
  - 포말 소화기 : 주로 유류 화재를 소화하는데 사용하며 유류 화재의 경우 포말이 기름보다 가벼워서 유류의 표면을 계속 덮고 있어 화재의 재발을 막는데 효과가 있다. A, B급 화재 진압에 사용된다.
  - 이산화탄소 소화기($CO_2$ 소화기) : 피연소 물질에 산소 공급을 차단하는 질식 효과와 열을 빼앗는 냉각 효과로 소화시킨다. B, C급 화재 진압에 사용된다.
  - 분말 소화기 : 용기 내에 충전된 분말 가스를 배합해서 유동화하며 그 압력에 의해 분말을 방출하는 것으로 축압식과 가압식으로 나뉜다. B, C급 화재에 효과적이다.
  - 휴대용 포말 방사기 : 소화 주관에 소화 호스와 노즐을 연결한 후 포말 원액과 물을 혼합하여 포말을 발생시켜 화재를 진압하는 소화 장비이다. B급 화재에 효과적이다.
- ㉡ 고정식 소화 설비
  - 수소화장치(소화전) : 선내의 모든 화재 현장까지 물을 공급하는 가장 기본적인 소화 설비이다. 소화펌프, 소화 주관 및 지관, 호스 및 노즐로 구성되어 있고 소화 펌프는 선박의 전 구간에 걸쳐 화재발생구역에 관을 통해 물을 공급할 수 있어야 한다.

- 자동 스프링클러 : 여객선 및 화물선의 거주 구역에 설치되는 것으로 카페리, 자동차 운반선 및 로-로(RO-RO) 여객선에 설치되는 경우도 있다. 천장부에 설치된 급수관 및 스프링클러 헤드로부터 소화수가 공급되어 냉각 효과로 소화하는 설비이다.
- 미분무 소화 설비(고정식 국부 소화장치) : 기관실의 고정식 국부 소화 장치로 사용되는 것으로 기관실 및 펌프실의 전역 방출 설비로 미분무수가 증발하면서 주위의 열을 흡수하는 냉각효과를 이용한다.
- 이산화탄소 소화 : 화재 위험성이 높고 밀폐 가능한 장소인 기관실, 화물창 등에 화재가 발생한 경우 소화하는 설비이다. 이 장비의 사용 전에는 이산화탄소를 방출하는 장소에서 선원들이 탈출할 수 있도록 경보를 발행한 후 사용해야 한다.

---

**핵심예제**

**2-1. 다음 중 B급 화재에 해당하는 것은 무엇인가?**

① 일반 화재          ② 유류 화재
③ 전기 화재          ④ 금속 화재

정답 ②

**2-2. 다음 중 소화제가 방사되면 금속제 혼 표면에 서리가 형성되고 접촉하면 동상의 우려가 있어 반드시 손잡이 부분을 잡아야 하는 소화기는 무엇인가?**

① 분말 소화기          ② 할론 소화기
③ 포말 소화기          ④ $CO_2$ 소화기

정답 ④

---

해설

2-1
A급 화재-일반 화재, B급 화재-유류화재, C급 화재-전기화재, D급 화재-금속화재이다.

2-2
$CO_2$ 소화기는 전기화재 때 사용하는 것으로 이산화탄소가 분출될 때 급속히 냉각되는 효과를 이용한다. 이때 분사 노즐의 손잡이 부분을 잡지 않으면 동상에 걸릴 우려가 있다.

---

**핵심이론 03    선박 화재의 탐지 및 소화**

① 화재 탐지 장치

　㉠ 열 탐지기 : 화재 발생 시 실내 온도가 일정 온도 이상 상승하였을 때 작동한다.
- 정온식 탐지기 : 실내 온도가 일정한 온도 이상으로 상승하였을 때 동작하는 것으로 실내 온도가 낮으면 탐지하는데 시간이 많이 소요된다.
- 차동식 탐지기 : 온도 자체보다는 온도의 변화를 감지하는 것으로서 온도의 변화가 일정 수치보다 더 빨리 상승할 때 탐지기가 작동한다.
- 보상식 탐지기 : 정온식 탐지기와 차동식 탐지기를 내장하여 온도가 상승하거나 혹은 예정 속도보다 빨리 상승할 때 작동한다.

　㉡ 연기 탐지기 : 화재 발생 시 발생하는 연기를 가지고 자동으로 화재의 발생을 탐지하는 것으로 선박에서 많이 사용한다.
- 이온화식 탐지기 : 연기가 검지부에 들어가 이온화 전류가 변화하는 것을 이용한다.
- 광전식 탐지기 : 연기가 검지부에 들어가면 광속의 광반사가 일어나 광전소자로의 저항이 변화되는 것을 이용한다.

　㉢ 화염 탐지기 : 화재 발생 시 화염에서 방사되는 자외선을 감지하여 작동한다.

② 소방원 장구

[소방원 장구의 착용의 예]

㉠ 방화복
- 침투용 방화복 : 장화, 장갑, 바지, 상의와 헬멧 등으로 구성되며 짧은 시간 동안은 화염에 직접 접촉하여도 안전하다.
- 접근용 방화복 : 팔, 다리와 몸의 상체를 포함하는 일체식 옷, 충격방지헬멧, 방화 장화 및 장갑 등으로 구성되며 화재 접근에는 사용되나 화염과의 직접 접촉에는 사용될 수 없다.

㉡ 자장식 호흡구 : 간편하게 조작할 수 있고 다양한 용도로 사용할 수 있다.

㉢ 구명줄 : 화재 구역에 진입한 소방원이 탈출하거나 구조하는 용도로 사용되며 소방원과 보조자는 구명줄을 통해 수신호를 하여 상호 연락을 주고받을 수 있도록 평소에 훈련되어 있어야 한다.

㉣ 안전등 : 가연성 기체가 있는 공기 중에서 사용할 수 있는 방폭형으로 3시간 이상 조명 가능한 전기식으로 사용해야 한다.

㉤ 방화 도끼 : 연기나 화재 확산 여부를 확인하기 위해 격벽을 뚫는데 사용하며 매트리스나 유리를 깰 때도 사용한다.

③ 비상 탈출 호흡구(EEBD) : 기관실 화재 등 위험한 대기 상태의 구역으로부터 탈출용으로 사용된다. 공기의 양은 10분 이상 사용할 수 있도록 충전되어 있어야 한다.

[비상 탈출 호흡구의 예]

④ 소화대의 조직
㉠ 비상 부서 배치표 : 비상 부서 배치표는 선내 비상사태 시 각 선원의 임무 수행 위치와 임무 수행 내용을 나타낸 것으로 선내의 잘 보이는 곳에 게시하여야 한다.
㉡ 비상 부서의 조직 : 비상 상황을 대비하여 선장이 조직을 하며 일등 항해사가 부서의 지휘자(기관실 화재 시에는 기관장)가 된다. 각 부서의 조직은 화재의 종류나 크기에 따라 구성되고 다음의 기능을 갖추어야 한다.

- 소화 작업 및 밀폐 구역에의 진입 기술
- 수색·구조 및 통신 기술
- 전기 및 기계적인 기술
- 응급조치 기술
- 선체와 각종 설비에 관한 지식 및 손상제어

**핵심예제**

**3-1. 다음 중 화재 탐지장치의 종류에 속하지 않는 것은 무엇인가?**
① 수관식 탐지기
② 정온식 탐지기
③ 광전식 탐지기
④ 이온화식 탐지기

정답 ①

**3-2. 소방원 장구 중 전기 안전등의 지속 점등 시간은 몇 시간인가?**
① 1시간
② 3시간
③ 5시간
④ 10시간

정답 ②

**해설**

3-1
열 탐지기의 종류에는 정온식, 차동식, 보상식이 있고 연기 탐지기의 종류에는 이온화식, 광전식 등이 있다.

3-2
소방원 장구 중 안전등은 방폭형이어야 하고 3시간 이상 점등 가능해야 한다.

## 6 해사관계법령

**핵심이론 01** 선박법 · 선원법 · 선박직원법

① **선박법** : 선박의 국적에 관한 사항과 선박 톤수의 측정 및 등록에 관한 사항을 규정함으로써 해사에 관한 제도의 적정한 운영과 해상 질서의 유지를 확보하기 위한 선박에 관한 기본법이다.
　㉠ 선박 국적 : 특정 선박이 어느 나라에 귀속하는가를 나타내는 것으로 선박과 국가 간의 관계를 나타내고 선박이 국적을 가진다는 것은 선박이 그 고유의 특성을 가지는 것과 동시에 인격자 유사성의 표시이기도 하다.
　㉡ 한국 선박의 특권 : 국기 게양권, 불개항장 기항권, 국내 연안 무역권
　㉢ 한국 선박의 의무 : 등기와 등록의 의무, 국기 게양과 표시의 의무
② **선원법** : 선원의 직무, 복무, 근로조건의 기준, 직업안정, 복지 및 교육훈련에 관한 사항 등을 정함으로써 선내(船內) 질서를 유지하고, 선원의 기본적 생활을 보장 · 향상시키며 선원의 자질 향상을 도모함을 목적으로 한다.
③ **선박직원법** : 선박 직원으로서 선박에 승무할 자의 자격을 정함으로써 선박 항행의 안전을 도모함을 목적으로 한다.
　㉠ 선박 직원 : 해기사로서 이 법의 적용을 받는 선박에서 선장, 항해사, 기관장, 기관사, 전자기관사, 통신장 및 통신사, 운항장 및 운항사의 직무를 행하는 자를 말한다.
　㉡ 해기사 : 해양수산부장관이 발급하는 해기사 면허를 받은 자를 말한다.
　㉢ 면허 : 선박 직원이 되고자 하는 자는 해양수산부장관의 해기사 면허를 받아야 한다.
　㉣ 면허의 요건
　　• 해기사 시험에 합격하고 그 합격한 날로부터 3년이 경과하지 아니할 것
　　• 등급별 면허의 승무 경력 또는 수상레저안전법에 따른 조종면허 등 승무경력으로 볼 수 있는 것으로서 대통령령으로 정하는 자격 · 경력이 있을 것
　　• 선원법에 의하여 승무에 적당하다는 건강 상태가 확인될 것
　　• 등급별 면허에 필요한 교육 · 훈련을 이수할 것

　㉤ 면허의 결격 사유
　　• 18세 미만의 자
　　• 면허가 취소된 날로부터 2년이 경과되지 아니한 자
　㉥ 면허의 갱신 : 면허증의 유효기간은 5년으로 하고 유효기간 만료 전에 신청에 의하여 갱신할 수 있다. 면허를 갱신하고자 하는 자는 면허증의 유효기간 만료 1년 전부터 할 수 있다.

**핵심예제**

**1-1. 다음 중 선박직원법의 제정 목적으로 가장 올바른 것은 무엇인가?**
① 선원의 근로 조건을 명시하기 위해
② 해상의 질서와 환경 보전을 위해
③ 선원의 기본적인 생활을 보장하기 위해
④ 선박직원의 자격을 정하기 위해

　**정답 ④**

**1-2. 다음 중 대한민국 국기를 게양하고자 할 때 필요한 증서는 무엇인가?**
① 선박국적증서
② 선박검사증서
③ 임시항행증서
④ 국제톤수증서

　**정답 ①**

**1-3. 해기사 면허의 효력을 계속 유지하고자 하는 자는 면허의 유효기간 만료 얼마 전에 갱신을 신청해야 하는가?**
① 6개월
② 1년
③ 2년
④ 3년

　**정답 ②**

**해설**
1-1
선박직원법은 선박 직원으로서 선박에 승무할 자의 자격을 정함으로써 선박 항행의 안전을 도모함을 목적으로 한다.
1-2
선박법에서는 선박국적증서를 소지한 한국 선박에 대한민국 국기를 게양하는 특권을 부여하였다.
1-3
선박직원법에서 면허의 갱신은 유효기간 만료 전 1년으로 규정하고 있다.

① **해사안전법** : 선박의 안전 운항을 위한 안전 관리 체계를 확립하여 선박 항행과 관련된 모든 위험과 장해를 제거함으로써 해사 안전 증진과 선박의 원활한 교통에 이바지함을 목적으로 한다.
  ㉠ 해양 시설의 보호 수역 설정 및 관리
  ㉡ 교통안전 특정해역 등의 설정 및 관리
  ㉢ 유조선 통항금지 해역의 설정 및 관리
  ㉣ 해상교통 안전관리
  ㉤ 선박 및 사업장의 안전관리
  ㉥ 선박의 항법
② **선박의 입항 및 출항 등에 관한 법률(약칭 : 선박입출항법, [구]개항 질서법)** : 해상 교통법은 크게 국제 해상 충돌 방지 규칙, 해사 안전법 및 선박입출항법으로 나누는데 국제 해상 충돌 방지 규칙은 해상 교통의 안전을 국제적으로 통일을 기하기 위해 만든 규칙이고, 해사 안전법은 국제 해상 충돌 방지 규칙을 수용하여 외국을 항해하는 대한민국 선박과 외국 선박이 우리나라의 연해 안에 있을 때 적용하는 법이다. 선박입출항법은 선박이 개항의 항계 내에 있을 때 적용하는 법이다. 이 법은 무역항의 수상구역 등에서 선박의 입항·출항에 대한 지원과 선박운항의 안전 및 질서 유지에 필요한 사항을 규정함을 목적으로 한다.
③ **선박안전법** : 선박의 감항성 유지 및 안전 운항에 필요한 사항을 규정함으로써 국민의 생명과 재산을 보호함을 목적으로 한다.
  ※ **감항성** : 선박이 자체의 안정성을 확보하기 위하여 갖추어야 하는 능력으로서 일정한 기상이나 항해조건에서 안전하게 항해할 수 있는 성능을 말한다.
  ㉠ 국제협약과의 관계 : 국제 항해에 취항하는 선박의 감항성 및 인명의 안전과 관련하여 국제적으로 발효된 국제협약의 안전기준과 선박안전법의 규정 내용이 다른 때에는 해당 국제협약의 효력을 우선한다. 다만, 선박안전법의 규정 내용이 국제협약의 기준보다 강화된 기준을 포함하는 때에는 그러지 아니한다.

㉡ 선박의 검사
  • 건조검사(제조 검사) : 선박의 건조에 착수한 때부터 완성에 이르기까지 전 건조 공정에 걸쳐 상세하게 실시하는 검사이다.
  • 정기검사 : 선박을 최초로 항해에 사용하는 때 또는 선박검사 증서의 유효기간(5년)이 만료된 때 행하는 검사이다.
  • 중간검사 : 정기검사와 정기검사 중간에 시행하는 것으로 정기검사 완료일로부터 검사 기준일의 전후 3개월 이내에 시행한다. 제1종 중간검사와 제2종 중간검사로 구분하여 시행한다.
  • 임시검사 : 선박시설의 개조 또는 수리를 행할 경우, 선박의 무선 설비를 설치하거나 변경할 경우, 선박 검사증서에 기재된 내용을 변경하고자 하는 경우, 선박의 용도를 변경하고자 하는 경우, 만재 흘수선의 변경 등의 경우 행하는 검사이다.
  • 임시항해검사 : 정기검사를 받기 전에 임시로 선박을 항행에 사용할 때 또는 국내의 조선소에서 건조된 외국 선박의 시운전을 하고자 하는 경우, 선박에 요구되는 항해 능력이 있는지에 대하여 행하는 검사이다.
  • 특별검사 : 대형 해양사고가 발생한 경우 또는 유사 사고가 지속적으로 발생한 경우 등 해양수산부장관이 필요하다고 인정한 경우에 시행하는 검사이다.
㉢ 선박의 안전을 위한 조치
  • 선박 시설의 기준에 적합
  • 만재 흘수선의 표시
  • 선박 복원성의 유지
  • 무선 설비의 설치
  • 선박 위치 발신 장치
  • 항해 구역의 설정
  • 최대 승선인원

**2-1.** 다음 중 해양오염 방지 설비를 최초로 설치하여 항해하고자 할 때 받아야 하는 검사는 무엇인가?

① 연차검사　　　　② 중간검사
③ 정기검사　　　　④ 임시검사

정답 ③

**2-2.** 다음 중 선박안전법상 선박검사의 종류에 해당되지 않는 것은 무엇인가?

① 중간검사　　　　② 정기검사
③ 임시항행검사　　④ 선급검사

정답 ④

해설

**2-1**
해양환경관리법에서는 해양오염 방지 설비, 선체 및 화물창을 선박에 최초로 설치하여 항행에 사용하려고 하는 때에는 정기검사를 시행해야 한다고 규정하고 있다.

**2-2**
선박안전법상 검사는 건조검사, 정기검사, 중간검사, 임시검사, 임시항행검사, 특별검사 등이 있다.

핵심이론 **03**　해양사고의 조사 및 심판에 관한 법률·해양환경관리법

① **해양사고의 조사 및 심판에 관한 법률** : 해양사고에 대한 조사 및 심판을 통하여 해양사고의 원인을 밝힘으로써 해양안전의 확보에 이바지함을 목적으로 한다.

㉠ 해양안전 심판원 : 해양사고 원인의 명확성과 심판의 공정성 확보를 위하여 풍부한 운항 경험이 있거나 해운 관련 분야의 전문 지식을 갖춘 심판관과 조사관을 직제로 두고 심판 변론인 제도를 구성하여 준사법적 소송 절차에 의한 공개 심판으로 해양사고의 원인을 규명하고 있다.

㉡ 해양안전 심판원의 직무 : 해양사고의 원인 규명, 재결, 징계와 정상 참작

㉢ 징계의 종류 : 면허의 취소, 업무의 정지(1월 이상 1년 이하), 견책

② **해양환경관리법** : 선박, 해양시설, 해양공간 등 해양오염물질을 발생시키는 발생원을 관리하고, 기름 및 유해액체물질 등 해양오염물질의 배출을 규제하는 등 해양오염을 예방, 개선, 대응, 복원하는 데 필요한 사항을 정함으로써 국민의 건강과 재산을 보호하는 데 이바지함을 목적으로 한다.

㉠ 오염 물질의 배출 금지 : 선박 또는 해양시설에서 발생하는 오염물질을 해양에 배출해서는 안 된다. 다음의 경우는 예외로 한다.

• 폐기물의 배출을 허용하는 경우 : 해양수산부령이 정하는 해역에서 해양수산부령이 정하는 처리기준 및 방법에 따라 배출할 것

• 기름의 배출을 허용하는 경우 : 해양수산부령이 정하는 해역에서 해양수산부령이 정하는 배출기준 및 방법에 따라 배출할 것

• 유해 액체 물질을 배출하는 경우 : 해양수산부령이 정하는 해역에서 해양수산부령이 정하는 사전처리 및 배출방법에 따라 배출할 것

• 오염 물질의 배출 금지 규정에 예외적으로 배출이 허용되는 경우

－ 선박 또는 해양 시설의 안전 확보나 인명구조를 위하여 부득이하게 배출하는 경우

－ 선박 또는 해양 시설의 손상 등으로 인하여 부득이하게 배출되는 경우

- 선박 또는 해양 시설의 오염사고에 있어 오염 피해를 최소화하는 과정에서 부득이하게 배출되는 경우
ⓛ 선박의 해양오염 방지 설비와 검사
  - 검사 대상 설비 : 기름 오염 방지 설비, 유해 액체 물질 오염 방지 설비, 폐기물 오염 방지 설비
  - 정기검사 : 해양오염 방지 설비, 선체 및 화물창을 선박에 최초로 설치하여 항해에 사용하려는 때 또는 해양오염 방지 검사증서의 유효기간이 만료(5년)한 때에 시행하는 검사
  - 중간검사 : 정기검사와 정기검사 사이에 행하는 검사로 제1종 중간검사와 제2종 중간검사로 구별된다.
  - 임시검사 : 해양오염 방지 설비 등을 교체, 개조 또는 수리하고자 할 때 시행하는 검사이다.
  - 임시항해검사 : 해양오염 방지검사증서를 교부받기 전에 임시로 선박을 항해에 사용하고자 하는 때 또는 대한민국 선박을 외국인 또는 외국 정부에 양도할 목적으로 항해에 사용하려는 경우나 선박의 개조, 해체, 검사, 검정 또는 톤수 측정을 받을 장소로 항해하려는 경우에 실시된다.
  - 방오 시스템 검사 : 총톤수 400톤 이상의 선박의 유해 방오 도료의 사용 금지 등의 규정에 따라 방오시스템을 선박에 설치하여 항해에 사용하려는 때에 행하는 검사이다.
ⓒ 해양오염 방제를 위한 조치
  - 방제 계획 수립 및 방제 대책 본부 구성
  - 오염 물질이 배출되는 경우의 신고 의무 및 방제 조치
  - 오염 물질의 배출 방지를 위한 조치
  - 방제 자재 및 약제의 비치
  - 방제선의 배치
  - 행정기관의 방제 조치와 비용 부담 : 방제 조치에 소요되는 비용은 선박 또는 해양 시설의 소유자가 부담하게 할 수 있다. 다만, 천재지변, 전쟁, 사변, 그 밖의 불가항력으로 인한 경우에는 해당되지 않는다.

---

**핵심예제**

**3-1. 다음 중 해양사고의 조사 및 심판에 관한 법률상 징계에 해당되지 않는 것은 무엇인가?**

① 권 고                    ② 견 책
③ 업무정지                 ④ 면허의 취소

**정답 ①**

**3-2. 선박이 해양에 기름을 유출하여 관계기관이 방제조치를 한 경우 소요 경비는 누가 부담하는가?**

① 행정안전부
② 지방해양항만청
③ 기름을 유출한 선박의 소유자
④ 인근지역의 군수나 시장

**정답 ③**

**해설**

3-1
해양사고의 조사 및 심판에 관한 법률에서 징계의 종류는 면허의 취소, 업무정지, 견책이 있다.

3-2
방제조치에 소요되는 비용은 선박 또는 해양시설의 소유자가 부담하게 할 수 있다.

# MEMO

합격에 **윙크(Win-Q)** 하다!

# Win-Q

# 기관사 6급

제 **2** 편

# 기출복원문제

제1과목  **기관 1**

**01** 4행정 사이클 디젤기관에서 작동행정은 1사이클에 몇 번인가?

① 4번  ② 3번
③ 2번  ④ 1번

**해설**
4행정 사이클 기관은 흡입행정, 압축행정, 작동행정(폭발행정 또는 유효행정), 배기행정 이렇게 4행정으로 1사이클을 완료하는 기관이다. 즉, 피스톤이 4행정을 왕복하는 동안 크랭크축이 2회전함으로써 1사이클을 완료하는 기관으로 각 행정은 1사이클에 1번씩 완료하게 되므로 작동행정도 1사이클에 1회 일어난다.

**02** 4행정 사이클 직접 역전식 디젤기관에서 어느 크랭크의 위치에서나 압축공기로 시동할 수 있는 실린더의 최소한 수량은?

① 4  ② 6
③ 12  ④ 14

**해설**
4행정 사이클 기관은 6실린더 이상, 2행정 사이클 기관은 4실린더 이상이면 기관이 어떠한 크랭크 위치에서 정지해도 시동이 될 수 있다.
※ 기관이 어떠한 크랭크 위치에서 정지해도 시동이 될 수 있도록 하기 위해서는 각 시동밸브의 밸브 열림 각도의 합계가 4행정 사이클 기관은 720°(1사이클 완료하는 데 크랭크축이 2회전하기 때문), 2행정 사이클 기관은 360°(1사이클 완료하는 데 크랭크축이 1회전하기 때문) 이상이 되어야 한다. 그런데 각 시동밸브는 작동행정의 상사점에서 배기 시작까지 열려 있으므로 4행정 사이클 기관은 140°, 2행정 사이클 기관은 120° 이상 열려 있게 된다. 그래서 4행정 사이클 기관은 6실린더 이상이면 항상 어느 한 실린더의 시동밸브가 작동 위치에 있기 때문에 크랭크를 시동 위치에 맞출 필요 없이 시동을 할 수 있다.

**03** 4행정 사이클 디젤기관의 작동에 대한 올바른 설명은?

① 흡입밸브는 상사점 전에 닫힌다.
② 배기밸브는 하사점 후에 열린다.
③ 흡입밸브는 상사점 후에 열린다.
④ 배기밸브는 상사점 후에 닫힌다.

**해설**
다음의 그림은 4행정 사이클 디젤기관의 흡·배기밸브의 개폐시기 선도를 크랭크 각도에 따라 나타낸 것이다. 4행정 사이클 디젤기관에서는 실린더 내의 소기 작용을 돕고 밸브와 연소실의 냉각을 돕기 위해서 흡기밸브는 상사점 전에 열리고 하사점 후에 닫히며, 배기밸브는 완전한 배기를 위해서 하사점 전에 열리고 상사점 후에 닫히게 밸브의 개폐시기를 조정하는데 이를 밸브 겹침(밸브 오버랩)이라 한다.

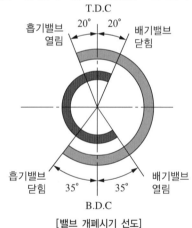

[밸브 개폐시기 선도]

**04** 디젤기관에서 피스톤 크라운부의 균열을 방지하기 위한 대책이 아닌 것은?

① 기관을 시동하기 전 예열한다.
② 노크 발생을 피한다.
③ 실린더 안전밸브를 자주 교환한다.
④ 과부하 운전을 피한다.

해설
실린더 안전밸브(세이프티밸브, Safety Valve)는 실린더 내의 압력이 비정상적으로 상승했을 때 작동하여 실린더 안의 압력을 밸브를 통해 실린더 밖으로 배출함으로써 실린더를 보호하는 장치이다. 정상적인 운전 중에는 작동하지 않는 것으로 실린더 안전밸브를 자주 교환하는 것과 피스톤 크라운부의 균열을 방지하는 것과는 거리가 멀다.

**05** 다음 중 ( ) 안에 알맞은 것은?

> 디젤기관의 피스톤이 상사점에 있을 때의 압축부피와 피스톤이 하사점에 있을 때의 실린더부피를 알면 ( )을(를) 계산할 수 있다.

① 압축비
② 제동마력
③ 용적효율
④ 기계효율

해설
$$압축비 = \frac{실린더부피}{압축부피} = \frac{압축부피 + 행정부피}{압축부피} = 1 + \frac{행정부피}{압축부피}$$

(실린더부피 = 압축부피 + 행정부피)이므로 압축부피와 실린더부피를 알면 압축비를 알 수 있다.

**06** 선박용 디젤기관의 실린더헤드에 설치되는 부품이 아닌 것은?

① 안전밸브
② 스필밸브
③ 배기밸브
④ 연료분사밸브

해설
스필밸브는 연료분사펌프의 한 종류인 스필밸브식 연료분사펌프의 구성요소이다. 연료분사펌프는 연료분사에 필요한 고압을 만드는 장치로 연료유의 압력을 높여 연료분사밸브에 전달하는데 보통 기관 프레임이나 실린더블록에 설치된다.

**07** 배기터빈과급기 중 배기매니폴드에 각 실린더로부터의 배기를 모은 후 과급기의 터빈으로 보내는 것은?

① 동압과급
② 일반과급
③ 반동과급
④ 정압과급

해설
과급이란 과급기(터보차저 또는 수퍼차저)를 설치하여 연소에 필요한 공기를 대기압 이상의 압력으로 압축하여 밀도가 높은 공기를 실린더 내에 공급하여 연료를 완전 연소시킴으로써 평균 유효 압력을 높여 기관의 출력을 증대시킨다. 과급의 방식에는 정압식 과급과 동압식 과급이 있다.

• 정압식 과급 : 각 실린더의 배기를 배기매니폴드 또는 배기리시버에 모아서 맥동을 없애고 압력을 일정하게 하여 터빈에 보내는 방식이다. 에너지 손실이 많은 단점이 있으나 과급기 터빈 입구의 압력 변동이 적기 때문에 터빈 효율이 좋다. 최근의 선박은 대부분 정압식 과급 방법을 많이 채택하고 있다.

• 동압식 과급 : 각 실린더의 배기를 바로 과급기 터빈에 보내는 방식으로 배기의 속도에너지를 압력에너지로 바꾸지 않고 그대로 과급기 터빈에 사용하는 방법이다. 열 이용률은 높으나 맥동으로 압력 변화가 심하여 터빈 효율이 좋지 않다.

**08** 디젤기관에서 피스톤 링의 틈새가 너무 클 경우의 설명으로 틀린 것은?

① 기관의 출력이 감소한다.
② 기관의 연료유 소모량이 줄어든다.
③ 연소가스 누설이 많아진다.
④ 링의 배압이 커져서 실린더 내벽의 마멸이 크게 된다.

해설
피스톤 링의 틈새가 너무 크면 연소가스가 누설되어 기관의 출력이 낮아지고 링의 배압이 커져서 실린더 내벽의 마멸이 크게 된다. 출력이 낮아진다는 의미는 같은 출력을 낼 때 연료의 소모량이 많아진다는 것을 의미한다.

**09** 디젤기관의 피스톤 재질에 대한 설명이 적절치 못한 것은?

① 충분한 강도를 가져야 한다.
② 무게가 가벼워야 한다.
③ 마멸이 잘되어야 한다.
④ 열전도가 좋아야 한다.

**[해설]**
피스톤은 높은 열과 압력을 직접 받으므로 충분한 강도를 가져야 하고 열을 실린더 내벽으로 잘 전달할 수 있는 열전도가 좋아야 하며 마멸에 잘 견디고 관성의 영향이 적도록 무게가 가벼워야 한다. 저·중속 기관에서는 주철이나 주강으로, 중·소형 고속기관에서는 알루미늄 합금 재질이 주로 사용된다.

**10** 소형 4행정 사이클 디젤기관에서 피스톤을 냉각하는 냉각재로서 가장 옳은 것은?

① 청 수      ② 해 수
③ 공 기      ④ 윤활유

**[해설]**
소형 4행정 사이클 디젤기관에서는 윤활유가 순환하여 피스톤을 냉각하게 된다.

**11** 디젤기관에서 크랭크축의 구성요소로 옳지 않은 것은?

① 암      ② 헤 드
③ 저 널      ④ 핀

**[해설]**
크랭크축은 크랭크저널, 크랭크핀, 크랭크암으로 구성된다.

**12** 디젤기관에 플라이휠을 설치하는 목적으로 잘못된 것은?

① 회전력을 균일하게 한다.
② 저속 회전을 가능하게 한다.
③ 기관의 시동을 쉽게 한다.
④ 윤활유 소비량을 줄인다.

**[해설]**
플라이휠은 작동행정에서 발생하는 큰 회전력을 플라이휠 내에 운동 에너지로 축적하고 회전력이 필요한 그 밖의 행정에서는 플라이휠의 관성력으로 회전하는데 역할은 다음과 같다.
• 크랭크축의 회전력을 균일하게 한다.
• 저속 회전을 가능하게 한다.
• 기관의 시동을 쉽게 한다.
• 밸브의 조정이 편리하다.

**13** 디젤기관의 실린더에 시동공기로 시동을 걸 때 기관이 잘 회전하지 않는 원인이 아닌 것은?

① 윤활유의 점도가 낮을 때
② 시동밸브가 작동하지 않을 때
③ 시동공기압력이 너무 낮을 때
④ 시동공기 분배기가 고장 났을 때

**[해설]**
윤활유의 점도란 유체의 끈적끈적한 정도를 나타낸 것으로 점도가 낮으면 끈적함의 정도가 덜 하다는 것이다. 윤활유의 점도가 낮은 것과 기관의 회전이 잘되지 않는 것과는 거리가 멀다.

**14** 운전 중인 디젤기관을 급히 정지시켜야 하는 경우가 아닌 것은?

① 거버너의 고장으로 회전수가 급격히 변동할 때
② 기관의 운동부에서 이상한 음향이나 진동이 발생할 때
③ 연돌의 배기가스색이 무색으로 배출될 때
④ 윤활유의 공급압력이 급격히 떨어져 즉시 복구하지 못할 때

**[해설]**
디젤기관이 정상연소하고 있을 때의 배기가스색은 무색이고 배기가스의 색이 이상하다고 해서 기관을 긴급 정지하지는 않는다.

**15** 그림과 같은 보슈식 연료분사펌프의 기관 운전 중 회전수를 올리기 위해 조속기가 직접 연료의 양을 조절하는 장치는?

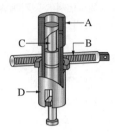

① A ② B
③ C ④ D

해설
보슈식 연료분사펌프에서 토출량(연료공급량)을 조절하는 것은 조정랙(Rack)이다. 조정랙을 움직이면 플런저와 연결되어 있는 피니언을 움직이게 되고 피니언은 플런저를 회전시킨다. 플런저를 회전시키면 플런저 상부의 경사홈이 도출구와 만나는 위치가 변화되어 연료의 양을 조정하게 된다. 보기의 그림에서 A는 배럴, B는 조정랙, C는 플런저, D는 슬리브이다.

**16** 디젤기관에서 분사된 연료의 착화 늦음이 지연되어 최대폭발압력이 증가하여 일시에 폭발하면서 큰 소리를 내는 현상은?

① 캐비테이션 현상
② 링 플러터 현상
③ 디젤 노킹 현상
④ 워터 해머링 현상

해설
디젤 노크(디젤 노킹) : 연소실에 분사된 연료가 착화 지연 기간 중에 축적되어 일시에 연소되면서 급격한 압력 상승이 발생하는 현상이다. 노크가 발생하면 커넥팅 로드 및 크랭크축 전체에 비정상적인 충격이 가해져서 커넥팅 로드의 휨이나 베어링 손상을 일으킨다.

**17** 보일러 압력계에서 U자관을 사용하는 목적은?

① 부르동관의 손상을 막기 위해
② 공작을 쉽게 하기 위해
③ 압력 상승을 막기 위해
④ 계측작업을 쉽게 하기 위해

해설
보일러의 압력계로는 부르동관 형식의 압력계가 사용되는데 부르동관 내에 직접 증기가 들어가서 고온이 되면 어긋나기 쉽기 때문에 U자관을 사용한다. U자관 중간에 액체를 넣고 직접 증기가 들어가는 것을 차단하여 부르동관의 손상을 방지한다.

**18** 선박용 보일러에 가장 널리 쓰이는 연료는?

① 중 유
② 석 탄
③ 액화석유가스
④ 휘발유

해설
선박용 보일러의 연료유로는 중유가 사용된다.

**19** 바다 위에 떠 있는 선체 부분이 항해 시 받는 저항은?

① 마찰저항
② 조와저항
③ 조파저항
④ 공기저항

해설
• 마찰저항 : 선박이 전진할 때 선체의 표면에 접촉하는 물의 점성에 의해 생긴 마찰로, 저속일 때 전체 저항의 70~80[%]이고 속도가 높아질수록 그 비율이 감소한다.
• 와류저항 : 선미 주위에서 많이 발생하는 저항으로 선체 표면의 급격한 형상 변화 때문에 생기는 와류(소용돌이)로 인한 저항이다.
• 조파저항 : 배가 전진할 때 받는 압력으로 배가 만들어내는 파도의 형상과 크기에 따라 저항의 크기가 결정된다. 저속일 때는 저항이 미미하지만 고속 시에는 전체 저항의 60[%]로 이를 정도로 증가한다.
• 공기저항 : 수면 위 공기의 마찰과 와류에 의하여 생기는 저항이다.

**20** 추진기축과 추진기의 부식을 방지하기 위한 적절한 방법은?

① 추진기의 심도를 얕게 유지하여 최대한 해수와의 접촉을 줄인다.

② 추진기와 해수의 접촉을 막기 위해 추진기에 그리스를 도포한다.

③ 축과 선체에 접지선을 연결하여 전위차를 감소시킴으로써 부식을 방지한다.

④ 추진기 근처 선체에 보호 구리판을 부착한다.

**해설**

추진기(프로펠러)축과 추진기의 부식을 방지하기 위해서 프로펠러가 있는 선미측 외판에 아연판을 부착하고 선체 내부 프로펠러축에 접지선을 연결하여 전위차를 감소시켜 부식을 방지한다. 이외에 프로펠러의 공동현상이 발생하지 않도록 하여 부식을 방지해야 한다.

※ 공동현상(캐비테이션, Cavitation) : 프로펠러의 회전속도가 어느 한도를 넘어서면 프로펠러 배면의 압력이 낮아지고 표면에 기포 상태가 발생하는데 이 기포가 순식간에 소멸되면서 높은 충격 압력을 받아 프로펠러 표면을 두드리는 현상이다.

※ 캐비테이션 침식 : 공동현상이 반복되어 프로펠러 표면이 거친 모양으로 침식되는 현상으로 프로펠러의 손상을 가져온다. 이를 방지하기 위해서는 회전수를 지나치게 높이지 않고 프로펠러가 수면 부근에서 회전하지 않도록 해야 한다.

**21** 추진기로 인하여 발생하는 축계 진동의 원인이 아닌 것은?

① 날개 피치의 불균일

② 프로펠러 날개의 수면 노출

③ 추진기 회전수 감소

④ 공동현상의 발생

**해설**

프로펠러(추진기)의 손상으로 인해 프로펠러의 균형이 맞지 않을 때 진동이 발생하게 된다. 프로펠러의 부식이나 외부의 충격 등으로 인해 손상을 입을 수 있는데 부식의 대표적인 예가 공동현상(캐비테이션)에 의한 침식이다. 공동현상을 방지하기 위해서는 회전수를 지나치게 높이지 않고 프로펠러가 수면 부근에서 회전하지 않도록 해야 한다. 이러한 부식으로 인한 손상은 프로펠러 피치의 불균일을 가져오기도 한다.

**22** 다음의 설명이 나타내는 현상은?

> 프로펠러의 회전속도가 어느 한도를 넘게 되면 추진기 배면의 압력이 낮아지고 회복될 때 기포가 발생했다가 소멸되면서 추진기에 충격을 일으켜 추진기 표면을 두드린다.

① 프로펠러의 공동현상

② 프로펠러의 명음현상

③ 프로펠러의 슬립현상

④ 프로펠러의 전기화학 부식현상

**해설**

프로펠러(추진기)의 공동현상(캐비테이션, Cavitation) : 프로펠러의 회전속도가 어느 한도를 넘어서면 프로펠러 배면의 압력이 낮아지고 표면에 기포 상태가 발생하는데 이 기포가 순식간에 소멸되면서 높은 충격 압력을 받아 프로펠러 표면을 두드리는 현상이다.

**23** 비중 0.9인 기름 180[L]의 무게는 몇 [kg]인가?

① 20[kg]

② 90[kg]

③ 162[kg]

④ 180[kg]

**해설**

$0.9 = \dfrac{x[\mathrm{kg}]}{180[\mathrm{L}]}$ 이므로 무게는 $162[\mathrm{kg}]$ 이다.

• 비중이란 특정 물질의 질량과 같은 부피의 표준물질의 질량과의 비율을 말한다.

• 기름의 비중 : 부피가 같은 기름의 무게와 물의 무게의 비를 말하는데 15/4[℃] 비중이라 함은 15[℃]의 기름의 무게와 4[℃]일 때 물의 무게의 비를 나타내는 것이다. 쉽게 말하면 기름의 비중이란 부피[L]에 무게가 몇 [kg]인가하는 것이다. 그러므로 기름의 부피에 비중을 곱하면 무게가 나온다.

※ 비중과 밀도는 언뜻 보면 비슷한 개념이지만 비중은 단위가 없고 밀도는 단위가 있어 엄연히 차이가 있다.

**24 연료유 탱크에 설치되는 장치와 거리가 먼 것은?**

① 측심관
② 주유관
③ 공기배출관
④ 압력계

해설
연료유 탱크나 윤활유 탱크에는 측심관, 주유관, 공기배출관(에어벤트), 드레인밸브, 온도계, 펌프 흡입관, 오버플로관(넘침관) 등이 설치된다.

**25 윤활유를 청정하는 방법으로 가장 널리 쓰이는 것은?**

① 원심력을 이용한 청정
② 화학적 분리에 의한 청정
③ 물과 증기에 의한 세정
④ 침전을 이용한 청정

해설
청정의 방법에는 중력에 의한 침전분리법, 여과기에 의한 분리법, 원심분리법 등이 있다. 최근의 선박은 비중차를 이용한 원심식 청정기를 주로 사용하고 있다.

---

**제2과목 기관 2**

**01 원심펌프와 비교했을 때 왕복펌프의 특징은?**

① 대용량에 적합하다.
② 흡입 성능이 양호하다.
③ 고속운전을 해야 한다.
④ 기동 시 물을 채워야 한다.

해설
왕복펌프의 특징
• 흡입 성능이 양호하다.
• 소유량, 고양정용 펌프에 적합하다.
• 운전 조건에 따라 효율의 변화가 적고 무리한 운전에도 잘 견딘다.
• 왕복 운동체의 직선 운동으로 인해 진동이 발생한다.

**02 기어펌프의 부속 중에서 과도한 압력일 때 펌프를 보호하는 것은?**

① 호수밸브
② 체크밸브
③ 릴리프밸브
④ 헬리컬기어

해설
릴리프밸브는 과도한 압력 상승으로 인한 손상을 방지하기 위한 장치이다. 펌프의 송출압력이 설정압력 이상으로 상승하였을 때 밸브가 작동하여 유체를 흡입측으로 되돌려 과도한 압력 상승을 방지한다.

**03 왕복펌프의 송출측에 공기실을 설치하는 목적은?**

① 송출유량 및 송출압력을 균일하게 한다.
② 펌프 회전을 원활하게 하여 진동을 방지한다.
③ 송출되는 액체에서 공기를 제거한다.
④ 송출되는 액체에서 불순물을 제거한다.

해설
왕복펌프의 특성상 피스톤의 왕복 운동으로 인해 송출량에 맥동이 생기며 순간 송출유량도 피스톤의 위치에 따라 변하게 된다. 따라서 공기실을 송출측의 실린더 가까이에 설치하여 맥동을 줄인다. 즉, 송출압력이 높으면 송출액의 일부가 공기실의 공기를 압축하고 압력이 약할 때에는 공기실의 압력으로 유체를 밀어내게 하여 항상 일정한 양의 유체가 송출되도록 한다.

**04 직접 역전식 디젤기관이 1대가 설치된 선박은 공기 압축기가 정지된 상태에서 시동할 수 있는 공기탱크의 용량은 몇 회 이상 연속할 수 있어야 하는가?**

① 12회
② 15회
③ 20회
④ 24회

해설
주공기탱크의 용량은 공기 압축기가 정지된 상태에서 직접 역전식 주기관은 12회 이상, 간접 역전식 주기관(예 가변피치 프로펠러)에는 6회 이상 연속시동이 가능한 용량이어야 한다.

**05** 원심펌프 케이싱 내의 송출측에서 흡입측으로 유체의 역류를 방지하는 부품은?

① 임펠러　　　　② 마우스 링
③ 케이싱　　　　④ 공기실

해설
마우스 링은 임펠러에서 송출되는 액체가 흡입측으로 역류하는 것을 방지하는 것으로 임펠러 입구측의 케이싱에 설치된다. 케이싱과 액체의 마찰로 인해 마모가 진행되는데 이때 케이싱 대신 마우스 링이 마모된다고 하여 웨어 링(Wear Ring)이라고도 한다. 케이싱을 교체하는 대신 마우스 링만 교체하면 되므로 비용적인 면에서 장점이 있다.

**06** 원심펌프의 송출유량 조절법 중에서 공동현상과 관련이 깊은 것은?

① 바이패스밸브를 조절하는 방법
② 흡입밸브를 조절하는 방법
③ 송출밸브를 조절하는 방법
④ 회전속도를 조절하는 방법

해설
원심펌프에서 공동현상(캐비테이션)이 일어나는 원인은 유체를 흡입할 때 공기가 유입되어 발생하는데 흡입 수두가 너무 높거나 흡입이 원활하지 않을 때 발생한다. 원심펌프에서 송출유량을 흡입밸브로 조절하게 되면 흡입이 원활히 이루어지지 않아 공동현상이 일어날 수 있으므로 송출유량은 송출밸브로 조절해야 한다.

**07** 펌프를 통과하는 유체가 펌프로부터 얻는 동력을 나타낸 마력 단위는?

① 수마력　　　　② 축마력
③ 지식마력　　　④ 제동마력

해설
① 수마력 : 펌프를 지나는 유체가 펌프로부터 얻는 동력이다.
② 축마력 : 실제로 펌프를 운전하는 데 필요한 동력이다.
③ 지식마력 : 내연기관에서 사용되는 용어로 도시마력이라고도 하며 실린더 내의 연소 압력이 피스톤에 실제로 작용하는 동력이다.
④ 제동마력 : 증기터빈에서는 축마력(SHP)라고도 하며 크랭크축의 끝에서 계측한 마력이며 지시마력에서 마찰손실 마력을 뺀 것이다.

**08** 다음 선박에서 사용되는 열교환기의 종류 중 가장 널리 쓰이는 것은?

① 코일식
② 2중관식
③ 원통 다관식
④ 핀 튜브식

해설
열교환기는 유체의 온도를 원하는 온도로 유지하기 위한 장치로 고온에서 저온으로 열이 흐르는 현상을 이용해 유체를 가열 또는 냉각시키는 장치이다. 종류에는 원통 다관식 열교환기 및 판형 열교환기가 있고 이외에 핀 튜브식, 코일식 등이 있고 선박에서는 원통 다관식 열교환기가 가장 널리 이용되고 있으며 종류에 따라 판형 열교환기도 많이 사용된다.

**09** 다음 중 양정을 가장 크게 할 수 있는 것은?

① 원심펌프
② 축류펌프
③ 피스톤펌프
④ 벌류트펌프

해설
피스톤펌프는 왕복펌프의 한 종류인데 왕복펌프는 고양정으로 널리 쓰인다.

**10** 펌프의 흡입양정이 2[m]이고, 송출양정이 10[m]인 펌프의 전양정은?(단, 손실양정은 무시한다)

① 12[m]
② 10[m]
③ 8[m]
④ 5[m]

해설
손실양정을 무시하면 전양정 = 흡입양정 + 송출양정이므로 12[m]이다.

**11** 왕복식 2단 공기압축기에서 1단의 압축된 공기가 보내지는 곳은?

① 공기탱크
② 저압 실린더
③ 중간 냉각기
④ 크랭크 케이스

해설
왕복식 2단 공기압축기는 1단(저압)에서 압축된 공기가 중간냉각기에서 냉각되어 2단(고압)으로 흡입되고 다시 한 번 더 압축되어 공기탱크로 보내진다.

**12** 선박에 사용되는 해수 배관, 위생수 계통의 배관에는 해수 중에 서식하는 패류, 해조류 등이 번식하여 배관 및 기기의 막힘이나 부식을 발생하는데 이를 방지하는 장치는?

① 해양생물부착방지장치
② 불활성가스장치
③ 분뇨처리장치
④ 부식방지장치

해설
해양생물부착방지장치(MGPS ; Marine Growth Protection System) 선내 해수가 처음 유입되는 시체스트(Sea Chest)에 화학약품을 정기적으로 투입하여 선내 해수관에 생성되는 해양 생성물을 살균시키거나 해수를 전기분해할 때 발생되는 유효 염소나 산소를 이용하여 해양 생물을 살균시키는 장치이다.

**13** 다음 중 유압장치와 거리가 먼 것은?

① 유압펌프
② 유압실린더
③ 기름탱크
④ 증발기

해설
증발기는 냉동기나 조수기 등에 사용되는 열교환기의 한 종류이다.

**14** 냉각 해수측에 부착하여 열교환기의 냉각관 부식을 방지하는 것은?

① 리그넘바이티
② 아연판
③ 크롬도금판
④ 구리판

해설
아연은 선박에서 주로 해수 계통의 파이프나 선체 외부에 부착한다. 철 대신에 먼저 부식이 되는 아연을 달아서 해수 계통의 파이프나 외판을 보호하려는 것이다. 이를 희생 양극법이라고 하는데 철보다 이온화 경향이 높은 아연판을 부착하여 아연이 먼저 부식되게 한다. 응축기 냉각수를 해수로 사용하는 냉동장치에서도 아연판을 응축기의 냉각수측에 부착한다.

**15** 케이싱 내 임펠러의 바깥 둘레에 안내날개가 설치되어 있는 원심펌프는?

① 벌류트펌프
② 피스톤펌프
③ 터빈펌프
④ 기어펌프

해설
원심식 펌프의 종류 중 안내날개의 유무에 따라 다음으로 나뉜다.
• 벌류트펌프 : 안내날개가 없으며 낮은 양정에 적합하다.
• 터빈펌프 : 안내날개가 있으며 높은 양정에 적합하다.

**16** 원심펌프에서 흡입관 아래쪽에 물을 채우기 위해 설치되는 밸브는?

① 원판밸브
② 바이패스밸브
③ 풋밸브
④ 볼밸브

해설
풋밸브는 펌프 작동 시 물을 흡입할 때에는 열리고, 운전이 정지될 때에는 역류하는 것을 방지하여 케이싱 내의 물이 흡입측 아래로 내려가는 것을 막는 역할을 한다.

**17** 다음 중 조타장치의 유압펌프로 많이 사용하는 것은?

① 원심펌프

② 벌류트펌프

③ 반지름 방향 피스톤펌프

④ 베인펌프

**해설**
조타장치의 유압펌프로는 피스톤펌프가 주로 사용된다.

**18** 원심펌프의 구성요소로 옳지 않은 것은?

① 릴리프밸브　　② 케이싱

③ 마우스 링　　　④ 회전차

**해설**
릴리프밸브는 점도가 높은 연료유나 윤활유의 이송에 사용되는 회전식 펌프의 기어펌프나 나사펌프 등에 설치된다. 케이싱, 회전차(임펠러), 마우스 링 등은 원심펌프의 구성요소이다.

**19** 조타장치의 구성요소 중에서 타가 필요 각도만큼 조정되면 타를 정지시키고 그 위치에 고정시키는 장치는?

① 조종장치　　　② 전달장치

③ 추종장치　　　④ 원동기

**해설**
조타장치의 추종장치는 타가 소요 각도만큼 돌아갈 때 그 신호를 피드백하여 자동적으로 타를 움직이거나 정지시키는 장치이다.

**20** 다음 해양오염방지설비 중 기름이 섞여 있는 기관실 폐수를 유분함유량 15[ppm] 이하로 처리하여 배출하는 것은?

① 기름여과장치(빌지분리장치)

② 유청정장치

③ 폐유저장탱크

④ 폐유소각장치

**해설**
유수분리장치 : 기관실 내에서 각종 기기의 운전 시 발생하는 드레인이 기관실 하부에 고이게 되는데 이를 빌지(선저폐수)라 한다. 유수분리기는 빌지를 선외로 배출할 때 해양이 오염되지 않도록 기름 성분을 분리하는 장치이다. 빌지분리장치 또는 기름여과장치라고도 하며 선박의 빌지를 공해상에 배출할 때 유분함량은 15[ppm](100만분의 15) 이하이어야 한다.

**21** 프레온 냉매의 누설검출법으로 틀린 것은?

① 비눗물

② 핼라이드 토치

③ 가스퍼저

④ 할로겐 누설검지기

**해설**
프레온계 냉매의 누설검출방법으로는 비눗물, 할로겐 누설검지기, 핼라이드 토치 등이 있다.

**22** 다음 중 냉동사이클의 순서로 바른 것은?

① 응축 → 증발 → 팽창 → 압축

② 압축 → 증발 → 응축 → 팽창

③ 팽창 → 응축 → 증발 → 압축

④ 압축 → 응축 → 팽창 → 증발

**해설**
가스 압축식 냉동사이클은 압축 → 응축 → 팽창 → 증발의 순서로 반복된다.

**23** 냉동기의 응축기 내에 불응축가스가 축적되었을 때 미치는 영향은?

① 응축기의 효율이 나빠진다.

② 응축기 압력이 저하된다.

③ 냉매가스의 온도가 낮아진다.

④ 냉매의 양이 많아진다.

**해설**

냉동장치의 냉매 계통 중에 공기와 같은 불응축가스가 존재하게 되면 응축기나 수액기 상부에 모이게 되어 냉동능력의 감소, 소비 동력의 증가, 압축기 실린더의 과열, 열교환기의 전열 악화 및 냉동장치의 부식 등 악영향을 미친다. 그러므로 불응축가스를 신속하게 제거해 줄 필요가 있다. 불응축가스를 제거하는 것을 가스퍼지라고 하는데 응축기의 가스퍼저를 통해 배출한다.

**24** 냉동기의 흡입압력이 낮을 경우의 원인은?

① 냉매 중 공기 혼입
② 냉각수 부족
③ 윤활유 부족
④ 냉매 부족

**해설**

냉동기의 흡입압력이 낮은 원인은 냉매의 부족, 흡입 스트레이너의 오손, 팽창밸브의 조절 불량 및 냉매 내 기름의 혼입 등이 있다.

**25** 냉동실에 설치되어 직접 주위의 열을 흡수하는 장치는?

① 압축기          ② 증발기
③ 팽창밸브        ④ 유분리기

**해설**

증발기는 팽창밸브에서 공급된 액체 냉매가 증발하면서 증발기 주위의 열을 흡수하여 기화하는 장치이다.

---

**제3과목 기관 3**

**01** 다음 전기기기 중 플레밍의 왼손법칙이 적용되는 것은?

① 여자기          ② 변압기
③ 전동기          ④ 정류기

**해설**

자기장 내에 도체를 놓고 전류를 흘리면 전자력이 발생되어 회전하게 된다. 이때 플레밍의 왼손법칙으로 회전 방향을 알 수 있으며 전동기에 적용된다.

---

※ 거버너의 기전력의 방향(전류의 방향)을 알기 위한 법칙은 플레밍의 오른손법칙이다. 플레밍의 오른손법칙은 자기장 내에 코일을 회전시키면 기전력이 발생하는데 자속의 방향과 운동 방향(회전 방향)을 알면 유도기전력의 방향(전류의 방향)을 알 수 있는 것이다.

**02** 직류발전기에서 교류기전력을 직류기전력으로 변환시키는 부분은?

① 전기자
② 계 자
③ 정류자
④ 브러시

**해설**

정류자는 전기자에서 발생된 교류전압을 직류전압으로 변환하는 장치이다.

**03** 배터리 충·방전반에 설치되지 않는 것은?

① 전압계          ② 역률계
③ 전류계          ④ 접지등

**해설**

배터리 충·방전반에는 전압계, 전류계, 접지등 및 차단기 등이 설치되며 역률계는 발전기 배전반에 설치된다.

**04** 배전반에 설치된 접지등의 기능은?

① 전로의 누전 여부를 알려 준다.
② 발전기 운전 표시램프이다.
③ 전기기기의 전원공급 표시램프이다.
④ 전기기기의 사용준비 표시램프이다.

**해설**

일반적으로 선박의 공급 전압은 3상 전압으로 배전반에는 접지등(누전 표시등)이 설치된다. 테스트 버튼을 눌렀을 때 세 개의 등이 모두 같은 밝기이면 누전되는 곳이 없이 상태가 양호한 것이다. 만약 한 선이 누전되고 있다면 누전되고 있는 선의 접지등은 어두워지고 다른 등은 더 밝게 빛나게 된다.

**05** 가정에서 사용하는 220[V]의 교류전압은?

① 최댓값이다.

② 실횻값이다.

③ 평균값이다.

④ 순시값이다.

**해설**

교류전압계나 교류전류계의 눈금은 실횻값을 나타낸 것이다. 일반 가정이나 선박에서 우리가 일반적으로 사용 전압을 이야기하는 것은 실횻값을 말하는 것이다.

- 순시값 : 순간순간 변하는 교류의 임의의 시간에 있어서의 값
- 최댓값 : 순시값 중에서 가장 큰 값
- 실횻값 : 교류의 크기를 교류와 동일한 일을 하는 직류의 크기로 바꿔 나타낸 값
- 평균값 : 교류 순시값의 1주기 동안의 평균을 취하여 교류의 크기를 나타낸 값

※ 실횻값 $= \dfrac{최댓값}{\sqrt{2}}$, 평균값 $= \dfrac{2}{\pi} \times$ 최댓값

**06** 10[Ω]의 저항에 전류 2[A]를 흘렸다면 저항 양단에 걸리는 전압은?

① 5[V]  ② 10[V]

③ 20[V]  ④ 100[V]

**해설**

옴의 법칙 $V = IR$을 적용하면 전압=2×10=20[V]이다.

**07** 3상 동기발전기의 정격출력 단위는?

① [A], 암페어

② [V], 볼트

③ [W], 와트

④ [kVA], 킬로볼트암페어

**해설**

[kVA], 킬로볼트암페어 : 정격출력의 단위로 피상전력을 나타낸다. [VA]로 표시하기도 하는데 k는 1,000을 의미한다. 선박에서 사용하는 발전기의 출력이 1,000[VA]을 초과하여 일반적으로 [kVA]로 나타낸다.

**08** 3상 유도전동기의 회전 방향을 바꿀 때에 조치는?

① 전압의 크기를 변화

② 전동기의 극수 변환

③ 전원 주파수 변환

④ 3상 전원 중 2선을 바꾸어 결선

**해설**

3상 유도전동기의 회전 방향을 바꾸는 방법은 예상외로 간단하다. 3개의 선 중에 순서와 상관없이 2개 선의 접속만 바꾸어 주면 된다.

**09** 저항값이 $R$[Ω]인 동일한 저항 두 개를 병렬로 연결했을 때 전체의 저항값은?

① $R$의 반이 된다.

② $R$이 된다.

③ $R$의 2배가 된다.

④ $R$의 6배가 된다.

**해설**

병렬연결에서 합성저항은 $\dfrac{1}{R} = \dfrac{1}{R_1} + \dfrac{1}{R_2}$ 이므로 저항값이 $R$인 저항의 병렬연결은 $\dfrac{1}{R_합} = \dfrac{1}{R} + \dfrac{1}{R} = \dfrac{2}{R}$에서 $R_합 = \dfrac{R}{2}$이므로 저항은 $R$의 $\dfrac{1}{2}$배, 즉 반이 된다.

※ 저항의 직렬연결 합성저항 : $R = R_1 + R_2 + R_3 + \cdots$

※ 저항의 병렬연결 합성저항 : $\dfrac{1}{R} = \dfrac{1}{R_1} + \dfrac{1}{R_2} + \dfrac{1}{R_3} + \cdots$

**10** 다음 중 일정 시간 동안 전기에너지가 한 일의 양은?

① 전 력  ② 전력량

③ 암페어시  ④ 옴의 법칙

**해설**

전력량 : 일정한 시간 동안 전기에너지가 한 일의 양을 말한다. 단위는 줄[J]이다.

$W = Pt = VIt = I^2 Rt$ [J]

※ 전력 : 전기가 하는 일의 능률로 단위 시간[s]에 하는 일을 말한다. 단위는 와트[W]이다.

$P = \dfrac{W}{t} = \dfrac{VIt}{t} = VI = I^2 R = \dfrac{V^2}{R}$ [W]

**11** 교류에서 1초 동안 반복되는 사이클의 수는?

① 주파수 　　　　② 전 압
③ 위 상 　　　　④ 전 류

**해설**

주파수[Hz]란 단위 시간(1초) 내에 몇 개의 주기나 파형이 반복되었는가를 나타내는 수를 말하며 주기의 역수와 같다. 1초당 1회 반복하는 것을 1[Hz]라 한다.

※ 관계식

$$f = \frac{1}{T}$$

　여기서, $f$ : 주파수
　　　　　$T$ : 주기

**12** 다음 중 메거(Megger)로 측정 가능한 것으로 옳은 것은?

① 직류전압, 절연저항
② 직류전압, 교류전류
③ 교류전압, 절연저항
④ 교류전압, 직류전류

**해설**

절연저항계(메거)로 측정 가능한 것은 절연저항과 교류전압이다. 종류에 따라서는 부저라고 쓰여 있는 기능 스위치가 있는데 이것은 테스터기의 통전시험과 동일한 역할을 하는 것으로 회로 단선 유무 및 전자부품의 불량 검사 시에 유용하게 사용된다.

**13** 축전지에 대한 설명으로 틀린 것은?

① 1차 전지이다.
② 납축전지는 2차 전지이다.
③ 충전하여 재사용할 수 있다.
④ 니켈 카드뮴 축전지는 2차 전지이다.

**해설**

• 1차 전지 : 방전 후 충전이 불가능한 전지를 말하며 일반적으로 양극과 음극으로 이루어진 전극과 전해액으로 구성된다.
• 2차 전지 : 방전과 충전을 반복해서 사용할 수 있는 전지를 말하며 납축전지(연축전지)와 니켈 카드뮴 축전지 등이 있다. 납축전지는 선박에서 2차 전지로 널리 사용되고 있다.

**14** 아날로그 멀티테스터(Multi-tester)로 측정사항이 아닌 것은?

① 직류전압
② 교류전압
③ 주파수
④ 직류전류

**해설**

멀티테스터로 저항, 교류전압, 직류전압 및 직류전류 등을 측정할 수 있으나 주파수를 측정하는 기능은 없다.

**15** 4극 유도전동기에 주파수 60[Hz]의 전원을 공급했을 때의 동기속도는?

① 600[rpm]
② 1,200[rpm]
③ 1,800[rpm]
④ 2,400[rpm]

**해설**

$$n = \frac{120f}{p}[\text{rpm}] \text{ 이므로,}$$

$$= \frac{120 \times 60}{4} = 1,800[\text{rpm}] \text{ 이다.}$$

여기서, $n$ : 회전속도
　　　　$p$ : 자극의 수
　　　　$f$ : 주파수

**16** 납축전지의 용량 표시 단위로 옳은 것은?

① 볼트[V]
② 옴[Ω]
③ 와트[W]
④ 암페어시[Ah]

**해설**

축전지의 용량(암페어시, [Ah]) = 방전전류[A] × 종지전압까지의 방전시간[h]

**17** 직류발전기의 운전 중 브러시와 접촉하여 마찰이 생기는 부분은?

① 전기자
② 계자 철심
③ 정류자
④ 자 극

해설
정류자는 교류기전력을 직류로 바꾸어 주는 부분이고 브러시는 전기자 권선과 연결된 슬립링이나 정류자편과 마찰하면서 직류로 바뀐 기전력을 발전기 밖으로 인출하는 부분이다.

**18** 발전기가 없는 소형 선박에서 교류전원이 필요하면 배터리 등의 직류를 교류전원으로 바꾸어 쓰는 장치는?

① 인버터
② 정류기
③ 컨버터
④ 자동전압조정기

해설
인버터는 직류를 교류로 바꾸기 위한 장치이다. 이와 반대로 교류를 직류로 변환시키는 장치를 컨버터라고 한다. 정류기는 직류발전기에서 교류를 직류로 변환하는 장치다.

**19** 저항 $R_1 = 1[\Omega]$, $R_2 = 2[\Omega]$, $R_3 = 3[\Omega]$의 저항 3개를 직렬로 연결했을 때 합성저항값은?

① $6[\Omega]$
② $5[\Omega]$
③ $3[\Omega]$
④ $0.5[\Omega]$

해설
저항의 직렬연결 합성저항 $R = R_1 + R_2 + R_3 + \cdots$이므로
$R = R_1 + R_2 + R_3 = 1 + 2 + 3 = 6[\Omega]$

**20** 납축전지가 많이 방전되면 전압계와 전류계 지시치는 방전 초기에 비해 어떻게 달라지는가?(단, 부하 저항은 일정)

① 전류가 증가하고 전압도 증가한다.
② 전류가 증가하고 전압은 감소한다.
③ 전류가 감소하고 전압은 증가한다.
④ 전류가 감소하고 전압도 감소한다.

해설
납축전지의 방전이 시작되면 전압과 전류는 강하되고 전해액의 비중도 시간이 지남에 따라 감소한다.

**21** 선박에서 조명용 회로의 배전방식으로 가장 많이 사용하는 것은?

① 단상 2선식
② 3상 3선식
③ 단상 3선식
④ 3상 4선식

해설
선박에서 사용하는 조명의 배전방식은 단상 2선식이고 병렬연결을 하여 사용한다.

**22** 전기자권선과 계자권선이 직렬로 접속되어 있는 직류발전기는?

① 직권발전기
② 분권발전기
③ 복권발전기
④ 타여자발전기

해설
계자권선과 전기자권선의 연결방식에 따른 직류발전기의 종류
• 직권발전기 : 계자권선을 전기자권선과 직렬로 연결한 것
• 분권발전기 : 계자권선을 전기자권선과 병렬로 연결한 것
• 복권발전기 : 계자권선을 직렬과 병렬로 혼합하여 연결한 것

**23** 다음 중 축전지에서 전기에너지가 화학에너지로 변환되는 과정은?

① 방 전
② 변 전
③ 충 전
④ 단 전

해설
축전지에서 전기에너지가 화학에너지로 변환되는 과정을 충전이라 하고, 화학에너지가 전기에너지로 바뀌게 되는 것을 방전이라고 한다.

**24** 다음 중 작은 신호를 큰 신호로 증폭할 때 다음 중 가장 필요한 것은?

① 다이오드
② 콘덴서
③ 트랜지스터
④ SCR

해설
반도체 중 트랜지스터는 증폭작용, 다이오드는 정류작용에 쓰인다.

**25** 다음 중 소자의 다리가 양극(애노드)과 음극(캐소드)으로 구별되는 것은?

① 트랜지스터
② 다이오드
③ 콘덴서
④ 저 항

해설
다이오드는 P–N 접합으로 만들어진 것으로 전류는 P형(애노드, +)에서 N형(캐소드, –)의 한 방향으로만 통하는 소자이다.

제**4**과목 **직무일반**

**01** 당직기관사의 당직교대 시 인계할 주요 내용이 아닌 것은?

① 당직에 들어갈 당직자가 기관실에 들어온 시간
② 주기관 및 보조기계의 운전상황
③ 기관장의 지시 및 선교로부터의 통보사항
④ 당직교대 후에 인계 업무사항

해설
당직교대자가 기관실에 들어온 시간은 인계할 사항이 아니다.

**02** 기관일지 기입 시 주의할 사항이 아닌 것은?

① 잘못 기입하였을 경우에는 지우개로 깨끗하게 지운 후 새로 기입한다.
② 기관의 운전상태, 항해 중에 발생한 사고에 대한 조치사항 등을 기록한다.
③ 주기관에 이상이 있으면 그 상황을 자세히 기록한다.
④ 연료유 등의 소비량과 잔량 등을 기입한다.

해설
기관일지의 기재사항을 오기했을 경우에는 틀린 부분에 줄을 긋고 그 아래 또는 위에 다시 써서 최초의 기록을 알아 볼 수 있도록 한다. 기관일지뿐만 아니라 선박에서 작성하는 다른 서류의 작성법도 마찬가지이다.

**03** 기관당직을 담당하는 해기사가 지체 없이 기관장에게 보고하여야 할 사항이 아닌 것은?

① 주기관의 손상
② 무선통신기의 손상
③ 발전기의 손상
④ 조타기의 손상

해설
무선통신기는 당직 항해사와 관련 있는 사항이다.

**04** 입거 중의 주의사항으로 틀린 것은?

① 화재예방에 만전을 기한다.
② 물이나 연료유의 이송을 하지 않는다.
③ 기름, 오물 등은 선외로 흘려보내지 않는다.
④ 주기를 터닝할 경우 기관장의 허락만 받으면 된다.

**해설**
입거 중 주기를 터닝할 때는 선외의 프로펠러가 움직이기 때문에 기관장뿐만 아니라 항해사 및 선장에게 보고하여 선체 수리 중인 작업자들의 안전을 확보하여야 한다.

**05** 당직 중 기관일지에 기재할 사항이 아닌 것은?

① 주기관 주요부의 온도와 압력
② 발전기의 소모 전력
③ 보일러의 증기 압력
④ 선실의 실내 온도

**해설**
기관일지에는 기관실의 온도는 기입하나 선실의 실내 온도는 기입하지 않는다.

**06** 출항 전 주기관의 시운전을 실시할 경우 프로펠러를 회전시킬 때에는 누구의 허가를 받아야 하는가?

① 기관장
② 1등 기관사
③ 부두 운영 책임자
④ 당직항해사

**해설**
출항 전 기관의 시동 준비를 위해 터닝 및 에어블로를 실시할 경우 당직항해사에게 보고 후 주기관을 시동하여 프로펠러가 잠시 회전해도 안전한지 확인 후 실시한다.

**07** 기관실 선저폐수의 배출 기준으로 틀린 것은?

① 선박의 항해 중에 배출할 것
② 배출액 중의 기름 성분이 15[ppm] 이하일 것
③ 육지로부터 12해리 이상 떨어진 곳에서 배출할 것
④ 기름오염방지설비의 작동 중에 배출할 것

**해설**
선저폐수(빌지)의 배출은 ①, ②, ④의 요건이 동시에 충족해야 한다.

**08** 선박에서 발생하는 오염물질의 배출이 허용되는 경우가 아닌 것은?

① 선박의 안전 확보를 위해 부득이한 경우
② 선박의 손상으로 부득이한 배출
③ 인명 구조를 위한 부득이한 배출
④ 선내 소화 훈련의 경우

**해설**
선박에서 발생하는 오염물질의 법적인 요건을 만족하여 배출하는 것 외에는 오염물질의 배출을 금지하나 다음의 사항에서는 예외적으로 허용한다(폐기물은 제외).
• 선박의 안전 확보나 인명 구조를 위한 부득이한 경우
• 선박의 손상, 기타 부득이한 원인으로 계속 배출되는 경우
• 오염 피해를 최소화하는 과정으로 인한 부득이한 경우

**09** 기관구역 기름기록부의 기재사항이 아닌 것은?

① 유성혼합물의 선외 배출
② 폐기물을 수용시설 또는 다른 선박에 배출할 때
③ 기관구역의 유성찌꺼기 및 유성잔류물의 처리
④ 벌크상태의 연료유 및 윤활유의 수급

**해설**
폐기물 관련사항은 폐기물기록부에 기입하는데 주로 항해사가 기록·관리한다.

※ 기름기록부는 다음과 같이 상황별 코드번호를 기입해서 작성해야 한다.
- A : 연료유탱크에 밸러스트 적재 또는 연료유탱크의 세정
- B : A에 언급된 연료유탱크로부터 더티 밸러스트 또는 세정수의 배출
- C : 유성잔류물(슬러지)의 저장 및 처분
- D : 기관실 빌지의 비자동방식에 의한 선외 배출 또는 그 밖의 다른 처리방법에 의한 처리
- E : 기관실 빌지의 자동방식에 의한 선외 배출 또는 그 밖의 다른 방법에 의한 처분
- F : 기름 배출 감시 제어장비의 상태
- G : 사고 또는 기타 예외적인 기름의 배출
- H : 연료 또는 산적 윤활유의 적재
- I : 그 밖의 작업절차 및 일반적인 사항

## 10  해양오염방지관리인의 임명권자는?

① 해양수산연수원 원장
② 지방해양항만청장
③ 해양수산부장관
④ 선박의 소유자

**해설**
해양환경관리법 제32조(선박 해양오염방지관리인)
총톤수 150톤 이상인 유조선과 총톤수 400톤 이상인 선박의 소유자는 그 선박에 승무하는 선원 중에서 선장을 보좌하여 선박으로부터의 오염물질 및 대기오염물질의 배출방지에 관한 업무를 관리하게 하기 위하여 대통령령으로 정하는 자격을 갖춘 사람을 해양오염방지관리인으로 임명해야 한다. 단, 선장, 통신장 및 통신사는 제외한다.

## 11  다음의 (   ) 안에 알맞은 것은?

> 선박의 소유자는 기름이 해양에 배출되는 경우에 대비한 선박해양오염비상계획서를 작성하여 (   )의 검인을 받아 선내에 비치한다.

① 해양경찰청장
② 해양수산부장관
③ 행정안전부장관
④ 지방해양수산청장

**해설**
해양환경관리법 제31조(선박해양오염비상계획서의 관리 등)
선박의 소유자는 기름 또는 유해액체물질이 해양에 배출되는 경우에 대비한 선박해양오염비상계획서를 작성하여 해양경찰청장의 검인을 받아 선내에 비치한다.

## 12  드레싱의 주요 목적으로 틀린 것은?

① 감염 방지
② 원활한 움직임
③ 지 혈
④ 분비물 흡수

**해설**
드레싱은 지혈을 하고 추가적인 감염을 방지하며 분비물을 흡수하는 역할을 한다.

## 13  성인의 경우 인공호흡은 1분간 몇 회 정도 실시해야 하는가?

① 1~5회
② 12~18회
③ 30~35회
④ 40~45회

**해설**
성인의 경우 인공호흡은 1분당 12~18회 정도 실시해야 한다.

## 14  침수사고 예방법으로 적절치 못한 것은?

① 해수 계통의 파이프 및 밸브의 누설 개소 점검
② 기관실 빌지(선저폐수) 펌프 정비
③ 수밀문의 정비 및 작동 확인
④ 구명정 훈련을 정기적으로 실시

**해설**
구명정 훈련은 최후의 수단으로 퇴선 훈련을 하는 것이므로 침수사고 예방과는 거리가 멀다.

## 15  방수(침수 방지)설비가 아닌 것은?

① 윤활유펌프
② 빌지펌프
③ 수밀 격벽
④ 수밀문

**해설**
수밀문이나 수밀 격벽은 침수 발생 부위의 응급조치가 시행되지 않았을 경우 그 구획만 침수되도록 침수구역을 최소화 하는 설비이고 빌지펌프나 해수펌프 등은 배수를 위한 펌프이다. 윤활유펌프는 방수설비가 아니다.

**16** 선박의 침수 예방을 위한 조치가 아닌 것은?

① 방수설비의 종류와 배치 장소 파악

② 방수 및 배수 훈련의 철저

③ 선내 소독 철저

④ 방수조치 요령의 숙달

해설

선내 소독과 침수 예방과는 거리가 멀다.

**17** 선박이 암초에 좌초되었을 때 가장 먼저 취해야 할 조치는?

① 기관장에게 보고

② 물이 새는 곳 파악

③ 구명정 탈출 준비

④ 수밀문의 폐쇄

해설

선체의 파공으로 좌초되었을 때는 손상 부위와 정도를 파악하여 해수가 유입되는 곳이 있는지를 확인하는 것이 최우선이다. 수밀문을 폐쇄하거나 탈출을 준비하는 것은 침수가 되어 상황이 악화되었을 때의 조치이다.

**18** 소화제가 방사되면 금속제 혼 표면에 서리가 형성되고, 접촉하면 동상의 우려가 있으므로 작동할 때 반드시 손잡이 부분을 잡아야 하는 소화기는?

① 수소화기

② 이산화탄소소화기

③ 분말소화기

④ 포말소화기

해설

$CO_2$(이산화탄소)소화기는 급속도로 냉각을 하여 소화시키는 것으로 동상의 우려가 있으므로 손잡이를 바로 잡아야 한다.

**19** 기관실에 고정식 이산화탄소 소화장치 작동 시 가장 먼저 해야 할 일은?

① 기관실의 통풍 차단

② 주기관의 정지

③ 기관실에서의 승무원 대피

④ 주기관의 연료 차단

해설

초기 진화를 실패했을 경우에는 고정식 소화장치(이산화탄소, 고팽창 포말, 가압수 분무 등)를 사용하여 소화하는데 고정식 소화장치를 사용하기 전에는 인명 피해가 없도록 경보를 울려 기관실에 있는 선원을 대피시킨다. 그 후 비상차단밸브로 주기관, 발전기 및 보일러 등에 연료공급을 차단하고 동시에 기관실 문과 송풍기의 댐퍼를 차단하여 통풍을 최대한 차단시켜야 한다. 마지막으로 고정식 소화장치를 작동시켜 소화가 원활히 이루어질 수 있도록 해야 한다.

**20** 화재탐지장치의 종류에 속하지 않는 것은?

① 정온식 탐지기

② 수관식 탐지기

③ 이온화식 탐지기

④ 광전식 탐지기

해설

선박에서 사용하는 탐지기에는 열 탐지기와 연기 탐지기가 있다. 열 탐지기에는 정온식, 차동식, 보상식이 있고 연기 탐지기에는 이온화식과 광전식이 있다. 그리고 연관식 탐지기가 있는데 이것은 화물창 등 화재구역에서 작은 관을 통해 탐지기가 있는 곳까지 공기를 흡입하여 연기의 존재를 감지해 작동하는 것이다. 연기 탐지기와 연관식 탐지기의 차이는 연기 탐지기는 화재구역 내에 설치되어 작동하는 반면 연관식은 화재구역 밖에 설치되고 화재구역에서 관을 통해 연기를 흡입하여 작동한다.

**21** 다음 중 ( ) 안에 알맞은 것은?

> B급 화재 시 ( ) 소화기의 사용방법으로는 소화기를 거꾸로 뒤집어 4~5회 흔든 후 노즐구멍을 막고 있던 손을 떼고 불을 향해 가까운 곳부터 비로 쓸듯이 방사한다.

① 포 말 　　　　② 분 말

③ 할 론 　　　　④ 이산화탄소

**해설**
포말소화기는 약제의 화합으로 포말을 발생시켜 공기의 공급을 차단해서 소화한다. 사용되는 약제는 탄산수소나트륨·카세인·젤라틴·사포닌·소다회 및 황산알루미늄이며 목재·섬유 등 일반화재에도 사용되지만, 특히 가솔린과 같은 타기 쉬운 유류나 화학약품의 화재에 적당하며, 전기화재는 부적당하다. 구조는 손잡이·자동안전밸브·거름망·호스·노즐·내통·외통으로 되어 있다. 사용할 때는 먼저 소화기의 손잡이를 잡고 화재현장 5~6[m] 거리로 옮긴 다음(이때 소화기는 바르게 들고 가야 함) 소화기의 노즐을 잡고 거꾸로 뒤집어 4~5회 흔든 후 노즐구멍을 막고 있던 손을 떼고 불을 향해 가까운 곳부터 비로 쓸듯이 방사한다.

**22** 해양오염방지설비를 선박에 최초로 설치하여 항해하고자 할 때 받아야 하는 검사는?

① 정기검사      ② 중간검사
③ 임시검사      ④ 임시항해검사

**해설**
해양환경관리법 제49조(정기검사)
해양환경관리법에서 정기검사는 해양오염방지설비, 선체 및 화물창을 선박에 최초로 설치하여 항해에 사용하려는 때 또는 해양오염방지검사증서의 유효기간이 만료(5년) 때에 시행하는 검사이다.

**23** 선박직원법의 제정 목적으로 옳은 것은?

① 해상 질서 유지
② 선원의 기본적 생활 보장
③ 해양 환경 보호
④ 선박직원의 자격을 정함

**해설**
선박직원법 제1조(목적)
선박직원법은 선박직원으로서 선박에 승무할 사람의 자격을 정함으로써 선박 항행의 안전을 도모함을 목적으로 한다.

**24** 해양사고의 조사 및 심판에 관한 법률상 징계에 해당하지 않는 것은?

① 면허의 취소      ② 업무정지
③ 견 책      ④ 권 고

**해설**
해양사고의 조사 및 심판에 관한 법률 제6조(징계의 종류와 감면)
징계의 종류는 면허의 취소, 업무의 정지(1개월 이상 1년 이하), 견책이 있다.

**25** 대한민국 국기를 게양하고 항행하고자 할 때 필요한 증서는?

① 선박국적증서
② 임시항행증서
③ 선박검사증서
④ 해양오염방지증서

**해설**
선박법 제10조(국기 게양과 항행)
한국선박은 선박국적증서 또는 임시선박국적증서를 선박 안에 갖추어 두지 아니하고는 대한민국 국기를 게양하거나 항행할 수 없다.

시험시간 : 100분 / 총문항수 : 100개 / 합격커트라인 : 60점  ▼ START

## 제1과목 기관 1

**01** 2행정 사이클 디젤기관과 비교한 4행정 사이클 디젤기관의 장점이 아닌 것은?

① 고속 기관에 적합하다.
② 연료소비율이 낮다.
③ 열응력을 작게 받는다.
④ 대형 기관에 적합하다.

해설
대형 기관에 적합한 것은 2행정 사이클 디젤기관의 장점이다.
4행정 사이클 디젤기관의 장점
• 피스톤의 4행정 중 작동행정은 1회이므로 실린더가 받는 열응력이 작고, 열효율이 높으며 연료소비율이 낮다.
• 흡입행정과 배기행정이 구분되어 부피 효율이 높고 환기작용이 완전하여 고속 기관에 적합하다.
• 시동이 용이하고 저속에서 고속까지 운전범위가 넓다.
• 흡기의 전 행정에 걸쳐서 연소실이 냉각되기 때문에 실린더의 수명이 길다.

**02** 2행정 사이클 기관이 크랭크축 1회전마다 폭발하는 횟수는?

① 1회
② 2회
③ 3회
④ 4회

해설
2행정 사이클 기관은 피스톤이 2행정 하는 동안(크랭크축은 1회전) 소기 및 압축과 작동 및 배기작용을 완료하는 기관이므로 크랭크축이 1회전하는 동안 폭발(작동)도 1회 일어난다.

**03** 디젤기관의 실린더 라이너 개방 후 검사할 내용이 아닌 것은?

① 메인 베어링 메탈의 틈을 조사한다.
② 실린더 라이너의 균열 발생 여부를 조사한다.
③ 고온, 고압가스 접촉부의 마멸 여부를 조사한다.
④ 재킷부의 스케일 부착 및 침식 상태를 조사한다.

해설
메인 베어링을 검사하기 위해서는 기관 프레임(크랭크 체임버)을 개방해야 한다.

**04** 4행정 사이클 디젤기관에서 기관을 터닝하여 밸브 틈새를 조정하고자 하는 실린더의 피스톤을 압축행정 중의 어느 위치에 오도록 해야 하는가?

① 상사점
② 하사점
③ 상사점과 하사점 중간
④ 아무 곳이나 관계없다.

해설
밸브 틈새(밸브 간극, 태핏 간극) 계측은 흡·배기밸브가 닫혀 있을 때 시행해야 한다. 흡·배기밸브가 닫혀 있는 시기는 상사점이다.
밸브 틈새(밸브 간극, Valve Clearance 또는 태핏 간극, Tappet Clearance) : 4행정 사이클 기관에서 밸브가 닫혀 있을 때 밸브 스핀들과 밸브 레버 사이에 틈새가 있어야 하는데, 밸브 틈새를 증가시키면 밸브의 열림 각도와 밸브의 양정(리프트)이 작아지고 밸브 틈새를 감소시키면 밸브의 열림 각도와 양정(리프트)이 크게 된다.
• 밸브 틈새가 너무 클 때 : 밸브가 닫힐 때 밸브 스핀들과 밸브 시트의 접촉 충격이 커져 밸브가 손상되거나 운전 중 충격음이 발생하고 흡기·배기가 원활하게 이루어지지 않는다.
• 밸브 틈새가 너무 작을 때 : 밸브 및 밸브 스핀들이 열 팽창하여 틈이 없어지고 밸브는 완전히 닫히지 않게 되며, 이때 압축과 폭발이 원활히 이루어지지 않아 출력이 감소한다.

**05** 디젤기관에서 실린더 내의 연료분사조건은?

① 유립의 관통력이 약해야 한다.

② 분포는 상부 일부분만 되어야 한다.

③ 분산 각도가 작아도 된다.

④ 무화상태가 좋아야 한다.

**해설**

연료분사조건

• 무화 : 연료유의 입자가 안개처럼 극히 미세화되는 것으로 분사압력과 실린더 내의 공기압력을 높게 하고 분사밸브 노즐의 지름을 작게 해야 한다.

• 관통 : 분사된 연료유가 압축된 공기를 뚫고 나가는 상태로 연료유 입자가 커야 하는데 관통과 무화는 조건이 반대가 되므로 두 조건을 적절하게 만족하도록 조정해야 한다.

• 분산 : 연료유가 분사되어 원뿔형으로 퍼지는 상태를 말한다.

• 분포 : 분사된 연료유가 공기와 균등하게 혼합된 상태를 말한다.

**06** 디젤기관에서 노즐이 하는 일은?

① 연료유를 실린더 내에 분사한다.

② 기관의 회전을 원활하게 한다.

③ 연료분사 시기를 조정한다.

④ 연소실을 냉각시킨다.

**해설**

연료분사밸브의 노즐은 연료분사펌프에서 고압으로 만든 연료유를 실린더 내에 분사하여 연소를 원활하게 하는 역할을 한다.

**07** 다음은 디젤기관의 윤활유 계통으로 ( ) 안에 알맞은 것은?

> 윤활유탱크 → 윤활유펌프 → 여과기 → ( ) → 기관

① 공기탱크

② 팽창탱크

③ 냉각기

④ 가열기

**해설**

다음의 그림은 윤활유 공급 시스템의 한 예를 나타낸 것이다. 윤활유는 기관의 섬프탱크에서 윤활유펌프로 이송되어 여과기를 거친 후 온도조절밸브에 의해 온도가 높으면 냉각기로 보내고 온도가 낮으면 바로 기관으로 공급되는 경로를 순환한다.

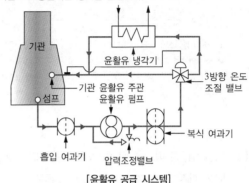

[윤활유 공급 시스템]

**08** 디젤기관의 실린더헤드에 설치와 관련이 없는 것은?

① 연료분사밸브

② 배기밸브

③ 안전밸브

④ 팽창밸브

**해설**

디젤기관의 실린더헤드에는 기관에 따라 차이는 있지만 흡기밸브, 배기밸브, 연료분사밸브, 로커 암, 실린더헤드 안전밸브, 시동공기밸브 등이 장착되어 있다. 팽창밸브는 냉동기의 구성요소 중 하나이다.

**09** 커넥팅로드의 대단부에 풋 라이너를 삽입했을 때의 압축비는?

① 변하지 않는다.

② 감소한다.

③ 증가한다.

④ 증가하였다가 다시 감소한다.

**해설**

풋 라이너를 삽입하면 피스톤의 높이가 전체적으로 풋 라이너 두께만큼 위로 올라가고 그만큼 연소실의 부피(압축부피)는 작아진다. 피스톤 행정은 상사점과 하사점 사이의 거리인데 행정의 길이는 변함이 없고 상사점과 하사점의 위치에만 변화가 있다.

$$압축비 = \frac{실린더부피}{압축부피} = \frac{압축부피 + 행정부피}{압축부피} = 1 + \frac{행정부피}{압축부피}$$

풋 라이너를 삽입하면 압축부피는 감소하고 압축비는 증가한다.

※ 풋 라이너 : 커넥팅 로드의 종류는 여러 가지인데 풋 라이너를 삽입할 수 있는 커넥팅로드는 풋 라이너를 가감함으로써 압축비를 조정할 수 있다.

**10** 디젤기관의 피스톤 링 중 압력과 온도의 영향을 많이 받기 때문에 마멸이 가장 심한 것은?

① 제1번 압축 링
② 제2번 압축 링
③ 제3번 압축 링
④ 오일 스크레이퍼 링

**해설**

연소가 일어나는 곳과 가장 가까운 1번 압축 링이 마멸이 가장 심하고 라이너는 상사점 부근의 마멸이 가장 심하다.

**11** 고속 디젤기관의 피스톤에 알루미늄 합금을 많이 사용하는 이유는?

① 열전도율이 양호하기 때문
② 강도가 세기 때문
③ 중량이 가볍기 때문
④ 대량 생산이 가능하기 때문

**해설**

중·소형 고속 기관에서는 피스톤의 중량을 가볍게 할 수 있는 알루미늄 합금 재질이 주로 사용된다.

**12** 커넥팅로드(연접봉)와 피스톤의 연결 부분에 끼우는 것은?

① 캠 축
② 플라이휠
③ 피스톤 핀
④ 크랭크 축

**해설**

트렁크 피스톤형 기관은 피스톤 로드가 없고 피스톤 핀에 의해 커넥팅 로드를 직접 연결시켜 준다.

**13** 디젤기관의 메인 베어링이 발열하는 원인으로 옳지 않은 것은?

① 베어링 메탈의 재질이 불량할 때
② 윤활유에 수분이 혼입되었을 때
③ 윤활유의 양이 부족할 때
④ 새 윤활유를 사용할 때

**해설**

기관의 윤활유를 장기간 사용하면 윤활유 본연의 기능을 점점 잃게 된다. 그러므로 윤활유를 주기적으로 교환해 주어야 한다.

**14** 디젤기관에서 크랭크축의 절손 원인이 아닌 것은?

① 크랭크 암 개폐량 증가
② 과부하 운전
③ 연료 발열량 과다
④ 노킹 반복

**해설**

크랭크축이 절손되는 원인은 다양하지만 가장 큰 원인은 진동과 과부하에 의한 피로파괴를 들 수 있다. 진동의 원인은 크랭크 암 개폐(크랭크 암 디플렉션)의 과다, 메인 베어링의 불규칙한 마모, 노킹현상의 반복과 과부하 운전 등이 있다. 연료 발열량과 크랭크축의 절손과는 거리가 멀다.

**15** 기관 정지 및 정지 후의 주의사항이 아닌 것은?

① 기관 정지 후 냉각수 펌프를 즉시 정지시킨다.
② 정지 후 몇 회전 터닝하여 실린더 내의 잔류가스를 배출시킨다.
③ 정지 후 각 윤활부를 일정시간 동안 윤활시킨다.
④ 기관을 서서히 정지시킨다.

해설
기관을 시동·정지할 때에는 기관의 부동팽창을 막기 위해 서서히 예열 및 냉각을 시켜야 한다. 기관 시동 전·후에 예열을 하고 냉각수의 온도를 적정하게 유지하며, 갑작스러운 속도 변화에 따라 온도 변화가 급격하게 일어나는 것을 막아야 한다. 기관을 시동 전에는 미리 터닝과 윤활유 및 냉각수 펌프를 시동하여 예열을 해야 한다. 또한 기관을 정지한 후에는 기관을 터닝하고 윤활유 펌프와 냉각수 펌프를 일정시간 동안 운전하여 기관을 서서히 냉각시켜야 한다.
※ 부동팽창이란 각기 다른 부위가 동일하게 팽창하지 않고 팽창의 정도가 다른 상태를 말하며 어느 특정 부위만 팽창되면 응력이 집중되고 피로응력이 쌓여서 결국 장치가 파손된다.

**16** 선박용 디젤기관의 정비 목적과 관련이 적은 것은?

① 선박운항을 경제적으로 하기 위해
② 양호한 운전을 도모하기 위해
③ 기관의 성능 저하를 방지하기 위해
④ 기관의 출력을 측정하기 위해

해설
디젤기관을 정비하는 것은 기관의 성능을 유지하고 장시간 동안 사용하기 위해서이다. 또한 정기적인 정비로 기관의 고장을 예방하고 안전운전을 도모하여 경제적인 선박 운항을 할 수 있다.

**17** 다음 장치 중 보일러의 압력이 제한 압력에 도달하면 즉시 밸브가 열려 압력의 상승을 방지하는 것은?

① 드레인밸브
② 안전밸브
③ 수축밸브
④ 압력계

해설
보일러의 안전밸브는 보일러의 증기압력이 설정된 압력에 도달하면 자동으로 밸브가 열려 증기를 대기로 방출시켜 보일러를 보호하는 장치이다.

**18** 포화된 습증기를 가열하여 수분을 증발시켜 과열증기를 만드는 장치는?

① 과열기
② 절탄기
③ 재열기
④ 공기예열기

해설
보일러 본체에서 발생되는 증기는 약간의 수분을 함유한 포화증기로 과열기는 이 증기를 더 가열하여 수분을 증발시키고 온도가 매우 높은 과열증기를 만드는 장치이다.

**19** 다음 중 스러스트 베어링의 가장 주된 역할은?

① 축의 진동을 방지한다.
② 축의 부식을 방지한다.
③ 프로펠러의 추력을 선체에 전달한다.
④ 축의 강도를 증가시킨다.

해설
스러스트 베어링(추력 베어링)은 선체에 부착되어 있고 추력 칼라의 앞과 뒤에 설치되어 있으며 프로펠러로부터 전달되어 오는 추력을 추력 칼라에서 받아 선체에 전달하여 선박을 추진시키는 역할을 한다. 그 종류에는 상자형 추력 베어링, 미첼형 추력 베어링 등이 있다.

**20** 선미관에 설치하는 리그넘바이티의 역할은 무엇인가?

① 베어링 역할

② 선체 진동 방지 역할

③ 선체 부식 방지 역할

④ 기밀 유지 역할

**해설**

리그넘바이티는 해수윤활방식 선미관 내에 있는 프로펠러축의 베어링 재료로 사용하는 특수 목재이다. 수지분을 포함하여 마모가 작고 수중 베어링재료로써 보다 우수한 성질을 가지고 있어 오래전부터 선미축 베어링재료로 사용되고 있다.

**21** 프로펠러축에 슬리브를 끼우는 이유로 맞는 것은?

① 진동을 막기 위해

② 연료소비량을 줄이기 위해

③ 회전운동을 원활히 하기 위해

④ 해수에 의한 축의 부식 방지와 마멸을 줄이기 위해

**해설**

프로펠러축에 슬리브를 사용하는 이유는 프로펠러축의 부식과 마멸을 줄이고 축을 장기간 사용할 수 있도록 하기 위함이다. 슬리브를 사용하지 않았을 경우 프로펠러축이 부식되면 축 전체를 교환해야 하지만 슬리브를 사용하면 부식이 많이 진행되었을 때 슬리브만 교환하면 되므로 비용적인 측면에서 장점이 있다.

**22** 다음 중 주기관에서 발생된 동력을 프로펠러에 전달하는 장치는?

① 플라이휠

② 프로펠러축

③ 중간축 베어링

④ 조타기

**해설**

프로펠러축(추진기축)은 프로펠러에 연결되어 프로펠러에 회전력을 전달하는 축이다.

**23** 연료유 1드럼(Drum)은 약 몇 [L]인가?

① 3.75[L]

② 20[L]

③ 120[L]

④ 200[L]

**해설**

드럼 1통은 200[L]이다.

**24** 연료유를 가열하면 점도는?

① 낮아진다.

② 높아진다.

③ 낮아졌다가 높아진다.

④ 변화없다.

**해설**

연료유나 윤활유는 온도가 높아지면 점도는 낮아진다.

**25** 윤활유의 취급상 주의사항이 아닌 것은?

① 점도가 적당한 기름을 사용한다.

② 이물질이나 물이 섞이지 않도록 한다.

③ 여름에는 점도가 높은 것, 겨울에는 점도가 낮은 것을 사용한다.

④ 고온부와 저온부에서 같이 쓰는 윤활유는 온도에 따른 점도변화가 큰 것을 사용한다.

**해설**

윤활유를 사용할 때 여름철에는 온도가 올라가므로 점도가 높은 것을, 겨울철에는 점도가 낮은 것을 사용해야 한다. 하지만 매번 바꿀 수 없으니 점도지수가 높은 것을 사용하면 점도의 변화가 작아 계절에 상관없이 사용할 수 있다.

※ 점도지수 : 온도에 따라 기름의 점도가 변화하는 정도를 나타낸 것으로 점도지수가 높으면 온도에 따른 점도변화가 작은 것을 의미한다.

## 제2과목 기관 2

**01** 원심펌프 케이싱 내의 송출측에서 흡입측으로 유체의 역류를 방지하는 부품은?

① 마우스 링
② 글랜드 패킹
③ 랜턴 링
④ 체크밸브

**해설**
마우스 링은 임펠러에서 송출되는 액체가 흡입측으로 역류하는 것을 방지하는 것으로 임펠러 입구측의 케이싱에 설치된다. 케이싱과 액체의 마찰로 인해 마모가 진행되는데 이때 케이싱 대신 마우스 링이 마모된다고 하여 웨어 링(Wear Ring)이라고도 한다. 케이싱을 교체하는 대신 마우스 링만 교체하면 되므로 비용적인 면에서 장점이 있다.

**02** 다음 (   ) 안에 알맞은 것은?

> 공기압축기의 운전은 공기탱크에 설치되어 있는 (   )에 의하여 자동적으로 온/오프(On/Off) 제어된다.

① 압력스위치
② 안전밸브
③ 드레인밸브
④ 수동·자동 절환 스위치

**해설**
공기압축기를 기동하는 방법은 수동모드와 자동모드로 나뉜다. 수동모드는 압축기의 시동·정지를 사람이 버튼을 직접 눌러서 조정하는 방법이고, 자동모드는 공기탱크의 압력을 압력 스위치에서 감지하여 설정된 압력에 따라 공기압축기를 시동하고 정지하는 방법이다.

**03** 원심펌프의 송출유량을 조절하는 방법으로 올바른 것은?

① 송출유체를 바이패스시키는 방법
② 흡입밸브의 개도를 조절하는 방법
③ 펌프의 회전속도를 조절하는 방법
④ 송출밸브의 개도를 조절하는 방법

**해설**
원심펌프를 운전할 때에는 흡입관 밸브는 열고 송출관 밸브는 닫힌 상태에서 시동을 한 후 규정 속도까지 상승 후에 송출밸브를 서서히 열어서 유량을 조절한다.

**04** 다음 중 시동하기 전에 펌프 내부에 물을 채워야 하는 것은?

① 왕복펌프
② 원심펌프
③ 기어펌프
④ 제트펌프

**해설**
원심펌프는 초기 운전 시 펌프 케이싱에 유체를 가득 채워야 한다. 이를 호수(프라이밍, Priming)라고 하는데 소형 원심펌프는 호수장치를 통해 케이싱 내에 물을 가득 채우고 대형 원심펌프는 진공펌프를 설치하여 운전 초기에 작동시켜 케이싱 내에 물을 가득 채워 준다.

**05** 다음 중 기관실의 연료유나 윤활유 이송에 가장 좋은 것은?

① 원심펌프
② 제트펌프
③ 기어펌프
④ 사류펌프

**해설**
점도가 높은 유체(윤활유, 연료유)의 이송에 적합한 펌프는 기어펌프 또는 나사펌프이다.

**06** 해수를 역삼투하여 청수로 만드는 장치는?

① 청정장치
② 소각장치
③ 조수장치
④ 유수분리장치

**해설**
조수장치
선박에서 청수는 선원의 식수 및 생활용수, 주기관과 발전기의 냉각수, 보일러의 급수 등 매우 다양한 용도로 쓰이는데 바닷물을 이용하여 청수를 만드는 장치를 조수장치라고 한다. 종류는 다음과 같다.
• 증발식 조수장치 : 증발기 내의 압력에 따라 고압식과 저압식으로 구분하고 증발기의 형식에 따라 침관식과 플래시식으로 구분한다.
• 역삼투식 조수장치 : 역삼투현상을 이용하여 청수를 얻는 장치이다.

**07** 다음 유압장치의 구성요소 중 유체를 한쪽 방향으로만 흐르게 하는 것은?

① 릴리프밸브

② 4포트 2위치 밸브

③ 체크밸브

④ 가변조리개밸브

**해설**
체크밸브는 유체를 한쪽 방향으로만 흐르게 하고 역방향의 흐름은 차단시키는 밸브이다.

**08** 다음 중 이모펌프가 속하는 펌프의 종류는?

① 원심펌프　　　② 베인펌프

③ 나사펌프　　　④ 진공펌프

**해설**
나사펌프(스크루펌프)는 나사 모양의 회전자(1개 또는 3개)를 케이싱 안에 서로 반대 방향으로 맞물리게 하여 나사 축을 회전시키면 한쪽 나사골 안의 액체를 다른 나사산으로 밀어내는 방식으로 이모(IMO) 펌프가 대표적인 예이다.

**09** 다음의 유·공압 기호 중에서 체크밸브는?

① 　　　②

③ 　　　④ Ⓜ

**해설**
① 체크밸브　　　② 필 터
③ 압력계　　　④ 전동기

**10** 유압펌프로 사용되는 펌프와 관련이 없는 것은?

① 기어펌프　　　② 나사펌프

③ 원심펌프　　　④ 피스톤펌프

**해설**
유압펌프는 원동기로부터 공급받은 기계동력을 유체동력으로 변환시키는 기기를 말하는데 주로 용적형 펌프가 많이 사용된다. 또한 왕복식 펌프인 피스톤펌프와 회전식인 기어펌프, 나사펌프, 베인펌프가 사용된다.

**11** 선박에서 사용되는 열교환기에 속하지 않는 것은?

① 응축기　　　② 복수기

③ 증발기　　　④ 연소기

**해설**
열교환기는 유체의 온도를 원하는 온도로 유지하기 위한 장치로 고온에서 저온으로 열이 흐르는 현상을 이용해 유체를 가열 또는 냉각시키는 장치이다. 연료유 및 윤활유 계통의 가열기 및 냉각기, 냉동장치의 증발기, 응축기, 조수장치의 증발기, 증류기, 청수 냉각기, 보일러 및 증기 계통의 예열기, 절탄기, 복수기 등 다양한 용도에 사용된다.

**12** 펌프의 분류 중 용적형 펌프에 속하지 않는 것은?

① 기어펌프　　　② 축류펌프

③ 나사펌프　　　④ 플런저펌프

**해설**
용적형 펌프는 왕복식과 회전식으로 나뉘는데 왕복식은 피스톤, 플런저, 다이어프램, 버킷 펌프 등이 있고 회전식 펌프는 기어, 나사, 베인 펌프 등이 있다. 축류펌프는 터보형의 축류식 펌프에 해당한다.

**13** 펌프의 중심에서 흡입수면까지의 수직거리를 나타낸 것은?

① 흡입수두(흡입양정)

② 손실수두(손실양정)

③ 송출수두(송출양정)

④ 실수두(실양정)

**해설**
• 흡입수두(흡입양정) : 펌프의 중심에서 흡입수면까지의 수직거리
• 송출수두(송출양정) : 펌프의 중심에서 송출수면까지의 수직거리
• 실수두(실양정) : 흡입수두와 송출수두를 합한 것
• 전수두(전양정) : 실수두에 손실수두(손실양정)를 합한 것

**14** 조타장치 중 유압식 조종장치에 사용되는 액체(유압유)의 구비조건이 아닌 것은?

① 밀도가 커야 한다.

② 응고점이 낮아야 한다.

③ 점착력이 작아야 한다.

④ 인화점이 낮아야 한다.

해설

유압유의 구비조건은 밀도가 커야 하고 응고점이 낮아야 하며 점착력이 작아야 한다. 인화점이 너무 낮으면 화재의 위험성이 있다.

**15** 유압회로에서 여과기에 자석을 설치하는 주된 목적은?

① 기름 중의 먼지를 제거하기 위하여

② 기름 중의 철분을 제거하기 위하여

③ 기름이 원활하게 흐르게 하기 위하여

④ 기름의 혼입된 수분을 제거하기 위하여

해설

유압회로에서 유압유 중에 철분이 혼입되면 유압펌프나 밸브에 오작동이나 손상을 입게 된다. 그래서 여과기에 자석을 설치하여 철분을 제거해야 한다.

**16** 조타기의 구성요소에 해당하지 않는 것은?

① 조종장치

② 원동기

③ 추진장치

④ 추종장치

해설

조타기의 구성요소

조타기는 조종장치, 원동기, 추종장치, 전달장치(타장치)로 구성되어 있다.

**17** 선박이 계류 중 풍랑, 조수 간만의 차, 선박의 흘수 변화 등에 의해 과도한 장력이 발생하여 계선줄이 파단될 수 있는데 이를 방지하는 장치는?

① 캡스턴

② 윈들러스

③ 워핑 드럼

④ 자동 장력 계선윈치

해설

자동 장력 계선윈치

계선윈치 중 자동 장력 계선윈치는 계선줄을 자동으로 조절하는 것으로 계선줄의 장력이 설정값 이상이 되면 계선줄을 풀고 감는 것을 자동으로 하는 윈치이며 최근에 많이 사용되고 있다.

**18** 선박의 하역장치로 사용되는 데릭식 하역 설비의 구성요소로 거리가 먼 것은?

① 데릭 포스트   ② 캡스턴

③ 데릭 붐      ④ 윈치

해설

캡스턴

캡스턴은 워핑 드럼이 수직축 상에 설치된 계선용 장치이다. 직립한 드럼을 회전시켜 계선줄이나 앵커체인을 감아올리는 데 사용된다. 웜 기어장치에 의해 감속되며 역전을 방지하기 위해 하단에 래칫기어를 설치한다.

**19** 닻줄(묘쇄) 1련의 길이는?

① 25[m]

② 35[m]

③ 40[m]

④ 50[m]

해설

앵커체인(닻줄)은 선박의 앵커(닻)에 연결하여 선박의 계류 및 앵커를 들어 올리는 데 사용한다. 길이의 기준이 되는 1련(섀클)의 길이는 25[m](영국과 미국은 27.5[m])이다.

**20** 다음 설비 중 해양오염방지장치가 아닌 것은?

① 빌지분리장치
② 분뇨처리장치
③ 폐유소각장치
④ 유청정장치

**해설**
연료유나 윤활유에 포함된 수분 및 고형분과 같은 불순물은 연소 계통에 들어가면 라이너의 마멸이나 연료분사펌프 및 연료밸브를 손상시킬 수 있다. 유청정장치로 불순물을 분리해 깨끗한 연료유나 윤활유를 공급해서 시스템 상의 손상을 방지한다. 유청정장치는 해양오염방지장치와는 거리가 멀다.

**21** 냉동기에서 냉매가 부족할 때 발생하는 현상으로 틀린 것은?

① 증발기 코일에 서리가 끼지 않는다.
② 압축기의 흡입압력이 높다.
③ 압축기의 토출압력이 낮다.
④ 액체냉매의 온도가 높다.

**해설**
냉동기의 냉매가 부족할 경우
• 냉동작용이 불량해진다.
• 증발기 및 응축기의 압력이 낮아진다.
• 수액기의 액면이 기준 이하로 낮아진다.
• 수액기 밑바닥 부분과 액 관로가 평상시보다 따뜻해진다.
• 냉매액 부족이 심하면 팽창밸브에서 '쉬~' 소리가 난다.
• 압축기의 흡입압력과 토출압력이 평소보다 낮아진다.
• 액체냉매의 온도가 높아진다.

**22** 다음 중 냉동능력이 저하되는 원인에 해당되지 않는 것은?

① 냉매가 부족할 때
② 냉각수가 많을 때
③ 냉매에 수분이 혼입될 때
④ 응축기의 관이 오손되었을 때

**해설**
냉동기 응축기의 냉각수량이 많아지는 것은 응축이 잘 일어나는 것이므로 냉동능력의 저하와는 거리가 멀다.

**23** 다음 중 ( ) 안에 알맞은 것은?

> 냉동장치에서 ( )는 압축된 고온·고압의 냉매가스를 냉각수로 냉각하여 액화시키는 장치이다.

① 압축기
② 응축기
③ 유분리기
④ 팽창 밸브

**해설**
냉동장치에서 응축기는 압축된 고온·고압의 냉매가스를 냉각수로 냉각하여 액화시키는 장치이다.

**24** 냉동장치의 고속 다기통 압축기에 액해머 현상을 방지하기 위한 안전커버의 올바른 설치장소는?

① 송출밸브 입구
② 실린더헤드의 상부
③ 증발기 입구
④ 응축기의 출구

**해설**
증발기에서 완전히 증발하지 않은 액체와 기체의 혼합 냉매가 압축기로 흡입되면 액해머(Liquid Hammer)작용으로 실린더헤드가 파손되거나 냉동장치의 효율이 저하될 수 있다. 이를 방지하기 위해 기본적으로 압축기 흡입관 측에 액분리기를 설치하여 액냉매는 증발기 입구로 되돌려 보낸다. 하지만 액분리기를 설치해도 액냉매가 압축기로 흡입되었을 때 압축기를 보호하기 위해 실린더헤드의 상부에 안전커버를 설치한다. 압축압력이 과도하게 상승하였을 때 안전커버가 열려 압축기의 손상을 방지한다.

**25** 선박에서 냉동기의 냉매를 액화시키는 방법으로 가장 많이 쓰이는 것은?

① 수랭식
② 혼합식
③ 공랭식
④ 증발식

**해설**
대부분의 선박에서 사용하는 냉동기의 응축기는 수랭식이다. 선박에서는 청수나 해수를 충분히 얻을 수 있으므로 공랭식 응축기보다 전열계수가 양호한 수랭식을 사용한다.

## 제3과목  기관 3

**01** 유도전동기의 회전속도를 올바르게 설명한 것은?

① 주파수가 높으면 빨라진다.

② 극수가 많으면 빨라진다.

③ 주파수가 낮고 극수가 많으면 빨라진다.

④ 슬립이 크면 빨라진다.

**해설**

회전속도 $n = \dfrac{120f}{p}[\text{rpm}]$

여기서, $n$ : 회전속도

　　　　$p$ : 자극의 수

　　　　$f$ : 주파수

※ 슬립 : 회전자의 속도는 동기속도에 대하여 상대적인 속도 늦음이 생기는데 이 속도 늦음과 동기속도의 비를 슬립이라고 한다. 같은 3상 유도전동기에서 슬립이 작을수록 회전자의 속도는 빠르고 슬립이 클수록 회전자의 속도는 느리다.

슬립 $= \dfrac{\text{동기속도} - \text{회전자속도}}{\text{동기속도}} \times 100[\%]$

**02** 전기기기의 권선이나 배선 등의 누전 발생 여부를 표시하는 장치는?

① 차단기　　　　　② 전류계

③ 전압계　　　　　④ 접지등

**해설**

선박의 배전반에는 접지등(누전 표시등)이 설치된다. 테스트 버튼을 눌렀을 때 세 개의 등이 모두 같은 밝기이면 누전되는 곳이 없이 상태가 양호한 것이다. 만약 한 선이 누전되고 있다면 누전되고 있는 선의 접지등은 어두워지고 다른 등은 더 밝게 빛나게 된다.

**03** 얇은 규소강판을 겹쳐서 변압기 철심을 만드는 것은 무엇 때문인가?

① 소음을 줄이기 위해

② 강판의 중량을 감소하기 위해

③ 와류에 의한 손실을 줄이기 위해

④ 방열이 잘되도록 하기 위해

**해설**

변압기의 철심은 자속이 잘 흘러야 하지만 전류가 흐르면 절연사고 등의 문제가 발생하기 때문에 저항률이 높은 규소강판을 이용한다. 규소강판으로 철심을 만들면 와류에 의한 손실을 줄일 수 있다.

**04** 다음 중 직류발전기의 종류에 해당하지 않는 것은?

① 직권발전기

② 분권발전기

③ 복권발전기

④ 타여자발전기

**해설**

계자권선과 전기자권선의 연결방식에 따른 직류발전기의 종류

• 직권발전기 : 계자권선을 전기자권선과 직렬로 연결한 것

• 분권발전기 : 계자권선을 전기자권선과 병렬로 연결한 것

• 복권발전기 : 계자권선을 직렬과 병렬로 혼합하여 연결한 것

**05** 10[Ω]의 저항에 200[V]의 전압을 가했을 때 전류는 몇 [A]인가?

① 2[A]　　　　　② 20[A]

③ 200[A]　　　　④ 2,000[A]

**해설**

옴의 법칙을 이용하면 $I = \dfrac{V}{R} = \dfrac{200}{10} = 20[\text{A}]$ 이다.

**06** 차단기(ACB)가 투입되지 않은 상태에서 동기발전기가 회전 중이라면 각종 계기 상태는?

① 전류와 전력 모두 0을 가리킨다.

② 전력만 일정값을 가리킨다.

③ 전류만 일정값을 가리킨다.

④ 전류와 전력 모두 일정값을 가리킨다.

**해설**

동기발전기가 기동 중에 있고 차단기를 투입하지 않은 상태는 부하에 전력을 공급하지 않고 있다는 것이므로 전류계와 전력계의 지시치는 0이고 전압계와 주파수계는 무부하상태의 발전기의 전압과 주파수를 지시하고 있다.

**07** 교류 전기기기에 공급한 전압이 200[V]이고 10[A]의 전류가 흘렀을 때의 설명으로 틀린 것은?(단, 역률은 0.8이다)

① 유효전력의 값은 1.6[kW]이다.

② 피상전력의 값은 2[kVA]이다.

③ 무효전력의 값은 0.4[kVAR]이다.

④ 피상전력은 유효전력과 무효전력의 벡터합이다.

해설

단상교류에서 유효전력 $P = EI\cos\theta$이고, 3상 교류에서 유효전력 $P = \sqrt{3}\,EI\cos\theta$이다.

① 유효전력[W] : 부하에서 유용하게 사용되는 전력을 유효전력($P$)이라고 하고 일반적으로 전기기기의 전력을 말한다. $\cos\theta$가 역률이므로, $P = 200 \times 10 \times 0.8 = 1,600[\text{W}] = 1.6[\text{kW}]$

② 피상전력[VA] : 전압과 전류의 값을 곱한 것을 피상전력($P_a$)이라고 한다.
$P_a = 200 \times 10 = 2,000[\text{VA}] = 2[\text{kVA}]$

③ 무효전력[VAR] : 부하에서 사용되지 않고 전원과 부하 사이를 왕복하는 전력을 무효전력($P_r$)이라고 한다(여기서, $\cos\theta$가 0.8이므로 $\cos\theta^2 + \sin\theta^2 = 1$의 공식을 이용하면 $\sin\theta = 0.6$이다. 다음 벡터의 합과 삼각함수를 이용하여 풀어도 된다).
$P_r = EI\sin\theta = 200 \times 10 \times 0.6 = 1,200[\text{VAR}] = 1.2[\text{kVAR}]$

※ 피상전력, 유효전력, 무효전력의 관계는 다음의 삼각 벡터의 합으로 나타낼 수 있다.

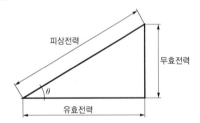

• 유효전력 = 피상전력 × 역률 = $EI\cos\theta$,

즉, 역률 = $\dfrac{\text{유효전력}}{\text{피상전력}} = \dfrac{P}{P_a} = \cos\theta$

• 위의 그림에서 피상전력은 유효전력과 무효전력의 벡터의 합이다. 이는 피타고라스 정리에 의해 다음과 같이 나타낼 수 있다.
피상전력 = $\sqrt{\text{유효전력}^2 + \text{무효전력}^2}$

• 무효전력은 삼각함수 법칙에 의해 다음과 같이 나타낼 수 있다.
$P_r = EI\sin\theta = \text{피상전력} \times \sin\theta$

**08** 직류발전기에서 전기자권선과 계자권선이 병렬로 연결된 것은?

① 분권발전기

② 직권발전기

③ 복권발전기

④ 동기발전기

해설

계자권선과 전기자권선의 연결방식에 따른 직류발전기의 종류

• 직권발전기 : 계자권선을 전기자권선과 직렬로 연결한 것

• 분권발전기 : 계자권선을 전기자권선과 병렬로 연결한 것

• 복권발전기 : 계자권선을 직렬과 병렬로 혼합하여 연결한 것

**09** 3[V] 전지와 6[V] 전지가 접속되었을 경우 적절치 못한 것은?

① 3[V]와 6[V]를 직렬연결하면 부하전류가 더 커진다.

② 3[V]와 6[V]를 직렬연결하면 9[V]가 된다.

③ 3[V]와 6[V]를 병렬연결하면 9[V]가 된다.

④ 전압이 다른 전지를 서로 병렬시켜 사용하면 안 된다.

해설

전지를 직렬연결하면 합성전압은 각 전지의 전압의 합과 같다. 같은 전압의 전지를 병렬연결하면 합성전압은 하나의 전압의 크기와 같다.

저항에 걸리는 전류는 전압이 커질수록 커진다$\left(I = \dfrac{V}{R}\right)$.

※ 전압의 크기가 서로 다른 전지를 병렬 연결하여 사용하면 안 되는 이유 : 전지에도 저항값이 매우 작은 내부저항이 있다. 전압의 크기가 서로 다른 전지를 병렬연결하면 전압이 큰 전지가 낮은 쪽으로 급속방전을 하게 되고 두 전지의 전위차에 의하여 단락전류가 흘러 급속도로 과열이 되어 사용불능상태가 된다.

**10** 전류의 자기작용을 이용하는 것과 거리가 먼 것은?

① 축전지      ② 변압기

③ 전동기      ④ 전자접촉기

**해설**

코일에 전류가 흐르면 자계가 생성되어 자석과 같은 자기작용이 발생하는데, 자기작용을 이용한 기기에는 변압기, 전동기, 계전기, 전자접촉기 등이 있다. 축전지는 전기에너지를 화학에너지로 바꾸어 모아 두었다가 필요한 때에 전기로 다시 쓰는 장치이다.

**11** 전기적 에너지를 화학적 에너지로 저장했다가 다시 전기적 에너지로 저장할 수 있는 장치는?

① 발전기      ② 전동기

③ 납축전지      ④ 정류기

**해설**

전지에는 방전 후 충전이 불가능한 1차 전지가 있고 방전과 충전을 반복해서 사용할 수 있는 2차 전지가 있다. 2차 전지는 전기적 에너지를 화학적 에너지로 저장했다가 다시 전기적 에너지로 저장할 수 있는 것으로 납축전지(연축전지)와 니켈 카드뮴 축전지 등이 있다.

**12** 다음 금속 중 전선재료로 가장 많이 쓰이는 것은?

① 아 연      ② 구 리

③ 니 켈      ④ 철

**해설**

구리로 전선을 사용하는 이유

• 고유저항값이 작아서 전기가 잘 흐르고 발열이 적다.

• 인장강도가 높고 가격이 비교적 저렴하다.

• 구김에 강하여 가공 및 전선 배열이 쉽다.

**13** 4[$\Omega$]과 6[$\Omega$]의 저항을 직렬로 접속하면 합성저항은 몇 [$\Omega$]인가?

① 1.5[$\Omega$]      ② 6[$\Omega$]

③ 10[$\Omega$]      ④ 24[$\Omega$]

**해설**

저항의 직렬연결 합성저항 $R = R_1 + R_2 + R_3 + \cdots$ 이므로

합성저항 $R = 4 + 6 = 10[\Omega]$이다.

**14** 다음 중 납축전지에서 발생하는 가스는?

① 아황산가스

② 탄산가스

③ 수소가스

④ 질산가스

**해설**

납축전지는 수소가스가 발생하여 화재가 발생할 위험이 있으므로 환기가 잘 이루어지는 장소에 보관하여야 한다.

**15** 대칭 3상 교류일 경우 각 상 사이의 위상차는?

① 60°      ② 90°

③ 120°      ④ 180°

**해설**

3상 교류의 위상차는 120°이다.

**16** 동일한 전구 2개를 병렬연결시켜 방안에 불을 켰을 경우 틀린 것은?

① 방의 밝기는 1개만 켤 때보다 더 밝아진다.

② 전체 부하저항은 1개일 때보다 더 커진다.

③ 소비전력은 1개일 때보다 더 커진다.

④ 전체 부하전류는 1개일 때보다 더 커진다.

**해설**

동일한 전구 2개를 병렬로 연결시켰으므로 각 전구에 공급되는 전압의 크기는 같다. 그러므로 각 전구에 밝기는 1개를 연결했을 때와 동일하다. 동일한 밝기의 전구가 2개 켜져 있으므로 방 전체의 밝기는 더 밝아지고 소비전력은 1개일 때보다 커지게 된다.

• 전체 부하저항 : 병렬연결에서 합성저항은 $\dfrac{1}{R} = \dfrac{1}{R_1} + \dfrac{1}{R_2}$ 이므로 저항값이 $R$인 저항의 병렬연결은 $\dfrac{1}{R_{합}} = \dfrac{1}{R} + \dfrac{1}{R} = \dfrac{2}{R}$ 에서 $R_{합} = \dfrac{R}{2}$ 이므로 저항은 $R$의 $\dfrac{1}{2}$ 배, 즉 반이 된다.

• 전체 부하전류 : $I = \dfrac{V}{R}$ 에서 전압의 크기는 같고 전체 합성저항의 크기는 $\dfrac{1}{2}$ 배이므로 전체 부하전류는 2배가 된다.

**17** 1호기와 2호기의 동기발전기 두 대가 병렬운전 중일 때 1호기의 유효전력[W] 지시치를 더 증가하려면?

① 1호기의 속도 증가
② 1호기의 계자 증가
③ 2호기의 속도 증가
④ 2호기의 계자 증가

**해설**
동기발전기가 두 대로 병렬운전 중일 때 두 대의 유효전력은 보통 비슷하게 맞춰 운전한다. 그러나 한 대의 발전기를 정지시키거나 부하 분담을 한쪽 발전기로 옮기려고 할 경우에는 거버너를 조정해야 한다. 거버너를 조정한다는 뜻은 발전기로 공급되는 연료의 양을 조정한다는 것이고, 연료의 양이 많이 들어간다는 것은 발전기의 속도가 증가한다는 것이다. 그러나 발전기의 속도는 정속도이기 때문에 순간 속도가 증가하였다가 그만큼 부하분담의 양이 늘어남(유효전력의 지시치가 늘어남)에 따라 발전기의 속도는 순간적으로 증가했다가 다시 정속도를 유지하게 된다. 즉, 1호기의 유효전력 지시치를 증가시킬 때는 1호기의 속도를 증가(거버너 조정핸들 증가)시키고 2호기의 속도는 감소(거버너의 조정핸들 감소)시켜야 한다.

**18** 직류발전기에서 구성요소 중 정류자의 역할은?

① 주파수를 발생시킨다.
② 자속을 발생시킨다.
③ 교류를 직류로 전환한다.
④ 기전력이 유도된다.

**해설**
정류자는 전기자에서 발생된 교류전압을 직류전압으로 변환하는 장치이다.

**19** 2대의 동기발전기가 병렬운전하는 경우 옳은 것은?

① AVR과 조속기는 기관실에 1대만 설치하면 된다.
② AVR과 조속기는 각 발전기에 모두 설치된다.
③ AVR은 각각 모두에 설치되고 조속기는 공용으로 어느 1대에만 설치된다.
④ AVR은 공용으로 어느 1대에만 설치되고 조속기는 각각 모두에 설치된다.

**해설**
자동전압조정기(AVR ; Automatic Voltage Regulator)와 조속기(거버너)는 발전기 1대당 1개씩 모두 설치된다.

**20** 선박에서 많이 사용되는 농형 유도전동기의 특징으로 올바른 것은?

① 구조가 복잡하다.
② 속도 조정이 쉽다.
③ 기동 특성이 좋다.
④ 발열이 적어 장시간 운전이 가능하다.

**해설**
선박에서는 농형 유도전동기를 많이 사용하며, 구조가 간단하고 견고하며 발열이 적고 장시간 운전이 가능하다.

**21** 다음 중 고정자권선과 회전자권선 사이의 상호유도작용으로 회전하는 것은?

① 직류전동기
② 직류 직권전동기
③ 유도전동기
④ 변압기

**해설**
유도전동기는 고정자권선과 회전자권선 사이의 상호유도작용으로 회전하는 원리를 이용한 것이다.

**22** 4극 동기발전기가 1,800[rpm]으로 회전할 때의 주파수는 몇 [Hz]인가?

① 50[Hz]
② 60[Hz]
③ 80[Hz]
④ 120[Hz]

**해설**
$n = \dfrac{120f}{p}[\text{rpm}]$ 이므로

$1,800 = \dfrac{120 \times f}{4}$

$f = 60[\text{Hz}]$ 이다.

여기서, $n$ : 동기속도
$\quad\quad\quad p$ : 극수
$\quad\quad\quad f$ : 주파수

**23** 12[V], 100[Ah] 납축전지의 전력량보다 24[V], 200[Ah]의 납축전지가 갖는 전력량은 몇 배인가?

① 1배  ② 2배
③ 4배  ④ 8배

해설
- 전력량 $W = Pt = VIt = I^2Rt$
- 축전지 용량(암페어시, [Ah]) = 방전전류[A] × 종지 전압까지의 방전시간[h]

위 두식에서 납축전지에 사용되는 부하의 크기는 같으므로 다음과 같이 계산할 수 있다.

- 12[V], 100[Ah]의 사용시간은 $100 = 12 \times h$, $h = \dfrac{100}{12} = 8.333$
- 24[V], 200[Ah]의 사용시간은 $200 = 24 \times h$, $h = \dfrac{200}{24} = 8.333$으로 12[V] 축전지와 24[V] 축전지의 사용시간은 같다.
- $I = \dfrac{V}{R}$ 이므로 24[V]의 축전지의 전류가 12[V] 축전지의 전류보다 2배 더 많이 흐른다.
- 전력량 $W = I^2Rt$ 이므로 전류($I$)의 크기는 24[V] 축전지가 12[V] 축전지보다 2배 크고 사용시간은 같으므로 24[V] 축전지의 전력량이 12[V]의 축전지의 전력량보다 4배 크다.

**24** 다음 중 단자가 3개인 소자는?

① 트랜지스터  ② 콘덴서
③ 다이오드  ④ 발광다이오드

해설
트랜지스터는 베이스, 컬렉터, 이미터의 3단자로 이루어져 있다.

**25** 다음의 반도체 중 정전압을 얻기 위해 사용되는 것은?

① 제너 다이오드
② 트랜지스터
③ 포토 다이오드
④ 실리콘 제어정류기

해설
제너 다이오드(정전압 다이오드)는 역방향 전압을 걸었을 때 항복전압(제너전압)에 이르면 큰 전류를 흐르게 한다. 항복전압보다 높은 역방향 전압을 흐르게 하면 전압은 거의 변하지 않는 대신에 전압의 증가분에 해당하는 전류가 흐른다. 이 원리를 이용하여 전압을 일정하게 유지시키는 정전압 회로에 사용한다.

---

**제4과목 직무일반**

**01** 출항 전 기관사의 유의사항이 아닌 것은?

① 유류량과 청수량을 파악한다.
② 기관부 부원의 귀선 유무를 조사한다.
③ 정박 시 작업사항의 복구 여부를 확인한다.
④ 선미관의 글랜드를 해수가 침입하지 않게 꽉 잠근다.

해설
해수 윤활식 선미관의 한 종류인 글랜드 패킹형의 경우, 항해 중에는 해수가 약간 새어들어 오는 정도로 글랜드를 죄어 주고 정박 중에는 물이 새어나오지 않도록 죄어 준다. 축이 회전 중에 해수가 흐르지 않게 너무 꽉 잠그면 글랜드 패킹의 마찰에 의해 축 슬리브의 마멸이 빨라지거나 소손된다. 글랜드 패킹 마멸을 방지하기 위해 소량의 누설 해수와 정기적인 그리스 주입으로 윤활이 잘 일어나도록 출항 전에는 원상태로 조정해야 한다.

**02** 다음 중 주기관과 주요 보기의 운전상태나 연료유의 소비량 및 잔량을 기록하는 것은?

① 항해일지
② 기관일지
③ 폐기물기록부
④ 기름기록부

해설
기관일지는 주기관 및 보조기계의 운전상태, 연료 소비량, 항해 중 사고, 사고 조치 및 기타 작업사항 등을 기록하는 것으로 기관실에 비치하여 기관사가 근무 중의 사항들을 기입해야 한다. 기관일지는 국제적으로 인정되는 공식 자료로서 퇴선 시에도 지참해야 하는 중요한 자료이다.

**03** 폭풍 및 황천 항해 중에 해야 할 조치사항으로 틀린 것은?

① 개인별 당직 위치에서 당직에 임한다.
② 중량물을 고정시킨다.
③ 수밀문을 잠근다.
④ 주기관의 속도를 높인다.

해설
황천 항해 시에는 횡요와 동요로 인해 기관의 공회전이 일어날 확률이 높으므로 조속기의 작동상태를 주의하고 주기관의 회전수를 평소보다 낮추어서 운전해야 한다.

**04** 항해 중 조타기에 이상이 생겼을 때 가장 먼저 보고할 대상자는?

① 당직 항해사에게 보고하여야 한다.
② 선장에게 보고하여야 한다.
③ 기관장에게 보고하여야 한다.
④ 1등 기관사에게 보고하여야 한다.

해설
당직 기관사는 주기관과 관련된 심각한 고장이나 항해와 관련된 기기의 이상이 생겼을 때는 당직 항해사에게 보고하여 항해 사고가 일어나지 않도록 해야 한다. 그 후에 필요시 기관장에게 보고하며 당직 항해사는 적절한 조치를 취하고 필요시 선장에게 보고해야 한다.

**05** 황천 항해 시 기관 당직 요령이 아닌 것은?

① 가급적 주기관의 공회전을 피한다.
② 주기관이 정지하지 않도록 주의해야 한다.
③ 주기관의 공회전이 심하면 윤활유 압력을 낮춘다.
④ 주기관의 공회전이 심해지면 핸들을 수동으로 가감한다.

해설
황천 항해 시 주기관이 정지할 경우 심각한 상황을 초래하게 된다. 횡요와 동요로 인해 기관의 공회전이 일어날 확률이 높으므로 조속기의 작동상태를 주의하고 주기관의 회전수를 평소보다 낮추어서 운전해야 한다. 윤활유의 압력을 낮추면 안전장치가 작동하여 기관이 멈출 수 있으므로 윤활유의 압력이 떨어지지 않도록 주의해야 한다.

**06** 산소용기를 취급할 때의 주의사항이 아닌 것은?

① 운반 중에 충격이 가해지지 않도록 주의한다.
② 산소용기는 약 70[℃] 이상을 유지해야 한다.
③ 산소 누설시험에는 비눗물을 사용한다.
④ 산소밸브의 개폐는 천천히 해야 한다.

해설
산소용기는 통풍이 잘되고 서늘한 곳에 보관해야 한다. 폭발의 위험성이 있으므로 높은 온도의 장소에는 보관하지 않도록 하여야 한다.

**07** 해양환경관리법상의 선박이 배출 금지된 유류로 틀린 것은?

① 윤활유
② 천연가스
③ 유성혼합물
④ 폐 유

해설
해양환경관리법상 해양오염물질에는 다음의 종류가 있다. 천연가스 및 석유가스는 해당되지 않는다.
• 기름 : 원유 및 석유제품(석유가스를 제외한다)과 이들을 함유하고 있는 액체상태의 유성혼합물 및 폐유를 말한다.
• 유해액체물질 : 해양환경에 해로운 결과를 미치거나 미칠 우려가 있는 액체물질(기름을 제외한다)과 그 물질이 함유된 혼합 액체물질로서 해양수산부령이 정하는 것을 말한다.
• 폐기물 : 해양에 배출되는 경우 그 상태로는 쓸 수 없게 되는 물질로서 해양환경에 해로운 결과를 미치거나 미칠 우려가 있는 물질이다(기름, 유해액체물질, 포장유해물질을 제외한다).
• 선저폐수(빌지) : 선박의 밑바닥에 고인 액상유성혼합물이다.

**08** 선박에서 배출되는 폐기물에 해당되지 않는 것은?

① 분 뇨
② 화물용 내장재
③ 넝 마
④ 원 유

해설
원유는 해양오염 종류 중 기름에 해당한다.

**09** 유탱커가 아닌 선박에서의 기관구역 기름배출요건으로 틀린 것은?

① 선박이 항해 중일 것
② 배출액의 유분이 100만분의 15 이하일 것
③ 기름오염방지설비가 작동 중일 것
④ 기름의 순간배출률이 1해리당 50[L] 이하일 것

**해설**
유탱커가 아닌 선박이 기관구역의 선저폐수를 배출하는 요건은 ①, ②, ③의 요건이 동시에 충족되어야 한다. 유탱커에서 화물구역의 기름을 배출하는 요건 중에 하나는 기름의 순간배출률이 1해리당 30[L] 이하이어야 한다.

**10** 다음 중 ( ) 안에 알맞은 것은?

> 선박의 기름기록부는 ( )에 비치하여야 한다.

① 선박 회사
② 선 박
③ 관할 관청
④ 해양경찰청

**해설**
해양환경관리법 제30조(선박오염물질기록부의 관리)
기름기록부의 보존기간은 최종기재를 한 날부터 3년으로 하며, 선박 안에 비치하여야 한다.

**11** 해양오염방지 및 방제에 관한 교육훈련을 받고 선박의 승무원에게 교육을 전달하는 사람은?

① 선 주
② 일등항해사
③ 선 장
④ 해양오염방지관리인

**해설**
해양환경관리법 시행령 제39조(선박의 해양오염방지관리인 자격·업무 내용 등)
• 폐기물기록부와 기름기록부의 기록 및 보관
• 오염물질 및 대기오염물질을 이송 또는 배출하는 작업의 지휘·감독
• 해양오염방지설비의 정비 및 작동상태의 점검
• 대기오염방지설비의 정비 및 점검
• 해양오염방제를 위한 자재 및 약제의 관리
• 오염물질의 배출이 있는 경우 신속한 신고 및 필요한 응급조치
• 해양오염방지 및 방제에 관한 교육·훈련의 이수 및 해당 선박의 승무원에 대한 교육
• 그 밖에 해당 선박으로부터의 오염사고를 방지하는 데 필요한 사항

**12** 화재로 인한 화상을 입었을 때의 응급처치방법으로 틀린 것은?

① 옷을 입은 채로 화상을 입었을 경우에는 옷을 벗긴다.
② 필요하면 심폐소생술을 실시한다.
③ 감염을 방지한다.
④ 환부를 냉각시킨다.

**해설**
화상 : 열작용에 의해 피부 조직이 상해된 것으로 화염, 증기, 열상, 각종 폭발, 가열된 금속 및 약품 등에 의해 발생되며 다음과 같이 조치해야 한다.
• 가벼운 화상은 찬물에서 5~10분간 냉각시킨다.
• 심한 경우는 찬물 등으로 어느 정도 냉각시키면서 감염되지 않도록 멸균 거즈 등을 이용하여 상처 부위를 가볍게 감싸도록 한다. 옷이 피부에 밀착된 경우에는 그 부위를 제외하고 옷을 벗긴 후 냉각시켜야 한다.
• 2~3도 화상일 경우 그 범위가 체표 면적의 20[%] 이상이면 전신 장애를 일으킬 수 있으므로 즉시 의료 기관의 도움을 요청한다.

**13** 외상을 입고 다량의 출혈이 있을 때 응급처치법이 아닌 것은?

① 출혈부에서 심장에 가까운 쪽의 동맥을 압박시킨다.
② 출혈부를 심장보다 낮게 한다.
③ 소독거즈나 탈지면으로 지혈한다.
④ 출혈부 가까운 관절을 구부린다.

**해설**
출혈이 있을 때 출혈부위는 심장보다 높게 유지한다.

**14** 침수에 대한 주의사항이 아닌 것은?

① 감전사고 예방을 위해 발전기를 정지한다.
② 빌지(선저폐수) 상태를 파악한다.
③ 침수부를 확인하여 즉시 상사에게 보고한다.
④ 비상부서 훈련을 통한 응급조치 요령을 익힌다.

해설
침수상황에서는 침수부의 방수조치 및 배수가 매우 중요하다. 발전기가 정지된다면 배수에 필요한 펌프의 전원이 차단되므로 매우 위험한 조치이다.

**15** 다음 중 선박에 설치되는 배수설비에 해당되는 것은?

① 식수펌프
② 빌지(선저폐수)펌프
③ 연료유펌프
④ 보일러 급수펌프

해설
배수를 위한 펌프에는 빌지펌프, 해수펌프 등이 있다. 선박마다 용어의 차이는 있으나 주해수 냉각펌프 및 빌지, 잡용수펌프 등도 배수를 위한 펌프로 사용될 수 있다.

**16** 선박의 충돌이 있은 후 침몰의 위험이 예상될 때의 조치가 아닌 것은?

① 인명 대피
② 중요 서류의 반출
③ 선내 각 부로 신속한 연락
④ 갈 수 있는 곳까지 항해

해설
충돌 후 침몰이 예상될 때는 선내 각 부로 신속히 연락하여 인명을 대피시킨 후 수심이 낮은 곳으로 이동시킨다. 대피할 때 가능한 한 선내 중요 서류는 반출해야 한다.

**17** 항해 중 기관실 빌지의 양이 증가하는 경우의 조치로 거리가 먼 것은?

① 기관실 전동기(모터)가 침수되지 않도록 조치한다.
② 선체에 누수 부위가 있는지 확인한다.
③ 관련 펌프를 운전하여 배수한다.
④ 빌지펌프의 전원을 차단한다.

해설
빌지펌프는 배수에 사용되는 중요한 기기이다. 전원을 차단하면 사용할 수 없게 된다.

**18** 포말소화기의 특성으로 적절치 못한 것은?

① 살포 시 냉각 효과와 질식 효과를 얻을 수 있다.
② 화학식 소화기는 외통용액과 내통용액의 화학반응에 의해 소화한다.
③ 약제의 유효기간은 영구적이다.
④ 약 4.4[℃] 이하에서는 효력이 현저히 감소한다.

해설
화학식 포말소화기의 경우 소화제는 소화기에 충전된 후 1년을 경과할 수 없다. 예비포말소화약제의 경우에는 항상 사용 가능하도록 열, 습기가 없는 곳에 보관·유지되도록 관리하고 유효기간은 제조자가 정한 기간에 따라야 한다.

**19** 다음 중 선박에서 가장 기본적이고 중요한 소화장치로 다른 소화장치의 설치 여부와 관계없이 설치해야 하는 것은?

① 수소화장치
② 포말소화장치
③ 분말소화장치
④ 이산화탄소소화장치

해설
선박에 설치되는 수소화기는 선내의 모든 화재 현장까지 물을 공급하는 가장 기본적인 소화설비이다.

**20** 다음 보기의 (　) 안에 알맞은 것은?

> 선내 소화호스의 암나사 부분은 항상 (　)에 연결하여 사용해야 한다.

① 노 즐
② 소화펌프
③ 소화전
④ 경보기

**[해설]**
선내 소화호스의 암나사 부분은 항상 소화전에 연결하여 사용해야 한다.

**21** 소방원의 전기 안전등의 지속 점등시간은 몇 시간인가?

① 1시간
② 2시간
③ 3시간
④ 4시간

**[해설]**
소방원 장구의 안전등은 최소 3시간 연속 점등이 가능해야 한다.

**22** 해양환경관리법상 선박에 비치해야 할 해양오염방제 자재 및 약제에 해당되지 않는 것은?

① 오일펜스
② 유화제
③ 유흡착재
④ 유겔화제

**[해설]**
해양환경관리법상의 자재 및 약제는 다음의 종류가 있다.
• 오일펜스 : 바다 위에 유출된 기름이 퍼지는 것을 막기 위해서 울타리 모양으로 수면에 설치하는 것이다.
• 유흡착재 : 기름의 확산과 피해의 확대를 막기 위해 기름을 흡수하여 회수하기 위한 것으로 폴리우레탄이나 우레탄 폼 등의 재료로 만든다.
• 유처리제 : 유화·분산작용을 이용하여 해상의 유출유를 해수 중에 미립자로 분산시키는 화학처리제이다.
• 유겔화제 : 해양에 기름 등이 유출되었을 때 액체상태의 기름을 아교(겔)상태로 만드는 약제이다.

**23** 다음 보기의 (　) 안에 알맞은 것은?

> 선박직원법에 따라 면허를 받은 사람으로서 그 면허의 효력을 계속 유지시키려는 사람이 면허의 갱신을 신청하려는 경우에 면허의 유효기간 만료일 (　) 이전부터 유효기간 만료일 전까지 해기사면허증갱신신청서에 소정의 서류를 첨부하여 지방해양수산청장에게 제출해야 한다.

① 1년　② 2년
③ 3년　④ 5년

**[해설]**
선박직원법 시행규칙 제18조(면허의 갱신)
선박직원법에 따라 면허를 받은 사람으로서 그 면허의 효력을 계속 유지시키려는 사람이 면허의 갱신을 신청하려는 경우에 면허의 유효기간 만료일 1년 이전부터 유효기간 만료일 전까지 해기사면허증갱신신청서에 소정의 서류를 첨부하여 지방해양수산청장에게 제출해야 한다.

**24** 선박안전법상 선박검사의 종류에 해당하지 않는 것은?

① 정기검사
② 중간검사
③ 선급검사
④ 임시항해검사

**[해설]**
선박안전법상 검사의 종류는 건조검사, 정기검사, 중간검사, 임시검사, 임시항해검사 및 특별검사가 있다.

**25** 해양사고의 원인을 규명함으로써 해양안전의 확보에 이바지함을 목적으로 하는 것은?

① 선박법
② 선박안전법
③ 해양사고의 조사 및 심판에 관한 법률
④ 선박직원법

**[해설]**
해양사고의 조사 및 심판에 관한 법률 제1조(목적)
이 법은 해양사고에 대한 조사 및 심판을 통하여 해양사고의 원인을 밝힘으로써 해양안전의 확보에 이바지함을 목적으로 한다.

## 제1과목 기관 1

**01** 디젤기관에서 연료분사밸브의 조정압력에 대해 올바르게 설명한 것은?

① 조정압력이 높으면 연료의 관통력이 좋게 된다.
② 조정압력이 낮으면 연료의 분사시기가 늦게 된다.
③ 조정압력이 낮으면 연료의 분무가 나쁘게 된다.
④ 조정압력이 높으면 연료의 착화지연이 길게 된다.

**해설**
연료분사밸브의 분사압력의 조정은 무화, 관통, 분산 분포가 적절하게 이루어질 수 있도록 조정되어야 한다. 분사압력이 높으면 무화가 잘되며 관통과 무화의 조건은 반대이다. 관통은 입자가 커야 잘되는데 분사압력을 높이면 무화가 잘되어 관통은 잘되지 않는다. 분사압력이 높으면 착화지연이 짧고 분사압력이 낮으면 분무도 나쁘게 된다. 분사압력과 분사시기와는 관계가 멀다.

**02** 디젤기관에서 연료유 관계통의 프라이밍 완료를 판단할 때 관 끝의 상태는?

① 공기만 나오는 상태
② 아무것도 나오지 않는 상태
③ 연료유만 나오는 상태
④ 연료유와 공기의 거품이 나오는 상태

**해설**
프라이밍(호수)이란 관이나 펌프 등에서 공기나 기타 가스가 차있을 때 흡입효율을 떨어뜨리므로 관 속의 공기를 빼주는 것을 말한다. 완벽한 프라이밍은 관 속에 관련 유체만 가득한 상태로 연료유 관계통에서는 연료유만 나오는 상태이다.

**03** 디젤기관의 실린더라이너가 마멸되었을 때 기관에 미치는 영향이 아닌 것은?

① 시동 곤란
② 윤활유의 오손
③ 출력 저하
④ 냉각수 오손

**해설**
실린더라이너가 마멸되면 블로바이가 일어난다. 블로바이가 일어나면 출력이 저하되어 연료소비량이 증가하고 시동이 곤란해지며 윤활유의 오손이 발생할 수 있다. 실린더라이너의 마멸과 냉각수를 오손시키는 것은 관계가 멀다.
※ 블로바이(Blow-by)란 피스톤과 실린더라이너 사이의 틈새로부터 연소가스가 누출되어 크랭크 케이스로 유입되는 현상으로 피스톤 링의 마멸, 고착, 절손, 옆 틈이 적당하지 않을 때 또는 실린더라이너의 불규칙한 마모나 상하의 흠집이 발생했을 경우 발생한다. 블로바이가 일어나면 출력이 저하될 뿐만 아니라 크랭크실 윤활유의 상태도 변질시킨다.

**04** 다음 밸브 중 디젤기관의 4행정 사이클에서 T.D.C.(상사점) 전에 열리는 것은?

① 흡입밸브, 연료분사밸브
② 배기밸브, 연료분사밸브
③ 시동밸브, 배기밸브
④ 흡입밸브, 시동밸브

**해설**
4행정 사이클 기관은 흡입행정 → 압축행정 → 폭발(작동)행정 → 배기행정 순으로 피스톤이 움직이며 흡기밸브와 배기밸브는 밸브 오버랩(밸브 겹침)이 있다. 배기행정에서 흡입행정으로 넘어가기 전(보통 상사점 전 약 20°)에 흡입밸브가 미리 열리고, 압축행정에서 상사점 전에 연료분사밸브가 열려 연료를 분사하고 폭발행정으로 넘어간다.
※ 밸브 겹침(밸브 오버랩) : 실린더 내의 소기작용을 돕고 밸브와 연소실의 냉각을 돕기 위해서 흡기밸브는 상사점 전에 열리고 하사점 후에 닫히며, 배기밸브는 완전한 배기를 위해서 하사점 전에 열리고 상사점 후에 닫히게 밸브의 개폐시기를 조정한다.

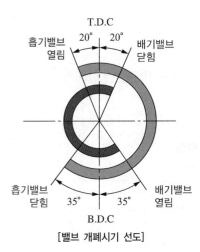

T.D.C
흡기밸브 열림 20° 20° 배기밸브 닫힘

흡기밸브 닫힘 35° 35° 배기밸브 열림
B.D.C
[밸브 개폐시기 선도]

**07** 보슈식 연료분사펌프의 분사시기를 조정을 하는 것은?

① 랙
② 로커 암
③ 태핏 조정 볼트
④ 플런저

해설
보슈식 연료분사펌프는 흡입밸브 및 스필밸브가 없고 플런저의 홈으로 송유량을 조절하는 연료분사펌프이다. 구조가 간단하고 분사량의 조절이 쉽고 정확하여 많이 사용한다. 연료조정랙을 움직이면 플런저가 움직여 연료량이 조정된다. 분사시기를 조정하는 방법에는 대형 기관에 탑재되는 큰 용량의 경우 VIT(가변 분사시기 조정장치)를 각 실린더마다 설치하여 배럴을 상하로 움직여 분사시기를 조정하고, 소형 기관에 탑재되는 경우는 롤러 가이드의 태핏 조정 볼트의 높이를 조정함으로써 플런저를 밀어주는 시기를 조절하여 분사시기를 조정한다.

**05** 다음 중 디젤기관의 연료분사조건으로 맞는 것은?

① 원심력
② 압축력
③ 인장력
④ 관통력

해설
연료분사조건
• 무화 : 연료유의 입자가 안개처럼 극히 미세화되는 것으로 분사압력과 실린더 내의 공기압력을 높게 하고 분사밸브 노즐의 지름을 작게 해야 한다.
• 관통 : 분사된 연료유가 압축된 공기를 뚫고 나가는 상태로 연료유 입자가 커야 하는데 관통과 무화는 조건이 반대가 되므로 두 조건을 적절하게 만족하도록 조정해야 한다.
• 분산 : 연료유가 분사되어 원뿔형으로 퍼지는 상태를 말한다.
• 분포 : 분사된 연료유가 공기와 균등하게 혼합된 상태를 말한다.

**08** 디젤기관에서 프레임의 역할에 해당되지 않는 것은?

① 윤활유가 외부로 튀어 나가거나 새지 않도록 한다.
② 고압에 의한 충격력과 진동을 받는다.
③ 피스톤과 직접 마찰을 일으킨다.
④ 기관베드와 실린더블록을 연결한다.

해설
프레임은 기관베드와 실린더블록을 연결하는 것으로 고압에 의한 충격력과 진동을 받으며, 윤활유가 외부로 새어나가지 못하도록 하는 역할을 하기도 한다. 피스톤과 직접 마찰을 일으키는 부분은 실린더라이너이다.

**06** 다음 중 디젤기관에서 실린더헤드와 실린더 사이의 기밀유지용으로 쓰이는 것은?

① 고무 링
② 종이 개스킷
③ 구리 개스킷
④ 글랜드 패킹

해설
실린더헤드와 실린더 사이에는 고온·고압의 가스가 새어나오는 것을 방지해야 하기 때문에 단열성 및 내압성의 개스킷이 요구된다. 보통 구리강판이나 강철판으로 석면을 감싼 것을 사용한다.

**09** 연접봉(커넥팅로드)의 길이를 짧게 했을 때 생기는 현상은?

① 피스톤의 측압이 작아진다.
② 피스톤의 측압이 커진다.
③ 행정이 짧아진다.
④ 행정이 길어진다.

해설
커넥팅로드를 짧게 했을 경우에는 피스톤이 실린더라이너에 미치는 측압이 커지게 된다.

**10** 운전 중인 디젤기관의 크랭크핀의 발열원인이 아닌 것은?

① 메탈의 재질이 불량할 때
② 윤활유의 압력이 높을 때
③ 메탈의 접합면이 불량할 때
④ 메탈과 핀의 간격이 부적당할 때

**[해설]**
윤활유의 압력이 높다는 것은 윤활유의 공급이 원활하다는 뜻이다. 윤활유의 압력이 낮을 때 크랭크핀이나 메인 베어링 등의 운동부에서 발열이 일어날 수 있다.

**11** 피스톤핀의 핀 홈 좌우에 설치하여 피스톤핀이 좌우로 빠져 나오는 것을 방지하는 것은?

① 압축 링
② 오일 링
③ 스냅 링
④ 랜턴 링

**[해설]**
피스톤핀의 핀 홈 좌우에 설치하여 피스톤핀이 좌우로 빠져 나오는 것을 방지하는 것은 스냅 링이다. 클립 링 또는 스톱 링이라고도 한다.

**12** 디젤기관에서 크랭크암 개폐작용의 원인으로 틀린 것은?

① 기관베드의 변형
② 저속 운전
③ 크랭크축 중심 부정
④ 메인 베어링 틈새 과다

**[해설]**
크랭크암의 개폐작용(크랭크암 디플렉션)
크랭크축이 회전할 때 크랭크암 사이의 거리가 넓어지거나 좁아지는 현상이다. 그 원인은 다음과 같으며 주기적으로 디플렉션을 측정하여 원인을 해결해야 한다.
• 메인 베어링의 불균일한 마멸 및 조정 불량
• 스러스트 베어링(추력 베어링)의 마멸과 조정 불량
• 메인 베어링 및 크랭크핀 베어링의 틈새가 클 경우
• 크랭크축 중심의 부정 및 과부하 운전(고속 운전)
• 기관베드의 변형

**13** 다음 중 플라이휠의 설치목적이 아닌 것은?

① 회전력 균일
② 밸브 조정을 위한 터닝
③ 저속 회전의 가능
④ 과부하 운전의 방지

**[해설]**
플라이휠
플라이휠은 작동행정에서 발생하는 큰 회전력을 플라이휠 내에 운동에너지로 축적하고 회전력이 필요한 그 밖의 행정에서는 플라이휠의 관성력으로 회전한다. 역할은 다음과 같다.
• 크랭크축의 회전력을 균일하게 한다.
• 저속 회전을 가능하게 한다.
• 기관의 시동을 쉽게 한다.
• 밸브의 조정이 편리하다.

**14** 디젤기관에서 피스톤의 왕복운동을 회전운동으로 변환시키는 역할을 하는 것은?

① 캠과 캠축
② 실린더와 피스톤
③ 피스톤과 피스톤로드
④ 커넥팅로드와 크랭크축

**[해설]**
피스톤의 왕복운동은 커넥팅로드(연접봉)를 통해 크랭크축으로 전달되어 회전운동으로 변하게 된다.

**15** 과급했을 때 기관의 성능에 미치는 영향은?

① 단위 출력당 기관 중량의 증가
② 연료 소비율 증가
③ 평균유효압력 증가
④ 기관의 진동 감소

**[해설]**
과급기는 실린더로부터 나오는 배기가스를 이용하여 과급기의 터빈을 회전시킨다. 터빈이 회전하게 되면 같은 축에 있는 송풍기가 회전하면서 외부의 공기를 흡입하여 압축하고, 이 공기를 냉각기를 거쳐 밀도를 높여 실린더의 흡입공기로 공급하는 원리이다. 이렇게 과급을 하면 평균 유효압력이 높아져 기관의 출력을 증대시킬 수 있다.

**16** 디젤기관 분해 조립 시의 주의사항으로 틀린 것은?

① 분해, 조립에 적합한 전용 공구를 사용한다.
② 배관 계통은 분해 후 이물질이 들어가지 않도록 막는다.
③ 분해된 부품은 마멸을 고려하여 서로 다른 실린더에 조립한다.
④ 실린더헤드의 너트는 대각선상으로 3~4회 나누어 규정된 토크로 죈다.

**해설**
디젤기관을 분해 조립 시에는 각 실린더의 부품은 번호가 바뀌지 않도록 하고 원위치에 조립될 수 있도록 해야 한다.

**17** 과열기가 없을 때 보일러의 안전밸브 개수는 몇 개인가?

① 1개
② 2개
③ 4개
④ 6개

**해설**
안전밸브(세이프티밸브, Safety Valve)는 보일러의 압력이 설정된 압력에 도달하면 밸브가 열려 증기를 대기로 방출시켜서 보일러를 보호하는 장치이다. 보일러마다 2개 이상 설치하여야 한다.

**18** 건포화증기를 더 가열하여 포화온도 이상으로 상승시킨 증기는?

① 습증기
② 포화증기
③ 과열증기
④ 포화액

**해설**
과열증기는 건포화증기를 더욱 더 가열하여 건포화온도보다 온도가 높아지고 부피도 증가한 증기를 말한다.

**19** 저속 선박일 때 선체의 저항 중 선박에 가장 크게 영향을 미치는 것은?

① 마찰저항
② 와류저항
③ 조파저항
④ 공기저항

**해설**
① 마찰저항 : 선박이 전진할 때 선체의 표면에 접촉하는 물의 점성에 의해 생긴 마찰로 저속일 때 전체 저항의 70~80[%]이고 속도가 높아질수록 그 비율이 감소한다.
② 와류저항 : 선미 주위에서 많이 발생하는 저항으로 선체 표면의 급격한 형상 변화 때문에 생기는 와류(소용돌이)로 인한 저항이다.
③ 조파저항 : 배가 전진할 때 받는 압력으로 배가 만들어내는 파도의 형상과 크기에 따라 저항의 크기가 결정된다. 저속일 때는 저항이 미미하지만 고속 시에는 전체 저항의 60[%]에 이를 정도로 증가한다.
④ 공기저항 : 수면 위 공기의 마찰과 와류에 의하여 생기는 저항이다.

**20** 축계의 손상조사법 중 내부결함을 검사하는 방법에 해당하지 않는 것은?

① 침투탐상법
② 방사선탐상법
③ 초음파탐상법
④ 전자기탐상법

**해설**
내부결함을 검사하는 것은 방사선 및 초음파탐상법이고 표면결함을 검사하는 것은 침투 및 전자기탐상법이다.
축계탐상법의 종류
• 침투탐상법 : 선박에서 많이 사용하고 컬러체크라고도 한다. 균열이 의심되는 표면에 적색의 침투액을 칠한 다음 솔벤트로 깨끗이 닦아내고 백색의 현상액을 분무하면 침투액이 번져 나와서 백색의 현상액에 나타나는 적색의 균열선으로 표면결함을 알아낸다.
• 방사선탐상법 : 감마선을 투과하여 내부결함을 촬영하는 방법이다.
• 초음파탐상법 : 고주파의 초음파 펄스를 발사하여 내부에서 반사되는 음파를 조사함으로써 내부결함을 알아낸다.
• 전자기탐상법 : 강철제에 강한 자석을 접촉하여 내부에 자속을 형성할 때 표면의 결합부에서 자속이 누설하게 된다. 이때 자성을 가진 분말 또는 액체를 표면에 흘려서 누설 자속에 의하여 부착하는 현상으로부터 표면결함부를 발견하는 방법이다.

**21** 프로펠러의 속도와 배의 속도차를 나타내는 것은?

① 슬 립      ② 피 치
③ 경 사      ④ 보 스

**해설**
① 슬립 : 프로펠러의 속도에 대한 프로펠러의 속도와 배의 속도차의 비율
② 피치 : 프로펠러가 1회전했을 때 전진하는 거리
③ 경사 : 선체와 간격을 두기 위해 프로펠러날개가 축의 중심선에 대하여 선미 방향으로 기울어져 있는 정도
④ 보스 : 프로펠러날개를 프로펠러축에 연결해 주는 부분

**22** 프로펠러의 1회전 시 날개의 한 점이 축방향으로 이동한 거리를 나타내는 것은?

① 지 름      ② 피 치
③ 경 사      ④ 보 스

**해설**
② 피치 : 프로펠러가 1회전했을 때 전진하는 거리
① 지름 : 프로펠러가 1회전할 때 날개(블레이드)의 끝이 그린 원의 지름
③ 경사 : 선체와 간격을 두기 위해 프로펠러날개가 축의 중심선에 대하여 선미 방향으로 기울어져 있는 정도
④ 보스 : 프로펠러날개를 프로펠러축에 연결해 주는 부분

**23** 선박에 쓰이는 연료유의 성분으로 산소와 함께 연소되어 이산화탄소나 일산화탄소를 발생시키는 것은?

① C(탄소)
② S(황)
③ H(수소)
④ V(바나듐)

**해설**
연료유에 포함된 탄소성분으로 인해 완전 연소되면 이산화탄소가 발생하고 불완전 연소가 되었을 때 일산화탄소가 발생한다.

**24** 디젤기관용 연료의 연소와 가장 밀접한 것은?

① 폭발점      ② 응고점
③ 발화점      ④ 임계점

**해설**
디젤기관은 공기를 압축하여 실린더 내의 온도를 발화점 이상으로 올려 연료를 분사하여 점화하는 압축 점화방식을 사용한다.

**25** 선박에서 사용할 수 있는 윤활유의 청정법으로 가장 좋은 것은?

① 원심분리법
② 침전법
③ 여과법
④ 화학처리법

**해설**
청정의 방법에는 중력에 의한 침전분리법, 여과기에 의한 분리법, 원심분리법 등이 있다. 최근의 선박은 비중차를 이용한 원심식 청정기를 주로 사용하고 있다.

제**2**과목 **기관 2**

**01** 원심식 유청정기에서 운전 초기에 기름이 물의 출구로 나가는 것을 막아 주는 역할을 하는 것은?

① 회전판
② 봉 수
③ 고압수
④ 저압수

**해설**
봉수는 운전 초기에 물이 빠져나가는 통로를 봉쇄하여 기름이 물 토출구로 빠져나가는 것을 방지하는 역할을 한다.

**02** 다음 중 스프링을 내부에 탑재하여야 하는 것은?

① 글러브밸브
② 마우스링
③ 릴리프밸브
④ 랜턴링

해설

릴리프밸브는 과도한 압력 상승으로 인한 손상을 방지하기 위한 장치이다. 펌프의 송출압력이 설정압력 이상으로 상승하였을 때 밸브가 작동하여 유체를 흡입측으로 되돌려 과도한 압력 상승을 방지하고 다시 압력이 낮아지면 밸브를 닫는다. 이때 스프링의 장력을 이용하여 릴리프밸브의 작동압력을 설정한다.

**03** 왕복펌프에서 공기실을 설치하는 주이유는?

① 펌프 내의 공기 제거
② 송출량의 균일
③ 액체 내에 용해된 공기의 분리
④ 펌프의 구동동력 감소

해설

왕복펌프의 특성상 피스톤의 왕복운동으로 인해 송출량에 맥동이 생기며 순간 송출유량도 피스톤의 위치에 따라 변하게 된다. 따라서 공기실을 송출측의 실린더 가까이에 설치하여 맥동을 줄인다. 즉, 송출압력이 높으면 송출액의 일부가 공기실의 공기를 압축하고, 압력이 약할 때에는 공기실의 압력으로 유체를 밀어내게 하여 항상 일정한 양의 유체가 송출되도록 한다.

**04** 유청정기의 운전 초기에 봉수(Sealing Water)를 공급하는 목적은 무엇인가?

① 물 출구로 기름이 빠져나가는 것을 방지하기 위하여
② 기름 출구로 물이 들어가는 것을 방지하기 위하여
③ 유청정기의 진동을 감소시키기 위하여
④ 기름의 점도를 올리기 위하여

해설

봉수는 운전 초기에 물이 빠져나가는 통로를 봉쇄하여 기름이 물 토출구로 빠져나가는 것을 방지하는 역할을 한다.

**05** 원심식 유청정기의 작동원리는 무엇인가?

① 응고점 차이를 이용한 것이다.
② 점도의 차이를 이용한 것이다.
③ 비중의 차이를 이용한 것이다.
④ 기름의 휘발성을 이용한 것이다.

해설

원심식 유청정기의 작동원리는 비중의 차이를 이용하여 원심력에 의해 무거운 것이 회전통의 외각으로 모이게 하여 청정하는 것이다.

**06** 다음 펌프 중 윤활유와 같이 점도가 높은 액체를 이송할 때 가장 좋은 것은?

① 축류펌프
② 제트펌프
③ 기어펌프
④ 사류펌프

해설

점도가 높은 유체(윤활유나 연료유)의 이송에 적합한 펌프는 기어펌프나 나사펌프이다.

**07** 다음 중 원심펌프를 구성하는 주요 부품은?

① 임펠러
② 플런저
③ 기 어
④ 공기실

해설

원심펌프는 케이싱, 회전차(임펠러), 마우스링 등으로 구성되어 있다.

**08** 다음 중 저압 증발식 조수장치에서 증발기 상부의 기수
분리판의 역할은 무엇인가?

① 증기와 수분의 분리
② 해수와 청수의 분리
③ 청수와 염분의 분리
④ 연료유와 증기의 분리

해설
저압 증발식 조수장치에서 상부의 기수분리판은 증발하는 증기에서
증기와 수분을 분리하는 역할을 한다.

**09** 연료유를 청정하는 방법에 해당하지 않는 것은?

① 침전법
② 여과법
③ 원심분리법
④ 순환법

해설
청정의 방법에는 중력에 의한 침전분리법, 여과기에 의한 분리법,
원심분리법 등이 있다. 최근의 선박은 비중차를 이용한 원심식 청정기
를 주로 사용하고 있다.

**10** 다음 밸브 중 유압장치의 실린더 또는 유압모터의 속도
를 제어하는 것은?

① 방향제어밸브
② 압력제어밸브
③ 유량제어밸브
④ 파일럿밸브

해설
유량제어밸브
유량제어밸브는 유체가 흐르는 양을 조정함으로써 유압장치의 실린더
나 유압모터의 속도를 제어한다.

**11** 다음 펌프 중 저양정 대용량에서 이용하는 것은?

① 왕복펌프
② 나사펌프
③ 축류펌프
④ 슬라이딩 베인펌프

해설
저양정 대용량에 이용하는 펌프는 터보형 펌프이다. 터보형 펌프에는
원심식, 사류식, 축류식 펌프가 있다. 원심식에는 원심형 벌류트펌프와
원심형 터빈펌프, 사류식에는 사류형 벌류트펌프와 사류형 터빈펌프,
축류식에는 축류펌프가 있다.

**12** 다음 중 피스톤 양쪽에서 압력유체가 작용할 수 있는
유압실린더는?

① 단동형 실린더
② 램형 실린더
③ 어큐뮬레이터
④ 복동형 실린더

해설
복동형 실린더는 피스톤 양쪽에서 압력유체가 작용할 수 있도록 한
유압실린더이다.

**13** 다음 중 작동원리에 의한 분류일 때 터보형 펌프인 것
은?

① 베인펌프
② 벌류트펌프
③ 버킷펌프
④ 나사펌프

해설
터보형 펌프에는 원심식, 사류식, 축류식 펌프가 있다. 원심식에는
원심형 벌류트펌프와 원심형 터빈펌프, 사류식에는 사류형 벌류트펌
프와 사류형 터빈펌프, 축류식에는 축류펌프가 있다. 기어, 나사, 베인,
버킷, 피스톤, 플런저, 다이어프램 펌프는 용적형 펌프이다.

**14** 다음 계선장치 중 선체를 안벽에 붙일 때 사용되는 것은?

① 무어링 윈치
② 카고 윈치
③ 캔트리 크레인
④ 데 릭

해설
계선 윈치(무어링 윈치, Mooring Winch)는 선박을 부두나 계류부표에 매어두거나 선체를 안벽에 붙일 때 사용한다.

**15** 조타장치의 구성요소에서 조타륜이 속하는 것은?

① 조종장치
② 원동기
③ 추종장치
④ 타장치

해설
조타장치의 구성요소 중에 조타륜(선박의 키를 조종하는 손잡이가 달린 바퀴 모양의 장치)에 속하는 것은 조종장치이다. 조종장치의 종류는 다음과 같이 나뉜다.
• 기계식 조종장치 : 조타륜의 운동을 축, 기어 등을 통해 원동기의 출력제어 기구까지 전달한다.
• 유압식 조종장치 : 조타실에 있는 텔레모터 기동 실린더와 선미의 조타기실 내에 있는 텔레모터 수동 실린더를 구리관으로 연결하고 연결관 내에 작동 유체에 의해 동력을 전달한다.

**16** 선박에서 생기는 폐유의 처리방법이 아닌 것은?

① 폐유 소각기로 태운다.
② 육상 처리시설로 양륙한다.
③ 폐유 보관용 탱크로 이송한다.
④ 탱크에 저장했다가 공해상에 버린다.

해설
폐유는 선박에 보관하여 육상 폐유처리시설에 양륙하는 것이 가장 일반적인 방법이다. 그러나 항해가 길어지거나 기타 상황이 발생하여 선박의 폐유 보관탱크의 용량이 부족할 경우 승인을 받은 소각기가 설치되어 있는 선박에서는 폐유를 소각하기도 한다. 폐유의 해양배출은 절대적으로 금지하고 있으며 승인받지 않은 형태의 소각 또한 금지하고 있다.

**17** 빌지분리장치 중에서 물과 기름을 분리하는 방식으로 일정한 크기 이상의 기름 입자가 필터에 걸러지도록 하는 장치는?

① 전기적 처리법
② 필터에 의한 빌지분리법
③ 평행판식 빌지분리법
④ 화학적 처리법

해설
빌지분리장치(유수분리장치)의 한 종류인 필터식 빌지분리장치는 왁스, 우레탄폼, 유리섬유 등의 여과제를 통하여 기름 섞인 물이 흐를 때 미세한 기름입자가 여과제에 흡착되고 여기에 새로운 기름입자가 충돌 및 결합함에 따라 더욱 큰 기름입자가 되어 여과재(필터)를 통과하면서 분리되는 방법이다.

**18** 폐유소각기의 폐유가 소각로에서 자체 연소할 때 가능한 최대 수분의 함유율은?

① 10~15[%]
② 20~25[%]
③ 40~50[%]
④ 60~75[%]

해설
폐유소각장치에서 수분 함량이 40~50[%]까지 포함된 폐유는 소각로에서 폐유를 자체 연소시킬 수 있고, 수분의 함량이 50[%]를 넘으면 보조 버너를 사용해야만 연소시킬 수 있다. 보조 버너를 사용해서 연소시킬 수 있는 폐유의 수분 함유량은 최대 60~75[%] 내이다.

**19** 다음 펌프 중 저압 증발식 조수장치의 추기용으로 가장 많이 쓰이는 것은?

① 이젝터
② 프로펠러펌프
③ 기어펌프
④ 왕복펌프

해설
이젝터는 저압 증발식 조수장치의 추기용으로 가장 많이 쓰인다.

**20** 표준대기압의 수은주는 몇 [mm]인가?

① 76[mm]

② 760[mm]

③ 7.6[mm]

④ 0.76[mm]

**해설**

표준대기압의 수은주는 760[mmHg]이다.

**21** 가스압축식 냉동기의 팽창밸브가 설치되어 있는 곳은?

① 압축기와 응축기 사이

② 응축기와 수액기 사이

③ 증발기와 압축기 사이

④ 수액기와 증발기 사이

**해설**

가스압축식 냉동기의 중요 구성요소는 압축기, 응축기, 팽창밸브, 증발기이다. 냉매의 흐름은 압축기 → 응축기 → 팽창밸브 → 증발기 → 압축기의 순서를 순환 반복한다. 수액기는 응축기에서 액화한 액체냉매를 팽창밸브로 보내기 전에 일시적으로 저장하는 용기이므로 팽창밸브의 위치는 수액기(또는 응축기)와 증발기 사이에 있다.

**22** 냉동기의 유분리기에서 분리된 기름을 보내는 곳은?

① 액분리기

② 증발기

③ 압축기 크랭크실

④ 응축기

**해설**

유분리기는 압축기와 응축기 사이에 설치되며 압축기에서 냉매가스와 함께 혼합된 윤활유를 분리·회수하여 다시 압축기의 크랭크 케이스로 윤활유를 돌려보내는 역할을 한다.

**23** 냉매가 갖추어야 할 조건이 아닌 것은?

① 증발잠열이 클 것

② 응고온도가 낮을 것

③ 임계온도가 낮을 것

④ 화학적으로 안정될 것

**해설**

임계온도는 물질이 액화될 수 있는 가장 높은 온도이다. 임계온도를 지나면 분자운동이 활발해서 아무리 압력을 가해도 액화되지 않으므로 냉매의 임계온도가 충분히 높아야 냉매가스를 쉽게 응축할 수 있다.
냉매의 조건
• 물리적 조건
 - 저온에서도 증발압력이 대기압 이상이어야 한다.
 - 응축압력이 적당해야 한다.
 - 임계온도가 충분히 높아야 한다.
 - 증발잠열이 커야 한다.
 - 냉매가스의 비체적이 작아야 한다.
 - 응고온도가 낮아야 한다.
• 화학적 조건
 - 화학적으로 안정되고 변질되지 않아야 한다.
 - 누설을 발견하기 쉬워야 한다.
 - 장치의 재료를 부식시키지 않아야 한다.

**24** 냉동기의 프레온 냉매에 수분이 혼입되면 나타나는 현상은?

① 압축이 잘된다.

② 냉매가 수분에 용해된다.

③ 냉매 능력이 높아진다.

④ 얼어서 팽창밸브를 막는다.

**해설**

냉동기의 프레온 냉매는 수분에 잘 용해되지 않으므로 물이 혼입되면 얼어버리기 때문에 팽창밸브를 막을 수 있다.

**25** 공기조화기의 구성장치가 아닌 것은?

① 공기여과기

② 공기 저장탱크

③ 냉각기

④ 가열기

**해설**

공기조화기는 실내로 공급되는 공기를 사용목적에 적합하도록 조절하는 기기이며, 흔히 가정이나 사무실의 실내에서 에어컨 바람이 나오는 부분을 말한다. 공기의 온도와 습도 조절뿐만 아니라 공기를 정화하는 기기도 포함되며 냉각기, 가열기, 가습기 및 공기여과기 등으로 구성된다.

## 제3과목 기관 3

**01** 동기발전기의 병렬운전에 필요한 조건으로 적절치 못한 것은?

① 각 발전기 기전력의 크기가 같을 것
② 각 발전기 기전력의 위상이 일치할 것
③ 각 발전기의 주파수가 같을 것
④ 각 발전기 여자전류의 크기가 같을 것

**해설**
병렬운전의 조건
• 병렬운전시키고자 하는 발전기의 주파수를 모선과 같게 한다(주파수와 주기는 반비례하므로 주파수를 맞추면 주기도 같아진다).
• 전압조정장치를 조정하여 모선과 전압을 같게 조정한다(기전력의 크기를 같게 한다).
• 동기검정기의 바늘과 램프를 확인하여 위상이 같아질 때 병렬운전을 한다.
• 전압의 파형을 같게 해야 한다.
※ 전압, 위상, 주파수로 기억한다.

**02** 다음 중 교류전기의 약자는?

① DC         ② AC
③ BC         ④ CD

**해설**
직류는 DC(Direct Current), 교류는 AC(Alternating Current)이다.

**03** 다음 중 전류의 단위는?

① 볼트[V]        ② 와트[W]
③ 암페어[A]      ④ 옴[Ω]

**해설**
① 볼트[V] : 전압의 단위
② 와트[W] : 전력의 단위
③ 암페어[A] : 전류의 단위
④ 옴[Ω] : 저항의 단위

**04** 교류에서 나타나는 전류 및 전압의 파형은?

① 크기만 변화한다.
② 방향만 변화한다.
③ 크기와 방향이 모두 변화한다.
④ 크기가 일정하다.

**해설**
교류는 시간에 따라 전류와 전압이 변하는 사인파의 파형을 가지므로 크기와 방향이 변화한다.

**05** 교류기에서 동기속도식은?(단, $n$ : 동기속도, $p$ : 극수, $f$ : 주파수이다)

① $n = \dfrac{120}{(f \times p)}$

② $n = \dfrac{(120 \times f)}{p}$

③ $n = \dfrac{p}{(120 \times f)}$

④ $n = \dfrac{(f \times p)}{120}$

**해설**
동기속도식
$n = \dfrac{120f}{p}[\mathrm{rpm}]$
여기서, $n$ : 동기속도
$p$ : 자극의 수
$f$ : 주파수

**06** 다음 중 발전기 배전반에서 바로 파악되지 않는 것은?

① 운전전압
② 부하전류
③ 부하저항
④ 부하전력

**해설**
발전기 배전반에는 전력계, 전압계, 전류계, 동기검정기 등이 있으며 경우에 따라서는 역률계가 설치되는 선박도 있다. 부하저항을 나타내는 계기는 일반적으로 설치되지 않으며 전력계, 전압계, 전류계의 지시치로 추정할 수는 있다.

**07** 직류발전기에서 자속이 생성되는 곳은?

① 계 자
② 전기자
③ 브러시
④ 정류자

**해설**
① 계자 : 자속을 발생시키는 부분으로 영구 자석 또는 전자석으로 사용된다. 대부분의 발전기는 철심과 권선으로 구성된 전자석이 사용된다.
② 전기자 : 기전력을 발생시키는 부분으로 철심과 권선으로 구성된다.
③ 브러시 : 전기자권선과 연결된 슬립링이나 정류자편과 마찰하면서 기전력을 발전기 밖으로 인출하는 부분이다.
④ 정류자 : 교류기전력을 직류로 바꾸어 주는 부분이다.

**08** 선박용 동기발전기의 구성요소에 해당되지 않는 것은?

① 회전자
② 고정자
③ 여자기
④ 차단기

**해설**
차단기는 주로 배전반이나 분전반에 설치되어 과전류가 흘렀을 때 회로의 보호를 위해 차단하는 장치이다.

**09** 다음 중 주파수의 단위는?

① [V]      ② [Hz]
③ [Ω]      ④ [A]

**해설**
① 볼트[V] : 전압의 단위
② 헤르츠[Hz] : 주파수의 단위
③ 옴[Ω] : 저항의 단위
④ 암페어[A] : 전류의 단위

**10** 3상 교류에 대한 올바른 설명은?

① 2상의 교류와 1상의 직류결합이다.
② 1상의 교류와 2상의 직류결합이다.
③ 3상 교류의 각 상이 서로 120° 차이로 동시에 존재한다.
④ 3상 교류의 각 상이 서로 동상으로 동시에 존재한다.

**해설**
3상 교류는 크기가 같은 3개의 사인파 교류전압이 120° 간격으로 발생하는 것을 말한다.

**11** 3상 교류전기에서 상을 구분하는 문자표시가 아닌 것은?

① K
② R
③ S
④ T

**해설**
3상 교류에서 상을 구분하는 문자는 R상, S상, T상으로 표시한다.

**12** 다음 중 전기가 가장 잘 흐르는 금속은?

① 구리(Cu)
② 순철(Fe)
③ 아연(Zn)
④ 은(Ag)

**해설**
전기가 통하기 쉬운 정도를 나타내는 값을 전기전도도라고 하는데 순서는 다음과 같다.
은 > 구리 > 금 > 알루미늄 > 텅스텐 > 아연 > 니켈 > 철 > 백금 > 연 > 황동 > 청동

**13** 전기회로도에서 다음 보기의 그림은 무엇인가?

① 코 일　　　　　② 커패시터(콘덴서)
③ 저 항　　　　　④ 포토 다이오드

해설
보기의 그림은 콘덴서를 나타내는 기호이다.
콘덴서 : 2개의 금속도체를 일정한 간격으로 서로 마주 보게 하고 그 사이에 절연체를 삽입하여 정전용량을 가지게 한 전기소자를 말하며 커패시터라고 한다. 콘덴서는 전하를 수용할 수 있는 것인데 예를 들어, 물이 흐르는 강에 댐을 설치하여 물의 흐름을 조정하듯이 전기적인 저수지 역할을 하여 안정적으로 전기가 흐르도록 한다.

**14** 다음 중 보기의 설명으로 옳은 것은?

> 발전기를 병렬시키려고 동기검정기를 켰을 때 반시계 방향으로 바늘이 빨리 돌아가고 있다.

① 새로 병렬시킬 발전기의 전압이 상대적으로 낮은 상태이다.
② 새로 병렬시킬 발전기의 속도가 상대적으로 느린 상태이다.
③ 새로 병렬시킬 발전기의 전압이 상대적으로 높은 상태이다.
④ 새로 병렬시킬 발전기의 속도가 상대적으로 빠른 상태이다.

해설
동기검정기
두 대의 교류발전기를 병렬운전할 때 두 교류전원의 주파수와 위상이 서로 일치하고 있는가를 검출하는 기기이다. 주파수가 빠르다는 것은 발전기의 회전속도가 빠르다는 것인데 이것은 동기검정기의 바늘이 회전하는 속도를 보면 알 수 있다. 동기검정기의 바늘이 시계방향으로 회전하고 있다는 것은 새로 병렬시킬 발전기의 속도가 이미 기동 중인 발전기보다 빠르다는 것을 의미하고, 반시계방향으로 회전하고 있다는 것은 새로 병렬시킬 발전기의 속도가 이미 기동 중인 발전기보다 느리다는 것을 의미한다. 위상은 동기검정기의 바늘이 12시 방향일 때 두 발전기의 위상이 일치하는 순간이다.

※ 발전기의 병렬운전 시 차단기 투입 시기 : 발전기를 병렬운전할 때 차단기를 투입하는 시기는 동기검정기의 바늘이 시계방향으로 천천히 돌아가는 상태(1회전하는데 4초 정도)에서 지침이 12시 방향에 도달하기 직전에 투입한다.

**15** 다음 중 차단기를 나타내는 것은?
① CT　　　　　② PT
③ COSθ　　　　④ NFB

해설
④ NFB(No Fuse Breaker) : 배선용 차단기
① CT(Current Transformer, 계기용 변류기) : 큰 전류를 작은 전류로 바꾸어 주는 것
② PT(Potential Transformer, 계기용 변압기) : 높은 전압을 낮은 전압으로 바꾸어주는 것
③ COSθ(역률계) : 역률을 나타내 주는 것
※ CT와 PT의 설치 이유 : 배전반에는 CT와 PT가 설치되는데 그 이유는 전력 계통에 흐르는 대전류, 고전압을 직접 계측하거나 보호장치에 입력할 수 없기 때문에 적당한 값으로 전류와 전압을 바꾸어 주는 장치를 이용하여 배전반에 전류와 전압을 표시하기 위해서이다.

**16** 180[Ah]의 납축전지를 10[A]의 전류로 방전했을 때 사용할 수 있는 시간은?
① 1.8시간　　　　② 18시간
③ 180시간　　　　④ 1,800시간

해설
축전지의 용량(암페어시, [Ah]) = 방전전류[A] × 종지전압까지의 방전시간[h]이므로,
180[Ah] = 10[A] × 방전시간 → 방전시간은 18시간이다.

**17** 교류전압의 크기를 높이거나 낮추는 장치는 무엇인가?
① 정류기　　　　　② 발전기
③ 변압기　　　　　④ 브러시

해설
변압기는 전압을 용도에 맞게 높이거나 낮추는 장치이다.

**18** 발전기의 전압을 일정하게 자동으로 유지시키는 것은?

① AVR
② 회전자
③ 고정자
④ 전기자

해설
① AVR(Automatic Voltage Regulator, 자동전압조정기)는 운전 중인 발전기의 출력전압을 지속적으로 검출하고 부하가 변동하더라도 계자전류를 제어하여 항상 같은 전압을 유지하도록 하는 장치이다.

**19** 다음 중 교류를 직류로 변환시키는 것은?

① 발전기
② 전동기
③ 변압기
④ 정류기

해설
정류기는 직류발전기에서 교류를 직류로 변환하는 장치다.

**20** 1마력(약 0.75[kW])의 3상 유도전동기의 기동법으로 옳은 것은?

① 직입기동법
② 기동보상기법
③ 리액터기동법
④ Y-△기동법

해설
① 직접기동법 : 전동기에 직접 전원전압을 가하는 기동방법으로 기동전류가 전 부하전류의 5~8배가 흐른다. 주로 5[kW] 이하의 소형 유도전동기에 적용한다.
② 기동보상기법 : 기동보상기를 설치하여 기동기 단자전압에 걸리는 전압을 정격전압의 50~80[%] 정도로 떨어뜨려 기동전류를 제한한다.
③ 리액터기동법 : 전동기 사이에 철심이 든 리액터를 직선으로 접속하여 기동 시 리액터의 유도리액턴스 작용을 이용하여 전동기 단자에 가해지는 전압을 떨어뜨려 기동전류를 제한한다.
④ Y-△기동법 : 기동 시 Y결선으로 접속하여 상전압을 선간전압의 $\frac{1}{\sqrt{3}}$ 로 낮춤으로써 기동전류를 $\frac{1}{3}$ 로 줄일 수 있다. 기동 후에는 △ 결선으로 변환하여 정상운전한다.

**21** 누전상태를 표시하며 기관실의 주배전반에 설치되어 있는 것은?

① 파일럿 램프
② 운전 표시등
③ 접지등
④ 수은등

해설
선박의 배전반에는 접지등(누전 표시등)이 설치된다. 테스트 버튼을 눌렀을 때 세 개의 등이 모두 같은 밝기이면 누전되는 곳이 없이 상태가 양호한 것이다. 만약 한 선이 누전되고 있다면 누전되고 있는 선의 접지등은 어두워지고 다른 등은 더 밝게 빛나게 된다.

**22** 농형 유도전동기를 가장 많이 쓰는 이유로 틀린 것은?

① 구조가 간단하다.
② 운전이 용이하다.
③ 저렴하고 튼튼하다.
④ 속도 조정이 쉽다.

해설
농형 유도전동기의 특징
• 구조가 간단하고 견고하다.
• 발열이 작아 장시간 운전이 가능하다(선박용으로 사용하는 주된 이유).
• 기동 특성이 좋지 않다.
• 속도 조정이 용이하지 않다.

**23** 선박용 납축전지의 전해액으로 사용하는 두 가지 액체에 해당하는 것은?

① 황산 + 증류수
② 염산 + 진한 황산
③ 염산 + 증류수
④ 황산 + 묽은 염산

해설
선박용 납축전지의 전해액은 진한 황산과 증류수를 혼합하여 비중 1.28 내외의 묽은 황산을 사용한다.

**24** NPN형 트랜지스터의 단자 이름이 아닌 것은?

① 베이스　　　　② 드레인
③ 이미터　　　　④ 컬렉터

해설
트랜지스터는 베이스, 컬렉터, 이미터의 3단자로 이루어져 있다.

**25** 다음 분류 중 반도체인 것은?

① 구 리　　　　② 실리콘
③ 철　　　　　　④ 알루미늄

해설
반도체란 전류 흐름이 좋은 도체와 전류가 거의 흐르지 않는 부도체의 중간적인 특성을 가진 물질이다. 반도체 중 실리콘이나 게르마늄과 같은 물질은 불순물이 전혀 들어 있지 않은 순수한 반도체인 진성 반도체이다.

## 제4과목　직무일반

**01** 황천 항해 중의 기관 당직 요령이 아닌 것은?

① 프로펠러의 공회전이 심하므로 주기관의 각 부 온도와 압력을 주의해서 관찰한다.
② 주기관의 회전수가 위험회전수에 들어가지 않게 조작한다.
③ 연료유 탱크는 가능한 한 유면을 낮게 유지한다.
④ 중량물이 움직이지 않도록 고정시킨다.

해설
황천 항해 시에는 횡요와 동요가 심하므로 연료유의 유면을 낮게 유지하면 펌프로의 흡입이 원활히 이루어지지 않아 압력 저하나 펌프에 공기가 차게 된다. 그러므로 연료유 및 윤활유의 유면은 적정한 레벨을 유지하도록 해야 한다.

**02** 항해 중 당직 항해사에게 통보하거나 협의할 사항이 아닌 것은?

① 발전기에 이상이 생겨 송전이 원활하지 못할 경우
② 갑판기기를 수리하고자 할 때
③ 냉동기를 수리하고자 할 때
④ 주기관의 속도를 변경할 때

해설
당직 기관사가 당직 중 당직 항해사에게 보고해야 할 사항들은 주기관의 속도 변경 및 고장 등으로 항해에 지장이 될 만한 작업 및 갑판 관련 기기들의 수리 등이 있다. 냉동기의 수리는 항해와 크게 관련이 없으므로 당직 항해사에게 보고할 필요는 없다.

**03** 당직 기관사가 항해 당직의 교대 시 요령으로 가장 알맞은 것은?

① 교대자는 15분 전에 기관실에 가서 주기의 회전수, 냉각수 온도, 윤활유의 압력, 보기의 운전 등 기관상태를 확인한다.
② 교대자는 당직을 교대하기 전 수시로 기관실에 들어가 상태를 점검하고 현재의 상태를 기관장에게 보고한다.
③ 교대자는 1시간 전에 기관실에 들어가 당직자에게 이상 유무를 확인한다.
④ 교대자는 당직자의 구두로 전달되는 것을 무시하고 자기의 직무를 수행한다.

해설
일반적으로 선박의 당직 교대는 교대시간 15분 전에 미리 기관실에 가서 인수·인계사항을 전달받고 당직에 임한다.
당직 교대 및 인수·인계 : 당직 기관사는 당직 교대 시 다음 사항을 전달하여야 한다.
• 기계 작동과 관련된 기관장의 지침과 지시사항
• 선교로부터의 지시 또는 요청사항
• 기관실에서 진행 중인 작업의 내용, 인원 및 예상되는 위험사항
• 빌지, 평형수, 청수, 오수, 연료유 탱크 등의 상태 및 이송 등을 위한 특별한 조치사항
• 주기와 보조기계의 상태 및 특이사항
• 경보가 발생된 리스트 및 조치사항과 전달사항
• 기관일지 및 당직일지의 작성 및 추가 기입 요청사항

**04** 디젤기관의 분해 작업을 시작하기 전에 작업책임자의 확인사항이 아닌 것은?

① 냉각계통의 입·출구밸브가 열려 있는지 확인한다.

② 작업자가 적합한 안전 장구를 착용하였는지 확인한다.

③ 작업에 관계되는 공구 및 예비품의 보유 여부를 확인한다.

④ 천장크레인 사용에 대비하여 미리 작동 상태를 확인한다.

해설
디젤기관을 분해 작업하기 전에는 냉각 계통의 입·출구밸브를 닫고 기관 내의 냉각수를 드레인시켜야 한다.

**05** 전기용접 작업 시 일어날 수 있는 사고에 대한 방지 대책이 아닌 것은?

① 눈을 보호하는 안경을 착용한다.

② 통풍을 좋게 한다.

③ 몸과 신발이 젖어 있는 경우 전격(어스)에 의한 감전에 주의한다.

④ 작업 현장의 습도를 높게 유지한다.

해설
전기용접 작업 시 습도가 높은 곳에서 작업을 하면 감전사고의 위험이 높아진다.

**06** 선교 텔레그래프의 지시대로 주기관을 조작하고 그 시간 및 조작내용을 기록하는 것은?

① 기관 벨 북

② 정오보고서

③ 기름기록부

④ 폐기물기록부

해설
벨 북은 일명 스탠바이 북(Stand by Book)이라고 한다. 스탠바이 시 기관을 사용한 시각과 내용, 예인선의 사용시각과 내용, 항내 항로표지의 통과시각 등의 입·출항과 관련된 사항을 기록하는 것이다. 최근에는 선박 기관의 사용에 대한 기록이 자동으로 출력되기도 하여 기관 벨 북은 따로 기입하지 않고 항해용 벨 북만 기입한다.

**07** 해양환경관리법에 의한 선박의 검사가 아닌 것은?

① 정기검사 ② 임시검사
③ 연차검사 ④ 중간검사

해설
선박의 검사는 정기적으로 시행되는데 용어의 차이가 약간 있다. 해양환경관리법에서 정의하는 제2종 중간검사의 개념이 선급검사에서는 연차검사로 사용되기도 한다. 해양환경관리법에서 정의하는 검사의 종류는 다음과 같다.
① 정기검사 : 해양오염방지설비, 선체 및 화물창을 선박에 최초로 설치하여 항해에 사용하려는 때 또는 해양오염방지검사증서의 유효기간이 만료한 때(5년)에 시행하는 검사이다.
② 임시검사 : 해양오염방지설비 등을 교체, 개조 또는 수리하고자 할 때 시행하는 검사이다.
④ 중간검사 : 정기검사와 정기검사 사이에 행하는 검사로 제1종 중간검사와 제2종 중간검사로 구별한다.
※ 임시항해검사 : 해양오염방지검사증서를 교부받기 전에 임시로 선박을 항해에 사용하고자 하는 때 또는 대한민국 선박을 외국인 또는 외국 정부에 양도할 목적으로 항해에 사용하려는 경우나 선박의 개조, 해체, 검사, 검정 또는 톤수 측정을 받을 장소로 항해하려는 경우에 실시한다.

**08** 선박의 기관구역 기름기록부에 기재할 사항이 아닌 것은?

① 선저폐수 처리

② 연료유의 적재

③ 사고로 인한 기름의 배출

④ 주기 연료유 여과기 소제 작업

해설
기름기록부는 다음과 같이 상황별 코드번호를 기입해서 작성해야 하며, 주기관의 연료유 여과기 소제의 사항까지 기입지는 않는다.
• A : 연료유탱크에 밸러스트 적재 또는 연료유탱크의 세정
• B : A에 언급된 연료유탱크로부터 더티 밸러스트 또는 세정수의 배출

- C : 유성 잔류물(슬러지)의 저장 및 처분
- D : 기관실 빌지의 비자동방식에 의한 선외 배출 또는 그 밖의 다른 처리방법에 의한 처리
- E : 기관실 빌지의 자동방식에 의한 선외 배출 또는 그 밖의 다른 방법에 의한 처분
- F : 기름 배출 감시 제어장비의 상태
- G : 사고 또는 기타 예외적인 기름의 배출
- H : 연료 또는 산적 윤활유의 적재
- I : 그 밖의 작업절차 및 일반적인 사항

## 09 유조선이 아닌 선박의 선박소유자는 몇 톤 이상일 때 해양오염방지관리인을 임명하는가?

① 총톤수 150톤 이상
② 총톤수 200톤 이상
③ 총톤수 400톤 이상
④ 총톤수 500톤 이상

[해설]
해양환경관리법 제32조(선박 해양오염방지관리인)
총톤수 150톤 이상인 유조선과 총톤수 400톤 이상인 선박의 소유자는 그 선박에 승무하는 선원 중에서 선장을 보좌하여 선박으로부터의 오염물질 및 대기오염물질의 배출방지에 관한 업무를 관리하게 하기 위하여 대통령령으로 정하는 자격을 갖춘 사람을 해양오염방지관리인으로 임명해야 한다. 단, 선장, 통신장 및 통신사는 제외한다.

## 10 정박 중 기관실 선저폐수 처리요령이 아닌 것은?

① 선저폐수 저장탱크에 저장한 후 육상처리시설에 인도한다.
② 기관실 빌지 웰에 여유가 있으면 그냥 둔다.
③ 선저폐수펌프를 통해서 직접 배출한다.
④ 선저폐수 저장탱크로 이송하여 저장한다.

[해설]
선저폐수(빌지)는 다음과 같은 사항이 동시에 충족될 때 선외로 배출할 수 있으며, 직접 선외로 배출되는 행위는 금지된다.
- 기름오염방지설비를 작동하여 배출할 것
- 항해 중에 배출할 것
- 유분의 함량이 15[ppm](100만분의 15) 이하일 때만 배출할 것

## 11 피예인선의 기름기록부는 어디에, 누가 보관하는가?

① 선박 소유자가 육상의 사무실에 비치한다.
② 기관장이 선박에 비치한다.
③ 해양경찰청장이 해양경찰청에 비치한다.
④ 해양수산부 공무원이 해당 관청에 비치한다.

[해설]
기름기록부는 연료 및 윤활유의 수급, 기관실 유수 분리기의 작동 및 수리사항, 선저 폐수의 배출·이송·처리 및 폐유의 처리 등의 사항을 기록하는 것으로 해양환경 관리의 중요한 자료이며 마지막 작성일로부터 3년간 보관해야 한다. 선박의 경우에는 본선에 비치하며 피예인선과 같은 경우에는 선박 소유자가 육상의 사무실에 비치할 수 있다.

## 12 심장마사지를 해야 하는 경우는?

① 심장운동이 정지되었을 때 한다.
② 혈압이 높을 때 실시한다.
③ 심장운동이 정상일 때 심장운동을 도와주는 것이다.
④ 심장운동이 너무 활발할 때 진정시키기 위한 처치이다.

[해설]
심장마사지는 사고나 질병으로 심장 박동이 갑자기 멈추었을 때 심장을 압박하여 혈액 순환이 지속되도록 하는 처치이다.

## 13 홍반이 생긴 경우의 화상은 몇 도 화상인가?

① 1도 화상   ② 2도 화상
③ 3도 화상   ④ 4도 화상

[해설]
① 1도 화상(홍반점) : 표피가 붉게 변하며 쓰린 통증이 있는 정도이다.
② 2도 화상(수포성) : 표피와 진피가 손상되어 물집이 생기며 심한 통증을 수반한다.
③ 3도 화상(괴정성) : 피하조직 및 근육조직이 손상되어 검게 타고 짓무른 상태가 되어 흉터를 남긴다.
④ 4도 화상 : 3도 화상에서 더 심각한 상태이며 피부 겉은 물론 체내의 근육과 뼈까지 손상을 입을 정도의 화상으로 극심한 신체적 장애 및 변화가 동반되며 사망률이 높다.

**14** 선박에 설치되는 방수시설이 아닌 것은?

① 이중저

② 수밀격벽

③ 수밀문

④ 윤활유펌프

**해설**

이중저는 선체가 두 개의 외판으로 이루어진 것으로 외판이 손상되어도 해수가 선저로 침입하는 것을 막거나 화물유가 새어나가지 못하는 역할을 한다. 수밀문이나 수밀 격벽은 침수구역의 침수 발생부위의 응급조치가 시행되지 않았을 경우 그 구획만 침수되도록 하여 침수구역을 최소화하는 설비이고 빌지펌프나 해수펌프 등은 배수를 위한 펌프이다. 윤활유펌프는 방수설비가 아니다.

**15** 기관실 침수방지대책이 아닌 것은?

① 빌지(선저폐수) 경보장치의 작동을 확인한다.

② 냉각 청수량이 감소하는지 확인한다.

③ 선외밸브 조작을 확실하게 한다.

④ 해수관 계통의 누설에 주의한다.

**해설**

냉각 청수량이 감소하는 것과 침수방지대책과는 거리가 멀다. 냉각 청수량이 감소한다는 것은 주기관이나 보조기계의 냉각수의 누설이 있는 것이므로 관련 기기의 운전상태를 살펴야 한다.

**16** 선박 충돌 시 침수량이 많을 때의 우선조치에 해당되지 않는 것은?

① 발전기 병렬운전

② 격벽보강 및 경사수정

③ 수밀문 폐쇄

④ 배 수

**해설**

침수 시에는 침수 원인과 침수 구멍의 크기와 깊이, 침수량 등을 파악하여 응급조치하고 모든 방법을 동원해 배수하는 것이 최우선이다. 응급조치에도 불구하고 침수량이 급격히 늘어난다면 수밀문을 폐쇄하고 격벽 보강 및 경사를 수정하여 한 구획만 침수되도록 하여 피해를 최소화해야 한다. 발전기 병렬운전은 전력소모량이 많을 경우의 조치이며 침수 시 우선조치사항과는 거리가 멀다.

**17** 해수가 선내로 침입하지 않도록 수밀구조를 설치해야 할 곳이 아닌 것은?

① 선원 식당의 출입문

② 기관실 위쪽에 있는 천창

③ 수면 부근에 있는 현창

④ 화물창 상부의 해치 커버

**해설**

수밀구조란 물의 압력으로 인한 침수, 누수의 방지를 목적으로 한 구조로서 선박의 하부구조에서 해수와 접하는 외판 및 외판의 파손에 의한 침수 발생 시에도 이를 최소화할 수 있게 수밀격벽을 일정한 간격으로 설치해야 한다. 그러나 선원 식당까지 수밀구조로 만들지는 않는다.

**18** 선박에서 발생할 수 있는 전기에 의한 화재사고 예방조치로 틀린 것은?

① 전선이나 접점은 항상 단단히 고정할 것

② 배전반 내의 접속단자가 풀리지 않도록 조여 둘 것

③ 전기장치의 절연저항값을 최소한 낮게 유지할 것

④ 전기설비에 사용되는 퓨즈는 규격 이상을 사용하지 말 것

**해설**

절연저항이란 전기기기들의 누설전류가 선체로 흐르는 정도를 나타낸 것인데 절연저항값이 클수록 누설전류가 작은 것이고 절연저항값이 작을수록 누설전류가 큰 것이다. 선박에 설치되는 전기기기들은 절연저항값을 준수해야 하며, 일반적인 선박의 경우 1[M$\Omega$] 이상의 절연저항값을 유지해야 한다.

**19** D급 화재에 해당하는 것은?

① 가연성 금속의 화재

② 전기화재

③ 유류화재

④ 목재화재

해설
- A급 화재(일반화재) : 연소 후 재가 남는 고체화재로 목재, 종이, 면, 고무, 플라스틱 등의 가연성 물질의 화재이다.
- B급 화재(유류화재) : 연소 후 재가 남지 않는 인화성 액체, 기체 및 고체 유질 등의 화재이다.
- C급 화재(전기화재) : 전기설비나 전기기기의 스파크, 과열, 누전, 단락 및 정전기 등에 의한 화재이다.
- D급 화재(금속화재) : 철분, 칼륨, 나트륨, 마그네슘 및 알루미늄 등과 같은 가연성 금속에 의한 화재이다.
- E급 화재(가스화재) : 액화석유가스(LPG)나 액화천연가스(LNG) 등의 기체화재이다.

**20** 선박 내의 거주구역에서 발생하는 화재에 대한 예방 조치가 아닌 것은?
① 흡연구역 외에 흡연을 금지할 것
② 침실에서 흡연을 하지 않도록 할 것
③ 개인용 전열기구의 사용을 엄격히 통제할 것
④ 한 개의 콘센트에 여러 개의 전기기구를 동시에 사용할 것

해설
한 개의 콘센트에 여러 개의 전기기구를 사용할 경우 과전류나 합선에 의한 화재가 발생하기 쉽다.

**21** 화재 시 발생하는 연소 생성물 중 인체에 치명적인 해가 되는 물질은?
① 산소($O_2$)
② 질소($N_2$)
③ 일산화탄소($CO$)
④ 수분($H_2O$)

해설
일산화탄소는 무색무취의 유독성 가스로서 연료 속의 탄소성분이 연소 시 산소가 부족하거나 연소온도가 낮아 불완전 연소하였을 때 발생한다.

**22** 해양에서 기름의 대량 배출이 일어났을 때 기름배출 방제조치를 취해야 할 사람으로 옳지 않은 것은?
① 기름을 배출한 선박의 선장
② 배출된 기름을 발견한 자
③ 폐유처리시설의 설치자
④ 기름의 배출 원인이 되는 행위를 한 자

해설
폐유처리시설의 설치자와 기름배출 방제조치 의무와는 거리가 멀다.

**23** 선원법상 선원의 선원근로관계에 있어서 쟁의행위 금지사항에 해당하지 않는 것은?
① 선박이 외국항에 정박 중일 경우
② 여객선이 승객을 태우고 항해 중일 경우
③ 선원근로관계에 관한 쟁의행위로 인명이나 선박의 안전에 현저한 위해를 줄 우려가 있는 경우
④ 선박이 국내항에 휴식을 취하기 위하여 정박 중일 경우

해설
선원법 제25조(쟁의행위의 제한)
선원은 다음의 사항에 해당하는 경우에는 선원근로관계에 관한 쟁의행위를 하여서는 아니 된다.
- 선박이 외국항에 있는 경우
- 여객선이 승객을 태우고 항해 중인 경우
- 위험물 운송을 전용으로 하는 선박이 항해 중인 경우로서 위험물의 종류별로 해양수산부령으로 정하는 경우
- 항구를 출입할 때, 좁은 수로를 지나갈 때, 선박의 충돌·침몰 등 해양사고가 빈발하는 해역을 통과할 때, 그 밖에 선박에 위험이 발생할 우려가 있는 때, 선장 등이 선박의 조종을 지휘하여 항해 중인 경우
- 어선이 어장에서 어구를 내릴 때부터 냉동처리 등을 마칠 때까지의 일련의 어획작업 중인 경우
- 그 밖에 선원근로관계에 관한 쟁의행위로 인명이나 선박의 안전에 현저한 위해를 줄 우려가 있는 경우

**24** 선박에서 해양오염방지관리인이 될 수 없는 사람은?

① 통신장

② 기관장

③ 1등 기관사

④ 2등 항해사

**해설**

해양환경관리법 제32조(선박 해양오염방지관리인)

총톤수 150톤 이상인 유조선과 총톤수 400톤 이상인 선박의 소유자는 그 선박에 승무하는 선원 중에서 선장을 보좌하여 선박으로부터의 오염물질 및 대기오염물질의 배출방지에 관한 업무를 관리하게 하기 위하여 대통령령으로 정하는 자격을 갖춘 사람을 해양오염방지관리인으로 임명해야 한다. 단, 선장, 통신장 및 통신사는 제외한다.

**25** 선박안전법의 제정 목적은?

① 선내의 질서 유지

② 선박의 감항성과 인명의 안전보장

③ 해양환경의 보전 및 관리

④ 선박직원으로 승무자격을 정함

**해설**

선박안전법 제1조(목적)

선박의 감항성 유지 및 안전운항에 필요한 사항을 규정함으로써 국민의 생명과 재산을 보호함을 목적으로 한다.

## 제1과목 기관 1

**01** 다음 기관 중 압축비가 가장 큰 내연기관은?

① 디젤기관
② 가솔린기관
③ 제트기관
④ 가스터빈기관

**[해설]**
디젤기관의 특징은 압축비가 높아 열효율이 높고 연료소비량이 적은 장점이 있다. 그리고 압축비가 높기 때문에 시동이 곤란하고 폭발압력이 높아 소음과 진동이 큰 단점이 있다.

**02** 보슈형 연료분사펌프의 연료유 토출량을 조절하기 위한 조치는?

① 캠의 위치를 조절한다.
② 조정랙을 조정하여 분사 끝을 조절한다.
③ 분사압력을 조절한다.
④ 플런저행정을 조절한다.

**[해설]**
보슈식 연료분사펌프에서 연료유의 공급량을 조정하는 것은 조정랙이다. 조정랙을 움직이면 플런저와 연결되어 있는 피니언을 움직이게 되고 피니언은 플런저를 회전시키게 된다. 플런저를 회전시키면 플런저 상부의 경사 홈이 토출구와 만나는 위치가 변화되어 연료의 양을 조정하게 된다.

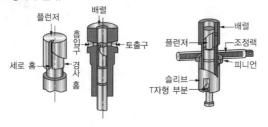

**03** 디젤기관 운전 시 윤활유 계통의 점검사항이 아닌 것은?

① 기관의 윤활유 입구 온도
② 기관의 윤활유 입구 압력
③ 섬프탱크 내의 유면상태
④ 고압분사펌프의 상태

**[해설]**
고압분사펌프(연료분사펌프)는 연료유의 압력을 고압으로 상승시켜 연료분사밸브로 보내는 것으로 연료유와 관련이 있다.

**04** 디젤기관의 연료분사밸브의 분사압력이 규정압력보다 너무 낮을 때 나타나는 현상이 아닌 것은?

① 분사시기가 빨라진다.
② 무화가 나빠진다.
③ 착화가 빨라진다.
④ 기름입자가 커진다.

**[해설]**
연료분사밸브의 연료분사압력이 규정압력보다 너무 낮을 때는 무화, 분산, 분포가 제대로 이루어지지 않게 되어 착화도 빠르게 일어나지 않게 된다. 또한 무화가 잘 일어나지 않으므로 기름의 입자가 안개처럼 퍼지지 않고 큰 상태로 분사되며, 연료분사압력이 낮기 때문에 연료분사밸브의 노즐이 열리는 압력이 낮아 분사가 비교적 빨리 이루어진다.

**05** 디젤기관의 윤활유를 순환시키는 윤활장치는?

① 윤활유 가열기
② 윤활유 냉각기
③ 윤활유 여과기
④ 윤활유 펌프

해설
디젤기관의 윤활유를 순환시키는 장치는 윤활유 펌프이다. 각 선박의 크기와 엔진의 타입에 따라 윤활유 펌프가 기관에 함께 부착된 상태로 설치되는 것과 기관 밖에 별도의 윤활유 펌프가 설치되는 것으로 나뉜다.

**06** 디젤기관의 피스톤 링을 양호한 상태로 유지하기 위한 주의사항이 아닌 것은?

① 링을 뺄 때는 무리한 힘을 가하지 않는다.
② 링의 조립 시 상하 방향이 반대로 조립되지 않도록 한다.
③ 링의 절구 틈은 상하 방향으로 일직선이 되도록 한다.
④ 링의 절구 틈 및 옆 틈이 적당한지 확인한다.

해설
피스톤 링의 절구 틈은 연소가스의 누설을 막기 위해 겹치지 않게 180°로 엇갈리도록 배열해야 한다.

**07** 디젤기관에서 크랭크핀 메탈의 발열원인이 아닌 것은?

① 과부하 운전을 할 때
② 크랭크축 중심이 맞지 않을 때
③ 윤활유에 수분이 혼입되었을 때
④ 윤활유의 압력이 너무 높을 때

해설
윤활유의 압력이 높다는 것은 윤활유의 공급이 원활하다는 뜻이다. 윤활유의 압력이 낮을 때 크랭크핀이나 메인 베어링 등의 운동부에서 발열이 일어날 수 있다.

**08** 디젤기관의 회전속도가 높아서 피스톤링의 펌프작용이 심할 때 일어나는 현상은?

① 윤활유 소비량이 증가한다.
② 연료유 공급압력이 저하한다.
③ 윤활유 공급압력이 증가한다.
④ 실린더 냉각수 온도가 낮아진다.

해설
피스톤링의 펌프작용이 심해지면 윤활유의 소모량이 급격하게 증가한다.
※ 링의 펌프작용과 플러터현상 : 피스톤 링과 홈 사이의 옆 틈이 너무 클 때, 피스톤이 고속으로 왕복 운동함에 따라 링의 관성력이 가스의 압력보다 크게 되어 링이 홈의 중간에 뜨게 되면, 윤활유가 연소실로 올라가 장해를 일으키거나 링이 홈 안에서 진동하게 되는데 윤활유가 연소실로 올라가는 현상을 링의 펌프작용, 링이 진동하는 것을 플러터현상이라고 한다.

**09** 2행정 사이클 디젤기관에서 소기공을 열리고 닫히도록 하는 부품은?

① 캠
② 피스톤
③ 로커암
④ 흡기밸브

해설
4행정 사이클 디젤기관의 흡·배기밸브는 실린더헤드에 설치된다. 그러나 2행정 사이클 디젤기관의 경우에는 소기공은 실린더라이너 하부에 설치되어 피스톤이 소기공 아래로 내려왔을 때 공기를 흡입하고 피스톤이 소기공 위로 올라가면 소기공이 닫히는 구조로 되어 있다. 다음 그림과 같이 2행정 사이클 디젤기관의 소기방법에는 여러 가지가 있으나 최신의 대형 기관에서는 유니플로식 소기방식을 주로 채택하고 있다.

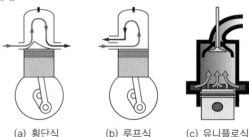

(a) 횡단식    (b) 루프식    (c) 유니플로식
[2행정 사이클 디젤기관의 소기방식]

**10** 소형 고속기관의 피스톤 재료로 가장 널리 쓰이는 것은?

① 망간 합금

② 니켈 합금

③ 마그네슘 합금

④ 알루미늄 합금

해설
저·중속기관에서는 주철이나 주강으로, 중·소형 고속기관에서는 알루미늄 합금 재질이 주로 사용된다.

**11** 디젤기관에서 피스톤의 왕복운동을 크랭크축에 직접 전달하는 역할을 하는 부속품은?

① 피스톤로드

② 크랭크핀

③ 메인 저널

④ 커넥팅로드

해설
커넥팅로드는 피스톤이 받는 폭발력을 크랭크축에 전달하고 피스톤의 왕복운동을 크랭크축의 회전운동으로 바꾸는 역할을 한다.

**12** 소형 기관에서 일반적으로 정해지는 메인 베어링의 개수는 몇 개인가?

① 실린더 수만큼

② 실린더 수 +1

③ 실린더 수 −1

④ 출력에 따라서

해설
보통 기관의 메인 베어링의 개수는 실린더 수에 1개가 더 있다. 메인 베어링은 크랭크저널을 지지해주는 역할을 하는데 크랭크저널의 수는 다음의 그림과 같이 기관베드의 선수쪽과 선미쪽에는 꼭 있어야 하므로 실린더 개수보다 1개 더 있어야 한다.

크랭크저널
[크랭크저널의 위치]

**13** 디젤기관의 운전 중 크랭크암 사이의 거리가 축소 또는 확대되는 작용은?

① 비틀림 진동

② 디플렉션

③ 벤딩 모멘트

④ 플러터 현상

해설
크랭크암의 개폐작용(크랭크암 디플렉션)
크랭크축이 회전할 때 크랭크암 사이의 거리가 넓어지거나 좁아지는 현상이다. 그 원인은 다음과 같으며 주기적으로 디플렉션을 측정하여 원인을 해결해야 한다.
• 메인 베어링의 불균일한 마멸 및 조정 불량
• 스러스트 베어링(추력 베어링)의 마멸과 조정 불량
• 메인 베어링 및 크랭크핀 베어링의 틈새가 클 경우
• 크랭크축 중심의 부정 및 과부하운전(고속운전)
• 기관베드의 변형

**14** 디젤기관의 플라이휠에 대한 올바른 설명은?

① 가벼울수록 효과가 좋다.

② 실린더 수가 적을수록 가벼운 것을 설치한다.

③ 지름을 크게 하는 것보다 폭을 넓게 하는 것이 좋다.

④ 저속회전을 가능하게 하고 시동을 쉽게 한다.

해설
플라이휠
작동행정에서 발생하는 큰 회전력을 플라이휠 내에 운동에너지로 축적하고 회전력이 필요한 그 밖의 행정에서는 플라이휠의 관성력으로 회전한다. 역할은 다음과 같다.
• 크랭크축의 회전력을 균일하게 한다.
• 저속 회전을 가능하게 한다.
• 기관의 시동을 쉽게 한다.
• 밸브의 조정이 편리하다.

**15** 선박이 항내를 빠져나와 정상 항해가 시작되었을 때 주기관의 점검사항이 아닌 것은?

① 사용 연료유의 종류에 따라 적정온도로 가열되고 적정압력으로 공급되고 있는지 점검한다.

② 실린더와 실린더헤드에 공급되는 냉각수의 압력과 온도가 정상적인 값을 나타내는지 점검한다.

③ 메인 베어링에 공급되는 윤활유의 압력과 온도가 정상적인 값을 나타내는지 점검한다.

④ 인디케이터 콕을 열어 배기가스색을 확인·점검한다.

해설

인디케이터 콕은 기관의 출력을 계산하기 위해 인디케이터 선도를 측정하고자 할 때와 기관의 시동 전, 정지 후 기관을 터닝할 때 열어서 사용한다. 기관이 운전 중일 때는 잠겨 있어야 한다.

**16** 디젤기관에서 배기색이 흑색일 때의 원인으로 틀린 것은?

① 불완전 연소할 때

② 기관이 과부하일 때

③ 소기압력이 너무 높을 때

④ 공기 공급이 불충분할 때

해설

디젤기관의 배기색이 흑색인 원인은 연료의 공급량이 과다하여 불완전 연소가 일어날 때이다. 그 원인은 과부하운전, 연료분사밸브의 불량으로 인한 연료분사량의 과다, 흡기공기(흡기압력 또는 소기압력)의 공급 부족 등이 있다.

**17** 보일러에 수저방출밸브를 설치한 목적이 아닌 것은?

① 보일러 내부를 청소할 때 배수하기 위하여

② 증기압력을 조절하기 위하여

③ 보일러의 수질을 조절하기 위하여

④ 보일러의 농축물을 배출하기 위하여

해설

• 수저방출밸브(보텀 블로밸브, Bottom Blow Valve) : 보일러 내부의 바닥에 고이는 불순물을 방출할 때, 보일러의 수질을 조절할 때(염분

농도나 약품 농도의 조절), 보일러 내부 점검이나 청소를 위한 배수를 할 때 사용한다.

• 수면방출밸브(서피스 블로밸브, Surface Blow Valve) : 보일러 상부 수면에 있는 유지분이나 불순물을 배출할 때 사용한다.

**18** 다음 중 용액의 수소이온농도의 단위는?

① [pH]

② [ppm]

③ [mmHg]

④ [OH]

해설

pH란 어떤 물질의 용액 속에 함유되어 있는 수소이온농도를 표시하는 단위이다. 물의 수소이온농도는 pH 7.0 정도로 중성에 해당하고 7 이하이면 산성, 7 이상이면 알칼리성이라고 한다.

**19** 다음 중 선박의 추진 시 발생하는 추력을 받는 곳은?

① 메인 베어링

② 피스톤핀

③ 추력 베어링

④ 크랭크핀 베어링

해설

추력 베어링(스러스트 베어링)은 선체에 부착되어 있고 추력 칼라의 앞과 뒤에 설치되어 있으며 프로펠러로부터 전달되어 오는 추력을 추력 칼라에서 받아 선체에 전달하여 선박을 추진시키는 역할을 한다. 그 종류에는 상자형 추력 베어링, 미첼형 추력 베어링 등이 있다.

**20** 프로펠러축과 슬리브 사이의 틈새가 클 경우 축에 미치는 영향은?

① 해수가 침입하여 부식한다.

② 축의 마멸이 줄어든다.

③ 프로펠러 날개가 부식한다.

④ 프로펠러의 진동이 줄어든다.

해설

프로펠러축에 슬리브를 사용하는 이유는 프로펠러축의 부식과 마멸을 줄이고 축을 장기간 사용할 수 있도록 하기 위함이다. 그러나 프로펠러축과 슬리브 사이의 틈새가 클 경우에는 해수가 침입하여 부식을 일으키고 축의 부식과 마멸이 빨리 진행된다.

**21** 선박 운항 중에 수면 아래 선체가 받는 가장 큰 저항은?

① 조파저항
② 공기저항
③ 마찰저항
④ 와류저항

해설
③ 마찰저항 : 선박이 전진할 때 선체의 표면에 접촉하는 물의 점성에 의해 생긴 마찰로, 저속일 때 전체 저항의 70~80[%]이고 속도가 높아질수록 그 비율이 감소한다.
① 조파저항 : 배가 전진할 때 받는 압력으로 배가 만들어내는 파도의 형상과 크기에 따라 저항의 크기가 결정된다. 저속일 때는 저항이 미미하지만 고속 시에는 전체 저항의 60[%]로 이를 정도로 증가한다.
② 공기저항 : 수면 위 공기의 마찰과 와류에 의하여 생기는 저항이다.
④ 와류저항 : 선미 주위에서 많이 발생하는 저항으로 선체 표면의 급격한 형상변화 때문에 생기는 와류(소용돌이)로 인한 저항이다.

**22** 다음 중 선박의 가장 선미 쪽에 위치하는 장치는?

① 크랭크축
② 프로펠러축
③ 플라이휠
④ 감속기

해설
프로펠러축(추진기축) : 프로펠러축은 프로펠러(추진기)에 연결되어 회전력을 전달하는 축으로 선미관을 통과하여 선내의 중간축 베어링과 선외의 프로펠러를 연결한다.

**23** 디젤기관의 윤활유가 열화되는 원인이 아닌 것은?

① 윤활유 냉각기의 오손으로 냉각이 되지 않을 경우
② 기관의 운전 중 윤활유를 청정하여 사용할 경우
③ 실린더 냉각수가 윤활유에 혼입되는 경우
④ 연소 생성물이 윤활유에 혼입되는 경우

해설
윤활유가 열화되는 원인은 수분이나 불순물이 혼입되었을 경우와 냉각이 잘되지 않아 기관의 높은 열을 지속적으로 받을 경우이다.

**24** 선박의 기관실 연료의 흐름 순서가 맞는 것은?

① 저장탱크 → 서비스탱크 → 침전탱크 → 청정기 → 기관
② 저장탱크 → 침전탱크 → 청정기 → 서비스탱크 → 기관
③ 저장탱크 → 청정기 → 서비스탱크 → 침전탱크 → 기관
④ 저장탱크 → 청정기 → 침전탱크 → 서비스탱크 → 기관

해설
일반적으로 선박의 기관실에서 연료의 이송은 저장탱크(벙커탱크)에서 침전탱크(세틀링탱크, Settling Tank)로 이송하여 침전물을 드레인시키고 청정기를 이용하여 수분과 불순물을 여과시켜 서비스탱크로 보낸다. 서비스탱크에 보내진 연료유는 펌프를 이용하여 기관에 공급된다.

**25** 피스톤링과 실린더라이너 사이에서 가스의 누설을 막아 주는 윤활유의 역할은?

① 감마작용
② 기밀작용
③ 방청작용
④ 응력분산작용

해설
윤활유의 기능
• 감마작용 : 기계와 기관 등의 운동부 마찰면에 유막을 형성하여 마찰을 감소시킨다.
• 냉각작용 : 윤활유를 순환 주입하여 마찰열을 냉각시킨다.
• 기밀작용(밀봉작용) : 경계면에 유막을 형성하여 가스의 누설을 방지한다.
• 방청작용 : 금속 표면에 유막을 형성하여 공기나 수분의 침투를 막아 부식을 방지한다.
• 청정작용 : 마찰부에서 발생하는 카본(탄화물) 및 금속 마모분 등의 불순물을 흡수하는데 대형 기관에서는 청정유를 순화하여 청정기 및 여과기에서 찌꺼기를 청정시켜 준다.
• 응력분산작용 : 집중 하중을 받는 마찰면에 하중의 전달 면적을 넓게 하여 단위 면적당 작용 하중을 분산시킨다.

## 제2과목  기관 2

**01  원심펌프의 올바른 기동방법은?**

① 흡입밸브를 열고 송출밸브를 잠근 후 펌프를 기동하여 송출밸브를 서서히 연다.

② 흡입밸브와 송출밸브를 잠그고 펌프를 기동한 후에 송출밸브를 서서히 연다.

③ 흡입밸브와 송출밸브를 전개하여 펌프를 기동한 후에 송출밸브를 적당히 잠근다.

④ 흡입·송출밸브의 개도와 상관없이 기동하면 된다.

**해설**

원심펌프를 운전할 때에는 흡입관밸브는 열고 송출관밸브는 닫힌 상태에서 시동을 한 후 규정 속도까지 상승 후에 송출밸브를 서서히 열어서 유량을 조절한다.

**02  원심식 유청정기의 운전 초기에 물의 출구로 기름이 유출되는 것을 막아 주는 것은?**

① 회전판  ② 분리판

③ 봉 수  ④ 고압수

**해설**

봉수는 운전 초기에 물이 빠져나가는 통로를 봉쇄하여 기름이 물 토출구로 빠져나가는 것을 방지하는 역할을 한다.

**03  왕복펌프의 특성에 해당되지 않는 것은?**

① 대용량 저압용으로 적당하다.

② 흡입 성능이 양호하다.

③ 무리한 운전에도 잘 견딘다.

④ 운전 조건이 광범위하게 변해도 효율의 변화가 작다.

**해설**

왕복펌프의 특징

• 흡입 성능이 양호하다.

• 소유량, 고양정용 펌프에 적합하다.

• 운전 조건에 따라 효율의 변화가 작고 무리한 운전에도 잘 견딘다.

• 왕복운동체의 직선운동으로 인해 진동이 발생한다.

**04  펌프에서 기계식 실(Mechanical Seal)이 하는 역할은?**

① 진동 방지

② 누설 방지

③ 회전저항 감소

④ 펌프의 임펠러 보호

**해설**

임펠러 축과 펌프 케이싱 사이에서 유체가 누설하는 것을 방지하기 위해 축봉장치를 설치하는데 기계적 실(Mechanical Seal)이나 충전식 패킹을 사용한다.

**05  체크밸브를 설치하는 목적으로 적절한 것은?**

① 유체의 압력을 조절한다.

② 유체의 온도를 조절한다.

③ 유체가 한 방향으로만 흐르게 한다.

④ 유체의 유속을 변화시킨다.

**해설**

체크밸브는 유체의 흐름을 한쪽 방향으로만 흐르게 하고 역류를 방지하는 역할을 한다.

**06  원심펌프가 시동되었는데도 유체가 송출되지 않았을 때의 원인으로 볼 수 없는 것은?**

① 흡입양정이 너무 높다.

② 흡입관이나 스트레이너가 막혀 있다.

③ 흡입측으로 공기가 새어 들어온다.

④ 베어링의 윤활이 충분하지 않다.

**해설**

베어링의 윤활이 잘되지 않으면 베어링에 소음과 열이 발생하고 심할 경우 베어링의 손상을 가져와 진동을 발생하기도 한다. 원심펌프가 시동이 되었고 유체의 송출이 되지 않는 경우이므로 베어링의 윤활과는 거리가 있다.

**07** 연료유 청정장치로서 청정효과가 가장 좋은 것은?

① 중력식 침전탱크
② 원심식 유청정기
③ 필터식 여과기
④ 스트레이너

해설
원심식 유청정기의 작동원리는 비중의 차이를 이용하여 원심력에 의해 무거운 것이 회전통의 외각으로 모이게 하여 청정하는 것이다. 최근의 선박은 청정효과가 좋은 원심식 유청정기를 대부분 사용하고 있다.

**08** 연료유 청정기의 부품이 아닌 것은?

① 비중판
② 회전통
③ 분리 디스크
④ 마우스 링

해설
마우스 링은 임펠러에서 송출되는 액체가 흡입측으로 역류하는 것을 방지하는 것으로 임펠러 입구측의 케이싱에 설치된다. 케이싱과 액체의 마찰로 인해 마모가 진행되는데 이때 케이싱 대신 마우스 링이 마모된다고 하여 웨어 링(Wear Ring)이라고도 한다. 케이싱을 교체하는 대신 마우스 링만 교체하면 되므로 비용적인 면에서 장점이 있다.

**09** 선박에서 많이 사용되는 2단 공기압축기의 1단에서 압축된 공기를 냉각시키는 곳은?

① 고압 실린더
② 드레인 탱크
③ 중간 냉각기
④ 응축기

해설
왕복식 2단 공기압축기는 1단(저압)에서 압축된 공기가 중간 냉각기에서 냉각되어 2단(고압)으로 흡입되고 다시 한 번 더 압축되어 공기탱크로 보내진다.

**10** 다음 중 기어펌프에는 없고 원심펌프에는 있는 것은?

① 베어링
② 마우스 링
③ 릴리프밸브
④ 기계적 실

해설
마우스 링은 원심펌프에 설치된다.
※ 08번 해설 참고

**11** 원심펌프에서 설치되지 않는 것은?

① 임펠러
② 마우스 링
③ 글랜드 패킹
④ 종동기어

해설
종동기어는 피동기어(Driven Gear)라고도 하는데 맞물리는 한 쌍의 기어 가운데서 상대 쪽으로부터 힘이나 운동을 전달받는 쪽의 기어를 말한다. 주로 기어펌프나 나사펌프에 설치된다.

**12** 다음 펌프 중 송출량이 가장 많은 것은?

① 보일러 순환펌프
② 왕복동 빌지펌프
③ 냉각 해수펌프
④ 연료유 이송펌프

해설
일반적으로 선박에서 가장 큰 송출량의 펌프는 냉각 해수펌프 또는 주해수펌프이다. 대용량에 적합한 원심펌프가 사용된다.

**13** 원심펌프의 시동 시 케이싱 내에 물을 채우기 위한 호수장치에 해당되지 않는 것은?

① 풋밸브
② 에어 벤트 콕
③ 진공펌프
④ 랜턴 링

해설
원심펌프를 운전할 때 케이싱 내에 공기가 차 있으면 흡입을 원활히 할 수 없다. 그래서 케이싱 내에 물을 채우고(마중물이라고 한다) 시동을 해야 하며, 이때 마중물을 채우는 것을 호수(프라이밍)라고 한다. 풋밸브는 펌프 작동 시 물을 흡입할 때에는 열리고, 운전이 정지될 때 역류하는 것을 방지하여 케이싱 내의 물이 흡입측 아래로 내려가는 것을 막는 역할을 한다. 공기빼기 콕(벤트 콕)은 마중물을 채울 때 열어서 공기를 빼고 물이 잘 채워지도록 하는 역할을 한다.
※ 랜턴 링 : 축봉장치의 패킹상자에서 패킹 사이에 넣어주는 링으로, 내부와 외부 측면에 홈을 만들어서 주액구와 연결하고 주액으로 축봉부분을 냉각, 윤활 및 기밀작용을 한다. 즉, 펌프의 송출측과 튜브로 연결되어 압력수를 공급받아 냉각, 윤활, 기밀작용을 돕는 것이다. 홈 링이라고도 한다.

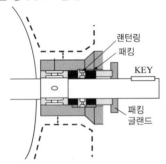

**14** 다음 유청정기의 고압수와 저압수의 공급밸브를 조작하여 슬러지를 자동 배출할 수 있는 것은?

① 셀프젝터 유청정기
② 샤플레스 유청정기
③ 그래비트롤 유청정기
④ 스파이럴 유청정기

해설
최근의 대부 선박에서 사용하는 셀프젝터 유청정기는 고압수와 저압수의 공급밸브(파일럿밸브)를 조작하여 슬러지를 자동 배출하는 유청정기이다.
• 봉수 : 운전 초기에 물이 빠져나가는 통로를 봉쇄하여 기름이 물 토출구로 빠져나가는 것을 방지하는 역할을 한다.
• 저압수(닫힘용 작동수) : 회전통의 주실린더가 닫힐 수 있도록 공급하는 것으로 저압수가 공급되면 파일럿 밸브도 닫혀 있다.

• 고압수(열림용 작동수) : 회전통의 열림용 압력실에 공급되며 열림용 작동수가 공급되면 원심력보다 큰 수압이 작용하여 파일럿밸브가 열리고 회전통의 닫힘용 작동수가 배출되어 주실린더가 내려와 열리면서 회전통 내부의 슬러지가 배출된다.

**15** 다음 중 전동유압식 조타장치에 쓰이는 것은?

① 터빈유
② 기어유
③ 시스템유
④ 유압유

해설
전동유압식에 사용하는 것은 유압유이다. 유압유의 구비조건은 밀도가 커야 하고 응고점이 낮아야 하며 점착력이 작아야 한다. 인화점이 너무 낮으면 화재의 위험성이 있으므로 인화점도 높아야 한다.

**16** 전동유압식 조타장치의 운전 중 수시로 점검할 사항에 해당되지 않는 것은?

① 기름의 온도
② 기름의 양
③ 기름의 비중
④ 기름의 누설

해설
조타장치의 운전 중 유압유의 온도, 탱크의 레벨 및 기름의 누설 여부를 수시로 점검해야 한다. 기름의 비중을 수시로 체크하지는 않는다.

**17** 양묘기에 사용되는 원동기가 양 현의 닻과 각 3연의 앵커체인을 감아올리려면 출력은 어느 정도로 해야 하는가?

① 9[m/sec]
② 9[m/min]
③ 15[m/sec]
④ 3[m/min]

해설
양묘기의 원동기는 양 현의 앵커와 각 3연의 앵커체인을 매분 9[m]의 속도로 감아올릴 수 있는 출력을 가지고 있어야 한다. 즉, 0.15[m/s]의 속도로 감아올릴 수 있어야 한다.

**18** 선박의 선수나 선미를 옆 방향으로 이동시키는 장치는?

① 고정피치프로펠러
② 스태빌라이저
③ 윈들러스
④ 사이드 스러스터

해설
사이드 스러스터 : 선수나 선미를 옆 방향으로 이동시키는 장치로
주로 대형 컨테이너선이나 자동차운반선 같이 입·출항이 잦은 배에
설치하여 예인선의 투입을 최소화하고 조선 성능을 향상시키기 위해
설치한다.

**19** 선창 내에 화물을 실을 수 있는 가장 큰 창구는?

① 해 치
② 갑 판
③ 갱웨이
④ 현문 사다리

해설
해치는 화물창 상부의 개구를 개폐하는 장치로서 해치커버(Hatch
Cover)라고도 한다. 선박의 종류에 따라 다양한 해치커버를 사용한다.
그 종류에는 싱글 풀, 폴딩, 사이드 롤링 해치커버 등이 있다.

[벌크선에 설치된 사이드 롤링 해치커버의 예]

**20** 선박의 기관실에서 나오는 폐유와 기름걸레 등을 태워서 처리하는 장치는?

① 불활성가스장치
② 보조보일러
③ 기름여과장치
④ 소각기

해설
선박의 폐유 소각기는 기관실에서 발생하는 폐유와 기름걸레 및 선내
폐기물을 소각하기도 한다.

**21** 다음 중 암모니아가 눈에 들어갔을 때 가장 적절한 응급 처치법은?

① 무균 식염 용액으로 씻는다.
② 2[%] 광물유로 씻는다.
③ 2[%] 붕산 용액으로 씻은 후 맑은 물로 씻는다.
④ 지방유로 씻는다.

해설
암모니아가 눈에 들어갔을 경우 붕산이 암모니아를 중화시키는 작용을
하므로 2[%] 붕산 용액으로 씻은 후 맑은 물로 씻는 것이 가장 좋은
방법이다. 붕산이 없을 경우에는 맑은 물로 15분 이상 씻어 내야 한다.

**22** 가스압축식 냉동기의 4대 구성요소에 해당하지 않는 것은?

① 유분리기
② 증발기
③ 응축기
④ 팽창밸브

해설
가스압축식 냉동기의 4대 구성요소
압축기, 응축기, 팽창밸브, 증발기

**23** 프레온 가스압축식 냉동장치의 구성에 해당하지 않는 것은?

① 팽창밸브　　　② 이젝터
③ 증발기　　　　④ 건조기

해설
가스압축식 냉동기의 4대 구성요소는 압축기, 응축기, 팽창 밸브, 증발기이다. 이젝터는 다양한 곳에 사용되는데 주로 저압 침관식 조수기의 주요 구성요소로 사용된다.

**24** 다음 중 가스압축식 냉동법에서 이용하는 열은 어느 것인가?

① 기화열　　　　② 응고열
③ 복사열　　　　④ 융해열

해설
가스압축식 냉동법은 냉매가 기화하면서 주위의 열을 뺏는 기화열을 이용한 방법이다.

**25** 어떤 물질 1[g]의 온도를 1[℃] 높이는 데 필요한 열량은?

① 잠 열
② 현 열
③ 전 열
④ 비 열

해설
④ 비열 : 어떤 물질 1[g]의 온도를 1[℃] 높이는 데 필요한 열량이다.
① 잠열 : 온도 변화가 없이 상태 변화에 사용되는 열을 말한다. 물질의 상태가 기체와 액체 또는 액체와 고체 사이에서 변화할 때 흡수 또는 방출하는 열이다. 예를 들어 얼음이 녹아 물이 될 때 주위에서 열을 흡수하고 반대로 물이 얼어 얼음이 될 때는 같은 양의 열을 방출한다.
② 현열(감열) : 물체의 온도가 가열, 냉각에 따라 변화하는 데 필요한 열량이다. 물질의 상태 변화가 없다.
③ 전열 : 현열과 잠열을 합계한 열량을 말하며 전열량이라고도 한다.

## 제3과목　기관 3

**01** 다음 계기 중 동기발전기의 병렬운전 시 위상의 일치 여부를 나타내는 것은?

① 전력계　　　　② 전류계
③ 전압계　　　　④ 동기검정기

해설
동기검정기
두 대의 교류발전기를 병렬운전할 때 두 교류전원의 주파수와 위상이 서로 일치하고 있는가를 검출하는 기기이다.

**02** 교류발전기의 계자저항기가 하는 역할은?

① 저항값을 조정하여 회전수를 올린다.
② 여자전류를 조정하여 발생전압의 크기를 조정한다.
③ 저항값을 조정하여 위상을 조정한다.
④ 부하전력을 조정한다.

해설
계자저항기는 여자전류를 조정하여 발생전압의 크기를 조정하는 역할을 한다.

**03** 플레밍의 오른손법칙에서 엄지손가락이 지시하는 방향은?

① 전류의 방향
② 기전력의 방향
③ 도체 움직임의 방향
④ 자속의 방향

해설
발전기의 기전력의 방향(전류의 방향)을 알기 위한 법칙은 플레밍의 오른손법칙이다. 플레밍의 오른손법칙은 자기장 내에 코일을 회전시키면 기전력이 발생하는데 자속의 방향과 운동방향(회전방향)을 알면 유도기전력의 방향(전류의 방향)을 알 수 있는 것이다.

[플레밍의 오른손법칙]

**04** 직류회로에서 부하에 공급하는 전압과 전류가 $V[\mathrm{V}]$, $I[\mathrm{A}]$일 때 전력 $P[\mathrm{W}]$는?

① $P = VI$

② $P = V/I$

③ $P = VI\cos\theta$

④ $P = VI^2$

해설
직류회로의 전력 $P = VI$이다.
※ 단상교류에서의 전력 : $P = VI\cos\theta$
※ 3상 교류의 유효전력 : $P = \sqrt{3}\ VI\cos\theta$

**05** 납축전지의 용량이 200[Ah]일 때 2[A]의 전류로 사용할 수 있는 시간은?(단, 방전전류에 따른 용량 변화는 없는 것으로 한다)

① 2시간

② 10시간

③ 100시간

④ 400시간

해설
축전지 용량(암페어시)[Ah] = 방전전류[A] × 종지전압까지의 방전시간[h]이므로,
200[Ah] = 2[A] × 방전시간[h], 방전시간[h] = 100시간이다.

**06** 직류전원의 설명으로 적절치 않은 것은?

① 주파수가 60[Hz]이다.

② 전류가 항상 한 방향으로 흐른다.

③ 건전지는 직류전원에 속한다.

④ (+), (−)가 명확히 구분된다.

해설
직류는 전압의 크기가 일정하고 방향도 일정하므로 주파수도 없다.

**07** 다음 전기회로에 대한 설명으로 틀린 것은?

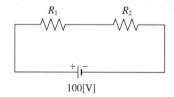

100[V]

① $R_1 = R_2$이면, 각각 50[V]의 전압이 가해진다.

② $R_1 < R_2$이면, $R_2$에 가해지는 전압이 $R_1$보다 높다.

③ $R_1 = R_2$이면, $R_1$, $R_2$에는 동일한 전류가 흐른다.

④ $R_1 > R_2$이면, $R_1$에 흐르는 전류가 $R_2$보다 많다.

해설
• 저항의 직렬연결에서는 각 부하에 걸리는 전류의 크기는 일정하다.
• $V = IR$이고 전류의 크기는 같으므로 각 저항의 크기가 같으면 각 부하에 걸리는 전압은 50[V]로 같다. 만약 저항의 크기가 다르면 저항의 크기가 큰 만큼 큰 전압이 걸리고 각 부하에 걸리는 전압의 합은 100[V]이다.

**08** 납축전지의 방전상태의 기준이 되는 것은?

① 전해액의 비중

② 전해액의 액위

③ 전해액의 온도

④ 납축전지의 절연저항

해설
납축전지는 방전이 되면 양극판의 과산화납과 음극판의 납은 황산납으로 변하고 전해액인 묽은 황산(비중 약 1.28)은 물로 변하여 비중이 떨어지게 된다. 그래서 선박에서는 납축전지의 비중을 주기적으로 측정하여 방전상태를 확인한다.

**09** 납축전지의 전해액으로 옳은 것은?

① 묽은 질산

② 진한 염산

③ 진한 초산

④ 묽은 황산

**해설**

선박용 납축전지의 전해액은 진한 황산과 증류수를 혼합하여 비중 1.28 내외의 묽은 황산을 사용한다.

**10** 다음 전동기 중 기관실에서 펌프 구동용으로 많이 쓰이는 것은?

① 단상 유도전동기

② 3상 유도전동기

③ 직권 직류전동기

④ 복권 직류전동기

**해설**

선박의 기관실에서 펌프 구동용으로 사용하는 전동기는 3상 유도전동기이다.

**11** 주파수의 설명으로 올바른 것은?

① 1분 동안의 진동수를 말한다.

② 1초 동안의 진동수를 말한다.

③ 10분 동안의 진동수를 말한다.

④ 1시간 동안의 진동수를 말한다.

**해설**

주파수

단위 시간(1초) 내에 몇 개의 주기나 파형이 반복되었는가를 나타내는 수를 말하며 주기의 역수와 같다. 1초당 1회 반복하는 것을 1[Hz]라 한다.

$$f = \frac{1}{T}$$

여기서, $f$ : 주파수

$T$ : 주기

**12** 100[V]의 전압에 25[Ω]의 저항이 연결될 때 회로에 흐르는 전류는?

① 0.25[A]

② 4[A]

③ 10[A]

④ 100[A]

**해설**

옴의 법칙

$$I = \frac{V}{R}$$

$$= \frac{100}{25}$$

$$= 4[A]$$

**13** 다음 중 대부분의 교류발전기의 형식인 것은?

① 직류발전기

② 동기발전기

③ 자석발전기

④ 타여자발전기

**해설**

대부분의 교류발전기는 동기발전기이다.

**14** 발전기를 병렬시키면서 동기검정기가 시계방향으로 너무 빨리 돌아갈 때 올바른 대처는?

① 새로 병렬시킬 발전기의 속도를 더 낮춘다.

② 새로 병렬시킬 발전기의 전압을 더 낮춘다.

③ 새로 병렬시킬 발전기의 속도를 더 높인다.

④ 새로 병렬시킬 발전기의 전압을 더 높인다.

**해설**

동기검정기의 바늘이 시계방향으로 빨리 돌아가는 것은 새로 병렬시킬 발전기의 회전속도가 너무 빠르다는 뜻이다. 이때는 새로 병렬시킬 발전기의 조속기(거버너)를 낮은 방향으로 조정하여 새로 병렬시킬 발전기의 회전속도를 낮추어야 한다.

※ 발전기의 병렬운전 시 차단기 투입 시기 : 발전기를 병렬운전할 때 차단기를 투입하는 시기는 동기검정기의 바늘이 시계방향으로 천천히 돌아가는 상태(1회전하는데 4초 정도)에서 지침이 12시 방향에 도달하기 직전에 투입한다.

## 15 납축전지의 전극을 바르게 표시한 것은?

① 음극 단자에만 적색으로 표시

② 양극 단자에만 청색으로 표시

③ 양극은 P, 음극은 N으로 표시

④ 양극은 N, 음극은 P로 표시

**해설**

축전지에서 양극(+)은 P(Positive Electrode), 음극(−)은 N(Negative Electrode)으로 표시한다. 또한 양극의 전선단자는 붉은색, 음극의 단자는 흑색으로 표시한다.

## 16 다음 계기 중 냉각해수 펌프 전동기의 기동반에 주로 설치되는 것은?

① 전력계

② 전류계

③ 전압계

④ 주파수계

**해설**

대부분의 전동기 기동반에는 전동기의 전력소모의 상태를 알 수 있도록 전류계를 설치한다. 전류계의 값으로 전동기에 걸리는 부하의 양과 전동기의 운전상태를 추측할 수 있다.

## 17 납축전지의 평상 시 충전방식으로 가장 많이 이용되는 것은?

① 균등충전

② 보통충전

③ 부동충전

④ 급속충전

**해설**

선박에서 평상시에 축전지를 충전하는 방식은 부동충전을 사용하고 주기적(1~3개월)으로 한 번씩 균등충전을 하여 축전지의 수명을 길게 한다.
• 보통충전 : 필요할 때마다 표준 시간율로 충전을 하는 방식이다.
• 급속충전 : 짧은 시간에 보통 충전전류의 2~3배의 전류로 충전하는 방식이다.

• 부동충전 : 축전지가 자기방전을 보충함과 동시에 사용부하에 대한 전력공급을 하는 방식으로 이 방식은 정류기의 용량이 작아도 되고 항상 완전충전상태이며 축전지의 수명에 좋은 영향을 준다.
• 균등충전 : 부동충전방식을 사용할 때 1~3개월마다 1회 정도 정전압으로 충전하여 각 전해조의 용량을 균일화하기 위한 방식이다.
• 보충충전 : 운송이나 보관 중에 자기방전으로 인한 전압강하가 발생할 때나 불완전충전을 하였을 경우 필요한 방식이다. 장기간 보관 시 6개월에 1회 정도 보충충전을 한다.

## 18 배선용 전선에서 여러 가닥으로 되어 있는 연선의 굵기 표시를 나타낸 것은?

① 여러 가닥 중 한 가닥의 지름을 [mm]로 표시한다.

② 여러 가닥 중 한 가닥의 단면적을 $[mm^2]$로 표시한다.

③ 여러 가닥의 각 단면적을 모두 더해서 $[mm^2]$로 표시한다.

④ 여러 가닥의 각 지름을 모두 더해서 [mm]로 표시한다.

**해설**

배선용 전선에서 연선의 굵기는 여러 가닥의 각 단면적을 모두 더해서 $[mm^2]$로 표시한다.

## 19 다음 장치 중 발전기 내부에 설치하여 습기를 제거하는 것은?

① 스페이스 히터

② 여자기

③ 냉각팬

④ 여과기

**해설**

스페이스 히터는 발전기 내부에 설치하여 발전기가 정지되어 있을 때 작동하여 발전기 내부의 습기를 제거하는 역할을 한다.

**20** 발전기방식 중 우리나라의 선박에서 주로 사용하는 것은?

① 단상, 50[Hz]
② 단상, 60[Hz]
③ 3상, 50[Hz]
④ 3상, 60[Hz]

해설
우리나라 선박의 발전기는 대부분 3상 교류 60[Hz]를 사용한다.

**21** 재료로 탄소를 이용하고 직류발전기에서 발생 전류를 외부로 보내는 통로가 되는 것은?

① 계 자　　② 정류자
③ 전기자　　④ 브러시

해설
④ 브러시 : 전기자권선과 연결된 슬립링이나 정류자편과 마찰하면서 기전력을 발전기 밖으로 인출하는 부분이다.
① 계자 : 자속을 발생시키는 부분으로 영구자석 또는 전자석으로 사용된다. 대부분의 발전기는 철심과 권선으로 구성된 전자석이 사용된다.
② 정류자 : 교류기전력을 직류로 바꾸어 주는 부분이다.
③ 전기자 : 기전력을 발생시키는 부분으로 철심과 권선으로 구성된다.

**22** 다음 중 배선용 차단기의 약어는?

① MCA　　② MCB
③ ACB　　④ COS

해설
배전반의 차단기로 사용하는 배선용 차단기로는 NFB(배선용 차단기), MCCB 또는 MCB(배선용 차단기, 성형 케이스 회로 차단기), ACB(기중차단기) 등이 있는데 용량에 따라 사용하는 차단기가 다르고 역할은 거의 동일하다.
• NFB(No Fuse Breaker) : 배선용 차단기
• MCCB(Moulded Case Circuit Breaker) : 성형 케이스 회로 차단기, 배선용 차단기
• ACB(Air Circuit Breaker) : 기중차단기

**23** 다음 변압기에서 2차 전압이 커지는 것은?

① 누설 변압기
② 외철형 변압기
③ 강압 변압기
④ 승압 변압기

해설
변압기는 전압을 용도에 맞게 올리거나 낮추는 장치이다. 2차 전압이 커지는 것을 승압 변압기라 하고 2차 전압을 낮추는 것을 강압 변압기라고 한다.

**24** 직류전원회로의 구성회로로 틀린 것은?

① 정전압회로
② 정류회로
③ 평활회로
④ 기억회로

해설
직류전원회로는 교류전원을 일정한 전압을 갖는 직류전원으로 변환시키는 회로이며 그 종류에는 정류회로, 평활회로, 정전압회로 등이 있으며 정류회로에는 반파정류회로, 전파정류회로로 나뉜다.

**25** 다이오드가 손상되는 원인이 아닌 것은?

① 주위 온도가 너무 높다.
② 전류를 너무 많이 흘린다.
③ 사용전압이 정상보다 높다.
④ 정격전류 이하로 장시간 사용한다.

해설
다이오드가 손상되는 원인은 사용전압이 너무 높거나 사용전류가 너무 높을 때 그리고 주위 온도가 너무 높을 때 등이다. 정격전류 이하로 사용하는 것은 손상의 원인과 거리가 멀다.

## 제4과목 직무일반

**01** 기관구역 기름기록부의 기록사항 중 연료유 또는 벌크 상태 윤활유의 수급에 관한 기록의 부호는?

① A

② B

③ C

④ H

**해설**

기름기록부는 다음과 같이 상황별 코드번호를 기입해서 작성해야 한다.

• A : 연료유탱크에 밸러스트 적재 또는 연료유탱크의 세정

• B : A에 언급된 연료유탱크로부터 더티 밸러스트 또는 세정수의 배출

• C : 유성 잔류물(슬러지)의 저장 및 처분

• D : 기관실 빌지의 비자동방식에 의한 선외 배출 또는 그 밖의 다른 처리방법에 의한 처리

• E : 기관실 빌지의 자동방식에 의한 선외 배출 또는 그 밖의 다른 방법에 의한 처분

• F : 기름 배출 감시 제어장비의 상태

• G : 사고 또는 기타 예외적인 기름의 배출

• H : 연료 또는 산적 윤활유의 적재

• I : 그 밖의 작업 절차 및 일반적인 사항

**02** 선박검사를 받기 위해 미리 준비할 사항으로 가장 올바른 것은?

① 검사관이 오기 전에 기관을 분해해서는 안 된다.

② 기관을 분해하되 소제를 하지 않고 그대로 둔다.

③ 기관을 분해하여 수검 개소를 깨끗이 소제하되 마멸 개소의 계측은 하지 않는다.

④ 기관을 분해하여 수검 개소를 깨끗이 소제한 후 마멸 개소를 계측해 둔다.

**해설**

선박검사는 주기적으로 시행되는데 선박에서는 기관검사를 시행하기 전에 미리 분해, 소제한 후 계측이 필요한 각 개소의 계측을 해 놓는다. 검사원은 분해해 놓은 기관을 점검하고 계측 자료를 토대로 이상 유무를 확인한다. 선박 검사원의 역할은 선박에서 각 기관을 주기적으로 점검·관리하고 각 기기의 작동상태가 양호한지를 확인하는 것이며, 기관의 분해부터 조립의 전 과정에 거쳐서 입회하지는 않는다.

**03** 윤활유 파이프는 표시하는 색깔은?

① 갈 색

② 청 색

③ 검은색

④ 노란색

**해설**

기관실의 배관은 복잡하게 설치되어 있어 보다 빠르게 배관을 구분하기 위하여 용도별 색상을 정해 놓는다. 배관의 일부분에 얇은 띠 모양으로 색상을 칠하거나 테이프를 붙여놓는데 배관을 흐르는 유체의 종류에 따라 다음과 같이 구분한다.

• 갈색 : 연료유

• 노란색(주황색) : 윤활유(연료 이외의 기름)

• 청색 : 청수

• 녹색 : 해수

• 흑색 : 폐기물질(오수, 폐유, 배기가스)

• 회색 : 불연성 가스

• 은색 : 증기

• 적색 : 소화

• 흰색 : 통풍장치 내의 공기

**04** 입거 중에만 해야 할 작업에 해당하지 않는 것은?

① 시체스트(Sea Chest)의 소제

② 프로펠러축의 발출 검사

③ 선저 외판 페인트 작업

④ 스러스트 베어링의 수리

**해설**

입거 중에만 할 수 있는 작업은 선체 외판 페인트 작업 및 프로펠러축 발출, 선저 밸브 개방, 시체스트 소제 등 평소 물에 접촉되어 있는 부분의 작업들이다. 스러스트 베어링의 수리는 입거를 하지 않고도 가능하다.

**05** 가스중독 사고를 방지하기 위한 방법이 아닌 것은?

① 보일러나 내연기관의 배기가스가 기관실로 유입되지 않도록 주의한다.

② $CO_2$가스는 인체에 무해하므로 많이 흡입하여도 무방하다.

③ 작업 시 적절한 통풍을 실시하고 방독마스크를 착용한다.

④ 일산화탄소는 헤모글로빈과 결합하여 질식상태를 초래한다.

이산화탄소의 중독 증상으로는 호흡장애, 두통, 실신, 구토, 호흡수 급증 등이 있고 심할 경우 질식상태에 이를 수 있다.

**06** 연료저장탱크 작업 시 일어날 수 있는 사고방지대책이 아닌 것은?

① 화기의 사용을 금지하여 작업 시 불꽃이 발생하지 않도록 한다.

② 탱크 내의 가스를 환기하고 산소검지기를 사용하여 안전여부를 확인한다.

③ 사용 중 바닥에 떨어져도 불꽃이 발생하지 않도록 공구는 강이나 구리로 만든 것을 주로 사용한다.

④ 불꽃이 발생하기 쉬운 쇠붙이가 붙은 신발이나 정전기발생 우려가 있는 의복의 착용을 금한다.

해설
강이나 구리로 만든 공구는 불꽃이 발생할 수 있다. 연료저장탱크와 같은 가연성 물질이 있는 밀폐구역의 작업 시에는 무엇보다도 탱크 내의 환기를 철저히 하고 산소검지기를 사용하여 화재와 질식을 예방하는 것이 가장 중요하다.

**07** 해양환경관리법에 규정된 폐기물로 맞지 않은 것은?

① 플라스틱　　② 슬러지
③ 음식쓰레기　　④ 종이제품

해설
해양환경관리법에서는 기름, 선저폐수, 폐기물, 유해액체물질 등의 해양오염물질을 구분하고 있으며 폐기물의 종류에는 음식쓰레기, 종이, 넝마, 플라스틱 등이 있다. 슬러지는 연료유 또는 윤활유를 청정하여 생긴 찌꺼기나 기관 구역에서 누출로 인하여 생긴 기름 잔류물을 말한다.
※ 해양환경관리법상 해양오염물질에는 다음의 종류가 있다.
　• 기름 : 원유 및 석유제품(석유가스를 제외한다)과 이들을 함유하고 있는 액체상태의 유성혼합물 및 폐유를 말한다.
　• 유해액체물질 : 해양환경에 해로운 결과를 미치거나 미칠 우려가 있는 액체물질(기름을 제외한다)과 그 물질이 함유된 혼합 액체물질로서 해양수산부령이 정하는 것을 말한다.
　• 포장유해물질 : 포장된 형태로 선박에 의하여 운송되는 유해물질 중 해양에 배출되는 경우 해양환경에 해로운 결과를 미치거나 우려가 있는 물질로서 해양수산부령이 정하는 것을 말한다.

　• 유해방오도료 : 생물체의 부착을 제한·방지하기 위하여 선박 또는 해양시설 등에 사용하는 도료 중 유기주석 성분 등 생물체의 파괴작용을 하는 성분이 포함된 것으로서 해양수산부령이 정하는 것을 말한다.
※ 방오시스템(AFS ; Anti-Fouling System)
　• 원치 않는 생물체의 부착을 통제하기 위하여 쓰이는 코팅제, 페인트, 선체표면장치이다.
　• TBT 물질 함유 : 굴(패류)의 변형, 고동(어패류)의 암수 변형을 일으킨다.
　• 폐기물 : 해양에 배출되는 경우 그 상태로는 쓸 수 없게 되는 물질로서 해양환경에 해로운 결과를 미치거나 미칠 우려가 있는 물질이다(기름, 유해액체물질, 포장유해물질을 제외한다).
　• 선저폐수(빌지) : 선박의 밑바닥에 고인 액상유성혼합물이다.

**08** 선박이 사고로 부득이 기름을 배출했을 때 가장 먼저 기록해야 하는 것은?

① 기름기록부
② 벨 북
③ 선원명부
④ 기관적요일지

해설
기름기록부는 연료 및 윤활유의 수급, 기관실 유수 분리기의 작동 및 수리사항, 선저 폐수의 배출·이송·처리 및 폐유의 처리 등의 사항을 기록하고, 선박의 사고와 예외적인 사항으로 기름을 배출했을 경우에도 작성해야 하는 해양환경 관리의 중요한 자료이며 마지막 작성일로부터 3년간 보관해야 한다.

**09** 해상으로 기름이 유출되었을 때 방제 방법이 아닌 것은?

① 기름 흡착제에 의한 처리
② 물리적 수거 후 유처리제 이용
③ 오일 펜스에 의한 기름 확산 방지
④ 넓은 해상으로 확산처리

해설
해상으로 기름이 유출되었을 경우에는 기름의 확산을 방지해야 한다.

**10** 해양환경관리법에서 선장을 도와 선박에서 오염물질 및 대기오염물질의 배출방지 업무를 관리하는 사람은?

① 1등 기관사

② 통신장

③ 해양오염방지관리인

④ 2등 기관사

**해설**

해양환경관리법 시행령 제39조(선박의 해양오염방지관리인 자격·업무 내용 등)

• 폐기물기록부와 기름기록부의 기록 및 보관
• 오염물질 및 대기오염물질을 이송 또는 배출하는 작업의 지휘·감독
• 해양오염방지설비의 정비 및 작동상태의 점검
• 대기오염방지설비의 정비 및 점검
• 해양오염방제를 위한 자재 및 약제의 관리
• 오염물질의 배출이 있는 경우 신속한 신고 및 필요한 응급조치
• 해양오염방지 및 방제에 관한 교육·훈련의 이수 및 해당 선박의 승무원에 대한 교육
• 그 밖에 해당 선박으로부터의 오염사고를 방지하는 데 필요한 사항

**11** 기름여과장치의 기준으로 틀린 것은?

① 배출액의 유분농도를 100만분의 150 이하로 분리할 수 있는 성능을 가질 것

② 수평면에서 임의의 방향으로 22.5° 경사상태에서도 그 성능에 지장이 없을 것

③ 항해 중 선체의 동요·진동 등에 의하여 성능에 지장이 생기지 아니할 것

④ 검사 및 청소가 용이할 것

**해설**

기름오염방지설비 중 하나인 기름여과장치로 선저폐수(빌지)를 선외로 배출할 경우에는 다음과 같은 사항이 동시에 충족되어야 한다.

• 기름 오염 방지설비를 작동하여 배출할 것
• 항해 중에 배출할 것
• 유분의 함량이 15[ppm](100만분의 15) 이하일 때만 배출할 것

**12** 응급처치 중 가벼운 화상을 입었을 때 우선 처치는?

① 소주를 붓는다.　② 냉수에 담근다.

③ 연고를 바른다.　④ 병원에만 알린다.

**해설**

화상의 정도에 따라 다음과 같이 응급처치를 해야 한다.

• 가벼운 화상은 찬물에서 5~10분간 냉각시킨다.
• 심한 경우는 찬물 등으로 어느 정도 냉각시키면서 감염되지 않도록 멸균 거즈 등을 이용하여 상처 부위를 가볍게 감싸도록 한다. 옷이 피부에 밀착된 경우에는 그 부위를 제외하고 옷을 벗긴 후 냉각시켜야 한다.
• 2~3도 화상일 경우 그 범위가 체표 면적의 20[%] 이상이면 전신 장애를 일으킬 수 있으므로 즉시 의료 기관의 도움을 요청한다.

**13** 감전 시 가장 먼저 취해야 할 조치로 옳은 것은?

① 가능한 한 빨리 스위치를 작동시켜 전기를 차단한다.

② 찬물을 뿌려서 정신을 차리게 만든 후 작업 장소를 벗어난다.

③ 가능한 한 빨리 손목 등을 붙잡고 전선으로부터 사람을 떼어내야 한다.

④ 환자가 뻣뻣하더라도 정상적인 호흡을 할 수 있을 때까지 인공호흡을 실시한다.

**해설**

감전사고를 예방하는 가장 중요한 사항은 작업에 관련된 전원을 차단하는 것이다. 그리고 작업 중 예상치 못한 감전사고가 발생했을 경우에도 전원차단이 우선되어야 한다.

**14** 침수에 대한 응급조치방법으로 틀린 것은?

① 배수를 위하여 발전기의 운전에 주의한다.

② 선체의 침수부를 확인하고 상황을 판단하여 상사에게 보고한다.

③ 방수가 도저히 불가능할 경우는 수밀문을 닫아 침수구획을 폐쇄한다.

④ 선체에 큰 파공이 생겼을 때는 선박 내측에서 방수 매트를 대고 지주로 지지한다.

**해설**

• 수면 위나 아래의 작은 구멍의 경우는 쐐기를 박고 콘크리트로 부어서 응고시킨다.
• 수면 아래에 큰 구멍의 경우는 방수판을 먼저 붙이고 선체 외부에 방수매트로 응급조치한 후 콘크리트 작업을 시행한다.

**15** 디젤기관에서 실린더가 과열되는 원인이 아닌 것은?

① 연료분사밸브의 작동 불량

② 냉각수의 부족

③ 흡입밸브 태핏(틈새) 간극의 과소

④ 과부하 운전

해설

디젤기관에서 실린더가 과열되는 원인은 과부하 운전이나 연료분사밸브의 작동 불량이 있다. 냉각수가 부족할 경우나 냉각수의 온도가 너무 높을 경우에도 원인이 될 수 있다. 흡입밸브의 태핏(밸브 간극 또는 밸브 틈새)이 너무 작을 경우에는 밸브가 제대로 닫히지 않을 수 있는데 그렇게 되면 폭발이 원활히 일어나지 않아 출력이 저하되고 오히려 실린더의 온도가 저하될 수 있다.

**16** 선박이 좌초되었을 때 가장 먼저 취해야 할 행동으로 맞는 것은?

① 선장에게 보고한다.

② 신속히 펌프를 동원하여 배수한다.

③ 피해 장소와 정도를 확인한다.

④ 구명정을 진수하여 퇴선준비를 한다.

해설

선박이 좌초되었을 경우에는 침수가 발생할 위험이 가장 크므로 물이 새는 곳을 파악하는 것이 가장 시급한 일이며 초기 대처가 매우 중요하다.

**17** 기관실 침수 원인에 해당하지 않은 것은?

① 선미관의 누설

② 선체의 균열 또는 파공

③ 해수밸브 또는 파이프 계통의 파공

④ 보일러 수관의 균열 또는 누설

해설

보일러 수관의 손상과 침수와는 거리가 멀다.

**18** 화재탐지장치의 구비요건으로 틀린 것은?

① 사용전원은 주전원 1개로 되어 있을 것

② 선체의 동요, 진동에 의한 영향이 없을 것

③ 화재탐지장치는 자동으로 작동할 수 있을 것

④ 화재탐지장치는 어느 탐지기가 작동하더라도 가시신호나 가청신호를 작동시킬 수 있는 것일 것

해설

화재탐지장치는 주전원이 차단되어도 비상전원으로 작동될 수 있어야 한다.

**19** 내화성 재료로 만들어지는 소방원 장구로서 화재 현장에 있는 소방원과 후방의 보조자간에 통신 및 안전 확인용으로 사용되는 것은?

① 방화복

② 전기 안전등

③ 자장식 호흡구

④ 구명줄(라이프라인)

해설

소방원 장구 중 구명줄은 화재 구역에 진입한 소방원이 탈출하거나 구조하는 용도로 사용되며 소방원과 보조자는 구명줄을 통해 수신호를 하여 상호 연락을 주고받을 수 있도록 평소 훈련되어 있어야 한다.

**20** 다음 중 A급 화재는?

① 목재화재

② 유류화재

③ 전기화재

④ LPG화재

해설

• A급 화재(일반화재) : 연소 후 재가 남는 고체화재로 목재, 종이, 면, 고무, 플라스틱 등의 가연성 물질의 화재이다.

• B급 화재(유류화재) : 연소 후 재가 남지 않는 인화성 액체, 기체 및 고체 유질 등의 화재이다.

• C급 화재(전기화재) : 전기설비나 전기기기의 스파크, 과열, 누전, 단락 및 정전기 등에 의한 화재이다.

• D급 화재(금속화재) : 철분, 칼륨, 나트륨, 마그네슘 및 알루미늄 등과 같은 가연성 금속에 의한 화재이다.

• E급 화재(가스화재) : 액화석유가스(LPG)나 액화천연가스(LNG) 등의 기체화재이다.

**21** 다음 중 소방원 장구가 아닌 것은?

① 방화복

② 방화도끼

③ 무전기

④ 안전등

**해설**

소방원 장구의 구성은 방화복, 자장식 호흡구, 구명줄, 안전등, 방화도끼로 되어 있다.

**22** 선박의 밑바닥에 고여 있는 액상유성혼합물은?

① 폐 유

② 선저폐수

③ 밸러스트

④ 폐기물

**해설**

해양환경관리법 제2조(정의)

선저폐수(빌지)는 선박의 밑바닥에 고인 액상유성혼합물을 말한다.

**23** 해양안전심판원의 징계에 대한 종류가 아닌 것은?

① 면허의 취소

② 업무정지

③ 견 책

④ 권 고

**해설**

해양사고의 조사 및 심판에 관한 법률 제6조(징계의 종류와 감면)

징계의 종류는 면허의 취소, 업무의 정지(1개월 이상 1년 이하), 견책이 있다.

**24** 선박에 승무할 사람의 자격을 규정한 법은?

① 선박안전법

② 선박직원법

③ 해사안전법

④ 선박법

**해설**

선박직원법 제1조(목적)

선박직원법은 선박직원으로서 선박에 승무할 사람의 자격을 정함으로써 선박 항행의 안전을 도모함을 목적으로 한다.

**25** 선박안전법의 제정목적으로 바른 것은?

① 해양환경의 보전 및 관리

② 선박의 감항성 유지와 인명의 안전보장

③ 선원의 직무와 규율 확립

④ 선박직원으로 승무자격을 정함

**해설**

선박안전법 제1조(목적)

선박의 감항성 유지 및 안전운항에 필요한 사항을 규정함으로써 국민의 생명과 재산을 보호함을 목적으로 한다.

**01** 가솔린기관에 비해 디젤기관이 가진 특성에 해당하는 것은?

① 시동이 용이하다.

② 소음이 작다.

③ 압축비가 높다.

④ 열효율이 낮다.

해설

디젤기관(압축점화기관)은 압축비가 높아 열효율이 높고 연료소비량이 적다. 대형기관에 적합하고 연료비가 저렴한 장점이 있다. 반면에 가솔린기관에 비해 소음과 진동이 크며 압축비가 높아 시동이 곤란한 단점이 있다.

**02** 디젤기관의 실린더에서 4행정 사이클 팽창행정 다음에 이어지는 행정은 어느 것인가?

① 흡입행정          ② 배기행정

③ 작동행정          ④ 압축행정

해설

4행정 사이클 디젤기관의 폭발순서는 다음과 같은 사이클을 반복한다.
흡입행정 → 압축행정 → 작동행정(폭발행정, 유효행정 또는 팽창행정) → 배기행정

**03** 보슈식 연료분사펌프의 구성요소에 해당하지 않는 것은?

① 플런저          ② 버 킷

③ 토출밸브          ④ 조정랙

해설

보슈식 연료분사펌프는 캠, 플런저, 스프링, 조정랙, 토출밸브 등으로 구성되어 있다.

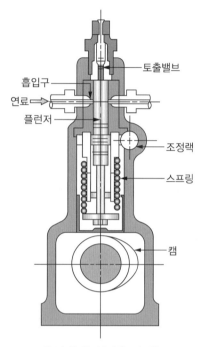

[보슈식 연료분사펌프의 예]

**04** 디젤기관에서 피스톤 링이 심하게 마멸되면 나타나는 현상이 아닌 것은?

① 압축압력 증가          ② 열효율 감소

③ 출력 감소          ④ 시동 곤란

해설

피스톤 링이 마멸되면 블로바이(Blow-by)가 일어난다. 블로바이가 일어나면 출력이 저하되어 연료소비량이 증가하고 시동이 곤란해지며 윤활유의 오손이 발생할 수 있다.

※ 블로바이(Blow-by)란 피스톤과 실린더라이너 사이의 틈새로부터 연소가스가 누출되어 크랭크케이스로 유입되는 현상으로 피스톤 링의 마멸, 고착, 절손, 옆 틈이 적당하지 않을 때 또는 실린더라이너의 불규칙한 마모나 상하의 흠집이 발생했을 경우 일어난다. 블로바이가 일어나면 출력이 저하될 뿐만 아니라 크랭크실 윤활유의 상태도 변질시킨다.

**05** 디젤기관에서 트렁크형 피스톤의 설명으로 틀린 것은?

① 기관의 높이가 낮은 편이다.

② 크로스헤드가 있어 구조가 복잡하다.

③ 4행정 사이클 디젤기관에 많이 사용된다.

④ 커넥팅로드와 피스톤이 핀에 의해 연결된다.

[해설]

• 트렁크 피스톤형 기관은 주로 4행정 사이클 기관에 많이 사용된다. 피스톤로드가 없으며 피스톤핀에 의해 커넥팅로드를 직접 연결시키는 기관으로 소형기관에 적합하다.

• 크로스헤드형 기관은 주로 2행정 사이클 기관에 많이 사용된다. 피스톤과 커넥팅로드 사이에 피스톤로드가 크로스헤드에 의하여 연결되는 기관으로 대형기관에 적합하다.

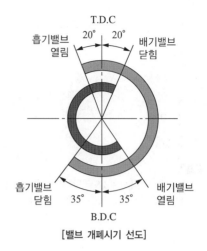

[밸브 개폐시기 선도]

**06** 피스톤의 재료로 무게가 가볍고 열전도가 좋아 소형 고속기관에 가장 많이 사용하는 것은?

① 주 철

② 알루미늄

③ 탄소강

④ 주 강

[해설]

중·소형 고속기관에서는 중량이 가벼워 관성의 영향이 적기 때문에 알루미늄합금 재질의 피스톤을 주로 사용한다.

**08** 크로스헤드형 기관에 설치되지 않는 부품은?

① 크로스헤드

② 커넥팅로드

③ 피스톤핀

④ 크로스헤드 가이드(가이드 슈)

[해설]

다음의 그림은 트렁크 피스톤형과 크로스헤드형 기관을 나타낸 그림이다. 피스톤핀이 연결되는 기관은 트렁크 피스톤형 기관이다.

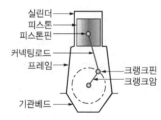

[트렁크 피스톤형 기관]

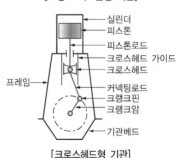

[크로스헤드형 기관]

**07** 흡기밸브가 상사점 전 70°에서 열려서 하사점 후 50°에서 닫히고, 배기밸브가 하사점 전 45°에서 열려서 상사점 후 50°에서 닫힌다면 이 기관의 밸브 겹침은?

① 100°

② 115°

③ 120°

④ 145°

[해설]

흡기밸브가 상사점 전 70°에서 열리고 배기밸브가 상사점 후 50°에서 닫히므로 밸브 겹침은 120°이다.

※ 밸브 겹침(밸브 오버랩) : 실린더 내의 소기작용을 돕고 밸브와 연소실의 냉각을 돕기 위해서 흡기밸브는 상사점 전에 열리고 하사점 후에 닫히며, 배기밸브는 완전한 배기를 위해서 하사점 전에 열리고 상사점 후에 닫히며 밸브의 개폐시기를 조정한다.

**09** 자유상태에 있는 피스톤 링을 실린더에 끼워 맞출 때 튕기는 힘은?

① 압 력
② 면 압
③ 장 력
④ 응집력

해설
장력은 압력과 반대되는 것으로 당기거나 당겨지는 힘을 말한다. 피스톤 링을 실린더에 끼워 맞출 때 튕기는 힘은 장력이다.

**10** 디젤기관의 배기색이 나빠지는 원인에 해당하지 않는 것은?

① 연료분사밸브의 분무상태가 불량한 때
② 실린더 내의 압축압력이 높을 때
③ 기관이 과부하 상태에 있을 때
④ 소기압력이 낮을 때

해설
실린더 내의 압축압력이 높아지면 실린더 내의 온도가 상승하여 연소가 더 잘 이루어진다.

**11** 디젤 주기관을 시동했을 때 기관은 회전하는데 착화되지 않을 때의 조치가 아닌 것은?

① 연료유의 수분 함유 여부 조사
② 연료유 관 계통의 프라이밍 실시
③ 시동공기 분배기의 고장 여부 조사
④ 연료분사시기의 확인 및 조정

해설
주기관을 시동했을 때 기관은 회전하므로 시동공기의 분배기는 잘 작동을 하는 것이다. 연소가 되지 않는 것이므로 연료유의 공급라인의 이상 유무 및 연료분사펌프와 연료분사밸브의 상태를 확인하고 연료분사시기 등을 확인해야 한다.

**12** 디젤기관에서 냉각 청수 계통의 부식을 방지하는 냉각수 관리에 대한 설명으로 맞지 않는 것은?

① 냉각수에 부식 억제제를 첨가하여 부식을 방지한다.
② 냉각수의 유속을 최대한 빠르게 하여 부식을 방지한다.
③ 냉각수 계통에 보호 아연판을 부착하여 부식을 방지한다.
④ 스케일의 형성을 방지하기 위해 양질의 냉각수를 사용한다.

해설
냉각수의 유속을 너무 빠르게 하면 캐비테이션에 의한 침식이 발생할 수 있으며 침식이 발생하면 부식이 더 잘 일어난다.

**13** 디젤기관에서 불완전연소로 배기가스의 색이 흑색일 때 그 방지대책이 아닌 것은?

① 연료분사밸브를 점검한 후 수리하거나 교환한다.
② 소기압력을 확인한 후 공기여과기를 청소한다.
③ 연료분사시기를 조정한다.
④ 윤활유 냉각기를 청소한다.

해설
디젤기관의 배기색이 흑색인 원인은 연료의 공급량이 과다하여 불완전연소가 일어날 때이다. 그 원인으로는 과부하운전, 연료분사밸브의 불량으로 인한 연료분사량의 과다, 흡기공기(흡기압력, 또는 소기압력) 공급 부족 등이 있다. 윤활유의 냉각과 배기색의 흑색과는 거리가 멀다.

**14** 디젤기관에서 진동의 원인이 아닌 것은?

① 윤활유가 실린더 내에서 연소할 때
② 위험회전수로 운전하고 있을 때
③ 베어링 틈새가 너무 클 때
④ 기관이 노킹을 일으킬 때

기관의 진동이 평소보다 심한 경우는 위험회전수에서 운전(공진현상 발생할 때, 각 실린더의 폭발압력이 고르지 못할 때, 기관 베드의 볼트 등의 이완 및 절손, 각 부 베어링 틈새 과다 등의 이유가 있다. 윤활유가 실린더 내에서 연소할 경우에는 배기가스의 색이 청백색으로 변하는데 피스톤 링이나 실린더라이너의 마멸이 많이 진행되었을 때 나타나는 현상으로 기관의 진동과는 거리가 멀다.

## 15 연료분사밸브의 분무시험의 설명으로 틀린 것은?

① 종이에 기름을 분사시켜 분무형태를 조사한다.
② 책상 바닥에 분무시켜 조사한다.
③ 분무 끝이 동심원 상에 있어야 양호하다.
④ 압력을 올릴 때 노즐에서 새지 않고 설정압력에서 분사되어야 한다.

해설
연료분사밸브의 분무시험 방법은 다음의 설명과 같은 방법으로 시험하는데 책상 바닥에 바로 분무시키지는 않는다.
※ 연료분사밸브 분무시험 방법 : 기관의 용량 및 분사압력에 따라 대형기관은 에어펌프를 이용한 장치를 사용하고, 소형기관의 경우에는 손으로 직접 압력을 올리는 핸드펌프를 이용하여 분사시험을 한다. 압력을 올리는 방법만 다를 뿐 나머지 작동 및 확인 사항은 유사하다. 분사되는 압력을 확인하고 분사될 때의 무화, 관통, 분산, 분포가 고루 이루어지는지 확인한다. 플라스틱 보호판에 종이를 넣어 분무형태를 조사하기도 하는데, 플라스틱 보호판을 사용하는 이유로는 분사상태를 확인할 뿐만 아니라 사용한 연료를 회수하는 목적도 있다.

고압 연결관
압력시험펌프
오일 보충
연료분사 밸브
압축 공기
펌프 제어 핸들
플라스틱 보호판

[에어펌프를 이용한 분사시험]

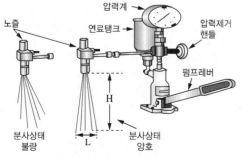

압력계
노즐
연료탱크
압력제거 핸들
펌프레버
H
분사상태 불량
L
분사상태 양호

[핸드펌프를 이용한 분사시험]

## 16 디젤기관의 운전 중 매일 점검해야 할 사항에 해당되지 않는 것은?

① 윤활유량
② 회전운동부의 진동
③ 냉각청수 압력 및 온도
④ 안전밸브의 작동상태

해설
안전밸브는 실린더 내의 압력이 비정상적으로 상승할 때 작동하여 기관의 손상을 방지하는 것이다. 정상운전 중에 작동상태를 확인하지 않는다.

## 17 보일러 운전 중 유지해야 하는 수면계의 눈금 정도는?

① 1/4
② 1/2
③ 1/8
④ 4/4

해설
보일러의 운전 중 수면계는 1/2 정도를 유지해야 한다.

## 18 다음 상태변화 중 증기가 물로 변화하는 것은?

① 비 등
② 응 축
③ 증 발
④ 기 화

해설
② 응축 : 기체가 액체로 변화하는 현상이다.
① 비등 : 압력이 일정할 때 액체를 가열하게 되면 일정한 온도에서 증발이 일어나고, 증발 이외에 액체 안에 증기 기포가 형성되는 기화현상이다. 비등이 일어나는 온도를 끓는점(비점·비등점)이라고 한다.
③ 증발 : 액체의 표면에서 일어나는 기화현상이다.
④ 기화 : 액체가 열에너지를 흡수하여 기체로 변하는 현상이다.

**19** 다음 중 선미관 베어링으로 쓰이지 않는 것은?

① 합성고무　　　　② 리그넘바이티

③ 아 연　　　　　④ 백색합금

**해설**
선미관 베어링 재료로 백색합금(화이트메탈)은 기름 윤활식 선미관 베어링으로 주로 사용하고 리그넘바이티나 합성고무는 해수 윤활식 선미관 베어링 재료로 사용된다.
※ 아연은 선박에서 주로 해수계통의 파이프나 선체 외부에 부착한다. 철 대신에 먼저 부식이 되는 아연을 달아서 해수계통의 파이프나 외판을 보호하려는 것이다. 이를 희생 양극법이라고 하는데 철보다 이온화 경향이 높은 아연판을 부착하여 아연이 먼저 부식되게 한다.

**20** 프로펠러의 속도와 배의 속도의 차를 나타내는 것은?

① 슬 립　　　　② 피 치

③ 경 사　　　　④ 보 스

**해설**
① 슬립 : 프로펠러의 속도에 대한 프로펠러의 속도와 배의 속도 차의 비율
② 피치 : 프로펠러가 1회전했을 때 전진하는 거리
③ 경사 : 선체와 간격을 두기 위해 프로펠러 날개가 축의 중심선에 대하여 선미 방향으로 기울어져 있는 정도
④ 보스 : 프로펠러 날개를 프로펠러축에 연결해 주는 부분

**21** 프로펠러축의 재질로 일반적으로 사용하는 것은?

① 알루미늄　　　　② 아 연

③ 단조강　　　　　④ 주 철

**해설**
프로펠러축은 일반적으로 단조강(단강) 또는 압연청동으로 만든다.

**22** 기관과 추진축은 항상 일정한 방향으로 회전하고 선박을 전·후진할 수 있는 프로펠러는 어느 것인가?

① 가변피치 프로펠러

② 콜드노즐형 프로펠러

③ 고정피치 프로펠러

④ 외차 프로펠러

**해설**
가변피치 프로펠러(CPP)는 프로펠러 날개의 각도를 변화시켜서 피치를 조정하고 이를 통해 배의 속도와 전진·후진 방향을 조정한다. 이 때 주기관의 회전 방향은 일정하다.

**23** 윤활유의 점도의 설명으로 바른 것은?

① 윤활유의 온도가 올라가면 점도는 낮아진다.

② 점도가 너무 높으면 유막이 얇아져 내부의 마찰이 감소한다.

③ 점도가 너무 낮으면 시동은 곤란해지나 출력이 올라간다.

④ 점도가 너무 낮으면 윤활 계통의 순환이 불량해진다.

**해설**
점도는 유체의 흐름에서 분자 간 마찰로 인해 유체가 이동하기 어려움의 정도를 말하며 유체의 끈적끈적한 정도를 나타낸다. 유체의 온도가 올라가면 점도는 낮아지고 온도가 내려가면 점도는 높아진다.

**24** 비중 0.8인 기름 1.6톤의 부피로 맞는 것은?

① $2[\text{m}^3]$

② $20[\text{m}^3]$

③ $1.28[\text{m}^3]$

④ $12.8[\text{m}^3]$

**해설**
$$0.8 = \frac{1,600[\text{kg}]}{x[\text{L}]}, \ \ \text{부피} = 2,000[\text{L}] = 2\text{m}^3 \ (1[\text{L}] = 0.001[\text{m}^3])$$

• 비중이란 특정 물질의 질량과 같은 부피의 표준물질의 질량과의 비율을 말한다.
• 기름의 비중 : 부피가 같은 기름의 무게와 물의 무게의 비를 말하는데 15/4[℃] 비중이라 함은 15[℃]의 기름의 무게와 4[℃]일 때 물의 무게의 비를 나타내는 것이다. 쉽게 말하면 기름의 비중이란 부피[L]에 무게가 몇 [kg]인가하는 것이다.
※ 비중과 밀도는 언뜻 보면 비슷한 개념이지만 비중은 단위가 없고 밀도는 단위가 있어 엄연히 차이가 있다.

**25** 디젤기관에서 윤활유가 하는 역할이 아닌 것은?

① 응력분산작용
② 밀봉작용
③ 청정작용
④ 마찰작용

해설
윤활유의 기능
• 감마작용 : 기계와 기관 등의 운동부 마찰 면에 유막을 형성하여 마찰을 감소시킨다.
• 냉각작용 : 윤활유를 순환 주입하여 마찰열을 냉각시킨다.
• 기밀작용(밀봉작용) : 경계면에 유막을 형성하여 가스 누설을 방지한다.
• 방청작용 : 금속 표면에 유막을 형성하여 공기나 수분의 침투를 막아 부식을 방지한다.
• 청정작용 : 마찰부에서 발생하는 카본(탄화물) 및 금속 마모분 등의 불순물을 흡수하는데 대형기관에서는 청정유를 순화하여 청정기 및 여과기에서 찌꺼기를 청정시켜 준다.
• 응력분산 작용 : 집중하중을 받는 마찰 면에 하중의 전달면적을 넓게 하여 단위면적당 작용하중을 분산시킨다.

제2과목 기관 2

**01** 원심펌프의 유량조절 방법으로 가장 알맞은 것은?

① 송출밸브의 개도를 조절하는 방법
② 흡입측 스톱밸브의 개폐를 가감하는 방법
③ 공기실을 설치하여 유량을 일정하게 하는 방법
④ 흡입과 송출측 사이에 바이패스밸브를 설치하는 방법

해설
원심펌프를 운전할 때에는 흡입관밸브는 열고 송출관밸브는 닫힌 상태에서 시동을 한 후 규정 속도까지 상승 후에 송출밸브를 서서히 열어서 유량을 조절한다.

**02** 공기압축기의 압축능력이 저하되는 원인으로 옳지 않은 것은?

① 흡입밸브가 누설할 때
② 토출밸브가 누설할 때
③ 안전밸브의 분출압력이 규정치보다 클 때
④ 피스톤 링이 많이 마멸되었을 때

해설
안전밸브의 분출압력은 정상적인 공기압축기의 압축압력보다 높게 설정되어 있고 공기압축기의 설계압력보다는 낮게 설정되어 있다. 안전밸브는 공기압축기의 압력이 비정상적으로 상승했을 때 작동하여 압축기의 손상을 보호하고자 설치하는 것이다. 안전밸브의 분출압력과 압축능력과는 거리가 멀다.

**03** 다음 펌프 중 호수(Priming)장치가 필요한 것은?

① 플런저펌프
② 원심펌프
③ 기어펌프
④ 이모펌프

해설
원심펌프를 운전할 때에 케이싱 내에 공기가 차 있으면 흡입을 원활히 할 수가 없다. 그래서 케이싱 내에 물을 채우고(마중물이라고 한다) 시동을 해야 한다. 마중물을 채우는 것을 호수(프라이밍)이라고 한다.

**04** 프로펠러형 회전차가 회전하면서 액체를 축 방향으로 이송시키는 것은?

① 원심펌프
② 왕복펌프
③ 베인펌프
④ 축류펌프

해설
축류펌프는 프로펠러 모양의 임펠러를 회전시켜 물을 축 방향으로 보내는데 임펠러에 의해 방출된 유체는 선회운동을 하므로 안내날개를 사용하여 물이 뒤엉키지 않도록 해준다.

**05** 원심펌프 운전 중 패킹 글랜드식 축봉장치의 관리요령이 적절한 것은?

① 패킹 글랜드는 세게 조일수록 좋다.
② 물이 조금씩 새어 나오게 하는 것이 좋다.
③ 물이 한 방울도 안 새는 것이 좋다.
④ 패킹 글랜드로 공기가 누입되는 것이 좋다.

**[해설]**
원심펌프의 축봉장치에서 패킹 글랜드 타입을 사용할 경우에는 물이 소량으로 한 방울씩 새어 나오도록 해야 한다. 냉각작용과 윤활작용을 하기 위해서이다. 물이 새지 않으면 패킹 글랜드가 열화되어 축봉장치의 역할을 못할 수 있다. 그러나 기계적 실(메카니컬 실)에서는 누설이 되지 않아야 한다.

**06** 다음 원심펌프의 기동순서의 배열이 가장 올바른 것은?

[보 기]
① 터닝시켜 각부 이상 유무 확인
② 송출밸브를 잠근다.
③ 펌프 내부에 물을 채운다.
④ 기동하여 규정속도가 되면 송출밸브를 서서히 연다.

① ① → ④ → ② → ③
② ① → ② → ③ → ④
③ ④ → ② → ③ → ①
④ ④ → ③ → ② → ①

**[해설]**
원심펌프를 운전하기 전에 축을 터닝시켜 이상이 있는지 확인을 한 후 흡입관밸브는 열고 송출관밸브는 닫힌 상태에서 펌프 케이싱에 물을 채운다(호수, 프라이밍). 이 상태에서 시동을 한 후 규정속도까지 상승하면 송출밸브를 서서히 열어서 유량을 조절한다.

**07** 다음 부품 중 원심펌프에는 없지만 기어펌프에는 있는 것은?

① 임펠러
② 마우스링
③ 글랜드 패킹
④ 릴리프밸브

**[해설]**
릴리프밸브는 과도한 압력 상승으로 인한 손상을 방지하기 위한 장치이다. 펌프의 송출압력이 설정압력 이상으로 상승하였을 때 밸브가 작동하여 유체를 흡입측으로 되돌려 과도한 압력 상승을 방지하고 다시 압력이 낮아지면 밸브를 닫는다. 이 릴리프밸브는 고양정에 적합한 기어펌프에 주로 설치된다. 임펠러, 마우스링, 글랜드 패킹 등은 원심펌프의 구성 요소이다.

**08** 역삼투식 조수장치에 설치해야 하는 기기는?

① 이젝터
② 반투막
③ 증류기
④ 가열기

**[해설]**
역삼투식 조수장치는 역삼투 현상을 이용하여 반투막 용기 내에 고농도 액인 해수를 공급하고 펌프로 가압함으로써 저농도액인 청수를 얻는 장치이다.

**09** 선박에서 사용되는 열교환기로 틀린 것은?

① 응축기
② 증발기
③ 복수기
④ 연소기

**[해설]**
열교환기는 유체의 온도를 원하는 온도로 유지하기 위한 장치로 고온에서 저온으로 열이 흐르는 현상을 이용해 유체를 가열 또는 냉각시키는 장치이다. 연료유 및 윤활유 계통의 가열기 및 냉각기, 냉동장치의 증발기, 응축기, 조수장치의 증발기, 증류기, 청수냉각기, 보일러 및 증기 계통의 예열기, 절탄기, 복수기 등 다양한 용도로 사용된다.

**10** 윤활유와 같이 점성이 큰 액체의 수송에 가장 널리 쓰이는 펌프는?

① 터빈펌프
② 기어펌프
③ 진공펌프
④ 버킷펌프

**[해설]**
점도가 높은 유체를 이송하기에 적합한 펌프는 기어펌프이다. 선박에서 주로 사용하는 연료유 및 윤활유펌프는 대부분 기어펌프를 사용한다.

**11** 유청정기에서 청정된 연료유가 일반적으로 이송되는 곳은?

① 섬프탱크

② 청수탱크

③ 침전탱크

④ 서비스탱크

해설

일반적으로 선박의 기관실에서 연료의 이송은 저장탱크(벙커탱크)에서 침전탱크(세틀링탱크, Settling Tank)로 이송하여 침전물을 드레인시키고 청정기를 이용하여 수분과 불순물을 여과시켜 서비스탱크로 보낸다. 서비스탱크에 보내진 연료유는 펌프를 이용하여 기관에 공급된다.

**12** 펌프의 명판에 나타나는 양정의 단위로 옳은 것은?

① [kgf/cm$^2$]  ② [m]

③ [kgf/m$^3$]  ④ [m$^3$/h]

해설

펌프의 양정은 펌프가 유체를 흡입해서 송출할 수 있는 높이를 말한다. 단위는 [m]이다.

**13** 갑판보기에 해당하지 않는 것은?

① 하역용 크레인  ② 계선윈치

③ 조수기  ④ 양묘기

해설

조수기는 해수를 이용하여 청수를 만드는 장치로 기관실 보조기기이다.

**14** 양묘기에서 회전축에 설치되어 있고 계선줄을 직접 감는 장치는 어느 것인가?

① 워핑드럼  ② 클러치

③ 체인드럼  ④ 마찰 브레이크

해설

① 워핑드럼 : 회전축에 연결되어 체인 드럼을 통하지 않고 계선줄을 직접 조정한다.

② 클러치 : 회전축에 동력을 전달한다.

③ 체인드럼 : 앵커체인이 홈에 꼭 끼도록 되어 있어서 드럼의 회전에 따라 체인을 내어 주거나 감아올린다.

④ 마찰 브레이크 : 회전축에 동력이 차단되었을 때 회전축의 회전을 억제한다.

다음의 그림은 양묘기(윈들러스, Windlass)의 한 예이다.

워핑드럼   마찰   체인드럼
         브레이크  클러치

**15** 워핑드럼이 수직 설치되고 직립한 드럼을 수직축으로 회전시키고 여기에 로프를 감아 선박을 계선시키는 장치는?

① 캡스턴

② 양묘기

③ 계선 윈치

④ 하역 크레인

해설

캡스턴은 워핑드럼이 수직축상에 설치된 계선용 장치이다. 직립한 드럼을 회전시켜 계선줄이나 앵커체인을 감아올리는 데 사용되는데 웜 기어장치에 의해 감속되고 역전을 방지하기 위해 래칫기어를 설치한다.

[캡스턴]

**16** 선박이 전진이나 후진 시 배를 임의의 방향으로 회전시 키면서 일정한 침로를 유지하는 장치에 해당하는 것은?

① 윈 치
② 타(Rudder)
③ 양묘장치
④ 사이드 스러스터

**해설**
타(Rudder)는 전진 또는 후진할 때 배를 원하는 방향으로 회전시키고 항해 시 일정한 침로를 유지하는 장치이다.

**17** 닻을 감아 올리는 기계는 어느 것인가?

① 윈들러스
② 카고 윈치
③ 캡스턴
④ 무어링 윈치

**해설**
양묘기(윈들러스, Windlass)는 앵커(닻)를 감아 올리거나 내릴 때 사용 하는 장치이고 선박을 부두에 접안시킬 때나 계선줄을 감을 때 사용하 기도 한다.

**18** 선저폐수 등의 오염된 물을 선외로 배출할 때 기관실 내에서 발생되는 기름성분의 배출을 방지하는 장치는?

① 오수처리장치
② 폐유소각장치
③ 유청정장치
④ 빌지분리장치

**해설**
유수분리기는 빌지를 선외로 배출할 때 해양오염을 시키지 않도록 기름성분을 분리하는 장치이다. 빌지분리장치라고도 하며 선박의 빌 지(선저폐수)를 공해상에 배출할 때 유분함량은 15[ppm](백만분의 15) 이하로 배출해야 한다.

**19** 15[ppm] 기름여과장치에서 분리된 슬러지가 보내어 지는 탱크는?

① 빌지탱크
② 세틀링탱크
③ 슬러지탱크
④ 서비스탱크

**해설**
선박의 종류마다 약간의 차이가 있지만 기름여과장치에서 분리된 슬러 지는 폐유저장탱크(슬러지탱크)에 보내진다. 슬러지탱크와 폐유수탱 크(Oily Bilge Tank)를 구분하는 선박에서는 슬러지탱크는 주로 청정 기에서 걸러진 슬러지를 모으는 데 사용하며, 폐유수탱크는 15[ppm] 기름여과장치(유수분리장치 또는 빌지분리장치)에서 걸러진 기름 등 을 저장하는 데 사용하기도 한다.

**20** 콜레서 필터방식의 빌지분리장치에서 물 속의 기름을 분리하는 원리의 바른 설명은?

① 필터의 화학적 작용으로 분리
② 필터에 기름 성분을 흡착시켜 분리
③ 필터에 고전압을 걸어서 분리
④ 필터 속의 액체에 원심력을 가하여 분리

**해설**
콜레서 필터방식의 빌지분리장치는 필터에 기름 성분을 흡착시켜 분리 하는 방식이다.

**21** 냉동장치의 냉매의 압력을 높여주는 기기는?

① 가압기
② 압축기
③ 증발기
④ 팽창밸브

**해설**
냉동기에서 압축기는 증발기로부터 흡입한 기체 냉매를 압축하여 응축 기에서 쉽게 액화할 수 있도록 압력을 높이는 역할을 한다.

**22** 냉동장치의 증발기에 낀 서리를 제거하는 방법이 틀린 것은?

① 물을 살포하는 방법
② 고온가스 이용 방법
③ 냉동기 정지 방법
④ 예리한 칼로 긁어내는 방법

**해설**
제상하는 방법에는 여러 가지 방법을 사용한다. 미지근한 물로 서리를 제거하거나 고온의 가스를 증발기에 흘려주는 방법 및 전기적 제상장치로 가열하는 방법 등이 있다. 그리고 냉동기를 한시적으로 정지시켜 서리를 제거하기도 한다. 그러나 예리한 칼로 긁어내는 것은 증발기에 손상을 가져올 수 있으므로 잘못된 방법이다.

**23** 다음 장치 중 냉매를 냉각시켜 액체상태로 만드는 것은?

① 증발기
② 압축기
③ 응축기
④ 유분리기

**해설**
응축기는 압축기로부터 나온 고온·고압의 냉매가스를 물이나 공기로 냉각하여 액화시키는 장치이다.

**24** 냉동장치 중 수액기에 부착된 것이 아닌 것은?

① 액면계
② 안전밸브
③ 유량계
④ 출구밸브

**해설**
수액기는 응축기에서 액화한 액체냉매를 팽창밸브로 보내기 전에 일시적으로 저장하는 용기이다. 수액기에는 입·출구밸브, 액면계 및 안전밸브가 설치되어 있다.

**25** 냉동장치 내에서 저압이 걸리는 곳은?

① 압축기 흡입측
② 응축기 입구측
③ 수액기 토출측
④ 팽창밸브 입구측

**해설**
다음 그림과 같이 냉매가 순환하는데 저압이 걸리는 곳은 팽창변(팽창밸브)을 지난 후 증발기를 거처 압축기에 흡입될 때까지이다.

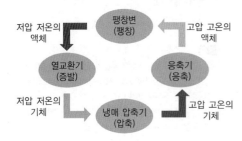

[가스 압축식 냉동장치의 원리]

---

**제3과목  기관 3**

**01** 다음 중 발전기 및 전동기의 절연저항을 측정하는 계기는?

① 메 거
② 전력계
③ 전압계
④ 전류계

**해설**
절연저항을 측정하는 기구는 절연저항계 또는 메거테스터(Megger Tester)라고 한다.

**02** 다음과 같은 동일한 전등 3개가 있을 때 가장 밝은 경우는?

① 각 전등을 서로 직렬로 연결한 후 220[V]를 공급할 때

② 각 전등을 서로 병렬로 연결한 후 220[V]를 공급할 때

③ 각 전등을 직·병렬로 혼합 연결한 후 220[V]를 공급할 때

④ 각 전등에 각각 110[V]를 공급할 때

**해설**

옴의 법칙과 저항의 직렬·병렬의 관계를 이해해야 한다. 전구의 밝기가 밝다는 것은 소비전력이 크다는 것이다. 그러므로 전등에 전류가 많이 흐르면 전구가 밝다. 쉽게 말하면 동일한 저항에 전압을 크게 하면 전구가 밝아지는 것이다. 동일한 전등에 동일한 전압을 공급할 때 직렬로 연결했을 때보다 병렬로 연결했을 때에 더 많은 전류가 흐르게 된다. 즉, 각 전구에 공급되는 전압의 크기는 병렬로 연결했을 때가 직렬연결보다 더 커지므로 전구의 밝기가 밝다.

(1) 옴의 법칙 : $I = \dfrac{V}{R}$

(2) 저항의 직렬접속 : $R_합 = R_1 + R_2 + R_3$이고, $I_1 = I_2 = I_3$로 각 저항에 흐르는 전류는 일정하다. 전압의 크기 $V = V_1 + V_2 + V_3$ 이다.

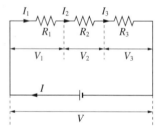

(3) 저항의 병렬접속 : $\dfrac{1}{R_합} = \dfrac{1}{R_1} + \dfrac{1}{R_2} + \dfrac{1}{R_3}$이고, $I_합 = I_1 + I_2 + I_3$ 이다. 각 저항의 전압의 크기 $V = V_1 = V_2 = V_3$로 공급 전압 $V$와 같다.

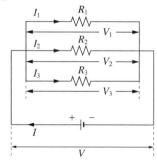

(4) (2)와 (3)에서 알 수 있듯이 각 전구에 걸리는 전압의 크기는 병렬로 연결했을 때 공급되는 전압의 크기가 더 크다. 다시 말하면, 직렬로 연결하고 220[V]를 공급해주면 각 전구에 걸리는 전압의 크기는 220[V]보다 작고, 병렬로 연결한 경우는 각 전구에 220[V]의 전압이 공급된다. 그러므로 전구의 밝기는 병렬로 연결했을 경우가 더 밝다.

**03** 다음 중 전기기기의 누전상태의 체크에 쓰이는 계기는?

① 주파수계

② 교류전압계

③ 절연저항계

④ 직류전압계

**해설**

절연저항이란 전기기기들의 누설전류가 선체로 흐르는 정도를 나타낸 것인데 절연저항값이 클수록 누설전류가 작은 것이고 절연저항값이 작을수록 누설전류가 큰 것이다. 선박에서 절연저항 즉, 전기기기의 누전상태를 측정하는 기구는 절연저항계 또는 메거테스터(Megger Tester)라고 한다.

**04** 교류발전기의 주파수가 심하게 올라갈 때의 원인은?

① 전압조정기의 조정을 작게 하였다.

② 전압조정기의 조정을 크게 하였다.

③ 엔진의 회전수를 너무 올렸다.

④ 엔진의 회전수를 너무 내렸다.

**해설**

교류발전기에서 주파수가 증가했다는 것은 발전기의 회전속도가 빠르다는 뜻이다. 주파수가 너무 많이 올라갔을 경우에는 배전반의 거버너(조속기)를 조정하여 줄여야 하는데 이것은 발전기에 공급되는 연료의 양을 줄이는 것이다.

**05** 플레밍의 왼손법칙에서 가운데 손가락(장지)이 가리키는 방향은?

① 회전방향

② 전류의 방향

③ 자력선의 방향

④ 전극의 방향

해설
전동기의 원리는 플레밍의 왼손법칙이 적용된다. 자기장 내에 도체를 놓고 전류를 흘리면 플레밍의 왼손법칙에 의해 전자력이 발생되어 회전하게 되는데 엄지손가락은 회전방향, 검지손가락은 자력선의 방향, 가운데 손가락은 전류의 방향을 나타낸다.

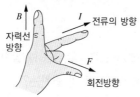

[플레밍의 왼손법칙]

**06** 다음 중 축전지의 용량을 증가시키는 올바른 방법은?

① 다수의 축전지를 같은 극성끼리 직렬접속
② 다수의 축전지를 같은 극성끼리 병렬접속
③ 다수의 축전지를 다른 극성끼리 직렬접속
④ 다수의 축전지를 다른 극성끼리 병렬접속

해설
축전지의 병렬연결은 다수의 축전지를 같은 극성끼리 연결해야 하고 직렬연결은 다른 극성끼리 연결해야 한다.
• 축전지의 직렬연결 : 전압은 각 축전지 전압의 합과 같고 용량(전류)은 하나의 용량과 같다.
• 축전지의 병렬연결 : 전압은 축전지 하나의 전압과 같고 용량(전류)는 각 축전지 용량의 합과 같다.

**07** 10[Ω]의 저항기에 5[A]의 전류가 흘렀을 때 저항기에 걸리는 전압은 몇 [V]인가?

① 2[V]　　　　② 10[V]
③ 15[V]　　　　④ 50[V]

해설
옴의 법칙 $V = IR$이므로, 전압 $= 5[A] \times 10[\Omega] = 50[V]$ 이다.

**08** 발전기를 기동한 직후 전압이 발생하지 않을 때의 이유로 옳은 것은?

① 잔류자기가 없을 때
② 속도가 조금 낮을 때
③ 속도가 너무 고속일 때
④ 주파수가 너무 높을 때

해설
계자의 잔류자기가 없어지면 자속이 발생하지 않아 전압이 발생하지 않는다.

**09** 전기저항에 대한 설명으로 틀린 것은?

① 굵고 짧은 전선의 저항은 가늘고 긴 전선의 저항보다 작다.
② 1[Ω]이란 1[V]의 전압을 가했을 때 1[A]의 전류가 흐르는 도체의 저항을 말한다.
③ 동일한 전원에 대해 저항을 여러 개 직렬연결하면 1개의 저항일 때보다 전류가 흐르기 어렵다.
④ 여러 개의 저항을 병렬연결하면 합성저항은 커진다.

해설
• 전선에서 발생하는 저항은 전선의 굵기에 반비례하고 길이에 비례한다.
$$저항(R) \propto \frac{길이(l)}{단면적(A)}$$
• 저항의 병렬연결에서 합성저항은 다음과 같다.
$$\frac{1}{R} = \frac{1}{R_1} + \frac{1}{R_2} + \frac{1}{R_3}$$
같은 크기의 저항을 병렬로 연결하면 합성저항은 작아진다.
예 $R[\Omega]$의 저항 3개를 병렬연결한 경우 합성저항
: $\frac{R}{3}$ 이 되어 $R$보다 작아진다.
$R[\Omega]$의 저항 3개를 직렬연결한 경우 합성저항
: $3R$이 되어 $R$보다 커진다.

**10** 다음 중 전하를 모을 수 있는 것은?

① 다이오드      ② 콘덴서

③ 코 일      ④ 저항기

**[해][설]**
콘덴서란 2개의 금속도체를 일정한 간격으로 서로 마주보게 하고 그 사이에 절연체를 삽입하여 정전용량을 가지게 한 전기소자를 말하며 커패시터라고 한다. 콘덴서는 전하를 수용할 수 있는 것인데 물을 예로 들면, 물이 흐르는 강에 댐을 설치하여 물의 흐름을 조정하듯이 전기적인 저수지 역할을 하여 안정적으로 전기가 흐르도록 한다.

**11** 교류발전기의 용량을 나타내는 단위는?

① [A]      ② [V]

③ [kVA]      ④ [Ah]

**[해][설]**
[kVA], 킬로볼트암페어 : 정격출력의 단위로 피상전력을 나타낸다. [VA]로 표시하기도 하는데 k는 1,000을 의미한다. 선박에서 사용하는 발전기의 출력은 1,000[VA]을 초과하기 때문에 일반적으로 [kVA]로 나타낸다.

**12** 단위를 나타내는 표시가 잘못 연결된 것은?

① 교류전압 : [V]

② 직류전압 : [V]

③ 주파수 : [F]

④ 전류 : [A]

**[해][설]**
주파수의 단위는 헤르츠[Hz]이다.

**13** 직류와 교류에 대한 설명이 올바른 것은?

① 직류전기의 주파수는 60[Hz]이다.

② 직류는 변압기에 의해 전압의 크기를 변경할 수 있다.

③ 교류는 전선 안에서는 늘 일정 방향으로 전류가 흐른다.

④ 교류는 전압의 크기와 방향이 시간에 따라 변한다.

**[해][설]**
• 직류는 전압의 크기가 일정하고 방향도 일정하다. 그러므로 주파수도 없는 것이다.
• 교류는 전압의 크기와 방향이 시간에 따라 변하고 주파수가 있다.
• 변압기는 교류에서 전압의 크기를 올리거나 낮추는 장치이다.

**14** 밸러스트 펌프를 가동했을 때 발전기 배전반의 전압계와 전류계 지시치의 변화는?

① 전류값은 증가하고 전압은 약간 감소한다.

② 전류값은 증가하고 전압도 약간 증가한다.

③ 전류값은 감소하고 전압은 약간 증가한다.

④ 전류값과 전압은 변화가 없다.

**[해][설]**
대용량의 펌프 모터를 기동했으므로 전력소모가 많아 배전반의 전류값은 증가하고 전압은 순간적으로 약간 감소하였다가 다시 원래 전압으로 돌아간다. 반대로 대용량의 펌프를 정지시켰을 때는 배전반의 전류값은 감소하고 전압은 순간적으로 증가하였다가 다시 원래 전압으로 돌아간다.

**15** 속도가 항상 일정하고 스스로 기동할 수가 없기 때문에 기동장치가 반드시 필요한 전동기는?

① 직류전동기

② 동기전동기

③ 농형전동기

④ 권선형전동기

**[해][설]**
동기전동기는 원리상 동기속도로 회전하고 있을 때에만 토크가 발생하므로 자기기동력을 갖지 않는다. 그러므로 기동하기 위해서는 자기 스스로 기동토크를 내게 하거나 보조전동기를 사용해야 한다.
※ 중·대용량의 동기전동기는 슬립링과 브러시를 설치하여 회전계자에 직류여자를 인가하는 방식을 사용하고, 소용량의 동기전동기는 계자 극에 영구자석을 사용한다. 자석을 회전시키는 대신에 3상 권선을 한 고정자의 안쪽에 회전자를 두면 회전자는 고정자의 회전자기장의 속도와 같은 속도로 회전한다. 단, 정지하고 있는 동기전동기는 자극이 무거워 회전자기장과 같은 속도로 회전할 수 없으므로 처음에는 회전자를 동기속도까지 회전시켜 주는 기동방법이 필요하다.

**16** 해수펌프를 구동하는 유도전동기의 설명으로 틀린 것은?

① 회전자가 있다.

② 고정자가 있다.

③ 슬립링이 있다.

④ 냉각팬이 있다.

**해설**
유도전동기는 크게 고정자와 회전자로 구성되어 있고 전동기의 발열을 줄여주기 위해 냉각팬을 설치한다.

**17** 납축전지의 구성요소에 해당하지 않는 것은?

① 극 판

② 격리판

③ 전해액

④ 비중계

**해설**
납축전지는 양극판, 음극판, 격리판, 전해액이 전조 안에 구성되어 있다.

**18** 항해 중 발전기의 과부하 때문에 ACB가 트립되어 정전되기 전 배선용 차단기가 우선적으로 차단되는 기기는?

① 조타기

② 연료유펌프

③ 에어컨

④ 윤활유펌프

**해설**
발전기에 과부하가 걸리면 배전반의 배선용 차단기 중에서 먼저 차단되는 우선차단기(PT ; Preferential Trip)가 있다. 우선 차단되는 것은 기관을 운전하는 데 관계가 없는 것들로 이루어져 있는데 그 종류로는 에어컨, 냉동기, 각종 환풍기, 주방용 기기 등이 있다. 보통 배전반 차단기에 노란색 마크로 표시되어 있으며 발전기가 순간적인 과부하가 걸렸을 때 항해에 지장이 없도록 부하를 줄여 주어 발전기 ACB 전체가 트립되지 않도록 한다.

**19** 건전지의 직렬접속에 대한 설명으로 틀린 것은?

① 하나의 전지 (+)극을 다음 전지의 (−)극에 연결하는 방법이다.

② 전지를 사용할 수 있는 시간이 전지의 수에 비례한다.

③ 전체 전압은 개개의 건전지 전압을 합한 것이 된다.

④ 부하에 흐르는 전류가 증가한다.

**해설**
전지를 직렬접속하면 전압은 각 전지 전압의 합과 같고 용량(전류)은 하나의 용량과 같다. 장시간 사용하려면 전지를 병렬접속해야 한다.

**20** 유도전동기의 구성요소 및 원리와 관련이 없는 것은?

① 회전자기장

② 고정자

③ 회전자

④ 정류자

**해설**
정류자는 직류전동기에서 계자의 자극에 대해 항상 같은 방향으로 전류를 흐르게 하는 역할을 한다.

**21** 입력이 50[W]일 때 출력이 35[W]라고 하면 효율은 몇 [%]인가?

① 50[%]

② 60[%]

③ 70[%]

④ 80[%]

**해설**
효율 = $\dfrac{출력}{입력} \times 100$이다.

**22** 다음 중 선박에서 사용하는 형광등의 연결상태는 어떠한가?

① 직렬접속
② 병렬접속
③ 직렬 3선식 접속
④ 직·병렬 혼합접속

해설
선박의 형광등은 병렬 연결되어 있다. 그 이유는 각 형광등에 걸리는 전압을 모두 같게 하기 위함이고, 병렬회로에서는 한 방의 형광등의 스위치를 끄거나 고장을 일으켜도 다른 방의 형광등은 꺼지지 않고 공급되는 전기가 차단되지 않기 때문이다. 만일 직렬로 배선이 되어 있다면 사용하고 있는 형광등 하나만 고장이 나도 다른 모든 형광등의 전원이 차단되어 꺼지게 된다.

**23** 선박에서 주로 사용하는 동기발전기의 발생 전압으로 옳은 것은?

① 단상 110[V]
② 단상 220[V]
③ 3상 330[V]
④ 3상 440[V]

해설
일반적으로 선박에서 사용하는 동기발전기의 전압은 3상 440[V]이다.

**24** 다음 중 일반 다이오드의 기호를 나타낸 것은?

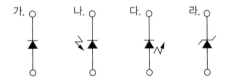

가.　　나.　　다.　　라.

① 가
② 나
③ 다
④ 라

해설
① 가 : 다이오드
② 나 : 포토다이오드
③ 다 : 발광다이오드
④ 라 : 제너다이오드

**25** 트랜지스터의 세 단자 이름으로 옳은 것은?

① 이미터, 베이스, 애노드
② 컬렉터, 애노드, 캐소드
③ 베이스, 콘덴서, 애노드
④ 이미터, 베이스, 컬렉터

해설
트렌지스터는 베이스(B), 컬렉터(C), 이미터(E) 세 단자로 이루어져 있다.

---

제**4**과목　**직무일반**

**01** 선박검사를 받기 위해 미리 준비해야 할 사항으로 옳은 것은?

① 검사관이 오기 전에 기관을 분해해서는 안 된다.
② 기관을 분해하되 소제를 하지 않고 그대로 둔다.
③ 기관을 분해하여 수검 개소를 깨끗이 소제하되 마멸 개소의 계측은 하지 않는다.
④ 기관을 분해하여 수검 개소를 깨끗이 소제한 후 마멸 개소를 계측해 둔다.

해설
선박검사는 주기적으로 시행되는데 선박에서는 기관 검사를 시행하기 전에 미리 분해, 소제한 후 계측이 필요한 각 개소의 계측을 해 놓는다. 검사원은 분해해 놓은 기관을 점검하고 계측 자료를 토대로 이상 유무를 확인한다. 선박 검사원의 역할은 선박에서 각 기관을 주기적으로 점검·관리하고 각 기기의 작동상태가 양호한지를 확인하기 위함이지 기관의 분해부터 조립의 전 과정에 거쳐서 입회하지는 않는다.

**02** 디젤기관을 정비할 때의 주의사항에 해당하지 않는 것은?

① 작업에 적합한 공구를 사용한다.
② 순서에 의하여 분해 및 조립을 한다.
③ 냉각수 팽창탱크는 기관 분해 전에 비운다.
④ 주요 볼트는 정해진 토크로 잠그도록 한다.

**해설**
디젤기관을 정비할 때 각 실린더의 냉각수를 빼내는데 팽창탱크를 비울 필요는 없다. 기관으로 들어가는 출·입구밸브를 잠그고 드레인 밸브를 열어 냉각수를 빼내면 된다.

**03** 항해 중 당직 기관사의 역할과 조치로써 적절하지 못한 것은?

① 주기관의 유량계 지시치를 매 당직 기관일지에 적는다.
② 중대한 이상이 발견되면 기관장에게 즉시 보고한다.
③ 경보가 발생하면 원인을 파악하여 적절히 조치한다.
④ 황천 시에는 발전기 전압을 수동으로 조절한다.

**해설**
발전기의 전압은 자동으로 조정되는 사항이다. 황천 시라도 발전기의 작동상태와 각종 계기상태를 면밀히 살피기는 하나 수동으로 전압을 조정하지는 않는다.

**04** 선원법령에 정하는 기관부 항해 당직 기관사가 준수해야 할 사항이 아닌 것은?

① 당직을 인수할 기관사는 선박의 위치·항로 및 속력 등을 확인해야 한다.
② 기관 당직 기관사는 안전하고 효율적인 작동과 유지에 대한 일차적인 책임을 진다.
③ 기관 당직 기관사는 주기관 및 보조기계와 관련하여 당직 중 발생한 모든 사건을 기록해야 한다.
④ 당직을 인수하는 기관사가 당직임무를 유효하게 수행할 수 있다고 판단될 경우 당직을 인계해야 한다.

**해설**
당직 기관사가 항해사와 관련된 선박의 위치나 항로 등과 같은 사항을 인수·인계하지는 않는다.

**05** 입거수리 후 출거하기 직전의 주의사항에 해당하지 않는 것은?

① 선저밸브의 조립상태를 점검한다.
② 선저밸브가 닫혀 있는지의 여부를 확인한다.
③ 주기관 윤활유펌프를 운전한다.
④ 연결된 육전을 분리할 준비를 한다.

**해설**
배를 처음 만들었을 때나 수리를 마치고 도크를 빠져 나올 때(출거) 중요한 사항은 선박으로 물이 새는지 여부이다. 도크에서 작업 후 작동상태나 개폐상태를 미처 확인하지 못하는 경우가 생기므로 선저 밸브 및 선미관 등에서 해수가 침입하지 않는지 유의해야 한다. 그리고 입거수리동안 사용하였던 육전(육상전원)을 분리하고 본선의 발전기로 전원을 공급할 준비를 해야 한다.

**06** 감전사고의 방지대책으로 틀린 것은?

① 비상시를 대비하여 연락을 위한 감시원을 배치한다.
② 절연용 장갑 및 장화를 착용하여 신체를 보호한다.
③ 기온이 서늘하고 주위 습도가 높을 때 작업을 한다.
④ 전원을 차단하고 주의 안내판을 게시한다.

**해설**
습도가 높으면 감전의 위험이 더욱 높아진다.

**07** 선박에서 기름 배출 방지를 위하여 설치되는 설비로 맞지 않는 것은?

① 선저폐수농도경보장치
② 유성찌꺼기 탱크
③ 기름여과장치
④ 유청정기

**해설**
유청정기는 연료유나 윤활유에 포함된 수분 및 고형분과 같은 불순물을 청정한 후 깨끗한 연료유나 윤활유를 기관에 공급하는 역할을 하는 것으로 기름의 배출 방지장치는 아니다.

**08** 기름기록부의 기록사항에 해당되지 않는 것은?

① 회전수(RPM)

② 일자(Date)

③ 문자부호(Code/Letter)

④ 항목(Item/Number)

해설

기름기록부를 작성할 때는 각 상황별 주어진 문자부호(코드부호)를 쓰고 날짜별로 기사 항목을 써야 한다.

**09** 기관실의 기름기록부를 보관하는 곳은 어디인가?

① 해양경찰청

② 당해 선박

③ 소속회사의 관리부서

④ 관할 지방해양수산청

해설

기름기록부는 연료 및 윤활유의 수급, 기관실 유수분리기의 작동 및 수리사항, 선저폐수의 배출·이송·처리 및 폐유의 처리 등의 사항을 기록하는 것으로 해양환경 관리의 중요한 자료이며 마지막 작성일로부터 3년간 보관해야 한다. 선박의 경우에는 본선에 비치하며 피예인선과 같은 경우에는 선박 소유자가 육상의 사무실에 비치할 수 있다.

**10** 선박 안에서 발생한 폐기물의 적법한 처리방법으로 틀린 것은?

① 당해 선박 안에 저장한다.

② 폐기물처리업체에 인도한다.

③ 방제·청소업자에게 인도한다.

④ 수면에 배출한다.

해설

해양환경관리법에서 규정하는 폐기물이란 해양에 배출되는 경우 그 상태로는 쓸 수 없게 되는 물질로서 해양환경에 해로운 결과를 미치거나 미칠 우려가 있는 물질이다. 폐기물의 배출은 '선박 안에서 발생하는 폐기물의 배출해역별 처리기준 및 방법'에 따른 요건에 따라 배출하여야 하는데 무조건 수면에 배출하여서는 안 된다.

**11** 선박의 기관실 선저폐수를 배출한 후 기록하여야 하는 곳은?

① 벨 북

② 기름기록부

③ 기관장일지

④ 폐기물기록부

해설

기름기록부는 연료 및 윤활유의 수급, 기관실 유수분리기의 작동 및 수리사항, 선저폐수의 배출·이송·처리 및 폐유의 처리 등의 사항을 기록하는 것이다.

**12** 관절의 뼈가 제자리에서 이탈한 상태로 혈관, 인대, 신경에 손상을 준 상태를 나타낸 것은?

① 탈 구    ② 절 상

③ 자 상    ④ 타박상

해설

① 탈구 : 탈골 또는 탈골이란 관절을 형성하는 뼈들이 제자리를 이탈하는 현상을 말한다.

② 절상 : 뼈가 부러져 다친 것을 말한다.

③ 자상 : 칼 같은 물건에 찔린 상처를 말한다.

④ 타박상 : 찢어지지 않은 피부 표면 아래 눈에 띄게 푸르거나 보라색의 반점이 생기는 것으로 멍이라고도 한다.

**13** 화염이 있는 곳을 통과할 때 몸을 보호하는 방법으로 적절하지 못한 것은?

① 입으로 뜨거운 가스를 마시지 않도록 한다.

② 가스흡입을 줄이기 위해 몸을 높여서 통과한다.

③ 물수건으로 입을 막고 통과한다.

④ 온몸을 물로 적시고 통과한다.

해설

화염이 있는 곳을 통과할 때는 가능하다면 온몸을 물로 적셔 몸을 보호하고 물수건으로 입을 막고 유해가스를 마시지 않도록 해야 하며 몸을 낮춰서 통과해야 한다.

**14** 다음 보기의 (   ) 안에 알맞은 것은?

> "기관실 침수사고를 방지하기 위하여 해수윤활식
> 선미관 장치가 설치된 선박에서는 입항하면 반드시
> 선미관의 (   )를(을) 조정한다."

① 패킹 글랜드          ② 화이트 메탈
③ 지면재               ④ 베어링

**해설**
기관실 침수사고를 방지하기 위하여 해수윤활식 선미관 장치가 설치된
선박에서는 입항하면 반드시 선미관의 패킹 글랜드를 조정한다.
※ 해수윤활식 선미관의 한 종류인 글랜드 패킹형의 경우, 항해 중에는
   해수가 약간 새어들어 오는 정도로 글랜드를 죄어 주고, 정박 중에는
   물이 새어나오지 않도록 죄어 준다. 축이 회전 중에 해수가 흐르지
   않게 너무 꽉 잠그면 글랜드 패킹의 마찰에 의해 축 슬리브의 마멸이
   빨라지거나 소손된다. 글랜드 패킹 마멸을 방지하기 위해 소량의
   누설해수와 정기적인 그리스 주입으로 윤활이 잘 일어나도록 출항
   전에는 원상태로 조정해야 한다.

**15** 침수에 대한 방지대책으로 틀린 것은?

① 해수파이프 및 밸브의 부식에 유의한다.
② 기관실빌지의 증가 상태를 확인한다.
③ 해수 선미관 글랜드는 황천항해 중 물이 새지 않
   도록 최대한 조인다.
④ 해수흡입밸브의 개폐를 확실하게 한다.

**해설**
해수윤활식 선미관의 한 종류인 글랜드 패킹형의 경우, 항해 중에는
해수가 약간 새어들어 오는 정도로 글랜드를 죄어 주고 정박 중에는
물이 새어나오지 않도록 죄어 준다. 축이 회전 중에 해수가 흐르지
않게 너무 꽉 잠그면 글랜드 패킹의 마찰에 의해 축 슬리브의 마멸이
빨라지거나 소손된다. 글랜드 패킹 마멸을 방지하기 위해 소량의 누설
해수와 정기적인 그리스 주입으로 윤활이 잘 일어나도록 출항 전에는
원상태로 조정해야 한다.

**16** 침수예방 설비에 해당되지 않는 것은?

① 빌지(선저폐수)관장치
② 텔레그래프
③ 수밀문
④ 2중저

**해설**
텔레그래프는 브릿지와 기관실에서 주기관의 전·후진 속도와 관련된
시각적 신호장치로 침수 예방설비는 아니다.

**17** 우현 수면 아래에서 외판에 큰 구멍이 생겨 해수가 선
내로 다량 유입되고 있을 때의 응급조치사항으로 부적
절한 것은?

① 모든 선외밸브를 폐쇄한다.
② 침수장소와 정도를 파악한다.
③ 배수펌프 등을 최대한 동원하여 배수한다.
④ 방수판과 방수매트를 사용하여 침수를 차단한다.

**해설**
선외 밸브 중에는 배수와 관련된 밸브도 있으므로 모든 선외 밸브를
폐쇄하여서는 안 된다.

**18** 다음 연소 물질 중 B급 화재에 해당하는 것은?

① 나 무                ② 가 스
③ 경 유                ④ 전 기

**해설**
B급 화재(유류화재)는 연소 후 재가 남지 않는 인화성 액체, 기체
및 고체 유질 등의 화재이다.

**19** 전기화재의 예방요령으로 틀린 것은?

① 사용하지 않는 전열기는 플러그를 분리시켜 둔다.
② 차단기의 정격 이상으로 큰 부하를 연결하지 않는다.
③ 전동기의 차단기 용량은 전동기의 정격전류보다 작
   도록 한다.
④ 전선의 연결단자는 선체 진동으로 풀리지 않도록
   잘 조인다.

**해설**
전동기 차단기는 전동기가 정격전류보다 큰 전류가 흘렀을 때 차단하여
전동기를 보호하는 장치이므로 전동기의 정격전류보다 큰 용량이어야
한다.

**20** 이산화탄소 소화제의 특성에 해당하지 않는 것은?

① 비점이 매우 낮다.

② 공기보다 가볍다.

③ 무색, 무취, 무미의 기체이다.

④ B, C급 화재의 소화에 적합하다.

**해설**

이산화탄소 소화기($CO_2$ 소화기)는 피연소 물질에 산소 공급을 차단하는 질식효과와 열을 빼앗는 냉각효과로 소화시키며 B, C급 화재 진압에 사용된다. 이산화탄소 소화기는 비점이 매우 낮고 공기보다 무거우며 무색, 무취, 무미의 기체이다.

**21** 다음 가연물 중 인화점이 가장 낮은 것은?

① 가솔린          ② 등 유

③ 중 유          ④ 윤활유

**해설**

원유를 정제하는 순서를 알아두면 좋다. 약간의 차이는 있지만 빨리 정제되는 것이 인화점이 낮다고 생각하면 좋다.

※ 원유의 정제 순서 : LPG → 나프타 → 휘발유(가솔린) → 등유 → 경유 → 중유 → 윤활기유 → 피치 → 아스팔트

※ 인화점 : 가연성 물질에 불꽃을 가까이 했을 때 불이 붙을 수 있는 최저 온도로 인화점이 낮으면 화재의 위험성이 높은 것

**22** 해양환경관리법상 선박에 비치·보관하여야 하는 오염물질의 방제·방지에 사용되는 자재 및 약제로 적절하지 못한 것은?

① 유처리제          ② 유흡착재

③ 오일펜스          ④ 유성향상제

**해설**

해양환경관리법상의 자재 및 약제는 다음의 종류가 있다.

• 오일펜스 : 바다 위에 유출된 기름이 퍼지는 것을 막기 위해서 울타리 모양으로 수면에 설치하는 것이다.

• 유흡착재 : 기름의 확산과 피해의 확대를 막기 위해 기름을 흡수하여 회수하기 위한 것으로 폴리우레탄이나 우레탄 폼 등의 재료로 만든다.

• 유처리제 : 유화분산작용을 이용하여 해상의 유출유를 해수 중에 미립자로 분산시키는 화학처리제이다.

• 유겔화제 : 해양에 기름 등이 유출되었을 때 액체상태의 기름을 아교(겔)상태로 만드는 약제이다.

**23** 선박안전법상 항해구역의 종류 중 호수, 하천 및 항내의 수역과 지정된 18개의 수역을 나타내는 항해구역은?

① 평수구역

② 연해구역

③ 근해구역

④ 원양구역

**해설**

선박안전법 시행규칙 제15조(항해구역의 종류)

선박의 항해구역은 평수구역, 연해구역, 근해구역, 원양구역으로 나뉜다.

• 평수구역 : 호소·하천 및 항내의 수역과 18개의 특정 수역을 말한다.

• 연해구역 : 영해기점으로부터 20해리 이내의 수역과 해양수산부령으로 정하는 5개의 특정 수역을 말한다.

• 근해구역 : 동쪽은 동경 175°, 서쪽은 동경 94°, 남쪽은 남위 11° 및 북쪽은 북위 63°의 선으로 둘러싸인 수역을 말한다.

• 원양구역 : 모든 수역을 말한다.

**24** 해기사 면허증의 유효기간은 몇 년인가?

① 1년          ② 2년

③ 3년          ④ 5년

**해설**

선박직원법 제7조(면허의 유효기간 및 갱신 등)

해기사 면허증의 유효기간은 5년으로 하고 유효기간 만료 전에 신청에 의하여 갱신할 수 있다. 면허를 갱신하고자 하는 자는 면허증의 유효기간 만료 1년 전부터 할 수 있다.

**25** 해양사고의 조사 및 심판에 관한 법률상 징계대상에 해당하지 않는 사람은?

① 선 장          ② 항해사

③ 기관장          ④ 선박 소유자

**해설**

해양사고의 조사 및 심판에 관한 법률 시행령 제7조의2(해기사 또는 도선사에 대한 징계 결정의 기준)

해양사고의 조사 및 심판에 관한 법률상에서는 해기사 또는 도선사의 직무상 고의 또는 과실로 인하여 발생한 것으로 인정할 때에 재결로써 징계를 한다. 징계의 종류에는 면허의 취소, 업무의 정지(1월 이상 1년 이하), 견책이 있다.

## 제1과목 기관 1

**01** 내연기관의 설명으로 옳은 것은?

① 실린더 내에서 발생한 연소가스의 압력에 의하여 작동되는 기관

② 외부로부터 실린더 내로 보내지는 압축공기의 압력으로 작동되는 기관

③ 연료를 기관 외부에서 연소시켜서 동력이 발생하여 작동되는 기관

④ 실린더 내에 분사되는 연료유의 분사압력에 의하여 작동되는 기관

**해설**

내연기관은 기관 내부에서 연료를 연소시켜 이때 발생한 연소가스의 열과 압력으로 동력을 발생시키는 기관이다.

**02** 2행정 사이클 디젤기관이 1사이클을 완료하는 데 필요한 회전수는 몇 회전인가?

① 2회전　　　　② 1회전

③ 4회전　　　　④ 6회전

**해설**

2행정 사이클 기관은 피스톤이 2행정하는 동안(크랭크축은 1회전) 소기 및 압축과 작동 및 배기작용을 완료하는 기관이다.

**03** 디젤기관에서 실린더라이너의 마멸 원인으로 틀린 것은?

① 피스톤 측압에 의한 마멸

② 실린더라이너에 윤활유의 공급 부족

③ 피스톤 링의 장력이 적절하지 않을 때

④ 피스톤 링의 재질이 주철일 때

**해설**

피스톤 링은 경도가 너무 높으면 실린더라이너의 마멸이 심해지고 너무 낮으면 피스톤링이 쉽게 마멸한다. 재질은 일반적으로 주철을 사용하는데 이는 조직 중에 함유된 흑연이 윤활유의 유막 형성을 좋게 하여 마멸을 적게 해준다.

**04** 보슈식 연료분사펌프의 손상에 해당되지 않는 것은?

① 노즐 스프링 절손

② 토출밸브 스프링 절손

③ 조정 랙 절손

④ 플런저 마멸

**해설**

노즐 스프링은 연료분사밸브의 구성요소이다. 연료분사밸브의 압력을 조정하는 역할을 하는데 분사압력 조정나사를 조정하면 스프링의 장력이 변하여 노즐이 열리는 압력이 조정된다.

**05** 디젤기관에서 흡·배기밸브 틈새가 규정 값보다 너무 작을 때 나타나는 현상은?

① 밸브의 양정이 작아진다.

② 닫히는 시기가 빨라진다.

③ 밸브의 양정이 커진다.

④ 열리는 시기가 늦어진다.

**해설**

밸브 틈새(밸브 간극, Valve Clearance 또는 태핏 간극, Tappet Clearance) : 4행정 사이클 기관에서 밸브가 닫혀있을 때 밸브 스핀들과 밸브 레버 사이에 틈새가 있어야 하는데, 밸브 틈새를 증가시키면 밸브의 열림 각도와 밸브의 양정(리프트)이 작아지고 밸브 틈새를 감소시키면 밸브의 열림 각도와 양정(리프트)이 크게 된다.

• 밸브 틈새가 너무 클 때 : 밸브가 닫힐 때 밸브 스핀들과 밸브 시트의 접촉 충격이 커져 밸브가 손상되거나 운전 중 충격음이 발생하고 흡기·배기가 원활하게 이루어지지 않는다.

• 밸브 틈새가 너무 작을 때 : 밸브 및 밸브 스핀들이 열 팽창하여 틈이 없어지고 밸브는 완전히 닫히지 않게 되며, 이때 압축과 폭발이 원활히 이루어지지 않아 출력이 감소한다.

**06** 보슈식 연료분사펌프의 분사시기의 측정 시 피스톤의 터닝은 어느 위치에서 분사시기를 측정하는가?

① 상사점 후 30~40°
② 상사점 전 30~40°
③ 하사점 후 30~40°
④ 하사점 전 30~40°

**해설**
연료의 분사는 상사점 전에 분사되므로 분사시기를 측정할 때는 상사점 전 30~40°가 적당하다.

**07** 디젤 주기관에서 실린더라이너를 순환하는 유체로서 외부측을 냉각하기 위한 유체는 무엇인가?

① 윤활유
② 연료유
③ 압축공기
④ 청 수

**해설**
대부분의 디젤기관에서 실린더라이너를 냉각시키는 냉각수로 청수를 사용한다.

**08** 디젤기관의 커넥팅로드 대단부에 풋 라이너를 증가시킬 때 나타나는 현상은?

① 행정 증가
② 행정 감소
③ 압축비 증가
④ 압축비 감소

**해설**
풋 라이너를 삽입하면 피스톤의 높이가 전체적으로 풋 라이너 두께만큼 위로 올라가고 그만큼 연소실의 부피(압축부피)는 작아진다. 피스톤 행정은 상사점과 하사점 사이의 거리인데 행정의 길이는 변함이 없고 상사점과 하사점의 위치에만 변화가 있다.

$$압축비 = \frac{실린더부피}{압축부피} = \frac{압축부피 + 행정부피}{압축부피} = 1 + \frac{행정부피}{압축부피}$$

풋 라이너를 삽입하면 압축부피가 줄어들고 결국 압축비가 커지게 된다.
※ 풋 라이너 : 커넥팅로드의 종류는 여러 가지인데 풋 라이너를 삽입할 수 있는 커넥팅로드는 풋 라이너를 가감함으로써 압축비를 조정할 수 있다.

**09** 디젤기관의 피스톤 링에 대한 설명으로 틀린 것은?

① 오일링이 압축링보다 위쪽에 설치된다.
② 피스톤 링에는 압축링과 오일링이 있다.
③ 피스톤 링은 적절한 절구 틈을 가져야 한다.
④ 오일링보다 압축링의 수가 많다.

**해설**
일반적으로 압축링은 피스톤 상부에 2~4개, 오일 스크레이퍼 링은 피스톤 하부에 1~2개 설치하고, 링을 조립할 때는 연소가스의 누설을 방지하기 위하여 링의 절구가 180°로 엇갈리도록 배열한다.

**10** 디젤기관에서 크랭크핀 베어링 메탈의 발열원인이 아닌 것은?

① 주유되는 윤활유의 압력이 높을 때
② 크랭크핀 베어링의 조립이 잘못되었을 때
③ 윤활유에 불순물이 많이 포함되어 있을 때
④ 크랭크핀과 베어링 메탈의 간격이 너무 작을 때

**해설**
윤활유의 압력이 높다는 것은 윤활유가 각부 베어링에 잘 공급된다는 것을 말한다. 윤활유의 압력이 현저히 낮을 때 발열이 일어날 수 있다.

**11** 디젤기관에서 피스톤 링이 너무 헐거울 때 나타나는 현상이 아닌 것은?

① 실린더라이너가 빨리 마모된다.
② 연소가스 누설이 많아진다.
③ 연료유의 소모량이 줄어든다.
④ 기관의 열효율이 낮아진다.

**해설**
피스톤 링이 너무 헐거우면 링의 펌프작용으로 인해 윤활유의 소모량이 급격하게 증가한다. 실린더라이너의 마멸이 빨리 진행되고 그렇게 되면 연소가스가 누설되는 블로바이(Blow-by)현상이 일어나며 기관의 출력이 낮아지게 된다.

※ 링의 펌프작용과 플러터현상 : 피스톤 링과 홈 사이의 옆 틈이 너무 클 때, 피스톤이 고속으로 왕복운동함에 따라 링의 관성력이 가스의 압력보다 크게 되어 링이 홈의 중간에 뜨게 되면, 윤활유가 연소실로 올라가 장해를 일으키거나 링이 홈 안에서 진동하게 되는데 윤활유가 연소실로 올라가는 현상을 링의 펌프작용, 링이 진동하는 것을 플러터현상이라고 한다.

- 4행정 사이클 기관의 폭발간격 $=\dfrac{720°}{실린더수}$ (4행정 사이클은 1사이클에 크랭크축이 2회전하므로 720° 회전한다)

- 2행정 사이클 기관의 폭발간격 $=\dfrac{360°}{실린더수}$ (2행정 사이클은 1사이클에 크랭크축이 1회전하므로 360° 회전한다)

## 12 다음 중 디젤기관의 피스톤 링 재료에 가장 많이 포함되어 있는 것은?

① 납　　　　　　② 구 리
③ 흑 연　　　　　④ 백 금

해설

피트톤 링의 재질은 일반적으로 주철을 사용하는데 이는 조직 중에 함유된 흑연이 윤활유의 유막 형성을 좋게 하여 마멸을 적게 해준다.

## 13 디젤기관에서 실린더가 6개일 때의 올바른 설명은?

① 4행정 사이클 기관의 착화순서는 1 → 5 → 3 → 6 → 2 → 4가 많다.
② 2행정 사이클 기관은 회전각도 매 120°마다 착화된다.
③ 4행정 사이클 기관은 회전각도 매 60°마다 착화된다.
④ 4행정 사이클 기관은 매회전당 4회 착화된다.

해설

4행정 사이클 6실린더 기관의 폭발간격은 120°이고 1회전(360°)일 때 3개의 실린더가 폭발하게 된다. 2행정 사이클 6실린더 기관의 폭발간격은 60°이고 1회전(360°)일 때 6개의 실린더가 폭발하게 된다. 기관의 착화순서는 제조사마다 조금의 차이는 있지만 가능한 한 바로 옆 실린더에서 연속해서 폭발하지 않도록 하고 회전력이 균일하도록 하며 크랭크축의 비틀림 응력이 발생하지 않도록 폭발이 같은 간격으로 일어나게 착화순서를 정한다.

## 14 디젤기관의 크랭크축 절손을 방지하기 위한 대책이 아닌 것은?

① 위험회전수를 피해서 운전한다.
② 가능한 저속 회전수로 운전한다.
③ 급회전이나 노킹이 일어나지 않도록 한다.
④ 마모량이 큰 메인베어링은 새것으로 교체하여 운전한다.

해설

크랭크축의 절손은 노킹, 과속운전 및 진동이 원인이 되는 경우가 많다. 위험회전수에서 운전하게 되면 공진현상으로 인해 진동이 증폭되어 절손의 원인이 되므로 위험회전수에서의 운전은 피해야 한다. 메인베어링 등의 마모가 커지면 축의 중심이 틀어지게 되어 진동이 발생하게 된다.

## 15 다음 중 크랭크암의 개폐작용을 측정하는 것은?

① 외경 마이크로미터
② 실린더게이지
③ 필러게이지
④ 디플렉션게이지

해설

크랭크암의 개폐작용(크랭크암 디플렉션, Crank Arm Deflection)이란 크랭크축이 회전할 때 크랭크암 사이의 거리가 넓어지거나 좁아지는 현상이다. 기관 운전 중 개폐작용이 과대하면 진동이 발생하거나 축에 균열이 생겨 크랭크축이 부러지는 경우도 발생하므로 주기적으로 디플렉션을 측정하여 원인을 해결해야 한다. 이때 측정 공구로는 디플렉션 게이지를 이용한다.

**16** 실린더라이너의 분해작업 시 옳지 않은 것은?

① 냉각수를 완전히 방출한다.

② 실린더헤드를 들어낸다.

③ 피스톤을 들어 올린다.

④ 크랭크축을 빼낸다.

해설

실린더라이너를 분해작업할 때는 냉각수를 완전히 방출하여 물이 기관의 윤활유와 섞이지 않게 해야 한다. 순서는 실린더헤드를 들어 올리고 피스톤과 피스톤로드를 들어 올린 후 라이너를 분해하게 된다. 크랭크축을 빼내는 것은 실린더라이너 및 기관 프레임을 모두 들어 올린 후에 작업이 가능하다.

**17** 보일러 운전 중 버너를 즉시 소화해야 하는 경우가 아닌 것은?

① 수면계에서 수위를 확인할 수 없는 경우

② 보일러 튜브가 손상되어 누설되는 경우

③ 수면계의 물이 1/2보다 높게 보이는 경우

④ 버너의 운전 중 역화가 발생하는 경우

해설

보일러 수면계의 정상적인 레벨은 1/2 정도이다. 1/2보다 높게 보인다고 해서 버너를 즉시 소화하는 것이 아니라 자동으로 레벨이 조정되는지 확인하고 계속해서 수면계의 레벨이 상승하는 경우는 수저방출밸브나 수면방출밸브(블로 다운)을 열어 수위를 조정할 수 있다.

**18** 보일러에서 수면계를 설치할 때 1대의 보일러에 최소 설치해야 하는 개수는?

① 1개            ② 2개

③ 3개            ④ 4개

해설

보일러의 수면계는 보일러 1대에 최소 2개 설치해야 한다.

**19** 다음 중 프로펠러의 추력을 선체에 전달하는 것은?

① 메인베어링

② 스러스트베어링

③ 중간베어링

④ 크로스헤드베어링

해설

추력베어링(스러스트베어링)은 선체에 부착되어 있고 추력 칼라의 앞과 뒤에 설치되어 프로펠러로부터 전달되어 오는 추력을 추력 칼라에서 받아 선체에 전달하여 선박을 추진시키는 역할을 한다.

**20** 다음 선박의 운행 중 물의 점성 때문에 생기는 것은?

① 와류저항

② 마찰저항

③ 조파저항

④ 공기저항

해설

② 마찰저항 : 선박이 전진할 때 선체의 표면에 접촉하는 물의 점성에 의해 생긴 마찰이다. 저속일 때 전체 저항의 70~80[%]이고 속도가 높아질수록 그 비율이 감소한다.
① 와류저항 : 선미 주위에서 많이 발생하는 저항으로 선체 표면의 급격한 형상변화 때문에 생기는 와류(소용돌이)로 인한 저항이다.
③ 조파저항 : 배가 전진할 때 받는 압력으로 배가 만들어내는 파도의 형상과 크기에 따라 저항의 크기가 결정된다. 저속일 때는 저항이 미미하지만 고속 시에는 전체 저항의 60[%]에 이를 정도로 증가한다.
④ 공기저항 : 수면 위 공기의 마찰과 와류에 의하여 생기는 저항이다.

**21** 다음 중 선박의 가장 선미 쪽에 있는 것은?

① 플라이휠

② 추진기축(프로펠러축)

③ 크랭크축

④ 주기관

해설

선박마다 차이는 있지만 일반적으로 다음의 그림과 같이 축계를 구성한다. 다음 그림은 감속 · 역전장치가 있을 때의 선박의 축계장치를 나타낸 것이다.

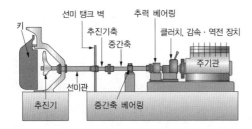

**해설**
선박 디젤기관의 연료유의 인화점이 너무 낮으면 화재의 위험이 있으므로 적당해야 한다.
**선박에서 사용되는 연료유의 조건**
• 비중, 점도 및 유동성이 좋을 것
• 저장 중 슬러지가 생기지 않고 안정성이 있을 것
• 발열량이 크며, 발화성이 양호하고 부식성이 없을 것
• 유황분, 회분, 잔류 탄소분, 수분 등 불순물의 함유량이 적을 것
• 착화성이 좋을 것

**22** 나선형 추진기의 설명으로 틀린 것은?

① 가변피치 추진기는 원격 조작으로 날개의 각도를 자유로이 바꿀 수 있다.
② 가변피치 추진기를 장비한 선박은 후진할 경우 주기관 자체를 역전시켜야 한다.
③ 나선형 추진기는 효율이 좋아 많은 선박에서 사용하고 있다.
④ 나선형 추진기의 종류는 고정피치와 가변피치가 있다.

**해설**
가변피치 프로펠러(CPP)는 프로펠러 날개의 각도를 변화시켜서 피치를 조정하고 이를 통해 배의 속도와 전진·후진 방향을 조정한다. 이때 주기관의 회전방향은 일정하다.

**25** 윤활유의 점도가 너무 높을 경우 나타나는 현상으로 틀린 것은?

① 순환계통이 불량해진다.
② 기관 출력이 감소된다.
③ 소비량이 감소된다.
④ 내부마찰이 감소된다.

**해설**
윤활유의 점도란 유체의 끈적끈적한 정도를 나타낸 것으로 점도가 높으면 끈적함의 정도가 크다는 것이다.
윤활유를 기관에 사용할 때 점도가 너무 높으면 유막은 두꺼워지고 기름의 내부마찰이 증대되고 윤활계통의 순환의 불량, 시동의 곤란, 기관 출력 저하, 소비량 감소 등의 현상이 일어난다. 반대로 점도가 너무 낮으면 기름의 내부마찰 감소, 유막 파괴되어 마멸 증가, 베어링 등 마찰부의 소손 우려, 가스의 기밀효과 저하 등의 현상이 일어난다.

**23** 연료유 중의 탄소가 완전 연소되었을 때 생기는 물질은?

① 질산가스
② 아황산가스
③ 이산화탄소
④ 수증기와 물

**해설**
연료유 중의 탄소가 완전 연소했을 경우에 이산화탄소가 발생한다.

**제2과목 기관 2**

**01** 다음 펌프 중 소유량, 고양정용 펌프로 가장 많이 쓰이는 것은?

① 사류펌프
② 원심펌프
③ 왕복펌프
④ 축류펌프

**해설**
왕복펌프는 흡입성능이 양호하고 소유량, 고양정용 펌프에 적합하다.

**24** 선박용 디젤기관의 연료유의 구비조건이 아닌 것은?

① 인화점이 낮을 것
② 발열량이 클 것
③ 착화성이 좋을 것
④ 유황분이 적을 것

**02** 대기압 상태일 때 펌프로 물의 흡입이 가능한 실제의 최대 깊이로 옳은 것은?

① 약 10[m]

② 약 760[mm]

③ 약 6~7[m]

④ 약 1[m]

해설

대기압(1.033[kgf/cm$^2$])이 작용하는 위치에 설치된 펌프의 흡입측 압력이 완전 진공일 때 최대 흡입수두는 10.33[m]이나, 실제 흡입 가능한 수두는 손실을 고려하여 약 6~7[m] 정도이다.

**03** 원심펌프에서 호수(프라이밍)를 하는 목적으로 가장 적절한 것은?

① 흡입수량을 일정하게 유지시키기 위해서

② 송출측 압력의 맥동을 줄이기 위해서

③ 기동 시 흡입측에 국부진공을 형성시키기 위해서

④ 펌프의 진동을 줄이기 위해서

해설

원심펌프는 회전차(임펠러)를 회전시키면 액체는 회전운동을 하게 되고 원심력에 의해 액체가 회전차의 중심부에서 반지름 방향으로 밀려나가게 된다. 이때 회전차 중심부에는 진공이 형성되어 액체를 계속 흡입할 수 있는 원리를 이용한 펌프이다. 그러나 원심펌프를 운전할 때에 케이싱 내에 공기가 차 있으면 기동 시 흡입측에 국부진공이 형성되지 않아 흡입이 원활하지 않게 된다. 그래서 케이싱 내에 물을 채우고(마중물이라고 한다) 시동을 해야 한다. 마중물을 채우는 것을 호수(프라이밍)이라고 한다.

**04** 원심식 유청정기에서 기름을 가열해야 하는 이유는?

① 유청정기의 고장이 적게 발생하기 때문에

② 고형분의 분리가 쉽기 때문에

③ 분리판의 소제가 쉽기 때문에

④ 전력 소비가 적게 되기 때문에

해설

원심식 유청정기에서 청정효과(슬러지의 분리 효율)를 높이기 위해서 적정 온도로 가열을 하여 기름의 점도를 조정하고 분리판의 수와 회전 수를 증가시키는 방법을 사용한다.

**05** 원심펌프의 운전 시 원동기가 과부하 되는 원인으로 틀린 것은?

① 글랜드 커버가 과도하게 죄어 있는 경우

② 회전차에 이물질이 끼어 있는 경우

③ 베어링이 심하게 손상된 경우

④ 흡입양정이 너무 큰 경우

해설

흡입양정이 큰 것은 펌프가 원활히 운전될 수 있는 요건에 해당한다.

**06** 유청정기 운전 시 회전통 안에 기름보다 먼저 공급하는 것은?

① 베어링 윤활유

② 압축공기

③ 봉 수

④ 슬러지

해설

봉수는 운전 초기에 물이 빠져나가는 통로를 봉쇄하여 기름이 물 토출 구로 빠져나가는 것을 방지하는 역할을 한다. 봉수는 기름이 공급되기 전에 공급된다.

**07** 왕복펌프의 특성으로 적절한 것은?

① 흡입 성능이 양호하다.

② 높은 압력을 얻기가 어렵다.

③ 대용량용으로 유리하다.

④ 맥동이 없다.

해설

왕복펌프의 특징

• 흡입 성능이 양호하다.

• 소유량, 고양정용 펌프에 적합하다.

• 운전 조건에 따라 효율의 변화가 적고 무리한 운전에도 잘 견딘다.

• 왕복 운동체의 직선운동으로 인해 진동이 발생한다.

**08** 스탠바이 시 기관의 사용을 위해 기관실과 브리지 사이에 서로 연락할 수 있는 시각적 신호장치는?

① 선내 경보장치

② 기관 텔레그래프

③ 기관 경보장치

④ 선내 방송장치

해설
텔레그래프는 브리지와 기관실에 설치되며 브리지에서 내려진 명령에 따라 주기관의 전·후진 및 속도를 제어하는데 브리지와 기관실 간에 연락할 수 있는 시각적 신호장치이다.

**09** 유·공압장치의 구성요소에 해당되지 않는 것은?

① 유압펌프

② 유압모터

③ 방향제어밸브

④ 유분리기

해설
유분리기는 냉동장치에서 사용되는 것으로 압축기와 응축기 사이에 설치되며 압축기에서 냉매가스와 함께 혼합된 윤활유를 분리·회수하여 다시 압축기의 크랭크케이스로 윤활유를 돌려보내는 역할을 한다.

**10** 다음 탱크 중 중력을 이용하여 연료유의 불순물 분리에 쓰이는 것은?

① 세틀링탱크

② 저장탱크

③ 이중저탱크

④ 평형수탱크

해설
일반적으로 선박의 기관실에서 연료의 이송은 저장탱크(벙커탱크)에서 침전탱크(세틀링탱크, Settling Tank)로 이송하여 침전물을 드레인 시키고 청정기를 이용하여 수분과 불순물을 여과시켜 서비스탱크로 보낸다. 서비스탱크에 보내진 연료유는 펌프를 이용하여 기관에 공급된다.
침전탱크(세틀링탱크, Settling Tank)는 중력을 이용하여 가라앉은 수분과 불순물을 분리하는 탱크인데 기관사가 주기적으로 순찰하면서 드레인밸브를 열어주어 수분과 불순물을 배출시킨다.

**11** 유청정기(퓨리파이어)에서 저질중유(벙커C)의 가열 온도로 적절한 것은?

① 10~20[℃]

② 30~40[℃]

③ 50~60[℃]

④ 90~95[℃]

해설
원심식 유청정기로 청정할 때에는 적정 점도를 맞추기 위해 가열을 한다. 중유의 경우 95[℃] 내외로 가열하여야 청정 효율이 좋다.

**12** 다음 중 펌프의 효율을 바르게 나타낸 것은?

① 수마력/축마력

② 마찰마력/수마력

③ 마찰마력/축마력

④ 축마력/수마력

해설

$$펌프의 \ 효율 = \frac{수마력}{축마력}$$

• 수마력 : 펌프를 지나는 유체가 펌프로부터 얻는 동력
• 축마력 : 실제로 펌프를 운전하는 데에 필요한 동력

**13** 다음 중 기어펌프로 이송하기가 가장 좋은 것은?

① 윤활유

② 해 수

③ 청 수

④ 빌 지

해설
점도가 높은 유체를 이송하기에 적합한 펌프는 기어펌프이다. 선박에서 주로 사용하는 연료유 및 윤활유펌프는 대부분 기어펌프를 사용한다.

**14** 다음 펌프 중 운동 부분이 없는 것은?

① 피스톤펌프

② 원심펌프

③ 기어펌프

④ 제트펌프

해설

제트펌프는 일명 분사펌프라고도 하는데 고압의 구동 유체가 보조 유체를 본류시키는 펌프로 일반 펌프에 비해 효율이 낮다. 구조에 있어서는 운동하는 기계 부분이 없어서 간단하고 제작비가 싸며 취급도 편리하다.

**15** 다음 펌프 중 축봉장치로 글랜드 패킹을 가장 많이 쓰는 것은?

① 연료유펌프

② 윤활유펌프

③ 냉각해수펌프

④ 슬러지펌프

해설

냉각해수펌프나 냉각청수펌프 등 원심펌프의 축봉장치에 글랜드 패킹을 많이 사용한다.

**16** 다음 중 윤활제로 대형 전동기의 베어링에 주유하는 것은?

① 터빈유

② 그리스

③ 유압유

④ 기어유

해설

그리스는 윤활유보다 점도가 큰 윤활제로 대형 전동기의 베어링이나 윈들러스(양묘기), 무어링 윈치(계선 윈치) 등의 회전부에 쓰인다.

**17** 타 장치에 요구되는 사항으로 틀린 것은?

① 타각이 제한되지 않도록 할 것

② 완충장치를 설치할 것

③ 동력을 확실하고 효과적으로 전할 수 있을 것

④ 2대 중 한 대가 고장이 나도 조타가 가능할 것

해설

조타기에는 타각제한장치, 제동장치, 완충장치, 타각지시장치 등이 설치되어야 한다. 타각제한장치가 있는 이유는 이론적으로 타각이 45°일 때 선박을 회전시키는 회전능률이 최대이지만 속력의 감쇠작용이 크므로 최대 타각은 35° 정도가 가장 유효하여 타각을 제한한다.

**18** 하역장치용 윈치의 구비조건에 해당되지 않는 것은?

① 화물의 안전을 위해 속도가 일정할 것

② 쉽게 정지시킬 수 있는 정확한 제동설비를 갖출 것

③ 광범위한 속도조절능력을 갖출 것

④ 역전장치를 갖출 것

해설

윈치가 갖추어야 할 조건

• 간편하고 안전하게 조작할 수 있는 구조이어야 한다.

• 신속하고 간편하게 조작할 수 있는 역전설비가 구비되어야 한다.

• 하역능률을 높이기 위한 광범위한 속도조절능력이 있어야 한다.

• 소정의 하중을 원하는 속도로 감아올릴 수 있는 능력이 있어야 한다.

• 화물을 어떤 위치에서도 쉽게 정지시킬 수 있는 정확한 제동설비가 구비되어야 한다.

**19** 양묘기에서 설치되지 않는 것은?

① 추종장치

② 마찰 브레이크

③ 워핑 드럼

④ 클러치

해설

추종장치는 조타장치의 구성요소이다.

※ 추종장치는 타가 소요 각도만큼 돌아갈 때 그 신호를 피드백하여 자동적으로 타를 움직이거나 정지시키는 장치이다.

**20** 기관실의 유수분리장치에 해당되지 않는 것은?

① 솔레노이드 밸브

② 유면검출기

③ 냉각장치

④ 경보장치

해설

유수분리장치에 냉각장치가 설치되지는 않는다. 냉각장치는 냉동기, 압축기의 중간 냉각기 및 기타 기관실의 열교환기에 사용된다.

**21** 냉동기의 운전을 시작하기 전 준비사항이 아닌 것은?

① 냉매량을 확인한다.

② 압축기 송출밸브를 잠근다.

③ 전자밸브의 작동상태를 확인한다.

④ 응축기의 냉각수 입·출구밸브를 연다.

해설

냉동기를 운전하기 전에 압축기의 흡입측과 토출측 정지밸브를 완전히 열어야 한다. 단, 흡입측의 냉매 배관에 액냉매가 고여 있을 염려가 있는 경우에는 흡입측 정지밸브를 닫고 압축기를 시동을 한 후 서서히 열어 준다.

**22** 다음 연료 중 냉매 누설 검출기인 핼라이드 토치에 쓰이는 것은?

① 경 유

② 가솔린

③ 알코올

④ 중 유

해설

핼라이드 토치는 연료로 알코올이나 프로판 등을 사용한다. 핼라이드 토치는 폭발의 위험이 없을 때에만 사용해야 한다. 불꽃은 정상이면 청색, 소량 누설 시 녹색, 다량 누설 시에는 자색의 불꽃으로 변한다.

**23** 냉동기유로서 구비해야 할 조건에 해당되지 않는 것은?

① 냉매에 대한 화학작용이 없을 것

② 냉매를 용해하지 않을 것

③ 유막형성 능력이 뛰어나야 한다.

④ 인화점이 낮을 것

해설

냉동기유가 갖추어야 할 조건
• 점도가 적당하고 열 안전성이 좋아야 한다.
• 유막형성 능력이 뛰어나야 한다.
• 수분과 불순물이 없어야 하고 왁스를 석출하지 않아야 한다.
• 응고점이 낮고 인화점이 높아야 한다.
• 냉매와의 화학반응이 일어나지 않아야 한다.
• 온도에 따른 점도변화가 작아야 한다.
• 밀폐식 압축기의 경우 전기절연성이 좋아야 한다.

**24** 다음 냉매 중에서 증발잠열이 가장 큰 것은?

① 탄화수소

② 이산화탄소

③ 암모니아

④ R-22

해설

암모니아는 증발잠열이 커 냉동능력이 우수하나 수분을 포함하게 되면 구리나 구리합금을 부식시킨다.

**25** 다음 물질 중 냉동장치의 프레온 냉매에 혼입되어 팽창밸브를 막을 우려가 있는 것은?

① 수 분

② 기 름

③ 질소가스

④ 탄산가스

해설

프레온 냉매에 수분이 혼입되면 팽창밸브를 막을 우려가 있다. 이를 방지하기 위해 냉매 건조기(필터 드라이어, Filter Drier)를 설치하여 수분을 흡수한다.

---

제**3**과목  **기관 3**

**01** 다음 중 동기발전기의 여자용 브러시에 대한 설명은?

① 브러시는 외부로부터 직류전기를 넣어주는 역할을 한다.

② 브러시는 발전된 직류전기를 외부로 뽑아내는 역할을 한다.

③ 브러시는 발전된 교류전기를 외부로 뽑아내는 역할을 한다.

④ 브러시는 외부로부터 교류전기를 넣어주는 역할을 한다.

해설

동기발전기의 경우 여자용 브러시를 통해 여자전류(직류)를 공급한다. 그러나 직류발전기에서 브러시는 전기자권선과 연결된 슬립링이나 정류자편과 마찰하면서 기전력을 발전기 밖으로 인출하는 역할도 하니 혼동하지 말아야 한다.

**02** 선박에 설치된 차단기로서 주로 대비할 수 있는 사고는?

① 단선사고
② 단락사고
③ 감전사고
④ 접지불량

**해설**
전기의 단락이라고 하면 쉬운 표현으로 합선을 생각하면 된다. 단락이 일어나면 회로 내에 순간적으로 엄청난 전류가 흐르게 되는데 이 과전류를 방지하기 위해 차단기를 설치한다.

**03** 어느 저항의 단자전압이 일정하다면 전류의 상태는?

① 전류는 저항에 반비례
② 전류는 주파수에 반비례
③ 전류는 저항에 비례
④ 전류는 주파수에 비례

**해설**
옴의 법칙에서 $I = \dfrac{V}{R}$ 이므로,

전류는 전압에 비례하고 저항에 반비례한다.
문제에서 단자전압이 일정하다고 하였으니 저항에 반비례한다.

**04** 단위가 [kVA]로 나타내는 것은?

① 주파수
② 전 류
③ 전 력
④ 전 압

**해설**
[kVA], 킬로볼트암페어 : 정격출력의 단위로 피상전력을 나타낸다. [VA]로 표시하기도 하는데 k는 1,000을 의미한다. 선박에서 사용하는 발전기의 출력이 1,000[VA]을 초과하여 일반적으로 [kVA]로 나타낸다.

**05** 멀티테스터의 선택 스위치가 저항에 있을 때의 측정으로 적절하지 않은 것은?

① 전원의 전압이 몇 볼트인지를 확인한다.
② 예비품인 퓨즈가 사용 가능한지를 확인한다.
③ 전동기의 권선이 끊겼는지를 확인한다.
④ 고장 난 전자접촉기를 빼낸 후 점검한다.

**해설**
멀티테스터(회로시험기)로 저항을 측정하는 원리는 멀티테스터 내부의 건전지에 측정하고자 하는 회로의 저항에 전압을 흘려주어 저항을 측정하는 것이다. 따라서 회로시험기로 저항을 측정한 후 전압을 측정할 때는 특히 유의해야 한다. 기능 스위치를 저항으로 놓고 전압을 측정하게 되면 멀티테스터 내부 전원과 전류가 흐르고 있는 회로의 전압이 충돌하여 정확한 저항치를 읽을 수 없을 뿐만 아니라 멀티테스터의 고장과 측정하고자 하는 기기와의 전기 충격이 발생하는 등 손상을 일으킬 수 있다.

**06** 동기발전기가 회전하고 있더라도 아직 차단기가 투입되지 않았다면 주파수계와 전압계는 상태는?

① 주파수는 일정값을 지시하고 전압은 0을 지시한다.
② 주파수는 0을 지시하고 전압은 일정값을 지시한다.
③ 주파수와 전압은 모두 0을 지시한다.
④ 주파수와 전압이 모두 일정값을 지시한다.

**해설**
동기발전기가 기동 중에 있고 차단기를 투입하지 않은 상태는 부하에 전력을 공급하지 않고 있다는 것이므로 전류계와 전력계의 지시치는 00이고 전압계와 주파수계는 무부하상태의 발전기의 전압과 주파수를 지시하고 있다.

**07** 3상 동기발전기에서 부하가 증가했을 때 배전반의 전압계와 전류계의 지침 변화는?

① 전압은 조금 올라가고 전류는 거의 변하지 않는다.
② 전압은 거의 변하지 않고 전류는 올라간다.
③ 전압과 전류가 모두 조금 내려간다.
④ 전압과 전류가 모두 조금 올라간다.

**해설**
부하가 서서히 증가하였다면 전력소모가 증가하여 배전반의 전류값은 올라가고 전압은 거의 변화가 없다. 반대로 부하가 서서히 감소했을 때는 배전반의 전류값은 감소하고 전압은 거의 변화가 없다.
※ 만약 대용량의 전기기기를 기동했을 경우에는 부하의 변동이 급격하게 일어나므로 전류값은 증가하고 전압은 순간적으로 감소하였다가 다시 원래의 전압으로 돌아가고, 반대로 정지시켰을 경우에는 배전반의 전류값은 감소하고 전압은 순간적으로 증가하였다가 다시 원래 전압으로 돌아간다.

**08** 납축전지의 용량을 나타내는 단위는?

① 옴

② 줄

③ 암페어시

④ 와 트

해설
축전지 용량(암페어시, [Ah]) = 방전전류[A] × 종지전압까지의 방전시간[h]

**09** 3[Ω]의 저항 3개를 병렬로 연결하였을 때 합성저항은?

① 0.1[Ω]　　　　② 1[Ω]

③ 3[Ω]　　　　④ 9[Ω]

해설
저항을 병렬연결하면 합성저항은 다음과 같다.

$$\frac{1}{R} = \frac{1}{R_1} + \frac{1}{R_2} + \frac{1}{R_3}$$

$$\frac{1}{R} = \frac{1}{3} + \frac{1}{3} + \frac{1}{3} = 1$$

따라서, 합성저항 $R = 1[Ω]$이다.

※ $\frac{1}{R}$의 값이 1이므로 $R$이 1인 것이지 분수의 값이 나오면 합성저항($R$)의 값을 잘못 기입하지 않도록 주의해야 한다.

예 $\frac{1}{R} = \frac{1}{2}$이면 합성저항($R$)은 0.5[Ω]가 아니라 2[Ω]이다.

**10** 전류를 나타내는 단위는?

① [V]　　　　② [A]

③ [F]　　　　④ [Ω]

해설
② [A] : 암페어, 전류의 단위

① [V] : 볼트, 전압의 단위

③ [F] : 패럿, 정전 용량의 단위

④ [Ω] : 옴, 저항의 단위

**11** 직류발전기 중 타여자 발전기의 설명으로 옳은 것은?

① 발전기 자체에서 발생한 기전력으로 계자를 여자시키는 것

② 다른 별도의 전원으로부터 여자전류를 공급받는 것

③ 계자권선과 전기자권선이 직렬로 연결된 것

④ 영구자석을 계자로 이용한 것

해설
직류발전기 중 타여자 발전기는 별도의 외부전원(다른 직류전원 또는 축전지)으로 여자전류를 공급하는 방식으로 주로 소형 발전기에 많이 사용된다.

**12** 발전기의 자동전압조정기를 뜻하는 것은?

① ACB　　　　② AVR

③ OCR　　　　④ NFB

해설
② AVR(Automatic Voltage Regulator) : 자동전압조정기

① ACB(Air Circuit Breaker) : 기중 차단기

③ OCR(Over Current Relay) : 과전류 계전기

④ NFB(No Fuse Breaker) : 배선용 차단기

**13** 축전지에 대한 올바른 설명은?

① 방전전류가 작아지면 사용시간이 길어진다.

② 방전전류가 커지면 가스발생이 적어진다.

③ 방전전류가 커지면 단자전압이 올라간다.

④ 방전전류가 커지면 발열이 줄어든다.

해설
축전지 용량(암페어시, [Ah]) = 방전전류[A] × 종지전압까지의 방전시간[h]이므로,

방전전류가 커지면 사용시간이 짧아지고 방전전류가 작아지면 사용시간이 길어진다.

**14** 전동기의 내부에 설치되지 않는 것은?

① 축을 지지하는 볼 베어링
② 전기를 차단하는 차단기
③ 열을 식혀 주는 냉각팬
④ 회전자

**해설**
전기를 차단하는 차단기는 전동기의 기동반이나 배전반에 설치되어 있다.

**15** 다음 중 속도가 가장 빠른 것은 어느 것인가?

① 220[V] 50[Hz] 4극 3상 유도전동기
② 220[V] 50[Hz] 6극 3상 유도전동기
③ 440[V] 60[Hz] 4극 3상 유도전동기
④ 440[V] 60[Hz] 6극 3상 유도전동기

**해설**
$n = \dfrac{120f}{p}[\text{rpm}]$ 이므로,
전압의 크기는 관계없고 극수가 작고 주파수가 큰 전동기가 가장 빠르다.
여기서, $n$ : 동기전동기의 회전속도
$p$ : 자극의 수
$f$ : 주파수

**16** 다음 장치 중 교류를 직류로 바꾸어 주는 것은?

① 정류기　② 변압기
③ 증폭기　④ 고정자

**해설**
정류기는 교류를 직류로 바꾸는 장치이다.

**17** 운전 중인 동기발전기의 주파수를 조정하는 것은?

① 원동기의 속도
② 극수의 가감
③ 계자전류의 가감
④ 자동전압조정기

**해설**
동기발전기의 주파수는 발전기의 회전속도와 관련이 있다. 발전기 원동기의 속도가 증가하면 주파수도 빨라지고, 원동기의 속도가 감소하면 주파수도 느려진다.

**18** 다음 중 선내 발전기반에 부착된 주회로 차단기는?

① OVR　② OCR
③ ACB　④ UVT

**해설**
일반적으로 선내 발전기 배전반에 주회로 차단기는 ACB(기중차단기, Air Circuit Breaker)를 사용한다. 현재 저압 배전반(600[V] 이하)에서 가장 널리 사용되고 있다.
※ ACB(기중차단기) : 전로를 차단하려면 고정접촉자와 가동접촉자를 두고 항상 이들을 밀착시켜 전류를 흐르게 하는데, 선로의 어디에선가 고장으로 인해 큰 전류가 흘렀을 때에는 신속히 가동부를 고정부에서 분리해서 전류를 끊어야 한다. 이때 아크가 발생하는데, 이 아크를 끄는 것이 가장 문제가 되며, 이 때문에 양 접촉자를 공기 속에 놓고 접촉자를 분리시켜 아크의 발생을 줄인다.

**19** 기관실의 3상 농형 유도전동기에 대한 올바른 설명은?

① 슬립링이 있다.
② 브러시가 있다.
③ 계자가 있다.
④ 고정자가 있다.

**해설**
3상 농형 유도전동기는 회전자, 고정자로 구성되어 있다. 3상 농형 유도전동기의 회전자 부분에 슬립링과 브러시를 추가한 것이 권선형 유도전동기이다.

**20** 동기발전기의 병렬운전 시 동기검정기가 시계방향으로 회전하고 있을 때 차단기를 투입하려면 몇 시 방향을 가리킬 때가 가장 적절한가?

① 3시　② 6시
③ 9시　④ 11시

발전기의 병렬운전 시 차단기 투입시기 : 발전기를 병렬운전할 때 차단기를 투입하는 시기는 동기검정기의 바늘이 시계방향으로 천천히 돌아가는 상태(1회전하는데 4초 정도)에서 지침이 12시 방향에 도달하기 직전이다. 보통 11~12시 사이에 투입한다.

**21** 다음 중 전동기의 외함을 접지시키는 이유로 맞는 것은?

① 외함의 고정을 위해서
② 감전을 예방하기 위해서
③ 전동기의 온도를 높이기 위해서
④ 전동기 내에 흐르는 전류를 일정하게 하기 위해서

해설
전동기뿐만 아니라 선박의 전기기기들은 접지(어스, Earth)선을 연결한다. 이는 고층건물의 피뢰침과 같은 역할을 하는데, 전기기기의 내부 누설이나 기타 고압의 전류가 흘렀을 때 전류를 선체로 흘려보내어 전위차를 없애주는 것이다. 전기기기의 보호 및 감전을 예방하는 역할을 한다.

**22** 축전지 충방전반에 부착되지 않는 것은?

① 전류계
② 전압계
③ 역률계
④ 전원램프

해설
역률계는 발전기 배전반에 부착된다.

**23** 다음 중 변압기 명판에 나타나는 것은?

① 슬 립
② 극 수
③ 회전자계
④ 정격전류

해설
변압기의 명판에는 정격용량, 주파수, 정격전류, 정격전압, 총중량 등이 표시되어 있다.

**24** P형 또는 N형 반도체를 만들 때 첨가하는 불순물에 해당하지 않는 것은?

① 인 듐
② 인
③ 탄 소
④ 비 소

해설
• N형 반도체 : 가전자(최외각 전자)가 4개인 실리콘 속에 가전자가 5개인 비소, 인, 안티몬 등을 혼합하여 과잉 전자를 많게 한 반도체이다.
• P형 반도체 : 가전자가 4개인 실리콘 속에 가전자가 3개인 붕소, 인듐, 갈륨 등을 섞어 실리콘 원자의 가전자를 공유 결합하는데 전자가 1개 부족하여 정공이 생기고 이 정공은 주위에서 전자를 끌어오려는 작용을 하게 된다.

**25** 다음 반도체 소자 중 직류발전기의 정류자와 같은 기능을 하는 것은?

① 인버터
② 트랜지스터
③ 다이오드
④ 콘덴서

해설
다이오드는 P-N 접합으로 만들어진 것으로 전류는 P형(애노드, +)에서 N형(캐소드, -)의 한 방향으로만 통하는 소자이다. 다이오드는 교류를 직류로 바꾸는 정류작용을 한다.

---

제**4**과목 **직무일반**

**01** 항해당직 중 당직 기관사의 임무로 적절하지 않은 것은?

① 주기관의 안전운전 감시
② 선박과 승무원의 안전 확보
③ 보조기계의 운전효율 증진
④ 안개가 낀 해상에서 항해 시 철저한 경계

해설
항해 시 경계는 당직 항해사의 임무이다.

**02** 항해 중 갑자기 주기관의 정지나 후진이 지령되었을 때 당직 기관사의 조치로서 올바른 순서는?

① 텔레그래프 회신 – 주기관 조작 – 기관장 보고
② 기관장 보고 – 텔레그래프 회신 – 주기관 조작
③ 기관장 보고 – 주기관 조작 – 텔레그래프 회신
④ 주기관 조작 – 기관장 보고 – 텔레그래프 회신

**해설**
항해 중 선교로부터 주기관의 조작 명령이 텔레그래프로 신호를 보내오면 텔레그래프로 회신을 해주고 주기관을 조작한다. 선교로부터의 명령에 즉각 행동한 후에 상황에 따라 기관장에게 보고해야 한다.

**03** 선내의 감전사고를 예방하기 위한 주의사항으로 틀린 것은?

① 전기 수리 시에는 절연장갑을 착용할 것
② 전기기기의 운전 직후에는 항상 절연저항을 측정할 것
③ 전기기기를 수리할 경우에는 전원을 차단하고 작업할 것
④ 배전반의 누전 램프상태가 어떠한지를 평소에 잘 확인할 것

**해설**
절연저항은 전기기기의 전원을 차단하고 계측해야 한다. 운전 중이나 전원이 공급되고 있을 때 측정해서는 안 된다.

**04** 황천 항해 중의 주의사항으로 맞지 않는 것은?

① 연료유와 윤활유 계통에서의 필터 막힘에 주의한다.
② 주기관 계통의 압력과 온도를 잘 관찰한다.
③ 주기관의 위험회전수를 낮게 조정한다.
④ 주기관의 공회전을 방지하도록 운전한다.

**해설**
주기관의 위험회전수는 정해져 있는 것이다. 위험회전수는 조정할 수 없으므로 기관을 운전할 때 위험회전수 범위에 있으면 신속하게 그 범위를 벗어나야 한다.

※ 위험회전수 : 축에 발생하는 진동의 주파수와 고유진동수가 일치할 때 주기관의 회전수를 의미한다. 위험회전수 영역에서 운전을 하게 되면 공진현상에 의해 축계에서 진동이 증폭되고 축계 절손 등의 사고가 발생할 수 있다.

**05** 기관일지 기록에 관한 설명으로 틀린 것은?

① 기관일지는 기관운전에 관한 주요상황을 기록해야 한다.
② 기관일지는 항해 및 정박 중 모두 기록해야 한다.
③ 기관일지는 매 당직 정확하게 기록해야 한다.
④ 기관일지는 매 당직 기관장이 서명해야 한다.

**해설**
기관일지는 매 당직마다 당직 기관사가 작성하고 서명해야 한다. 기관장은 기록사항을 확인하고 페이지 마지막에 한 번 서명한다.

**06** 기관사로서 선박에 처음 승선할 때 전임자와의 인계인수 내용으로 틀린 것은?

① 기관일지, 기기 취급설명서 등의 서류
② 담당기기의 중요 예비품
③ 담당기기의 고장 이력
④ 주기관에 순환되는 냉각수의 양

**해설**
인수·인계는 담당기기 및 담당업무에 대한 전반적 사항과 특이사항에 관한 내용이어야 한다. 주기관에 순환되는 냉각수의 양과 같은 세밀한 내용까지 인수인계하지는 않는다.

**07** 해양환경관리법에서 정한 기관구역의 기름기록부에 서명할 사람이 아닌 것은?

① 해양오염방지관리인
② 작업을 행한 기관사
③ 당직 항해사
④ 선 장

**해설**
기름기록부의 작성은 담당 기관사가 기사란을 작성한 후 서명을 하고, 각 페이지에 해양오염방지관리인(일반적으로 기관장)이 서명한 후 마지막으로 선장이 각 페이지에 서명을 하고 보관해야 한다.

## 08 선박 내에서 발생한 슬러지의 처리방법이 아닌 것은?

① 주기관의 연료유에 섞어서 연소시킨다.
② 기관실의 슬러지 탱크에 저장한다.
③ 육상 수용시설로 양륙처리한다.
④ 승인된 소각기에서 소각한다.

**해설**
폐유(슬러지)는 선박에 보관하여 육상 폐유처리시설에 양륙하는 것이 가장 일반적인 방법이다. 항해가 길어지거나 기타 상황이 발생하여 선박의 폐유보관 탱크의 용량이 부족할 경우 승인을 받은 소각기가 설치되어 있는 선박에서는 폐유를 소각하기도 한다.

## 09 총톤수 400톤 미만의 유조선이 아닌 선박으로서 기관구역에 갖추어야 할 기름오염방지설비가 아닌 것은?

① 선저폐수농도경보장치
② 선저폐수저장탱크
③ 기름여과장치
④ 배출관장치

**해설**
기름오염방지설비의 설치대상 및 설치기기는 유조선과 유조선외 선박의 톤수마다 차이가 있다. 가장 기본이 되는 선저폐수저장탱크 또는 기름여과장치 및 배출관장치는 유조선은 총톤수 50톤 이상 400톤 미만, 유조선외 선박은 총톤수 100톤 이상 400톤 미만의 선박에 설치해야 한다.
선저폐수농도경보장치는 총톤수 1만톤 이상의 모든 선박에 설치해야한다.

## 10 다음 중 ( ) 안에 알맞은 것은?

> 해양환경관리법에서 정의한 ( )는(은) 연료유 또는 윤활유를 청정할 때 생기거나 기관실에서 기름이 누설되어 생긴 폐유를 말한다.

① 유성찌꺼기(슬러지)
② 유성혼합물
③ 스케일
④ 유황분

**해설**
해양환경관리법에서 정의한 유성찌꺼기(슬러지)는 연료유 또는 윤활유를 청정할 때 생기거나 기관실에서 기름이 누설되어 생긴 폐유를 말한다.

## 11 해양수산부장관에게 형식승인을 받아야 하는 해양오염방지설비에 해당되지 않는 것은?

① 기름여과장치
② 유분농도계
③ 폐유소각기
④ 유청정기

**해설**
유청정기는 연료유나 윤활유에 포함된 수분 및 고형분과 같은 불순물을 청정하여 깨끗한 연료유나 윤활유를 기관에 공급하는 역할을 하는 것으로 해양오염방지설비가 아니다. 따라서 해양수산부장관의 형식승인을 받을 필요가 없다.

## 12 의식이 있는 일산화탄소 가스 중독자의 응급처치로 틀린 것은?

① 호흡이 규칙적인지를 확인한다.
② 신선한 공기로 호흡을 시킨다.
③ 옮기지 않고 심장부위를 얼음찜질한다.
④ 환자의 호흡수를 확인한다.

**해설**
일산화탄소 가스에 중독된 경우 신선한 공기로 호흡할 수 있도록 그 장소를 벗어나야 한다.

## 13 건강한 성인의 1분간 정상 호흡수는 몇 회인가?

① 5~10회
② 25~30회
③ 40~45회
④ 12~18회

**해설**
성인의 경우 1분당 12~18회 정도 호흡한다.

**14** 입거 수리 중인 선박의 출거 후의 침수예방을 위한 점검사항에 해당하지 않는 것은?

① 수면 아래에 설치된 선외밸브의 부식상태 점검
② 주기관 청수 냉각기 냉각관의 부식상태 점검
③ 해수윤활 선미관 패킹의 마모상태 점검
④ 시 체스트의 부식상태 점검

[해설]
입거 수리 후 침수예방과 주기관의 청수냉각기와는 거리가 멀다. 선체 외부에서 침수될 수 있는 선외밸브, 시 체스트, 선미관 등을 점검해야 한다.

**15** 기관실의 일부 침수 시 침수방지에 사용하는 응급조치용 장비에 해당하지 않는 것은?

① 그리스
② 나무 쐐기
③ 방수 매트
④ 방수 시멘트

[해설]
그리스는 윤활제의 한 종류이다.

**16** 선박의 좌초사고로 기관실이 침수될 우려가 있을 때 기관 당직자의 적절한 조치사항은?

① 발전기를 정지시킨다.
② 등화 또는 형상물을 게시한다.
③ 빌지 및 이중저탱크를 측심한다.
④ 기관실로 통하는 모든 수밀문을 폐쇄한다.

[해설]
당직 기관사는 손상부위와 정도를 파악하고, 선저부의 손상 정도는 확인하기 어려우므로 빌지와 탱크를 측심하여 상황을 판단해야 한다.

**17** 선박이 사고로 급박한 위험에 처할 때 우선 구조해야 할 순서는?

① 선박 – 화물 – 인명
② 인명 – 선박 – 화물
③ 화물 – 선박 – 인명
④ 화물 – 인명 – 선박

[해설]
선박에 급박한 위험이 발생했을 때 무엇보다도 인명구조를 우선으로 해야 한다. 다음으로 선박, 마지막으로 화물을 우선순위로 두고 비상조치를 취해야 한다.

**18** 전기화재를 예방하기 위한 주의사항에 해당하지 않는 것은?

① 모든 전기장치는 요구되는 절연저항치가 되도록 할 것
② 모든 전기장치는 정격용량 이하로 부하를 걸지 말 것
③ 모든 전기장치는 과부하가 되지 않도록 할 것
④ 전선이나 접점은 항상 단단히 고정할 것

[해설]
정격용량이란 전기기기가 정상적으로 작동하고 있을 때 소모되는 전력을 말한다.

**19** 화재사고 예방을 위해 선내에서 아크 용접을 하기 전 작업자의 조치사항이 아닌 것은?

① 작업장 내의 통풍을 차단한다.
② 휴대식 소화기를 준비한다.
③ 작업 중에 주변을 감시할 감시원을 배치한다.
④ 작업 장소 주위에 있는 가연성 물질을 제거한다.

[해설]
화재 예방을 위해서는 작업장 내에 가연성 가스를 없애기 위해 환기를 해야 한다.

**20** 기관실의 화재 예방법으로 틀린 것은?

① 기관실 청결 유지
② 통풍장치의 운전 대수 제한
③ 철저한 순찰 및 점검
④ 위험 지역의 지정 관리

해설
기관실은 선박의 하부에 설치가 되고 밀폐가 되는 곳이 많으므로 항상 통풍기를 운전해야 한다. 또한 주기관이나 발전기의 운전에 필요한 공기를 공급하는 목적으로도 사용되므로 통풍기를 사용하고 배압에 따라 통풍기의 운전 대수를 가감하기도 한다.

**21** 휴대용 화학식 포말소화기의 설명으로 틀린 것은?

① 주로 유류화재에 사용한다.
② 0[℃] 이상의 온도에서 보관한다.
③ 약 4.4[℃] 이하에서는 효력이 현저히 감소한다.
④ 적어도 2년에 1번씩 약제를 교환한다.

해설
화학식 포말소화기의 경우 소화제는 소화기에 충전된 후 1년을 경과할 수 없다. 예비 포말소화약제의 경우에는 항상 사용 가능하도록 열, 습기가 없는 곳에 보관·유지되도록 관리하고 유효기간은 제조자가 정한 기간에 따라야 한다.

**22** 해양환경관리법상 선박오염물질기록부는 선박에 최종기재를 한 날로부터 몇 년간 보관하는가?

① 1년 ② 2년
③ 3년 ④ 5년

해설
해양환경관리법 제30조(선박오염물질기록부의 관리)
선박오염물질기록부 최종기재를 한 날부터 최소 3년간 보관해야 한다.

**23** 선박안전법에 규정된 여객선이란 여객을 몇 명 이상 태울 수 있는 선박인가?

① 10인 ② 13인
③ 15인 ④ 20인

해설
선박안전법 제2조(정의)
여객선이라 함은 13인 이상의 여객을 운송할 수 있는 선박을 말한다.

**24** 해양사고의 조사 및 심판에 관한 법률에서 '해양사고'의 정의에 대한 설명으로 틀린 것은?

① 선박의 구조, 설비와 관련하여 사람이 사망한 경우
② 선박이 멸실·유기되거나 행방불명된 경우
③ 선박에서 해양오염 피해가 발생한 경우
④ 선박의 비상발전기를 운전할 수 없는 경우

해설
해양사고의 조사 및 심판에 관한 법률 제2조(정의)
해양사고의 조사 및 심판에 관한 법률에서 해양사고는 다음과 같다.
• 선박의 구조·설비 또는 운용과 관련하여 사람이 사망 또는 실종되거나 부상을 입은 사고
• 선박의 운용과 관련하여 선박이나 육상시설·해상시설이 손상된 사고
• 선박이 멸실·유기되거나 행방불명된 사고
• 선박이 충돌·좌초·전복·침몰되거나 선박을 조종할 수 없게 된 사고
• 선박의 운용과 관련하여 해양오염 피해가 발생한 사고

**25** 해기사가 업무정지 또는 견책의 징계를 받은 경우 징계의 효력이 상실되는 것은 재결의 집행이 종료된 날로부터 몇 년 이상 무사고 운항을 한 때인가?

① 1년 ② 2년
③ 3년 ④ 5년

해설
해양사고의 조사 및 심판에 관한 법률 제81조의 2(징계의 실효)
업무정지 또는 견책의 징계를 받은 해기사나 도선사가 그 징계 재결의 집행이 끝난 날부터 5년 이상 무사고 운항을 하였을 경우에는 그 징계는 실효된다.

---

제**1**과목  **기관 1**

## 01 디젤기관에서 2행정 사이클 4실린더는 크랭크축이 1회전하는 동안 총 몇 번의 폭발이 일어나는가?

① 1회
② 2회
③ 4회
④ 6회

**해설**
2행정 사이클 4실린더 기관의 폭발간격은 90°이고 1회전(360°)일 때 4개의 실린더가 폭발하게 된다.

• 2행정 사이클 기관의 폭발간격 = $\dfrac{360°}{\text{실린더수}}$(2행정 사이클은 1사이클에 크랭크축이 1회전하므로 360° 회전한다)

• 4행정 사이클 기관의 폭발간격 = $\dfrac{720°}{\text{실린더수}}$(4행정 사이클은 1사이클에 크랭크축이 2회전하므로 720° 회전한다)

## 02 선박용 주기관의 실린더 번호는 어느 쪽에서부터 붙이는가?

① 선수로부터
② 선미로부터
③ 우현에서 좌현으로
④ 좌현에서 우현으로

**해설**
선박의 주기관은 대부분 선수에서 선미방향으로 설치되며 실린더의 번호도 선수방향을 1번으로 하여 번호를 부여한다.

## 03 2행정 사이클 디젤기관과 비교할 때 4행정 사이클 디젤기관의 특징은?

① 기관 출력당 부피와 무게가 작다.
② 각 행정의 작동이 확실하여 고속에 적합하다.
③ 실린더 헤드의 구조가 간단하다.
④ 흡기와 배기가 동시에 이루어진다.

**해설**
4행정 사이클 디젤기관의 특징(장점)은 다음과 같다.
• 피스톤의 4행정 중 작동행정은 1회이므로 실린더가 받는 열응력이 작고, 열효율이 높으며 연료소비율이 낮다.
• 흡입행정과 배기행정이 구분되어 부피 효율이 높고 환기작용이 완전하여 고속기관에 적합하다.
• 시동이 용이하고 저속에서 고속까지 운전범위가 넓다.
• 흡기의 전행정에 걸쳐서 연소실이 냉각되기 때문에 실린더의 수명이 길다.

## 04 디젤기관에서 피스톤의 행정을 길게 했을 때의 압축비는?

① 감소한다.
② 증가한다.
③ 감소했다 증가한다.
④ 변화 없다.

**해설**
$$압축비 = \frac{\text{실린더부피}}{\text{압축부피}} = \frac{\text{압축부피} + \text{행정부피}}{\text{압축부피}} = 1 + \frac{\text{행정부피}}{\text{압축부피}}$$
식에서 행정이 길어지면 행정 부피가 커지므로 압축비는 증가한다.

**05** 디젤기관에서 보슈식 연료분사 펌프의 연료유의 공급량을 조절하는 것은 무엇인가?

① 캠
② 토출밸브
③ 플런저 스프링
④ 조정랙

해설

연료유의 공급량을 조정하는 것은 조정랙이다. 조정랙을 움직이면 플런저와 연결되어 있는 피니언을 움직이게 되고 피니언은 플런저를 회전시키게 된다. 플런저를 회전시키면 플런저 상부의 경사 홈이 토출구와 만나는 위치가 변화되어 연료의 양을 조정하게 된다.

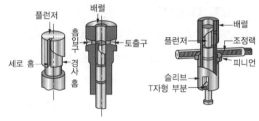

**06** 4행정 사이클 디젤기관의 밸브 개폐에 대한 올바른 설명은?

① 배기밸브는 정확히 하사점에서 열린다.
② 흡기밸브는 정확히 상사점에서 열린다.
③ 시동공기 밸브는 상사점 전에 열린다.
④ 연료분사 밸브는 상사점 전에 열린다.

해설

4행정 사이클 기관은 흡입행정 → 압축행정 → 폭발(작동)행정 → 배기행정 순으로 피스톤이 움직이며 흡기밸브와 배기밸브는 밸브 오버랩(밸브 겹침)이 있다. 배기행정에서 흡입행정으로 넘어가기 전(보통 상사점 전 약 20°)에 흡입밸브가 미리 열리고, 압축행정에서 상사점 전에 연료분사 밸브가 열려 연료를 분사하고 폭발행정으로 넘어간다.
※ 밸브 겹침(밸브 오버랩) : 실린더 내의 소기작용을 돕고 밸브와 연소실의 냉각을 돕기 위해서 흡기밸브는 상사점 전에 열리고 하사점 후에 닫히며, 배기밸브는 완전한 배기를 위해서 하사점 전에 열리고 상사점 후에 닫히게 밸브의 개폐시기를 조정한다.

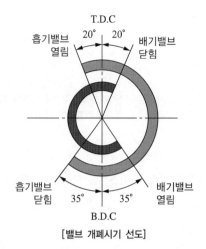

[밸브 개폐시기 선도]

**07** 4행정 사이클 디젤기관의 흡·배기 밸브 구동장치의 구성요소에 해당하지 않는 것은?

① 캠
② 로커암
③ 푸시로드
④ 플런저

해설

플런저는 연료분사 펌프의 구성요소이다.

**08** 디젤기관에서 실린더라이너의 마멸 원인이 아닌 것은?

① 실린더 중심이 어긋날 때
② 기관의 부하가 작을 때
③ 윤활유가 부적당할 때
④ 피스톤 링이 헐거울 때

해설

실린더라이너의 마멸은 기관이 과부하 운전을 했을 경우 더 잘 일어난다.

**09** 디젤기관에서 피스톤 링을 양호한 상태로 유지하기 위한 것으로 적절하지 않은 것은?

① 절구 틈과 옆 틈을 적당히 한다.
② 링의 절구 틈이 상하 일직선이 되지 않도록 한다.
③ 라이너와 피스톤 링을 동시에 크롬 도금한다.
④ 조립할 때 상하가 반대로 조립되지 않게 한다.

**해설**

피스톤 링은 내마모성, 내충격성, 내열성이 요구되며 실린더 벽의 재질보다 다소 경도가 낮은 특수주철과 크롬 도금 링을 사용하는데, 크롬 도금한 링을 사용하면 내마모성이 증가하여 주로 마모가 심한 1번 압축 링에 사용된다. 그러나 크롬 도금한 실린더에는 크롬 도금 링을 사용해서는 안 된다. 그리고 각 피스톤 링의 절구 틈은 겹치지 않도록 180°로 엇갈리도록 배열하여 연소가스의 누설을 막는다.

**10** 디젤기관에서 피스톤에 설치되는 오일 링의 역할은?

① 피스톤에서 받은 열을 실린더 벽으로 방출한다.
② 연소실의 연소가스가 새지 않도록 기밀을 유지한다.
③ 윤활유를 긁어 올려 연소실로 들어가게 한다.
④ 윤활유를 긁어내리고 실린더 내벽에 고르게 분포시킨다.

**해설**

피스톤 링은 압축 링과 오일 스크레이퍼 링(오일 링)으로 구성되는데 압축 링은 피스톤과 실린더라이너 사이의 기밀을 유지하고 피스톤에서 받은 열을 실린더 벽으로 방출하며, 오일 스크레이퍼 링은 실린더라이너 내의 윤활유가 연소실로 들어가지 못하도록 긁어내리고 윤활유를 라이너 내벽에 고르게 분포시킨다.

**11** 디젤기관의 피스톤 구조에 대한 설명으로 틀린 것은?

① 피스톤은 크라운과 스커트로 구성된다.
② 크라운에는 피스톤 핀을 설치하기 위한 구멍이 있다.
③ 크라운에는 피스톤 링을 설치하기 위한 링 홈이 있다.
④ 크로스헤드 유무에 따라 크로스헤드형 피스톤과 트렁크형 피스톤으로 나눈다.

**해설**

피스톤은 상부의 모양이 왕관을 닮았다고 해서 피스톤 크라운이라 하고, 하부를 치마의 모양을 닮았다고 하여 피스톤 스커트라 부른다. 피스톤 핀은 피스톤 스커트 부위에 설치된다.

**12** 디젤기관에서 발생하는 진동의 원인이 아닌 것은?

① 회전부의 원심력
② 연료분사압력
③ 실린더 내 폭발압력
④ 왕복운동부의 관성력

**해설**

연료분사압력과 디젤기관의 진동과는 거리가 멀다.

**13** 디젤기관에서 메인 베어링 메탈이 편마모할 때의 대책으로 적절하지 못한 것은?

① 각 베어링의 하중이 같도록 한다.
② 각 실린더의 출력이 일정하도록 한다.
③ 각 베어링의 틈새를 크게 한다.
④ 기관 베드의 변형이 생기지 않도록 한다.

**해설**

베어링의 틈새가 규정치보다 너무 크게 되면 진동이 발생할 위험이 있고 진동에 의해 메인 베어링이 편마모할 가능성이 있다.

**14** 디젤기관에서 플라이휠이 하는 역할로 틀린 것은?

① 크랭크 위치의 눈금을 각인하여 밸브 간극 조정에 이용한다.
② 바깥둘레에 기어휠을 설치하여 터닝에 사용한다.
③ 회전력을 일정하게 하고 저속운전을 안정시킨다.
④ 연료유의 분사상태를 좋게 한다.

**해설**

플라이휠은 작동행정에서 발생하는 큰 회전력을 플라이휠 내에 운동에너지로 축적하고 회전력이 필요한 그 밖의 행정에서는 플라이휠의 관성력으로 회전한다. 바깥둘레에 기어휠을 설치하여 터닝에도 사용하며 역할은 다음과 같다.
• 크랭크축의 회전력을 균일하게 한다.
• 저속 회전을 가능하게 한다.
• 기관의 시동을 쉽게 한다.
• 밸브의 조정이 편리하다.

**15** 다음 디젤 주기관이 운전 중인 경우 신속히 정지해야 하는 때는?

① 배기색이 흑색일 때
② 윤활유 온도가 너무 낮을 때
③ 운동부에 심한 이상음이 발생할 때
④ 과급기에서 서징현상이 발생할 때

해설
디젤 기관의 운전 중에 긴급 정지해야 되는 경우는 운동부에 심한 이상음이 들릴 때, 윤활유의 압력이 급격히 저하될 때, 조속기의 이상으로 과속도 운전될 때 등이다.

**16** 디젤 주기관의 정지 후에 대한 설명으로 적절한 것은?

① 윤활유 펌프는 즉시 정지시키고 냉각수 펌프는 20분 후에 정지시킨다.
② 윤활유 펌프는 20분 후에 정지시키고 냉각수 펌프는 즉시 정지시킨다.
③ 윤활유 펌프와 냉각수 펌프 모두 즉시 정지시킨다.
④ 윤활유 펌프와 냉각수 펌프 모두 20분 후에 정지시킨다.

해설
디젤기관을 정지한 후에는 인디케이터 밸브를 열어 크랭크축을 터닝해야 한다. 연소실 안의 잔류 가스를 내보내고 기관을 서서히 식히는 역할을 한다. 이때 기관의 윤활유 펌프와 냉각수 펌프는 운전이 되는 상태에서 터닝을 해야 기관이 급하게 냉각되는 것을 막을 수 있다. 기관을 운전하기 전에도 예열(워밍, Warming)할 때도 동일한 방법으로 해야 한다. 디젤기관은 급하게 냉각 또는 열을 받으면 실린더에 크랙이 발생하거나 시동이 곤란해지는 등의 문제가 발생한다.

**17** 보일러의 연소장치로 맞는 것은?

① 과열기          ② 절탄기
③ 버 너          ④ 공기예열기

해설
보일러의 주된 연소장치는 버너이며 용도에 따라 압력 분무식 버너, 공기 또는 증기 분무식 버너를 사용한다.

**18** 보일러 운전 중 부주의로 인해 위험해지기 전까지 수위가 떨어지지 않도록 방지하는 장치는?

① 저수위경보장치
② 수저방출밸브
③ 수면방출밸브
④ 연소차단장치

해설
보일러에서 수위조절은 매우 중요하다. 물이 없는 상태에서 보일러가 계속 연소된다면 보일러 튜브 등이 손상을 입어 수리 불가능한 상태가 될 수 있다. 이를 방지하기 위해 보일러 운전 중에 부주의로 수위가 급격히 저하되면 위험신호를 알려주는 저수위경보장치를 설치하고 추가하여 수위가 더 저하되면 보일러를 트립시키는 저수위트립장치를 설치하기도 한다.

**19** 추진기는 전진 항해 중 프로펠러축을 어느 방향으로 미는가?

① 선 미          ② 선 수
③ 좌 현          ④ 우 현

해설
추진기(프로펠러는) 전진 항해 중에 프로펠러축을 선수 방향으로 밀어 배를 전진시킨다.

**20** 스크루 추진기의 평형상태가 나쁠 때 일어나는 현상이 아닌 것은?

① 선체 진동          ② 축계 진동
③ 선미관의 마멸          ④ 추진기의 침식

해설
추진기(프로펠러)의 평형상태가 나쁘면 축계진동과 선체진동이 발생하고 더불어 선미관의 마멸이 빠르게 진행된다.
※ 공동현상(캐비테이션, Cavitation) : 프로펠러의 회전속도가 어느 한도를 넘어서면 프로펠러 배면의 압력이 낮아지고 표면에 기포상태(부압)가 발생하는데 이 기포가 순식간에 소멸되면서 높은 충격압력을 받아 프로펠러 표면을 두드리는 현상이다.
※ 캐비테이션 침식 : 공동현상이 반복되어 프로펠러 표면이 거친 모양으로 침식되는 현상으로 프로펠러의 손상을 가져온다. 이를 방지하기 위해서는 회전수를 지나치게 높이지 않고 프로펠러가 수면 부근에서 회전하지 않도록 해야 한다.

**21** 다음 보기에서 가변피치 프로펠러와 비교하여 고정피치 프로펠러가 가지는 특징을 모두 고른 것은?

> [보 기]
> ㄱ. 프로펠러의 효율이 양호하다.
> ㄴ. 손상된 날개만 바꾼다.
> ㄷ. 피치 변경이 가능하다.
> ㄹ. 무게가 가볍다.

① ㄱ, ㄴ      ② ㄴ, ㄷ
③ ㄷ, ㄹ      ④ ㄱ, ㄹ

해설
• 고정피치 프로펠러(FPP) : 일반적으로 프로펠러라고 하면 고정피치 프로펠러를 말하며 스크루 프로펠러라고도 한다. 날개각이 고정되어 있어 전진과 후진을 할 때는 프로펠러의 회전방향을 바꾸어 주어야 하며(주기관 자체를 역전시켜야 한다) 높은 추력을 발생하고 효율이 높다.
• 가변피치 프로펠러(CPP) : 프로펠러 날개의 각도를 변화시켜서 피치를 조정하고 이를 통해 배의 속도와 전진·후진 방향을 조정한다.

**22** 프로펠러에서 공동현상이 주로 발생되는 곳은?

① 날개의 압력면
② 날개의 배면
③ 프로펠러축의 원주 방향
④ 날개 뿌리의 앞 뒤쪽

해설
공동현상(캐비테이션, Cavitation) : 프로펠러의 회전속도가 어느 한 도를 넘어서면 프로펠러 배면의 압력이 낮아지고 표면에 기포상태가 발생하는데 이 기포가 순식간에 소멸되면서 높은 충격압력을 받아 프로펠러 표면을 두드리는 현상이다.

**23** 비중이 0.83인 경유 30[cc]의 무게는?

① 24.9[g]      ② 24.9[kg]
③ 27.6[g]      ④ 27.6[kg]

해설
$$0.83 = \frac{x[\text{kg}]}{0.03[\text{L}]} = \frac{x[\text{g}]}{30[\text{cc}]}$$
무게 $= 0.0249[\text{kg}] = 24.9[\text{g}]$ $(1[\text{L}] = 1,000[\text{cc}])$
• 비중이란 특정물질의 질량과 같은 부피의 표준물질의 질량과의 비율을 말한다.
• 기름의 비중 : 부피가 같은 기름의 무게와 물의 무게의 비를 말하는데 15/4[℃] 비중이라 함은 15[℃]의 기름의 무게와 4[℃]일 때 물의 무게의 비를 나타내는 것이다. 쉽게 말하면 기름의 비중이란 부피(*l*)에 무게가 몇 [kg]인가 하는 것이다. 그러므로 기름의 무게는 기름의 부피에 비중을 곱하면 무게가 나온다.
※ 비중과 밀도는 언뜻 보면 비슷한 개념이지만 비중은 단위가 없고 밀도는 단위가 있어 엄연히 차이가 있다.

**24** 윤활유가 변질되는 원인이 아닌 것은?

① 금속성분과 같은 불순물의 함유
② 고열에 의한 열분해
③ 장기 저장 중 산화
④ 저온으로 인한 유동성 저하

해설
저온에서 유동성이 저하된다고 하여 윤활유가 변질되는 것은 아니다.

**25** 윤활유의 점도가 평소보다 낮을 경우 발생하는 현상은?

① 윤활유의 내부마찰이 감소한다.
② 윤활유의 유막이 두꺼워진다.
③ 윤활유 소비량이 감소된다.
④ 기관의 시동이 곤란해질 수 있다.

해설
윤활유의 점도란 유체의 끈적끈적한 정도를 나타낸 것으로 점도가 높으면 끈적함의 정도가 크다는 것이다.
※ 윤활유를 기관에 사용할 때 점도가 너무 높으면 유막은 두꺼워지고 기름의 내부마찰이 증대되고 윤활 계통의 순환이 불량해진다. 시동의 곤란, 기관 출력저하, 소비량 감소 등의 현상이 일어난다. 반대로 점도가 너무 낮으면 기름의 내부마찰 감소, 유막이 파괴되어 마멸 증가, 베어링 등 마찰부의 소손우려, 가스의 기밀효과 저하 등의 현상이 일어난다.

## 제2과목 기관 2

**01** 다음 중 펌프와 용도의 연결이 잘못된 것은?

① 슬라이딩 베인펌프 – 갑판 유압기계에 사용
② 가변 용량형 펌프 – 조타장치에 사용
③ 원심펌프 – 청수 이송에 사용
④ 기어펌프 – 해수 이송에 사용

**해설**
점도가 높은 유체를 이송하기에 적합한 펌프는 기어 펌프이다. 선박에서 주로 사용하는 연료유 및 윤활유 펌프는 대부분 기어 펌프를 사용한다. 그리고 해수나 청수는 원심펌프가 적합하다.

**02** 원심펌프와 비교할 때 왕복펌프의 특징은?

① 흡입성능이 우수하다.
② 저양정용으로 주로 이용된다.
③ 큰 유량을 보내는 데 유리하다.
④ 냉각용 해수펌프로 주로 이용된다.

**해설**
왕복펌프의 특징
• 흡입 성능이 양호하다.
• 소유량, 고양정용 펌프에 적합하다.
• 운전 조건에 따라 효율의 변화가 적고 무리한 운전에도 잘 견딘다.
• 왕복 운동체의 직선운동으로 인해 진동이 발생한다.

**03** 원심펌프의 축 추력 방지대책으로 틀린 것은?

① 후면 슈라우드 날개 설치
② 편흡입 회전차 사용
③ 스러스트 베어링 사용
④ 평형공 설치

**해설**
소용량 원심펌프에서는 축 추력을 방지하기 위해서 추력(스러스트) 베어링을 사용하는 것만으로도 가능하지만 일반적으로 다음의 방법을 사용한다.

• 추력 베어링을 사용하는 방법
• 평형공을 설치하는 방법
• 양흡입 회전차를 사용하는 방법
• 후면 슈라우드 날개를 부착하는 방법
• 자기평형에 의한 방법(회전차를 대칭으로 설치)
• 평형원판을 사용하는 방법

**04** 다음 펌프 중 펌프의 송출측에 공기실이 있어야 하는 것은?

① 원심펌프
② 왕복펌프
③ 회전펌프
④ 사류펌프

**해설**
왕복펌프의 특성상 피스톤의 왕복운동으로 인해 송출량에 맥동이 생기며 순간 송출유량도 피스톤의 위치에 따라 변하게 된다. 따라서 공기실을 송출측의 실린더 가까이에 설치하여 송출 압력이 높으면 송출액의 일부가 공기실의 공기를 압축하고 압력이 낮을 때에는 공기실의 압력으로 유체를 밀어내게 하여 항상 일정한 양의 유체가 송출되도록 한다.

**05** 유청정기의 역할로서 옳은 것은?

① 수분과 불순물 제거
② 기름의 점도 증가
③ 수분과 기름 혼합
④ 기름의 온도 증가

**해설**
청정기는 연료유나 윤활유에 포함된 수분 및 고형분과 같은 불순물을 청정하여 깨끗한 연료유나 윤활유를 기관에 공급하는 역할을 한다.

**06** 원심펌프에서 마우스 링을 설치해야 하는 곳은?

① 임펠러와 케이싱 사이
② 임펠러와 글랜드 패킹 사이
③ 안내 날개와 송출밸브 사이
④ 임펠러와 축 사이

해설
마우스 링은 펌프의 임펠러에서 송출되는 액체가 흡입측으로 역류하는 것을 방지하는 것으로 임펠러 입구측의 케이싱에 설치된다. 웨어 링(Wear Ring)으로 불리기도 하는데 그 이유는 케이싱과 액체의 마찰로 인해 마모가 진행되는데 케이싱 대신 마우스 링이 마모된다고 하여 웨어 링이라 불린다. 케이싱을 교체하는 대신 마우스 링만 교체하면 되므로 비용적인 면에서 장점이 있다.

**07** 열교환기를 형상에 따라 분류할 때 그 종류에 해당하지 않는 것은?

① 원통 다관식 열교환기
② 코일식 열교환기
③ 플로트식 열교환기
④ 핀 튜브식 열교환기

해설
교환기는 유체의 온도를 원하는 온도로 유지하기 위한 장치로 고온에서 저온으로 열이 흐르는 현상을 이용해 유체를 가열 또는 냉각시키는 장치이다. 종류에는 원통 다관식 열교환기 및 판형 열교환기가 있고 이 외에 핀 튜브식, 코일식 등이 있다.

**08** 다음 중 압력의 단위는?

① [kVA]
② [kW]
③ [PS]
④ [MPa]

해설
파스칼 기호 [Pa]는 압력의 단위이다.
※ 표준 대기압은 101,325[Pa] = 101.325[kPa] = 1013.25[hPa] = 0.101325[MPa]

**09** 왕복펌프의 종류에 해당되지 않는 것은?

① 버킷펌프
② 피스톤 펌프
③ 플런저 펌프
④ 헬리컬기어 펌프

해설
왕복펌프는 피스톤 또는 플런저, 버킷 등의 왕복운동에 의해 유체에 압력을 주어 유체를 이송하는 펌프로 선박에서는 빌지펌프, 보조급수 펌프, 복수기용 추기 펌프 등에 사용한다.

**10** 다음 중 원심펌프의 구성부에서 축이 케이싱을 관통하는 부분의 물이나 공기의 누설, 누입을 막아주는 것은?

① 축봉장치
② 마우스 링
③ 추력 베어링
④ 공기실

해설
임펠러축과 펌프 케이싱 사이에서 유체가 누설하는 것을 방지하기 위해 축봉장치를 설치하는데 기계적 실(Mechanical Seal)이나 충전식 패킹을 사용한다.

**11** 펌프의 흡입측 액체 표면에서 송출측 액체 표면까지의 수직거리는?

① 손실수두(손실양정)
② 송출수두(송출양정)
③ 실수두(실양정)
④ 흡입수두(흡입양정)

해설
펌프의 중심에서 흡입수면까지의 수직거리를 흡입수두(흡입양정)이라 하고 펌프의 중심에서 송출수면까지의 수직거리를 송출수두(송출양정)이라 한다. 실수두(실양정)는 흡입수두와 송출수두를 합한 것이고, 전수두(전양정)는 실수두(실양정)와 손실수두(손실양정)를 합한 것이다.

**12** 연속적으로 액체를 송출할 수 있도록 펌프의 케이싱 내에 액체가 미리 채워져 있어야만 하는 펌프는?

① 버킷펌프
② 피스톤펌프
③ 기어펌프
④ 터빈펌프

해설
원심펌프의 종류에는 안내날개가 없는 벌류트펌프와 안내날개가 있는 터빈펌프가 있다.

※ 원심펌프는 초기 운전 전에 펌프 케이싱에 유체를 가득 채워야 한다. 이를 호수(프라이밍, Priming)라고 하는데 소형 원심펌프는 호수장치를 통해 케이싱 내에 물을 가득 채우고 대형 원심펌프는 진공펌프를 설치하여 운전 초기에 진공펌프를 작동시켜 케이싱 내에 물을 가득 채워준다.

**13** 조타장치의 4대 구성요소로 옳은 것은?

① 조종장치, 추종장치, 원동기, 타장치
② 원동기, 타장치, 완충장치, 조종장치
③ 원동기, 추종장치, 완충장치, 전탐장치
④ 조종장치, 타장치, 완충장치, 전탐장치

해설
조타기는 조종장치, 조타기(원동기), 추종장치, 전달장치(타장치)로 구성되어 있다.

**14** 양묘기와 캡스턴의 회전 드럼을 서로 비교했을 때의 올바른 설명은?

① 양묘기 드럼과 캡스턴 드럼 모두 수직축이다.
② 양묘기 드럼은 수평축이고 캡스턴 드럼은 수직축이다.
③ 양묘기 드럼은 수직축이고 캡스턴 드럼은 수평축이다.
④ 양묘기 드럼과 캡스턴 드럼 모두 수평축이다.

해설

양묘기(윈들러스) 드럼과 캡스턴

[양묘기 드럼의 예]          [캡스턴의 예]

**15** 유조선이나 LPG선에서 탱크 내에 산소농도가 낮은 가스를 채워 가연성 가스에 의한 화재 발생을 방지하는 장치는?

① 유수분리장치
② 화학처리장치
③ 불활성가스장치
④ 오수처리장치

해설
유조선의 불활성가스(이너트 가스, Inert Gas)장치는 화물탱크에서의 폭발을 방지하기 위해서 불활성가스를 공급한다. 유조선에서는 보일러 배기가스를 이용하여 산소의 농도를 일정기준 이하로 낮추어 화물을 하역할 때 화물탱크로 공급하여 불활성가스로 채운다.

**16** 선박의 갑판보기에 해당하지 않는 것은?

① 윈들러스        ② 무어링 윈치
③ 캡스턴          ④ 조수기

**17** 다음 탱크 중 해수를 채우거나 비워서 선박의 흘수와 경사를 조절하는 역할을 하는 것은?

① 밸러스트 탱크    ② 세틀링 탱크
③ 서비스 탱크      ④ 넘침 탱크

해설
밸러스트 탱크는 밸러스트 펌프를 이용하여 선박의 평형수를 주입하는 탱크로 선박 평형수의 양을 가감하여 흘수와 경사를 조정한다.

**18** 생물 화학식 분뇨처리장치에서 오수 속의 오물이 분해 처리되는 곳으로 활성슬러지 속의 호기성 미생물의 번식이 가장 활발해지는 곳은?

① 침전탱크
② 멸균탱크
③ 제어탱크
④ 폭기탱크

**해설**
공기 분해식 분뇨처리장치는 폭기실(공기 용해 탱크), 침전실, 멸균실로 구성되어 있다. 폭기탱크에서 호기성 미생물의 번식이 활발해져 오물을 분해시키고, 침전탱크에서 활성슬러지는 바닥에 침전되며 상부의 맑은 물은 멸균탱크로 이동하고, 멸균실에서는 살균이 이루어진 후 선외로 배출된다.

**19** 선박에서 15[ppm] 기름여과장치를 설치하는 이유는?

① 연료유 중의 수분 제거
② 슬러지 중의 기름 성분 분리
③ 선저폐수 중 해수의 분리 저장
④ 선저폐수의 기름 성분 분리

**해설**
기관실 내에서 각종 기기의 운전 시 발생하는 드레인이 기관실 하부에 고이게 되는데 이를 빌지(선저폐수)라 한다. 유수분리기는 빌지를 선외로 배출할 때 해양오염을 시키지 않도록 기름 성분을 분리하는 장치이다. 빌지분리장치라고도 하며 선박의 빌지(선저폐수)를 공해상에 배출할 때 유분함량은 15[ppm](백만분의 15) 이하로 배출해야 한다.

**20** 다음 장치 중 선박에서 나오는 폐유 또는 유청정기의 슬러지 등을 선내에서 처리하고자 할 때 필요한 것은?

① 불활성가스장치
② 폐유소각기
③ 기름분리장치
④ 발전장치

**해설**
폐유소각기는 청정기에서 나오는 슬러지나 유수 분리기에서 분리된 기름, 여과기나 기름 탱크의 드레인 등 선박에서 발생한 폐유를 선내에서 소각처리할 때 사용한다.

**21** 다음 장치 중 냉동기에서 감압작용과 냉매의 유량을 제어하는 것은?

① 릴리프밸브
② 흡입밸브
③ 송출밸브
④ 팽창밸브

**해설**
팽창밸브는 응축기에서 액화된 고압의 액체 냉매를 저압(감압작용)으로 만들어 증발기에서 쉽게 증발할 수 있도록 하며 증발기로 들어가는 냉매의 양을 조절하는 역할을 한다.

**22** 냉동기의 냉각수 입구 온도가 상승하여 응축압력이 너무 높을 때의 대책으로 가장 옳은 것은?

① 냉각수량을 증가시킨다.
② 압축기를 과부하 운전한다.
③ 팽창밸브의 개도를 조절한다.
④ 고압스위치를 조절한다.

**해설**
냉동기의 냉각수 입구 온도가 상승해서 응축압력이 상승했을 때는 냉각수의 양을 증가시켜 냉각작용이 잘 일어나도록 해야 한다.

**23** 냉동기의 윤활유를 보충하는 것으로 가장 적절한 것은?

① 압축기의 크랭크실을 진공으로 유지하여 보충한다.
② 건조기를 통해서 보충한다.
③ 액분리기의 밸브를 이용하여 보충한다.
④ 압축기의 흡입밸브를 열고 송출밸브를 닫은 상태로 운전하면서 보충한다.

**해설**
압축기의 크랭크실 내부가 대기압 이상이므로 윤활유 보충 밸브를 열면 압축기 내의 기름과 냉매가 외부로 방출하게 된다. 따라서 압축기의 크랭크실을 진공으로 유지하여 진공압에 의해 윤활유를 흡입시켜 보충하게 된다. 이때 압축기의 크랭크실을 진공으로 만드는 방법은 운전 중에 압력제어스위치의 저압스위치(L.P.S)를 진공으로 낮추고 흡입측 밸브를 닫고 토출측 밸브를 연 상태에서 운전하면 된다.

**24** 냉동기 압축기의 흡입압력이 너무 높은 원인으로 옳은 것은?

① 송출밸브가 누설할 때
② 윤활유 양이 너무 많을 때
③ 팽창밸브가 너무 많이 열려 있을 때
④ 냉각수량이 너무 많을 때

해설
압축기의 흡입압력이 높은 이유는 팽창밸브를 너무 많이 열었거나 실린더의 흡입밸브(압축기 흡입측 스톱밸브와 구분하여야 한다)가 누설되는 경우 등이 있다.

**25** 냉동기를 운전할 때 압축기 기동 전에 먼저 운전해야 하는 펌프는?

① 냉각수 펌프
② 연료유 펌프
③ 진공펌프
④ 온수펌프

해설
냉동기의 압축기를 운전하기 전에 응축기로 냉각수를 공급하는 냉각수 펌프를 미리 기동하여 냉매를 응축시킬 준비를 마치고 압축기를 기동해야 한다.

**제3과목 기관 3**

**01** 교류발전기의 병렬운전 조건으로 틀린 것은?

① 기전력의 크기가 같아야 한다.
② 기전력의 주파수가 같아야 한다.
③ 기전력의 위상이 일치해야 한다.
④ 기전력의 상순이 달라야 한다.

해설
병렬운전의 조건
• 병렬운전시키고자 하는 발전기의 주파수를 모선과 같게 한다(주파수와 주기는 반비례하므로 주파수를 맞추면 주기도 같아진다).
• 전압조정장치를 조정하여 모선과 전압을 같게 조정한다(기전력의 크기를 같게 한다).
• 동기검정기의 바늘과 램프를 확인하여 위상이 같아 질 때 병렬운전을 한다.
• 기타 사항으로 전압의 파형을 같게 해야 한다.
※ 전압, 위상, 주파수로 기억한다.

**02** 램프 점등회로가 스위치를 닫아 램프가 켜졌을 때 스위치 양단 a, b 사이의 전압은 몇 [V]인가?

① 0[V]  ② 110[V]
③ 220[V]  ④ 440[V]

해설
전압이란 도체 내에 있는 두 점 사이의 전기적인 위치에너지 차이라고 할 수 있다. a와 b의 전기적인 위치에너지 차이는 0이다. 즉, 같은 위치에 있다고 볼 수 있다. 전위의 차이가 발생하려면 램프(저항) 빛이 발생하여 전력을 소모하면 전위의 차이가 생긴다.

**03** 아날로그 멀티테스터로 저항을 측정할 경우 전환 스위치가 R×1k에 있을 때 계기의 바늘이 20[Ω]을 가리킨다면 저항 측정값은?

① 2[Ω]  ② 20[Ω]
③ 2,000[Ω]  ④ 20,000[Ω]

해설
아날로그 멀티테스터로 측정 가능한 것은 저항, 교류전압, 직류전압, 직류전류 등이다. 아날로그 멀티테스터의 저항을 읽는 방법은 전환 스위치 단위 값에 바늘이 지시하는 값을 곱하면 된다.
예 R×10에 바늘이 20[Ω]을 지시하면 200[Ω]이다(1k는 1,000을 의미한다).

**04** 100[Ω] 저항을 가진 백열전구 4개를 직렬 접속했을 때의 전체 합성저항[Ω]은?

① 25[Ω]
② 50[Ω]
③ 200[Ω]
④ 400[Ω]

**해설**
저항의 직렬연결 합성저항 $R = R_1 + R_2 + R_3 + \cdots$ 이므로
합성저항 $R = 100 + 100 + 100 + 100 = 400[\Omega]$이다.

**05** 동기 발전기에서 AVR의 뜻은?

① 자동위상조정기
② 자동전류조정기
③ 자동전압조정기
④ 자동주파수조정기

**해설**
AVR(Automatic Voltage Regulator) : 자동전압조정기

**06** 다음 중 가장 빠르게 회전하는 전동기는?

① 60[Hz], 2극 유도전동기
② 60[Hz], 4극 유도전동기
③ 50[Hz], 6극 유도전동기
④ 50[Hz], 10극 유도전동기

**해설**
$n = \dfrac{120f}{p}[\text{rpm}]$ 이므로,
전압의 크기는 관계없고 극수가 작고 주파수가 큰 전동기가 가장 빠르다.
여기서, $n$ : 동기 전동기의 회전속도
　　　　$p$ : 자극의 수
　　　　$f$ : 주파수

**07** 발전기 배전반에서 kW 전력계는 무엇을 나타내는가?

① 역 률
② 피상전력
③ 무효전력
④ 유효전력

**해설**
• W : 유효전력의 단위, k는 1,000을 의미하고 일반적으로 배전반의 유효전력은 1,000을 넘어서 [kW]로 표시한다.
• VA : 피상전력의 단위
• VAR : 무효전력의 단위

**08** 장기간 정지해 두었던 교류발전기의 기동 시 주의사항 이 아닌 것은?

① 통풍장치를 점검한다.
② 베어링의 상태를 점검한다.
③ 고정자, 회전자 및 여자기의 절연저항을 측정해 본다.
④ 발전기의 극수변화를 확인한다.

**해설**
발전기의 극수는 발전기를 제작할 때부터 정해져 있는 것이므로 극수의 변화는 확인할 필요가 없다.

**09** 납축전지를 충전할 때 나타나는 현상은?

① 충전이 될수록 비중은 낮아진다.
② 충전이 될수록 충전 전류는 커진다.
③ 충전이 될수록 전압은 높아진다.
④ 충전이 될수록 수소가스의 발생은 적어진다.

**해설**
납축전지를 충전할 때는 충전이 진행됨에 따라 전압과 비중은 상승한다. 충전이 어느 정도 진행되면 양극에서는 산소가 음극에서는 수소가 발생한다. 반면에 납축전지가 방전을 시작하면 전압과 전류는 강하되고 전해액의 비중도 시간이 지남에 따라 감소한다.

**10** 전기에서 사용되는 단위로 틀린 것은?

① [Ah]
② [Bar]
③ [kVA]
④ [kW]

**해설**
Bar는 압력의 크기를 나타내는 단위로 SI 단위로는 Pa(N/m²)를 사용한다.
※ 1[bar] = 0.1[MPa]

**11** 전선의 피복이 열화 또는 기계적인 손상 등이 일어나 전류가 선체쪽으로 흘러나가는 현상은?

① 누 전                    ② 단 락
③ 단 선                    ④ 접 지

해설
① 누전 : 절연이 불완전하여 전기의 일부가 전선 밖으로 새어 나와 주변의 도체에 흐르는 현상이다.
② 단락 : 전기의 단락이라고 하면 쉬운 표현으로 합선을 생각하면 된다. 단락이 일어나면 회로 내에 순간적으로 엄청난 전류가 흐르게 되는데 이 과전류를 방지하기 위해 차단기를 설치한다.
③ 단선 : 회로에서 선이 연결이 되지 않았거나 끊어진 상태이다.
④ 접지(어스, Earth) : 감전 등의 전기사고 예방목적으로 전기기기와 선체를 도선으로 연결하여 기기의 전위를 0으로 유지하는 것이며 전기기기 외부의 강한 전류로부터 전기기기를 보호하고자 하는 것이다. 고층 건물의 피뢰침을 떠올리면 된다.

**12** 정격 부하에서 슬립을 알아내리면 3상 유도전동기 명판의 항목 중 알아야 할 것은?

① 주파수, 극수, 정격 rpm
② 주파수, 정격전압, 정격 rpm
③ 정격전압, 정격전류, 역률
④ 주파수, 극수, 역률

해설
슬립 : 회전자의 속도는 동기속도에 대하여 상대적인 속도 늦음이 생기는데 이 속도 늦음과 동기 속도의 비를 슬립이라고 한다. 같은 3상 유도전동기에서 슬립이 작을수록 회전자의 속도는 빠르고 슬립이 클수록 회전자의 속도는 느린 것이다.

$$슬립 = \frac{동기속도 - 회전자속도}{동기속도} \times 100[\%]$$

$n = \dfrac{120f}{p}[\text{rpm}]$ 이므로,

주파수와 극수를 알고 정격 rpm을 알면 동기속도와 회전자속도를 알 수 있으므로 슬립을 구할 수 있다.
여기서, $n$ : 동기 속도
  $p$ : 자극의 수
  $f$ : 주파수

**13** 그림과 같은 누전표시등의 Test S/W를 눌렀을 경우 가운데 등은 어두워지고 나머지 등은 더 밝아졌을 때 현재의 전로 상태는?

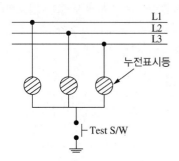

① L1, L2, L3선이 모두 접지되어 있다.
② L2선이 접지되어 있다.
③ L1선과 L3선이 접지되어 있다.
④ 접지된 선이 없다.

해설
일반적으로 선박의 공급전압은 3상 전압으로 배전반에는 접지등(누전표시등)이 설치된다. 테스트 버튼을 눌렀을 때 세 개의 등이 모두 같은 밝기이면 누전되는 곳이 없이 상태가 양호한 것이다. 만약 한 선이 누전되고 있다면 누전되고 있는 선의 접지등은 어두워지고 다른 등은 더 밝게 빛나게 된다.

**14** 다음 중 3상 유도전동기의 회전방향을 바꾸는 방법은?

① 전압의 크기를 변화시킨다.
② 전원의 극수를 변화시킨다.
③ 전원의 주파수를 변화시킨다.
④ 3선 중 2선의 접속을 바꾼다.

해설
3상 유도전동기의 회전방향을 바꾸는 방법은 예상외로 간단하다. 3개의 선 중에 순서와 상관없이 2개 선의 접속만 바꾸어 주면 된다.

**15** 3상 유도전동기에서 슬립과 속도에 대한 알맞은 설명은?

① 슬립과 회전자 속도는 관계 없다.

② 슬립이 증가하면 속도는 감소한다.

③ 부하가 증가하면 슬립은 감소한다.

④ 슬립이 증가하면 속도는 증가한다.

해설

슬립 : 회전자의 속도는 동기속도에 대하여 상대적인 속도 늦음이 생기는데 이 속도 늦음과 동기 속도의 비를 슬립이라고 한다. 같은 3상 유도전동기에서 슬립이 작을수록 회전자의 속도는 빠르고 슬립이 클수록 회전자의 속도는 느린 것이다.

$$슬립 = \frac{동기속도 - 회전자속도}{동기속도} \times 100[\%]$$

**16** 1마력[PS]은 약 몇 와트[W]인가?

① 75[W]　　　　② 565[W]

③ 735[W]　　　　④ 836[W]

해설

1마력[PS] = 75[kgf·m/s] ≒ 0.735[kW] = 735[W]

**17** 유도전동기와 변압기의 공통점으로 알맞은 것은?

① 슬립이 있다.

② 난조가 발생된다.

③ 전자유도작용을 이용한다.

④ 키르히호프의 법칙이 적용된다.

해설

유도전동기와 변압기는 전자유도작용을 이용한 기기이다.

**18** 직류전원에 비해 교류전원의 특징이 아닌 것은?

① 유도전동기를 사용할 수 있다.

② 전류 흐름의 방향이 계속 변한다.

③ 전압의 크기를 쉽게 바꿀 수 있다.

④ 전기의 역률이 항상 1이다.

해설

역률은 교류회로에서 유효전력과 피상전력과의 비를 말한다. 간단히 말하면 전기기기에 실제로 걸리는 전압과 전류가 얼마나 유효하게 일을 하는가 하는 비율을 의미한다. 즉, 공급된 전기의 100[%]를 해당 목적에 소모하는 경우를 1로 봤을 때, 1에 가까우면 효율이 높은 제품이고 1에 미치지 못할수록 비효율적인 것이다.
직류전원에서는 역률의 개념이 없어 역률을 1로 볼 수 있으나 교류전원에서는 송전선 중에서의 손실이 커지기 때문에 교류에서 회로 중 코일이나 콘덴서 성분에 의해 전압과 전류 사이에 위상차가 발생하므로 역률이 1이 될 수 없다.

**19** 다음 그림이 나타내는 의미는?

① 저 항　　　　② 퓨 즈

③ 전 지　　　　④ 커패시터(콘덴서)

해설

보기의 그림은 직류전원을 나타내는 것이다.

**20** 변압기의 용량 단위는?

① [kW]　　　　② [kVAR]

③ [kVA]　　　　④ [kV]

해설

변압기 용량(수전용량)의 단위는 kVA(피상전력)이다. kW(유효전력)는 피상전력에 역률을 계산하여 순수하게 사용되는 전력이므로 2차 부하에서의 전력은 kW가 맞지만 부하를 걸지 않은 수전전력은 kVA이다.

**21** 메거(Megger)는 무엇을 측정하는가?

① 전 류　　　　② 전 압

③ 온 도　　　　④ 절연저항

해설

절연저항을 측정하는 기구는 절연저항계 또는 메거테스터(Megger Tester)라고 한다.

**22** 커패시터(콘덴서)가 전하를 저장할 수 있는 능력을 나타내는 것은?

① 저 항　　　　② 임피던스
③ 정전용량　　④ 리액턴스

해설
정전용량(전기용량)이란 콘덴서가 전하를 저장할 수 있는 능력을 말한다.
※ 정전용량은 물체가 전하를 축적하는 능력을 나타내는 물리량이다. 정전용량값은 $C$로 표시하고, 단위는 패럿[F]이다($C = q/V$, $q$는 전하량, $V$는 전압). 전기회로에서의 정전용량은 축전기라는 소자에 관계한다. 콘덴서(커패시터)라고도 하는 축전기는 본질적으로 절연물질 또는 유전체로 분리된 2장의 도체의 샌드위치 모양인데 가장 중요한 기능은 전기에너지를 저장하는 것이다.

**23** 전기회로에 설치한 퓨즈에 대한 설명이 아닌 것은?

① 전기기기 또는 회로를 보호하기 위해서 사용한다.
② 과전류가 흘러 용단되면 퓨즈를 교환해야 한다.
③ 회로에 많은 전류가 흐르면 전기를 끊는다.
④ 전기가 잘 통하는 구리나 철로 만들어진다.

해설
퓨즈는 전류가 세게 흐르면 전기 부품보다 먼저 녹아 끊어져서 전류의 흐름을 끊어주는 금속선을 말한다. 퓨즈는 제조회사마다 차이는 있지만 과도한 전류가 흐를 때 발생하는 열로 끊어져야 하므로 주로 녹는점이 낮은 납과 주석 또는 아연과 주석의 합금을 재료로 사용한다.

**24** P형 반도체와 N형 반도체를 접합하였으며 단자가 2개인 소자는?

① 트랜지스터　　② 다이오드
③ 콘덴서　　　　④ 전 지

해설
다이오드 P-N 접합으로 만들어진 것으로 전류는 P형(애노드, +)에서 N형(캐소드, -)의 한 방향으로만 통하는 소자이다. 교류를 직류로 바꾸는 정류작용 역할을 한다.

**25** 정류회로에서 정류작용은 무엇을 말하는가?

① 전류를 양 방향으로 흐르게 하는 작용
② 전류를 한쪽 방향으로만 흐르게 하는 작용
③ 빛을 받을 때만 전류를 흐르게 하는 작용
④ 고전압일 때 전류를 차단하는 작용

해설
정류작용은 교류를 직류로 바꾸는 것을 말하며 전류를 한쪽 방향으로만 흐르게 하는 것이다.

제4과목 **직무일반**

**01** 정박 중 기관일지에 기입할 사항에 해당되지 않는 것은?

① 정박장소 및 당일의 작업 내용
② 연료유나 윤활유의 수급 내용
③ 발전기의 전류계 수치
④ 주기관의 평균 회전수

해설
정박 중에는 주기관이 정지해 있으므로 회전수, 배기온도, 압력 등은 기입하지 않는다.

**02** 항해 중 당직 기관사의 근무 요령이 아닌 것은?

① 주기관 배기온도에 특별한 변화가 있는지를 점검한다.
② 기관실 빌지 양이 특별히 증가하는지를 관찰한다.
③ 선교로부터의 주기관 관련 지시사항에 따른다.
④ 모든 청정기는 매시간 바울 내 슬러지를 배출시킨다.

해설
대부분의 청정기는 자동으로 작동되므로 당직 기관사는 청정기의 작동 상태, 통유량 등의 상태를 확인하면 된다.

**03** 입거수리 신청서의 작성요령으로 틀린 것은?

① 항해 중 수리가 곤란한 것은 가능한 수리내용에 포함시킨다.

② 입거수리 시 수리해야 할 기기의 명세를 상세히 기입한다.

③ 수리기간이 최소 1주일 이상이 되도록 수리내용을 작성한다.

④ 수리내용과 관련하여 필요시에는 별첨도면을 첨부한다.

**해설**
입거수리 신청서를 작성할 때는 입거수리기간 내에 모든 작업이 완료할 수 있는 사항을 작성해야 한다.

**04** 위험한 선내 작업에 해당되지 않는 것은?

① 감전의 우려가 있는 전기 작업

② 기름 탱크의 내부 소제 작업

③ 연료분사 밸브의 노즐 래핑 작업

④ 금속의 용접 및 절단 작업

**해설**
대부분의 선내 작업은 안전을 최우선으로 해야 하지만 화재나 감전 및 질식의 위험이 있는 작업은 특히 주의해야 한다.

**05** 선내 작업 안전관리에 대한 설명이 틀린 것은?

① 크레인, 체인블록 등의 작동이 잘되도록 해 둔다.

② 밀폐구역은 환기를 철저히 시키고 진입해야 한다.

③ 압력용기의 너트를 풀 때는 모든 너트를 한꺼번에 풀어 내부압력을 낮춘다.

④ 발판은 불안정하지 않도록 확실하게 설치해야 한다.

**해설**
압력용기의 너트를 풀 때는 압력이 서서히 빠지도록 너트를 조금씩 풀고 압력을 빼내야 한다.

**06** 중량물을 이동할 때의 주의사항으로 틀린 것은?

① 체인블록 등은 허용하중을 확인하고 사용한다.

② 자기 몸무게의 85[%] 이하 중량물은 혼자 들어서 이동시킨다.

③ 작업자 이외에는 작업현장에 접근시키지 않는다.

④ 작업자는 작업화, 안전모 및 보호장갑 등을 사용한다.

**해설**
선박은 횡요와 동요가 발생하므로 자신의 몸무게보다 가볍다 하더라도 사고가 발생하지 않도록 안전을 확보해서 이동시켜야 한다.

**07** 해양오염방지검사증서의 유효기간은 몇 년인가?

① 1년
② 2년
③ 3년
④ 5년

**해설**
해양환경관리법 제56조(해양오염방지검사증서 등의 유효기간)
해양오염방지검사증서의 유효기간은 5년이다.

**08** 다음 중 유조선에서 화물펌프실에 고인 기름이나 화물 잔류물을 수집하는 탱크는?

① 이중저 탱크
② 서비스 탱크
③ 혼합물(슬롭) 탱크
④ 평형수 탱크

**해설**
슬롭 탱크 : 유조선의 화물창 안의 화물 잔유물과 화물창 세정수를 한곳에 모으거나 화물 펌프실 바닥에 고인 기름을 한곳에 모으기 위한 탱크이다.

**09** 선저폐수 웰의 흡입관 끝을 바르게 설명은?

① 이물질이 흡입되지 않도록 로즈박스가 설치되어
   있다.

② 선저폐수 흡입량이 일정하도록 오리피스가 설치
   되어 있다.

③ 공기가 들어오지 않도록 흡입관보다 작은 관이
   연결되어 있다.

④ 선저폐수 흡입이 잘되도록 흡입관보다 큰 관이
   연결되어 있다.

해설
선저폐수(빌지) 웰의 흡입관에는 이물질이 흡입되지 않도록 로즈박스
가 설치되어 있다. 조립 분해가 가능하도록 되어 있다.

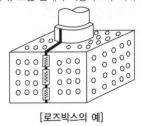

[로즈박스의 예]

**10** 비상 빌지관 계통이 연결되어 있는 펌프는?

① 기관실에 있는 최대 용량의 해수 펌프
② 기관실에 있는 최소 용량의 해수 펌프
③ 갑판상에 있는 최대 용량의 해수 펌프
④ 갑판상에 있는 최소 용량의 해수 펌프

해설
비상 빌지관은 침수가 되었을 때 급박한 상황에서 사용하는 것이다.
일반적으로 용량이 제일 크고 선외로 배수라인이 연결되어 있는 주
냉각 해수 펌프에 비상 선저 빌지관을 연결한다. 유수분리기(빌지분리
장치)를 거치지 않으므로 평상시에 빌지 배출목적으로 사용해서는
안 된다.

**11** 해양오염방지를 위하여 배출이 금지되는 기름이 아닌
것은?

① 윤활유                ② 폐 유
③ 유성혼합물            ④ 석유가스

해설
해양환경관리법상 해양오염물질에는 다음의 종류가 있다. 천연가스
및 석유가스는 해당되지 않는다.
• 기름 : 원유 및 석유제품(석유가스를 제외한다)과 이들을 함유하고
  있는 액체상태의 유성혼합물 및 폐유를 말한다.
• 유해액체물질 : 해양환경에 해로운 결과를 미치거나 미칠 우려가
  있는 액체물질(기름을 제외한다)과 그 물질이 함유된 혼합 액체물질
  로서 해양수산부령이 정하는 것을 말한다.
• 폐기물 : 해양에 배출되는 경우 그 상태로는 쓸 수 없게 되는 물질로서
  해양환경에 해로운 결과를 미치거나 미칠 우려가 있는 물질이다(기
  름, 유해액체물질, 포장유해물질을 제외한다).
• 선저폐수(빌지) : 선박의 밑바닥에 고인 액상유성혼합물이다.

**12** 응급처치 중 출혈이 심하지 않을 경우 올바른 것은?

① 엉키어 뭉친 핏덩어리는 손으로 떼어낸다.
② 더러운 것이 묻어 있을 경우 깨끗한 물로 씻는다.
③ 아무 헝겊이라도 상처에 대고 드레싱을 한다.
④ 출혈 부위는 심장보다 낮은 곳에 둔다.

해설
출혈이 심하지 않을 경우에는 출혈부위의 이물질은 깨끗한 물로 씻어내
야 한다.

**13** 감전된 사람의 응급처치로 적절한 것은?

① 필요 시 인공호흡을 실시한다.
② 환각제를 먹인다.
③ 화상 부분은 황산용액으로 습포한다.
④ 화상 부분은 20[%] 염산액으로 습포한다.

해설
감전 쇼크에 의하여 호흡이 정지되었을 경우 혈액중의 산소함유량이
약 1분 이내에 감소하기 시작하여 산소결핍현상이 나타나기 시작한다.
그러므로 단시간 내에 인공호흡 등 응급조치를 해야 한다.

**14** 기관실의 선저밸브 분해가 가능한 경우는 어느 때인가?

① 계류 중  ② 정박 중

③ 입거 중  ④ 항해 중

**해설**

기관실의 선저밸브는 직접 외부와 접촉하는 부분이므로 평소에는 분해가 불가능하다. 입거 때마다 분해하여 상태를 확인하고 랩핑(연마) 및 상태 불량한 밸브는 신환을 해야 한다.

**15** 수면 깊은 곳에 큰 구멍이 생겼을 때 침수방지를 위한 가장 효과적인 방법은?

① 용접에 의한 방수방법

② 선체 외판의 파공부에 방수 매트에 의한 방수

③ 나무쐐기에 의한 방수방법

④ 시멘트 박스에 의한 방수방법

**해설**

• 수면 아래에 큰 구멍의 경우는 방수판을 먼저 붙이고 선체 외부에 방수매트로 응급조치한 후 콘크리트 작업을 시행한다.

• 수면 위나 아래의 작은 구멍의 경우는 쐐기를 박고 콘크리트로 부어서 응고시킨다.

**16** 선체 손상으로 다량의 해수가 기관실 내로 침입할 때의 조치사항으로 틀린 것은?

① 필요시 수밀문을 폐쇄한다.

② 평형수를 조정하여 선체 경사를 조정한다.

③ 기관실 외부 통로에 설치된 비상정지스위치를 작동시킨다.

④ 배수펌프를 이용하여 유입된 해수를 최대한 배출한다.

**해설**

기관실 외부 통로에 설치된 비상정지스위치(Emergency Stop Switch)는 화재가 발생했을 경우 화재의 확산을 방지하기 위해 기관실의 송풍팬, 연료유 및 윤활유 이송펌프 등의 전원을 차단하는 스위치이다.

**17** 방수시설과 관련이 깊은 것은?

① 빌지펌프

② 수밀격벽

③ 청수펌프

④ 로즈박스

**해설**

수밀격벽은 수압을 가하여도 물이 새지 않는 격벽을 가리키며 선체의 주요 부분에 설치된다. 수밀격벽은 한 구획이 침수되었을 때 다른 구획으로 퍼져나가는 것을 막는 역할을 한다.

**18** 기관실 화재의 초기 진화방법으로 적절한 것은?

① 고정식 $CO_2$ 소화장치 사용

② 기관실 휴대용 소화장비 사용

③ 고팽창식 포말 소화장치 사용

④ 비상 차단 밸브로 연료공급 차단

**해설**

화재의 초기 진화는 휴대식 소화기를 사용하거나 기관실의 소화전의 수분무 노즐로 소화하는 방법이 가장 적합하다. 그러나 초기 진화를 실패했을 경우에는 고정식 소화장치(이산화탄소, 고팽창 포말, 가압수 분무 등)를 사용하여 소화하는데 고정식 소화장치를 사용하기 전 비상 차단 밸브로 주기관, 발전기 및 보일러 등에 연료공급을 차단해 추가의 화재 확산을 막는다.

**19** 유류의 표면을 거품으로 덮고 있어 화재의 확산을 막는 데 가장 효과가 있고 주로 유류 화재에 사용되는 소화기는?

① 포말 소화기

② 수 소화기

③ 분말 소화기

④ 탄산가스 소화기

**해설**

포말 소화기는 주로 유류 화재를 소화하는데 사용하며 유류 화재의 경우 포말이 기름보다 가벼워서 유류의 표면을 계속 덮고 있어 화재의 재발을 막는 데 효과가 있다. A, B급 화재 진압에 사용된다.

**20** 다음 작업 중 화재사고 예방에 주의가 필요한 것은?

① 기관실 내의 빌지를 이송하는 작업
② 전동기의 절연저항을 측정하는 작업
③ 선박평형수탱크 내부균열을 확인하는 작업
④ 가스 용접기로 해수배관을 절단하는 작업

해설
선내 용접작업은 화재나 폭발의 위험이 있으므로 사고 예방에 주의해야 한다.

**21** 다음 중 밀폐된 곳의 소화에 효과적이며 기관실 화재에도 효과적인 소화방법은?

① 냉각소화
② 제거소화
③ 질식소화
④ 부촉매소화

해설
기관실 화재와 같은 밀폐된 화재에 효과적인 것은 질식효과를 이용한 고정식 이산화탄소 소화장치이다.

**22** 선박직원법의 목적으로 적절한 것은?

① 선박에서 근무하는 선원들의 근로조건을 규정하고 있다.
② 해양사고 및 직무상의 재해보상에 대하여 규정하고 있다.
③ 선박직원으로서 선박에 승무할 자의 자격을 규정하고 있다.
④ 선박직원으로서 선박의 안전 운항을 위한 안전관리 체계를 규정하고 있다.

해설
선박직원법 제1조(목적)
선박직원법은 선박직원으로서 선박에 승무할 사람의 자격을 정함으로써 선박 항행의 안전을 도모함을 목적으로 한다.

**23** 선박안전법의 목적으로 적절치 못한 것은?

① 국민의 생명과 재산을 보호
② 안전운항에 필요한 사항 규정
③ 선박의 감항성 유지
④ 선박의 소속을 규정

해설
선박안전법 제1조(목적)
선박안전법은 선박의 감항성 유지 및 안전 운항에 필요한 사항을 규정함으로써 국민의 생명과 재산을 보호함을 목적으로 한다.

**24** 해양환경관리법상 해양오염방지설비의 검사 종류가 아닌 것은?

① 수시검사          ② 정기검사
③ 중간검사          ④ 임시항해검사

해설
해양환경관리법상 검사의 종류는 정기검사, 중간검사, 임시검사, 임시항해검사가 있다.

**25** 해양환경관리법상 해양오염방지관리인이 승선해야 하는 대상 선박은?

① 총톤수 50톤 이상의 유조선과 총톤수 150톤 이상의 선박
② 총톤수 50톤 이상의 유조선과 총톤수 400톤 이상의 선박
③ 총톤수 150톤 이상의 유조선과 총톤수 150톤 이상의 선박
④ 총톤수 150톤 이상의 유조선과 총톤수 400톤 이상의 선박

해설
해양환경관리법 제32조(선박 해양오염방지관리인)
총톤수 150톤 이상인 유조선과 총톤수 400톤 이상인 선박의 소유자는 그 선박에 승무하는 선원 중에서 선장을 보좌하여 선박으로부터의 오염물질 및 대기오염물질의 배출방지에 관한 업무를 관리하게 하기 위하여 대통령령으로 정하는 자격을 갖춘 사람을 해양오염방지관리인으로 임명해야 한다. 단, 선장, 통신장 및 통신사는 제외한다.

시험시간 : 100분 / 총문항수 : 100개 / 합격커트라인 : 60점 ▼ START

제1과목 기관 1

**01** 디젤기관에서 4행정 사이클 4실린더의 폭발간격은?

① 90°

② 120°

③ 180°

④ 320°

해설

4행정 사이클 4실린더 기관의 폭발간격은 180°이고 1회전(360°)일 때 2개의 실린더가 폭발하게 된다.

- 4행정 사이클 기관의 폭발간격 $= \dfrac{720°}{\text{실린더수}}$(4행정 사이클은 1사이클에 크랭크축이 2회전하므로 720° 회전한다)

- 2행정 사이클 기관의 폭발간격 $= \dfrac{360°}{\text{실린더수}}$(2행정 사이클은 1사이클에 크랭크축이 1회전하므로 360° 회전한다)

**02** 디젤기관의 4행정 사이클 작동순서의 배열이 맞는 것은?

① 흡입 → 압축 → 팽창 → 흡입

② 흡입 → 배기 → 팽창 → 압축

③ 흡입 → 압축 → 팽창 → 배기

④ 흡입 → 팽창 → 압축 → 배기

해설

4행정 사이클 기관의 작동순서는 흡입행정 → 압축행정→ 폭발(작동, 유효, 팽창)행정 → 배기행정이다.

**03** 디젤기관에서 4행정 사이클이 2행정 사이클보다 좋은 점은?

① 마력당 중량이 작다.

② 실린더헤드의 구조가 간단하다.

③ 흡기 및 배기가 원활하다.

④ 대형 선박용 기관에 적합하다.

해설

4행정 사이클 디젤기관의 장점

- 피스톤의 4행정 중 작동행정은 1회이므로 실린더가 받는 열응력이 작고, 열효율이 높으며 연료소비율이 낮다.
- 흡입행정과 배기행정이 구분되어 부피 효율이 높고 환기작용이 완전하여 고속기관에 적합하다.
- 시동이 용이하고 저속에서 고속까지 운전범위가 넓다.
- 흡기의 전행정에 걸쳐서 연소실이 냉각되기 때문에 실린더의 수명이 길다.

**04** 다음 중 피스톤이 받는 폭발력을 크랭크축에 전달하는 것은?

① 피스톤 핀

② 크랭크 핀

③ 커넥팅로드(연접봉)

④ 크로스헤드

해설

일반적으로 4행정 사이클 기관에서 커넥팅로드는 피스톤에서의 왕복운동을 크랭크축에 직접 동력을 전달하는 역할을 한다. 그러나 대형 2행정 사이클 기관에서는 피스톤 → 피스톤 로드 → 크로스헤드 → 커넥팅로드를 거쳐 크랭크축에 동력이 전달된다.

**05** 디젤 주기관에서 윤활유의 온도가 평소보다 올라가는 주된 원인은?

① 사용 중인 윤활유를 신유로 교환한 경우
② 윤활유 냉각기의 냉각수측이 오손된 경우
③ 윤활유의 압력이 정상치보다 조금 높은 경우
④ 윤활유 섬프탱크의 양이 정상보다 너무 많은 경우

해설
윤활유에 수분이 혼입되면 윤활유의 기능이 저하되고 윤활유의 온도도 증가하게 된다.

**06** 실린더헤드의 스터드 볼트를 대각선으로 나누어 죄는 이유는 무엇인가?

① 진동을 줄이기 위해
② 열팽창을 막기 위해
③ 열응력을 줄이기 위해
④ 접합면이 받는 힘이 균일하도록 하기 위해

해설
실린더헤드의 스터드 볼트를 조일 때나 기관실의 파이프 플랜지의 연결이나 개스킷 또는 패킹이 들어가는 부분의 조립 볼트를 조일 때는 상하좌우가 균등하게 힘을 받을 수 있도록 대각선 방향으로 나누어 조여야 된다. 접합면이 균일하게 접촉될 수 있도록 하고 개스킷이나 패킹이 한쪽으로 밀려서 손상되는 것을 방지한다.

**07** 보슈식 연료분사 펌프의 설명으로 틀린 것은?

① 조정랙으로 연료량을 조절한다.
② 플런저와 배럴은 고압에 견딜 수 있어야 한다.
③ 플런저와 배럴 사이의 틈은 2/1,000~3/1,000 [mm] 정도이다.
④ 플런저와 배럴은 각기 따로 교환하는 것이 좋다.

해설
보슈식 연료분사 펌프는 조정랙으로 연료의 양을 조절하며 플런저와 배럴 사이의 틈이 너무 크면 연료유의 압력을 높일 수 없게 되어 교환을 해 주어야 한다. 교환할 때는 플런저와 배럴을 한 쌍으로 하여 교환해 주는 것이 좋다.

**08** 다음 중 연료분사 밸브 노즐공 막힘 여부 및 노즐공 확대 등을 정확하게 시험하는 것은?

① 분사압력시험
② 분무형태시험
③ 유밀시험
④ 후적시험

해설
연료분사 밸브의 분무형태시험을 통해 노즐공의 막힘, 노즐공 확대, 니들 밸브의 작동불량, 기름 적하 등의 사항을 확인한다. 일반적으로 연료분무형태시험을 하면서 분사압력을 조정한다.

**09** 다음 중 중·소형 디젤기관의 흡·배기 밸브의 대략적인 태핏 간극(틈새)은?

① 0.003~0.005[mm]
② 0.03~0.05[mm]
③ 0.3~0.5[mm]
④ 3~5[mm]

해설
일반적으로 중·소형 디젤기관의 흡·배기 밸브의 태핏 간극은 0.3~0.5 [mm]이다.
※ 밸브 틈새(밸브 간극, Valve Clearance 또는 태핏 간극, Tappet Clearance) : 4행정 사이클 기관에서 밸브가 닫혀 있을 때 밸브 스핀들과 밸브 레버 사이에 틈새가 있어야 하는데, 밸브 틈새를 증가시키면 밸브의 열림 각도와 밸브의 양정(리프트)이 작아지고 밸브 틈새를 감소시키면 밸브의 열림 각도와 양정(리프트)이 크게 된다.

**10** 다음 중 디젤 노크를 방지하는 데 유효한 것은?

① 단공 노즐
② 다공 노즐
③ 핀틀 노즐
④ 스로틀 노즐

해설
디젤 노크 : 연소실에 분사된 연료가 착화지연기간 중에 축적되어 일시에 연소되면서 급격한 압력 상승이 발생하는 현상, 노크가 발생하면 커넥팅로드 및 크랭크축 전체에 비정상적인 충격이 가해져서 커넥팅로드의 휨이나 베어링의 손상을 일으킨다.

※ 디젤 노크의 방지책
• 세탄가가 높아 착화성이 좋은 연료 사용
• 압축비, 흡기온도, 흡기압력의 증가와 더불어 연료분사 시의 공기 압력을 증가
• 발화전에 연료분사량을 적게 하고 연료가 상사점 근처에서 분사되도록 분사시기 조정(복실식 연소실 기관에서는 스로틀 노즐을 사용한다)
• 부하를 증가시키거나 냉각수 온도를 높여 연소실 벽의 온도를 상승
• 연소실 안의 와류를 증가시킴

## 11 크랭크축에서 메인 베어링으로 지지되는 크랭크의 부위로 적절한 곳은?

① 크랭크저널   ② 크랭크 암
③ 크랭크핀   ④ 피스톤핀

해설
크랭크축에서 메인 베어링이 지지하고 있는 부위는 크랭크저널이다.

## 12 피스톤이 실린더라이너에 고착될 때 주된 원인으로 옳은 것은?

① 연료유의 온도 상승
② 크랭크축 중심 부정
③ 실린더 윤활 불량
④ 베어링 과열

해설
실린더의 윤활이 불량하게 되면 피스톤과 실린더라이너 사이에 마찰열로 인한 고열이 발생되고 이 상황이 심해지면 피스톤이 실린더라이너에 고착될 수 있다.

## 13 운전 중인 디젤기관의 진동 원인에 해당되지 않는 것은?

① 회전 운동부의 원심력
② 왕복 운동부의 타력
③ 피스톤의 측압
④ 냉각수 압력 저하

해설
디젤기관의 진동과 냉각수의 압력과는 거리가 멀다.

## 14 4행정 사이클 디젤기관에서 커넥팅로드의 소단부에 연결되는 부품의 명칭은?

① 크랭크 핀
② 분할 핀
③ 피스톤 핀
④ 크로스헤드 핀

해설
다음 그림과 같이 커넥팅로드는 소단부, 본체, 대단부로 나뉘는데 대단부는 크랭크축과 연결되는 크랭크 핀에 연결된다. 소단부는 엔진 타입에 따라 트렁크형 엔진(4행정 사이클 기관)에서는 피스톤 핀과 연결되고 크로스헤드형 엔진(2행정 사이클 기관)에서는 크로스헤드 핀과 연결된다.

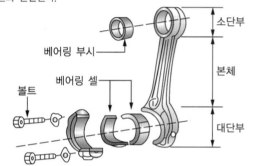

## 15 피스톤 링이 갖추어야 할 조건이 아닌 것은?

① 흠이 없을 것
② 적당한 경도를 가질 것
③ 가공면이 거칠고 마멸이 잘될 것
④ 탄력이 적절하고 균등한 압력으로 밀착할 것

해설
피스톤 링의 구비조건
• 열전도성이 양호할 것
• 내열성 및 내마모성이 좋을 것
• 적당한 장력과 경도를 가지며 높은 면압을 가질 것
• 고온·고압에 대하여 장력의 변화가 작을 것
• 마찰이 적어 실린더 벽을 마멸시키지 않는 현상일 것
• 실린더와의 길들임성이 좋을 것
• 화학적으로 안정되어 연소 생성물에 의하여 부식되지 않을 것

**16** 절구 모양의 피스톤 링이 가장 일반적인 종류이며 비교적 소형기관에 널리 쓰이는 것은?

① 직각절구
② 직각단 절구
③ 사절구
④ 둥근단 절구

해설
① 직각절구 : 비교적 소형 기관에 사용되며 연소가스의 누설이 많다.
② 직각단 절구 : 대형 기관에 사용하며 연소가스 누설이 적은 반면 이음 부분이 가늘어 부러지기 쉽다.
③ 사절구 : 가스의 누설이 적고 이음 부분이 잘 부러지지 않아 중·대형 기관에서 가장 많이 사용한다.

**17** 보일러 내의 증기압력을 자동적으로 분출시키는 밸브로 제한기압을 넘지 않도록 하는 것은?

① 드레인 밸브
② 수면 방출밸브
③ 체크 밸브
④ 안전 밸브

해설
안전 밸브(세이프티 밸브, Safety Valve)는 보일러의 증기압력이 보일러 설계압력에 도달하면 자동으로 밸브가 열려 증기를 대기로 방출시켜 보일러를 보호하는 장치로 보일러마다 2개 이상 설치해야 한다.

**18** 액체 1[kg] 중에 함유된 어느 물질 [mg]의 양을 나타내는 단위는?

① [ppm]
② [%]
③ [bar]
④ [db]

해설
[ppm]이란 백만분의 일$\left(\dfrac{1}{1,000,000}\right)$을 의미한다.

※ 물 1[kg]은 1,000[g]이고 물질 [mg]은 $\dfrac{1}{1000}$[g]이므로 물 1[kg]에 함유된 물질의 [mg]의 수는 $\dfrac{1}{1,000,000}$[g]이 된다. 즉, [ppm]의 단위와 같다.

**19** 해수윤활식 선미관 베어링의 재료가 아닌 것은?

① 리그넘바이티
② 합성고무
③ 합성수지
④ 화이트 메탈

해설
기름 윤활식 선미관의 베어링 재료는 백색합금(화이트메탈, 주석, 동, 안티모니합금) 등을 사용한다.

**20** 크랭크축에 X형의 균열이 생기는 것은?

① 크로스 마크
② 침식 균열
③ 점식 균열
④ 프레팅 부식

해설
① 크로스 마크 : 기관의 운전 중 휨과 비틀림 응력 등에 의해 크랭크축에 X형의 균열이 생기는 현상
② 침식 균열 : 고체 재료가 주어진 환경과의 화학반응 또는 기계적인 응력으로 표면의 일부가 손상되는 균열이 일어나는 현상
③ 점식 균열 : 금속의 표면이 국부적으로 깊게 침식되어 아주 작은 구멍을 만드는 점식에 의한 균열
④ 프레팅 부식 : 전동체의 접촉 부분에 적색의 산화철분이 생겨 심하게 마모하는 현상으로 축이나 하우징의 연결 부위가 느슨한 경우 발생

**21** 운전 중인 디젤기관을 급히 정지시키지 않아도 되는 것은?

① 윤활유 공급압력이 급격히 떨어져 즉시 복구하지 못할 때
② 피스톤 운동부에서 이상한 소리나 진동이 발생할 때
③ 연돌의 배기가스 색깔이 무색일 때
④ 조속기의 고장으로 과속도로 운전될 때

해설
디젤기관이 정상연소하고 있을 때의 배기가스 색은 무색이고 배기가스의 색이 이상하다고 해서 기관을 긴급 정지하지는 않는다.

**22** 프로펠러 보스부가 헐거워지는 원인으로 적절하지 않은 것은?

① 접합이 불량한 경우
② 고무패킹의 치수가 불량한 경우
③ 너트를 덜 조인 경우
④ 고속운전을 하는 경우

해설
프로펠러의 보스부가 헐거워지는 것은 너트를 규정치 이하의 힘으로 조인 경우나 접합불량, 고무패킹의 불량 등이 있다. 고속운전을 하더라도 프로펠러 보스가 헐거워지는 등의 이상이 없이 조립되어야 한다.

**23** 연료에 함유된 탄소가 불완전 연소할 때 발생하며 인체에 매우 유해한 성분은?

① 산 소
② 일산화탄소
③ 이산화탄소
④ 아황산가스

해설
일산화탄소는 무색, 무취의 유독성가스로서 연료 속의 탄소성분이 연소 시 산소가 부족하거나 연소온도가 낮아 불완전 연소하였을 때 발생한다.

**24** 윤활유에 수분이 유입될 때 발생하는 현상은?

① 유동성이 높아진다.
② 유화현상이 일어난다.
③ 점도가 높아진다.
④ 산성이 된다.

해설
윤활유에 수분이 유입되면 기름과 물이 혼합되는 유화현상이 일어나고 유화현상이 일어나면 윤활유의 기능이 저하되어 발열의 원인이 된다.

**25** 디젤기관의 윤활유 계통도로 바르게 나열된 것은?

① 섬프탱크 → 냉각기 → 여과기 → 윤활유펌프 → 여과기→기관
② 섬프탱크 → 윤활유펌프 → 여과기 → 냉각기 → 여과기 → 기관
③ 섬프탱크 → 여과기 → 윤활유펌프 → 여과기 → 냉각기 → 기관
④ 섬프탱크 → 여과기 → 냉각기 → 윤활유펌프 → 여과기 → 기관

해설
다음의 그림은 윤활유 공급 시스템의 한 예를 나타낸 것이다. 윤활유는 기관의 섬프탱크에서 윤활유 펌프로 이송되어 여과기를 거친 후 온도조절 밸브에 의해 온도가 높으면 냉각기로 보내고 온도가 낮으면 바로 기관으로 공급되는 경로를 순환한다.

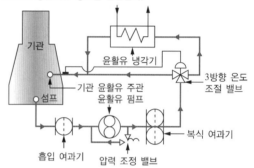

제2과목 **기관 2**

**01** 선박의 디젤 주기관에 일반적으로 사용되는 시동용 압축공기의 압력으로 옳은 것은?

① $5 \sim 10[\mathrm{kgf/cm^2}]$
② $15 \sim 20[\mathrm{kgf/cm^2}]$
③ $25 \sim 30[\mathrm{kgf/cm^2}]$
④ $40 \sim 45[\mathrm{kgf/cm^2}]$

해설
압축공기를 이용하여 시동을 하는 기관에서는 $25 \sim 30[\mathrm{kgf/cm^2}]$의 압축공기를 이용한다.

**02** 다음 중 송출측에 공기실을 설치하는 펌프로 옳은 것은?

① 왕복펌프
② 원심펌프
③ 회전펌프
④ 사류펌프

해설
왕복펌프의 특성상 피스톤의 왕복운동으로 인해 송출량에 맥동이 생기며 순간 송출유량도 피스톤의 위치에 따라 변하게 된다. 따라서 공기실을 송출측의 실린더 가까이에 설치하여 맥동을 줄인다. 즉, 송출압력이 높으면 송출액의 일부가 공기실의 공기를 압축하고 압력이 약할 때에는 공기실의 압력으로 유체를 밀어내게 하여 항상 일정한 양의 유체가 송출되도록 한다.

**03** 다음 중 구동나사 1개와 종동나사 2개로 구성된 나사 펌프는?

① 플런저펌프
② 헬레쇼펌프
③ 베인펌프
④ 이모펌프

해설
이모펌프(Imo Pump)는 나사펌프의 한 종류로 1개의 구동나사와 2개의 종동나사로 구성되어 있다.

**04** 배의 흘수를 조절할 때 주로 쓰이는 펌프는?

① 밸러스트 펌프
② 잡용수 펌프
③ 순환수 펌프
④ 비상소화 펌프

해설
밸러스트 펌프는 평형수 탱크에 평형수를 주입하는 펌프로 선박 평형수의 양을 가감하여 흘수와 경사를 조정한다.

**05** 유체가 한 방향으로만 흐르도록 역류를 방지하는 밸브는?

① 버터플라이 밸브
② 글로브 밸브
③ 체크 밸브
④ 게이트 밸브

해설
체크 밸브는 유체의 방향이 한쪽으로만 흐르고 반대쪽으로는 흐르지 않게 한다.

**06** 다음 중 점도가 높은 액체를 이송하기에 유리한 펌프는?

① 기어펌프
② 원심펌프
③ 제트펌프
④ 축류펌프

해설
점도가 높은 유체를 이송하기에 적합한 펌프는 기어펌프이다. 선박에서 주로 사용하는 연료유 및 윤활유 펌프는 대부분 기어펌프를 사용한다.

**07** 다음 중 일반적인 기관실 주해수 펌프의 기동방법은?

① 흡입밸브를 닫고 송출밸브를 반쯤 열고 기동한다.
② 흡입밸브와 송출밸브를 모두 열고 기동한다.
③ 흡입밸브와 송출밸브를 모두 닫고 기동한다.
④ 흡입밸브는 닫고 송출밸브를 열고 기동한다.

해설
원심펌프를 운전할 때에는 흡입관 밸브는 열고 송출관 밸브는 닫힌 상태에서 시동을 한 후 규정 속도까지 상승 후에 송출밸브를 서서히 열어서 유량을 조절한다. 기관실의 주해수 펌프 및 밸러스트 펌프는 원심펌프를 이용한다.

**08** 다음 장치 중 증발식 조수장치의 증발기 내부 압력을 진공으로 유지하는 것은?

① 이젝터
② 기수분리기
③ 청수펌프
④ 가열기

**해설**
다음의 그림과 같이 이젝터 원리는 작동유체를 노즐을 통해 좁은 관으로 흘려주면 국부적으로 저압이 형성되어 조수기 내의 유체를 흡입하게 되고 조수기의 증발기는 진공이 형성된다.

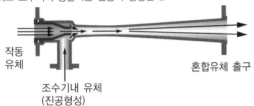

작동
유체
혼합유체 출구
조수기내 유체
(진공형성)

※ 증발기 내부를 진공으로 만드는 이유 : 선박에서 많이 사용하는 저압 증발식 조수장치는 디젤기관을 냉각하고 나오는 냉각수(약 90[℃] 내외)를 이용하여 해수를 증발하는 장치이다. 즉 주기관을 냉각시키고 나온 고온의 냉각수로 조수장치의 급수를 가열하는 것이다. 이때 물은 100[℃] 이상에서 증발하게 되는데 주기관을 냉각하고 나오는 냉각수(약 90[℃] 내외)를 이용해야 하므로 증발기 내를 이젝터를 이용하여 저압으로 만들어서 낮은 온도에서도 증발하게 한다. 이때 진공압력은 약 700[mmHg]이다.

**09** 다음 기기 중 기관실의 가장 낮은 곳에 위치하는 것은?

① 주기관 냉각청수 펌프
② 냉각 해수 펌프
③ 연료유 청정기
④ 냉동기

**해설**
냉각 해수 펌프는 기관실의 시체스트(Sea Chest)에서 해수를 흡입하여 기관실의 각 부에 공급하는 펌프로 기관실 바닥에 설치된다.

**10** 냉동장치 중 냉각해수가 있어야 하는 곳은?

① 압축기
② 증발기
③ 응축기
④ 액분리기

**해설**
냉동장치의 응축기 압축기로부터 나온 고온·고압의 냉매가스를 물이나 공기로 냉각하여 액화시키는 장치이다. 보통 선박에서는 응축기의 냉각매체로 해수를 사용한다.

**11** 빌지관 계통의 공통 빌지관에 연결되는 펌프로 틀린 것은?

① 빌지펌프
② 잡용펌프
③ 밸러스트 펌프
④ 청수펌프

**해설**
공통 빌지관에 연결되는 펌프는 빌지펌프, 잡용펌프(G.S Pump, General Service Pump), 위생수 펌수, 밸러스트 펌프가 있다.

**12** 기관실 내에 설치되는 보조기계에 해당하지 않는 것은?

① 유청정기
② 조수장치
③ 발전기
④ 캡스턴

**해설**
캡스턴은 갑판 보조기계이다.

**13** 선박용 고압 윈치모터로 가장 널리 쓰이는 유압모터는?

① 반지름방향 피스톤 모터
② 베인모터
③ 나사모터
④ 기어모터

해설
유압모터는 유압모터에서 발생한 작동유의 유체동력으로 축을 회전시켜 기계동력으로 변환하는 장치이다. 유압모터의 종류 중 반지름 방향 피스톤 모터(성형모터)는 여러 개의 피스톤이 축에 방사형으로 배열되어 반지름 방향으로 왕복운동하면서 축을 회전시키는 것으로 저속 및 고토크화가 쉬우므로 선박에서 고압 윈치 구동용 모터로 널리 사용된다.

**14** 양묘기의 일반적인 구비조건에 해당하지 않는 것은?

① 하중의 변동이 심하기 때문에 넓은 속도 범위에 걸쳐서 속도제어를 할 수 있을 것
② 원동기는 양 현의 앵커와 각 3연의 앵커 체인을 매분 6[m]의 속도로 감아올릴 수 있는 출력을 갖출 것
③ 양묘와 투묘의 조작 및 그 변환이 손쉽게 이루어질 것
④ 정확하게 작동되는 브레이크 장치를 장비할 것

해설
양묘기의 원동기는 양 현의 앵커와 각 3연의 앵커 체인을 매분 9[m]의 속도로 감아올릴 수 있는 출력을 가지고 있어야 한다. 즉, 0.15[m/s]의 속도로 감아올릴 수 있어야 한다.

**15** 유압식 조타장치의 타장치에 요구되는 사항으로 틀린 것은?

① 조타기계에서 발생한 동력을 효과적으로 전할 수 있을 것
② 갑작스런 충격에 견딜 수 있도록 완충장치를 설치할 것
③ 황천 시라도 예비장치와 쉽게 교환할 수 있을 것
④ 타각이 제한을 받지 않도록 할 것

해설
조타기에는 타각 제한장치, 제동장치, 완충장치, 타각지시장치 등이 설치되어야 한다. 타각제한장치가 있는 이유는 이론적으로 타각이 45°일 때 선박을 회전시키는 회전능률이 최대이지만 속력의 감쇠작용이 크므로 최대 타각은 35° 정도가 가장 유효하여 타각을 제한한다.

**16** 선박을 안벽에 계류시키려고 워핑 드럼이 수직축 상에 설치된 계선 장치는?

① 캡스턴
② 양묘기
③ 조타기
④ 계선윈치

해설
캡스턴은 워핑 드럼이 수직축 상에 설치된 계선용 장치이다. 직립한 드럼을 회전시켜 계선줄이나 앵커체인을 감아올리는데 사용되는데 웜 기어 장치에 의해 감속되고 역전을 방지하기 위해 하단에 래칫 기어를 설치한다.

**17** 전동 유압식으로 작동하는 조타장치에서 항해 중 점검할 항목으로 틀린 것은?

① 유압 계통 유량을 확인한다.
② 작동부의 그리스 양을 확인한다.
③ 추종장치를 수시로 시험한다.
④ 유압펌프 및 전동기의 소음을 잘 들어본다.

해설
추종장치는 타가 소요 각도만큼 돌아갈 때 그 신호를 피드백하여 자동적으로 타를 움직이거나 정지시키는 장치인데 항해 중에는 당직 항해사가 조타가 잘되고 있는지 확인이 가능하므로 수시로 시험하지 않는다.

**18** 선창 내에 화물을 출입시킬 수 있는 갑판 창구는?

① 해 치  ② 갱웨이

③ 집 크레인  ④ 하역용 윈치

해설

해치는 화물창 상부의 개구를 개폐하는 장치로서 해치커버(Hatch Cover)라고도 한다. 선박의 종류에 따라 다양한 해치커버를 사용하고, 그 종류에는 싱글 풀, 폴딩, 사이드 롤링 해치커버 등이 있다.

[벌크선에 설치된 사이드 롤링 해치커버의 예]

**19** 해수를 기름여과장치에 보낼 때의 설명으로 올바른 것은?

① 정상 운전 중에 슬러지와 해수를 섞어서 장치에 보낸다.

② 운전 초기 빌지를 통과시키기 전에 해수를 장치에 보낸다.

③ 상부의 분리된 기름을 배출하기 위해 해수를 장치에 보낸다.

④ 평상시 운전 중에 빌지와 해수를 혼합시켜 장치에 보낸다.

해설

기름여과장치(유수분리장치, 빌지분리장치)의 종류마다 약간의 차이는 있으나 운전 초기 빌지를 통과시키기 전에 해수나 청수를 장치 내에 보충하여 운전을 한다.

**20** 기관실의 기름여과장치에서 분리된 기름이 솔레노이드 밸브가 열리면 보내지는 곳은?

① 연료유 저장 탱크  ② 빌지탱크

③ 슬러지탱크  ④ 청수탱크

해설

선박의 종류마다 약간의 차이가 있지만 기름여과장치에서 분리된 슬러지는 폐유저장 탱크(슬러지 탱크)에 보내진다. 슬러지 탱크와 폐유수 탱크(Oily Bilge Tank)를 구분하는 선박에서는 슬러지 탱크는 주로 청정기에서 걸러진 슬러지를 모으는데 사용하며 폐유수 탱크는 15[ppm] 기름여과장치(유수분리장치 또는 빌지분리장치)에서 걸러진 기름 등을 저장하는데 사용하기도 한다.

**21** 냉동장치에서 냉매가 부족할 때 발생하는 현상으로 틀린 것은?

① 토출압력이 낮다.

② 흡입압력이 낮다.

③ 냉매액의 온도가 낮다.

④ 수액기의 액면이 기준 이하로 낮아진다.

해설

냉동기의 냉매가 부족하면 일반적으로 다음과 같은 현상이 일어난다.
• 냉동작용이 불량해진다.
• 증발기 및 응축기의 압력이 낮아진다.
• 수액기의 액면이 기준 이하로 낮아진다.
• 수액기 밑바닥 부분과 액 관로가 평상시보다 따뜻해진다.
• 냉매액 부족이 심하면 팽창 밸브에서 '쉬~' 소리가 난다.
• 압축기의 흡입압력과 토출압력이 평소보다 낮아진다.
• 액체냉매의 온도가 높아진다.

**22** 냉동장치에서 증발코일에 낀 서리를 제거하는 이유로 옳은 것은?

① 증발코일이 부식하여 고장의 원인이 되기 때문에

② 증발코일이 무거워져서 손상을 입기 때문에

③ 전열이 불량하여 냉동효과가 저하하기 때문에

④ 냉동실 온도가 필요한 온도보다 더 낮아지기 때문에

해설

증발기의 증발관 표면에 공기 중의 수분이 얼어붙게 되면 증발관에서의 전열작용이 현저히 저하되어 냉동효과가 떨어지므로 제상장치를 설치하여 서리를 제거해야 한다.

**23** 냉동장치에 침입한 공기가 모이는 주된 장소는?

① 압축기      ② 응축기

③ 증발기      ④ 액분리기

해설

응축기는 압축기로부터 나온 고온·고압의 냉매 가스를 물이나 공기로 냉각하여 액화시키는 장치인데 이곳에 공기가 모이게 된다. 이러한 가스를 불응축가스라고 하는데 냉동장치에 악영향을 미치므로 응축기에 설치된 불응축가스 퍼저를 이용하여 배출한다.

**24** 가스 압축식 냉동기의 4요소가 모두 옳은 것은?

① 압축기, 수액기, 증발기, 유분리기

② 액분리기, 압축기, 응축기, 팽창 밸브

③ 압축기, 응축기, 팽창 밸브, 증발기

④ 압축기, 건조기, 유분리기, 액분리기

해설

가스 압축식 냉동기의 4요소는 압축기, 응축기, 팽창 밸브, 증발기이다.

**25** 선박용 냉동장치에서 가장 많이 사용되는 응축기는?

① 수랭식 응축기      ② 공랭식 응축기

③ 증발식 응축기      ④ 혼합식 응축기

해설

대부분의 선박에서 사용하는 냉동기의 응축기는 수랭식이다. 선박에서는 청수나 해수를 충분히 얻을 수 있으므로 공랭식 응축기보다 전열계수가 양호한 수랭식을 사용한다.

---

제**3**과목 기관 3

---

**01** 교류발전기 운전 중 주파수를 조정하는 것은?

① 운전 중일 때는 조정이 불가능하다.

② 거버너로 발전기 회전수를 증감시켜 조정한다.

③ 계자 전류를 증감시켜 주파수를 조정한다.

④ 부하를 증감시켜 주파수를 조정한다.

해설

교류발전기의 거버너를 조정하여 주파수를 조정하는데 거버너를 증감시키는 것은 연료의 양을 증감시키는 것과 같다. 부하량이 같은 상황일 경우 연료를 더 많이 공급해 주면 회전수는 더 빨라져 주파수가 높아지고 반대로 연료를 감소시키면 회전수는 느려지고 주파수는 낮아진다. 결국, 거버너로 발전기의 회전수를 증감시켜 주파수를 조정가능하다.

**02** 다음 중 배전반의 전압계나 전류계가 표시하는 값은?

① 최댓값

② 평균값

③ 순시값

④ 실횻값

해설

교류전압계나 교류전류계의 눈금은 실횻값을 나타낸 것이다. 일반 가정이나 선박에서 우리가 일반적으로 사용전압을 이야기하는 것은 실횻값을 말하는 것이다.

- 순시값 : 순간순간 변하는 교류의 임의의 시간에 있어서의 값
- 최댓값 : 순시값 중에서 가장 큰 값
- 실횻값 : 교류의 크기를 교류와 동일한 일을 하는 직류의 크기로 바꿔 나타낸 값
- 평균값 : 교류 순시값의 1주기 동안의 평균을 취하여 교류의 크기를 나타낸 값

※ 실횻값 $= \dfrac{\text{최댓값}}{\sqrt{2}}$, 평균값 $= \dfrac{2}{\pi} \times \text{최댓값}$

**03** 3상 440[V] 분전반의 접지등(Earth Lamp)은 몇 개인가?

① 1개

② 2개

③ 3개

④ 4개

해설

일반적으로 선박의 공급 전압은 3상 전압으로 배전반에는 접지등(누전 표시등)이 설치된다. 테스트 버튼을 눌렀을 때 세 개의 등이 모두 같은 밝기이면 누전되는 곳이 없이 상태가 양호한 것이다. 만약 한 선이 누전되고 있다면 누전되고 있는 선의 접지등은 어두워지고 다른 등은 더 밝게 빛나게 된다.

**04** 납축전지 전해액의 제조방법으로 옳은 것은?

① 증류수에 진한 황산을 혼합시켜서 만든다.
② 진한 염산에 증류수를 혼합시켜서 만든다.
③ 증류수에 진한 질산을 혼합시켜서 만든다.
④ 진한 질산에 증류수를 혼합시켜서 만든다.

해설
선박용 납축전지의 전해액은 진한 황산과 증류수를 혼합하여 비중 1.28 내외의 묽은 황산을 만들어 사용한다.

**05** 전력용 변압기에서 쓰이는 철심의 재질로 적절한 것은?

① 연 강
② 단 강
③ 규소강판
④ 탄소강

해설
변압기의 철심은 자속이 잘 흘러야 하나 절연사고 등의 문제로 인해 전류가 잘 흐르면 안되므로 저항률이 높은 규소강판을 이용한다. 규소 강판으로 철심을 만들면 와류에 의한 손실을 줄일 수 있다.

**06** 동기발전기의 계자에 직류전류를 공급하는 장치로 맞는 것은?

① 여자기
② 전자기
③ 계 철
④ 고정자

해설
여자기는 여자전류를 흘려주는 장치를 말하는데 여자전류란 자계를 발생시키기 위한 전류로 계자권선에 흐르는 전류이다. 자속은 권선에 흐르는 전류에 비례하여 발생하는데 이 권선에 공급되는 전류를 말한다. 만약 여자전류를 흘려주지 못하면 발전기에서 전기가 발생되지 않는다.

**07** 메거(Megger)에서 절연저항의 단위는?

① [m$\Omega$]
② [$\Omega$]
③ [k$\Omega$]
④ [M$\Omega$]

해설
절연저항을 측정하는 기구는 절연저항계 또는 메거테스터(Megger Tester)라고 하는데 주로 메가옴[M$\Omega$] 이상의 절연저항을 측정하는 계기이다.

**08** 교류발전기에서 단독 운전을 할 때 과전류계전기가 동작하면 엔진의 상태는?

① 주차단기가 떨어지고 동시에 엔진도 정지한다.
② 주차단기만 떨어지고 엔진은 그대로 돌아간다.
③ 주차단기는 그대로 붙어 있고 엔진만 정지한다.
④ 주차단기와 엔진 모두 아무런 변함이 없다.

해설
과전류가 흘러서 계전기가 작동했을 경우에는 차단기만 떨어지고 발전기 엔진은 그대로 돌아간다. 선박에서 과전류가 흘렀을 경우는 대부분 부하의 소모량이 많은 경우이고 엔진의 문제는 아니다. 그래서 과전류가 흘렀을 경우에는 차단기만 작동을 하고 발전기가 문제가 있을 경우에는 전압이 너무 높거나 주파수가 너무 높은 경우로 엔진의 회전수가 너무 높아져 과부하가 걸린 상태이다. 이런 경우에는 발전기의 안전을 위해 발전기를 정지하게 된다.

**09** 교류발전기의 설명으로 맞는 것은?

① 회전속도가 빨라지면 주파수가 올라간다.
② 부하가 커지면 주파수가 올라간다.
③ 발전기 전류계의 눈금이 올라가면 주파수가 올라간다.
④ 발전기 전력계의 눈금이 올라가면 주파수가 올라간다.

해설
발전기의 주파수는 발전기의 회전속도와 관련이 있다. 발전기 원동기의 속도가 증가하면 주파수도 빨라지고 원동기의 속도가 감소하면 주파수도 느려진다.

**10** 무효전력의 단위로 옳은 것은?

① [A]
② [W]
③ [Var]
④ [VA]

해설
• [W] : 유효전력의 단위
• [VA] : 피상전력의 단위
• [Var] : 무효전력의 단위

**11** 주파수가 같은 2개의 교류 기전력이 서로의 파형변화에 시간적인 차이가 있을 때를 나타내는 것은?

① 위상차
② 전위차
③ 최댓값
④ 평균값

해설
위상차란 동일 주파수 2개의 정현파(교류파형) 간격의 시간적인 차이를 말한다.

**12** 다음 중 화재가 발생할 가능성이 가장 큰 것은?

① 단 락
② 단 선
③ 저전압
④ 접 지

해설
전기적으로 화재가 일어나기 쉬울 때는 합선이 일어날 때이다.
• 단락 : 전기의 단락이라고 하면 쉬운 표현으로 합선을 생각하면 된다. 단락이 일어나면 회로 내에 순간적으로 엄청난 전류가 흐르게 되는데 이 과전류를 방지하기 위해 차단기를 설치한다.
• 누전 : 절연이 불완전하여 전기의 일부가 전선 밖으로 새어 나와 주변의 도체에 흐르는 현상이다.
• 단선 : 회로에서 선이 연결이 되지 않았거나 끊어진 상태이다.
• 접지(어스, Earth) : 감전 등의 전기사고 예방목적으로 전기기기와 선체를 도선으로 연결하여 기기의 전위를 0으로 유지하는 것이며 전기기기 외부의 강한 전류로부터 전기기기를 보호하고자 하는 것이다. 고층 건물의 피뢰침을 떠올리면 된다.

**13** 전동기 기동반에 설치되는 열동계전기의 전류 조정을 바르게 설명한 것은?

① 기동반 차단기의 정격전류에 맞추어 조정한다.
② 차단기 케이블의 전류용량에 맞추어 조정한다.
③ 전동기 케이블의 전류용량에 맞추어 조정한다.
④ 전동기의 명판에 있는 정격전류에 맞추어 조정한다.

해설
열동계전기는 전류의 열효과에 의해서 동작하는 계전기로 회로에 열이 발생하면 계전기가 차단되어 회로를 보호하는 역할을 한다. 열동계전기의 전류 조정은 전동기의 명판에 있는 정격전류에 맞추어 조정해야 한다.

**14** 여러 펌프를 운전하던 중 해수펌프만 갑자기 정지되었을 때의 가장 적절한 이유는?

① 운전 중인 발전기의 전압이 너무 낮다.
② 운전 중인 발전기의 전압이 너무 높다.
③ 운전 중인 해수펌프의 전동기가 과부하로 트립되었다.
④ 운전 중인 해수펌프의 전동기가 과속도로 트립되었다.

해설
발전기의 전압이나 주파수가 높거나 낮으면 발전기가 트립되거나 기중차단기(ACB)가 차단되어 여러 펌프로 공급되는 전기 전체가 차단된다. 여러 펌프를 운전하던 중 해수펌프만 정지된 것은 해수펌프의 과부하 운전으로 인해 해수펌프의 차단기만 트립된 것으로 볼 수 있다. 참고로 해수펌프 전동기의 속도는 일정하므로 과속도 운전 트립이라는 것이 없다.

**15** 동기발전기의 회전속도를 결정하는 요소는 무엇인가?

① 전압과 위상
② 주파수와 극수
③ 극수와 전압
④ 주파수와 전압

해설
$n_s = \dfrac{120f}{p}[\text{rpm}]$ 이므로
극수와 주파수를 알면 동기발전기의 회전속도를 알 수 있다.
여기서, $n_s$ : 동기속도
$p$ : 극수
$f$ : 주파수

**16** 아날로그 멀티테스터에서 선택스위치의 지침을 교류 500[V]의 측정범위에 놓고 측정하였을 때의 결과가 그림과 같다면 현재 전압은 약 몇 [V]인가?

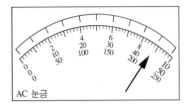

AC 눈금

① 8.4[V]          ② 44[V]

③ 440[V]          ④ 880[V]

해설

멀티테스터의 선택스위치를 500[V]에 놓고 측정했으므로 보기 그림의 눈금 맨 오른쪽 최대 범위(10, 50, 250) 중 50의 눈금에서 10을 곱하면 된다. 바늘이 44를 가리키고 있으므로 44×10=440[V]이다.

※ 선택스위치의 값에 따라 바늘의 위치가 변하고 눈금을 읽는 숫자도 달라진다. 선택스위치의 값을 다르게 했을 경우 바늘이 가리키는 눈금이 위의 문제와 같다고 하면 측정값은 다음과 같다.
- 선택스위치 1,000[V] : 그림에서 최대범위 10에서 바늘이 가리키는 숫자를 읽고 곱하기 100을 하면 880[V]이다.
- 선택스위치 250[V] : 그림의 최대범위 250의 눈금을 그대로 읽으면 220[V]이다.
- 선택스위치 50[V] : 그림의 최대범위 50의 눈금을 그대로 읽으면 44[V]이다.

**17** 동기발전기에서 병렬운전을 할 때 일치시킬 필요가 없는 것은?

① 양 발전기의 전압

② 양 발전기의 출력

③ 양 발전기의 위상

④ 양 발전기의 주파수

해설

병렬운전의 조건
- 병렬 운전시키고자 하는 발전기의 주파수를 모선과 같게 한다(주파수와 주기는 반비례하므로 주파수를 맞추면 주기도 같아진다).
- 전압조정장치를 조정하여 모선과 전압을 같게 조정한다(기전력의 크기를 같게 한다).
- 동기검정기의 바늘과 램프를 확인하여 위상이 같아질 때 병렬운전을 한다.
- 기타 사항으로 전압의 파형을 같게 해야 한다.
※ 전압, 위상, 주파수로 기억한다.

**18** 정격전압이 220[V]인 100[W]와 200[W] 백열전구의 설명으로 틀린 것은?(단, 공급전압은 같다고 가정한다)

① 200[W] 전구에서 전력이 더 많이 소비된다.

② 200[W] 전구에 전류가 더 많이 흐른다.

③ 200[W] 전구의 저항이 더 크다.

④ 200[W] 전구의 빛이 더 밝다.

해설

$P(\text{전력}) = VI = I^2 R = \dfrac{V^2}{R}$ 로 표현할 수 있다.

- 공급전압이 같다면 당연히 소비전력이 200[W]인 전구가 100[W]인 전구보다 소비하는 전력이 더 많고 빛이 더 밝다.
- $P = VI$에서 공급전압이 같으므로 전력은 전류에 비례한다. 그래서 200[W]인 전구가 전류가 더 많이 흐른다.
- $P = \dfrac{V^2}{R}$ 에서 공급전압이 같으므로 전력은 저항에 반비례한다. 그래서 200[W]인 전구의 저항이 100[W]인 전구보다 작다.

**19** 밸러스트 펌프를 기동시킬 때 발전기의 전류계와 전력계 지시치의 변화는?

① 전류가 감소하고 전력은 증가한다.

② 전류가 증가하고 전력도 증가한다.

③ 전류가 증가하고 전력은 감소한다.

④ 전류와 전압은 변화가 없다.

해설

대용량의 펌프 모터를 기동했으므로 전력소모가 많아 배전반의 전류값은 증가하고 전압은 순간적으로 약간 감소하였다가 다시 원래 전압으로 돌아간다. 반대로 대용량의 펌프를 정지시켰을 때는 배전반의 전류값은 감소하고 전압은 순간적으로 증가하였다가 다시 원래 전압으로 돌아간다.

**20** 기관실 3상 유도전동기의 명판에서 나타나지 않는 것은?

① 극 수

② 정격 절연저항

③ 정격 주파수

④ 정격 회전수

해설
유도전동기에 정격 절연저항을 표시하지는 않는다.

**21** 기관실의 소형 3상 유도전동기와 대형 3상 유도전동기를 서로 비교했을 때의 설명으로 옳은 것은?

① 소형일수록 출력이 더 크다.

② 대형일수록 운전속도가 더 빠르다.

③ 소형일수록 운전속도가 더 빠르다.

④ 대형일수록 출력이 더 크다.

해설
운전속도는 유도전동기의 극수와 주파수로 결정되기 때문에 소형과 대형의 속도를 어느 것이 빠르다고 할 수 없다. 다만, 출력은 대형일수록 크다.

**22** 선박용 발전기의 단자 전압을 증가시키기 위한 방법은?

① 역률을 감소시킨다.

② 발전기의 회전수를 낮춘다.

③ 전기자전류를 증가시킨다.

④ 계자전류를 증가시킨다.

해설
발전기에서 계자는 자속을 발생시키는 부분이고 여자전류 자계를 발생시키기 위한 전류로 계자권선에 흐르는 전류를 말한다. 자속은 권선에 흐르는 전류에 비례하여 발생하는데 계자 전류를 증가시키면 자속이 커지고 자속이 커지게 되면 전압도 증가한다.

**23** 방전현상을 이용한 조명설비에 해당되지 않는 것은?

① 나트륨등

② 수은등

③ 백열등

④ 형광등

해설
③ 백열등 : 금속의 가는 선이 전류에 의해 가열되어 온도가 높아져 빛을 내는 등
① 나트륨등 : 이온화된 나트륨을 이용한 밝은 전기방전등
② 수은등 : 전극이 있는 진공 유리관 속에 수은 증기를 넣고 전압을 걸 때 발생하는 수은 증기의 강력한 빛을 이용하는 방전관
④ 형광등 : 진공 유리관 속에 수은과 아르곤을 넣고 안쪽 벽에 형광물질을 바른 방전등

**24** 다음 중 디지털 멀티테스터로 직접 측정하지 못하는 것은?

① 직류전압

② 저 항

③ 교류전압

④ 소비전력

해설
멀티테스터로 저항, 교류전압, 직류전압 및 직류전류 등을 측정 가능하나 소비 전력은 측정하지 못한다.

**25** 다이오드의 단자 명칭은?

① 애노드, 캐소드

② 애노드, 베이스

③ 게이트, 캐소드

④ 캐소드, 게이트

해설
다이오드는 P-N 접합으로 만들어진 것으로 전류는 P형(애노드, +)에서 N형(캐소드, -)의 한 방향으로만 통하는 소자이다.

## 제4과목 직무일반

**01** 다음 중 한 항차가 끝난 다음 기관일지를 바탕으로 본선의 기관상태, 유류 소모량 등을 요약 기재한 일지는?

① 기관실일지
② 기름기록부
③ 기관 적요 일지
④ 기관장일지

**해설**
기관 적요 일지는 매항차 종료 시에 본선의 엔진상태나 유류 소모량 등을 한눈에 파악할 수 있도록 작성하며 선박의 운항 실태파악 및 실적분석 등에 사용한다.

**02** 기관사가 항해 당직을 교대할 때 확인해야 하는 사항이 아닌 것은?

① 당직교대 후에 기관실 내에서 처리해야 할 업무 내용
② 선주로부터의 지시사항
③ 당직 항해사로부터의 요청사항
④ 기관장으로부터의 지시사항

**해설**
당직 기관사가 선주로부터의 지시사항을 확인하지는 않는다.

**03** 산소, 아세틸렌 등 압력용기 취급 시 주의해야 할 사항이 아닌 것은?

① 추운 날씨에 가스압력이 낮으면 임시로 높혀서 사용한다.
② 압력 용기가 선체 동요로 충격을 받지 않도록 한다.
③ 사용 시 밸브의 개폐는 너무 급격히 열고 닫지 않도록 한다.
④ 용기를 사용하지 않을 때는 항상 밸브를 닫고 캡을 씌운다.

**해설**
선박에서 산소, 아세틸렌 등과 같은 압력용기는 항상 움직이지 않도록 고정시켜 놓고 사용한다.

**04** 항해 중 당직기관사가 유의해야 할 사항에 해당하지 않는 것은?

① 대기온도가 영하로 떨어지면 기관실 통풍기를 정지시킨다.
② 주기관에 노킹이 발생하지 않도록 주의한다.
③ 기관실에 경보가 발생하면 원인을 파악하여 조치한다.
④ 기관실 바닥에 빌지가 차지 않도록 빌지탱크로 이송한다.

**해설**
기관실은 선박의 하부에 설치가 되고 밀폐가 되는 곳이 많으므로 항상 통풍기를 운전해야 한다. 또한 주기관이나 발전기의 운전에 필요한 공기를 공급하는 목적으로도 사용되므로 통풍기를 사용하고 배압에 따라 통풍기의 운전 대수를 가감하기도 한다.

**05** 전기선로의 보수 시 가장 먼저 취할 조치에 해당하는 것은?

① 해당 선로의 절연저항 측정
② 해당 선로의 전원 차단
③ 해당 선로의 보호계전기 리셋
④ 해당 선로의 차단기를 분해정비

**해설**
감전사고를 예방하는 가장 중요한 사항은 작업에 관련된 전원을 차단하는 것이다. 그리고 작업 중 예상치 못한 감전사고가 발생했을 경우에도 전원차단이 우선되어야 한다.

**06** 당직기관사가 당직항해사에게 연락해야 할 사항으로 맞지 않는 것은?

① 발전기를 교대 운전하는 경우
② 전력생산이 어려울 때
③ 주기관의 회전수 변경 시
④ 조타기의 이상 발생 시

**해설**
항해와 관련하여 주기관의 속도 조정이나 심각한 결함 및 갑판기계 수리 등의 사항은 당직항해사에게 보고해야 한다.

**07** 해양환경관리법상 기관실의 기름기록부의 기록 및 보관을 담당하는 사람은?

① 선 장
② 통신장
③ 기관장
④ 해양오염방지관리인

**해설**
해양환경관리법 시행령 제39조(선박의 해양오염방지관리인 자격·업무내용 등)
해양오염방지관리인의 업무내용 및 준수사항은 다음과 같다.
• 폐기물기록부와 기름기록부의 기록 및 보관
• 오염물질 및 대기오염물질을 이송 또는 배출하는 작업의 지휘·감독
• 해양오염방지설비의 정비 및 작동상태의 점검
• 대기오염방지설비의 정비 및 점검
• 해양오염방제를 위한 자재 및 약제의 관리
• 오염물질 배출이 있는 경우 신속한 신고 및 필요한 응급조치
• 해양오염방지 및 방제에 관한 교육·훈련의 이수 및 해당 선박의 승무원에 대한 교육
• 그 밖에 해당 선박으로부터의 오염사고를 방지하는데 필요한 사항

**08** 해양환경관리법에 규정된 기관구역의 선저폐수 배출방법이 아닌 것은?

① 항해 중에 배출할 것
② 기름오염방지설비가 작동 중에 배출할 것

③ 배출액 중의 유분 농도가 15[ppm] 이하일 것
④ 기관장이 승인을 한 경우에는 야간에 그대로 조금씩 배출할 것

**해설**
기관구역의 선저폐수(빌지)를 배출할 때는 ①, ②, ③의 요건이 동시에 충족되어야 한다.

**09** 해양환경관리법에서 기름 배출의 예외가 인정되는 경우에 해당하는 것은?

① 선박의 안전확보를 위하여 부득이한 경우의 배출
② 기관의 필수적인 정비 시 발생하는 폐유의 배출
③ 기름여과장치의 고장 시 15[ppm]을 초과하여 행하는 배출
④ 기관실 빌지의 양이 빌지 탱크의 용량보다 많을 때의 배출

**해설**
해양환경관리법 제22조(오염물질의 배출금지 등)
다음 어느 하나에 해당하는 경우에는 규정에 불구하고 선박 또는 해양시설 등에서 발생하는 오염물질을 해양에 배출할 수 있다(폐기물은 제외한다).
• 선박 또는 해양시설 등의 안전확보나 인명구조를 위하여 부득이하게 오염물질을 배출하는 경우
• 선박 또는 해양시설 등의 손상 등으로 인하여 부득이하게 오염물질이 배출되는 경우
• 선박 또는 해양시설 등의 오염사고에 있어 해양수산부령이 정하는 방법에 따라 오염피해를 최소화하는 과정에서 부득이하게 오염물질이 배출되는 경우

**10** 선박에서 해양오염물질의 처리방법으로 틀린 것은?

① 수용시설로의 배출
② 소각기에 의한 소각
③ 선박 내 저장
④ 화물유와의 혼합

**해설**
선박에서 발생하는 해양오염물질은 적법한 절차에 따라 선박에 저장하거나 정박 시 수용시설로 양륙을 한다. 기름의 경우 선내 저장 탱크의 용량에 따라 선박에서 승인된 소각기로 소각을 하기도 한다. 해양오염물질을 화물유와 혼합하지는 않는다.

**11** 해양환경관리법에 따라 분뇨오염방지설비를 설치해야 할 선박이 아닌 것은?

① 소속 부대의 장이 정한 승선인원이 16명 이상인 경비정

② 총톤수 400톤 미만의 선박으로서 선박검사증서상 최대 승선인원이 16명 이상인 선박

③ 선박검사증서상 최대 승선인원이 16인 미만인 부선을 제외한 총톤수 400톤 이상의 선박

④ 총톤수 400톤 미만의 선박으로서 어선검사증서상 최대승선인원이 16명 미만인 어선

**해설**
선박에서의 오염방지에 관한 규칙 제14조(분뇨오염방지설비의 대상선박·종류 및 설치기준)
해양환경관리법에 따라 분뇨오염방지설비를 설치해야 되는 선박은 다음과 같다.
• 총톤수 400톤 이상의 선박(선박검사증서상 최대승선인원이 16인 미만의 부선은 제외한다)
• 선박검사증서 또는 어선검사증서상 최대승선인원이 16명 이상인 선박
• 수상레저기구 안전검사증에 따른 승선정원이 16명 이상인 선박
• 소속 부대의 장 또는 경찰관서·해양경찰관서의 장이 정한 승선인원이 16명 이상인 군함과 경찰용 선박

**12** 질식으로 누워 있는 사람에게 가장 먼저 실시해야 하는 조치는?

① 인공호흡을 시킨다.
② 혈압을 측정한다.
③ 맥박을 짚어본다.
④ 체온을 측정한다.

**해설**
질식으로 누워 있는 환자의 응급조치로는 꼬집거나 큰소리로 불러서 반응을 보일 경우 환자를 옆으로 뉘어서 회복자세를 취하게 하고, 반응이 없으면 호흡 확인 후 인공호흡이나 심폐소생술을 실시해야 한다.

**13** 쇼크(충격) 환자에 대한 응급처치법으로 바른 것은?

① 찬물을 끼얹고 정신을 차리도록 흔들어 깨운다.
② 기도를 개방하고 편안한 자세로 눕힌다.
③ 그대로 눕혀 두고 회복될 때까지 기다린다.
④ 신속히 해열제를 먹인다.

**해설**
쇼크 환자의 응급처치법으로는 가장 먼저 환자에게 산소를 더 많이 공급하고 뇌와 심장으로 가는 혈액순환을 더 원활하게 해 주기 위해 기도를 개방하고 편안한 자세로 눕혀야 한다. 그 후 옷과 단추를 풀러주고 주변에 의료용 산소가 있으면 환자가 산소를 흡입할 수 있도록 하고 산소가 없을 경우 환자가 호흡을 할 수 있도록 편안한 자세를 유지한다.

**14** 디젤기관의 운전 중 윤활유 압력이 떨어질 때의 조치사항으로 틀린 것은?

① 윤활유량을 점검하고 부족한 경우 윤활유를 보충한다.
② 윤활유 필터가 막혔는지를 확인한다.
③ 압력 게이지가 불량한지 확인한다.
④ 윤활유 냉각기의 냉각수량을 줄인다.

**해설**
윤활유 냉각기의 냉각수량을 줄이면 윤활유의 냉각이 원활히 이루어지지 않는다. 냉각수량과 윤활유 압력과는 큰 관계는 없으나 윤활유의 온도가 너무 높아지면 점도가 낮아져 압력이 저하되는 경향이 있다.

**15** 선박이 좌초되었을 때 긴급한 확인 사항으로 볼 수 없는 것은?

① 선체 손상 여부
② 타의 사용 가능 여부
③ 기관 및 추진기의 사용 가능 여부
④ 사용 가능한 연료유와 윤활유의 양을 확인

**해설**
선박이 좌초되었을 때는 선체의 손상부위를 확인하고 빌지 탱크 등을 측심하여 상황을 판단해야 한다. 본선의 기관, 추진기 및 타의 사용 여부를 확인하여 자력 이초가 가능한지를 판단하고 자력 이초가 불가능한 경우 육상 당국에 협조를 요청해야 한다.

**16** 전동기에 의한 시동장치가 있는 디젤기관에서 시동 시 기관이 회전하지 않을 때의 원인으로 옳지 않은 것은?

① 전동기가 고장났을 경우

② 축전지가 전부 방전되었을 경우

③ 전선의 연결 상태가 불량할 경우

④ 각 실린더에 공급되는 연료분사량이 같지 않은 경우

해설
전동기에 의한 시동장치(배터리 시동장치)일 때 시동이 되지 않는 주요 원인은 배터리의 방전, 전동기의 고장 및 전선의 연결상태 불량 등이 있다. 각 실린더의 연료분사량이 같지 않다고 해서 시동이 안 되는 것은 아니다.

**17** 침수사고에 대한 대비방법으로 볼 수 없는 것은?

① 빌지 펌프의 정기적인 분해 정비

② 수밀문의 주기적인 작동상태 확인

③ 해수 파이프의 부식 상태 점검

④ 보일러 수관의 주기적인 누수 점검

해설
보일러 수관의 누수와 침수와는 거리가 있다. 선체 외부에서 침수될 수 있는 선외 밸브, 시 체스트(Sea Chest), 선미관, 해수 파이프, 수밀문 등을 수시로 점검하고 배수설비의 작동상태를 주기적으로 점검해야 한다.

**18** 다음 중 ( ) 안에 알맞은 것은?

> 수소화기는 주로 ( )화재에 많이 사용한다.

① D급                    ② C급

③ B급                    ④ A급

해설
수소화장치(소화전)는 선내의 모든 화재 현장까지 물을 공급하는 가장 기본적인 소화설비이다. 소화펌프, 소화 주관 및 지관, 호스 및 노즐로 구성되어 있고 소화펌프는 선박의 전구간에 걸쳐 화재발생구역에 관을 통해 물을 공급할 수 있어야 한다. 수소화기는 주로 A급 화재에 많이 사용한다.

**19** 기관실에서 발생한 초기의 유류 화재진화에 가장 많이 사용하는 소화기는?

① 탄산가스 소화기

② 분말 소화기

③ 포말 소화기

④ 스프링클러

해설
유류 화재는 B급 화재이다. 포말 소화기는 주로 유류 화재를 소화하는 데 사용하며 유류 화재의 경우 포말이 기름보다 가벼워서 유류의 표면을 계속 덮고 있어 화재의 재발을 막는 데 효과가 있다.

**20** 다음 중 ( ) 안에 알맞은 것은?

> 화재의 3요소는 가연성 물질과 ( ) 및 그 반응에 필요한 열이다.

① 질 소                    ② 연 소

③ 빛                       ④ 산 소

해설
화재의 3요소는 가연성 물질과 산소 및 그 반응에 필요한 열이다.

**21** 선박의 소화설비에 해당하지 않는 것은?

① 고정식 소화장치

② 화재탐지기

③ 소화 펌프

④ 구명정

해설
구명정은 구명설비이다.

**22** 다음 중 선원법상 해원의 징계에 대한 설명으로 잘못된 것은?

① 상륙금지는 정박 중에 10일 이내로 한다.

② 징계는 훈계, 상륙금지 및 하선으로 구별하여 행한다.

③ 선장은 징계위원회의 의결을 거치지 않고 개인적으로 징계할 수 있다.

④ 선장은 정당한 사유 없이 지정한 시간까지 승선하지 않는 경우 징계할 수 있다.

**해설**
선원법 제22조(징계)
징계는 징계위원회의 의결을 통해 행하여야 한다.

**23** 다음 중 선원법상 선원이 직무상 부상 및 질병에 걸린 때 그 부상이나 질병이 치유될 때까지 선박소유자가 비용을 지급하는 것은?

① 상병보상  ② 요양보상

③ 장해보상  ④ 유족보상

**해설**
선원법 제94조(요양보상)
② 요양보상 : 선박소유자는 선원이 직무상 부상을 당하거나 질병에 걸린 경우에는 그 부상이나 질병이 치유될 때까지 선박소유자의 비용으로 요양시키거나 요양에 필요한 비용을 지급하여야 한다.
① 상병보상 : 선박 소유자는 직무상의 부상 또는 질병에 의하여 요양 중에 있는 선원에게 4개월의 범위 안에서 그 부상 또는 질병이 치유될 때까지 매월 1회 통상 임금에 상당하는 금액의 상병보상을 해야 한다.
③ 장해보상 : 선원이 직무상 부상 또는 질병이 치유된 후에도 신체에 장해가 남는 경우에는 선박 소유자는 지체 없이 산업재해보상보험법이 정하는 장해 등급에 따른 일수에 승선 평균 임금을 곱한 금액의 장해보상을 행하여야 한다.
④ 유족보상 : 선박 소유자는 선원이 직무상 사망한 경우에는 지체 없이 유족에게 승선 평균 임금의 1,300일분에 상당하는 금액의 유족보상을 행하여야 한다.

**24** 다음 선박 중 선박직원법 적용이 가능한 것은?

① 여객정원이 13인 이상인 5톤 미만의 여객선

② 부선과 계류된 선박 중 총톤수 500톤 미만의 선박

③ 주로 노와 삿대로 운전하는 선박

④ 5톤 미만의 화물선

**해설**
선박직원법 제2조(정의)
선박이란 선박안전법에 따른 선박과 어선법에 따른 어선을 말한다. 다만, 다음에 해당하는 선박은 제외된다.
• 총톤수 5톤 미만의 선박(다만, 총톤수 5톤 미만의 선박이라 하더라도 여객 정원이 13인 이상의 선박, 낚시 관리 및 육성법에 따른 낚시어선업 신고를 한 어선, 유선 및 도선 사업법에 따라 면허를 받거나 신고된 유·도선, 수면비행선박은 선박직원법이 적용됨)
• 주로 노와 삿대로 운전하는 선박
• 부선과 계류된 선박 중 총톤수 500톤 미만의 선박

**25** 해양환경관리법상 선박의 해양오염방지관리인이 해야 할 업무내용이 아닌 것은?

① 오염물질 이송 또는 배출하는 작업의 지휘·감독

② 폐기물기록부와 기름기록부의 기록 및 보관

③ 해양오염방지 및 방제에 관한 선박 승무원에 대한 교육

④ 해양오염물질을 발생시키는 기관 정비작업의 총지휘

**해설**
해양환경관리법 시행령 제39조(선박 해양오염방지관리인의 자격·업무내용 등)
• 폐기물기록부와 기름기록부의 기록 및 보관
• 오염물질 및 대기오염물질을 이송 또는 배출하는 작업의 지휘·감독
• 해양오염방지설비의 정비 및 작동상태의 점검
• 대기오염방지설비의 정비 및 점검
• 해양오염방제를 위한 자재 및 약제의 관리
• 오염물질 배출이 있는 경우 신속한 신고 및 필요한 응급조치
• 해양오염방지 및 방제에 관한 교육·훈련의 이수 및 해당 선박의 승무원에 대한 교육
• 그 밖에 해당 선박으로부터의 오염사고를 방지하는 데 필요한 사항

제1과목 **기관 1**

**01** 다음 중 디젤기관에서 지시마력의 계산을 위해 이용하는 것은?

① 수인선도
② 연속선도
③ P-V선도(압력-체적선도)
④ 약 스프링선도

해설
- 수인선도 : 지압기와 구동장치에 연결하는 지압기의 줄을 손으로 당겨 지압도(P-V선도)를 옆으로 확대한 선도. 수인선도에서는 압축압력($P_{COMP}$)과 최고 압력($P_{MAX}$), 연료 분사시기, 분사 기간 및 착화 지연, 연소상태 등을 자세히 판단한다.
- 연속 지압도 : 지압도를 연속으로 찍어 연소실 내의 상태가 어떻게 변화하는지 확인하기 위해 사용한다.
- P-V선도(압력-부피선도) : 피스톤 행정에 대한 연소실 내의 압력 변화를 세로축에 압력(P), 가로축에 부피(V)를 나타낸 선도. 일반적으로 지압도라 부르고 선도의 면적은 실린더 내의 일의 양을 나타내고 면적을 측정하여 평균유효압력을 구하여 지시마력(도시마력)을 산출한다.
- 약 스프링선도 : 지압기의 기존 스프링을 탄성이 약한 스프링으로 바꾸어 측정한 것으로 흡기·배기작용과 밸브의 개폐상태를 자세히 판단할 때 사용한다.

**02** 디젤기관에서 메인 베어링의 온도가 급상승할 때의 점검사항으로 틀린 것은?

① 윤활유의 공급압력
② 윤활유 섬프 탱크의 양
③ 윤활유의 사용시간
④ 윤활유 냉각기의 오손 여부

해설
윤활유의 사용시간이 오래되면 주기적으로 교환해 주어야 하나, 메인 베어링의 온도가 급상승할 때의 점검사항으로는 옳지 않다.

**03** 다음 밸브 중 4행정 사이클 디젤기관의 실린더헤드에 설치되지 않는 것은?

① 드레인밸브
② 배기밸브
③ 안전밸브
④ 연료분사밸브

해설
디젤기관의 실린더헤드에는 기관에 따라 차이는 있지만 흡기밸브, 배기밸브, 연료분사밸브, 로커 암, 실린더헤드 안전밸브, 시동공기밸브 등이 장착되어 있다.

**04** 디젤기관의 급유 시 윤활유 펌프로 압력유를 베어링이나 마찰부에 공급하는 방식은?

① 비산식
② 적하식
③ 유욕식
④ 강압식

해설
④ 강압식(압력식) : 윤활유 펌프로 오일 팬 속에 있는 윤활유를 흡입하고 가압하여 각 윤활부에 보내는 강제 급유방식으로 디젤기관에서 가장 많이 쓰이는 윤활유 주유방법이며 강제순환식이라고도 한다.
① 비산식 : 크랭크케이스 내에서 크랭크가 회전함에 따라 유면을 쳐서 기름을 튀게 하여 각부를 윤활하는 것으로 소형 기관에 사용하는 방식이다.
② 적하식 : 윤활유를 간헐적으로 떨어뜨리는 방법으로 베어링 등에 사용된다.
③ 유욕식 : 주위를 밀폐하고 베어링 등 주유 또는 급유할 부분 또는 전부를 기름 속에 담가 주유하는 방법으로 역전기 등에 사용된다.

**05** 디젤기관에서 착화지연이 긴 연료의 사용 시 연소실로 분사된 연료가 축적되어 압력이 급격히 상승하고 일시에 연소되면서 소음이 발생되는 현상은?

① 서 징　　　　　② 노 크
③ 후연소　　　　　④ 블로바이

**해설**
디젤노크는 연소실에 분사된 연료가 착화지연 기간 중에 축적되어 일시에 연소되면서 급격한 압력 상승이 발생하는 현상이다. 노크가 발생하면 커넥팅로드 및 크랭크축 전체에 비정상적인 충격이 가해져서 커넥팅로드의 휨이나 베어링의 손상을 일으킨다.

**06** 다음 중 디젤기관에서 피스톤 링의 고착 원인으로 볼 수 없는 것은?

① 실린더 냉각수의 순환량이 많을 때
② 피스톤 링과 링 홈의 간격이 부적당할 때
③ 피스톤 링의 장력이 부족할 때
④ 불순물이 많은 연료를 사용하였을 때

**해설**
윤활유가 고온에 접하면 그 성분이 열분해되어 탄화물이 생기는데, 이 탄화물은 실린더의 마멸과 밸브나 피스톤 링 등의 고착 원인이 된다. 링의 장력이 부족하거나 링과 링 홈의 간격이 부적당할 때 오일의 오염이나 연소실의 찌꺼기가 링 홈 안에 들어가게 되어 고착을 유발하게 된다. 불순물이 많은 연료를 사용할 때도 피스톤 링의 고착이 잘 일어난다. 실린더 냉각수의 온도와 피스톤 링과의 상관관계는 어느 정도 있겠으나 냉각수 순환량과 피스톤 링의 고착과는 큰 영향은 없다.

**07** 다음 중 (　) 안에 알맞은 것은?

> 크랭크 핀 베어링의 틈새 측정은 크랭크 핀과 (　) 사이에 (　)를 넣어서 측정한다.

① 베어링, 틈새 게이지
② 피스톤 링, 틈새 게이지
③ 피스톤 핀, 실린더 게이지
④ 실린더 라이너, 실린더 게이지

**해설**
크랭크 핀 베어링의 틈새 측정은 크랭크 핀과 베어링 사이에 틈새 게이지(필러 게이지)를 넣어서 측정한다.

**08** 다음 중 디젤기관에서 크랭크 핀 볼트가 가장 많이 받는 힘은?

① 인장력
② 원심력
③ 압축력
④ 회전력

**해설**
크랭크 핀 볼트(커넥팅로드 볼트라고도 한다)는 커넥팅로드와 크랭크 핀을 연결하는 커넥팅로드의 대단부를 연결하는 볼트이다. 이 크랭크 핀 볼트는 피스톤의 상하 운동을 크랭크축의 회전운동으로 바꾸는 역할을 하면서 크랭크 핀과 커넥팅로드 사이의 인장력을 가장 많이 받게 된다.

**09** 디젤기관의 크랭크 암 디플렉션 측정시기로 가장 적절한 것은?

① 도크 입거 직후
② 도크 출거 직전
③ 기관 운전 중
④ 정박 중

**해설**
크랭크 암 디플렉션(크랭크암 개폐작용)은 보통 기관이 정지 중인 정박 중에 계측한다. 도크 입거 후나 출거 전에는 프로펠러가 부력을 받고 있지 않은 상태이므로 프로펠러의 무게가 축에 더 많은 영향을 끼쳐 평소 물 위에 떠있을 때의 조건이 아니다.

**10** 디젤기관에서 피스톤의 왕복운동을 크랭크의 회전운동으로 바꾸어 주는 부속은?

① 피스톤로드
② 피스톤 핀
③ 연접봉
④ 실린더라이너

해설
연접봉(커넥팅로드)는 피스톤이 받는 폭발력을 크랭크축에 전달하고 피스톤의 왕복운동을 크랭크축의 회전운동으로 바꾸는 역할을 한다.

**11** 다음 그림과 같은 트렁크형 피스톤에서 (1), (2), (3)의 명칭이 바르게 연결된 것은?

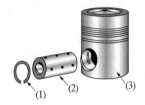

① (1) 클립 링, (2) 피스톤 핀, (3) 피스톤
② (1) 클립 링, (2) 크랭크 핀, (3) 피스톤
③ (1) 실링, (2) 피스톤 핀, (3) 플런저
④ (1) 스냅 링, (2) 크랭크 핀, (3) 크로스헤드

해설
그림에서 (1)의 명칭은 제조사마다 약간의 차이는 있지만 보통 클립 링, 스냅 링 또는 스톱 링이라고 한다. (2)는 피스톤 핀, (3)은 피스톤이다.

**12** 디젤기관에서 사용하는 크랭크축의 재질이 아닌 것은?

① 단조강
② 니켈-크롬강
③ 니켈-크롬-몰리브덴강
④ 주 강

해설
일반적으로 크랭크축의 재료는 단조강을 사용하고, 고속·고출력 기관에서는 니켈-크롬강, 니켈-크롬-몰리브덴강과 같은 특수강을 사용한다.

**13** 4행정 사이클 디젤기관의 밸브 틈새 조정에 대한 올바른 설명은?

① 밸브 틈새는 규정된 두께의 틈새 게이지가 들어가지 않을 정도로 조정해야 장기간 운전 시 느슨해지지 않는다.
② 착화순서와 상관없이 피스톤의 위치가 상사점일 때 조정한다.
③ 기관을 터닝하여 조정하고자 하는 실린더의 압축행정 시의 상사점에 맞추어 조정한다.
④ 조정하고자 하는 실린더의 연료분사 펌프 롤러가 캠의 작동부에 있을 때 조정한다.

해설
밸브 틈새를 조정할 때는 배기밸브와 흡기밸브가 동시에 닫혀 있을 때이다. 즉 압축행정 시의 상사점에서 밸브 틈새를 계측하고 조정해야 한다. 이 시기가 밸브 스핀들과 밸브 레버(로커 암) 사이의 간격이 벌어져 있을 때이다.
※ 밸브 틈새(밸브 간극, Valve Clearance 또는 태핏 간극, Tappet Clearance) : 4행정 사이클 기관에서 밸브가 닫혀있을 때 밸브 스핀들과 밸브 레버 사이에 틈새가 있어야 하는데, 밸브 틈새를 증가시키면 밸브의 열림 각도와 밸브의 양정(리프트)이 작아지고, 밸브 틈새를 감소시키면 밸브의 열림 각도와 양정(리프트)이 크게 된다.
• 밸브 틈새가 너무 클 때 : 밸브가 닫힐 때 밸브 스핀들과 밸브 시트의 접촉 충격이 커져 밸브가 손상되거나 운전 중 충격음이 발생하고 흡기·배기가 원활하게 이루어지지 않는다.
• 밸브 틈새가 너무 작을 때 : 밸브 및 밸브 스핀들이 열 팽창하여 틈이 없어지고 밸브는 완전히 닫히지 않게 되며, 이때 압축과 폭발이 원활히 이루어지지 않아 출력이 감소한다.

**14** 발전용 기관에 사용하는 조속기로써 무부하에서 전부하까지 항상 일정한 기관속도를 유지하는 거버너는?

① 정속도 조속기
② 과속도 조속기
③ 가변속도 조속기
④ 부하제한 거버너

해설
조속기는 거버너(Governor)라고 하는데 선박에서 주로 사용하는 조속기는 다음과 같다.

- 정속도 조속기 : 발전기용 기관에 주로 사용되는 것으로 부하의 변동에 관계없이 항상 일정한 회전 속도를 유지한다.
- 가변속도 조속기 : 주기관용 기관에서 주로 사용하는 것으로 최저 회전 속도부터 최고 회전 속도까지 자동적으로 연료 공급량을 조절하여 광범위하게 원하는 속도를 조정한다.
- 과속도 조속기 : 선박의 주기관 및 발전기 기관에 반드시 설치하는 것으로 비상용 조속기라고도 한다. 황천 항해나 기관의 오작동 등으로 기관이 급회전을 하게 되면 즉시 연료 공급을 차단하여 기관을 안전하게 보호하는 장치로 최고 회전 속도만을 제어한다.

**15** 압축공기로 시동하는 디젤기관을 정상 정지한 후 취해야 할 조치가 아닌 것은?

① 미연소 된 연료가 실린더 내에 있을 경우를 고려하여 기관을 시동하여 잠시 연료 운전 후 정지한다.
② 인디케이터 밸브를 열고 시동공기로 기관을 회전시켜 실린더 내의 잔류가스를 배출한다.
③ 시동공기 밸브를 잠그고 터닝기어를 연결하여 기관을 회전시킨다.
④ 정박 기간이 짧을 경우 기관의 난기 상태를 유지시킨다.

해설
기관을 정상 정지한 후에 실린더 내의 미연소 잔류가스를 불어내기 위해 에어 런닝(Air Running)을 시키는데, 이것은 기관에 연료는 공급하지 않고 시동 공기로만 기관을 잠시 운전하고 정지시키는 것이다.

**16** 다음 중 트렁크 피스톤형 디젤기관에서 윤활유로의 혼입이 어려운 것은?

① 윤활유 냉각기에서 누설되는 수분
② 연소불량으로 발생하는 연소생성물
③ 연료청정기의 작동수에서 혼입된 수분
④ 실린더 헤드 개스킷에서 누설되는 수분

해설
연료청정기와 윤활유 파이프라인은 독립되어 있다. 연료청정기의 작동수가 윤활유에 혼입되기는 매우 어렵다.

**17** 다음 중 보일러에서 발생된 증기와 함께 수분 및 보일러 물에 함유된 물질이 방출되는 현상은?

① 블로 다운
② 수트 블로어
③ 기수공발
④ 캐비테이션

해설
기수공발(캐리오버, Carry Over) : 기수공발은 프라이밍, 포밍 및 증기거품이 수면에서 파열될 때 생기는 작은 물방울들이 증기에 혼입되는 현상을 말한다. 이러한 현상은 증기의 순도를 저하시키고 증기 속에 물방울이 다량 포함되기 때문에 보일러수 속의 불순물도 동시에 송출됨으로써 수격현상을 초래한다거나, 증기 배관이 오염된다거나, 과열기가 있는 보일러에서는 과열기를 오손시키고, 과열 증기의 과열도 저하 등 많은 문제를 유발한다.
※ 프라이밍 : 비등이 심한 경우나 급히 주증기 밸브를 개방할 경우 기포가 급격히 상승하여 수면에서 파괴되고 수면을 교란하여 수분이 증기와 함께 배출되는 현상이다.
※ 포밍 : 전열면에서 발생한 기포가 물 중에 있는 불순물의 영향을 받아 파괴되지 않고 계속 증가하여 이것이 증기와 함께 배출되는 현상이다.

**18** 보일러의 운전 중 안전밸브가 열렸을 때 가장 먼저 취해야 할 조치는?

① 연료의 공급을 차단한다.
② 연소용 공기의 공급을 차단한다.
③ 주증기 정지 밸브를 닫는다.
④ 급히 급수를 한다.

해설
보일러의 안전밸브가 열린 것은 보일러의 압력이 안전밸브의 작동압력보다 높기 때문이다. 안전밸브가 작동하면 우선 연료의 공급을 차단하여 보일러의 압력이 더 이상 증가하지 않도록 해야 한다.

**19** 다음 중 스러스트 베어링의 역할은?

① 축과 프로펠러의 부식을 방지한다.

② 축의 진동을 방지한다.

③ 축의 중심선을 유지한다.

④ 프로펠러의 추력을 받는다.

**해설**
추력 베어링(스러스트 베어링)은 선체에 부착되어 있고 추력 칼라의 앞과 뒤에 설치되어 프로펠러로부터 전달되어 오는 추력을 추력 칼라에서 받아 선체에 전달하여 선박을 추진시키는 역할을 한다.

**20** 프로펠러축과 선미관 베어링 사이의 틈새가 너무 클 때 발생하는 현상은?

① 기관에서 서징현상이 발생한다.

② 기관의 출력이 증가한다.

③ 회전속도가 저하한다.

④ 축의 진동이 심해진다.

**해설**
프로펠러축과 선미관 베어링 사이의 틈새가 너무 크면 축의 진동이 심해진다.

**21** 해수 윤활식 선미관에서 항해 중일 때 선미관 패킹 글랜드는 어느 정도 조여야 하는가?

① 되도록이면 꽉 조인다.

② 물이 많이 새도록 한다.

③ 물방울이 조금씩 떨어지도록 한다.

④ 물이 새지 않도록 한다.

**해설**
해수 윤활식 선미관의 한 종류인 글랜드 패킹형의 경우, 항해 중에는 해수가 약간 새어들어 오는 정도로 글랜드를 죄어 주고 정박 중에는 물이 새어나오지 않도록 죄어 준다. 축이 회전 중에 해수가 흐르지 않게 너무 꽉 잠그면 글랜드 패킹의 마찰에 의해 축 슬리브의 마멸이 빨라지거나 소손된다. 글랜드 패킹 마멸을 방지하기 위해 소량의 누설 해수와 정기적인 그리스 주입으로 윤활이 잘 일어나도록 출항 전에는 원상태로 조정해야 한다.

**22** 피치가 1[m], 매초 1회전하는 프로펠러일 때 선박이 나아가는 초당 속도[m]는?

① 0.1[m]  ② 1[m]

③ 10[m]  ④ 60[m]

**해설**
피치가 1[m]에 매초 1회전하므로, 속도 $= \dfrac{거리}{시간} = \dfrac{1[m]}{1[s]} = 1[m/s]$, 초당 1[m] 나아간다.

참고로, 피치란 프로펠러가 1회전했을 때 전진하는 거리이다.

**23** 연료수급 시 필요한 탱크 테이블을 바르게 나타낸 것은?

① 비중에 따른 기름의 양을 나타내는 표

② 압력에 따른 기름의 양을 나타내는 표

③ 깊이에 따른 기름의 양을 나타내는 표

④ 온도에 따른 기름의 양을 나타내는 표

**해설**
탱크 테이블 또는 사운딩 테이블(Sounding Table)은 각 탱크의 깊이에 따른 기름의 양을 나타내는 표이다. 연료를 수급할 때 선박의 트림과 경사에 따른 탱크의 양도 계산할 수 있도록 되어 있다.

**24** 다음 윤활유의 성질 중 기름이 마찰면에 강하게 흡착하여 유막을 완전하게 형성하려고 하는 성질은?

① 유 성  ② 항유화성

③ 산화안정도  ④ 탄화성

**해설**
① 유성 : 기름이 마찰면에 강하게 흡착하여 비록 엷더라도 유막을 완전히 형성하려는 성질

② 항유화성 : 기름과 물이 혼합되는 것을 유화라고 하는데, 기름과 물이 쉽게 유화되지 않고 유화되더라도 신속히 물을 분리하는 성질

③ 산화안정도 : 윤활유가 고온의 공기에 접촉하면 산화슬러지가 발생하여 윤활유의 질을 떨어뜨리는데 이런 과정에 의해 윤활유의 질이 나빠지는 정도

④ 탄화 : 윤활유가 고온에 접하면 그 성분이 열분해되어 탄화물이 생기는데, 이 탄화물은 실린더의 마멸과 밸브나 피스톤 링 등의 고착 원인이 됨

**25** 선박에서 사용하는 윤활유 청정법으로 거리가 먼 것은?

① 비중차에 의한 청정법
② 원심력에 의한 청정법
③ 여과에 의한 청정법
④ 응고에 의한 청정법

해설
선박에서 사용하는 청정법에는 비중차에 의한 침강, 여과, 원심력을 이용한 청정법 등이 있다.

---

제**2**과목　기관 2

**01** 다음 중 유체를 이송하는 펌프로써 임펠러의 회전에 의한 원심력을 이용하는 것은?

① 기어펌프　　　② 왕복펌프
③ 벌류트펌프　　④ 마찰펌프

해설
임펠러의 회전에 의한 원심력을 이용한 펌프는 원심펌프이다. 원심식에는 원심형 벌류트펌프와 원심형 터빈펌프가 있다.

**02** 왕복펌프의 취급요령으로 틀린 것은?

① 펌프 정지 후 흡입밸브와 송출밸브를 닫는다.
② 기동 시는 흡입밸브와 송출밸브를 열고 기동한다.
③ 유량 조절은 일반적으로 바이패스밸브로 한다.
④ 유량 조절은 송출밸브로 한다.

해설
왕복펌프의 송출 유량 조절방법은 다음의 사항이 있으나 주로 바이패스 밸브나 흡입밸브의 개도를 조정하여 유량을 조절한다.
• 펌프의 단위 시간당 왕복 횟수를 조절하는 방법
• 피스톤의 행정을 조절하여 송출 유량을 조절하는 방법
• 흡입측 정지밸브의 개폐 정도를 가감하여 조절하는 방법
• 펌프의 흡입관과 송출관 사이에 바이패스 밸브를 설치하여 송출액의 일부를 흡입측으로 되돌려 보내는 방법

---

**03** 원심펌프의 축봉장치에 사용되는 랜턴 링의 설명으로 적절하지 않은 것은?

① 랜턴 링은 순간적인 압력 상승에 따른 손상을 방지한다.
② 랜턴 링은 펌프의 송출측과 튜브로 연결되어 압력수를 공급받는다.
③ 랜턴 링은 스터핑 박스의 중앙에 위치하고 있다.
④ 랜턴 링은 패킹부의 기밀과 윤활에 도움을 준다.

해설
랜턴 링 : 축봉장치의 패킹상자에서 패킹 사이에 넣어주는 링으로, 내부와 외부 측면에 홈을 만들어서 주액구와 연결하고 주액으로 축봉부분을 냉각, 윤활 및 기밀작용을 한다. 즉, 펌프의 송출측과 튜브로 연결되어 압력수를 공급받아 냉각, 윤활, 기밀작용을 돕는 것이다. 홈 링이라고도 한다.

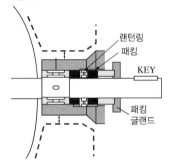

**04** 유압장치의 부속기기에 해당되지 않는 것은?

① 필 터
② 기름 탱크
③ 어큐뮬레이터
④ 압축공기탱크

해설
선박에서 사용하는 유압장치는 유압펌프를 사용하여 기름 탱크에서 기름을 흡입하여 압력을 상승시켜 어큐뮬레이터(축압기)에 축적시켜서 각 유압장치에 압력을 보내어 기기를 작동시킨다. 이때 펌프의 흡입부에 필터(여과기)가 설치되어 이물질이 펌프에 흡입되지 않도록 한다.

**05** 기어펌프에서 송출측 압력이 설정압력 이상으로 과도하게 상승할 때 송출측의 유체를 흡입측으로 바이패스시켜 안전을 유지하는 것은?

① 릴리프밸브
② 흡입밸브
③ 정지밸브
④ 드레인밸브

해설
릴리프밸브(Relief Valve)는 기어펌프에서 송출측 압력이 과도하게 상승하면 송출측의 유체를 흡입측으로 바이패스시켜 안전을 유지한다.

**06** 원심펌프를 기동하기 전의 점검사항이 아닌 것은?

① 손으로 돌려서 이상이 있는지 확인한다.
② 펌프 내의 공기를 배제시킨다.
③ 펌프 내의 물을 빼낸다.
④ 베어링에 이상이 있는지 확인한다.

해설
원심펌프를 기동하기 전에는 펌프 케이싱 내의 공기를 빼내고 물을 채우는 호수(프라이밍)를 실시해야 한다.

**07** 운전 중인 왕복식 공기압축기의 점검사항으로 틀린 것은?

① 소음과 진동이 정상인가 확인한다.
② 냉각수의 온도가 정상인가 확인한다.
③ 윤활유의 유면이 유면계의 1/2에 있는지 확인한다.
④ 고압 공기측의 안전밸브가 열려 있는지 확인한다.

해설
안전밸브는 비정상적인 작동이나 밸브조작으로 인하여 압력이 설정치 이상이 되면 열려야 되는 것으로 정상적일 때는 닫혀 있어야 한다.

**08** 운전 초기에 원심식 유청정기에서 기름이 물 송출구로 빠져나가는 것을 방지하는 것은?

① 봉 수
② 패 킹
③ 리젝트 댐
④ 조정 원판

해설
봉수는 운전 초기에 물이 빠져나가는 통로를 봉쇄하여 기름이 물 토출구로 빠져나가는 것을 방지하는 역할을 한다.

**09** 왕복펌프 중 왕복운동체의 형상에 따른 종류와 거리가 먼 것은?

① 나사펌프
② 버킷펌프
③ 피스톤펌프
④ 플런저펌프

해설
용적형 펌프 중 왕복식은 버킷펌프, 피스톤펌프, 플런저펌프 등이 있다. 용적형 펌프 중 회전식은 기어펌프, 나사펌프, 베인펌프가 있다.

**10** 원심펌프의 구성 부품에 해당되지 않는 것은?

① 임펠러
② 베어링
③ 릴리프밸브
④ 마우스 링

해설
릴리프밸브(Relief Valve)는 기어펌프의 구성 부품으로 송출측 압력이 과도하게 상승하면 송출측의 유체를 흡입측으로 바이패스시켜 안전을 유지하는 역할을 한다.

**11** 다음 중 단위 체적당 전열면적이 가장 큰 것은?

① 판형 열교환기

② 코일식 열교환기

③ 핀 튜브식 열교환기

④ 원통 다관식 열교환기

해설
단위 체적당 전열면적이 가장 큰 것은 핀 튜브식 열교환기이다.

**12** 다음 중 선박의 균형 유지를 위해 흘수 조정에 주로 사용되는 것은?

① 밸러스트 펌프     ② 잡용수 펌프

③ 순환수 펌프     ④ 비상소화 펌프

해설
밸러스트 펌프는 평형수 탱크에 평형수를 주입하는 펌프로 선박 평형수의 양을 가감하여 흘수와 경사를 조정한다.

**13** 조타장치에서 유압식 조종장치의 작동 시 계통 내에 공기가 있을 때 발생하는 현상은?

① 조종장치의 기능이 향상된다.

② 계통 내 유압유의 점도가 감소한다.

③ 운동의 전달이 신속하지 않게 된다.

④ 작동하는 힘은 커지지만 전달이 부정확하다.

해설
유압장치의 기름 속에 공기가 혼입되면 고장을 일으키기 쉽고 운동의 전달이 신속하지 않게 된다.

**14** 다음 관 이음 중에서 관의 수축 팽창 때문에 생기는 손상을 방지하는 것은?

① 용접 이음     ② 플랜지 이음

③ 신축 이음     ④ 나사식 이음

해설
신축이음(익스펜션 조인트, Expansion Joint)이란 긴 관이 온도변화에 의해서 신축해도 파이프라인에 지장이 없도록 한 관이음을 말한다. 종류에는 곡관(신축형 벤드라고도 한다), 고무이음 및 특수형 등이 있다.

**15** 유압장치의 문제점에 해당하지 않는 것은?

① 원격 조작이 어렵다.

② 설치비가 비싸다.

③ 작동유의 누설이 생기기 쉽다.

④ 온도의 변화에 따라 성능이 변한다.

해설
유압장치의 특징
• 큰 출력을 얻을 수 있고 장치를 소형화할 수 있으나 설치비가 비싸다.
• 힘의 증폭과 속도 조정이 용이하며 원격 조작이 용이하다.
• 윤활성 및 방청성이 우수하다.
• 소음과 진동이 발생하기 쉽고 장치의 연결부에서 기름이 누설되기 쉽다.
• 기름 속에 공기나 먼지가 혼입되어 있으면 고장을 일으키기 쉽다.

**16** 선박을 일정한 방향으로 항행시키는 타의 구비조건으로 틀린 것은?

① 보침성이 좋아야 한다.

② 선회성이 좋아야 한다.

③ 파도의 충격에 충분히 강해야 한다.

④ 항해 중에는 저항이 커야 한다.

해설
타(Rudder)는 전진 또는 후진할 때 배를 원하는 방향으로 회전시키고 항해 시 일정한 침로를 유지하는 장치로 보침성과 선회성이 좋아야 하고 파도의 충격에 충분히 강해야 한다.

**17** 각국 선급 규정에 따라 선박의 만재흘수 상태로 연속 최대속력으로 항해할 때 한쪽 현의 최대 타각(°)은?

① 15°     ② 20°

③ 35°     ④ 45°

**해설**
조타장치는 만재흘수 상태에서 연속 최대속력으로 항해 중에 타를 한쪽 현 35°에서 다른 현 35°까지 조작할 수 있어야 하고, 28초 이내에 한쪽 현 35°에서 다른 현 30°까지 타를 회전시키는데 충분해야 한다.

**18** 컨테이너 전용선에 적합한 하역장치로서 화물창 위에 교량 모양으로 설치된 크레인 장치는?

① 짚 크레인
② 컨베이어 장치
③ 갠트리 크레인
④ 데릭식 크레인

**해설**
갠트리 크레인은 주로 컨테이너 전용부두에서 사용하는 하역장치로 컨테이너와 묶음으로 된 목재 및 신문 용지와 같은 큰 유닛 등의 화물을 취급하는 데 적합한 장치이다.

**19** 워핑 드럼에 로프를 감을 수 있는 장치로 구조가 하역장치의 윈치와 비슷한 것은?

① 계선 윈치
② 짚 크레인
③ 스티어링 기어
④ 불활성가스장치

**해설**
워핑 드럼에 로프를 감을 수 있는 장치는 계선 윈치(무어링 윈치)가 있다.

**20** 다음 ( ) 안에 알맞은 것은?

> 생물 화학적 분뇨처리장치는 폭기 탱크, 침전 탱크, ( ) 등 3개의 탱크로 분할되어 있다.

① 보조 탱크
② 저장 탱크
③ 빌지 탱크
④ 멸균 탱크

**해설**
생물 화학적 분뇨처리장치는 폭기실(공기 용해 탱크), 침전실, 멸균실로 구성되어 있다. 폭기 탱크에서 호기성 미생물의 번식이 활발해져 오물을 분해시키고, 침전 탱크에서 활성 슬러지는 바닥에 침전되며 상부의 맑은 물은 멸균 탱크로 이동하고, 멸균실에서는 살균이 이루어진 후 선외로 배출된다.

**21** 프레온 냉동장치 계통의 유분리기에서 분리된 기름이 되돌아가는 곳은?

① 응축기
② 압축기
③ 증발기
④ 수액기

**해설**
유분리기는 압축기와 응축기 사이에 설치되며 압축기에서 냉매가스와 함께 혼합된 윤활유를 분리·회수하여 다시 압축기의 크랭크케이스로 윤활유를 돌려보내는 역할을 한다.

**22** 다음 냉매 중 폭발 및 가연성이 있으며 독성이 가장 강한 것은?

① 프레온
② 이산화탄소
③ 메틸콜로라이드
④ 암모니아

**해설**
암모니아의 냉매의 특징
• 증발잠열이 커 냉동능력이 우수하다.
• 철은 부식시키지 않지만 수분을 포함하게 되면 구리나 구리 합금을 부식시킨다.
• 윤활유를 용해하기 어려우므로 냉매에 섞여서 응축기나 증발기에 들어간 윤활유는 정기적으로 제거해야 한다.
• 냄새가 나고 독성이 강하다.
• 가연성 물질로 폭발의 염려가 있다.

**23** 냉동능력을 나타내는 것은?

① 냉동톤

② 성적 계수

③ 냉동기 효율

④ 압축기 마력

**해설**

냉동능력은 냉동기가 대상물을 냉동시키는 능력을 말하며 단위는 냉동톤을 사용한다. 1 냉동톤은 0[℃]의 물 1톤을 24시간 동안 0[℃]의 얼음이 되게 하는 능력이다.

**24** 다음 중 고속 다기통 중·대형 냉동기의 압축기에 적용되는 윤활방식은?

① 비산식

② 적하식

③ 강제순환식

④ 유욕식

**해설**

고속 다기통 중·대형 냉동기의 압축기는 대부분 강제순환식 윤활방식을 채택한다.

• 비산식 : 크랭크케이스 내에서 크랭크가 회전함에 따라 유면을 쳐서 기름을 튀게 하여 각부를 윤활하는 것으로 소형기관에 사용하는 방식이다.

• 적하식 : 적하식은 윤활유를 간헐적으로 떨어뜨리는 방법으로 베어링 등에 사용된다.

• 강압식(압력식) : 윤활유 펌프로 오일 팬 속에 있는 윤활유를 흡입하고 가압하여 각 윤활부에 보내는 강제급유방식으로 디젤기관에서 가장 많이 쓰이는 윤활유 주유방법이며 강제순환식이라고도 한다.

• 유욕식 : 주위를 밀폐하고 베어링 등 주유 또는 급유할 부분 또는 전부를 기름 속에 담가 주유하는 방법으로 역전기 등에 사용된다.

**25** 다음 응축기의 방식 중 선박에서 가장 많이 사용되는 것은?

① 튜브식

② 원통 다관식

③ 코일식

④ 증발식

**해설**

대부분의 선박에서 사용하는 열교환기의 종류는 원통 다관식과 판형 열교환기를 주로 사용한다.

---

**01** 동기발전기에서 계자의 잔류자기가 완전히 없어졌을 때의 현상은?

① 엔진을 돌려도 전압이 발생하지 않는다.

② 엔진을 돌리면 전압이 정상보다 훨씬 커진다.

③ 엔진을 돌리면 전압이 서서히 상승한다.

④ 엔진이 돌기만 하면 전압은 정상으로 올라간다.

**해설**

계자는 자속을 발생시키는 장치로 자계를 발생시키기 위해 계자권선에 여자전류를 흘려주어야만 발전기에서 전압이 발생하게 되는데 계자에 잔류자기가 완전히 없어졌을 경우에는 엔진을 아무리 돌려도 전압이 발생하지 않게 된다.

**02** 다음 중 관계식으로 적절하지 않은 것은?(단, $P$ : 전력, $V$ : 전압, $R$ : 저항, $I$ : 전류)

① $P = V \times I$

② $P = \dfrac{V^2}{R}$

③ $P = I^2 \times R$

④ $P = V \times R$

**해설**

$P(전력) = VI = I^2 R = \dfrac{V^2}{R}$ 으로 나타낸다.

옴의 법칙 $I = \dfrac{V}{R}$, $V = I \times R$, $R = \dfrac{V}{I}$ 을 $P = VI$식에 대입하면 나머지 식을 얻을 수 있다.

**03** 다음 중 [Ω]을 단위로 쓰지 않는 것은?

① 저 항

② 인덕턴스

③ 임피던스

④ 리액턴스

**해설**

② 인덕턴스 : 코일에 흐르는 전류의 변화에 의하여 전자기유도로 생기는 역기전력의 비율을 나타내는 양으로 값은 $L$로 표시하고 단위는 헨리[H]를 사용한다.

① 저항 : 저항의 단위는 옴[Ω]이다.

---

③ 임피던스 : 교류저항, 즉 주파수에 따라 달라지는 저항값이며 교류
회로에 가해진 전압 $V$와 전류 $I$와의 비를 나타낸 것으로 값은
$Z$로 표시하고 단위는 옴[Ω]을 사용한다.
④ 리액턴스 : 유도저항, 감응저항이라고 하는 것으로 전류가 코일에
흐르면 자기유도작용(인덕턴스)이 생겨 교류의 흐름을 방해하려고
하는데, 이 방해하는 정도를 나타낸 것으로 값은 $X_L$(유도리액턴스)
와 $X_C$(용량리액턴스)로 표시하고 단위는 옴[Ω]을 사용한다.

## 04 다음 중 옴의 법칙은?(단, $E$는 전압, $I$는 전류, $R$은 저항이다)

① $E = I/R$
② $I = R/E$
③ $I = V/R$
④ $E = V^2/R$

해설
옴의 법칙은 $I = \dfrac{V}{R}$[A], $V = I \times R$[V], $R = \dfrac{V}{I}$[Ω]로 나타낸다.

※ 참고로 흔히 $V$는 전압, $E$는 기전력이라고 하는데 의미상 약간의
차이는 있지만 문제를 풀 때는 같은 개념으로 생각하면 된다.
※ 전압 : 전압은 도체 안에 있는 두 점 사이의 전기적인 위치 에너지의
차이를 말하며 단위는 볼트[V]를 쓴다.
※ 기전력 : 두 물체 사이에 전위차를 발생시키는 작용 또는 전기회로를
연결할 때 전류를 흐르게 하는 원동력을 말하며 단위는 전압과
같이 볼트[V]를 사용한다.

## 05 열동형 계전기(THR)의 수동복귀 접점을 나타낸 것은?

① -○╳○-       ② -○─○-
③ -○△○-       ④ -○┤○-

해설
① 수동복귀 b접점(릴레이 접점)
② 자동복귀 a접점(릴레이 접점)
③ 한시동작 a접점(타이머 접점)
④ 자동복귀 a접점(수동조작 접점)

## 06 교류발전기의 운전 시 주파수가 정상값보다 올라갔을 때는?

① 기관에 들어가는 연료를 더 감소시킨다.
② 기관에 들어가는 연료를 더 증가시킨다.
③ 여자전류를 감소시킨다.
④ 여자전류를 증가시킨다.

해설
교류발전기의 거버너(조속기)를 조정하여 주파수를 조정하는데 거버
너를 증감시키는 것은 연료의 양을 증감시키는 것과 같다. 부하량이
같은 상황일 경우 연료를 더 많이 공급해주면 회전수는 더 빨라져
주파수가 높아지고 반대로 연료를 감소시키면 회전수는 느려지고 주파
수는 낮아진다. 결국, 거버너로 발전기의 회전수를 증감시켜 주파수를
조정가능하다.

## 07 배전반에 누전감시등 3개가 동작중이다. 정상상태에서의 램프 상태는?

① 3개 모두 불이 꺼진다.
② 2개는 밝게 켜지고 1개는 꺼진다.
③ 1개가 밝게 켜지고 2개가 꺼진다.
④ 3개가 모두 같은 밝기로 희미하게 켜진다.

해설
일반적으로 선박의 공급 전압은 3상 전압으로 배전반에는 접지등(누전
표시등)이 설치된다. 테스트 버튼을 눌렀을 때 세 개의 등이 모두
같은 밝기이면 누전되는 곳이 없이 상태가 양호한 것이다. 만약 한
선이 누전되고 있다면 누전되고 있는 선의 접지등은 어두워지고 다른
등은 더 밝게 빛나게 된다.

## 08 발전기 배전반 내부의 과전류 계전기가 회로를 차단하여 발전기를 보호하는 경우는?

① 부하전류가 너무 클 경우
② 발전기에 역전력이 작용할 경우
③ 발전기의 회전수가 너무 높을 경우
④ 선체와의 절연저항이 너무 클 경우

**해설**

발전기 배전반의 부하전류가 너무 클 경우 과전류가 흘러 차단기가 작동한다. 참고로 차단기만 작동하고 발전기는 계속 운전되는 경우와 발전기 자체가 정지하는 경우는 다음의 사항을 참고 바란다. 절연저항이 큰 것은 누설전류가 없다는 뜻이므로 정상인 상태이다.

※ 과전류가 흘러서 계전기가 작동했을 경우에는 차단기만 떨어지고 발전기 엔진은 그대로 돌아간다. 선박에서 과전류가 흘렀을 경우는 대부분 부하의 소모량이 많은 경우이고 엔진의 문제는 아니다. 그래서 과전류가 흘렀을 경우에는 차단기만 작동을 하고 발전기가 문제가 있을 경우, 즉 전압이 너무 높거나 주파수가 너무 높은 경우, 엔진의 회전수가 너무 높아져 과부하가 걸린 상태 및 발전기 병렬운전 시 역전력이 작용할 경우에 발전기의 안전을 위해 발전기를 정지하게 된다.

**09** 교류발전기의 자동전압조정기에 대한 설명으로 틀린 것은?

① 설정전압을 조정할 수 있다.

② 전압의 변동에 빨리 응답할 수 있어야 한다.

③ 여자전류를 변동시켜 전압을 조정한다.

④ 발전기 엔진의 회전수를 변동시켜 전압을 조정한다.

**해설**

자동전압조정기(AVR)은 운전 중인 발전기의 출력전압을 지속적으로 검출하고 부하가 변동하더라도 계자전류를 제어하여 항상 같은 전압을 유지하도록 하는 장치이다. 계자권선에 흐르는 전류를 여자전류라고 하며 결국 여자전류를 변동시켜 전압을 조정하는 것이다.

**10** 다음 중 납축전지의 전해액 레벨이 낮아졌을 때 보충해야 할 것은?

① 해 수

② 증류수

③ 수돗물

④ 진한 황산

**해설**

납축전지의 전해액은 황산과 증류수를 혼합한 것이다. 누설이 없이 전해액이 부족한 현상이 일어난 것은 증류수가 증발한 것이므로 증류수를 보충하여 준다.

**11** 그림에서 스위치(S)가 A와 연결되었을 때 흐르는 전류는 B와 연결되었을 때의 전류보다 몇 배인가?

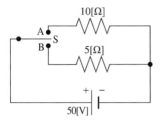

① 0.5배　　　　② 2배

③ 4배　　　　④ 10배

**해설**

• A에 연결되었을 경우 : $I = \dfrac{V}{R} = \dfrac{50}{10} = 5\,[A]$

• B에 연결되었을 경우 : $I = \dfrac{V}{R} = \dfrac{50}{5} = 10\,[A]$

**12** 다음 중 동기발전기의 배전반에 일반적으로 설치되는 것이 아닌 것은?

① 발전기의 전력계

② 발전기의 전압계

③ 발전기의 RPM 게이지

④ 발전기의 주파수계

**해설**

발전기 배전반에서 확인할 수 있는 사항은 부하전력, 운전전압, 주파수 등을 알 수 있으며 역률이 표시되는 배전반도 있다. 발전기의 RPM은 발전기 기계측 계기판에 표시되는 경우는 있고 일반적으로 배전반에는 설치되지 않는다.

**13** 변압기의 손실 중 철심에 발생되는 손실은?

① 히스테리시스손과 풍손

② 히스테리시스손과 와류손

③ 히스테리시스손과 부하손

④ 와류손과 표유 부하손

변압기가 전원에 연결되어 있을 때 철심 내의 자속의 주기적인 변화에 따라 발생하는 손실을 철손 또는 무부하손이라고 한다. 철손 중에 약 80[%]는 히스테리시스 손실이고 나머지는 맴돌이 전류(와류) 손실이다.

**14** 백열전구와 비교한 형광등의 특성이 아닌 것은?

① 수명이 더 길다.
② 발광효율이 더 높다.
③ 점등할 때 깜박거림이 생길 수도 있다.
④ 점등 중 소음이 더 작다.

해설
형광등은 아르곤과 수은 증기의 혼합기체를 통해 빛을 만들고 백열등은 필라멘트에 열을 가해 빛을 낸다.

| 형광등의 장점 | 형광등의 단점 |
|---|---|
| • 눈부심이 적다. | • 음향제품에 영향을 준다. |
| • 발광효율이 높다. | • 깜박거림이 일어나기 쉽다. |
| • 희망하는 광색을 얻을 수 있다. | • 주위 온도의 영향을 받는다. |
| • 전원 전압의 변동에 비하여 광속 변동이 적다. | • 백열전구보다 설비비가 많이 든다. |
| • 수명이 백열전구보다 길다. | • 기준값 이하의 낮은 전압에서는 불이 켜지지 않는다. |

**15** 플레밍의 오른손법칙에서 유도기전력의 방향을 가리키는 손가락은?

① 엄 지
② 검 지
③ 중 지
④ 약 지

해설
발전기의 기전력의 방향(전류의 방향)을 알기 위한 법칙은 플레밍의 오른손법칙이다. 플레밍의 오른손법칙은 자기장 내에 코일을 회전시키면 기전력이 발생하는데 자속의 방향과 운동방향(회전방향)을 알면 유도기전력의 방향(전류의 방향)을 알 수 있다.

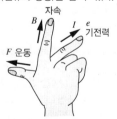

[플레밍의 오른손법칙]

**16** 다음 유도전동기의 기동법 중 기동 전류의 감소가 없는 기동법은?

① 직접 기동법
② 기동 보상기법
③ 리액터 기동법
④ Y-△ 기동법

해설
① 직접 기동법 : 전동기에 직접 전원 전압을 가하는 기동방법으로 기동전류가 전 부하 전류의 5~8배가 흐른다. 주로 5[kW] 이하의 소형 유도전동기에 적용한다.
② 기동 보상기법 : 기동 보상기를 설치하여 기동기 단자 전압에 걸리는 전압을 정격전압의 50~80[%] 정도로 떨어뜨려 기동전류를 제한한다.
③ 리액터 기동법 : 전동기 사이에 철심이 든 리액터를 직선으로 접속하여 기동 시 리액터의 유도 리액턴스 작용을 이용하여 전동기 단자에 가해지는 전압을 떨어뜨려 기동전류를 제한한다.
④ Y-△ 기동법 : 기동 시 Y결선으로 접속하여 상전압을 선간전압의 $\frac{1}{\sqrt{3}}$ 로 낮춤으로써 기동 전류를 $\frac{1}{3}$ 로 줄일 수 있다. 기동 후에는 △ 결선으로 변환하여 정상 운전한다.

**17** 선박에서 비상 전등 및 비상 통신용 전원으로 주로 사용되는 직류전원의 전압[V]은?

① 3[V]
② 9[V]
③ 15[V]
④ 24[V]

해설
선박의 비상 전등 및 비상 통신용 전원은 DC 24[V]이다.

**18** 밸러스트 펌프를 기동했을 때 발전기의 전압계와 전력계 지시치는?

① 전압은 조금 감소하였다 회복되고 전력은 감소한다.
② 전압은 조금 감소하였다 회복되고 전력은 증가한다.
③ 전력은 조금 증가하였다 회복되고 전력은 감소한다.
④ 전압과 전력은 변화가 없다.

해설
대용량의 펌프 모터를 기동했으므로 전력소모가 많아 배전반의 전력값은 증가하고 전압은 순간적으로 약간 감소하였다가 다시 원래 전압으로 돌아간다. 반대로 대용량의 펌프를 정지시켰을 때는 배전반의 전력값은 감소하고 전압은 순간적으로 증가하였다가 다시 원래 전압으로 돌아간다.

**19** 변압기의 정격용량을 나타낸 것은?

① 정격 1차 전압 × 정격 2차 전류

② 정격 2차 전압 × 정격 2차 전류

③ 정격 1차 전압 × 정격 1차 전류

④ 정격 2차 전압 × 정격 1차 전류

해설
변압기의 정격용량 = 정격 2차 전압 × 정격 2차 전류
변압기의 정격이란 지정 조건하에서 변압기를 사용할 수 있는 한도를 말한다.

**20** 교류발전기 2대를 서로 병렬시키려고 할 때 양쪽 기전력의 위상차 확인이 가능한 것은?

① 동기검정기

② 주파수계

③ 전력계

④ 전압계

해설
동기검정기란 두 대의 교류발전기를 병렬 운전할 때 두 교류 전원의 주파수와 위상이 서로 일치하고 있는가를 검출하는 기기이다.
※ 발전기의 병렬 운전 시 차단기 투입 시기 : 동기검정기의 바늘이 시계방향으로 천천히 돌아가는 상태(1회전하는데 4초 정도)에서 지침이 12시 방향에 도달하기 직전에 투입한다. 보통 11~12시 사이에 투입한다.

**21** 다음 (   ) 안에 알맞은 것은?

> 납축전지를 설치하는 장소에는 (   )가스가 발생하므로 가스가 차는 것을 막으려면 설치장소의 (   )에 환기 구멍이 있어 통풍이 잘되어야 한다.

① 산소, 하부

② 수소, 하부

③ 질소, 상부

④ 수소, 상부

해설
납축전지를 설치하는 장소에는 수소가스가 발생하므로 가스가 차는 것을 막으려면 설치장소의 상부에 환기 구멍이 있어 통풍이 잘되어야 한다.

**22** 전동기의 기동반에 설치되는 차단기와 과부하 계전기에 대해 설명한 것으로 옳은 것은?

① 기동반에는 차단기와 과부하 계전기 중 하나만 설치된다.

② 차단기가 작동되면 과부하 계전기도 자동으로 작동된다.

③ 기동반에는 차단기와 과부하 계전기가 함께 설치된다.

④ 과부하 계전기는 전동기에 설치된다.

해설
과부하 계전기는 열동형 계전기나 전자식 계전기를 사용하는데 전동기 기동반(Start Panel)에 차단기와 함께 설치되고 과부하 시 작동되어 회로와 기기를 보호한다.

**23** 다음 중 상호유도의 원리를 이용한 기기는?

① 직류전동기

② 직류발전기

③ 과전류차단기

④ 변압기

해설
상호유도의 원리란 유도적으로 작용하는 위치에 설치한 코일 상호간에 작용하는 전자유도작용을 말하는데 변압기의 원리에 이용되고 있다.

**24** 다음 소자 중 애노드, 캐소드, 게이트의 3단자를 갖는 것은?

① 저 항

② 다이오드

③ 실리콘제어정류기(SCR)

④ 트랜지스터

해설
실리콘제어정류기(SCR)는 전력 시스템에서 전압 또는 전류를 제한하는데 사용되는 소자로 스위치(게이트)가 달린 다이오드라고 한다. PNPN 접합으로 구성되어 있고 애노드(A), 캐소드(K), 게이트(G) 단자로 이루어져 있으며, 소형으로 무게가 가볍고 고속 동작이 가능하며 제어가 쉽다.

**25** PN 접합 반도체에 교류가 가해졌을 경우는?

① 양방향으로 항상 전류가 흐른다.

② 전류는 전혀 흐르지 않는다.

③ 순방향 전압이 걸릴 때만 전류가 흐른다.

④ 역방향 전압이 걸릴 때만 전류가 흐른다.

해설

PN 접합으로 이루어진 반도체인 다이오드는 P형에서 N형 방향으로 한 방향으로만 전류가 통하는 소자이다. 교류를 직류로 바꾸는 정류작용이 필요한 곳에 사용한다.

---

제**4**과목  **직무일반**

**01** 황천 항해 시의 조치 및 주의사항이 아닌 것은?

① 이동물을 움직이지 않도록 고박한다.

② 주기관의 운전 회전수를 조금 낮춘다.

③ 당직 중 주요 계기의 변화를 주의해서 살펴본다.

④ 발전기의 주파수를 평소보다 조금 높게 유지한다.

해설

황천 항해 시에는 횡요와 동요로 인해 기관의 공회전이 일어날 확률이 높으므로 조속기의 작동상태를 주의하고 주기관의 회전수를 평소보다 낮추어서 운전해야하고 주요 계기의 상태를 유심히 살펴봐야 한다. 또한 이동물을 움직이지 못하도록 고박해야 한다.

**02** 기관일지의 기록에 대한 설명으로 틀린 것은?

① 회사에서 본선에 대한 통계 자료로 이용된다.

② 기관사고와 관련된 보고에 필요한 자료로 이용된다.

③ 기관의 운전관리 상 중요한 참고 자료로 이용된다.

④ 기관사의 근무성적을 평가하는 자료로 이용된다.

해설

기관일지는 주기관 및 보조기계의 운전상태, 연료 소비량, 항해 중 사고, 사고 조치 및 기타 작업사항 등을 기록하는 것으로 기관실에 비치하여 기관사가 근무 중의 사항들을 기입해야 한다.
기관일지의 기재 목적
• 항해상의 각종 계산과 각종 보고의 기초 자료
• 기관의 성능 파악과 기관 이상 발생 원인을 발견하는 자료
• 일상 작업을 기록하여 관리
• 기관의 관리, 안전 운항, 경제 운전의 기초 자료이며 공법 및 사법상의 증거 자료로 필요한 경우 관계 기관에 제출해야 한다.

**03** 다음의 유의사항 중 선박이 입거공사를 마치고 출거할 때 가장 우선시할 것은?

① 화재 발생 여부에 유의한다.

② 보일러의 수위변동에 유의한다.

③ 선저 밸브의 누설 여부를 확인한다.

④ 주기관 윤활유 펌프 운전 상태를 살핀다.

해설

배를 처음 만들었을 때나 수리를 마치고 도크를 빠져 나올 때(출거) 중요한 사항은 선박으로 물이 새는지 여부이다. 도크에서 작업 후 작동상태나 개폐 상태를 미처 확인하지 못하는 경우가 생기므로 선저밸브 및 선미관 등에서 해수가 침입하지 않는지 유의해야한다.

**04** 다음 중 기름 탱크 또는 화물창 등의 밀폐된 공간에 들어갈 때 가장 필요한 것은?

① 안전요원을 배치한다.

② 안전화를 반드시 착용한다.

③ 산소농도를 확인한다.

④ 작업복을 반드시 착용한다.

해설

밀폐구역의 작업 시에는 무엇보다도 탱크 내의 환기를 철저히 하고 산소 검지기를 사용하여 화재와 질식을 예방하는 것이 가장 중요하다.

**05** 항해당직인 당직 기관사가 당직 항해사에게 통보해야 할 사항이 아닌 것은?

① 주기관의 속도를 변경할 경우

② 조타기에 이상이 발생한 경우

③ 수트 블로어 등으로 갑판 위를 더럽힐 경우

④ 보일러 물에 염분이 포함되었을 경우

해설

항해와 관련하여 주기관의 속도 조정이나 심각한 결함 및 갑판기계 수리 등의 사항은 당직 항해사에게 보고해야 한다.

**06** 다음 중 감전사고 방지를 위한 주의사항으로 거리가 먼 것은?

① 누전 개소가 있는지 살핀다.
② 전기기기의 외함을 접지시킨다.
③ 퓨즈는 전원을 차단하지 않고 손으로 교환한다.
④ 용접할 때는 보호용구를 철저히 착용한다.

**해설**
감전사고를 예방하는 가장 중요한 사항은 작업에 관련된 전원을 차단하는 것이다.

**07** 해양환경관리법의 적용과 관련이 없는 것은?

① 폐유의 소각
② 기관실 빌지의 배출
③ 방사성 물질의 해양투기
④ 분뇨의 해양 배출

**해설**
해양환경관리법 제3조(적용범위)
방사성물질과 관련한 해양환경관리 및 해양오염방지에 대해서는 원자력안전법에 따르도록 하고 있다.

**08** 다음 선박 중 폐기물기록부를 반드시 비치하여야 할 선박의 크기는?

① 총톤수 50톤 이상의 선박
② 총톤수 150톤 이상의 선박
③ 총톤수 300톤 이상의 선박
④ 총톤수 400톤 이상의 선박

**해설**
총톤수 400톤 이상의 선박과 최대승선인원 15명 이상인 선박은 폐기물기록부를 비치하고 기록하여야 한다.

**09** 선박의 연료유를 수급할 때 취할 조치가 아닌 것은?

① 연료유 저장탱크의 잔량 조사
② 주기관의 연료유 배관의 점검

③ 갑판 위에 있는 선외로 통하는 배수구의 폐쇄
④ 연료유 저장탱크와 관련된 밸브 및 배관의 점검

**해설**
연료유를 수급할 때는 연료유 저장탱크의 잔량을 확인하고 연료유 저장탱크와 관련된 밸브 및 배관을 점검해야 한다. 또한 연료 수급 시 발생할 수 있는 기름 유출 사고를 대비해 갑판 위에 있는 배수구를 폐쇄해야 한다.

**10** 화물선의 기관구역에서 형식승인을 받은 소각기가 없을 경우 발생한 슬러지의 처리 방법은?

① 기름여과장치를 거쳐서 처리한다.
② 기관장이 승인하면 바다에 조금씩 배출한다.
③ 드럼으로 만든 임시 소각기로 소각한다.
④ 육상 폐유처리시설에 양륙하여 처리한다.

**해설**
폐유(슬러지)는 선박에 보관하여 육상 폐유처리시설에 양륙하는 것이 가장 일반적인 방법이다. 항해가 길어지거나 기타 상황이 발생하여 선박의 폐유 보관 탱크의 용량이 부족할 경우 승인을 받은 소각기가 설치되어 있는 선박에서는 폐유를 소각하기도 한다. 폐유는 절대적으로 해양배출을 금지하고 승인받지 않은 형태의 소각은 금지하고 있다.

**11** 해양환경관리법상 유조선이 아닌 선박으로서 총톤수 50톤 이상 100톤 미만일 때 선내에 비치하여야 할 폐유저장용기의 용량은 몇 [L]인가?

① 20[L]　　　　② 60[L]
③ 100[L]　　　　④ 200[L]

**해설**
선박에서의 오염방지에 관한 규칙 [별표 7]
기관구역용 폐유저장용기의 용량은 다음 표와 같으며 폐유저장용기는 견고한 금속성 재질 또는 플라스틱 재질로서 폐유가 새지 않도록 제작되어야 하고, 해당 용기의 표면에는 선명 및 선박번호를 기재하고 그 내용물이 폐유임을 표시하여야 한다.

| 대상선박 | 저장용량(단위 [L]) |
|---|---|
| 총톤수 5톤 이상 10톤 미만의 선박 | 20 |
| 총톤수 10톤 이상 30톤 미만의 선박 | 60 |
| 총톤수 30톤 이상 50톤 미만의 선박 | 100 |
| 총톤수 50톤 이상 100톤 미만의 유조선이 아닌 선박 | 200 |

**12** 환자에게 얼음주머니를 사용할 경우의 주의사항이 아 닌 것은?

① 직접 피부에 닿지 않도록 한다.
② 무거운 감을 느끼지 않도록 한다.
③ 얼음을 모가 나지 않게 하여 넣는다.
④ 주머니에 공기를 많이 넣어 부드럽게 한다.

해설
얼음주머니를 만들 때는 얼음주머니 안의 공기를 빼주어야 한다.

**13** 선박에서의 응급처치 내용으로 틀린 것은?

① 부상자의 체온을 유지하도록 한다.
② 맥박이 뛰고 있는지 확인한다.
③ 골절된 뼈를 잘 맞춘다.
④ 환자를 위로하여 준다.

해설
골절된 부위의 응급처치 방법으로 골절 부위를 원 상태로 돌려놓기 위한 시도는 하지 않아야 한다. 골절 사고가 발생할 때, 간혹 골절 부위를 원래대로 돌려놓으려고 무리한 시도를 하는 경우 골절이 일어난 부위 주변 근육 및 혈관, 신경 손상을 유발할 수 있으므로 삼가한다.

**14** 구명정 훈련을 할 때 주의사항이 아닌 것은?

① 강하하는 구명정에 타고 있는 선원은 구명정이 선측에 부딪히지 않도록 손으로 선측을 밀어낸다.
② 구명정 대빗 설비가 작동중일 때는 선원들은 가능한 한 작동부로부터 떨어져 있어야 한다.
③ 항구 내에서 훈련을 실시할 경우에는 가능한 한 많은 수의 구명정을 진수시켜야 한다.
④ 반드시 구명동의를 착용해야 한다.

해설
구명정 훈련 시 강하하는 구명정에 타고 있는 선원은 자리에 안전 벨트를 하고 있어야 한다. 구명정이 부딪히는 것을 방지하기 위해 갑판에서 구명정의 전후부에서 페인터 줄을 단단히 잡고 있다.

**15** 정박 중인 선박의 기관실 침수사고의 예방을 위해 주의 가 필요한 작업은?

① 갑판 위에 설치된 밸브를 분해하는 경우
② 해수 윤활식 선미관 내의 패킹을 교환하는 경우
③ 발전기 디젤기관의 실린더 커버를 개방하는 경우
④ 보일러에서 밸브를 조작하여 선외 방출을 시키는 경우

해설
선체 외부와 해수가 인접해 있는 선외밸브, 시 체스트, 선미관, 해수 파이프 등의 작업은 침수사고를 일으킬 수 있으므로 주의를 해야 한다. 특히 해수 윤활식 선미관 패킹 교환작업은 특별한 상황이 아니면 입거 해서 작업해야하나 입거수리가 불가한 경우 정박 중 선박의 트림을 조정하여 해수가 침입하지 않은 상황에서 작업할 수도 있다.

**16** 황천항해에 대비하여 기관실에서 준비해야 할 사항이 아닌 것은?

① 중량물의 이동이나 낙하가 일어나지 않도록 고정 시킨다.
② 빌지 펌프 등 배수장치의 이상 유무를 확인한다.
③ 기관실 바닥에 미끄럼 방지 매트를 깔아둔다.
④ 주기관의 한 실린더를 감통운전하여 회전수를 낮 춘다.

해설
감통운전이란 기관의 여러 기통 중 문제가 발생한 한 개 또는 그 이상의 실린더에서 연소를 시키지 않고 운전하는 것이다. 즉, 문제가 발생한 기통에서는 폭발이 일어나지 않고 나머지 기통으로만 기관을 운전하는 것이다. 이러한 감통운전은 기관에 문제가 발생했을 때 기관의 수리가 불가능하거나 긴급 상황이여서 계속 운전이 필요할 때 시행하는 방법이 다. 황천 항해 시에 주기관의 회전수를 낮추어서 운전하는 것은 맞으나 감통운전을 시행하지는 않는다.

**17** 기관실 내의 미닫이형 동력 수밀문의 조작이 불가능한 곳은?

① 수밀문의 안쪽
② 수밀문의 바깥쪽
③ 갑판상
④ 기관장실

해설
수밀문이나 수밀 격벽은 침수 발생 부위의 응급조치가 시행되지 않았을 경우 그 구획만 침수되도록 하여 침수구역을 최소화하는 설비이다. 동력 수밀문을 조작할 수 있는 곳은 수밀문의 안쪽과 바깥쪽 출입구에 설치하여 현장에서 조정할 수 있도록 되어 있고, 갑판상에서 수밀문의 개폐를 알 수 있는 지시장치와 더불어 문을 개폐할 수 있는 조작장치가 있다. 선교에 설치되는 경우가 대부분이다.

**18** 열 작업에 의한 화재 예방 시 주의사항에 해당하지 않는 것은?

① 작업자는 항상 방화복을 착용하고 작업할 것
② 작업장 부근에는 가연성 물질을 두지 말 것
③ 작업지역은 통풍이 잘되도록 할 것
④ 적당한 휴대식 소화기를 준비할 것

해설
방화복은 화재가 발생했을 때 화재구역의 침투나 접근용으로 사용한다.

**19** 다음 소화기 중 전기 화재의 소화에 가장 알맞은 것은?

① 분말 소화기
② 포말 소화기
③ CO₂ 소화기
④ 수 소화 장치

해설
이산화탄소 소화기(CO₂ 소화기)는 피연소 물질에 산소 공급을 차단하는 질식효과와 열을 빼앗는 냉각효과로 소화시키는 것으로 C급 화재(전기 화재)에 효과적이다.

**20** 선박용으로 사용되는 화재탐지장치가 아닌 것은?

① 광전식
② 차동식
③ 이온화식
④ 인터폰식

해설
선박에서 사용하는 탐지기에는 열 탐지기와 연기 탐지기가 있다. 열 탐지기에는 정온식, 차동식, 보상식이 있고 연기 탐지기에는 이온화식과 광전식이 있다.

**21** 다음 중 선박 화재 예방을 위한 주의사항에 해당되는 것은?

① 취사 작업 중에는 자리를 이탈해도 된다.
② 흡연은 선내 어디서라도 할 수 있다.
③ 페인트나 유류 등을 거주 구역에 두어서는 안 된다.
④ 갑판에서 조리용 기구를 사용할 수 있다.

해설
페인트나 유류 등 화재 위험성이 있는 물질은 환풍시설과 소화시설이 되어 있는 별도의 장소에 보관해야 한다. 일반적으로 선박에서는 페인트 창고를 별도로 두어 보관한다.

**22** 선원법상 선원에게 실업수당이 지급되지 않는 경우는?

① 선박소유자가 특별한 사유 없이 선원근로계약을 해지한 경우
② 선원이 개인적인 사유로 사직서를 제출한 경우
③ 선원근로계약서상의 근로조건이 사실과 달라서 선원이 선원근로계약을 해지한 경우
④ 선박소유자가 부득이한 사유로 사업을 계속할 수 없어 선원근로계약을 해지한 경우

해설
**선원법 제37조(실업수당)**
실업수당은 선원의 개인적인 사유로 사직서를 제출한 경우에는 받을 수 없다.

**23** 선박 항행의 안전을 도모함을 목적으로 선박에 승무할 자의 자격을 규정한 법은?

① 선원법
② 선박직원법
③ 선박안전법
④ 해양환경관리법

해설
선박직원법 제1조(목적)
선박직원법은 선박직원으로서 선박에 승무할 사람의 자격을 정함으로써 선박 항행의 안전을 도모함을 목적으로 한다.

**24** 선박안전법상 선박의 항행구역으로 볼 수 없는 것은?

① 항만구역
② 평수구역
③ 연해구역
④ 원양구역

해설
선박안전법 시행규칙 제15조(항해구역의 종류)
선박의 항해구역은 평수구역, 연해구역, 근해구역, 원양구역으로 나뉜다.
• 평수구역 : 호소·하천 및 항내의 수역과 18개의 특정 수역을 말한다.
• 연해구역 : 영해기점으로부터 20해리 이내의 수역과 해양수산부령으로 정하는 5개의 특정 수역을 말한다.
• 근해구역 : 동쪽은 동경 175°, 서쪽은 동경 94°, 남쪽은 남위 11° 및 북쪽은 북위 63°의 선으로 둘러싸인 수역을 말한다.
• 원양구역 : 모든 수역을 말한다.

**25** 해양환경관리법의 제정 목적에 해당하지 않는 것은?

① 해양오염물질을 발생시키는 발생원 관리
② 해양오염물질의 배출 규제
③ 국민의 건강과 재산보호
④ 선원의 자질 향상

해설
선원의 자질 향상은 선원법과 관련이 있다.
해양환경관리법 제1조(목적)
이 법은 선박, 해양시설, 해양공간 등 해양오염물질을 발생시키는 발생원을 관리하고, 기름 및 유해액체물질 등 해양오염물질의 배출을 규제하는 등 해양오염을 예방, 개선, 대응, 복원하는 데 필요한 사항을 정함으로써 국민의 건강과 재산을 보호하는 데 이바지함을 목적으로 한다.
※ 해양사고의 조사 및 심판에 관한 법률 : 해양사고에 대한 조사 및 심판을 통하여 해양사고의 원인을 밝힘으로써 해양안전의 확보에 이바지함을 목적으로 한다.

## 제1과목 기관 1

**01** 디젤기관에서 RPM이 나타내는 것은?

① 크랭크축이 1초동안 회전하는 수
② 크랭크축이 1분동안 회전하는 수
③ 피스톤이 1초동안 움직이는 거리
④ 피스톤이 1분동안 움직이는 거리

해설
RPM(분당 회전수, Revolution Per Minute)은 크랭크축이 1분 동안 회전하는 수이다.

**02** 디젤기관의 경우 4행정 사이클 4기통의 착화는 크랭크 각도 몇 도마다 발생하는가?

① 90°
② 120°
③ 180°
④ 360°

해설
4행정 사이클 4실린더 기관의 폭발간격은 180°이고 1회전(360°)일 때 2개의 실린더가 폭발하게 된다.

• 4행정 사이클 기관의 폭발간격 $= \dfrac{720°}{실린더수}$ (4행정 사이클은 1사이클에 크랭크축이 2회전하므로 720° 회전한다)

• 2행정 사이클 기관의 폭발간격 $= \dfrac{360°}{실린더수}$ (2행정 사이클은 1사이클에 크랭크축이 1회전하므로 360° 회전한다)

**03** 운전 중인 디젤기관의 출력 판단 시 가장 정확한 방법은?

① 지압도를 찍어 출력을 계산하는 방법이다.
② 배기온도의 측정으로 판단한다.
③ 회전수의 낮고 높음으로 판단한다.
④ 테스트콕을 열어 폭발음의 높고 낮음으로 판단한다.

해설
P–V선도(압력–부피 선도)는 피스톤 행정에 대한 연소실 내의 압력변화를 세로축에 압력(P), 가로축에 부피(V)를 나타낸 선도로 일반적으로 지압도라 부른다. 선도의 면적은 실린더 내의 일의 양을 나타내고 면적을 측정하여 평균유효압력을 구하여 지시마력(도시마력)을 산출한다.
※ 지시마력(IHP) : 도시마력이라고도 하며 실린더 내의 연소압력이 피스톤에 실제로 작용하는 동력을 나타낸 것이다.

**04** 다음 중 디젤기관의 운전 시 왕복운동을 하는 것은?

① 크랭크축        ② 플라이휠
③ 피스톤          ④ 평형추

해설
크랭크축, 플라이휠, 크랭크축에 설치되는 평형추 등은 기관의 회전 운동부에 속한다.

**05** 소형 디젤기관의 흡·배기밸브를 여는 장치는?

① 캠              ② 체 인
③ 벨 트           ④ 수 압

해설
기관의 흡·배기 밸브를 열고 닫는 장치를 밸브 구동장치라 한다. 밸브의 구동은 캠에 의하여 작동되는데 소형 디젤기관에 주로 사용하는 4행정 사이클 기관에서는 흡기밸브와 배기밸브를 구동하기 위한 캠이 필요하고, 대형 디젤기관에 주로 사용하는 2행정 사이클 기관에서는 흡기밸브가 없으므로 배기 캠만 필요하다.

**06** 디젤기관의 연료분사 조건에 해당되지 않는 것은?

① 무 화      ② 분 산

③ 응 집      ④ 관 통

해설

연료분사 조건
• 무화 : 연료유의 입자가 안개처럼 극히 미세화되는 것으로 분사압력과 실린더 내의 공기 압력을 높게 하고 분사밸브 노즐의 지름을 작게 해야 한다.
• 관통 : 분사된 연료유가 압축된 공기 중을 뚫고 나가는 상태로 연료유 입자가 커야 하는데 관통과 무화는 조건이 반대가 되므로 두 조건을 적절하게 만족하도록 조정해야 한다.
• 분산 : 연료유가 분사되어 원뿔형으로 퍼지는 상태를 말한다.
• 분포 : 분사된 연료유가 공기와 균등하게 혼합된 상태를 말한다.

**07** 디젤기관에서 연료 분사량과 분사시기를 조정하는 것은?

① 연료유 청정장치

② 연료분사 펌프

③ 연료분사 밸브

④ 연료 가열기

해설

연료분사 펌프는 연료 조정랙을 움직이면 플런저가 움직여 연료량이 조정된다. 분사시기를 조정하는 방법으로는 대형 기관에 탑재되는 큰 용량의 경우 VIT(가변 분사시기 조정장치)를 각 실린더마다 설치하여 연료분사 펌프의 배럴을 상하로 움직여 분사시기를 조정하고, 소형 기관에 탑재되는 경우는 연료분사 펌프 롤러 가이드의 태핏 조정 볼트의 높이를 조정함으로써 플런저를 밀어주는 시기를 조절하여 분사시기를 조정한다.

**08** 디젤기관에서 시동공기 밸브가 열리는 시기를 나타낸 크랭크 각도는 몇 도인가?

① 상사점 전 7°

② 상사점 후 7°

③ 하사점 전 10°

④ 하사점 후 10°

해설

시동공기를 주입하는 시기는 피스톤이 상사점을 지나서 하강 행정에 있을 때이다. 만약 피스톤이 하사점에서 상사점으로 상승하는 시기에 시동공기를 넣어준다면 기관의 회전방향이 바뀌게 될 것이다. 시동공기 주입시기(시동공기 밸브가 열리는 시기)는 크랭크 각도가 상사점을 지난 후가 가장 적당한 시기이다.

**09** 역전장치 등에 이용되는 주유법으로 마찰면이 항상 기름 중에 잠겨 있는 방식은?

① 비산식      ② 적하식

③ 강압식      ④ 유욕식

해설

④ 유욕식 : 주위를 밀폐하고 베어링 등 주유 또는 급유할 부분 또는 전부를 기름 속에 담가 주유하는 방법으로 역전기 등에 사용된다.
① 비산식 : 크랭크케이스 내에서 크랭크가 회전함에 따라 유면을 쳐서 기름을 튀게 하여 각부를 윤활하는 것으로 소형 기관에 사용하는 방식이다.
② 적하식 : 윤활유를 간헐적으로 떨어뜨리는 방법으로 베어링 등에 사용된다.
③ 강압식(압력식) : 윤활유 펌프로 오일 팬 속에 있는 윤활유를 흡입하고 가압하여 각 윤활부에 보내는 강제급유방식으로 디젤기관에서 가장 많이 쓰이는 윤활유 주유방법이며 강제순환식이라고도 한다.

**10** 화이트메탈의 주성분이며 디젤기관의 크랭크핀 베어링 재료로 많이 쓰이는 것은?

① 스테인리스강

② 주석 또는 납

③ 탄소강

④ 구 리

해설

화이트메탈은 주석, 납, 아연, 알루미늄, 안티몬 등 저융점 금속을 주성분으로 하는 베어링 합금으로 색이 흰색이여서 화이트메탈이라고 부른다. 화이트메탈은 크랭크핀 베어링, 선미관 베어링 등의 재료로 쓰인다.

**11** 다음 그림에서 (1)과 (2)의 명칭이 올바르게 연결된 것은?

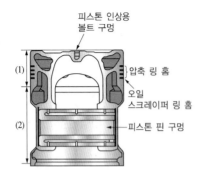

피스톤 인상용
볼트 구멍

(1)

압축 링 홈

오일
스크레이퍼 링 홈

(2)

피스톤 핀 구멍

① (1) 스커트, (2) 크라운
② (1) 크라운, (2) 스커트
③ (1) 크라운, (2) 크랭크핀
④ (1) 스커트, (2) 크로스헤드

**해설**
피스톤은 상부의 모양이 왕관을 닮았다고 해서 피스톤 크라운이라 하고, 하부는 치마의 모양을 닮았다고 하여 피스톤 스커트라 부른다.

**12** 다음 중 디젤기관에서 크랭크암 개폐작용을 일으키는 원인으로 틀린 것은?

① 기관의 과부하 운전
② 크랭크 축 중심의 부정
③ 스러스트 베어링의 조정 불량
④ 메인 베어링의 틈이 작을 때

**해설**
크랭크암의 개폐작용(크랭크암 디플렉션)은 크랭크축이 회전할 때 크랭크암 사이의 거리가 넓어지거나 좁아지는 현상이다. 그 원인은 다음의 사항이 있으며 주기적으로 디플렉션을 측정하여 원인을 해결해야 한다.
• 메인 베어링의 불균일한 마멸 및 조정 불량
• 스러스트 베어링(추력 베어링)의 마멸과 조정 불량
• 메인 베어링 및 크랭크 핀 베어링의 틈새가 클 경우
• 크랭크축 중심의 부정 및 과부하 운전(고속운전)
• 기관 베드의 변형

**13** 디젤 주기관의 터닝에 대한 설명으로 적절하지 않은 것은?

① 터닝기어가 플라이휠에 연결되어 있으면 기관이 시동되지 않는다.
② 출항 전 주기관 워밍 시 터닝을 하는 것이 바람직하다.
③ 터닝기어의 동력에는 전기모터가 많이 사용된다.
④ 대형기관에서는 손으로 터닝시킨다.

**해설**
기관을 운전속도보다 훨씬 낮은 속도로 서서히 회전시키는 것을 터닝(Turning)이라 하는데 소형의 기관에서는 플라이휠의 원주상에 뚫려 있는 구멍에 터닝 막대를 꽂아서 돌리고 대형의 기관에서는 플라이휠 외주에 전기모터로 기동되는 휠 기어를 설치하여 터닝기어를 연결하여 기관을 서서히 돌린다. 터닝은 기관을 조정하거나 검사, 수리, 시동 전 예열(워밍 또는 난기)할 때 실시한다. 터닝 시에 피스톤의 왕복운동부, 크랭크축의 회전상태 및 밸브의 작동상태 등도 확인한다. 터닝기어가 플라이휠에 연결되어 있을 때는 기관의 시동이 되지 않도록 하는 인터록장치가 되어 있다.

**14** 디젤기관의 플라이휠에 대한 설명으로 틀린 것은?

① 무거울수록 효과적이다.
② 폭을 넓게 하는 것보다 지름을 크게 하는 것이 효과적이다.
③ 고속기관보다 저속기관에서 더 무거운 플라이휠을 사용한다.
④ 실린더 수가 많은 기관일수록 더 무거운 플라이휠을 사용한다.

**해설**
플라이휠은 작동행정에서 발생하는 큰 회전력을 플라이휠 내에 운동에너지로 축적하고 회전력이 필요한 그 밖의 행정에서는 플라이휠의 관성력으로 회전하여 크랭크축의 회전력을 균일하게 하는 역할을 한다. 실린더수가 많은 기관일수록 회전력이 균일하므로 가벼운 플라이휠을 사용한다.

**15** 디젤기관에서 크랭크축의 손상 사고를 예방하는 방법으로 잘못된 것은?

① 위험회전수를 피해서 운전한다.

② 메인 베어링이 발열하지 않도록 한다.

③ 각 실린더의 출력을 균일하게 조정한다.

④ 노킹이 일어나도록 한다.

해설
디젤 노크(노킹)는 연소실에 분사된 연료가 착화지연 기간 중에 축적되어 일시에 연소되면서 급격한 압력상승이 발생하는 현상이다. 노크가 발생하면 커넥팅로드 및 크랭크축 전체에 비정상적인 충격이 가해져서 커넥팅로드의 휨이나 베어링의 손상을 일으킨다.

**16** 디젤기관이 갑자기 정지한 때의 원인으로 틀린 것은?

① 조속기에 이상이 있을 경우

② 과급기 필터가 오손된 경우

③ 윤활유의 압력이 현저히 낮아졌을 경우

④ 연료유 중에 다량의 수분이 혼입된 경우

해설
과급기는 연소에 필요한 공기를 대기압 이상의 압력으로 압축하여 밀도가 높은 공기를 실린더 내에 공급하는 장치로 기관의 출력을 증대시킨다. 외부의 공기가 들어오는 블로워측에 이물질이 들어가지 못하도록 필터를 설치하는데 오손되었다고 해서 기관이 긴급 정지하지는 않는다.

**17** 연관 보일러에서 연관 속으로 통과하는 것은?

① 연소가스

② 과열 증기

③ 증 기

④ 물

해설
보일러는 대표적으로 연관 보일러와 수관 보일러로 나뉜다. 쉽게 생각하면 연관 보일러는 연관 속으로 연소가스(열)가 통과하고 수관 보일러는 관 속으로 물이 통과하는 것을 말한다.

**18** 보일러에서 중유연소 시 공기량이 너무 많은 경우 연기의 색은?

① 흑 색

② 흰 색

③ 청 색

④ 회 색

해설
보일러 연소 시 공기량이 너무 많은 경우나 수분이 혼입된 경우 배기색은 흰색을 띠고, 연료공급량이 과다한 경우는 흑색을 띤다.

**19** 해수 윤활식 선미관에서 베어링의 역할을 하며 목재의 일종인 것은?

① 리그넘바이티

② 구 리

③ 주 철

④ 납

해설
리그넘바이티는 해수윤활방식 선미관 내에 있는 프로펠러축의 베어링 재료로 사용하는 특수 목재이다. 수지분을 포함하여 마모가 작고 수중 베어링재료로써 보다 우수한 성질을 가지고 있어 오래전부터 선미축 베어링재료로 사용되고 있다.

**20** 선미관의 글랜드 패킹으로 많이 쓰이는 것은?

① 그리스 패킹

② 고무 패킹

③ 구리 패킹

④ 석면 패킹

해설
선미관의 밀봉장치(Stern Tube Seal)의 종류 중 글랜드 패킹은 해수 윤활식 선미관 밀봉장치로 많이 쓰이는데 기관실 측은 그리스 또는 그리스와 흑연을 먹인 목면을 촘촘히 네모의 단면으로 짠 패킹을 삽입하여 해수가 선내로 침입하는 것을 막고 바깥쪽에 패킹 글랜드를 끼우고 볼트로 죄어 스터핑 박스를 만든다. 그리고 운전 중에 그리스 주입구로부터 그리스를 주입하여 패킹의 열화와 프로펠러축의 마모를 방지한다.

**21** 1해리당 연료소비량이 가장 적은 경우 배의 속력은?

① 안전속력

② 정격속력

③ 평균속력

④ 경제속력

해설

④ 경제속력 : 속력은 일정한 항해에 필요한 항해 시간에 시간당 연료 소비량의 곱으로써 결정된다. 항해 속력이 빠를 때 항해 일수가 확연히 단축되지 않아 연료의 소비량은 많아지고, 속력이 너무 느려도 항해 일수가 길어지면 연료의 소비는 그만큼 많아지게 된다. 그러므로 여러 가지 조건에서 선박의 운항 채산성을 가장 높일 수 있는 속력을 경제속력이라고 한다. 간단히 1해리당 연료소비량이 가장 적은 배의 속력이라 할 수 있다.

① 안전속력 : 충돌을 효과적으로 피할 수 있고 당시 해상상태에서 적절하게 정지할 수 있는 속력이다.

② 정격속력 : 연속적으로 신뢰성이 있는 상태를 유지할 수 있는 허용최 대치의 속력이다.

**22** 선박용 추진기의 종류 중 가장 많이 사용되는 것은?

① 제트추진기

② 외차추진기

③ 포이트 슈나이더추진기

④ 스크루추진기

해설

일반적으로 가장 많이 사용하는 것은 고정피치 프로펠러인 스크루 프로펠러이다.

**23** 가로 1[m], 세로 1[m], 높이 1[m]인 탱크의 용적은?

① 1[L]

② 10[L]

③ 100[L]

④ 1,000[L]

해설

1[L]는 가로, 세로, 높이가 각각 10[cm]인 용적을 1[L]라 한다. 즉 1,000[cm³]는 1[L]와 같다. 1[m] = 100[cm]이므로 가로, 세로, 높이가 1[m]의 탱크 용적은 1,000,000[cm³] = 1,000[L]이다.

**24** 윤활유의 변질현상을 나타낸 것으로 틀린 것은?

① 산성화된다.

② 점도가 높아진다.

③ 탄화분이 증가한다.

④ 색상이 연해진다.

해설

윤활유는 사용함에 따라 점차 변질되어 성능이 떨어지는데 이것을 윤활유의 열화라고 한다. 열화의 가장 큰 원인은 공기 중의 산소에 의한 산화작용이다. 고온에 접촉되거나 물이나 금속가루 및 연소생성물 등이 혼입되는 경우에는 열화가 더욱 촉진된다. 그리고 윤활유가 고온에 접하면 그 성분이 열분해되어 탄화물이 생기고 점도가 높아지게 된다. 탄화물은 실린더의 마멸과 밸브나 피스톤 링의 고착원인이 된다.

**25** 다음 유류 중 응고점이 가장 낮은 것은?

① 스핀들유

② 터빈유

③ 기어유

④ 냉동유

해설

냉동기의 압축기를 윤활하는 냉동기유는 차가운 냉매와 접촉할 수 있으므로 응고점이 낮고 저온 유동성이 좋아야 한다.

---

제**2**과목  **기관 2**

**01** 원심펌프 기동 전에 케이싱 내에 물을 채워 넣기 위한 것이 아닌 것은?

① 풋밸브

② 호수장치

③ 공기빼기 콕

④ 안전밸브

해설

원심펌프를 운전할 때에 케이싱 내에 공기가 차 있으면 흡입을 원활히 할 수가 없다. 그래서 케이싱 내에 물을 채우고(마중물이라고 한다) 시동을 해야 한다. 마중물을 채우는 것을 호수(프라이밍)라고 한다. 풋밸브는 펌프가 작동중 물을 흡입할 때에는 열리고, 운전이 정지될 때 역류하는 것을 방지하여 케이싱 내의 물이 흡입측 아래로 내려가는 것을 막는 역할을 한다. 공기빼기 콕(벤트 콕)은 마중물을 채울 때 열어서 공기를 빼고 물이 잘 채워지도록 하는 역할을 한다.

## 02 왕복펌프에 비해서 원심펌프의 장점에 해당되는 것은?

① 공기실을 설치하면 고압으로 송수할 수 있다.
② 적은 유량을 고압으로 송수할 수 있다.
③ 많은 유량을 일정하게 송수할 수 있다.
④ 흡입 성능이 양호하다.

**해설**
대용량의 펌프로 적합한 것은 원심펌프이다.

## 03 2단 왕복식 공기압축기일 때 중간 냉각기를 설치하는 곳은?

① 저압실린더와 고압실린더 사이
② 고압측 밸브와 공기탱크 사이
③ 고압실린더 후
④ 저압실린더 전

**해설**
2단 왕복식 공기압축기는 1단의 저압실린더에서 압축한 공기를 중간 냉각기를 거쳐 냉각을 시킨 후 2단의 고압실린더로 보내어 압축을 한다. 중간냉각기를 설치하면 공기를 냉각시켜 공기의 밀도가 높아져 고압으로 압축시키는 효율이 높아진다.

## 04 다음의 유 · 공압장치를 설명하는 법칙은?

> 밀폐된 용기 안에 정지하고 있는 유체의 일부에 압력을 가하면 유체의 각 부에 같은 크기로 압력이 전달된다.

① 파스칼의 원리
② 만유인력의 법칙
③ 키르히호프의 법칙
④ 플레밍의 왼손법칙

**해설**
파스칼의 원리는 밀폐된 용기 내에 정지해 있는 유체의 어느 한 부분에서 생기는 압력의 변화가 유체의 다른 부분과 용기의 벽면에 손실 없이 전달된다는 원리이다. 선박에서 사용하는 유압 및 공압장치는 이 원리를 이용한 것이다.

## 05 선박에서 주해수 밸브를 열 때의 방법으로 가장 좋은 것은?

① 1/2만 열어 둔다.
② 1/3만 열어 둔다.
③ 완전히 연 후 약간 죄어 둔다.
④ 1/4만 열어 둔다.

**해설**
선박에서 주해수 밸브뿐만 아니라 대부분의 글로브 밸브들은 완전히 연 후 약간 죄어 두어야 한다. 만약 밸브가 끝까지 열려있을 경우 긴급 상황에서 이를 인지하지 못하고 계속 여는 방향으로 힘을 주어 밸브가 손상되는 경우를 방지하고 밸브 스핀들의 고착을 방지하는 역할을 한다.

## 06 다음 중 독립 빌지관 계통이 설치되는 곳은?

① 선미부 선창
② 선수부 선창
③ 샤프트 터널
④ 기관실

**해설**
독립 빌지관 및 비상 빌지관은 빌지펌프 및 최대 용량의 해수펌프가 있는 기관실에 설치되어 있다.

## 07 기관실 해수 계통에 아연판을 부착하는 이유로 옳은 것은?

① 부식을 방지한다.
② 피로강도를 증가시킨다.
③ 선체 진동을 감소시킨다.
④ 해수관 재료의 경도를 높인다.

**해설**
철 대신에 먼저 부식이 될 아연을 달아서 해수 계통의 파이프나 외판을 보호하려는 것이다. 이를 희생 양극법이라고 하는데 철보다 이온화 경향이 높은 아연판을 부착하여 아연이 먼저 부식되게 하여 해수 계통의 파이프나 외판의 부식을 방지한다.

**08** 원심펌프에서 스터핑 박스의 중앙에 설치되는 부품으로 축이 케이싱을 통과하는 부분의 기밀을 더 완전하게 하기 위한 것은?

① 마우스 링
② 랜턴 링
③ 시트 링
④ 스냅 링

해설
랜턴 링 : 축봉장치의 패킹상자에서 패킹 사이에 넣어주는 링으로, 내부와 외부 측면에 홈을 만들어서 주액구와 연결하고 주액으로 축봉부분을 냉각, 윤활 및 기밀작용을 한다. 즉, 펌프의 송출측과 튜브로 연결되어 압력수를 공급받아 냉각, 윤활, 기밀작용을 돕는 것이다. 홈 링이라고도 한다.

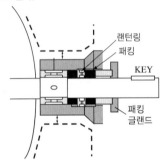

**09** 항해 중 디젤기관이 설치된 선박의 침관식 조수장치에서 급수 가열을 하는 것은?

① 주기관 냉각수
② 연료유 히터
③ 보일러 버너
④ 전기히터

해설
선박에서 많이 사용하는 저압 증발식 조수장치는 디젤기관을 냉각하고 나오는 냉각수(약 90[℃] 내외)를 이용하여 해수를 증발하는 장치이다. 즉 주기관을 냉각시키고 나온 고온의 냉각수로 조수장치의 급수를 가열하는 것이다. 이때 물은 100[℃] 이상에서 증발하게 되는데 주기관을 냉각하고 나오는 냉각수(약 90[℃] 내외)를 이용해야 하므로 증발기 내를 이젝터를 이용하여 저압으로 만들어서 낮은 온도에서도 증발하게 한다. 이때 진공압력은 약 700[mmHg]이다.

**10** 실제로 물을 흡입할 수 있는 펌프의 최대 높이는?

① 1~3[m]
② 6~7[m]
③ 10~12[m]
④ 15~16[m]

해설
대기압(1.033[kgf/cm²])이 작용하는 위치에 설치된 펌프의 흡입 측 압력이 완전 진공일 때 최대 흡입수두는 10.33[m]이나, 실제 흡입 가능한 수두는 손실을 고려하여 약 6~7[m] 정도이다.

**11** 래깅(Lagging)은 무엇인가?

① 걸 레
② 단열재
③ 드레인
④ 신축조인트

해설
선박에서 래깅은 단열재로 쓰이는데 주로 증기 파이프라인이나 연료유 파이프라인을 감싸서 열이 식지 않도록 보온하는 역할을 한다.

**12** 기어펌프의 운전 시 주의사항이 아닌 것은?

① 송출밸브를 닫은 상태에서 기동할 것
② 흡입밸브, 송출밸브가 누설 않도록 할 것
③ 운전 중 압력계의 지시값에 유의할 것
④ 기어축의 베어링 마모에 주의할 것

해설
기어펌프는 케이싱 속에 두 개의 기어가 맞물려 회전하면서 기름을 흡입측에서 송출측으로 밀어내는 펌프이다. 이 펌프는 점도가 높은 유체의 이송에 적합한데 압력을 고압으로 올릴 수가 있어 기동할 때 송출측 밸브는 반드시 열어 놓고 기동해야 한다. 송출측 밸브를 닫고 기동 시 유체의 압력 때문에 밸브나 펌프의 고장을 일으킬 수 있다.

**13** 원심펌프에서 유체에 회전운동을 발생시키는 부분은?

① 공기실
② 임펠러
③ 인젝터
④ 랜턴 링

해설
원심펌프에서 유체에 회전운동을 발생시키는 부분은 임펠러(회전차)이다.

**14** 원심펌프의 흡입관 입구에 설치되는 풋 밸브의 종류는?

① 볼밸브        ② 집합밸브

③ 원뿔 밸브     ④ 플랩밸브

해설

풋밸브는 원심펌프가 시동할 때 흡입관 속을 만수상태로 만들기 위하여 설치한다. 원심펌프의 흡입측 파이프 입구에 설치하여 이물질의 흡입을 방지하고, 펌프 정지 시 물이 역류하는 것을 방지해주는 일종의 체크밸브 역할을 하는데 다음의 그림과 같이 플랩밸브의 한 종류이다.

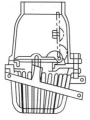

[풋밸브의 예]        [플랩밸브의 예]

**15** 유압장치에서 릴리프밸브가 작동하는 경우는?

① 유압이 감소할 때

② 유압이 설정압력 이상으로 도달하였을 때

③ 바이패스 밸브를 작동시킬 때

④ 전동기에 과전류가 흐를 때

해설

릴리프 밸브는 유압장치의 과도한 압력 상승으로 인한 손상을 방지하기 위한 장치이다. 유압이 설정압력 이상으로 상승하였을 때 밸브가 작동하여 유압을 흡입측으로 돌리거나 유압탱크로 다시 돌려보내는 역할을 한다.

**16** 다음 중 전동유압식 조타장치에서 많이 쓰이는 것은?

① 스크루 펌프     ② 기어 펌프

③ 터빈 펌프       ④ 가변 용량형 펌프

해설

대부분의 선박에서는 전동 유압식 조타장치를 사용하는데 전동 유압식 원동기는 전동기로 가변 용량 펌프를 구동하고, 그 유압으로 유압 실린더를 구동시켜 타에 회전력을 주는 방식이다.

**17** 다음 장치 중 닻을 감아올리는 것은?

① 앵 커

② 캡스턴

③ 양묘기

④ 사이드 스러스터

해설

양묘기(윈들러스, Windlass)는 앵커를 감아올리거나 내릴 때 또는 선박을 부두에 접안시킬 때 계선줄을 감는 설비이다.

**18** 기름여과장치의 운전요령이 아닌 것은?

① 운전 중 압력계를 확인한다.

② 기동과 동시에 빌지밸브를 열어 운전한다.

③ 입구밸브, 선외밸브 등 관련 밸브의 개폐를 확인한다.

④ 운전 중 콕을 열어 유분 분리상태를 확인한다.

해설

기름여과장치(유수분리장치, 빌지분리장치)의 종류마다 약간의 차이는 있으나 운전 초기 빌지를 통과시키기 전에 해수나 청수를 장치 내에 보충하여 운전을 한 후 정상 작동되면 빌지탱크의 밸브를 열어 빌지를 여과시켜 선외 배출을 한다.

**19** 다음 중 분뇨의 멸균처리에 사용되는 것은?

① 황 산

② 초 산

③ 정제염소

④ 가성소다

해설

침전탱크에서 얻어진 맑은 물은 연소 용해기 내의 정제염소를 용해하면서 멸균탱크로 유입된다.

※ 생물 화학적 분뇨처리 장치는 폭기실(공기 용해 탱크), 침전실, 멸균실로 구성되어 있다. 폭기탱크에서 호기성 미생물의 번식이 활발해져 오물을 분해시키고, 침전탱크에서 활성 슬러지는 바닥에 침전되며 상부의 맑은 물은 멸균탱크로 이동하고, 멸균실에서는 살균이 이루어진 후 선외로 배출된다.

**20** 기관실의 폐유를 처리하는 방법으로 틀린 것은?

① 육상으로 양륙처리한다.

② 폐유저장 탱크에 모은다.

③ 폐유소각기로 소각한다.

④ 기름여과장치로 처리한다.

해설

폐유(슬러지)는 선박에 보관하여 육상 폐유처리시설에 양륙하는 것이 가장 일반적인 방법이다. 항해가 길어지거나 기타 상황이 발생하여 선박의 폐유 보관 탱크의 용량이 부족할 경우 승인을 받은 소각기가 설치되어 있는 선박에서는 폐유를 소각하기도 한다. 폐유는 절대적으로 해양배출을 금지하고 승인받지 않은 형태의 소각은 금지하고 있다.
※ 기름여과장치로 선외 배출하는 것은 선저폐수(빌지)이다.

**21** 다음 중 냉동기의 냉매를 보충해야 할 때는?

① 운전 중 수액기 액면이 가득 차 있을 때

② 운전 중 수액기 액면이 2/3 정도일 때

③ 운전 중 수액기 액면이 1/2 정도일 때

④ 운전 중 수액기 액면이 1/3 정도일 때

해설

냉동기의 냉매 적정량은 냉동기가 운전 중 수액기의 액면계 레벨이 1/2 ~ 2/3 사이에 있으면 적정하다. 운전 중 수액기의 액면이 1/3 정도 이하로 낮아질 경우에는 보충을 해야 한다.

**22** 다음 기기 중 냉동장치의 압축기 내로 흡입되는 기체냉매에 혼입되어 있는 액체냉매를 분리하여 증발기로 돌려보내는 것은?

① 응축기

② 유분리기

③ 증발기

④ 액분리기

해설

증발기에서 완전히 증발하지 않은 액체와 기체의 혼합냉매가 압축기로 흡입되면 액 해머(Liquid Hammer)작용으로 실린더헤드가 파손되거나 냉동장치의 효율이 저하될 수 있다. 이를 방지하기 위해 압축기 흡입관 측에 액분리기를 설치하여 액냉매는 증발기 입구로 되돌려보낸다.

**23** 가스압축식 냉동기에서 감온팽창밸브의 감온통이 부착되는 곳은?

① 팽창밸브 입구

② 압축기 출구

③ 증발기 입구

④ 증발기 출구

해설

가스압축식 냉동장치에서 팽창밸브의 종류에는 수동식, 정압식, 온도식, 전자식, 모세관식 팽창밸브 등이 있다. 그 중 온도식 팽창밸브는 증발기 출구에서 나온 냉매 가스의 온도변화를 감온통으로 감지하여 증발기로 들어가는 냉매량을 조절한다.
• 수동식 팽창밸브 : 니들밸브를 수동으로 조절하여 냉매의 유량을 조절한다.
• 정압식 팽창밸브 : 증발기 내에서 증발압력을 일정하게 유지시켜 증발온도를 일정하게 유지하는 방식으로 증발기 내 압력으로 밸브가 작동된다.
• 온도식 팽창밸브 : 증발기 출구에서 나온 냉매 가스의 온도변화를 감온통으로 감지하여 증발기로 들어가는 냉매량을 조절한다.
• 전자식 팽창밸브 : 증발기 입구 냉각관 벽과 증발기 출구 냉각관 벽에 각각 설치된 온도센서의 검출 온도차에 의해 증발기 출구 냉매 가스의 과열도를 측정하여 이 신호에 따라 밸브를 개폐하며 증발기에 유입하는 냉매 유량을 피드백 제어한다.
• 모세관식 팽창밸브 : 안지름 0.6~2[mm]이고 길이 2~4[m] 정도의 가늘고 긴 관 속으로 냉매가 흐를 때 압력 손실에 의해 냉매온도를 증발온도까지 낮춘다.

**24** 다음 보기의 ( ) 안에 알맞은 것은?

> 핼라이드 토치(Halide Torch) 검지기에 사용되는 액체는 ( a )이며, 프레온 누설 시 불꽃 반응색은 ( b )이다.

① a : 휘발유, b : 청색

② a : 프로판, b : 녹색

③ a : 경유, b : 청색

④ a : 알코올, b : 황색

해설

핼라이드 토치는 연료로 알코올이나 프로판 등을 사용한다. 핼라이드 토치는 폭발의 위험이 없을 때에만 사용해야 한다. 불꽃은 정상이면 청색, 소량 누설하면 녹색, 다량 누설 시에는 자색의 불꽃으로 변한다.

**25** 냉동장치에서 압축기의 역할에 대한 설명이 가장 적절한 것은?

① 냉매가스를 액화시키기 위한 것
② 냉동장치의 흡열작용을 돕기 위한 것
③ 저압의 냉매가스를 흡입·압축하여 압력을 높이는 것
④ 냉동장치의 효율을 좋게 하기 위한 것

해설
압축기는 증발기로부터 흡입한 저압의 기체 냉매를 압축하여 응축기에서 쉽게 액화할 수 있도록 압력을 높이는 역할을 한다.

---

### 제3과목 기관 3

**01** 두 대의 동기발전기를 병렬운전 시 일치할 필요가 없는 것은?

① 위 상          ② 용 량
③ 전 압          ④ 주파수

해설
병렬운전의 조건
• 병렬운전시키고자 하는 발전기의 주파수를 모선과 같게 한다(주파수와 주기는 반비례하므로 주파수를 맞추면 주기도 같아진다).
• 전압조정장치를 조정하여 모선과 전압을 같게 조정한다(기전력의 크기를 같게 한다).
• 동기 검정기의 바늘과 램프를 확인하여 위상이 같아질 때 병렬운전을 한다.
• 기타 사항으로 전압의 파형을 같게 해야 한다.
※ 전압, 위상, 주파수로 기억한다.

**02** 직류발전기에서 자속을 절단하여 기전력이 생기는 곳은?

① 계 자          ② 전기자
③ 브러시          ④ 정류자

해설
② 전기자 : 기전력을 발생시키는 부분으로 철심과 권선으로 구성된다.
① 계자 : 자속을 발생시키는 부분으로 영구자석 또는 전자석으로 사용된다. 대부분의 발전기는 철심과 권선으로 구성된 전자석이 사용된다.

③ 브러시 : 전기자 권선과 연결된 슬립링이나 정류자편과 마찰하면서 기전력을 발전기 밖으로 인출하는 부분이다.
④ 정류자 : 교류 기전력을 직류로 바꾸어 주는 부분이다.

---

**03** 전압, 저항 및 전류의 상호관계가 잘못된 것은?(단, 전압 : $V$, 전류 : $I$, 저항 : $R$)

① $R = V \cdot I$
② $I = V/R$
③ $V = I \cdot R$
④ $R = V/I$

해설
옴의 법칙 : $I = \dfrac{V}{R}[\text{A}]$, $V = I \times R[\text{V}]$, $R = \dfrac{V}{I}[\Omega]$

---

**04** 축전지에서 양극의 표시방법으로 틀린 것은?

① "+"로 표시
② P로 표시
③ 빨간색으로 표시
④ N으로 표시

해설
축전지에서 양극(+)은 P(Positive Electrode), 음극(-)은 N(Negative Electrode)로 표시한다. 또한 양극의 전선 단자는 붉은색, 음극의 단자는 흑색으로 표시한다.

---

**05** 다음 중 변압기의 원리는?

① 전자유도작용
② 정전유도작용
③ 전류의 발열작용
④ 전류의 화학작용

해설
변압기의 원리는 성층한 철심의 양측에 1차 코일과 2차 코일을 감아두고 1차 권선에 전류를 흘리면 철심을 통과하는 자속이 전류의 세기에 따라 전자유도작용에 의한 기전력으로 2차 권선에 발생하는 구조이다.

---

**06** 전선에 대한 설명이 적절한 것은?

① 선이 굵으면 더 큰 전류를 흘릴 수 있다.
② 선이 굵으면 전선의 저항이 더 커진다.
③ 선이 길어지면 전선의 저항이 더 작아진다.
④ 선이 길어지면 더 큰 전압을 걸 수 있다.

해설
• 전선에서 발생하는 저항은 전선의 굵기에 반비례하고 길이에 비례한다.

$$저항(R) \propto \frac{길이(l)}{단면적(A)}$$

• 저항이 커지고 작아짐에 따라 같은 전압을 흘려주는 전선에서 전류의 값은 달라진다. 옴의 법칙 $I = \frac{V}{R}$ 에서 볼 수 있듯이 저항이 작아지면 더 큰 전류가 흐르게 된다.

**07** 다음 중 전압의 단위를 나타내는 것은?

① 볼트[V]          ② 옴[Ω]
③ 패럿[F]          ④ 암페어[A]

해설
• 볼트[V] : 전압의 단위
• 옴[Ω] : 저항의 단위
• 패럿[F] : 정전용량의 단위
• 암페어[A] : 전류의 단위

**08** 전기회로의 접속점에서 전류가 유입, 유출되는 것을 나타낸 그림이다. 여기서 "$I_1$" 크기는 몇 [A]인가?

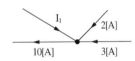

① 1[A]          ② 2[A]
③ 3[A]          ④ 5[A]

해설
키르히호프의 제1법칙(전류의 법칙)에서 회로의 접속점에 흘러 들어오는 전류의 합과 흘러 나가는 전류의 합은 같다.
그러므로 $I_1 + 2[A] + 3[A] = 10[A]$가 된다.

**09** 그림과 같이 연결되었을 때 합성저항값은 몇 [Ω]인가?

① 2[Ω]          ② 6[Ω]
③ 8[Ω]          ④ 10[Ω]

해설
저항의 직렬접속 합성저항의 계산은 $R = R_1 + R_2 + R_3 + \cdots$이다.
2개의 저항이 직렬로 연결되어 있으므로 합성저항 $R = 2 + 8 = 10[Ω]$이다.

**10** 다음 중 아날로그 멀티테스터로 측정 가능한 것은?

① 저항, 교류전기의 위상, 주파수
② 주파수, 교류전압, 교류전류
③ 주파수, 직류전압, 저항
④ 저항, 교류전압, 직류전압

해설
아날로그 멀티테스터로는 저항, 직류전압, 교류전압 및 직류전류는 측정가능하나 주파수, 교류전류 및 교류전기의 위상 등을 측정하는 기능은 없다.

**11** 다음 〈보기〉의 설명 중 옳은 것을 모두 고르면?

〈보기〉
a. 플레밍의 법칙은 축전지와 관련된 법칙이다.
b. 가는 구리선보다 굵은 구리선의 저항이 더 작다.
c. 코일에 전류를 흐르게 하면 자력이 발생한다.
d. 백열전구 표면에는 소비전력과 저항값이 표시된다.

① a, b          ② a, d
③ b, c          ④ c, d

**해설**

- 플레밍의 오른손법칙은 발전기, 플레밍의 왼손법칙은 전동기와 관련 있다.
- 전선에서 발생하는 저항은 전선의 굵기에 반비례하고 길이에 비례한다.

$$저항(R) \propto \frac{길이(l)}{단면적(A)}$$

- 코일에 전류를 흐르게 하면 자력이 발생한다.
- 백열전구의 표면에는 소비전력이 표시되어 있지만 저항값은 표시되어 있지 않다.

## 12 발전기를 병렬운전할 때 필요하지 않은 것은?

① 누전감시등
② 전압계
③ 동기검정등
④ 거버너 모터 스위치

**해설**

발전기를 병렬운전할 때 누전감시등은 필요하지 않다.

※ 일반적으로 선박의 공급 전압은 3상 전압으로 배전반에는 접지등(누전 표시등)이 설치된다. 테스트 버튼을 눌렀을 때 세 개의 등이 모두 같은 밝기이면 누전되는 곳이 없이 상태가 양호한 것이다. 만약 한 선이 누전되고 있다면 누전되고 있는 선의 접지등은 어두워지고 다른 등은 더 밝게 빛나게 된다.

## 13 3상 유도전동기의 직접 기동 시 기동전류가 정격전류보다 높은 정도는?

① 기동전류와 정격전류는 같다.
② 기동전류는 정격전류의 약 1~3배이다.
③ 기동전류는 정격전류의 약 5~8배이다.
④ 정격전류는 기동전류의 약 1~3배이다.

**해설**

3상 유도전동기 기동 시에는 기동전류가 정격전류보다 높다. 그래서 다음의 방법과 같이 기동전류를 줄이기 위한 기동방법들을 사용한다.

- 직접 기동법 : 전동기에 직접 전원 전압을 가하는 기동방법으로 기동 전류가 전 부하전류의 5~8배가 흐른다. 주로 5[kW] 이하의 소형 유도 전동기에 적용한다.
- 기동 보상기법 : 기동 보상기를 설치하여 기동기 단자 전압에 걸리는 전압을 정격전압의 50~80[%] 정도로 떨어뜨려 기동전류를 제한한다.
- 리액터 기동법 : 전동기 사이에 철심이 든 리액터를 직선으로 접속하여 기동 시 리액터의 유도 리액턴스 작용을 이용하여 전동기 단자에 가해지는 전압을 떨어뜨려 기동전류를 제한한다.

- Y-△ 기동법 : 기동 시 Y결선으로 접속하여 상전압을 선간전압의 $\frac{1}{\sqrt{3}}$ 로 낮춤으로써 기동전류를 $\frac{1}{3}$ 로 줄일 수 있다. 기동 후에는 △ 결선으로 변환하여 정상 운전한다.

## 14 선내에서 납축전지의 연결 시 가장 높은 전압을 얻을 수 있는 경우는?

① 납축전지를 병렬로 연결한다.
② 납축전지를 직렬로 연결한다.
③ 납축전지를 직 · 병렬로 혼합 연결한다.
④ 납축전지를 절반씩 직병렬로 연결한다.

**해설**

- 축전지의 직렬연결 : 전압은 각 축전지 전압의 합과 같고 용량(전류)은 하나의 용량과 같다.
- 축전지의 병렬연결 : 전압은 축전지 하나의 전압과 같고 용량(전류)은 각 축전지 용량의 합과 같다.
- 예 12[V] 축전지 3개의 직렬연결 → 36[V]
  12[V] 축전지 3개의 병렬연결 → 12[V]

## 15 선박용 동기발전기의 브러시가 접촉하는 것은?

① 계 자
② 전기자
③ 슬립 링
④ 정류자

**해설**

동기발전기에서 발생한 기전력은 슬립 링을 통하여 브러시를 지나 외부 회로에 연결되어 교류를 발생한다.

## 16 선박용 동기발전기에서 여자전류를 보내는 곳은?

① 고정자권선
② 전기자권선
③ 슬립 링
④ 계자권선

**해설**

여자기는 여자전류를 흘려주는 장치를 말하는데 여자전류란 자계를 발생시키기 위한 전류로 계자권선에 흐르는 전류이다. 자속은 권선에 흐르는 전류에 비례하여 발생하는데 이 권선에 공급되는 전류를 말한다. 만약 여자전류를 흘려주지 못하면 발전기에서 전기가 발생되지 않는다.

**17** 변압기의 명판에서 볼 수 없는 것은?

① 정격전류　　　　② 정격전압
③ 주파수　　　　　④ 정격극수

해설
변압기의 명판에는 정격용량, 주파수, 정격전류, 정격전압, 총중량 등이 표시되어 있다.

**18** 선박용 3상 동기발전기에 대한 설명이 틀린 것은?

① 기동 시 큰 전류가 흐른다.
② 운전속도가 일정하다.
③ 계자가 회전한다.
④ 여자전류는 직류전기이다.

해설
선박용 3상 동기발전기는 일정한 전압을 얻기 위해 정속도 운전을 하는 회전계자형의 발전기를 채택한다. 자계를 발생시키기 위해 계자 권선에 흘려주는 전류를 여자전류라 하는데 직류를 공급한다.

**19** 정격출력을 [kVA]로 표시하는 것은?

① 납축전지
② 3상 유도전동기
③ 3상 동기발전기
④ 발전기 디젤기관

해설
킬로볼트암페어[kVA] : 3상 동기발전기의 정격출력의 단위로 피상전력을 나타낸다. [VA]로 표시하기도 하는데 k는 1,000을 의미한다. 선박에서 사용하는 발전기의 출력이 1,000[VA]을 초과하여 일반적으로 [kVA]로 나타낸다.

**20** 납축전지의 충전법으로 선박에서 평상 시 사용하는 것은?

① 부동충전　　　　② 보통충전
③ 급속충전　　　　④ 균등충전

해설
선박에서 평상시에 축전지를 충전하는 방식은 부동충전을 사용하고 주기적(1~3개월)으로 한 번씩 균등충전을 하여 축전지의 수명을 길게 한다.
• 부동충전 : 축전지가 자기방전을 보충함과 동시에 사용 부하에 대한 전력 공급을 하는 방식. 이 방식은 정류기의 용량이 적어도 되고 항상 완전 충전 상태이며 축전지의 수명에 좋은 영향을 준다.
• 보통충전 : 필요할 때마다 표준 시간율로 충전을 하는 방식
• 급속충전 : 짧은 시간에 보통 충전전류의 2~3배의 전류로 충전하는 방식
• 균등충전 : 부동충전 방식을 사용할 때 1~3개월마다 1회 정도 정전압으로 충전하여 각 전해조의 용량을 균일화하기 위한 방식
• 보충충전 : 운송이나 보관 중에 자기방전으로 인한 전압강하가 발생할 때나 불완전 충전을 하였을 경우 필요한 방식. 장기간 보관 시 6개월에 1회 정도 보충충전을 한다.

**21** 3상 유도전동기 명판에서 동기속도를 알려고 할 때 확인하는 것은?

① 주파수와 극수
② 주파수와 역률
③ 극수와 정격전압
④ 주파수와 정격전류

해설
$$n = \frac{120f}{p}[\mathrm{rpm}]$$
여기서, $n$ : 동기 속도
　　　　$p$ : 자극의 수
　　　　$f$ : 주파수

**22** 납축전지의 올바른 취급방법이 아닌 것은?

① 전해액의 비중이 적당한지 비중계로 측정한다.
② 납축전지의 온도가 너무 높지 않은지 주의한다.
③ 충전전압이 너무 높거나 낮지 않은지 주의한다.
④ 전해액이 부족하면 황산을 보충한다.

해설
납축전지의 전해액은 황산과 증류수를 혼합한 것이다. 누설이 없이 전해액이 부족한 현상이 일어난 것은 증류수가 증발한 것이므로 증류수를 보충하여 준다.

**23** 납축전지가 충전되는 과정에서 나타나는 현상이 아닌 것은?

① 음극에서 수소가스가 발생한다.
② 양극에서 산소가스가 발생한다.
③ 전압이 상승한다.
④ 전해액의 비중이 내려간다.

해설
납축전지를 충전할 때는 충전이 진행됨에 따라 전압과 비중은 상승한다. 충전이 어느 정도 진행되면 양극에서는 산소가, 음극에서는 수소가 발생한다. 반면에 납축전지가 방전을 시작하면 전압과 전류는 강하되고 전해액의 비중도 시간이 지남에 따라 감소한다.

**24** 전기를 한 방향으로만 흐르도록 하는 체크밸브와 같은 소자는?

① 저 항
② 콘덴서
③ 다이오드
④ 제너 다이오드

해설
다이오드는 P–N접합으로 만들어진 것으로 전류는 P형(애노드, +)에서 N형(캐소드, –)의 한 방향으로만 통하는 소자이다. 교류를 직류로 바꾸는 정류작용 역할을 한다.

**25** 정류용으로 사용될 수 있는 반도체 소자로서 선박 동기 발전기의 여자기에 내장되어 있는 것은?

① 다이오드
② 콘덴서
③ 발광 다이오드
④ 저 항

해설
선박의 동기발전기의 계자권선에 직류의 여자전류를 흘려주는 여자기에는 교류를 직류로 바꾸어 주는(정류작용) 다이오드가 내장되어 있다.

제**4**과목 직무일반

**01** 당직 기관사에 관한 일반적인 주의사항이 아닌 것은?

① 주요 고장에 대한 대응법을 사전에 숙지하여 고장 발생 시 신속히 조치하도록 한다.
② 기관실 내에서 실시하고 있는 모든 작업 상황을 파악하고 있어야 한다.
③ 선교로부터의 주기관 관련 지시사항에 따른다.
④ 선교의 조명등이 고장난 경우 항해에 지장이 없도록 신속히 수리한다.

해설
당직 기관사란 기관 구역 및 기관 당직이 허용된 장소에서 기관의 운영 및 유지에 대해 책임을 지는 업무를 말한다. 원칙적으로 당직 기관사는 근무지를 이탈하여서는 안 된다. 특별한 사유로 이탈하고자 할 경우에는 기관장에게 보고해야 한다.

**02** 당직 기관사의 항해 당직근무 중 유의하여 관찰할 사항에 해당하지 않는 것은?

① 냉각해수의 압력과 온도
② 주기관의 운전 회전수
③ 주기관 윤활유의 순환량
④ 발전기의 배기온도

해설
당직 기관사는 항해 중 주기관의 윤활상태를 살펴야 한다. 윤활유 공급 압력 및 각부 베어링 온도에 유의해야하나 윤활유의 순환량까지 살피지는 않는다.

**03** 당직 기관사가 당직을 인계받기 전에 미리 확인할 사항이 아닌 것은?

① 기계의 작동과 관련한 기관장의 당직 지침 또는 지시사항
② 수행 중인 기관실 작업의 성격과 잠재적 위험사항
③ 경보가 발생된 리스트 및 조치사항과 전달사항
④ 선박의 속력과 흘수 상태

당직 기관사는 일반적으로 다음의 사항을 인수·인계한다. 선박의 속력이나 흘수 등 기본적으로 확인 가능한 사항까지 인수·인계하지는 않는다.
• 기계작동과 관련된 기관장의 지침과 지시사항
• 선교로부터의 지시 또는 요청사항
• 기관실에서 진행 중인 작업의 내용, 인원 및 예상되는 위험사항
• 빌지, 평형수, 청수, 오수, 연료유 탱크 등의 상태 및 이송 등을 위한 특별한 조치사항
• 주기와 보조기계의 상태 및 특이사항
• 경보가 발생된 리스트 및 조치사항과 전달사항
• 기관 일지 및 당직일지의 작성 및 추가 기입 요청사항

**04** 정박 당직 중 기관일지의 기록사항에 해당하지 않는 것은?

① 보조 보일러의 증기압력
② 발전기관의 배기온도
③ 발전기의 사용전력
④ 보조 보일러의 배기색

해설
기관일지에 배기색을 기입하지는 않는다.

**05** 항해 당직 중 당직기관사의 당직요령으로 적절하지 않은 것은?

① 기기의 이상경보는 즉시 조치한다.
② 일정시간마다 주기관 각부의 윤활상태를 조사한다.
③ 주기관의 배기색 및 배기온도를 조사한다.
④ 전기사용이 많으면 비상발전기를 추가로 운전한다.

해설
비상발전기는 말 그대로 비상시에 운전하는 것이다. 주 발전기의 운전이 갑자기 정지되거나 운전이 불가능한 상황(블랙아웃)이 발생했을 경우 비상발전기가 45초 이내에 기동되어 비상전원에 전력을 공급하는 역할을 한다.

**06** 기관을 포함하여 선박설비 전반에 대한 정밀한 검사로 매 5년마다 선급에서 받는 검사는?

① 갱신검사
② 정기검사
③ 건조검사
④ 중간검사

해설
선박의 검사는 건조검사, 정기검사, 중간검사, 임시검사, 임시항해검사 등이 있으며 5년마다 선박설비의 전반에 대한 정밀한 검사를 시행하는 것은 정기검사이다.

**07** 해양환경관리법상 기관구역 기름기록부에 대한 설명이 아닌 것은?

① 선내에 비치한다.
② 각 작업의 기록내용을 책임 사관이 서명한다.
③ 유조선의 경우 화물의 적재 내용을 기재한다.
④ 최종 기재일로부터 3년 동안 보관한다.

해설
해양환경관리법 제30조(선박오염물질기록부의 관리)
기름기록부는 선박에서 사용하는 기름의 사용량·처리량을 기록하는 장부이다. 다만, 해양수산부령이 정하는 선박의 경우를 제외하며, 유조선의 경우에는 기름의 사용량·처리량 외에 운반량(화물유 및 밸러스트에 관한 기름기록부, 기름기록부 PART2)을 추가로 기록하여야 한다. 보존기간은 최종기재를 한 날부터 3년으로 하며, 선박 안에 비치한다.
※ 기관구역의 기름기록부의 기록사항은 다음의 코드별 상황을 기재한다.
• A : 연료유 탱크에 밸러스트 적재 또는 연료유 탱크의 세정
• B : A에 언급된 연료유 탱크로부터 더티 밸러스트 또는 세정수의 배출
• C : 유성 잔류물(슬러지)의 저장 및 처분
• D : 기관실 빌지의 비자동방식에 의한 선외 배출 또는 그 밖의 다른 처리 방법에 의한 처리
• E : 기관실 빌지의 자동방식에 의한 선외 배출 또는 그 밖의 다른 방법에 의한 처분
• F : 기름 배출 감시 제어 장비의 상태
• G : 사고 또는 기타 예외적인 기름의 배출
• H : 연료 또는 산적 윤활유의 적재
• I : 그 밖의 작업절차 및 일반적인 사항

**08** 해양환경관리법에서 선박이 해양에 대량의 기름을 유출했을 때의 신고사항으로 틀린 것은?

① 해면상태 및 기상상태
② 배출된 오염물질의 추정량
③ 사고선박 또는 시설의 명칭
④ 선장과 해양오염방지관리인의 성명

해설
해양환경관리법 시행규칙 제29조(해양시설로부터의 오염물질 배출신고)
항해 중 대량의 기름이 유출되었을 경우 해양경찰청장 또는 해양경찰서장에게 보고하여 피해의 최소화에 노력해야 하며 신고사항은 다음과 같다.
• 해양오염사고의 발생일시·장소 및 원인
• 배출된 오염물질의 종류, 추정량 및 확산상황과 응급조치상황
• 사고선박 또는 시설의 명칭, 종류 및 규모
• 해면상태 및 기상상태

**09** 선박의 선저폐수를 공해상 배출 시 유분함량은 몇 [ppm] 이하인가?

① 15[ppm]
② 30[ppm]
③ 50[ppm]
④ 100[ppm]

해설
선저폐수(빌지)는 다음과 같은 사항이 동시에 충족될 때 선외로 배출 가능하다. 직접 선외로 배출하는 행위는 금지된다.
• 기름 오염 방지설비를 작동하여 배출 할 것
• 항해 중에 배출 할 것
• 유분의 함량이 15[ppm](백만분의 15) 이하일 때만 배출 할 것

**10** 다음 중 해양환경관리법에서 선박의 기관실 밑바닥에 고인 액상 유성혼합물은?

① 폐 유
② 폐기물
③ 선저폐수
④ 유해액체물질

해설
해양환경관리법 제2조(정의)
• 슬러지(폐유) : 연료유 또는 윤활유를 청정하여 생긴 찌꺼기나 기관구역에서 누출로 인하여 생긴 기름 잔류물을 말한다.
• 폐기물 : 해양에 배출되는 경우 그 상태로는 쓸 수 없게 되는 물질로서 해양환경에 해로운 결과를 미치거나 미칠 우려가 있는 물질이다(기름, 유해액체물질, 포장유해물질을 제외한다).

• 선저폐수(빌지) : 선박의 밑바닥에 고인 액상유성혼합물이다.
• 유해액체물질 : 해양환경에 해로운 결과를 미치거나 미칠 우려가 있는 액체물질(기름을 제외한다)과 그 물질이 함유된 혼합 액체물질로서 해양수산부령이 정하는 것을 말한다.

**11** 운전 중인 디젤기관에서 대기오염을 감소시키는 방법으로 틀린 것은?

① 질소산화물 저감 장치의 설치
② 저유황 연료유의 사용
③ 완전연소
④ 저속운전

해설
저속운전이 연료의 소모량을 감소시킬 수는 있으나 대기오염을 감소시키지는 않는다.

**12** 외상에 의한 다량 출혈 시의 응급조치법으로 적절하지 않은 것은?

① 소독거즈나 탈지면으로 지혈을 행한다.
② 출혈부 가까운 관절을 구부린다.
③ 출혈부를 심장보다 낮게 한다.
④ 출혈부에서 심장에 가까운 쪽의 동맥을 압박시킨다.

해설
출혈부는 가능한 한 심장보다 높게 해야 한다.

**13** 다음 중 일사병이 일어나는 이유는?

① 체온 조절불량
② 염분부족
③ 수분부족
④ 보온부족

해설
일사병은 더운 공기와 강한 태양에 노출되어 올라간 체온이 조절되지 않아 발병하는데 일사병이 일어나면 시원한 곳으로 이동시켜 옷을 느슨하게 하고 허리띠나 단추는 풀어준다. 그리고 체온이 올라가면 신속히 낮추도록 조치하며 물이나 식염수 또는 이온수를 마시게 한다.

**14** 기관실에 해수가 침수되었을 때의 원인이 아닌 것은?

① 수윤활 선미관 글랜드 패킹의 불량
② 선박의 좌초 및 선체의 파손
③ 선저밸브의 파손
④ 연료유 가열기 코일의 파공

**해설**
연료유 가열기 코일은 스팀(증기)으로 가열하므로 해수에 침수되는 원인으로 보기는 힘들다.

**15** 다음 설비 중 기관실의 빌지(선저폐수) 흡입관 끝에 위치한 것은?

① 송출밸브
② 로즈박스
③ 스터핑 박스
④ 흡입밸브

**해설**
선저폐수(빌지) 웰의 흡입관에는 이물질이 흡입되지 않도록 로즈박스가 설치되어 있으며 조립 분해가 가능하도록 되어 있다.

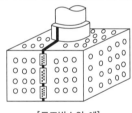
[로즈박스의 예]

**16** 방수시설과 관련이 깊은 것은?

① 빌지펌프
② 수밀격벽
③ 로즈박스
④ 머드박스

**해설**
수밀문이나 수밀격벽은 침수 발생 부위의 응급조치가 시행되지 않았을 경우 그 구획만 침수되도록 하여 침수구역을 최소화하는 방수설비이다.

**17** 해양사고 시 선내 침수방지를 위한 수밀격벽의 설치 장소로 틀린 것은?

① 선수 격벽
② 기관실 앞쪽 격벽
③ 선원 침실 간 격벽
④ 기관실 뒤쪽 격벽

**해설**
수밀구조란 물의 압력으로 인한 침수, 누수의 방지를 목적으로 한 구조로서 선박의 하부구조에서 해수와 접하는 외판 및 외판의 파손에 의한 침수발생 시에도 이를 최소화할 수 있게 수밀격벽을 일정한 간격으로 설치해야 한다. 그러나 선원 침실까지 수밀구조로 만들지는 않는다.

**18** 다음 소화기 중 기관실에서 발생한 초기의 유류 화재진화에 가장 적합한 것은?

① $CO_2$ 소화기        ② 포말 소화기
③ 분말 소화기         ④ 스프링 클러

**해설**
포말 소화기는 주로 유류 화재를 소화하는 데 사용하며 유류 화재(B급 화재)의 경우 포말이 기름보다 가벼워서 유류의 표면을 계속 덮고 있어 화재의 재발을 막는데 효과가 있다.

**19** 다음 중 항해 중인 선박의 기관실에서 C급 화재가 발생하는 경우로 옳은 것은?

① 배전반 내의 전선 피복이 불량한 경우
② 전동기의 절연저항 측정값이 매우 높은 경우
③ 세탁물을 배기가스 배관 계통에 걸어 놓은 경우
④ 주기관 과급기의 고온부분에 연료유가 누설하는 경우

**해설**
C급 화재(전기 화재)는 전기설비나 전기기기의 스파크, 과열, 누전, 단락 및 정전기 등에 의한 화재이다. 절연저항의 측정값이 높다는 것은 누설전류가 흐르지 않는 양호한 상태를 말한다.

**20** 외통용액과 내통용액을 혼합하여 발생하는 거품으로 소화하는 소화기는?

① 화학식 포말 소화기

② CO₂ 소화기

③ 분말 소화기

④ 수 소화기

해설

외통용액과 내통용액을 혼합하여 거품이 발생하는 소화기는 화학식 포말 소화기이다.

**21** 전기화재의 예방법으로 올바른 것은?

① 전동기 외함이 선체에 접지되지 않도록 한다.

② 발전기의 주파수를 정격보다 조금 낮게 운전한다.

③ 발전기의 전압을 정격보다 조금 낮게 유지한다.

④ 부하전류에 적합한 굵기의 전선을 사용한다.

해설

전선의 굵기는 부하전류에 적합한 것을 사용해야 한다.

**22** 해기사 면허의 요건으로 틀린 것은?

① 해기사시험에 합격하고, 그 합격한 날부터 3년이 경과하지 아니할 것

② 등급별 면허의 승무경력이 있을 것

③ 면허가 취소된 날로부터 3년이 경과할 것

④ 등급별 면허에 필요한 교육·훈련을 이수할 것

해설

선박직원법 제6조(결격사유)

면허가 취소된 날부터 2년(「수산업법」 제71조제1항에 따라 면허가 취소된 경우에는 1년)이 지나지 아니한 사람은 해기사가 될 수 없다.

**23** 해기사에 해당하지 않는 사람은?

① 선 장

② 기관장

③ 항해사

④ 의 사

해설

선박직원법 제2조(정의)

해기사는 선박에서 선장, 항해사, 기관장, 기관사, 전자기관사, 통신장·통신사, 운항장 및 운항사의 직무를 수행하는 사람을 말한다.

**24** 선박안전법상 선박검사증서의 유효기간은 몇 년인가?

① 1년

② 2년

③ 3년

④ 5년

해설

선박안전법 제16조(선박검사증서 및 국제협약검사증서의 유효기간 등)

선박검사증서의 유효기간은 5년이다.

**25** 해양오염방지를 위한 방제 자재 및 약제에 해당하지 않는 것은?

① 오일펜스

② 유성혼합물

③ 유처리제

④ 유겔화제

해설

유성혼합물은 빌지(선저폐수)라고 하며 해양오염 물질의 한 종류이다. 해양환경관리법상의 자재 및 약제는 다음의 종류가 있다.

• 오일펜스 : 바다 위에 유출된 기름이 퍼지는 것을 막기 위해서 울타리 모양으로 수면에 설치하는 것이다.

• 유흡착재 : 기름의 확산과 피해의 확대를 막기 위해 기름을 흡수하여 회수하기 위한 것으로 폴리우레탄이나 우레탄 폼 등의 재료로 만든다.

• 유처리제 : 유화·분산작용을 이용하여 해상의 유출유를 해수 중에 미립자로 분산시키는 화학처리제이다.

• 유겔화제 : 해양에 기름 등이 유출되었을 때 액체상태의 기름을 아교(겔)상태로 만드는 약제이다.

## 제1과목 기관 1

**01** 디젤기관에서 압축비의 증가 시 나타나는 현상은?

① 압축압력이 높아진다.

② 열효율이 감소한다.

③ 진동과 소음이 작아진다.

④ 평균유효압력이 감소한다.

**해설**

압축비가 클수록 압축압력은 높아지며 열효율이 높고 연료소비량이 적어진다. 반면에 진동과 소음은 커질 수 있고 압축압력이 높아지므로 시동이 곤란해질 수 있어 압축비는 기관의 효율에 따라 적정한 값으로 조정해야 한다.

**02** 다음 중 디젤기관의 출력을 나타내는 동력으로 크랭크축의 끝단에서 동력계로 측정하는 것은?

① 지시마력

② 제동마력

③ 유효마력

④ 전달마력

**해설**

② 제동마력 : 증기터빈에서는 축마력(SHP)이라고도 한다. 크랭크축의 끝에서 계측한 마력이며 지시마력에서 마찰손실 마력을 뺀 것이다.

① 지시마력 : 도시마력이라고도 하며 실린더 내의 연소 압력이 피스톤에 실제로 작용하는 동력이다.

③ 유효마력 : 예인동력이라고도 하며 선체를 특정한 속도로 전진시키는 데 필요한 동력이다.

④ 전달마력 : 실제로 프로펠러에 전달되는 동력으로 제동마력에서 축계에 있는 베어링, 선미관 등에서의 마찰 손실 등의 동력을 뺀 것이다.

**03** 다음 중 디젤기관에서 연료유가 노즐로부터 원뿔형으로 분무되어 퍼지는 상태는?

① 무 화

② 관 통

③ 분 산

④ 분 포

**해설**

연료분사 조건

• 무화 : 연료유의 입자가 안개처럼 극히 미세화되는 것으로 분사압력과 실린더 내의 공기압력을 높게 하고 분사밸브 노즐의 지름을 작게 해야 한다.

• 관통 : 분사된 연료유가 압축된 공기 중을 뚫고 나가는 상태로 연료유 입자가 커야 하는데 관통과 무화는 조건이 반대가 되므로 두 조건을 적절하게 만족하도록 조정해야 한다.

• 분산 : 연료유가 분사되어 원뿔형으로 퍼지는 상태를 말한다.

• 분포 : 분사된 연료유가 공기와 균등하게 혼합된 상태를 말한다.

**04** 보슈식 연료분사 펌프에서 일반적으로 플런저와 항상 한 쌍으로 교환하는 것은?

① 토출 밸브

② 시 트

③ 배 럴

④ 랙

**해설**

다음 그림은 보슈식 연료분사 펌프에서 플런저와 배럴의 모습을 나타낸 것이다.

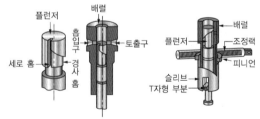

**05** 디젤기관에서 피스톤링을 피스톤에 조립할 때 주의사항이 아닌 것은?

① 링의 홈을 깨끗이 청소한 후 조립한다.
② 가장 아래의 링부터 차례대로 조립한다.
③ 링의 상하면의 방향이 바뀌지 않도록 조립한다.
④ 링의 절구틈이 아래위로 방향이 일치하도록 조립한다.

해설
피스톤 링을 조립할 때는 연소가스의 누설을 방지하기 위하여 링의 절구가 180°로 엇갈리도록 배열하고 제일 밑에서부터 순차적으로 끼운다.

**06** 디젤기관에서 피스톤과 실린더 라이너의 틈새가 클 때 일어나는 현상으로 틀린 것은?

① 기관의 출력이 저하된다.
② 열효율이 높아진다.
③ 압축압력이 저하된다.
④ 윤활유가 연소실에 올라온다.

해설
피스톤과 실린더 라이너의 틈새가 너무 크면 블로바이(Blow-by)가 일어난다. 블로바이가 일어나면 압축압력이 낮아지고 평균유효압력이 감소하여 출력이 저하된다. 연료소비량이 증가하여 열효율이 낮아지고 시동이 곤란해지며 윤활유의 오손이 발생할 수 있다.

**07** 디젤기관에서 커넥팅 로드의 대단부와 연결되는 곳의 명칭은?

① 피스톤 핀
② 플라이휠
③ 피스톤
④ 크랭크 핀

해설
커넥팅 로드는 소단부, 본체, 대단부로 나뉘는데 대단부는 크랭크축과 연결되는 크랭크 핀에 연결된다. 소단부는 엔진 타입에 따라 트렁크형 엔진에서는 피스톤핀과 연결되고 크로스헤드형 엔진에서는 크로스헤드 핀과 연결된다.

**08** 디젤기관에서 블로바이에 대한 설명으로 옳은 것은?

① 링의 표면이 손상되는 현상
② 링의 마멸, 고착, 절손 등에 의해 가스가 누설되는 현상
③ 링이 윤활유를 긁어 올리는 현상
④ 링이 링 홈 안에서 떨리는 현상

해설
블로바이(Blow-by)란 피스톤과 실린더 라이너 사이의 틈새로부터 연소가스가 누출되어 크랭크케이스로 유입되는 현상으로 피스톤 링의 마멸, 고착, 절손, 옆 틈이 적당하지 않을 때 또는 실린더 라이너의 불규칙한 마모나 상하의 흠집이 발생했을 경우 발생한다. 블로바이가 일어나면 출력이 저하될 뿐만 아니라 크랭크 실 윤활유의 상태도 변질시킨다.

**09** 트렁크 피스톤형 디젤기관의 부품이 아닌 것은?

① 커넥팅 로드
② 피스톤 로드
③ 크랭크 핀
④ 피스톤

해설
피스톤 로드 및 크로스헤드는 크로스헤드형 기관의 부품이다. 크로스헤드형 기관은 대형기관의 2행정 사이클 기관에 사용된다.

**10** 디젤기관의 크랭크축에서 절손이 잘 일어나는 곳은?

① 크랭크 핀의 중앙부
② 크랭크 암의 중앙부
③ 크랭크 저널부
④ 크랭크 암과 핀의 접속부

**해설**
디젤기관의 크랭크축에서 절손이 가장 많이 일어나는 부분은 커넥팅로드에서 크랭크축과 연결되는 부분인 크랭크 암과 핀의 접속부이다.

**11** 디젤기관에 플라이휠의 설치 목적이 아닌 것은?

① 부하변동에 따른 회전변동을 작게 한다.
② 저속회전을 가능하게 한다.
③ 회전력을 균일하게 한다.
④ 윤활유 소비량을 줄인다.

**해설**
플라이휠은 작동 행정에서 발생하는 큰 회전력을 플라이휠 내에 운동 에너지로 축적하고 회전력이 필요한 그 밖의 행정에서는 플라이휠의 관성력으로 회전한다. 바깥둘레에 기어휠을 설치하여 터닝에도 사용하며 역할은 다음과 같다.
• 크랭크축의 회전력을 균일하게 한다.
• 저속회전을 가능하게 한다.
• 기관의 시동을 쉽게 한다.
• 밸브의 조정이 편리하다.

**12** 디젤기관의 메인 베어링이 비정상적으로 발열할 때의 조치로 틀린 것은?

① 천천히 저속으로 내려 정지시킨다.
② 윤활유 압력을 높여서 급유한다.
③ 급히 기관을 정지시킨다.
④ 즉시 기관의 회전수를 낮춘다.

**해설**
메인 베어링의 온도가 평소보다 높다고 하여 급히 기관을 정지시키지 않는다. 윤활유 공급압력이 정상이라면 기관의 회전수를 서서히 낮추어 메인 베어링이 급격히 냉각되어 고착되거나 변형되는 것을 방지해야 한다.

기관을 비상 정지시켜야 하는 경우
• 왕복운동부나 회전운동부에 이상한 소음이 발생 할 때
• 기관 주요부에 과도한 열이 발생하거나 연기가 날 때
• 윤활유 압력 저하, 냉각수 온도 급상승, 연료유 공급압력이 급격하게 저하할 때
• 기관의 회전수가 최고 회전수 이상으로 급격히 증가할 때
• 실린더 내의 안전밸브가 열리거나 불량할 때

**13** 시동 공기로 시동할 때 디젤기관이 잘 회전하지 않는 원인으로 틀린 것은?

① 윤활유의 점도가 낮을 경우
② 시동밸브가 작동하지 않을 경우
③ 시동 공기압력이 너무 낮을 경우
④ 시동 공기 분배기가 고장났을 경우

**해설**
윤활유의 점도가 너무 높을 때 기관이 잘 회전하지 않을 수 있다.

**14** 다음 중 피스톤 링의 두께와 폭을 계측하는 공구로 적합한 것은?

① 실린더 게이지   ② 마이크로미터
③ 틈새 게이지     ④ 높이 게이지

**해설**
피스톤 링의 두께와 폭은 주로 마이크로미터나 버니어캘리퍼스로 계측한다.

**15** 디젤기관이 120[rpm]으로 운전할 때 10분 동안에 회전한 총회전수는?

① 7,200회전   ② 1,200회전
③ 120회전     ④ 12회전

**해설**
rpm은 분당 회전수이므로 120[rpm]으로 10분간 운전하면 1,200회전을 하게 된다.

**16** 디젤기관에서 분사된 연료의 착화지연이 길어져 최대 폭발압력이 증가하고 일시에 폭발하면서 큰 소리를 내는 현상은?

① 링 플러터 현상
② 링의 펌핑 현상
③ 디젤 노킹 현상
④ 워터 해머링 현상

해설
디젤 노크(노킹)란 연소실에 분사된 연료가 착화지연 기간 중에 축적되어 일시에 연소되면서 급격한 압력 상승이 발생하는 현상이다. 노크가 발생하면 커넥팅 로드 및 크랭크축 전체에 비정상적인 충격이 가해져서 커넥팅 로드의 휨이나 베어링의 손상을 일으킨다.

**17** 다음 중 증기가 물로 변하는 현상으로 옳은 것은?

① 비 등 　　　　② 복 수
③ 증 발 　　　　④ 기 화

해설
• 비등 : 압력이 일정할 때 액체를 가열하게 되면 일정한 온도에서 증발이 일어나고, 증발 이외에 액체 안에 증기 기포가 형성되는 기화현상이다. 비등이 일어나는 온도를 끓는점(비점, 비등점)이라고 한다.
• 복축 : 증기를 냉각하여 응축시켜 액체로 하는 것으로 비슷한 용어로 응축이 있다.
• 증발 : 액체의 표면에서 일어나는 기화현상이다.
• 기화 : 액체가 열에너지를 흡수하여 기체로 변하는 현상이다.

**18** 보일러의 압력계는 안전밸브 조정압력의 최소 몇 배 이상 지시할 수 있어야 하는가?

① 0.5배 　　　　② 1.0배
③ 1.5배 　　　　④ 2.0배

해설
보일러의 압력계는 안전밸브 조정압력의 최소 1.5배 이상을 지시해야 한다.

**19** 다음 중 해수 윤활식 선미관의 베어링 재료로 널리 쓰이는 것은?

① 납
② 리그넘바이티
③ 구 리
④ 주 철

해설
리그넘바이티는 해수윤활방식 선미관 내에 있는 프로펠러축의 베어링 재료로 사용하는 특수 목재이다. 수지분을 포함하여 마모가 작고 수중 베어링재료로써 보다 우수한 성질을 가지고 있어 오래전부터 선미축 베어링재료로 사용되고 있다.

**20** 클러치의 종류에 속하지 않는 것은?

① 마찰 클러치 　　　② 유체 클러치
③ 기체 클러치 　　　④ 전자 클러치

해설
• 마찰 클러치 : 고체 접촉면 사이의 마찰력을 이용하여 회전력을 전달하는 장치이다.
• 유체 클러치 : 유체커플링이라고도 하며 기관의 동력을 유체의 운동에너지로 바꾸고, 이 에너지를 다시 동력으로 변환하여 변속기에 전달하는 클러치이다.
• 전자 클러치 : 전자석의 작용에 의하여 작동시키는 것으로 전자 원판 클러치와 전자 분말 클러치가 있다.

**21** 프로펠러에 실제로 공급되는 마력을 나타내는 것은?

① 전달마력 　　　② 도시마력
③ 제동마력 　　　④ 유효마력

해설
① 전달마력 : 실제로 프로펠러에 전달되는 동력으로 제동마력에서 축계에 있는 베어링, 선미관 등에서의 마찰 손실 등의 동력을 뺀 것이다.
② 지시마력 : 도시마력이라고도 하며 실린더 내의 연소 압력이 피스톤에 실제로 작용하는 동력이다.
③ 제동마력 : 증기터빈에서는 축마력(SHP)이라고도 한다. 크랭크축의 끝에서 계측한 마력이며 지시마력에서 마찰손실 마력을 뺀 것이다.
④ 유효마력 : 예인동력이라고도 하며 선체를 특정한 속도로 전진시키는데 필요한 동력이다.

**22** 다음 보기에서 설명하는 현상은?

> 추진기의 회전속도가 어느 한도를 넘게 되면 추진기 배면의 압력이 낮아지고 회복됨에 따라 기포가 발생 했다가 소멸되면서 추진기에 충격을 일으켜 추진기 표면을 두드린다.

① 공동현상
② 공진현상
③ 슬립현상
④ 전기화학 부식현상

해설
공동현상(캐비테이션, Cavitation) : 프로펠러(추진기)의 회전속도가 어느 한도를 넘어서면 프로펠러 배면의 압력이 낮아지고 표면에 기포 상태가 발생하는데, 이 기포가 순식간에 소멸되면서 높은 충격 압력을 받아 프로펠러 표면을 두드리는 현상이다.

**23** 연료유 탱크에 설치되는 장치에 속하지 않는 것은?

① 공기배출관
② 가열장치
③ 측심관
④ 압력계

해설
연료유 탱크에는 주유관, 흡입관, 측심관, 공기배출관, 드레인 밸브 또는 콕, 기름받이, 가열장치가 설치된다.

**24** 소형 디젤기관에서 윤활유의 변질을 방지하기 위한 방법이 아닌 것은?

① 마멸이 많이 된 피스톤링은 교환한다.
② 연소생성물이 혼입되지 않도록 한다.
③ 윤활유에 수분이 혼입되는 것을 방지한다.
④ 다른 윤활유와 자주 혼합하여 사용한다.

해설
윤활유는 기관의 종류 및 특성에 따라 사용하는 윤활유의 종류가 다르다. 따라서 윤활유의 성분이 다른 윤활유를 혼합하여 사용하면 오히려 윤활의 성능이 저하되거나 변할 수 있으므로 혼용해서 사용하지 않는다. 같은 종류의 윤활유를 보충하거나 교체하여 사용해야 한다.

**25** 윤활유로서 필요한 성질과 관련이 없는 것은?

① 냉각작용이 좋을 것
② 밀봉작용이 좋을 것
③ 발열량이 클 것
④ 응력분산 작용이 좋을 것

해설
발열량은 연료유와 관련된 것이다.
윤활유의 기능
• 감마작용 : 기계와 기관 등의 운동부 마찰면에 유막을 형성하여 마찰을 감소시킨다.
• 냉각작용 : 윤활유를 순환 주입하여 마찰열을 냉각시킨다.
• 기밀작용(밀봉작용) : 경계면에 유막을 형성하여 가스 누설을 방지한다.
• 방청작용 : 금속 표면에 유막을 형성하여 공기나 수분의 침투를 막아 부식을 방지한다.
• 청정작용 : 마찰부에서 발생하는 카본(탄화물) 및 금속 마모분 등의 불순물을 흡수하는데 대형 기관에서는 청정유를 순화하여 청정기 및 여과기에서 찌꺼기를 청정시켜 준다.
• 응력분산 작용 : 집중 하중을 받는 마찰면에 하중의 전달 면적을 넓게 하여 단위 면적당 작용 하중을 분산시킨다.

제2과목 **기관 2**

**01** 원심펌프에 대한 설명으로 틀린 것은?

① 냉각수 펌프에 가장 많이 사용된다.
② 시동 시 펌프 내에 물이 채워져야 한다.
③ 운전 중에는 글랜드 패킹에서 물이 소량 나와야 한다.
④ 송출압력은 펌프에 설치된 릴리프밸브로 조절한다.

해설
릴리프밸브는 과도한 압력상승으로 인한 손상을 방지하기 위한 장치이다. 주로 기어펌프에 설치되며 펌프의 송출압력이 설정 압력 이상으로 상승하였을 때 밸브가 작동하여 유체를 흡입측으로 되돌려 과도한 압력 상승을 방지한다.

**02** 원심펌프에서 축 추력의 방지에 적용되지 않는 것은?

① 마우스 링
② 평형원판
③ 양흡입 임펠러
④ 스러스트베어링

**해설**
원심펌프의 축 추력 방지법
• 양흡입형의 임펠러를 사용한다.
• 균형공(밸런스 홀)을 설치한다.
• 스러스트 베어링(추력 베어링)을 설치한다.
• 균형(평형)원판을 설치한다.
• 다단식의 경우 임펠러 배치를 조절하여 추력을 균형있게 조정한다.
※ 마우스 링은 임펠러에서 송출되는 액체가 흡입측으로 역류하는 것을 방지하는 것으로 임펠러 입구측의 케이싱에 설치된다. 웨어링(Wear Ring)으로 불리기도 하는데 그 이유는 케이싱과 액체의 마찰로 인해 마모가 진행되는데 케이싱 대신 마우스 링이 마모된다고 하여 웨어링이라 불린다. 케이싱을 교체하는 대신 마우스 링만 교체하면 되므로 비용적인 면에서 장점이 있다.

**03** 원심펌프의 송출량을 조절하는 적절한 방법은?

① 흡입밸브를 조이는 방법
② 송출밸브의 개도 조절
③ 공기실을 설치하여 압력 조절
④ 펌프전동기의 공급 전압 조절

**해설**
원심펌프를 운전할 때에는 흡입관 밸브는 열고 송출관 밸브는 닫힌 상태에서 시동을 한 후 규정 속도까지 상승 후에 송출밸브를 서서히 열어서 유량을 조절한다.

**04** 원심펌프의 운전 중 주의사항이 아닌 것은?

① 베어링에서 소음이 많이 발생하는지를 확인한다.
② 베어링에 열이 많이 발생하는지를 확인한다.
③ 펌프의 진동이 심한지를 확인한다.
④ 펌프 구동 전동기의 절연저항을 측정하여 확인한다.

**해설**
절연저항은 전기기기의 전원을 차단하고 계측해야 한다. 운전 중이나 전원이 공급되고 있을 때에는 측정하여서는 안된다.

**05** 기어펌프의 운전 시 펌프의 송출측에 설치되어 과도한 압력상승에 의해 펌프가 파손되는 것을 방지하는 밸브는?

① 풋밸브
② 송출밸브
③ 바이패스밸브
④ 릴리프밸브

**해설**
릴리프밸브는 과도한 압력상승으로 인한 손상을 방지하기 위한 장치이다. 주로 기어펌프에 설치되며 펌프의 송출압력이 설정 압력 이상으로 상승하였을 때 밸브가 작동하여 유체를 흡입측으로 되돌려 과도한 압력 상승을 방지한다.

**06** 기관실의 빌지펌프를 운전하던 중 빌지가 흡입되지 않을 때의 원인은?

① 흡입밸브가 너무 많이 열려 있다.
② 빌지에 기름성분이 너무 많다.
③ 펌프의 회전수가 너무 높다.
④ 펌프 입구의 스트레이너가 막혔다.

**해설**
펌프 입구의 스트레이너가 너무 많이 막히면 빌지가 흡입되지 않는다.

**07** 다음 중 해수를 처리하여 청수를 얻는 것은?

① 소각장치
② 조수장치
③ 분리장치
④ 급수장치

**해설**
조수기(조수장치)는 바닷물을 이용하여 청수를 만드는 장치로 조수기에서 생산한 청수는 선박에서 식수 및 생활용수, 주기관과 발전기의 냉각수, 보일러의 급수 등 매우 다양한 용도로 쓰인다.

**08** 증발식 조수장치에서 만들어진 청수의 염분 농도가 규정치를 초과할 때는?

① 청수탱크로 보내진다.
② 증발실로 다시 보내진다.
③ 빌지 탱크로 보내진다.
④ 증기와 혼합시켜 급수펌프로 보내진다.

해설
증발식 조수장치는 선박에서 해수를 이용하여 청수(증류수)를 만드는 장치로 기준치 이하의 염분 농도를 가진 청수를 생산한다(보통 10[ppm] 이하). 염분의 농도가 기준치 이상이면 증발실로 되돌려 보내거나 선저로 드레인 시킨다.

**09** 선박에서 이중저 탱크의 용도가 잘못된 것은?

① 평형수탱크
② 연료유탱크
③ 청수탱크
④ 화물유탱크

해설
이중저는 선체가 두 개의 외판으로 이루어진 것으로 외판이 손상되어도 해수가 선저로 침입하는 것을 막는 역할을 하고 화물유가 새어나가지 못하는 역할도 한다. 일반적으로 이중저 구조의 선박은 이중저의 공간을 평형수(밸러스트)탱크나 연료유탱크 등으로 활용한다. 그러나 화물은 적재하지 않는다.

**10** 다음 보기에서 설명하는 송풍기는?

> 진동 및 소음이 작고, 고속회전에 적합하며, 송출이 연속적이다.

① 원심식 송풍기
② 축류 송풍기
③ 용적식 송풍기
④ 왕복식 송풍기

해설
선박에서는 원심식 송풍기를 주로 사용하는데 용적식에 비해 다음과 같은 특징이 있다.
• 진동과 소음이 작다.
• 형태 및 중량이 작아서 값이 싸다.
• 기계 내부는 윤활이 필요 없으므로 송풍 중에 기름이 혼입되지 않는다.
• 베어링 이외에는 기계적으로 접촉하는 부분이 없으므로 고장이 적다.
• 고속회전에 적합하며, 송출이 연속적이다.

**11** 원심식 유청정기에서 슬러지의 분리효율을 높이기 위한 방법이 아닌 것은?

① 기름의 가열
② 회전수의 증가
③ 분리판 수의 증가
④ 통유량의 증가

해설
원심식 유청정기에서 청정효과(슬러지의 분리효율)를 높이기 위해서 적정 온도로 가열을 하여 기름의 점도를 조정하고 분리판의 수와 회전수를 증가시키는 방법을 사용한다. 또한 통유량을 감소시키는 방법을 쓰기도 한다. 그러나 실제적으로 기름의 온도와 분리판의 수 및 회전수 등은 미리 계산되어 정해져 있으므로 무한정 증가시킬 수는 없다. 운전 중에 분리효율을 높이기 위해 할 수 있는 가장 효율적인 방법이 통유량을 적게 하는 것이다.

**12** 다음 중 왕복펌프에 속하는 것은?

① 원심펌프
② 기어펌프
③ 축류펌프
④ 플런저펌프

해설
왕복펌프는 왕복운동체의 형상에 따라 버킷펌프, 피스톤펌프, 플런저펌프 등으로 나뉜다.

**13** 기관실의 빌지 왕복동펌프에서 설치되지 않는 것은?

① 흡입밸브
② 마우스 링
③ 크랭크
④ 공기실

해설
마우스 링은 원심펌프에 설치되며, 임펠러에서 송출되는 액체가 흡입측으로 역류하는 것을 방지하는 것으로 임펠러 입구측의 케이싱에 설치된다. 웨어 링(Wear Ring)으로 불리기도 하는데 그 이유는 케이싱과 액체의 마찰로 인해 마모가 진행되는데 케이싱 대신 마우스 링이 마모된다고 하여 웨어링이라 불린다. 케이싱을 교체하는 대신 마우스 링만 교체하면 되므로 비용적인 면에서 장점이 있다.

**14** 유 · 공압기기 중에서 유체의 동력을 기계동력으로 변환하는 장치는?

① 교축밸브
② 릴리프밸브
③ 액추에이터
④ 어큐뮬레이터

해설
액추에이터는 작동유의 압력 에너지를 기계적 에너지로 바꾸는 기기이며 유압펌프 또는 공기압축기로부터 공급되는 유체 동력을 직선운동으로 유도하는 것이 유 · 공압 실린더이고 회전운동으로 유도하는 것을 유 · 공압 모터라고 한다.

**15** 선박에서 사용되는 열교환기에 속하지 않는 것은?

① 연료유 가열기
② 윤활유 냉각기
③ 조수기 증발기
④ 연료유 냉각기

해설
선박에서 사용하는 연료유는 주로 중유를 사용하고 기관에 사용하기 위한 점도를 조정하기 위해 연료유 가열기를 설치한다.

**16** 유압유의 유출방향과 유량을 변경시킬 수 있고 조타장치에 사용하는 펌프는?

① 기어펌프
② 이모펌프
③ 가변 용량형 펌프
④ 제트펌프

해설
대부분의 선박에서는 전동 유압식 조타장치를 사용하는데 전동 유압식 원동기는 전동기로 가변 용량 펌프를 구동하고 그 유압으로 유압 실린더를 구동시켜 타에 회전력을 주는 방식이다.

**17** 다음 중 유조선의 화물탱크 밑바닥에 남은 기름을 퍼내는 것은?

① 화물유펌프
② 스트리퍼펌프
③ 드레인펌프
④ 빌지펌프

해설
유조선에서 화물탱크의 하역에 사용하는 펌프는 화물유펌프(Cargo Oil Pump)이고, 화물유펌프로 흡입이 되지 않고 남아있는 잔유 기름을 퍼낼 때 스트리퍼(Stripper)펌프를 사용한다. 스트리퍼펌프 또는 스트립핑(Stripping)펌프라고 한다.

**18** 다음 중 조타장치에서 장치의 일부가 브리지에 설치되는 구성요소는?

① 조종장치　　　② 추종장치
③ 원동기　　　④ 타장치

해설
조타장치의 구성요소 중 조타륜(선박의 키를 조종하는 손잡이가 달린 바퀴 모양의 장치)은 조종장치에 속한다. 조종장치의 구성요소인 조타륜은 브리지(조타실)에 설치되고 종류는 다음과 같이 나뉜다.
• 기계식 조종장치 : 조타륜의 운동을 축, 기어 등을 통해 원동기의 출력제어 기구까지 전달한다.
• 유압식 조종장치 : 조타실에 있는 텔레모터 기동 실린더와 선미의 조타기실 내에 있는 텔레모터 수동 실린더를 구리관으로 연결하고 연결관 내에 작동 유체에 의해 동력을 전달한다.

**19** 하역장치의 종류가 아닌 것은?

① 데 릭
② 카고펌프
③ 캡스턴
④ 갠트리 크레인

해설
캡스턴은 워핑 드럼이 수직축 상에 설치된 계선용 장치이다. 직립한 드럼을 회전시켜 계선줄이나 앵커체인을 감아올리는데 사용된다.

**20** 해상으로 기름이 유출되었을 때 확산을 방지하기 위하여 사용하는 것은?

① 유겔화제      ② 오일펜스
③ 유처리제      ④ 톱 밥

해설
오일펜스는 바다 위에 유출된 기름이 퍼지는 것을 막기 위해서 울타리 모양으로 수면에 설치하는 것이다.

**21** 프레온(R-22)냉매의 누설 검출법이 아닌 것은?

① 유황을 태우면 흰 연기 발생
② 할로겐 누설 검지기
③ 핼라이드 토치
④ 비눗물

해설
프레온계 냉매의 누설 검출방법으로는 비눗물, 할로겐 누설 검지기, 핼라이드 토치 등이 있다.

**22** 냉동장치에서 압축기의 윤활유 부족 시 보충해야 하는 곳은?

① 축봉장치      ② 액분리기
③ 크랭크실      ④ 실린더 커버

해설
압축기의 윤활유가 부족하면 크랭크실의 보충 밸브를 통해서 보충한다.

**23** 냉동기의 냉매 충전량을 확인할 수 있는 곳은?

① 압축기
② 유분리기
③ 수액기
④ 증발기

해설
수액기는 응축기에서 액화한 액체 냉매를 팽창밸브로 보내기 전에 일시적으로 저장하는 용기로 액면계가 설치되어 있어 냉매의 양을 확인할 수 있다.

**24** 냉동장치에서 압축 압력이 너무 높아지는 원인에 해당하지 않는 것은?

① 응축기 냉각수의 온도가 낮다.
② 불응축 가스가 있다.
③ 냉매가 너무 많다.
④ 응축기의 냉각수가 부족하다.

해설
압축 압력이 높아지는 원인은 여러 가지가 있다. 응축기에서 냉각이 원활히 이루어지지 않거나 냉매 중에 공기가 혼입될 경우 등이 있다. 냉각수의 온도가 낮으면 냉각이 더 잘되므로 압력이 높아지는 원인은 아니다.

**25** 다음 장치 중 냉동장치의 압축기 출구측에 설치하여 냉매와 기름을 분리하고 분리된 기름을 압축기의 크랭크실로 되돌려 보내는 것은?

① 감온통
② 건조기
③ 유분리기
④ 액분리기

해설
유분리기는 압축기와 응축기 사이에 설치되며 압축기에서 냉매가스와 함께 혼합된 윤활유를 분리·회수하여 다시 압축기의 크랭크케이스로 윤활유를 돌려보내는 역할을 한다.

**제3과목** 기관 3

**01** 다음 법칙 중 전동기의 회전방향을 알 수 있는 것은?

① 플레밍의 오른손법칙
② 플레밍의 왼손법칙
③ 키르히호프의 법칙
④ 렌츠의 법칙

**해설**

전동기의 원리는 플레밍의 왼손법칙이 적용된다. 자기장 내에 도체를 놓고 전류를 흘리면 플레밍의 왼손법칙에 의해 전자력이 발생되어 회전하게 되는데 엄지손가락은 회전방향, 검지손가락은 자력선의 방향, 가운데 손가락은 전류의 방향을 나타낸다.

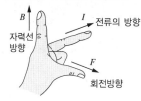

[플레밍의 왼손법칙]

**02** 다음 보기가 설명하는 법칙은?

> 도체에 흐르는 전류는 그 도체의 양단에 주어진 전압에 비례하고, 저항에 반비례한다.

① 옴의 법칙
② 앙페르의 법칙
③ 플레밍의 법칙
④ 전자유도법칙

**해설**

옴의 법칙은 $I = \dfrac{V}{R}$으로 전류는 전압에 비례하고 저항에 반비례한다.

**03** 배터리 충·방전반에 설치되어 있지 않은 것은?

① 전류계
② 역률계
③ 전압계
④ 접지등

**해설**

배터리 충·방전반에는 전압계, 전류계, 접지등 및 차단기 등이 설치되며 역률계는 발전기 배전반에 설치된다.

**04** 축전지의 음극을 표시하는 방법으로 틀린 것은?

① N으로 표시
② 흑색으로 표시
③ "−"로 표시
④ P로 표시

**해설**

축전지에서 양극(+)은 P(Positive Electrode), 음극(−)은 N(Negative Electrode)로 표시한다. 또한 양극의 전선 단자는 붉은색, 음극의 단자는 흑색으로 표시한다.

**05** 직류발전기에서 정류자와 브러시가 하는 역할은?

① 교류를 직류로 바꾸고 외부로 끌어내는 역할
② 직류를 교류로 바꾸고 외부로 끌어내는 역할
③ 유도 기전력을 발생시키는 역할
④ 주파수를 증가시키는 역할

**해설**

직류발전기에서 정류자는 교류 기전력을 직류로 바꾸어 주는 부분이고, 브러시는 전기자 권선과 연결된 슬립링이나 정류자편과 마찰하면서 기전력을 발전기 밖으로 인출하는 부분이다.

**06** 다음과 같은 전기회로도가 표시하는 것은?

① 코 일　　　　② 안테나
③ 접 지　　　　④ 콘덴서

해설
보기의 그림은 접지를 나타낸 것이다. 접지란 전기기기의 본체를 선체
의 일부와 연결시켜 놓은 것인데 고층건물의 피뢰침과 같은 역할을
한다. 전기기기의 내부 누설이나 기타 고압의 전류가 흘렀을 때 전류를
선체로 흘려보내어 전위차를 없애주는 것이다. 전기기기의 보호 및
감전을 예방하는 역할을 한다.

**07** 전선재료의 구비조건이 아닌 것은?

① 가공과 접속이 쉬울 것
② 내식성이 클 것
③ 저항값이 클 것
④ 도전율이 클 것

해설
좋은 전선재료란 도전율, 인장강도, 가요성이 크고 내식성이 크며 비
중이 작아야 한다. 저항이 크면 열손실이 많이 발생하게 되어 전류가
잘 통하지 않는다.

**08** 교류발전기를 보호하기 위한 장치에 속하지 않는 것은?

① 고저항계전기
② 저전압계전기
③ 과전류계전기
④ 역전력계전기

해설
교류발전기를 보호하기 위해 ACB(기중 차단기)를 설치하는데 ACB는
과전류, 저전압, 역전력이 발생했을 때 차단되어 발전기를 보호한다.

**09** 부하가 일정한 상태에서 동기발전기의 여자전류가 증
가하는 경우는?

① 단자전압이 올라가고 주파수는 거의 변하지 않는다.
② 단자전압이 내려가고 주파수는 거의 변하지 않는다.
③ 단자전압이 올라가고 주파수도 그만큼 올라간다.
④ 단자전압이 내려가고 주파수도 그만큼 내려간다.

해설
발전기에서 계자는 자속을 발생시키는 부분이고 여자전류는 자계를
발생시키기 위한 전류로 계자권선에 흐르는 전류를 말한다. 자속은
권선에 흐르는 전류에 비례하여 발생하는데 계자 전류를 증가시키면
자속이 커지고 자속이 커지게 되면 전압도 증가한다. 이때 부하가
일정한 상태이므로 주파수는 거의 변하지 않는다.

**10** 전기에서 "DC"가 나타내는 약자는?

① 교류전기
② 직류전기
③ 전력의 단위
④ 주파수의 단위

해설
직류는 DC(Direct Current), 교류는 AC(Alternating Current)이다.

**11** 다음 물질 중 전기가 가장 잘 통하는 것은?

① 금
② 철
③ 납
④ 청 동

해설
전기가 통하기 쉬운 정도를 나타내는 값을 전기전도도라고 하는데
순서는 은 > 구리 > 금 > 알루미늄 > 텅스텐 > 아연 > 니켈 > 철
> 백금 > 연(납) > 황동 > 청동 순이다.

**12** 다음 중 선박에서 가장 많이 쓰는 것은?

① 납축전지
② 리듐이온전지
③ 니켈수소전지
④ 알칼리 건전지

해설

선박에서 일반적으로 사용하는 축전지는 납축전지이다.

※ 요즘 선박들은 증류수를 보충하는 납축전지보다 MF(메인터넌스 프리, Maintenance Free) 배터리를 많이 사용한다. MF 배터리는 무보수 배터리 또는 무정비 배터리라고도 부른다. 정비나 보수가 필요 없는 배터리라는 뜻에서 이 이름이 붙여졌다. 납축전지에는 묽은 황산으로 된 배터리액이 들어있는데, 충전을 하거나 자연적으로 방전될 때 증발하는 경향이 있다. 이 때문에 주기적으로 증류수를 보충해주어야 하고, 기온이 급격히 떨어질 경우에는 외부 온도의 영향을 받아 배터리액의 비중이 낮아지는 단점이 있다. 그러나 MF 배터리는 묽은 황산 대신 젤 상태의 물질을 사용하고, 내부 전극의 합금 성분에 칼슘 성분을 첨가해 배터리액이 증발하지 않는다. 따라서 증류수를 보충해 줄 필요가 없다. 또 납축전지처럼 자주 손이 가지 않아 수명도 훨씬 길다. 점검방법은 배터리 위쪽의 점검 창 색이 녹색이면 정상, 검은색이면 충전 부족, 투명하면 배터리액이 부족한 상태로 교체해주는 것이 좋다.

**13** 그림과 같이 4[A] 전류가 흐르는 회로에서 저항 "R"은 몇 [Ω]인가?

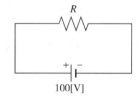

$R$

$100[V]$

① 400[Ω]          ② 100[Ω]
③ 25[Ω]           ④ 0.04[Ω]

해설

옴의 법칙 : $I = \dfrac{V}{R}[\text{A}]$, $V = I \times R[\text{V}]$, $R = \dfrac{V}{I}[\Omega]$이므로,

저항 $R = \dfrac{V}{I} = \dfrac{100}{4} = 25[\Omega]$이다.

**14** 도선에 단위시간당 흐르는 전하량은?

① 전 압
② 전 류
③ 저 항
④ 전 력

해설

② 전류 : 일정 시간 동안 흐른 전하량의 비율로 기호는 $I$, 단위는 암페어[A]이다.
① 전압 : 회로 내의 전류가 흐르기 위해서 필요한 전기적인 압력으로 기호는 $V$, 단위는 볼트[V]이며, 전압이란 용어는 전위, 기전력과 다 같은 것으로 사용된다.
③ 저항 : 전기의 흐름을 방해하는 것으로 기호는 $R$, 단위는 옴[Ω]이다.
④ 전력 : 전기가 하는 일의 능률로 단위 시간($s$)에 하는 일을 말한다. 단위는 와트[W]이다.

**15** 발전기 배전반에 부착되지 않는 것은?

① 기중 차단기
② 주파수계
③ 전압계
④ 회전수계

해설

발전기 배전반에서 확인할 수 있는 사항은 부하 전력, 부하 전류, 운전 전압, 주파수 등을 알 수 있으며 역률이 표시되는 배전반도 있다. 발전기의 RPM은 발전기 기계측 계기판에 표시되는 경우는 있고 일반적으로 배전반에는 설치되지 않는다.

**16** 다음 중 3상 유도전동기의 부하 전류가 가장 큰 것은?

① 역률이 낮은 부하를 연속 운전할 때
② 부하의 역률이 클 때
③ 기동을 할 때
④ 부하가 100[%]일 때

해설

유도전동기의 기동 전류는 처음이 크고 점차 일정한 값으로 내려와 유지된다.

**17** 동기발전기의 운전 중 점검 사항에 해당하지 않는 것은?

① 발전기의 슬립 링과 브러시에서 불꽃 발생여부를 점검한다.
② 과부하 운전이 되지 않도록 한다.
③ 발전기의 온도상승에 주의한다.
④ 전기자의 절연저항을 계측하여 확인한다.

**해설**
절연저항은 전기기기의 전원을 차단하고 계측해야 한다. 운전 중이나 전원이 공급되고 있을 때에는 측정하여서는 안 된다.

**18** 납축전지의 취급 상 주의사항으로 틀린 것은?

① 단자 전압에 주의하고 과방전을 하지 않는다.
② 전해액의 양에 주의하고 필요하면 보충한다.
③ 이상 온도 상승에 주의한다.
④ 가스가 나오지 않도록 액 마개를 잘 잠근다.

**해설**
납축전지는 충전이 어느 정도 진행되면 양극에서는 산소가 음극에서는 수소가 발생하는데 자연적으로 가스가 방출될 수 있도록 마개를 열어놓고 납축전지를 보관하는 장소는 폭발의 위험성이 있으므로 항상 환기가 될 수 있도록 해야 한다.

**19** 동기검정기의 역할로 옳은 것은?

① 병렬운전 시 위상차를 확인한다.
② 누설전류의 여부를 확인한다.
③ 전압의 크기를 계측한다.
④ 전압을 자동 조정한다.

**해설**
동기검정기란 두 대의 교류 발전기를 병렬운전 할 때 두 교류 전원의 주파수와 위상이 서로 일치하고 있는가를 검출하는 기기이다.

**20** 기관실 3상 유도전동기의 구조에서 속하지 않는 것은?

① 고정자　　② 슬립링
③ 회전자　　④ 냉각팬

**해설**
유도전동기는 크게 고정자와 회전자로 구성되어 있고 전동기의 발열을 줄여주기 위해 냉각팬을 설치한다.

**21** 선박용 동기발전기에 설치되어 있지 않은 것은?

① 전기자 권선
② 계자권선
③ 철 심
④ 보상권선

**해설**
보상권선은 직류기기에 설치되는 것으로 다른 권선에 의해서 기자력의 일부 또는 전부를 상쇄시키기 위한 권선이다. 즉, 상대 전기자 권선의 전류와 반대 방향에 전류를 흐르게 해서 자극편 아래부분의 전기자 반작용을 없애는 작용을 한다.

**22** 다음 중 축전지 용량의 단위는?

① [kW]　　② [Ah]
③ [J]　　④ [kVA]

**해설**
축전지 용량(암페어시, [Ah])=방전전류[A]×종지 전압까지의 방전시간[h]

**23** 납축전지의 주요 구조물에 속하지 않는 것은?

① 중극판　　② 격리판
③ 양극판　　④ 음극판

**해설**
납축전지는 극판군과 전해액 전조로 이루어진다.
• 극판군 : 여러 장의 양극판, 음극판, 격리판으로 구성한다.
• 전해액 : 진한 황산과 증류수를 혼합하여 비중 1.28 내외로 사용한다.
• 전조 : 전지의 용기를 말하며 깨지지 않고 가벼운 재질로 만든다.

**24** 실리콘 반도체의 특성이 아닌 것은?

① 온도가 높아지면 저항은 감소한다.

② 절연체보다 저항이 작다

③ 도체보다 저항이 크다.

④ 불순물이 섞이면 저항이 증가한다.

해설

반도체는 도체와 부도체의 중간 정도의 성질을 가진다. 평소에는 부도체의 성질을 가지고 있지만 열을 가하거나 특정 불순물을 넣는 등의 인위적인 조작을 하면 전기가 통하게 된다.

• 어떤 온도 범위 내에서 온도가 상승하면 저항률이 감소하고 도전율이 증가한다.

• 빛을 받으면 저항이 감소하면서 도전성이 증가한다.

• 불순물을 첨가하여 저항을 감소시킬 수 있다.

**25** AC(교류)를 DC(직류)로 전환할 때 가장 중요한 부품은?

① PNP 트랜지스터

② 다이오드

③ 세라믹 콘덴서

④ NPN 트랜지스터

해설

다이오드는 P–N 접합으로 만들어진 것으로 전류는 P형(애노드, +)에서 N형(캐소드, –)의 한 방향으로만 통하는 소자이다. 다이오드는 교류를 직류로 바꾸는 정류작용을 한다.

## 제4과목 직무일반

**01** 다음 중 당직항해사에게 통보하거나 협의할 사항이 아닌 것은?

① 발전기의 송전에 이상이 있을 경우

② 주기관의 안전장치가 작동했을 때

③ 냉동기를 수리하고자 할 때

④ 양묘기를 수리하고자 할 때

해설

냉동기는 항해와 직접적인 관련은 없어 당직항해사에게 보고할 사항은 아니다. 항해와 관련하여 주기관의 속도 조정이나 심각한 결함 및 갑판기계 수리 등의 사항은 당직항해사에게 보고해야 한다.

**02** 기관일지 기입에 대한 설명으로 틀린 것은?

① 해수와 청수, 냉각수의 유량을 기입한다.

② 발전기의 운전시간 및 전력 등을 기입한다.

③ 주기관에 이상이 있으면 그 상황을 자세히 기록한다.

④ 항해 중 발생한 사고에 대한 조치사항 등을 기록한다.

해설

기관일지에는 해수와 청수의 온도는 기입하나 냉각수의 유량까지는 기입하지 않는다.

**03** 항해중 당직기관사가 기관장에게 보고할 사항이 아닌 것은?

① 조타기의 심한 손상

② 해수온도의 급격한 저하

③ 발전기의 고장으로 인한 정전

④ 주기관 운전 회전수의 급격한 저하

해설

당직기관사는 기관실의 중대한 문제가 생겼을 때에는 즉시 기관장에게 보고해야 한다. 해수온도가 급격하게 저하되었다고 해서 기관에 큰 문제가 생기지는 않는다.

**04** 기관당직사관의 숙지사항에 속하지 않는 것은?

① 기관실로부터의 탈출로

② 적절한 내부통신 시스템의 사용

③ 야간이나 안개가 많은 지역의 항해법

④ 기관실 경보시스템에서 경보종류의 구별

해설

당직기관사가 야간이나 안개가 많은 지역의 항해법을 숙지할 필요는 없다. 항해사에게 요구되는 사항이다.

**05** 황천 항해 시 가장 주의해야 할 사항으로 옳은 것은?

① 실린더의 압축 압력
② 주기관의 위험회전수
③ 주기관의 흡기온도
④ 발전기의 배기온도

**[해설]**
황천 항해 시에는 횡요와 동요로 인해 기관의 공회전이 일어날 확률이 높으므로 조속기의 작동상태를 주의하고 주기관의 회전수를 평소보다 낮추어서 운전해야한다. 이때, 주기관의 회전수가 위험 회전수 범위에서 운전되지 않게 주의해야 한다.
※ 위험회전수 : 축에 발생하는 진동의 주파수와 고유 진동수가 일치할 때 주기관의 회전수를 의미하는데 위험회전수 영역에서 운전을 하게 되면 공진현상에 의해서 축계에서 진동이 증폭되고 축계 절손 등의 사고가 발생할 수 있다.

**06** 당직근무 교대 시의 인수인계 사항에 해당하지 않는 것은?

① 기관장의 지시사항
② 기관부 작업의 현황
③ 주기관의 연료소비율
④ 주요 보기의 운전상태

**[해설]**
연료소모량이 평소와 비교하여 확연히 증가하거나 특이사항이 있을 경우에는 인수인계를 해야 하나 기관의 연료소비율은 변동사항이 아니므로 인수인계를 할 필요는 없다.

**07** 유조선에서 기관구역으로부터 기름배출을 방지하기 위한 기름오염방지 설비의 비치 대상이 아닌 것은?

① 총톤수 100톤 미만
② 총톤수 50톤 미만
③ 총톤수 150톤 미만
④ 총톤수 400톤 미만

**[해설]**
선박에서의 오염방지에 관한 규칙 [별표 7]
기름오염 방지설비의 설치 대상 및 설치기기는 유조선과 유조선 아닌 선박의 톤수마다 차이가 있다. 가장 기본이 되는 선저폐수저장탱크 또는 기름여과장치 및 배출관장치는 유조선은 총톤수 50톤 이상 400톤 미만, 유조선 아닌 선박은 총톤수 100톤 이상 400톤 미만의 선박에 설치해야 한다.

**08** 기관구역의 기름기록부를 선박 안에 비치해야 하는 기간은 몇 년인가?

① 최초 기재일부터 2년
② 최초 기재일부터 3년
③ 최종 기재일부터 2년
④ 최종 기재일부터 3년

**[해설]**
기름기록부는 마지막 기록일로부터 3년간 선내에 보관해야 한다.

**09** 해양환경관리법에서 규정한 선저폐수로 옳은 것은?

① 기름여과장치에서 분리된 15[ppm] 이상의 유분
② 기관실의 밑바닥에 고인 유성혼합물
③ 화장실에서 발생하는 선원의 배설물
④ 연료유 청정기에서 발생한 슬러지

**[해설]**
해양환경관리법 제2조(정의)
선저폐수라 함은 선박의 밑바닥에 고인 액상유성혼합물을 말한다.

**10** 디젤 주기관의 배출가스 성분 중 환경에 미치는 영향이 가장 작은 것은?

① 황산화물
② 질 소
③ 일산화탄소
④ 질소산화물

**[해설]**
일산화탄소, 황산화물, 질소산화물 등은 대기오염 및 지구 온난화에 악영향을 미친다. 디젤기관에서 발생하는 질소산화물이 문제가 되는 것이지 질소 자체만으로는 문제가 되지 않는다.

**11** 해양오염방지관리인을 임명할 수 있는 사람은?

① 해양수산연수원 원장
② 지방해양수산청장
③ 해양수산부장관
④ 선 주

해설
해양환경관리법 제32조(선박 해양오염방지관리인)
총톤수 150톤 이상인 유조선과 총톤수 400톤 이상인 선박의 소유자는 그 선박에 승무하는 선원 중에서 선장을 보좌하여 선박으로부터의 오염물질 및 대기오염물질의 배출방지에 관한 업무를 관리하게 하기 위하여 대통령령으로 정하는 자격을 갖춘 사람을 해양오염방지관리인으로 임명해야 한다. 단, 선장, 통신장 및 통신사는 제외한다.

**12** 냉매 접촉에 의한 동상일 때 초기의 치료방법으로 가장 옳은 것은?

① 다량의 냉수로 환부를 씻는다.
② 환부에 연고를 바른다.
③ 환부를 붕대로 감아둔다.
④ 환부를 뜨거운 물로 씻는다.

해설
선박에서는 냉동기나 에어컨의 냉매 충전 작업 중 냉매 접촉에 의한 동상이 발생할 수 있다. 초기의 조치는 미지근한 물로 환부를 씻는 것이 가장 중요하다. 성급하게 보온하면 통증이 심해지고 조직이 파괴될 수 있다. 환부에 연고를 바르거나 붕대를 감아두는 행위는 초기 치료 후에 방법이다.

**13** 드레싱의 주요 목적에 해당하지 않는 것은?

① 지 혈
② 원활한 움직임
③ 감염방지
④ 분비물 흡수

해설
드레싱은 지혈을 하고 추가적인 감염을 방지하며 분비물을 흡수하는 역할을 한다.

**14** 침수사고 예방법이 아닌 것은?

① 해수계통의 파이프 및 밸브의 누설 개소 점검
② 기관실 빌지(선저폐수) 펌프 정비
③ 수밀문의 정비 및 작동 확인
④ 구명정 훈련을 정기적으로 실시

해설
구명정 훈련은 최후의 수단으로 퇴선훈련을 하는 것으로 침수사고 예방과는 거리가 멀다.

**15** 방수 및 배수설비에 속하지 않는 것은?

① 빌지펌프
② 수밀격벽
③ 이중저
④ 청수펌프

해설
이중저는 선체가 두 개의 외판으로 이루어진 것으로 외판이 손상되어도 해수가 선저로 침입하는 것을 막는 역할을 하고 화물유가 새어나가지 못하는 역할도 한다. 수밀문이나 수밀 격벽은 침수구역의 침수 발생 부위의 응급조치가 시행되지 않았을 경우 그 구획만 침수되도록 하여 침수구역을 최소화하는 설비이고 빌지펌프나 해수펌프 등은 배수를 위해 사용되는 펌프이다.

**16** 다음 보기에서 ( ) 안에 알맞은 말은?

> 선체 침수 사고에 대비하기 위하여 ( )훈련을 통하여 그 응급조치 요령을 익혀 두어야 한다.

① 주 조
② 소 화
③ 방 수
④ 생 존

해설
선체 침수 사고에 대비하기 위하여 방수훈련을 통하여 그 응급조치 요령을 익혀 두어야 한다.

**17** 선박이 암초에 좌초되었을 때 가장 먼저 해야 할 일로 옳은 것은?

① 선장에게 보고
② 물이 새는 곳이 있는지 파악
③ 기관장에게 보고
④ 구명정을 진수하여 퇴선준비

해설

선박이 좌초되었을 경우에는 침수가 발생할 위험이 가장 크므로 물이 새는 곳을 파악하는 것이 가장 시급한 일이며 초기 대처가 매우 중요하다.

**18** 현재 선박에서 사용하는 소화방법에 속하지 않는 것은?

① 물에 압력을 가하여 직접 이것을 주사하여 소화한다.
② 고정식 소화설비를 이용하여 소화한다.
③ 공기탱크의 공기를 분사시켜 화재를 소화한다.
④ 휴대식 소화기를 이용하여 소화한다.

해설

선박에는 수소화장치를 기본으로 설치하고 휴대식 소화기를 곳곳에 비치한다. 기관구역이나 화물구역에 고정식 소화설비를 설치하여 초기 진화에 실패하였을 때 고정식 소화장치(이산화탄소, 고팽창 포말, 가압수 분무 등)를 사용하여 화재를 진압한다.
※ 수소화장치(소화전)는 선내의 모든 화재 현장까지 물을 공급하는 가장 기본적인 소화설비이다. 소화펌프, 소화 주관 및 지관, 호스 및 노즐로 구성되어 있고 소화펌프는 선박의 전 구간에 걸쳐 화재 발생구역에 관을 통해 물을 공급할 수 있어야 한다.

**19** 다음에서 설명하는 화재탐지기는?

> 화재구획의 공기를 흡입하여 공기 내에 연기가 존재하면 작동하는 방식이다.

① 열 탐지기
② 정온식 탐지기
③ 연관식 탐지기
④ 보상식 탐지기

해설

선박에서 사용하는 탐지기에는 열 탐지기와 연기 탐지기가 있다. 열 탐지기에는 정온식, 차동식, 보상식이 있고 연기 탐지기에는 이온화식과 광전식이 있다. 그리고 연관식 탐지기가 있는데 이것은 화물창 등 화재구역에서 작은 관을 통해 탐지기가 있는 곳까지 공기를 흡입하여 연기의 존재를 감지해 작동하는 것이다. 연기 탐지기와 연관식 탐지기의 차이로 연기탐지기는 화재구역 내에 설치되어 작동하는 반면 연관식은 화재구역 밖에 설치되고 화재구역에서 관을 통해 연기를 흡입하여 작동한다.

**20** 전기화재를 예방하기 위한 주의사항이 아닌 것은?

① 모든 전기장치는 요구되는 절연저항치가 되도록 할 것
② 모든 전기장치는 정격용량보다 작게 부하를 걸지 말 것
③ 모든 전기장치는 과부하가 되지 않도록 할 것
④ 전선이나 접점은 항상 단단히 고정할 것

해설

정격용량이란 전기기기가 정상적으로 작동하고 있을 때 소모되는 전력을 말한다.

**21** 휴대식 이산화탄소 소화기에 대한 설명으로 적절한 것은?

① 전기화재의 소화에 적합하다.
② 풍하측에서 가장 많이 사용한다.
③ 바람이 많이 부는 곳에 사용한다.
④ 소화약제 방출 시 화상에 주의한다.

해설

이산화탄소 소화기($CO_2$ 소화기)는 피연소 물질에 산소공급을 차단하는 질식효과와 열을 빼앗는 냉각효과로 소화시키는 것으로 C급 화재(전기 화재)에 효과적이다. 이산화탄소 소화기는 급속도로 냉각을 하여 소화시키는 것으로 방출 시 동상의 우려가 있으므로 손잡이를 바로 잡아야 한다.

**22** 선박직원법의 제정 목적으로 옳은 것은?

① 해상 질서 유지

② 선박의 감항성 유지

③ 선원의 기본적 생활 보장

④ 선박직원의 자격을 정함

해설

선박직원법 제1조(목적)

선박직원법은 선박직원으로서 선박에 승무할 사람의 자격을 정함으로써 선박 항행의 안전을 도모함을 목적으로 한다.

**23** 선박에서 여객선은 몇 명 이상의 여객을 태울 수 있는가?

① 10명      ② 13명

③ 15명      ④ 23명

해설

선박안전법 제2조(정의)

여객선이라 함은 13인 이상의 여객을 운송할 수 있는 선박을 말한다.

**24** 다음 선박 중 선박안전법의 적용을 받는 것은?

① 군 함

② 여객선

③ 경찰용 선박

④ 노와 상앗대만으로 운항하는 선박

해설

선박안전법 제3조(적용범위)

선박직원법은 대한민국 국민 또는 대한민국 정부가 소유하는 선박에 적용하며 다음의 선박은 제외된다.

• 군함 및 경찰용 선박

• 노, 상앗대, 페달 등을 이용하여 인력만으로 운전하는 선박

• 어선법 제2조제1호에 따른 어선

• 이외의 선박으로서 대통령령이 정하는 선박

**25** 해양환경관리법상 폐기물기록부를 비치해야 하는 선박에 해당하는 것은?

① 총톤수 150톤 이상의 모든 선박

② 총톤수 300톤 이상의 모든 선박

③ 총톤수 150톤 이상의 모든 선박 또는 최대승선인원이 10명 이상인 선박

④ 총톤수 400톤 이상의 모든 선박 또는 최대승선인원이 15명 이상인 선박

해설

선박에서의 오염방지에 관한 규칙 제23조(선박오염물질기록부 비치 대상선박)

총톤수 400톤 이상의 선박과 최대승선인원 15명 이상인 선박은 폐기물기록부를 비치하고 기록하여야 한다.

제1과목  기관 1

**01** 4행정 사이클 직접 역전식 디젤기관에서 압축공기로 어느 위치에서나 시동 가능한 최소 크랭크의 실린더 수는?

① 2 실린더
② 6 실린더
③ 8 실린더
④ 12 실린더

해설
4행정 사이클 기관은 6실린더 이상, 2행정 사이클 기관은 4실린더 이상이면 기관이 어떠한 크랭크 위치에서 정지해도 시동이 될 수 있다. 기관이 어떠한 크랭크 위치에서 정지해도 시동이 될 수 있도록 하기 위해서는 각 시동밸브의 밸브 열림 각도의 합계가 4행정 사이클 기관은 720°(1사이클 완료하는 데 크랭크축이 2회전하기 때문), 2행정 사이클 기관은 360°(1사이클 완료하는 데 크랭크축이 1회전하기 때문) 이상이 되어야 한다. 그런데 각 시동밸브는 작동행정의 상사점에서 배기 시작까지 열려 있으므로 4행 사이클 기관은 140°, 2행정 사이클 기관은 120° 이상 열려 있게 된다. 그래서 4행정 사이클 기관은 6실린더 이상이면 항상 어느 한 실린더의 시동밸브가 작동 위치에 있기 때문에 크랭크를 시동위치에 맞출 필요 없이 시동을 할 수 있다.

**02** 디젤기관의 실린더 라이너의 마모가 가장 심한 곳은?

① 상 부
② 하 부
③ 중 간
④ 중간과 하부 사이

해설
실린더 라이너의 마멸은 폭발이 일어나는 상사점 부근에서 가장 심하게 일어난다.

**03** 디젤기관의 윤활유 계통에서 윤활유의 순환 순서가 바르게 나열된 것은?

① 윤활유 펌프 → 윤활유 여과기 → 기관 → 윤활유 냉각기
② 윤활유 펌프 → 윤활유 여과기 → 윤활유 냉각기 → 기관
③ 윤활유 펌프 → 윤활유 냉각기 → 기관 → 윤활유 여과기
④ 윤활유 여과기 → 기관 → 윤활유 냉각기 → 윤활유 펌프

해설
다음의 그림은 윤활유 공급 시스템의 한 예를 나타낸 것이다. 윤활유는 기관의 섬프탱크에서 윤활유 펌프로 이송되어 여과기를 거친 후 온도조절밸브에 의해 온도가 높으면 냉각기로 보내고 온도가 낮으면 바로 기관으로 공급되는 경로를 순환한다.

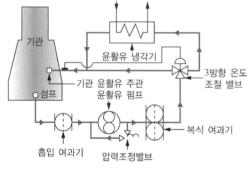

[윤활유 공급 시스템]

**04** 디젤기관의 연소과정과 관련이 없는 것은?

① 무제어 연소 기간
② 과조 점화 기간
③ 착화지연 기간
④ 후 연소 기간

해설
디젤기관의 연소과정은 착화지연 기간(착화 늦음 기간), 폭발 연소 기간(무제어 연소 기간), 제어 연소 기간, 후 연소 기간으로 나뉜다.

**05** 디젤기관의 배기밸브에 카본이 너무 심하게 부착될 때의 점검사항으로 맞지 않는 것은?

① 배기밸브의 태핏 간극
② 연료분사밸브
③ 연료유의 질
④ 윤활유 펌프

해설
배기밸브에 카본이 심하게 부착되는 경우는 연소실에서 불완전연소에 의해 카본이 퇴적되는 경우이다. 불완전 연소가 되는 이유는 여러 가지가 있으나 그 중에 연료분사 밸브의 고장, 연료유의 불량, 흡입공기의 부족 등이 있으며, 흡·배기 밸브의 밸브 간극(태핏 간극) 불량으로 인해 연소가 제대로 이루어지지 않는 경우가 있다.

**06** 디젤기관의 실린더헤드에서 볼 수 없는 것은?

① 연료분사 밸브
② 배기밸브
③ 안전밸브
④ 팽창밸브

해설
디젤기관의 실린더헤드에는 기관에 따라 차이는 있지만 흡기밸브, 배기밸브, 연료분사 밸브, 로커암, 실린더헤드 안전밸브, 시동공기 밸브 등이 장착되어 있다. 팽창밸브는 냉동기의 구성요소 중 하나이다.

**07** 디젤기관에서 피스톤의 역할은?

① 실린더 내를 왕복 운동하면서 새로운 공기를 흡입하고 압축한다.
② 크랭크 저널에 설치되어 크랭크축을 지지한다.
③ 연소실을 형성하고 각종 밸브들이 설치된다.
④ 크랭크축의 회전력을 균일하게 한다.

해설
피스톤은 실린더 내를 왕복 운동하여 공기를 흡입하고 압축하며, 연소가스의 압력을 받아 커넥팅로드를 거쳐 크랭크에 전달하여 크랭크축을 회전시키는 역할을 한다.
② : 메인 베어링
③ : 실린더헤드
④ : 플라이 휠

**08** 4행정 사이클 디젤기관에서 피스톤이 1행정일 때 크랭크의 회전하는 각도는?

① 90°  ② 180°
③ 360°  ④ 720°

해설
4행정 사이클 기관은 피스톤이 4행정 왕복하는 동안(크랭크축이 2회전, 720°) 1사이클을 완료하고 2행정 사이클 기관은 피스톤이 2행정하는 동안(크랭크축은 1회전, 360°) 소기 및 압축과 작동 및 배기를 완료하는 기관이다. 따라서 4행정 사이클 기관과 2행정 사이클 기관은 1행정(피스톤의 상사점과 하사점 사이의 직선거리)하는데 크랭크의 회전각도는 두 기관 모두 180°이다.

**09** 디젤기관에서 피스톤 링의 펌프작용은?

① 피스톤 링이 마멸되어 링을 통해 윤활유를 연소실로 올려보내는 현상
② 피스톤이 흡입된 공기를 압축하면서 발생하는 심한 소음
③ 피스톤 링이 링 홈 안에서 진동하는 현상
④ 배기가스가 흡입밸브로 역류되는 현상

**해설**

링의 펌프작용과 플러터 현상 : 피스톤 링과 홈 사이의 옆 틈이 너무 클 때, 피스톤이 고속으로 왕복 운동함에 따라 링의 관성력이 가스의 압력보다 크게 되어 링이 홈 중간에 뜨게 되면, 윤활유가 연소실로 올라가 장해를 일으키거나 링이 홈 안에서 진동하게 된다. 윤활유가 연소실로 올라가는 현상을 링의 펌프작용, 링이 진동하는 것을 플러터 현상이라고 한다.

**10** 디젤기관에서 피스톤에 가장 큰 힘이 작용하는 행정은?

① 배기행정      ② 압축행정

③ 작동행정      ④ 흡입행정

**해설**

작동행정(폭발, 팽창 또는 유효행정) : 흡기밸브와 배기밸브가 닫혀 있는 상태에서 피스톤이 상사점에 도달하기 전에 연료가 분사되어 연소하고 이때 발생한 연소가스가 피스톤을 하사점까지 움직이게 하여 동력을 발생하는 행정으로 피스톤에 가장 큰 힘이 작용한다.

**11** 디젤기관의 메인 베어링 발열 시 원인에 해당하지 않는 것은?

① 베어링 메탈의 재질이 불량할 때

② 윤활유에 수분이 혼입되었을 때

③ 윤활유의 양이 부족할 때

④ 새 윤활유를 사용할 때

**해설**

기관의 윤활유를 장기간 사용하면 윤활유 본연의 기능을 점점 잃게 된다. 그러므로 주기적으로 새 윤활유로 교환해주어야 한다.

**12** 디젤기관에서 크랭크암 개폐작용의 원인으로 볼 수 없는 것은?

① 메인베어링의 불균일한 마멸

② 메인베어링의 과도한 틈새

③ 크랭크축 중심 부정

④ 기관의 저부하 운전

**해설**

크랭크암의 개폐작용(크랭크암 디플렉션)은 크랭크축이 회전할 때 크랭크 암 사이의 거리가 넓어지거나 좁아지는 현상이다. 그 원인으로는 다음 사항들이 있으며 주기적으로 디플렉션을 측정하여 원인을 해결해야 한다.
• 메인베어링의 불균일한 마멸 및 조정불량
• 스러스트 베어링(추력베어링)의 마멸과 조정불량
• 메인베어링 및 크랭크 핀 베어링의 틈새가 클 경우
• 크랭크축 중심의 부정 및 과부하 운전(고속운전)
• 기관 베드의 변형

**13** 압축공기로 시동하는 디젤기관에서 시동이 되지 않을 때 응급조치 사항이 아닌 것은?

① 배기가스의 온도를 검사한다.

② 시동공기압력을 높인다.

③ 시동밸브의 작동을 확인한다.

④ 흡·배기밸브의 누설을 확인한다.

**해설**

시동이 되지 않은 디젤기관에서는 연소실에서 연소가 일어나지 않았으므로 배기가스 온도는 확인할 수 없다.

**14** 운전 중인 주기관의 회전수 저하 및 주기관이 정지한 경우의 원인으로 볼 수 없는 것은?

① 연료 계통의 고장

② 조속기의 고장

③ 윤활유 압력의 저하

④ 시동공기 계통의 고장

**해설**

시동공기 계통은 주기관을 시동할 때만 사용하는 것이므로 시동이 잘 되지 않을 때 점검해야 한다.

**15** 디젤기관에서 과급기가 마력을 증가시키는 방법은?

① 실린더 내 평균유효압력을 높여서

② 실린더 연료 소비량을 감소시켜서

③ 피스톤 행정의 길이를 감소시켜서

④ 실린더 내 최고 폭발압력과 온도를 낮추어서

**해설**

과급기는 실린더로부터 나오는 배기가스를 이용하여 과급기의 터빈을 회전시키고 터빈이 회전하게 되면 같은 축에 있는 송풍기가 회전하면서 외부의 공기를 흡입하여 압축하고, 이 공기를 냉각기를 거쳐 밀도를 높이고 실린더의 흡입공기로 공급하는 원리이다. 이렇게 과급을 하면 평균유효압력이 높아져 기관의 출력을 증대시킬 수 있다.

※ 지시마력(도시마력)의 계산은 다음과 같다.

- 2행정 사이클기관의 지시마력(IHP) $= \dfrac{Pmi \cdot A \cdot L \cdot N}{75 \cdot 60} \times Z$

- 4행정 사이클기관의 지시마력(IHP) $= \dfrac{Pmi \cdot A \cdot L \cdot N}{75 \cdot 60 \cdot 2} \times Z$

(여기서, $Pmi$ : 평균유효압력, $A$ : 피스톤면적, $L$ : 피스톤 행정, $N$ : 기관 분당회전수[rpm], $Z$ : 기통수)

기관의 출력을 높이려면 다음의 식과 같이 피스톤면적, 행정, RPM 및 기통수를 늘리면 되나 공간적인 제한이나 기술적인 제한으로 한계가 있다. 그래서 평균유효압력을 높이는 방법을 쓰는데 이때 사용하는 방법이 과급기(터보차저)를 설치하는 방법이다. 과급기로 흡입공기의 밀도를 높여주어 평균유효압력을 높여 출력을 높인다.

**16** 디젤 주기관의 과부하 운전 시 배기 색깔은?

① 연한 백색　　　　② 무 색

③ 청 색　　　　　　④ 흑 색

**해설**

디젤기관의 배기색이 흑색인 원인은 연료의 공급량이 과다하여 불완전 연소가 일어날 때이다. 그 원인은 과부하 운전, 연료분사 밸브의 불량으로 인한 연료 분사량의 과다, 흡입공기(흡기압력, 또는 소기압력) 공급 부족 등의 이유가 있다.

**17** 보일러에서 발생하는 부식의 종류에 해당하지 않는 것은?

① 점 식　　　　　　② 프라이밍

③ 알칼리취화　　　　④ 틈 부식

**해설**

보일러에서 용존 산소, 탄산가스, 용해 염류 등이 보일러 본체 및 부속장치들을 부식시킨다. 그리고 점식, 틈이 생기거나 알칼리취화(알칼리부식)가 보일러 부식의 주원인이다.

※ 기수공발(캐리오버, Carry Over) : 기수공발은 프라이밍, 포밍 및 증기거품이 수면에서 파괴될 때 생기는 작은 물방울들이 증기에 혼입되는 현상을 말한다. 이러한 현상은 증기의 순도를 저하시키고 증기 속에 물방울이 다량 포함되기 때문에 보일러수 속의 불순물도 동시에 송출됨으로써 수격현상을 초래한다거나, 증기 배관이 오염된다거나, 과열기가 있는 보일러에서는 과열기를 오손시키고, 과열 증기의 과열도 저하 등 많은 문제를 유발한다.

- 프라이밍 : 비등이 심한 경우나 급히 주증기 밸브를 개방할 경우 기포가 급격히 상승하여 수면에서 파괴되고 수면을 교란하여 수분이 증기와 함께 배출되는 현상이다.
- 포밍 : 전열면에서 발생한 기포가 물 중에 있는 불순물의 영향을 받아 파괴되지 않고 계속 증가하여 이것이 증기와 함께 배출되는 현상이다.

**18** 다음 장치 중 습증기를 가열하여 과열증기로 변화시키는 것은?

① 과열기　　　　　　② 재열기

③ 절탄기　　　　　　④ 공기예열기

**해설**

보일러 본체에서 발생되는 증기는 약간의 수분을 함유한 포화증기인데 이 증기를 더 가열하여 수분을 증발시키고 온도가 매우 높은 과열증기를 만드는 장치가 과열기이다.

**19** 배의 속력 및 전·후진을 쉽게 조작할 수 있도록 피치를 변경하는 프로펠러는?

① 제트 프로펠러

② 외차 프로펠러

③ 가변피치 프로펠러

④ 고정피치 프로펠러

**해설**

가변피치 프로펠러(CPP)는 프로펠러 날개의 각도를 변화시켜서 피치를 조정하고 이를 통해 배의 속도와 전진·후진 방향을 조정한다. 이때 주기관의 회전방향은 일정하다.

**20** 선미관의 역할이 바르게 연결된 것은?

① 선내로의 공기유출 방지 – 프로펠러축의 마멸방지

② 선내로의 해수유입 방지 – 프로펠러축의 베어링 역할

③ 선내로의 공기유입 방지 – 프로펠러축의 윤활역할

④ 선내로의 해수유입 방지 – 프로펠러축의 회전방지

해설
선미관은 스턴튜브(Stern Tube)라고 하고 프로펠러축이 선체를 관통하는 부분에 설치되어 해수가 선체 내로 들어오는 것을 막고 프로펠러축을 지지하는 베어링 역할을 한다.

**21** 프로펠러축에 슬리브를 부착하는 것은?

① 윤활작용을 잘하기 위해

② 원활한 회전운동을 위해

③ 진동을 막기 위해

④ 해수에 의한 축의 부식을 방지하기 위해

해설
프로펠러축에 슬리브를 사용하면 프로펠러축의 부식과 마멸을 줄이고 축을 장기간 사용할 수 있다. 슬리브가 부식이 많이 진행되면 슬리브만 교환하면 되는데 이는 슬리브를 사용하지 않았을 경우 프로펠러축이 부식이 되어 축 전체로 교환하는 것보다 비용적인 측면에서 장점이 있다.

**22** 추진기축과 추진기의 부식을 방지하는 방법은?

① 추진기의 심도를 얕게 유지하여 최대한 해수와의 접촉을 줄인다.

② 추진기와 해수의 접촉을 막기 위해 추진기에 그리스를 도포한다.

③ 축과 선체가 접지되도록 하여 전위차를 감소시킨다.

④ 추진기 근처 선체에 보호 구리판을 부착한다.

해설
추진기(프로펠러)축과 추진기의 부식을 방지하기 위해서 프로펠러가 있는 선미측 외판에 아연판을 부착하고 선체 내부 프로펠러축에 접지선을 연결하여 전위차를 감소시켜 부식을 방지한다. 이 외에 프로펠러의 공동현상(캐비테이션)이 발생하지 않도록 하여 부식을 방지해야 한다.

※ 공동현상(캐비테이션, Cavitation) : 프로펠러의 회전속도가 어느 한도를 넘어서면 프로펠러 배면의 압력이 낮아지고 표면에 기포상태가 발생하는데 이 기포가 순식간에 소멸되면서 높은 충격 압력을 받아 프로펠러 표면을 두드리는 현상이다.

※ 캐비테이션 침식 : 공동현상이 반복되어 프로펠러 표면이 거친 모양으로 침식되는 현상으로 프로펠러의 손상을 가져온다. 이를 방지하기 위해서는 회전수를 지나치게 높이지 않고 프로펠러가 수면 부근에서 회전하지 않도록 해야 한다.

**23** 선박의 연료유 성분 중 산소와 연소되어 황산화물을 생성하는 물질은?

① C(탄소)

② H(수소)

③ S(황)

④ V(바나듐)

해설
연료유 성분 중 산소와 연소되어 황산화물($SOx$)을 생성하는 물질은 황(S)이다. 참고로 연료유 성분속의 황은 저온부식의 원인이 되고, 바나듐은 고온부식의 원인이 된다.

**24** 15/4[℃] 비중을 설명한 것으로 가장 적절한 것은?

① 같은 부피의 15[℃] 기름의 무게와 4[℃] 물의 무게와의 비를 말한다.

② 같은 부피의 4[℃] 기름의 무게와 15[℃] 물의 무게와의 비를 말한다.

③ 같은 부피의 4[℃] 기름의 무게와 4[℃] 물의 무게와의 비를 말한다.

④ 같은 부피의 15[℃] 기름의 무게와 15[℃] 물의 무게와의 비를 말한다.

해설
기름의 비중 : 부피가 같은 기름의 무게와 물의 무게의 비를 말하는데 15/4[℃] 비중이라 함은 15[℃]의 기름의 무게와 4[℃]일 때 물의 무게의 비를 나타내는 것이다.

**25** 윤활유의 점도지수를 바르게 설명한 것은?

① 온도에 따라 윤활유의 비중이 변하는 정도를 나타낸 값

② 온도에 따라 윤활유의 점도가 변하는 정도를 나타낸 값

③ 시간에 따라 윤활유의 점도가 점차 높아지는 정도를 나타낸 값

④ 점도지수가 높으면 온도에 따른 점도의 변화가 큰 것을 의미함

**해설**
점도지수 : 온도에 따라 기름의 점도가 변화하는 정도를 나타낸 것으로 점도지수가 높으면 온도에 따른 점도 변화가 작은 것을 의미한다. 즉, 점도지수가 높은 윤활유가 겨울철이나 여름철에 점도가 잘 변하지 않아 사용하기 좋은 것이다.

---

**제2과목  기관 2**

**01** 원심펌프에서 호수(프라이밍)의 실시 목적은?

① 기동 시에 흡입측의 공기를 배제하기 위하여

② 송출량을 증가시키기 위하여

③ 진동을 감소시키기 위하여

④ 맥동을 줄이기 위하여

**해설**
원심펌프를 운전할 때에 케이싱 내에 공기가 차 있으면 흡입을 원활히 할 수가 없다. 그래서 케이싱 내에 물을 채우고(마중물이라고 한다) 시동을 해야 한다. 마중물을 채우는 것을 호수(프라이밍)라고 한다.

**02** 다음 보기의 (   ) 안에 알맞은 것은?

> 공기압축기의 운전은 공기탱크에 설치되어 있는 (   )에 의하여 자동적으로 온/오프(On/Off) 제어된다.

① 압력스위치

② 드레인밸브

③ 감압밸브

④ 수동/자동 절환 스위치

**해설**
공기압축기를 기동하는 방법은 수동모드와 자동모드로 나뉜다. 수동모드는 압축기의 시동·정지를 사람이 버튼을 직접 눌러서 조정하는 방법이고 자동모드는 공기탱크의 압력을 압력스위치에서 감지하여 공기압축기를 설정된 압력에 따라 시동하고 정지하는 방법이다.

**03** 직접 역전식 디젤기관이 1대 설치된 선박일 때 시동용 공기탱크의 용량은 공기 압축기가 정지된 상태에서 몇 회 이상 연속 시동을 할 수 있어야 하는가?

① 12회

② 15회

③ 20회

④ 24회

**해설**
주공기 탱크의 용량은 공기 압축기가 정지된 상태에서 직접 역전식 주기관은 12회 이상, 간접 역전식 주기관(예 가변피치 프로펠러)에는 6회 이상 연속 시동이 가능한 용량이어야 한다.

**04** 펌프의 사양을 결정하는 요인이 아닌 것은?

① 송출량

② 회전수

③ 밸브의 종류

④ 양 정

**해설**
펌프의 흡입밸브 및 송출밸브는 펌프의 사양과 관계가 없다.

**05** 원심펌프의 주요 구성요소에 해당되지 않는 것은?

① 회전차

② 케이싱

③ 마우스 링

④ 공기실

**해설**
공기실은 왕복펌프에 설치된다.

**06** 다음 열교환기 중 선박에서 가장 많이 쓰이는 종류는?

① 핀 튜브식 열교환기

② 2중관식 열교환기

③ 원통 다관식 열교환기

④ 코일식 열교환기

**해설**
대부분의 선박에서 사용하는 열교환기의 종류는 원통 다관식과 판형 열교환기를 주로 사용한다.

**07** 다음 중 기어의 치합부에 남은 기름이 문제인 펌프는?

① 원심펌프

② 평기어 펌프

③ 왕복펌프

④ 헬리컬기어 펌프

**해설**
기어펌프 중 외접식 기어펌프의 종류에는 평기어 펌프와 이중 헬리컬 기어 펌프가 있다.

[평기어]　　　　　[헬리컬 기어]

• 평기어 펌프 : 케이싱 안 서로 맞물려 회전하는 두 개의 평기어가 흡입측에서 기어가 떨어질 때 두 기어가 맞물린 홈에 유체가 갇히게 되고, 기어의 회전과 함께 케이싱의 원주면을 따라 송출측으로 이송되는 펌프이다. 이 펌프는 송출측까지 운반된 유체의 일부가 치합부의 틈새에 남아 흡입측으로 역류하는 폐쇄현상이 발생할 수 있다.

• 헬리컬기어 펌프 : 평기어 펌프에 비해 기어의 맞물림 상태가 좋아서 선박에서 사용하는 연료유와 유압유 및 물과 같은 윤활성이 없는 유체를 이송할 수 있으며, 고속 운전이 가능하다. 평기어에서 발생하는 폐쇄현상이 발생하지 않는 이점이 있다.

**08** 다음 유압장치의 기호가 뜻하는 것은?

① 온도제어 밸브

② 압력제어 밸브

③ 체크밸브

④ 유량제어 밸브

**해설**
보기의 그림은 체크밸브를 나타내는 유압장치의 기호이다. 체크밸브는 유체가 한 방향으로만 흐르고 역류를 방지하는 것이다.

**09** 다음 펌프 중 유압펌프로 사용되지 않는 것은?

① 기어펌프

② 나사펌프

③ 원심펌프

④ 피스톤 펌프

**해설**
유압펌프는 원동기로부터 공급받은 기계동력을 유체동력으로 변환시키는 기기를 말하는데 주로 용적형 펌프가 많이 사용된다. 왕복식 펌프인 피스톤 펌프와 회전식인 기어펌프, 나사펌프, 베인펌프가 사용된다.

**10** 다음 중 회전펌프의 용도로 옳지 않은 것은?

① 연료유 펌프

② 윤활유 펌프

③ 밸러스트 펌프

④ 유압용 펌프

**해설**
점도가 높은 윤활유, 연료유 및 유압용 펌프의 경우 회전펌프의 종류인 기어펌프, 나사펌프 또는 베인펌프를 주로 이용한다. 평형수(해수)를 이송하는 밸러스트 펌프는 대용량에 적합한 원심펌프를 사용한다.

**11** 다음 배관기호가 나타내는 것은?

① 관로의 접속
② 드레인 관로
③ 관로의 교차
④ 관로의 분배

해설
보기의 그림은 관로가 겹치지 않는 관로의 교차를 나타낸 것이다.

**12** 유청정기의 용도로 적합한 것은?

① 수분과 불순물 제거
② 기름의 비중 감소
③ 수분과 기름의 혼합
④ 기름의 점도 증가

해설
유청정기는 연료유나 윤활유에 포함된 수분 및 고형분과 같은 불순물은 청정하여 깨끗한 연료유나 윤활유를 기관에 공급하는 역할을 한다.

**13** 물을 채우는 용도로 원심펌프의 흡입관 아래쪽에 설치하는 것은?

① 볼밸브 　　② 원뿔밸브
③ 풋밸브 　　④ 디스크 밸브

해설
풋밸브는 원심펌프가 시동할 때 흡입관 속을 만수상태로 만들기 위하여 설치한다. 원심펌프의 흡입측 파이프 입구에 설치하여 펌프가 작동중 물을 흡입할 때에는 열리고, 운전이 정지될 때 역류하는 것을 방지하여 케이싱내의 물이 흡입측 아래로 내려가는 것을 막는 역할을 한다.

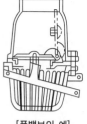 

[풋밸브의 예] 　　[플랩밸브의 예]

**14** 다음 중 기관실 하부에 고인 물, 기름 등을 주로 이송 처리하는 것은?

① 청수펌프
② 빌지펌프
③ 슬러지 펌프
④ 평형수 펌프

해설
배의 밑바닥에 고인 물, 기름 등의 폐수를 선저폐수 또는 빌지라고 한다. 이를 이송하는 펌프를 빌지펌프(Bilge Pump)라 한다.

**15** 조타장치에서 유압식 조종장치에 사용되는 액체(유압유)의 구비조건에 해당하지 않는 것은?

① 밀도가 커야 한다.
② 응고점이 낮아야 한다.
③ 점착력이 작아야 한다.
④ 인화점이 낮아야 한다.

해설
유압유의 구비조건은 다음과 같으며 인화점이 너무 낮으면 화재의 위험성이 있다.
• 온도에 대한 점도의 변화가 작아야하며 인화점이 높아야 한다.
• 불순물에 대한 분리성이 좋아야하며 윤활성 및 방청성이 좋아야 한다.
• 화학적으로 안정되고 산화 안전성이 좋아서 열화에 잘 견뎌야 한다.
• 거품이 생기지 않고 값이 싸며 구입이 용이해야 한다.
• 패킹용 밀봉재료(실, 패킹) 등과의 접합성이 양호해야 한다.

**16** 데릭식 하역장치에서 데릭 붐을 올리거나 내리는데 쓰이는 장치는?

① 무어링 윈치
② 슬루잉 윈치
③ 집 스토퍼
④ 토핑 윈치

해설
다음 데릭식 하역장치의 그림에서와 같이 데릭 붐을 올리거나 내리는 장치를 토핑 윈치라고 한다. 데릭 붐에는 하역 로프가 달려 있고 하역하는 물건의 위치에 따라 토핑 윈치로 데릭 붐의 각도를 조정하는 것이다.

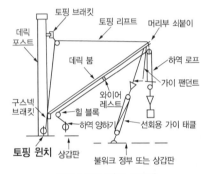

데릭의 장치도(붐 선회식)

**17** 선박의 선저폐수를 선외로 배출할 때 오염된 물에서 기름 성분을 분리해 주는 것은?

① 유청정장치
② 유수분리장치
③ 분뇨처리장치
④ 폐유소각장치

해설
유수분리장치 : 기관실 내에서 각종 기기의 운전 시 발생하는 드레인이 기관실 하부에 고이게 되는데 이를 빌지(선저폐수)라 한다. 유수분리기는 빌지를 선외로 배출할 때 해양오염을 시키지 않도록 기름 성분을 분리하는 장치이다. 빌지분리장치 또는 기름여과장치라고도 하며 선박의 빌지(선저폐수)를 공해상에 배출할 때 유분함량은 15[PPM](백만분의 15) 이하여야 한다.

**18** 유수분리장치를 운전할 때 내부 필터가 가장 꽉 막혀 있는 경우의 압력계 지시치는?(단, 통과 유량은 동일한 조건이다)

① 본체 입구 : 1.5[kgf/cm$^2$], 본체 출구 : 0.6[kgf/cm$^2$]
② 본체 입구 : 1.5[kgf/cm$^2$], 본체 출구 : 1.2[kgf/cm$^2$]
③ 본체 입구 : 2.0[kgf/cm$^2$], 본체 출구 : 1.6[kgf/cm$^2$]
④ 본체 입구 : 2.0[kgf/cm$^2$], 본체 출구 : 1.8[kgf/cm$^2$]

해설
유수분리장치의 내부 필터가 막히면 입구 압력과 출구 압력의 차이가 많이 나게 된다.

**19** 15[ppm] 기름여과장치에 설치되지 않는 것은?

① 솔레노이드 밸브
② 공기배출 밸브
③ 유면 검출기
④ 점도계

해설
15[ppm] 기름여과장치(유수분리장치 또는 기름분리장치)의 종류마다 약간의 차이는 있지만 기름을 검출하는 유면 검출기와 기름이 검출되면 기름탱크로 가는 밸브를 열어주는 솔레노이드 밸브 및 초기 운전 시 기름여과장치에 물을 가득 채우기 위해 열어주는 공기배출 밸브 등이 설치되어 있다.

**20** 분뇨오염방지설비에 속하지 않는 것은?

① 분뇨저장탱크
② 분뇨처리장치
③ 분뇨마쇄소독장치
④ 분뇨소각장치

해설
분뇨오염방지설비의 종류에는 분뇨저장탱크, 분뇨처리장치, 분뇨마쇄소독장치가 있다.

**21** 다음 냉동장치에서 고온·고압의 압축된 냉매가스를 냉각수로 냉각하여 액화하는 것은?

① 압축기　　　　② 응축기

③ 유분리기　　　④ 액분리기

해설
냉동장치에서 응축기는 압축된 고온·고압의 냉매가스를 냉각수로 냉각하여 액화시키는 장치이다.

**22** 냉동기에서 고압 차단 스위치의 작동으로 전동기가 정지된 경우 고장원인을 제거한 뒤 다시 운전하고자 할 때 누르는 것은?

① 기동버튼
② 리셋버튼
③ 조정 스위치
④ 릴리프 스위치

해설
냉동기의 안전보호장치는 다음과 같은 사항들이 있는데 보호장치가 작동되고 난 후 원인을 제거한 다음 다시 기동할 때는 리셋버튼(원상복귀 버튼)을 누르고 기동한다.
냉동기의 안전 보호 장치
• 고압 스위치 : 압축기 토출 압력이 상승하면 냉동기의 운전을 정지하도록 하는 보호스위치이다.
• 저압 스위치 : 압축기의 흡입 압력이 설정압력 이하로 운전되면 냉동기를 정지시킨다.
• 유압보호 스위치 : 유압이 안전한도 내의 압력 이하로 낮아질 경우 압축기를 정지시켜서 베어링 부분의 소손을 방지한다.

**23** 다음 냉동기 장치 중 냉매 속에 섞인 기름을 제거하는 것은?

① 제상장치
② 건조기
③ 유분리기
④ 액분리기

해설
유분리기는 압축기와 응축기 사이에 설치되며 압축기에서 냉매가스와 함께 혼합된 윤활유를 분리·회수하여 다시 압축기의 크랭크케이스로 윤활유를 돌려보내는 역할을 한다.

**24** 냉동사이클의 순서가 올바른 것은?

① 압축 → 증발 → 응축 → 팽창
② 팽창 → 응축 → 증발 → 압축
③ 응축 → 증발 → 팽창 → 압축
④ 압축 → 응축 → 팽창 → 증발

해설
가스 압축식 냉동사이클은 압축 → 응축 → 팽창 → 증발의 순서로 반복된다.

**25** 냉동장치에서 냉매는 프레온을 사용하는데 이때 건조기의 역할은?

① 냉매를 소독하기 위한 것이다.
② 냉매로부터 기름을 제거한다.
③ 크랭크케이스 내의 수분을 제거한다.
④ 냉매로부터 수분을 제거한다.

해설
냉동장치 내에 수분이 있으면 팽창밸브나 모세관에서 결빙이 되어 냉각관의 통로를 좁게 하거나 막아버리고 프레온을 가수분해시켜 부식을 촉진시킨다. 이를 방지하기 위해 수액기와 팽창밸브 사이에 냉매 탈수기(냉매 건조기, Filter Drier)를 설치하여 수분을 흡수한다.

### 제3과목 기관 3

**01** 3상 동기발전기에서 계자권선에 공급하는 여자 전류는?

① 교 류
② 맥 류
③ 직 류
④ 반파정류

해설
여자전류란 자계를 발생시키기 위한 전류로 계자권선에 흐르는 전류를 말한다. 동기발전기의 여자전류는 직류를 공급한다. 타여자 동기 발전기는 외부의 직류 전원을 이용하여 여자전류를 공급하고 자여자 동기 발전기의 경우 전기자에서 발생된 교류를 직류로 바꾸어 계자에 공급하는 방식이다.

**02** 전기회로에 과전류가 흐르면 끊어져 전원공급을 차단하는 것은?

① 보조계전기
② 퓨 즈
③ 전자접촉기
④ 접지계전기

해설
퓨즈는 과전류가 흘렀을 때나 합선이 일어났을 경우 자동적으로 녹아 회로를 차단하여 회로를 보호하는 역할을 한다. 퓨즈는 한 번 작동하면 교체를 해줘야한다.

**03** 다음 중 멀티테스터로 측정할 수 없는 것은?

① 저 항
② 직류전류
③ 교류전압
④ 유효전력

해설
멀티테스터로 저항, 교류전압, 직류전압 및 직류전류 등은 측정가능하나 유효전력을 측정하는 기능은 없다.

**04** 다음과 같은 회로의 합성저항을 구하면?

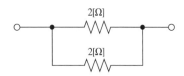

① 1[Ω]
② 2[Ω]
③ 3[Ω]
④ 4[Ω]

해설
저항을 병렬연결하면 합성저항은 다음과 같다.
$$\frac{1}{R} = \frac{1}{R_1} + \frac{1}{R_2} \;\to\; \frac{1}{R} = \frac{1}{2} + \frac{1}{2} = 1, \text{ 합성저항 } R = 1[\Omega]$$

※ $\frac{1}{R}$ 의 값이 1이므로 $R$이 1인 것이지 분수의 값이 나오면 합성저항 $R$의 값을 잘못 기입하지 않도록 주의해야 한다.

예 $\frac{1}{R} = \frac{1}{2}$ 이면 합성저항 $R$은 0.5[Ω]가 아니라 2[Ω]이다.

**05** 변압기의 철심으로 규소강판을 성층하여 쓰는 이유로 옳은 것은?

① 전압을 높이기 위해
② 전류를 높이기 위해
③ 철손을 줄이기 위해
④ 변압비를 높이기 위해

해설
변압기의 철심을 규소강판으로 성층하는 이유는 철손(철심의 전력손실)을 줄이기 위함이다.

**06** 60[Hz], 발전기 기관에서 알맞은 회전속도[rpm]는?

① 500[rpm]
② 780[rpm]
③ 900[rpm]
④ 1,100[rpm]

해설
$n_s = \frac{120f}{p}[\text{rpm}]$ ($n_s$ : 동기속도, $p$ : 극수, $f$ : 주파수)이다.
문제에서 발전기의 극수가 나오지 않았는데 발전기의 극수는 짝수(2극, 4극, 6극, 8극…)로 이루어져야만 한다. 위 식에서 2극일 때는 3,600 [rpm], 4극은 1,800[rpm], 6극은 1,200[rpm], 8극은 900[rpm]…이 된다. 8극으로 계산하면 다음과 같다.
$$n_s(\text{동기속도}) = \frac{120f}{p} = \frac{120 \times 60}{8} = 900[\text{rpm}] \text{ 극이다.}$$

**07** 다음 보기에서 설명하는 전기적 법칙은?

전기회로에 흐르는 전류는 부하에 가해 준 전압의 크기에 비례하고, 부하가 가지고 있는 저항값은 전류에 반비례한다.

① 키르히호프의 법칙
② 옴의 법칙
③ 플레밍의 오른손법칙
④ 렌츠의 법칙

해설
옴의 법칙에서 $I = \frac{V}{R}$ 이므로, 전류는 전압에 비례하고 저항에 반비례한다.

**08** 다음 3상 유도전동기의 회전방향을 바꿀 수 있는 방법은?

① 전원의 극수를 변화시킨다.

② 3상 고정자 코일을 Y결선으로 바꾸어 연결한다.

③ 3상 전원 공급선에서 3선 모두를 바꾸어야 한다.

④ 3상 전원 공급선에서 3선 중 2선을 바꾸어 결선한다.

해설
3상 유도전동기의 회전방향을 바꾸는 방법은 예상외로 간단하다. 3개의 선 중에 순서와 상관없이 2개 선의 접속만 바꾸어 주면 된다.

**09** 다음 선박용 전지의 전해액으로 황산과 증류수를 혼합하여 사용하는 것은?

① 건전지

② 산화은전지

③ 납축전지

④ 알칼리전지

해설
납축전지의 전해액은 증류수에 황산을 혼합시킨 것이다.

**10** 다음 전동기 중 정류자나 브러시가 필요 없는 것은?

① 직권 전동기

② 분권 전동기

③ 복권 전동기

④ 농형 유도전동기

해설
직류 전동기의 종류 중 계자권선과 전기자 권선의 연결방식에 따라 직권, 분권, 복권 전동기로 나뉜다. 직류 전동기는 정류자나 브러시가 필요하다. 농형 유도전동기는 교류 전동기의 한 종류이다.

**11** 다음 중 도체인 것은?

① 나 무　　　　　② 유 리

③ 고 무　　　　　④ 은

해설
도체는 전기가 잘 통하는 물질이다. 나무, 유리, 고무 등은 전기가 통하지 않는 부도체에 속한다.

**12** 12[V], 100[Ah]인 축전지 2개를 연결하여 24[V] 전원을 만들었을 때 용량으로 옳은 것은?

① 50[Ah]　　　　② 100[Ah]

③ 200[Ah]　　　　④ 300[Ah]

해설
• 축전지의 직렬연결 : 전압은 각 축전지 전압의 합과 같고 용량(전류)은 하나의 용량과 같다.
• 축전지의 병렬연결 : 전압은 축전지 하나의 전압과 같고 용량(전류)는 각 축전지 용량의 합과 같다.

**13** 절연저항계의 단위로 옳은 것은?

① 밀리옴[$\Omega$]　　② 옴[k$\Omega$]

③ 메가옴[M$\Omega$]　　④ 킬로옴[m$\Omega$]

해설
절연저항을 측정하는 기구는 절연저항계 또는 메거테스터(Megger Tester)라고 하는데 주로 메가옴[M$\Omega$] 이상의 절연저항을 측정하는 계기이다.

**14** 3상 유도전동기를 기동했을 때 전류계의 지시치는?

① 전속도에 관계없이 전류는 시간에 따라 커진다.

② 처음에는 큰 전류가 흐르고 전동기의 속도가 올라감에 따라 전류는 감소한다.

③ 동기의 속도가 올라감에 따라 천천히 전류가 증가한다.

④ 기동 직후부터 전류는 일정한 값을 가리킨다.

해설
3상 유도전동기 기동 시에는 기동전류가 정격전류보다 높아 처음에는 큰 전류가 흐르고 시간이 지나면 전류는 감소하여 정격전류로 흐르게 된다. 초기 기동 전류를 감소시키기 위해 기동보상법, 리액터 기동법, Y-△ 기동법 등을 사용한다.

**15** 전기회로도에서 다음의 기호가 뜻하는 것은?

① 직류 전원
② 교류 전원
③ 콘덴서
④ 접 지

해설
보기의 그림은 직류 전원을 나타낸 것이다.

**16** 선내 동기발전기의 배전반에서 볼 수 없는 계기는?

① 주파수계 　② 전압계
③ 전력계 　④ 회전계

해설
발전기 배전반에서 확인할 수 있는 사항은 부하 전력, 부하 전류, 운전 전압, 주파수 등을 알 수 있으며 역률이 표시되는 배전반도 있다. 발전기의 RPM은 발전기 기계측 계기판에 표시되는 경우는 있고 일반적으로 배전반에는 설치되지 않는다.

**17** 운전중인 동기발전기의 브러시에 불꽃이 발생한다면 그 원인은?

① 여자전류의 증가
② 자동전압조정기의 불량
③ 전기자 절연저항의 증가
④ 브러시의 압력 부족

해설
동기발전기에서 브러시는 전기자 권선과 연결된 슬립링과 마찰하면서 기전력을 발전기 밖으로 인출하는 부분이다. 브러시가 있는 동기발전기의 브러시에서 불꽃이 발생하는 것은 브러시와 슬립링의 접촉 불량이나 브러시의 압력이 부족한 경우 등이 있다. 이러한 문제가 발생하지 않는 것이 브러시리스 동기발전기이다.

※ 브러시리스 동기발전기 : 대부분의 선박에서 교류 발전기로 사용되고 있는 발전기이며, 계자 코일이 고정되어 브러시와 슬립링의 필요 없이 직접 여자 전류를 계자 코일에 공급하는 발전기이다. 계자 코일은 내측 중심에, 고정자 코일은 외측에 고정되어 있고 그 사이를 로터가 회전하는 형식으로 보수와 점검이 간단하다.

**18** 전동기의 보조권선에 콘덴서를 설치하여 기동할 수 있는 것은?

① 3상 유도전동기
② 직류 복권전동기
③ 직류 직권전동기
④ 단상 유도전동기

해설
3상 유도전동기의 경우 전류가 A, B, C 각각 120의 위상차를 갖고 흐른다. 따라서 각 상을 120도(전기각) 간격으로 배치해놓으면 자계가 A → B → C → A로 회전하는 것처럼 되어 이 자계의 힘으로 전동기가 회전하게 된다. 그런데 단상 유도전동기는 전류가 흐르는 상이 하나밖에 없으므로 회전자계가 발생되지 않아 전동기를 기동할 수가 없다. 콘덴서는 전동기가 기동 시 전류의 위상을 90도 빠르게 하여 회전자계와 유사한 자계를 발생시켜 전동기를 기동시키는 역할을 한다.

**19** 3상 유도전동기의 동기 속도와 회전자 속도와의 차를 동기 속도로 나눈 것은?

① 슬 립 　② 역 률
③ 효 율 　④ 전압 변동률

해설
슬립 : 회전자의 속도는 동기속도에 대하여 상대적인 속도 늦음이 생기는데 이 속도 늦음과 동기 속도의 비를 슬립이라고 한다. 같은 3상 유도 전동기에서 슬립이 작을수록 회전자의 속도는 빠르고 슬립이 클수록 회전자의 속도는 느린 것이다.

$$슬립 = \frac{동기속도 - 회전자속도}{동기속도} \times 100[\%]$$

**20** 다음 발전기의 전압 조정 방식 중 가장 일반적인 것은?

① 여자 전류를 증감한다.

② 부하를 증감한다.

③ 전기자의 저항을 증감한다.

④ 원동기의 속도를 증감한다.

**해설**
자동전압조정기(AVR)는 운전 중인 발전기의 출력 전압을 지속적으로 검출하고 부하가 변동하더라도 계자 전류를 제어하여 항상 같은 전압을 유지하도록 하는 장치이다. 계자권선에 흐르는 전류를 여자전류라고 하며 결국 여자전류를 변동시켜 전압을 조정하는 것이다.

**21** 40[Ah] 용량인 축전지를 2[A]의 전류로 사용할 때 사용 가능한 시간은?(단, 용량의 변화는 없다)

① 80시간

② 40시간

③ 20시간

④ 10시간

**해설**
축전지 용량(암페어시, [Ah])=방전전류[A]×종지전압까지의 방전시간[h]
40[Ah] = 2[A]×방전시간[h]이므로, 방전시간 = 20[h]

**22** 동기발전기의 구성 요소에 속하지 않는 것은?

① 전기자 권선　　② 계자권선

③ 자 극　　④ 정류자

**해설**
정류자는 전기자에서 발생된 교류전압을 직류전압으로 변환하는 장치로 직류발전기에서 사용된다.

**23** 다음 전구 중 효율이 가장 낮은 것은?

① 백열등

② 수은등

③ 형광등

④ 발광다이오(LED)등

**해설**
백열등은 표면의 밝기가 매우 높아 눈이 부시고 램프에서 고열이 발생한다. 에너지 소모가 많아 효율이 낮다.

**24** 다음 중 반도체 소자가 아닌 것은?

① SCR

② 코 일

③ 다이오드

④ 트랜지스터

**해설**
반도체 소자의 종류에는 다이오드, 발광다이오드, 제너다이오드, 트랜지스터, SCR, UJT 등이 있다.

**25** 정전압 장치에 이용되는 반도체 소자는?

① 저 항

② 콘덴서

③ 트랜지스터

④ 제너다이오드

**해설**
제너다이오드(정전압 다이오드)는 역방향 전압을 걸었을 때 항복 전압(제너 전압)에 이르면 큰 전류를 흐르게 한다. 항복 전압보다 높은 역방향 전압을 흐르게 하면 전압은 거의 변하지 않는 대신에 전압의 증가분에 해당하는 전류를 흐르게 한다. 이 원리를 이용하여 전압을 일정하게 유지시키는 정전압 회로에 사용한다.

## 제4과목 직무일반

**01** 출항 직전 당직기관사의 유의사항에 해당되지 않는 것은?

① 유류량과 청수량을 파악한다.
② 기관부 부원의 귀선 유무를 조사한다.
③ 기관실 수리 및 정비기기들의 복구 여부를 확인한다.
④ 선미관으로 해수가 침입하지 않도록 글랜드를 꽉 잠근다.

**해설**
해수 윤활식 선미관의 한 종류인 글랜드 패킹형의 경우, 항해 중에는 해수가 약간 새어들어 오는 정도로 글랜드를 죄어 주고 정박 중에는 물이 새어나오지 않도록 죄어 준다. 축이 회전 중에 해수가 흐르지 않게 너무 꽉 잠그면 글랜드 패킹의 마찰에 의해 축 슬리브의 마멸이 빨라지거나 소손된다. 글랜드 패킹 마멸을 방지하기 위해 소량의 누설 해수와 정기적인 그리스 주입으로 윤활이 잘 일어나도록 출항 전에는 원상태로 조정해야 한다.

**02** 당직기관사가 항해 중 조타기에 이상을 발견했을 때 가장 먼저 보고해야 할 대상은?

① 당직항해사
② 통신장
③ 기관장
④ 선 장

**해설**
당직기관사는 주기관과 관련된 심각한 고장이나 항해와 관련된 기기의 이상이 생겼을 때는 당직항해사에게 보고하여 항해 사고가 일어나지 않도록 해야 한다. 그 후에 필요시 기관장에게 보고하며 당직항해사는 적절한 조치를 취하고 필요시 선장에게 보고해야 한다.

**03** 다음 중 당직기관사가 당직항해사에게 통보해야 할 사항은?

① 선저폐수 웰의 선저폐수를 선저폐수 탱크로 이송할 때
② 휴지 중인 발전기를 시운전할 때
③ 보일러의 수저방출을 할 때
④ 정박 중 주기관을 시운전할 때

**해설**
정박 중 기관의 시동 준비나 시운전을 위해 터닝 및 에어블로를 실시할 경우 당직항해사에게 보고 후 주기관을 시동하여 프로펠러가 잠시 회전해도 문제가 없는지 확인 후 실시해야 한다.

**04** 입거 전의 주의사항이 아닌 것은?

① 선체경사를 적절하게 맞춘다.
② 선내 빌지는 그대로 둔다.
③ 육전 연결 계통을 확인한다.
④ 냉각수가 필요한 기기의 연결부를 확인한다.

**해설**
선내 빌지는 입거 전에 적법한 절차를 거쳐 선외로 배출하여 관련 탱크를 비우고 들어가는 것이 좋다. 입거 시 탱크검사를 실시해야 되는 것도 있고 타 작업으로 인한 빌지가 쌓여 용량이 부족할 경우가 생기기 때문이다.

**05** 산소검지기로 산소농도를 측정할 때 주의사항으로 틀린 것은?

① 산소검지기의 영점 조정을 한 후 측정한다.
② 탱크 내에 직접 들어가서 측정한다.
③ 산소검지기의 작동상태를 확인한다.
④ 위험한 장소에는 직접 들어가지 않고 측정한다.

**해설**
밀폐구역에 직접 들어가기 전에 먼저 산소검지기(산소측정기)에 샘플공기를 빨아들여 가스농도를 측정할 수 있도록 긴 관을 연결하여 밀폐구역 안의 가스농도를 검지한 후 안전 여부를 확인하고 산소검지기를 휴대하고 들어가야 한다.

**06** 다음 안전 장구 중 기관실의 모든 작업 시 반드시 착용해야 하는 것은?

① 안전화
② 보호안경
③ 절연장갑
④ 안전벨트

해설

안전화는 기관실에서 가장 기본적으로 착용해야 한다. 보호안경은 그라인딩 작업이나 용접작업 등에 사용하고 절연장갑은 전기작업 시 감전을 예방하기 위해 착용하며 안전벨트는 고소작업이나 추락의 위험이 있는 작업을 수행할 때 착용한다.

**07** 선박 내 기관구역의 기름기록부에 기재사항으로 틀린 것은?

① 기관구역의 유성잔류물 처리
② 연료유의 수급
③ 선저폐수 처리
④ 로즈박스 소제

해설

선박에서의 오염방지에 관한 규칙 제24조(선박오염물질기록부의 기재사항 등)
기름기록부에는 모든 선박에서 행하는 다음의 사항을 적어야 한다.
• 연료유탱크에 선박평형수의 적재 또는 연료유탱크의 세정
• 연료유탱크로부터의 선박평형수 또는 세정수의 배출
• 기관구역의 유성찌꺼기 및 유성잔류물의 처리
• 선저폐수의 처리
• 선저폐수용 기름배출감시제어장치의 상태
• 사고, 그 밖의 사유로 인한 예외적인 기름의 배출
• 연료유 및 윤활유의 선박 안에서의 수급

**08** 기관구역의 기름기록부는 최종 기재한 날로부터 보존해야 하는 기간은?

① 5년          ② 4년
③ 3년          ④ 2년

해설

기름기록부는 최종 작성일로부터 3년간 선내에 보관해야 한다.

**09** 선박에서 발생하는 오염물질의 배출이 허용되는 경우가 아닌 것은?

① 선박의 안전확보를 위한 부득이한 배출
② 선박의 손상으로 인한 부득이한 배출
③ 인명구조를 위한 부득이한 배출
④ 빌지펌프의 손상으로 인한 비상빌지관계통으로의 배출

해설

해양환경관리법 제22조(오염물질의 배출금지 등)
다음 어느 하나에 해당하는 경우에는 규정에 불구하고 선박 또는 해양시설 등에서 발생하는 오염물질을 해양에 배출할 수 있다(폐기물은 제외한다).
• 선박 또는 해양시설 등의 안전확보나 인명구조를 위하여 부득이하게 오염물질을 배출하는 경우
• 선박 또는 해양시설 등의 손상 등으로 인하여 부득이하게 오염물질이 배출되는 경우
• 선박 또는 해양시설 등의 오염사고에 있어 해양수산부령이 정하는 방법에 따라 오염피해를 최소화하는 과정에서 부득이하게 오염물질이 배출되는 경우

**10** 폐기물기록부를 보관하는 곳은?

① 선 박
② 회 사
③ 관할 관청
④ 해양수산부

해설

총톤수 400톤 이상의 선박과 최대승선인원 15명 이상인 선박은 폐기물기록부를 선내에 비치하고 기록하여야 한다.

**11** 빌지웰에 있는 선저폐수의 처리방법으로 적절한 것은?

① 선저폐수의 양이 많을 때는 밸러스트 펌프로 배출한다.
② 항해 중에는 선저폐수를 청수 펌프로 배출한다.
③ 항상 기름여과장치를 운전하여 배출한다.
④ 화물창의 선저폐수는 스트리핑 펌프로 배출한다.

해설

기관실의 선저폐수의 경우에는 항해 중 기름오염방지설비를 작동하여 15[ppm] 이하의 상태로 선외배출이 가능하다.

**12** 화재로 인한 화상의 응급처치 방법으로 잘못된 것은?

① 옷을 입은 채로 화상을 입었을 경우에는 옷을 벗긴다.

② 필요하면 심폐소생술을 실시한다.

③ 환부를 냉각시킨다.

④ 감염을 방지한다.

**[해설]**
화상은 열작용에 의해 피부조직이 상해된 것으로 화염, 증기, 열상, 각종 폭발, 가열된 금속 및 약품 등에 의해 발생되며, 다음과 같이 조치해야 한다.
• 가벼운 화상은 찬물에서 5~10분간 냉각시킨다.
• 심한 경우는 찬물 등으로 어느 정도 냉각시키면서 감염되지 않도록 멸균 거즈 등을 이용하여 상처 부위를 가볍게 감싸도록 한다. 옷이 피부에 밀착된 경우에는 그 부위는 잘라서 남겨 놓고 옷을 벗기고 냉각시켜야 한다.
• 2~3도 화상일 경우 그 범위가 체표 면적의 20[%] 이상이면 전신 장애를 일으킬 수 있으므로 즉시 의료 기관의 도움을 요청한다.

**13** 외상을 입고 다량 출혈이 있을 때의 응급처치법으로 틀린 것은?

① 소독거즈나 탈지면으로 지혈을 행한다.

② 출혈부를 심장보다 낮게 한다.

③ 출혈부에서 심장쪽의 관절을 구부린다.

④ 출혈부에서 심장에 가까운 쪽의 동맥을 압박시킨다.

**[해설]**
출혈이 있을 때 출혈부위는 심장보다 높게 유지한다.

**14** 기관실에서 침수사고를 예방하려면 평상시 주의사항으로 틀린 것은?

① 정박 중 해수 윤활식 선미관 패킹글랜드는 물이 새지 않도록 잠근다.

② 배수설비, 방수 기자재는 필요시 사용 가능하도록 준비해 둔다.

③ 기관실 선저 해수밸브는 절반 이상 열지 않도록 한다.

④ 정박 및 항해중 기관실 빌지의 증가 여부에 주의한다.

**[해설]**
선저 해수밸브의 밸브 개도와 침수와는 거리가 멀다.

**15** 선박에 침수 발생 시의 응급조치 요령이 아닌 것은?

① 관련 펌프를 총 동원해서 배수에 노력한다.

② 피해 장소 및 정도를 정확히 파악한다.

③ 파공부위를 막기 위한 방수작업을 행한다.

④ 선미탱크에 물을 채워 횡경사를 조정한다.

**[해설]**
선미탱크와 선수탱크는 선박의 트림(종경사, Trim)을 조정할 때 사용하는 탱크이다. 선박의 횡경사(Heeling)를 조정할 때는 좌·우현에 있는 평형수 탱크의 양을 조정한다.

**16** 기관실에 침수사고가 발생했을 때의 응급조치로 옳지 않은 것은?

① 침몰 위험이 있을 때는 기관일지 등 중요 물건을 반출한다.

② 침수 부분을 확인하고 펌프를 작동시켜 배수작업에 임한다.

③ 침수가 발생하면 감전사고를 방지하기 위하여 발전기를 정지시킨다.

④ 침수 파공부의 구멍이 작을 때는 나무 쐐기를 이용하여 방수한다.

**[해설]**
침수 상황에서는 침수부의 방수조치 및 배수가 아주 중요하다. 발전기가 정지된다면 배수에 필요한 펌프의 전원이 차단되므로 매우 위험한 조치이다.

**17** 기관실 화재발생 시의 조치사항으로 틀린 것은?

① 화재가 발생하면 즉시 경보를 울리고 선교에 보고한다.

② 가까운 곳의 휴대식 소화기를 이용하여 초기진화에 최선을 다한다.

③ 초기 화재 시 확산을 방지하기 위해 기관실 통풍장치를 즉시 정지시킨다.

④ 대형화재 시에는 모두 대피시킨 후 기관실을 폐쇄하고 고정식 소화설비를 작동시킨다.

해설

초기 화재 시에는 휴대식 소화기를 이용해 초기진화를 하는 것이 가장 중요하고 기관실의 통풍장치를 정지시키는 것은 고정식 소화설비를 작동시킬 때 취해야 하는 행동이다.

**18** 일반적으로 공기 중의 산소농도는 대략 몇 [%] 이상일 때 연소가 가능한가?

① 5[%]  ② 16[%]

③ 25[%]  ④ 35[%]

해설

공기 중의 산소농도는 약 21[%]인데 일반적으로 산소농도가 약 16[%] 이상이 되어야 연소가 일어난다.

**19** 선박에서 가장 기본적이고 중요한 소화장치로써 다른 소화장치의 설치 여부와 관계없이 설치해야 하는 중요한 소화장치는?

① 수 소화장치

② 포말 소화장치

③ 분말 소화장치

④ CO₂ 소화장치

해설

선박에 설치되는 수소화기는 선내의 모든 화재현장까지 물을 공급하는 가장 기본적인 소화설비이다.

**20** 화재탐지장치의 종류에 속하지 않는 것은?

① 정온식 탐지기

② 수관식 탐지기

③ 차동식 탐지기

④ 이온화식 탐지기

해설

선박에서 사용하는 탐지기에는 열 탐지기와 연기 탐지기가 있다. 열 탐지기에는 정온식, 차동식, 보상식이 있고 연기 탐지기에는 이온화식과 광전식이 있다.

**21** 기관실에서 발생하는 화재사고의 예방대책이 아닌 것은?

① 기관실을 항상 청결하게 한다.

② 연료유나 윤활유가 누유되지 않도록 한다.

③ 통풍을 통제하여 기관실 내의 산소 농도를 낮춘다.

④ 화재 발생이 우려되는 구역은 별도의 표시판을 설치한다.

해설

기관실은 선박의 하부에 설치가 되고 밀폐가 되는 곳이 많으므로 항상 통풍기를 운전해야 한다. 또한 주기관이나 발전기의 운전에 필요한 공기를 공급하는 목적으로도 사용되므로 통풍기를 사용하고 배압에 따라 통풍기의 운전 대수를 가감하기도 한다.

**22** 해양환경관리법상 선박에 비치해야 할 해양오염방제 자재 및 약제에 속하지 않는 것은?

① 오일펜스  ② 유화제

③ 유흡착재  ④ 유처리제

해설

해양환경관리법상의 자재 및 약제는 다음의 종류가 있다.

• 오일펜스 : 바다 위에 유출된 기름이 퍼지는 것을 막기 위해서 울타리 모양으로 수면에 설치하는 것이다.

• 유흡착재 : 기름의 확산과 피해의 확대를 막기 위해 기름을 흡수하여 회수하기 위한 것으로 폴리우레탄이나 우레탄 폼 등의 재료로 만든다.

• 유처리제 : 유화·분산작용을 이용하여 해상의 유출유를 해수 중에 미립자로 분산시키는 화학처리제이다.

• 유겔화제 : 해양에 기름 등이 유출되었을 때 액체상태의 기름을 아교(겔)상태로 만드는 약제이다.

**23** 선박안전법상 선박검사의 종류에 해당하지 않는 것은?

① 정기검사      ② 중간검사

③ 선급검사      ④ 임시검사

해설

선박안전법 제14조(검사의 준비 등)

선박안전법상 검사의 종류는 건조검사, 정기검사, 중간검사, 임시검사, 임시항해검사 및 특별검사가 있다.

**24** 선박이 진수한 날로부터 현재까지의 기간을 나타내는 것은?

① 선 령      ② 입거기간

③ 승선경력      ④ 검사기준일

해설

선박이 진수(선박을 만들고 처음으로 물 위에 배를 띄우는 것)한 날로부터 현재까지의 기간을 선령이라고 한다.

**25** 해양환경관리법에서 배출 규제 대상이 아닌 것은?

① 연료유      ② 윤활유

③ 선저폐수      ④ 석유가스

해설

해양환경관리법상 해양오염물질에는 다음의 종류가 있다. 천연가스 및 석유가스는 해당되지 않는다.

• 기름 : 원유 및 석유제품(석유가스를 제외한다)과 이들을 함유하고 있는 액체상태의 유성혼합물 및 폐유를 말한다.

• 유해액체물질 : 해양환경에 해로운 결과를 미치거나 미칠 우려가 있는 액체물질(기름을 제외한다)과 그 물질이 함유된 혼합 액체물질로서 해양수산부령이 정하는 것을 말한다.

• 폐기물 : 해양에 배출되는 경우 그 상태로는 쓸 수 없게 되는 물질로서 해양환경에 해로운 결과를 미치거나 미칠 우려가 있는 물질이다(기름, 유해액체물질, 포장유해물질을 제외한다).

• 선저폐수(빌지) : 선박의 밑바닥에 고인 액상유성혼합물이다.

제1과목　**기관 1**

**01** 다음 그림과 같은 4행정 사이클 디젤기관의 배기밸브 구동장치에서 A, B, C, D의 명칭으로 올바른 것은?

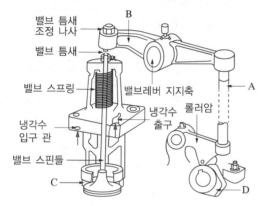

① A : 푸시로드, B : 로커암, C : 밸브시트, D : 캠
② A : 푸시로드, B : 캠, C : 밸브시트, D : 로커암
③ A : 롤러가이드, B : 캠, C : 밸브헤드, D : 로커암
④ A : 롤러가이드, B : 로커암, C : 밸브헤드, D : 캠

해설
4행정 사이클 기관의 밸브 구동은 캠축이 회전하여 캠(D)의 돌기부가 푸시로드(A)를 밀어올리고, 푸시로드가 올라가서 밸브레버(B, 로커암이라고도 함)가 움직여 밸브를 눌러 주면 밸브가 아래로 내려오면서 밸브헤드와 밸브시트(C) 사이의 틈이 벌어져 밸브가 열리게 된다.

**02** 4행정 사이클 디젤기관에 대한 설명으로 옳은 것은 무엇인가?

① 1사이클 동안 소기와 압축한 행정에 함께 일어난다.
② 1사이클 동안 각 실린더에서는 2회 폭발한다.
③ 1사이클 동안 캠축은 1회전한다.
④ 1사이클 동안 크랭크축은 1회전한다.

해설
4행정 사이클 기관은 캠축 1회전마다 크랭크축은 2회 회전하고 1회 폭발이 일어나는 기관이다. 1사이클 동안 흡입, 압축, 폭발(작동 또는 유효행정), 배기행정이 각각 1회씩 일어난다.
소기(흡입)와 압축이 한 행정에 함께 일어나는 것은 2행정 사이클 디젤기관에 대한 내용이다.

**03** 4행정 사이클 디젤기관의 압축행정에 대한 설명으로 옳은 것은 무엇인가?

① 배기밸브는 닫히고, 흡기밸브는 열린 상태이다.
② 압축공기의 온도를 연료의 착화점보다 높게 만드는 행정이다.
③ 흡기밸브와 배기밸브가 닫히고 피스톤이 내려가는 행정이다.
④ 흡기밸브가 열린 상태로 실린더 내의 공기를 압축하는 행정이다.

해설
4행정 사이클 디젤기관의 압축행정은 흡기밸브와 배기밸브가 닫혀 있는 상태에서 피스톤이 하사점에서 상사점으로 움직이면서 흡입된 공기를 압축하여 압력과 온도를 높여 착화하는 기관이다.

**04** 2행정 사이클 디젤기관과 4행정 사이클 디젤기관을 비교했을 때 4행정 사이클 디젤기관에만 설치되어 있는 것은?

① 소기공　　　　　② 안전밸브
③ 연료분사밸브　　④ 흡기밸브

해설
4행정 사이클 디젤기관에는 흡기밸브와 배기밸브가 실린더 헤드에 설치되어 있어 구조가 2행정 사이클 기관에 비해 복잡하다. 2행정 사이클 기관의 실린더 헤드에는 배기밸브만 있고 흡기밸브는 없다. 대신 소기공이 실린더 라이너 하부에 있어 공기를 흡입한다.

**05** 2행정 사이클 디젤기관의 경우 1사이클 동안 크랭크 회전각은 얼마인가?

① 90°  ② 180°
③ 360°  ④ 720°

[해설]
2행정 사이클 디젤기관은 1사이클 동안 피스톤이 2행정(크랭크축은 1회전, 360°)하면서 소기 및 압축, 작동 및 배기를 완료하는 기관이다.

**06** 디젤기관의 윤활유 계통에 설치하는 여과기에 대한 설명으로 틀린 것은?

① 윤활유 펌프의 입구측 및 송출측에 여과기를 설치한다.
② 청소 후 가능하면 많은 공기가 들어가는 것이 좋다.
③ 2개의 여과기를 복식으로 사용하는 기관도 있다.
④ 자동식 여과기는 입·출구의 압력 차이에 의해 자동 세정된다.

[해설]
디젤기관의 윤활유 계통이나 연료유 계통에는 이물질을 제거하기 위해 여과기(필터, Filter)를 설치한다. 여과기 청소 후 조립할 때 많은 공기가 들어가게 되면 펌프의 흡입 및 송출효율이 떨어지므로 설치 후 벤트밸브를 열어 기름을 채워 공기를 제거해야 한다.

**07** 디젤기관의 피스톤 링에 대한 설명으로 바른 것은?

① 압축 링은 피스톤과 실린더 라이너 사이의 기밀을 유지한다.
② 링을 조립할 때는 링의 절구를 상하로 같은 방향으로 조립한다.
③ 피스톤 링과 홈 사이의 옆 틈은 가능한 한 크게 한다.
④ 일반적으로 압축 링은 피스톤 하부에 설치하고, 오일 스크레이퍼 링은 피스톤 상부에 설치한다.

[해설]
피스톤 링은 압축 링과 오일 스크레이퍼 링(오일 링)으로 구성되는데 압축 링은 피스톤과 실린더 라이너 사이의 기밀(氣密)을 유지하고 피스톤에서 받은 열을 실린더 벽으로 방출한다. 오일 스크레이퍼 링은 실린더 라이너 내의 윤활유가 연소실로 들어가지 못하도록 긁어 내리고 윤활유를 라이너 내벽에 고르게 분포시킨다. 일반적으로 압축 링은 피스톤 상부에 2~4개, 오일 스크레이퍼 링은 피스톤 하부에 1~2개 설치하고 링을 조립할 때는 연소가스의 누설을 방지하기 위하여 링의 절구가 180°로 엇갈리도록 배열한다.

**08** 디젤기관에서 피스톤 링의 절구 틈새를 계측할 때 사용되는 것은?

① 틈새 게이지
② 마이크로미터
③ 텔레스코프 게이지
④ 버니어캘리퍼스

[해설]
틈새 게이지(필러 게이지)는 피스톤 링의 절구 틈새 계측 및 밸브 간극 계측 등 다양한 용도의 두께 계측장비로, 여러 개의 게이지 중 알맞은 두께가 표시되어 있는 것을 선택해서 간극을 계측한다.

[틈새 게이지]

**09** 디젤기관의 크랭크축이 운전 중에 부러지는 원인으로 옳은 것을 모두 고른 것은?

> ㉠ 착화성이 높은 연료를 사용할 때
> ㉡ 저속 운전을 계속할 때
> ㉢ 디젤노킹이 계속 되풀이될 때
> ㉣ 크랭크암 개폐작용이 클 때

① ㉢, ㉣
② ㉠, ㉢, ㉣
③ ㉡, ㉢, ㉣
④ ㉠, ㉡, ㉢, ㉣

해설

디젤기관 운전 중 크랭크축이 부러지는 원인은 다양하지만 대표적으로 디젤노킹이 계속되거나 크랭크암의 개폐작용이 과다하여 운전될 때 일어날 수 있다.

• 디젤노크(디젤노킹) : 연소실에 분사된 연료가 착화지연기간 중에 축적되어 일시에 연소되면서 급격한 압력 상승이 발생하는 현상이다. 노크가 발생하면 커넥팅 로드 및 크랭크축 전체에 비정상적인 충격이 가해져서 커넥팅 로드의 휨이나 베어링의 손상을 일으킨다.

• 크랭크암 개폐작용(크랭크암 디플렉션) : 크랭크축이 회전할 때 크랭크암 사이의 거리가 넓어지거나 좁아지는 현상이다. 그 원인은 다음과 같으며 주기적으로 디플렉션을 측정하여 원인을 해결해야 한다.
  – 메인 베어링의 불균일한 마멸 및 조정 불량
  – 스러스트 베어링(추력 베어링)의 마멸과 조정 불량
  – 메인 베어링 및 크랭크핀 베어링의 틈새가 클 경우
  – 크랭크축 중심의 부정 및 과부하 운전(고속 운전)
  – 기관 베드의 변형

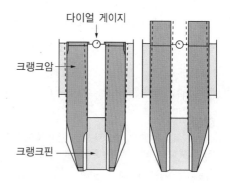

**10** 다음 디젤기관의 크랭크축 그림에서 ←○→의 간격을 계측하는 공구는 무엇인가?

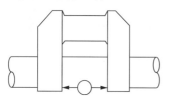

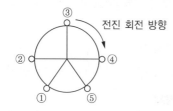

전진 회전 방향

① 버니어캘리퍼스
② 틈새 게이지
③ 다이얼 게이지
④ 경도측정기

해설

문제의 그림은 크랭크암 개폐작용(크랭크암 디플렉션)을 계측하는 것이다. 크랭크의 암과 암 사이 간극을 계측하는데 크랭크축이 1바퀴 회전을 기준으로 각 기통마다 5곳의 값을 측정한다. 다음 그림과 같이 다이얼 게이지가 설치되고 크랭크핀이 상사점, 좌현, 우현, 하사점 방향을 기준으로 측정값을 기입하는데 크랭크핀이 하사점에 있을 때는 다이얼 게이지가 커넥팅 로드와 접촉하게 되므로 측정이 불가하다. 하사점 부근에서는 커넥팅 로드와 부딪치지 않는 범위에서 2곳을 더 계측을 하여 총 5곳을 계측한다.

**11** 디젤기관에서 회전운동을 하는 부품을 모두 고른 것은?

> ㉠ 크랭크핀
> ㉡ 실린더 라이너
> ㉢ 피스톤
> ㉣ 크랭크암

① ㉠, ㉡
② ㉠, ㉣
③ ㉠, ㉡, ㉢
④ ㉠, ㉢, ㉣

해설

디젤기관은 크게 고정부, 왕복운동부, 회전운동부로 구분할 수 있다.
• 고정부 : 실린더(실린더 라이너, 실린더 블록, 실린더 헤드), 기관 베드, 프레임, 메인 베어링
• 왕복운동부 : 피스톤, 피스톤 로드, 크로스 헤드, 커넥팅 로드
• 회전운동부 : 크랭크축(크랭크암, 크랭크핀, 평형추), 플라이휠 등

**12** 디젤기관의 회전력을 균일하게 해 주는 것은 무엇인가?

① 크로스 헤드　　② 플라이휠
③ 중간 축　　　　④ 커넥팅 로드

해설

플라이휠은 작동행정에서 발생하는 큰 회전력을 플라이휠 내에 운동에너지로 축적하고, 회전력이 필요한 그 밖의 행정에서는 플라이휠의 관성력으로 회전하여 회전력을 균일하게 해 준다. 그 밖에도 저속회전을 가능하게 하고 흡·배기밸브를 조정할 때 사용하기도 한다.

**13** 4행정 사이클 8기통 디젤기관에서 크랭크축이 1회전할 때 몇 개의 실린더에서 연소가 이루어지는가?

① 2개　　　　② 4개
③ 6개　　　　④ 8개

**해설**
4행정 사이클 8실린더 기관의 폭발 간격은 90°이고, 크랭크축이 1회전(360°)할 때 4개의 실린더가 폭발하게 된다.

- 4행정 사이클 기관의 폭발 간격 $= \dfrac{720^\circ}{\text{실린더수}}$ (4행정 사이클은 1사이클에 크랭크축이 2회전하므로 720° 회전한다.)
- 2행정 사이클 기관의 폭발 간격 $= \dfrac{360^\circ}{\text{실린더수}}$ (2행정 사이클은 1사이클에 크랭크축이 1회전하므로 360° 회전한다.)

**14** 디젤기관의 크랭크축이 파손되는 원인으로 틀린 것은?

① 메인 베어링의 불균일한 마멸
② 스러스트 베어링의 조정 불량
③ 크랭크암의 개폐량이 작음
④ 과부하 상태에서 연속 운전

**해설**
크랭크암의 개폐량(디플렉션)이 적다는 것은 그만큼 크랭크축의 중심이 일직선으로 잘 위치해 있다는 것을 뜻한다. 크랭크암의 개폐량이 과다하면 진동이 발생하거나 축에 균열이 생겨 크랭크축이 부러지는 경우가 발생할 수 있다.

**15** 디젤기관에서 각 기통의 출력이 고르지 않을 때 그 원인의 조사방법으로 틀린 것은?

① 연료분사밸브의 분해 점검
② 연료분사펌프 플런저의 누설 점검
③ 조속기의 조정 상태 검사
④ 흡기 및 배기밸브 불량 여부 점검

**해설**
조속기(거버너)는 연료 공급량을 조절하여 기관의 회전속도를 원하는 속도로 유지하거나 가감하기 위한 장치이다. 각 기통의 출력이 고르지 않을 때는 각 기통의 연료분사밸브, 연료분사펌프 등의 연료 계통을 점검하고 실린더 내의 압축압력이 잘 형성되는지 흡·배기밸브의 상태, 피스톤 링과 라이너의 마모 상태를 점검할 필요가 있다.

**16** 디젤기관의 운전 중 운동부에서 이상한 소리가 날 경우의 조치방법은?

① 시동용 공기압축기의 운전 상태를 확인한다.
② 기관의 회전수를 낮추거나 정지한다.
③ 냉각수가 누설되는 곳이 있는지 점검한다.
④ 윤활유의 압력을 조금 낮게 조정한다.

**해설**
디젤기관의 운전 중 운동부에서 이상 소음이 날 경우에는 기관의 회전수를 낮추거나 정지시켜 각부를 점검해야 해야 한다.

**17** 보일러의 가장 간단한 자동수위제어방법은 보일러의 무엇을 검출하여 수위를 제어하는가?

① 온 도　　　　② 수 위
③ 증기량　　　　④ 급수량

**해설**
보일러의 자동수위제어방법은 보일러 수위를 검출하여 급수량을 조절하는 방법이다.

**18** 포화증기를 과열증기로 만들어 주는 보일러 장치는 무엇인가?

① 송풍기　　　　② 과열기
③ 절탄기　　　　④ 공기예열기

**해설**
보일러 본체에서 발생되는 증기는 약간의 수분을 함유한 포화증기인데, 이 증기를 더 가열하여 수분을 증발시키고 온도가 매우 높은 과열증기를 만드는 장치가 과열기이다.

**19** 선미관 장치의 역할을 바르게 설명한 것은?

① 프로펠러의 부식을 방지한다.
② 선내에 해수가 침입하는 것을 방지한다.
③ 축계의 진동을 방지한다.
④ 프로펠러의 추력을 선체에 전달한다.

**해설**
선미관(스턴튜브, Stern Tube)은 프로펠러축이 선체를 관통하는 부분에 설치되어 해수가 선체 내로 들어오는 것을 막고 프로펠러축을 지지하는 베어링 역할을 한다.

**20** 해수 윤활식 선미관에 설치되는 베어링의 재료는 무엇인가?
① 리그넘바이티　② 구 리
③ 아 연　④ 켈 밋

**해설**
리그넘바이티는 해수 윤활방식 선미관 내에 있는 프로펠러축의 베어링 재료로 사용하는 남미산의 특수 목재로, 수지분을 포함하여 마모가 작아 수중 베어링 재료보다 우수한 성질을 갖고 있어 예전부터 선미축 베어링 재료로 사용되고 있다.

**21** 칼라가 1매이며 그 주위에 패드가 여러 개 있는 스러스트 베어링은?
① 말굽형　② 개방형
③ 미첼형　④ 상자형

**해설**
스러스트(추력) 베어링은 프로펠러로부터 전달되어 오는 추력을 추력 칼라에서 받아 선체에 전달하여 선박을 추진시키는 역할을 한다.
• 미첼형 스러스트 베어링 : 추력축이 회전하면 추력 칼라와 베어링 면 사이의 유막의 모양이 쐐기꼴이 되어 유막이 파괴되지 않고 큰 압력이 생기도록 고안한 베어링이다. 마찰계수가 작고 유막의 압력이 크기 때문에 추력 칼라는 한 개만 있어도 큰 추력을 지지할 수 있어 대용량용 스러스트 베어링으로 널리 사용되고 있다.

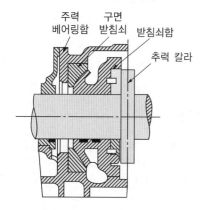

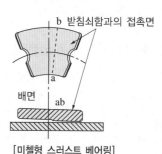

[미첼형 스러스트 베어링]

**22** 고정 피치 스크루 프로펠러에서 프로펠러 속도($V$), 프로펠러 피치($P$)와 매분 회전수($N$)와의 관계식으로 옳은 것은?
① $V = P/N$
② $V = P \times N$
③ $V = P \times N^2$
④ $V = P \times N^3$

**해설**
프로펠러 피치는 프로펠러가 1회전했을 때 전진하는 거리이다. 매분 회전수($N$)에 피치($P$)를 곱하면 매분 전진한 거리이므로, 속도($V$) = 피치($P$) × 매분 회전수($N$)가 된다.

**23** 내연기관의 연료유에 필요한 조건으로 틀린 것은?
① 인화점이 낮을 것
② 발열량이 클 것
③ 비중과 점도가 적당할 것
④ 착화성이 좋을 것

**해설**

선박 디젤기관의 연료유 인화점이 너무 낮으면 화재 위험이 있으므로 적당해야 한다.

선박에서 사용되는 연료유의 조건

- 비중, 점도 및 유동성이 좋을 것
- 저장 중 슬러지가 생기지 않고 안정성이 있을 것
- 발열량이 크며, 발화성이 양호하고 부식성이 없을 것
- 유황분, 회분, 잔류 탄소분, 수분 등 불순물의 함유량이 적을 것
- 착화성이 좋을 것

**24** 다음 중 비중이 가장 큰 연료유는?

① 휘발유      ② 등 유
③ 경 유      ④ 중 유

**해설**

원유를 정제하는 순서를 알아두면 좋다. 제일 먼저 정제되는 것이 비중이 작다.

원유의 정제 순서 : LPG → 나프타 → 휘발유(가솔린) → 등유 → 경유 → 중유 → 윤활기유 → 피치 → 아스팔트

**25** 두 마찰면 사이에 유막이 정상적으로 형성될 때의 마찰은?

① 유체마찰      ② 경계마찰
③ 고체마찰      ④ 공기마찰

**해설**

① 유체마찰(유체윤활) : 고체 접촉면 사이에 윤활제의 유막이 형성되어 있어서 그 유막의 점성이 충분할 때는 접촉면의 마찰계수가 작아 잘 구르거나 미끄러지게 되는 상태이다.

② 경계마찰(경계윤활) : 얇은 유막으로 싸여진 두 물체 간의 마찰로, 상대속도나 점성이 작아지고 작용하는 하중이 커지거나 충격적으로 가해지는 경우에는 결국 유막이 얇아져 파괴되어 금속 접촉을 하게 된다. 불완전 윤활이라고도 한다.

③ 고체마찰(고체윤활) : 마찰 표면에 특수한 고체 물질을 입힘으로써 마찰이나 마모를 줄이는 것이다. 마찰구조상으로는 건조마찰에 속하는데, 유류나 그리스를 사용할 수 없는 고온, 저온 및 진공환경에서 사용된다. 대표적인 고체 윤활제로는 흑연, 이황화몰리브데넘이 있다.

---

**제2과목 기관 2**

**01** 원심펌프의 송출작용이 잘되지 않는 원인으로 틀린 것은?

① 흡입관이나 스트레이너가 막혀 있을 때
② 흡입양정이 낮을 때
③ 흡입측으로 공기가 새어 들어왔을 때
④ 마우스 링의 마모가 심할 때

**해설**

흡입양정이 낮으면 흡입이 양호하여 펌프의 송출도 원활히 이루어진다.

**02** 유압장치의 기초 원리(또는 법칙)는?

① 보일의 법칙
② 파스칼의 원리
③ 렌츠의 법칙
④ 만유인력의 법칙

**해설**

파스칼의 원리는 밀폐된 용기 내에 정지해 있는 유체의 어느 한 부분에서 생기는 압력의 변화가 유체의 다른 부분과 용기의 벽면에 손실 없이 전달된다는 원리이다. 선박에서 사용하는 유압 및 공압장치는 이 원리를 이용한 것이다.

**03** 기어펌프인 연료이송펌프의 송출압력을 더 높이는 방법으로 적합한 것은?

① 릴리프밸브의 스프링을 더 죄어 준다.
② 릴리프밸브의 스프링을 더 풀어 준다.
③ 기어펌프의 흡입밸브를 더 죄어 준다.
④ 구동 전동기의 전원 주파수를 더 낮춘다.

**해설**

릴리프밸브는 과도한 압력 상승으로 인한 손상을 방지하기 위한 장치이다. 펌프의 송출압력이 설정압력 이상으로 상승하였을 때 밸브가 작동하여 유체를 흡입측으로 되돌려 과도한 압력 상승을 방지하는데 이 밸브의 스프링을 더 죄어 주면 송출압력을 더 높일 수 있다.

**04** 왕복펌프에서 피스톤 링의 재료가 아닌 것은?

① 에보나이트
② 글랜드 패킹
③ 흑 연
④ 황 동

해설
피스톤 링의 재료로는 주철, 황동, 포금, 에보나이트, 흑연 등이 사용된다. 글랜드 패킹은 펌프 축봉장치의 한 종류이다.

**05** 관의 종류별 특성에 대한 설명으로 틀린 것은?

① 주철관은 내식성이 좋으나 중량이 무겁다.
② 가스관 중 내식성을 위하여 아연 도금한 것이 백관이다.
③ 구리관은 가공이 쉽고 부식성이 작으며 열전도율이 좋다.
④ 해수용 관에는 스테인리스강이 주로 사용된다.

해설
해수용 관은 일반적으로 탄소강 강관을 주로 이용하며 부식 방지를 위해 해수 파이프 계통에 아연을 부착하기도 한다.

**06** 다음 유압장치 기호 중에서 흑색 삼각형이 나타내는 것은?

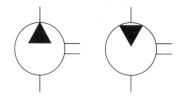

① 유압펌프 전동기의 회전 방향
② 유압펌프 전동기의 종류
③ 유체의 송출 방향
④ 유체의 송출량

해설
유압장치 기호 중 정삼각형은 유체의 송출 방향을 나타낸다. 흑색 삼각형은 유압, 백색 삼각형은 공기압 또는 기타의 기체압을 나타낸다.

**07** 다음 중 관로의 교차를 나타내는 유·공압기호는?

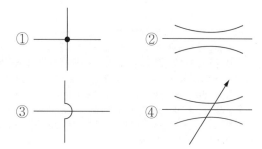

해설
① 관로의 접속
② 오리피스(회로에 공급되는 오일의 양에 따라서 저항이 변하는 것)
③ 관로의 교차(접속하고 있지 않음)
④ 조정이 가능한 오리피스

**08** 주기관 시동용 압축공기시스템의 일반적인 정격압력은?

① $5 \sim 10[\mathrm{kgf/cm^2}]$
② $15 \sim 20[\mathrm{kgf/cm^2}]$
③ $25 \sim 30[\mathrm{kgf/cm^2}]$
④ $40 \sim 45[\mathrm{kgf/cm^2}]$

해설
압축공기를 이용하여 시동을 하는 기관에서는 $25 \sim 30[\mathrm{kgf/cm^2}]$의 압축공기를 이용한다.

**09** 선박기관 기준상 내연기관에서 시동용 공기압축기의 설치 대수는?

① 대수와 관계 없다.  ② 1대 이상
③ 2대 이상        ④ 3대 이상

해설
선박기관 기준에는 2대 이상의 공기압축기와 공기탱크를 설치하도록 정하고 있다.

**10** 펌프 입구측에 진공펌프가 부착되어 있는 펌프는?

① 나사펌프        ② 회전펌프
③ 원심펌프        ④ 피스톤펌프

**[해설]**

원심펌프에서 회전차(임펠러)를 회전시키면 액체는 회전운동을 하게 되고 원심력에 의해 액체가 회전차의 중심부에서 반지름 방향으로 밀려나가게 된다. 이때 회전차 중심부에는 진공이 형성되어 액체를 계속 흡입할 수 있는데 그 원리를 이용한 것이 원심펌프이다. 그러나 초기 운전펌프 케이싱에 공기가 차 있고 유체가 없다면 흡입을 원활히 할 수 없고 진공도 형성하기 어렵다. 따라서 펌프 케이싱에 유체를 가득 채워야 하는데 이를 호수(프라이밍, Priming)라고 한다. 소형 원심펌프는 호수장치를 통해 케이싱 내에 물을 가득 채우고, 대형 원심펌프는 진공펌프를 설치하여 운전 초기에 진공펌프를 작동시켜 케이싱 내에 물을 가득 채워 준다.

## 11 펌프를 지나는 유체가 펌프로부터 얻은 동력은 무엇 인가?

① 축마력
② 수마력
③ 제동마력
④ 도시마력

**[해설]**

② 수마력 : 펌프를 지나는 유체가 펌프로부터 얻는 동력이다.
① 축마력 : 실제로 펌프를 운전하는 데 필요한 동력이다.
③ 제동마력 : 증기터빈에서는 축마력(SHP)라고 한다. 크랭크축의 끝에서 계측한 마력으로, 지시마력에서 마찰손실 마력을 뺀 것이다.
④ 도시마력 : 내연기관에서 사용되는 용어로, 지시마력이라고도 한다. 실린더 내의 연소압력이 피스톤에 실제로 작용하는 동력이다.

## 12 원심펌프의 회전차(임펠러)에 평형공을 설치하는 목 적으로 옳은 것은?

① 회전차의 축 추력 발생 방지
② 공동현상 발생 방지
③ 출구측 맥동현상 방지
④ 원심펌프의 기밀과 윤활

**[해설]**

소용량 원심펌프에서 축 추력의 방지는 추력(스러스트) 베어링을 사용하는 것만으로도 가능하지만 일반적으로 다음 방법을 사용한다.
• 추력 베어링을 사용하는 방법
• 평형공을 설치하는 방법
• 양흡입 회전차를 사용하는 방법
• 후면 슈라우드 날개를 부착하는 방법
• 자기평형에 의한 방법(회전차를 대칭으로 설치)
• 평형 원판을 사용하는 방법

## 13 선박에서 사용되는 열교환기가 아닌 것은?

① 중유가열기
② 청수냉각기
③ 보일러 절탄기
④ 중유청정기

**[해설]**

중유청정기는 연료유에 포함된 수분 및 고형분과 같은 불순물을 분리해 깨끗한 연료유로 만드는 장치이다.

## 14 전동유압식 조타장치에서 타를 제어하는 방법은?

① 로스트 모션을 조정한다.
② 전동기의 회전수를 증감시킨다.
③ 압력유의 송출 방향과 송출 유량을 변경시킨다.
④ 펌프 송출측 압력제어밸브를 조절한다.

**[해설]**

전동유압식 조타장치는 압력유의 송출 방향과 송출 유량을 변경하여 타를 제어하는 방식이다.

## 15 워핑드럼이 선체와 수직축상에 설치된 계선용 장치는 무엇인가?

① 무어링윈치
② 캡스턴
③ 카고윈치
④ 데릭붐

**[해설]**

캡스턴은 워핑드럼이 수직축상에 설치된 계선용 장치이다. 직립한 드럼을 회전시켜 계선줄이나 앵커체인을 감아올리는 데 사용되는데, 웜기어장치에 의해 감속되고 역전을 방지하기 위해 하단에 래칫기어를 설치한다.

[캡스턴]

**16** 크레인식 하역설비의 구성요소에 해당하지 않는 것은?

① 토핑윈치　　　② 카고윈치

③ 집(Jip)　　　④ 계선윈치

해설
계선은 화물이나 승객을 싣고 내리기 위하여 배를 로프나 사슬로 일정한 설비에 고정시키는 것으로, 계선윈치는 계선설비에 해당된다.

[크레인식 하역설비]

**17** 생물 화학적 오수처리장치 취급 시 주의사항으로 적합하지 않은 것은?

① 박테리아의 활동 여부를 시료 채취를 통해 정기적으로 점검한다.

② 침전된 잔류 고형물을 연 1~2회 청소한다.

③ 약품탱크의 약품 저장량을 주기적으로 점검한다.

④ 박테리아를 살균하기 위한 화학약품(세정제, 표백제 등)을 적정량 투입한다.

해설
생물 화학적 오수처리장치의 원리는 자연수에 있는 박테리아에 송풍장치를 통해 충분한 공기를 유입시켜 자연 상태보다 수십 배의 번식 및 활동력을 강화시켜 오수를 물과 이산화탄소로 분해시키는 것이다. 취급 시 주의사항 중 하나는 박테리아의 활동과 생성에 영향을 줄 수 있는 화학약품(세정제, 소독약품, 표백제 등)의 유입을 막아야 한다.

**18** 선내에서 유출된 기름의 흡착제로 많이 사용되는 것은?

① 톱 밥　　　② 모 래

③ 오일펜스　　　④ 소포제

해설
유출된 기름의 방제를 위한 흡착제로 톱밥 또는 유흡착재를 사용한다.

**19** 기름여과장치의 유수분리방식으로 적합하지 않은 것은?

① 평행판을 사용한 중력분리법

② 특수필터에 의한 방법

③ 평행판식 필터결합방법

④ 유화에 의한 분리법

해설
유수분리장치의 종류에는 평행판식, 필터식, 필터와 원심력을 병용한 방식, 평행판식 필터가 결합된 방식 등이 있다. 유화란 기름과 물이 혼합되는 것으로 기름여과장치의 방법으로는 적합하지 않다.

**20** 폐유소각장치의 구성요소와 역할이 서로 잘못 짝지어진 것은?

① 폐유탱크의 교반기 – 폐유와 경유의 혼합 교반

② 냉각팬 – 소각로 과열 방지

③ 폐유펌프 – 폐유 공급

④ 보조 버너 – 소각 화로를 충분히 가열하여 폐유의 연소를 도움

해설
폐유탱크의 교반기는 폐유 속의 슬러지가 탱크 밑바닥에 침전되지 않도록 섞어 주는 장치이다.

**21** 냉동기의 압축기가 기동되지 않는 원인은?

① 냉매량이 많다.

② 고압 스위치가 작동되었다.

③ 냉매에 기름이 섞여 있다.

④ 냉각수의 유량이 많다.

해설
냉동기에는 안전보호장치가 설치되는데 안전보호장치가 작동되면 냉동기시스템의 보호를 위해 압축기가 정지된다. 정지된 원인을 제거한 후 다시 기동할 때는 리셋 버튼(원상 복귀 버튼)을 누르고 운전해야 한다.
냉동기의 안전보호장치
• 고압 스위치 : 압축기의 토출압력이 설정압력 이상으로 상승하면 냉동기의 운전을 정지시키는 보호 스위치
• 저압 스위치 : 압축기의 흡입압력이 설정압력 이하로 운전되면 냉동기의 운전을 정지시키는 보호 스위치
• 유압보호 스위치 : 유압이 안전 한도 내의 압력 이하로 낮아질 경우 압축기를 정지시켜서 베어링 부분의 소손을 방지하는 보호 스위치

**22** 고속 다기통 냉동기에서 오일펌프 고장 또는 기름여과기 막힘 등에 의한 압축기의 소손을 방지하기 위하여 설치하는 것은?

① 유압보호 스위치　　② 제상장치

③ 안전밸브　　　　　④ 저압 스위치

**해설**

냉동기의 압축기에서 오일펌프의 고장이나 기름여과기의 막힘 등으로 윤활유의 압력이 저하되면 압축기 내의 크랭크축 및 베어링 등에 윤활유가 공급되지 않아 압축기에 심각한 손상을 가져오게 된다. 이를 방지하기 위해 유압보호 스위치를 설치하여 윤활유의 압력이 저하되면 압축기를 정지시켜 심각한 고장을 방지한다.

• 제상장치 : 증발기의 증발관 표면에 공기 중의 수분이 얼어붙게 되면 증발관에서의 전열작용이 현저히 저하되기 때문에 증발관에 붙은 얼음을 제거해야 한다. 이때 사용하는 장치이다.

**23** 냉동기에서 냉매를 회수하기 위해 냉매를 모으는 장치는 무엇인가?

① 증발기　　　　　　② 수액기

③ 압축기　　　　　　④ 유분리기

**해설**

수액기는 응축기에서 액화한 액체냉매를 팽창밸브로 보내기 전에 일시적으로 저장하는 용기로, 냉매를 모을 때 수액기의 출구밸브를 닫고 냉동기를 운전하여 냉동기 라인상의 냉매를 수액기에 회수한다.

**24** 냉동장치 중에서 응축기 내의 불응축가스를 제거하기 위한 장치는 무엇인가?

① 가스퍼저　　　　　② 제상장치

③ 드라이어　　　　　④ 액분리기

**해설**

냉동장치의 불응축가스를 제거하는 것을 가스퍼지라고 하는데 응축기의 가스퍼저(불응축가스 분리기)를 통해 배출한다.

**25** 가스압축식 냉동기의 유분리기에서 분리된 기름이 보내지는 곳은?

① 압축기　　　　　　② 응축기

③ 팽창밸브　　　　　④ 증발기

**해설**

유분리기는 압축기와 응축기 사이에 설치한다. 압축기에서 냉매가스와 함께 혼합된 윤활유를 분리·회수하여 다시 압축기의 크랭크 케이스로 윤활유를 돌려보내는 역할을 한다.

---

제3과목　**기관 3**

**01** 동기발전기를 병렬 운전할 때 주파수 조절을 하는 것은?

① 조속기

② 계자저항기

③ 동기검정기

④ 자동전압조정기

**해설**

조속장치 : 조속기(거버너)는 여러 가지 원인에 의해 기관의 부하가 변동할 때 연료 공급량을 조절하여 기관의 회전속도를 원하는 속도로 유지하거나 가감하기 위한 장치이다. 즉, 기관의 회전속도를 가감한다는 것은 주파수를 조절한다는 것과 같은 의미이다.

**02** 동기발전기의 유도기전력 크기와 관련된 법칙은 무엇인가?

① 패러데이의 법칙

② 앙페르의 법칙

③ 키르히호프의 법칙

④ 옴의 법칙

**해설**

발전기는 자계 내에서 코일을 회전시켜 기전력을 발생시키는 장치이다. 유도기전력의 발생은 패러데이의 전자유도법칙을 응용한 것이고, 유도기전력 방향은 플레밍의 오른손법칙을 이용한 것이다.

패러데이의 법칙 : 코일 속에 막대자석을 왔다 갔다 이동시키면 코일을 통과하는 자기장이 시간에 따라 변하게 되어 전류가 흐르지 않던 코일에 전류가 흐르는게 된다. 이때 코일이 많이 감겨 있을수록, 자석을 빨리 움직일수록, 자석의 세기가 셀수록 전류가 더 많이 흐른다. 이것을 패러데이 법칙이라고 한다.

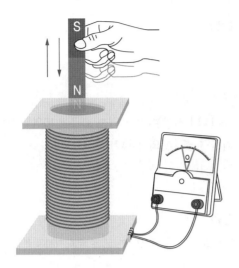

**03** 용량이 큰 밸러스트 펌프를 기동한 후 발전기 배전반의 전압, 전류 변화에 대한 설명으로 올바른 것은?(단, 순간적인 변동은 무시한다)

① 전압은 일정하고 전류만 증가한다.
② 전압은 증가하고 전류만 일정하다.
③ 전압과 전류가 모두 증가한다.
④ 전압과 전류는 변화가 없다.

[해][설]
발전기의 전압은 일정하게 유지되어야 한다. 그러므로 전압은 일정하고 전류만 증가한다. 이는 배전반에서 큰 전력의 기기를 기동하였을 때 소비전력이 증가하게 되는데 $P$(전력) $= VI$이므로, 전압은 일정하게 유지되고 전류가 증가한다.
대용량 모터를 기동했을 때 순간적인 전압 변화 : 대용량 펌프모터를 기동했을 때 전압은 순간적으로 약간 감소하였다가 다시 원래의 전압으로 돌아간다. 반대로 대용량 펌프를 정지시켰을 때 배전반의 전류값은 감소하고 전압은 순간적으로 증가하였다가 다시 원래의 전압으로 돌아간다.

**04** 빌지펌프의 기동 버튼을 눌러도 기동되지 않을 때 우선적으로 점검해야 할 사항이 아닌 것은?

① 회로의 퓨즈 상태
② 차단기 트립 여부
③ 배전반 전원의 공급 여부
④ 기동 시 점등되는 운전등의 점등 상태

[해][설]
펌프의 기동 버튼을 눌러도 기동되지 않을 때는 기동 배전반의 전원 공급 여부, 회로의 퓨즈 상태나 차단기의 개폐 상태 및 트립 여부 등을 점검해야 한다. 운전등의 점등은 빌지펌프가 정상작동할 때 점등되는 것이므로 우선적으로 점검해야 할 사항이 아니다.

**05** 1차측 전압 220[V], 2차측 전압 110[V]인 변압기에서 2차측에 100[A]의 전류가 흐른다면 1차측에 흐르는 전류는 얼마인가?

① 50[A]          ② 100[A]
③ 200[A]         ④ 300[A]

[해][설]
변압기는 전압을 용도에 맞게 올리거나 낮추는 장치로, 다음과 같은 식이 성립한다.

$$\frac{V_1}{V_2} = \frac{I_2}{I_1} = \frac{N_1}{N_2} = a$$

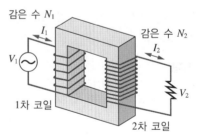

문제에서 전압과 전류의 값이 주어졌으므로,

$\frac{V_1}{V_2} = \frac{I_2}{I_1}$에 값을 대입하면, $\frac{220}{110} = \frac{100}{I_1}$이다.

1차측 전류 $I_1$은 50[A]가 된다.

**06** 배전반에서 배선용 차단기가 작동된 경우 다시 복귀시키는 방법으로 적합한 것은?

① 손잡이를 위로 올린다.
② 손잡이를 위로 올렸다가 다시 밑으로 내린다.
③ 손잡이를 밑으로 내렸다가 다시 위로 올린다.
④ 손잡이를 밑으로 내린다.

**해설**
회로의 단락이나 과전류가 흘렀을 때 회로를 보호하기 위해 배선용 차단기가 작동(트립)하는데, 트립 상태가 되면 다음의 그림과 같이 ON과 OFF의 중간 위치에 오게 된다. 복귀시키는 방법은 손잡이를 아래(OFF 방향)로 내렸다가 다시 올리면(ON 방향) 된다.

**07** 납축전지에서 전해액이 누설되지 않았는데 전해액이 부족하다면 무엇을 보충해야 하는가?

① 묽은 황산          ② 진한 황산
③ 증류수            ④ 해 수

**해설**
납축전지의 전해액은 황산과 증류수를 혼합한 것이다. 누설이 없이 전해액이 부족한 현상이 일어나면 증류수가 증발한 것이므로 증류수를 보충하여 준다.

**08** 3상 유도전동기와 관계없는 것은?

① 베어링          ② 정류자
③ 회전자          ④ 고정자

**해설**
정류자는 전기자에서 발생된 교류를 직류로 변환하는 장치로 직류발전기와 직류전동기에 사용된다.

**09** 100[Ω] 저항을 갖고 있는 회로에 100[V]의 직류를 가하면 몇 [A]의 전류가 흐르는가?

① 0.1[A]          ② 1[A]
③ 5[A]            ④ 10[A]

**해설**
옴의 법칙 $I = \dfrac{V}{R}$ 에서 $I = \dfrac{100}{100}$ 이므로, 1[A]의 전류가 흐른다.

**10** 전류가 흐를 때 자력선 또는 자속을 발생시키는 것은 무엇인가?

① 코 일          ② 트랜지스터
③ 저 항          ④ 다이오드

**해설**
코일에 전류를 흐르면 자계가 발생하여 자석과 같은 자기작용이 발생하는데, 자기작용을 이용한 기기에는 변압기, 전동기, 계전기, 전자접촉기 등이 있다.

**11** 교류 전압계가 지시하는 교류값은 무엇인가?

① 최댓값          ② 실횻값
③ 평균값          ④ 순시값

**해설**
교류 전압계나 교류 전류계의 눈금은 실횻값을 나타낸 것이다. 일반 가정이나 선박에서 우리가 일반적으로 사용전압이라고 하는 것은 실횻값을 의미한다.
• 순시값 : 순간순간 변하는 교류의 임의시간에 있어서의 값
• 최댓값 : 순시값 중에서 가장 큰 값
• 실횻값 : 교류의 크기를 교류와 동일한 일을 하는 직류의 크기로 바꿔 나타낸 값 $\left( \dfrac{최댓값}{\sqrt{2}} \right)$
• 평균값 : 교류 순시값의 1주기 동안의 평균을 취하여 교류의 크기를 나타낸 값 $\left( \dfrac{2}{\pi} \times 최댓값 \right)$

**12** 10[Ω], 20[Ω], 30[Ω] 저항 3개를 직렬로 연결하면 합성저항은 얼마인가?

① 10[Ω]
② 30[Ω]
③ 60[Ω]
④ 100[Ω]

해설
저항의 직렬연결 합성저항 $R = R_1 + R_2 + R_3 + \cdots$이므로,
$R = R_1 + R_2 + R_3 = 10 + 20 + 30 = 60[Ω]$

**13** 납축전지의 관리에 대한 설명으로 틀린 것은?

① 축전지 표면은 항상 청결하며 통풍이 잘되고 직사광선을 피하는 장소에 보관한다.
② 액체비중계로 전해액의 비중 측정 시 전해액이 바깥쪽으로 흘러내리지 않도록 주의한다.
③ 진한 황산과 증류수 혼합 시 진한 황산을 먼저 소량 넣고 증류수를 넣어 혼합한다.
④ 전해액은 적정 비중(1.28)의 묽은 황산으로 희석하여 사용한다.

해설
전해액 만드는 방법
① 유리용기나 도자기제의 용기에 필요한 양의 증류수를 넣는다.
② 황산을 주사기로 뽑아 올려 증류수의 수면 밑으로 서서히 밀어 넣고 혼합한 후 유리막대로 젓는다.
③ 필요한 양의 황산을 전부 주입한 다음 비중을 재고, 온도계로 온도를 재서 기준온도의 비중으로 환산한다.

**14** 전압이 2[V], 용량이 100[Ah]인 납축전지 6개를 직렬로 접속할 때 합성전압과 합성용량은?

① 2[V], 100[Ah]
② 2[V], 600[Ah]
③ 12[V], 100[Ah]
④ 12[V], 600[Ah]

해설
• 축전지의 직렬연결 : 전압은 각 축전지 전압의 합과 같고, 용량(전류)은 하나의 용량과 같다.
• 축전지의 병렬연결 : 전압은 축전지 하나의 전압과 같고, 용량(전류)는 각 축전지 용량의 합과 같다.

**15** 납축전지를 관리할 때 사용되지 않는 것은 무엇인가?

① 비중계
② 증류수
③ 온도계
④ 점도계

해설
납축전지를 관리할 때 비중계로 비중을 주기적으로 점검하고 전해액에 증류수를 보충하기도 하며 전해액의 온도를 재기도 한다. 점도를 측정하지는 않는다.
점도 : 유체의 흐름에서 분자 간 마찰로 인해 유체가 이동하기 어려움의 정도로, 유체의 끈적끈적한 정도를 나타낸다.

**16** 발전기를 병렬시킬 때 동기검정기의 바늘이 어떤 상태일 때 차단기를 투입해야 하는가?

① 시계 방향으로 빨리 돌아가면서 6시 위치일 때 투입한다.
② 시계 방향으로 천천히 돌아가면서 12시 위치일 때 투입한다.
③ 반시계 방향으로 빨리 돌아가면서 6시 위치일 때 투입한다.
④ 반시계 방향으로 천천히 돌아가면서 12시 위치일 때 투입한다.

해설
발전기를 병렬 운전할 때 차단기를 투입하는 시기는 동기검정기의 바늘이 시계 방향으로 천천히 돌아가는 상태(1회전하는데 4초 정도)에서 지침이 12시 방향에 도달하기 직전에 투입한다.

**17** 전기회로에 과전류가 흐를 경우 기기 손상을 방지하기 위하여 설치하는 것은 무엇인가?

① 자동전압조정기
② 전자접촉기
③ 전압계
④ 퓨 즈

해설
퓨즈는 과전류가 흘렀을 때나 합선이 일어났을 경우 자동으로 녹아 회로를 차단시켜 회로를 보호하는 역할을 한다. 퓨즈는 한 번 작동하면 교체해 주어야 한다.

**18** 3상 농형 유도전동기의 회전 방향을 바꾸는 방법은?

① 전압의 크기를 변화시킨다.

② 전동기를 분해하여 회전자를 반대로 조립해야 한다.

③ R상, S상, T상 중 임의의 2개 상을 서로 바꾸어 주면 된다.

④ R상, S상, T상 중 3개의 상을 모두 바꾸어 주면 된다.

해설
3상 유도전동기의 회전 방향을 바꾸는 방법은 간단하다. 3개의 선 중에 순서와 상관없이 2개 선의 접속만 바꾸어 주면 된다.

**19** 5[kW] 이하의 소형 농형 유도전동기의 기동법은?

① 전전압기동법

② Y – △ 기동법

③ 기동보상기법

④ 리액터기동법

해설
① 전전압기동법(직접 기동법) : 전동기에 직접 전원전압을 가하는 기동방법으로, 기동전류가 전 부하전류의 5~8배 흐른다. 주로 5[kW] 이하의 소형 유도전동기에 적용한다.

② Y-△ 기동법 : 기동 시 Y결선으로 접속하여 상전압을 선간전압의 $\dfrac{1}{\sqrt{3}}$ 로 낮춤으로써 기동전류를 $\dfrac{1}{3}$ 로 줄일 수 있다. 기동 후에는 △결선으로 변환하여 정상 운전한다.

③ 기동보상기법 : 기동보상기를 설치하여 기동기 단자전압에 걸리는 전압을 정격전압의 50~80[%] 정도로 떨어뜨려 기동전류를 제한한다.

④ 리액터기동법 : 전동기 사이에 철심이 든 리액터를 직선으로 접속시켜 기동 시 리액터의 유도리액턴스 작용을 이용하여 전동기 단자에 가해지는 전압을 떨어뜨려 기동전류를 제한한다.

**20** 발전기의 주요 구성요소 중 자계를 발생시키는 요소는?

① 전기자

② 계 자

③ 정류자

④ 브러시

---

해설
② 계자 : 자속을 발생시키는 부분으로 영구자석 또는 전자석으로 사용된다. 대부분의 발전기에는 철심과 권선으로 구성된 전자석이 사용된다. 여자전류를 계자권선에 흘려주면 자계를 발생시킨다.

① 전기자 : 기전력을 발생시키는 부분으로 철심과 권선으로 구성된다.

③ 정류자 : 교류 기전력을 직류로 바꾸어 주는 부분이다.

④ 브러시 : 전기자 권선과 연결된 슬립링이나 정류자편과 마찰하면서 기전력을 발전기 밖으로 인출하는 부분이다.

**21** 선박에 설치된 3상 동기발전기의 명판에 표시되지 않는 것은?

① 주파수

② 극 수

③ 슬립의 크기

④ 정격전류

해설
유도전동기의 명판에는 정격전압, 정격전류, 극수, 주파수 등의 정보들이 표시되어 있다.

**22** 변압기의 명판에서 알 수 없는 것은?

① 주파수

② 정격전압

③ 극 수

④ 정격용량

해설
변압기의 명판에는 정격용량, 주파수, 정격전류, 정격전압, 총중량 등이 표시되어 있다.

**23** 동기속도 1,200[rpm], 주파수 60[Hz]인 동기발전기의 극수는 얼마인가?

① 1극

② 2극

③ 4극

④ 6극

해설
$n_s = \dfrac{120f}{p}$ [rpm](여기서, $n_s$ = 동기속도, $p$ = 극수, $f$ = 주파수)이다.

**24** 다음 중 일반 다이오드를 나타내는 기호는?

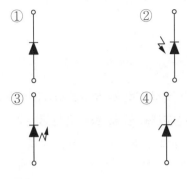

①

②

③

④

① 다이오드
② 포토다이오드
③ 발광다이오드
④ 제너다이오드

**25** "전원장치에서 정류회로는 (   )를 (   )로 변환하는 회로이다"에서 (   ) 안에 들어갈 알맞은 용어는?

① 교류, 직류
② 직류, 교류
③ 직류, 맥류
④ 교류, 교류

해설
정류회로는 교류를 직류로 변환하는 회로이다.

---

### 제4과목  직무일반

**01** 항해 중 당직 기관사의 주의사항으로 거리가 먼 것은?

① 기관을 정격 이상으로 운전하지 않도록 한다.
② 기관은 가능한 한 효율이 높게 되도록 운전한다.
③ 선교로부터의 주기관 관련 지시사항에 따른다.
④ 기관실 시동 공기 계통의 누설 여부에 주의한다.

해설
시동 공기 계통은 기관(엔진)을 초기에 시동할 때 사용하는 계통이다. 항해 중 기관이 운전되고 있을 때에는 사용하지 않는 것으로, 항해 중 당직 기관사의 주의사항과는 거리가 멀다.

**02** 기관일지 작성 시 잘못 기재된 경우 수정방법은?

① 잘못된 부분은 두 줄로 긋고 서명한 후 다시 기재한다.
② 잘못된 부분은 수정펜으로 지운 후 그 위에 다시 기재한다.
③ 잘못된 부분이 보이지 않도록 검게 그은 후 다시 기재한다.
④ 잘못된 부분의 페이지는 깨끗이 오려내고 다음 장에 다시 기재한다.

해설
기관일지의 기재사항을 오기했을 경우에는 틀린 부분에 줄을 긋고 그 아래 또는 위에 다시 써서 최초의 기록을 알아볼 수 있도록 한다. 기관일지뿐만 아니라 선박에서 작성하는 다른 서류의 작성법도 마찬가지이다.

**03** 황천 항해 중 운전 상태에서 가장 주의해야 할 기기들로 짝지어진 것은?

① 주기관, 조타기
② 냉동기, 소각기
③ 보일러, 양묘기
④ 발전기, 양묘기

해설
황천 항해 시에는 횡요와 동요로 인해 기관의 공회전이 일어날 확률이 높으므로 조속기의 작동 상태를 주의하고 주기관의 회전수를 평소보다 낮추어서 운전해야 한다. 또한, 조타기의 조종 상태에 유의하며 항해해야 한다.

**04** 항해 중 기관일지에 기록하는 사항에 해당되지 않는 것은?

① 발전기의 여자전압
② 연료유 소비량
③ 주기관의 사용시간
④ 주기관의 이상 발생시각과 상황

- 여자전압 : 발전기에 여자전류를 흘려주기 위한 전압으로 기관일지에 는 기록하지 않는다.
- 여자전류 : 자계를 발생시키기 위한 전류로 계자권선에 흐르는 전류이 다. 자속은 권선에 흐르는 전류에 비례하여 발생하는데 이 권선에 공급되는 전류를 말한다.

## 05 입거 시 주요 작업내용이 아닌 것은?

① 선체의 도색작업
② 안전보호구의 점검
③ 프로펠러의 점검
④ 선저밸브의 개방 검사

해설
입거란 선박을 수리하기 위해 조선소의 도크 안에 넣는 것이다. 입거 시 물 위에 떠 있을 때 점검하지 못한 사항을 점검 및 수리해야 한다. 안전보호구의 점검은 모든 작업 시 확인해야 하는 사항이다.

## 06 보일러 수 처리에서 pH란?

① 보일러 물의 산소 농도
② 보일러 물의 염화물 농도
③ 보일러 물의 수소이온 농도
④ 보일러 물의 탄소와 나트륨의 농도

해설
pH란 어떤 물질의 용액 속에 함유되어 있는 수소이온 농도를 표시하는 단위이다. 물의 수소이온 농도는 pH 7.0 정도로 중성에 해당하고 7 이하이면 산성, 7 이상이면 알칼리성이라고 한다.

## 07 해양환경관리법에서 선박의 기름 배출을 방지하기 위하여 설치하는 기름오염방지설비가 아닌 것은?

① 기름여과장치
② 침전탱크
③ 배출관장치
④ 선저폐수농도경보장치

해설
침전탱크(세틀링 탱크, Settling Tank)는 연료유 중의 불순물 및 수분을 가라앉혀 주기적으로 드레인시키는 탱크로 기름의 배출 규제와는 거리 가 있다.

## 08 해양환경관리법상 선박으로부터 오염물질 배출을 신고할 경우 신고내용에 해당하지 않는 것은?

① 사고 장소의 해면 상태 및 기상 상태
② 해양오염사고의 발생 일시, 장소 및 원인
③ 유처리제, 유흡착재 및 유겔화제의 보유량
④ 배출된 오염물질의 추정량 및 확산상황과 응급조 치상황

해설
해양환경관리법 시행규칙 제29조(해양시설로부터의 오염물질 배출신고) 해양환경관리법에서 오염물질이 해상에 유출되었을 경우 신고사항은 다음과 같다.
- 해양오염사고의 발생 일시, 장소 및 원인
- 배출된 오염물질의 종류, 추정량 및 확산상황과 응급조치상황
- 사고 선박 또는 시설의 명칭, 종류 및 규모
- 해면 상태 및 기상 상태

## 09 연료유 수급 시 주의사항으로 틀린 것은?

① 연료유 수급신호기 게양 또는 홍등의 상태를 주기 적으로 점검한다.
② 공급업자와 공급압력, 시간당 공급량 등에 대해 긴밀히 연락을 취한다.
③ 수급작업 관련자는 어떠한 경우라도 현장에서 자 격 있는 승무원과 교대하지 않는 한 현장을 떠나서 는 안 된다.
④ 연료유 수급탱크가 거의 채워지는 시점에서는 시 간당 공급량을 줄여서 오버플로를 방지한다.

해설
연료유 수급 시작 전에는 신호기를 게양한 것을 확인해야 한다(주간 B기, 야간 홍등 1개). 그러나 신호기나 홍등의 상태는 연료유 수급 전에 확인하고 연료유 수급 중에 주기적으로 점검하지는 않는다.

**10** 기관구역 기름기록부의 기록사항 중 유성 찌꺼기(슬러지)의 저장, 이송 및 처분을 나타내는 부호는?

① C　　　　② D
③ F　　　　④ H

해설
기름기록부는 다음과 같이 상황별 코드번호를 기입해서 작성해야 한다.
• A : 연료유 탱크에 밸러스트 적재 또는 연료유 탱크의 세정
• B : A에 언급된 연료유 탱크로부터 더티 밸러스트 또는 세정수의 배출
• C : 유성 잔류물(슬러지)의 저장 및 처분
• D : 기관실 빌지의 비자동방식에 의한 선외 배출 또는 그 밖의 다른 처리방법에 의한 처리
• E : 기관실 빌지의 자동방식에 의한 선외 배출 또는 그 밖의 다른 방법에 의한 처분
• F : 기름 배출 감시 제어 장비(기름여과장치)의 상태
• G : 사고 또는 기타 예외적인 기름의 배출
• H : 연료 또는 산적 윤활유의 적재
• I : 그 밖의 작업 절차 및 일반적인 사항

**11** 해양환경관리법상 오존층파괴물질기록부의 기재사항으로 적합하지 않는 것은?

① 본선에서 오존층 파괴물질의 수급
② 오존층 파괴물질의 고의적인 대기 배출
③ 오존층 파괴물질이 포함된 설비의 충전에 관한 사항
④ 오존층 파괴물질이 포함된 설비의 고장 시 고장 상태 및 원인

해설
선박에서의 오염방지에 관한 규칙 제31조의 2(오존층파괴물질기록부)
오존층파괴물질이 포함된 설비의 수리나 정비 내역에 관한 사항은 기재하나 고장 상태 및 원인은 기재하지 않는다. 오존층파괴물질기록부의 기재사항은 다음과 같다.
• 선박으로 공급된 오존층파괴물질에 관한 사항
• 오존층파괴물질이 포함된 설비의 충전에 관한 사항
• 오존층파괴물질의 대기 배출에 관한 사항
• 오존층파괴물질의 육상 수용시설로의 이송에 관한 사항
• 오존층파괴물질이 포함된 설비의 수리나 정비 내역에 관한 사항

**12** 손목이 절단되었을 때 가장 적절한 지혈법은 무엇인가?

① 직접 압박법　　② 국소거양법
③ 간접 압박법　　④ 지혈대 지혈법

해설
④ 지혈대 지혈법 : 동맥성 출혈 때 사용하는 지혈법이다. 이는 동맥 손상으로 인한 출혈 과다로 사망 위험이 높은 위급상황 시에만 사용하는 방법으로, 간접 압박법으로는 동맥을 오랜 시간 차단할 수 없기 때문에 지혈대를 설치하여 동맥을 완전히 차단한다. 지혈대는 신체 부위 중 팔, 다리에만 설치할 수 있기 때문에 팔, 다리의 절단 및 동맥 손상 외에는 사용할 수 없다.
① 직접 압박법 : 상처 부위를 깨끗한 거즈나 천으로 눌러 균등한 압력을 가하는 것이다. 보통 정맥성 출혈까지는 이 지혈법을 사용한다.
② 국소거양법 : 중력을 이용한 지혈법으로 상처 및 출혈 부위를 심장보다 높게 하여 혈류를 중력에 의해 조금 떨어뜨리는 방법이다. 당장의 지혈효과는 없지만 보통 직접 압박법과 병행한다.
③ 간접 압박법 : 직접 압박법으로 출혈이 멈추지 않을 때 사용하는 방법이다. 동맥 손상 시에 사용하는 방법으로 머리 및 팔, 다리의 각 동맥에 손가락으로 직접 압력을 가해 동맥의 혈류를 차단시키는 지혈법이다.

**13** 일사병 환자의 응급처치법으로 틀린 것은?

① 신속히 시원한 곳으로 옮긴다.
② 혈액순환을 위해 따뜻한 음료를 준다.
③ 옷은 느슨하게 하고 허리띠나 단추는 풀어 준다.
④ 젖은 수건이나 찬물을 통해 체온을 내려 준다.

해설
일사병은 더운 공기와 강한 태양에 노출되어 올라간 체온이 조절되지 않는 상태로, 일사병이 발병하면 시원한 곳으로 이동시켜 옷을 느슨하게 하고 허리띠나 단추는 풀어 준다. 그리고 체온이 올라가면 신속히 낮추도록 조치하며 물이나 식염수 또는 이온수를 마시게 한다.

**14** "대형 침수사고 시에는 (　)을 폐쇄하여 침수구역을 한정시키고 배수작업을 해야 한다"에서 (　) 안에 들어갈 용어는?

① 이중 저탱크　　② 화물창
③ 수밀문　　　　④ 비상빌지관

**해설**
- 수밀문 : 수밀격벽의 출입구에 설치되는 것으로 닫았을 때 물이 새는 것을 막는다.
- 수밀격벽 : 배는 여러 개의 구획으로 나뉘어져 있는데 구획을 나누는 것을 격벽이라고 한다. 수밀격벽은 수압이 가해져도 물이 새지 않는 격벽이다.

**15** 기관실에 대형 화재가 발생하여 진화하지 못할 경우 가장 적절한 조치사항은?

① 특수공구를 가지고 나온다.
② 인화물질을 가지고 나온다.
③ 기관실 컴퓨터를 가지고 나온다.
④ 압축공기탱크의 공기를 빼고 기관일지를 가지고 나온다.

**해설**
기관실 대형 화재 발생 시에는 비상차단밸브를 작동시키고 기관실의 통풍장치를 폐쇄하여 고정식소화장치를 작동시켜야 한다. 기관실을 빠져 나올 때 가능한 한 중요한 서류는 가지고 나오도록 한다.

**16** 기관실의 침수사고를 방지하기 위한 주의사항으로 바르지 않은 것은?

① 배수설비와 방수 기자재를 항상 잘 정비해 둔다.
② 기관실 탱크의 주기적인 측심으로 탱크의 변화량을 확인한다.
③ 냉각해수관 계통의 부식 여부를 주기적으로 점검한다.
④ 항해 중에는 선미관 패킹 글랜드를 꽉 조이고 정박 중에는 해수가 조금 스며들도록 풀어 준다.

**해설**
해수 윤활식 선미관의 한 종류인 글랜드 패킹형의 경우, 항해 중에는 해수가 약간 새어 들어오는 정도로 글랜드를 죄어 주고 정박 중에는 물이 새어 나오지 않도록 죄어 준다. 축이 회전 중에 해수가 흐르지 않게 너무 꽉 잠그면 글랜드 패킹의 마찰에 의해 축 슬리브의 마멸이 빨라지거나 소손된다. 글랜드 패킹 마멸을 방지하기 위해 소량의 누설 해수와 정기적인 그리스 주입으로 윤활이 잘 일어나도록 출항 전에는 원상태로 조정해야 한다.

**17** 기관실 침수사고의 원인으로 적합하지 않은 것은?

① 시체스트가 부식으로 파공되었을 때
② 이중저 연료유 탱크의 선저 외판이 파공되었을 때
③ 주해수펌프의 글랜드 패킹이 손상되었을 때
④ 킹스톤밸브가 불량한 상태에서 해수 스트레이너를 소제할 때

**해설**
이중저 구조의 선박은 충돌이 일어났을 때 선체를 보호하는 것으로 선체 내측이 침수되지 않도록 하는 구조이다. 이중저 연료유 탱크의 선저 외판이 파공되었다고 해서 기관실의 침수가 직접적으로 일어나지는 않지만 매우 위험한 상황이므로 주기적인 측심을 통해 선저 외판의 파공 여부를 확인하고 조치해야 한다.

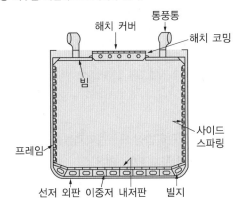

※ 이중저(Double Bottom) : 선체가 두 개의 외판으로 이루어진 것으로 외판이 손상되어도 해수가 선저로 침입하는 것을 막는 역할을 한다.

**18** 용접 등 열작업으로 인한 화재를 예방하기 위한 주의사항으로 틀린 것은?

① 작업 중에 주변을 감시할 감시원을 배치할 것
② 작업구역은 통풍이 잘되도록 할 것
③ 작업구역의 벽을 물로 식힌 후 작업할 것
④ 작업구역 주위의 기름이나 먼지 등은 미리 소제할 것

**해설**
전기용접의 경우 작업 시 감전사고의 위험이 있다.

**19** 전기화재를 예방하기 위한 주의사항으로 바르지 않은 것은?

① 배전반 주위에 먼지나 이물질을 제거할 것

② 전동기의 절연저항을 주기적으로 측정하여 확인할 것

③ 모든 전기장치는 규정용량 이상으로 부하를 걸지 말 것

④ 축전지의 충전전압이 24[V] 이상 올라가지 않도록 할 것

해설

선박에서 사용하는 축전지의 경우 일반적으로 24[V]를 사용한다. 축전지의 경우 충전하면서 사용하는데 충전방식 중 부동(Floating)충전방식의 경우 충전전압은 24[V]보다 높다.

부동충전 : 축전지가 자기방전을 보충함과 동시에 사용 부하에 대한 전력 공급을 하는 방식이다. 이 방식은 정류기의 용량이 적어도 되고 항상 완전 충전 상태이며 축전지의 수명에 좋은 영향을 준다. 충전전압은 축전지전압보다 약간 높은 정전압으로 설정해 놓음으로써 축전지의 자기방전을 보상하여 항상 만충전 상태를 유지시켜 주는 충전방식이다.

**20** 화재 방지에 대한 안전수칙으로 바르지 않은 것은?

① 소화설비의 위치를 파악해 둔다.

② 소화훈련에 적극적으로 참여한다.

③ 소화설비의 작동방법을 사전에 숙지해 둔다.

④ 정전 시에 각자의 임무와 역할을 사전에 숙지해 둔다.

해설

정전(Black Out) 시의 임무와 역할은 화재 방지에 대한 안전수칙과는 거리가 있으나, 화재 발생 시 정전이 일어나게 되면 우선적 화재 진압을 한 후 정전에 대한 조치를 취해야 한다.

**21** 소화제의 유효기간 때문에 일정기간마다 소화제를 재충전해야 하는 소화기는?

① 휴대식 포말소화기

② 휴대식 이산화탄소소화기

③ 고정식 이산화탄소 소화장치

④ 고정식 미분무 소화설비

해설

화학식 포말소화기의 경우 소화제는 소화기에 충전된 후 1년을 경과할 수 없다. 예비포말소화약제의 경우에는 항상 사용 가능하도록 열과 습기가 없는 곳에 보관·유지되도록 관리하고 유효기간은 제조자가 정한 기간에 따라야 한다.

**22** 선원의 근로시간, 유급휴가 및 재해보상 등을 규정한 법은 무엇인가?

① 선박직원법    ② 선박법

③ 선원법    ④ 선박안전법

해설

선원법은 선원의 직무, 복무, 근로조건의 기준, 직업 안정, 복지 및 교육훈련에 관한 사항 등을 정함으로써 선내 질서를 유지하고, 선원의 기본적 생활을 보장·향상시키며 선원의 자질 향상을 도모함을 목적으로 한다.

**23** 해양환경관리법상 기관구역으로부터의 기름 배출 기준으로 틀린 것은?

① 항해 중에 배출할 것

② 기름오염방지설비의 작동 중에 배출할 것

③ 배출액 중의 기름 성분이 15[ppm] 이하일 것

④ 육지로부터 12해리 이상 떨어진 해역에서 배출할 것

해설

기름오염방지설비 중 하나인 기름여과장치로 선저폐수(빌지)를 선외로 배출할 경우에는 다음과 같은 사항이 동시에 충족되어야 가능하다.

• 기름오염방지설비를 작동하여 배출할 것

• 항해 중에 배출할 것

• 유분의 함량이 15[ppm](백만분의 15) 이하일 때만 배출할 것

**24** 선박안전법상 검사의 종류에 해당하지 않는 것은?

① 수시검사    ② 건조검사

③ 중간검사    ④ 임시검사

해설

선박안전법상 검사의 종류에는 건조검사, 정기검사, 중간검사, 임시검사, 임시 항행검사 및 특별검사가 있다.

**25** 해양환경관리법령상 폐기물관리계획서를 비치해야 할 선박의 기준은 무엇인가?

① 총톤수 50톤 이상의 선박과 최대 승선 인원 15명 이상의 선박

② 총톤수 100톤 이상의 선박과 최대 승선 인원 15명 이상의 선박

③ 총톤수 150톤 이상의 선박과 최대 승선 인원 20명 이상의 선박

④ 총톤수 400톤 이상의 선박과 최대 승선 인원 20명 이상의 선박

해설

선박에서의 오염방지에 관한 규칙 [별표 3]의 제5항

총톤수 100톤 이상의 선박과 최대 승선 인원 15명 이상의 선박은 선원이 실행할 수 있는 폐기물관리계획서를 비치하고 계획을 수행할 수 있는 책임자를 임명하여야 한다. 이 경우 폐기물관리계획서에는 선상장비의 사용방법을 포함하여 쓰레기의 수집, 저장, 처리 및 처분의 절차가 포함되어야 한다.

## 제1과목  기관 1

**01** 디젤기관에서 연료분사밸브의 조정압력에 대한 설명으로 올바른 것은?

① 조정압력이 높으면 연료의 분사시기가 빨라진다.
② 조정압력이 높으면 연료의 관통력이 좋아진다.
③ 조정압력이 낮으면 연료의 분무가 나빠진다.
④ 조정압력이 높으면 연료의 착화지연이 길어진다.

**해설**
연료분사밸브의 분사압력은 무화, 관통, 분산 분포가 적절하게 이루어질 수 있도록 조정되어야 한다. 분사압력이 높으면 무화가 잘된다. 관통과 무화의 조건은 반대이다. 관통은 입자가 커야 잘되는데 분사압력을 높이면 무화가 잘되지만 관통은 잘되지 않는다. 분사압력이 높으면 착화지연이 짧고 분사압력이 낮으면 분무도 나쁘다. 분사시기는 연료분사압력과는 크게 관계가 없으나 분사압력이 너무 낮으면 연료분사밸브의 노즐이 열리는 압력이 낮아 분사가 비교적 빨리 이루어질 수 있다. 분사시기는 연료분사펌프의 태핏조정볼트나 VIT(가변 분사시기조정장치)로 조정한다.

**02** 다음 그림과 같은 디젤기관의 배기밸브 구동장치에서 A, B, C, D의 명칭 중 틀린 것은?

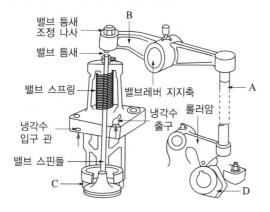

① A : 푸시로드
② B : 밸브레버
③ C : 밸브시트
④ D : 플런저

**해설**
4행정 사이클 기관의 밸브 구동은 캠축이 회전하여 캠(D)의 돌기부가 푸시로드(A)를 밀어올리고, 푸시로드가 올라가서 밸브레버(B, 로커암이라고도 함)가 움직여 밸브를 눌러 주면 밸브가 아래로 내려오면서 밸브헤드와 밸브시트(C) 사이의 틈이 벌어져 밸브가 열리게 된다.

**03** 디젤기관에 대한 설명으로 옳은 것은?

① 실린더 헤드에 연료분사밸브가 설치된다.
② 가솔린 기관보다 압축비가 낮고 연료 소비율이 높다.
③ 가솔린 기관보다 크기는 크나 진동과 소음이 작다.
④ 대형 선박의 주기관에는 4행정 사이클 디젤기관이 많이 설치된다.

**해설**
디젤기관의 실린더 헤드에는 기관에 따라 차이는 있지만 흡기밸브, 배기밸브, 연료분사밸브, 로커암, 실린더 헤드 안전밸브, 시동공기밸브 등이 장착되어 있다.
• 디젤기관은 압축비가 높아 열효율이 높고 연료소비량이 작다.
• 디젤기관은 폭발압력이 높아 소음과 진동이 크다.
• 디젤기관은 회전력이 크고 대형 기관에 적합하다.
• 2행정 사이클 디젤기관은 기관 출력당 부피와 무게가 작으므로 제작비가 싸며 대형 기관에 적합하다.
• 4행정 사이클 디젤기관은 흡입행정과 배기행정이 구분되어 부피효율이 높고 환기작용이 완전하여 고속기관에 적합하다.

**04** 내연기관이 아닌 것은?

① 가솔린 기관
② 증기터빈기관
③ 디젤기관
④ 로켓기관

**해설**
내연기관이란 기관 내부에서 연료를 연소시켜 이때 발생한 연소가스의 열과 압력으로 동력을 발생시키는 기관이다. 증기터빈기관은 대표적인 외연기관에 속한다.

**05** 디젤기관에서 연료유관 계통의 프라이밍 완료는 관 끝이 어떤 상태인가?

① 아무것도 나오지 않을 때
② 공기만 나올 때
③ 연료유만 나올 때
④ 연료유와 공기의 거품이 함께 나올 때

해설
프라이밍(호수)이란 관이나 펌프 등에 공기나 기타 가스가 차 있으면 흡입효율을 떨어뜨리므로 관 속의 공기를 빼 주는 것을 말한다. 완벽한 프라이밍은 관 속에 관련 유체만 가득한 상태로 연료유 관 계통에서는 연료유만 나오는 상태이다.

**06** 4행정 사이클 디젤기관에서 실린더 라이너가 많이 마멸되었을 때 일어나는 현상으로 틀린 것은?

① 조속기(거버너)의 작동 불량
② 시동의 곤란
③ 출력의 감소
④ 크랭크실 내의 윤활유 오손

해설
• 실린더 라이너가 마멸되면 블로바이가 일어난다. 블로바이가 일어나면 출력이 저하되어 연료소비량이 증가하고 시동이 곤란해지며 윤활유의 오손이 발생할 수 있다. 실린더 라이너의 마멸과 조속기(거버너)의 작동 불량과는 관계가 멀다.
• 블로바이(Blow-by)란 피스톤과 실린더 라이너 사이의 틈새로부터 연소가스가 누출되어 크랭크 케이스로 유입되는 현상이다. 피스톤링의 마멸, 고착, 절손, 옆 틈이 적당하지 않을 때 또는 실린더 라이너의 불규칙한 마모나 상하의 흠집이 생겼을 경우 발생한다. 블로바이가 일어나면 출력이 저하될 뿐만 아니라 크랭크실 윤활유의 상태도 변질시킨다.

**07** 디젤기관의 연소과정 중 후연소기간이 길어지는 경우가 아닌 것은?

① 연료유의 착화성이 불량할 경우
② 연료 분사시기가 부적당할 경우
③ 분무 상태가 불량할 경우
④ 착화지연이 짧을 경우

해설
후연소가 길어지면 배기온도가 높아지고 배기색은 나빠지며 효율은 저하된다. 그 원인은 다음과 같다.
• 연료 착화성이 나쁘거나 공기의 압축이 불량하여 착화지연이 클 경우
• 연료분사밸브에서 연료가 새거나 분사 상태가 불량한 경우
• 연료 분사시기의 조정이 불량한 경우

**08** 디젤기관의 실린더 라이너 외부측에 보호 아연봉을 설치하는 이유는 무엇인가?

① 열팽창 감소          ② 냉각작용
③ 부식 방지          ④ 불순물 제거

해설
아연은 선박에서 해수계통의 파이프나 선체 외부에 주로 부착한다. 철 대신 먼저 부식이 되는 아연을 달아서 해수계통의 파이프나 외판을 보호하기 위해서이다. 같은 이유로 실린더 라이너의 외부측에 보호 아연봉을 설치하기도 한다.

**09** 4행정 사이클 디젤기관에서 흡·배기밸브가 동시에 닫혀 있는 경우는?

① 흡입할 때
② 배기할 때
③ 연료를 분사할 때
④ 피스톤이 하사점에 있을 때

해설
4행정 사이클 디젤기관에서 흡·배기밸브가 동시에 닫혀 있는 경우는 압축행정에서 폭발(작동)행정 사이의 순간이다. 즉, 압축행정에서 피스톤이 하사점에서 상사점으로 이동할 때 흡·배기밸브가 닫혀 있는 상태에서 연료가 분사되고 압축·폭발이 일어난다.

**10** "디젤기관에서 흡·배기밸브의 간극 조정은 (  )을 돌려 해당 실린더의 (  ) 위치를 압축 TDC에 두고 조정해야 한다"에서 (  ) 안에 들어갈 용어로 알맞은 것은?

① 크랭크축, 피스톤          ② 피스톤, 연접봉
③ 크랭크축, 연접봉          ④ 연접봉, 크로스 헤드

해설
흡·배기밸브의 틈새(밸브 간극, 태핏 간극) 조정은 흡·배기밸브가 닫혀 있을 때 시행해야 한다. 흡·배기밸브가 동시에 닫혀 있는 시기는 압축행정에서 피스톤이 상사점(TDC) 위치에 있을 때이다. 피스톤을 상사점 위치에 놓으려면 플라이휠에 터닝기어를 연결하여 서서히 작동시켜 크랭크축을 돌린다.

밸브 틈새(밸브 간극, Valve Clearance 또는 태핏 간극, Tappet Clearance)
4행정 사이클 기관에서 밸브가 닫혀 있을 때 밸브 스핀들과 밸브 레버 사이에 틈새가 있어야 하는데, 밸브 틈새를 증가시키면 밸브의 열림 각도와 밸브의 양정(리프트)이 작아지고, 밸브 틈새를 감소시키면 밸브의 열림 각도와 양정(리프트)이 크게 된다.
• 밸브 틈새가 너무 클 때 : 밸브가 닫힐 때 밸브 스핀들과 밸브 시트의 접촉 충격이 커져 밸브가 손상되거나 운전 중 충격음이 발생하고 흡기·배기가 원활하게 이루어지지 않는다.
• 밸브 틈새가 너무 작을 때 : 밸브 및 밸브 스핀들이 열팽창하여 틈이 없어지고 밸브는 완전히 닫히지 않게 되며, 이때 압축과 폭발이 원활히 이루어지지 않아 출력이 감소한다.

**11** 4행정 사이클 디젤기관의 실린더 헤드에 설치되는 밸브가 아닌 것은?

① 테스트 콕
② 배기밸브
③ 스필밸브
④ 연료분사밸브

해설
스필밸브는 연료분사펌프의 한 종류인 스필밸브식 연료분사펌프의 구성요소이다. 연료분사펌프는 연료 분사에 필요한 고압을 만드는 장치로 연료유의 압력을 높여 연료분사밸브에 전달하는데 일반적으로 기관 프레임이나 실린더 블록에 설치한다.

**12** 디젤기관에서 피스톤 링의 틈새가 너무 클 경우에 나타나는 현상으로 옳지 않은 것은?

① 연소가스 누설이 많아진다.
② 연료유 소모량이 줄어든다.
③ 실린더 내벽의 마멸이 심해진다.
④ 기관의 출력이 감소한다.

해설
피스톤 링의 틈새가 너무 크면 연소가스가 누설되어 기관의 출력이 낮아지고, 링의 배압이 커져서 실린더 내벽의 마멸이 커진다. 출력이 낮아진다는 것은 같은 출력을 낼 때 연료의 소모량이 많아진다는 것을 의미한다.

**13** 디젤기관에서 연소실을 형성하며 실린더 라이너 내를 왕복운동하여 새로운 공기를 흡입하고 압축하는 것은?

① 피스톤
② 크로스 헤드
③ 커넥팅 로드
④ 크랭크 샤프트

해설
디젤기관에서 피스톤은 실린더 라이너 내를 왕복운동하여 새로운 공기를 흡입하고 압축한다. 또 실린더와 함께 연소실을 형성하고 연소가스의 압력을 받아 커넥팅 로드를 거쳐 크랭크에 전달하여 크랭크축(샤프트)을 회전시킨다.

**14** 다음 중 피스톤의 왕복운동을 크랭크축에 직접 전달하는 역할을 하는 디젤기관의 부속품은?

① 피스톤 링
② 크로스 헤드
③ 흡기밸브
④ 커넥팅 로드

해설
커넥팅 로드는 피스톤이 받는 폭발력을 크랭크축에 전달하고 피스톤의 왕복운동을 크랭크의 회전운동으로 바꾸는 역할을 한다. 트렁크 피스톤형 기관에서는 피스톤과 크랭크를 직접 연결하고 크로스 헤드형 기관에서는 크로스 헤드와 크랭크를 연결한다.

**15** 소형 고속기관의 피스톤 재료로 많이 사용되는 것은?

① 마그네슘 합금
② 니켈 합금
③ 망간 합금
④ 알루미늄 합금

해설
저·중속기관에서는 주철이나 주강이, 중·소형 고속기관에서는 알루미늄 합금 재질이 주로 사용된다.

**16** 디젤 주기관의 시동 준비로서 틀린 것은?

① 압축공기탱크의 압력을 확인한다.
② 급기의 압력과 온도를 조정한다.
③ 터닝기어를 작동하여 기관을 예열한다.
④ 연료 공급 계통의 밸브 개폐를 확인한다.

**해설**
급기압력은 디젤 주기관 시동 후 압력이 형성되므로 주기관의 운전 중 확인해야 하는 사항이다.

**17** 보일러 운전 시 연소실에 잔류한 미연소가스가 갑자기 착화되어 대량의 연소가스가 연돌로 빠져 나가지 못하고 화염이 노 밖으로 나오는 현상을 무엇이라고 하는가?

① 캐리오버
② 점 화
③ 역 화
④ 포 밍

**해설**
역화(Back Fire)란 보일러 연소실 안에 잔류가스가 많거나 연료의 공급이 과다할 때, 댐퍼를 너무 닫아 공기량이 적을 때, 송풍이 너무 강한 경우 등에 발생하는 것으로, 정상적인 연소가 아니라 폭발적인 연소가 일어나 보일러를 손상시킨다.

**18** 보일러의 압력계를 U자관으로 연결하는 이유는 무엇인가?

① 부르동관의 손상을 막기 위해
② 공작을 쉽게 하기 위해
③ 온도를 빠르게 상승시키기 위해
④ 압력 상승을 막기 위해

**해설**
보일러의 압력계로는 부르동관 형식의 압력계가 사용되는데 부르동관 내에 직접 증기가 들어가서 고온이 되면 어긋나기 쉽기 때문에 U자관을 사용한다. U자관 중간에 액체를 넣고 직접 증기가 들어가는 것을 차단하여 부르동관의 손상을 방지한다.

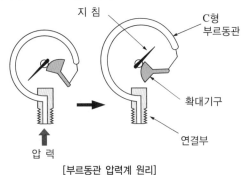

[부르동관 압력계 원리]

**19** 수윤활식 선미관에 설치하는 리그넘바이티의 주역할은 무엇인가?

① 베어링 역할
② 기밀을 유지하는 역할
③ 선체의 수평 유지 역할
④ 선체의 부식 방지 역할

**해설**
리그넘바이티는 해수 윤활방식 선미관 내에 있는 프로펠러축의 베어링 재료로 사용하는 남미산의 특수 목재로, 수지분을 포함하여 마모가 작아 수중 베어링 재료보다 우수한 성질을 갖고 있어 예전부터 선미축 베어링 재료로 사용되고 있다.

**20** 주기관에서 발생하는 동력을 프로펠러에 전달하는 것은?

① 플라이휠
② 추진축
③ 선미관
④ 캠 축

**해설**
추진축(프로펠러축)은 프로펠러와 연결되어 프로펠러에 회전력을 전달한다.

**21** 선박 운항 중 수면하 선체가 받는 저항으로 저속 시 대부분을 차지하는 저항은?

① 공기저항
② 조와저항
③ 마찰저항
④ 조파저항

**해설**
• 마찰저항 : 선박이 전진할 때 선체의 표면에 접촉하는 물의 점성에 의해 생긴 마찰로, 저속일 때 전체 저항의 70~80[%]이고 속도가 높아질수록 그 비율이 감소한다.
• 와류저항 : 선미 주위에서 많이 발생하는 저항으로 선체 표면의 급격한 형상 변화 때문에 생기는 와류(소용돌이)로 인한 저항이다.
• 조파저항 : 배가 전진할 때 받는 압력으로 배가 만들어 내는 파도의 형상과 크기에 따라 저항의 크기가 결정된다. 저속일 때는 저항이 미미하지만 고속 시에는 전체 저항의 60[%]에 이를 정도로 증가한다.
• 공기저항 : 수면 위 공기의 마찰과 와류에 의하여 생기는 저항이다.

**22** 스크루 프로펠러가 추진할 때 날개의 끝이 그리는 원의 지름은 무엇인가?

① 프로펠러 피치     ② 프로펠러의 지름

③ 경사비           ④ 보 스

해설
- 피치 : 프로펠러가 1회전했을 때 전진하는 거리
- 보스 : 프로펠러 날개를 프로펠러축에 연결해 주는 부분
- 프로펠러 지름 : 프로펠러가 1회전할 때 날개(블레이드)의 끝이 그린 원의 지름
- 경사비 : 프로펠러 날개가 축의 중심선에 대하여 선미 방향으로 기울어져 있는 정도

**23** 디젤기관의 연료유에 수분이 많이 혼입되었을 때의 배기색은 어떠한가?

① 백 색          ② 흑 색

③ 갈 색          ④ 연한 흑색

해설
연료유에 수분이 혼입되면 백색의 배기색을 띤다. 배기색으로 다음과 같은 원인을 유추할 수 있다.
- 검은색 : 과부하 운전, 불완전연소, 연료 분사량이 과다할 경우
- 백색 : 연소실에 냉각수 유입, 연료유에 수분 혼입, 소기압력이 높을 경우
- 청색 : 윤활유가 연소실 내로 과다 유입하여 함께 연소할 경우

**24** 기름의 끈적끈적한 성질은 무엇인가?

① 비 중          ② 점 성

③ 흡착성         ④ 표면장력

해설
점성(Viscosity)이란 유체의 흐름에 대한 저항으로, 운동하는 액체나 기체 내부에 나타나는 마찰력이므로 내부마찰력이라고도 한다. 즉, 액체의 끈끈한 성질이다.

**25** "1,000[L]는 (  )[m³]에 해당한다"에서 (  ) 안에 알맞은 것은?

① 1,000        ② 100

③ 10           ④ 1

해설
1[L]는 가로, 세로, 높이가 각각 10[cm]인 용적이다. 즉, 1[L] = 1,000[cm³]이다. 1,000[L] = 1,000,000[cm³] = 100 × 100 × 100[cm] = 1 × 1 × 1[m] = 1[m³]

---

## 제2과목 기관 2

**01** 펌프장치에서 공기실을 설치하는 펌프와 그 위치는?

① 왕복펌프의 흡입관측

② 왕복펌프의 송출관측

③ 축류펌프의 흡입관측

④ 축류펌프의 송출관측

해설
왕복펌프의 특성상 피스톤의 왕복운동으로 인해 송출량에 맥동이 생기며 순간 송출 유량도 피스톤의 위치에 따라 변하게 된다. 따라서 공기실을 송출측의 실린더 가까이에 설치하여 송출압력이 높으면 송출액의 일부가 공기실의 공기를 압축하고 압력이 낮을 때에는 공기실의 압력으로 유체를 밀어내게 하여 항상 일정한 양의 유체가 송출되도록 한다.

**02** 원심펌프의 기동방법으로 가장 적합한 것은?

① 흡입밸브를 열고 송출밸브를 잠근 후 펌프를 기동하여 송출밸브를 서서히 연다.

② 흡입밸브와 송출밸브를 잠그고 펌프를 기동한 후에 송출밸브를 서서히 연다.

③ 흡입밸브와 송출밸브를 반쯤 열어서 펌프를 기동한 후에 송출밸브를 적당히 잠근다.

④ 흡입밸브와 송출밸브를 열고 기동하여 송출밸브를 서서히 닫아 유량을 조절한다.

해설
원심펌프를 운전하기 전에 축을 터닝시켜 이상이 있는지 확인한 후 흡입관 밸브는 열고 송출관 밸브는 닫은 상태에서 펌프 케이싱에 물을 채운다(호수, 프라이밍). 이 상태에서 시동을 한 후 규정속도까지 상승하면 송출밸브를 서서히 열어서 유량을 조절한다.

**03** 저압 증발식 조수장치의 추기용으로 가장 많이 이용되는 펌프는 무엇인가?

① 이젝터 　　　　 ② 나사펌프
③ 기어펌프 　　　 ④ 왕복펌프

**해설**
저압 증발식 조수장치의 추기용 펌프로 이젝터 펌프가 사용된다. 다음 그림과 같이 이젝터 원리는 작동유체를 노즐을 통해 좁은 관으로 흘려주면 국부적으로 저압이 형성되어 조수기 내의 유체를 흡입하게 되고 조수기의 증발기는 진공이 형성된다.

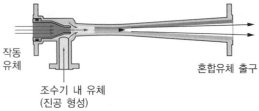

작동
유체
　　　　　　　　　　　혼합유체 출구
조수기 내 유체
(진공 형성)
※ 추기 : 공기나 증기 등의 기체를 추출하는 것

**04** 원심펌프와 비교하여 왕복펌프의 특징으로 올바른 것은?

① 대용량에 적합하다.
② 흡입성능이 양호하다.
③ 기동 시 실린더에 물을 채워야 한다.
④ 호수장치가 필요하다.

**해설**
왕복펌프의 특징은 다음과 같다.
• 흡입성능이 양호하다.
• 소유량, 고양정용 펌프에 적합하다.
• 운전조건에 따라 효율의 변화가 작고 무리한 운전에도 잘 견딘다.
• 왕복운동체의 직선운동으로 인해 진동이 발생한다.

**05** 중유를 사용하는 선박에서 연료유 청정법으로 사용되지 않는 방법은?

① 침전 분리 청정법
② 여과기 청정법
③ 원심식 청정법
④ 부유식 청정법

**해설**
청정의 방법에는 중력에 의한 침전 분리법, 여과기에 의한 청정법, 원심식 청정법 등이 있다. 최근 선박에서는 비중차를 이용한 원심식 청정기를 주로 사용한다.

**06** 기어펌프의 송출량을 조절하는 방법으로 가장 옳은 것은?

① 송출밸브를 죄어서 조절한다.
② 흡입밸브를 죄어서 조절한다.
③ 바이패스 밸브로 조절한다.
④ 피스톤의 행정을 조절한다.

**해설**
회전펌프(기어펌프, 나사펌프, 베인펌프 등)는 왕복펌프와 같이 용적형 펌프이므로 회전속도를 조절하거나 바이패스 밸브로 유량을 조절하여 송출 유량을 조정한다. 가변 용량펌프의 경우에는 회전자가 한 바퀴 회전할 동안 송출하는 액체의 체적을 조절함으로써 송출 유량을 조절할 수 있다.

**07** 기관실의 연료유나 윤활유 이송에 적합한 펌프는 무엇인가?

① 원심펌프 　　　 ② 제트펌프
③ 기어펌프 　　　 ④ 프로펠러 펌프

**해설**
점도가 높은 유체를 이송하기에 적합한 펌프는 기어펌프이다. 선박에서 주로 사용하는 연료유 및 윤활유 펌프는 대부분 기어펌프를 사용한다.
기어펌프의 특징
• 밸브가 필요 없으므로 고속운전이 용이하다.
• 소형이면서도 송출량이 많다.
• 점도가 높은 유체의 이송에 적합하다.
• 진동이 작고 시동하기 전에 물을 채울 필요가 없다.
• 기어가 물릴 때 비교적 소음이 크다.
• 송출측의 유체가 흡입측으로 샐 염려가 있어 압력을 무제한으로 높일 수 없다.

**08** 원심펌프의 주요 구성부품은 무엇인가?

① 임펠러 　　　　 ② 피스톤
③ 기 어 　　　　　 ④ 베 인

**해설**
원심펌프의 주요 구성부품으로는 케이싱, 회전차(임펠러), 마우스 링 등이 있다.

**09 연료유 청정기에서 볼 수 없는 부품은 무엇인가?**
① 비중판　② 분리 디스크
③ 파일럿 밸브　④ 마우스 링

**해설**
· 마우스 링은 원심펌프에 설치한다.
· 마우스 링은 펌프의 임펠러에서 송출되는 액체가 흡입측으로 역류하는 것을 방지하는 것으로 임펠러 입구측의 케이싱에 설치한다. 웨어 링(Wear Ring)이라고도 하는데 그 이유는 케이싱과 액체의 마찰로 인해 마모가 진행되는데 케이싱 대신 마우스 링이 마모된다고 하여 웨어 링이라고 불린다. 케이싱을 교체하는 대신 마우스 링만 교체하면 되므로 비용적인 면에서 장점이 있다.

**10 다음 펌프 중에서 양정을 가장 크게 할 수 있는 펌프는 무엇인가?**
① 원심펌프　② 축류펌프
③ 피스톤 펌프　④ 원심형 벌류트 펌프

**해설**
원심펌프, 축류펌프, 벌류트 펌프 등은 터보형 펌프의 종류이고, 피스톤 펌프는 용적형 펌프 중 왕복식 펌프에 해당한다. 왕복펌프는 흡입 성능이 양호하고 소유량 고양정용에 적합한 펌프이며, 터보형은 저양정 대용량의 액체를 이송하는 데 적합하다.

**11 원심펌프의 운전 시 진동 및 이상음이 발생하는 원인으로 틀린 것은?**
① 펌프의 설치대가 변형된 경우
② 마우스 링이 과도하게 마모된 경우
③ 축이 변형되거나 축 중심이 일치하지 않은 경우
④ 유체의 점도가 너무 높은 경우

**해설**
마우스 링이 과도하게 마모되면 송출 유량과 송출압력이 저하되는 원인이 되지만 진동이나 이상음 발생과는 거리가 있다.

**12 주해수펌프의 명판에서 송출수두를 나타낼 때 사용하는 단위는?**
① [m]　② [m²]
③ [m³]　④ [m⁴]

**해설**
송출수두(송출양정)란 펌프의 중심에서 송출 수면까지의 수직거리를 나타내는 것으로, 단위는 [m]를 사용한다.

**13 펌프 분류 중 용적형 펌프에 해당하지 않는 것은?**
① 기어펌프　② 축류펌프
③ 베인펌프　④ 플런저 펌프

**해설**
용적형 펌프는 왕복식과 회전식으로 나뉜다. 왕복식에는 버킷펌프, 피스톤 펌프, 플런저 펌프, 다이어프램 펌프 등이 있고, 회전식에는 기어펌프, 나사펌프, 베인펌프가 있다. 축류펌프는 터보형 펌프 중 축류식에 해당한다.

**14 유압장치의 구성요소에 해당하지 않는 것은?**
① 공기압축기　② 원동기
③ 유압 실린더　④ 방향제어밸브

**해설**
공기압축기는 선박에서 압축공기를 만드는 장치이다. 압축공기는 기관의 시동용 및 제어용으로 사용되며 공압기계의 구동용으로도 사용된다. 이 밖에 기타 기관실의 공압공구의 구동용 및 청소용으로도 사용된다.

**15 선박에서 압축공기의 용도로 적합하지 않은 것은?**
① 디젤기관 시동　② 공압장치의 제어용
③ 공구 구동　④ 하역용 크레인 구동

**해설**
압축공기는 기관의 시동용 및 제어용으로 사용되며 공압기계의 구동용으로도 사용된다. 이 밖에 기타 기관실의 공압공구의 구동용 및 청소용으로도 사용된다. 하역용 크레인의 구동은 전기식이나 유압식이 주로 사용된다.

**16** 갑판 보조기계의 유압동력원으로 사용되는 펌프는 무엇인가?

① 왕복펌프

② 사류펌프

③ 슬라이딩 베인펌프

④ 원심펌프

해설
갑판 보조기계의 유압장치에 사용하는 펌프로 슬라이딩 베인펌프가 주로 쓰인다. 그 이유는 점도가 높은 액체를 이송하는 데 적합하기 때문이다. 베인펌프 외에도 회전 플런저 펌프가 사용되기도 한다.

**17** 선수에 설치되어 선박을 좌우현 방향으로 선수를 이동시키는 장치는?

① 서보 이동장치

② 포스터 슈나이더

③ 랩슨 슬라이드 타장치

④ 사이드 스러스터

해설
사이드 스러스터 : 선수나 선미를 옆 방향으로 이동시키는 장치로 주로 대형 컨테이너선이나 자동차 운반선 같이 입·출항이 잦은 배에 설치하여, 예인선의 투입을 최소화하고 조선 성능을 향상시킨다. 주로 선수에 설치되어 바우 스러스터(Bow Thruster)라고 한다.

**18** 유조선에 설치한 불활성가스 장치의 역할로 옳은 것은?

① 가연성가스에 의한 탱크 내에서의 화재 발생 방지

② 가연성가스를 불활성가스로 변환

③ 화재 발생 시 신속한 경보 발령

④ 화재를 일으키는 가연성가스를 별도의 탱크로 이송

해설
유조선의 불황성가스(이너트 가스, Inert Gas) 장치는 화물탱크에서의 폭발을 방지하기 위해서 불활성가스를 공급한다. 유조선에서는 보일러 배기가스를 이용하여 산소의 농도를 일정 기준 이하로 낮추어 화물을 하역할 때 화물탱크로 공급하여 불활성가스로 채운다.

**19** 기름여과장치에서 분리된 기름을 자동으로 배출하기 위해 필요한 기기는?

① 유면검출기와 솔레노이드 밸브

② 유면검출기와 에어벤트

③ 유량계와 플로트 스위치

④ 유량계와 비상정지밸브

해설
15[ppm] 기름여과장치(유수분리장치 또는 기름분리장치)의 종류마다 약간의 차이는 있지만 기름을 검출하는 유면 검출기와 기름이 검출되면 기름탱크로 가는 밸브를 열어 주는 솔레노이드 밸브 및 초기 운전 시 기름여과장치에 물을 가득 채우기 위해 열어주는 공기배출밸브 등이 설치되어 있다.

**20** 선박에서 나오는 폐유, 유청정기에서 나오는 슬러지 등을 선내에서 처리하는 것은?

① 기름여과장치

② 보일러

③ 폐유소각기

④ 공기조화장치

해설
선박의 폐유소각기는 기관실에서 발생하는 폐유와 기름걸레 및 선내 폐기물을 소각한다.

**21** 암모니아를 냉매로 사용하는 냉동장치의 특성으로 틀린 것은?

① 배관으로 동관을 사용할 수 없다.

② 독성이 없다.

③ 폭발성이 있다.

④ 증발잠열이 크다.

해설

암모니아 냉매의 특징

• 증발잠열이 커 냉동능력이 우수하다.

• 철은 부식시키지 않지만 수분이 포함되면 구리나 구리 합금을 부식시킨다.

• 윤활유를 용해하기 어려우므로 냉매에 섞여서 응축기나 증발기에 들어간 윤활유는 정기적으로 제거해야 한다.

• 냄새가 나고 독성이 강하다.

• 가연성 물질로 폭발 염려가 있다.

**22** 냉동기의 압축기에 윤활유가 부족할 때 발생하는 현상은?

① 실린더 과열

② 흡입 냉매량 감소

③ 안전 커버 열림

④ 증발기의 과냉각

해설

압축기의 윤활유가 부족하면 실린더와 피스톤 및 크랭크축 베어링 등 각 운동부에서 과열이 발생한다.

**23** 공기조화장치의 4요소에 해당하지 않는 것은?

① 온 도

② 기 류

③ 청결도

④ 밀 도

해설

공기조화(Air Conditioning)는 냉·난방이라고도 하며, 실내 또는 특정 장소의 온도, 습도, 기류, 청정도 등의 조건을 실내 사용목적에 가장 적합한 상태로 유지하는 것을 말한다.

**24** 정상적으로 운전 중인 냉동기의 증발기 내를 흐르는 냉매증기의 상태는?

① 습증기

② 건포화증기

③ 과열증기

④ 건증기

해설

증발기에서는 팽창밸브에서 나온 저온·저압의 액체냉매가 증발하는 사이에 주위의 피냉동 물체로부터 열량을 뺏고 기체로 변하는 과정으로 습증기의 냉매가 흐른다.

**25** 냉동장치의 구성요소 중 응축된 냉매를 저장하는 데 사용되는 용기는?

① 유분리기

② 압축기

③ 수액기

④ 증발기

해설

수액기는 응축기에서 액화한 액체냉매를 팽창밸브로 보내기 전에 일시적으로 저장하는 용기이다.

### 제3과목 기관 3

**01** 유도전동기의 회전속도에 대한 설명으로 올바른 것은?

① 주파수가 높아질수록 빨라진다.

② 극수가 많아질수록 빨라진다.

③ 주파수와 극수가 함께 커지면 빨라진다.

④ 슬립이 커질수록 빨라진다.

해설

$n = \dfrac{120f}{p}$ [rpm]

(여기서, $n$ = 동기속도, $p$ = 전동기 자극수, $f$ = 교류 전원의 주파수)

위 관계식에서 주파수가 높아지면 회전수는 빨라진다. 슬립이란 이론상의 유도전동기의 회전속도와 실제 회전속도의 차이에 대한 비이다. 슬립이 크다는 것은 실제 회전속도가 작다는 것을 의미한다.

**02** 멀티테스터의 사용방법으로 적합하지 않은 것은?

① 저항을 정확하게 측정하려면 미리 점 조정을 해야 한다.

② 직류전압의 측정 시에는 극성을 구분해야 한다.

③ 전압 측정 시 전환 스위치를 저항 측정 위치에 놓고 측정한다.

④ 전환 스위치를 DCV에 놓고 직류전압을 측정한다.

**해설**

멀티테스터(회로시험기)로 저항을 측정하는 원리는 멀티테스터 내부 건전지에 측정하고자 하는 회로의 저항에 전압을 흘려주어 저항을 측정하는 것이다. 따라서 회로시험기로 저항을 측정한 후 전압을 측정할 때는 특히 유의해야 한다. 기능 스위치를 저항으로 놓고 전압을 측정하면 멀티테스터 내부 전원과 전류가 흐르고 있는 회로의 전압이 충돌하여 정확한 저항치를 읽을 수 없을 뿐만 아니라 멀티테스터의 고장과 측정하고자 하는 기기와의 전기 충격이 발생하는 등 손상을 일으킬 수 있다.

**03** 회로시험기(멀티테스터)를 사용하여 전구의 저항을 측정하였다. 이때 전환 스위치의 위치가 "$R \times 10$"이고, 바늘의 눈금이 20[Ω]을 가리켰다면 전구의 저항은 얼마인가?

① 0.2[Ω]   ② 2[Ω]

③ 20[Ω]   ④ 200[Ω]

**해설**

아날로그 멀티테스터의 저항을 읽는 방법은 전환 스위치 단위값에 바늘이 지시하는 값을 곱하면 된다.

$R \times 10$에 바늘이 20[Ω]을 지시하므로, 200[Ω]이다.

**04** 전류의 단위로 옳은 것은?

① [A]   ② [W]

③ [Ω]   ④ [Ah]

**해설**

① [A] : 전류의 단위, 암페어

② [W] : 전력의 단위, 와트

③ [V] : 저항의 단위, 옴

④ [Ah] : 축전지 용량, 암페어시

**05** 교류 발전기로부터 공급된 피상전력 중에서 유효전력으로 사용된 비율을 무엇이라고 하는가?

① 역 률   ② 투자율

③ 유전율   ④ 도전율

**해설**

역률은 교류회로에서 유효전력과 피상전력의 비로, 전기기기에 실제로 걸리는 전압과 전류가 얼마나 유효하게 일을 하는가의 비율을 의미한다. 즉, 공급된 전기의 100[%]를 해당 목적에 소모하는 경우를 1로 봤을 때, 1에 가까우면 효율이 높은 제품이고 1에 미치지 못할수록 비효율적이다.

**06** 저항값이 $R$[Ω]인 동일한 저항 두 개를 병렬로 연결했을 때 전체 합성저항의 크기는 얼마인가?

① $R$의 반이 된다.

② $R$과 같아진다.

③ $R$의 2배가 된다.

④ $R$의 4배가 된다.

**해설**

병렬연결에서 합성저항은 $\frac{1}{R} = \frac{1}{R_1} + \frac{1}{R_2}$ 이므로, 저항값이 $R$인

저항의 병렬연결은 $\frac{1}{R_합} = \frac{1}{R} + \frac{1}{R} = \frac{2}{R}$ 에서 $R_합 = \frac{R}{2}$ 이므로

저항은 $R$의 $\frac{1}{2}$ 배, 즉 반이 된다.

• 저항의 직렬연결 합성저항 $R = R_1 + R_2 + R_3 + \cdots$

• 저항의 병렬연결 합성저항 $\frac{1}{R} = \frac{1}{R_1} + \frac{1}{R_2} + \frac{1}{R_3} + \cdots$

**07** 주파수에 대한 설명으로 올바른 것은?

① 1분 동안의 진동수를 말한다.

② 1초 동안의 진동수를 말한다.

③ 10초 동안의 진동수를 말한다.

④ 1시간 동안의 진동수를 말한다.

**해설**

주파수[Hz, 헤르츠]란 단위시간(1초) 내에 몇 개의 주기나 파형이 반복되었는가를 나타내는 수이며, 주기의 역수와 같다. 1초당 1회 반복하는 것을 1[Hz]라고 한다.

$f = \dfrac{1}{T}$(여기서, $f$ = 주파수, $T$ = 주기)의 관계식이 성립한다.

## 08 일정시간 동안 전기에너지가 한 일의 양은?

① 전 력  
② 전력량  
③ 줄의 법칙  
④ 암페어시

**해설**

• 전력 : 전기가 하는 일의 능률이다. 단위시간(s)에 하는 일로, 단위는 와트[W]이다.

$$P = \frac{W}{t} = \frac{VIt}{t} = VI = I^2 R = \frac{V^2}{R}[\text{W}]$$

• 전력량 : 일정한 시간 동안 전기에너지가 한 일의 양으로, 단위는 줄[J]이다.

$$W = Pt = VIt = I_2 Rt [\text{J}]$$

## 09 3상 220[V] 분전반에는 어스램프가 모두 몇 개인가?

① 1개  
② 3개  
③ 4개  
④ 5개

**해설**

일반적으로 선박의 공급전압은 3상 전압으로 배전반에는 접지등[누전표시등 또는 어스램프(Earth Lamp)]가 3개 설치된다. 테스트 버튼을 눌렀을 때 3개의 등이 모두 같은 밝기이면 누전되는 곳 없이 상태가 양호한 것이다. 만약 한 선이 누전되고 있다면 누전되고 있는 선의 접지등은 어두워지고 다른 등은 더 밝게 빛난다.

## 10 전기회로도에서 다음 기호가 나타내는 것은?

① 직류전원  
② 교류전원  
③ 안테나  
④ 접 지

**해설**

문제의 그림은 접지를 나타내는 기호이다. 접지란 전기기기의 본체를 선체의 일부와 연결시켜 놓은 것인데 고층 건물의 피뢰침과 같은 역할을 한다. 접지는 전기기기의 내부 누설이나 기타 고압의 전류가 흘렀을 때 전류를 선체로 흘려 보내 전위차를 없애 주고, 전기기기의 보호 및 감전을 예방하는 역할을 한다.

## 11 전기회로도에서 다음 기호가 나타내는 것은?

① 직류전원  
② 교류전원  
③ 저 항  
④ 콘덴서

**해설**

문제의 그림은 교류전원을 나타낸 것이다.

## 12 대칭 3상 교류에서 각 상 간 위상차는 얼마인가?

① 60°  
② 90°  
③ 120°  
④ 360°

**해설**

3상 교류의 위상차는 120°이다.

## 13 전기적인 크기를 나타내는 용어가 아닌 것은?

① 리액턴스  
② 임피던스  
③ 전 압  
④ 토 크

**해설**

④ 토크(Torque) : 물체에 작용하여 물체를 회전시키는 원인이 되는 물리량으로서, 비틀림 모멘트라고도 한다.  
① 리액턴스 : 유도저항, 감응저항이라고 한다. 전류가 코일에 흐르면 자기유도작용(인덕턴스)이 생겨 교류의 흐름을 방해하려고 하는데 이 방해하는 정도를 나타낸 것으로, 값은 XL(유도리액턴스)와 XC(용량리액턴스)로 표시하고 단위는 옴[Ω]을 사용한다.  
② 임피던스 : 교류저항, 즉 주파수에 따라 달라지는 저항값이다. 교류회로에 가해진 전압($V$)과 전류($I$)의 비를 나타낸 것으로, 값은 $Z$로 표시하고 단위는 옴[Ω]을 사용한다.  
③ 전압 : 회로 내의 전류가 흐르기 위해서 필요한 전기적인 압력으로 기호는 $V$, 단위는 볼트[V]이다. 전압이란 용어는 전위, 기전력과 같은 의미로 사용된다.

## 14 납축전지의 전해용액이 부족할 때의 조치로 틀린 것은?

① 전해용액은 순도가 높은 증류수를 사용한다.  
② 전해 액면은 극판 위 1~1.5[cm]로 한다.  
③ 전해액이 넘치지 않도록 전조 가득히 채운다.  
④ 액을 보충한 후에는 액 마개를 원상태로 잠근다.

**해설**
전해액을 보충할 때는 전해액 표시 눈금선까지만 보충한다.

**15** 발전기 내부에 습기가 차지 않도록 스페이스 히터라는 전기히터가 자동으로 작동된다면 이에 대한 설명으로 가장 적합한 것은?

① 항상 켜진다.
② 항상 꺼진다.
③ 정지 중에는 켜지고 운전 중에는 꺼진다.
④ 정지 중에는 꺼지고 운전 중에는 켜진다.

**해설**
스페이스 히터는 발전기 내부에 설치하여 발전기가 정지되어 있을 때 작동하여 발전기 내부의 습기를 제거하는 역할을 한다. 운전 중에는 발전기 내부온도가 올라가므로 스페이스 히터는 꺼져야 한다.

**16** 납축전지에 사용되는 전해액은?

① 진한 염산
② 증류수
③ 과산화수소
④ 묽은 황산

**해설**
선박용 납축전지의 전해액은 진한 황산과 증류수를 혼합하여 비중 1.28 내외의 묽은 황산을 사용한다.

**17** 선내에서 세탁기 및 전동기의 외함을 접지시키지 않았을 때의 설명으로 올바른 것은?

① 전력 소모가 커진다.
② 감전의 위험이 커진다.
③ 절연저항이 커진다.
④ 화재의 위험이 커진다.

**해설**
접지(어스, Earth) : 감전 등의 전기사고 예방을 목적으로 전기기기와 선체를 도선으로 연결하여 기기의 전위를 0으로 유지하고, 전기기기 외부의 강한 전류로부터 전기기기를 보호하고자 하는 것이다. 고층 건물의 피뢰침을 떠올리면 된다.

**18** 운전 중인 발전기의 전력계가 다음 그림과 같이 가리킨다면 약 얼마인가?

① 35[kW]
② 70[kW]
③ 90[kW]
④ 150[kW]

**해설**
문제의 그림에서 한 눈금의 단위는 20[kW]이므로 0에서 3~4번째 눈금 사이에 있으므로 70[kW]를 나타낸다.

**19** 직류전원을 필요로 하는 것은?

① 3상 변압기
② 3상 동기발전기
③ 농형 단상 유도전동기
④ 권선형 3상 유도전동기

**해설**
여자전류 : 여자전류란 자계를 발생시키기 위한 전류로, 계자권선에 흐른다. 동기발전기의 여자전류는 직류를 공급한다. 타여자 동기발전기는 외부의 직류전원을 이용하여 여자전류를 공급하고, 자여자 동기발전기는 전기자에서 발생된 교류를 직류로 바꾸어 계자에 공급하는 방식이다.

**20** 소형 전동기에 채용되는 기동방법으로 전동기 단자에 직접 정격전압을 가하여 기동하는 방법으로 옳은 것은?

① 와이델타기동법
② 리액터기동법
③ 전전압기동법
④ 기동보상기법

**해설**
③ 전전압기동법(직접 기동법) : 전동기에 직접 전원전압을 가하는 기동방법으로, 기동전류가 전 부하전류의 5~8배 흐른다. 주로 5[kW] 이하의 소형 유도전동기에 적용한다.
① Y-△(와이델타) 기동법 : 기동 시 Y결선으로 접속하여 상전압을 선간전압의 $\frac{1}{\sqrt{3}}$ 로 낮춤으로써 기동전류를 $\frac{1}{3}$ 로 줄일 수 있다. 기동 후에는 △ 결선으로 변환하여 정상 운전한다.
② 리액터기동법 : 전동기 사이에 철심이 든 리액터를 직선으로 접속시켜 기동 시 리액터의 유도리액턴스 작용을 이용하여 전동기 단자에 가해지는 전압을 떨어뜨려 기동전류를 제한한다.
④ 기동보상기법 : 기동보상기를 설치하여 기동기 단자전압에 걸리는 전압을 정격전압의 50~80[%] 정도로 떨어뜨려 기동전류를 제한한다.

**21** 축전지에서 화학에너지가 전기에너지로 변환되는 과정을 무엇이라고 하는가?
① 방 전  ② 충 전
③ 단 전  ④ 이 전

**해설**
• 방전 : 대전체가 전기를 잃는 현상이다. 즉, 전기를 가지고 있는 물체에서 전기가 외부로 흘러나오는 현상으로, 축전지에서 화학에너지가 전기에너지로 변환되는 과정이다.
• 충전 : 축전지를 사용할 때 축전지의 화학에너지가 전기에너지로 바뀌게 된다. 소모된 화학에너지를 환원시키기 위해서 전류를 축전기에 공급한다. 가역반응에 의해 전기에너지가 다시 화학에너지로 전환되어 저장된다. 이와 같이 축전지에 전기에너지를 저장시키는 일을 충전이라고 한다.

**22** 운전 중인 유도전동기의 슬립이 커지면 어떤 현상이 나타나는가?
① RPM이 올라가고 전류 지시치가 올라간다.
② RPM이 올라가고 전류 지시치가 내려간다.
③ RPM이 내려가고 전류 지시치는 올라간다.
④ RPM과 전류 지시치는 변함없다.

**해설**
유도전동기에서 슬립이 커졌다는 것은 전동기에 연결되는 부하의 크기가 증가했다는 것이다. 슬립이 증가하면 회전자속도는 감소하고 전류 지시치는 올라간다.
슬립 : 회전자의 속도는 동기속도에 대하여 상대적인 속도 늦음이 생기는데 이 속도 늦음과 동기속도의 비를 슬립이라고 한다. 같은

3상 유도전동기에서 슬립이 작을수록 회전자의 속도는 빠르고 슬립이 클수록 회전자의 속도는 느리다.
$$슬립 = \frac{동기속도 - 회전자속도}{동기속도} \times 100[\%]$$

**23** 2극 동기발전기에서 회전자가 1회전하면 전기자 도체에 유도되는 기전력은?
① 1사이클 변화 발생
② 2사이클 변화 발생
③ 8사이클 변화 발생
④ 1/2사이클 변화 발생

**해설**
동기발전기에서 $p$극(자극의 수) 회전자가 1회전하면 $\frac{p}{2}$ 사이클이 변화하게 된다.

**24** 작은 신호를 큰 신호로 증폭하려고 할 때 가장 필요한 것은?
① 다이오드  ② 제너 다이오드
③ 트랜지스터  ④ 저 항

**해설**
반도체 중 트랜지스터는 베이스, 컬렉터, 이미터의 3단자로 이루어져 있고 증폭작용과 스위칭 역할을 하여 디지털회로의 증폭기, 스위치, 논리회로 등을 구성하는 데 이용된다.

**25** 빛을 발생하여 주로 표시램프 등에 이용되는 다이오드는?
① 제너 다이오드
② 포토 다이오드
③ 발광 다이오드
④ 정류 다이오드

**해설**
발광 다이오드(LED)는 전류가 흐르면 빛을 내는 다이오드이다. 순방향 바이어스 상태에서 P-N 접합면을 통과하여 주입된 소수 캐리어가 재결합하여 소멸되는 과정에서 빛이 발생되는 성질을 이용한다.

## 제4과목 직무일반

**01** 기관구역 기름기록부의 기록사항 중 연료유 또는 벌크 상태 윤활유의 수급에 관한 기록부호는?

① A  
② C  
③ D  
④ H

**해설**

기름기록부는 다음과 같이 상황별 코드번호를 기입해서 작성해야 한다.
- A : 연료유 탱크에 밸러스트 적재 또는 연료유 탱크 세정
- B : A에 언급된 연료유 탱크로부터 더티 밸러스트 또는 세정수의 배출
- C : 유성 잔류물(슬러지)의 저장 및 처분
- D : 기관실 빌지의 비자동방식에 의한 선외 배출 또는 그 밖의 다른 처리방법에 의한 처리
- E : 기관실 빌지의 자동방식에 의한 선외 배출 또는 그 밖의 다른 방법에 의한 처분
- F : 기름 배출 감시 제어장비(기름여과장치)의 상태
- G : 사고 또는 기타 예외적인 기름 배출
- H : 연료 또는 산적 윤활유의 적재
- I : 그 밖의 작업 절차 및 일반적인 사항

**02** 항해 중인 선박에서 선교(브리지)의 당직 항해사로부터 주기관의 정지 지시사항이 갑자기 전달된 경우에 당직 기관사의 조치로 가장 적합한 것은?

① 정지를 위한 조치를 즉시 시행한다.  
② 정지를 위한 조치 전에 기관장에게 보고한다.  
③ 주기관 담당인 1등 기관사가 직접 내려와 주기관을 정지하게 한다.  
④ 정지 전에 당직 항해사에게 주기관의 정지 이유를 확인한 후 조치한다.

**해설**

당직 기관사는 항해 중 당직 항해사로부터의 주기관 관련 지시사항이 있을 경우 즉시 이행해야 한다. 기관장에게 보고 및 주기관의 정지 사유를 확인하는 후속조치는 지시사항을 수행한 후 안전한 상태에서 해야 한다.

**03** 황천 항해 중 주기관의 운전법으로 올바른 것은?

① 주기관의 위험 회전수를 약간 낮춘다.  
② 주기관을 정지시킨다.  
③ 주기관의 운전 회전수를 약간 낮춘다.  
④ 주기관의 운전 회전수를 약간 높인다.

**해설**

황천 항해 시에는 횡요와 동요로 인해 기관의 공회전이 일어날 확률이 높으므로 조속기의 작동 상태를 주의하고 주기관의 회전수를 평소보다 낮추어서 운전해야 한다.

※ 위험 회전수 : 축에 발생하는 진동의 주파수와 고유 진동수가 일치할 때의 주기관 회전수를 의미한다. 위험 회전수 영역에서 운전을 하게 되면 공진현상에 의해서 축계에서 진동이 증폭되고 축계 절손 등의 사고가 발생할 수 있다.

**04** 한국 선급의 보일러 검사 시 검사내용에 해당하지 않는 것은?

① 안전밸브의 분출압력을 검사한다.  
② 부속품과 안전밸브를 검사한다.  
③ 물, 증기, 화염측의 내부를 검사한다.  
④ 보일러와 급수측의 수질을 검사한다.

**해설**

선급의 보일러 검사항목으로는 보일러, 과열기 및 이코노마이저의 내부검사, 안전밸브 작동시험 및 분출장치검사, 외관검사, 압력시험 등이 있다. 유지관리 내역, 수리 내역 및 급수 화학처리의 내용은 기록을 검토하여 유지 관리가 잘되고 있는지 확인만 하고 직접 수질을 검사하지는 않는다.

**05** 보일러 수리 후 증기압력을 올려서 증기를 증기라인에 처음 보낼 때의 주의사항으로 올바른 것은?

① 수격작용이 생기지 않도록 증기밸브를 서서히 열어서 증기를 보낸다.  
② 수격작용이 생기지 않도록 증기밸브를 신속히 열어서 증기를 보낸다.  
③ 캐비테이션이 생기지 않도록 급수밸브를 서서히 열어서 급수를 보낸다.  
④ 캐비테이션이 생기지 않도록 급수밸브를 신속히 열어서 급수를 보낸다.

**해설**

보일러의 압력을 높인 후 처음 주증기밸브를 열 때는 수격작용이 생기지 않도록 증기밸브를 서서히 열어야 한다. 급속하게 열게 되면 수격작용이 일어나게 된다.

※ 수격작용(워터해머, Water Hammer) : 관로 내 물의 운동 상태를 갑자기 변화시켰을 때 생기는 물의 급격한 압력 변화의 현상이다. 급격한 압력 변화가 관내를 물결 모양으로 전하기 때문에 심한 소음이 발생하고 심할 때는 장치의 고장 원인이 되기도 한다.

**06** 디젤기관의 분해작업 전 작업 책임자가 확인해야 할 사항으로 적합하지 않은 것은?

① 작업자가 적합한 안전장구를 착용하였는지 확인한다.

② 작업에 관계되는 공구 및 예비품의 보유 여부를 확인한다.

③ 작업자들에게 사전에 주의사항 전달 및 관련 업무를 확인한다.

④ 냉각수 계통의 입·출구밸브가 완전히 열려 있는지 확인한다.

**해설**

디젤기관의 분해작업 시에는 냉각수 입·출구밸브를 완전히 닫고 기관 내의 냉각수를 드레인시켜야 한다.

**07** 총톤수 150톤 이상의 유조선과 총톤수 400톤 이상의 유조선 이외의 선박에서 선박 소유자가 기름이 해양에 배출될 경우 취해야 할 조치사항을 포함하는 내용을 작성하여 해양경찰청장의 승인을 받은 후 선박에 비치해야 하는 것은?

① 기름기록부

② 선박해양오염비상계획서

③ 폐기물기록부

④ 선박대선박 기름화물이송계획서

**해설**

해양환경관리법 제31조 및 선박에서의 오염방지에 관한 규칙 제25, 26조

총톤수 150톤 이상의 유조선, 총톤수 400톤 이상의 유조선 외의 선박, 시추선 및 플랫폼은 승인된 선박해양오염비상계획서를 갖추어야 한다.

**08** 선박에서 유류 수급 전의 점검사항으로 적합하지 않은 것은?

① 갑판 위에 있는 선외로 통하는 배수구를 폐쇄한다.

② 선박이 등흘수가 되도록 흘수를 조정한다.

③ 수급 시작 전 신호기 게양 또는 홍등을 확인한다.

④ 톱밥이나 오염방제자재 및 약제 등의 준비 상태를 점검한다.

**해설**

유류 수급 전에 연료유 저장탱크의 진량을 확인해야 하는데 이때 선박이 등흘수에 있지 않아도 된다. 힐링, 트림에 따른 탱크 진량을 계산하고 수급 후 진량을 체크하여 수급량을 정확하게 파악하는 것이 중요하다. 대부분 선박의 유류 수급은 정박 때 이루어지는데 하역작업에 따라 선박을 등흘수로 조정하기 매우 어려운 경우가 많다.

**09** 선박의 해양오염방지관리인으로 임명될 수 없는 사람은?

① 선 장

② 기관장

③ 항해사

④ 1등 기관사

**해설**

해양환경관리법 제32조(선박 해양오염방지관리인) 및 선박에서의 오염방지에 관한규칙 제27조(해양오염방지관리인 승무 대상 선박)

총톤수 150[ton] 이상의 유조선과 총톤수 400[ton] 이상인 선박의 소유자는 그 선박으로부터의 오염물질 및 대기오염물질의 배출방지에 관한 업무를 관리하게 하기 위하여 대통령령으로 정하는 자격을 갖춘 사람을 해양오염방지관리인으로 임명해야 한다. 단, 선장, 통신장 및 통신사는 제외한다.

**10** 해양환경관리법상 선박에 비치해야 할 오염방제자재 및 약제는?

① 소포제, 유처리제, 유흡착재, 유화제

② 소포제, 유처리제, 유흡착재, 유성향상제

③ 오일펜스, 유처리제, 유흡착재, 유겔화제

④ 오일펜스, 유화제, 유흡착재, 유성향상제

**해설**

해양환경관리법상의 자재 및 약재의 종류는 다음과 같다.

• 오일펜스 : 바다 위에 유출된 기름이 퍼지는 것을 막기 위해서 울타리 모양으로 수면에 설치하는 것이다.

• 유흡착재 : 기름의 확산과 피해의 확대를 막기 위해 기름을 흡수하여 회수하기 위한 것으로, 폴리우레탄이나 우레탄 폼 등의 재료로 만든다.

- 유처리제 : 유화·분산작용을 이용하여 해상의 유출유를 해수 중에 미립자로 분산시키는 화학처리제이다.
- 유겔화제 : 해양에 기름 등이 유출되었을 때 액체 상태의 기름을 아교(겔) 상태로 만드는 약제이다.
※ 해양환경관리법 제66조 및 선박에서의 오염 방지에 관한 규칙 별표 30에 따라 선박마다 비치해야 하는 자재 및 약제의 비치 기준은 다르다.

## 11 "해양환경관리법은 선박에서 해양에 배출되는 기름, ( ), 폐기물 등을 규제한다"에서 ( ) 안에 알맞은 용어는?

① 유해액체물질
② 알코올
③ 천연가스
④ 질소가스

해설
해양환경관리법은 선박에서 해양에 배출되는 폐기물, 유해액체물질, 기름 및 대기 오염 방제를 위한 규제를 한다.

## 12 가벼운 화상 시 가장 먼저 취해야 할 응급처치는 무엇인가?

① 소주를 붓는다.
② 냉수에 담근다.
③ 연고를 바른다.
④ 의료기관의 도움을 요청한다.

해설
화상은 열작용에 의해 피부조직이 상해된 것으로 화염, 증기, 열상, 각종 폭발, 가열된 금속 및 약품 등에 의해 발생된다. 응급처치는 다음과 같다.
- 가벼운 화상은 찬물에서 5~10분간 냉각시킨다.
- 심한 경우는 찬물 등으로 어느 정도 냉각시키면서 감염되지 않도록 멸균 거즈 등을 이용하여 상처 부위를 가볍게 감싼다. 옷이 피부에 밀착된 경우에는 그 부위는 잘라서 남겨 놓고 옷을 벗기고 냉각시켜야 한다.
- 2~3도 화상일 경우 그 범위가 체표 면적의 20[%] 이상이면 전신장애를 일으킬 수 있으므로 즉시 의료기관에 도움을 요청한다.

## 13 선박에서 감전 시 가장 먼저 취해야 할 조치는 무엇인가?

① 찬물을 뿌려서 정신을 차리게 한다.
② 가능한 한 빨리 전원을 차단한다.
③ 정상적인 호흡을 할 수 있을 때까지 인공호흡을 실시한다.
④ 즉시 감전된 사람의 신체를 잡아당겨 전선으로부터 사람을 떼어낸다.

해설
감전사고를 예방하는 가장 중요한 사항은 작업에 관련된 전원을 차단하는 것이다. 그리고 작업 중 예상치 못한 감전사고가 발생했을 경우에도 전원 차단이 우선되어야 한다.

## 14 침수 시 응급조치방법으로 적합하지 않은 것은?

① 수면 아래 작은 구멍의 경우 쐐기를 박고 콘크리트를 붓는다.
② 방수가 도저히 불가능한 경우는 수밀문을 닫아 침수 구획을 폐쇄한다.
③ 선체의 침수 부위를 확인하고 상황을 판단하여 상사에게 보고한다.
④ 선체에 큰 파공이 생겼을 때에는 선박 내측에 방수 매트를 대고 지주로 지지한다.

해설
- 수면 위나 아래 작은 구멍의 경우는 쐐기를 박고 콘크리트로 부어서 응고시킨다.
- 수면 아래 큰 구멍의 경우는 방수판을 먼저 붙이고 선체 외부를 방수 매트로 응급조치한 후 콘크리트 작업을 시행한다.

## 15 일반적으로 비상빌지관이 연결되어 있는 펌프는 무엇인가?

① 빌지펌프
② 슬러지 펌프
③ 냉각청수펌프
④ 주냉각해수펌프

비상빌지관은 침수되었을 때 급박한 상황에서 사용한다. 일반적으로 용량이 제일 크고 선외로 배수라인이 연결되어 있는 주냉각해수펌프에 비상선저빌지관을 연결한다. 유수분리기(빌지분리장치)를 거치지 않으므로 평상시에 빌지 배출목적으로 사용해서는 안 된다.

- C급 화재(전기화재) : 전기설비나 전기기기의 스파크, 과열, 누전, 단락 및 정전기 등에 의한 화재이다.
- D급 화재(금속화재) : 철분, 칼륨, 나트륨, 마그네슘 및 알루미늄 등과 같은 가연성 금속에 의한 화재이다.
- E급 화재(가스화재) : 액화석유가스(LPG)나 액화천연가스(LNG) 등의 기체화재이다.

**16** 기관실 냉각해수펌프의 입구밸브 파손으로 다량의 해수가 누설되고 있다면 이에 대한 침수 방지조치로 올바른 것은?

① 펌프의 송출밸브 폐쇄
② 해수관 계통의 선외밸브 개방
③ 펌프의 송출측 바이패스밸브 개방
④ 시체스트에 설치된 킹스톤밸브 폐쇄

**해설**
냉각해수펌프는 기관실의 시체스트(Sea-chest)에서 해수를 흡입하여 기관실의 각부에 공급하는 펌프이다. 냉각해수펌프의 입구밸브가 파손되면 선내 해수가 처음 유입되는 시체스트에 설치된 킹스톤밸브를 잠가 해수가 더 이상 누설되지 않도록 조치한 후 수리해야 한다.

**17** 선박 침수 시 응급조치용 방수재료로 적합하지 않은 것은?

① 방수 시멘트
② 나무 쐐기
③ 방수 매트
④ 방수 페인트

**해설**
응급조치용 방수재료로는 나무 쐐기, 방수 매트, 방수 시멘트 등이 있다. 방수 페인트는 응급조치용 방수재료와는 거리가 멀다.

**18** 화재 시 전원 차단을 가장 먼저 해야 하는 화재는?

① A급 화재
② B급 화재
③ C급 화재
④ E급 화재

**해설**
전기화재의 경우 우선 전원을 차단해야 한다.
- A급 화재(일반화재) : 연소 후 재가 남는 고체화재로 목재, 종이, 면, 고무, 플라스틱 등의 가연성 물질의 화재이다.
- B급 화재(유류화재) : 연소 후 재가 남지 않는 인화성 액체, 기체 및 고체 유질 등의 화재이다.

**19** 일반적으로 화재 발생의 직접적인 원인이 아닌 것은?

① 발전기의 병렬 운전
② 용접작업
③ 전기 누전
④ 주기관 연료유 고압 파이프의 누설

**해설**
발전기의 병렬 운전은 선내 소비전력이 발전기 1대 용량으로 부족할 경우 실시하여 여유 전력을 확보하는 것으로, 화재의 직접적인 발생원인과는 거리가 멀다.

**20** 소방원 장구에 해당하지 않는 것은?

① 비상작업등
② 구명줄
③ 안전등
④ 방화복

**해설**
소방원 장구는 방화복, 자장식 호흡구, 구명줄, 안전등, 방화도끼로 구성되어 있다.

**21** 거주구역에 대한 화재예방법으로 적합하지 않은 것은?

① 항상 통풍이 잘되게 한다.
② 인화성 물질을 두지 않는다.
③ 모든 전열기구는 고정시킨다.
④ 흡연구역 외에 흡연을 금지시킨다.

**해설**
거주구역이 항상 통풍이 잘되면 작은 화재도 큰 화재로 번질 수 있다. 특히, 거주구역에서 불이 확산되기 쉬운 계단구역 및 조리실구역은 방화도어를 설치하여 화재 경보가 울리면 자동으로 닫혀 화재의 확산을 막아야 한다.

**22** 유조선에서 화물유가 섞인 선박 평형수, 화물창의 세정수 등의 배출이 금지된 해역은 모든 국가의 영해 기선으로부터 얼마인가?

① 12해리 이내     ② 30해리 이내

③ 50해리 이내     ④ 200해리 이내

**해설**
해양환경관리법 제22조 및 선박에서의 오염방지에 관한 규칙 별표 4
유조선에서 화물유가 섞인 선박 평형수, 화물창의 세정수 및 화물펌프실의 선저폐수를 배출하는 경우에는 다음 각목의 요건에 적합하게 배출하여야 한다.
• 항해 중에 배출할 것
• 기름의 순간 배출률이 1해리당 30[L] 이하일 것
• 1회의 항해 중(선박 평형수를 실은 후 그 배출을 완료할 때까지를 말한다)의 배출총량이 그 전에 실은 화물 총량의 3만분의 1(1979년 12월 31일 이전에 인도된 선박으로서 유조선의 경우에는 1만5천분의 1) 이하일 것
• 영해 기선으로부터 50해리 이상 떨어진 곳에서 배출할 것
• 기름오염방지설비의 작동 중에 배출할 것

**23** 선박직원법상 선박 직원이 아닌 사람은?

① 기관장     ② 통신장

③ 선 장     ④ 갑판장

**해설**
선박직원법 제2조(정의)
선박직원이란 해기사로서 이 법의 적용을 받는 선박에서 선장, 항해사, 기관장, 기관사, 전자기관사, 통신장 및 통신사, 운항장 및 운항사의 직무를 행하는 자를 말한다.

**24** 선박안전법상 호수, 하천 및 항내의 수역은?

① 평수구역
② 연해구역
③ 항만구역
④ 원양구역

**해설**
선박의 항해구역은 평수구역, 연해구역, 근해구역, 원양구역으로 나뉜다.
• 평수구역 : 호수, 하천 및 항내의 수역과 연안의 18개 특정수역을 말한다.
• 연해구역 : 한반도와 제주도 해안에서 20마일 내의 수역과 그 외 특정 5개 수역을 말한다.
• 근해구역 : 동쪽은 동경 175°, 서쪽은 동경 94°, 남쪽은 남위 11° 및 북쪽은 북위 63°의 선으로 둘러싸인 수역으로 동남아시아 지역을 포함한 수역을 말한다.
• 원양구역 : 모든 수역을 말한다.

**25** 대한민국 국기를 게양하고 항해하기 위해서 필요한 증서는 무엇인가?

① 선박국적증서
② 국제톤수증서
③ 한국선급증서
④ 임시항행증서

**해설**
선박국적증서는 특정 선박이 어느 나라에 귀속하는가를 나타내는 것으로, 항상 선내에 비치하여야 한다. 이 증서를 받은 뒤에 비로소 국기를 게양할 수 있고 항행을 할 수 있다.

## 제1과목  기관 1

**01** 4행정 사이클 디젤기관의 구성요소에 해당하지 않는 것은?

① 크랭크축
② 연료분사밸브
③ 배기밸브
④ 기화기

**해설**

기화기(Carburetor) : 가솔린 엔진에 흡입되는 공기와 연료를 안개와 같은 작은 형태로 혼합하여 연소실로 보내는 장치이다.

**02** 2행정 사이클 디젤기관과 4행정 사이클 디젤기관을 비교할 때 4행정 사이클 디젤기관의 장점이 아닌 것은?

① 저속에서 고속까지 운전범위가 넓다.
② 고속기관에 적합하다.
③ 연료소비율이 낮다.
④ 대형 기관에 적합하다.

**해설**

대형 기관에 적합한 것은 2행정 사이클 디젤기관의 장점이다.
4행정 사이클 디젤기관의 장점
• 피스톤의 4행정 중 작동행정은 1회이므로 실린더가 받는 열응력이 작고, 열효율이 높으며, 연료소비율이 낮다.
• 흡입행정과 배기행정이 구분되어 부피효율이 높고 환기작용이 완전하여 고속기관에 적합하다.
• 시동이 용이하고 저속에서 고속까지 운전범위가 넓다.
• 흡기의 전 행정에 걸쳐서 연소실이 냉각되기 때문에 실린더의 수명이 길다.

**03** 디젤기관의 실린더 부피를 압축부피로 나눈 값은?

① 열효율
② 평균 유효압력
③ 기계효율
④ 압축비

**해설**

$$\text{압축비} = \frac{\text{실린더 부피}}{\text{압축부피}} = \frac{\text{압축 부피 + 행정부피}}{\text{압축부피}}$$

$$= 1 + \frac{\text{행정부피}}{\text{압축부피}}$$

**04** 디젤기관에서 배출되는 배기가스 성분 중 태양광선을 받아서 불쾌한 연기와 같은 광학적 스모그를 발생시키는 것은 무엇인가?

① 매 연
② 황산화물
③ 질소산화물
④ 일산화탄소

**해설**

배기가스의 유해 성분
• 매연 : 고체 상태의 배출 미립자라고도 하며 과부하 시 많은 양의 연료가 분사되어 부분적으로 기화가 불충분할 때 발생한다. 즉, 연료가 액체인 채로 고온의 연소 화염에 노출되면 연료 속에 있는 탄소가 매연으로 변한다.
• 황산화물($SO_x$) : 황을 함유하고 있는 연료가 연소할 때 황은 공기 중의 산소와 결합하여 $SO_2$가 만들어지는데 높은 농도에서 매우 자극성 있고 사람 몸속의 점막에 작용해 호흡기 질환을 일으킨다. 산성비의 원인으로 식물의 엽록소를 파괴하여 말라죽게 한다.
• 질소산화물($NO_x$) : 질소와 산소의 화합물을 총칭하는 것으로, 산소와의 결합(산화) 정도에 따라 여러 종류가 있지만 NO(일산화질소)와 $NO_2$(이산화질소)가 대부분이다. $NO_x$는 무색이며 HC(탄화수소)와 함께 태양광선을 받아서 불쾌한 연기 같은 안개를 발생시킨다. 이것을 광화학 스모그라 하는데, 심한 호흡장애를 일으킨다. $NO_x$는 연소온도가 매우 높고 남은 산소가 많을 때 잘 발생한다. 그리고 인체에 미치는 영향에는 산소결핍증, 중추신경 기능의 감퇴를 일으킨다.
• 일산화탄소(CO) : 연료가 연소할 때 공기의 공급 부족으로 발생하는데 디젤기관에서는 공연비가 크기 때문에 항상 공기가 충분하여 $CO_2$까지 연소가 진행되기 때문에 CO의 발생량은 매우 적다.
• 탄화수소(HC) : 석유 연료는 그 자체가 탄화수소이다. 연료가 타는 과정에서 연소온도가 낮을 때 완전연소되지 못한 여러 가지 중간 생성물의 상태로 배출되는 가스를 미연 탄화수소라고 한다. 농도가 높으면 우리 몸속의 점막을 자극하고 조직을 파괴하며 질소산화물과 반응해서 광화학 스모그의 원인이 된다.

**05** "4행정 사이클 기관은 크랭크 (  )회전에 한 번 폭발하고, 2행정 사이클 기관은 크랭크 (  )회전에 한 번 폭발한다"에서 (  ) 안에 들어갈 회전수로 알맞은 것은?

① 1, 1
② 1, 2
③ 2, 1
④ 4, 2

해설
4행정 사이클 기관은 피스톤이 4행정 왕복하는 동안(크랭크축이 2회전) 1사이클을 완료하고, 2행정 사이클 기관은 피스톤이 2행정하는 동안(크랭크축은 1회전) 소기 및 압축과 작동 및 배기를 완료하는 기관이다. 즉, 4행정은 크랭크축이 2회전에 한 번 폭발하고, 2행정은 크랭크축이 1회전에 한 번 폭발한다.

**06** 디젤기관의 노킹방지법으로 올바른 것은?

① 착화지연을 길게 한다.
② 압축비를 크게 한다.
③ 흡기압력을 낮춘다.
④ 냉각수 온도를 낮춘다.

해설
**디젤노크 방지책**
• 세탄가가 높아 착화성이 좋은 연료를 사용한다.
• 압축비, 흡기온도, 흡기압력의 증가와 더불어 연료 분사 시 공기압력을 증가시킨다.
• 발화 전에 연료 분사량을 적게 하고 연료가 상사점에 근처에서 분사되도록 분사시기를 조정한다(복실식 연소실 기관에서는 스로틀 노즐을 사용한다).
• 부하를 증가시키거나 냉각수 온도를 높여 연소실 벽의 온도를 상승시킨다.
• 연소실 안의 와류를 증가시킨다.

**07** 디젤기관에서 연료분사밸브의 분사압력이 규정압력보다 너무 낮은 경우에 나타나는 현상으로 틀린 것은?

① 분사시기가 빨라진다.
② 분포가 나빠진다.
③ 착화가 빨라진다.
④ 기름입자가 커진다.

해설
연료분사밸브의 연료분사압력이 규정압력보다 너무 낮을 때는 무화, 분산, 분포가 제대로 이루어지지 않아 착화도 빠르게 일어나지 않는다.

무화가 잘 일어나지 않으므로 기름입자가 안개처럼 퍼지지 않고 큰 상태로 분사되는 것이다. 또한, 연료분사압력이 낮기 때문에 연료분사밸브의 노즐이 열리는 압력이 낮아 분사가 비교적 빨리 이루어진다.

**08** 4행정 사이클 디젤기관에서 흡·배기밸브를 작동시키는 부품이 아닌 것은?

① 캠
② 푸시로드
③ 밸브레버
④ 플런저

해설
플런저는 보슈식 연료분사펌프의 구성요소이다.

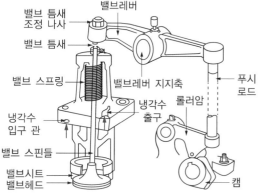

[4행정 사이클 기관의 밸브구동장치]

**09** 소형 기관의 크랭크실 내에서 크랭크가 회전하면서 유면을 쳐서 각 구동부에 기름을 분배하여 윤활하는 주유법은 무엇인가?

① 강압식
② 적하식
③ 비산식
④ 유욕식

해설
③ 비산식 : 크랭크케이스 내에서 크랭크가 회전함에 따라 유면을 쳐서 기름을 튀게 하여 각부를 윤활하는 것으로 소형 기관에 사용하는 방식이다.
① 강압식(압력식) : 윤활유 펌프로 오일팬 속에 있는 윤활유를 흡입하고 가입하여 각 윤활부에 보내는 강제 급유방식으로 디젤기관에서 가장 많이 쓰이는 윤활유 주유방법으로, 강제순환식이라고도 한다.
② 적하식 : 윤활유를 간헐적으로 떨어뜨리는 방법으로 베어링 등에 사용된다.
④ 유욕식 : 주위를 밀폐하고 베어링 등 주유 또는 급유할 부분 또는 전부를 기름 속에 담가 주유하는 방법으로 역전기 등에 사용된다.

**10** 디젤기관에서 회전속도가 높아 피스톤 링의 펌프작용이 심해지면 일어나는 현상은?

① 윤활유 소비량이 증가한다.
② 연료유 공급압력이 저하한다.
③ 윤활유 공급압력이 증가한다.
④ 실린더 냉각수 온도가 낮아진다.

해설
링의 펌프작용과 플러터현상 : 피스톤 링과 홈 사이의 옆 틈이 너무 클 때, 피스톤이 고속으로 왕복운동함에 따라 링의 관성력이 가스의 압력보다 크게 되어 링이 홈의 중간에 뜨게 되면, 윤활유가 연소실로 올라가 장해를 일으키거나 링이 홈 안에서 진동하게 된다. 윤활유가 연소실로 올라가는 현상을 링의 펌프작용, 링이 진동하는 것을 플러터 현상이라고 한다.

**11** 디젤기관에서 피스톤링이 실린더 라이너 내벽에 미치는 단위 면적당 압력을 무엇이라고 하는가?

① 장 력          ② 면 압
③ 양 력          ④ 부 력

해설
면압이란 두 물체의 접촉면에서 발생하는 압력으로, 피스톤 링이 실린더 내벽에 미치는 단위 면적당 힘이다.

**12** 다음 그림은 디젤기관 크랭크축의 일부분이다. ㉠, ㉡, ㉢의 명칭으로 옳은 것은?

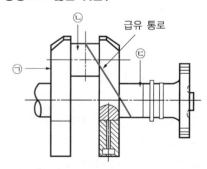

① ㉠ 크랭크핀, ㉡ 크랭크저널, ㉢ 평형추
② ㉠ 크랭크저널, ㉡ 크랭크암, ㉢ 크랭크핀
③ ㉠ 크랭크암, ㉡ 크랭크핀, ㉢ 크랭크저널
④ ㉠ 크랭크암, ㉡ 평형추, ㉢ 크랭크핀

해설
• 크랭크암 : 크랭크저널과 크랭크핀을 연결하는 부분이다. 크랭크핀 반대쪽으로 평형추를 설치하여 크랭크 회전력의 평형을 유지하고 불평형 관성력에 의한 기관의 진동을 줄인다.
• 크랭크핀 : 크랭크저널 중심에서 크랭크 반지름만큼 떨어진 곳에 있으며 저널과 평행하게 설치되고 커넥팅 로드 대단부와 연결된다.
• 크랭크저널 : 메인 베어링에 의해서 지지되는 회전축이다.

**13** 소형 기관에서 메인 베어링의 개수는 일반적으로 어떻게 정해지는가?

① 실린더 수만큼
② 실린더 수 +1
③ 실린더 수 −1
④ 실린더 수 +2

해설
보통 기관의 메인 베어링 개수는 실린더 수에 1개가 더 있다. 왜냐하면 메인 베어링은 크랭크저널을 지지해 주는 역할을 하는데 크랭크저널의 수는 다음의 그림과 같이 기관베드의 선수쪽과 선미쪽에는 꼭 있어야 하므로 실린더 개수보다 1개 더 있어야 한다.

크랭크저널
[크랭크저널의 위치]

**14** 디젤기관의 크랭크암 개폐작용을 측정하는 기기는?

① 필러게이지
② 피치게이지
③ 다이얼 게이지
④ 버니어캘리퍼스

해설
크랭크암 개폐작용(디플렉션)의 계측 : 크랭크암과 암 사이의 간극을
계측하는데 크랭크축이 1바퀴 회전을 기준으로 각 기통마다 5곳의
값을 측정한다. 다음 그림과 같이 다이얼 게이지가 설치되고 크랭크핀
이 상사점, 좌현, 우현, 하사점 방향을 기준으로 측정값을 기입하는데
크랭크핀이 하사점에 있을 때는 다이얼 게이지가 커넥팅 로드와 접촉을
하게 되어 측정이 불가하므로 하사점 부근에서는 커넥팅 로드와 부딪치
지 않는 범위에서 2곳을 더 계측을 하여 총 5곳을 계측하게 된다.

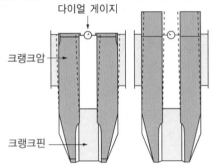

15 디젤기관에서 과부하 운전이란 어떠한 상태인가?
① 정해진 출력 이상으로 운전되고 있는 상태
② 위험 회전수로 운전되고 있는 상태
③ 과급기에서 서징이 발생되고 있는 상태
④ 황천 항해 시 추진기가 공회전되고 있는 상태

해설
과부하 운전이란 정해진 출력 이상으로 운전되고 있는 상태를 말한다.

16 디젤 주기관이 시동공기로는 회전되지만 착화되지 않
는다. 이 경우의 원인이 아닌 것은?
① 연료유의 온도가 너무 낮을 때
② 연료 분사시기가 적당하지 않을 때
③ 압축압력이 너무 낮을 때
④ 냉각수의 압력이 너무 높을 때

해설
시동공기로는 회전이 되나 착화가 되지 않으므로 연료유와 연료유의
분사가 문제의 원인이 될 수 있다. 냉각수의 온도가 너무 낮으면 착화에
영향을 줄 수도 있으나 냉각수의 압력과 착화는 거리가 멀다.

17 보일러의 안전밸브에 대한 설명으로 옳은 것을 모두
고른 것은?

┌─────────────────────────────────────────┐
│ ㉠ 분기시험을 한 후 납으로 봉인한다.       │
│ ㉡ 일반적으로 보일러마다 2개를 설치한다.   │
│ ㉢ 봉인된 납을 수시로 제거하여 검사를 해야 한다. │
│ ㉣ 제한 기압은 항해조건에 따라 기관장이 변경한다. │
└─────────────────────────────────────────┘

① ㉠, ㉡          ② ㉠, ㉣
③ ㉡, ㉢          ④ ㉢, ㉣

해설
안전밸브(세이프티 밸브, Safety Valve)는 보일러의 압력이 설정된
압력에 도달하면 밸브가 열려 증기를 대기로 방출시켜서 보일러를
보호하는 장치이다. 보일러마다 2개 이상 설치하여야 한다. 안전밸브
가 열리는 압력(분기압력)은 보일러 제한기압의 1.03배 이하로 해야
하고 안전밸브가 열리는 압력이 설정되면 납봉을 하여 임의로 분기압력
을 변경할 수 없게 해야 한다.

18 보일러 점화 시 노 내에 남아 있던 미연소가스가 점화
되어 급격한 연소를 일으켜 불꽃이 노 밖으로 나오는
현상을 무엇이라고 하는가?
① 역 화          ② 통 풍
③ 프라이밍        ④ 캐리오버

해설
역화(Back Fire)란 보일러 연소실 안에 잔류가스가 많거나 연료 급이
과다할 때, 댐퍼를 너무 닫아 공기량이 적을 때, 송풍이 너무 강한
경우 등에 발생하는 것으로, 정상적인 연소가 아니라 폭발적인 연소가
일어나 보일러를 손상시킨다.

19 선미측 프로펠러 부근에 아연판을 붙이는 이유는 무엇
인가?
① 선체의 침식을 방지하기 위해
② 선체의 부식을 방지하기 위해
③ 선체 페인트의 탈락을 방지하기 위해
④ 선체의 진동을 방지하기 위해

**해설**
아연은 선박에서 주로 해수 계통의 파이프나 선체 외부에 부착한다. 철 대신에 먼저 부식되는 아연을 달아서 해수 계통의 파이프나 외판을 보호하려는 것이다. 이를 희생양극법이라고 하는데 철보다 이온화 경향이 높은 아연판을 부착하여 아연을 먼저 부식시킨다.

**20** 선박에서 가장 많이 사용되는 프로펠러는 무엇인가?

① 가변 피치 스크루 프로펠러
② 포이트 슈나이더 프로펠러
③ 고정 피치 스크루 프로펠러
④ 제트 프로펠러

**해설**
일반적으로 가장 많이 사용하는 것은 고정 피치 프로펠러인 스크루 프로펠러이다.

**21** 프로펠러의 슬립에 대한 설명으로 올바른 것은?

① 프로펠러 날개가 축의 중심선에서 선미 방향으로 기울어진 각을 말한다.
② 프로펠러의 전진속도와 실제 배의 속도 사이의 차이를 말한다.
③ 프로펠러가 1회전할 때 날개 위의 어떤 점이 축 방향으로 이동한 거리를 말한다.
④ 프로펠러가 1회전할 때 날개의 끝이 그린 원의 지름을 말한다.

**해설**
프로펠러 슬립이란 프로펠러의 속도와 배의 속도 차의 비이다.

프로펠러 슬립 : $\dfrac{\text{프로펠러 속도} - \text{실제 배의 속도}}{\text{프로펠러 속도}} \times 100[\%]$

**22** 프로펠러에 의해 발생하는 축계 진동의 원인이 아닌 것은?

① 프로펠러 날개의 부식
② 프로펠러 날개의 수면 노출
③ 프로펠러 하중의 증가
④ 공동현상의 발생

**해설**
프로펠러로(추진기)의 손상으로 인해 프로펠러의 균형이 맞지 않을 때 진동이 발생한다. 프로펠러의 부식이나 외부 충격 등으로 인해 손상을 입을 수 있는데 부식의 대표적인 예가 공동현상(캐비테이션)에 의한 침식이다. 공동현상을 방지하기 위해서는 회전수를 지나치게 높이지 않고 프로펠러가 수면 부근에서 회전하지 않도록 해야 한다. 이러한 부식으로 인한 손상은 프로펠러 피치의 불균일을 가져오기도 한다.

**23** 탄소(C)가 완전히 연소하지 못할 때 발생하는 것은 무엇인가?

① 이산화탄소 　　② 이산화질소
③ 물 　　　　　　④ 일산화탄소

**해설**
연료유에 포함된 탄소 성분으로 인해 완전연소되면 이산화탄소가 발생하고 불완전연소되면 일산화탄소가 발생한다.

**24** 연료의 완전연소를 위한 필요조건으로 적합하지 않은 것은?

① 산 소 　　　　② 시 간
③ 질 소 　　　　④ 온 도

**해설**
완전연소란 산소를 충분히 공급하고 적정한 온도를 유지시켜 충분한 반응시간을 유지했을 때 반응물질이 더 이상 산화되지 않는 물질로 변화시키는 연소이다.

**25** 디젤기관의 윤활유가 열화되는 원인으로 적합하지 않은 것은?

① 윤활유 냉각기의 오손으로 냉각이 되지 않을 경우
② 기관의 운전 중 윤활유를 청정하여 사용할 경우
③ 연소 생성물이 윤활유에 혼입되는 경우
④ 냉각수의 누설로 냉각수가 윤활유에 혼입되는 경우

**해설**
윤활유는 사용함에 따라 점차 변질되어 성능이 떨어지는데 이것을 윤활유의 열화라고 한다. 열화의 가장 큰 원인은 공기 중 산소에 의한 산화작용이다. 고온에 접촉되거나 물이나 금속가루 및 연소 생성물 등이 혼입되는 경우에는 열화가 더욱 촉진된다. 그리고 윤활유가 고온에 접하면 그 성분이 열분해되어 탄화물이 생기고 점도가 높아지게 된다. 탄화물은 실린더의 마멸과 밸브나 피스톤 링의 고착원인이 된다.

## 제2과목 기관 2

**01** 유청정기의 운전 초기에 봉수를 공급하는 이유는 무엇인가?

① 물 출구로 기름이 빠져나가는 것을 방지하기 위하여
② 기름 출구로 물이 들어가는 것을 방지하기 위하여
③ 유청정기의 진동을 감소시키기 위하여
④ 기름의 온도를 올리기 위하여

해설
봉수는 운전 초기에 물이 빠져나가는 통로를 봉쇄하여 기름이 물 토출구로 빠져나가는 것을 방지하는 역할을 한다.

**02** 기어펌프의 부속 중에서 과도한 압력으로부터 펌프를 보호해 주는 역할을 하는 밸브는?

① 풋밸브
② 드레인밸브
③ 릴리프밸브
④ 호수밸브

해설
릴리프밸브는 과도한 압력 상승으로 인한 손상을 방지하기 위한 장치이다. 펌프의 송출압력이 설정압력 이상으로 상승하면 밸브가 작동하여 유체를 흡입측으로 되돌려 과도한 압력 상승을 방지하고 다시 압력이 낮아지면 밸브를 닫는다. 릴리프밸브는 고양정에 적합한 기어펌프에 설치된다.

**03** 왕복펌프의 송출 유량을 균일하게 하기 위해 설치하는 것은?

① 공기실
② 축봉장치
③ 체크밸브
④ 안내날개

해설
왕복펌프의 특성상 피스톤의 왕복운동으로 인해 송출량에 맥동이 생기며 순간 송출 유량도 피스톤의 위치에 따라 변하게 된다. 따라서 공기실을 송출측의 실린더 가까이에 설치하여 송출압력이 높으면 송출액의 일부가 공기실의 공기를 압축하고 압력이 낮을 때에는 공기실의 압력으로 유체를 밀어내어 항상 일정한 양의 유체가 송출되도록 한다.

**04** 원심펌프의 송출 유량 조절법 중에서 공동현상이 문제가 되는 방법은?

① 바이패스밸브를 조절하는 방법
② 펌프의 흡입밸브를 조절하는 방법
③ 펌프의 회전수를 조절하는 방법
④ 펌프의 송출밸브를 조절하는 방법

해설
원심펌프의 공동현상(캐비테이션)은 유체를 흡입할 때 공기가 유입되면 발생하는데, 흡입수두가 너무 높거나 흡입이 원활하지 않을 때 발생한다. 원심펌프에서 송출 유량을 흡입밸브로 조절하게 되면 흡입이 원활히 이루어지지 않아 공동현상이 일어날 수 있으므로 송출 유량은 송출밸브로 조절해야 한다.

**05** 헬리컬 기어펌프의 축 방향 추력을 방지하기 위한 방법은?

① 기어를 정밀하게 가공한다.
② 회전수를 증가시킨다.
③ 베어링이 큰 것을 사용한다.
④ 이중 헬리컬기어를 사용한다.

해설
• 단식 헬리컬기어는 회전할 때 추력이 발생하므로 추력 베어링이 필요하나 이중 헬리컬 기어를 사용하면 축 방향의 추력을 상쇄할 수 있다는 이점이 있다.
• 헬리컬 기어펌프 : 평기어펌프에 비해 기어의 맞물림 상태가 좋아서 선박에서 사용하는 연료유와 유압유 및 물과 같은 윤활성이 없는 유체를 이송할 수 있으며 고속 운전이 가능하다. 평기어에서 발생하는 폐쇄현상이 발생하지 않는 이점이 있다.

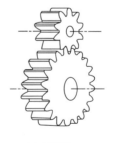

(a) 평기어       (b) 헬리컬기어

1 ①   2 ③   3 ①   4 ②   5 ④   정답

## 06 연료유를 청정하는 방법으로 적합하지 않은 것은?

① 여과법　　　　② 중력침전법
③ 원심분리법　　④ 순환법

해설
청정의 방법에는 중력에 의한 침전분리법, 여과기에 의한 청정법, 원심식 청정법 등이 있다. 최근의 선박은 비중차를 이용한 원심식 청정기를 주로 사용하고 있다.

## 07 임펠러를 갖고 있는 펌프는 무엇인가?

① 연료유 이송펌프
② 주기관 연료유 펌프
③ 밸러스트 펌프
④ 슬러지 이송펌프

해설
임펠러는 터보형 펌프의 구성요소이다. 터보형에는 원심식, 사류식, 축류식 펌프가 있다. 밸러스트 펌프는 원심펌프에 속한다.

## 08 총톤수가 1,000톤인 선박이 공선으로 항해 중일 때 냉각해수펌프와 주기 냉각청수펌프의 압력을 비교한 설명으로 옳은 것은?

① 입구압력은 해수펌프가 더 낮고 출구압력은 청수 펌프가 더 낮다.
② 입구압력은 해수펌프가 더 높고 출구압력도 해수 펌프가 더 높다.
③ 입구압력은 청수펌프가 더 높고 출구압력도 청수 펌프가 더 높다.
④ 입구압력은 청수펌프가 더 낮고 출구압력은 해수 펌프가 더 높다.

해설
선박의 종류 및 펌프의 종류에 따라 펌프의 압력은 차이가 있다. 일반적으로 선박이 공선으로 항해 중일 때는 선박의 흘수가 비교적 낮아서 시체스트로부터 흡입되는 냉각해수펌프의 입구압력은 낮아진다. 펌프의 입구압력이 낮으면 출구압력도 영향을 받아 낮아진다. 반면, 주기 냉각청수펌프의 흡입압력은 팽창탱크의 위치에 영향을 받을 수 있으나 선박의 흘수와는 관계가 없다. 일반적으로 주기 냉각청수펌프의 흡입 압력과 출구압력은 냉각해수펌프의 압력보다 높다.

## 09 디젤기관의 보슈식 연료분사펌프는 어떤 종류의 펌프 인가?

① 기어펌프　　　② 플런저 펌프
③ 제트펌프　　　④ 터빈펌프

해설
보슈식 연료분사펌프는 플런저의 왕복 움직임으로 연료분사압력을 상승시키는 장치이다. 왕복식 펌프에는 버킷, 피스톤, 플런저 펌프 등이 있는데 보슈식 연료분사펌프는 그중 플런저 펌프에 속한다.

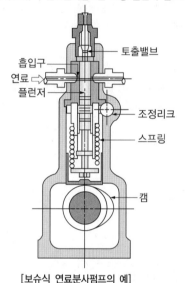

[보슈식 연료분사펌프의 예]

## 10 노즐을 통하여 고압의 구동 유체를 고속 분사시켜서 배기, 배수, 액체의 압입 등에 사용하는 펌프는 무엇인가?

① 왕복펌프　　　② 원심펌프
③ 나사펌프　　　④ 제트펌프

해설
제트펌프는 노즐을 통해 고압의 구동 유체를 좁은 관 부분으로 고속 분사시켜 송출 유체를 흡입하여 송출하는 펌프이다. 효율이 낮은 반면 구조가 간단하고 제작비가 저렴하다.

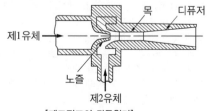

[제트펌프의 작동원리]

**11** 고압수와 저압수의 공급밸브를 조작함으로써 슬러지를 자동 배출할 수 있는 것은?

① 셀프젝터 유청정기
② 드 라발 유청정기
③ 그래비트롤 유청정기
④ 스파이럴 유청정기

해설
최근 대부 선박에서 사용하는 셀프젝터 유청정기는 고압수와 저압수의 공급밸브(파일럿 밸브)를 조작하여 슬러지를 자동 배출하는 유청정기이다.

**12** 피스톤이 한 번 왕복할 때마다 1번 송출하는 왕복펌프는 무엇인가?

① 1단 터빈펌프　　② 단동 피스톤펌프
③ 차동펌프　　　　④ 복동 피스톤펌프

해설
왕복펌프는 피스톤이나 플런저가 1회 왕복운동할 때 송출되는 횟수에 따라 다음과 같이 분류할 수 있다.
• 단동펌프 : 1회 왕복운동에 대해 1회 흡입과 송출이 이루어지는 펌프
• 복동펌프 : 각 행정마다 1회의 흡입과 송출이 이루어지는 펌프
• 차동펌프 : 1회 왕복운동하는 사이에 1회의 흡입과 2회의 송출이 이루어지는 펌프

**13** 전동유압식 원동기를 가진 조타장치에서 전동기는 항해 중에 어떤 상태이어야 하는가?

① 전동기는 항상 1대만 운전된다.
② 전동기는 1대 혹은 2대가 운전된다.
③ 전동기는 항상 2대가 운전된다.
④ 전동기는 자동으로 운전과 정지가 반복된다.

해설
대부분의 선박에서는 전동 유압식 조타장치를 사용하는데, 전동 유압식 원동기는 전동기로 가변 용량펌프를 구동하고 그 유압으로 유압 실린더를 구동시켜 타에 회전력을 주는 방식이다. 항해 중 조타장치는 항상 작동해야 하므로 1대 이상의 전동기가 운전되어 유압을 항상 형성하고 있어야 한다. 전동기를 2대 운전하는 경우는 협수로나 입·출항 등 타를 많이 쓰는 경우이다. 항해 중 특별한 경우를 제외하고는 보통 1대의 전동기만 운전한다.

**14** 다음 중 옳게 짝지어진 것은?

① 양묘장치 : 크레인
② 계선장치 : 캡스턴
③ 하역장치 : 윈드라스
④ 조타장치 : 카고윈치

해설
캡스턴은 워핑드럼이 수직축상에 설치된 계선용 장치이다. 직립한 드럼을 회전시켜 계선줄이나 앵커체인을 감아올리는 데 사용되는데 웜기어장치에 의해 감속되고 역전을 방지하기 위해 하단에 래칫기어를 설치한다.

[캡스턴]

**15** 윈치의 일반적인 구비사항으로 적합하지 않는 것은?

① 소정의 하중을 원하는 속도로 감아올릴 수 있는 능력을 갖추어야 한다.
② 하역능력을 높일 수 있도록 광범위한 속도조절능력을 갖추어야 한다.
③ 전동식의 경우 안전을 위해 4극 이하의 유도전동기를 사용하여야 한다.
④ 화물을 쉽게 정지시킬 수 있는 정확한 제동설비가 있어야 한다.

해설
윈치가 갖추어야 할 조건
• 소정의 하중을 원하는 속도로 감아올릴 수 있는 능력을 갖추어야 한다.
• 하역능력을 높일 수 있도록 광범위한 속도조절능력을 갖추어야 한다.
• 신속하고 간편하게 조작할 수 있는 역전설비가 구비되어야 한다.
• 화물을 어떤 위치에서도 쉽게 정지시킬 수 있는 정확한 제동설비가 있어야 한다.
• 간편하고 안전하게 조작할 수 있는 구조이어야 한다.

**16** 다음 중 가장 선수에 설치되는 갑판보기는 무엇인가?

① 공기조화기

② 양묘기

③ 조타기

④ 양화기

해설
양묘기(윈드라스, Windlass)는 앵커를 감아올리거나 내릴 때 또는 선박을 부두에 접안시킬 때 계선줄을 감는 설비로 선수에 설치한다.

**17** 조타장치 중 타장치에 사용되지 않는 장치는?

① 벨트식

② 체인 드럼식

③ 치차식

④ 유압식

해설
조타장치 중 타장치란 원동기의 기계적 에너지를 타에 전달하는 장치를 말하는데 그 종류에는 체인 드럼식, 치차식(기어식), 유압식이 있다.

**18** 필터식 기름여과장치의 구성요소와 역할이 잘못 짝지어진 것은?

① 1차 분리실 – 물과 기름을 비중 차이로 분리

② 2차 분리실 – 미세한 유립을 필터에 흡착시켜 분리

③ 솔레노이드 밸브 – 펌프의 입구에 설치되어 유량 조절

④ 유면검출기 – 1차 분리실과 2차 분리실 위쪽에 설치되어 유면 검출

해설
필터식 기름여과장치(유수분리장치 또는 기름분리장치)의 종류마다 약간의 차이는 있지만 기름을 검출하는 유면검출기와 기름이 검출되면 기름탱크로 가는 밸브를 열어 주는 솔레노이드 밸브(전자밸브) 및 초기 운전 시 기름여과장치에 물을 가득 채우기 위해 열어 주는 공기배출밸브 등이 설치되어 있다.

**19** 기름여과장치의 기능으로 올바른 것은?

① 유청정기에서 나온 슬러지 처리

② 기관실 바닥 소제 시 나온 폐수 처리

③ 윤활유 탱크의 드레인 처리

④ 발전기 폐윤활유의 재활용 처리

해설
기관실 내에서 각종 기기 운전 시 발생하는 드레인이 기관실 하부에 고이게 되는데 이를 빌지(선저폐수)라고 한다. 기름여과장치(빌지분리장치, 유수분리장치)는 선저폐수(빌지)를 선외로 배출할 때 해양 오염을 시키지 않도록 기름 성분을 분리하는 장치이다.

**20** 선박에서 배출되는 오수에 속하는 것은 무엇인가?

① 선내 화장실에 사용되는 생활 오수

② 디젤 주기관의 냉각수 드레인

③ 조수기에서 배출되는 브라인

④ 청정기에서 발생하는 찌꺼기

해설
오수는 일상생활에서 발생하는 사람의 배설물이나 욕실 등에서 발생하는 배수이다.

**21** 냉동장치에서 증발기 내의 냉매유량제어장치가 아닌 것은?

① 정압 자동팽창밸브

② 감온팽창밸브

③ 전자식 팽창밸브

④ 제상장치

해설
제상장치 : 증발기의 증발관 표면에 공기 중의 수분이 얼어붙게 되면 증발관에서의 전열작용이 현저히 저하된다. 따라서 증발관에 붙은 얼음을 제거해야 하는데 이때 사용되는 장치이다.

**22** 냉동장치에서 압축압력이 너무 높아지는 원인으로 적합하지 않은 것은?

① 응축기 냉각수의 온도가 낮다.
② 불응축가스가 있다.
③ 응축기의 냉각관이 오손되었다.
④ 냉매가 너무 많다.

해설
압축압력이 높아지는 원인으로는 응축기에서 냉각이 원활히 이루어지지 않거나 냉매 중에 공기가 혼입될 경우 등이 있다. 냉각수의 온도가 낮으면 냉각이 더 잘되므로 압력이 높아지는 원인은 아니다.

**23** 냉동기에 설치된 팽창밸브의 역할은 무엇인가?

① 주위의 열을 흡수하도록 냉매액을 증발시키는 장치
② 기체냉매 속에 포함되어 있는 액체를 분리하는 장치
③ 냉매액의 압력을 낮추고 유량을 조절하는 장치
④ 기체냉매의 압력을 높이는 장치

해설
팽창밸브는 응축기에서 액화된 고압의 액체냉매를 저압으로 만들어 증발기에서 쉽게 증발할 수 있도록 하며, 증발기로 들어가는 냉매의 양을 조절하는 역할을 한다. 모세관식, 정압식, 감온식 및 전자식 팽창밸브가 있다.

**24** 냉동기의 기밀시험에 사용되는 것은?

① 배기가스      ② 헬 륨
③ 질 소        ④ 이산화황

해설
기밀시험 : 압축기, 압력용기 등의 기기에 가스압력을 작용시켜 각 기기의 기밀 성능을 조사하는 시험이다. 이 시험은 피시험품 내에 위험성이 없는 공기, 질소, 이산화탄소 등을 사용하여 기밀시험 압력으로 유지한 다음 외부에 비눗물 등 발포액을 발라서 기밀이 유지되는 것을 확인한다.

**25** 가스압축식 냉동장치의 구성요소에 해당하지 않는 것은?

① 압축기
② 증류기
③ 증발기
④ 팽창밸브

해설
가스압축식 냉동장치의 4대 구성요소는 압축기, 응축기, 팽창밸브, 증발기가 있고 이외에 기타 부속품들이 있다.

제**3**과목 **기관 3**

**01** 바늘이 있는 멀티테스터 사용에 대한 설명으로 틀린 것은?

① 건전지 전압 측정 시 적색 리드선은 (+), 흑색 리드선은 (−)에 연결한다.
② 멀티테스터를 사용하지 않을 때에는 전환 스위치를 항상 OFF 위치에 놓는다.
③ 측정할 전압과 전류값을 미리 예측할 수 없을 경우에는 최대 측정범위에 놓고 측정한다.
④ 회로의 저항 측정 시 측정할 회로에 전기가 통하고 있는 상태에서 측정한다.

해설
멀티테스터(회로시험기)로 저항을 측정하는 원리는 멀티테스터 내부의 건전지에 측정하고자 하는 회로의 저항에 전압을 흘려주어 저항을 측정하는 것이다. 따라서 회로시험기로 저항을 측정 후 전압을 측정할 때는 특히 유의해야 한다. 기능 스위치를 저항으로 놓고 전압을 측정하면 멀티테스터 내부 전원과 전류가 흐르고 있는 회로의 전압이 충돌하여 정확한 저항치를 읽을 수 없을 뿐만 아니라, 멀티테스터의 고장과 측정하고자 하는 기기와의 전기 충격이 발생하는 등 손상을 일으킬 수 있다.

**02** 교류 발전기에서 기전력의 방향을 알려고 할 때 도움이 되는 법칙을 무엇이라고 하는가?

① 플레밍의 왼손법칙
② 플레밍의 오른손법칙
③ 쿨롱의 법칙
④ 키르히호프의 전압법칙

해설
발전기의 기전력 방향(전류 방향)을 알기 위한 법칙은 플레밍의 오른손 법칙이다. 플레밍의 오른손법칙은 자기장 내에 코일을 회전시키면 기전력이 발생하는데 자속의 방향과 운동 방향(회전 방향)을 알면 유도기전력의 방향(전류 방향)을 알 수 있다. 자기장 내에 도체를 놓고 전류를 흘리면 전자력이 발생되어 회전하게 된다. 이때 플레밍의 왼손 법칙으로 회전 방향을 알 수 있는데 전동기에 적용된다.

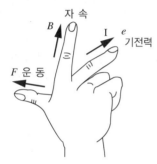

자 속
*B*
*I* *e*
기전력
*F* 운 동

[플레밍의 오른손법칙]

**03** 교류전압의 크기를 바꾸어 주는 기기는?

① 유도전동기
② 여자기
③ 변압기
④ 정류기

해설
변압기는 전압을 용도에 맞게 올리거나 낮추는 장치이다. 원리는 성층 (꼬임)한 철심의 양측에 1차 코일과 2차 코일을 감아 두고 1차 권선에 전류를 흘리면 철심을 통과하는 자속이 전류의 세기에 따라 전자유도작용에 의한 기전력으로 2차 권선에 발생하는 구조이다.

**04** 3상 동기발전기의 정격 출력 단위는 무엇인가?

① V(볼트)
② Ω(옴)
③ Wb(웨버)
④ kVA(킬로볼트암페어)

해설
• kVA(킬로볼트암페어) : 정격 출력의 단위로 피상전력을 나타낸다. VA로 표시하기도 하는데 k는 1,000을 의미한다. 선박에서 사용하는 발전기의 출력이 1,000(VA)을 초과하여 일반적으로 kVA로 나타낸다.
• Wb(웨버) : 자기력 선속의 단위

**05** 전류의 발열작용을 이용하는 기기가 아닌 것은?

① 전열기
② 전기용접기
③ 백열전구
④ 변압기

해설
변압기의 기본원리는 패러데이의 전자유도법칙과 렌츠의 법칙으로 설명할 수 있다. 전자유도작용에 의해 유도기전력이 발생하며 이 유도 기전력의 방향은 렌츠의 법칙에 의해 결정된다.

**06** 10[Ω] 저항에 100[V]의 전압을 가할 때 흐르는 전류는 얼마인가?

① 0.1[A]
② 10[A]
③ 15[A]
④ 20[A]

해설
옴의 법칙 $I = \dfrac{V}{R}$ (여기서, $I$ = 전류, $V$ = 전압, $R$ = 저항)

**07** 냉각수 펌프의 전동기 명판에 적힌 AC 220[V]는 무엇을 의미하는가?

① 2차 전압 220[V]를 의미한다.
② 맥류전압 220[V]를 의미한다.
③ 직류전압 220[V]를 의미한다.
④ 교류전압 220[V]를 의미한다.

해설
직류는 DC(Direct Current), 교류는 AC(Alternating Current)이다.

**08** 플레밍의 왼손법칙에서 엄지손가락이 의미하는 것은?

① 발전기 회전자의 회전 방향
② 발전기의 전류 방향
③ 전동기 회전자의 회전 방향
④ 전동기의 전류 방향

해설
전동기의 원리는 플레밍의 왼손법칙이 적용된다. 자기장 내에 도체를 놓고 전류를 흘리면 플레밍의 왼손법칙에 의해 전자력이 발생되어 회전하게 되는데 엄지손가락은 회전 방향, 검지손가락은 자력선의 방향, 가운데 손가락은 전류의 방향을 나타낸다.

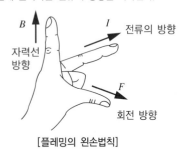

[플레밍의 왼손법칙]

**09** 축전지에 대한 설명으로 틀린 것은?

① 직렬로만 연결하여 사용할 수 있다.
② 축전지의 용량은 Ah로 표시한다.
③ 납축전지는 2차 전지이다.
④ 납축전지의 전해액이 부족하면 증류수를 채운다.

해설
축전지는 용도와 용량에 따라 병렬과 직렬 및 병렬, 직렬을 혼합하여 연결하기도 한다.
• 축전지의 직렬연결 = 전압은 각 축전지 전압의 합과 같고 용량(전류)은 하나의 용량과 같다.
• 축전지의 병렬연결 = 전압은 축전지 하나의 전압과 같고 용량(전류)은 각 축전지 용량의 합과 같다.

**10** 구리와 같은 도체에 열을 가해서 온도가 올라가면 도체의 저항 변화는 어떻게 되는가?

① 저항은 일정하다.
② 저항이 증가한다.
③ 저항이 감소한다.
④ 저항의 증가와 감소를 반복한다.

해설
도체의 온도가 높아지면 원자의 결정격자 전체가 동요하는데 이로 인해 전자가 이동할 때 원자와의 충돌로 전자운동이 방해를 받아 저항이 증가한다.

**11** 우리나라 선박의 교류 발전기에서 가장 많이 사용되는 주파수는 얼마인가?

① 60[Hz]  ② 90[Hz]
③ 100[Hz]  ④ 120[Hz]

해설
우리나라 선박을 포함한 대부분 선박에서는 440[V], 60[Hz]를 사용하고, 유럽 일부 및 기타 선박에서는 380[V], 50[Hz]를 사용하기도 한다.

**12** 발전기를 병렬 운전하려고 동기검정기를 켰더니 반시계 방향으로 바늘이 너무 빨리 돌아간다면 어떠한 조치를 해야 하는가?

① 병렬시킬 발전기의 속도를 더 낮춘다.
② 병렬시킬 발전기의 속도를 더 높인다.
③ 병렬시킬 발전기의 전압을 더 낮춘다.
④ 병렬시킬 발전기의 전압을 더 높인다.

해설
동기검정기란 두 대의 교류발전기를 병렬 운전할 때 두 교류전원의 주파수와 위상이 서로 일치하고 있는가를 검출하는 기기이다. 주파수가 빠르다는 것은 발전기의 회전속도가 빠르다는 것인데, 이것은 동기검정기의 바늘이 회전하는 속도를 보면 알 수 있다. 동기검정기의 바늘이 시계 방향으로 회전하고 있다는 것은 새로 병렬시킬 발전기의 속도가 이미 기동 중인 발전기보다 빠르다는 것을 의미하고, 반시계 방향으로 회전하고 있다는 것은 새로 병렬시킬 발전기의 속도가 이미 기동 중인 발전기보다 느리다는 것을 의미한다. 위상은 동기검정기의 바늘이 12시 방향일 때 두 발전기의 위상이 일치하는 순간이다.

**13** 다음 중 배선용 차단기는?

① COSθ  ② PT
③ CT  ④ MCCB

해설
④ MCCB(Moulded Case Circuit Breaker) : 성형 케이스 회로차단기, 배선용 차단기

① COSθ : 역률계, 역률을 나타내 주는 것
② PT(계기용 변압기, Potential Transformer) : 높은 전압을 낮은 전압으로 바꾸어 주는 것
③ CT(계기용 변류기, Current Transformer) : 큰 전류를 작은 전류로 바꾸어 주는 것

## 14 발전기에서 자속을 발생시키는 부분은?

① 계 자　　　　　② 전기자
③ 브러시　　　　　④ 정류자

**해설**
① 계자 : 자속을 발생시키는 부분으로 영구자석 또는 전자석으로 사용된다. 대부분의 발전기에는 철심과 권선으로 구성된 전자석이 사용된다.
② 전기자 : 기전력을 발생시키는 부분으로 철심과 권선으로 구성된다.
③ 브러시 : 전기자 권선과 연결된 슬립링이나 정류자편과 마찰하면서 기전력을 발전기 밖으로 인출하는 부분이다.
④ 정류자 : 교류 기전력을 직류로 바꾸어 주는 부분이다.

## 15 발전기의 전압을 자동적으로 일정하게 유지시켜 주는 것은 무엇인가?

① OCR　　　　　② AVR
③ ACB　　　　　④ NFB

**해설**
② AVR(Automatic Voltage Regulator) : 자동전압조정기
① OCR(Over Current Relay) : 과전류 계전기
③ ACB(Air Circuit Breaker) : 기중차단기
④ NFB(No Fuse Breaker) : 배선용 차단기

## 16 선박의 납축전지에 대한 설명으로 적합하지 않은 것은?

① 전해액은 진한 황산과 증류수를 혼합한 묽은 황산이다.
② 전해액은 극판 위 10~15[mm] 정도로 유지한다.
③ 전해액이 부족하면 증류수를 보충한다.
④ 전해액의 온도가 낮을수록 용량이 증가한다.

**해설**
납축전지나 배터리는 주변온도가 낮아지면 전류용량이 낮아지고 성능도 떨어지는 경향이 있다.

## 17 변압기의 철심은 무엇이 흐르도록 하기 위한 것인가?

① 교류전류
② 자 속
③ 직류전류
④ 과전류

**해설**
변압기의 원리는 성층한 철심의 양측에 1차 코일과 2차 코일을 감아 두고 1차 권선에 전류를 흘리면 철심을 통과하는 자속이 전류의 세기에 따라 전자유도작용에 의한 기전력으로 2차 권선에 발생하는 구조이다.

## 18 납축전지의 전해액은 무엇으로 구성되어 있는가?

① 증류수와 황산
② 증류수와 염화칼슘
③ 황산과 염산
④ 황산과 질산

**해설**
납축전지의 전해액은 증류수에 황산을 혼합시킨 묽은 황산이다.

## 19 구조가 간단하고 운전 성능이 좋은 교류 전동기는 무엇인가?

① 농형 유도전동기
② 권선형 유도전동기
③ 직권전동기
④ 복권전동기

**해설**
선박에서는 농형 유도전동기를 많이 사용하는데 그 특징은 다음과 같다.
• 기동 특성이 좋지 않다.
• 속도 조정이 용이하지 않다.
• 구조가 간단하고 견고하다.
• 발열이 작아 장시간 운전이 가능하다(이 특징 때문에 거의 대부분 선박용으로 사용한다).

**20** 선박에서 전기기기의 외함을 접지하는 접지선에 대한 설명으로 적합하지 않은 것은?

① 전기기기의 보호 및 감전을 예방한다.
② 접지선에는 퓨즈를 연결해야 한다.
③ 페인트를 벗겨내고 연결해야 한다.
④ 접지선으로 외함과 선체를 연결한다.

**해설**
선박의 전기기기들은 접지(어스, Earth)선을 연결한다. 이는 고층 건물의 피뢰침과 같은 역할을 하는데, 전기기기의 내부 누설이나 기타 고압 전류가 흘렀을 때 전류를 선체로 흘려보내어 전위차를 없애 준다. 전기기기의 보호 및 감전을 예방하는 역할을 한다.

**21** 전기기기의 절연 상태가 나빠지는 경우로 적합하지 않은 것은?

① 전기선의 피복이 벗겨졌을 때
② 먼지가 많이 끼어 있을 때
③ 과전류가 흐를 때
④ 절연저항이 클 때

**해설**
절연저항이란 전기기기들의 누설전류가 선체로 흐르는 정도를 나타낸 것인데, 절연저항값이 클수록 누설전류가 적고 절연저항값이 작을수록 누설전류가 많다. 즉, 절연저항이 '0'에 가까울수록 절연 상태가 나쁘고, '∞'(무한대)에 가까울 정도로 크면 절연 상태가 좋다.

**22** 선박에서 일반적으로 사용하는 조명용 회로의 배전방식은 무엇인가?

① 단상 2선식
② 단상 3선식
③ 3상 3선식
④ 3상 4선식

**해설**
선박에서 사용하는 조명의 배전방식은 단상 2선식이고 병렬연결을 하여 사용한다.

**23** 슬립에 대한 설명으로 올바른 것은?

① 유도전동기에서 발생된다.
② 동기전동기에서 발생된다.
③ 직류 직권전동기에서 발생된다.
④ 직류 분권전동기에서 발생된다.

**해설**
유도전동기에서는 슬립이 발생하게 되어 속도 늦음이 발생한다.
**슬립** : 회전자의 속도는 동기속도에 대하여 상대적인 속도 늦음이 생기는데, 이 속도 늦음과 동기속도의 비를 슬립이라고 한다. 같은 3상 유도전동기에서 슬립이 작을수록 회전자의 속도는 빠르고 슬립이 클수록 회전자의 속도는 느리다.

$$슬립 = \frac{동기속도 - 회전자속도}{동기속도} \times 100[\%]$$

**24** NPN형 트랜지스터의 단자 이름에 포함되지 않는 것은?

① 베이스
② 드레인
③ 컬렉터
④ 이미터

**해설**
트랜지스터는 P형 반도체와 N형 반도체의 접합으로 이루어진 다이오드에 P형 또는 N형의 반도체 1개를 접합한 것이다. NPN형과 PNP형으로 나뉘고 베이스(B), 컬렉터(C), 이미터(E)로 이루어져 있다.

**25** 다이오드가 손상되는 원인으로 적합하지 않은 것은?

① 과전류가 장시간 흐를 경우
② 주위온도가 너무 높은 경우
③ 역방향 인가전압이 정격보다 클 경우
④ 정격전류 이하로 장시간 사용하는 경우

**해설**
다이오드가 손상되는 원인은 사용전압이 너무 높거나 사용전류가 너무 높을 때, 그리고 주위 온도가 너무 높을 때 등이다. 정격전류 이하로 사용하는 것은 손상의 원인과 거리가 멀다.

20 ② 21 ④ 22 ① 23 ① 24 ② 25 ④ **정답**

## 제4과목 직무일반

**01** 항해 중 당직 항해사에게 통보하거나 협의해야 할 사항으로 적합하지 않은 것은?

① 냉동기를 수리하고자 할 때
② 보일러의 수트블로를 실시할 때
③ 발전기의 전력 공급에 이상이 발생할 때
④ 주기관의 회전수를 변경하고자 할 때

**해설**
냉동기는 항해와 직접적인 관련이 없어 당직 항해사에게 보고해야 할 사항은 아니다. 항해와 관련하여 주기관의 속도 조정이나 심각한 결함 및 갑판기계 수리나 항해에 영향을 주는 작업 등의 사항은 당직 항해사에게 보고해야 한다.

**02** 당직 기관사의 준수사항이 아닌 것은?

① 항해 중 기관의 안전 운전에 유의한다.
② 항해 중 당직 기관사는 원칙적으로 기관실을 떠나서는 안 된다.
③ 항해 중 황천 시에는 발전기 주파수를 평소보다 조금 높게 유지한다.
④ 항해 중 당직을 인수하는 기관사가 당직 임무를 유효하게 수행할 수 있다고 판단될 경우 당직을 인계해야 한다.

**해설**
발전기의 주파수는 소비전력의 변화에 따라 조금의 변동은 있을 수 있으나 항상 정해진 주파수(보통 60[Hz])를 유지해야 한다. 황천 항해와 발전기 주파수는 관련이 없다.

**03** 황천 항해 시 조치사항으로 적합하지 않은 것은?

① 기관실의 수밀문을 닫아 둔다.
② 이동될 수 있는 물건들을 고정시킨다.
③ 주기관의 회전수를 평소보다 낮추어서 운전한다.
④ 프라이밍을 방지하기 위해 보일러를 정지해 둔다.

**해설**
• 황천 항해 시 보일러에서 발생하는 프라이밍을 방지하기 위해 드럼의 수위를 약간 낮게 유지한다.
• 황천 항해 시에는 횡요와 동요로 인해 기관의 공회전이 일어날 확률이 높으므로 조속기의 작동 상태를 주의하고 주기관의 회전수를 평소보다 낮추어서 운전해야 한다.

**04** 연료유를 저장하는 이중저탱크의 내부점검을 위해 들어가는 작업자의 안전을 위한 조치로 틀린 것은?

① 출입 전 환기를 충분히 한다.
② 출입자는 라이프라인을 묶은 후 들어간다.
③ 가능한 한 화학섬유재의 의류를 착용하고 들어간다.
④ 가연성 가스검지기로 내부의 가스 농도를 측정한다.

**해설**
화학섬유재 의류는 정전기를 발생할 수 있으므로 정전기 발생을 일으키지 않는 대전방지가공을 한 작업복을 착용해야 한다.

**05** 디젤기관에서 피스톤 링을 피스톤에 조립할 때 주의사항으로 틀린 것은?

① 링의 홈을 깨끗이 청소한 후 조립한다.
② 링 확장기를 사용하여 가장 위에 있는 링부터 조립한다.
③ 위아래 링의 절구 틈 위치가 서로 180° 어긋나게 조립한다.
④ 링에 글자가 각인되어 있으면 그 면을 윗방향으로 오도록 한다.

**해설**
피스톤 링은 피스톤 가장 아래의 링부터 차례대로 조립한다.

**06** 한국 선급의 선급 유지를 위해 받는 검사의 종류에 해당하지 않는 것은?

① 연차검사　　　　② 정기검사
③ 스러스트축 검사　④ 프로펠러축 검사

해설
선급검사의 종류에는 연차검사, 중간검사, 정기검사, 입거검사, 프로펠러축 검사, 보일러검사, 기관장치의 계속검사, 임시검사, 개조검사 등이 있다.

**07** 선박의 기관구역 기름기록부에 기재하지 않아도 되는 것은?

① 유성 잔류물의 처분
② 연료유 탱크의 세정
③ 산적 윤활유의 수급
④ 드럼으로 수급한 유압유의 상세

해설
드럼으로 수급한 윤활유의 경우에는 기재하지 않는다.
기관구역의 기름기록부 기록사항은 다음의 코드별 상황을 기재한다.
• A : 연료유 탱크에 밸러스트 적재 또는 연료유 탱크의 세정
• B : A에 언급된 연료유 탱크로부터 더티 밸러스트 또는 세정수의 배출
• C : 유성 잔류물(슬러지)의 저장 및 처분
• D : 기관실 빌지의 비자동방식에 의한 선외 배출 또는 그 밖의 다른 처리방법에 의한 처리
• E : 기관실 빌지의 자동방식에 의한 선외 배출 또는 그 밖의 다른 방법에 의한 처분
• F : 기름배출감시제어장비(기름여과장치)의 상태
• G : 사고 또는 기타 예외적인 기름 배출
• H : 연료 또는 산적 윤활유의 적재
• I : 그 밖의 작업 절차 및 일반적인 사항

**08** 정박 중 기관실의 선저폐수 처리요령으로 틀린 것은?

① 기름여과장치를 통해 선외로 배출한다.
② 선저폐수저장탱크로 이송하여 저장한다.
③ 기관실의 빌지 웰에 여유가 있으면 그대로 둔다.
④ 선저폐수를 저장탱크에 저장한 후 배출관 장치를 통해 방제·청소업자에게 양륙한다.

해설
정박 중에 선저폐수를 선외로 배출하는 것은 금지되어 있다.
기름오염방지설비 중 하나인 기름여과장치로 선저폐수(빌지)를 선외로 배출할 경우에는 다음과 같은 사항이 동시에 충족되어야 가능하다.
• 기름오염방지설비를 작동하여 배출할 것
• 항해 중에 배출할 것
• 유분의 함량이 15[ppm](백만분의 15) 이하일 때만 배출할 것

**09** 해양환경관리법상 승선 중인 해양오염방지관리인에 대한 교육, 훈련의 유효기간에 대한 최대 연장기간은 얼마인가?

① 1개월　　② 6개월
③ 10개월　④ 12개월

해설
해양환경관리법 제121조
해양오염방지관리인은 5년마다 1회 이상 교육·훈련을 받게 하여야 한다. 다만, 그 관계 직원이 승선 중인 경우에는 1년의 범위에서 교육·훈련을 연기할 수 있다.

**10** 해양환경관리법상 기름오염방지설비에 해당하지 않는 것은?

① 기름여과장치
② 배출관장치
③ 선저폐수농도경보장치
④ 유청정기

해설
유청정기는 연료유나 윤활유에 포함된 수분 및 고형분과 같은 불순물을 청정하여 깨끗한 연료유나 윤활유를 기관에 공급하는 역할을 하는 것으로, 기름오염방지설비는 아니다.

**11** 해양환경관리법상 해양오염방지증서의 유효기간은?

① 1년　　② 3년
③ 4년　　④ 5년

해설
해양환경관리법 제56조
해양오염방지검사증서의 유효기간은 5년이다.

**12** 표피와 진피가 약간의 손상을 입어 물집이 생기고 통증이 심한 경우의 화상인 수포성 화상은 몇 도인가?

① 0도 화상
② 1도 화상
③ 2도 화상
④ 4도 화상

해설
• 1도 화상(홍반점) : 표피가 붉게 변하며 쓰린 통증이 있는 정도이다.
• 2도 화상(수포성) : 표피와 진피가 손상되어 물집이 생기며 심한 통증을 수반한다.
• 3도 화상(괴정성) : 피하조직 및 근육조직이 손상되어 검게 타고 짓무른 상태가 되어 흉터를 남긴다.
• 4도 화상 : 3도 화상에서 더 심각한 상태이며 피부 겉은 물론 체내의 근육과 뼈까지 손상을 입을 정도의 화상으로 극심한 신체적 장애 및 변화가 동반되며 사망률이 높다.

**13** 다음 중 쇼크의 가장 큰 원인은 무엇인가?

① 심한 출혈
② 화 상
③ 찰과상
④ 골 절

해설
쇼크의 원인은 매우 다양하나 답안에서 가장 큰 원인이 될 수 있는 것은 출혈성 쇼크이다.
쇼크 : 급성 질환이나 상해의 결과로서 순환계가 우리 몸의 주요 기관에 충분한 혈액을 공급할 수 없어서 진행성 말초 혈액순환 부족으로 조직에 산소 부족이 발생해 탄산가스나 유산 등의 대사산물의 축적을 일으킨 상태를 말한다. 또한, 정신적 평형을 해치는 갑작스런 장애를 말하기도 한다. 일반적인 원인에 따른 쇼크의 종류는 심장성 쇼크(심장 질환), 출혈성 쇼크(외상으로 인한 대량 출혈), 신경성 쇼크(척추 손상 등), 저체액성 쇼크(탈수 등), 호흡성 쇼크, 패혈성 쇼크(감염성 패혈증 등), 과민성 쇼크(페니실린 주사 후) 등이 있다.

**14** 침수 시 응급조치의 순서로 옳은 것은?

┌─────────────────────────────┐
│ ㉠ 펌프를 이용해서 배수     │
│ ㉡ 피해 장소와 그 원인 파악 │
│ ㉢ 파손된 구멍을 막음       │
│ ㉣ 선박의 경사 수정         │
└─────────────────────────────┘

① ㉡ → ㉣ → ㉢ → ㉠
② ㉡ → ㉠ → ㉢ → ㉣
③ ㉢ → ㉠ → ㉣ → ㉡
④ ㉢ → ㉡ → ㉣ → ㉠

해설
침수 시에는 침수의 원인과 침수 구멍의 크기와 깊이, 침수량 등을 파악하여 모든 방법을 동원해 배수하는 것이 최우선이다. 파손된 구멍을 막고 필요시에는 배의 경사를 수정하여 배수를 원활히 하고 추가 침수를 막아야 한다. 초기 응급조치가 실패할 경우 수밀문 폐쇄 등을 통해 최소한의 구역만 침수되도록 해야 한다.

**15** 퇴선할 때 기관부에서 취해야 할 조치로 적절하지 않은 것은?

① 주기관 연료탱크의 비상차단밸브를 작동시킨다.
② 기관일지 등 중요 서류를 반출한다.
③ 압축공기탱크의 공기를 배출시킨다.
④ 기관실 문 및 기타 개구부를 열어 둔다.

해설
선박에서 퇴선하는 상황은 대부분 화재나 침수 등의 경우이므로, 추가 피해(화재의 확산 등)를 방지하기 위해 가능한 한 기관실 문 및 기타 개구부는 폐쇄해야 한다.

**16** 선박에 설치되는 방수설비로 적합하지 않은 것은?

① 수밀격벽
② 이중저
③ 수밀문
④ 침전탱크

해설
침전탱크(세틀링 탱크, Settling Tank)는 연료유 중의 불순물 및 수분을 가라앉혀 주기적으로 드레인시키는 탱크로 방수설비와는 거리가 멀다.

**17** 이중저의 기능이 아닌 것은?

① 평형수 적재
② 연료유 저장
③ 침수 예방
④ 화물 적재

해설
이중저는 선체가 두 개의 외판으로 이루어진 것으로 외판이 손상되어도 해수가 선저로 침입하는 것을 막는 역할과 화물유가 새어나가지 못하는 역할을 한다. 일반적으로 이중저 구조의 선박은 이중저의 공간을 평형수(밸러스트) 탱크나 연료유 탱크 등으로 활용한다. 그러나 화물은 적재하지 않는다.

**18** 기관실 배전반의 차단기 중 붉은색 띠의 형태로 표시해 놓은 차단기에 대한 설명으로 올바른 것은?

① 정전 후 전원 회복 시 자동으로 기동되는 냉각수 펌프를 나타낸다.

② 발전기 과부하 시에 자동으로 전원 공급이 차단되는 차단기를 나타낸다.

③ 화재 시 기관실 밖의 스위치로 전원 공급을 차단할 수 있는 차단기를 나타낸다.

④ 화재 시 기관제어반에 있는 스위치로 전원 공급을 차단할 수 있는 차단기를 나타낸다.

해설
기관실 외부 통로 및 선교에 설치된 비상정지 스위치(Emergency Stop Switch)는 화재가 발생했을 경우 화재의 확산을 방지하기 위해 기관실의 송풍팬, 연료유 및 윤활유 이송펌프 등의 전원을 차단하는 스위치이다. 이 스위치는 종류에 따라 ES-A, ES-B, ES-C로 그룹이 나누어져 있고 배전반의 차단기에 붉은색 띠 형태로 표시해 놓는다.

**19** 소규모의 기관실 초기 유류화재에 가장 유용한 소화방법은 무엇인가?

① 대량의 물을 분사하여 냉각소화한다.

② 모포로 덮어 질식소화한다.

③ 휴대식 포말소화기를 작동시켜 소화한다.

④ 고정식 스프링클러를 작동시켜 소화한다.

해설
포말소화기는 주로 유류화재를 소화하는 데 사용하며 유류화재의 경우 포말이 기름보다 가벼워서 유류의 표면을 계속 덮고 있어 화재의 재발을 막는 데 효과가 있다. A, B급 화재 진압에 사용된다.

**20** 소화작업 시에 먼저 전원을 차단해야 하는 화재는?

① A급 화재　　② B급 화재
③ C급 화재　　④ E급 화재

해설
전기화재의 경우 가장 먼저 전원을 차단해야 한다.
• A급 화재(일반화재) : 연소 후 재가 남는 고체화재로 목재, 종이, 면, 고무, 플라스틱 등의 가연성 물질의 화재이다.

• B급 화재(유류화재) : 연소 후 재가 남지 않는 인화성 액체, 기체 및 고체 유질 등의 화재이다.
• C급 화재(전기화재) : 전기설비나 전기기기의 스파크, 과열, 누전, 단락 및 정전기 등에 의한 화재이다.
• D급 화재(금속화재) : 철분, 칼륨, 나트륨, 마그네슘 및 알루미늄 등과 같은 가연성 금속에 의한 화재이다.
• E급 화재(가스화재) : 액화석유가스(LPG)나 액화천연가스(LNG) 등의 기체화재이다.

**21** 기관실 화재사고의 발생원인이 아닌 것은?

① 배기가스 배관의 방열재가 손상된 경우

② 연료분사펌프에서 연료유가 유출되는 경우

③ 기관실 배전반에 먼지가 쌓여 있고 습기가 많은 경우

④ 청수냉각기에서 측면 커버의 기밀이 불량한 경우

해설
청수냉각기에서 측면 커버의 기밀이 불량할 경우에는 누설이 발생하기 때문에 기관 침수와 관련이 있다.

**22** 선박해양오염비상계획서를 선내에 비치해야 하는 선박은?

① 총톤수 300톤의 원양어선

② 총톤수 150톤의 유조선

③ 총톤수 400톤의 군함

④ 총톤수 150톤의 화물선

해설
해양환경관리법 제31조 및 선박에서의 오염 방지에 관한 규칙 제25, 26조 총톤수 150톤 이상의 유조선, 총톤수 400톤 이상의 유조선 외의 선박(군함, 경찰용 선박 및 국내함에만 사용하는 부선은 제외), 시추선 및 플랫폼은 승인된 선박해양오염비상계획서를 갖추어야 한다.

**23** 선박안전법에서 보일러의 제한 기압을 정하는 이유는?

① 연료 소모량을 절약하기 위하여

② 보일러 드럼 수위를 조절하기 위하여

③ 보일러의 폭발을 방지하기 위하여

④ 증기의 소비량을 절약하기 위하여

해설
안전밸브(세이프티 밸브, Safety Valve)는 보일러의 증기압력이 보일러 설계압력에 도달하면 자동으로 밸브가 열려 증기를 대기로 방출시켜 보일러를 보호하는 장치로, 보일러마다 2개 이상 설치해야 한다.

**24** 선박검사증서의 유효기간이 만료되었을 때 행하는 정밀한 검사는 무엇인가?

① 정기검사
② 중간검사
③ 갱신검사
④ 임시검사

해설
정기검사는 선박을 최초로 항해에 사용하는 때 또는 선박검사증서의 유효기간(5년)이 만료된 때 행하는 검사이다.

**25** 해양사고의 조사 및 심판에 관한 법률상 해양사고에 해당되지 않는 것은?

① 태풍으로 인한 부두시설 파손사고
② 기관 당직 중 기관부원의 부상사고
③ 선박이 멸실, 유기되거나 행방불명된 사고
④ 해양오염 피해가 발생된 사고

해설
해양사고의 조사 및 심판에 관한 법률 제2조에서 해양사고의 정의
• 선박의 구조·설비 또는 운용과 관련하여 사람이 사망 또는 실종되거나 부상을 입은 사고
• 선박의 운용과 관련하여 선박이나 육상시설·해상시설이 손상된 사고
• 선박이 멸실·유기되거나 행방불명된 사고
• 선박이 충돌·좌초·전복·침몰되거나 선박을 조종할 수 없게 된 사고
• 선박의 운용과 관련하여 해양오염 피해가 발생한 사고

제**1**과목  **기관 1**

**01** 4행정 사이클 디젤기관의 작동행정에 대한 설명으로 올바른 것은?

① 피스톤은 하사점에서 상사점으로 움직인다.
② 흡기밸브와 배기밸브가 모두 열린 상태이다.
③ 흡기밸브가 열린 상태에서 새로운 공기가 들어온다.
④ 높은 압력의 연소가스가 피스톤을 작동시킨다.

**해설**
작동행정(폭발, 팽창 또는 유효행정) : 흡기밸브와 배기밸브가 닫혀 있는 상태에서 피스톤이 상사점에 도달하기 전에 연료가 분사되어 연소하고, 이때 발생한 연소가스가 피스톤을 하사점까지 움직이게 하여 동력을 발생하는 행정으로, 피스톤에 가장 큰 힘이 작용한다.

**02** 연료유 중에 함유되어 있는 성분으로 연소 중 산소와 결합하여 산성비의 원인이 되는 것은?

① 유 황
② 질 소
③ 탄 소
④ 이산화탄소

**해설**
연료유 중에 함유된 황(유황, Sulfur)은 공기 중의 산소와 결합하여 이산화황($SO_2$)이 만들어지는데, 높은 농도에서 매우 자극성이 있고 사람 몸속의 점막에 작용해 호흡기 질환을 일으킨다. 또한, 산성비의 원인으로 식물의 엽록소를 파괴하여 말라죽게 하는 등 피해가 크다.

**03** 다음 그림과 같은 디젤기관의 배기밸브 구동장치에서 A의 명칭은?

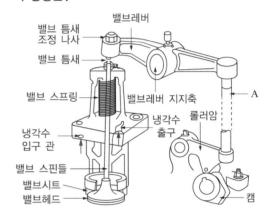

① 로커암
② 푸시로드
③ 커넥팅 로드
④ 크로스 헤드

**해설**
밸브 작동원리 : 4행정 사이클 기관의 밸브 구동은 캠축이 회전하여 캠의 돌기부가 푸시로드(A)를 밀어올리고, 푸시로드가 올라가서 밸브 레버(로커암이라고도 함)가 움직여 밸브를 눌러 주면 밸브가 아래로 내려오면서 밸브헤드와 밸브시트 사이의 틈이 벌어져 밸브가 열리게 된다.

**04** 압축비가 가장 큰 내연기관은?

① 디젤기관
② 가솔린 기관
③ 로터리 기관
④ 제트기관

**해설**
디젤기관은 압축비가 높아 열효율이 높고 연료소비량이 적은 장점이 있다. 그리고 압축비가 높기 때문에 시동이 곤란하고 폭발압력이 높아 소음과 진동이 큰 단점이 있다.

**05** 디젤기관의 실린더 헤드에서 발생하기 쉬운 고장으로 적합하지 않은 것은?

① 흡·배기밸브 구멍 사이의 균열
② 냉각 불량으로 인한 균열
③ 볼트의 죔 불량으로 인한 파손
④ 압축압력에 의한 파손

해설
실린더 헤드에 고장이 발생하는 원인은 매우 다양하다. 폭발압력이 매우 높거나 연료의 불완전연소 등으로 흡·배기밸브의 손상을 가져오는 경우, 냉각수의 오손이나 실린더 헤드의 급격한 온도 변화로 인한 균열, 조립 불량으로 인한 파손 등이 일어날 수 있다. 분사량이 과다하거나 착화지연이 너무 커 폭발압력이 높은 경우 실린더 헤드에 고장이 발생하기 쉬우나 연료가 분사되기 전의 압력인 압축압력에 의하여 실린더 헤드가 고장나지는 않는다.

**06** 디젤기관의 실린더 라이너에 윤활유를 주유하는 이유는?

① 마멸을 줄이고 연소가스의 누설 방지
② 기관의 회전수 증가
③ 실린더 라이너의 기계 응력 감소
④ 흡·배기밸브의 윤활

해설
실린더 라이너는 피스톤이 왕복운동을 하는 곳으로, 윤활유를 주유하여 피스톤과 라이너의 마찰을 감소(감마작용)시키고 연소실에서 폭발하는 연소가스의 누설을 방지(기밀작용)한다.

**07** 디젤기관의 연료분사 조건으로 적합하지 않은 것은?

① 무 화       ② 관 통
③ 분 포       ④ 냉 각

해설
연료분사의 조건
• 무화 : 연료유의 입자가 안개처럼 극히 미세화되는 것으로 분사압력과 실린더 내의 공기압력을 높게 하고 분사밸브 노즐의 지름을 작게 해야 한다.
• 관통 : 분사된 연료유가 압축된 공기를 뚫고 나가는 상태로 연료유 입자가 커야 하는데 관통과 무화는 조건이 반대가 되므로 두 조건을 적절하게 만족하도록 조정해야 한다.
• 분산 : 연료유가 분사되어 원뿔형으로 퍼지는 상태이다.
• 분포 : 분사된 연료유가 공기와 균등하게 혼합된 상태이다.

**08** 4행정 사이클 디젤기관에서 밸브 틈새는 조정하고자 하는 실린더의 피스톤을 압축행정 중 어느 위치에 오도록 기관을 터닝하여 조정하는가?

① 상사점
② 하사점
③ 상사점과 하사점 중간
④ 위치와 관계없다.

해설
밸브 틈새(밸브 간극, 태핏 간극)의 계측은 흡·배기밸브가 닫혀 있을 때 시행해야 한다. 흡·배기밸브가 닫혀 있는 시기는 상사점이다.
밸브 틈새(밸브 간극, Valve Clearance 또는 태핏 간극, Tappet Clearance) : 4행정 사이클 기관에서 밸브가 닫혀 있을 때 밸브 스핀들과 밸브레버 사이에 틈새가 있어야 하는데, 밸브 틈새를 증가시키면 밸브의 열림 각도와 밸브의 양정(리프트)이 작아지고 밸브 틈새를 감소시키면 밸브의 열림 각도와 양정(리프트)이 커진다.
• 밸브 틈새가 너무 클 때 : 밸브가 닫힐 때 밸브 스핀들과 밸브 시트의 접촉 충격이 커져 밸브가 손상되거나 운전 중 충격음이 발생하고 흡기·배기가 원활하게 이루어지지 않는다.
• 밸브 틈새가 너무 작을 때 : 밸브 및 밸브 스핀들이 열팽창하여 틈이 없어지고 밸브는 완전히 닫히지 않게 되며, 이때 압축과 폭발이 원활히 이루어지지 않아 출력이 감소한다.

**09** 디젤기관에서 피스톤 링을 조립할 때 링의 절구가 180° 로 엇갈리게 배열하는 주된 이유는 무엇인가?

① 피스톤 링의 마멸을 줄이기 위해
② 연소가스의 누설을 방지하기 위해
③ 피스톤 링의 조립을 쉽게 하기 위해
④ 피스톤 링의 장력을 크게 하기 위해

해설
피스톤 링의 절구 틈은 연소가스의 누설을 막기 위해 겹치지 않도록 180°로 엇갈리도록 배열해야 한다.

**10** 4행정 사이클 디젤기관에서 연소가스의 압력이 전달되는 순서로 옳은 것은?

① 피스톤 → 크로스 헤드 → 크랭크축
② 피스톤 → 피스톤 로드 → 과급기
③ 피스톤 → 크랭크축 → 커넥팅 로드
④ 피스톤 → 커넥팅 로드 → 크랭크축

해설
4행정 사이클 디젤기관의 연소실에서 폭발한 연소가스압력은 피스톤을 누르고 피스톤에 연결되어 있는 커넥팅 로드를 거쳐 크랭크축에 힘이 전달되어 크랭크축을 회전시킨다. 4행정 사이클 디젤기관은 트렁크 피스톤형 기관이라고도 하는데 2행정 사이클 기관의 피스톤 로드와 크로스 헤드가 없다.

**11** 디젤기관에서 크랭크핀 메탈의 발열원인으로 적합하지 않은 것은?

① 과부하 운전을 할 때
② 급유 통로가 막혔을 때
③ 메탈 간극 조정이 부적당할 때
④ 윤활유의 압력이 너무 높을 때

해설
윤활유의 압력이 높다는 것은 윤활유가 각부 베어링에 잘 공급된다는 것으로, 윤활유의 압력이 현저히 낮을 때 발열이 일어날 수 있다.

**12** 디젤기관의 플라이휠에 대한 설명으로 올바른 것은?

① 가벼울수록 효과가 좋다.
② 기관의 부식을 방지한다.
③ 지름을 크게 하는 것보다 폭을 넓게 하는 것이 좋다.
④ 저속 회전을 가능하게 하고 시동을 쉽게 한다.

해설
플라이휠은 작동행정에서 발생하는 큰 회전력을 플라이휠 내에 운동에너지로 축적하고 회전력이 필요한 그 밖의 행정에서는 플라이휠의 관성력으로 회전한다. 역할은 다음과 같다.
• 크랭크축의 회전력을 균일하게 한다.
• 저속 회전을 가능하게 한다.
• 기관의 시동을 쉽게 한다.
• 밸브의 조정이 편리하다.

**13** 디젤기관에서 크랭크축 구성요소로만 짝지어진 것은?

① 링, 암, 저널
② 링, 암, 보스
③ 핀, 암, 저널
④ 핀, 암, 보스

해설

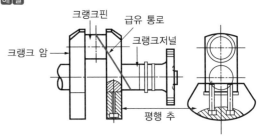

[크랭크축의 구조]
• 크랭크핀 : 크랭크저널 중심에서 크랭크의 반지름만큼 떨어진 곳에 있으며 저널과 평행하게 설치되고 커넥팅 로드 대단부와 연결된다.
• 크랭크암 : 크랭크저널과 크랭크핀을 연결하는 부분이다. 크랭크핀 반대쪽으로 평형추를 설치하여 크랭크 회전력의 평형을 유지하고 불평형 관성력에 의한 기관의 진동을 줄인다.
• 크랭크저널 : 메인 베어링에 의해서 지지되는 회전축이다.

**14** 디젤기관을 시동하기 전에 터닝(회전)하는 이유로 틀린 것은?

① 피스톤의 왕복운동 상태를 확인하기 위하여
② 시동공기밸브를 닫기 위하여
③ 크랭크축의 회전 상태를 확인하기 위하여
④ 밸브의 작동 상태를 확인하기 위하여

해설
기관을 운전속도보다 훨씬 낮은 속도로 서서히 회전시키는 것을 터닝(Turning)이라고 한다. 소형 기관에서는 플라이휠의 원주상에 뚫려 있는 구멍에 터닝 막대를 꽂아서 돌리고, 대형 기관에서는 플라이휠 외주에 전기모터로 기동되는 휠기어를 설치하여 터닝기어를 연결하여 기관을 서서히 돌린다. 터닝은 기관을 조정하거나 검사, 수리, 시동 전 예열(워밍 또는 난기)할 때 실시한다. 터닝 시 피스톤의 왕복운동부, 크랭크축의 회전 상태 및 밸브의 작동 상태 등도 확인한다. 터닝기어가 플라이휠에 연결되어 있을 때는 기관의 시동이 되지 않도록 하는 인터로크 장치가 되어 있다.

**15** 디젤기관에서 배기색이 흑색으로 되는 원인으로 적합하지 않은 것은?

① 기관이 과부하일 때
② 연소 분사량이 과다일 때
③ 소기압력이 너무 높을 때
④ 공기압력이 불충분할 때

**해설**

디젤기관의 배기색이 흑색인 이유는 연료의 공급량이 과다하여 불완전 연소가 일어나기 때문이다. 그 원인으로는 과부하 운전, 연료분사밸브의 불량으로 인한 연료 분사량의 과다, 흡기공기(흡기압력 또는 소기압력) 공급 부족 등이 있다.

**16** 기관의 윤활유를 장시간 사용했을 경우에 나타나는 현상으로 옳지 않은 것은?

① 유성이 감소한다.
② 점도가 증가한다.
③ 침전물이 증가한다.
④ 수분 혼입이 감소한다.

**해설**

윤활유를 오래 사용하면 윤활유의 성질이 감소한다. 윤활유가 고온과 접촉하면 탄화되는데, 색상이 검은색으로 변하고 침전물이 생기며 이로 인해 점도가 증가한다. 그리고 항유화성이 낮아져 수분과 잘 섞여 윤활유의 기능을 잃는다.

**윤활유의 성질**

- 점도 : 유체의 흐름에서 내부마찰의 정도를 나타내는 양으로 끈적거림의 정도를 표시하는 것이다. 점도가 높을수록 끈적거림이 크다. 기관에 따라 적절한 점도의 윤활유를 사용해야 한다.
- 유성 : 기름이 마찰면에 강하게 흡착하여 비록 얇더라도 유막을 완전히 형성하려는 성질이다.
- 항유화성 : 기름과 물이 혼합되는 것을 유화라고 하는데, 항유화성은 기름과 물이 쉽게 유화되지 않고 유화되더라도 신속히 물을 분리하는 성질이다.
- 산화안정도 : 윤활유가 고온의 공기와 접촉하면 산화 슬러지가 발생하여 윤활유의 질을 떨어뜨리는데 이런 과정에 의해 윤활유의 질이 나빠지는 정도이다.
- 탄화 : 윤활유가 고온에 접하면 그 성분이 열분해되어 탄화물이 생기는데 이 탄화물은 실린더의 마멸과 밸브나 피스톤 링 등의 고착원인이 된다.

**17** 증기 사이클의 4단계에 해당하지 않는 것은?

① 증기의 발생
② 증기의 압축
③ 증기의 팽창
④ 급 수

**해설**

증기 동력 사이클은 증기의 발생 → 팽창 → 복수(응축) → 급수의 과정을 반복한다.

- 증기 발생과정 : 보일러에서 연료를 연소시켜 고온 · 고압의 증기를 만들어 내는 과정
- 증기 팽창과정 : 터빈에 공급된 증기가 팽창하면서 열에너지를 동력으로 전환시키는 과정

- 복수(응축)과정 : 터빈에서 일을 하고 나온 증기가 복수기로 들어가 물이 되는 과정
- 급수과정 : 급수펌프에 의해 보일러로 보내지는 과정

**18** 과열증기 온도와 포화증기 온도의 차이를 무엇이라고 하는가?

① 과열도
② 응결도
③ 비등도
④ 압축도

**해설**

증기는 그 압력에 상당하는 포화온도를 가지고 있는데 어떤 압력에서 이 포화온도보다 높은 온도에 이른 증기를 과열증기라고 한다. 과열도란 과열증기 온도와 포화증기 온도의 차이다.

**19** 디젤기관에서 스러스트 베어링의 주된 역할은 무엇인가?

① 축의 진동을 방지한다.
② 클러치의 진동을 방지한다.
③ 프로펠러의 추력을 선체에 전달한다.
④ 축의 부식을 방지한다.

**해설**

추력 베어링(스러스트 베어링)이란 선체에 부착되어 있고 추력 칼라의 앞과 뒤에 설치되어 프로펠러로부터 전달되어 오는 추력을 추력 칼라에서 받아 선체에 전달하여 선박을 추진시키는 역할을 한다. 그 종류에는 상지형 추력 베어링, 미첼형 추력 베어링 등이 있다.

**20** 축계의 손상조사법 중 외부의 결함을 검사할 수 있는 방법으로 선박에서 가장 많이 사용하는 것은?

① 침투탐상법
② 방사선탐상법
③ 초음파탐상법
④ 전자기탐상법

**해설**

축계탐상법의 종류와 방법은 다음과 같다.

- 방사선탐상법 : 감마선을 투과하여 내부 결함을 촬영하는 방법이다.
- 초음파탐상법 : 고주파의 초음파 펄스를 발사하여 내부에서 반사되는 음파를 조사함으로써 내부 결함을 알아낸다.

- 침투탐상법 : 선박에서 많이 사용하고 칼라체크라고도 한다. 균열이 의심되는 표면에 적색의 침투액을 칠한 다음 솔벤트로 깨끗이 닦아내고 백색의 현상액을 분무하면 침투액이 도로 번져 나와서 백색의 현상액에 적색의 균열선을 나타내는데 이로 인해 표면결함을 알아낸다.
- 전자기탐상법 : 강철제에 강한 자석을 접촉시키면 내부에 자속이 형성되어 표면 결합부에서 자속이 누설된다. 이때 자성을 가진 분말 또는 액체를 표면에 흘려서 누설 자속에 의하여 부착되는 현상으로부터 표면 결함부를 발견하는 방법이다.

## 21 축계의 지면재로 사용하는 리그넘바이티는 무엇인가?

① 나무의 일종
② 비철금속의 일종
③ 합성수지의 일종
④ 탄소합금의 일종

해설
리그넘바이티는 해수 윤활방식 선미관 내에 있는 프로펠러축의 베어링 재료로 사용하는 남미산의 특수 목재로, 수지분을 포함하여 마모가 작아 수중 베어링 재료보다 우수한 성질을 갖고 있어 예전부터 선미축 베어링 재료로 사용되고 있다.

## 22 프로펠러 검사 시 조사할 필요가 없는 것은?

① 프로펠러 날개의 침식·부식 진행 상태
② 프로펠러 날개의 균형 정도
③ 프로펠러 날개 재질의 강도
④ 프로펠러축과 보스부의 수밀 상태 및 해수 침입 유무

해설
프로펠러의 검사 시 프로펠러 날개 재질의 강도까지 조사하지는 않는다.

## 23 연료유의 점도에 대한 설명으로 틀린 것은?

① 연료유의 끈끈한 정도를 말한다.
② 연료유의 점도는 온도가 내려가면 높아진다.
③ 점도가 크면 연료유가 잘 흐르지 못한다.
④ 중유의 점도는 경유보다 더 작다.

해설
점도는 유체의 흐름에서 분자 간 마찰로 인해 유체가 이동하기 어려움의 정도로, 유체의 끈적끈적한 정도를 나타낸다. 유체의 온도가 올라가면 점도는 낮아지고 온도가 내려가면 점도는 높아진다.

## 24 연료유 속에 포함된 회분이 선박용 기관에 미치는 영향은 무엇인가?

① 저온 부식
② 고온 부식
③ 마 멸
④ 출력 향상

해설
회분이란 연료유가 연소하고 남은 재와 같은 불순물로, 실린더의 마멸과 밸브나 피스톤 링 등의 고착원인이 된다. 연료유 성분 속의 황은 저온 부식의 원인이 되고 바나듐은 고온 부식의 원인이 된다.

## 25 녹을 방지하는 윤활유의 작용은?

① 감마작용
② 밀봉작용
③ 방청작용
④ 청정작용

해설
윤활유의 기능
- 감마작용 : 기계와 기관 등의 운동부 마찰면에 유막을 형성하여 마찰을 감소시킨다.
- 냉각작용 : 윤활유를 순환 주입하여 마찰열을 냉각시킨다.
- 기밀작용(밀봉작용) : 경계면에 유막을 형성하여 가스 누설을 방지한다.
- 방청작용 : 금속 표면에 유막을 형성하여 공기나 수분의 침투를 막아 부식을 방지한다.
- 청정작용 : 마찰부에서 발생하는 카본(탄화물) 및 금속 마모분 등의 불순물을 흡수하는데 대형 기관에서는 청정유를 순화하여 청정기 및 여과기에서 찌꺼기를 청정시켜 준다.
- 응력 분산작용 : 집중 하중을 받는 마찰면에 하중의 전달 면적을 넓게 하여 단위 면적당 작용 하중을 분산시킨다.

## 제2과목 기관 2

**01** 다른 펌프와 비교할 때 왕복펌프의 특성으로 틀린 것은?

① 흡입 성능이 불량하다.

② 소용량, 고양정용으로 적합하다.

③ 운전조건에 따라 효율의 변화가 작다.

④ 무리한 운전에도 잘 견딘다.

**해설**

왕복펌프의 특성

• 흡입 성능이 양호하다.

• 소유량, 고양정용 펌프에 적합하다.

• 운전조건에 따라 효율의 변화가 작고 무리한 운전에도 잘 견딘다.

• 왕복운동체의 직선운동으로 인해 진동이 발생한다.

**02** 왕복펌프에서 흡입측 스톱밸브의 역할은?

① 진공 형성　　② 마찰 방지

③ 진동 방지　　④ 송출 유량 조절

**해설**

왕복펌프는 소유량, 고양정용에 적합한 펌프로 송출측의 압력이 높다. 송출 유량을 조절할 때 출구밸브를 닫으면 고압으로 인한 출구측 파이프나 밸브 및 펌프에 손상을 줄 수도 있다. 그러므로 송출 유량을 조절하는 가장 간단한 방법은 흡입측 밸브를 조정하는 것이고 이 외에 회전수를 조정하거나 피스톤의 행정 길이를 줄이는 방법이 있다.

**03** 원심펌프 운전 시 송출이 되지 않는 경우의 원인으로 적합하지 않은 것은?

① 진공펌프가 기동이 되지 않을 때

② 흡입수두가 너무 높을 때

③ 흡입관 계통에 공기가 많이 새어 들어갈 때

④ 임펠러가 흡입 수면보다 아래에 있을 때

**해설**

원심펌프를 운전할 때에 케이싱 내에 공기가 차 있으면 흡입을 원활히 할 수 없기 때문에 케이싱 내에 물을 채우고(마중물이라고 한다) 시동을 해야 한다. 흡입수두가 너무 높으면 유체를 제대로 흡입할 수 없어 공기가 유입되어 공동현상(캐비테이션, 침식현상)이 발생하고 흡입관 계통에 공기가 새어 들어가면 펌프효율이 급격히 저하된다. 임펠러가 흡입 수면보다 아래 있으면 유체를 수월하게 흡입할 수 있어 원활하게 운전할 수 있다.

**04** 원심식 유청정기의 작동원리는 무엇인가?

① 응고점 차이를 이용한 것이다.

② 중력에 의한 침전을 이용한 것이다.

③ 비중의 차이를 이용한 것이다.

④ 기름의 휘발성을 이용한 것이다.

**해설**

원심식 유청정기의 작동원리는 비중의 차이를 이용하여 원심력에 의해 무거운 것이 회전통의 외각으로 모이게 하여 청정하는 것이다.

**05** 원심펌프의 기동 시 주의사항으로 바르지 않은 것은?

① 펌프 내부의 공기 배제

② 터닝하여 각부 이상 유무 확인

③ 흡입밸브를 중간 정도 열고 기동

④ 베어링의 주유 상태 확인

**해설**

원심펌프를 운전할 때에는 흡입관 밸브는 열고 송출관 밸브는 닫힌 상태에서 시동을 한 후 규정속도까지 상승 후에 송출밸브를 서서히 열어서 유량을 조절한다.

**06** 원심펌프 케이싱 내의 송출측에서 흡입측으로 유체가 역류하는 것을 방지하기 위한 부품은 무엇인가?

① 마우스 링　　② 랜턴 링

③ 글랜드 패킹　　④ 슬립 링

**해설**

마우스 링 : 임펠러에서 송출되는 액체가 흡입측으로 역류하는 것을 방지하는 것으로, 임펠러 입구측의 케이싱에 설치한다. 케이싱과 액체의 마찰로 인해 마모가 진행되는데 케이싱 대신 마우스 링이 마모된다고 하여 웨어 링(Wear Ring)이라고도 한다. 케이싱을 교체하는 대신 마우스 링만 교체하면 되므로 비용적인 면에서 장점이 있다.

**07** 유청정기에서 비중이 다른 기름을 청정하고자 할 때 바꾸어 주어야 하는 것은 무엇인가?

① 전동기의 회전수　　② 조정 원판

③ 가열시간　　④ 봉수의 양

**해설**
조정 원판 : 청정기의 회전 통 내의 기름과 물의 경계면의 위치를 적정 위치로 유지하기 위하여 사용하는 것이다. 청정기의 종류마다 명칭이 다른데 비중판(Gravity Disc), 댐 링이라고도 한다. 처리온도와 처리하고자 하는 유체의 비중에 따라 조정 원판의 내경을 결정한다.

## 08 다음 중 왕복동펌프의 구성요소에 해당하지 않는 것은?

① 피스톤
② 송출밸브
③ 공기실
④ 임펠러

**해설**
임펠러(회전차)는 원심펌프의 구성요소이다.
공기실의 역할 : 왕복펌프의 특성상 피스톤의 왕복운동으로 인해 송출량에 맥동이 생기며 순간 송출 유량도 피스톤의 위치에 따라 변하게 된다. 따라서 공기실을 송출측의 실린더 가까이에 설치하여 맥동을 줄인다. 즉, 송출압력이 높으면 송출액의 일부가 공기실의 공기를 압축하고 압력이 약할 때에는 공기실의 압력으로 유체를 밀어 내게 하여 항상 일정한 양의 유체가 송출되도록 한다.

## 09 펌프를 통과하는 유체가 펌프로부터 얻는 동력을 마력의 단위로 나타낸 것은?

① 수마력
② 축마력
③ 제동마력
④ 유효마력

**해설**
① 수마력 : 펌프를 지나는 유체가 펌프로부터 얻는 동력이다.
② 축마력 : 실제로 펌프를 운전하는 데 필요한 동력이다.
③ 제동마력 : 증기터빈에서는 축마력(SHP)라고도 하며 크랭크축의 끝에서 계측한 마력이며 지시마력에서 마찰손실 마력을 뺀 것이다.
④ 유효마력 : 예인동력이라고도 하며 선체를 특정한 속도로 전진시키는 데 필요한 동력이다.

## 10 다음 중 종류가 다른 펌프는?

① 주해수펌프
② 잡용수펌프
③ 윤활유펌프
④ 청수펌프

**해설**
선박에서 점도가 낮은 청수나 해수를 이송할 때 주로 원심펌프를 사용하는데 주해수펌프, 잡용수펌프, 청수펌프 등이 이에 해당된다. 점도가 높은 연료유나 윤활유를 이송할 때는 주로 기어펌프를 사용한다.

## 11 펌프의 흡입양정이 2[m]이고 송출양정이 10[m]인 펌프의 전양정은 몇 [m]인가?(단, 손실양정은 무시한다)

① 12[m]
② 8[m]
③ 5[m]
④ 2[m]

**해설**
손실양정을 무시하면 전양정 = 흡입양정 + 송출양정이다.
다음 그림과 같이 전양정(전수두)이란 흡입측과 토출측의 손실수두를 포함한 이론적 펌프의 양정이다. 실양정(실수두)은 전양정에서 흡입 및 토출 손실수두를 뺀 것이다.
즉, 전양정 = 실양정(실수두) + 손실수두

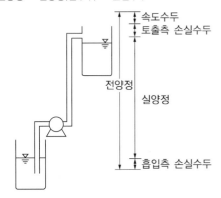

## 12 회전차의 바깥둘레에 안내깃(안내날개)이 있는 펌프는 무엇인가?

① 벌류트 펌프
② 터빈펌프
③ 버킷펌프
④ 축류펌프

**해설**
원심식 펌프의 종류 중 안내날개의 유무에 따른 펌프의 종류는 다음과 같다.
• 벌류트펌프 : 안내날개가 없으며 낮은 양정에 적합하다.
• 터빈펌프 : 안내날개가 있으며 높은 양정에 적합하다.

## 13 유압 실린더와 조합하여 조타장치에 많이 사용되는 펌프는 무엇인가?

① 이모펌프
② 사류펌프
③ 나사펌프
④ 가변 용량형 펌프

대부분의 선박에서는 전동 유압식 조타장치를 사용하는데 전동 유압식 원동기는 전동기로 가변 용량펌프를 구동하고 그 유압으로 유압 실린더를 구동시켜 타에 회전력을 주는 방식이다.

## 14 사이드 스러스터에 의한 회두능력은 선속이 얼마일 때 최대가 되는가?

① 7~8노트
② 4~5노트
③ 1~2노트
④ 0노트

해설
사이드 스러스터는 선수나 선미를 옆 방향으로 이동시키는 장치로 주로 대형 컨테이너선이나 자동차 운반선 같이 입·출항이 잦은 배에 설치하여, 예인선의 투입을 최소화하고 조선 성능을 향상시킨다. 일반적으로 선수에 많이 설치하여 바우 스러스터(Bow Thruster)라고도 한다. 사이드 스러스터의 회두능력은 선속이 없을 때 최대가 된다.

## 15 선박의 설비 중 환기에 주로 사용되는 것은?

① 사이드 스러스터
② 통풍팬
③ 보조 블로어
④ 캡스턴

해설
선박의 환기에 사용되는 설비는 통풍팬 또는 송풍팬이다.
보조 블로어(Aux Blower) : 주로 대형 엔진에 설치하는 것으로, 엔진 초기 시동 시 소기압력을 높여 엔진에 공기를 공급하여 주는 장치이다. 엔진이 시동되어 어느 정도 회전수를 가지게 되면 과급기(터보 차저 또는 슈퍼 차저)에서 급기압력을 높여 주게 되므로 보조 블로어는 정지된다.

## 16 해양오염방지장치에 속하지 않는 설비는 무엇인가?

① 유수분리장치
② 폐유소각장치
③ 분뇨처리장치
④ 유청정장치

해설
유청정기는 연료유나 윤활유에 포함된 수분 및 고형분과 같은 불순물을 청정하여 깨끗한 연료유나 윤활유를 기관에 공급하는 역할을 하는 것으로, 해양오염방지설비는 아니다.

## 17 다음 중 동일한 기름여과장치에서 배출되는 처리수가 가장 깨끗한 경우는?

① 빌지의 통과 유량이 시간당 200[L]이고 온도가 10[℃]일 때
② 빌지의 통과 유량이 시간당 200[L]이고 온도가 30[℃]일 때
③ 빌지의 통과 유량이 시간당 500[L]이고 온도가 10[℃]일 때
④ 빌지의 통과 유량이 시간당 500[L]이고 온도가 30[℃]일 때

해설
기름여과장치에서 배출되는 처리수는 빌지의 통과 유량이 적고 온도가 높을수록 깨끗하다.

## 18 기름여과장치에서 물과 기름의 경계면을 검출하는 것은?

① 코어리서
② 유면검출기
③ 전자밸브
④ 빌지경보기

해설
기름여과장치(유수분리장치 또는 기름분리장치)의 유면검출기는 물과 기름의 경계면을 검출하여 유분의 양이 많아지면 전자밸브(솔레노이드 밸브)를 열어 기름을 탱크로 보내는 역할을 한다.

**19** 일반적으로 선박의 디젤 주기관에 사용되는 시동용 압축공기의 압력은 얼마인가?

① 10~15[kgf/cm²]  ② 15~20[kgf/cm²]

③ 25~30[kgf/cm²]  ④ 35~40[kgf/cm²]

**해설**
압축공기를 이용하여 시동을 하는 기관의 압축공기의 압력은 25~30[kgf/cm²]이다.

**20** 15[ppm] 기름여과장치에서 분리된 기름이 보내지는 탱크는?

① 빌지탱크  ② 서비스 탱크

③ 슬러지 탱크  ④ 드레인 탱크

**해설**
선박의 종류마다 약간의 차이가 있지만 기름여과장치에서 분리된 슬러지는 폐유저장탱크(슬러지탱크)로 보내진다. 슬러지 탱크와 폐유수탱크(Oily Bilge Tank)를 구분하는 선박에서 슬러지 탱크는 주로 청정기에서 걸러진 슬러지를 모으는 데 사용하며 폐유수탱크는 15[ppm] 기름여과장치(유수분리장치 또는 빌지분리장치)에서 걸러진 기름 등을 저장하는 데 사용한다.

**21** 냉동기의 냉동능력이 저하되는 원인으로 틀린 것은?

① 계통 내의 냉매가 부족할 때

② 냉각수의 온도가 너무 낮을 때

③ 냉매에 수분이 혼입되었을 때

④ 응축기의 해수측이 너무 오손되었을 때

**해설**
냉동기의 냉각수 온도가 낮아야 응축이 잘 일어나므로 냉동능력의 저하와는 거리가 멀다.

**22** 프레온 냉매가 누설될 때 핼라이드 토치의 불꽃 반응 색깔은 어떠한가?

① 흑 색  ② 녹 색

③ 청 색  ④ 백 색

**해설**
핼라이드 토치는 연료로 알코올이나 프로판 등을 사용하기 때문에 폭발 위험이 없을 때에만 사용해야 한다. 불꽃의 색은 정상이면 청색, 소량 누설되면 녹색, 다량 누설 시에는 자색으로 변한다.

**23** 가스압축식 냉동 사이클에 있어서 고온·고압의 가스가 공기 또는 물에 의해 냉각되어 액화되는 과정을 무엇이라고 하는가?

① 팽창과정  ② 증발과정

③ 응축과정  ④ 비등과정

**해설**
가스압축식 냉동기의 4대 구성장치
• 압축기 : 증발기로부터 흡입한 기체냉매를 압축하여 응축기에서 쉽게 액화할 수 있도록 압력을 높이는 역할을 한다. 왕복동식 압축기, 로터리 압축기 및 스크루 압축기 등이 있다.
• 응축기 : 압축기로부터 나온 고온·고압의 냉매가스를 물이나 공기로 냉각하여 액화시키는 장치이다.
• 팽창밸브 : 응축기에서 액화된 고압의 액체냉매를 저압으로 만들어 증발기에서 쉽게 증발할 수 있도록 하며, 증발기로 들어가는 냉매의 양을 조절하는 역할을 한다. 모세관식, 정압식, 감온식 및 전자식 팽창밸브가 있다.
• 증발기 : 팽창밸브에서 공급된 액체냉매가 증발하면서 증발기 주위의 열을 흡수하여 기화하는 장치이다. 건식, 만액식 및 액순환식 증발기가 있다.

**24** 가스압축식 냉동장치의 부속품이 아닌 것은?

① 피스톤  ② 크랭크축

③ 거버너  ④ 실린더 헤드

**해설**
거버너는 주기관이나 발전기와 관련 있는 장치이다.
조속장치 : 조속기(거버너)는 여러 가지 원인에 의해 기관의 부하가 변동할 때 연료 공급량을 조절하여 기관의 회전속도를 원하는 속도로 유지하거나 가감하기 위한 장치이다.

**25** 물의 어는점을 0도, 끓는점을 100도로 정하고, 그 사이를 100등분하여 표시하는 온도는?

① 섭씨온도  ② 화씨온도

③ 켈빈온도  ④ 경계온도

해설
① 섭씨온도 : 물의 끓는점(100도)과 물의 어는점(0도)을 온도의 표준으로 정하여, 그 사이를 100등분한 온도 눈금이다. 단위 기호는 [℃]이다.
② 화씨온도 : 물의 어는점을 32도, 끓는점을 212도로 정하고 두 점 사이를 180등분한 온도 눈금이다. 단위는 [℉]를 사용하며, 파렌하이트(Fahrenheit) 온도라고도 한다.
③ 켈빈온도 : 온도의 국제단위(SI)이다. 켈빈은 절대온도를 측정하기 때문에 0K는 절대영도(이상 기체의 부피가 0이 되는 온도)이며, 섭씨 0°는 273.15K에 해당한다. 상대온도의 단위로는 섭씨와 같다. 켈빈 경의 이름을 땄으며, 기호는 K이다.

---

## 제3과목 기관 3

**01** 극수가 4극이고 주파수가 60[Hz]인 동기발전기의 동기속도는 얼마인가?

① 720[rpm]  
② 900[rpm]  
③ 1,200[rpm]  
④ 1,800[rpm]

해설
$n_s = \dfrac{120f}{p}$[rpm](여기서, $n_s$ = 동기속도, $p$ = 극수, $f$ = 주파수)

**02** 동기발전기의 여자전류로 사용되는 것은?

① 교 류  
② 직 류  
③ 과전류  
④ 고주파

해설
여자전류란 자계를 발생시키기 위한 전류로, 계자권선에 흐른다. 동기발전기의 여자전류는 직류를 공급한다. 타여자 동기발전기는 외부의 직류전원을 이용하여 여자전류를 공급하고 자여자 동기발전기는 전기자에서 발생된 교류를 직류로 바꾸어 계자에 공급하는 방식이다.

**03** 전기기기의 권선 또는 배선 등에서 누전이 발생되는지를 표시해 주는 것은?

① 전압계  
② 전류계  
③ 표시등  
④ 접지등

**04** 납축전지의 방전 상태를 가장 잘 판단할 수 있는 방법은 무엇인가?

① 비중 측정  
② 온도 측정  
③ 습도 측정  
④ 절연저항 측정

해설
일반적으로 선박의 공급전압은 3상 전압으로 배전반에는 접지등(누전 표시등)이 설치된다. 테스트 버튼을 눌렀을 때 세 개의 등이 모두 같은 밝기이면 누전되는 곳 없이 상태가 양호한 것이다. 만약 한 선이 누전되고 있다면 누전되고 있는 선의 접지등은 어두워지고 다른 등은 더 밝게 빛난다.

해설
납축전지가 방전되면 양극판의 과산화납과 음극판의 납은 황산납으로 변하고 전해액인 묽은 황산(비중 약 1.28)은 물로 변하여 비중이 떨어진다. 그래서 선박에서는 납축전지의 비중을 주기적으로 측정하여 방전 상태를 확인한다.

**05** 플레밍의 왼손법칙이 적용되는 전기기기는 무엇인가?

① 충전기  
② 변압기  
③ 전동기  
④ 발전기

해설
전동기의 원리는 플레밍의 왼손법칙이 적용된다. 자기장 내에 도체를 놓고 전류를 흘리면 플레밍의 왼손법칙에 의해 전자력이 발생하여 회전하게 되는데 엄지손가락은 회전 방향, 검지손가락은 자력선의 방향, 가운데 손가락은 전류의 방향을 나타낸다.

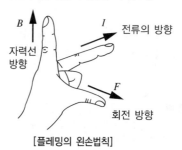

[플레밍의 왼손법칙]

**06** 10[Ω]의 저항에 200[V]의 전압이 가해지면 흐르는 전류는 얼마인가?

① 0.05[A]  ② 20[A]
③ 210[A]  ④ 2,000[A]

**해설**

옴의 법칙 $I = \dfrac{V}{R}$[A], $V = I \times R$[V], $R = \dfrac{V}{I}$[Ω]

(여기서, $I$ = 전류, $V$ = 전압, $R$ = 저항)

**07** 멀티테스터 사용 시 고장의 원인이 될 수 있는 경우는 무엇인가?

① 선택 스위치를 전압 측정으로 선택한 후 저항을 잴 때
② 선택 스위치를 저항 측정으로 선택한 후 전압을 잴 때
③ 선택 스위치를 전압 측정으로 선택한 후 전압을 잴 때
④ 선택 스위치를 저항 측정으로 선택한 후 저항을 잴 때

**해설**

멀티테스터(회로시험기)로 저항을 측정하는 원리는 멀티테스터 내부의 건전지에 측정하고자 하는 회로의 저항에 전압을 흘려주어 저항을 측정하는 것이다. 따라서 회로시험기로 저항을 측정한 후 전압을 측정할 때는 특히 유의해야 한다. 기능 스위치를 저항으로 놓고 전압을 측정하게 되면 멀티테스터 내부 전원과 전류가 흐르고 있는 회로의 전압이 충돌하여 정확한 저항치를 읽을 수 없을 뿐만 아니라, 멀티테스터의 고장과 측정하고자 하는 기기와의 전기 충격이 발생하는 등의 손상을 일으킬 수 있다.

**08** 3상 유도전동기의 구성요소가 아닌 것은?

① 정류자  ② 회전자
③ 고정자 권선  ④ 고정자 철심

**해설**

정류자는 직류전동기에서 계자의 자극에 대해 항상 같은 방향으로 전류가 흐르게 하는 역할을 한다.

**09** 전류의 자기작용을 이용하는 것이 아닌 것은?

① 축전지  ② 변압기
③ 전동기  ④ 전자접촉기

**해설**

코일에 전류가 흐르면 자계가 발생하여 자석과 같은 자기작용이 발생하는데, 자기작용을 이용한 기기에는 변압기, 전동기, 계전기, 전자접촉기 등이 있다.
※ 축전지 : 화학작용에 의해 직류기전력을 생기게 하여 전원으로 사용할 수 있는 장치

**10** 전기에서 쓰이는 단위인 [Wh]의 의미는?

① 힘의 단위이다.
② 전압의 단위이다.
③ 전력의 단위이다.
④ 전력량의 단위이다.

**해설**

전력량의 단위로 줄[J]을 사용하기보다는 사용시간을 초[s]로 하지 않고 시간[h]로 계산한 와트시[Wh]나 킬로와트시[kWh]를 더 많이 사용한다.
• 전력 : 전기가 하는 일의 능률로 단위시간(s)에 하는 일로, 단위는 와트[W]이다.

$$P = \frac{W}{t} = \frac{VIt}{t} = VI = I^2 R = \frac{V^2}{R}\,[\text{W}]$$

• 전력량 : 일정한 시간 동안 전기에너지가 한 일의 양으로, 단위는 줄[J]이다.

$$W = Pt = VIt = I^2 Rt\,[\text{J}]$$

**11** 변압기와 유도전동기의 출력을 나타내는 단위는?

① 변압기 : [kW], 유도전동기 : [kW]
② 변압기 : [kW], 유도전동기 : [kVA]
③ 변압기 : [kVA], 유도전동기 : [kW]
④ 변압기 : [kVA], 유도전동기 : [kVA]

**해설**

• 유도전동기의 출력 단위는 [kW]나 마력[HP]를 사용한다(1마력 [HP]=0.74[kW])
• 변압기용량(수전용량)은 [kVA](피상전력)이다. [kW](유효전력)는 피상전력에 역률을 계산하여 순수하게 사용되는 전력이므로 2차 부하에서의 전력은 [kW]가 맞지만 부하를 걸지 않은 수전전력은 [kVA]이다.

**12** 3상 유도전동기의 명판에서 알 수 없는 것은?

① 정격전압 　　　② 정격 절연저항
③ 정격 부하전류　④ 주파수

해설

유도전동기의 명판에는 정격전압, 정격전류, 정격 rpm, 극수, 주파수 등의 정보들이 표시되어 있다.

**13** 전선의 절연재료로 사용할 수 없는 것은?

① 고 무 　　　② 유 리
③ 아 연 　　　④ 운 모

해설

절연재료는 전기가 잘 통하지 않는 재질로 만들어야 한다. 아연은 전기가 잘 통하는 도체이다.

**14** 선박에서 전동기 기동반에 있는 흰색 램프와 녹색 램프의 동작에 대한 설명이 옳은 것은?

① 흰색 : 전동기가 정지 중일 때 켜지고 운전 중이면 꺼진다.
　　녹색 : 전동기가 정지 중이면 꺼지고 운전 중이면 켜진다.
② 흰색 : 전원이 정상이면 항상 켜진다.
　　녹색 : 전동기가 정지 중이면 꺼지고 운전 중이면 켜진다.
③ 흰색 : 전동기가 운전 중일 때 켜진다.
　　녹색 : 전동기가 정지 중일 때 켜진다.
④ 흰색 : 전원이 정상이면 항상 켜진다.
　　녹색 : 차단기가 작동했을 때 켜진다.

해설

선박과 기기마다 차이는 있지만 일반적으로 배전반에 사용되는 램프의 색깔별 의미는 다음과 같다.
• 흰색 : 전원 램프(전원이 들어오면 켜진다)
• 녹색 : 동작 램프(동작하면 켜지고 정지하면 꺼진다)
• 노란색 : 기동 대기(Stand-by) 램프(Stand-by 기능이 있는 기기에서 기동 준비 상태일 때 켜진다)
• 빨간색 : 경보 램프(차단기가 작동하거나 기기에 이상이 있을 때 켜진다)

**15** 습기를 제거하기 위하여 발전기 내부에 설치하는 장치는 무엇인가?

① 스페이스 히터
② 여자기
③ 절연저항계
④ 자동전압조정기

해설

스페이스 히터는 발전기 내부에 설치하여 발전기가 정지되어 있을 때 작동하여 발전기 내부의 습기를 제거하는 역할을 한다.

**16** 아날로그 멀티테스터에서 선택 스위치를 교류 250[V]의 측정범위에 놓고 측정한 결과가 다음 그림과 같다면 측정전압은 얼마인가?

① 8.6[V]
② 43[V]
③ 215[V]
④ 860[V]

해설

선택 스위치의 값에 따라 바늘의 위치가 변하고 눈금을 읽는 숫자도 달라진다. 선택 스위치의 값을 다르게 했을 경우 바늘의 가리키는 눈금이 위의 문제와 같다고 하면 측정값은 다음과 같다.
• 선택 스위치 1,000[V] : 그림에서 최대 범위 10에서 바늘이 가리키는 숫자를 읽고 100을 곱하면 860[V]이다.
• 선택 스위치 500[V] : 그림에서 최대 범위 50에서 바늘이 가리키는 숫자를 읽고 10을 곱하면 430[V]이다.
• 선택 스위치 250[V] : 그림의 최대 범위 250의 눈금을 그대로 읽으면 215[V]이다.
• 선택 스위치 50[V] : 그림의 최대 범위 50의 눈금을 그대로 읽으면 43[V]이다.

**17** 발전기의 전압을 자동으로 일정하게 유지시켜 주는 것은?

① MCCB  ② AVR
③ NFB  ④ ACB

해설
② AVR(Automatic Voltage Requlator) : 자동전압조정기
① MCCB(Moulded Case Circuit Breaker) : 성형 케이스 회로차단기
③ NFB(No Fuse Breaker) : 배선용 차단기
④ ACB(Air Circuit Breaker) : 기중차단기

**18** 12[V] 납축전지(액보충식)의 경우 전해액을 보충하기 위한 마개의 개수는?

① 1개  ② 2개
③ 3개  ④ 6개

해설
납축전지(액보충식)의 한 셀당 전원은 약 2[V]이다. 12[V]의 납축전지는 6개의 셀을 직렬로 연결한 것이고 한 셀당 마개(플러그)가 1개씩 있으므로 전해액을 보충하기 위한 마개도 6개이다.

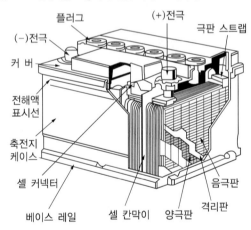

**19** 3상 동기발전기에 설치되어 있는 기기는?

① 농형 회전자  ② 권선형 회전자
③ 여자기  ④ 정류자

해설
• 여자기 : 여자전류를 흘려주는 장치이다. 여자전류란 자계를 발생시키기 위한 전류로, 계자권선에 흐른다. 자속은 권선에 흐르는 전류에

비례하여 발생하는데 이 권선에 공급되는 전류를 말한다. 만약 여자전류를 흘려주지 못하면 발전기에서 전기가 발생되지 않는다(직류, 교류, 동기발전기에서 사용된다).
• 정류자 : 교류기전력을 직류로 바꾸어 주는 부분으로 직류발전기에 설치된다.

**20** 다음 그림과 같은 누전표시등에서 Test S/W를 눌렀을 때 세 개의 등이 같은 밝기를 나타낸다면 전로의 현재 상태는?

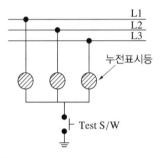

① 정상 상태이다.
② L1선이 접지되어 있다.
③ L2선이 접지되어 있다.
④ L3선이 접지되어 있다.

해설
일반적으로 선박의 공급전압은 3상 전압으로 배전반에는 접지등(누전표시등)이 설치된다. 테스트 버튼을 눌렀을 때 세 개의 등이 모두 같은 밝기이면 누전되는 곳 없이 상태가 양호한 것이다. 만약 한 선이 누전되고 있다면 누전되고 있는 선의 접지등은 어두워지고 다른 등은 더 밝게 빛난다.

**21** 납축전지의 전압을 잴 때 필요한 것은?

① 전류계  ② 메 거
③ 멀티테스터  ④ 훅미터

해설
• 멀티테스터 : 저항, 교류전압, 직류전압 및 직류전류 등을 하나의 장비로 측정하는 계기로 회로시험기라고도 한다.
• 훅미터 : 전기회로를 열거나 분리하지 않고 전류를 측정하기 위한 계기이다.

**22** 묽은 황산을 전해액으로 사용하는 전지는?

① 수은전지 　　　② 리튬폴리머전지

③ 니켈카드뮴전지 　④ 납축전지

[해][설]
납축전지의 전해액은 증류수에 황산을 혼합시킨 묽은 황산이다.

**23** 전기회로에서 과전류를 방지하기 위한 목적으로 사용하는 퓨즈(Fuse)의 주재질은 무엇인가?

① 철 　　　　　　② 구 리

③ 납 　　　　　　④ 탄소강 합금

[해][설]
퓨즈는 전류가 세게 흐르면 전기부품보다 먼저 녹아 끊어져서 전류의 흐름을 끊어 주는 금속선이다. 퓨즈는 제조회사마다 차이는 있지만 과도한 전류가 흐를 때 발생하는 열로 끊어져야 하므로 주로 녹는점이 낮은 납과 주석 또는 아연과 주석의 합금을 재료로 사용한다.

**24** 정전압을 얻기 위해 사용되는 반도체는 무엇인가?

① 제너다이오드

② 트랜지스터

③ 포토다이오드

④ 실리콘 제어 정류기(SCR)

[해][설]
제너다이오드(정전압 다이오드) : 역방향 전압을 걸었을 때 항복전압(제너전압)에 이르면 큰 전류를 흐르게 한다. 항복전압보다 높은 역방향 전압을 흐르게 하면 전압은 거의 변하지 않는 대신 전압의 증가분에 해당하는 전류를 흐르게 한다. 이 원리를 이용하여 전압을 일정하게 유지시키는 정전압회로에 사용한다.

**25** 다음 중 발광다이오드의 기호는?

[해][설]
① 발광다이오드
② 포토다이오드
③ 다이오드
④ 실리콘제어정류기(SCR)

---

제4과목 **직무일반**

**01** 항해 중 당직 기관사의 당직 교대 시 인계할 주요내용으로 적합하지 않은 것은?

① 주기관 및 발전기의 연료소비율

② 기관장의 지시사항 및 선교로부터의 요청사항

③ 주기와 보조기계의 현재 상태 및 운전사항

④ 연료유 이송펌프를 수동으로 운전시켰을 때의 현재 상황

[해][설]
당직 교대 및 인수·인계
당직 기관사는 당직 교대 시 다음 사항 등을 전달하여야 한다.
• 기계 작동과 관련된 기관장의 지침과 지시사항
• 선교로부터의 지시 또는 요청사항
• 기관실에서 진행 중인 작업의 내용, 인원 및 예상되는 위험사항
• 빌지, 평형수, 청수, 오수, 연료유 탱크 등의 상태 및 이송 등을 위한 특별한 조치사항
• 주기와 보조기계의 상태 및 특이사항
• 경보가 발생된 리스트 및 조치사항과 전달사항
• 기관일지 및 당직일지의 작성 및 추가 기입 요청사항

**02** 당직 기관사의 당직 중 유의사항으로 적합하지 않은 것은?

① 각 기기의 운전 상태를 확인·점검한다.

② 발전기의 여자전류를 적절히 조정한다.

③ 기기별 고장 시의 대응방법을 파악해 둔다.

④ 일정시간마다 기관일지에 주요사항을 기록한다.

[해][설]
대부분의 발전기는 여자전류가 자동으로 공급되는 시스템을 갖추고 있어 당직 중 여자전류를 조정하지는 않는다.

**여자기** : 여자전류를 흘려주는 장치이다. 여자전류란 자계를 발생시키기 위한 전류로, 계자권선에 흐른다. 자속은 권선에 흐르는 전류에 비례하여 발생하는데 이 권선에 공급되는 전류를 말한다. 만약 여자전류를 흘려주지 못하면 발전기에서 전기가 발생되지 않는다.

**03** 탱크 내 도장(페인트)작업 시 주의사항으로 틀린 것은?

① 작업 전 탱크 내부를 충분히 환기시킬 것
② 정전기가 일어나지 않는 작업복을 입을 것
③ 탱크 안에 화재 방지를 위한 감시원을 배치할 것
④ 작업 중 두통이나 구토증이 있는 경우 즉시 신선한 공기가 있는 곳으로 이동할 것

해설
비상시를 대비하여 감시원을 배치해야 하는데 탱크 출입구 밖에 배치하여야 한다.

**04** 당직기관사의 직무로 적절하지 않은 것은?

① 선교와 긴밀히 연락한다.
② 주기관의 운전 상태를 면밀히 살핀다.
③ 기관실의 환기 및 통풍을 적절히 유지한다.
④ 화물창의 환기 및 통풍을 적절히 유지한다.

해설
화물창의 환기 및 통풍은 항해사의 직무이다.

**05** 선내에서 산소가 결핍되기 쉬운 장소가 아닌 곳은?

① 내부 철판이 부식된 밀폐된 탱크
② 통풍팬이 고장 난 상태인 조타기실
③ 장시간 밀폐되어 내부에 녹이 슨 페인트 창고
④ 유기물이 부패, 발효하고 있는 밀폐된 화물창

해설
조타실은 출입문이 있고 유독가스가 발생하는 요인이 적어 산소가 결핍되기 쉬운 장소와는 거리가 멀다.

**06** 디젤기관의 실린더 헤드 분해작업에 대한 설명으로 틀린 것은?

① 실린더 헤드 스터드 볼트를 풀어낸다.
② 실린더 헤드 로커암과 커버를 들어낸다.
③ 실린더 헤드와 연결된 각종 파이프를 풀어낸다.
④ 작업하기 전에 해당 실린더의 냉각수를 배출시킨다.

해설
일반적으로 실린더 헤드 분해작업 시 실린더 헤드 스터드 너트를 풀고 들어 올리는데, 실린더 헤드 스터드 볼트의 손상이 없는 한 스터드 볼트까지 풀어내지는 않는다.

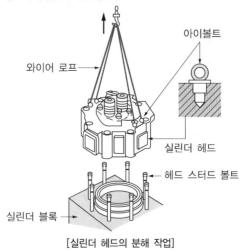

[실린더 헤드의 분해 작업]

**07** 선박의 기관구역 선저폐수 배출조건으로 적절하지 않은 것은?

① 선박이 항해 중일 것
② 기름오염방지설비가 작동 중일 것
③ 배출액의 유분이 100만분의 15 이하일 것
④ 기름의 순간 배출률이 1해리당 30[L] 이하일 것

해설
유탱커에서 화물구역의 기름을 배출하는 요건 중에 하나는 기름의 순간 배출률이 1해리당 30[L] 이하이어야 한다.
기름오염방지설비로 기관구역의 선저폐수(빌지)를 선외로 배출할 경우에는 다음과 같은 사항이 동시에 충족되어야 가능하다.
• 기름오염방지설비를 작동하여 배출할 것
• 항해 중에 배출할 것
• 유분의 함량이 15[ppm](백만분의 15) 이하일 때만 배출할 것

**08** 연료유 수급 후 기름기록부에 기록할 내용으로 적합하지 않은 것은?

① 수급 장소　　　② 수급량
③ 연료유 종류　　④ 수급 시 온도

해설
기름기록부에 연료유 수급 기사를 쓸 때 연료유 종류, 수급 장소, 날짜, 시간, 수급량, 수급탱크 등을 기입해야 한다.

**09** 연료유 탱크의 관리에 대한 설명으로 틀린 것은?

① 연료유 탱크의 온도는 연료유의 인화점보다 5[℃] 이상 높게 유지한다.
② 에어벤트 파이프로 해수나 빗물이 역류되지 않도록 관리한다.
③ 연료유 탱크는 주기적으로 측심을 하여 탱크의 이상 유무를 파악한다.
④ 세틀링 탱크와 서비스 탱크는 매 당직 드레인을 배출하여 수분 함유 여부를 확인한다.

해설
• 연료유 탱크의 온도가 연료유 인화점보다 높을 경우 화재의 위험이 있다.
• 인화점은 가연성 물질에 불꽃을 가까이 했을 때 불이 붙을 수 있는 최저의 온도이다.

**10** 국적선에서 기관구역 기름기록부에 서명하지 않아도 되는 사람은?

① 선 장
② 해양오염방지관리인
③ 해당 작업을 행한 책임사관
④ 기름여과장치를 작동시킨 당직 부원

해설
기름기록부는 담당 기관사가 기사란을 작성한 후 서명을 하고, 각 페이지에 해양오염방지관리인(일반적으로 기관장)이 서명 후 마지막으로 선장이 각 페이지에 서명을 하고 보관해야 한다.

**11** 해양환경관리법상 해양오염방지관리인이 될 수 없는 사람은?

① 1등 기관사　　② 1등 항해사
③ 선 장　　　　④ 기관장

해설
해양환경관리법 제 32조 및 선박에서의 오염 방지에 관한 규칙 제27조 총톤수 150톤 이상의 유조선과 총톤수 400톤 이상의 유조선 외의 선박의 소유자는 선박직원법의 승무 기준에 적합한 선박직원을 해양오염방지관리인으로 임명해야 한다. 단, 선장, 통신장 및 통신사는 제외한다.

**12** 성인의 경우 1분간 정상 호흡수는 몇 회인가?

① 1~6회　　　　② 12~18회
③ 24~30회　　　④ 110~118회

해설
성인의 경우 1분당 12~18회 정도 호흡한다.

**13** 지혈법의 종류가 아닌 것은?

① 지혈대 사용법　　② 직접압박법
③ 간접압박법　　　④ 심장압박법

해설
지혈방법
• 직접압박법 : 상처 부위를 깨끗한 거즈나 천으로 눌러 균등한 압력을 가하는 것이다. 보통 정맥성 출혈까지는 이 지혈법을 사용한다.
• 간접압박법 : 직접압박법으로 출혈이 잡히지 않을 때에 사용하는 방법이다. 동맥 손상 시에 사용하는 방법으로 머리 및 팔다리의 각 동맥에 손가락으로 직접 압력을 가해 동맥의 혈류를 차단시키는 지혈법이다.
• 국소거양법 : 중력을 이용한 지혈법으로 상처 및 출혈 부위를 심장보다 높게 하여 혈류를 중력에 의해 조금 떨어뜨리는 방법이다. 당장의 지혈효과는 없지만 보통 직접압박법과 병행한다.
• 지혈대 지혈법 : 동맥성 출혈 때 사용하는 지혈법이다. 이는 동맥 손상으로 인한 출혈 과다로 사망 위험이 높은 위급상황 시에만 사용하는 방법으로, 간접압박법으로는 동맥을 오랜 시간 차단할 수 없기 때문에 이 지혈대를 설치하여 동맥을 완전히 차단한다. 지혈대는 신체 부위 중 팔다리에만 설치할 수 있기 때문에 팔다리의 절단 및 동맥 손상 외에는 사용할 수 없다.

**14** 황천 항해에 대비한 준비사항으로 적절하지 않은 것은?

① 발전기를 병렬 운전시킨다.

② 주기관의 한 실린더를 감통 운전하여 회전수를 낮춘다.

③ 선체 동요에 의해 움직일 수 있는 중량물을 고정시킨다.

④ 빌지펌프 등 배수장치의 이상 유무를 확인한다.

**해설**
감통 운전이란 기관의 여러 기통 중 문제가 발생한 한 개 또는 그 이상의 실린더에서 연소를 시키지 않고 운전하는 것이다. 즉, 문제가 발생한 기통에서는 폭발이 일어나지 않고 나머지 기통으로만 기관을 운전한다. 감통 운전은 기관에 문제가 발생했을 때 기관의 수리가 불가능하거나 긴급상황이어서 계속 운전이 필요할 때 시행하는 방법이다. 황천 항해 시에 주기관의 회전수를 낮추어서 운전하는 것은 맞으나 감통 운전을 시행하지는 않는다.

**15** 기관실 침수에 대한 주의사항으로 틀린 것은?

① 주기적인 탱크 측심으로 빌지량의 증가 상태를 파악한다.

② 감전사고를 방지하기 위해 발전기를 정지시킨다.

③ 입항 시 해수 윤활식 선미관 글랜드를 조정한다.

④ 비상부서배치훈련을 통해 응급조치요령을 익힌다.

**해설**
침수상황에서는 침수부의 방수조치 및 배수가 중요하다. 발전기가 정지된다면 배수에 필요한 펌프의 전원이 차단되므로 매우 위험한 조치이다.

**16** 기관실의 침수원인으로 적절하지 않은 것은?

① 선체의 파공

② 선미관의 누설

③ 보일러 수관의 누설

④ 해수밸브 또는 파이프의 파공

**해설**
보일러 수는 보일러 시스템의 폐회로를 순환하는 구조로 보일러 수관의 누설이 외부로부터의 침수원인이 되지는 않는다.

**17** 선체의 조그맣게 찢어진 틈으로 기관실이 침수되고 있을 때의 조치사항으로 적절하지 않은 것은?

① 주기관과 발전기를 정지시킨다.

② 나무쐐기를 박고 콘크리트를 부어서 응고시킨다.

③ 선교에 연락하여 선내에 알리도록 한다.

④ 빌지펌프나 다른 배수장치를 운전하여 빌지를 배출한다.

**해설**
침수상황에서는 침수부의 방수조치 및 배수가 중요하다. 발전기가 정지된다면 배수에 필요한 펌프의 전원이 차단되므로 매우 위험한 조치이다.

**18** 소화기 사용 시 동상의 우려가 있기 때문에 반드시 손잡이 부분을 잡고 사용해야 하는 소화기는 무엇인가?

① 포말소화기

② 이산화탄소소화기

③ 분말소화기

④ 수소화기

**해설**
이산화탄소소화기($CO_2$ 소화기)는 피연소물질에 산소 공급을 차단하는 질식효과와 열을 빼앗는 냉각효과로 소화시키는 것으로 C급 화재(전기화재)에 효과적이다. 이산화탄소소화기는 급속도로 냉각하여 소화시키는 것으로 방출 시 동상의 우려가 있으므로 손잡이를 잡고 사용해야 한다.

**19** 화재현장에 있는 소방원과 후방의 보조자 간에 통신 및 안전 확인용으로 사용되며 내화성 재료로 만들어지는 소방원 장구는?

① 안전모

② 전기 안전등

③ 방화복

④ 구명줄(라이프라인)

**해설**
소방원 장구 중 구명줄은 화재구역에 진입한 소방원이 탈출하거나 구조하는 용도로 사용되며, 소방원과 보조자는 구명줄을 통해 수신호를 하여 상호 연락을 주고받을 수 있도록 평소에 훈련되어 있어야 한다.

**20** 간접 소화법에 대한 설명으로 틀린 것은?

① 대형 화재 시 주로 사용하는 방법이다.

② 직접 접근하는 것이 곤란할 때 사용하는 방법이다.

③ 화재가 선박의 하부에서 발생한 경우에 효과적인 방법이다.

④ 소화분대가 직접 소화장비를 들고 현장에 들어가는 방법이다.

해설

간접소화 : 직접 소화에 대응하는 용어이다. 대형 화재가 발생하여 화재현장에 직접 접근하는 것이 곤란할 때 사용하는 방법으로, 화재가 선박의 하부에서 발생한 경우에 효과적인 방법이다. 대표적인 방법은 화재현장으로 통하는 모든 문을 폐쇄한 후 현장으로 노즐을 집어넣어 물을 분사하거나 고정식 소화장치(이산화탄소, 포말 등)를 작동시키는 것이다.

**21** D급 화재를 일으키는 원인은?

① 나 무　　② 알루미늄 분말

③ 전 기　　④ 기 름

해설

• A급 화재(일반화재) : 연소 후 재가 남는 고체화재로 목재, 종이, 면, 고무, 플라스틱 등의 가연성 물질의 화재이다.
• B급 화재(유류화재) : 연소 후 재가 남지 않는 인화성 액체, 기체 및 고체유질 등의 화재이다.
• C급 화재(전기화재) : 전기설비나 전기기기의 스파크, 과열, 누전, 단락 및 정전기 등에 의한 화재이다.
• D급 화재(금속화재) : 철분, 칼륨, 나트륨, 마그네슘 및 알루미늄 등과 같은 가연성 금속에 의한 화재이다.
• E급 화재(가스화재) : 액화석유가스(LPG)나 액화천연가스(LNG) 등의 기체화재이다.

**22** 선박직원법상 해기사가 아닌 사람은?

① 항해사　　② 기관장

③ 선 장　　④ 도선사

해설

선박직원법 제2조(정의)
선박직원이란 해기사로서 이 법의 적용을 받는 선박에서 선장, 항해사, 기관장, 기관사, 전자기관사, 통신장 및 통신사, 운항장 및 운항사의 직무를 행하는 자를 말한다.

**23** 선박안전법상 여객선이란 최소 몇 명 이상의 여객을 운송할 수 있는 선박인가?

① 5명　　② 13명

③ 15명　　④ 20명

해설

선박안전법 제2조(정의)
여객선이라 함은 13인 이상의 여객을 운송할 수 있는 선박을 말한다.

**24** 해양환경 보호를 위하여 오염물질의 해양 배출을 금지하는 경우는?

① 선박의 손상 및 기타 부득이한 원인으로 인한 배출

② 선박의 안전 확보나 인명구조를 위한 부득이한 배출

③ 기관실 기름여과장치의 고장으로 인한 부득이한 배출

④ 오염사고에 있어 오염 피해를 최소화하는 과정에서의 부득이한 배출

해설

선박에서 발생하는 오염물질의 법적인 요건을 만족하여 배출하는 것 외에는 오염물질의 배출을 금지하나 다음의 사항에서는 예외적으로 허용한다(단, 폐기물은 제외한다).
• 선박의 안전 확보나 인명 구조를 위한 부득이한 경우
• 선박의 손상, 기타 부득이한 원인으로 계속 배출되는 경우
• 오염 피해를 최소화하는 과정으로 인한 부득이한 경우

**25** 해양사고의 조사 및 심판에 관한 법률상 징계의 종류에 해당하지 않는 것은?

① 면허의 취소　　② 업무정지

③ 견 책　　④ 권 고

해설

해양사고의 조사 및 심판에 관한 법률 제6조(징계의 종류와 감면)
징계의 종류에는 면허의 취소, 업무의 정지(1월 이상 1년 이하), 견책이 있다.

## 제1과목  기관 1

**01** 4행정 사이클 6실린더 디젤기관은 크랭크축이 1회전 하는 동안 폭발이 몇 회 발생하는가?

① 1회
② 3회
③ 6회
④ 12회

**해설**
4행정 사이클에 6실린더이므로 폭발 간격은 120°이다. 따라서 1회전 (360°)일 때 3개의 실린더가 폭발한다.
※ 참조
• 4행정 사이클 기관의 폭발 간격 = $\dfrac{720°}{실린더수}$ (4행정 사이클은 1사이 클에 크랭크축이 2회전하므로 720° 회전한다)
• 2행정 사이클 기관의 폭발 간격 = $\dfrac{360°}{실린더수}$ (2행정 사이클은 1사이 클에 크랭크축이 1회전하므로 360° 회전한다)

**02** 선박용 디젤 주기관의 실린더 번호는 어느 쪽부터 붙이 는가?

① 선수로부터
② 좌현에서 후현으로
③ 우현에서 좌현으로
④ 선미로부터

**해설**
선박의 주기관은 대부분 선수에서 선미 방향으로 설치되며, 실린더 번호도 선수 방향을 1번으로 하여 번호를 부여한다.

**03** 디젤기관에서 실린더라이너의 직접적인 마멸원인으 로 틀린 것은?

① 윤활유의 급유량이 부족한 경우
② 수분 유입 등으로 유막의 형성이 불량한 경우
③ 과급기의 흡입공기필터가 막힌 경우
④ 점도가 낮은 윤활유를 사용하는 경우

**해설**
과급기(터보차저)란 연소에 필요한 공기를 대기압 이상의 압력으로 압축하여 밀도가 높은 공기를 실린더 내에 공급하여 완전연소시킴으로 써 평균 유효압력을 높이는 장치로 출력을 높일 때 설치한다. 과급기의 흡입공기필터가 막히는 경우 연소에 문제가 되어 출력이 낮아질 수 있으나 실린더라이너 마멸의 직접적인 원인이라고 할 수 없다.

**04** 4행정 사이클 디젤기관의 행정 중 실제로 일을 하는 것은?

① 흡입행정
② 압축행정
③ 작동행정
④ 소기행정

**해설**
작동행정(폭발, 팽창 또는 유효행정) : 흡기밸브와 배기밸브가 닫혀 있는 상태에서 피스톤이 상사점에 도달하기 전에 연료가 분사되어 연소하고, 이때 발생한 연소가스가 피스톤을 하사점까지 움직이게 하여 동력을 발생시키는 행정으로 피스톤에 가장 큰 힘이 작용한다.

**05** 디젤기관에서 실린더라이너의 분해작업 순서로 올바 른 것은?

┌─────────────────────────┐
│ ㉠ 냉각수를 완전히 배출한다.         │
│ ㉡ 실린더헤드를 들어 올린다.        │
│ ㉢ 피스톤을 들어 올린다.           │
│ ㉣ 라이너를 빼낸다.                │
└─────────────────────────┘

① ㉠→㉡→㉢→㉣
② ㉠→㉣→㉢→㉡
③ ㉡→㉢→㉣→㉠
④ ㉢→㉡→㉣→㉠

**해설**
실린더라이너 분해(오버홀) 순서 : 냉각수 배출 → 연료분사펌프, 노즐, 연료파이프, 냉각수 파이프 등 기타 액세서리 탈거 → 실린더헤드 분해 → 피스톤 분해 → 라이너 분해

**06** 디젤기관에서 연소열로 인해 냉각해야 할 부분이 아닌 장치는?

① 실린더라이너　　② 실린더헤드
③ 피스톤　　　　　④ 크랭크축

해설
크랭크축은 연소열이 아니라 회전에 따른 마찰열이다. 크랭크축에 윤활유를 공급하면 윤활작용과 더불어 냉각작용도 함께하게 된다.

**07** 소형 디젤기관의 피스톤 링에 대한 설명으로 틀린 것은?

① 오일 링이 압축 링보다 위쪽에 설치된다.
② 피스톤 링에는 압축 링과 오일 링이 있다.
③ 오일 링보다 압축 링의 수가 많다.
④ 1번 압축 링의 마멸이 가장 심하다.

해설
피스톤 링은 압축 링과 오일 스크레이퍼 링(오일 링)으로 구성된다. 압축 링은 피스톤과 실린더라이너 사이의 기밀을 유지하고 피스톤에서 받은 열을 실린더 벽으로 방출하며, 오일 스크레이퍼 링은 실린더라이너 내의 윤활유가 연소실로 들어가지 못하도록 긁어내리고 윤활유를 라이너 내벽에 고르게 분포시킨다. 일반적으로 압축 링은 피스톤 상부에 2~4개, 오일 스크레이퍼 링은 피스톤 하부에 1~2개 설치한다. 링을 조립할 때는 연소가스의 누설을 방지하기 위하여 링의 절구가 180°로 엇갈리도록 배열한다.

**08** 디젤기관에서 연접봉(커넥팅 로드)의 길이를 짧게 했을 때 생기는 현상은?

① 피스톤의 측압이 작아진다.
② 피스톤의 측압이 커진다.
③ 행정이 길어진다.
④ 행정이 짧아진다.

해설
측압은 피스톤이 상하 방향이 아닌 측면 방향으로 생기는 압력으로, 디젤기관에서 피스톤의 상하운동으로 크랭크축을 회전시킬 때 피스톤이 실린더라이너에 미치는 압력이다. 커넥팅 로드를 짧게 하면 피스톤이 실린더라이너에 미치는 측압이 커진다.

**09** 디젤기관에서 크랭크핀 베어링의 발열원인이 아닌 것은?

① 윤활유에 불순물이 많이 포함되어 있을 때
② 연료유에 불순물이 많이 포함되어 있을 때
③ 베어링 메탈의 접합면이 불량할 때
④ 윤활유의 압력이 너무 낮을 때

해설
연료유에 불순물이 많이 포함되어 있으면 연료분사펌프, 분사노즐 등의 연료분사 계통에 문제가 발생하거나 불완전연소가 일어날 확률이 높다. 불순물이 많은 연료유가 연소하면 회분 등이 생겨 실린더 마멸이나 밸브, 피스톤 링 등의 고착원인이 된다. 크랭크핀 베어링의 발열과는 거리가 멀다.

**10** 트렁크 피스톤형 디젤기관에서 피스톤과 커넥팅 로드를 연결하는 부품은?

① 피스톤핀　　　　② 크랭크핀
③ 크랭크축　　　　④ 크로스헤드핀

해설
커넥팅 로드는 소단부, 본체, 대단부로 나뉘는데 대단부는 크랭크축과 연결되는 크랭크핀에 연결된다. 소단부는 엔진 타입에 따라 트렁크형 엔진(주로 4행정 소형 기관)에서는 피스톤핀과 연결되고, 크로스헤드형 엔진(주로 2행정 대형 기관)에서는 크로스헤드핀과 연결된다.

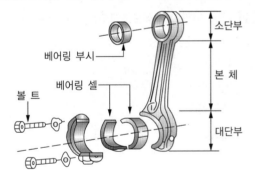

**11** 피스톤 링의 플러터 현상에 대한 설명으로 옳은 것은?

① 불완전연소로 폭발음이 심하게 발생하는 현상
② 윤활유를 연소실로 긁어 올리는 현상
③ 배기가스가 흡입밸브로 역류되는 현상
④ 피스톤 링이 링 홈 내에서 진동하는 현상

링의 펌프작용과 플러터 현상 : 피스톤 링과 홈 사이의 옆 틈이 너무 클 때, 피스톤이 고속으로 왕복운동함에 따라 링의 관성력이 가스의 압력보다 커져 링이 홈의 중간에 뜨게 되면, 윤활유가 연소실로 올라가 장해를 일으키거나 링이 홈 안에서 진동하게 된다. 이때 윤활유가 연소실로 올라가는 현상을 링의 펌프작용, 링이 진동하는 것을 플러터 현상이라고 한다.

## 12 크랭크축의 절손원인이 아닌 것은?

① 메인 베어링의 마멸이 불균일한 경우
② 실린더헤드 볼트를 너무 많이 죈 경우
③ 크랭크암의 개폐작용이 클 경우
④ 위험 회전수에서 장시간 운전할 경우

해설
크랭크축의 절손은 노킹현상의 반복, 메인 베어링의 마멸, 크랭크암 디플렉션(개폐)이 과다한 경우, 과부하 운전, 위험 회전수 운전 등에 의한 진동 발생이나 저질의 윤활유 사용에 의해 나타날 수 있다.
※ 위험 회전수 : 축에 발생하는 진동의 주파수와 고유 진동수가 일치할 때 주기관의 회전수를 의미하는데 위험 회전수 영역에서 운전을 하게 되면 공진현상에 의해서 축계에서 진동이 증폭되고 축계 절손 등의 사고가 발생할 수 있다.

## 13 플라이휠의 구성요소에 해당하지 않는 것은?

① 헤 드
② 보 스
③ 림
④ 암

해설
플라이휠은 크랭크축에 연결되어 있고 보스, 암, 림으로 구성되어 있다.

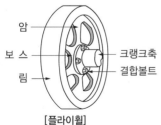
[플라이휠]

## 14 디젤기관의 평형추에 대한 설명으로 맞는 것을 모두 고르면?

> ㉠ 기관의 진동을 작게 한다.
> ㉡ 크랭크핀에 설치한다.
> ㉢ 가벼울수록 성능이 좋아진다.
> ㉣ 불균일한 회전운동을 보정한다.

① ㉠, ㉡
② ㉠, ㉣
③ ㉡, ㉢
④ ㉢, ㉣

해설
평형추(밸런스 웨이트)는 크랭크축의 형상에 따른 불균형을 보정하고 회전체에 평형을 이루기 위해 설치하는데, 기관의 진동을 작게 하고 원활한 회전을 하도록 하며 메인 베어링의 마찰을 감소시킨다. 설치 장소는 다음 그림과 같이 크랭크핀 반대쪽 암 부분이다.

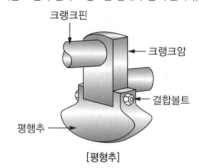
[평형추]

## 15 디젤기관에서 시동 실패의 원인으로 틀린 것은?

① 시동공기의 압력이 너무 낮은 경우
② 시동밸브가 작동하지 않는 경우
③ 윤활유의 점도가 낮은 경우
④ 배기 및 흡기밸브가 심하게 누설되는 경우

해설
윤활유의 점도란 유체의 끈적끈적한 정도를 나타낸 것이다. 점도가 낮으면 끈적함의 정도가 덜하다는 것이므로, 점도가 낮으면 기관의 회전은 오히려 잘된다. 그러나 윤활유의 점도는 기관의 사용 특성에 따라 적정 수준의 점도를 갖는 윤활유를 사용하여야 한다.

**16** 디젤 주기관의 정지 후에 대한 설명으로 맞는 것은?

① 윤활유펌프와 냉각수펌프의 정지 및 운전은 상관 없다.

② 윤활유펌프는 20분 후에 정지시키고, 냉각수펌프는 즉시 정지시킨다.

③ 윤활유펌프는 즉시 정지시키고, 냉각수펌프는 20분 후에 정지시킨다.

④ 윤활유펌프와 냉각수펌프 모두 20분 후에 정지시킨다.

해설
디젤기관을 정지한 후에는 인디케이터 밸브(테스트 콕)를 열어 크랭크 축을 터닝해야 한다. 이는 연소실 안의 잔류 가스를 내보내고 기관을 서서히 식히는 역할을 한다. 이때 기관의 윤활유펌프와 냉각수펌프는 운전이 되는 상태에서 터닝을 해야 기관이 급하게 냉각되는 것을 막을 수 있다. 기관을 운전하기 전에도 예열(워밍, Warming)할 때도 동일한 방법으로 해야 한다. 디젤기관은 급하게 냉각 또는 열을 받으면 실린더에 크랙이 발생하거나 시동이 곤란해지는 등의 문제가 발생한다.

**17** 보일러 내의 증기압력을 자동으로 분출시키는 밸브로 제한기압을 넘지 않도록 하는 것은?

① 공기밸브  ② 드레인밸브

③ 수저방출밸브  ④ 안전밸브

해설
**안전밸브(세이프티 밸브, Safety Valve)** : 보일러의 증기압력이 보일러 설계압력에 도달하면, 밸브가 자동으로 열려 증기를 대기로 방출시켜 보일러를 보호하는 장치로, 보일러마다 2개 이상 설치한다.

**18** 다음 보기에서 설명하는 현상은?

[보 기]
보일러에서 알칼리도가 높은 물이 용접부 등에 접촉하여 가열됨으로써 재질이 약화되는 현상이다.

① 부 식
② 가성취화
③ 스케일
④ 기수공발

해설
② 가성취화 : 보일러수의 알칼리도가 높으면, 리벳 이음판 중첩부의 틈새 사이나 용접부 등에 보일러수가 침입하여 알칼리 성분이 가열에 의해 농축되고, 이 알칼리와 이음부 등의 반복 응력의 영향으로 균열이 생기는 열화현상이다.

③ 스케일 : 보일러에 공급된 급수 중에 포함되어 있는 경도 성분이나 실리카 등이 농축되어 보일러 물측의 열전달면에 부착되는 것이다. 스케일은 열전도를 방해하여 보일러의 효율을 급격히 저하시킨다.

④ 기수공발(캐리오버, Carry Over) : 프라이밍, 포밍 및 증기거품이 수면에서 파열될 때 생기는 작은 물방울들이 증기에 혼입되는 현상이다. 이 현상은 증기의 순도를 저하시키고 증기 속에 물방울이 다량 포함되기 때문에 보일러수 속의 불순물도 동시에 송출됨으로써 수격현상을 초래하거나 증기배관이 오염되고, 과열기가 있는 보일러에서는 과열기를 오손시키고 과열 증기의 과열도 저하 등 많은 문제를 유발한다.

• 프라이밍 : 비등이 심한 경우나 급하게 주증기밸브를 개방할 경우 기포가 급히 상승하여 수면에서 파괴되고 수면을 교란하여 수분이 증기와 함께 배출되는 현상이다.

• 포밍 : 전열면에 발생한 기포가 수중에 있는 불순물의 영향을 받아 파괴되지 않고 계속 증가하여 이것이 증기와 함께 배출되는 현상이다.

**19** 디젤기관의 추력베어링으로 많이 사용되는 것은?

① 말굽형
② 개방형
③ 미첼형
④ 롤러 베어링형

해설
**미첼형 스러스트 베어링** : 추력축이 회전하면 추력 칼라와 베어링면 사이 유막의 모양이 쐐기꼴이 되어 유막이 파괴되지 않고 큰 압력이 생기도록 고안한 베어링이다. 마찰계수가 작고 유막의 압력이 크기 때문에 추력 칼라는 한 개만 있어도 큰 추력을 지지할 수 있어 대용량용 스러스트 베어링으로 널리 사용한다.

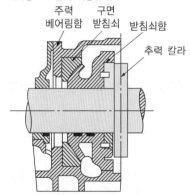

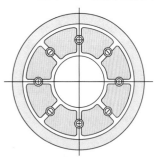

받침쇠 조각    받침쇠 고정나사

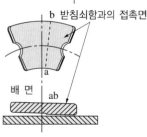

b 받침쇠함과의 접촉면

배 면    ab

a

[미첼형 스러스트 베어링]

## 20 다음 보기의 설명이 나타내는 현상은?

[보 기]
회전하는 나선형 추진기의 날개 배면에서 수압 차이에 의해 발생된 기포가 파괴되면서 추진기 표면을 두드리는 현상이다.

① 공동현상    ② 수격현상
③ 노킹현상    ④ 플러터링 현상

해설
프로펠러(추진기)의 공동현상(캐비테이션, Cavitation) : 프로펠러의 회전속도가 어느 한도를 넘어서면 프로펠러 배면의 압력이 낮아지고 표면에 기포 상태가 발생하는데, 이 기포가 순식간에 소멸되면서 높은 충격압력을 받아 프로펠러 표면을 두드리는 현상이다.

## 21 추진축계의 구성요소에 해당하지 않는 것은?

① 캠 축    ② 중간축
③ 추력축    ④ 프로펠러축

해설
추진 축계는 일반적으로 추력(스러스트)축, 추력 베어링, 중간축, 중간축 베어링, 프로펠러(추진기)축 등으로 이루어진다.

## 22 선체가 받는 잉여저항으로 옳은 것은?

① 조파저항 + 와류저항 + 마찰저항
② 조파저항 + 와류저항 + 공기저항
③ 마찰저항 + 공기저항 + 와류저항
④ 공기저항 + 마찰저항 + 조파저항

해설
잉여저항이란 선박이 받는 전체 저항 중에서 마찰저항을 제외한 나머지 저항이다. 잉여저항은 대부분 조파저항이므로 근사적으로 조파저항과 같다고 할 수 있지만, 정확히 하면 공기저항과 와류저항이 포함되어 있다.
• 마찰저항 : 선박이 전진할 때 선체의 표면에 접촉하는 물의 점성에 의해 생긴 마찰
• 조파저항 : 배가 전진할 때 받는 압력으로 배가 만들어내는 파도의 형상과 크기에 따라 저항의 크기 결정
• 와류저항 : 선미 주위에서 많이 발생하는 저항으로 선체 표면의 급격한 형상 변화 때문에 생기는 와류(소용돌이)로 인한 저항
• 공기저항 : 수면 위 공기의 마찰과 와류에 의하여 생기는 저항

## 23 비중 0.83인 경우 30[cc]의 무게는?

① 24.9[g]    ② 24.9[kg]
③ 27.6[g]    ④ 27.6[kg]

해설
$$0.83 = \frac{x\,[\text{g}]}{30\,[\text{cc}]}$$
따라서 무게는 $0.83 \times 30 = 24.9[\text{g}]$이다.
• 비중이란 특정물질의 질량과 같은 부피의 표준물질 질량의 비율이다.
• 기름의 비중 : 부피가 같은 기름의 무게와 물의 무게의 비로, 15/4[℃] 비중이란 15[℃]의 기름의 무게와 4[℃]일 때 물의 무게의 비를 나타내는 것이다. 즉, 기름의 비중이란 부피 [L]에 무게가 몇 [kg]인가하는 것이다. 그러므로 기름의 무게는 기름의 부피에 비중을 곱한다.
※ 비중과 밀도는 비슷한 개념이지만 비중은 단위가 없고, 밀도는 단위가 있다는 점에서 차이가 있다.

## 24 연료유의 성분 중에서 기기의 마멸을 발생시키는 것은?

① 수 분    ② 회 분
③ 탄 소    ④ 수 소

해설
회분이란 연료유가 연소하고 남은 재와 같은 불순물로, 실린더의 마멸과 밸브나 피스톤 링 등의 고착원인이 된다. 연료유 성분 속의 황은 저온부식의 원인이 되고 바나듐은 고온부식의 원인이 된다.

**25** 선박에서 사용하는 윤활유의 청정법으로 가장 효과적인 방법은?

① 원심분리법　　② 여과법

③ 화학처리법　　④ 중력식 침전법

해설

청정의 방법에는 중력에 의한 침전분리법, 여과기에 의한 청정법, 원심식 청정법 등이 있다. 최근에는 비중차를 이용한 원심식 청정기를 선박에서 주로 사용한다.

---

제2과목 기관 2

**01** 원심식 유청정기에서 운전 초기에 기름이 물의 출구로 나가는 것을 막아 주는 역할을 하는 것은?

① 회전판　　② 비중판

③ 봉 수　　④ 고압수

해설

봉수는 운전 초기에 물이 빠져나가는 통로를 봉쇄해서 기름이 물 토출구로 빠져나가는 것을 방지하는 역할을 한다.

**02** 원심펌프에서 호수(프라이밍)를 하는 목적으로 옳은 것은?

① 송출유량을 일정하게 유지시키기 위해서

② 송출유량을 증가시키기 위해서

③ 기동 시 흡입측에 국부진공을 형성시키기 위해서

④ 송출측 압력의 맥동을 줄이기 위해서

해설

원심펌프는 초기 운전 전에 펌프 케이싱에 유체를 가득 채워야 한다. 이를 호수(프라이밍, Priming)라고 하는데 소형 원심펌프는 호수장치를 통해 케이싱 내에 물을 가득 채우고, 대형 원심펌프는 진공펌프를 설치하여 운전 초기에 진공펌프를 작동시켜 케이싱 내에 물을 가득 채워 준다. 이는 초기 운전 시 흡입측에 국부진공을 형성하여 유체를 계속 흡입할 수 있도록 한다.

**03** 원심펌프에서 마우스 링이 하는 역할은?

① 진공 형성　　② 역류 방지

③ 진동 방지　　④ 압력 상승 방지

해설

마우스 링 : 임펠러에서 송출되는 액체가 흡입측으로 역류하는 것을 방지하는 것으로, 임펠러 입구측의 케이싱에 설치한다. 웨어 링(Wear Ring)이라고도 하는데, 그 이유는 케이싱과 액체의 마찰로 인해 마모가 진행되는데 케이싱 대신 마우스 링이 마모된다고 하여 웨어 링이라고 한다. 케이싱을 교체하는 대신 마우스 링만 교체하면 되므로 비용면에서 장점이 있다.

**04** 왕복펌프의 특징으로 틀린 것은?

① 흡입 성능이 양호하다.

② 소양정, 대유량용으로 사용한다.

③ 주로 빌지펌프 등에 사용한다.

④ 운전조건에 따라 효율의 변화가 작다.

해설

**왕복펌프의 특징**

• 흡입 성능이 양호하다.

• 소유량, 고양정용 펌프에 적합하다.

• 운전조건에 따라 효율의 변화가 작고 무리한 운전에도 잘 견딘다.

• 왕복운동체의 직선운동으로 인해 진동이 발생한다.

**05** 펌프의 송출측에 공기실을 설치하는 것은?

① 원심펌프　　② 왕복펌프

③ 사류펌프　　④ 축류펌프

해설

왕복펌프의 특성상 피스톤의 왕복운동으로 인해 송출량에 맥동이 생기며 순간 송출유량도 피스톤의 위치에 따라 변하게 된다. 따라서 공기실을 송출측의 실린더 가까이에 설치하여 맥동을 줄인다. 즉, 송출압력이 높으면 송출액의 일부가 공기실의 공기를 압축하고, 압력이 약할 때에는 공기실의 압력으로 유체를 밀어 내어 항상 일정한 양의 유체가 송출되도록 한다.

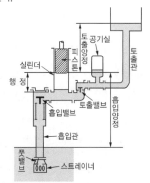

[왕복펌프의 구조]

**06** 체크밸브를 설치하는 주이유는?

① 유체의 압력을 일정하게 하기 위해

② 유체의 유속을 변화시키기 위해

③ 유체가 한 방향으로만 흐르게 하기 위해

④ 유체의 유동 방향을 바꾸기 위해

해설

체크밸브는 유체를 한쪽 방향으로만 흐르게 하고, 역방향의 흐름은 차단시키는 밸브이다.

**07** 유압회로 내의 최대 압력을 제어하는 밸브는?

① 릴리프밸브  ② 체크밸브

③ 감속밸브  ④ 바이패스밸브

해설

릴리프밸브는 유압장치의 과도한 압력 상승으로 인한 손상을 방지하기 위한 장치이다. 유압이 설정된 압력 이상으로 상승하면 밸브가 작동하여 유압을 흡입측으로 돌리거나 유압탱크로 다시 돌려보내는 역할을 한다.

**08** 유청정기에서 청정된 연료유가 일반적으로 이송되는 곳은?

① 섬프탱크  ② 침전탱크

③ 슬러지탱크  ④ 서비스탱크

해설

일반적으로 선박의 기관실에서 연료의 이송은 저장탱크(벙커탱크)에서 침전탱크(세틀링탱크, Settling Tank)로 이송하여 침전물을 드레인시키고, 청정기를 이용하여 수분과 불순물을 여과시켜 서비스탱크로 보낸다. 서비스탱크로 보내진 연료유는 펌프를 이용하여 기관에 공급된다.

**09** 다음 중 내부에 스프링이 포함되어 있는 것은?

① 체크밸브  ② 마우스 링

③ 릴리프밸브  ④ 랜턴 링

해설

릴리프밸브는 과도한 압력 상승으로 인한 손상을 방지하기 위한 장치이다. 펌프의 송출압력이 설정압력 이상으로 상승하면 밸브가 작동하여 유체를 흡입측으로 되돌려 과도한 압력 상승을 방지하고, 압력이 다시 낮아지면 밸브를 닫는다. 이때 스프링의 장력을 이용하여 릴리프밸브의 작동압력을 설정한다.

**10** 선박에서 많이 사용하는 왕복식 2단 공기압축기에서 1단 압축 후, 공기가 보내지는 곳은?

① 저압 실린더  ② 크랭크 케이스

③ 중간 냉각기  ④ 공기탱크

해설

왕복식 2단 공기압축기는 1단(저압)에서 압축된 공기가 중간 냉각기에서 냉각되어 2단(고압)으로 흡입되고, 다시 한 번 더 압축되어 공기탱크로 보내진다.

**11** 시동공기탱크의 내부에 고인 수분과 유분을 빼내는 역할을 하는 밸브는?

① 안전밸브  ② 드레인밸브

③ 릴리프밸브  ④ 유분리기

해설

시동공기탱크에는 공기압축기에서 압축된 공기 속에 포함된 유분이나 기관실의 온도 때문에 발생하는 수분이 고인다. 시동공기탱크에 수분이나 유분이 포함되어 있으면 고압의 시동공기가 들어가는 기관에 심각한 손상을 초래할 수 있기 때문에 드레인밸브를 개방하여 주기적으로 빼내어야 한다.

**12** 회전펌프에 포함되지 않는 펌프는?

① 기어펌프  ② 나사펌프

③ 슬라이딩 베인펌프  ④ 피스톤펌프

해설

회전식 펌프의 종류에는 기어, 나사, 베인펌프 등이 있다. 피스톤펌프는 왕복식 펌프의 종류이다.

**13** 조타장치의 전동 유압식 원동기에 사용되는 기름은?

① 터빈유  ② 기어유

③ 그리스  ④ 유압작동유

해설

조타장치의 전동 유압식 원동기에 사용되는 유압작동유의 조건

• 불활성이며 작동유를 확실히 전달시키기 위하여 비압축성이어야 한다.

• 동력 손실, 운동부 마모 방지, 누유 방지 등을 최소화하기 위하여 장치의 오일 온도 범위에서 회로 내를 유연하게 유동할 수 있는 점도가 유지되어야 한다.

- 수명이 길고 열, 물, 산화 및 전단에 대해 안정성이 커야 한다.
- 체적탄성계수가 크고, 인화점과 발화점이 높아야 한다.
- 장시간 사용해도 화학적으로 안정하여야 한다(산화안정성 및 내유화성).
- 녹이나 부식 등의 발생을 방지하여야 한다.
- 외부로부터 침입한 먼지나 오일 속에 혼입한 공기 등의 분리를 신속히 할 수 있어야 한다.
- 점도지수가 높아야 한다(온도 변화에 대한 점도 변화가 작은 것을 의미).

- 워핑드럼 : 회전축에 연결되어 체인드럼을 통하지 않고 계선줄을 직접 조정한다.
- 클러치 : 회전축에 동력을 전달한다.
- 체인드럼 : 앵커체인이 홈에 꼭 끼도록 되어 있어서 드럼의 회전에 따라 체인을 내어 주거나 감아올린다.
- 마찰 브레이크 : 회전축에 동력이 차단되었을 때 회전축의 회전을 억제한다.

## 14 조타장치의 유압펌프로 많이 사용되는 것은?

① 수격펌프      ② 벌류트펌프
③ 축 방향 피스톤펌프      ④ 축류펌프

**해설**
유압펌프는 원동기로부터 공급받은 기계 동력을 유체 동력으로 변환시키는 기기로, 주로 용적형 펌프가 많이 사용된다. 왕복식 펌프인 피스톤 펌프와 회전식인 기어펌프, 나사펌프, 베인 펌프가 사용된다.

## 15 조타장치의 4대 구성요소는?

① 조종장치, 추종장치, 원동기, 타장치
② 조종장치, 타장치, 완충장치, 전탐장치
③ 원동기, 추종장치, 완충장치, 어탐장치
④ 원동기, 타장치, 언로더 장치, 조종장치

**해설**
조타기는 조종장치, 조타기(원동기), 추종장치, 전달장치(타장치)로 구성되어 있다.

## 16 양묘기의 회전축에 설치되어 계선줄을 직접 감는 장치는?

① 워핑드럼      ② 래칫기어
③ 체인드럼      ④ 마찰 브레이크

**해설**

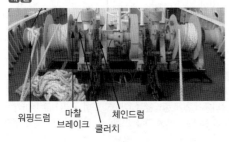

워핑드럼   마찰   체인드럼
    브레이크   클러치

[양묘기]

## 17 선박에서 생기는 폐유의 처리방법으로 적절하지 않은 것은?

① 폐유소각기로 태운다.
② 폐유보관용 탱크로 이송한다.
③ 육상처리시설로 양륙한다.
④ 세틀링탱크에서 약품으로 재생처리한다.

**해설**
폐유는 선박에 보관하여 육상폐유처리시설에 양륙하는 것이 가장 일반적인 방법이다. 항해가 길어지거나 기타 상황이 발생하여 선박의 폐유 보관탱크의 용량이 부족할 경우 승인을 받은 소각기가 설치되어 있는 선박에서는 폐유를 소각하기도 한다. 폐유는 절대적으로 해양 배출을 금지하고, 승인받지 않은 형태의 소각도 금지하고 있다.

## 18 닻을 감아 올리는 장치는?

① 윈드라스      ② 페어리더
③ 캡스턴      ④ 무어링윈치

**해설**
양묘기(윈드라스, Windlass)는 앵커(닻)를 감아올리거나 내릴 때 사용하는 장치로, 선박을 부두에 접안시킬 경우 계선줄을 감을 때 사용한다.

## 19 오수처리장치의 구성요소를 모두 고른 것은?

| ㉠ 스키머 | ㉡ 폭기탱크 |
|---|---|
| ㉢ 교반기 | ㉣ 염소용해기 |

① ㉠, ㉡, ㉢
② ㉠, ㉡, ㉣
③ ㉠, ㉢, ㉣
④ ㉡, ㉢, ㉣

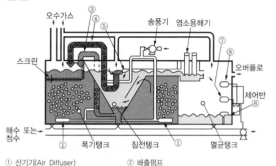

오수가스　　송풍기　염소용해기
스크린
오버플로
제어반
해수 또는
청수
① 산기기(Air Diffuser)　② 배출펌프
③ 공기 상승관(활성 슬러지 반송)
④ 공기 상승관(부유찌꺼기 반송)
⑤ 스키머(Skimmer)
⑥ 저수위 플로트 스위치
⑦ 고수위 플로트 스위치
⑧ 이상 고수위 플로트 스위치

폭기탱크　침전탱크　멸균탱크

**[생물화학적 오수처리장치의 구조]**

※ 교반기는 폐유 속의 슬러지가 탱크 밑바닥에 침전되지 않도록 섞어 주는 장치로 주로 폐유소각장치에 설치한다.

**20** 오수처리장치에 대한 설명으로 맞는 것은?

① 오수처리장치 운전 중 에어레이션 송풍기는 4시간에 1회 15분 정도 운전해 주어야 한다.
② 처리된 오수는 해양으로 배출하면 안 된다.
③ 선박에서 발생된 오수를 육상처리시설로 안전하게 이송하는 장치이다.
④ 오수처리장치에서 배양된 미생물은 해양으로 배출되기 전에 반드시 살균처리해야 한다.

해설
오수처리장치는 선내에서 발생하는 오수를 물리적, 화학적 또는 생물화학적 처리를 하여 배출하는 장치로, 오수처리장치에서 배양된 미생물은 반드시 대장균 등을 제거하는 살균처리를 하여 배출하여야 한다.
※ 총톤수 200[ton] 이상의 선박 또는 최대 승무 인원 10명을 초과하는 선박은 다음의 요건을 만족해야 한다.
• 연안 4해리 이내 : 배출 금지
• 연안 4~12해리 이내 : 생물화학적 산소요구량(BOD) 50[ppm] 이하, 부유 고형물 50[ppm] 이하, 대장균 수 200/100[ml] 이하로 처리하여 배출
• 연안으로부터 12해리 이상 : 선박이 4노트 이상의 속도로 항행 중일 때에는 특별한 제한 없이 배출 가능

**21** 냉동기의 증발기에서 압축기의 실린더로 액냉매가 혼합되어 들어올 때의 대책으로 알맞은 것은?

① 냉각수 양을 증가시킨다.
② 팽창밸브를 조절한다.

③ 응축기의 냉각관을 청소한다.
④ 냉매를 더 보충한다.

해설
압축기로 액냉매가 들어온다는 것은 증발기에서 과냉각되거나 팽창밸브에 문제가 발생한 경우로, 팽창밸브를 조절하여 팽창되는 냉매의 유량을 조절해야 한다.

**22** 냉동기의 유분리기에서 분리된 기름이 보내지는 장치는?

① 팽창밸브
② 액분리기
③ 압축기 크랭크실
④ 수액기

해설
유분리기는 압축기와 응축기 사이에 설치한다. 압축기에서 냉매가스와 함께 혼합된 윤활유를 분리·회수하여, 다시 압축기의 크랭크 케이스로 윤활유를 돌려보내는 역할을 한다.

**23** 냉동장치에서 증발코일에 낀 서리를 제거해야 하는 주이유는?

① 증발코일이 부식하여 고장의 원인이 되기 때문에
② 불응축가스가 계속 생기기 때문에
③ 전열이 불량하여 냉동효과가 저하되기 때문에
④ 냉동실 온도가 필요한 온도보다 더 낮아지기 때문에

해설
증발기의 증발관 표면에 공기 중의 수분이 얼어붙으면 증발관에서의 전열작용이 현저히 저하되어 냉동효과가 떨어지므로 제상장치를 설치하여 서리를 제거해야 한다.

**24** 냉동장치에서 팽창밸브의 역할로 틀린 것은?

① 냉매의 온도를 낮춘다.
② 냉매의 압력을 낮춘다.
③ 냉매의 수분을 제거한다.
④ 냉매의 유량을 조절한다.

해설
팽창밸브는 응축기에서 액화된 고압의 액체냉매를 저압으로 만들어 증발기에서 쉽게 증발할 수 있도록 하며, 증발기로 들어가는 냉매의 양을 조절하는 역할을 한다. 모세관식, 정압식, 감온식 및 전자식 팽창밸브가 있다.

**25** 냉동기 압축기의 흡입밸브 누설 시의 대책으로 적절한 것은?

① 밸브를 래핑한다.
② 냉매량을 감소시킨다.
③ 냉각수량을 증가시킨다.
④ 드라이어를 교환한다.

해설
압축기의 흡입밸브는 흡입측에서 냉매를 흡입할 때는 열리고, 냉매를 압축할 때는 닫혀서 흡입측으로 고압의 냉매가 새지 않아야 한다. 흡입밸브 누설 시 래핑(연마)하여 누설을 방지해야 한다. 여기에서의 흡입밸브는 냉동기 자체에 설치된 흡입밸브이며 냉매의 입구측 스톱밸브와는 구분해야 한다.

---

제**3**과목 **기관 3**

**01** 여자용 브러시가 있는 3상 교류동기발전기에서 슬립 링은 모두 몇 개인가?

① 1개  ② 2개
③ 3개  ④ 6개

해설
여자용 브러시가 있는 교류동기발전기의 슬립 링은 회전부와 고정부를 접속하는 부분으로, 여자장치에서 회전하고 있는 계자권선에 여자전류를 공급한다. 여자전류는 직류이므로 +측과 -측에 각각 1개씩 2개의 슬립 링을 설치한다.

**02** 3상 440[V] 분전반에서 접지등은 모두 몇 개인가?

① 1개  ② 2개
③ 3개  ④ 4개

해설
일반적으로 선박의 공급전압은 3상(R, S, T) 전압으로 배전반에는 3개의 접지등(누전표시등)이 설치된다. 테스트 버튼을 눌렀을 때 3개의 등이 모두 밝기가 같으면 누전되는 곳 없이 상태가 양호한 것이다. 만약 한 선이 누전되고 있다면 누전되고 있는 선의 접지등은 어두워지고 다른 등은 더 밝게 빛난다.

**03** 콘덴서의 용량을 나타내는 단위는?

① [mH]
② [$\mu$F]
③ [A]
④ [$\Omega$]

해설
정전용량(전기용량, 단위 : F )이란 콘덴서가 전하를 저장할 수 있는 능력으로, 물체가 전하를 축적하는 능력을 나타내는 물리량이다. 정전용량값은 $C$로 표시하고, 단위는 패럿(F)이다($C = \dfrac{q}{V}$, $q$는 전하량, $V$는 전압). 전기회로에서의 정전용량은 축전기라는 소자에 관계한다. 콘덴서(커패시터)라고도 하는 축전기는 본질적으로 절연물질 또는 유전체로 분리된 2장의 도체를 가깝게 붙인 샌드위치 모양인데 가장 중요한 기능은 전기에너지를 저장하는 것이다.

**04** 교류에서 전류 및 전압의 파형은 어떻게 변하는가?

① 방향은 일정하고 크기만 변화한다.
② 크기는 일정하고 방향만 변화한다.
③ 크기와 방향이 모두 변화한다.
④ 크기가 일정하다.

해설
교류는 시간에 따라 전류와 전압이 변하는 사인파의 파형을 가지므로 크기와 방향이 변화한다.

**05** 축전지의 용량을 증가시키는 방법으로 맞는 것은?

① 다수의 축전지를 같은 극성끼리 직렬연결
② 다수의 축전지를 같은 극성끼리 병렬연결
③ 다수의 축전지를 다른 극성끼리 직렬연결
④ 다수의 축전지를 다른 극성끼리 병렬연결

해설
축전지의 병렬연결은 다수의 축전지를 같은 극성끼리 연결해야 하고, 직렬연결은 다른 극성끼리 연결해야 한다.
• 축전지의 직렬연결 : 전압은 각 축전지 전압의 합과 같고 용량(전류)은 하나의 용량과 같다.
• 축전지의 병렬연결 : 전압은 축전지 하나의 전압과 같고 용량(전류)은 각 축전지 용량의 합과 같다.

**06** 직류발전기의 주요 구성요소에 해당하지 않는 것은?

① 전기자  　② 동기검정기

③ 정류자  　④ 브러시

**해설**
직류발전기는 계자, 전기자, 브러시, 정류자 등으로 이루어져 있다.
• 계자 : 자속을 발생시키는 부분으로 영구자석 또는 전자석으로 사용된다. 대부분의 발전기에는 철심과 권선으로 구성된 전자석이 사용된다.
• 전기자 : 기전력을 발생시키는 부분으로 철심과 권선으로 구성된다.
• 브러시 : 전기자 권선과 연결된 슬립 링이나 정류자편과 마찰하면서 기전력을 발전기 밖으로 인출하는 부분이다.
• 정류자 : 교류 기전력을 직류로 바꾸어 주는 부분이다.

**07** 전력에 대한 설명으로 틀린 것은?

① 교류의 전력에는 피상전력, 유효전력, 무효전력이 있다.

② 겉보기 전력이라고도 하며 전압과 전류의 값을 곱한 값은 피상전력이다.

③ 피상전력에 대한 유효전력의 비를 역률이라고 한다.

④ 피상전력에서 유효전력을 뺀 전력을 무효전력이라 하고, 단위는 [VA]이다.

**해설**
• 유효전력[W] : 부하에서 유용하게 사용되는 전력으로, 일반적으로 전기기기의 전력을 말한다.
• 피상전력[VA] : 전압과 전류의 값을 곱한 것으로, 겉보기 전력이라고도 한다.
• 무효전력[VAR] : 부하에서 사용되지 않고 전원과 부하 사이를 왕복하는 전력이다.
• 역률 : 교류회로에서 피상전력에 대한 유효전력으로, 전기기기에 실제로 걸리는 전압과 전류가 얼마나 유효하게 일을 하는가의 비율을 의미한다.

**08** 다음의 설명 중 옳은 것을 모두 고르면?

> ㉠ 구리선의 온도가 상승하면 저항이 커진다.
> ㉡ 전류와 저항은 서로 비례관계를 가진다.
> ㉢ 단면적이 같은 구리선은 길이가 긴 것의 저항이 작다.
> ㉣ 전류의 3대 작용에는 발열작용, 자기작용, 화학작용이 있다.

① ㉠, ㉡  　② ㉠, ㉣

③ ㉡, ㉢  　④ ㉢, ㉣

**해설**
㉠ 금속과 같이 자유전자가 많은 도체는 온도에 따라 저항이 증가한다. 그러나 반도체의 경우는 전류를 흐르게 하는 전자가 풍부하지 않아서 온도를 올리면 원자핵에 의해 속박하는 힘에 비해 전자의 운동이 활발해져 오히려 전류가 잘 흐르게 된다. 따라서 온도가 증가하면 저항이 감소한다.
㉡ 옴의 법칙에서 $I = \dfrac{V}{R}$ 이므로, 전류는 전압에 비례하고 저항에 반비례한다.
㉢ 저항$(R) \propto \dfrac{길이(l)}{단면적(A)}$
㉣ 전류의 3대 작용이란 발열작용, 화학작용, 자기작용이다.

**09** 주배전반에서 발전기의 회전속도를 제어하는 것은?

① ACB  　② 누전감시등

③ 동기검정장치  　④ 거버너 모터스위치

**해설**
조속기(거버너)는 여러 가지 원인에 의해 기관의 부하가 변동할 때 연료 공급량을 조절하여 기관의 회전속도를 원하는 속도로 유지하거나 가감하기 위한 장치이다. 주배전반에서 거버너 모터스위치를 조정하여 속도를 제어한다.

**10** 3상 Y결선된 회로에서 상전압이 100[V]이면 선간전압은 몇 [V]인가?

① 100[V]  　② 200[V]

③ $100\sqrt{3}$ [V]  　④ $200\sqrt{3}$ [V]

**해설**
• Y결선 : 선간전압 = $\sqrt{3}$ 상전압, 선간전류 = 상전류
• $\Delta$결선 : 선간전압 = 상전압, 선간전류 = $\sqrt{3}$ 상전류

**11** 교류발전기를 원동기의 형식에 따라 분류할 때 해당되지 않는 것은?

① 디젤발전기  　② 터빈발전기

③ 축발전기  　④ 분권발전기

**해설**
직류발전기의 종류는 계자권선과 전기자권선의 연결방식에 따라 다음과 같이 나뉜다.
• 직권발전기 : 계자권선을 전기자권선과 직렬로 연결한 것
• 분권발전기 : 계자권선을 전기자권선과 병렬로 연결한 것
• 복권발전기 : 계자권선을 직렬과 병렬로 혼합하여 연결한 것

**12** 교류회로에서 전압과 전류의 위상차가 $\theta$인 경우 역률은?

① $\sin\theta$
② $\cos\theta$
③ $\tan\theta$
④ $\cotan\theta$

**해설**

역률은 교류회로에서 피상전력에 대한 유효전력의 비로, 전기기기에 실제로 걸리는 전압과 전류가 얼마나 유효하게 일을 하는가의 비율을 의미하며 $\cos\theta$로 표시한다. 피상전력, 유효전력, 무효전력의 관계는 삼각벡터의 합으로 나타낼 수 있다.

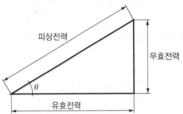

- 유효전력 = 피상전력×역률 = $EI\cos\theta$,

  즉 역률 = $\dfrac{\text{유효전력}}{\text{피상전력}}$ = $\cos\theta$

**13** 선박용 전선의 도체로 널리 사용되는 금속은?

① 철
② 구 리
③ 아 연
④ 알루미늄

**해설**

구리로 전선을 사용하는 이유

- 고유저항값이 작아서 전기가 잘 흐르고 발열이 작다.
- 인장강도가 높고 비교적 가격이 저렴하다.
- 쉽게 구겨져 가공 및 전선 배열이 쉽다.

**14** 다음 중 화재가 발생할 가능성이 가장 큰 것은?

① 단 락
② 단 선
③ 접 지
④ 저전압

**해설**

전기의 단락이란 합선을 생각하면 된다. 단락이 일어나면 회로 내에 순간적으로 엄청난 전류가 흐르게 되는데 이때 화재가 발생할 가능성이 매우 높다. 회로의 단락으로 인한 과전류를 방지하기 위해 차단기를 설치한다.

**15** 축전지 용량을 나타내는 [Ah]의 의미로 가장 옳은 것은?

① 충전전류와 방전시간을 곱한 값이다.
② 방전전류와 충전시간을 곱한 값이다.
③ 방전전류와 방전시간을 곱한 값이다.
④ 충전전류와 충전시간을 곱한 값이다.

**해설**

축전지의 용량(암페어시, [Ah]) = 방전전류[A] × 종지전압까지의 방전시간[h]

**16** 동기발전기의 회전속도를 결정하는 요소는?

① 전압과 위상
② 주파수와 극수
③ 극수와 전압
④ 위상과 주파수

**해설**

$n = \dfrac{120f}{p}$ [rpm]($n$ = 동기속도, $p$ = 자극의 수, $f$ = 주파수)

**17** 아날로그 멀티테스터에서 선택스위치를 교류 500[V]의 측정범위에 놓고 측정한 결과가 다음 그림과 같다면 현재 전압은 약 얼마인가?

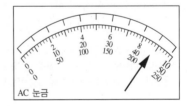

① 8.4[V]
② 44[V]
③ 440[V]
④ 880[V]

**해설**

멀티테스터의 선택스위치를 500[V]에 놓고 측정했으므로 문제 그림의 눈금 맨 오른쪽 최대 범위(10, 50, 250) 중 50의 눈금에서 10을 곱하면 된다. 바늘이 44를 가리키고 있으므로 44×10 = 440[V]이다.

선택스위치의 값에 따라 바늘의 위치가 변하고 눈금을 읽는 숫자도 달라진다. 선택스위치의 값을 다르게 했을 경우 바늘의 가리키는 눈금이 위의 문제와 같다고 하면 측정값은 다음과 같다.

- 선택스위치 1,000[V] : 문제의 그림에서 최대 범위 10에서 바늘이 가리키는 숫자를 읽고 100을 곱하면 880[V]이다.
- 선택스위치 250[V] : 문제의 그림의 최대 범위 250의 눈금을 그대로 읽으면 220[V]이다.
- 선택스위치 50[V] : 문제의 그림의 최대 범위 50의 눈금을 그대로 읽으면 44[V]이다.

**18** 납축전지를 직렬로 연결했을 때 얻을 수 있는 장점은?

① 축전지 수명이 더 길어진다.
② 수소가스가 발생하지 않는다.
③ 전류용량을 더 크게 할 수 있다.
④ 전압을 더 높일 수 있다.

**해설**
• 축전지의 직렬연결 : 전압은 각 축전지 전압의 합과 같고, 용량(전류)은 하나의 용량과 같다.
• 축전지의 병렬연결 : 전압은 축전지 하나의 전압과 같고, 용량(전류)은 각 축전지 용량의 합과 같다.
圓 12[V] 축전지 3개의 병렬연결 → 12[V],
　 12[V] 축전지 3개의 직렬연결 → 36[V]

**19** 교류 기전력을 직류로 바꿀 때 사용하는 것은?

① 브러시
② 정류자
③ 계 자
④ 전기자

**해설**
② 정류자 : 교류 기전력을 직류로 바꾸어 주는 부분이다.
① 브러시 : 전기자권선과 연결된 슬립 링이나 정류자편과 마찰하면서 기전력을 발전기 밖으로 인출하는 부분이다.
④ 전기자 : 기전력을 발생시키는 부분으로 철심과 권선으로 구성된다.
③ 계자 : 자속을 발생시키는 부분으로 영구자석 또는 전자석으로 사용된다. 대부분의 발전기는 철심과 권선으로 구성된 전자석이 사용된다. 여자전류를 계자권선에 흘려주면 자계를 발생시킨다.

**20** 변압기의 1차 측이 의미하는 것은?

① 전원측
② 부하측
③ 고압측
④ 저압측

**해설**
변압기에서 전원이 연결된 쪽의 코일을 1차 코일이라고 한다. 즉, 입력측이 1차이고, 출력측이 2차가 된다.

**21** 선박용 납축전지의 전해액으로 사용하는 두 가지 액체에 해당하는 것은?

① 황산 + 증류수
② 황산 + 묽은 염산
③ 염산 + 바닷물
④ 염산 + 청수

**해설**
납축전지의 전해액은 증류수에 황산을 혼합시킨 것이다.

**22** 축전지 단자의 양극(+)을 표시하는 방법으로 옳은 것은?

① 붉은색 – N 표시
② 붉은색 – P 표시
③ 검은색 – N 표시
④ 검은색 – P 표시

**해설**
축전지에서 양극(+)은 P(Positive Electrode), 음극(−)은 N(Negative Electrode)로 표시 한다. 또한 양극의 전선단자는 붉은색, 음극의 전선단자는 흑색으로 표시한다.

**23** 선박의 배전반에서 교류 전류계와 연결되는 것은?

① 단권 변압기
② 계기용 변압기(PT)
③ 계기용 변류기(CT)
④ 배선용 차단기

**해설**
CT(계기용 변류기, Current Transformer)는 큰 전류를 작은 전류로 바꾸어 주는 장치이다. 배전반에 CT를 설치하는 이유는 전력계통에 흐르는 대전류를 직접 계측하지 않고 적당한 값으로 전류를 바꾸어 값을 표시하여 계측기기를 보호하기 위해서이다.

**24** 직류전원회로의 구성요소에 해당하지 않는 것은?

① 정전압회로
② 평활회로
③ 정류회로
④ 기억회로

**해설**
직류전원회로란 교류전원을 일정한 전압을 갖는 직류전원으로 변환시키는 회로이다. 그 종류에는 정류회로, 평활회로, 정전압회로 등이 있으며, 정류회로는 반파정류회로, 전파정류회로로 나뉜다.

**25** 다음 중 단자가 양극(애노드)과 음극(캐소드)으로 구별되는 소자는?

① 저 항
② 다이오드
③ 인버터
④ 트랜지스터

해설
다이오드는 P-N 접합으로 만들어진 것으로, 전류는 P형(애노드, +)에서 N형(캐소드, -)의 한 방향으로만 통하는 소자이다. 다이오드는 교류를 직류로 바꾸는 정류작용을 한다.

제**4**과목 **직무일반**

**01** 매 항차 종료 시에 본선의 기관 상태, 유류 소모량 등을 요약해서 작성하는 것은?

① 기관실일지 ② 기관장일지
③ 기관적요일지 ④ 폐기물기록부

해설
기관적요일지는 매 항차 종료 시에 본선의 엔진 상태나 유류 소모량 등을 한눈에 파악할 수 있도록 작성하며, 선박의 운항 실태 파악 및 실적 분석 등에 사용한다.

**02** 정박 중 기관일지에 기입해야 할 내용으로 적절하지 않은 것은?

① 정박 장소 및 당일의 작업내용
② 연료유나 윤활유의 수급내용
③ 운전 중인 발전기의 윤활유 압력
④ 주기관의 평균 회전수

해설
정박 중에는 주기관이 정지해 있으므로 관련 데이터를 기입하지 않는다.

**03** 항해 중 갑자기 주기관의 정지나 후진이 지령된 경우 당직 기관사가 조치해야 할 순서로 올바른 것은?

① 텔레그래프 회신 → 주기관 조작 → 기관장 보고
② 기관장 보고 → 텔레그래프 회신 → 주기관 조작
③ 주기관 조작 → 기관장 보고 → 텔레그래프 회신
④ 텔레그래프 회신→기관장 보고 → 주기관 조작

해설
당직 기관사는 항해 중 주기관의 정지나 후진 지령 시 즉시 응답해서 주기관을 조작해야 하고, 필요시 기관장에 상황을 보고해야 한다.

**04** 선박의 입거 중 주의사항으로 적절하지 않은 것은?

① 화재 예방에 만전을 기한다.
② 기름, 오물 등을 선외로 버리지 않는다.
③ 선체 수리 중인 작업자들의 안전을 확보한다.
④ 육상 전원 사용 시 본선의 배선용 차단기는 모두 차단시킨다.

해설
입거 중 육상 전원을 사용하는 것은 본선의 발전기를 운전하지 않고 전력을 공급한다는 의미이다. 육상 전원을 사용하여 본선의 기기를 운전하고자 할 때는 관련 기기의 배선용 차단기는 연결시켜 놓는다.

**05** 항해 중 당직 기관사의 일반적인 주의사항에 해당하지 않는 것은?

① 주기관 배기온도의 급격한 변동
② 운전 중인 발전기 여자전류의 급격한 변동
③ 기기의 경보 발생 여부
④ 주기관 회전수의 급격한 변동

해설
대부분의 발전기는 여자전류를 자동으로 공급되는 시스템을 갖추고 있어 당직 중 여자전류를 조정하지 않는다.
• 여자기 : 여자전류를 흘려주는 장치로, 여자전류란 자계를 발생시키기 위한 전류로, 계자권선에 흐르는 전류이다. 자속은 권선에 흐르는 전류에 비례하여 발생하는데 이 권선에 공급되는 전류를 말한다. 만약 여자전류를 흘려주지 못하면 발전기에서 전기가 발생되지 않는다.

**06** 디젤기관에서 실린더라이너의 마멸량을 계측할 때 필요한 것은?

① 틈새 게이지
② 피치 게이지
③ 외경 마이크로미터
④ 내경 마이크로미터

**해설**
피스톤이 실린더 내부에서 왕복운동을 하기 때문에 마모가 발생한다. 이때 실린더 게이지, 텔레스코핑 게이지, 안지름(내경) 마이크로미터 등으로 실린더 내부의 마모량을 계측해서 기준치 이상의 마모가 발생했을 때는 조치를 취해야 한다.

**07** 피예인선의 기름기록부는 누가, 어디에 보관해야 하는가?

① 기관장이 선박에 비치한다.
② 선적항의 세관 사무실에 비치한다.
③ 선박 소유자가 육상의 사무실에 비치한다.
④ 선적항의 공무원이 지방해양수산청에 비치한다.

**해설**
기름기록부는 연료 및 윤활유의 수급, 기관실 유수분리기의 작동 및 수리사항, 선저폐수의 배출·이송·처리 및 폐유처리 등의 사항을 기록하는 것으로, 해양환경 관리의 중요한 자료이며 마지막 작성일로부터 3년간 보관해야 한다. 선박의 경우에는 본선에 비치하고, 피예인선과 같은 경우에는 선박 소유자가 육상의 사무실에 비치할 수 있다.

**08** 총톤수 100[ton] 이상 400[ton] 미만의 유조선이 아닌 선박의 기관구역에 설치해야 할 기름오염방지설비가 아닌 것은?

① 배출관장치
② 기름여과장치
③ 선저폐수저장탱크
④ 선저폐수농도경보장치

**해설**
기름오염방지설비의 설치 대상 및 설치기기는 유조선과 유조선 외 선박의 톤수마다 차이가 있다. 가장 기본이 되는 선저폐수저장탱크 또는 기름여과장치 및 배출관장치는 유조선은 총톤수 50[ton] 이상 400[ton] 미만, 유조선 외 선박은 총톤수 100[ton] 이상 400[ton] 미만의 선박에 설치해야 한다. 선저폐수농도경보장치는 총톤수 1만[ton] 이상 모든 선박에 설치해야 한다.

**09** 기관실 선저폐수를 비자동방식으로 선외 배출할 경우 기름기록부에 기록해야 할 내용으로 적절하지 않은 것은?

① 배출한 시간
② 배출한 위치
③ 배출 또는 처분방법
④ 선저폐수의 총저장량

**해설**
선저폐수를 배출할 때 기름기록부에 기재할 사항은 배출한 양, 배출 시간, 배출 위치, 배출 또는 처분방법 등이다.

**10** 선박에 비치된 기관구역 기름기록부에 기록해야 할 작업내용으로 적절하지 않은 것은?

① 사고 또는 기타 예외적인 기름의 배출
② 연료 또는 산적 윤활유의 적재
③ 유성잔류물의 처리
④ 폐기물의 소각

**해설**
소각기로 폐유를 소각했다면 기름기록부에 기입해야 하지만, 폐기물 소각은 폐기물기록부에 기록해야 한다.

**11** 해양환경관리법상 분뇨오염방지설비를 설치해야 할 선박에 해당하지 않는 것은?

① 수상레저기구 안전검사증에 따른 승선 정원이 16명 이상인 선박
② 총톤수 400[ton] 미만의 선박으로서 선박검사증서상 최대 승선 인원이 16명 이상인 선박
③ 총톤수 400[ton] 미만의 선박으로서 어선검사증서상 최대 승선 인원이 16명 미만인 어선
④ 선박검사증서상 최대 승선 인원이 16인 미만인 부선을 제외한 총톤수 400[ton] 이상의 선박

해설
선박에서의 오염방지에 관한 규칙 제14조(분뇨오염방지설비의 대상 선박·종류 및 설치기준)
해양환경관리법에 따라 분뇨오염방지설비를 설치해야 되는 선박은 다음과 같다.
- 총톤수 400[ton] 이상의 선박(선박검사증서상 최대 승선 인원이 16인 미만의 부선은 제외한다)
- 선박검사증서 또는 어선검사증서상 최대 승선 인원이 16명 이상인 선박
- 수상레저기구 안전검사증에 따른 승선 정원이 16명 이상인 선박
- 소속 부대의 장 또는 경찰관서의 장이 정한 승선 인원이 16명 이상인 군함과 경찰용 선박

**12** 관절의 뼈가 제자리에서 이탈한 상태로 혈관, 인대, 신경에 손상을 준 상태는?

① 탈 구　　　　　② 화 상
③ 찰과상　　　　　④ 자 상

해설
① 탈구 : 관절을 형성하는 뼈들이 제자리를 이탈하는 현상
② 화상 : 열에 의해 피부세포가 파괴되거나 괴사되는 것
③ 찰과상 : 넘어지거나 긁히는 등의 마찰에 의하여 피부 표면에 수평적으로 생기는 외상
④ 자상 : 칼처럼 끝이 뾰족하고 날카로운 기구에 찔린 상처

**13** 지압점을 눌러서 심장에서 출혈된 부위쪽으로 공급되는 혈류의 흐름을 차단시키는 지혈법은?

① 국소거양법　　　　② 지혈대법
③ 직접압박법　　　　④ 간접압박법

해설
④ 간접압박법 : 직접압박법으로 출혈이 잡히지 않을 때 사용하는 방법이다. 동맥 손상 시에 사용하는 방법으로, 머리 및 팔다리의 동맥에 손가락으로 직접 압력을 가해 동맥의 혈류를 차단시키는 지혈법이다.
① 국소거양법 : 중력을 이용한 지혈법으로, 상처 및 출혈 부위를 심장보다 높게 하여 혈류를 중력에 의해 조금 떨어뜨리는 방법이다. 바로 지혈효과가 나타나지 않지만 일반적으로 직접압박법과 함께 병행한다.
② 지혈대 지혈법 : 동맥성 출혈 시 사용하는 지혈법으로, 동맥 손상으로 인한 출혈 과다로 사망 위험이 있을 때 위급상황 시에만 사용한다. 간접압박법으로는 동맥을 오랜 시간 차단할 수가 없기 때문에 지혈대를 설치하여 동맥을 완전히 차단한다. 지혈대는 신체 부위 중 팔다리에만 설치할 수 있기 때문에 팔다리의 절단 및 동맥 손상 외에는 사용할 수 없다.

③ 직접압박법 : 상처 부위를 깨끗한 거즈나 천으로 덮고 균등한 압력을 가하는 것이다. 보통 정맥성 출혈까지는 이 지혈법을 사용한다.

**14** 다음 보기의 (　) 안에 들어갈 용어로 알맞은 것은?

[보 기]
기관실 침수사고를 방지하기 위하여 해수 윤활식 선미관 장치가 설치된 선박에서는 입항하면 반드시 선미관의 (　　)를(을) 조정한다.

① 패킹 글랜드　　　② 슬리브
③ 중간 베어링　　　④ 윤활유 압력

해설
해수 윤활식 선미관의 한 종류인 글랜드 패킹형은 항해 중에는 해수가 약간 새어 들어오는 정도로 글랜드를 죄어 주고 정박 중에는 물이 새어 나오지 않도록 죄어 준다. 축이 회전하는 중에 해수가 흐르지 않게 너무 꽉 잠그면 글랜드 패킹의 마찰에 의해 축 슬리브의 마멸이 빨라지거나 소손된다. 글랜드 패킹 마멸을 방지하기 위해 소량의 누설 해수와 정기적인 그리스 주입으로 윤활이 잘 일어나도록 출항 전에는 원상태로 조정해야 한다.

**15** 선박이 좌초되었을 때 가장 먼저 취해야 할 조치로 맞는 것은?

① 선장에게 보고한다.
② 침수 장소와 정도를 파악한다.
③ 침수 부위를 막는 작업을 한다.
④ 수밀문을 폐쇄한다.

해설
선박이 암초에 좌초되었을 때는 손상 부위와 정도를 파악하여 해수가 유입되는 곳이 있는지를 확인하는 것이 우선이다. 수밀문을 폐쇄하거나 탈출을 준비하는 것은 침수되어 상황이 악화되었을 때의 조치이다.

**16** 독립 빌지관을 설치하는 장소는?

① 기관실　　　　　② 타기실
③ 비상 발전기실　　④ 선미부 선창

해설
독립 빌지관 및 비상 빌지관은 빌지펌프 및 최대 용량의 해수펌프가 있는 기관실에 설치한다.

**17** 선박이 충돌하여 침몰 위험이 예상될 때의 조치로 적절하지 않은 것은?

① 인명의 대피
② 기관일지의 반출
③ 수밀문의 폐쇄
④ 갈 수 있는 곳까지 항해

해설
선박 충돌 후 침몰이 예상될 때는 사람을 대피시킨 후 수심이 낮고 안전한 곳으로 이동시켜야 한다. 대피 시 가능한 한 선내 중요한 서류는 반출한다.

**18** 포말소화기에 대한 설명으로 맞는 것은?

① 방사할 때는 바로 세워서 사용한다.
② B급 화재는 화재의 중심부에 사출한다.
③ 유류 화재를 소화하는 데 많이 사용한다.
④ A급 화재는 화재의 뒷면이나 구조물에 사출한다.

해설
포말소화기는 주로 유류 화재를 소화하는 데 사용한다. 유류 화재의 경우 포말이 기름보다 가벼워서 유류의 표면을 계속 덮고 있어 화재의 재발을 막는 데 효과가 있다. 평소에는 세워서 보관대에 걸어 두고, 사용할 때는 소화기의 노즐을 잡고 거꾸로 뒤집어 4~5회 흔든 후 노즐 구멍을 막고 있던 손을 떼고 불을 향해 가까운 곳부터 비로 쓸듯이 방사한다.

**19** 화재를 진압하는 주된 소화방법으로 적절하지 않은 것은?

① 질식소화
② 희석소화
③ 냉각소화
④ 부촉매소화

해설
• 질식소화 : 산소를 공급하는 산소 공급원을 차단시켜 소화하는 방법
• 냉각소화 : 타는 물체의 온도를 낮춰 불을 끄는 방법
• 부촉매소화(억제소화) : 화학반응이 잘 일어나지 않도록 하는 부촉매제를 사용하여 가연물질의 연속적인 연쇄반응이 일어나지 않도록 화재를 소화시키는 방법
• 제거소화 : 불에 탈 가연물을 미리 제거하거나 타지 않게 하는 방법으로, 식생을 제거하여 방화선을 구축하거나 연소 저지선을 설정하여 진화하는 방법

**20** 화재탐지장치의 구비요건으로 적절하지 않은 것은?

① 자동으로 작동할 수 있을 것
② 사용 전원은 주전원 1개로 되어 있을 것
③ 통상적인 공급전력의 순간 변동, 주위온도의 변화, 진동 등에 견딜 것
④ 어느 탐지기가 작동하더라도 가시, 가청경보를 발할 것

해설
화재탐지장치는 주전원이 차단되어도 비상전원으로 작동될 수 있어야 한다.

**21** 소방원 장구에서 전기안전등의 지속 점등시간은 몇 시간인가?

① 1시간
② 3시간
③ 5시간
④ 7시간

해설
소방원 장구의 안전등은 최소 3시간 연속 점등이 가능해야 한다.

**22** 해양환경관리법상 선박으로부터 대량의 기름이 해양으로 배출된 경우에 지체 없이 해양경찰청장 또는 해양경찰서장에게 신고하지 않아도 되는 사람은?

① 기름의 배출원인이 되는 행위를 한 자
② 배출된 기름을 발견한 자
③ 배출된 기름이 적재된 선박의 선장
④ 배출된 기름이 적재되어 있던 선박의 기관장

해설
해양환경관리법 제63조(오염물질이 배출되는 경우의 신고의무)
대통령령이 정하는 배출기준을 초과하는 오염물질이 해양에 배출되거나 배출될 우려가 있다고 예상되는 경우 다음의 어느 하나에 해당하는 자는 지체 없이 해양경찰청장 또는 해양경찰서장에게 이를 신고하여야 한다.
• 배출되거나 배출될 우려가 있는 오염물질이 적재된 선박의 선장 또는 해양시설의 관리자. 이 경우 해당 선박 또는 해양시설에서 오염물질의 배출원인이 되는 행위를 한 자가 신고하는 경우에는 그러하지 아니하다.
• 오염물질의 배출원인이 되는 행위를 한 자
• 배출된 오염물질을 발견한 자

**23** 6급 기관사 면허를 받고자 하는 사람이 갖추어야 할 승선 경력으로 맞는 것은?

① 주기관 추진력 500[kW] 이상 선박에서 기관의 운전 1년

② 기관 추진력이 500[kW] 이상의 함정에서 기관의 운전 1년

③ 주기관 추진력이 150[kW] 이상 500[kW] 미만의 선박에서 기관의 운전 1년

④ 주기관 추진력이 150[kW] 이상 500[kW] 미만의 함정에서 기관의 운전 1년

**해설**
선박직원법 시행령 [별표 1의3]
• 주기관 추진력이 500[kW] 이상의 선박에서 기관의 운전 1년
• 주기관 추진력이 500[kW] 이상의 함정에서 기관의 운전 2년
• 주기관 추진력이 150[kW] 이상 500[kW] 미만의 선박에서 기관의 운전 3년
• 주기관 추진력이 150[kW] 이상 500[kW] 미만의 함정에서 기관의 운전 3년

**24** 선박안전법에서 규정하는 선박검사증서의 유효기간은 몇 년인가?

① 1년

② 3년

③ 5년

④ 7년

**해설**
선박안전법 제16조(선박검사증서 및 국제협약검사증서의 유효기간 등)
선박검사증서 및 국제협약검사증서의 유효기간은 5년 이내의 범위에서 대통령령으로 정한다.

**25** 해양사고와 관련하여 제2심의 심판은 어디에서 행하는가?

① 해양경찰청

② 중앙해양안전심판원

③ 사고발생 해역을 관할하는 지방해양안전심판원

④ 선박의 선적항을 관할하는 지방해양안전심판원

**해설**
해양사고의 조사 및 심판에 관한 법률 제58조(제2심의청구)
조사관 또는 해양사고관련자는 지방심판원의 재결(특별심판부의 재결을 포함한다)에 불복하는 경우에는 중앙심판원에 제2심을 청구할 수 있다.

## 제1과목 기관 1

**01** 4행정 사이클 디젤기관에 대한 설명으로 틀린 것은?

① 작동행정에서 주로 연료의 연소가 일어난다.
② 압축행정에서 피스톤은 하사점에서 상사점으로 움직인다.
③ 흡입행정에서 피스톤은 하사점에서 상사점으로 움직인다.
④ 흡입행정에서 연료와 공기가 혼합된 상태로 실린더에 유입된다.

해설
4행정 사이클 기관은 흡입행정 → 압축행정 → 폭발(작동)행정 → 배기행정 순으로 피스톤이 움직인다. 배기행정에서 흡입행정으로 넘어가기 전(보통 상사점 전 약 20°)에 흡입밸브가 미리 열리고, 압축행정에서 상사점 전에 연료분사밸브가 열려 연료를 분사하고 폭발행정으로 넘어간다.

**02** 디젤기관에서 크랭크 저널 부위에 설치되어 크랭크축을 지지하는 장치는?

① 커넥팅 로드
② 추력 베어링
③ 크랭크핀 베어링
④ 메인 베어링

해설
크랭크축이 기관베드와 접촉되는 부분을 크랭크 저널이라고 한다. 크랭크 저널과 기관베드 사이에 메인 베어링이 설치되어 크랭크축을 지지하고 윤활을 통해 회전을 원활하게 하는 역할을 한다.

**03** 4행정 사이클 6실린더 디젤기관의 크랭크가 몇 ° 회전할 때마다 연료분사가 일어나는가?

① 30°
② 90°
③ 120°
④ 180°

해설
4행정 사이클에 6실린더이므로 폭발 간격은 120°이다.

• 4행정 사이클 기관의 폭발 간격 : $\dfrac{720°}{실린더수}$ (4행정 사이클은 1사이클에 크랭크축이 2회전하므로 720° 회전한다)

• 2행정 사이클 기관의 폭발 간격 : $\dfrac{720°}{실린더수}$ (2행정 사이클은 1사이클에 크랭크축이 1회전하므로 360° 회전한다)

**04** 디젤기관에서 피스톤의 상사점과 하사점 사이의 부피는?

① 압축 부피
② 행정 부피
③ 상하 부피
④ 실린더 부피

해설
• 실린더 부피 : 피스톤이 하사점에 있을 때 실린더 내의 전 부피이다.
• 행정 부피 : 피스톤이 왕복운동을 하여 움직인 부피로, 즉 상사점과 하사점 사이의 부피이다.
• 압축 부피 : 피스톤이 상사점에 있을 때 피스톤 상부의 부피이다.

• 압축비 $= \dfrac{실린더 \ 부피}{압축 \ 부피} = \dfrac{압축 \ 부피 + 행정 \ 부피}{압축 \ 부피}$

(실린더 부피 = 압축 부피 + 행정 부피)

**05** 운전 중인 디젤기관에서 노킹 발생의 원인으로 적절하지 않은 것은?

① 냉각수의 온도가 너무 낮은 경우
② 초기 연료 공급량이 너무 많은 경우
③ 연료 분사시기가 너무 빠른 경우
④ 연료 계통 내에 공기가 침입한 경우

**해설**
디젤노크(디젤노킹) : 연소실에 분사된 연료가 착화 지연기간 중에 축적되어 일시에 연소되면서 급격한 압력 상승이 발생하는 현상이다. 노크가 발생하면 커넥팅 로드 및 크랭크축 전체에 비정상적인 충격이 가해져서 커넥팅 로드의 휨이나 베어링 손상을 일으킨다. 디젤 노크의 방지책은 다음과 같다.
- 세탄가가 높아 착화성이 좋은 연료를 사용한다.
- 압축비, 흡기온도, 흡기압력의 증가와 더불어 연료 분사 시의 공기압력을 증가시킨다.
- 발화 전에 연료 분사량을 적게 하고, 연료가 상사점 근처에서 분사되도록 분사시기를 조정한다(복실식 연소실 기관에서는 스로틀 노즐을 사용한다).
- 부하를 증가시키거나 냉각수 온도를 높여 연소실 벽의 온도를 상승시킨다.
- 연소실 안의 와류를 증가시킨다.

**06** 디젤기관에서 실린더라이너와 피스톤 링 사이를 윤활하는 목적으로 올바른 것은?
① 실린더의 연소압력을 높이기 위해서
② 피스톤의 왕복운동 속도를 높이기 위해서
③ 연소실에 윤활유가 들어가 연소를 촉진시키기 위해서
④ 실린더라이너의 마멸을 줄이기 위해서

**해설**
윤활유의 기능
- 감마작용 : 기계와 기관 등의 운동부 마찰면에 유막을 형성하여 마찰을 감소시킨다.
- 냉각작용 : 윤활유를 순환 주입하여 마찰열을 냉각시킨다.
- 기밀작용(밀봉작용) : 경계면에 유막을 형성하여 가스 누설을 방지한다.
- 방청작용 : 금속 표면에 유막을 형성하여 공기나 수분의 침투를 막아 부식을 방지한다.
- 청정작용 : 마찰부에서 발생하는 카본(탄화물) 및 금속 마모분 등의 불순물을 흡수하는데 대형 기관에서는 청정유를 순화하여 청정기 및 여과기에서 찌꺼기를 청정시켜 준다.
- 응력분산작용 : 집중하중을 받는 마찰면에 하중의 전달면적을 넓게 하여 단위면적당 작용하중을 분산시킨다.

**07** 디젤기관에서 연소실을 구성하는 부품에 해당하지 않는 것은?
① 피스톤　② 크랭크축
③ 실린더헤드　④ 실린더라이너

**해설**
디젤기관에서 폭발이 일어나는 연소실은 실린더헤드, 실린더라이너, 피스톤 사이의 공간이다.

**08** 디젤기관의 피스톤 링을 양호한 상태로 유지하기 위해 주의해야 할 사항으로 적절하지 않은 것은?
① 링의 절구 틈 및 옆 틈이 적당한지 확인한다.
② 링의 조립 시 상하 방향이 반대로 조립되지 않도록 한다.
③ 링의 절구 틈은 상하 방향으로 각각 일직선이 되도록 한다.
④ 링의 홈을 깨끗이 청소한 후 조립한다.

**해설**
피스톤 링의 절구 틈은 연소가스의 누설을 막기 위해 겹치지 않도록 180°로 엇갈리도록 배열해야 한다.

**09** 디젤기관에서 피스톤 링의 역할로 틀린 것은?
① 기밀 유지
② 전열작용
③ 실린더 냉각방지
④ 윤활유 균등 분포

**해설**
피스톤 링은 압축 링과 오일 스크레이퍼 링으로 구성되어 있다. 압축 링은 피스톤과 실린더라이너 사이의 기밀을 유지하고 피스톤에서 받은 열을 실린더 벽으로 방출하며, 오일 스크레이퍼 링은 실린더라이너 내의 윤활유가 연소실로 들어가지 못하도록 긁어내리고 윤활유를 라이너 내벽에 고르게 분포시킨다.

**10** 디젤기관에서 평형추의 역할로 옳지 않은 것은?
① 기관의 진동을 줄인다.
② 기관의 불균일한 회전운동을 보정한다.
③ 메인 베어링의 마찰을 감소시킨다.
④ 크랭크축의 강도를 보강한다.

해설
평형추(밸런스 웨이트)는 크랭크축의 형상에 따른 불균형을 보정하고 회전체에 평형을 이루기 위해 설치하는데 기관의 진동을 작게 하고 원활한 회전을 하도록 하며 메인 베어링의 마찰을 감소시킨다. 설치 장소는 다음 그림과 같이 크랭크핀 반대쪽 암 부분이다.

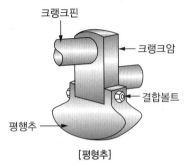

[평형추]

**11** 플라이휠의 설치목적과 용도로 적절하지 않은 것은?

① 회전력 균일
② 밸브 조정을 위한 터닝
③ 기관의 시동 용이
④ 과부하 운전의 방지

해설
플라이휠은 작동행정에서 발생하는 큰 회전력을 플라이휠 내에 운동에너지로 축적하고, 회전력이 필요한 그 밖의 행정에서는 플라이휠의 관성력으로 회전한다. 플라이휠은 크랭크축의 회전력을 균일하게 하고 저속 회전을 가능하게 하며 기관의 시동을 쉽게 한다. 이 밖에 기관의 정비작업에서 플라이휠을 터닝시켜 흡·배기밸브의 조정을 편리하게 하는 역할도 한다.

**12** 디젤기관에서 메인 베어링 메탈이 편마모할 때의 대책으로 틀린 것은?

① 과부하 운전을 하지 않도록 한다.
② 각 베어링의 하중이 같도록 한다.
③ 각 베어링의 틈새를 더 크게 조정한다.
④ 기관베드의 변형이 생기지 않도록 한다.

해설
베어링의 편마모는 베어링 메탈의 표면이 한쪽으로 치우쳐서 마모되는 현상이다. 메인 베어링의 틈새가 너무 작으면 냉각이 불량해져서 과열로 인해 베어링이 눌러 붙게 되고, 너무 크면 충격이 크고 윤활유의 누설이 많아지면서 편마모가 일어날 수 있다.

**13** 디젤기관에서 피스톤의 왕복운동을 플라이휠의 회전운동으로 바꾸어 주는 것은?

① 캠과 캠축
② 실린더와 피스톤
③ 피스톤과 피스톤핀
④ 연접봉과 크랭크축

해설
연접봉(커넥팅 로드)은 피스톤이 받는 폭발력을 크랭크축에 전달하고 피스톤의 왕복운동을 크랭크축의 회전운동으로 바꾸는 역할을 한다.

**14** 과급이 기관의 성능에 미치는 영향으로 맞는 것은?

① 연료소비율 증가
② 단위출력당 기관 중량의 증가
③ 평균 유효압력 증가
④ 냉각 손실의 증가

해설
과급기는 실린더로부터 나오는 배기가스를 이용하여 과급기의 터빈을 회전시키고 터빈이 회전하면 같은 축에 있는 송풍기가 회전하면서 외부의 공기를 흡입하여 압축하고, 냉각기를 거쳐 밀도가 높아진 공기를 실린더의 흡입공기로 공급하는 원리이다. 이렇게 과급을 하면 평균 유효압력이 높아져 기관의 출력을 증대시킬 수 있다.

**15** 디젤 주기관의 정지 시에 대한 설명으로 틀린 것은?

① 기관 정지 직후 각 실린더의 냉각수 입·출구밸브를 모두 잠근다.
② 가능하면 기관을 서서히 정지시킨다.
③ 정지 후 일정시간 동안 터닝하여 실린더 내의 잔류가스를 배출시킨다.
④ 정지 후 각 윤활부를 일정시간 동안 윤활시킨다.

**해설**

기관을 시동·정지할 때에는 기관의 부동팽창을 막기 위해 서서히 예열 및 냉각시켜야 한다. 기관 시동 전후에 예열을 하고 냉각수의 온도를 적정하게 유지하며, 갑자기 속도를 변화하여 온도 변화가 급격하게 일어나는 것을 막아야 한다. 기관 시동 전에는 미리 터닝과 윤활유 및 냉각수 펌프를 시동하여 예열해야 하고, 기관을 정지한 후에는 기관을 터닝하고 윤활유펌프와 냉각수펌프를 일정시간 동안 운전하여 기관을 서서히 냉각시켜야 한다.

※ 부동팽창이란 각기 다른 부위가 동일하게 팽창하지 않고 팽창의 정도가 다른 상태인데, 어느 특정 부위만 팽창되면 응력이 집중되고 피로응력이 쌓여서 결국 장치가 파손된다.

**16** 디젤기관 시동 시 주의사항으로 적절하지 않은 것은?

① 충분히 예열한 후 시동한다.
② 전·후진 캠의 위치를 확인한다.
③ 공기관 계통의 드레인을 배제한다.
④ 연료분사펌프의 래크가 움직이지 않도록 한다.

**해설**

연료유의 공급량을 조정하는 것은 조정래크이다. 시동 시 래크가 움직이지 않으면 연료의 공급량이 조정되지 않아 시동이 곤란할 수 있다.

**17** 보일러의 연소장치에 해당되는 것은?

① 과열기      ② 절탄기
③ 버 너      ④ 급수펌프

**해설**

보일러의 주된 연소장치는 버너이며 용도에 따라 압력분무식 버너, 공기 또는 증기분무식 버너를 사용한다.

**18** 과열기가 없는 보일러 안전밸브는 몇 개인가?

① 밸브의 수는 상관이 없다.
② 2개
③ 3개
④ 4개

**해설**

안전밸브(세이프티 밸브, Safety Valve)는 보일러의 증기압력이 보일러 설계압력에 도달하면 밸브가 자동으로 열려 증기를 대기로 방출시켜 보일러를 보호하는 장치로, 보일러마다 2개 이상 설치해야 한다.

안전밸브의 수
• 과열기가 없는 보일러에는 2개를 설치한다.
• 과열기가 있는 보일러는 증기드럼에 2개, 과열기 출구에는 적어도 1개를 설치한다.
• 열전달 면적이 $10[m^2]$ 미만의 보일러 또는 설계압력 $10[kgf/cm^2]$ 이하인 것으로 자동제어를 하는 보일러에 압력제어장치와 설계압력 이하의 압력에서 자동적으로 연료를 차단하는 장치를 가진 경우에는 1개를 설치할 수 있다.

**19** 다음 보기의 ( )에 들어갈 용어로 알맞은 것은?

> **[보 기]**
> 선박이 일정거리를 항해하는 데 소비되는 연료의 양은 속도의 ( )에 비례한다.

① 제 곱      ② 제곱근
③ 세제곱      ④ 역 수

**해설**

• 일정시간 항해 시 연료소비량 : 연료소비량은 속도의 세제곱에 비례한다.
• 일정거리 항해 시 연료소비량

   – 항해거리 = 속도 × 시간, 즉 항해시간 = $\dfrac{항해거리}{항해속도}$

   – 일정거리를 항해하는 데 필요한 연료소비량

     = 1시간당 연료소비량 × 항해시간 = 속도의 세제곱 × $\dfrac{항해거리}{항해속도}$

     = 속도의 제곱 × 항해거리
     즉, 속도의 제곱에 비례한다.

**20** 해수 윤활식 선미관에 대한 설명으로 틀린 것은?

① 정박 중에는 해수가 들어오지 않도록 그랜드를 죄어 준다.
② 베어링 재료로 리그넘 바이티 등을 사용한다.
③ 약간의 해수가 유입되어 윤활작용을 한다.
④ 지면재에 홈이 가공되어서는 안 된다.

**해설**

해수 윤활식 선미관 베어링은 윤활제로 해수를 사용한다. 베어링으로 사용되는 지면재의 종류로는 리그넘바이티와 합성고무 등이 있다. 베어링 지면재는 프로펠러축의 표면과 접촉하면서 축이 회전할 때 흔들리지 않고 회전할 수 있도록 지탱해 주고 해수에 의하여 윤활과 냉각이 이루어진다. 리그넘바이티 베어링은 목질이 단단한 나무 판재를 부시의 내면에 둥글게 배열하고 철편과 나사못으로 고정시켜 제작되는데 판재 사이에 냉각수가 스며들어가서 윤활·냉각작용을 하도록 U자형 또는 V자형으로 홈이 가공되어 있다.

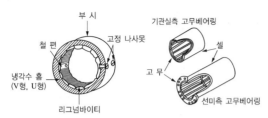

부 시
기관실측 고무베어링
철 편
고정 나사못
셸
냉각수 홀
고 무
(V형, U형)
선미측 고무베어링
리그넘바이티

[리그넘바이티 베어링과 고무 베어링]

## 21 추진축계의 중심이 일치하지 않을 때 발생되는 현상은?

① 출력 증가
② 축계 파손
③ 선속 증가
④ 진동 감소

해설
추진축계의 중심이 일치하지 않으면 진동이 심해지고 장시간 운전 시 축계가 파손될 수 있다.

## 22 선체의 프로펠러축이 선박 외부로 관통하는 곳은?

① 추력 베어링
② 선미관
③ 샤프트 터널
④ 프레임

해설
선미관(스턴튜브, Stern Tube)은 프로펠러축이 선체를 관통하는 부분 에 설치되어 해수가 선체 내로 들어오는 것을 막고 프로펠러축을 지지 하는 베어링 역할을 한다.

## 23 연료유 중의 탄소가 완전연소되었을 때 생기는 물질은?

① 일산화탄소
② 아황산가스
③ 이산화탄소
④ 이산화황

해설
산소가 충분할 때 연료는 완전연소하는데, 탄화수소로 된 연료가 완전 연소하면 이산화탄소와 물이 생성된다.

## 24 디젤기관에 사용하는 중유는 가열온도가 높을수록 기름의 점도는 어떻게 변하는가?

① 점도가 높아진다.
② 점도가 낮아진다.
③ 점도의 변화가 없다.
④ 점도가 높아지다가 100[℃] 이상에서는 낮아진다.

해설
점도란 유체의 흐름에서 내부 마찰의 정도를 나타내는 양으로 끈적거림 의 정도를 표시한다. 점도가 높을수록 끈적거림이 크다. 연료유의 온도가 높을수록 점도가 낮아지고 반대로 온도가 낮을수록 점도는 높아진다. 기관에 따라 적절한 점도의 윤활유를 사용해야 한다.

## 25 기름의 무게를 옳게 계산한 것은?

① 부피[L]에 질량을 곱하면 무게[kg]가 된다.
② 부피[L]를 질량으로 나누면 무게[kg]가 된다.
③ 부피[L]에 비중량을 곱하면 무게[kg]가 된다.
④ 부피[L]를 밀도로 나누면 무게[kg]가 된다.

해설
기름의 비중 : 부피가 같은 기름의 무게와 물의 무게의 비로, 15/4[℃] 비중이란 15[℃]의 기름의 무게와 4[℃]일 때 물의 무게의 비를 나타내 는 것이다. 쉽게 말하면 기름의 비중이란 부피[L]에 무게가 몇 [kg]인가 하는 것이다. 따라서 기름의 무게는 기름의 부피에 비중(량)을 곱하면 무게가 된다.

### 제2과목 기관 2

## 01 원심펌프의 송출량을 조절하는 방법으로 가장 옳은 것은?

① 흡입밸브를 조이는 방법
② 송출밸브를 조이는 방법
③ 흡입, 송출밸브를 동시에 조이는 방법
④ 릴리프밸브로 조정하는 방법

해설
원심펌프를 운전할 때에는 흡입관 밸브는 열고 송출관 밸브는 닫은 상태에서 시동한 후 규정속도까지 상승한 후에 송출밸브를 서서히 열어서 유량을 조절한다.

## 02 원심식 유청정기에서 기름을 가열하는 주목적은?

① 기름의 이송이 쉽기 때문에
② 고형분의 분리가 쉽기 때문에
③ 분리판의 소제가 쉽기 때문에
④ 전력 소비가 적게 되기 때문에

해설
유청정기에서 기름을 가열하면 적정 점도가 유지되어서 고형분의 분리를 원활하게 한다.

## 03 원심펌프와 비교할 때 왕복펌프의 특징으로 맞는 것은?

① 흡입 성능이 우수하다.
② 대용량의 펌프에 사용된다.
③ 냉각용 해수펌프로 주로 이용된다.
④ 저양정용으로 주로 이용된다.

해설
왕복펌프의 특징
• 흡입 성능이 양호하다.
• 소유량, 고양정용 펌프에 적합하다.
• 운전조건에 따라 효율의 변화가 작고 무리한 운전에도 잘 견딘다.
• 왕복운동체의 직선운동으로 인해 진동이 발생한다.

## 04 다음 중 나사펌프에 해당하는 것은?

① 터빈펌프
② 플런저펌프
③ 이모펌프
④ 버킷펌프

해설
이모펌프(Imo Pump)는 나사펌프의 한 종류로 1개의 구동나사와 2개의 종동나사로 구성되어 있다.

## 05 원심펌프의 임펠러 입구쪽에 설치하며, 마모되면 주기적으로 교환이 필요한 것은?

① 마우스 링
② 랜턴 링
③ 오일 링
④ 피스톤 링

해설
마우스 링 : 임펠러에서 송출되는 액체가 흡입측으로 역류하는 것을 방지하는 것으로, 임펠러 입구측의 케이싱에 설치한다. 웨어 링(Wear Ring)이라고도 하는데, 그 이유는 케이싱과 액체의 마찰로 인해 마모가 진행되는데 케이싱 대신 마우스 링이 마모된다고 하여 웨어 링이라고 한다. 케이싱을 교체하는 대신 마우스 링만 교체하면 되므로 비용면에서 장점이 있다.

## 06 다음 유공압 기호 중에서 체크밸브의 기호는?

① ——◇—
② —◇‖—
③ (화살표 계기)
④ (M)

해설
① 체크밸브, ② 필터, ③ 압력계, ④ 전동기

## 07 원심펌프 케이싱 내부에서 유체에 큰 에너지를 주는 장치는?

① 랜턴 링
② 웨어 링
③ 임펠러
④ 축봉장치

해설
임펠러(회전차)는 펌프의 내부로 들어온 액체에 원심력을 작용시켜 액체를 회전차의 중심부에서 바깥쪽으로 밀어내는 역할을 한다.

## 08 왕복펌프의 주요 구성요소 중 회전운동을 하는 장치는?

① 피스톤
② 플런저
③ 버 킷
④ 크랭크축

해설
용적형 펌프는 왕복식과 회전식으로 나뉘는데 왕복식에는 버킷펌프, 피스톤펌프, 플런저펌프, 다이어프램펌프 등이 있다. 피스톤, 플런저, 버킷은 왕복펌프의 실린더 안에서 왕복운동을 하는 운동체이고, 크랭크축은 회전운동을 하면서 왕복운동체를 움직인다.

**09** 운전 중인 원심펌프를 점검하는 항목으로 틀린 것은?

① 구동전동기의 절연저항값이 변하는지를 점검한다.
② 흡입 및 송출압력이 정상인지 확인한다.
③ 진동이 심한지를 점검한다.
④ 기계식 축봉장치에서 누설되지 않는지를 점검한다.

해설
전동기의 절연저항은 전동기측의 전원이 차단된 상태에서 측정해야 한다.

**10** 왕복펌프의 운전 시 송출이 가장 잘되는 경우는?

① 흡입측 탱크의 수위가 펌프보다 높을 때
② 출구측 바이패스밸브가 열려 있을 때
③ 송출되는 탱크의 수위가 펌프보다 높을 때
④ 송출관측의 공기실에 공기가 부족할 때

해설
왕복펌프뿐만 아니라 대부분의 펌프에서 흡입측 탱크의 수위가 높을수록, 송출측 탱크의 수위가 낮을수록 송출이 잘된다.

**11** 안내 날개를 설치하는 펌프는?

① 벌류트펌프          ② 터빈펌프
③ 기어펌프            ④ 피스톤펌프

해설
원심식 펌프의 종류 중 안내 날개의 유무에 따라 다음과 같이 분류된다.
• 벌류트펌프 : 안내 날개가 없으며, 낮은 양정에 적합하다.
• 터빈펌프 : 안내 날개가 있으며, 높은 양정에 적합하다.

**12** 역삼투식 조수장치에서 해수와 청수 사이에 설치되어 역삼투압작용이 발생하는 것은?

① 반투막              ② 여과지
③ 기수분리기          ④ 이젝터

해설
역삼투식 조수장치는 역삼투현상을 이용하여 반투막 용기 내에 고농도 액인 해수를 공급하고 펌프로 가압함으로써 저농도액인 청수를 얻는 장치이다.

**13** 선박의 정지 또는 저속 항해 때의 조선 성능을 향상시키기 위해 설치하는 장치는?

① 사이드스러스터      ② 캡스턴
③ 무어링윈치          ④ 스티어링 기어

해설
사이드스러스터 : 선수나 선미를 옆 방향으로 이동시키는 장치이다. 주로 대형 컨테이너선이나 자동차운반선 같이 입・출항이 잦은 배에 설치하여 예인선의 투입을 최소화하고 조선 성능을 향상시킨다. 주로 선수에 설치되어 바우스러스터(Bow Thruster)라고 한다.

**14** 다음 중 전동기 용량이 가장 큰 것은?

① 양묘기
② 빌지펌프
③ 구명정 윈치
④ 연료유 이송펌프

해설
양묘기(윈드라스, Windlass) : 앵커를 감아올리거나 내릴 때 또는 선박을 부두에 접안시킬 때 계선줄을 감는 설비로, 전동기 용량이 큰 갑판보기 중 하나이다. 보통 기관실에서는 양묘기를 사용할 때 발전기를 병렬 운전하여 큰 부하변동에 대비한다.

**15** 전동 유압식으로 작동하는 조타장치에 대해서 항해 중 점검해야 할 사항으로 적절하지 않은 것은?

① 유압 계통 유량과 압력을 확인한다.
② 작동부의 그리스 양을 확인한다.
③ 추종장치를 수시로 시험하고 적정 여부를 확인한다.
④ 유압펌프 및 전동기의 이상음 발생 여부를 확인한다.

해설
추종장치는 타가 소요 각도만큼 돌아갈 때 그 신호를 피드백하여 자동으로 타를 움직이거나 정지시키는 장치로, 항해 중 당직 항해사가 조타가 잘되고 있는지를 확인 가능하므로 수시로 시험하지 않는다.

**16** 워핑드럼이 수직으로 설치되어 있고 직립한 드럼을 수직축으로 회전시키고 여기에 로프를 감아 선박을 계선시키는 것은?

① 캡스턴
② 무어링윈치
③ 윈드라스
④ 조타기

해설
캡스턴은 워핑드럼이 수직축상에 설치된 계선용 장치이다. 직립한 드럼을 회전시켜 계선줄이나 앵커체인을 감아올리는 데 사용된다. 웜기어 장치에 의해 감속되고 역전을 방지하기 위해 하단에 래칫기어를 설치한다.

**17** 선창 내 화물을 싣기 위한 가장 큰 창구는?

① 해 치
② 갑 판
③ 갱웨이
④ 맨 홀

해설
해치는 화물창 상부의 개구를 개폐하는 장치로서 해치커버(Hatch Cover)라고도 한다. 선박의 종류에 따라 다양한 해치커버를 사용하는데 그 종류에는 싱글 풀, 폴딩, 사이드 롤링 해치커버 등이 있다.

[벌크선에 설치된 사이드 롤링 해치커버]

**18** 유청정기 또는 기름여과장치에서 나온 슬러지를 처리하기 위한 것은?

① 폐유소각기
② 분뇨처리장치
③ 열교환기
④ 절탄기

해설
선박의 폐유소각기는 기관실에서 발생하는 슬러지(폐유)와 기름걸레 및 선내 폐기물을 소각하는 장치이다.

**19** 기관실 기름여과장치의 구성부품에 해당하지 않는 것은?

① 유면검출기
② 공기배출밸브
③ 냉각장치
④ 솔레노이드밸브

해설
기름여과장치(유수분리장치 또는 기름분리장치)의 종류마다 약간 차이는 있지만 기름을 검출하는 유면검출기와 기름이 검출되면 기름탱크로 가는 밸브를 열어 주는 솔레노이드밸브 및 초기 운전 시 기름여과장치에 물을 가득 채우기 위해 열어 주는 공기배출밸브 등이 설치되어 있다.

**20** 생물화학적 오수처리장치에 대한 설명으로 틀린 것은?

① 소량, 경량이면서 고성능이고 신속하게 오수를 처리한다.
② 폭기탱크, 침전탱크 및 멸균탱크 등으로 구성된다.
③ 호기성 미생물에 의해 오수를 생물화학적으로 분해하여 정화시킨다.
④ 정박 중에도 처리수 배출이 허용된다.

해설
오수처리장치는 선내에서 발생하는 오수를 물리적, 화학적 또는 생물화학적 처리를 하여 배출하는 장치로, 오수처리장치에서 배양된 미생물은 반드시 대장균 등을 제거하는 살균처리를 하여 배출하여야 한다.
※ 총톤수 200[ton] 이상의 선박 또는 최대 승무 인원 10명을 초과하는 선박은 다음의 요건을 만족해야 한다.
• 연안 4해리 이내 : 배출 금지
• 연안 4~12해리 이내 : 생물화학적 산소요구량(BOD) 50[ppm] 이하, 부유 고형물 50[ppm] 이하, 대장균 수 200/100[ml] 이하로 처리하여 배출
• 연안으로부터 12해리 이상 : 선박이 4노트 이상의 속도로 항행 중일 때에는 특별한 제한 없이 배출 가능

**21** 냉동장치의 냉매계통에 공기가 들어갔을 때 미치는 영향으로 옳은 것은?

① 열교환기에서 전열효과가 양호해진다.

② 냉각수압력이 저하한다.

③ 전동기 소비전력이 감소한다.

④ 응축압력이 높아진다.

해설

냉동장치의 냉매계통에 공기가 유입되면 압축기에서 냉매와 공기가 함께 압축되어 압축기 토출압력이 높아지므로 응축압력도 함께 높아진다.

**22** 프레온 냉매의 누설검출법으로 틀린 것은?

① 할로겐 누설검지기로 검사

② 핼라이드 토치로 검사

③ 리트머스시험지로 검사

④ 비눗물로 검사

해설

프레온계 냉매의 누설검출방법으로는 비눗물, 할로겐 누설검지기, 핼라이드 토치 등이 있다.

**23** 냉동기의 냉각수 입구 온도가 높아져서 응축압력이 높아졌을 때의 대책으로 가장 적절한 것은?

① 냉각수량을 증가시킨다.

② 냉매량을 조절한다.

③ 고압스위치를 조절한다.

④ 압축기를 과부하 운전한다.

해설

냉동기의 냉각수 입구 온도가 상승해서 응축압력이 상승한 경우 냉각수의 양을 증가시켜 냉각작용이 잘 일어나도록 해야 한다.

**24** 냉동 사이클의 순서로 맞는 것은?

① 증발 → 팽창 → 응축 → 압축

② 증발 → 압축 → 팽창 → 응축

③ 압축 → 응축 → 팽창 → 증발

④ 압축 → 증발 → 응축 → 팽창

해설

냉동 사이클은 압축 → 응축 → 팽창 → 증발의 순서를 반복한다.

**25** 다음 중 냉동기용 압축기의 용량 제어에 사용되는 전자밸브는?

① 다이어프램밸브

② 솔레노이드밸브

③ 글러브밸브

④ 체크밸브

해설

냉동기의 전자밸브(솔레노이드밸브)는 수액기와 팽창밸브 사이에 설치한다. 코일에 전류를 흘려주었을 때 니들밸브를 들어 올려서 냉매관의 오리피스를 열어 주어 냉매가 흐르게 하고 전류를 차단하면 니들밸브가 닫혀서 냉매의 흐름을 차단하여 냉매의 유량 조절을 통해서 냉동기의 용량을 제어한다.

---

제3과목 **기관 3**

**01** 동일한 전등 3개가 있을 때 다음 중 가장 밝은 경우는?

① 각 전등을 직병렬로 혼합 연결한 후 220[V]를 공급할 때

② 각 전등을 서로 병렬로 연결한 후 220[V]를 공급할 때

③ 각 전등을 서로 직렬로 연결한 후 220[V]를 공급할 때

④ 각 전등에 각각 110[V]를 공급할 때

해설

옴의 법칙과 저항의 직렬, 병렬의 관계를 이해해야 한다. 전구가 밝다는 것은 소비 전력이 크다는 것으로, 전등에 전류가 많이 흐르면 전구가 밝다. 즉, 동일한 저항에 전압을 크게 하면 전구가 밝아진다. 동일한 전등에 동일한 전압을 공급할 때 직렬로 연결했을 때보다 병렬로 연결했을 때가 더 많은 전류가 흐른다. 따라서 각 전구에 공급되는 전압의 크기는 병렬로 연결했을 때가 직렬연결 보다 더 커지므로 전구의 밝기가 밝다.

## ※ 참 고

① 옴의 법칙 : $I = \dfrac{V}{R}$

② 저항의 직렬접속 : $R_합 = R_1 + R_2 + R_3$이고, $I_1 = I_2 = I_3$로 각 저항에 흐르는 전류는 일정하다. 전압의 크기는 $V = V_1 + V_2 + V_3$ 이다.

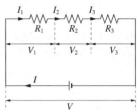

③ 저항의 병렬접속 : $\dfrac{1}{R_합} = \dfrac{1}{R_1} + \dfrac{1}{R_2} + \dfrac{1}{R_3}$이고, $I_합 = I_1 + I_2 + I_3$이다. 각 저항의 전압의 크기는 $V = V_1 = V_2 = V_3$으로 공급전압 $V$와 같다.

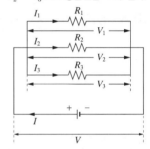

④ ②와 ③에서 알 수 있듯이 각 전구에 걸리는 전압의 크기는 병렬로 연결했을 때 공급되는 전압의 크기가 더 크다. 즉, 직렬로 연결하고 220[V]를 공급해 주면 각 전구에 걸리는 전압의 크기는 220[V]보다 작고, 병렬로 연결한 경우는 각 전구에 220[V]의 전압이 공급되므로 전구의 밝기는 병렬로 연결한 경우가 더 밝다.

---

**02** 교류발전기의 주파수가 너무 올라갈 때의 원인으로 맞는 것은?

① 전압조정기의 조정을 너무 작게 하였다.

② 전압조정기의 조정을 너무 크게 하였다.

③ 기관의 회전수를 너무 올렸다.

④ 기관의 회전수를 너무 내렸다.

**해설**
교류발전기에서 주파수가 증가했다는 것은 발전기의 회전속도가 빠르다는 의미이다. 주파수가 너무 많이 올라간 경우에는 배전반의 거버너(조속기)를 조정하여 줄여 주어야 하는데 이것은 발전기에 공급되는 연료의 양을 줄여 주는 것이다.

---

**03** 3[Ω]의 저항 3개를 병렬로 연결하면 합성저항은 얼마인가?

① 0.1[Ω]  ② 1[Ω]

③ 3[Ω]  ④ 9[Ω]

**해설**
저항을 병렬연결하면 합성저항은 다음과 같다.

$$\dfrac{1}{R} = \dfrac{1}{R_1} + \dfrac{1}{R_2} + \dfrac{1}{R_3} \rightarrow \dfrac{1}{R} = \dfrac{1}{3} + \dfrac{1}{3} + \dfrac{1}{3} = 1$$

→ 합성저항 $R = 1[Ω]$

※ $\dfrac{1}{R}$의 값이 1이므로 $R$이 1인 것이지 분수값이 나오면 합성저항 $R$의 값을 잘못 기입하지 않도록 주의해야 한다.

예 $\dfrac{1}{R} = \dfrac{1}{2}$이면 합성저항 $R$은 0.5[Ω]가 아니라 2[Ω]이다.

---

**04** 정격전압과 정격용량이 DC 24[V], 1,000[Ah]인 납축전지에 대한 설명으로 가장 적절한 것은?

① 방전전류가 10[A]일 때 10시간 동안 방전할 수 있는 용량이다.

② 방전전류가 10[A]일 때 100시간 동안 방전할 수 있는 용량이다.

③ 방전전류가 24[A]일 때 10시간 동안 방전할 수 있는 용량이다.

④ 방전전류가 24[A]일 때 100시간 동안 방전할 수 있는 용량이다.

**해설**
축전지 용량(암페어시, [Ah]) = 방전전류[A] × 종지전압까지의 방전시간[h]

---

**05** 지침이 있는 아날로그 멀티테스터로 직접 측정할 수 없는 것은?

① 저항 측정  ② 직류전류 측정

③ 교류전압 측정  ④ 교류전류 측정

**해설**
아날로그 멀티테스터로는 저항, 직류전압, 교류전압 및 직류전류는 측정 가능하나 주파수, 교류전류 및 교류전기의 위상 등을 측정하는 기능은 없다.

---

**06** 교류발전기의 차단기(ACB)가 작동되는 경우에 해당하지 않는 것은?

① 전압이 너무 떨어질 때

② 3상의 3선 중 어느 한 선이 접지되었을 때

③ 과전류가 일정시간 이상 흘렀을 때

④ 병렬 운전 중 역전력 크기가 너무 클 때

**해설**
ACB(기중차단기)는 기본적으로 전기회로에 과전류가 흘렀을 때 회로를 보호하기 위하여 차단하는 역할을 한다. 발전기의 차단기(ACB)는 발전기를 보호하는 역할도 하므로 전압이 너무 떨어졌을 경우, 역전력의 크기가 너무 큰 경우 등에 차단기가 작동한다. 그러나 누전됐다고 차단기가 작동하는 것이 아니라 과전류가 흘렀을 경우에 작동한다.

**07** 변압기의 1차 측에 코일을 1,500회, 2차 측에 코일을 3,000회 감은 후 1차 측 코일에 110[V]의 전압을 가하면 2차 측 코일에는 전압이 얼마나 발생하는가?

① 1.1[V]

② 110[V]

③ 220[V]

④ 2,200[V]

**해설**
변압기는 전압을 용도에 맞게 올리거나 낮추는 장치로, 다음과 같은 식이 성립한다.

$$\frac{V_1}{V_2} = \frac{I_2}{I_1} = \frac{N_1}{N_2} = a$$

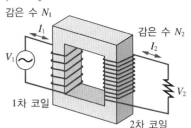

감은 수 $N_1$
감은 수 $N_2$
1차 코일
2차 코일

문제에서 전압과 코일의 권수가 주어졌으므로, $\frac{V_1}{V_2} = \frac{N_1}{N_2}$ 에 값을 대입하면 $\frac{110}{V_2} = \frac{1,500}{3,000}$ 이므로 2차 측 코일의 전압은 $V_2 = 220[V]$ 가 된다.

**08** 커패시터(콘덴서)가 전하를 저장할 수 있는 능력을 나타내는 것은?

① 리액턴스

② 임피던스

③ 정전용량

④ 저 항

**해설**
정전용량(전기용량, 단위 : F )이란 콘덴서가 전하를 저장할 수 있는 능력으로, 물체가 전하를 축적하는 능력을 나타내는 물리량이다. 정전용량값은 $C$로 표시하고, 단위는 패럿(F)이다($C = \frac{q}{V}$, $q$는 전하량, $V$는 전압). 전기회로에서의 정전용량은 축전기라는 소자에 관계한다. 콘덴서(커패시터)라고도 하는 축전기는 본질적으로 절연물질 또는 유전체로 분리된 2장의 도체를 가깝게 붙인 샌드위치 모양인데 가장 중요한 기능은 전기에너지를 저장하는 것이다.

**09** 다음 법칙 중 전기에너지가 열에너지로 바뀔 때 적용되는 것은?

① 줄의 법칙

② 쿨롱의 법칙

③ 플레밍의 오른손 법칙

④ 앙페르의 오른나사 법칙

**해설**
줄의 법칙 : 저항이 있는 도체에 전류를 흘리면 열이 발생하는데 이 열량은 흐르는 전류의 제곱과 도체의 저항 및 전류가 흐른 시간의 곱에 비례한다는 법칙이다.
$H = 0.24 \times I^2 Rt[cal]$ ($H$ : 열량, $I$ : 전류[A], $R$ : 도체의 저항[$\Omega$], $t$ : 전류가 흐른 시간[s])

**10** 유도전동기의 슬립에 대한 설명으로 맞는 것은?

① 전동기의 속도가 감소하면 슬립이 커진다.

② 전동기의 속도가 증가하면 슬립이 커진다.

③ 전동기에서 슬립은 변하지 않는다.

④ 전동기의 슬립은 클수록 좋다.

**해설**
슬립 : 회전자의 속도는 동기속도에 대하여 상대적인 속도 늦음이 생기는데, 이 속도 늦음과 동기속도의 비를 슬립이라고 한다. 같은 3상 유도전동기에서 슬립이 작을수록 회전자의 속도는 빠르고, 슬립이 클수록 회전자의 속도는 느리다.

$$슬립 = \frac{동기속도 - 회전자속도}{동기속도} \times 100[\%]$$

**11** 직류회로에서 10[Ω]의 저항에 100[V]의 전압을 가할 때 흐르는 전류는 얼마인가?

① 1[A]　　　　　② 10[A]

③ 10[A]　　　　④ 1,000[A]

해설

옴의 법칙

$I = \dfrac{V}{R}$ ($I$ = 전류, $V$ = 전압, $R$ = 저항)

**12** 플레밍의 왼손법칙에서 중지손가락(가운데 손가락)이 의미하는 것은?

① 전류의 방향

② 회전 방향

③ 자기장의 방향

④ 자기장의 크기

해설

전동기의 원리는 플레밍의 왼손법칙이 적용된다. 자기장 내에 도체를 놓고 전류를 흘리면 플레밍의 왼손법칙에 의해 전자력이 발생되어 회전하게 되는데 엄지손가락은 회전 방향, 검지손가락은 자력선의 방향, 가운데 손가락은 전류의 방향을 나타낸다.

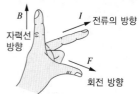

[플레밍의 왼손법칙]

**13** 선박의 교류발전기에 사용하는 것은?

① 직류발전기

② 동기발전기

③ 자석발전기

④ 타여자발전기

해설

선박에서 사용되는 교류발전기는 대부분의 회전계자형 동기발전기이며, 여자방식은 주로 자여자식이 사용된다.

**14** 전동기 기동반에 설치되는 열동계전기의 전류 조정에 대한 설명으로 맞는 것은?

① 기동반 차단기의 정격전류를 기준으로 조정한다.

② 발전기 기동차단기의 전류용량을 기준으로 조정한다.

③ 차단기 케이블의 전류용량을 기준으로 조정한다.

④ 전동기의 명판에 있는 정격전류를 기준으로 조정한다.

해설

열동계전기는 전류의 열효과에 의해서 동작하는 계전기로 회로에 열이 발생하면 계전기가 차단되어 회로를 보호하는 역할을 한다. 열동계전기의 전류 조정은 전동기의 명판에 있는 정격전류에 맞추어 조정해야 한다.

**15** 선박용 3상 동기발전기에 대한 설명으로 틀린 것은?

① 3상이므로 전기자 코일이 3개 들어 있다.

② 3상이므로 계자의 극이 3개이다.

③ 계자코일에는 직류전기가 흐른다.

④ 전기자코일은 계자코일보다 더 굵다.

해설

동기발전기의 극수는 짝수(2극, 4극, 6극, 8극, …)로 이루어져 있다.

**16** 선박에서 전동기 기동반에 있는 녹색 램프와 적색 램프의 일반적인 동작으로 맞는 것은?

① 녹색 : 전동기가 정지 중이면 꺼지고, 운전 중이면 켜진다.

　　적색 : 전동기가 정지 중이면 켜지고, 운전 중이면 꺼진다.

② 녹색 : 전원이 정상이면 항상 켜진다.

　　적색 : 전동기가 정지 중이면 항상 켜진다.

③ 녹색 : 전동기가 정지 중이면 켜지고, 운전 중이면 꺼진다.

　　적색 : 전원이 정상이면 항상 켜진다.

④ 녹색 : 전동기가 정지 중이면 꺼지고, 운전 중이면 켜진다.

　　적색 : 과부하 계전기가 작동되면 켜진다.

**해설**

선박과 기기마다 차이는 있지만 일반적으로 배전반에 사용되는 램프의 색깔별 의미는 다음과 같다.

- 흰색 : 전원램프(전원이 들어오면 켜진다)
- 녹색 : 동작램프(동작하면 켜지고 정지하면 꺼진다)
- 노란색 : 기동대기[Stand-by]램프(Stand-by 기능이 있는 기기에서 기동 준비 상태일 때 켜진다)
- 빨간색 : 경보램프(차단기가 작동하거나 기기에 이상이 있을 때 켜진다)

**17** 납축전지 전극을 표시하는 방법으로 맞는 것은?

① 양극 단자에만 청색으로 표시
② 음극 단자에만 적색으로 표시
③ 양극은 P, 음극은 N으로 표시
④ 양극은 N, 음극은 P로 표시

**해설**

납축전지에서 양극(+)은 P(Positive Electrode), 음극(-)는 N(Negative Electrode)로 표시한다.

**18** 발전기가 설치되어 있지 않은 소형 선박에서 교류전원이 필요한 경우 배터리 등의 직류를 교류전원으로 바꾸어 주는 것은?

① 인버터  ② 컨버터
③ 정류기  ④ 슬립 링

**해설**

인버터는 직류를 교류로 바꾸기 위한 장치이다. 이와 반대로 교류를 직류로 변환시키는 장치를 컨버터라고 한다.

**19** 선박용 납축전지의 설명으로 틀린 것은?

① 충전기의 연결이 필요하다.
② 수소가스가 발생하므로 환기가 필요하다.
③ 용량의 단위는 [Ah]이다.
④ 전해액은 묽은 염산이다.

**해설**

선박용 납축전지의 전해액은 진한 황산과 증류수를 혼합하여 비중 1.28 내외의 묽은 황산을 사용한다.

**20** 동기발전기에 대한 설명으로 틀린 것은?

① 동기속도로 회전하는 교류발전기이다.
② 일정속도로 회전하는 직류발전기이다.
③ 일정 주파수의 전압을 발생한다.
④ 주로 자여자식 동기발전기를 사용한다.

**해설**

동기발전기는 교류발전기이다.

**21** 유도전동기와 변압기가 가지고 있는 공통점으로 맞는 것은?

① 난조가 발생된다.
② 플레밍의 왼손법칙을 이용한다.
③ 전자유도작용을 이용한다.
④ 여자기가 설치된다.

**해설**

유도전동기와 변압기는 전자유도작용을 이용한 기기이다.
전자유도법칙 : 영국의 물리학자 패러데이가 발견한 법칙으로, 외부에 형성된 자기장의 변화가 발생할 때 이로 인해 기전력이 생기는 현상이다. 기전력의 크기는 자속의 시간적 변화와 코일회로의 감은 횟수에 비례한다. 여기서 전류가 흐르는 방향을 설명한 사람이 렌츠이다. 따라서 전자유도법칙에서 발생하는 기전력의 크기는 패러데이 법칙으로, 전자유도법칙에 의해 발생한 전류의 방향은 렌츠의 법칙으로 설명할 수 있다.

**22** 해수펌프 구동전동기의 기동반에 설치되지 않는 것은?

① 기동스위치  ② 전류계
③ 전원램프  ④ 접지램프

**해설**

전동기의 기동반(Starter Panel)에는 기동/정지스위치, 전원/동작/경고램프, 전류계 등이 설치되어 있다.
접지램프(누전표시등) : 일반적으로 선박의 공급전압은 3상(R, S, T) 전압으로 배전반에는 3개의 접지등(누전표시등)이 설치된다. 테스트 버튼을 눌렀을 때 3개의 등이 모두 밝기가 같으면 누전되는 곳이 없이 상태가 양호한 것이다. 만약 한 선이 누전되고 있다면 누전되고 있는 선의 접지등은 어두워지고 다른 등은 더 밝게 빛난다.

**23** 주파수가 60[Hz]인 선박용 발전기의 배전반에 없는 것은?

① 전력계
② RPM 게이지
③ 전압계
④ 주파수계

해설
발전기 배전반에서 확인할 수 있는 사항은 부하전력, 부하전류, 운전전압, 주파수 등이며 역률이 표시되는 배전반도 있다. 발전기의 RPM은 발전기 기계측 계기판에 설치하고, 일반적으로 배전반에는 설치하지 않는다.

**24** 전자회로기판(PCB)을 다루는 방법으로 적절하지 않는 것은?

① 습기를 피하도록 주의한다.
② 주위 온도가 너무 올라가지 않도록 한다.
③ 기판을 절연저항계로 측정하여 회로를 점검한다.
④ 진동이 심한 곳은 피해서 설치한다.

해설
절연저항은 회로에 전류를 흘려주어 계측한다. 전자회로기판에 전류를 흘려주면 기판에 손상을 입을 수도 있으므로 절연저항계로 계측하면 안 된다.

**25** P형 반도체와 N형 반도체를 접합한 것으로서 단자가 2개인 것은?

① 트랜지스터
② 다이오드
③ 커패시터(콘덴서)
④ 코 일

해설
다이오드는 P-N 접합으로 만들어진 것으로, 전류는 P형(애노드, +)에서 N형(캐소드, -)의 한 방향으로만 통하는 소자이다.

제**4**과목 **직무일반**

**01** 황천 항해 중 기관 당직요령으로 적절하지 않은 것은?

① 중량물이 움직이지 않도록 고정시킨다.
② 연료유 탱크는 가능한 한 유면을 낮게 유지한다.
③ 주기관의 회전수를 평소보다 낮추어서 운전한다.
④ 프로펠러의 공회전이 심하므로 주기관 각부의 온도와 압력을 주의해서 관찰한다.

해설
황천 항해 시에는 횡요와 동요가 심하므로 연료유의 유면을 낮게 유지하면 펌프로의 흡입이 원활히 이루어지지 않아 압력이 저하되거나 펌프에 공기가 찬다. 따라서 연료유 및 윤활유의 유면은 적정한 레벨을 유지해야 한다.

**02** 항해 당직 중 당직 기관사의 임무로 적절하지 않은 것은?

① 선박과 승무원의 안전 확보
② 주기관의 안전운전 감시
③ 비상기기의 사용법 숙지
④ 안개가 낀 해상에서 항해 시 철저한 경계

해설
항해 시 경계는 당직 항해사의 임무이다.

**03** 산소, 아세틸렌 등 압력용기 취급 시 주의사항으로 적절하지 않은 것은?

① 압력용기가 선체 동요로 충격을 받지 않도록 한다.
② 추운 날씨에 가스압력이 낮으면 임시로 눕혀서 사용한다.
③ 용기를 사용하지 않을 때는 항상 밸브를 닫고 캡을 씌운다.
④ 사용 시 밸브의 개폐는 너무 급격히 열고 닫지 않도록 한다.

해설
선박에서 산소, 아세틸렌 등과 같은 압력용기는 항상 움직이지 않도록 고정시켜 사용한다.

**04** 당직 기관사가 당직 항해사에게 연락해야 할 사항으로 적절하지 않은 것은?

① 발전기를 병렬 운전할 경우
② 보일러의 수트블로를 실시할 경우
③ 주기관의 회전수를 변경할 경우
④ 조타기에 이상이 발생했을 경우

**해설**
당직 기관사가 당직 항해사에게 통보해야 할 사항
• 주기관의 회전수를 변경할 경우
• 조타기에 이상이 있을 경우
• 발전기 또는 전선 등의 고장으로 송전에 영향이 있을 경우
• 갑판부로부터 요구되는 송수, 송기, 화물창의 빌지 배출 등에 지장이 있을 경우
• 통풍, 냉난방장치에 고장이 있을 때
• 정박 중에 프로펠러를 회전할 경우
• 보일러의 수트블로(Soot Blow)를 실시할 때
• 선체 또는 갑판상을 오손할 염려가 있을 때

**05** 선박에 승선 교대 시 전임 기관사와의 인수인계 내용으로 틀린 것은?

① 담당 기기의 고장 이력
② 주요 기자재 보유 현황
③ 기관일지, 기기 취급설명서 등의 서류
④ 주기관에 순환되는 윤활유의 종류와 양

**해설**
승선 교대 시 인수인계 사항으로는 담당 업무, 담당 기기의 특이사항, 고장 이력, 운전 상태 및 주의사항, 담당 서류 관리 및 기록, 주요 기자재 보유 현황 등이 있다.

**06** 디젤기관의 실린더헤드에 균열이 있는지를 손쉽게 확인할 수 있는 방법으로 컬러체크라고도 하는 것은?

① 침투탐상법
② 방사선탐상법
③ 초음파탐상법
④ 전자기탐상법

**해설**
축계탐상법의 종류
• 침투탐상법 : 선박에서 많이 사용하며 컬러체크라고도 한다. 균열이 의심되는 표면에 적색의 침투액을 칠한 다음 솔벤트로 깨끗이 닦아내고 백색의 현상액을 분무하면 침투액이 다시 번져 나와서 백색의 현상액에 적색의 균열선으로 표면결함을 알아낸다.
• 방사선탐상법 : 감마선을 투과시켜 내부결함을 촬영하는 방법이다.
• 초음파탐상법 : 고주파의 초음파 펄스를 발사하여 내부에서 반사되는 음파를 조사함으로써 내부결함을 알아낸다.
• 전자기탐상법 : 강철제에 강한 자석을 접촉하여 내부에 자속을 형성할 때 표면의 결합부에서 자속이 누설된다. 이때, 자성을 가진 분말 또는 액체를 표면에 흘려서 누설자속에 의하여 부착하는 현상으로부터 표면결함부를 발견하는 방법이다.

**07** 해양환경관리법상 기관구역 기름기록부의 기록 및 보관을 담당하는 자는?

① 선 장
② 기관장
③ 1항사
④ 해양오염방지관리인

**해설**
해양환경관리법 시행령 제39조(선박의 해양오염방지관리인 자격 · 업무내용 등)
해양오염방지관리인 및 대리자의 업무내용 및 준수사항은 다음과 같다.
• 폐기물기록부와 기름기록부의 기록 및 보관
• 오염물질 및 대기오염물질을 이송 또는 배출하는 작업의 지휘 · 감독
• 해양오염방지설비의 정비 및 작동 상태의 점검
• 대기오염방지설비의 정비 및 점검
• 해양오염방제를 위한 자재 및 약제의 관리
• 오염물질 배출이 있는 경우 신속한 신고 및 필요한 응급조치
• 해양오염방지 및 방제에 관한 교육 · 훈련의 이수 및 해당 선박의 승무원에 대한 교육
• 그 밖에 해당 선박으로부터의 오염사고를 방지하는 데 필요한 사항

**08** 해양환경관리법상 선박검사의 종류에 해당하지 않는 것은?

① 정기검사
② 중간검사
③ 연차검사
④ 임시항행검사

**해설**
선박의 검사는 정기적으로 시행되는데 용어의 차이가 있다. 해양환경관리법에서는 시행하는 제2종 중간검사의 개념이 선급검사에서는 연차검사로 사용되기도 한다. 해양환경관리법에서 정의하는 검사의 종류는 다음과 같다(해양환경관리법 제49조~제52조).
- 정기검사 : 해양오염방지설비, 선체 및 화물창을 선박에 최초로 설치하여 항행에 사용하려는 때 또는 해양오염방지검사증서의 유효기간 만료(5년) 때에 시행하는 검사이다.
- 중간검사 : 정기검사와 정기검사 사이에 행하는 검사로 제1종 중간검사와 제2종 중간검사로 구별된다.
- 임시검사 : 해양오염방지설비 등을 교체, 개조 또는 수리하고자 할 때 시행하는 검사이다.
- 임시항행검사 : 해양오염방지검사증서를 교부받기 전에 임시로 선박을 항해에 사용하고자 하는 때 또는 대한민국 선박을 외국인 또는 외국 정부에 양도할 목적으로 항해에 사용하려는 경우나 선박의 개조, 해체, 검사, 검정 또는 톤수 측정을 받을 장소로 항해하려는 경우에 실시된다.

**09** 해양환경관리법상 기관구역의 선저폐수 배출기준으로 틀린 것은?

① 항해 중에 배출할 것
② 기름오염방지설비가 작동 중에 배출할 것
③ 배출액 중의 유분농도가 15[ppm] 이하일 것
④ 기관장이 승인을 한 경우에는 야간에 배출할 것

**해설**
기름오염방지설비 중 하나인 기름여과장치로 선저폐수(빌지)를 선외로 배출할 경우에는 다음과 같은 사항이 동시에 충족될 때 가능하다.
- 기름오염방지설비를 작동하여 배출할 것
- 항해 중에 배출할 것
- 유분의 함량이 15[ppm](백만분의 15) 이하일 때만 배출할 것

**10** 해양오염방지관리인에 대한 설명으로 틀린 것은?

① 선장, 통신장 및 통신사를 제외한 선박 직원 중 임명한다.
② 승선 경력이 최소 3년 이상인 해기사를 선장이 임명한다.
③ 선박으로부터의 오염물질 및 대기오염물질배출방지에 관한 업무를 담당한다.
④ 유해물질을 산적하여 운반하는 선박은 유해액체물질의 오염방지관리인을 임명해야 한다.

**해설**
해양환경관리법 제32조(선박 해양오염방지관리인)
- 해양수산부령으로 정하는 선박의 소유자는 그 선박에 승무하는 선원 중에서 선장을 보좌하여 선박으로부터의 오염물질 및 대기오염물질의 배출방지에 관한 업무를 관리하게 하기 위하여 대통령으로 정하는 자격을 갖춘 사람을 해양오염방지관리인으로 임명하여야 한다. 이 경우 유해액체물질을 산적하여 운반하는 선박의 경우에는 유해액체물질의 해양오염방지관리인 1명 이상을 추가로 임명하여야 한다.
- 선박의 소유자는 해양오염방지관리인을 임명한 증빙서류를 선박 안에 비치하여야 한다.
- 해양오염방지관리인을 임명한 선박의 소유자는 해양오염방지관리인이 여행·질병 또는 그 밖의 사유로 일시적으로 직무를 수행할 수 없는 경우 대통령으로 정하는 자격을 갖춘 사람을 대리자로 지정하여 그 직무를 대행하게 하여야 한다. 이 경우 대리자가 해양오염방지관리인의 직무를 대행하는 기간은 30일을 초과할 수 없다.
- 선박의 소유자는 해양오염방지관리인 또는 해양오염방지관리인의 대리자에게 오염물질 및 대기오염물질을 이송 또는 배출하는 작업을 지휘·감독하게 하여야 한다.
- 위의 사항 외에 해양오염방지관리인 및 대리자의 업무내용·준수사항 등에 관하여 필요한 사항은 대통령으로 정한다.

**11** 해양환경관리법상 선박해양오염비상계획서에 반드시 포함되어야 할 사항으로 적절하지 않은 것은?

① 선박의 방제조직에 관한 사항
② 주요 배관장치의 배치도면
③ 선원에 대한 방제교육과 훈련
④ 해양오염방지관리인의 직무내용

**해설**
선박에서의 오염방지에 관한 규칙 제25조(선박해양오염비상계획서 비치 대상 등)
선박해양오염비상계획서(유해액체물질의 해양오염비상계획서)에 포함되어야 할 사항은 다음과 같다.
- 선박의 방제조직에 관한 사항
- 유출사고 발생 시 선박의 선장이 취하여야 할 보고의 절차에 관한 사항
- 유출을 줄이기 위하여 선박의 선원이 취하여야 할 방제조치에 관한 사항
- 선박의 주요 제원과 선체구조도면 및 주요 배관장치의 배치도면
- 선박의 선원에 대한 방제교육·훈련에 관한 사항
- 유출사고 발생 시 그 사실을 통보할 연안 당사국의 기관 명칭 및 방제에 필요한 사항
- 기름유출사고 발생 시 육상에서 제공하는 전산화된 손상 복원성 및 잔존 강도에 대한 계산프로그램을 이용할 수 있는 방법에 관한 사항(재화중량톤수 5,000[ton] 이상의 유조선에 한한다)

**12** 질식된 사람에게 가장 먼저 실시해야 하는 조치는?

① 인공호흡을 시킨다.  ② 체온을 측정한다.

③ 옷을 느슨하게 한다.  ④ 혈압을 측정한다.

**해설**

질식으로 누워 있는 환자는 꼬집거나 큰소리로 불러서 반응을 보일 경우 환자를 옆으로 뉘어서 회복자세를 취하고, 반응이 없으면 호흡 확인 후 인공호흡이나 심폐소생술을 실시해야 한다.

**13** 기관실에 화재가 발생하여 화상을 입어 수포가 생겼다면 몇 도 화상인가?

① 1도 화상    ② 2도 화상

③ 3도 화상    ④ 4도 화상

**해설**

• 1도 화상(홍반점) : 표피가 붉게 변하며 쓰린 통증이 있는 정도이다.
• 2도 화상(수포성) : 표피와 진피가 손상되어 물집이 생기며 심한 통증을 수반한다.
• 3도 화상(괴정성) : 피하조직 및 근육조직이 손상되어 검게 타고 짓무른 상태가 되어 흉터를 남긴다.
• 4도 화상 : 3도 화상에서 더 심각한 상태이며 피부 겉은 물론 체내의 근육과 뼈까지 손상을 입을 정도의 화상으로 극심한 신체적 장애 및 변화가 동반되며 사망률이 높다.

**14** 기관실에 해수가 조금씩 침수할 때의 조치로 적절하지 않은 것은?

① 모든 수밀문을 폐쇄할 것

② 펌프를 동원하여 배수할 것

③ 배의 경사를 수정하여 배수를 원활히 할 것

④ 침수 장소와 침수 정도를 파악할 것

**해설**

기관실의 해수가 조금씩 침수하고 있는 상황에서는 모든 수밀문을 폐쇄하기 전에 침수의 원인과 침수 구멍의 크기, 침수량 등을 파악하고 배수하는 것이 최우선이다. 파손된 구멍을 막고, 필요시에는 배의 경사를 수정하여 배수를 원활히 하고 추가 침수를 막아야 한다. 초기 응급조치가 실패할 경우 수밀문의 폐쇄 등을 통해 최소한의 구역만 침수되도록 해야 한다.

**15** 선박에 설치되는 배수설비에 포함되는 펌프는?

① 식수펌프    ② 빌지펌프

③ 윤활유펌프    ④ 냉각청수펌프

**해설**

배수를 위한 펌프에는 빌지펌프나 해수펌프 등이 있다. 선박마다 용어의 차이는 있으나 주해수냉각펌프 및 빌지와 잡용수펌프 등도 배수를 위한 펌프로 사용될 수 있다.

**16** 수면으로부터 깊은 곳에 큰 구멍이 발생한 경우 침수를 방지하기 위한 가장 효과적인 방법은?

① 용접에 의한 방법

② 나무쐐기에 의한 방법

③ 고무튜브에 의한 방법

④ 선체 외판의 파공부에 방수매트를 대는 방법

**해설**

• 수면 아래 큰 구멍의 경우에는 방수판을 먼저 붙이고, 선체 외부에 방수매트로 응급조치한 후 콘크리트 작업을 시행한다.
• 수면 위나 아래 작은 구멍의 경우는 쐐기를 박고 콘크리트를 부어서 응고시킨다.

**17** 기관실의 침수에 대한 방지대책으로 적절하지 않은 것은?

① 방수훈련에 적극적으로 참여한다.

② 수밀문이 정확히 작동되도록 정비한다.

③ 기름여과장치의 필터를 자주 소제한다.

④ 해수파이프 및 밸브의 부식에 유의한다.

**해설**

기름여과장치는 선저폐수를 선외로 배출할 때 사용하는 기름오염방지 설비이다.

**18** 소방원 장구 중 소방원의 개인장비에 해당하지 않는 것은?

① 방화복    ② 안전등

③ 방화도끼    ④ 소화호스

**해설**

소방원 장구는 방화복, 자장식 호흡구, 구명줄, 안전등, 방화도끼로 구성되어 있다.

**19** 기관실의 화재예방법으로 적절하지 않은 것은?

① 기관실 청결 유지
② 순찰 및 점검 철저
③ 위험지역 별도 지정관리
④ 통풍장치의 운전 대수 제한

해설
기관실은 선박의 하부에 설치되고 밀폐되는 곳이 많으므로 항상 통풍기를 운전해야 한다. 또한, 주기관이나 발전기의 운전에 필요한 공기를 공급하는 목적으로도 사용되므로 통풍기를 사용하고 배압에 따라 통풍기의 운전 대수를 가감하기도 한다.

**20** 구명줄 사용 시 보조자가 소방원에게 구명줄을 한 번 당길 때는 무슨 의미인가?

① 이상이 없는가?    ② 전진하라!
③ 후퇴하라!    ④ 구조 요청!

해설
구명줄 신호법

| 줄을 당기는 횟수 | 보조자가 소방원에게 | 소방원이 보조자에게 |
|---|---|---|
| 1 | 이상 없는가? | 이상 없다. |
| 2 | 전진하라. | 전진하겠다. |
| 3 | 후퇴하라. | 후퇴하겠다. |
| 4 | 철수하라. | 구조 요청 |

**21** 화재의 3요소에 해당하지 않는 것은?

① 가연물    ② 이산화탄소
③ 산 소    ④ 점화원

해설
화재의 3요소는 가연성 물질(연료), 산소(공기), 점화원(발화점 이상의 온도)이다.

**22** 선원법상 선원이 선원 근로관계에 관한 쟁의행위를 금지하는 경우로 적절하지 않은 것은?

① 선박이 외국 항에 정박 중일 경우
② 선박이 국내 항에 정박 중일 경우
③ 여객선이 승객을 태우고 항해 중일 경우
④ 선원 근로관계에 관한 쟁의행위로 인명이나 선박의 안전에 현저한 위해를 줄 우려가 있는 경우

해설
선원법 제25조(쟁의행위의 제한)
선원은 다음 사항에 해당하는 경우에는 선원 근로관계에 관한 쟁의행위를 하여서는 안 된다.
• 선박이 외국 항에 있는 경우
• 여객선이 승객을 태우고 항해 중인 경우
• 위험물 운송을 전용으로 하는 선박이 항해 중인 경우로서 위험물의 종류별로 해양수산부령으로 정하는 경우
• 입·출항, 협수로 통과, 선박의 충돌·침몰 등 해양사고가 빈번히 일어나는 해역을 통과할 경우 선장 등이 선박의 조종을 지휘하여 항해 중인 경우
• 어선이 어장에서 어구를 내릴 때부터 냉동처리 등을 마칠 때까지의 일련의 어획작업 중인 경우
• 그 밖에 선원 근로관계에 관한 쟁의행위로 인명이나 선박의 안전에 현저한 위해를 줄 우려가 있는 경우

**23** 해양환경관리법상 선박에 비치·보관해야 하는 오염물질의 방지·방제에 사용되는 자재 및 약제에 해당하지 않는 것은?

① 오일펜스    ② 유흡착재
③ 유처리제    ④ 유성향상제

해설
해양환경관리법상 자재 및 약재의 종류는 다음과 같다.
• 오일펜스 : 바다 위에 유출된 기름이 퍼지는 것을 막기 위해서 울타리 모양으로 수면에 설치하는 것이다.
• 유흡착재 : 기름의 확산과 피해의 확대를 막기 위해 기름을 흡수하여 회수하기 위한 것으로 폴리우레탄이나 우레탄 폼 등의 재료로 만든다.
• 유처리제 : 유화·분산작용을 이용하여 해상의 유출유를 해수 중에 미립자로 분산시키는 화학처리제이다.
• 유겔화제 : 해양에 기름 등이 유출되었을 때 액체 상태의 기름을 아교(겔) 상태로 만드는 약제이다.

**24** 선박안전법상 항해구역의 종류 중 호수, 하천 및 항내의 수역과 지정된 18구의 수역에 해당하는 항해구역은?

① 평수구역    ② 연해구역
③ 근해구역    ④ 원양구역

해설

선박안전법 시행규칙 제15조(항해구역의 종류)
선박의 항해구역은 평수구역, 연해구역, 근해구역, 원양구역으로 나뉜다.
- 평수구역 : 호수·하천 및 항내의 수역과 18개의 특정 수역을 말한다.
- 연해구역 : 영해기점으로부터 20해리 이내의 수역과 해양수산부령으로 정하는 5개의 특정 수역을 말한다.
- 근해구역 : 동쪽은 동경 175°, 서쪽은 동경 94°, 남쪽은 남위 11° 및 북쪽은 북위 63°의 선으로 둘러싸인 수역을 말한다.
- 원양구역 : 모든 수역을 말한다.

**25** 다음 보기의 (    ) 안에 들어갈 내용으로 옳은 것은?

> [보 기]
> 해양사고의 조사 및 심판에 관한 법률상 업무정지 또는 견책의 징계를 받은 해기사는 재결의 집행이 종료된 날로부터 (    )년 이상 무사고 운항을 할 때 징계의 효력이 상실된다.

① 1년
② 2년
③ 3년
④ 5년

해설

해양사고의 조사 및 심판에 관한 법률 제81조의2(징계의 실효)
업무정지 또는 견책의 징계를 받은 해기사나 도선사가 그 징계 재결의 집행이 끝난 날부터 5년 이상 무사고 운항을 하였을 경우에는 그 징계는 실효된다.

---

### 제1과목  기관 1

**01** 4행정 사이클 디젤기관에 대한 설명으로 맞는 것은?

① 실린더 헤드에 흡·배기밸브가 설치된다.

② 기관 출력당 부피와 무게가 작아 대형 기관에 적합하다.

③ 1사이클에 크랭크축은 1회전한다.

④ 1사이클에 피스톤은 1회 왕복한다.

**해설**
기관 종류마다 차이는 있지만 공통적으로 4행정 사이클 디젤기관의 실린더헤드에 설치되는 것은 연료분사밸브, 흡기밸브, 배기밸브, 안전밸브 및 로커암(밸브레버) 등이다.

**02** 다음 그림과 같은 트렁크형 기관의 커넥팅 로드에서 소단부와 대단부에 연결되는 각각 부품의 명칭은?

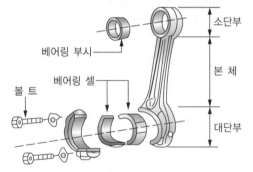

① 피스톤핀, 크랭크암

② 크랭크핀, 크랭크암

③ 피스톤핀, 크랭크핀

④ 크랭크핀, 크로스헤드핀

**해설**
커넥팅 로드의 소단부는 엔진 타입에 따라 트렁크형 엔진(4행정 사이클 기관)에서는 피스톤핀과 연결되고, 크로스헤드형 엔진(2행정 사이클 기관)에서는 크로스헤드핀과 연결된다. 대단부는 크랭크축과 연결되는 크랭크핀에 연결된다.

**03** 디젤기관에서 메인 베어링의 주된 발열원인으로 맞는 것은?

① 윤활유 공급량이 많아졌을 때

② 기관 회전수를 줄였을 때

③ 재질이 균일한 베어링 메탈을 사용했을 때

④ 크랭크축의 중심선이 일치하지 않을 때

**해설**
크랭크축의 중심선이 일치하지 않으면 크랭크암 디플렉션(개폐작용)이 커진다. 크랭크암 디플렉션이 과다하면 진동이 발생하여 메인 베어링의 불균일한 마멸과 발열의 원인이 될 수 있다.

**04** 디젤기관의 플라이휠에 대한 설명으로 맞는 것은?

① 무게가 가벼울수록 효과적이다.

② 고속 기관보다 저속 기관에서 더 가벼운 플라이휠을 사용한다.

③ 플라이휠의 지름을 크게 하는 것보다 폭을 넓게 하는 것이 효과적이다.

④ 실린더수가 적은 기관일수록 무거운 플라이휠을 사용한다.

**해설**
플라이휠은 무거울수록 효과가 좋은데 폭을 넓게 하는 것보다 지름을 크게 하는 것이 더 효과적이다. 일반적으로 같은 형식의 디젤기관일 때 고속 기관보다 저속 기관이 무거운 플라이휠을 사용한다. 실린더수가 적은 기관에서는 매우 무거운 플라이휠을 사용하는데 이 기관은 중량이 커지고 역전이나 시동이 신속하지 못한다. 4행정 사이클 디젤기관과 2행정 사이클 디젤기관 비교하면 다음과 같다.
• 4행정 사이클 디젤기관에서는 크랭크 2회전에 1회 폭발하므로 회전력의 변화가 커서 원활한 운전을 위해 큰 플라이휠이 필요하다.
• 2행정 사이클 디젤기관에서는 크랭크축 1회전에 1회 폭발하므로 회전력의 변화가 작아 작은 플라이휠을 사용해도 된다.

---

**05** 4행정 사이클 디젤기관의 연소실에서 팽창한 연소가스가 실린더 밖으로 급격히 분출되는 것은?

① 흡입행정 　　② 압축행정
③ 폭발행정 　　④ 배기행정

**해설**
4행정 사이클 디젤기관
• 흡입행정 : 배기밸브가 닫힌 상태에서 흡기밸브만 열려서 피스톤이 상사점에서 하사점으로 움직이는 동안 실린더 내부에 공기가 흡입된다.
• 압축행정 : 흡기밸브와 배기밸브가 닫혀 있는 상태에서 피스톤이 하사점에서 상사점으로 움직이면서 흡입된 공기를 압축하여 압력과 온도를 높인다.
• 작동행정(폭발행정 또는 유효행정) : 흡기밸브와 배기밸브가 닫혀 있는 상태에서 피스톤이 상사점에 도달하기 전에 연료가 분사되어 연소하고, 이때 발생한 연소가스가 피스톤을 하사점까지 움직이게 하여 동력을 발생한다.
• 배기행정 : 피스톤이 하사점에서 상사점으로 이동하면서 배기밸브가 열리고 실린더 내에서 팽창한 연소가스가 실린더 밖으로 분출된다.

**06** 소형 디젤기관의 실린더라이너가 마멸되었을 때 기관에 미치는 영향으로 적절하지 않은 것은?

① 시동 곤란 　　② 윤활유의 오손
③ 출력 저하 　　④ 냉각수의 오손

**해설**
실린더라이너가 마멸되면 블로바이가 일어난다. 블로바이가 일어나면 출력이 저하되어 연료소비량이 증가하고 시동이 곤란해지며 윤활유의 오손이 발생할 수 있다.
블로바이(Blow-by) : 피스톤과 실린더라이너 사이의 틈새로부터 연소가스가 누출되어 크랭크 케이스로 유입되는 현상이다. 피스톤 링의 마멸, 고착, 절손, 옆 틈이 적당하지 않을 때 또는 실린더라이너의 불규칙한 마모나 상하의 흠집이 생겼을 때 발생한다. 블로바이가 일어나면 출력이 저하될 뿐만 아니라 크랭크실 윤활유의 상태도 변질된다.

**07** 메인 베어링을 지지하고, 윤활유를 받아 모으는 역할을 하는 장치는?

① 기관베드 　　② 라이너
③ 크랭크실 　　④ 실린더헤드

**해설**
기관베드(엔진베드)는 메인 베어링을 지지하고 기관 각부를 원활하게 하고 떨어진 윤활유를 모으는 역할을 한다.

**08** 디젤기관의 시동공기밸브는 언제 열리는가?

① 상사점 전
② 상사점 후
③ 하사점 전
④ 하사점 후

**해설**
시동공기를 주입하는 시기는 피스톤이 상사점을 지나서 하강행정에 있을 때이다. 만약 피스톤이 하사점에서 상사점으로 상승하는 시기에 시동공기를 넣어 준다면 기관의 회전 방향이 바뀌게 된다. 시동공기 주입시기(시동공기밸브가 열리는 시기)는 크랭크 각도가 상사점을 지난 후가 가장 적당하다.

**09** 연료분사밸브의 노즐 팁을 손질하는 방법으로 적절하지 않은 것은?

① 노즐을 분해하여 경유 속에 얼마 동안 담근 후 소제한다.
② 와이어 브러시로 먼저 노즐 외부를 청소한다.
③ 샌드페이퍼나 줄을 사용하여 외부를 청소한다.
④ 노즐 구멍은 적합한 바늘로 청소한다.

**해설**
연료분사밸브의 노즐 팁을 샌드페이퍼나 줄(File)을 사용하여 소제하면 마모되거나 스크래치가 생겨 접촉면 사이에 틈이 생길 수 있다. 그렇게 되면 연료가 새어 나와 적정압력에서 분사가 제대로 일어나지 않는다.

**10** 디젤기관의 연료분사 조건으로 옳은 것은?

① 원심력 　　② 압축력
③ 인장력 　　④ 관통력

**해설**
연료분사의 조건
• 무화 : 연료유의 입자가 안개처럼 극히 미세화되는 것으로, 분사압력과 실린더 내의 공기압력을 높이고 분사밸브 노즐의 지름을 작게 해야 한다.
• 관통 : 분사된 연료유가 압축된 공기 중을 뚫고 나가는 상태로, 연료유 입자가 커야 하는데 관통과 무화는 조건이 반대가 되므로 두 조건을 적절하게 만족하도록 조정해야 한다.
• 분산 : 연료유가 분사되어 원뿔형으로 퍼지는 상태이다.
• 분포 : 분사된 연료유가 공기와 균등하게 혼합된 상태이다.

## 11
소형 디젤기관에서 배기밸브와 직접 접촉하여 밸브를 여는 장치는?

① 캠 축　　　　　　② 롤러암
③ 로커암　　　　　　④ 푸시로드

해설
다음의 그림과 같이 소형 디젤기관(주로 4행정 사이클 디젤기관)에서는 캠이 작동하여 푸시로드를 위로 들어 올리면, 푸시로드는 밸브 레버(로커암)를 움직이게 되고, 밸브레버(로커암)의 반대쪽에서 밸브 스핀들을 눌러서 흡기 또는 배기밸브를 열어 준다.

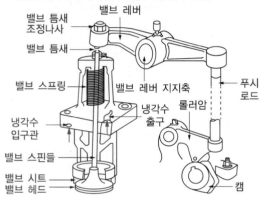

[4행정 사이클 기관의 밸브 구동장치]

## 12
디젤기관에서 커넥팅 로드의 대단부에 풋라이너를 삽입할 때 압축비의 변화 상태는?

① 변하지 않는다.
② 감소한다.
③ 증가한다.
④ 감소하기도 하고 증가하기도 한다.

해설
풋라이너를 삽입하면 피스톤의 높이가 전체적으로 풋라이너 두께만큼 위로 올라가고 연소실의 부피(압축 부피)는 그만큼 작아진다. 피스톤 행정은 상사점과 하사점 사이의 거리인데 행정의 길이는 변함이 없고 상사점과 하사점의 위치만 변화가 있다.

$$압축비 = \frac{실린더\ 부피}{압축\ 부피} = \frac{압축\ 부피 + 행정\ 부피}{압축\ 부피} = 1 + \frac{행정\ 부피}{압축\ 부피}$$

풋라이너를 삽입하면 압축 부피가 줄어들어, 결국 압축비가 커진다.
풋라이너 : 다음의 그림에서 볼 수 있듯이 커넥팅 로드의 종류는 여러 가지인데 오른쪽 그림의 풋라이너를 삽입할 수 있는 커넥팅 로드는 풋라이너를 가감함으로써 압축비를 조정할 수 있다.

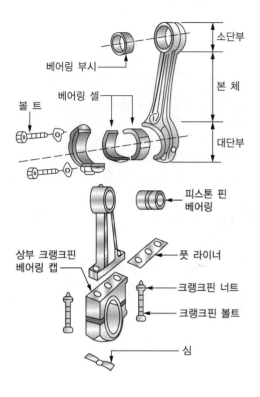

## 13
디젤기관에서 피스톤 링이 실린더 내벽에 미치는 단위면적당 힘은?

① 장 력　　　　　　② 면 압
③ 관통력　　　　　　④ 양 력

해설
면압이란 두 물체의 접촉면에서 발생하는 압력을 나타내는 것이다. 피스톤 링이 실린더 내벽에 미치는 단위면적당 힘을 면압이라고 한다.

## 14
디젤기관의 크랭크암 개폐작용에 대한 설명으로 옳은 것을 모두 고르면?

> ㉠ 크랭크암 디플렉션이라고도 한다.
> ㉡ 디젤기관을 저속으로 운전하는 것이 원인이다.
> ㉢ 크랭크암의 길이가 서로 다른 것이 주된 원인이다.
> ㉣ 크랭크축이 회전할 때 크랭크암 사이의 거리가 넓어지거나 좁아지는 현상이다.

① ㉠, ㉡　　　　　　② ㉠, ㉣
③ ㉠, ㉡, ㉢　　　　④ ㉠, ㉢, ㉣

해설
크랭크암의 개폐작용(크랭크암 디플렉션)은 크랭크축이 회전할 때 크랭크암 사이의 거리가 넓어지거나 좁아지는 현상이다. 그 원인은 다음과 같으며, 주기적으로 디플렉션을 측정하여 원인을 해결해야 한다.
• 메인 베어링의 불균일한 마멸 및 조정 불량
• 스러스트 베어링(추력 베어링)의 마멸과 조정 불량
• 메인 베어링 및 크랭크핀 베어링의 틈새가 클 경우
• 크랭크축 중심의 부정 및 과부하 운전(고속 운전)
• 기관베드의 변형

## 15 디젤기관의 터닝기어에 대한 설명으로 옳은 것을 모두 고르면?

> ㉠ 소형 전동기의 동력을 많이 이용한다.
> ㉡ 기관 시동 전 워밍을 할 때 사용한다.
> ㉢ 기관을 조정, 검사, 수리할 때 사용한다.
> ㉣ 플라이휠의 원주상 기어에 물려 사용한다.

① ㉠, ㉡, ㉣
② ㉡, ㉢, ㉣
③ ㉠, ㉢
④ ㉠, ㉡, ㉢, ㉣

해설
기관을 운전속도보다 훨씬 낮은 속도로 서서히 회전시키는 것을 터닝(Turning)이라고 하는데 소형 기관에서는 플라이휠의 원주상에 뚫려 있는 구멍에 터닝 막대를 꽂아서 돌리고 대형 기관에서는 플라이휠 외주에 전기모터로 기동되는 휠 기어를 설치하여 터닝기어를 연결하여 기관을 서서히 돌린다.
※ 터닝은 기관을 조정하거나 검사, 수리, 시동 전, 정지 후 예열(워밍 또는 난기) 할 때 실시한다. 터닝 시 피스톤의 왕복운동부, 크랭크축의 회전 상태 및 밸브의 작동 상태 등도 확인한다. 터닝기어가 플라이휠에 연결되어 있을 때는 기관의 시동이 되지 않도록 하는 인터로크 장치가 되어 있다.

## 16 디젤기관에서 크랭크축의 절손원인으로 적절하지 않은 것은?

① 크랭크암의 개폐량 증가
② 위험 회전수에서 장시간 운전
③ 연료유의 발열량 과다
④ 디젤노킹의 반복

해설
크랭크축의 절손은 노킹현상의 반복, 메인 베어링의 마멸, 크랭크암 디플렉션(개폐)이 과다한 경우, 과부하 운전, 위험 회전수 운전 등에 의한 진동 발생이나 저질의 윤활유 사용에 의해 나타날 수 있다.
※ 위험 회전수 : 축에 발생하는 진동의 주파수와 고유 진동수가 일치할 때의 주기관 회전수이다. 위험 회전수 영역에서 운전을 하면 공진현상에 의해서 축계에서 진동이 증폭되고 축계 절손 등의 사고가 발생할 수 있다.

## 17 보일러에서 수트블로의 역할은?

① 그을음이나 재를 제거한다.
② 과열증기를 만들어낸다.
③ 연료를 공급한다.
④ 공기를 예열한다.

해설
보일러의 수트블로 장치 : 보일러의 연소가스가 닿는 전열면에는 그을음(수트, Soot)과 재가 퇴적되어 열교환을 방해하거나 부식을 일으키므로, 이 전열면에 증기 또는 공기를 강제로 불어 넣어서 그을음을 제거하는 장치이다.

## 18 보일러의 절탄기에 대한 설명으로 옳은 것을 모두 고르면?

> ㉠ 전열면의 부식을 방지한다.
> ㉡ 급수를 예열하는 장치이다.
> ㉢ 배기가스의 폐열을 이용한다.
> ㉣ 주기관의 출력이 향상된다.

① ㉠, ㉡
② ㉠, ㉣
③ ㉡, ㉢
④ ㉢, ㉣

해설
절탄기(이코노마이저, Economizer/배기가스 이코노마이저, Exhaust Gas Economizer)는 보일러에서 연도로 빠져나가는 연소가스의 폐열을 이용하여 급수를 예열하는 데 사용하는 장치이다. 대형 기관에서는 디젤 주기관에서 발생하는 고온의 배기가스의 폐열을 이용하여 증기를 생산하는 배기보일러를 설치하기도 한다.

**19** 축계장치에서 앞쪽 끝은 중간축에 연결되고 뒤쪽 끝은 추진기에 연결되는 것은?

① 스러스트축
② 크랭크축
③ 기어축
④ 프로펠러축

해설

축계장치의 구조는 주기관의 크랭크축 → 추력축(스러스트축) → 중간축 → 프로펠러축(추진기축) → 프로펠러(추진기)의 순서로 이루어져 있다. 선박의 종류에 따라 중간축이 생략되는 경우도 있다.

**20** 프로펠러의 지름은 무엇인가?

① 블레이드 끝이 그리는 원의 직경을 말한다.
② 프로펠러 보스가 그리는 원의 직경을 말한다.
③ 프로펠러가 1회전했을 때 전진하는 거리
④ 프로펠러 속도와 같은 말이다.

해설

• 피치 : 프로펠러가 1회전했을 때 전진하는 거리
• 보스 : 프로펠러 날개를 프로펠러축에 연결해 주는 부분
• 프로펠러 지름 : 프로펠러가 1회전할 때 날개(블레이드)의 끝이 그린 원의 지름
• 경사비 : 프로펠러 날개가 축의 중심선에 대하여 선미 방향으로 기울어져 있는 정도

**21** 선체가 받는 잉여저항으로 옳은 것은?

① 조파저항 + 와류저항 + 마찰저항
② 조파저항 + 와류저항 + 공기저항
③ 마찰저항 + 공기저항 + 와류저항
④ 공기저항 + 마찰저항 + 조파저항

해설

잉여저항이란 선박이 받는 전체 저항 중에서 마찰저항을 제외한 나머지 저항이다. 잉여저항은 대부분 조파저항이므로 근사적으로 조파저항과 같다고 할 수도 있지만, 정확히 하면 공기저항과 와류저항이 포함되어 있다.
• 마찰저항 : 선박이 전진할 때 선체의 표면에 접촉하는 물의 점성에 의해 생긴 마찰이다.
• 조파저항 : 배가 전진할 때 받는 압력으로 배가 만들어내는 파도의 형상과 크기에 따라 저항의 크기가 결정된다.
• 와류저항 : 선미 주위에서 많이 발생하는 저항으로 선체 표면의 급격한 형상 변화 때문에 생기는 와류(소용돌이)로 인한 저항이다.
• 공기저항 : 수면 위 공기의 마찰과 와류에 의하여 생기는 저항이다.

**22** 프로펠러의 손상에 해당하지 않는 것은?

① 슬립 발생
② 부 식
③ 침 식
④ 날개 절손

해설

프로펠러 슬립이란 프로펠러의 속도와 배의 속도 차의 비이다.

$$\frac{프로펠러\ 속도 - 실제\ 배의\ 속도}{프로펠러\ 속도} \times 100[\%]$$

**23** 디젤기관의 윤활유 계통에 설치되어 있는 윤활유 냉각기에 대한 설명으로 맞는 것은?

① 기관에서 나오는 윤활유 온도를 적정 온도로 냉각시켜 섬프탱크로 보내 준다.
② 기관으로 들어가는 윤활유 온도를 적정 온도로 냉각시켜 기관으로 보내 준다.
③ 기관으로 들어가는 윤활유의 불순물을 제거시킨다.
④ 기관에서 나오는 윤활유의 압력을 일정하게 유지시킨다.

해설

다음 그림은 윤활유 계통의 한 예를 나타낸 것이다. 선박마다 각 부품의 차이는 있지만 순서는 동일하다. 윤활유펌프로 기관으로부터 윤활유를 흡입하여 윤활유 여과기를 거치고 냉각기로 보내서 윤활유를 냉각시킨 후 기관으로 공급하는 사이클을 반복하게 된다. 여기서 3방향 (3-way) 온도조절밸브에서 윤활유의 온도가 높으면 냉각기로 윤활유를 보내고, 높지 않으면 바로 기관쪽으로 윤활유의 방향을 바꿔서 온도를 조절한다.

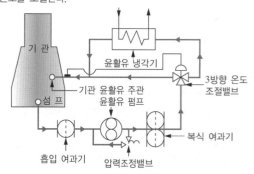

**24** 윤활유의 열화방지방법으로 적절하지 않은 것은?

① 윤활유의 냉각기를 자주 소제한다.

② 윤활유와 산소의 접촉이 원활하도록 한다.

③ 윤활유의 청정기를 운전해서 수분을 제거한다.

④ 윤활유의 필터를 자주 청소하여 금속물질이 혼입되지 않도록 한다.

**해설**
윤활유는 사용함에 따라 점차 변질되어 성능이 떨어지는데 이것을 윤활유의 열화라고 한다. 열화의 가장 큰 원인은 공기 중의 산소에 의한 산화작용이다. 고온에 접촉하거나 물이나 금속가루 및 연소 생성물 등이 혼입되는 경우에는 열화가 더욱 촉진된다. 그리고 윤활유가 고온에 접하면 그 성분이 열분해 되어 탄화물이 생기고 점도가 높아진다. 탄화물은 실린더의 마멸과 밸브나 피스톤 링의 고착원인이 된다.

**25** 연료유 중의 물이나 불순물을 비중 차이에 의한 중력으로 분리시키는 것은?

① 저장탱크
② 침전탱크
③ 청정유탱크
④ 평형수탱크

**해설**
침전탱크(세틀링탱크, Settling Tank)는 연료유 중의 불순물 및 수분이 비중 차이로 인하여 가라앉는 것을 이용하여 분리시키는 탱크이다. 기관사는 순찰 시 주기적으로 침전탱크의 드레인밸브를 열어서 탱크 하부의 불순물을 배출시킨다.

## 제2과목  기관 2

**01** 왕복펌프의 특성으로 틀린 것은?

① 대용량 저압용으로 적당하다.

② 흡입 성능이 양호하다.

③ 무리한 운전에도 잘 견딘다.

④ 운전조건이 광범위하게 변해도 효율의 변화가 작다.

**해설**
왕복펌프의 특징
• 흡입 성능이 양호하다.
• 소용량, 고양정용 펌프에 적합하다.
• 운전조건에 따라 효율의 변화가 작고 무리한 운전에도 잘 견딘다.
• 왕복운동체의 직선운동으로 인해 진동이 발생한다.

**02** 원심펌프의 취급법으로 적절하지 않은 것은?

① 송출밸브를 닫은 상태에서 기동한다.

② 글랜드 패킹을 사용하는 축봉장치에서는 물이 조금씩 샐 정도로 가볍게 죄는 것이 좋다.

③ 정지 시 흡입밸브를 먼저 닫고 전동기를 정지시킨다.

④ 장기간 사용하지 않을 때에는 내부의 물을 배출한다.

**해설**
원심펌프를 정지시킬 때도 운전할 때와 마찬가지로 송출밸브를 닫고 정지시키는 것이 좋다.

**03** 원심펌프가 시동된 후 유체가 송출되지 않을 경우의 원인으로 적절하지 않은 것은?

① 흡입측으로 공기가 새어 들어온다.

② 흡입관이나 스트레이너가 막혀 있다.

③ 시동 전 마중물을 채우지 않았다.

④ 베어링의 윤활이 충분하지 않다.

**해설**
베어링의 윤활이 잘되지 않으면 베어링에 소음과 열이 발생하고, 심할 경우 베어링의 손상을 가져와 진동이 발생하기도 한다. 원심펌프가 시동이 되었고 유체의 송출이 되지 않는 경우는 베어링 윤활과 거리가 멀다.

**04** 원심펌프의 글랜드 패킹에서 열이 발생하는 경우의 원인으로 적절하지 않은 것은?

① 패킹의 수가 많다.

② 윤활이 부족하다.

③ 축봉장치에서 물이 새지 않게 꽉 죄었다.

④ 패킹을 잘못 넣어 경사되었다.

**해설**
원심펌프의 축봉장치에서 패킹 글랜드 타입을 사용할 경우에는 냉각작용과 윤활작용을 하기 위해서 물이 소량으로 한 방울씩 새어 나오도록 해야 한다. 물이 새지 않으면 패킹 글랜드가 열화되어 축봉장치의 역할을 못할 수도 있다. 그러나 기계적 실(메카니컬 실)에서는 누설되지 않아야 한다.

**05** 청정효과가 가장 좋은 연료유 청정장치는?

① 중력식 침전탱크　② 원심식 유청정기
③ 필터식 여과기　　④ 첨가제 투여기

해설
원심식 유청정기는 비중 차이에 의해 발생하는 침강현상을 중력의 수천 배에 달하는 원심력으로 청정하는 방법으로, 청정효과가 뛰어나다.

**06** 유체를 한 방향으로만 흐르게 하고, 그 반대 방향의 흐름은 차단시키는 것은?

① 체크밸브　　　② 교축밸브
③ 릴리프밸브　　④ 유량조절밸브

해설
체크밸브는 유체의 방향이 한쪽으로만 흐르게 하고, 반대쪽으로는 흐르지 않게 한다.

**07** 유압장치에 사용되는 밸브로 적절하지 않은 것은?

① 릴리프밸브
② 4포트 2위치 밸브
③ 정압팽창밸브
④ 유량조절밸브

해설
정압팽창밸브는 냉동기에서 사용되는 장치이다.
※ 팽창밸브는 응축기에서 액화된 고압의 액체냉매를 저압으로 만들어 증발기에서 쉽게 증발할 수 있도록 하며, 증발기로 들어가는 냉매의 양을 조절하는 역할을 한다. 팽창밸브의 종류에는 모세관식, 정압식, 감온식 및 전자식 팽창밸브가 있다.

**08** 유압펌프로 사용하기 적절하지 않은 펌프는?

① 베인펌프　　　② 기어펌프
③ 나사펌프　　　④ 벌류트펌프

해설
유압펌프는 원동기로부터 공급받은 기계 동력을 유체 동력으로 변환시키는 기기로, 주로 용적형 펌프가 많이 사용된다. 또한, 왕복식 펌프인 피스톤펌프와 회전식인 기어펌프, 나사펌프, 베인펌프가 사용된다.

**09** 유공압장치에 사용되는 압력제어밸브는?

① 릴리프밸브　　② 가변조리개밸브
③ 체크밸브　　　④ 교축밸브

해설
압력제어밸브의 종류에는 릴리프밸브, 감압밸브, 시퀀스밸브 등이 있다.
릴리프밸브 : 유압장치의 과도한 압력 상승으로 인한 손상을 방지하기 위한 장치이다. 유압이 설정압력 이상으로 상승하면, 밸브가 작동하여 유압을 흡입측으로 돌리거나 유압탱크로 다시 돌려보내는 역할을 한다.

**10** 기어펌프에 이중 헬리컬기어를 사용하는 가장 큰 이유는?

① 축 방향의 추력이 상쇄된다.
② 펌프의 진동이 줄어든다.
③ 대용량의 유체를 이송할 수 있다.
④ 기어의 가공 조립이 쉬워진다.

해설
단식 헬리컬기어는 회전할 때 추력이 발생하므로 추력 베어링이 필요하나, 이중 헬리컬기어를 사용하면 축 방향의 추력을 상쇄할 수 있는 이점이 있다.
기어펌프 중 외접식 기어펌프의 종류에는 평기어펌프와 이중 헬리컬기어펌프가 있다.

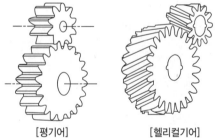
[평기어]　　　　　[헬리컬기어]

• 평기어펌프 : 케이싱 안 서로 맞물려 회전하는 두 개의 평기어가 흡입측에서 기어가 떨어질 때 두 기어가 맞물린 홈에 유체가 갇히게 되고, 기어의 회전과 함께 케이싱의 원주면을 따라 송출측으로 이송되는 펌프이다. 이 펌프는 송출측까지 운반된 유체의 일부가 치합부의 틈새에 남아 흡입측으로 역류하는 폐쇄현상이 발생할 수 있다.
• 헬리컬기어펌프 : 평기어펌프에 비해 기어의 맞물림 상태가 좋아서 선박에서 사용하는 연료유와 유압유 및 물과 같은 윤활성이 없는 유체를 이송할 수 있으며, 고속 운전이 가능하다. 평기어에서 발생하는 폐쇄현상이 발생하지 않는 이점이 있다.

**11** 케이싱 내 회전차의 바깥 둘레에 안내 날개가 설치되어 있는 펌프는?

① 벌류트펌프　　　　② 기어펌프
③ 터빈펌프　　　　　④ 마찰펌프

해설
원심식 펌프의 종류 중 안내 날개의 유무에 따른 펌프의 종류는 다음과 같다.
• 벌류트펌프 : 안내 날개가 없으며, 낮은 양정에 적합하다.
• 터빈펌프 : 안내 날개가 있으며, 높은 양정에 적합하다.

**12** 펌프 흡입측 압력계의 100[%] 진공도 표시로 옳은 것은?

① 10[cmH₂O]
② 760[cmHg]
③ 60[cmH₂O]
④ 76[cmHg]

해설
게이지상의 진공도는 대기압을 0으로 놓고 완전 진공을 760[mmHg] (76[cmHg])로 표시하는 것이다.
**압력의 종류**
• 절대압 : 완전 진공을 기준으로 하여 잰 압력
• 게이지압(계기압) : 대기압을 기준으로 하여 잰 압력, 대기압의 기준을 0으로 하여 이것보다 높은 압력을 정(+), 낮은 압력을 부(−)로 나타내는 압력
• 대기압 : 공기의 무게에 의해 생기는 대기압력
• 1기압 = 76[cmHg] = 760[mmHg] = 101,330[Pa]
• 절대압력 = 게이지압력 + 대기압

**13** 원심펌프에는 없지만 왕복동 빌지펌프에는 있는 것은?

① 임펠러
② 마우스 링
③ 피스톤
④ 호수장치

해설
왕복동 빌지펌프는 왕복펌프의 한 종류로서 실린더, 피스톤 또는 플런저, 흡입밸브, 송출밸브, 공기실, 풋밸브, 스트레이너 등으로 구성된다.

**14** 유압회로에서 여과기에 자석을 설치하는 이유는 무엇인가?

① 기름 중의 먼지를 제거하기 위해
② 기름 중의 철분을 제거하기 위해
③ 기름 중의 수분을 제거하기 위해
④ 기름의 산화작용을 방지하기 위해

해설
유압회로에서 유압유 중에 철분이 혼입되면 유압펌프나 밸브가 오작동하거나 손상을 입게 되므로 여과기에 자석을 설치하여 철분을 제거해야 한다.

**15** 조타기의 구성요소에 해당하지 않는 것은?

① 전달장치　　　　　② 원동기
③ 추진장치　　　　　④ 타장치

해설
조타기는 조종장치, 조타기(원동기), 추종장치, 전달장치(타장치)로 구성되어 있다.

**16** 캡스턴에서 역전을 방지하기 위해 드럼 아랫부분에 설치하는 것은?

① 스파이럴기어　　　② 웜기어
③ 래칫기어　　　　　④ 평기어

해설
캡스턴은 워핑드럼이 수직축상에 설치된 계선용 장치이다. 직립한 드럼을 회전시켜 계선줄이나 앵커체인을 감아올리는 데 사용되는데, 웜기어장치에 의해 감속되고 역전을 방지하기 위해 하단에 래칫기어를 설치한다. 다음의 그림과 같이 a의 기어가 한쪽 방향으로만 돌아가고 반대 방향으로 회전하려고 하면 b에 의해 기어가 회전을 멈춘다.

[래칫기어]

## 17 양묘, 계선, 하역용 기계를 총칭하는 것은?

① 조타장치　　　　② 갑판기계
③ 주기관　　　　　④ 조수장치

**해설**
주기관 외에 기관실에 있는 기기를 기관 보조기계라 하고 그 외에
선체에 있는 기기들을 선체 보조기계라고 한다. 이 중 양묘, 계선,
하역용 기계를 총칭하여 갑판기계라고 한다.

## 18 기관실에서 생긴 빌지를 선외로 배출하기 위하여 기름과 물을 분리시키는 것은?

① 소각기　　　　　② 유청정기
③ 기름여과장치　　④ 슬러지배출장치

**해설**
유수분리장치 : 기관실 내에서 각종 기기의 운전 시 발생하는 드레인이
기관실 하부에 고이게 되는데 이를 빌지(선저폐수)라고 한다. 유수분리
기는 빌지를 선외로 배출할 때 해양을 오염시키지 않도록 기름 성분을
분리하는 장치이다. 빌지분리장치 또는 기름여과장치라고도 하며 선
박의 빌지(선저폐수)를 공해상에 배출할 때 유분 함량은 15[ppm](백만
분의 15) 이하여야 한다.

## 19 폐유소각기의 소각로에서 폐유가 자체 연소 가능한 최대 수분의 함유율은 얼마인가?

① 0~10[%]　　　　② 20~30[%]
③ 40~50[%]　　　　④ 60~80[%]

**해설**
폐유소각장치에서 수분 함량이 40~50[%]까지 포함된 폐유는 소각로
에서 폐유를 자체 연소시킬 수 있고, 수분의 함량이 50[%]를 넘으면
보조 버너를 사용해야만 연소시킬 수 있다. 보조 버너를 사용해서
연소시킬 수 있는 폐유의 수분 함유량은 최대 60~75[%] 내이다.

## 20 평행판식 기름여과장치에서 유수 분리의 원리는?

① 물과 기름의 비중차
② 물과 기름의 압력차
③ 물과 기름의 표면장력차
④ 물과 기름의 유속차

**해설**
유수분리장치의 종류에는 평행판식, 필터식, 원심식, 필터와 원심력을
병용한 방식, 평행판식 필터가 결합된 방식 등이 있다.
**평행판식 유수분리장치** : 내부에 수많은 원추상의 포집판이 설치된
형식으로 다수의 평행판 사이를 기름이 섞인 물을 저속으로 통과시키면
서 비중차에 의해 기름입자를 부상 분리시키는 방법이다.

## 21 가스압축식 냉동기에서 팽창밸브는 어디에 설치하는가?

① 압축기와 응축기 사이
② 증발기와 압축기 사이
③ 압축기와 솔레노이드밸브 사이
④ 수액기와 증발기 사이

**해설**
팽창밸브는 응축기에서 액화된 고압의 액체냉매를 저압으로 만들어
증발기에서 쉽게 증발할 수 있도록 하며, 증발기로 들어가는 냉매의
양을 조절하는 역할을 하는 부품이다. 수액기와 증발기 사이에 설치한다.

## 22 냉동기 압축기의 본체에 서리가 끼는 원인으로 알맞은 것은?

① 저압 스위치의 작동
② 응축기의 냉각수량 과다
③ 액화냉매가 압축기 내로 흡입
④ 순환 냉매량 부족

**해설**
냉매가 냉동기 사이클을 순환하면서 압축기로 흡입될 때는 증발기
주위의 열을 흡수한 기체냉매의 상태로 들어온다. 냉동기 압축기의
본체에 서리가 끼는 것은 팽창밸브나 증발기에서 문제가 생겨 충분히
기화하지 못하고 주위의 열을 흡수하지 못한 액화냉매의 형태로 압축기
내로 흡입될 때 나타나는 현상이다.

## 23 냉동장치 중 응축기에서 액화된 냉매를 낮은 온도에서 증발할 수 있도록 압력을 낮추어 주는 장치는?

① 증발기　　　　　② 응축기
③ 팽창밸브　　　　④ 유분리기

**해설**
팽창밸브는 응축기에서 액화된 고압의 액체냉매를 저압으로 만들어
증발기에서 쉽게 증발할 수 있도록 하며, 증발기로 들어가는 냉매의
양을 조절하는 역할을 한다. 팽창밸브에는 모세관식, 정압식, 감온식
및 전자식 팽창밸브가 있다.

**24** 다음 중 프레온 냉동기의 건조제로 주로 사용되는 것은?

① 탄산칼슘      ② 마그네슘

③ 염화나트륨      ④ 실리카겔

**해설**

프레온 냉매에 수분이 혼입되면 팽창밸브를 막을 우려가 있다. 이를 방지하기 위해 냉매 건조기(필터 드라이어, Filter Drier)를 설치하여 수분을 흡수한다. 건조기의 건조제로는 실리카겔이 주로 사용된다.

**25** 열이동의 기본 형태가 아닌 것은?

① 대 류      ② 복 사

③ 전 도      ④ 파 동

**해설**

열의 이동현상에는 대류, 전도, 복사가 있다. 열은 한 가지 방법으로만 이동하는 것이 아니라 한꺼번에 두세 가지 방법으로 이동한다.
- 대류 : 가열된 액체나 기체 등이 직접 이동하여 열을 전달하는 현상
- 전도 : 물질은 이동하지 않으면서 열이 물질 속 고온부에서 저온부로 열을 전달하는 현상
- 복사 : 열에너지가 전자파의 한 형태가 되어 전도물질이 없이 다른 물체로 직접 이동하는 현상

---

### 제3과목   기관 3

**01** 동기발전기의 병렬 운전 시 위상의 일치 여부를 알아보는 기기는?

① 전압계      ② 전류계

③ 전력계      ④ 동기검정기

**해설**

동기검정기란 두 대의 교류발전기를 병렬 운전할 때 두 교류전원의 주파수와 위상이 서로 일치하고 있는가를 검출하는 기기이다.

**02** 극수가 6극인 동기발전기가 1,200[rpm]으로 회전한다면 주파수는 얼마인가?

① 30[Hz]      ② 40[Hz]

③ 60[Hz]      ④ 120[Hz]

**해설**

$$n = \frac{120f}{p}[\text{rpm}]$$

($n$ = 동기전동기의 회전속도, $p$ = 자극의 수, $f$ = 주파수)

**03** 3상 유도전동기가 기동에서 운전 상태로 변할 때의 전류 특성으로 옳은 것은?

① 처음에 큰 값으로 유지하다가 감소한다.

② 처음부터 큰 값으로 일정하게 유지된다.

③ 처음에는 작은 값으로 유지하다가 증가한다.

④ 처음부터 작은 값으로 일정하게 유지된다.

**해설**

유도전동기의 기동전류는 처음이 크고 점차 일정한 값으로 내려와 유지된다.

**04** 누전 등으로 인체에 위험이 발생하는 것을 방지하기 위해 전기설비와 선체 사이를 전기적으로 접속하는 것은?

① 단 선      ② 접 지

③ 퓨 즈      ④ 누 전

**해설**

접지란 전기기기의 본체를 선체의 일부와 연결시켜 놓은 것인데 고층 건물의 피뢰침과 같은 역할을 한다. 전기기기의 내부 누설이나 기타 고압의 전류가 흘렀을 때 전류를 선체로 흘려보내어 전위차를 없애 주는 것이다. 전기기기의 보호 및 감전을 예방하는 역할을 한다.

**05** 다음 중 배선용 차단기의 약어로 옳은 것은?

① OCR

② MCCB

③ ACB

④ AVR

**해설**

② MCCB(Moulded Case Circuit Breaker) : 성형 케이스 회로차단기, 배선용 차단기
① OCR(Over Current Relay) : 과류류 계전기
③ ACB(Air Circuit Breaker) : 기중차단기
④ AVR(Automatic Voltage Regulator) : 자동전압조정기

**06** 선박의 주배전반에 설치하지 않는 계기는?

① 전압계
② 전류계
③ 속도계
④ 동기검정기

**[해][설]**
배전반에 발전기의 속도계는 설치되어 있지 않다. 속도는 주파수의 크기로 가늠할 수 있으며, 발전기 본체에 표시되어 있는 발전기도 있다. 배전반에 전압계, 전력계, 주파수계, 동기검정기 등은 반드시 있어야 하며 경우에 따라서 역률계를 설치하는 경우도 있다.

**07** 멀티테스터로 직류전압을 측정할 경우 일반적으로 '빨간색 리드 플러그는 ( A )에 연결하고, 검정색 리드 플러그는 ( B )에 연결해서 사용한다.'에서 A, B에 들어갈 내용으로 각각 알맞은 것은?

① +단자, −단자
② −단자, +단자
③ 접지, +단자
④ 접지, +단자

**[해][설]**
멀티테스터로 직류전압을 측정할 경우 일반적으로 빨간색 리드선은 + 단자에, 검은색 리드선은 − 단자에 연결하여 사용한다.

**08** 전기기기의 절연저항을 측정하는 것은?

① 메 거
② 전류계
③ 전압계
④ 주파수계

**[해][설]**
절연저항을 측정하는 기구는 절연저항계 또는 메거테스터(Megger Tester)라고 하며 간단히 메거라고도 한다.

**09** 운전 중인 교류발전기의 전압 특성을 설명한 것으로 맞는 것은?

① 모터를 동시에 여러 대 운전하면 전압이 떨어진다.
② 모터를 동시에 여러 대 운전하면 전압이 올라간다.
③ 주파수가 올라가면 전압은 내려간다.
④ 부하가 커지면 전압은 올라간다.

**[해][설]**
교류발전기는 전력의 사용에 따라 전압이 일시적으로 커지거나 작아지기는 하지만, 자동전압조정기(AVR)로 인해 바로 적정전압을 유지하게 되고 주파수도 일정해진다.
• 전압이 일시적으로 떨어지는 경우 : 전력 소모가 급격하게 늘어나거나 전류의 사용량이 많아진 경우이다.
• 전압이 일시적으로 높아지는 경우 : 전력 소모가 급격하게 줄어들거나 전류의 사용량이 적어진 경우이다.
• 주파수가 떨어진다는 것은 전력 소모가 급격히 많아진 경우이므로 전압은 내려가고, 주파수가 높아지는 것은 전력소모가 급격히 줄어든 경우이므로 전압은 올라간다.

**10** 다음 접점기호의 명칭은?

① 수동복귀접점
② 순시동작접점
③ 기계적 접점
④ 한시동작접점

**[해][설]**
문제의 기호는 타이머 접점 중의 하나로 한시동작순시복귀 a접점(간단히 한시동작 a접점이라고도 함)을 나타낸 것이다.
㉱ 타이머를 3초로 설명했다면 문제의 접점은 타이머 릴레이가 작동 후 3초 후에 닫히고(Close), 타이머 릴레이가 정지하면 즉시 열리는 (Open) 상태로 복귀하는 접점이다.

**11** 다음 콘덴서 중 극성이 있기 때문에 극성에 유의하여 사용해야 하는 것은?

① 공기 콘덴서
② 종이 콘덴서
③ 전해 콘덴서
④ 세라믹 콘덴서

**[해][설]**
전해 콘덴서란 전해 산화한 금속을 양극, 전해질을 음극으로 하는 콘덴서이다.

**12** 200[V] 전압에 10[Ω] 전등 2개가 직렬로 연결되어 있을 때 회로에 흐르는 전류는 얼마인가?

① 5[A]
② 10[A]
③ 20[A]
④ 100[A]

해설

저항이 2개 이상인 직렬, 병렬연결 문제는 합성저항을 먼저 구해야 한다. 문제에서 합성저항은 직렬연결이므로 20[Ω]이다. 여기서 옴의 법칙을 이용하여 전류를 구한다.

• 저항의 직렬접속에서 합성저항 : $R = R_1 + R_2 + \cdots$

• 저항의 병렬접속에서 합성저항 : $\dfrac{1}{R} = \dfrac{1}{R_1} + \dfrac{1}{R_2} + \dfrac{1}{R_3} + \cdots$

• 옴의 법칙 : $I = \dfrac{V}{R}$ ($I$ = 전류,  $V$ = 전압,  $R$ = 저항)

**13** 교류의 주기가 0.01[s]일 때 주파수는 얼마인가?

① 100[Hz]  ② 10[Hz]

③ 1[Hz]  ④ 0.01[Hz]

해설

주파수[Hz]란 단위시간(1초) 내에 몇 개의 주기나 파형이 반복되었는가를 나타내는 것으로, 주기의 역수와 같다. 1초당 1회 반복하는 것을 1[Hz]라고 한다. $f = \dfrac{1}{T}$ ($f$=주파수, $T$=주기)의 관계식이 성립한다.

**14** 납축전지에서 발생하는 것은?

① 아황산가스  ② 일산화탄소

③ 수소가스  ④ 메탄가스

해설

납축전지 충전 중에는 약간의 수소가스가 발생하여 화재가 발생할 위험이 있으므로 보관 장소는 환기가 잘 이루어지는 곳이어야 한다.

**15** 선박의 기관실에 없는 전기기기는?

① 8극 동기발전기  ② 6극 유도전동기

③ 3극 유도전동기  ④ 4극 동기발전기

해설

동기발전기와 유도전동기의 자극수는 짝수(2극, 4극, 6극, 8극, …)로 이루어져 있다.

**16** 전기용어와 그 단위가 잘못 짝지어진 것은?

① 전류 : 암페어[A]  ② 전압 : 볼트[V]

③ 전하량 : 쿨롱[C]  ④ 콘덴서 : 헤르츠[Hz]

해설

콘덴서의 용량은 정전용량으로 표현하는데 $C$로 표시하고, 단위는 패럿[F]이다($C = \dfrac{q}{V}$, $q$ : 전하량,  $V$ : 전압)

**17** 납축전지의 용량 표시단위는?

① 저항[Ω]

② 와트[W]

③ 암페어[A]

④ 암페어시[Ah]

해설

축전지 용량(암페어시, [Ah]) = 방전전류[A] × 종지전압까지의 방전시간[h]

**18** 3상 유도전동기로 구동되는 해수펌프가 반대 방향으로 회전하고 있을 때의 조치로 가장 옳은 것은?

① 전동기의 전원선 3개 중 하나가 접촉 불량이므로 연결 상태를 점검한다.

② 전동기에 공급되는 전압의 크기가 작으므로 전압을 높여 준다.

③ 전동기의 주파수가 너무 높으므로 이를 낮추도록 배전반에서 거버너를 조정한다.

④ 공급 전원의 상 순서가 잘못된 것이므로 전원선 3개 중 어느 2개를 반대로 연결시켜 준다.

해설

3상 유도전동기의 회전 방향을 바꾸는 방법은 간단하다. 3개의 선 중에 순서와 상관없이 2개의 접속만 바꾸어 주면 된다.

**19** 변압기의 1차 코일의 권수가 200이고 2차 코일의 권수가 100일 때 1차 측에 220[V]를 공급할 경우 2차 측의 전압은 얼마인가?

① 110[V]

② 100[V]

③ 220[V]

④ 440[V]

해설
변압기는 전압을 용도에 맞게 올리거나 낮추는 장치로, 다음과 같은 식이 성립한다.

$$\frac{V_1}{V_2} = \frac{I_2}{I_1} = \frac{N_1}{N_2} = a$$

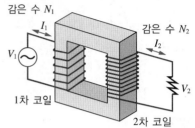

감은 수 $N_1$

감은 수 $N_2$

1차 코일

2차 코일

문제에서 전압과 코일의 권수가 주어졌으므로, $\frac{V_1}{V_2} = \frac{N_1}{N_2}$ 에 값을 대입하면 $\frac{220}{V_2} = \frac{200}{100}$ 이므로 2차 측 전류 $V_2$ 은 110[A]가 된다.

**20** 주파수가 증가하면 유도전동기에 나타나는 현상은?

① 회전자계 속도의 증가
② 회전자 속도의 감소
③ 전동기의 저항 감소
④ 회전력이 증가

해설
$n = \frac{120f}{p}$[rpm]($n$ = 동기전동기의 회전속도, $p$ = 전동기 자극의 수, $f$ = 교류전원의 주파수)에서 알 수 있듯이 주파수가 증가하면 전동기의 회전속도도 증가한다.

**21** 축전지 병렬연결법에서 전압은?

① 전지의 합성전압은 1개의 전압과 같다.
② 전지의 합성전압은 1개 전지전압의 반이 된다.
③ 전지의 합성전압은 2개의 전지전압의 곱과 같다.
④ 전지의 합성전압은 각 전지전압을 합산한 것과 같다.

해설
• 축전지의 직렬연결 : 전압은 각 축전지 전압의 합과 같고, 용량(전류)은 하나의 용량과 같다.
• 축전지의 병렬연결 : 전압은 축전지 하나의 전압과 같고, 용량(전류)는 각 축전지 용량의 합과 같다.
예 12[V] 축전지 3개의 병렬연결 → 12[V], 12[V] 축전지 3개의 직렬연결 → 36[V]

**22** 선박용 동기발전기에서 소형과 대형을 서로 비교한 설명으로 맞는 것은?

① 대형일수록 정격 회전속도가 더 높다.
② 대형일수록 정격 주파수가 더 높다.
③ 대형일수록 정격 전류가 더 크다.
④ 소형일수록 극수가 더 적다.

해설
선박용 동기발전기의 정격 출력의 단위는 피상전력으로[단위, kVA] 나타낼 수 있다. 이는 전압에 정격전류를 곱한 값인데 용량이 큰 대형 발전기일수록 정격전류가 더 큰 것을 의미한다.

**23** 3상 유도전동기의 회전수는?

① 극수에 반비례하고 주파수에 비례한다.
② 극수에 비례하고 주파수에 반비례한다.
③ 극수와 주파수에 비례한다.
④ 극수와 주파수와 관계없다.

해설
$n = \frac{120f}{p}$[rpm]($n$ = 전동기의 회전속도, $p$ = 전동기 자극의 수, $f$ = 교류 전원의 주파수)
즉, 주파수에 비례하고 극수에 반비례한다.

**24** 다이오드 기호에서 화살표의 방향은?

① 순방향 전류의 흐름 방향
② 역방향 전류의 흐름 방향
③ 전자의 이동 방향
④ 역방향 전압의 방향

해설
다이오드는 한 방향으로만 전류를 흐르게 하는 반도체 소자이다. 다음 그림과 같이 삼각형의 화살표 방향으로(a에서 b 방향) 순방향 전류만 흐르게 한다.

a        b

[다이오드]

## 25 단자가 3개인 반도체 소자는?

① 트랜지스터  ② 콘덴서
③ 다이오드  ④ 저 항

**해설**
트랜지스터는 베이스, 컬렉터, 이미터의 3단자로 이루어져 있다.

---

### 제4과목  직무일반

## 01 항해 중 기관 당직 근무요령으로 적절하지 않은 것은?

① 안전 운항에 영향을 미치는 기기 및 장비는 지속적으로 감시한다.
② 주기관의 급기온도는 35[℃] 이하가 되도록 조정한다.
③ 주기관의 이상 유무를 확인하고 이상 발생 시 응급조치한다.
④ 당직 근무 중인 기관사는 함부로 기관실을 떠나지 않도록 한다.

**해설**
기관실은 주기관 및 발전기 등의 기기들이 항상 운전하고 있어 온도가 높다. 항해지역과 계절에 따라 다르지만 기관실의 온도는 40[℃] 이상인 경우가 많다.

## 02 항해 중인 선박에서 당직 기관사의 근무에 대한 설명으로 맞는 것은?

① 당직 기관사가 기관구역 내에 있을 때에만 기관구역에 대한 책임을 진다.
② 당직 기관사가 기관구역 내에 있는지의 여부에 관계없이 기관구역에 대한 책임을 진다.
③ 기관장이 기관구역 내에 있는 경우에는 기관장과 기관사의 상호 협의가 없어도 기관구역의 책임은 우선적으로 기관장에게 적용된다.
④ 당직 기관사가 선내 어느 곳에 있는지에 관계없이 기관구역을 포함한 모든 구역에 대한 책임은 선장이 진다.

**해설**
당직 기관사는 어떤 조건에서도 당직수칙에 따라 안전하게 당직에 임해야 하며, 기관구역 안전에 대한 책임이 있다.

## 03 선박의 사고로 인하여 퇴선하는 경우 우선적으로 기관실에서 가지고 나와야 할 것은?

① 기름기록부  ② 기관적요일지
③ 정오기록부  ④ 기관일지

**해설**
기관일지는 해난사고가 발생했을 때 법정 증거서류로 중요한 역할을 하므로, 선박의 항해나 정박 중의 모든 사항을 당직 기관사 또는 담당기관사가 기록한 후 기관장이 서명하고, 화재나 퇴선 등의 경우에는 우선적으로 지참해야 할 기록물이다.

## 04 주기관의 분해 및 조립작업을 완료한 후에 작업자가 취해야 할 사항으로 틀린 것은?

① 각부의 누설 상태 점검
② 교환 부속품의 수리비용 파악
③ 시운전을 통한 각부의 운전 상태 확인
④ 작업 전에 조작했던 각 밸브의 원상태 복구

**해설**
선박은 만일의 상황에 대비하기 위해 모든 기기의 예비품을 보유하고 있으며 상황에 따라 교환하고 정비하는데 수리비용은 육상부서에서 담당한다.

## 05 기관의 비품에 해당하지 않는 것은?

① 피스톤 링
② 윤활유
③ 실린더헤드
④ 메인 베어링

**해설**
유류는 비품(예비품)으로 관리하지 않는다. 비품(예비품)이란 기관실 주요기기들의 중요 부속품 중에 여유분으로 보유하고 있어야 하는 것이다.

**06** 디젤기관에서 실린더헤드 분해작업 전의 준비사항으로 적절하지 않은 것은?

① 연료유의 공급 계통을 차단한다.
② 작업하기 전 해당 실린더의 냉각수를 배출한다.
③ 시동공기밸브를 잠그고 공기관 내의 드레인밸브를 연다.
④ 실린더헤드를 들어올리기 쉽도록 터닝기어를 분리한다.

해설
실린더헤드 분해작업 시 작업의 편의와 안전을 위해 기관이 움직이지 않도록 터닝기어는 물려 놓는다.

**07** 기관구역의 선저폐수 배출기준으로 적절하지 않은 것은?

① 선박의 항해 중에 배출할 것
② 기름오염방지설비의 작동 중에 배출할 것
③ 배출액 중의 기름 성분이 15[ppm] 이하일 것
④ 육지로부터 12해리 이상 떨어진 곳에서 배출할 것

해설
선저폐수(빌지)는 다음과 같은 사항이 동시에 충족될 때 선외로 배출 가능하다. 직접 선외로 배출하는 행위는 금지된다.
• 기름오염방지설비를 작동하여 배출할 것
• 항해 중에 배출할 것
• 유분의 함량이 15[ppm](백만분의 15) 이하일 때만 배출할 것

**08** 선박에서 해상으로 기름이 유출되었을 때의 초기 방제 방법으로 적절하지 않은 것은?

① 유흡착재에 의한 흡착처리
② 오일펜스에 의한 기름 확산 방지
③ 유처리제 살포에 의한 침강처리
④ 유출되는 탱크에 유겔화제 살포에 의한 유출 억제 조치

해설
유처리제는 유화·분산작용을 이용하여 해상의 유출유를 해수 중에 미립자로 분산시키는 화학처리제이다. 기름이 유출되었을 때 초기에는 기름의 확산을 방지하는 게 최우선이고, 유처리제는 기름 유출량이 다량이거나 광범위하게 퍼지는 상황에서 초기 대응이 힘들 때 사용하는 방법이다.

**09** 해양환경관리법상 유성찌꺼기에 해당하지 않는 것은?

① 연료유를 청정할 때 생기는 폐유
② 윤활유를 청정할 때 생기는 폐유
③ 기름여과장치로부터 분리된 폐유
④ 기관구역의 밑바닥에 고인 액상 유성혼합물

해설
해양환경관리법에서 정의한 유성찌꺼기(슬러지)는 연료유 또는 윤활유를 청정할 때 생기거나 기관실에서 기름이 누설되어 생긴 폐유로, 선저폐수와는 구분해야 한다.
※ 선저폐수(빌지) : 선박의 기관실 바닥에 고인 유성혼합물

**10** 해양환경관리법에서 규정한 폐유저장용기에 대한 설명으로 틀린 것은?

① 폐유가 새지 않아야 한다.
② 선박 소유자의 이름을 기재한다.
③ 선명 및 선박번호를 기재한다.
④ 견고한 금속성 재질로 제작한다.

해설
기관구역용 폐유저장용기는 견고한 금속성 재질 또는 플라스틱 재질로서 폐유가 새지 않도록 제작되어야 하고, 같은 용기의 표면에는 선명 및 선박번호를 기재하고 그 내용물이 폐유임을 확인할 수 있어야 한다.

**11** 해양환경관리법상 폐기물에 해당하지 않는 것은?

① 분 뇨                    ② 음식찌꺼기
③ 종 이                    ④ 폐윤활유

해설
해양환경관리법 제2조(정의)
폐기물이라 함은 해양에 배출되는 경우 그 상태로는 쓸 수 없게 되는 물질로서 해양환경에 해로운 결과를 미치거나 미칠 우려가 있는 물질이다(기름, 유해액체물질, 포장유해물질을 제외한다).

**12** 화상으로 인하여 화상 부위에 홍반이 생겼다면 몇 도 화상인가?

① 1도 화상                ② 2도 화상
③ 3도 화상                ④ 4도 화상

**해설**
- 1도 화상(홍반점) : 표피가 붉게 변하며 쓰린 통증이 있는 정도이다.
- 2도 화상(수포성) : 표피와 진피가 손상되어 물집이 생기며 심한 통증을 수반한다.
- 3도 화상(괴정성) : 피하조직 및 근육조직이 손상되어 검게 타고 짓무른 상태가 되어 흉터를 남긴다.
- 4도 화상 : 3도 화상에서 더 심각한 상태이며 피부 겉은 물론 체내의 근육과 뼈까지 손상을 입을 정도의 화상으로 극심한 신체적 장애 및 변화가 동반되며 사망률이 높다.

**13** 인공호흡으로 소생시키기 어려운 경우의 환자는?

① 익수자　　② 감전자
③ 가스중독자　　④ 심장정지자

**해설**
심폐소생술은 심장과 허파의 기능을 인공적으로 시행하여 혈액순환 유지와 산소를 공급하는 것으로, 심장정지자는 발견한 즉시 심폐소생술을 실시해야 한다.

**14** 황천 항해 시의 준비사항으로 적절하지 않은 것은?

① 기관실 바닥에 미끄럼 방지 매트를 깔아 둔다.
② 침수 우려가 있는 곳의 문은 잠근다.
③ 비상 빌지관이 연결된 펌프로 배수작업을 준비한다.
④ 기관실 내에 이동할 수 있는 물건들을 고정시킨다.

**해설**
비상 빌지관은 침수되었을 때 급박한 상황에서 사용한다.

**15** 선박 충돌사고 시 침수량이 많을 때 취해야 할 우선 조치로 적절하지 않은 것은?

① 발전기의 병렬 운전
② 배수작업
③ 격벽 보강 및 경사 수정
④ 수밀문 폐쇄

**해설**
침수 시에는 침수의 원인과 침수 구멍의 크기와 깊이, 침수량 등을 파악하여 응급조치하고 모든 방법을 동원해 배수하는 것이 최우선이다. 응급조치에도 불구하고 침수량이 급격히 늘어난다면 수밀문을 폐쇄하고 격벽 보강 및 경사를 수정하여 한 구획만 침수되도록 하여 피해를 최소화해야 한다. 발전기 병렬 운전은 전력소모량이 많을 경우의 조치로, 침수 시 우선 조치사항과는 거리가 멀다.

**16** 항해 중 기관실 빌지의 양이 증가하는 경우의 조치로 적절하지 않은 것은?

① 배의 경사를 수정하여 배수를 원활히 한다.
② 선체에 누수 부위가 있는지를 확인한다.
③ 기관실 전동기가 침수되지 않도록 조치한다.
④ 화재 예방을 위해 빌지펌프의 전원을 차단한다.

**해설**
침수 상황에서는 침수부의 방수조치 및 배수가 아주 중요하다. 빌지펌프와 같이 배수에 필요한 펌프의 전원이 차단하는 것은 매우 위험한 조치이다.

**17** 기관실의 침수원인으로 적절하지 않은 것은?

① 해수파이프의 부식
② 선박의 좌초사고
③ 다른 선박과의 충돌사고
④ 주기관의 순환 냉각수량 과다

**해설**
주기관의 냉각수는 일정량이 계속 순환하여 열교환기를 통해 냉각되는 시스템이다. 냉각수의 양은 기관실의 침수원인이 아니다.

**18** 기관실 화재 발생 시 조치사항으로 틀린 것은?

① 적절한 소화기로 즉시 소화한다.
② 구명정을 내려 탈출을 준비한다.
③ 시동공기탱크의 공기를 배출시킨다.
④ 초기 소화가 불가능할 때에는 고정식 소화장치를 사용한다.

**해설**
화재의 초기 진화는 휴대식 소화기를 사용하거나 기관실에 있는 소화전의 수분무 노즐로 소화하는 방법이 가장 적합하다. 그러나 초기 진화를 실패했을 경우에는 고정식 소화장치(이산화탄소, 고팽창 포말, 가압수 분무 등)를 사용하여 소화하는데 고정식 소화장치를 사용하기 전에 비상차단밸브로 주기관, 발전기 및 보일러 등에 연료 공급을 차단시키고, 기관실의 문과 송풍기의 댐퍼를 차단하여 추가 화재 확산을 막는다. 가능하다면 시동공기탱크의 공기를 빼서 화재로 인한 공기탱크의 폭발을 막는다.

**19** 다음 소화기 중 소화제가 방사되면 금속제 혼 표면에 서리가 형성되고, 접촉하면 동상의 우려가 있기 때문에 작동 시 반드시 손잡이 부분을 잡고 사용해야 하는 것은?

① 포말소화기

② 이산화탄소소화기

③ 분말소화기

④ 수소화기

해설

이산화탄소소화기($CO_2$ 소화기)는 피연소물질에 산소 공급을 차단시키는 질식효과와 열을 빼앗는 냉각효과로 소화하는 것으로, C급 화재(전기화재)에 효과적이다. 이산화탄소소화기는 급속도로 냉각시켜 소화하는 것으로 방출 시 동상의 우려가 있으므로 손잡이를 바로 잡아야 한다.

**20** 담뱃불에 의한 화재 발생을 예방하기 위한 조치로 적절하지 않은 것은?

① 침대에서의 흡연을 금지시킬 것

② 불연성 재떨이에 물을 부어 사용할 것

③ 흡연 및 금연구역을 설정하고 엄격히 통제할 것

④ 흡연자와 비흡연자의 침실을 구분하여 운영할 것

해설

화재 예방을 위해 침실에서는 흡연을 금지하고, 흡연구역 외에서의 흡연도 반드시 금지해야 한다.

**21** 전기화재의 발생원인으로 적절하지 않은 것은?

① 전선 피복 불량에 의한 발화

② 전선의 과전류에 의한 발화

③ 접점의 스파크에 의한 발화

④ 전자기기의 절연저항이 너무 클 경우의 발화

해설

절연저항이란 전기기기들의 누설전류가 선체로 흐르는 정도를 나타낸 것으로, 절연저항값이 클수록 누설전류가 작고 절연저항값이 작을수록 누설전류가 크다.

**22** 선원법상 항해선인 상선에 승무하는 기관사의 1주간 근로시간 기준은 몇 시간인가?

① 66시간

② 48시간

③ 44시간

④ 40시간

해설

**선원법 제60조제1항(근로시간 및 휴식시간)**

근로시간은 1일 8시간, 1주간 40시간으로 한다. 다만, 선박소유자와 선원 간에 합의하여 1주간 16시간을 한도로 근로시간을 연장(이하 '시간외 근로'라고 한다)할 수 있다.

**23** 수면에 평형 상태로 떠 있는 선박이 파도, 바람 등 외력에 의하여 기울어졌을 때 원래의 평형 상태로 되돌아오려는 성질은?

① 인장력

② 원심력

③ 복원성

④ 중심성

해설

선박의 복원성이란 평형을 유지하던 선박이 바람이나 파도 따위의 외부의 힘에 의해 한쪽으로 기울어졌을 때 다시 원래의 위치로 되돌리려는 성질이다.

**24** 해양환경관리법령상 선박에서 음식찌꺼기를 해양에 배출하였을 때 폐기물기록부에 기재해야 할 사항에 해당하지 않는 것은?

① 선박의 위치

② 작업 책임자의 서명

③ 배출량

④ 배출 사유

해설

**폐기물기록부 기재사항**

• 배출 일시

• 선박의 위치, 화물 잔류물은 배출의 시작과 종료된 위치 포함

• 배출된 폐기물의 종류

• 폐기물 종류별 배출량(단위는 미터톤으로 함)

• 작업 책임자의 서명

**25** 한국선박의 소유자가 지방해양수산청장에게 말소등
록을 신청해야 하는 사유가 아닌 것은?

① 선박이 멸실·침몰 또는 해제된 때
② 선박이 대한민국 국적을 상실한 때
③ 선박의 길이가 24[m] 미만으로 된 때
④ 선박의 존재 여부가 90일간 분명하지 아니한 때

**해|설**

선박법 제22조(말소등록)
한국 선박이 다음의 어느 하나에 해당하게 된 때에는 선박 소유자는
그 사실을 안 날부터 30일 이내에 선적항을 관할하는 지방해양수산청
장에게 말소등록의 신청을 하여야 한다.
• 선박이 멸실·침몰 또는 해체된 때
• 선박이 대한민국 국적을 상실한 때
• 선박의 존재 여부가 90일간 분명하지 아니한 때

## 제1과목  기관 1

**01** 디젤기관에서 압축비를 나타낸 식으로 맞는 것은?

① $\dfrac{\text{실린더 부피}}{\text{행정 부피}}$  ② $\dfrac{\text{행정 부피}}{\text{실린더 부피}}$

③ $1 + \dfrac{\text{행정 부피}}{\text{압축 부피}}$  ④ $1 + \dfrac{\text{압축 부피}}{\text{행정 부피}}$

**해설**

압축비= $\dfrac{\text{실린더 부피}}{\text{압축 부피}} = \dfrac{\text{압축 부피}+\text{행정 부피}}{\text{압축 부피}} = 1 + \dfrac{\text{행정 부피}}{\text{압축 부피}}$

**02** 디젤기관에서 과급기를 설치하는 주목적은?

① 속도 조종  ② 진동 감소
③ 출력 증대  ④ 소음 감소

**해설**

과급기는 실린더로부터 나오는 배기가스를 이용하여 과급기의 터빈을 회전시키고, 터빈이 회전하게 되면 같은 축에 있는 송풍기가 회전하면서 외부 공기를 흡입하여 압축하고, 냉각기를 거쳐 밀도가 높아진 공기를 실린더의 흡입공기로 공급하는 원리이다. 이러한 방법으로 과급을 하면 평균 유효압력이 높아져 기관 출력을 증대시킬 수 있다.

**03** 4행정 사이클 디젤기관에 대한 설명으로 맞는 것은?

① 1사이클 동안 크랭크축이 1회전할 때 캠축이 2회전하는 기관이다.
② 1사이클 동안 크랭크축이 1회전할 때 캠축이 1회전하는 기관이다.
③ 1사이클 동안 크랭크축이 2회전할 때 캠축이 1회전하는 기관이다.
④ 1사이클 동안 크랭크축이 2회전할 때 캠축이 4회전하는 기관이다.

**해설**

4행정 사이클 기관은 캠축 1회전마다 크랭크축은 2회 회전하고 1회 폭발이 일어나는 기관이다. 1사이클 동안 흡입, 압축, 폭발(작동 또는 유효행정), 배기행정이 각각 1회씩 일어난다.

**04** 디젤기관에서 실린더의 착화 순서에 대한 설명으로 틀린 것은?

① 회전력이 균일하도록 정한다.
② 크랭크축에 비틀림 응력이 발생하지 않도록 정한다.
③ 가능한 한 바로 옆 실린더에서 연속해서 착화되도록 정한다.
④ 메인 베어링에 균일한 힘이 가해지도록 순서를 정한다.

**해설**

기관의 착화 순서는 제조사마다 차이는 있지만 가능한 한 바로 옆 실린더에서 연속해서 폭발하지 않도록 하고, 회전력이 균일하도록 하고, 크랭크축의 비틀림 응력이 발생하지 않도록 같은 간격으로 폭발이 일어나게 착화 순서를 정한다.

**05** 디젤기관에서 실린더 내의 연소압력이 피스톤에 실제로 작용하는 것은?

① 제동마력  ② 지시마력
③ 축마력  ④ 유효마력

**해설**

• 지시마력 : 도시마력이라고도 하며 실린더 내의 연소압력이 피스톤에 실제로 작용하는 동력이다.
• 제동마력 : 증기터빈에서는 축마력(SHP)라고도 한다. 크랭크축의 끝에서 계측한 마력으로, 지시마력에서 마찰손실 마력을 뺀 것이다.
• 전달마력 : 실제로 프로펠러에 전달되는 동력으로 제동마력에서 축계에 있는 베어링, 선미관 등에서의 마찰손실 등의 동력을 뺀 것이다.
• 유효마력 : 예인동력이라고도 하며 선체를 특정한 속도로 전진시키는 데 필요한 동력이다.

**06** 디젤기관에서 연소실의 구성요소에 해당하지 않는 것은?

① 실린더헤드　　② 피스톤
③ 실린더라이너　④ 크랭크실

해설
디젤기관에서 폭발이 일어나는 연소실은 실린더헤드, 실린더라이너, 피스톤 사이의 공간이다.

**07** 4행정 사이클 디젤기관에서 피스톤링의 절구 틈이 클 때 기관에 미치는 영향으로 틀린 것은?

① 출력이 저하된다.
② 압축압력이 감소된다.
③ 윤활유가 오손되기 쉽다.
④ 거버너의 작동이 불량하게 된다.

해설
조속장치 : 조속기(거버너)는 여러 가지 원인에 의해 기관의 부하가 변동할 때 연료 공급량을 조절하여 기관의 회전속도를 원하는 속도로 유지하거나 가감하기 위한 장치이다.

**08** 디젤기관에서 피스톤링의 재질로 주철이 사용되는 주된 이유로 옳은 것은?

① 주철 중에 함유된 흑연이 실린더와의 접촉을 좋게 하고 유막의 형성을 좋게 하기 때문이다.
② 주철 중에 함유된 흑연이 윤활유가 연소실로 들어가지 않도록 하기 때문이다.
③ 주철 중에 함유된 흑연이 링의 펌프작용을 감소시켜 주기 때문이다.
④ 주철 중에 함유된 흑연이 기관의 출력을 증가시켜 주기 때문이다.

해설
피스톤링은 경도가 너무 높으면 실린더라이너의 마멸이 심해지고, 너무 낮으면 피스톤링이 쉽게 마멸한다. 재질은 일반적으로 주철을 사용하는데 이는 조직 중에 함유된 흑연이 윤활유의 유막 형성을 좋게 하여 마멸을 작게 해 준다.

**09** 디젤기관의 커넥팅 로드에 대한 설명으로 틀린 것은?

① 피스톤이 받는 폭발력을 크랭크축에 전달한다.
② 피스톤의 왕복운동을 크랭크축의 회전운동으로 바꿔 준다.
③ 작동행정에서 발생하는 큰 회전력을 운동에너지로 축적한다.
④ 트렁크형 피스톤기관에서는 피스톤과 크랭크축을 직접 연결한다.

해설
플라이휠 : 작동행정에서 발생하는 큰 회전력을 플라이휠 내에 운동에너지로 축적하고 회전력이 필요한 그 밖의 행정에서는 플라이휠의 관성력으로 회전한다. 플라이휠은 크랭크축의 회전력을 균일하게 하고 저속 회전을 가능하게 하며 기관의 시동을 쉽게 한다. 이 밖에 기관의 정비작업에서 플라이휠을 터닝 시켜 흡·배기밸브의 조정을 편리하게 하는 역할도 한다.

**10** 디젤기관의 피스톤 냉각에서 윤활유 냉각에 비해 청수 냉각의 장점으로 올바른 것은?

① 마찰을 줄일 수 있다.
② 냉각효과가 좋아진다.
③ 누수에 의한 윤활유 오손이 줄어든다.
④ 연접봉의 길이를 짧게 할 수 있다.

해설
피스톤은 연소실에서 발생하는 고온의 연소가스와 접촉하기 때문에 냉각시켜 주어야 한다. 기관의 형식마다 냉각방식이 다른데 윤활유 냉각과 청수 냉각을 사용하는 방법이 있다. 청수 냉각은 냉각효과가 좋으나 누수되었을 때 윤활유를 오손시킬 수 있다.
피스톤에 냉각유를 공급하는 방법
• 크랭크핀에서 압력유를 커넥팅 로드의 한 통로를 통하여 소단부로 분출시키는 방법
• 크랭크실에 고정된 오일노즐에서 오일을 분출시키는 방법
• 피스톤에 설치한 통로에 냉각유를 순환시켜 높은 냉각효과를 얻는 방법

**11** 운전 중인 디젤기관을 정지한 후의 필요한 조치에 대한 설명으로 맞는 것은?

① 즉시 인디케이터밸브를 열고 크랭크축을 터닝한다.
② 즉시 윤활유펌프를 정지하고 크랭크축을 터닝한다.
③ 즉시 냉각수펌프를 정지하고 크랭크축을 터닝한다.
④ 즉시 냉각수펌프와 윤활유펌프를 정지한다.

해설
디젤기관을 정지한 후에는 인디케이터밸브를 열어 크랭크축을 터닝해야 한다. 이는 연소실 안의 잔류 가스를 내보내고 기관을 서서히 식히는 역할을 한다. 이때 기관의 윤활유펌프와 냉각수펌프는 운전하는 상태에서 터닝을 해야 기관이 급하게 냉각되는 것을 막을 수 있다. 기관을 운전하기 전 예열(워밍, Warming)을 할 때도 동일한 방법으로 해야 한다. 디젤기관은 급하게 냉각 또는 열을 받으면 실린더에 크랙이 발생하거나 시동이 곤란해지는 등의 문제가 발생한다.

**12** 디젤기관의 플라이휠에 대한 설명으로 틀린 것은?

① 림, 보스 및 암으로 구성되어 있다.
② 기관의 회전력을 균일하게 한다.
③ 실린더수가 적을수록 무게가 커진다.
④ 직경보다는 두께가 클수록 성능이 좋다.

해설
플라이휠은 무거울수록 효과가 좋은데, 폭을 넓게 하는 것보다 지름을 크게 하는 것이 더 효과적이다. 일반적으로 같은 형식의 디젤기관이라고 했을 때 고속 기관보다 저속 기관이 무거운 플라이휠을 사용한다. 실린더수가 적은 기관에서는 매우 무거운 플라이휠을 사용해야 하는데 이 기관은 중량이 커지고 역전이나 시동이 신속하지 못하다.

**13** 디젤기관에서 평형추는 어디에 설치하는가?

① 피스톤의 하단부
② 커넥팅 로드의 하단부
③ 크랭크핀의 반대쪽 암
④ 크랭크 저널

해설
평형추(밸런스 웨이트)는 크랭크축의 형상에 따른 불균형을 보정하고 회전체에 평형을 이루기 위해 설치하는데, 기관의 진동을 작게 하고 원활한 회전을 하도록 하며 메인 베어링의 마찰을 감소시킨다. 설치 장소는 다음 그림과 같이 크랭크핀 반대쪽 암 부분이다.

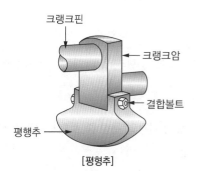

[평형추]

**14** 디젤기관에서 크랭크축이 변형되거나 휘어져서 회전할 때마다 암 사이의 거리가 넓어지거나 좁아지는 현상을 무엇이라고 하는가?

① 크랭크암의 폐쇄작용
② 크랭크암의 개방작용
③ 크랭크암의 개폐작용
④ 크랭크암의 굴절작용

해설
크랭크암의 개폐작용(크랭크암 디플렉션)은 크랭크축이 회전할 때 크랭크암 사이의 거리가 넓어지거나 좁아지는 현상이다. 그 원인은 다음과 같으며, 주기적으로 디플렉션을 측정하여 원인을 해결해야 한다.
• 메인 베어링의 불균일한 마멸 및 조정 불량
• 스러스트 베어링(추력 베어링)의 마멸과 조정 불량
• 메인 베어링 및 크랭크핀 베어링의 틈새가 클 경우
• 크랭크축 중심의 부정 및 과부하 운전(고속 운전)
• 기관베드의 변형

**15** 디젤기관의 운전 중 진동이 일어나는 원인으로 옳은 것을 모두 고르면?

㉠ 연료유의 온도
㉡ 배기가스의 온도
㉢ 피스톤의 왕복운동
㉣ 크랭크의 회전운동

① ㉠, ㉡   ② ㉢, ㉣
③ ㉠, ㉡, ㉢   ④ ㉠, ㉢, ㉣

**해설**

디젤기관의 운전 중 진동이 일어나는 원인은 매우 다양하다. 그중 가장 큰 원인은 연소실의 폭발압력이 피스톤의 왕복운동에 전달되고, 다시 이 힘은 크랭크축의 회전운동에 전달되는 과정에서 일어난다.

**16** 디젤 주기관의 운전 중 주의사항으로 적절하지 않은 것은?

① 배기색을 잘 관찰한다.
② 운동부의 이상음 발생에 유의한다.
③ 각 기통의 배기가스 온도를 잘 확인한다.
④ 급기온도를 해수온도와 동일하게 유지한다.

**해설**

급기온도와 해수온도는 동일하게 유지할 수 없다.

**17** 밀폐된 용기 내의 물을 가열하여 대기압 이상의 증기를 발생시키는 것은?

① 보일러          ② 살균기
③ 과열기          ④ 청정기

**해설**

보일러는 연료를 연소시켜 발생하는 열로 드럼 속의 물을 증발시킴으로써 증기를 만드는 장치이다.

**18** 선박용 보일러수 중 수소이온의 농도는 얼마로 유지해야 하는가?

① 1~3            ② 3~4
③ 4~7            ④ 9~11

**해설**

일반적으로 정압과 중압 보일러의 pH는 10~11, 고압 보일러는 9.5~10 정도로 유지한다.

※ pH란 어떤 물질의 용액 속에 함유되어 있는 수소이온의 농도를 표시하는 단위이다. 물의 수소이온농도는 pH 7.0 정도로 중성에 해당하고, 7 이하이면 산성, 7 이상이면 알칼리성이라고 한다.

**19** 수 윤활식 선미관에 끼운 지면재(리그넘바이티)의 역할로 맞는 것은?

① 베어링 역할
② 진동 감소 역할
③ 선체 강도 보강 역할
④ 전기 절연 역할

**해설**

리그넘바이티는 해수 윤활방식 선미관 내에 있는 프로펠러축의 베어링재로 사용하는 남양산의 특수 목재이다. 수지분을 포함하여 마모가 작아 수중 베어링재로 보다 우수한 성질을 갖고 있으므로 예전부터 선미축 베어링재로 사용되고 있다.

**20** '선박이 일정 기간 항해 시 소비되는 연료소비량은 속도의 (    )에 비례한다.'에서 (    ) 안에 들어갈 용어로 알맞은 것은?

① 역 수            ② 제 곱
③ 세제곱          ④ 제곱근

**해설**

• 일정시간 항해 시 연료소비량 : 연료소비량은 속도의 세제곱에 비례한다.
• 일정거리 항해 시 연료소비량

– 항해거리 = 속도 × 시간, 즉 항해시간 = $\dfrac{항해거리}{항해속도}$

– 일정거리를 항해하는 데 필요한 연료소비량

= 1시간당 연료소비량 × 항해시간 = 속도의 세제곱 × $\dfrac{항해거리}{항해속도}$

= 속도의 제곱 × 항해거리
즉, 속도의 제곱에 비례한다.

**21** 전달마력과 제동마력과의 비는 무엇인가?

① 펌프효율
② 전달효율
③ 선체효율
④ 추진기효율

해설
- 전달효율($\eta_T$) = $\dfrac{DHP}{BHP}$, 추진기효율($\eta_T$) = $\dfrac{THP}{DHP}$,

  선체효율($\eta_T$) = $\dfrac{EHP}{THP}$
- 지시마력(IHP) : 도시마력이라고도 하며, 실린더 내의 연소압력이 피스톤에 실제로 작용하는 동력이다.
- 제동마력(BHP) : 증기터빈에서는 축마력(SHP)이라고 한다. 크랭크 축의 끝에서 계측한 마력으로, 지시마력에서 마찰손실 마력을 뺀 것이다.
- 전달마력(DHP) : 실제로 프로펠러에 전달되는 동력으로, 제동마력에서 축계에 있는 베어링, 선미관 등에서의 마찰손실 등의 동력을 뺀 것이다.
- 추진마력(THP) : 선박에 설치된 프로펠러가 주위의 물에 전달한 동력이다.
- 유효마력(EHP) : 예인동력이라고도 하며, 선체를 특정한 속도로 전진시키는 데 필요한 동력이다.

## 22 물에 의한 선체저항에 해당하지 않는 것은?

① 마찰저항
② 와류저항
③ 공기저항
④ 조파저항

해설
선박이 받는 전체 저항은 크게 선박의 수면 아랫부분이 받는 물의 저항(선체저항)과 수면 윗부분이 받는 공기의 저항으로 나눌 수 있다.
- 마찰저항 : 선박이 전진할 때 선체의 표면에 접촉하는 물의 점성에 의해 생긴 마찰이다. 저속일 때 전체 저항의 70~80[%]이고, 속도가 높아질수록 그 비율이 감소한다.
- 와류저항 : 선미 주위에서 많이 발생하는 저항으로 선체 표면의 급격한 형상 변화 때문에 생기는 와류(소용돌이)로 인한 저항이다.
- 조파저항 : 배가 전진할 때 받는 압력으로 배가 만들어내는 파도의 형상과 크기에 따라 저항의 크기가 결정된다. 저속일 때는 저항이 미미하지만 고속 시에는 전체 저항의 60[%]에 이를 정도로 증가한다.
- 공기저항 : 수면 위 공기의 마찰과 와류에 의하여 생기는 저항이다.

## 23 디젤기관의 실린더 내 연소와 관련이 있는 것은?

① 임계점
② 응고점
③ 기화점
④ 착화점

해설
- 발화점 : 연료의 온도를 인화점보다 높이면 외부에서 불을 붙여 주지 않아도 자연발화하는데 이처럼 자연발화하는 최저 온도를 발화점이라고 하며, 착화점이라고도 한다.
- 인화점 : 가연성 물질에 불꽃을 가까이 했을 때 불이 붙을 수 있는 최저 온도로, 인화점이 낮으면 화재의 위험성이 높은 것이다.
- 압축점화기관 : 디젤기관의 점화방식으로, 공기를 압축하여 실린더 내의 온도를 발화점 이상으로 올려 연료를 분사하여 점화하는 기관이다.
- 불꽃점화기관 : 가솔린기관의 점화방식으로 전기불꽃장치(점화플러그)에 의해 실린더 내에 흡입된 연료를 점화하는 기관이다.

## 24 '액체가 유동할 때 분자 간의 마찰에 의하여 유동을 방해하려는 성질을 (   )이라 하고, 그 정도를 표시하는 것이 (   )이다.'에서 (   ) 안에 들어갈 용어로 알맞은 것은?

① 비중, 점성
② 점성, 점도
③ 흡착성, 저항
④ 기화성, 마찰계수

해설
점성(Viscosity)이란 유체의 흐름에 대한 저항으로, 운동하는 액체나 기체 내부에 나타나는 마찰력이므로 내부마찰이라고도 한다. 즉, 액체의 끈끈한 성질이다. 점성의 정도를 점도라고 한다.

## 25 윤활유의 열화원인으로 적절하지 않은 것은?

① 수분의 혼입
② 연소 생성물의 혼입
③ 공기 중 산소와의 반응
④ 새로운 윤활유의 보충

해설
윤활유는 사용함에 따라 점차 변질되어 성능이 떨어지는데, 이것을 윤활유의 열화라고 한다. 열화의 가장 큰 원인은 공기 중의 산소에 의한 산화작용이다. 고온에 접촉되거나 물이나 금속가루 및 연소 생성물 등이 혼입되면 열화가 더욱 촉진된다. 그리고 윤활유가 고온에 접하면 그 성분이 열분해되어 탄화물이 생기고 점도는 높아지는데 탄화물은 실린더의 마멸과 밸브나 피스톤 링의 고착원인이 된다.

## 제2과목 기관 2

**01** 원심식 유청정기의 운전 중 발생하는 진동의 원인으로 틀린 것은?

① 베어링의 손상

② 분리통 내 슬러지가 한쪽으로 편중

③ 댐 링의 부적합

④ 수직 회전축의 변형

**해설**
댐 링의 크기가 부적합하면 기름의 비중에 따라 청정효율에는 영향을 미칠 수 있으나 진동의 원인과는 거리가 멀다.

※ 조정원판 : 청정기 회전통 내의 기름과 물의 경계면의 위치를 적정 위치로 유지하기 위하여 사용하는 것이다. 청정기의 종류마다 명칭이 다른데 비중판(Gravity Disc), 댐 링이라고도 한다. 처리온도와 처리하고자 하는 유체의 비중에 따라 조정원판의 내경을 결정한다.

**02** 기름여과장치 운전 시 주의사항으로 적절하지 않은 것은?

① 정격 용량을 초과하는 양의 빌지를 처리하지 않는다.

② 운전 전에 15[ppm] 경보장치가 정상 작동하는지를 점검한다.

③ 물을 채운 상태에서 정상으로 작동하기 때문에 초기 운전 시 만수 상태를 유지한다.

④ 운전 중에는 자동배유장치를 통하여 폐유탱크로 연결되어 있는 배관을 차단하여 기름이 배출되지 않도록 한다.

**해설**
자동배유장치의 유면검출기에서 기름이 검출될 때 작동하면 폐유탱크로 연결된 전자밸브(솔레노이드밸브)가 동작하여 기름을 폐유탱크로 보내게 된다.

**03** 유압장치의 기호 ⊏─┤├─⊐─ 가 나타내는 것은?

① 유압모터　　　② 유압펌프

③ 유량계　　　　④ 유압실린더

**해설**
문제의 기호는 유압실린더 중 복동실린더를 나타내는 기호이다.

**04** 송출측에 릴리프밸브를 설치하는 펌프는?

① 원심펌프　　　② 기어펌프

③ 터빈펌프　　　④ 축류펌프

**해설**
릴리프밸브는 과도한 압력 상승으로 인한 손상을 방지하기 위한 장치로 윤활유나 연료유를 이송하는 데 주로 사용하는 기어펌프에 설치된다. 펌프의 송출압력이 설정압력 이상으로 상승하였을 때 밸브가 작동하여 유체를 흡입측으로 되돌려 과도한 압력 상승을 방지한다.

**05** 운전 중인 원심펌프에서 글랜드 패킹에 대한 설명으로 맞는 것은?

① 글랜드 패킹에서 물이 조금 누설되도록 패킹을 죈다.

② 글랜드 패킹에서 물이 새지 않도록 패킹을 죈다.

③ 글랜드 패킹의 나사는 가능한 한 충분히 풀어 놓는다.

④ 글랜드 패킹의 수는 무조건 많이 넣어서 조립한다.

**해설**
원심펌프의 축봉장치에서 패킹 글랜드 타입을 사용할 경우에는 냉각작용과 윤활작용을 하기 위해서 물이 소량으로 한 방울씩 새어 나오도록 해야 한다. 물이 새지 않으면 패킹 글랜드가 열화되어 축봉장치의 역할을 못할 수 있다. 그러나 기계적 실(메카니컬 실)에서는 누설이 되지 않아야 한다.

**06** 원심펌프의 주요 구성요소에 해당하지 않는 것은?

① 임펠러

② 펌프 케이싱

③ 회전축

④ 피스톤

**해설**
피스톤은 왕복펌프의 주요 구성요소이다.

**07** 이론적으로 원심펌프가 물을 흡입할 수 있는 최대 높이는 약 몇 [m]인가?

① 3[m]  ② 5[m]

③ 10[m]  ④ 15[m]

해설
이론적으로 대기압(1.033[kgf/cm²])이 작용하는 위치에 설치된 펌프의 흡입측 압력이 완전 진공일 때 최대 흡입수두는 10.33[m]이다. 그러나 실제 흡입 가능한 수두는 손실을 고려하여 약 6~7[m] 정도이다.

**08** 왕복펌프에서 규정 용량과 양정이 얻어지지 않을 때의 원인으로 적절하지 않은 것은?

① 흡입 양정이 높다.

② 흡입측에 공기가 누입된다.

③ 흡입측 여과기가 막혀 있다.

④ 유체의 점도가 낮다.

해설
왕복펌프는 흡입 성능이 양호한 특성을 가지고 있으나, 흡입 양정이 너무 높거나 공기가 유입되거나 흡입 여과기가 막히는 경우에는 성능이 떨어질 수 있다.

**09** 사용목적상 왕복펌프를 사용하기 가장 적당한 펌프는?

① 청수펌프  ② 화물유펌프

③ 주냉각해수펌프  ④ 빌지펌프

해설
왕복펌프는 피스톤 또는 플런저, 버킷 등의 왕복운동에 의해 유체에 압력을 주어 유체를 이송하는 펌프이다. 선박에서는 빌지펌프, 보조급수펌프, 복수기용 추기펌프 등에 사용한다.

**10** 왕복펌프에 설치되는 공기실에 대한 설명으로 틀린 것은?

① 송출압력을 균일하게 하기 위해서 설치한다.

② 송출유량을 균일하게 하기 위해서 설치한다.

③ 흡입관 부근에 설치한다.

④ 송출관측에 설치된다.

해설
왕복펌프의 특성상 피스톤의 왕복운동으로 인해 송출량에 맥동이 생기며, 순간 송출유량도 피스톤의 위치에 따라 변하게 되므로 공기실을 송출측의 실린더 가까이에 설치하여 맥동을 줄인다. 즉, 송출압력이 높으면 송출액의 일부가 공기실의 공기를 압축하고, 압력이 약할 때는 공기실의 압력으로 유체를 밀어내어 항상 일정한 양의 유체가 송출되도록 한다.

**11** 배관 중에서 유체가 역류하는 것을 막아 주는 밸브는?

① 호수밸브  ② 릴리프밸브

③ 글로브밸브  ④ 체크밸브

해설
체크밸브는 유체가 한쪽 방향으로만 흐르고, 반대쪽으로는 흐르지 않게 한다.

**12** 주해수펌프에 대한 설명으로 맞는 것은?

① 원심펌프이고, 전동기 구동이다.

② 원심펌프이고, 유압 구동이다.

③ 기어펌프이고, 유압 구동이다.

④ 베인펌프이고, 전동기 구동이다.

해설
선박에서 점도가 낮은 청수나 대용량의 해수를 이송할 때에는 주로 원심펌프를 사용하는데, 주해수펌프, 잡용수펌프, 청수펌프 등이 있다. 점도가 높은 연료유나 윤활유를 이송하는 데에는 주로 기어펌프를 사용한다. 선박의 기관실에서 사용하는 대부분의 펌프는 전동기 구동이다.

**13** 유조선에서만 사용되는 것은?

① 화물유펌프

② 조타장치

③ 양묘기

④ 유청정기

해설
양묘기, 조타장치, 유청정기 등은 일반 선박에서도 사용되는 보조기계이고, 화물유펌프(카고 오일펌프)는 유조선에서 화물유를 하역할 때 쓰는 장비이다.

**14** 닻과 관련이 있는 갑판보기는?

① 카고 원치      ② 윈드라스

③ 데 릭      ④ 캡스턴

**해설**
양묘기(윈드라스, Windlass) : 앵커(닻)를 감아올리거나 내릴 때 또는 선박을 부두에 접안시킬 때 계선줄을 감는 설비이다.

**15** 양묘기에 필요한 요건으로 적절하지 않은 것은?

① 속도를 제어할 수 있어야 한다.

② 브레이크 장치가 있어야 한다.

③ 앵커를 올릴 때와 내일 때의 속도가 같아야 한다.

④ 앵커 체인을 매분 9[m]의 속도로 감아올릴 수 있어야 한다.

**해설**
양묘기(Windlass)의 구비조건
• 하중의 변동이 심하기 때문에 넓은 속도범위에 걸쳐 속도를 제어할 수 있어야 한다.
• 투묘와 양묘의 조작 및 변환이 손쉽게 이루어져야 한다.
• 정확하게 작동되는 브레이크를 장비해야 한다.
• 원동기는 양 현의 앵커와 각 3연(섀클)의 앵커 체인을 매분 9[m] (0.15[m/s])의 속도로 감아올릴 수 있는 출력을 갖추어야 한다.

**16** 선박에서 기름여과장치를 운전하기 전 기름여과장치 속에 채우는 것은?

① 증 기      ② 연료유

③ 해 수      ④ 윤활유

**해설**
기름여과장치는 운전하기 전에 반드시 물을 채워야 한다. 운전 초기에는 해수나 청수가 흡입되게 하여 운전 상태를 확인하여 유수 분리 기능이 잘 동작되는지 확인 후 빌지밸브를 열어 선저폐수(빌지)를 배출시켜야 한다.

**17** 필터식 기름여과장치에 많이 사용되는 여과재는?

① 터블로      ② 콜레서

③ 오리피스      ④ 실리카겔

**해설**
콜레서(Coalescer) : 물속에 분리되어 있는 기름입자를 흡착시키는 필터로 기름응집용 필터라고도 한다.

**18** 다음 중 폐유소각기에서 처리할 수 없는 것은?

① 폐 유

② 기름걸레

③ 기관실 빌지

④ 유청정기에서 나온 슬러지

**해설**
기관실의 빌지(선저폐수)는 물의 성분이 대부분인 유성혼합물로, 빌지 분리장치(유수분리기)를 이용하여 선외로 배출한다.

**19** 공기분해식 분뇨처리장치에서 오물과 분리된 수분을 살균하는 장소는?

① 폭기실      ② 청정실

③ 침전실      ④ 멸균식

**해설**
공기분해식 분뇨처리장치는 폭기실(공기용해탱크), 침전실, 멸균실로 구성되어 있다. 폭기탱크에서 호기성 미생물의 번식이 활발해져 오물을 분해시키고, 침전탱크에서 활성 슬러지는 바닥에 침전되며 상부의 맑은 물은 멸균탱크로 이동하고, 멸균실에서는 살균이 이루어진 후 선외로 배출된다.

**20** 기름여과장치에서 물과 기름의 비유전율의 차이를 이용하여 기름의 높이를 검출하는 기기는?

① 유면검출기

② 수면검출기

③ 솔레노이드밸브

④ 공기배출밸브

**해설**
유면검출기 : 물과 기름의 전도율 차이 및 물과 기름의 정전용량의 값이 서로 다른 것을 이용하여 기름모둠탱크에 모인 기름의 높이를 검출한다.

**21** 냉동장치에서 압축기가 기동되지 않을 때의 원인으로 틀린 것은?

① 냉매 부족으로 저압스위치가 작동되고 있을 때
② 솔레노이드밸브가 열려 있을 때
③ 고압스위치가 작동했을 때
④ 유압보호스위치가 작동했을 때

해설
압축기가 정지할 때는 냉동기의 안전보호장치(저압, 고압스위치 및 유압보호스위치)가 작동했을 경우와 제상 중에도 압축기는 정지해 있다. 과부하 운전 등으로 인한 차단기가 작동한 경우에도 작동하지 않는다. 솔레노이드밸브가 열려 있는 것과 압축기의 작동이 멈추는 것은 관계가 없다.
※ 냉동기의 안전보호장치
· 고압스위치 : 압축기 토출압력이 설정압력 이상으로 상승하면 냉동기의 운전을 정지시키는 보호스위치
· 저압스위치 : 압축기의 흡입압력이 설정압력 이하로 운전되면 냉동기의 운전을 정지시키는 보호스위치
· 유압보호스위치 : 유압이 안전한도 내의 압력 이하로 낮아질 경우 압축기를 정지시켜서 베어링 부분의 소손을 방지하는 보호스위치

**22** 가스압축식 냉동장치에서 주위로부터 열을 흡수하여 냉매액을 기화시키는 것은?

① 압축기          ② 수액기
③ 팽창밸브        ④ 증발기

해설
· 압축기 : 증발기로부터 흡입한 기체냉매를 압축하여 응축기에서 쉽게 액화할 수 있도록 압력을 높이는 역할을 한다. 왕복동식 압축기, 로터리 압축기 및 스크루 압축기 등이 있다.
· 응축기 : 압축기로부터 나온 고온·고압의 냉매가스를 물이나 공기로 냉각하여 액화시키는 장치이다.
· 팽창밸브 : 응축기에서 액화된 고압의 액체냉매를 저압으로 만들어 증발기에서 쉽게 증발할 수 있도록 하며 증발기로 들어가는 냉매의 양을 조절하는 역할을 한다. 모세관식, 정압식, 감온식 및 전자식 팽창밸브가 있다.
· 증발기 : 팽창밸브에서 공급된 액체냉매가 증발하면서 증발기 주위의 열을 흡수하여 기화하는 장치이다. 건식·만액식 및 액순환식 증발기가 있다.
· 수액기 : 응축기에서 액화한 액체냉매를 팽창밸브로 보내기 전에 일시적으로 저장하는 용기이다.

**23** 냉동장치의 압축기가 냉매를 압축하는 주이유는?

① 상온의 냉각수 또는 공기에 의해 쉽게 액화되도록 하기 위해
② 증발기를 얼게 하지 않기 위해
③ 냉매의 순환을 좋게 하기 위해
④ 액체 상태의 냉매를 증발기로 보내기 위해

해설
압축기는 증발기로부터 흡입한 기체냉매를 압축하여 응축기에서 쉽게 액화할 수 있도록 압력을 높이는 역할을 한다.

**24** 가스압축식 냉동기에서 증발기는 어디에 설치하는가?

① 압축기와 응축기 사이
② 팽창밸브와 압축기 사이
③ 응축기와 팽창밸브 사이
④ 응축기와 수액기 사이

해설
가스압축식 냉동기의 중요 구성요소는 압축기, 응축기, 팽창밸브, 증발기이다. 냉매의 흐름은 압축기 → 응축기 → 팽창밸브 → 증발기 → 압축기의 순서를 순환 반복한다.

**25** 일반적으로 선박의 냉동장치에 가장 많이 사용되는 것은?

① 회전식
② 왕복식
③ 로터리식
④ 스크루식

해설
왕복식 압축기의 특징
왕복식 압축기는 고속 운전이 가능하므로 작은 용량으로도 큰 능력을 얻을 수 있고, 실린더나 피스톤, 밸브 등을 교환할 수 있어 수리가 쉬우며, 부하에 따라 성능 조정이 가능한 장점이 있다. 일반적으로 선박의 냉동장치로는 고속 다기통 압축기가 가장 광범위하게 사용된다.

## 제3과목 기관 3

**01** 선박에 사용되는 3상 유도전동기를 역회전시킬 수 있는 방법으로 맞는 것은?

① R, S, T 3선 중 1선을 단선시키고 기동한다.
② R, S, T 3선 중 2선을 단선시키고 기동한다.
③ R, S, T 3선 중 2선만 서로 바꿔 결선한 후 기동한다.
④ R, S, T 3선 모두 서로 바꿔 결선한 후 기동한다.

**해설**
3상 유도전동기의 회전 방향을 바꾸는 방법은 간단하다. 3개의 선 중에 순서와 상관없이 2개 선의 접속만 바꾸어 주면 된다.

**02** '발전기의 병렬운전을 위해서 동기검정기를 이용하여 ( )과(와) ( )를(을) 일치시킨다.'에서 각각 ( ) 안에 들어갈 용어로 알맞은 것은?

① 주파수, 위상
② 주파수, 파형
③ 기전력, 위상
④ 기전력, 주파수

**해설**
동기검정기란 두 대의 교류발전기를 병렬 운전할 때 두 교류전원의 주파수와 위상이 서로 일치하고 있는가를 검출하는 기기이다.

**03** 선박용 주배전반의 구성요소에 해당하지 않는 것은?

① ACB
② Generator Panel
③ 24[V] Feeder Panel
④ 220[V] Feeder Panel

**해설**
선박마다 조금 차이는 있지만 대부분의 선박 비상배전반에는 24[V] 급전반(Feeder Panel)이 있다.
선박의 배전은 크게 주배전반(Main Switch Board), 비상배전반(Emergency Switch Board), 구전반(Section Board), 분전반(Distribution Board)로 나눌 수 있다. 주배전반에는 발전기반, 발전기 제어반, 440[V] 급전반, 220[V] 급전반, 및 그룹 기동반(Group Starter Panel)이 배치되어 있다. 이 외에 주배전반에 전력계, 전압계, 전류계, 주파수계, 동기검정기, 접지표시등, 기동차단기(ACB) 및 각 급전반 차단기 등으로 구성되어 있다.

**04** 납축전지의 용량을 나타내는 단위는?

① [A]
② [Ω]
③ [kVA]
④ [Ah]

**해설**
축전지 용량(암페어시, [Ah]) = 방전전류[A] × 종지전압까지의 방전시간[h]

**05** 다음 중 극수가 가장 작은 것은?

① 900[rpm]의 동기발전기
② 1,200[rpm]의 동기발전기
③ 1,800[rpm]의 3상 유도전동기
④ 3,520[rpm]의 3상 유도전동기

**해설**
$n = \dfrac{120f}{p}$ [rpm]($n$ = 회전속도, $p$ = 자극의 수, $f$ = 주파수)이므로 극수는 회전수에 반비례한다. 즉, 같은 주파수의 조건이면, 회전속도(rpm)가 높을수록 극수가 작다.

**06** 3[Ω] 저항 2개를 병렬로 연결하고 직류전압 3[V]를 공급할 경우에 대한 설명으로 맞는 것은?

① 3[Ω]짜리 각 저항에는 전류가 흐르지 않는다.
② 3[Ω]짜리 각 저항마다 1[A] 전류가 흐른다.
③ 3[Ω]짜리 각 저항마다 1.5[A] 전류가 흐른다.
④ 3[Ω]짜리 각 저항마다 3[A] 전류가 흐른다.

**해설**
• 3[Ω] 저항 2개를 병렬연결하면, 합성저항은 다음과 같다.

$$\frac{1}{R} = \frac{1}{R_1} + \frac{1}{R_2} = \frac{1}{3} + \frac{1}{3} = \frac{2}{3}$$

합성저항 $R = \dfrac{3}{2} = 1.5[\Omega]$

• 옴의 법칙에서 $I = \dfrac{V}{R}$ 이므로, $I = \dfrac{3}{1.5} = 2[A]$

• 저항의 병렬접속에서 전류는 $I = I_1 + I_2$ 이므로, 저항의 크기가 같으므로 각 저항에는 1[A]의 전류가 흐른다.

저항의 병렬접속

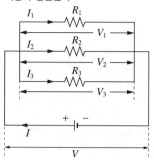

- 합성저항 : $\dfrac{1}{R} = \dfrac{1}{R_1} + \dfrac{1}{R_2} + \dfrac{1}{R_3}$
- 전류 : $I = I_1 + I_2 + I_3$
- 전압 : 각 저항의 전압은 $V = V_1 = V_2 = V_3$로 공급전압 $V$와 같다.

## 07 전기회로에서 전원이 투입된 후 일정한 시간이 지난 후에 동작되는 접점은?

① 한시동작접점
② 수동조작접점
③ 순시동작접점
④ 순시복귀접점

해설
타이머 접점
- 한시동작접점(한시동작순시복귀) : 타이머 릴레이가 작동하면 설정 시간이 지난 후 접점이 동작되며, 타이머가 정지하면 즉시 접점이 원상태로 복귀하는 접점이다.
- 한시복귀접점(순시동작한시복귀) : 타이머 릴레이가 작동하면 즉시 접점이 동작되고, 타이머가 정지하면 설정시간이 지난 후 접점이 원상태로 복귀하는 접점이다.

## 08 아날로그 멀티테스터로 측정할 수 없는 것은?

① 주파수
② 저 항
③ 직류전류
④ 교류전압

해설
아날로그 멀티테스터로 저항, 직류전압, 교류전압 및 직류전류는 측정 가능하나 주파수, 교류전류 및 교류전기의 위상 등을 측정하는 기능은 없다.

## 09 납축전지의 취급방법으로 적절하지 않은 것은?

① 과충전되지 않도록 한다.
② 액이 부족하면 황산을 채운다.
③ 전해액이 누설되지 않게 한다.
④ 통풍이 잘되는 곳에 설치한다.

해설
납축전지의 전해액은 황산과 증류수를 혼합한 것이다. 누설 없이 전해 액이 부족한 현상이 일어난 것은 증류수가 증발한 것이므로 증류수를 보충해 준다.

## 10 다음 접점 중 전기회로에서 평상시에는 닫혀 있다가 신호를 받으면 열리는 것은?

① a접점
② b접점
③ c접점
④ d접점

해설
접점의 종류
- a접점(NO접점, Normally Open Contact) : 평상시에는 열려 있다가 동작하면 닫힌다.
- b접점(NC접점, Normally Closed Contact) : 평상시에는 닫혀 있다 가 동작하면 열린다.
- c접점(절환접점, Change Over Contact) : 어느 한쪽의 공통접점이 있고, a접점과 b접점이 있을 때 처음 공통접점과 a접점이 닫혀 있을 때 작동하면 공통접점과 a접점은 열리고 b접점이 닫힌다. 반대로 공통접점과 b접점이 닫혀 있을 때 작동하면 공통접점과 b접점은 열리고 공통접점과 a접점이 닫힌다.

## 11 동일한 저항에 직류가 흘렀을 경우와 소비전력이 같을 때의 교류 크기를 나타내는 값은?

① 순시값
② 실횻값
③ 평균값
④ 최댓값

해설
- 순시값 : 순간순간 변하는 교류의 임의시간에 있어서의 값
- 최댓값 : 순시값 중에서 가장 큰 값
- 실횻값 : 교류의 크기를 교류와 동일한 일을 하는 직류의 크기로 바꿔 나타낸 값, $\dfrac{최댓값}{\sqrt{2}}$
- 평균값 : 교류 순시값의 1주기 동안의 평균을 취하여 교류의 크기를 나타낸 값, $\dfrac{2}{\pi} \times$ 최댓값

**12** 다음 보기에서 설명하는 원리는?

> [보 기]
> 서로 다른 금속의 양단을 접속하고 각 접속점을
> 서로 다른 온도로 유지하면 기전력이 생긴다.

① 줄의 법칙          ② 제베크효과
③ 펠티에효과          ④ 앙페르법칙

해설
제베크효과(Seebeck Effect) : 상이한 금속을 접합하여 전기회로를 구성하고, 양쪽 접속점에 온도차가 있으면 회로에 열기전력이 발생하는 현상이다.

**13** 배전반의 차단기로 사용되며 단락사고로부터 배선 및 기기를 보호하는 장치는?

① MC          ② MCCB
③ THR          ④ AVR

해설
• MC(Magnetic Contactor) : 전자접촉기
• MCCB(Moulded Case Circuit Breaker) : 성형 케이스 회로차단기
• OCR(Over Current Relay) : 과전류 계전기
• THR(Thermal Relay) : 열동형 계전기

**14** 브러시리스 동기발전기에 없는 것은?

① 고정자 권선          ② 회전자 권선
③ 정류기          ④ 슬립 링

해설
브러시리스 동기발전기 : 대부분의 선박에서 교류발전기로 사용되고 있는 발전기로, 계자코일이 고정되어 브러시와 슬립 링이 필요 없이 직접 여자전류를 계자코일에 공급한다. 계자코일은 내측 중심에, 고정자 코일은 외측에 고정되어 있고 그 사이를 로터가 회전하는 형식으로 보수와 점검이 간단하다.

**15** 선박에서 교류전원을 사용할 경우의 이점으로 틀린 것은?

① 변압기에 의하여 임의의 전압으로 변환 가능하다.
② 유도전동기를 사용할 수 있으므로 취급이 간편해진다.

③ 육상전원 사용이 가능하다.
④ 전동기의 경우 속도 및 회전 방향을 쉽게 바꿀 수 있다.

해설
선박에서 교류전원 사용의 이점
• 교류는 전기화학적 작용이 적어서 도선의 부식이 쉽게 일어나지 않는다.
• 변압기를 이용하여 간단히 전압을 변경할 수 있다.
• 전류가 자연히 0으로 되는 점이 1주기에 2회 있어서 회로의 차단이 용이하다.
• 육상에서 사용하는 전원도 교류이므로 쉽게 육상전원을 사용할 수 있다.
• 삼상의 전원을 쉽게 단상으로 변화하여 사용할 수 있다.

**16** 교류회로에서 코일이나 콘덴서가 없고 저항만 있는 회로의 역률은 얼마인가?

① 0.6          ② 0.7
③ 0.8          ④ 1

해설
역률(Power Factor)은 전원에서 공급된 피상전력 중에서 유효전력으로 사용된 비율이며, 0~1의 값을 가진다. 전기기기에 실제로 걸리는 전압과 전류가 얼마나 유효하게 일을 하는가 하는 비율을 의미한다. 즉, 공급된 전기의 100[%]를 해당 목적에 소모하는 경우를 1로 봤을 때 1에 가까우면 효율이 높은 제품이고, 1에 미치지 못할수록 비효율적이다.
직류전원에서는 역률의 개념이 없어 역률을 1로 볼 수 있으나 교류전원에서는 송전선 중에서의 손실이 커지기 때문에 교류에서 회로 중 코일이나 콘덴서 성분에 의해 전압과 전류사이에 위상차가 발생하므로 역률이 1이 될 수 없다. 그러나 이론적으로 저항($R$)만의 회로에서는 전압과 전류가 동상이기 때문에 $\theta$가 0이므로 $\cos\theta = 1$이 되어 직류회로와 같이 전력은 $EI$가 된다($P = EI\cos\theta$).

**17** 항상 동일한 속도로 회전해야 하는 곳에 알맞은 전동기는?

① 복권전동기
② 동기전동기
③ 직권전동기
④ 농형 유도전동기

**해설**
동기전동기는 회전 자기장의 속도(동기속도)와 같은 속도로 회전하는
전동기로, 속도가 항상 일정하고 자력으로 기동력을 만들 수가 없어
다양한 기동장치를 부착해서 기동해야 한다.
동기전동기의 특징
• 장 점
 – 전 부하효율이 양호하다.
 – 공극이 크므로 기계적으로 견고하다.
 – 부하의 변동으로 인한 속도 변화가 없다(슬립=0).
 – 역률을 조정할 수 있으며 전력계통의 역률을 개선할 수 있다.
 – 동기전동기의 토크는 전압에 비례해서 변화하기 때문에 유도전동
  기에 비해 공급전압의 변화에 대한 토크의 변화가 작다.
• 단 점
 – 기동토크가 작고 난조가 발생하기 쉽다.
 – 여자를 위해 직류전원장치 및 동기화 장치가 필요하고 가격이 비싸다.

**18 변압기 외함의 명판에 없는 것은?**
① 무효전력[kVar]
② 정격전류[kVA]
③ 정격 주파수[Hz]
④ 정격 1차 및 2차전압[V]

**해설**
변압기의 명판에는 정격용량, 주파수, 정격전류, 정격전압, 총중량
등이 표시되어 있다.

**19 동기발전기에서 단자전압을 일정하게 유지하기 위해
AVR이 조정하는 것은?**
① 전기자전류
② 여자전류
③ 주파수
④ 거버너

**해설**
AVR(자동전압조정기, Automatic Voltage Regulator)는 운전 중인
발전기의 출력전압을 지속적으로 검출하고 부하가 변동하더라도 계자
전류를 제어하여 항상 같은 전압을 유지하도록 하는 장치이다. 여기서
계자는 자속을 발생시키는 부분이고, 여자전류는 자계를 발생시키기
위한 전류로 계자권선에 흐르는 전류이다.

**20 다음 전기측정기의 명칭은?**

① 메 거
② 전력 측정기
③ 아날로그 멀티테스터
④ 클램프 미터

**해설**
문제의 그림은 저항, 직류전압, 교류전압 및 직류전류 등을 측정할
때 사용하는 아날로그 멀티테스터이다.

**21 기관실 3상 유도전동기의 Y-Δ 기동에 대한 설명으로
옳은 것은?**
① 기동 시 회전자 권선을 Y결선으로 연결하였다가
 기동 후 Δ결선으로 연결한다.
② 기동 시 회전자 권선을 Δ결선으로 연결하였다가
 기동 후 Y결선으로 연결한다.
③ 기동 시 고정자 권선을 Y결선으로 연결하였다가
 기동 후 Δ결선으로 연결한다.
④ 기동 시 회전자 권선을 Δ결선으로 연결하였다가
 기동 후 Y결선으로 연결한다.

**해설**
Y-Δ 기동법 : 기동 시 Y결선으로 접속하여 상전압을 선간전압의
$\frac{1}{\sqrt{3}}$ 로 낮춤으로써 기동전류를 $\frac{1}{3}$ 로 줄일 수 있다. 기동 후에는
Δ결선으로 변환하여 정상 운전한다.

**22 3상 유도전동기의 명판에 표시되지 않는 것은?**
① 정격전압    ② 여자전류
③ 정격전류    ④ 주파수

**해설**
유도전동기의 명판에는 정격전압, 정격 회전수, 정격전류, 극수, 주파수 등의 정보들이 표시되어 있다.

**23** 24[V] 선박용 납축전지의 평상 시 충전전압으로 가장 적합한 전압은?

① 12[V]

② 20[V]

③ 26[V]

④ 36[V]

**해설**
선박에서 사용하는 축전지의 경우 일반적으로 24[V]를 사용한다. 축전지의 경우 충전을 하면서 사용하는데 충전방식 중 부동충전(Floating) 방식의 경우 충전전압은 24[V]보다 조금 높다(약 26[V]).
부동충전 : 축전지가 자기방전을 보충함과 동시에 사용부하에 대한 전력 공급을 하는 방식이다. 이 방식은 정류기의 용량이 적어도 되고, 항상 완전 충전 상태이며, 축전지의 수명에 좋은 영향을 준다. 충전전압은 축전지 전압보다 약간 높은 정전압으로 설정해 놓음으로써 축전지의 자기방전을 보상하여 항상 만충전 상태를 유지시켜 주는 충전방식이다.

**24** 다음 기호가 나타내는 소자는?

① 일반 다이오드

② 제너 다이오드

③ 포토 다이오드

④ PNP 트랜지스터

**해설**
제너 다이오드(정전압 다이오드) : 역방향 전압을 걸었을 때 항복전압(제너전압)에 이르면 큰 전류를 흐르게 한다. 항복전압보다 높은 역방향 전압을 흐르게 하면 전압은 거의 변하지 않는 대신 전압의 증가분에 해당하는 전류를 흐르게 한다. 이 원리를 이용하여 전압을 일정하게 유지시키는 정전압회로에 사용한다.

**25** 다음 기호가 나타내는 소자는?

① ZD

② LED

③ SCR

④ TRIAC

**해설**
TRIAC(트라이악, Triode AC Semiconductor Switch) : 2개의 SCR을 연결한 것과 같은 소자로 게이트(G)에 입력신호를 주면 전류가 흐르고 양 단자에 전원이 끊어지기 전까지는 계속 ON 상태를 유지하는 쌍방향 소자이다. 쌍방향이란 교류(+, −)와 같이 번갈아 바뀌는 전원도 제어가 가능하다는 의미이다.

---

제**4**과목 **직무일반**

**01** 입·출항 시 당직 항해사에게 통보해야 할 사항으로 적절하지 않은 것은?

① 청수의 보유량

② 연료유의 수급사항

③ 기관 당직의 교대사항

④ 주기관의 중요 수리계획

**해설**
입·출항 시 기관사는 당직 항해사에게 청수 및 유류의 보유량 등을 알려서 화물량과 평형수의 양을 적절하게 하여 출항 컨디션에 참고해야 한다. 기관부의 중요 수리계획은 필히 알려서 출항에 문제가 없도록 해야 한다. 그러나 당직 교대사항까지는 알리지 않는다.

**02** 선박의 조난 시 구조해야 할 순서로 올바른 것은?

① 선체 → 화물 → 인명

② 인명 → 선체 → 화물

③ 인명 → 화물 → 선체

④ 선체 → 인명 → 화물

**해설**

선박에 급박한 위험이 발생했을 때 무엇보다도 인명 구조를 우선으로 해야 한다. 다음으로 선박, 마지막으로 화물을 우선순위로 두고 비상조치를 취해야 한다.

**03** 정박 중인 선박에서 당직 기관사가 기록해야 할 기관일지의 기재사항으로 적절하지 않은 것은?

① 발전기관의 배기온도
② 주기관의 냉각수온도
③ 발전기관의 연료유 소모량
④ 기관구역의 당일 작업내용

**해설**

정박 중에는 주기관이 정지해 있으므로 관련 데이터를 기입하지 않는다.

**04** 항해 중 당직 기관사가 매 당직마다 실시해야 하는 것은?

① 주기관 배기밸브의 간극 측정
② 주기관 섬프탱크의 윤활유량 점검
③ 발전기 연료유 여과기의 소제
④ 청정기 분해 정비

**해설**

당직 기관사가 매 당직마다 실시해야 하는 것은 기관실을 순찰하면서 작동 중인 기기의 운전 상태를 기록하고 확인하는 것이다. 연료유, 윤활유, 청수, 빌지, 슬러지 등 각 탱크의 변화량을 확인하고 이상유무를 판단해야 한다. 이 밖에 기기의 수리·정비는 계획을 세워 주기적으로 하는 것이지 매 당직마다 시행하지는 않는다.

**05** 기관실 침수방지대책으로 틀린 것은?

① 해수파이프 및 밸브의 부식 방지
② 방수용 기자재 사용법 숙지
③ 킹스톤밸브의 개도 확인
④ 수밀문의 작동 상태 확인

**해설**

침수에 대비하여 평소 순찰을 통해 빌지나 탱크의 잔류량을 확인하고 비상상황에 대비하여 응급조치방법, 배수방법 및 방수용 기자재 사용법을 숙지하고 있어야 한다. 응급조치에 실패했을 시 수밀문을 폐쇄해야 하므로 평소 수밀문의 작동 상태를 확인해야 한다.

**06** 기관 정비작업 시 일반적인 주의사항으로 적절하지 않은 것은?

① 주위의 위험요소를 제거한다.
② 수리나 교환 등의 주요사항은 기록한다.
③ 분해한 부속품들은 반드시 신품으로 교환해야 한다.
④ 기기의 운전 특성을 고려하여 정비작업의 계획을 수립한다.

**해설**

기기를 정비할 때 부속품은 분해 후 상태에 따라 재사용하기도 한다.

**07** 연료유 수급 후의 주의사항으로 틀린 것은?

① 수급량에 오차가 있는지를 확인한다.
② 채취한 기름 샘플의 서명 확인 및 발송
③ 갑판의 스커퍼가 확실하게 폐쇄되었는지를 확인한다.
④ 수급시간과 수급량 등을 기관일지와 기름기록부에 기록한다.

**해설**

갑판의 스커퍼(Scupper)는 연료유 수급 전에 폐쇄해야 하며, 수급 후에는 다시 열어놓는다.

**08** 해양환경관리법에서 선박해양오염비상계획서를 작성 및 비치해야 하는 선박에 해당하지 않는 것은?

① 주기관이 있는 총톤수 200[ton]의 어선
② 주기관이 있는 총톤수 200[ton]의 유조선
③ 주기관이 있는 총톤수 500[ton]의 컨테이너선
④ 주기관이 있는 총톤수 1,000[ton]의 여객선

**해설**

해양환경관리법 제31조(선박해양오염비상계획서의 관리 등) 및 선박에서의 오염방지에 관한 규칙 제25조(선박해양오염비상계획서 비치대상 등)
총톤수 150[ton] 이상의 유조선, 총톤수 400[ton] 이상의 유조선 외의 선박, 시추선 및 플랫폼은 승인된 선박해양오염비상계획서를 갖추어야 한다.

**09** 해양환경관리법상 기관실 빌지를 선외로 배출하는 장치는?

① 15[ppm] 기름여과장치
② 폐유소각장치
③ 기름배출감시제어장치
④ 기름농도감시장치

**해설**
기관실 내에서 각종 기기의 운전 시 발생하는 드레인이 기관실 하부에 고이게 되는데 이를 빌지(선저폐수)라고 한다. 유수분리기는 빌지를 선외로 배출할 때 해양오염을 시키지 않도록 기름 성분을 분리하는 장치이다. 빌지분리장치 또는 기름여과장치라고도 하며 선박의 빌지(선저폐수)를 공해상에 배출할 때 유분 함량은 15[ppm](백만분의 15) 이하여야 한다.

**10** 해양오염방지관리인의 업무내용으로 틀린 것은?

① 해양오염방지설비의 정비
② 기름기록부의 기록과 보관
③ 화공약품 관련 화물의 수급 업무
④ 해양오염방제를 위한 자재 및 약제의 관리

**해설**
해양환경관리법 시행령 제39조(선박의 해양오염방지관리인 자격 · 업무내용 등)
• 폐기물기록부와 기름기록부(유해액체물질을 산적하여 운반하는 선박의 경우 유해액체물질기록부를 포함한다)의 기록 및 보관
• 오염물질 및 대기오염물질을 이송 또는 배출하는 작업의 지휘 · 감독
• 해양오염방지설비의 정비 및 작동 상태의 점검
• 대기오염방지설비의 정비 및 점검
• 해양오염방제를 위한 자재 및 약제의 관리
• 오염물질의 배출이 있는 경우 신속한 신고 및 필요한 응급조치
• 해양오염 방지 및 방제에 관한 교육 · 훈련의 이수 및 해당 선박의 승무원에 대한 교육(해양오염방지관리인만 해당한다)
• 그 밖에 해당 선박으로부터의 오염사고를 방지하는 데 필요한 사항

**11** 선박에서 발생하는 폐기물에 해당하지 않는 것은?

① 분 뇨
② 음식물찌꺼기
③ 유성혼합물
④ 플라스틱

**해설**
• 폐기물 : 해양에 배출되는 경우 그 상태로는 쓸 수 없게 되는 물질로서 해양환경에 해로운 결과를 미치거나 미칠 우려가 있는 물질이다(기름, 유해액체물질, 포장유해물질을 제외한다).
• 기름 : 원유 및 석유제품(석유가스를 제외한다)과 이들을 함유하고 있는 액체 상태의 유성혼합물 및 폐유이다.

**12** 인체에서 최소 어느 정도의 혈액량이 출혈되면 맥박수 증가와 심장 수축력 증가 등의 징후가 나타나거나 심각한 쇼크로 진행되는가?

① 약 5~10[%]
② 약 20~25[%]
③ 약 35~40[%]
④ 약 50~55[%]

**해설**
부상에 의해 심한 출혈을 하게 되면 생명의 위협을 받게 된다. 일반적으로 사람은 인체 혈액량의 약 20[%]의 피를 흘리게 되면 심각한 쇼크로 생명이 위험해지고, 약 30[%]의 혈액을 흘리게 되면 생명을 잃을 수도 있다.

**13** 화상의 응급처치 시 일반적인 주의사항으로 가장 적절한 것은?

① 물집은 빨리 터트려서 화상연고를 바른다.
② 피부에 밀착된 옷은 억지로 떼어내서는 안 된다.
③ 화상 부위에 기름, 바셀린 또는 고약 등으로 우선 처치한다.
④ 화상 부위는 깨끗하게 하기 위하여 가능한 한 빨리 뜨거운 물로 씻는다.

**해설**
화상은 열작용에 의해 피부조직이 상해된 것으로 화염, 증기, 열상, 각종 폭발, 가열된 금속 및 약품 등에 의해 발생되는데 다음과 같이 조치해야 한다.
• 가벼운 화상은 찬물에서 5~10분간 냉각시킨다.
• 심한 경우는 찬물 등으로 어느 정도 냉각시키면서 감염되지 않도록 멸균거즈 등을 이용하여 상처 부위를 가볍게 감싼다. 옷이 피부에 밀착된 경우에는 그 부위는 잘라서 남겨 놓고 옷을 벗기고 냉각시켜야 한다.
• 2~3도 화상일 경우 그 범위가 체표면적의 20[%] 이상이면 전신장애를 일으킬 수 있으므로 즉시 의료기관의 도움을 요청한다.

**14** 공통 빌지관 계통과 독립 빌지관 계통이 모두 설치된 곳은?

① 비상발전기실
② 기관실
③ 조타기실
④ 이중저

해설
독립 빌지관 및 비상 빌지관은 빌지펌프 및 최대 용량의 해수펌프가 있는 기관실에 설치되어 있다.

**15** 선박의 좌초사고로 선체에 파공이 발생되었을 때 기관실에서 가장 먼저 취해야 할 조치는?

① 파손 부위 조사
② 퇴선 준비
③ 수밀문 폐쇄
④ 선장에게 보고

해설
선체의 파공으로 좌초되었을 때는 손상 부위와 정도를 파악하여 해수가 유입되는 곳이 있는지를 확인하는 것이 최우선이다. 수밀문을 폐쇄하거나 탈출을 준비하는 것은 침수되어 상황이 악화되었을 때의 조치이다.

**16** '선체에 뚫린 구멍이 크고 그 구멍이 수면에서 깊은 곳에 있을 경우에는 (    )를(을) 선체 외부에 대어 방수하는 것이 효과적이다.'에서 (    ) 안에 들어갈 내용으로 알맞은 것은?

① 방수매트
② 나무판자
③ 고무패킹
④ 강재 철판

해설
• 수면 아래의 큰 구멍은 방수판을 먼저 붙이고 선체 외부에 방수매트로 응급조치한 후 콘크리트 작업을 시행한다.
• 수면 위나 아래의 작은 구멍에는 쐐기를 박고 콘크리트로 부어서 응고시킨다.

**17** 작은 파공으로부터 물이 누설할 때 응급조치법으로 적절하지 않은 것은?

① 수밀문을 닫는다.
② 배수펌프로 배수한다.
③ 나무쐐기로 누설부를 막는다.
④ 시멘트·박스를 이용하여 누설부를 막는다.

해설
파공이 크고 침수가 심할 경우 수밀문을 닫아서 충돌된 구획만 침수되도록 조치한다.

**18** 기관실 대형 화재 발생 시의 조치사항으로 적합하지 않은 것은?

① 고정식 소화장치를 사용한다.
② 시동공기탱크의 공기를 뺀다.
③ 기관실 내로 통풍을 유도한다.
④ 기름 이송 관련 펌프를 정지시킨다.

해설
화재 시 초기 진화에 실패했을 경우에는 고정식 소화장치(이산화탄소, 고팽창 포말, 가압수 분무 등)를 사용하여 소화하는데, 고정식 소화장치를 사용하기 전에 경보를 울려 기관실에서 선원이 대피할 수 있도록 하여 인명 피해가 없도록 해야 한다. 그후 비상차단밸브로 주기관, 발전기 및 보일러 등에 연료 공급을 차단하고, 동시에 기관실 문과 송풍기의 댐퍼를 차단하여 통풍을 최대한 차단시켜야 한다. 그리고 가능하다면 시동공기탱크의 공기를 빼서 화재로 인한 공기탱크의 폭발을 막는다. 마지막으로 고정식 소화장치를 작동시켜 소화가 원활히 이루어질 수 있도록 해야 한다.

**19** 거주구역에서 소형 화재 발생 시 소화작업으로 틀린 것은?

① 휴대식 소화기를 이용하여 초기 진화한다.
② 낮게 구부린 자세로 화재구역에 진입한다.
③ 화재경보를 울려 전 선원에게 즉시 알린다.
④ 고정식 소화설비를 이용하여 신속히 소화한다.

해설
화재가 발생하면 초기 진압을 우선으로 하고 선내 화재경보장치를 작동하여 전 선원에게 알리는 것이 제일 중요하다. 고정식 소화설비는 기관실이나 화물구역에 설치되는 소화설비로, 초기 진화에 실패했을 경우 사용하는 장치이다.

**20** 선박에서 사용하는 소화기의 종류가 아닌 것은?

① 포말소화기　　　② 분말소화기

③ 이산화탄소소화기　④ 아세틸렌소화기

해설

선박에서 사용하는 휴대용 소화기의 종류에는 분말소화기, 포말소화기, 이산화탄소소화기가 있다.

**21** 분말소화기의 소화약제 유효기간은 몇 년인가?

① 1년　　　　② 3년

③ 5년　　　　④ 10년

해설

분말소화기의 소화약제 유효기간은 5년이다.

**22** 선박직원법에서 규정하는 해기사 면허의 등급에 해당하지 않는 것은?

① 4급 기관사

② 소형 선박조종사

③ 수면비행선박조종사

④ 동력수상레저기구 조정면허 1급

해설

동력수상레저기구 조종면허는 수상레저안전법에서 규정하고 있다.

**23** 해양에 대량의 기름이 배출되는 경우 신고해야 할 사항으로 적절하지 않은 것은?

① 오염사고 발생 일시

② 확산 상황과 응급조치 상황

③ 배출된 오염물질의 추정량

④ 선장 및 해양오염방지관리인 성명

해설

해양환경관리법 제63조(오염물질이 배출되는 경우의 신고 의무) 및 해양환경관리법 시행규칙 제29조(해양시설로부터의 오염물질 배출 신고) 배출기준을 초과하는 오염물질이 해양에 배출되거나 배출될 우려가 있다고 예상되는 경우 지체 없이 해양경찰청장 또는 해양경찰서장에게 이를 신고하여야 한다. 신고사항은 다음과 같다.

• 해양오염사고의 발생 일시·장소 및 원인
• 배출된 오염물질의 종류, 추정량 및 확산 상황과 응급조치 상황
• 사고 선박 또는 시설의 명칭, 종류 및 규모
• 해면 상태 및 기상 상태

**24** 해양사고의 조사 및 심판에 관한 법률의 제정 목적은?

① 해양의 안전 확보

② 선박 직원의 자격을 규정

③ 선박의 원활한 교통

④ 선원의 자질 향상을 규정

해설

해양사고의 조사 및 심판에 관한 법률 제1조(목적)
이 법은 해양사고에 대한 조사 및 심판을 통하여 해양사고의 원인을 밝힘으로써 해양안전의 확보에 이바지함을 목적으로 한다.

**25** 해양환경관리법상 해양오염방지증서는 어느 검사에 합격하여야 교부되는가?

① 정기검사

② 중간검사

③ 임시검사

④ 임시항행검사

해설

해양오염방지검사증서의 유효기간은 5년으로 정기검사에 합격해야 교부가 된다. 그렇다고 중간검사나 임시검사 등에 불합격해도 증서가 유효한 것은 아니다. 중간검사 및 중간검사 또는 임시검사에 불합격한 선박의 해양오염방지검사증서 및 협약검사증서의 유효기간은 해당 검사에 합격할 때까지 그 효력이 정지된다.
해양환경관리법에서 정의하는 검사의 종류는 다음과 같다(해양환경관리법 제49조~제52조).

• 정기검사 : 해양오염방지설비, 선체 및 화물창을 선박에 최초로 설치하여 항행에 사용하려는 때 또는 해양오염방지검사증서의 유효기간이 만료(5년) 때에 시행하는 검사이다.
• 중간검사 : 정기검사와 정기검사 사이에 행하는 검사로 제1종 중간검사와 제2종 중간검사로 구별된다.
• 임시검사 : 해양오염방지설비 등을 교체, 개조 또는 수리하고자 할 때 시행하는 검사이다.
• 임시항행검사 : 해양오염방지검사증서를 교부받기 전에 임시로 선박을 항해에 사용하고자 하는 때 또는 대한민국 선박을 외국인 또는 외국 정부에 양도할 목적으로 항해에 사용하려는 경우나 선박의 개조, 해체, 검사, 검정 또는 톤수 측정을 받을 장소로 항해하려는 경우에 실시된다.

제**1**과목 **기관 1**

**01** '4행정 사이클 디젤기관에서는 캠축이 1회전할 때마다 크랭크축은 (    )회 회전하고 폭발은 (    )회 일어난다.'에서 (    ) 안에 들어갈 내용으로 각각 알맞은 것은?

① 1, 2　　　　② 2, 1
③ 1, 1　　　　④ 2, 2

해설
4행정 사이클 기관은 캠축 1회전마다 크랭크축은 2회 회전하고 1회 폭발이 일어나는 기관이다. 1사이클 동안 흡입, 압축, 폭발(작동 또는 유효행정), 배기행정이 각각 1회씩 일어난다.

**02** 출력이 750[kW]이고 실린더수가 6개인 4행정 사이클 디젤 주기관에서 연료분사펌프의 태핏 간극에 대한 설명으로 맞는 것은?

① 태핏 간극은 연료 분사량을 조정한다.
② 태핏 간극은 연료 분사 시작 시기를 조정한다.
③ 태핏 간극은 연료 분사 끝 시기를 조정한다.
④ 태핏 간극은 연료 분사압력을 조정한다.

해설
연료분사펌프의 분사시기를 조정하는 방법에는 대형 기관에 탑재되는 큰 용량의 경우 VIT(가변분사시기조정장치)를 각 실린더마다 설치하여 배럴을 상하로 움직여 분사시기를 조정하고, 소형 기관에 탑재되는 경우는 롤러 가이드의 태핏 조정나사의 높이를 조정함으로써 연료분사펌프의 플런저를 밀어 주는 시기를 조절하여 분사시기를 조정한다.

[캠축과 연결된 연료분사펌프의 태핏 롤러]

**03** 다음 그림에서 디젤기관의 실린더 헤드를 들어올리기 위해 사용하는 공구 A의 명칭은?

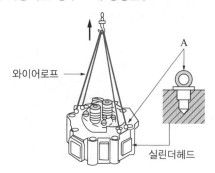

① 인장볼트
② 아이볼트
③ 육각볼트
④ 스터드볼트

해설
아이볼트는 눈처럼 동그랗게 생겨서 아이볼트라고 하는데 문제의 그림처럼 아이볼트를 사용하여 무거운 중량의 물체를 들어올린다.

**04** 디젤기관에서 크랭크축이 회전할 때 크랭크암 사이의 거리가 넓어지거나 좁아지는 현상을 무엇이라고 하는가?

① 서 징
② 블로바이
③ 해머링
④ 디플렉션

해설
크랭크암의 개폐작용(크랭크암 디플렉션, Crank Arm Deflection)이란 크랭크축이 회전할 때 크랭크암 사이의 거리가 넓어지거나 좁아지는 현상이다. 기관 운전 중 개폐작용이 과대하면 진동이 발생하거나 축에 균열이 생겨 크랭크축이 부러지는 경우도 발생하므로 주기적으로 디플렉션을 측정하여 원인을 해결해야 한다. 이때 사용하는 측정공구는 디플렉션 게이지를 이용한다.

**05** 디젤기관의 운전 중 상사점 부근에서 흡기밸브와 배기밸브가 동시에 열려 있는 기간은?

① 밸브 서징      ② 밸브 프라임
③ 밸브 겹침      ④ 밸브 클리어런스

해설
밸브 겹침(밸브 오버랩) : 실린더 내의 소기작용을 돕고 밸브와 연소실의 냉각을 돕기 위해서 흡기밸브는 상사점 전에 열리고 하사점 후에 닫히며, 배기밸브는 완전한 배기를 위해서 하사점 전에 열리고 상사점 후에 닫히게 밸브의 개폐시기를 조정한다.

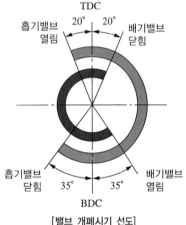

[밸브 개폐시기 선도]

**06** 디젤기관의 과급기에 대한 설명으로 맞는 것은?

① 기관을 냉각시키기 위해 과급기를 설치한다.
② 과급을 통해 기관의 출력을 증대시킬 수 있다.
③ 동압식 과급은 각 실린더의 배기가스를 배기 매니폴드에 모아서 터빈에 배기가스를 공급하는 방식이다.
④ 정압식 과급은 동압식과 비교하여 이용 가능한 에너지가 크지만 맥동으로 인해 압력 변화가 심하다.

해설
과급기는 실린더로부터 나오는 배기가스를 이용하여 과급기의 터빈을 회전시키고 터빈이 회전하게 되면 같은 축에 있는 송풍기가 회전하면서 외부의 공기를 흡입하여 압축하고, 이 공기를 냉각기를 거쳐 밀도를 높이고 실린더의 흡입공기로 공급하는 원리이다. 이렇게 과급을 하면 평균 유효압력이 높아져 기관의 출력을 증대시킬 수 있다.
• 정압식 과급 : 각 실린더의 배기를 배기 매니폴드 또는 배기 리시버에 모아서 맥동을 없애고 압력을 일정하게 하여 터빈에 보내는 방식이다. 에너지 손실이 많은 단점이 있으나 과급기 터빈 입구의 압력 변동이 작기 때문에 터빈효율이 좋다. 최근의 선박은 대부분 정압식 과급방법을 많이 채택하고 있다.

• 동압식 과급 : 각 실린더의 배기를 바로 과급기 터빈에 보내는 방식으로 배기의 속도에너지를 압력에너지로 바꾸지 않고 그대로 과급기 터빈에 사용하는 방법이다. 열 이용률은 높으나 맥동으로 압력 변화가 심하여 터빈효율이 좋지 않다.

**07** 연료 분사조건 중에서 분사된 연료유가 압축된 공기를 뚫고 나가는 것은?

① 무 화      ② 관 통
③ 분 산      ④ 분 포

해설
연료 분사조건
• 무화 : 연료유의 입자가 안개처럼 극히 미세화되는 것으로 분사압력과 실린더 내의 공기압력을 높게 하고 분사밸브 노즐의 지름을 작게 해야 한다.
• 관통 : 분사된 연료유가 압축된 공기 중을 뚫고 나가는 상태로, 연료유 입자가 커야 하는데 관통과 무화는 조건이 반대되므로 두 조건을 적절하게 만족하도록 조정해야 한다.
• 분산 : 연료유가 분사되어 원뿔형으로 퍼지는 상태이다.
• 분포 : 분사된 연료유가 공기와 균등하게 혼합된 상태이다.

**08** 보슈식 연료분사펌프에서 연료유 토출량을 증가시키거나 감소시키는 방법으로 맞는 것은?

① 캠의 위치를 조정한다.
② 조정래크로 분사 끝을 조절한다.
③ 플런저 행정을 조절한다.
④ 분사압력을 조절한다.

해설
보슈식 연료분사펌프에서 연료유의 공급량을 조정하는 것은 조정래크이다. 조정래크를 움직이면 플런저와 연결되어 있는 피니언이 움직이게 되고 피니언은 플런저를 회전시키게 된다. 플런저를 회전시키면 플런저 상부의 경사 홈이 도출구와 만나는 위치가 변화되어 연료의 양을 조정하게 된다.

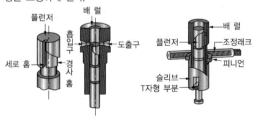

**09** 선박용 디젤기관의 실린더헤드에 설치되는 부품에 해당하지 않는 것은?

① 연료분사밸브　　　② 스필밸브
③ 배기밸브　　　　　④ 안전밸브

**해설**
스필밸브는 연료분사펌프의 한 종류인 스필밸브식 연료분사펌프의 구성요소이다. 연료분사펌프는 연료 분사에 필요한 고압을 만드는 장치로 연료유의 압력을 높여 연료분사밸브에 전달하는데 보통 기관 프레임이나 실린더 블록에 설치한다.

**10** 디젤기관에서 실린더라이너의 마멸을 측정하는 데 사용하는 것은?

① 필러게이지　　　　② 내경 마이크로미터
③ 외경 마이크로미터　④ 피치게이지

**해설**
피스톤이 실린더 내부에서 왕복운동을 하여 마모가 발생되는데 실린더 게이지, 텔레스코핑 게이지, 안지름(내경) 마이크로미터 등으로 실린더 내부의 마모량을 계측해서 기준치 이상의 마모가 발생했을 때는 조치를 취해야 한다.

**11** 디젤기관에서 흡·배기밸브의 밸브 간극(태핏 클리어런스)을 측정할 때 필요한 것은?

① 실린더 게이지　　　② 플래니미터
③ 내경 마이크로미터　④ 필러 게이지

**해설**
흡기·배기밸브의 스핀들과 밸브 래버 사이의 간극(틈새)을 밸브 클리어런스(Valve Clearance) 또는 태핏 클리어런스(Tappet Clearance)라고도 하며, 이를 계측할 때 필러 게이지를 사용한다. 다음의 그림에서 알 수 있듯이 여러 개의 틈새 게이지(필러 게이지) 중 알맞은 두께가 표시되어 있는 것을 선택해서 간극을 계측한다. 필러 게이지는 밸브 간극 계측뿐만 아니라 피스톤 링 홈의 틈새 계측 등 다양한 용도의 두께 계측장비이다.

[필러 게이지]

**12** 디젤기관에서 크랭크축 절손의 가장 큰 원인은 무엇인가?

① 불완전연소
② 배기밸브의 누설
③ 위험 회전수에서의 연속 운전
④ 연료유의 불량

**해설**
위험 회전수 : 축에 발생하는 진동의 주파수와 고유 진동수가 일치할 때의 주기관 회전수이다. 위험 회전수 영역에서 운전을 하게 되면 공진현상에 의해서 축계에서 진동이 증폭되고 축계 절손 등의 사고가 발생할 수 있다.

**13** 디젤기관에서 플라이휠의 역할로 옳은 것을 모두 고르면?

[보 기]
㉠ 밸브 조정이 편리하다.
㉡ 기관의 시동을 쉽게 해 준다.
㉢ 기관의 저속 회전을 가능하게 한다.
㉣ 크랭크축의 회전력을 균일하게 해 준다.

① ㉠, ㉡　　　　　② ㉡, ㉢
③ ㉡, ㉢, ㉣　　　④ ㉠, ㉡, ㉢, ㉣

**해설**
플라이휠은 작동행정에서 발생하는 큰 회전력을 플라이휠 내에 운동에너지로 축적하고, 회전력이 필요한 그 밖의 행정에서는 플라이휠의 관성력으로 회전한다. 바깥둘레에 기어휠을 설치하여 터닝에도 사용하며 역할은 다음과 같다.
• 크랭크축의 회전력을 균일하게 한다.
• 저속 회전을 가능하게 한다.
• 기관의 시동을 쉽게 한다.
• 밸브 조정이 편리하다.

**14** 운전 중인 디젤기관의 회전수가 저하되거나 자연 정지되는 원인으로 틀린 것은?

① 연료유가 공급되지 않았을 때
② 배기가스 온도가 매우 높을 때
③ 실린더 내의 최고 압력이 높아졌을 때
④ 과속도로 운전되었을 때

**해설**
디젤기관에는 운전 중 발생할 수 있는 고장 또는 비정상적인 작동으로 인해 기관을 보호하기 위해 기관의 회전수를 낮추거나 기관을 정지시키는 안전장치가 있다. 연료유가 공급되지 않는 것은 안전장치가 작동하여 연료를 차단한 경우일 수도 있고, 연료 계통에 문제가 있을 수도 있으나 어떠한 경우라도 연료가 공급되지 않으면 기관은 정지한다.
- 엔진 정지(Shut Down) 항목
  - 주기관의 과속(Overspeed)
  - 주윤활유의 입구측 압력이 낮을 경우(Main L.O Inlet Low Pressure)
  - 스러스트 패드의 온도가 높을 경우(Thrust Pad Segment High Temperature)
- 엔진 감속(Slow Down)
  - 피스톤 냉각오일 출구온도가 높을 경우(Piston Cooling Oil Outlet Temp High)
  - 피스톤 냉각오일이 흐르지 않을 경우(Piston Cooling Oil Non Flow)
  - 주윤활유의 입구측 압력이 낮을 경우(Main L.O Inlet Pressure Low)
  - 배기가스의 온도가 높을 경우(Exhaust Gas Temperature High)
  - 재킷 냉각수 출구측 온도가 높을 경우(Jacket Cooling Water Outlet Temperature High)
  - 재킷 냉각수 입구측 압력이 낮을 경우(Jacket Cooling Water Inlet Pressure Low)
  - 소기온도가 높을 경우(Scavenging Air Temperature High)
  - 주윤활유 온도가 높을 경우(Main L.O Temperature High)
  - 실린더 윤활유가 흐르지 않을 경우(Cylinder L.O Non Flow)
  - 유증기 밀도가 높을 경우(Oil Mist Density High)

**15** 디젤기관에서 연료의 공급량을 자동으로 조절하여 회전속도를 일정하게 유지시키는 장치는?
① 과급기　② 연료분사밸브
③ 거버너　④ 점화플러그

**해설**
조속장치 : 조속기(거버너)는 연료 공급량을 조절하여 기관의 회전속도를 원하는 속도로 유지하거나 가감하기 위한 장치이다.

**16** 디젤기관의 시동 전 준비사항으로 적절하지 않은 것은?
① 냉각수 계통의 점검
② 연료 공급 계통의 점검
③ 윤활유 공급 계통의 점검
④ 안전밸브 작동 상태의 점검

**해설**
안전밸브의 작동 상태는 매번 점검하지 않는다.
**실린더 안전밸브(세이프티 밸브, Safety Valve)** : 실린더 내의 압력이 비정상적으로 상승했을 때 작동하여 실린더 안의 압력을 밸브를 통해 실린더 밖으로 배출함으로써 실린더를 보호하는 장치이다.

**17** 보일러에 수저방출밸브를 설치하는 이유로 적절하지 않은 것은?
① 보일러 내부를 청소할 때 배수하기 위해
② 증기압력을 조절하기 위해
③ 보일러의 수질을 조절하기 위해
④ 보일러의 불순물을 배출하기 위해

**해설**
- 수저방출밸브(보텀블로밸브, Bottom Blow Valve) : 보일러의 내부 바닥에 고이는 불순물을 방출할 때, 보일러의 수질을 조절할 때(염분 농도나 약품농도의 조절), 보일러 내부 점검이나 청소를 위한 배수를 할 때 사용한다.
- 수면방출밸브(서페이스블로밸브, Surface Blow Valve) : 보일러 상부 수면에 있는 유지분이나 불순물을 배출할 때 사용한다.

**18** 보일러의 안전밸브에 행하는 시험은 무엇인가?
① 부하시험
② 축기시험
③ 수압시험
④ 냉각시험

**해설**
보일러의 안전밸브는 보일러의 증기압력이 설정된 압력에 도달하면 밸브가 자동으로 열려 증기를 대기로 방출시켜 보일러를 보호하는 장치이다. 이 안전밸브의 성능을 확인하는 데는 2가지 종류의 시험이 있다.
- 분출압력시험 : 흔히 파핑테스트(Popping Test)라고 하는데 이 시험은 안전밸브가 설정된 압력(보통 보일러의 설계압력 이하)에서 열리는지와 얼마의 압력에서 닫히는지 확인하기 위한 성능시험이다.
- 축기시험 : 이 시험은 분출압력시험과는 다르게 보일러를 최대 부하로 연속 운전하였을 때 안전밸브가 열린 상태에서 보일러 압력이 설계압력의 110[%] 이상으로 상승하지 않는지를 확인하는 시험이다. 즉, 안전밸브의 용량을 테스트하는 것으로 안전능력을 확인하는 시험이다.

**19** 항해 중 해수면 위에 떠 있는 선체 부분이 받는 저항을 무엇이라고 하는가?

① 마찰저항　　　　② 조파저항
③ 조와저항　　　　④ 공기저항

해설
• 마찰저항 : 선박이 전진할 때 선체의 표면에 접촉하는 물의 점성에 의해 생긴 마찰이다. 저속일 때 전체 저항의 70~80[%]이고 속도가 높아질수록 그 비율이 감소한다.
• 와류저항 : 선미 주위에서 많이 발생하는 저항으로, 선체 표면의 급격한 형상 변화 때문에 생기는 와류(소용돌이)로 인한 저항이다.
• 조파저항 : 배가 전진할 때 받는 압력으로 배가 만들어내는 파도의 형상과 크기에 따라 저항의 크기가 결정된다. 저속일 때는 저항이 미미하지만 고속 시에는 전체 저항의 60[%]에 이를 정도로 증가한다.
• 공기저항 : 수면 위 공기의 마찰과 와류에 의하여 생기는 저항이다.

**20** 나선형 추진기에서 직경은?

① 추진기 앞면의 길이
② 추진기 뒷면의 길이
③ 추진기가 1회전했을 때 전진하는 거리
④ 추진기가 회전할 때 날개 끝이 그린 원의 지름

해설
추진기(프로펠러)의 직경은 추진기가 회전할 때 날개 끝이 그린 원의 지름과 같다.

**21** 나선형 추진기에서 추진기 날개의 강도에 영향을 미치는 요소에 해당하지 않는 것은?

① 날개의 폭　　　　② 날개의 두께
③ 날개의 길이　　　④ 날개의 피치

해설
피치 : 프로펠러가 1회전했을 때 전진하는 거리

**22** 나선형 추진기에서 선체가 전진할 때 날개가 물을 밀어내는 면, 즉 선미측에서 볼 때 앞면으로 보이는 날개면의 명칭은?

① 앞 날　　　　② 허 브
③ 흡입면　　　　④ 압력면

해설
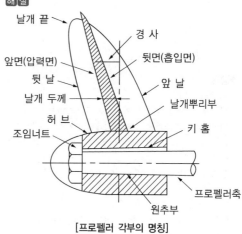

[프로펠러 각부의 명칭]

**23** 선박에서 연료유의 흐름으로 맞는 것은?

① 저장탱크 → 세틀링탱크 → 서비스탱크 → 청정기 → 기관
② 저장탱크 → 세틀링탱크 → 청정기 → 서비스탱크 → 기관
③ 저장탱크 → 청정기 → 서비스탱크 → 세틀링탱크 → 기관
④ 저장탱크 → 서비스탱크 → 청정기 → 세틀링탱크 → 기관

해설
일반적으로 선박의 기관실에서 연료의 이송은 저장탱크(벙커탱크)에서 침전탱크(세틀링탱크, Settling Tank)로 이송하여 침전물을 드레인시키고 청정기를 이용하여 수분과 불순물을 여과시켜 서비스탱크로 보낸다. 서비스탱크에 보내진 연료유는 펌프를 이용하여 기관에 공급된다.

**24** 연료유 계통에서 불순물을 걸러 주는 것은?

① 냉각기　　　　② 가열기
③ 여과기　　　　④ 예열기

해설
디젤기관의 윤활유 계통이나 연료유 계통에는 이물질을 제거하기 위해 여과기(필터, Filter)를 설치한다.

**25** 마찰열을 제거해 주는 윤활유의 기능은?

① 기밀작용　　　　② 감마작용
③ 청정작용　　　　④ 냉각작용

**해설**
윤활유의 기능
• 냉각작용 : 윤활유를 순환 주입하여 마찰열을 냉각시킨다.
• 기밀작용 : 경계면에 유막을 형성하여 가스 누설을 방지한다.
• 감마작용 : 기계와 기관 등의 운동부 마찰면에 유막을 형성하여 마찰을 감소시킨다.
• 청정작용 : 마찰부에서 발생하는 카본(탄화물) 및 금속 마모분 등의 불순물을 흡수하는데 대형 기관에서는 청정유를 순화하여 청정기 및 여과기에서 찌꺼기를 청정시켜 준다.
• 방청작용 : 금속 표면에 유막을 형성하여 공기나 수분의 침투를 막아 부식을 방지한다.
• 응력분산작용 : 집중하중을 받는 마찰면에 하중의 전달면적을 넓게 하여 단위면적당 작용하중을 분산시킨다.

## 제2과목　기관 2

**01** 왕복펌프의 송출유량을 조절하는 방법으로 틀린 것은?

① 피스톤의 행정을 조절한다.
② 펌프의 흡입측과 송출측 사이에 설치된 바이패스 밸브의 개폐 정도를 가감한다.
③ 송출측 스톱밸브의 개폐 정도를 가감한다.
④ 흡입측 스톱밸브의 개폐 정도를 가감한다.

**해설**
왕복펌프는 소유량, 고양정용에 적합한 펌프로 송출측의 압력이 높다. 송출유량을 조절할 때 출구밸브를 닫으면 고압으로 인한 출구측 파이프나 밸브 및 펌프에 손상을 줄 수도 있다.
왕복펌프의 송출유량 조절방법
• 펌프의 단위시간당 왕복 횟수를 조절하는 방법
• 피스톤의 행정을 조절하여 송출유량을 조절하는 방법
• 흡입측 정지밸브(Suction Stop Valve)의 개폐 정도를 가감하여 조절하는 방법
• 송출행정의 처음 또는 마지막에 흡입밸브를 열어서 실린더 내의 물을 흡입측으로 되돌려 보내는 방법
• 펌프의 흡입관과 송출관 사이에 바이패스밸브(By-pass Valve)를 설치하여 송출액의 일부를 흡입측으로 되돌려 보내는 방법

**02** 디젤기관의 냉각수를 이용하는 저압증발식 조수장치의 진공압력은 어느 정도로 유지하는가?

① 100[mmHg]　　② 300[mmHg]
③ 700[mmHg]　　④ 900[mmHg]

**해설**
선박에서 많이 사용하는 저압증발식 조수장치는 디젤기관을 냉각하고 나오는 냉각수(약 90[℃] 내외)를 이용하여 해수를 증발하는 장치이다. 즉, 주기관을 냉각시키고 나온 고온의 냉각수로 조수장치의 급수를 가열하는 것이다. 이때 물은 100[℃] 이상에서 증발하는데 주기관을 냉각하고 나오는 냉각수(약 90[℃] 내외)를 이용해야 하므로 이젝터를 이용하여 증발기 내를 저압으로 만들어서 낮은 온도에서도 증발하게 한다. 이때 진공압력은 약 700[mmHg]이다.

**03** 대표적인 나사펌프로 1개의 구동나사와 2개의 종동나사로 구성되어 있는 것은?

① 이모펌프　　　　② 원심펌프
③ 베인펌프　　　　④ 터빈펌프

**해설**
이모펌프(Imo Pump)는 나사펌프의 한 종류로 1개의 구동나사와 2개의 종동나사로 구성되어 있다.

**04** 다음 펌프 중 선내 화장실에 해수를 공급하는 것은?

① 펌 프　　　　　② 밸러스트펌프
③ 위생수펌프　　　④ 빌지펌프

**해설**
선내 화장실에 해수를 공급하는 펌프는 위생수펌프(Sanitary Pump)이다.

**05** 원심펌프에서 송출된 유체가 흡입구쪽으로 역류하는 것을 방지하는 장치는?

① 풋밸브
② 글랜드 패킹
③ 랜턴 링
④ 마우스 링

**해설**

마우스 링 : 임펠러에서 송출되는 액체가 흡입측으로 역류하는 것을 방지하는 것으로, 임펠러 입구측의 케이싱에 설치한다. 웨어 링(Wear Ring)이라고도 하는데 그 이유는 케이싱과 액체의 마찰로 인해 마모가 진행되는데 케이싱 대신 마우스 링이 마모된다고 하여 웨어 링이라고 한다. 케이싱을 교체하는 대신 마우스 링만 교체하면 되므로 비용면에서 장점이 있다.

**06** 시동하기 전에 펌프 내부에 물을 채워야 하는 것은?

① 나사펌프      ② 원심펌프

③ 왕복펌프      ④ 제트펌프

**해설**

원심펌프는 초기 운전 전에 펌프 케이싱에 유체를 가득 채워야 한다. 이를 호수(프라이밍, Priming)라고 하는데 소형 원심펌프는 호수장치를 통해 케이싱 내에 물을 가득 채우고 대형 원심펌프는 진공펌프를 설치하여 운전 초기에 진공펌프를 작동시켜 케이싱 내에 물을 가득 채워 준다.

**07** 펌프의 양정에서 전양정이란 무엇인가?

① 송출수두 − 손실수두

② 송출수두 + 흡입수두

③ 실수두 + 손실수두

④ 실수두 − 손실수두

**해설**

전양정(전수두)이란 흡입측과 토출측의 손실수두를 포함한 이론적 펌프의 양정이다. 실양정(실수두)은 전양정에서 흡입 및 토출 손실수두를 뺀 것이다. 즉, 전양정 = 실양정(실수두) + 손실수두이다.

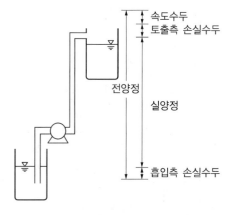

**08** 원심펌프에서 공동현상을 방지하는 방법으로 맞는 것은?

① 케이싱 내 마중물을 채우고 시동을 한다.

② 흡입관 배관은 가능한 한 복잡하게 한다.

③ 흡입관 내면의 마찰저항을 가능한 한 크게 한다.

④ 펌프의 설치 위치를 낮추어서 흡입양정을 짧게 한다.

**해설**

원심펌프를 운전할 때 케이싱 내에 공기가 차 있으면 흡입을 원활히 할 수가 없으므로, 케이싱 내에 물을 채우고(마중물이라고 한다) 시동을 해야 한다. 흡입수두가 너무 높으면 유체를 제대로 흡입할 수 없어 공기가 유입되어 공동현상(캐비테이션, 침식현상)이 발생하고 흡입관 계통에 공기가 새어 들어가면 펌프의 효율이 급격히 저하된다. 임펠러가 흡입 수면보다 아래에 있으면 유체를 수월하게 흡입할 수 있어 원활하게 운전할 수 있다.

**09** 왕복펌프의 송출측에 공기실을 설치하는 주이유는 무엇인가?

① 송출유량을 균일하게 하기 위해

② 송출측에 일정한 압력의 공기를 공급하기 위해

③ 송출측 유체에 포함된 공기를 제거하기 위해

④ 펌프의 흡입압력을 균일하게 하기 위해

**해설**

왕복펌프의 특성상 피스톤의 왕복운동으로 인해 송출량에 맥동이 생기며, 순간 송출유량도 피스톤의 위치에 따라 변하게 된다. 따라서 공기실을 송출측의 실린더 가까이에 설치하여 맥동을 줄인다. 즉, 송출압력이 높으면 송출액의 일부가 공기실의 공기를 압축하고 압력이 약할 때에는 공기실의 압력으로 유체를 밀어 내어 항상 일정한 양의 유체가 송출되도록 한다.

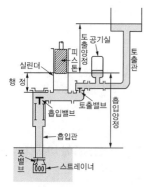

[왕복펌프의 구조]

**10** 다음 중 스패너를 이용하여 송출압력을 조정할 수 있는 것은?

① 주냉각해수펌프   ② 주기관 냉각청수펌프
③ 연료유 이송펌프   ④ 온수펌프

해설
점도가 높은 유체를 이송하기에 적합한 펌프는 기어펌프이다. 선박에서 주로 사용하는 연료유 및 윤활유펌프는 대부분 기어펌프를 사용한다. 기어펌프에는 릴리프밸브가 설치되어 있는데 릴리프밸브의 설정압력을 높여 주면 송출압력을 조정할 수 있다. 조정방법은 스패너로 압력조절볼트를 돌려 주면 된다.
※ 릴리프밸브는 유압장치의 과도한 압력 상승으로 인한 손상을 방지하기 위한 장치이다. 유압이 설정압력 이상으로 상승하였을 때 밸브가 작동하여 유압을 흡입측으로 돌리거나 유압탱크로 다시 돌려보내는 역할을 한다.

**11** 원심펌프의 축이 케이싱을 통과하는 부분에 공기 유입이나 누설을 방지하기 위해 설치되는 것은?

① 글랜드 패킹   ② 마우스 링
③ 호수장치   ④ 공기실

해설
원심펌프에서 축봉장치로 글랜드 패킹을 사용하는 펌프와 기계적 실(메카니컬 실)을 사용하는 펌프가 있다.

**12** 폐유소각기를 사용하여 소각할 수 없는 것은?

① 폐 유
② 빌 지
③ 기름걸레
④ 기름여과장치에서 분리된 기름

해설
기관실의 빌지(선저폐수)는 물의 성분이 대부분인 유성혼합물로, 빌지 분리장치(유수분리기)를 이용하여 선외로 배출한다.

**13** 왕복펌프가 원심펌프에 비해 가지는 장점으로 적절하지 않은 것은?

① 흡입 성능이 양호하다.
② 소용량, 고양정용 펌프로 적합하다.

③ 무리한 운전에도 잘 견딘다.
④ 송출유량과 송출압력이 균일하다.

해설
**왕복펌프의 특징**
• 흡입 성능이 양호하다.
• 소용량, 고양정용 펌프에 적합하다.
• 운전조건에 따라 효율의 변화가 작고, 무리한 운전에도 잘 견딘다.
• 왕복운동체의 직선운동으로 인해 진동이 발생한다.

**14** 유체 흐름의 방향을 바꾸거나 정지시키는 유압밸브는?

① 압력제어밸브
② 유량제어밸브
③ 방향제어밸브
④ 감압밸브

해설
방향제어밸브 : 방향제어밸브는 액추에이터의 동작과 정지 및 운동 방향을 제어하기 위해 유체 흐름의 방향을 바꾸거나 정지시키는 역할을 한다. 체크밸브, 파일럿체크밸브, 방향변환밸브 등으로 구분한다.

**15** 데릭식 하역설비에서 데릭 붐을 위로 올리거나 내리는 데 사용하는 것은?

① 카고윈치
② 토핑윈치
③ 계선윈치
④ 슬루잉윈치

해설
다음 그림에서와 같이 데릭식 하역장치에서 데릭 붐을 올리거나 내리는 장치를 토핑윈치라고 한다. 데릭 붐에는 하역 로프가 달려 있고 하역하는 물건의 위치에 따라 토핑윈치로 데릭 붐의 각도를 조정한다.

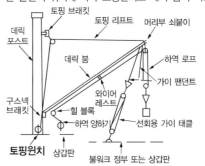

**16** 하역설비용 윈치의 구비조건으로 적절하지 않은 것은?

① 소정의 하중을 원하는 속도로 감아올릴 수 있을 것

② 역전장치를 갖출 것

③ 숙련자만 취급할 수 있을 것

④ 간편하고 안전하게 조작할 수 있는 구조일 것

**해설**

윈치가 갖추어야 할 조건

• 간편하고 안전하게 조작할 수 있는 구조이어야 한다.
• 신속하고 간편하게 조작할 수 있는 역전설비가 구비되어야 한다.
• 하역능률을 높이기 위한 광범위한 속도 조절능력이 있어야 한다.
• 소정의 하중을 원하는 속도로 감아올릴 수 있는 능력이 있어야 한다.
• 화물을 어떤 위치에서도 쉽게 정지시킬 수 있는 정확한 제동설비가 구비되어야 한다.

**17** 선박을 부두에 접안하기 위해 계선줄을 감고 풀어 주는 것은?

① 토핑윈치　　　　② 카고윈치

③ 무어링윈치　　　④ 사이드스러스터

**해설**

계선윈치(무어링윈치, Mooring Winch)는 워핑드럼의 축을 회전시켜 로프를 감을 수 있는 장치로, 선박을 부두나 계류부표에 매어두는 데 사용한다.

**18** 기관실의 15[ppm] 기름여과장치에서 상부의 기름 배출용 솔레노이드밸브가 열리는 경우는?

① 기름여과장치를 통과하는 빌지 양이 일정 이상으로 많을 때

② 기름여과장치를 통과하는 빌지압력이 일정 이상으로 높을 때

③ 기름여과장치의 유면이 일정 이상으로 올라갈 때

④ 기름여과장치의 유면이 일정 이하로 내려갈 때

**해설**

다음의 유면검출기의 작동원리와 같이 기름여과장치의 유면이 일정 이하로 내려갈 때 기름 배출용 솔레노이드밸브가 열려서 기름탱크로 간다. 기름여과장치의 종류마다 조금의 차이는 있으나 솔레노이드밸브가 작동하는 방법은 타이머에 의해 주기적으로 배출되거나 유면검출기에서 기름을 검출하였을 때 작동한다.

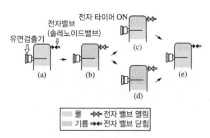

[유면검출기의 작동원리]

**19** 기름여과장치의 운전 중 유수 분리된 물의 유분농도가 15[ppm]이 초과될 때 기름이 보내지는 탱크는?

① 슬러지탱크　　　② 세틀링탱크

③ 빌지 웰　　　　　④ 드레인탱크

**해설**

선박의 종류마다 차이가 있지만 기름여과장치에서 분리된 슬러지는 폐유저장탱크(슬러지탱크)로 보내진다. 슬러지탱크와 폐유수탱크(Oily Bilge Tank)를 구분하는 선박에서 슬러지 탱크는 주로 청정기에서 걸러진 슬러지를 모으는 데 사용하며, 폐유수탱크는 15[ppm] 기름여과장치(유수분리장치 또는 빌지분리장치)에서 걸러진 기름 등을 저장하는 데 사용한다.

**20** 기름여과장치의 운전 시 유수분리효과에 대한 설명으로 맞는 것은?

① 유립의 직경이 작을수록 물속에서 유수의 분리속도가 빠르다.

② 유수 혼합액의 온도가 높을수록 물속에서 유수의 분리속도가 빠르다.

③ 유립의 유속이 빠를수록 물속에서 유수의 분리속도가 빠르다.

④ 직경이 큰 유립은 필터를 이용하여 직경을 작게 만든다.

**해설**

유수분리방법

• 유수 혼합액 중의 유분과 수분의 비중 차이를 이용해 유립(기름성분 입자)들을 수면 위로 부상시킨다. 물속에 있는 유립의 부상속도는 직경이 클수록, 유수온도가 높을수록 빠르다.
• 미세한 유립은 직경을 크게 하는 조대화를 통해 물과의 분리가 쉬워지도록 한다.

- 직경이 작은 유립은 필터를 이용하여 흡착 및 체류시켜 조대화를 촉진함으로써 물과의 분리가 이루어지게 한다.
- 유수 혼합액의 유속은 느릴수록, 유로의 통과시간은 길수록 확실하게 유수 분리가 이루어진다.
- 유수 혼합액은 교반시키면 현탁액(Emulsion)이 되어 기름 성분의 분리가 곤란해진다.

**21** 냉동장치에서 냉매가 부족할 때 일어나는 현상으로 틀린 것은?

① 수액기의 액면이 기준 이하로 낮다.
② 흡입압력이 높다.
③ 토출압력이 낮다.
④ 액체냉매의 온도가 높다.

**해설**
냉동기의 냉매가 부족하면 다음과 같은 현상이 일어난다.
- 냉동작용이 불량해진다.
- 증발기 및 응축기의 압력이 낮아진다.
- 수액기의 액면이 기준 이하로 낮아진다.
- 수액기 밑바닥 부분과 액 관로가 평상시보다 따뜻해진다.
- 냉매액 부족이 심하면 팽창밸브에서 '쉬~' 소리가 난다.
- 압축기의 흡입압력과 토출압력이 평소보다 낮아진다.
- 액체냉매의 온도가 높아진다.

**22** 냉동장치의 응축기 내에 불응축가스가 축적되었을 때의 영향으로 맞는 것은?

① 응축기의 효율이 나빠진다.
② 냉매가스의 온도가 낮아진다.
③ 응축기 내부 압력이 저하된다.
④ 전동기의 소비전력이 감소한다.

**해설**
냉동장치의 냉매 계통 중에 공기와 같은 불응축가스가 존재하면 응축기나 수액기 상부에 모이게 되어 냉동능력의 감소, 소비동력의 증가, 압축기 실린더의 과열, 열교환기의 전열 악화 및 냉동장치의 부식 등 악영향을 미친다. 그러므로 불응축가스를 신속하게 제거해 줄 필요가 있다. 불응축가스를 제거하는 것을 가스퍼지라고 하는데 응축기의 가스퍼지(불응축가스분리기)를 통해 배출한다.

**23** 냉동장치의 고속 다기통 압축기에 액해머현상을 방지하기 위한 안전커버를 설치하는 곳은?

① 송출밸브의 출구   ② 실린더헤드의 상부
③ 피스톤의 하부   ④ 응축기 입구

**해설**
증발기에서 완전히 증발하지 않은 액체와 기체의 혼합냉매가 압축기로 흡입되면 액해머(Liquid Hammer)작용으로 실린더헤드가 파손되거나 냉동장치의 효율이 저하될 수 있다. 이를 방지하기 위해 기본적으로 압축기 흡입관측에 액분리기를 설치하여 액냉매는 증발기 입구로 되돌려 보낸다. 그러나 액분리기를 설치해도 액냉매가 압축기로 흡입되었을 때 압축기를 보호하기 위해 실린더헤드의 상부에 안전커버를 설치한다. 압축압력이 과도하게 상승하였을 때 안전커버가 열려 압축기의 손상을 방지한다.

**24** 냉동장치의 제상방법에 해당하지 않는 것은?

① 고온 가스에 의한 방법
② 물을 살포하는 방법
③ 토치램프에 의한 방법
④ 전열에 의한 방법

**해설**
제상방법에는 미지근한 물로 서리를 제거하거나 고온의 가스를 증발기에 흘려주는 방법 및 전기적 제상장치로 가열하는 등 여러 가지 방법이 있다. 냉동기를 한시적으로 정지시켜 서리를 제거하기도 한다. 그러나 예리한 칼로 긁어내거나 토치램프 등으로 가열하는 것은 증발기의 손상을 가져올 수 있으므로 잘못된 방법이다.

**25** 냉동장치에서 응축기를 냉각방식에 따라 분류할 때 해당되지 않는 것은?

① 유랭식   ② 수랭식
③ 공랭식   ④ 증발식

**해설**
- 수랭식 응축기 : 배관에 냉각수를 통과시켜 냉매를 냉각·액화시키는 응축기로, 냉각수를 충분히 얻을 수 있는 경우에 적합하다. 주로 선박에서 사용한다.
- 공랭식 응축기 : 외부 공기를 이용하여 냉매가스를 냉각·액화시키는 응축기로, 주로 가정용에서 사용한다.
- 증발식 응축기 : 냉매가스가 통하는 냉각관에 물을 분무하고 상부에 설치된 송풍기로, 냉각관 표면에 공기가 흐르게 하여 습공기를 배출하는 응축기이다. 대형 냉동설비에 많이 사용된다.

## 제3과목 기관 3

**01** 교류발전기의 계자저항기가 하는 역할은?

① 저항값을 조정하여 부하전력을 조정한다.

② 여자전류를 조정하여 전압의 크기를 바꾼다.

③ 저항값을 조정하여 위상을 바꾼다.

④ 여자전류를 조정하여 주파수를 바꾼다.

**해설**
계자저항기는 여자전류를 조정하여 발생전압의 크기를 조정한다.

**02** 납축전지 용량이 200[Ah]이면, 2[A]의 전류로 얼마나 사용할 수 있는가?(단, 방전전류에 따른 용량의 변화는 없다)

① 20시간　　　　② 40시간

③ 100시간　　　　④ 400시간

**해설**
축전지 용량(암페어시, [Ah]) = 방전전류[A] × 종지전압까지의 방전시간[h]

**03** 동기발전기의 병렬 운전에 필요한 조건으로 적절하지 않은 것은?

① 각 발전기 기전력의 크기가 같을 것

② 각 발전기 기전력의 위상이 일치할 것

③ 각 발전기의 주파수가 같을 것

④ 각 발전기 여자전류의 크기가 같을 것

**해설**
병렬 운전의 조건
• 병렬 운전하고자 하는 발전기의 주파수를 모선과 같게 한다(주파수와 주기는 반비례하므로 주파수를 맞추면 주기도 같아진다).
• 전압조정장치를 조정하여 모선과 전압을 같게 조정한다(기전력의 크기를 같게 한다).
• 동기검정기의 바늘과 램프를 확인하여 위상이 같아질 때 병렬 운전을 한다.
• 기타 사항으로 전압의 파형을 같게 한다.
※병렬 운전의 조건은 간단히 전압, 위상, 주파수로 기억하자.

**04** 선박에서 휴대용 전기드릴을 사용할 때 접지선을 선체에 접속시키는 이유는 무엇인가?

① 드릴의 성능을 더 높이기 위해

② 작업 시 추락을 막기 위해

③ 감전사고를 막기 위해

④ 전류의 소비를 감소시키기 위해

**해설**
선박의 전기기기들은 접지(어스, Earth)선을 연결한다. 이는 고층 건물의 피뢰침과 같은 역할을 한다. 전기기기의 내부 누설이나 기타 고압의 전류가 흘렀을 때 전류를 선체로 흘려보내 전위차를 없애 주고, 전기기기의 보호 및 감전을 예방하는 역할을 한다.

**05** 운전 중인 발전기의 부하가 얼마인지를 확인할 수 있는 기기는?

① 전압계　　　　② 전력계

③ 동기검정기　　　　④ 접지등

**해설**
배전반의 전력계로 현재 운전 중인 발전기의 부하가 얼마나 걸리는지 확인할 수 있다.

**06** 2[Ω]인 저항 2개를 병렬연결했을 때의 합성저항값은 얼마인가?

① 0.5[Ω]　　　　② 1[Ω]

③ 4[Ω]　　　　④ 8[Ω]

**해설**
병렬연결에서 합성저항은 $\frac{1}{R} = \frac{1}{R_1} + \frac{1}{R_2}$ 이므로

$\frac{1}{R} = \frac{1}{2} + \frac{1}{2} = \frac{2}{2} = 1$, 즉 $R = 1[\Omega]$이다.

※ $\frac{1}{R}$의 값이 1이므로 $R$이 1인 것이지 분수의 값이 나오면 합성저항 $R$의 값을 잘못 기입하지 않도록 주의해야 한다.

예 $\frac{1}{R} = \frac{1}{2}$이면 합성저항 $R$은 0.5[Ω]가 아니라 2[Ω]이다.

• 저항의 직렬연결 합성저항 $R = R_1 + R_2 + R_3 + \cdots$

• 저항의 병렬연결 합성저항 $\frac{1}{R} = \frac{1}{R_1} + \frac{1}{R_2} + \frac{1}{R_3} + \cdots$

**07** 교류회로에서 전압과 전류의 위상이 같은 성분을 곱한 값으로 부하에서 소비되는 전력은?

① 역 률　　　　　② 피상전력

③ 무효전력　　　　④ 유효전력

해설

④ 유효전력[W] : 부하에서 유용하게 사용되는 전력으로, 일반적으로 전기기기의 전력을 말한다.

① 역률 : 역률은 교류회로에서 피상전력에 대한 유효전력의 비로, 전기기기에 실제로 걸리는 전압과 전류가 얼마나 유효하게 일을 하는가 하는 비율을 의미한다.

② 피상전력[VA] : 겉보기 전력이라고도 하며, 전압과 전류의 값을 곱한 것이다.

③ 무효전력[VAR] : 부하에서 사용되지 않고 전원과 부하 사이를 왕복하는 전력이다.

**08** 전기가 단위시간에 하는 일이란?

① 전 력　　　　　② 전 압

③ 전 류　　　　　④ 주 기

해설

전력(P) : 전기가 하는 일의 능률로 단위시간(s)에 하는 일이다. 단위는 와트[W]이다.

$$P = \frac{W}{t} = \frac{VIt}{t} = VI = I^2R = \frac{V^2}{R}[W]$$

**09** 3상 교류에 대한 설명으로 맞는 것은?

① 2상의 직류와 1상의 교류 결합이다.

② 1상의 직류와 2상의 교류 결합이다.

③ 3상 교류의 각 상이 서로 120° 차이로 동시에 존재한다.

④ 3상 교류의 각 상이 서로 동상으로 동시에 존재한다.

해설

3상 교류는 크기가 같은 3개의 사인파 교류전압이 120° 간격으로 발생하는 것이다.

**10** 납축전지의 음극재료로 사용되는 것은?

① 납　　　　　　　② 철

③ 구 리　　　　　④ 마그네슘

해설

납축전지는 양극에는 이산화납($PbO_2$), 음극에는 납(Pb)을 사용하며 전해액으로는 묽은 황산을 이용한 2차 전지이다.

**11** 선박에서 접지램프(누전감시등)를 설치하지 않는 곳은?

① 440[V] 분전반

② 주기관 윤활유펌프 기동반

③ 220[V] 분전반

④ 24[V] 배터리 충·방전반

해설

선박에서 접지램프는 주배전반의 440[V] 분전반(Feeder Panel), 220[V] 분전반, 비상배전반, 24[V] 배터리 충·방전반(Battery Charger)에 설치되어 선박 전원의 누전 여부를 판단한다.

접지등(누전표시등) : 일반적으로 선박의 공급전압은 3상 전압으로 배전반에는 접지등(누전표시등)을 설치한다. 테스트 버튼을 눌렀을 때 세 개의 등이 모두 밝기가 같으면 누전되는 곳이 없이 상태가 양호한 것이다. 만약 한 선이 누전되고 있다면 누전되고 있는 선의 접지등은 어두워지고 다른 등은 더 밝게 빛난다.

**12** 바늘이 있는 아날로그 멀티테스터로 측정할 수 없는 것은 무엇인가?

① 직류전압　　　　② 교류 주파수

③ 저 항　　　　　④ 직류전류

해설

아날로그 멀티테스터로는 저항, 직류전압, 교류전압 및 직류전류는 측정 가능하나 주파수, 교류전류 및 교류전기의 위상 등을 측정하는 기능은 없다.

**13** 직류발전기에서 정류자의 주역할은?

① 주파수를 발생시킨다.

② 자속을 발생시킨다.

③ 교류를 직류로 바꾸어 준다.

④ 기전력이 유도된다.

**해설**
정류자는 전기자에서 발생된 교류전압을 직류전압으로 변환하는 장치이다.

**해설**
문제의 전기부품은 MCCB(Moulded Case Circuit Breaker)로 성형 케이스 회로차단기(배선용 차단기)라고 한다.

**14** 기관실의 4극 유도전동기와 6극 유도전동기를 비교하여 설명한 것으로 맞는 것은?

① 4극 전동기의 회전속도가 더 빠르다.
② 6극 전동기의 회전속도가 더 빠르다.
③ 6극 전동기의 무부하손이 더 크다.
④ 4극 전동기의 무부하손이 더 크다.

**해설**
회전수와 극수는 반비례하기 때문에 극수가 작은 유도전동기의 회전속도가 더 빠르다. 기관실에서 공급되는 전원의 주파수는 동일하다.
$n = \dfrac{120f}{p}$ [rpm]($n$ = 전동기의 회전속도, $p$ = 자극의 수, $f$ = 주파수)

**15** 유도전동기에 대한 설명으로 맞는 것은?

① 고정자와 회전자가 있다.
② 브러시와 정류자가 있다.
③ 전기자와 정류자가 있다.
④ 고정자와 정류자가 있다.

**해설**
정류자와 브러시는 정류작용을 하는 부분으로 직류기에 있는 중요한 요소이다.

**16** 다음 그림과 같은 전기부품의 명칭은?

① MC
② AVR
③ OCR
④ MCCB

**17** 전동기 속도가 동기속도보다 빠르면 유도발전기가 되어 발생 전력을 전원으로 되돌려 보내 스스로 제동되어 과속을 막는 제동법을 무엇인가?

① 단상제동
② 발전제동
③ 역상제동
④ 회생제동

**해설**
3상 유도전동기의 제동방법에는 기계적 제동과 전기적 제동이 있다.
• 기계적 제동법 : 제동기로 마찰력을 발생시켜 제동하는 방법이다. 제동기를 동작시키는 방법에 따라 인력에 의한 제동, 공유압제동 및 전자제동 등을 사용한다.
• 전기적 제동법 : 마찰력을 이용하지 않고 전기적인 작용을 이용하여 제동하는 방법으로 발전제동, 회생제동, 역상제동, 단상제동이 있다.
 – 발전제동 : 전동기의 전원을 차단하고 직류전원을 접속하여 회전자기장 대신 고정자기장이 발생하도록 하여 회전자에서 발생되는 전자력의 방향이 반대가 되어 제동이 진행된다. 이 방법은 속도가 감소되면 제동력이 감소되는 결점이 있다. 제동력을 조정할 수 있는 권선형 유도전동기에서 주로 사용된다.
 – 회생제동 : 운전 중인 유도전동기의 속도가 동기속도 이상으로 가속될 때 적용한다. 전동기의 속도가 외력에 의해 동기속도보다 빠르게 되면 스스로 제동이 걸리고, 이때 발전기로 변하여 전력을 전원쪽으로 공급하게 된다. 엘리베이터처럼 중량물의 급강하를 방지하기 위한 제동법이다.
 – 역상제동 : 회전 중인 전동기 전원의 3단자 중 2단자의 접속을 바꾸면 역방향 토크가 발생하여 전동기는 급속히 정지된다. 제동시간이 매우 빠르고 속도가 0에 가까워졌을 때 전원을 차단하지 않으면 역회전하게 되므로 주의해야 한다. 플러깅이라고도 하며 현재 많이 사용되는 방식이다.
 – 단상제동 : 3상 교류 입력의 2단자를 합치고 이 단자와 다른 한 개의 단자 사이에 단상 교류를 가하면 전동기에는 역방향의 토크가 발생된다.

**18** 선박에서 많이 사용되는 농형 유도전동기의 특징에 대한 설명으로 맞는 것은?

① 구조가 복잡하다.
② 속도 조정이 쉽다.
③ 기동 특성이 좋다.
④ 발열이 작아 장시간 운전이 가능하다.

**해설**
선박에서는 농형 유도전동기를 많이 사용하는데 특징은 다음과 같다.
- 기동 특성이 좋지 않다.
- 속도 조정이 용이하지 않다.
- 구조가 간단하고 견고하다.
- 발열이 작아 장시간 운전이 가능하다(이 특징 때문에 대부분 선박용으로 사용한다).

**19** 전기회로에서 두 선 사이의 절연이 불량하여 두 선이 서로 붙게 되는 것은?

① 단 락
② 단 선
③ 접 지
④ 누 전

**해설**
① 단락 : 전기의 단락이란 합선이라고 생각하면 된다. 단락이 일어나면 회로 내에 순간적으로 엄청난 전류가 흐르게 되는데 이 과전류를 방지하기 위해 차단기를 설치한다.
② 단선 : 회로에서 선이 연결이 되지 않았거나 끊어진 상태이다.
③ 접지(어스, Earth) : 감전 등의 전기사고 예방을 목적으로 전기기기와 선체를 도선으로 연결하여 기기의 전위를 0으로 유지하는 것으로, 전기기기 외부의 강한 전류로부터 전기기기를 보호하고자 하는 것이다. 예를 들면 고층 건물의 피뢰침이 있다.
④ 누전 : 절연이 불완전하여 전기의 일부가 전선 밖으로 새어 나와 주변의 도체에 흐르는 현상이다.

**20** 1마력(약 0.75[kW]) 이하의 3상 유도전동기에 적합한 기동법을 무엇이라고 하는가?

① 직접기동법
② 기동보상기법
③ 리액터기동법
④ Y-Δ기동법

**해설**
① 직접기동법 : 전동기에 직접 전원전압을 가하는 기동방법으로, 기동전류가 전 부하전류의 5~8배가 흐른다. 주로 5[kW]이하의 소형 유도전동기에 적용한다.
② 기동보상기법 : 기동보상기를 설치하여 기동기 단자전압에 걸리는 전압을 정격전압의 50~80[%] 정도로 떨어뜨려 기동전류를 제한한다.
③ 리액터기동법 : 전동기 사이에 철심이 든 리액터를 직선으로 접속하여 기동 시 리액터의 유도 리액턴스 작용을 이용하여 전동기 단자에 가해지는 전압을 떨어뜨려 기동전류를 제한한다.
④ Y-Δ기동법 : 기동 시 Y결선으로 접속하여 상전압을 선간전압의 $\frac{1}{\sqrt{3}}$ 로 낮춤으로써 기동전류를 $\frac{1}{3}$ 로 줄일 수 있다. 기동 후에는 Δ결선으로 변환하여 정상 운전한다.

**21** 발전기 원동기에서 거버너의 주역할은?

① 연료유의 압력 조정
② 원동기의 회전수 조정
③ 윤활유의 압력 조정
④ 과급기의 온도 조정

**해설**
조속기(거버너)는 연료 공급량을 조절하여 기관의 회전속도를 원하는 속도로 유지하거나 가감하기 위한 장치이다.

**22** 정격전압이 220[V]인 3상 유도전동기의 절연저항을 측정하기 위해 사용되는 메거의 전압으로 가장 적절한 것은?

① DC 500[V]
② DC 1,000[V]
③ AC 500[V]
④ AC 1,000[V]

**해설**
메거테스터는 DC 500[V](저압용), DC 1,000[V](고압용)이 있는데 선박 전동기의 대부분은 440[V] 이하를 사용하므로 DC 500[V](저압용)을 사용하면 된다. 저압은 DC 750[V] 이하, 고압은 DC 750~7,000[V] 이하이다.
절연저항 : 절연물 사이에 고전압을 가하면 누설전류가 흐른다. 이때 가한 전압과 누설전류의 비를 절연저항이라고 한다. 즉, 전기기기들의 누설전류가 선체로 흐르는 정도를 나타낸 것인데 절연저항값이 클수록 누설전류가 작고, 절연저항값이 작을수록 누설전류가 크다. 즉, 절연저항이 '0'에 가까울수록 절연 상태가 나쁘고, '∞'(무한대)에 가까울 정도로 클수록 상태가 좋다.

**23** 공칭 단전지 전압이 2[V]인 납축전지를 이용하여 24[V]를 얻으려고 하면 몇 개의 단전지를 어떤 방법으로 연결해야 하는가?

① 12개, 직렬
② 12개, 병렬
③ 24개, 직렬
④ 24개, 병렬

**해설**
- 축전지의 직렬연결 : 전압은 각 축전지 전압의 합과 같고 용량(전류)은 하나의 용량과 같다.
- 축전지의 병렬연결 : 전압은 축전지 하나의 전압과 같고 용량(전류)는 각 축전지 용량의 합과 같다.
- 예 12[V] 축전지 3개의 병렬연결 → 12[V],
  12[V] 축전지 3개의 직렬연결 → 36[V]

**24** 다음 기호가 나타내는 전자소자의 명칭은?

① 저 항
② 다이오드
③ 트랜지스터
④ 연산증폭기

해설
다이오드 : P-N 접합으로 만들어진 것으로 전류는 P형(애노드, +)에서 N형(캐소드, -)의 한 방향으로만 통하는 소자이다. 교류를 직류로 바꾸는 정류작용 역할을 한다.

**25** 선박에서 사용하는 신호검출용 센서에 해당하지 않는 것은?

① 온도 측정용 저항온도계
② 회전수 감지계
③ 압력 위치
④ 비상경보용 램프

해설
센서는 물리량인 온도, 압력, 습도, 광, 자기 등을 전기신호로 변환시키는 장치이다. 선박에서 사용하는 신호검출용 센서는 크게 계측용 센서, 동작제어용 센서, 범용 센서로 나눌 수 있다. 동작제어용은 온도센서, 유체량, 속도 등을 측정하고, 계측용 센서는 압력, 토크, 각도 변위 등을 측정한다. 범용 센서에는 리밋스위치, 터치스위치, 근접스위치, 광전 센서 등이 있다.

제4과목 **직무일반**

**01** 주기관 및 주요 보조기기의 운전 상태와 주기관의 평균 회전수 등을 매 당직 기록하는 것은?

① 기관적요일지
② 기관일지
③ 기관벨북
④ 폐기물기록부

해설
기관일지 : 기관부의 항해와 정박에 관하여 기록된 중요한 서류로서 영문으로 작성하는 것이 원칙이다. 기록사항으로는 입·출항시간, 기관의 제반 운전 상태, 항해와 정박 중에 발생한 사고내용 및 조치사항, 연료와 윤활유 등의 소비량과 잔량, 기관의 중요 작업사항 등이다.

**02** 황천 항해 시의 주기관에 대한 설명으로 맞는 것은?

① 주기관의 공회전 상태가 없어진다.
② 주기관의 공회전 상태가 심해진다.
③ 주기관의 위험 회전수가 약간 낮아진다.
④ 주기관의 연료소모량이 약간 낮아진다.

해설
황천 항해 시에는 횡요와 동요로 인해 기관의 공회전(프로펠러가 물 밖으로 나와 회전수가 급격하게 올라가는 레이싱 현상)이 일어날 확률이 높으므로, 조속기의 작동 상태를 주의하고 주기관의 회전수를 평소보다 낮추어서 운전해야 한다.

**03** 가스중독사고를 방지하기 위한 방법으로 틀린 것은?

① 이산화탄소는 인체에 무해하므로 많이 흡입해도 무방하다.
② 작업 전 산소 및 유해가스의 농도를 측정한다.
③ 보일러나 디젤기관의 배기가스가 기관실로 유입되지 않도록 주의한다.
④ 일산화탄소는 헤모글로빈과 결합하여 질식 상태를 초래하므로 마시지 않도록 주의한다.

해설
이산화탄소의 중독증상으로는 호흡장애, 두통, 실신, 구토, 호흡수 급증 등이 있고 심할 경우 질식 상태에 이를 수 있다.

**04** 기관실의 전기장치 수리작업 시 감전사고를 방지하기 위한 방법으로 옳지 않은 것은?

① 절연 안전화 착용
② 해당 스위치를 차단하고 '작업 중' 팻말 부착
③ 절연매트 설치
④ 발전기를 정지하여 전원 차단

**해설**

발전기는 선내 전기를 공급하는 장치이므로 전원을 차단하면 항해에 큰 위험을 초래한다.

**05** 밀폐구역에서의 작업 전 주의사항으로 적절하지 않은 것은?

① 내부에 들어가서 산소농도를 확인한 후 작업한다.
② 내부를 충분히 환기시킨다.
③ 작업허가서를 작성하고 작업한다.
④ 승인받은 밀폐구역이 아니면 절대 들어가지 않는다.

**해설**

밀폐구역에 직접 들어가기 전에 먼저 산소검지기(산소측정기)에 샘플 공기를 빨아들여 가스농도를 측정할 수 있도록 긴 관을 연결하여 밀폐구역 안의 가스농도를 검지한 후 안전 여부를 확인하고 산소검지기를 휴대하고 들어가야 한다.

**06** 선박에서 발생하는 대기오염물질에 해당하지 않는 것은?

① 황산화물
② 탄수화물
③ 일산화탄소
④ 오존층 파괴물질

**해설**

탄수화물은 수소, 산소, 탄소로 이루어진 유기화합물이며, 3대 영양소 가운데 하나로 녹색식물의 광합성으로 생긴다. 포도당, 과당, 녹말 등으로 대기오염 물질과는 관계가 없다.

**07** 해양환경관리법상 폐기물에 해당하지 않는 것은?

① 플라스틱　　② 유해액체물질
③ 음식찌꺼기　　④ 종이 박스

**해설**

해양환경관리법 제2조(정의)
폐기물이라 함은 해양에 배출되는 경우 그 상태로는 쓸 수 없게 되는 물질로서 해양환경에 해로운 결과를 미치거나 미칠 우려가 있는 물질(기름, 유해액체물질, 포장유해물질에 해당하는 물질 제외)을 말한다.

**08** 해양환경관리법에서 기름이 유출되는 경우 신고해야 하는 사항으로 적절하지 않은 것은?

① 유출된 기름의 추정량
② 해면 상태 및 기상 상태
③ 유출된 선박의 종류
④ 유출된 기름의 비중과 점도

**해설**

해양환경관리법 제63조(오염물질이 배출되는 경우의 신고 의무) 및 해양환경관리법 시행규칙 제29조(해양시설로부터의 오염물질 배출 신고)
배출기준을 초과하는 오염물질이 해양에 배출되거나 배출될 우려가 있다고 예상되는 경우 지체 없이 해양경찰청장 또는 해양경찰서장에게 이를 신고하여야 한다. 신고사항은 다음과 같다.
• 해양오염사고의 발생 일시·장소 및 원인
• 배출된 오염물질의 종류, 추정량 및 확산상황과 응급조치상황
• 사고 선박 또는 시설의 명칭, 종류 및 규모
• 해면 상태 및 기상 상태

**09** 해양환경관리법상 총톤수 50[ton] 이상 100[ton] 미만의 유조선이 아닌 선박에 비치해야 할 기관구역용 폐유저장용기의 최소 저장용량은 얼마인가?

① 20[L]
② 60[L]
③ 100[L]
④ 200[L]

**해설**

선박에서 오염방지에 관한 규칙 [별표 7]
기관구역용 폐유저장용기의 용량은 다음의 표와 같으며 폐유저장용기는 견고한 금속성 재질 또는 플라스틱 재질로서 폐유가 새지 않도록 제작되고 동 용기의 표면에는 선명 및 선박번호를 기재하고 그 내용물이 폐유임을 확인할 수 있어야 한다.

| 대상 선박 | 저장용량(단위 : L) |
|---|---|
| 총톤수 5[ton] 이상 10[ton] 미만의 선박 | 20 |
| 총톤수 10[ton] 이상 30[ton] 미만의 선박 | 60 |
| 총톤수 30[ton] 이상 50[ton] 미만의 선박 | 100 |
| 총톤수 50[ton] 이상 100[ton] 미만의 유조선이 아닌 선박 | 200 |

**10** 피예인선이 아닌 선박에서 '기관구역의 기름기록부는 ( )에 보존해야 한다.'에서 ( ) 안에 들어갈 용어로 알맞은 것은?

① 관할 세관　　　② 선 박
③ 회 사　　　　　④ 해양경찰서

해설
기름기록부는 연료 및 윤활유의 수급, 기관실 유수분리기의 작동 및 수리사항, 선저폐수의 배출·이송·처리 및 폐유처리 등의 사항을 기록하는 것으로, 해양환경 관리의 중요한 자료이며 마지막 작성일로부터 3년간 보관해야 한다. 선박의 경우에는 본선에 비치하며 피예인선과 같은 경우에는 선박 소유자가 육상의 사무실에 비치할 수 있다.

**11** 해양환경관리법상 기름오염방지설비인 기관구역용 폐유저장용기의 비치기준에 대한 설명으로 틀린 것은?

① 폐유저장용기는 2개 이상으로 나누어 비치할 수 있다.
② 폐유저장용기의 표면에는 선명 및 선박번호를 기재해야 한다.
③ 폐유저장용기의 표면에는 폐유의 종류 및 중량을 기재해야 한다.
④ 폐유저장용기는 견고한 금속 재질 또는 플라스틱 재질로서 폐유가 새지 않도록 제작되어야 한다.

해설
선박에서 오염방지에 관한 규칙 [별표 7]
• 폐유저장용기는 2개 이상으로 나누어 비치할 수 있다.
• 폐유저장용기는 견고한 금속성 재질 또는 플라스틱 재질로서 폐유가 새지 아니하도록 제작되어야 하고, 해당 용기의 표면에는 선명 및 선박번호를 기재하고 그 내용물이 폐유임을 표시하여야 한다.

**12** 고압전류에 접촉되었을 때 발생하는 전격(감전에 의한 충격) 쇼크에 의한 장애에 해당하지 않는 것은?

① 식도 폐쇄　　　② 호흡마비
③ 어지러움　　　④ 심장마비

해설
감전에 의한 재해는 다른 재해에 비하여 발생률이 낮으나 재해가 발생하면 치명적인 경우가 많다. 감전되었을 때 호흡 정지, 어지러움, 의식상실, 심장마비, 근육이 수축되는 등의 신체기능장애와 감전사고에 의한 추락 등으로 인한 2차 재해가 일어난다.

**13** 유해물질에 의한 중독 시 나타나는 일반적인 증상으로 적합하지 않은 것은?

① 구 토
② 현기증
③ 의식불명
④ 출 혈

해설
일반적으로 유해물질에 중독됐을 경우에는 현기증이나 구토현상을 유발하고, 심할 경우 의식불명이 되는 경우도 있다.

**14** 황천 항해 시의 주기관 운전법으로 틀린 것은?

① 주기관의 회전수를 평소보다 낮추어서 운전한다.
② 조속기 작동 상태에 주의하여 운전한다.
③ 공기가 누입되지 않도록 연료유 관 계통을 관리한다.
④ 윤활유 온도는 정상 운전 시보다 높게 유지한다.

해설
황천 항해 시에는 횡요와 동요로 인해 기관의 공회전이 일어날 확률이 높으므로 조속기의 작동 상태를 주의하고 주기관의 회전수를 평소보다 낮추어서 운전해야 한다. 연료유나 윤활유의 유면을 낮게 유지하면 펌프로의 흡입이 원활히 이루어지지 않아 압력이 저하되거나 펌프에 공기가 차게 된다. 그러므로 연료유 및 윤활유의 유면은 적정한 레벨을 유지해야 한다. 윤활유 온도는 정상 운전할 때와 동일하게 유지해야 한다.

**15** 주기관의 장시간 감속 운전 시 발생되는 문제점으로 적절하지 않은 것은?

① 모든 실린더의 냉각수 온도 상승
② 연료소비율 증가
③ 공기량 부족으로 인한 연소 불량
④ 분사시기의 부적합으로 인한 연소 불량

해설
주기관을 감속 운전해도 실린더의 냉각수 온도는 상승하지 않는다. 냉각수의 온도는 온도조절밸브에 의해 적정 온도를 유지하는데 감속 운전을 하면 오히려 냉각수의 온도가 약간 떨어질 수도 있다.

**16** 방수 또는 배수설비에 해당하지 않는 것은?

① 수밀격벽 ② 이중저

③ 수밀구획 ④ 팽창탱크

해설
팽창탱크 : 기관실의 팽창탱크는 주기관 청수 냉각수 파이프라인에서 볼 수 있는데 기관실 상부에 위치한다. 이 탱크는 냉각수 온도가 변할 때 물의 부피 변화를 흡수하기 위해 설치한다. 팽창탱크가 없다면 냉각수의 부피 변화로 인해 파이프에 파손이 생기고 누설이 발생하여 기관에 치명적인 영향을 줄 수 있다. 이 역할 외에 부식방지용 약품을 투여하거나 청수라인의 물을 보충할 때도 사용한다. 평소 순찰 시 급격한 수위 변화가 있으면 누수나 기타 문제가 있는지 확인해야 한다.

**17** 선내 침수사고가 발생한 경우의 응급조치 순서로 옳은 것은?

> ㉠ 파손된 부위를 막음
> ㉡ 선박의 경사 조절
> ㉢ 침수 장소와 정도 파악
> ㉣ 펌프를 사용하여 배수

① ㉠, ㉡, ㉢, ㉣ ② ㉠, ㉡, ㉣, ㉢

③ ㉢, ㉣, ㉠, ㉡ ④ ㉣, ㉠, ㉡, ㉢

해설
침수 시에는 침수의 원인과 침수 구멍의 크기, 깊이, 침수량 등을 파악하여 모든 방법을 동원해 배수하는 것이 최우선이다. 파손된 구멍을 막고 필요시에는 배의 경사를 수정하여 배수를 원활히 하고 추가 침수를 막아야 한다. 초기 응급조치가 실패할 경우 수밀문의 폐쇄 등을 통해 최소한의 구역만 침수되도록 해야 한다.

**18** 선박에서 발생할 수 있는 전기 화재사고를 예방하기 위한 조치로 적절하지 않은 것은?

① 전선의 피복이 벗겨져 있는지 확인할 것

② 전기장치의 절연저항값을 최소한 낮게 유지할 것

③ 배전반 내의 접속단자가 풀리지 않도록 조여 둘 것

④ 전기설비에 사용되는 퓨즈는 규격에 맞는 것을 사용할 것

해설
절연저항이란 전기기기들의 누설전류가 선체로 흐르는 정도를 나타낸 것이다. 절연저항값이 클수록 누설전류가 적고, 절연저항값이 작을수록 누설전류가 크다. 선박에 설치되는 전기기기들은 절연저항값을 준수해야 한다. 일반적인 선박의 경우 1[$M\Omega$] 이상의 절연저항값을 유지해야 한다.

**19** A급 화재를 일으키는 물질은?

① 기 름 ② 나 무

③ 전 기 ④ 마그네슘

해설
• A급 화재(일반 화재) : 연소 후 재가 남는 고체 화재로 목재, 종이, 면, 고무, 플라스틱 등의 가연성 물질의 화재이다.
• B급 화재(유류 화재) : 연소 후 재가 남지 않는 인화성 액체, 기체 및 고체 유질 등의 화재이다.
• C급 화재(전기 화재) : 전기설비나 전기기기의 스파크, 과열, 누전, 단락 및 정전기 등에 의한 화재이다.
• D급 화재(금속 화재) : 철분, 칼륨, 나트륨, 마그네슘 및 알루미늄 등과 같은 가연성 금속에 의한 화재이다.
• E급 화재(가스 화재) : 액화석유가스(LPG)나 액화천연가스(LNG) 등의 기체 화재이다.

**20** 선박의 화재 및 소화에 대한 일반적인 설명으로 틀린 것은?

① 화재 초기에는 휴대식 소화기로 소화한다.

② 비상부서배치표를 작성하여 비치해야 한다.

③ 비상분대는 일등 항해사가 조직하고 갑판장이 지휘한다.

④ 화재를 최초로 발견한 사람은 즉시 화재경보를 울려 선내에 알린다.

해설
비상부서배치표(Muster List) : 비상부서배치표는 선내 비상사태 시 각 선원의 임무수행 위치와 임무수행 내용을 나타낸 것으로, 선내의 잘 보이는 곳에 게시해야 한다. 선원법에는 선장으로 하여금 비상부서배치표를 작성하여 비치하도록 하고 있다.

**21** 화재의 3요소가 아닌 것은?

① 질 소 ② 가연성 물질

③ 산 소 ④ 점화원

**해설**

화재의 3요소 : 가연성 물질(연료), 산소(공기), 점화원(발화점 이상의 온도)

**22** 해양환경관리법에서 배출을 금지한 기름에 해당하지 않는 것은?

① 연료유

② 석유가스

③ 폐 유

④ 중 유

**해설**

해양환경관리법상 해양오염물질의 종류는 다음과 같다. 천연가스 및 석유가스는 해당되지 않는다.

- 기름 : 원유 및 석유제품(석유가스 제외)과 이들을 함유하고 있는 액체 상태의 유성혼합물 및 폐유를 말한다.
- 유해액체물질 : 해양환경에 해로운 결과를 미치거나 미칠 우려가 있는 액체물질(기름 제외)과 그 물질이 함유된 혼합 액체물질로서 해양수산부령이 정하는 것을 말한다.
- 폐기물 : 해양에 배출되는 경우 그 상태로는 쓸 수 없게 되는 물질로서 해양환경에 해로운 결과를 미치거나 미칠 우려가 있는 물질이다(기름, 유해액체물질, 포장유해물질 제외).
- 선저폐수(빌지) : 선박의 밑바닥에 고인 액상유성혼합물을 말한다.

**23** 해기사가 될 수 있는 최저 연령은 몇 세인가?

① 14세

② 16세

③ 18세

④ 20세

**해설**

**선박직원법 제6조**

다음의 어느 하나에 해당하는 사람은 해기사가 될 수 없다.

- 18세 미만인 사람
- 면허가 취소된 날부터 2년이 지나지 아니한 사람

**24** 해양사고의 조사 및 심판에 관한 법률상 징계의 종류에 해당하지 않는 것은?

① 면허의 취소

② 업무 정지

③ 견 책

④ 권 고

**해설**

해양사고의 조사 및 심판에 관한 법률 제6조(징계의 종류와 감면) 징계의 종류는 면허의 취소, 업무의 정지(1개월 이상 1년 이하), 견책이 있다.

**25** 선박안전법에서 규정하는 선박검사증서의 유효기간은 몇 년인가?

① 1년

② 3년

③ 5년

④ 7년

**해설**

선박안전법 제16조(선박검사증서 및 국제협약검사증서의 유효기간 등) 선박검사증서 및 국제협약검사증서의 유효기간은 5년 이내의 범위에서 대통령령으로 정한다.

# 2019년 제2회 기출복원문제

시험시간 : 100분 / 총문항수 : 100개 / 합격커트라인 : 60점  ▼ START

---

## 제1과목 기관 1

**01** 디젤노크를 방지하기 위한 대책으로 맞는 것은?

① 압축비를 증가시킨다.

② 흡기압력을 낮춘다.

③ 세탄가가 낮은 연료유를 사용한다.

④ 냉각수 온도를 낮게 유지하여 연소실의 온도를 낮춘다.

**해설**

디젤노크 : 연소실에 분사된 연료가 착화 지연기간 중에 축적되어 일시에 연소되면서 급격한 압력 상승이 발생하는 현상이다. 노크가 발생하면 커넥팅 로드 및 크랭크축 전체에 비정상적인 충격이 가해져서 커넥팅 로드의 휨이나 베어링의 손상을 일으킨다. 디젤노크 방지책은 다음과 같다.
• 세탄가가 높아 착화성이 좋은 연료를 사용한다.
• 압축비, 흡기온도, 흡기압력의 증가와 더불어 연료 분사 시의 공기압력을 증가시킨다.
• 발화 전에 연료 분사량을 적게 하고, 연료가 상사점에 근처에서 분사되도록 분사시기를 조정한다(복실식 연소실 기관에서는 스로틀 노즐을 사용한다).
• 부하를 증가시키거나 냉각수 온도를 높여 연소실 벽의 온도를 상승시킨다.
• 연소실 안의 와류를 증가시킨다.

**02** 4행정 사이클 디젤기관의 작동에 대한 설명으로 맞는 것은?

① 흡입밸브는 상사점 약간 후에 열린다.

② 배기밸브는 하사점 약간 후에 열린다.

③ 흡입밸브는 상사점 약간 전에 닫힌다.

④ 배기밸브는 상사점 약간 후에 닫힌다.

**해설**

다음 그림은 4행정 사이클 디젤기관의 흡·배기밸브의 개폐시기 선도를 크랭크 각도에 따라 나타낸 것이다. 4행정 사이클 디젤기관에서는 실린더 내의 소기작용을 돕고 밸브와 연소실의 냉각을 돕기 위해서 흡기밸브는 상사점 전에 열리고 하사점 후에 닫히며, 배기밸브는 완전한 배기를 위해서 하사점 전에 열리고 상사점 후에 닫히게 밸브의 개폐시기를 조정하는데 이를 밸브 겹침(밸브 오버랩)이라고 한다.

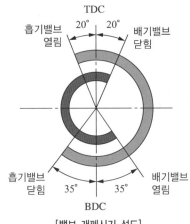

[밸브 개폐시기 선도]

**03** 2행정 사이클 기관의 한 실린더는 크랭크축 1회전마다 폭발은 몇 회 일어나는가?

① 1회

② 2회

③ 3회

④ 4회

**해설**

2행정 사이클 기관은 피스톤이 2행정하는 동안(크랭크축은 1회전) 소기 및 압축과 작동 및 배기작용을 완료하는 기관이므로, 크랭크축이 1회전하는 동안 폭발(작동)도 1회 일어난다.

**04** 디젤기관에서 크랭크축에 가장 큰 회전력을 주는 행정은?

① 흡입행정

② 압축행정

③ 작동행정

④ 배기행정

**해설**

작동행정(폭발, 팽창 또는 유효행정) : 흡기밸브와 배기밸브가 닫혀 있는 상태에서 피스톤이 상사점에 도달하기 전에 연료가 분사되어 연소하고, 이때 발생한 연소가스가 피스톤을 하사점까지 움직이게 하여 동력을 발생하는 행정으로, 피스톤에 가장 큰 힘이 작용한다.

1 ① 2 ④ 3 ① 4 ③ **정답**

**05** 디젤기관에서 고정부에 해당하지 않는 것은?

① 실린더헤드　　② 피스톤
③ 프레임　　④ 실린더라이너

해설
기관은 크게 고정부, 왕복운동부, 회전운동부로 구분할 수 있다.
• 고정부 : 실린더(실린더라이너, 실린더블록, 실린더헤드), 기관베드, 프레임, 메인 베어링
• 왕복운동부 : 피스톤, 피스톤 로드, 크로스헤드, 커넥팅 로드
• 회전운동부 : 크랭크축(크랭크암, 크랭크핀, 평형추), 플라이휠 등

**06** 디젤기관에서 흡·배기밸브의 틈새가 규정값보다 너무 작을 때 일어나는 현상은?

① 열리는 시기가 늦어진다.
② 닫히는 시기가 빨라진다.
③ 밸브가 완전히 닫히지 않을 수 있다.
④ 밸브 리프트가 작아진다.

해설
밸브 틈새(밸브 간극, Valve Clearance 또는 태핏 간극, Tappet Clearance) : 4행정 사이클 기관에서 밸브가 닫혀 있을 때 밸브 스핀들과 밸브 레버(로커암) 사이에 틈새가 있어야 한다. 밸브 틈새를 증가시키면 밸브의 열림 각도와 밸브의 양정(리프트)이 작아지고, 밸브 틈새를 감소시키면 밸브의 열림 각도와 양정(리프트)이 커진다.
• 밸브 틈새가 너무 클 때 : 밸브가 닫힐 때 밸브 스핀들과 밸브 시트의 접촉 충격이 커져 밸브가 손상되거나 운전 중 충격음이 발생하고 흡기·배기가 원활하게 이루어지지 않는다.
• 밸브 틈새가 너무 작을 때 : 밸브 및 밸브 스핀들이 열팽창하여 틈이 없어지고 밸브는 완전히 닫히지 않는다. 이때 압축과 폭발이 원활히 이루어지지 않아 출력이 감소한다.

**07** 디젤기관의 연소가 불량하게 되는 원인으로 적절하지 않은 것은?

① 기관이 너무 냉각되어 있을 때
② 연료유에 이물질이 다량 있을 때
③ 연료유의 분사 상태가 나쁠 때
④ 윤활유의 압력이 높을 때

해설
윤활유의 압력과 디젤기관의 연소 상태는 직접적인 영향이 작다.

**08** 디젤기관의 윤활장치 중 윤활유를 순환시키는 것은?

① 윤활유 가열기
② 온도조절밸브
③ 윤활유 냉각기
④ 윤활유펌프

해설
윤활유는 기관의 섬프탱크에서 윤활유펌프로 이송되어 여과기를 거친 후 온도조절밸브에 의해 온도가 높으면 냉각기로 보내고, 온도가 낮으면 바로 기관으로 공급되는 경로를 순환한다.

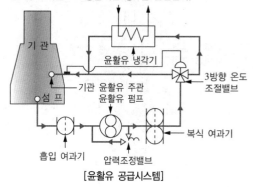

[윤활유 공급시스템]

**09** 디젤 주기관에서 실린더라이너의 외부측을 냉각하기 위해 많이 사용되는 것은?

① 공 기　　② 윤활유
③ 촉매제　　④ 청 수

해설
디젤 주기관의 냉각수는 대부분 청수를 사용한다. 해수는 부식에 취약하므로 요즘에는 디젤기관의 냉각수로 거의 사용하지 않는다.

**10** 디젤기관에서 커넥팅 로드의 대단부에 풋라이너를 증가시킬 때 나타나는 현상으로 맞는 것은?

① 행정 증가
② 행정 감소
③ 압축비 증가
④ 압축비 감소

**해설**
풋라이너를 삽입하면 피스톤의 높이가 전체적으로 풋라이너 두께만큼 위로 올라가고, 그만큼 연소실의 부피(압축부피)는 작아진다. 피스톤 행정은 상사점과 하사점 사이의 거리인데 행정의 길이는 변함이 없고, 상사점과 하사점의 위치에만 변화가 있다.

$$압축비 = \frac{실린더 부피}{압축 부피} = \frac{압축 부피 + 행정 부피}{압축 부피} = 1 + \frac{행정 부피}{압축 부피}$$

풋라이너를 삽입하면 압축 부피가 줄어들어 압축비가 커진다.
※ 풋라이너 : 커넥팅 로드의 종류 중 풋라이너를 삽입할 수 있는 커넥팅 로드는 풋라이너를 가감함으로써 압축비를 조정할 수 있다.

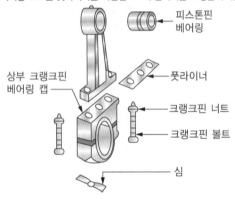

**11** 디젤기관에서 크랭크암 개폐작용의 원인으로 적절하지 않은 것은?
① 기관베드의 변형
② 저속 운전
③ 크랭크축 중심의 어긋남
④ 추력 베어링의 과다 마멸

**해설**
크랭크암의 개폐작용(크랭크암 디플렉션)은 크랭크축이 회전할 때 크랭크암 사이의 거리가 넓어지거나 좁아지는 현상이다. 그 원인은 다음과 같으며 주기적으로 디플렉션을 측정하여 원인을 해결해야 한다.
• 메인 베어링의 불균일한 마멸 및 조정 불량
• 스러스트 베어링(추력 베어링)의 마멸과 조정 불량
• 메인 베어링 및 크랭크핀 베어링의 틈새가 클 경우
• 크랭크축 중심의 부정 및 과부하 운전(고속 운전)
• 기관베드의 변형

**12** 디젤기관에서 크랭크암의 개폐량을 측정하는 것은?
① 버니어캘리퍼스
② 디플렉션 다이얼 게이지
③ 외경 마이크로미터
④ 필러 게이지

**해설**
다음 그림은 크랭크암 개폐작용(크랭크암 디플렉션)을 계측하는 것이다. 크랭크암과 암 사이의 간극을 계측하는데 크랭크축이 1바퀴 회전을 기준으로 각 기통마다 5곳의 값을 측정한다. 다음 그림과 같이 다이얼 게이지가 설치되고 크랭크핀이 상사점, 좌현, 우현, 하사점 방향을 기준으로 측정값을 기입하는데, 크랭크핀이 하사점에 있을 때는 다이얼 게이지가 커넥팅 로드와 접촉을 하게 되어 측정이 불가하므로 하사점 부근에서는 커넥팅 로드와 부딪치지 않는 범위에서 2곳을 더 계측을 하여 총 5곳을 계측한다.

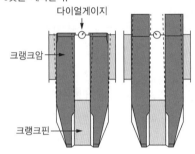

**13** 4행정 사이클 6실린더 기관에서 각 크랭크 사이의 각도는?
① 45°
② 90°
③ 120°
④ 180°

**해설**
크랭크 각도는 각 크랭크 사이의 각도로서 폭발 간격을 나타낸다.
• 4행정 사이클 기관의 폭발 간격 : $\frac{720°}{실린더수}$(4행정 사이클은 1사이클에 크랭크축이 2회전하므로 720° 회전한다)
• 2행정 사이클 기관의 폭발 간격 : $\frac{360°}{실린더수}$(2행정 사이클은 1사이클에 크랭크축이 1회전하므로 360° 회전한다)

**14** 디젤기관에서 메인 베어링의 재료로 사용되지 않는 물질은?
① 포 금
② 알루미늄 합금
③ 화이트 메탈
④ 텅스텐

**해설**
메인 베어링 메탈의 재질
• 소형 기관 : 양질의 포금(구리와 주석의 합금)
• 중속 이상의 기관 : 켈밋(구리와 납의 합금)이나 알루미늄 합금
• 대형 저속 기관 : 납이나 주석을 주성분으로 하는 화이트 메탈

**15** 디젤 주기관의 시동 직후 가장 주의 깊게 확인해야 하는 것은?

① 윤활유 압력　　② 연료유 압력
③ 시동공기 온도　　④ 냉각수 압력

해설
디젤 주기관의 시동 후에는 기관이 정상 작동하는지 확인할 필요가 있다. 특히, 윤활유의 압력이 정상 압력 이상으로 잘 공급되는지 확인해야 한다.

**16** 디젤 주기관의 공회전 시 가장 주의 깊게 관찰해야 할 것은?

① 조속기　　　　　② 연료분사장치
③ 공기냉각기　　　④ 냉각수 온도조절장치

해설
기관의 공회전(프로펠러가 물 밖으로 나와 회전수가 급격하게 올라가는 레이싱 현상)은 주로 황천 항해 때 횡요와 동요로 인해 많이 일어나는 현상이다. 공회전 시에는 기관의 회전수가 급격하게 올라가므로 조속기의 작동 상태를 주의하고 주기관의 회전수를 평소보다 낮추어서 운전해야 한다.

**17** 보일러 운전 중 수면계의 수위를 어느 정도로 유지하는 것이 좋은가?

① $\frac{1}{4}$　　　　　　② $\frac{1}{2}$

③ $\frac{3}{4}$　　　　　　④ $\frac{4}{4}$

해설
보일러의 운전 중 수면계는 $\frac{1}{2}$ 정도 유지해야 한다.

**18** 액체 1[kg] 중에 함유된 어느 물질 [mg]의 양을 나타낼 때의 단위로 옳은 것은?

① ppm　　　　　　② bar
③ rpm　　　　　　④ %

해설
ppm : $\dfrac{1}{1,000,000}$

물 1[kg]은 1,000[g]이고, 물질 [mg]은 $\dfrac{1}{1,000}$[g]이므로 물 1[kg]에 함유된 물질 [mg]의 수는 $\dfrac{1}{1,000,000}$[g]이 된다. 즉 ppm의 단위와 같다.

**19** 프로펠러의 추력을 선체에 전달하는 역할을 하는 장치는?

① 메인 베어링　　　② 스러스트 베어링
③ 중간 베어링　　　④ 선미관 베어링

해설
추력 베어링(스러스트 베어링)은 선체에 부착되어 있고, 추력 칼라의 앞과 뒤에 설치되어 프로펠러로부터 전달되어 오는 추력을 추력 칼라에서 받아 선체에 전달하여 선박을 추진시키는 역할을 한다.

**20** 소형 선박에 꼭 필요하지 않은 것은?

① 크랭크축　　　　② 중간축
③ 추력 베어링　　　④ 프로펠러축

해설
중간축(Intermediate Shaft)은 추력축의 뒷부분에 설치된 것으로, 추력축과 프로펠러축을 연결하는 역할을 한다. 소형선에서는 프로펠러축을 길게 하여 중간축을 생략하기도 한다.

**21** 프로펠러축과 보스 사이에 소기름을 채우는 이유는 무엇인가?

① 진동방지
② 부식방지
③ 마찰방지
④ 슬립방지

해설
프로펠러축과 프로펠러캡 또는 프로펠러보스 사이의 틈에 수지류를 집어넣는 등의 방법에 의하여 축이 해수에 의하여 부식되는 것을 방지한다.

**22** 프로펠러를 분해하기 전 가장 먼저 무엇을 해야 하는가?

① 조임마크 표시
② 축의 선미쪽 이동방지조치
③ 축 테이퍼로부터 보스의 이탈방지조치
④ 보스와 선미관 사이의 쐐기 박음

**해설**
프로펠러를 축과 분해하기 전에는 프로펠러가 축에 어느 정도 압입되어 있었는지를 표시해야 한다. 대형선의 경우 승인받은 프로펠러 압입량 계산서에서의 거리만큼 압입시키면 되지만, 소형선의 경우 조임마크를 표시해야 조립 시 조임마크를 확인하여 설치한다.

**23** 디젤기관용 연료유의 조건으로 적절하지 않은 것은?

① 착화성이 좋을 것
② 응고점이 높을 것
③ 점도가 적당할 것
④ 유황분이 적을 것

**해설**
응고점이 너무 높으면 유동성이 떨어진다.
선박에서 사용되는 연료유의 조건
• 비중, 점도 및 유동성이 좋을 것
• 저장 중 슬러지가 생기지 않고 안정성이 있을 것
• 발열량이 크며, 발화성이 양호하고 부식성이 없을 것
• 유황분, 회분, 잔류 탄소분, 수분 등 불순물의 함유량이 적을 것
• 착화성이 좋을 것

**24** 윤활유에서 기름의 유막을 유지하려는 성질은 무엇인가?

① 탄 화 　② 유 성
③ 항유화성 　④ 유동성

**해설**
유성 : 기름이 마찰면에 강하게 흡착하여 비록 얇더라도 유막을 완전히 형성하려는 성질

**25** 다음 중 윤활유의 역할로 틀린 것은?

① 마찰작용 　② 냉각작용
③ 기밀작용 　④ 윤활작용

**해설**
윤활유의 기능
• 감마작용 : 기계와 기관 등의 운동부 마찰면에 유막을 형성하여 마찰을 감소시킨다.
• 냉각작용 : 윤활유를 순환 주입하여 마찰열을 냉각시킨다.
• 기밀작용(밀봉작용) : 경계면에 유막을 형성하여 가스 누설을 방지한다.
• 방청작용 : 금속 표면에 유막을 형성하여 공기나 수분의 침투를 막아 부식을 방지한다.
• 청정작용 : 마찰부에서 발생하는 카본(탄화물) 및 금속 마모분 등의 불순물을 흡수하는데 대형 기관에서는 청정유를 순환하여 청정기 및 여과기에서 찌꺼기를 청정시켜 준다.
• 응력분산작용 : 집중하중을 받는 마찰면에 하중의 전달면적을 넓게 하여 단위면적당 작용하중을 분산시킨다.

## 제2과목 기관 2

**01** 왕복펌프에서 공기실을 설치하는 주이유로 옳은 것은?

① 펌프 내의 공기 제거
② 송출량의 균일
③ 흡입압력 증가
④ 펌프의 구동동력 감소

**해설**
공기실의 역할 : 왕복펌프의 특성상 피스톤의 왕복운동으로 인해 송출량에 맥동이 생기며, 순간 송출유량도 피스톤의 위치에 따라 변하게 되므로 공기실을 송출측의 실린더 가까이 설치하여 맥동을 줄인다. 즉, 송출압력이 높으면 송출액의 일부가 공기실의 공기를 압축하고 압력이 약할 때에는 공기실의 압력으로 유체를 밀어 내어 항상 일정한 양의 유체가 송출되도록 한다.

**02** 원심펌프의 유량 조절방법으로 가장 적절한 것은?

① 송출밸브의 개도를 조절하는 방법
② 공기실을 설치하여 유량을 조절하는 방법
③ 흡입밸브의 개도를 조절하는 방법
④ 펌프의 회전수를 조정하는 방법

**해설**
원심펌프를 운전할 때에는 흡입관밸브는 열고 송출관밸브는 닫은 상태에서 시동을 한 후 규정속도까지 상승 후에 송출밸브를 서서히 열어서 유량을 조절한다.

**03** 펌프와 그 용도가 짝지어진 것으로 틀린 것은?

① 가변 용량형 펌프 – 조타장치에 사용

② 슬라이딩 베인펌프 – 갑판 유압기계에 사용

③ 원심펌프 – 청수 이송에 사용

④ 기어펌프 – 해수 이송에 사용

해설

점도가 높은 유체를 이송하기 적합한 펌프는 기어펌프이다. 선박에서 주로 사용하는 연료유 및 윤활유펌프는 대부분 기어펌프를 사용한다.

**04** 다음 보기에서 설명하는 현상은?

> [보 기]
> 원심펌프의 흡입양정이 높거나 유속의 급변 또는 와류의 발생 등으로 압력이 국부적으로 저하되어 기포가 발생되는 현상

① 서징현상　　　　② 맥동현상

③ 공동현상　　　　④ 수격현상

해설

원심펌프에서 공동현상(캐비테이션)이 일어나는 원인은 유체를 흡입할 때 공기가 유입되어 발생하는데 흡입수두가 너무 높거나 흡입이 원활하지 않을 때 발생한다.

**05** 유공압장치의 압력제어밸브 중 계통 내의 최고 압력을 제한하여 과부하를 방지하는 것은?

① 체크밸브　　　　② 감압밸브

③ 시퀀스밸브　　　④ 릴리프밸브

해설

릴리프밸브는 유압장치의 과도한 압력 상승으로 인한 손상을 방지하기 위한 장치이다. 유압이 설정압력 이상으로 상승하였을 때 밸브가 작동하여 유압을 흡입측으로 돌리거나 유압탱크로 다시 돌려보내는 역할을 한다.

**06** 기어펌프에 사용하지 않는 기어는?

① 평기어　　　　　② 헬리컬기어

③ 이중 헬리컬기어　④ 웜기어

해설

웜기어는 2개의 직교하는 축 사이에서 회전속도를 낮추는 일반 기어장치로 동력전달용(특히 자동차 산업)으로 사용한다.

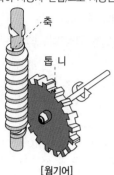

[웜기어]

**07** 침관식 조수장치의 진공압력을 700[mmHg] 정도로 유지하였을 때 해수의 증발온도는 약 얼마인가?

① 10[℃]　　　　　② 40[℃]

③ 70[℃]　　　　　④ 100[℃]

해설

침관식 조수장치는 디젤기관에서 나온 냉각 청수의 일부를 이용하여 가열기를 통해 흐르면서 가열관 바깥쪽의 해수가 가열되어 약 40[℃]에서 증발하도록 증발기 내부를 진공으로 만든다.

**08** 유공압기호 중에서 1방향형 유압펌프를 나타내는 기호는?

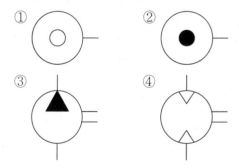

해설

③ 공기압 모터(2방향 흐름 회전/정용량형)

④ 유압펌프(1방향 흐름 회전/정용량형)

**09** 다음 배관 계통 중 기관실 상부에 팽창탱크가 있어야 하는 것은?

① 해수배관 계통
② 주기관의 실린더 냉각 청수 배관 계통
③ 슬러지 양륙 배관 계통
④ 주기관의 윤활유 배관 계통

해설
팽창탱크 : 기관실의 팽창탱크는 주기관 청수 냉각수 파이프라인에서 볼 수 있는데 기관실 상부에 위치한다. 이 탱크는 냉각수 온도가 변할 때 물의 부피 변화를 흡수하기 위해 설치한다. 팽창탱크가 없다면 냉각수의 부피 변화로 인해 파이프에 파손이 생기고 누설이 발생하여 기관에 치명적인 영향을 줄 수 있다. 이 역할 외에 부식방지용 약품을 투여하거나 청수라인의 물을 보충할 때도 사용한다. 평소 순찰 시 급격한 수위 변화가 있으면 누수나 기타 문제가 있는지 확인해야 한다.

**10** 연료유의 청정방법으로 적합하지 않은 것은?

① 중력에 의한 침전청정법
② 여과기에 의한 청정법
③ 원심식 청정법
④ 역삼투압에 의한 청정법

해설
청정의 방법에는 중력에 의한 침전분리법, 여과기에 의한 청정법, 원심식 청정법 등이 있다. 최근의 선박은 비중차를 이용한 원심식 청정기를 주로 사용한다.

**11** 유공압밸브 중 한쪽 방향으로는 흐를 수 있으나 그와 반대쪽 방향으로는 흐를 수 없는 것은?

① 교축밸브
② 릴리프밸브
③ 체크밸브
④ 시퀀스밸브

해설
체크밸브는 유체를 한쪽 방향으로만 흐르게 하고, 역방향의 흐름은 차단시키는 밸브이다.

**12** 펌프의 명판에 나타내는 양정의 단위는 무엇인가?

① $m^3/h$  ② $m$
③ $kgf/cm^2$  ④ $m/s$

해설
펌프의 양정은 펌프가 유체를 흡입해서 송출할 수 있는 높이로, 단위는 [m]이다.

**13** 선박에서 압축공기의 용도로 적합하지 않은 것은?

① 주기관 시동용  ② 제어용
③ 청소용  ④ 빌지 배출용

해설
공기압축기는 선박에서 압축공기를 만드는 장치이다. 압축공기는 기관의 시동용 및 제어용으로 사용되며, 공압기계의 구동용으로도 사용된다. 이 밖에 기타 기관실의 공압공구의 구동용 및 청소용으로도 사용된다.

**14** 선박이 정지해 있거나 저속(2~4노트 정도)으로 움직일 때 조선능력을 향상시키는 것은?

① 사이드스러스터  ② 양묘장치
③ 페어리더  ④ 무어링윈치

해설
사이드스러스터 : 선수나 선미를 옆 방향으로 이동시키는 장치로 주로 대형 컨테이너선이나 자동차 운반선 같이 입·출항이 잦은 배에 설치하여 예인선의 투입을 최소화하고 조선 성능을 향상시킨다. 주로 선수에 설치되어 바우스러스터(Bow Thruster)라고 한다.

**15** 선박의 갑판보기에 해당하지 않는 것은?

① 윈드라스  ② 무어링윈치
③ 캡스턴  ④ 조수기

해설
조수기는 해수를 이용하여 청수를 만드는 장치로 기관실 보조기기이다.

**16** 해수를 채우거나 비워서 선박의 흘수와 경사를 조절하는 역할을 하는 것은?

① 밸러스트탱크      ② 슬러지탱크

③ 서비스탱크      ④ 코퍼댐탱크

**해설**
밸러스트탱크는 밸러스트펌프를 이용하여 선박의 평형수를 주입하는 탱크로 선박 평형수의 양을 가감하여 흘수와 경사를 조정한다.

**17** 양묘장치에서 앵커체인 1련의 길이는 얼마인가?

① 10[m]      ② 15[m]

③ 25[m]      ④ 35[m]

**해설**
앵커체인(닻줄)은 선박의 앵커(닻)에 연결하여 선박의 계류 및 앵커를 들어 올리는 데 사용한다. 길이의 기준이 되는 1련(섀클)의 길이는 25[m](영국과 미국은 27.5[m])이다.

**18** 다음 중 하역장치에 해당하지 않는 것은?

① 데 릭      ② 데크크레인

③ 화물유펌프      ④ 캡스턴

**해설**
캡스턴은 직립한 드럼을 회전시켜 계선줄이나 앵커체인을 감아올리는 데 사용되는 계선장치이다.

**19** 기관실 기름여과장치에 설치되어 있지 않는 것은?

① 전자밸브

② 유압펌프

③ 에어벤트

④ 유면검출기

**해설**
15[ppm] 기름여과장치(유수분리장치 또는 기름분리장치)의 종류마다 약간 차이는 있지만 기름을 검출하는 유면검출기와 기름이 검출되면 기름탱크로 가는 밸브를 열어 주는 솔레노이드밸브(전자밸브) 및 초기 운전 시 기름여과장치에 물을 가득 채우기 위해 열어 주는 공기배출밸브(에어벤트) 등이 설치되어 있다.

**20** 오수처리장치를 구성하는 탱크에 해당하지 않는 것은?

① 폭기탱크      ② 침전탱크

③ 멸균탱크      ④ 슬롭탱크

**해설**
슬롭탱크 : 유조선의 화물창 안의 화물 잔유물과 화물창 세정수를 한곳에 모으거나 화물펌프실 바닥에 고인 기름을 한곳에 모으기 위한 탱크이다.

**21** 냉동장치에서 증발관의 서리 제거방법으로 적절하지 않은 것은?

① 와이어 브러시로 쓸어낸다.

② 고온 가스를 이용한다.

③ 물을 살포하여 녹인다.

④ 냉동기를 정지시킨다.

**해설**
제상방법에는 미지근한 물로 서리를 제거하거나 고온의 가스를 증발기에 흘려주는 방법 및 전기적 제상장치로 가열하는 등 여러 가지 방법이 있다. 냉동기를 한시적으로 정지시켜 서리를 제거하기도 한다. 그러나 예리한 칼로 긁어내거나 토치램프 등으로 가열하는 것은 증발기의 손상을 가져올 수 있으므로 잘못된 방법이다.

**22** 냉동장치에서 냉매를 보충방법으로 맞는 것은?

① 정지 상태에서 보충밸브를 이용하여 보충한다.

② 냉매용기 자체의 압력으로 보충하므로 운전 또는 정지 중의 구분 없이 압축기 흡입측으로 보충한다.

③ 운전하면서 보충밸브를 통해 보충한다.

④ 정지 상태에서 응축기의 출구측으로 보충한다.

**해설**
냉매 보충방법
• 냉동기가 정상 운전 중일 때 응축기에서 냉각수가 잘 흐르는지 확인한다.
• 수액기 출구밸브를 잠그고 냉동장치를 운전하여 압축기 흡입압력이 대기압 부근으로 저하할 때까지 운전을 계속하여 냉매를 수액기로 회수한 후 냉동기를 잠시 정시시킨다.
• 냉매충전밸브에 냉매통의 보충밸브를 연결한다. 이때 보급관 속의 공기는 냉매통의 가스압을 이용하여 빼낸다.
• 냉동장치를 운전하여 압축기의 흡입력이 대기압 이하가 되지 않도록 주의하면서 충전밸브를 열어서 충전한다.
• 수액기의 액면이 액면계의 $\frac{1}{2} \sim \frac{2}{3}$ 에 달하면 보충을 끝내고 냉동장치를 정상 시의 운전조건으로 바꾸어서 운전을 계속하면서 운전 상태가 정상인가를 확인한다.

**23** 냉동기 운전 중 응축압력이 너무 높을 때의 원인으로 틀린 것은?

① 불응축가스가 많이 차 있을 때
② 냉각수량이 너무 많을 때
③ 냉매가 너무 많을 때
④ 응축기의 냉각관이 오손되어 막혀 있을 때

해설
압축압력이 높아지는 원인에는 응축기에서 냉각이 원활히 이루어지지 않거나 냉매 중에 공기가 혼입될 경우 등이 있다. 냉각수량을 많이 흘려주면 냉각이 더 잘되므로 응축압력이 높아지는 원인이 아니다.

**24** 증기압축식 냉동기의 4대 구성요소로만 짝지어진 것은?

① 압축기, 수액기, 증발기, 유분리기
② 압축기, 건조기, 유분리기, 액분리기
③ 압축기, 응축기, 팽창밸브, 증발기
④ 액분리기, 압축기, 응축기, 건조기

해설
냉동장치의 4대 구성요소 : 압축기, 응축기, 팽창밸브, 증발기

**25** 냉동장치에서 냉매의 압력을 증발기에서 쉽게 증발할 수 있는 압력으로 낮추어 주는 것은?

① 액분리기
② 수액기
③ 응축기
④ 팽창밸브

해설
팽창밸브 : 응축기에서 액화된 고압의 액체냉매를 저압으로 만들어 증발기에서 쉽게 증발할 수 있도록 하며, 증발기로 들어가는 냉매의 양을 조절하는 역할을 한다. 모세관식, 정압식, 감온식 및 전자식 팽창밸브가 있다.

## 제3과목 기관 3

**01** 여자용 브러시가 있는 동기발전기에 대한 설명으로 맞는 것은?

① 브러시는 외부로부터 직류전기를 넣어 주기 위한 것이다.
② 브러시는 발전된 직류전기를 외부로 뽑아내기 위한 것이다.
③ 브러시는 외부로부터 교류전기를 넣어 주기 위한 것이다.
④ 브러시는 발전된 교류전기의 전압을 일정하게 해 주는 것이다.

해설
동기발전기의 경우 여자용 브러시를 통해 여자전류(직류)를 공급한다. 그러나 직류발전기에서 브러시는 전기자 권선과 연결된 슬립 링이나 정류자편과 마찰하면서 기전력을 발전기 밖으로 인출하는 역할도 하므로 혼동하지 않아야 한다.

**02** 교류발전기 운전 중 주파수의 조정을 하는 것은?

① 부하를 증감시켜 조정
② 거버너로 발전기 회전수를 증감시켜 조정
③ 계자전류를 증감시켜 조정
④ 극수를 증감시켜 조정

해설
교류발전기의 거버너를 조정하여 주파수를 조정하는데 거버너를 증감시키는 것은 연료의 양을 증감시키는 것과 같다. 부하량이 같은 상황일 경우 연료를 더 많이 공급해 주면 회전수는 더 빨라져 주파수가 높아지고, 연료를 감소시키면 회전수는 느려지고 주파수는 낮아진다. 즉, 거버너로 발전기의 회전수를 증감시켜 주파수 조정이 가능하다.

**03** 멀티테스터의 선택스위치가 저항으로 되어 있을 때 측정하면 안 되는 것은?

① 전원의 전압이 몇 볼트인지 확인한다.
② 전동기의 권선이 끊어졌는지 확인한다.
③ 예비품인 퓨즈가 사용 가능한지 확인한다.
④ 전원이 꺼져 있는 회로의 접자접촉기의 접촉 상태를 확인한다.

**해설**

멀티테스터로 저항을 측정하면 저항의 크기가 얼마인지, 회로가 단락되었는지 아닌지도 확인할 수 있다. 회로의 저항이 무한대(∞)에 가깝게 나오면 회로가 끊겼다는 것이고, 0에 가깝게 나오면 회로는 연결되어 있고 저항이 얼마인지도 알 수 있다. 이 원리를 이용해 퓨즈의 단락 여부 및 각종 기기의 연결 상태를 저항을 측정함으로써 확인할 수 있다. 선박의 절연저항 측정도 이와 같은 원리이다. 즉, 무한대(∞)에 가깝게 나오면 선체와 전기기기에 누설전류가 없는 것이므로 절연저항이 좋고, 0에 가깝게 나오면 선체와 전기기기에 누설전류가 있어 절연저항이 좋지 않은 상태이다.

**04** 교류회로에서 저항이 3[Ω]이고, 리액턴스가 4[Ω]일 때의 역률은 얼마인가?

① 0.6　　　　　　② 0.8
③ 0.9　　　　　　④ 1.0

**해설**

- 임피던스 : 저항, 코일, 콘덴서가 연결된 교류회로의 합성저항이다. 교류저항, 즉 주파수에 따라 달라지는 저항값이며 교류회로에 가해진 전압 $V$와 전류 $I$의 비를 나타낸 것으로, 값은 $Z$로 표시하고 단위는 옴[Ω]을 사용한다.

$$Z = \sqrt{R^2 + (X_L - X_C)^2} = \sqrt{3^2 + 4^2} = 5[Ω]$$

(여기서, $R = 3[Ω]$, $X_L - X_C = 4[Ω]$)

- 역률 : $\cos\theta = \dfrac{R}{Z} = \dfrac{3}{5} = 0.6$

- 리액턴스 : 유도저항, 감응저항이라고도 한다. 코일에 전류가 흐르면 자기유도작용(인덕턴스)이 생겨 교류의 흐름을 방해하려고 하는데 이 방해하는 정도를 나타낸 것으로 값은 $X_L$(유도리액턴스)와 $X_C$(용량리액턴스)로 표시하고 단위는 옴[Ω]을 사용한다.

**05** 전기기기의 누전 상태를 점검할 수 있는 것은?

① 직류전압계　　　② 교류전류계
③ 절연저항계　　　④ 주파수계

**해설**

절연저항을 측정하는 기구는 절연저항계 또는 메거테스터(Megger Tester)라고 하는데, 주로 메가옴[MΩ] 이상의 절연저항을 측정하는 계기이다.
절연저항 : 전기기기들의 누설전류가 선체로 흐르는 정도를 나타낸 것인데 절연저항값이 클수록 누설전류가 작고, 절연저항값이 작을수록 누설전류가 크다. 즉, 절연저항이 '0'에 가까울수록 절연 상태가 나쁘고, '∞'(무한대)에 가까울 정도로 클수록 상태가 좋다.

**06** 3상 동기발전기에서 각 상 기전력의 위상차는 전기각으로 얼마인가?

① 60°　　　　　　② 90°
③ 120°　　　　　④ 240°

**해설**

3상 교류발전기는 원통형 철심의 내면을 3조의 코일을 120° 간격으로 고정 배치하고 내부에서 자석을 회전시키면 각각의 코일에서 동일한 형태의 단상 교류가 120° 위상차를 두고 발생하게 되는 것이다.

**07** 10[Ω]의 저항에 5[A]의 전류가 흐를 때 저항 양단의 전압은 얼마인가?

① 0.5[V]　　　　② 2[V]
③ 10[V]　　　　④ 50[V]

**해설**

옴의 법칙 $V = IR$이므로, 전압 = 5[A] × 10[Ω]이다.

**08** 1차 측의 권수가 2,000, 2차 측의 권수가 200인 변압기에서 2차 측에서 24[V]의 전압을 얻기 위해서는 1차 측에 몇 [V]의 전압을 주어야 하는가?

① 24[V]　　　　② 120[V]
③ 240[V]　　　④ 480[V]

**해설**

변압기는 전압을 용도에 맞게 올리거나 낮추는 장치로, 다음과 같은 식이 성립한다.

$$\frac{V_1}{V_2} = \frac{I_2}{I_1} = \frac{N_1}{N_2} = a$$

문제에서 권수와 전압의 값이 주어졌으므로, $\dfrac{N_1}{N_2} = \dfrac{V_1}{V_2}$에 값을 대입하면 $\dfrac{2,000}{200} = \dfrac{V_1}{24}$ 이므로 1차 측 전압 $V_1$은 240[V]가 된다.

**09** 메거(Megger)로 측정할 수 있는 것은?

① 직류전압, 절연저항
② 직류전압, 접지저항
③ 교류전압, 절연저항
④ 직류전류, 주파수

**해설**
절연저항계(메거)로 측정 가능한 것은 절연저항과 교류전압이다. 종류에 따라서는 버저라고 쓰인 기능스위치가 있는데 이것은 테스터기의 통전시험과 동일한 역할을 하는 것으로, 회로 단선 유무 및 전자 부품의 불량 검사 시에 유용하게 사용된다.

**10** 멀티테스터를 저항 측정 위치로 놓고 저항을 측정할 때의 설명으로 맞는 것은?

① 저항 측정 시 측정범위를 변경할 때마다 0[Ω] 조정을 하여야 한다.
② 회로에 전원이 들어온 상태에서 저항을 계측해야 한다.
③ 저항측정값이 0[Ω]이 나오면 퓨즈가 불량이다.
④ 0[Ω] 조정 시 테스트 막대를 서로 맞닿게 하여 ∞[Ω]이 나오면 정상이다.

**해설**
아날로그식 멀티테스터를 사용하여 저항을 측정할 경우 전환스위치로 측정범위를 바꿀 때마다 0[Ω] 조정을 한 후 측정해야 한다.

**11** 납축전지를 충전할 경우 나타나는 현상은?

① 충전이 될수록 충전전류는 커진다.
② 충전이 될수록 수소가스의 발생은 작아진다.
③ 충전이 될수록 단자전압은 높아진다.
④ 충전이 될수록 전해액의 비중은 낮아진다.

**해설**
납축전지를 충전할 때는 충전이 진행됨에 따라 전압과 비중은 상승한다. 충전이 어느 정도 진행되면 양극에서는 산소가, 음극에서는 수소가 발생한다. 반면에 납축전지의 방전을 시작하면, 전압과 전류는 강하되고 전해액의 비중도 시간이 지남에 따라 감소한다.

**12** 동일한 전구 2개를 병렬연결하여 방 안에 불을 켤 때의 설명으로 틀린 것은?

① 방의 밝기는 하나만 켤 때보다 더 밝아진다.
② 전체 부하저항은 하나일 때보다 더 커진다.
③ 소비전력은 하나일 때보다 더 커진다.
④ 전체 부하전류는 하나일 때보다 더 커진다.

**해설**
동일한 전구 2개를 병렬로 연결시켰으므로 각 전구에 공급되는 전압의 크기는 같다. 그러므로 각 전구에 밝기는 1개를 연결했을 때와 동일하다. 동일한 밝기의 전구 2개가 켜져 있으므로 방 전체의 밝기는 더 밝아지고 소비전력은 1개일 때보다 커진다.
- 전체 부하저항 : 병렬연결에서 합성저항은 $\frac{1}{R} = \frac{1}{R_1} + \frac{1}{R_2}$ 이므로, 저항값이 $R$인 저항의 병렬연결은 $\frac{1}{R_{합}} = \frac{1}{R} + \frac{1}{R} = \frac{2}{R}$ 에서 $R_{합} = \frac{R}{2}$ 이므로 저항은 $R$의 $\frac{1}{2}$배, 즉 반이 된다.
- 전체 부하전류 : $I = \frac{V}{R}$ 에서 전압의 크기는 같고 전체 합성저항의 크기는 $\frac{1}{2}$ 배이므로 전체 부하전류는 2배가 된다.

**13** 납축전지가 과열되는 경우로 적절하지 않은 것은?

① 충전전압이 너무 낮을 때
② 충전전류가 너무 클 때
③ 방전전류가 너무 클 때
④ 부하전류가 너무 클 때

**해설**
납축전지가 과열되는 경우
- 충전전압이 너무 높아 충전전류가 너무 클 때
- 방전전류가 너무 클 때
- 부하전류가 너무 클 때

**14** '회로의 접속점에 흘러 들어오는 전류의 합과 흘러나가는 전류의 합은 같다.'라는 법칙은?

① 키르히호프 1법칙
② 플레밍의 왼손법칙
③ 플레밍의 오른손법칙
④ 앙페르의 법칙

해설
• 키르히호프의 제1법칙(전류의 법칙) : 회로의 접속점에 흘러 들어오
  는 전류의 합과 흘러 나가는 전류의 합은 같다.
• 키르히호프의 제2법칙(전압의 법칙) : 회로망의 어느 폐회로에서도
  기전력의 총합은 저항에서 발생하는 전압 강하의 총합과 같다.

**15** 변압기의 원리와 가장 관련 있는 것은?

① 옴의 법칙
② 키르히호프의 법칙
③ 상호 유도작용
④ 플레밍의 왼손법칙

해설
상호 유도의 원리란 유도적으로 작용하는 위치에 설치한 코일 상호
간에 작용하는 전자유도작용으로 변압기의 원리에 이용된다.

**16** 3상 유도전동기에서 부하가 증가할 때의 설명으로 맞
는 것은?

① 전동기의 공급전류가 증가한다.
② 전동기의 공급전압이 증가한다.
③ 전동기의 회전속도가 증가한다.
④ 전동기의 전원 주파수가 증가한다.

해설
3상 유도전동기에서 부하가 증가했다는 것은 그만큼 일을 많이 했다는
것이고, 이는 소비전력이 증가했다는 것이다. 소비전력 $P$(전력)=$VI$이
고, 전압은 일정하게 유지되므로 공급전류가 증가한다.

**17** 다음 그림에서 스위치를 연결시켰을 때 계측기 A는
램프의 무엇을 측정할 수 있는가?

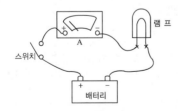

① 전 류
② 전 압
③ 저 항
④ 소비전력

해설
회로시험기로 전류를 측정하고자 할 때는 측정 대상과 직렬로 연결해야
한다.

**18** 전동기 외함에 연결되어 있는 접지선의 주역할로 옳은
것은?

① 전동기 권선 보호
② 발전기 권선 보호
③ 전원 계통 보호
④ 인체 감전방지

해설
선박의 전기기기들은 접지(어스, Earth)선을 연결한다. 이는 고층 건물
의 피뢰침과 같은 역할을 하는데, 전기기기의 내부 누설이나 기타
고압의 전류가 흘렀을 때 전류를 선체로 흘려보내어 전위차를 없애
주고, 전기기기의 보호 및 감전을 예방하는 역할을 한다.

**19** 주기관의 윤활유펌프를 구동하기 위한 전동기로 가장
적합한 것은?

① 농형 단상 유도전동기
② 농형 3상 유도전동기
③ 권선형 단상 유도전동기
④ 권선형 3상 유도전동기

해설
선박에서는 농형 유도전동기를 많이 사용하는 이유는 구조가 간단하고
견고하며 발열이 작고 장시간 운전이 가능하기 때문이다. 선박에서
큰 기동부하가 걸리는 용량이 큰 펌프들은 대부분 농형 3상 유도전동기
를 사용하고 Y-Δ기동법을 사용하여 기동전류를 줄여 운전한다.

**20** 기관실의 주배전반에 설치되어 누전 상태를 표시하는
장치는?

① 스페이스 히터램프
② 파일럿 램프
③ 접지등
④ 동기검정등

해설
선박의 배전반에는 접지등(누전표시등)을 설치한다. 테스트 버튼을
눌렀을 때 세 개의 등이 모두 같은 밝기이면 누전되는 곳 없이 상태가
양호한 것이다. 만약 한 선이 누전되고 있다면 누전되고 있는 선의
접지등은 어두워지고 다른 등은 더 밝게 빛난다.

**21** 동기발전기에서 발생되는 손실에 해당하지 않는 것은?

① 철 손
② 계자저항손
③ 전기자 저항손
④ 정류자 저항손

해설
정류자는 전기자에서 발생된 교류전압을 직류전압으로 변환하는 장치로 직류발전기의 구성요소이다.

**22** 동기발전기의 형식 중 선박에서 가장 많이 사용되는 것은?

① 회전전기자형 동기발전기
② 회전정류자형 동기발전기
③ 회전계자형 동기발전기
④ 회전유도자형 동기발전기

해설
선박에서 사용하는 발전기는 대부분 회전계자형 동기발전기를 사용한다. 회전계자형을 주로 사용하는 이유는 다음과 같다.
• 권선수가 많은 전기자보다 상대적으로 적은 계자가 회전하는 것이 더욱 견고한 구조이다.
• 계자는 직류이므로 전류의 변화가 작아 전기자에 비해 불꽃이 일어날 가능성이 작다.
• 전기자는 고정자이므로 절연이 쉬워 대용량으로 설비할 수 있다.
• 계자는 직류의 저전력을 소모하므로 회전자의 기계적 제작이 용이하므로 제작비용과 유지비가 적게 든다.

**23** 배선용 전선에서 여러 가닥으로 되어 있는 연선의 굵기 표시로 맞는 것은?

① 여러 가닥 중 한 가닥의 지름을 [mm]로 표시한다.
② 여러 가닥 중 한 가닥의 단면적을 [mm$^2$] 표시한다.
③ 여러 가닥의 각 단면적을 모두 더해서 [mm$^2$]로 표시한다.
④ 여러 가닥 가장 큰 한 가닥의 지름을 [mm]로 표시한다.

해설
배선용 전선에서 연선의 굵기는 여러 가닥의 각 단면적을 모두 더해서 [mm$^2$]로 표시한다.

**24** 다음 중 디지털 멀티테스터로 직접 측정할 수 없는 것은?

① 직류전압
② 저 항
③ 교류전압
④ 소비전력

해설
디지털 멀티테스터로 저항, 교류전압, 직류전압 및 직류전류 등은 측정 가능하나 소비전력은 측정하지 못한다.

**25** 교류를 직류로 변환하는 반도체 소자는 무엇인가?

① 트랜지스터
② 열동계전기
③ 다이오드
④ 연산증폭기

해설
다이오드 : P–N 접합으로 만들어진 것으로 전류는 P형(애노드, +)에서 N형(캐소드, –)의 한 방향으로만 통하는 소자이다. 교류를 직류로 바꾸는 정류작용 역할을 한다.

---

제**4**과목 **직무일반**

**01** 기관실 기기의 선급검사 준비사항으로 가장 옳은 것은?

① 검사관이 오기 전에 기기를 분해해서는 안 된다.
② 검사관의 입회하에 기기를 분해하고 소제한다.
③ 검사관이 직접 기기를 분해하고 시운전하도록 준비한다.
④ 기기를 미리 분해하여 소제한 후 마멸 개소를 계측해 둔다.

해설
선박검사는 주기적으로 시행되는데 선박에서는 기관검사를 시행하기 전에 미리 분해, 소제한 후 계측이 필요한 각 개소의 계측을 해 놓는다. 검사원은 분해해 놓은 기관을 점검하고 계측자료를 토대로 이상 유무를 확인한다. 선박검사원의 역할은 선박에서 각 기관을 주기적으로 점검·관리하고 각 기기의 작동 상태가 양호한지를 확인하기 위함이지, 기관의 분해부터 조립의 전 과정에 거쳐서 입회지는 않는다.

**02** 연료유 샘플 관리에 대한 설명으로 맞는 것은?

① 연료유 샘플은 모두 회사에서 보관해야 한다.

② 연료유 샘플 채취는 연료유 수급 마지막에 한다.

③ 연료유를 공급한 날로부터 최소한 3개월 동안 보관해야 한다.

④ 연료유 샘플은 직사광선에 노출되어서는 안 된다.

해설
연료유를 수급할 때는 샘플링(Sampling)을 실시해야 한다. 사용 중에 유류의 성상에 문제점이 발생하면 샘플 분석을 의뢰하고 필요한 조치를 해야 한다.
• 샘플링은 매니폴드의 샘플링 장치를 이용하여 수급되는 연료유를 조금씩 받아 유류 수급작업의 전 과정을 통해 채취한다.
• 샘플에는 라벨을 부착해야 하고 고유번호를 가진 실(Seal)로 봉인해야 한다.
• 샘플은 3캔을 채취하여 본선에 2캔, 공급선측에 1캔을 보관하고 선박 보유분 1캔은 연료유 성상이 의심스러울 때 분석 의뢰용으로 사용한다.
• 샘플 보관은 주관청이 승인한 적절한 소화장치가 설치된 장소에 보관한다.
• 샘플은 해당 연료유가 완전히 소모될 때까지 본선에 보관하고 공급 후 12개월 이상 보관해야 한다.

**03** 전기선로를 보수할 때 가장 먼저 취해야 할 조치로 옳은 것은?

① 해당 선로의 절연저항을 측정한다.

② 해당 선로의 전원을 차단한다.

③ 해당 선로의 차단기를 분해한다.

④ 해당 선로의 보호계전기를 리셋한다.

해설
감전사고를 예방하는 가장 중요한 사항은 작업에 관련된 전원을 차단하는 것이다.

**04** 주기관의 분해작업을 할 때 작업자의 주의사항으로 적합하지 않은 것은?

① 분해된 순서대로 부품을 정리·정돈한다.

② 안전장구를 착용하여 작업한다.

③ 터닝기어는 모든 작업원에게 알린 후에 사용한다.

④ 조립 시를 대비하여 각 부품을 완전히 분해·소제한 후에 조립 위치를 표시한다.

해설
기관을 분해하기 전에 조립 위치를 표시해 두면 조립 시 정확하고 간결하게 작업할 수 있다.

**05** 선박검사에서 유효기간이 짧은 것부터 순서대로 바르게 나열한 것은?

① 연차검사 → 중간검사 → 정기검사

② 연차검사 → 정기검사 → 중간검사

③ 정기검사 → 중간검사 → 연차검사

④ 중간검사 → 정기검사 → 연차검사

해설
연차검사는 매 검사 기준일(1년) 전후 3개월 이내 시행하고 중간검사는 정기검사 완료일부터 2번째 또는 3번째 검사 기준일의 전후 3개월 이내에 시행한다. 정기검사는 유효기간이 5년이다. 즉, 정기검사는 5년, 중간검사는 2~3년, 연차검사는 1년의 유효기간을 가진다. 연차검사 → 중간검사 → 정기검사 순으로 상위 개념이고 상위 검사는 하위 검사의 항목을 포함한다. 즉, 상위의 검사를 받으면 하위의 검사는 받은 것으로 간주된다.
※ 선박검사는 정기적으로 시행되는데 용어의 차이가 있다. 해양환경관리법에서는 연차검사의 용어가 없고 1종 중간검사, 2종 중간검사를 시행한다. 해양환경관리법 제2종 중간검사가 선급검사에서의 연차검사 개념이다.

**06** 선박의 입거 수리 중 점검사항으로 옳은 것을 모두 고르면?

> ㉠ 선체의 손상 여부
> ㉡ 프로펠러, 선미관 베어링 틈새 계측
> ㉢ 선체의 도장 상태 및 도장
> ㉣ 기관실 소모품 재고량 조사

① ㉠, ㉡, ㉢

② ㉠, ㉡, ㉣

③ ㉠, ㉢, ㉣

④ ㉡, ㉢, ㉣

해설
기관실 소모품 재고량 조사는 주기적으로 행하며, 입거검사와는 거리가 멀다.
**입거검사 주요 항목**
• 선체 외관 소제 및 선저, 선외변 개방 소제
• 타, 타의 커플링, 볼트 상태 및 베어링 틈새 계측
• 앵커, 앵커체인을 배열하여 계측
• 프로펠러, 선미관 베어링 틈새 계측
• 선체의 손상 여부, 도장 상태 확인

**07** 해양환경관리법상 배출기준을 초과하는 오염물질이 해양에 배출된 경우 신고해야 할 사항에 포함되지 않는 것은?

① 오염사고의 발생 일시·장소
② 오염방제 기자재의 보유량
③ 배출된 오염물질의 추정량
④ 사고 선박의 선명, 종류 및 규모

해설
해양환경관리법 제63조(오염물질이 배출되는 경우의 신고 의무) 및 해양환경관리법 시행규칙 제29조(해양시설로부터의 오염물질 배출 신고) 배출기준을 초과하는 오염물질이 해양에 배출되거나 배출될 우려가 있다고 예상되는 경우 지체 없이 해양경찰청장 또는 해양경찰서장에게 이를 신고하여야 한다. 신고사항은 다음과 같다.
• 해양오염사고의 발생 일시·장소 및 원인
• 배출된 오염물질의 종류, 추정량 및 확산상황과 응급조치상황
• 사고 선박 또는 시설의 명칭, 종류 및 규모
• 해면 상태 및 기상 상태

**08** 해양환경관리법상 해양 항해 중 선내에서 발생하는 폐기물 중 배출할 수 없는 것은?

① 부유성 플라스틱
② 분쇄되지 않은 음식찌꺼기
③ 해양환경에 유해하지 않은 부유성 화물 잔류물
④ 목욕, 세탁, 설거지로부터 나오는 폐수

해설
선박에서의 오염방지에 관한 규칙 [별표 3]
선박 안에서 발생하는 폐기물의 처리는 다음의 폐기물을 제외하고 모든 폐기물은 해양에 배출할 수 없다.
• 음식찌꺼기
• 해양환경에 유해하지 않은 화물 잔류물('화물 잔류물'이란 목재, 석탄, 곡물 등의 화물을 양하(揚荷)하고 남은 최소한의 잔류물을 말한다)
• 선박 내 거주구역에서 목욕, 세탁, 설거지 등으로 발생하는 중수(화장실 오수 및 화물구역 오수는 제외한다)
• 수산업법에 따른 어업활동 중 혼획된 수산 동식물(폐사된 것을 포함한다) 또는 어업활동으로 인하여 선박으로 유입된 자연기원물질(진흙, 퇴적물 등 해양에서 비롯된 자연 상태 그대로의 물질을 말하며, 어장의 오염된 퇴적물은 제외한다)

**09** 선박에서 기관실의 기름 배출방지를 위해 설치되는 설비에 해당하지 않는 것은?

① 유성찌꺼기탱크
② 기름여과장치
③ 선저폐수농도 경보장치
④ 혼합물탱크

해설
혼합물탱크(슬롭탱크)는 화물구역과 관련된 탱크이다.

**10** 해양환경관리법상 해양오염방지설비의 검사 종류가 아닌 것은?

① 정기검사　　② 중간검사
③ 특별검사　　④ 임시검사

해설
해양환경관리법상 검사의 종류에는 정기검사, 중간검사, 임시검사, 임시항행검사가 있다.

**11** 해양환경관리법상 선저폐수란?

① 화장실로부터 나오는 오수
② 청정기로부터 걸러진 슬러지
③ 선박의 밑바닥에 고인 액상유성혼합물
④ 평형수, 화물창의 세정수 등 유해액체물질

해설
해양환경관리법 제2조(정의)
선저폐수라 함은 선박의 밑바닥에 고인 액상유성혼합물을 말한다.

**12** 화염이 있는 곳을 통과할 때 몸을 보호하기 위한 방법으로 적합하지 않은 것은?

① 온몸을 물로 적시고 통과한다.
② 물수건으로 입을 막고 통과한다.
③ 입으로 뜨거운 가스를 마시지 않도록 한다.
④ 가스 흡입을 줄이기 위해 서서 통과한다.

해설
화염이 있는 곳을 통과할 때는 물수건으로 입을 막고, 몸을 낮추어서 통과해야 한다.

**13** 건강한 성인 남자의 최고 혈압(수축기압)은?

① 50~80[mmHg]  ② 70~100[mmHg]

③ 120~140[mmHg]  ④ 150~170[mmHg]

해설
성인 남자의 최고 혈압(수축기압)은 120~140[mmHg]이다.

**14** 기관실 침수 예방을 위해 입거 수리 중 선박에서의 점검사항으로 적합하지 않은 것은?

① 시체스트의 부식 상태

② 주기관 청수 냉각기의 냉각관 부식 상태

③ 해수 윤활식 선미관의 글랜드 패킹의 마모 상태

④ 수면 아래에 설치된 선외밸브의 부식 상태

해설
주기관의 냉각수는 일정량이 계속 순환하여 열교환기를 통해 냉각되는 시스템으로 냉각기 냉각관의 부식 상태가 침수 예방과는 거리가 멀다. 청수 냉각기는 정박 중이나 항해 중에도 수리가 가능하다.

**15** 항해 중 선교 당직 사관으로부터 주기관의 급정지 요청 시 당직 기관사의 조치로 틀린 것은?

① 기관의 조작시간을 기록한다.

② 기관장에게 연락한다.

③ 텔레그래프를 신속히 응답하고 지령대로 응한다.

④ 선교 당직자에게 급정지 사유를 확인한 후 지령대로 응한다.

해설
당직 기관사는 항해 중 주기관의 정지나 후진 지령 시 즉시 응답해서 주기관을 조작해야 하고, 필요시 기관장에 상황을 보고해야 한다.

**16** 발전기에 자동기동장치가 설치되어 있지 않는 선박에서 정전 시의 응급조치로 적합하지 않은 것은?

① 고장의 원인을 신속히 파악한다.

② 다른 발전기를 운전하여 전원을 공급한다.

③ 전원 복구 후 선교에 그 상황을 통보한다.

④ 고장이 발생한 발전기를 즉시 수리하여 전원을 복구한다.

해설
일반적으로 선박에서는 블랙아웃(정전)을 대비하기 위해 2대 이상의 발전기가 있고, 선박에 따라 비상발전기가 설치되어 있다. 정전이 발생했을 때는 대기 중인 발전기를 신속히 기동하여 전원을 복구해야 하고 고장원인을 파악해야 한다. 고장이 발생한 발전기는 전원이 안정적으로 공급된 후 수리해야 한다.

**17** 기관구역에 설치된 수밀문을 제어할 수 있는 장소로 적합하지 않은 것은?

① 수밀문의 기관구역 내부

② 수밀문의 기관구역 외부

③ 선장 또는 기관장의 집무실

④ 수밀문 제어반이 있는 갑판

해설
기관구역의 수밀문 제어는 수밀문이 있는 기관구역 내부, 기관구역의 외부, 수밀문 제어반이 있는 갑판에서 할 수 있다.

**18** 구명줄(라이프라인)에 의한 신호방법으로 소방원이 보조자에게 줄을 4번 당기는 것은 무슨 의미는?

① 이상 없는가?  ② 전진한다.

③ 후퇴한다.  ④ 구조해 달라.

해설
구명줄 신호법

| 줄을 당기는 횟수 | 보조자가 소방원에게 | 소방원이 보조자에게 |
|---|---|---|
| 1 | 이상 없는가? | 이상 없다. |
| 2 | 전진하라. | 전진하겠다. |
| 3 | 후퇴하라. | 후퇴하겠다. |
| 4 | 철수하라. | 구조 요청 |

**19** 이산화탄소($CO_2$)소화제의 특성으로 틀린 것은?

① 공기보다 가볍다.

② 비점이 매우 낮다.

③ 무색, 무취, 무미의 기체이다.

④ C급 화재의 소화에 적합하다.

**해설**

이산화탄소소화기($CO_2$소화기)는 피연소물질에 산소 공급을 차단하는 질식효과와 열을 빼앗는 냉각효과로 소화시키는 것으로, C급 화재(전기 화재)에 효과적이다. 이산화탄소는 공기보다 약 1.5배 무겁기 때문에 가연물 주변에 피복하여 공기와의 접촉을 차단시키는 역할을 한다.

**20** 소방원 장구가 아닌 것은?

① 구명줄  ② 도 끼
③ 호 각  ④ 안전등

**해설**

소방원 장구는 방화복, 자장식 호흡구, 구명줄, 안전등, 방화도끼로 구성되어 있다.

**21** 화재 시 발생하는 연소 생성물로 인체에 치명적인 해를 끼치는 물질은?

① 산 소  ② 질 소
③ 일산화탄소  ④ 수 분

**해설**

화재 시 발생하는 일산화탄소(CO)는 무색의 유독성 기체이다. 산소 부족 상태에서 탄소 또는 유기연료를 연소시킬 때 발생하는데, 헤모글로빈과 결합하는 능력이 강하고 결합 후 해리가 잘되지 않기 때문에 질식사의 원인이 된다.

**22** 선박으로부터 기름 배출 규제 규정의 적용이 제외되는 경우에 해당하지 않는 것은?

① 인명을 구조하기 위한 부득이한 배출
② 기름여과장치 고장 시의 부득이한 배출
③ 선박의 안전 확보를 위한 부득이한 배출
④ 선박의 손상으로 오염 피해를 최소화하는 과정에서 부득이한 배출

**해설**

해양환경관리법 제22조(오염물질의 배출 금지 등)
다음의 어느 하나에 해당하는 경우에는 선박 또는 해양시설 등에서 발생하는 오염물질(폐기물은 제외한다)을 해양에 배출할 수 있다.
• 선박 또는 해양시설 등의 안전 확보나 인명구조를 위하여 부득이하게 오염물질을 배출하는 경우
• 선박 또는 해양시설 등의 손상 등으로 인하여 부득이하게 오염물질이 배출되는 경우
• 선박 또는 해양시설 등의 오염사고에 있어 해양수산부령이 정하는 방법에 따라 오염 피해를 최소화하는 과정에서 부득이하게 오염물질이 배출되는 경우

**23** 선박직원법상 해기사 면허에 대한 설명으로 틀린 것은?

① 면허의 유효기간은 5년이다.
② 선박 직원이 되려면 해기사 면허가 있어야 한다.
③ 해기사 면허증은 지방해양수산청에서 발급한다.
④ 해기사 면허는 승무경력이 없어도 취득할 수 있다.

**해설**

선박직원법 시행령 [별표 1의3]에 해기사 면허를 발급 받기 위한 승무경력이 정해져 있다.

**24** 선박안전법의 목적으로 틀린 것은?

① 선박의 감항성 유지
② 선박의 소속을 규정
③ 국민의 생명과 재산을 보호
④ 안전운항에 필요한 사항 규정

**해설**

선박안전법 제1조(목적)
선박의 감항성 유지 및 안전운항에 필요한 사항을 규정함으로써 국민의 생명과 재산을 보호함을 목적으로 한다.

**25** 해양환경관리법령상 폐기물관리계획서를 비치해야 할 선박의 기준은?

① 총톤수 50[ton] 이상
② 총톤수 100[ton] 이상
③ 총톤수 500[ton] 이상
④ 총톤수 1,000[ton] 이상

**해설**

선박에서의 오염방지에 관한 규칙 [별표 3의 5항]
총톤수 100[ton] 이상의 선박과 최대 승선 인원 15명 이상의 선박은 선원이 실행할 수 있는 폐기물관리계획서를 비치하고 계획을 수행할 수 있는 책임자를 임명하여야 한다. 이 경우 폐기물관리계획서에는 선상장비의 사용방법을 포함하여 쓰레기의 수집, 저장, 처리 및 처분의 절차가 포함되어야 한다.

---

제**1**과목 **기관 1**

## 01 디젤기관의 압축비와 가솔린기관의 압축비를 비교 설명한 것으로 맞는 것은?

① 디젤기관의 압축비가 더 크다.
② 디젤기관과 가솔린기관의 압축비는 항상 같다.
③ 저속에서는 디젤기관의 압축비가 더 작다.
④ 고속에서는 가솔린기관의 압축비가 더 크다.

**해설**
디젤기관(압축점화기관)은 압축비가 높아 열효율이 높고 연료소비량이 작다. 대형 기관에 적합하고 연료비가 저렴한 장점이 있는 반면, 가솔린기관에 비해 소음과 진동이 크고 압축비가 높아 시동이 곤란한 단점이 있다.

## 02 디젤기관의 착화방법에 대한 설명으로 맞는 것은?

① 실린더 내에 흡입된 공기를 압축한 후 점화플러그로 착화시킨다.
② 실린더 내에 흡입된 혼합기를 압축한 후 점화플러그로 착화시킨다.
③ 실린더 내에 흡입된 공기를 압축한 후 연료를 분사하여 착화시킨다.
④ 실린더 내에 연소가스를 연소시키고 연소가스는 노즐에서 팽창시켜 착화시킨다.

**해설**
• 압축점화기관 : 디젤기관의 점화방식으로, 공기를 압축하여 실린더 내의 온도를 발화점 이상으로 올려 연료를 분사하여 점화하는 기관
• 불꽃점화기관 : 가솔린기관의 점화방식으로, 전기불꽃장치(점화플러그)에 의해 실린더 내에 흡입된 연료를 점화하는 기관

## 03 소형 디젤기관의 실린더라이너가 마멸되었을 때 기관에 미치는 영향으로 적절하지 않은 것은?

① 시동 곤란
② 윤활유의 오손
③ 출력의 저하
④ 냉각수의 오손

**해설**
실린더라이너가 마멸되면 블로바이가 일어난다. 블로바이가 일어나면 출력이 저하되어 연료소비량이 증가하고, 시동이 곤란해지며, 윤활유의 오손이 발생할 수 있다. 실린더라이너의 마멸과 냉각수를 오손시키는 것과는 관계가 멀다.
블로바이(Blow-by) : 피스톤과 실린더라이너 사이의 틈새로부터 연소가스가 누출되어 크랭크 케이스로 유입되는 현상이다. 피스톤 링의 마멸, 고착, 절손, 옆 틈이 적당하지 않을 때 또는 실린더라이너의 불규칙한 마모나 상하의 흠집이 생겼을 때 발생한다. 블로바이가 일어나면 출력이 저하될 뿐만 아니라 크랭크실 윤활유의 상태도 변질된다.

## 04 디젤기관의 연료 분사조건으로 적합하지 않은 것은?

① 무 화
② 관 통
③ 분 포
④ 냉 각

**해설**
연료 분사조건
• 무화 : 연료유의 입자가 안개처럼 극히 미세화되는 것으로, 분사압력과 실린더 내의 공기압력을 높이고 분사밸브 노즐의 지름을 작게 해야 한다.
• 관통 : 분사된 연료유가 압축된 공기 중을 뚫고 나가는 상태로, 연료유 입자가 커야 하는데 관통과 무화는 조건이 반대되므로 두 조건을 적절하게 만족하도록 조정해야 한다.
• 분산 : 연료유가 분사되어 원뿔형으로 퍼지는 상태이다.
• 분포 : 분사된 연료유가 공기와 균등하게 혼합된 상태이다.

**05** 디젤기관에서 피스톤 링이 갖추어야 할 조건으로 적합하지 않은 것은?

① 적당한 경도를 가질 것
② 장력이 적절하고 균등한 면압으로 실린더 벽에 밀착할 것
③ 가공면이 거칠고 마멸이 잘될 것
④ 내열성을 가질 것

해설
피스톤 링은 내마모성, 내충격성, 내열성이 요구된다. 재질은 경도가 너무 높으면 실린더라이너의 마멸이 심해지고, 너무 낮으면 피스톤 링이 쉽게 마멸한다.
**피스톤 링의 재질로 주철을 사용하는 이유**
• 실린더 내벽과 접촉이 좋다.
• 고온에서 탄력 감소가 작다.
• 주철 조직 중에 함유된 흑연이 윤활유의 유막 형성을 좋게 하여 마멸이나 눌러 붙는 것을 줄여 준다.

**06** 디젤기관에서 회전속도가 높아서 피스톤 링의 펌프작용이 심해지면 일어나는 현상으로 맞는 것은?

① 윤활유 소비량이 증가한다.
② 연료유 공급압력이 저하한다.
③ 윤활유 공급압력이 증가한다.
④ 실린더 냉각수 공급압력이 감소한다.

해설
피스톤 링의 펌프작용이 심해지면 윤활유의 소모량이 급격하게 증가한다.
링의 펌프작용과 플러터현상 : 피스톤 링과 홈 사이의 옆 틈이 너무 클 때, 피스톤이 고속으로 왕복운동함에 따라 링의 관성력이 가스의 압력보다 크게 되어 링이 홈의 중간에 뜨게 되면, 윤활유가 연소실로 올라가 장해를 일으키거나 링이 홈 안에서 진동하게 되는데 윤활유가 연소실로 올라가는 현상을 링의 펌프작용, 링이 진동하는 것을 플러터 현상이라고 한다.

**07** 디젤기관에서 피스톤 링의 틈새가 너무 클 경우에 대한 설명으로 옳지 않은 것은?

① 연소가스의 누설이 많아진다.
② 연료유의 소모량이 줄어든다.
③ 링의 배압이 커져서 실린더 내벽에 마멸이 크게 된다.
④ 기관의 출력이 감소한다.

해설
피스톤 링의 틈새가 너무 크면 연소가스가 누설되어 기관의 출력이 낮아지고, 링의 배압이 커져서 실린더 내벽의 마멸이 커진다. 출력이 낮아진다는 것은 같은 출력을 낼 때 연료의 소모량이 많아진다는 것을 의미한다.

**08** 디젤기관에서 피스톤 링의 틈새를 계측할 때 사용되는 것은?

① 필러 게이지
② 마이크로미터
③ 텔레스코프 게이지
④ 버니어캘리퍼스

해설
틈새 게이지(필러 게이지)는 여러 개의 게이지 중 알맞은 두께가 표시되어 있는 것을 선택해서 간극을 계측한다. 필러 게이지는 피스톤 링의 절구 틈새 계측 및 밸브 간극 계측 등 다양한 용도의 두께 계측장비이다.

[필러 게이지]

**09** 디젤기관에서 블로바이에 대한 설명으로 가장 옳은 것은?

① 피스톤 링의 장력이 약해지는 현상
② 피스톤 링의 마멸, 고착, 절손 등에 의해 연소가스가 누설되는 현상
③ 피스톤 링이 마멸되어 윤활유를 위로 긁어 올리는 현상
④ 피스톤 링이 링 홈 안에서 떨리는 현상

해설
**블로바이(Blow-by)** : 피스톤과 실린더라이너 사이의 틈새로부터 연소가스가 누출되어 크랭크 케이스로 유입되는 현상이다. 피스톤 링의 마멸, 고착, 절손, 옆 틈이 적당하지 않을 때 또는 실린더라이너의 불규칙한 마모나 상하의 흠집이 생겼을 때 발생한다. 블로바이가 일어나면 출력이 저하될 뿐만 아니라 크랭크실 윤활유의 상태도 변질된다.

**10** 디젤기관에서 크랭크암의 개폐작용이 발생하는 원인으로 틀린 것은?

① 기관베드의 변형
② 과부하 운전
③ 피스톤 링의 블로바이
④ 메인 베어링의 틈새가 너무 큰 경우

해설
크랭크암의 개폐작용(크랭크암 디플렉션)은 크랭크축이 회전할 때 크랭크암 사이의 거리가 넓어지거나 좁아지는 현상이다. 그 원인은 다음과 같으며, 주기적으로 디플렉션을 측정하여 원인을 해결해야 한다.
• 메인 베어링의 불균일한 마멸 및 조정 불량
• 스러스트 베어링(추력 베어링)의 마멸과 조정 불량
• 메인 베어링 및 크랭크핀 베어링의 틈새가 클 경우
• 크랭크축 중심의 부정 및 과부하 운전(고속 운전)
• 기관베드의 변형

**11** 디젤기관의 크랭크에서 연접봉의 대단부와 연결되는 것은?

① 크랭크핀
② 크랭크암
③ 크랭크 저널
④ 크로스헤드핀

해설
커넥팅 로드는 소단부, 본체, 대단부로 나뉘는데 대단부는 크랭크축과 연결되는 크랭크핀에 연결된다. 소단부는 엔진 타입에 따라 트렁크형 엔진(주로 4행정 소형 기관)에서는 피스톤핀으로 피스톤과 연결되고 크로스헤드형 엔진(주로 2행정 대형기관)에서는 크로스헤드핀과 연결된다.

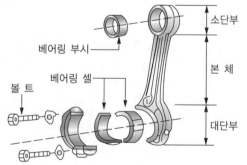

**12** 디젤기관의 크랭크암 디플렉션 측정시기는?

① 기관 운전 중
② 도크 출거 직전
③ 도크 입거 직후
④ 정박 중

해설
크랭크암 디플렉션(크랭크암 개폐작용)은 보통 기관이 정지하고 있는 정박 중에 계측한다. 도크 입거 후나 출거 전에는 프로펠러가 부력을 받고 있지 않은 상태이므로 프로펠러의 무게가 축에 더 많은 영향을 끼쳐 평소 물 위에 떠 있을 때의 조건이 아니다.

**13** 디젤기관에서 플라이휠의 구성요소에 해당하지 않는 것은?

① 림
② 암
③ 핀
④ 보 스

해설
플라이휠은 크랭크축에 연결되어 있고 보스, 암, 림으로 구성되어 있다.

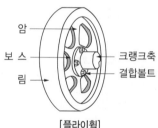

[플라이휠]

**14** 다음 그림은 보슈식 연료분사펌프의 구조이다. A, B, C, D 중 기관 운전 중 회전수를 올리기 위해 조속기가 직접 연료의 양을 조절하는 장치는?

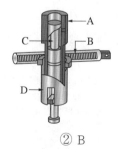

① A
② B
③ C
④ D

보슈식 연료분사펌프에서 연료유의 공급량을 조정하는 것은 조정래크이다. 조정래크를 움직이면 플런저와 연결되어 있는 피니언이 움직이게 되고 피니언은 플런저를 회전시키게 된다. 플런저를 회전시키면 플런저 상부의 경사 홈이 도출구와 만나는 위치가 변화되어 연료의 양을 조정하게 된다.

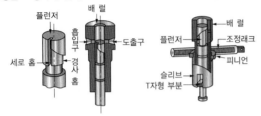

**15** 디젤기관의 연소실에 분사된 연료유가 착화 지연기간 중에 축적되어 일시에 연소하면서 실린더 내의 압력이 급상승하는 현상은?

① 링 플러터현상　　② 링의 펌핑현상
③ 디젤노킹현상　　④ 역화현상

해설
디젤노크(디젤노킹) : 연소실에 분사된 연료가 착화 지연기간 중에 축적되어 일시에 연소되면서 급격한 압력 상승이 발생하는 현상이다. 노크가 발생하면 커넥팅 로드 및 크랭크축 전체에 비정상적인 충격이 가해져서 커넥팅 로드의 휨이나 베어링의 손상을 일으킨다.

**16** 과급기에서 공기 송출압력이 정상보다 낮을 때의 조치로 적절하지 않은 것은?

① 과급기의 공기필터 소제
② 과급기 배기가스 터빈 날개 점검
③ 배기관에서 가스 누설 점검
④ 배기밸브의 냉각수 순환량 증가

해설
과급기는 실린더로부터 나오는 배기가스를 이용하여 과급기의 터빈을 회전시키고 터빈이 회전하면 같은 축에 있는 송풍기가 회전하면서 외부의 공기를 흡입하여 압축하고, 냉각기를 거쳐 밀도가 높아진 공기를 실린더의 흡입공기로 공급하는 원리이다. 이렇게 과급을 하면 평균 유효압력이 높아져 기관의 출력을 증대시킬 수 있다. 과급기의 공기 토출압력이 낮아질 경우 배기관의 가스 누설이나 과급기 공기필터 및 베어링 등의 이상 유무를 확인해야 한다. 실린더 냉각수의 온도는 과급기 성능과는 거리가 멀다.

**17** 보일러에 들어간 급수 중의 불순물이 보일러의 전열면에 부착되어 고형분이 된 것은?

① 스케일　　　　② 프라이밍
③ 가성취화　　　④ 포 밍

해설
• 스케일 : 보일러에 공급된 급수 중에 포함되어 있는 경도 성분이나 실리카 등이 농축되어 보일러수측의 열전달면에 부착되어 있는 것이다. 스케일은 열전도를 방해하여 보일러의 효율을 급격히 저하시킨다.
• 가성취화 : 보일러수의 알칼리도가 높은 경우에 리벳 이음판 중첩부의 틈새 사이나 용접부 등에 보일러수가 침입하여 알칼리 성분이 가열에 의해 농축되고, 이 알칼리와 이음부 등의 반복응력의 영향으로 균열이 생기는 열화현상이다.
• 기수공발(캐리오버, Carry Over) : 기수공발은 프라이밍, 포밍 및 증기거품이 수면에서 파열될 때 생기는 작은 물방울들이 증기에 혼입되는 현상이다. 이러한 현상은 증기의 순도를 저하시키고 증기 속에 물방울이 다량 포함되기 때문에 보일러수 속의 불순물도 동시에 송출함으로써 수격현상을 초래하거나 증기배관이 오염되고, 과열기가 있는 보일러에서는 과열기를 오손시키고 과열 증기의 과열도 저하 등 많은 문제를 유발한다.
－ 프라이밍 : 비등이 심한 경우나 급하게 주증기밸브를 개방할 경우 기포가 급히 상승하여 수면에서 파괴되고 수면을 교란하여 수분이 증기와 함께 배출되는 현상이다.
－ 포밍 : 전열면에서 발생한 기포가 수중에 있는 불순물의 영향을 받아 파괴되지 않고 계속 증가하여, 이것이 증기와 함께 배출되는 현상이다.

**18** 보일러에 설치되는 장치에 해당하지 않는 것은?

① 안전밸브
② 수면계
③ 버 너
④ 팽창탱크

해설
팽창탱크 : 기관실의 팽창탱크는 주기관 청수 냉각수 파이프라인에서 볼 수 있는데 기관실 상부에 위치한다. 이 탱크는 냉각수 온도가 변할 때 물의 부피 변화를 흡수하기 위해 설치한다. 팽창탱크가 없다면 냉각수의 부피 변화로 인해 파이프에 파손이 생기고 누설이 발생하여 기관에 치명적인 영향을 줄 수 있다. 이 역할 외에 부식방지용 약품을 투여하거나 청수라인의 물을 보충할 때도 사용한다. 평소 순찰 시 급격한 수위 변화가 있으면 누수나 기타 문제가 있는지 확인해야 한다.

**19** 프로펠러가 1회전할 때 날개의 어떤 한 점이 축 방향으로 이동한 거리는?

① 지 름　　　　　② 피 치
③ 경사각　　　　④ 보 스

해설
피치 : 프로펠러가 1회전했을 때 전진하는 거리

**20** 추진기축과 추진기의 부식을 방지하기 위한 방법으로 맞는 것은?

① 추진기의 심도를 얕게 유지하여 최대한 해수와의 접촉을 줄인다.
② 추진기 근처 선체에 보호납을 부착한다.
③ 축과 선체가 접지되도록 하여 전위차를 감소시킨다.
④ 추진기와 해수의 접촉을 막기 위해 추진기에 그리스를 도포한다.

해설
추진기(프로펠러)축과 추진기의 부식을 방지하기 위해서 프로펠러가 있는 선미측 외판에 아연판을 부착하고 선체 내부 프로펠러축에 접지선을 연결하여 전위차를 감소시켜 부식을 방지한다. 이 외에 프로펠러의 공동현상(캐비테이션)이 발생하지 않도록 하여 부식을 방지해야 한다.
• 공동현상(캐비테이션, Cavitation) : 프로펠러의 회전속도가 어느 한도를 넘어서면 프로펠러 배면의 압력이 낮아지고 표면에 기포 상태가 발생하는데 이 기포가 순식간에 소멸되면서 높은 충격압력을 받아 프로펠러 표면을 두드리는 현상이다.
• 캐비테이션 침식 : 공동현상이 반복되어 프로펠러 표면이 거친 모양으로 침식되는 현상으로, 프로펠러 손상을 가져온다. 이를 방지하기 위해서는 회전수를 지나치게 높이지 않고 프로펠러가 수면 부근에서 회전하지 않도록 해야 한다.

**21** 추진기 재료로 가장 많이 쓰는 것은?

① 주 철　　　　　② 탄소강
③ 고력황동　　　④ 스테인리스강

해설
추진기의 재료로 고장력이며 인성이 있는 고력황동을 많이 사용한다.

**22** 스크루 프로펠러가 추진할 때 날개의 끝이 그리는 원의 지름은?

① 프로펠러의 피치
② 프로펠러의 직경
③ 프로펠러의 반경
④ 프로펠러의 경사비

해설
• 프로펠러 지름 : 프로펠러가 1회전할 때 날개(블레이드) 끝이 그린 원의 지름(직경)
• 피치 : 프로펠러가 1회전했을 때 전진하는 거리
• 보스 : 프로펠러 날개를 프로펠러축에 연결해 주는 부분
• 경사비 : 프로펠러 날개가 축의 중심선에 대하여 선미 방향으로 기울어져 있는 정도

**23** 연료유의 점도에 대한 설명으로 틀린 것은?

① 연료유의 끈끈한 정도를 말한다.
② 연료유의 점도는 온도가 올라가면 낮아진다.
③ 점도가 크면 연료유가 잘 흐르지 못한다.
④ 중유의 점도는 경유보다 더 작다.

해설
점도는 경유가 중유보다 더 낮고 온도가 올라갈수록 낮아진다.
• 점성(Viscosity) : 유체의 흐름에 대한 저항으로, 운동하는 액체나 기체 내부에 나타나는 마찰력이므로 내부마찰이라고도 한다. 즉, 액체의 끈끈한 성질이다. 점성의 정도를 점도라고 한다.

**24** 디젤기관용 연료유의 조건으로 적합하지 않은 것은?

① 착화성이 좋을 것
② 응고점이 높을 것
③ 점도가 적당할 것
④ 회분이 적을 것

해설
선박에서 사용되는 연료유의 조건
• 비중, 점도 및 유동성이 좋을 것
• 저장 중 슬러지가 생기지 않고 안정성이 있을 것
• 발열량이 크며, 발화성이 양호하고 부식성이 없을 것
• 유황분, 회분, 잔류 탄소분, 수분 등 불순물의 함유량이 적을 것
• 착화성이 좋을 것

**25** 윤활유의 열화방지방법으로 틀린 것은?

① 윤활유의 냉각기를 자주 소제한다.

② 윤활유와 산소의 접촉이 원활하도록 한다.

③ 윤활유의 청정기를 운전해서 수분을 제거한다.

④ 윤활유에 금속물질이 혼입되지 않도록 한다.

**해설**
윤활유는 사용함에 따라 점차 변질되어 성능이 떨어지는데, 이것을 윤활유의 열화라고 한다. 열화의 가장 큰 원인은 공기 중의 산소에 의한 산화작용이다. 고온에 접촉되거나 물이나 금속가루 및 연소 생성물 등이 혼입되는 경우에는 열화가 더욱 촉진된다. 그리고 윤활유가 고온에 접하면 그 성분이 열분해되어 탄화물이 생기고 점도는 높아진다. 탄화물은 실린더의 마멸과 밸브나 피스톤 링의 고착원인이 된다.

---

### 제2과목 기관 2

**01** 원심펌프의 부품에 포함되지 않는 것은?

① 마우스 링

② 회전차

③ 케이싱

④ 플런저

**해설**
플런저는 왕복식 펌프 중 플런저펌프의 구성요소이다.

**02** 원심펌프에서 축이 케이싱을 통과하는 부분에 유체가 외부로 유출되거나 외부로부터 공기가 유입되는 것을 방지하기 위해 설치하는 장치는?

① 축봉장치

② 마우스 링

③ 평형 원판

④ 베어링

**해설**
임펠러축과 펌프 케이싱 사이에서 유체가 누설하는 것을 방지하기 위해 축봉장치를 설치하는데, 기계적 실(Mechanical Seal)이나 충전식 패킹(패킹 글랜드)을 사용한다.

**03** 펌프 중심에서 흡입 수면까지의 수직거리를 무엇이라고 하는가?

① 흡입양정

② 송출양정

③ 실양정

④ 전양정

**해설**
펌프의 중심에서 흡입 수면까지의 수직거리를 흡입수두(흡입양정)라 하고, 펌프 중심에서 송출 수면까지의 수직거리를 송출수두(송출양정)라고 한다. 실수두(실양정)는 흡입수두와 송출수두를 합한 것이고, 전수두(전양정)은 실수두(실양정)와 손실수두(손실양정)를 합한 것이다.

**04** 다음 중 펌프의 종류가 다른 것은?

① 냉각해수펌프

② 잡용수펌프

③ 조타기 유압펌프

④ 소화펌프

**해설**
선박에서 점도가 낮은 청수나 대용량의 해수를 이송하는 곳에는 주로 원심펌프를 사용하는데 주해수펌프, 냉각수펌프, 잡용수펌프, 청수펌프 등이 해당된다. 유압펌프는 원동기로부터 공급받은 기계동력을 유체동력으로 변환시키는 기기로, 주로 용적형 펌프가 많이 사용된다. 왕복식 펌프인 피스톤펌프와 회전식 펌프인 기어펌프, 나사펌프, 베인 펌프가 사용된다.

**05** 연료유의 청정방법에 해당되지 않는 것은?

① 중력에 의한 청정법

② 여과기에 의한 청정법

③ 원심식 청정법

④ 역삼투압에 의한 청정법

**해설**
청정의 방법에는 중력에 의한 침전분리법, 여과기에 의한 청정법, 원심식 청정법 등이 있다. 최근의 선박은 비중차를 이용한 원심식 청정기를 주로 사용한다.

**06** 다음 펌프 중 임펠러가 설치되어 있는 것은?

① 연료유 이송펌프

② 주기관 윤활유펌프

③ 밸러스트펌프

④ 기관실 빌지펌프

**해설**
임펠러는 터보형 펌프의 구성요소이다. 터보형에는 원심식, 사류식, 축류식 펌프가 있는데 밸러스트펌프는 대부분 원심펌프를 사용한다.

**07** 내부에 흡입밸브와 송출밸브가 설치되어 있는 펌프는?

① 왕복펌프
② 베인펌프
③ 원심펌프
④ 나사펌프

**해설**
왕복펌프는 실린더 속에 피스톤, 플런저 또는 버킷 등이 왕복운동을 하여 유체를 흡입하고 송출하는 펌프로, 내부에 흡입밸브와 송출밸브가 설치된다.

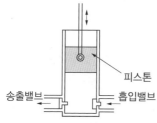

[왕복펌프 중 피스톤 펌프]

**08** 원심식 유청정기에서 슬러지의 분리효과를 높이기 위한 방법으로 틀린 것은?

① 분리판의 수 증가
② 기름의 가열
③ 회전수의 증가
④ 통유량의 증가

**해설**
원심식 유청정기에서 청정효과(슬러지의 분리효율)를 높이기 위해서 적정 온도로 가열하여 기름의 점도를 조정하고 분리판의 수와 회전수를 증가시키는 방법을 사용한다. 또한, 통유량을 감소시키는 방법을 사용하기도 한다. 그러나 실제적으로 기름의 온도와 분리판의 수 및 회전수 등은 미리 계산되어 정해져 있으므로 무한정 증가시킬 수는 없다. 운전 중에 분리효율을 높이기 위해 할 수 있는 가장 효율적인 방법이 통유량을 적게 하는 것이다.

**09** 원심펌프의 패킹 충전식 축봉장치에 대한 설명으로 틀린 것은?

① 펌프의 형상, 크기 및 압력 등에 따라 다른 종류의 패킹이 사용된다.
② 해수펌프 등에는 일반적으로 글랜드 패킹이 사용된다.
③ 글랜드 패킹이 적절하게 설치되어 있으면 누설이 전혀 없다.
④ 패킹 충전식은 축이 관통하는 부분에 패킹박스를 설치하고 그 속에 패킹을 넣는다.

**해설**
원심펌프의 축봉장치에서 패킹 글랜드 타입을 사용할 경우에는 냉각작용과 윤활작용을 하기 위해서 물이 소량으로 한 방울씩 새어 나오도록 해야 한다. 물이 새지 않으면 패킹 글랜드가 열화되어 축봉장치의 역할을 못할 수 있다. 그러나 기계적 실(메카니컬 실)에서는 누설되지 않아야 한다.

**10** 기어펌프에서 릴리프밸브의 설명으로 틀린 것은?

① 스프링을 갖고 있다.
② 흡입을 쉽게 하기 위해 진공을 형성시켜 준다.
③ 송출압력을 일정하게 제한시킨다.
④ 설정압력 조정용 나사가 있다.

**해설**
릴리프밸브는 과도한 압력 상승으로 인한 손상을 방지하기 위한 장치이다. 펌프의 송출압력이 설정압력 이상으로 상승하였을 때 밸브가 작동하여 유체를 흡입측으로 되돌려 과도한 압력 상승을 방지한다.

**11** 다음 펌프 중 유조선에서 화물탱크 밑 부분에 남은 기름을 퍼내는 것은?

① 화물유펌프
② 스트리퍼펌프
③ 연료유펌프
④ 드레인펌프

**해설**
유조선에서 화물탱크를 하역할 때에는 화물유펌프(Cargo Oil Pump)를, 화물유펌프로 흡입이 되지 않고 남아 있는 잔유 기름을 퍼낼 때에는 스트리퍼(Stripper)펌프를 사용한다. 스트리퍼펌프 또는 스트립핑(Stripping)펌프라고 한다.

**12** 조타기의 구성요소에 해당하지 않는 것은?

① 추종장치      ② 조종장치

③ 추진장치      ④ 타장치

[해설]
조타기는 조종장치, 조타기(원동기), 추종장치, 전달장치(타장치)로 구성되어 있다.

**13** 선박을 계류할 때 풍랑, 조수 간만의 차, 선박의 흘수 변화 등으로 과도한 장력이 걸려 계선줄이 파단되는 것을 방지하기 위해 사용되는 것은?

① 크레인      ② 사이드스러스터

③ 캡스턴      ④ 자동장력계선윈치

[해설]
계선윈치 중 자동장력계선윈치는 최근에 많이 사용된다. 이는 계선줄을 자동으로 조절하는 것으로 계선줄에 장력이 설정값 이상이 되면 계선줄을 풀고 감는 것을 자동으로 하는 윈치이다.

**14** 전동유압식 조타장치에서 항해 중 점검해야 할 사항으로 적절하지 않은 것은?

① 유압 계통의 유량과 압력을 확인한다.

② 작동부의 그리스 양을 확인한다.

③ 추종장치를 주기적으로 시험하고 적정 여부를 확인한다.

④ 유압펌프 및 전동기의 이상음 발생 여부를 확인한다.

[해설]
추종장치는 타가 소요 각도만큼 돌아갈 때 그 신호를 피드백하여 자동적으로 타를 움직이거나 정지시키는 장치이다. 항해 중에는 당직 항해사가 조타가 잘되고 있는지를 확인 가능하므로 수시로 시험하지 않는다.

**15** 선박에서 기름여과장치를 운전하기 전에 기름여과장치 내부에 채우는 것은?

① 그리스      ② 수증기

③ 해 수      ④ 윤활유

[해설]
기름여과장치를 운전하기 전에는 반드시 물을 채워야 한다. 운전 초기에는 해수나 청수가 흡입되게 하여 운전 상태를 확인하여 유수분리기능이 잘 동작되는지 확인 후 빌지밸브를 열어 선저폐수(빌지)를 배출시켜야 한다.

**16** 생물화학적 오수처리장치에서 물속에 들어 있는 유기 오염물질을 미생물이 분해하는 데 필요한 생물화학적 산소요구량을 나타내는 것은?

① FC      ② BOD

③ IGS      ④ TOC

[해설]
BOD(Biological Oxygen Demand) : 생물화학적 산소요구량

**17** 선내 분뇨를 생물화학적으로 분해하여 정화시키기 위해 사용되는 물질은?

① 소 금      ② 무기질

③ 호기성 미생물      ④ 섬유질

[해설]
생물화학적 오수처리장치는 폭기실(공기용해탱크), 침전실, 멸균실로 구성되어 있다. 폭기탱크에서 호기성 미생물의 번식이 활발해져 오물을 분해시키고, 침전탱크에서 활성 슬러지는 바닥에 침전되며 상부의 맑은 물은 멸균탱크로 이동하고, 멸균실에서 살균이 이루어진 후 선외로 배출된다.

**18** 폐유소각기에서 과열을 방지하기 위해 화로의 내면에 설치하는 것은?

① 방열판

② 내화벽돌

③ 시멘트

④ 석고보드

[해설]
소각로 화로의 내면은 연소화염에 의해 화로가 손상되지 않도록 내화벽돌로 덮여 있다.

**19** 기름여과장치에서 물과 기름의 경계면을 감지하기 위해 필요한 장치는?

① 유속검출기  ② 점도검출기

③ 유면검출기  ④ 전기검출기

해설
기름여과장치(유수분리장치 또는 기름분리장치)의 유면검출기는 물과 기름의 경계면을 검출하여 유분의 양이 많아지면 전자밸브(솔레노이드밸브)를 열어 기름을 탱크로 보내는 역할을 한다.

**20** 선박에서 사용되는 기름여과장치에 해당하지 않는 것은?

① 전기분해식 기름여과장치

② 원심식 기름여과장치

③ 평행판식 기름여과장치

④ 필터와 원심력을 이용한 기름여과장치

해설
유수분리장치의 종류에는 평행판식, 필터식, 원심식, 필터와 원심력을 병용한 방식, 평행판식 필터가 결합된 방식 등이 있다.

**21** 다음 선도 중 냉동장치의 성능을 분석하는 데 사용되는 것은?

① 몰리에르 선도  ② 랭킨 선도

③ 훅의 선도  ④ 지압 선도

해설
몰리에르 선도($P-h$ 선도, 압력-엔탈피 선도) : 냉매 1[kg]이 장치 내를 순환하는 동안의 상태 변화과정을 나타낸 것으로 냉동 사이클의 계산과 성능을 분석하는 데 사용된다.

**22** 증기압축식 냉동장치의 구성요소에 해당하지 않는 것은?

① 팽창밸브  ② 이젝터

③ 압축기  ④ 건조기

해설
증기압축식 냉동기의 4요소는 압축기, 응축기, 팽창밸브, 증발기이다. 건조기, 액분리기, 유분리기 등도 냉동기의 구성요소이다.

**23** 증기압축식 냉동기에서 증발기를 설치하는 위치는 어디인가?

① 압축기에서 팽창밸브와의 사이

② 팽창밸브에서 압축기와의 사이

③ 응축기에서 유분리기의 사이

④ 응축기에서 수액기의 사이

해설
증기압축식 냉동기의 냉매 흐름은 압축기 → 응축기 → 팽창밸브 → 증발기 → 압축기의 순서로 순환 반복한다. 증발기는 팽창밸브와 압축기 사이에 설치한다.

**24** 냉동기에서 압축기의 흡입압력이 낮은 원인으로 올바른 것은?

① 냉각수 부족  ② 불응축가스 혼입

③ 윤활유 부족  ④ 냉매 부족

해설
흡입압력이 낮은 원인은 매우 다양하나 다음의 경우가 대표적이다.
• 흡입 스트레이너가 오손되었다.
• 냉매 속에 기름이 있다.
• 팽창밸브의 조절이 불량하다.
• 냉매가 부족하다.

**25** 냉매가 갖추어야 할 조건으로 적합하지 않은 것은?

① 쉽게 액화될 것  ② 임계온도가 높을 것

③ 증발잠열이 클 것  ④ 응축압력이 높을 것

해설
냉매의 요건
• 물리적 조건
 – 저온에서도 증발압력이 대기압 이상이어야 한다.
 – 응축압력이 적당해야 한다.
 – 임계온도가 충분히 높아야 한다.
 – 증발잠열이 커야 한다.
 – 냉매가스의 비체적이 작아야 한다.
 – 응고온도가 낮아야 한다.
• 화학적 조건
 – 화학적으로 안정되고 변질되지 않아야 한다.
 – 누설을 발견하기 쉬워야 한다.
 – 장치의 재료를 부식시키지 않아야 한다.

## 제3과목 기관 3

**01** '전기회로의 부하에 흐르는 전류는 부하에 가해 준 전압의 크기에 비례하고, 부하의 저항값은 흐르는 전류에 반비례한다.'라는 법칙은?

① 파스칼 법칙
② 옴의 법칙
③ 앙페르의 법칙
④ 렌츠의 법칙

**해설**
옴의 법칙 : $I = \dfrac{V}{R}$

**02** 플레밍의 왼손법칙이 적용되는 전기기기는 무엇인가?

① 여자기
② 변압기
③ 전동기
④ 발전기

**해설**
전동기의 원리는 플레밍의 왼손법칙이 적용된다. 자기장 내에 도체를 놓고 전류를 흘리면 플레밍의 왼손법칙에 의해 전자력이 발생하여 회전하게 되는데, 엄지손가락은 회전 방향, 검지손가락은 자력선의 방향, 가운데 손가락은 전류의 방향을 나타낸다.

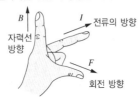

[플레밍의 왼손법칙]

**03** 배전반에서 배선용 차단기가 작동된 경우 다시 복귀시키는 방법은 무엇인가?

① 손잡이를 위로 올린다.
② 손잡이를 아래로 내린다.
③ 손잡이를 아래로 내렸다가 다시 위로 올린다.
④ 손잡이를 위로 올렸다가 다시 아래로 내린다.

**해설**
배선용 차단기는 회로의 단락이나 과전류가 흘렀을 때 회로를 보호하기 위해 차단기가 작동(트립)하는데 트립 상태가 되면, 다음의 그림과 같이 ON과 OFF의 중간 위치에 오게 된다. 복귀시키는 방법은 손잡이를 아래(OFF 방향)로 내렸다가 다시 올린다(ON 방향).

**04** 다음 중 가장 큰 저항은?

① 1,000[mΩ]
② 1,000[Ω]
③ 100[kΩ]
④ 1[MΩ]

**해설**
$1[\text{m}\Omega] \rightarrow \dfrac{1}{1000}[\Omega]$, $1[\text{k}\Omega] \rightarrow 1,000[\Omega]$,
$1[\text{M}\Omega] \rightarrow 1,000,000[\Omega]$

**05** 다음 중 교류발전기의 용량을 나타내는 단위는?

① [A]
② [MΩ]
③ [kVA]
④ [Ah]

**해설**
kVA(킬로볼트암페어) : 정격 출력의 단위로 피상전력을 나타낸다. [VA]로 표시하기도 하는데 k는 1,000을 의미한다. 선박에서 사용하는 발전기의 출력이 1,000[VA]을 초과하여 일반적으로 [kVA]로 나타낸다.

**06** 교류발전기의 배전반에서 설치되지 않는 것은?

① 전압계
② 전력계
③ 회전속도계
④ 주파수계

**해설**
배전반에 발전기의 회전속도계는 설치되어 있지 않다. 속도는 주파수의 크기로 가늠할 수 있으며, 발전기 본체에 표시되어 있는 발전기도 있다. 배전반에 전압계, 전력계, 주파수계, 동기검정기 등은 꼭 있어야 하며 경우에 따라서 역률계를 설치할 수도 있다.

**07** 전기회로에서 사용되는 단위로 옳지 않은 것은?

① [kW]  ② [MPa]

③ [MΩ]  ④ [mA]

해설

파스칼(기호 Pa)은 압력의 단위이다.

※ 표준 대기압 : 101,325[Pa] = 101.325[kPa] = 1,013.25[hPa] = 0.101325[MPa]

**08** 5[Ω] 저항 2개를 직렬로 연결한 후 직류전압 10[V]를 공급하면 회로에 흐르는 전류는 얼마인가?

① 1[A]  ② 2[A]

③ 4[A]  ④ 10[A]

해설

• 저항의 직렬연결 합성저항 : $R = R_1 + R_2 = 10[\Omega]$

• 옴의 법칙 : $I = \dfrac{V}{R} = \dfrac{10}{10} = 1[A]$

**09** 다음 접점 중 전기회로에서 평상시에는 닫혀 있다가 신호를 받으면 열리는 것은?

① a접점  ② b접점

③ c접점  ④ ab접점

해설

접점의 종류

• a접점(NO접점, Normally Open Contact) : 평상시에는 열려 있다가 동작하면 닫힌다.

• b접점(NC접점, Normally Closed Contact) : 평상시에는 닫혀 있다가 동작하면 열린다.

• c접점(절환접점, Change Over Contact) : 어느 한쪽의 공통접점이 있고, a접점과 b접점이 있을 때 처음 공통접점과 a접점이 닫혀 있을 때 작동하면 공통접점과 a접점은 열리고 b접점이 닫힌다. 반대로 공통접점과 b접점이 닫혀 있을 때 작동하면 공통접점과 b접점은 열리고 공통접점과 a접점이 닫힌다.

**10** 대칭 3상 교류에서 각 상간의 위상차는 얼마인가?

① 45°  ② 90°

③ 120°  ④ 270°

해설

대칭 3상의 교류의 위상차는 120°이다.

**11** 납축전지의 충전반에 설치하지 않는 장치는?

① 직류전압계  ② 접지등

③ 차단기  ④ 역률계

해설

배터리 충·방전반에는 전압계, 전류계, 접지등 및 차단기 등을 설치한다. 역률계는 발전기 배전반에 설치한다.

**12** 전기에너지를 회전운동을 하는 기계에너지로 변환시키는 것은?

① 발전기  ② 전동기

③ 축전기  ④ 정류기

해설

전동기는 전기에너지를 회전운동을 하는 기계에너지로 변환시키고, 발전기는 기계적 에너지를 전기에너지로 변환하는 장치이다.

**13** 다음 금속재료 중 퓨즈(Fuse)로 사용되는 것은?

① 철  ② 구 리

③ 납  ④ 수 은

해설

퓨즈는 전류가 세게 흐르면 전기 부품보다 먼저 녹아 끊어져서 전류의 흐름을 끊어 주는 금속선이다. 퓨즈는 제조회사마다 차이가 있지만 과도한 전류가 흐를 때 발생하는 열로 끊어져야 하므로, 주로 녹는점이 낮은 납과 주석 또는 아연과 주석의 합금을 재료로 사용한다.

**14** 선박용 납축전지의 설명으로 틀린 것은?

① 충전기의 연결이 필요하다.

② 단전지의 정격전압은 2[V]이다.

③ 용량의 단위는 [Ah]이다.

④ 전해액은 묽은 염산이다.

해설

납축전지의 전해액은 증류수에 황산을 혼합시킨 묽은 황산이다.

**15** 발전기 모선의 회로차단기로 공기 중에 설치하는 장치는?

① THR
② AVR
③ ACB
④ OCR

**해설**

일반적으로 선내 발전기 배전반의 주회로차단기는 ACB(기중차단기, Air Circuit Breaker)를 사용한다. 현재 저압 배전반(600[V] 이하)에서 가장 널리 사용된다.

※ ACB(기중차단, Air Circuit Breaker) : 전로를 차단하려면 고정 접촉자와 가동 접촉자를 두고 항상 이들을 밀착시켜 전류를 흐르게 하는데, 선로의 어디에선가 고장으로 인해 큰 전류가 흘렀을 때에는 신속히 가동부를 고정부에서 분리해서 전류를 끊어야 한다. 이때 아크가 발생하는데, 이 아크를 끄는 것이 가장 문제가 된다. 이 때문에 양 접촉자를 공기 속에 놓고 접촉자를 분리시켜 아크의 발생을 줄인다.

**16** 기관실에서 운전 중인 펌프들 중에서 1번 해수펌프만 갑자기 정지되었다면 그 이유로 가장 적합한 것은?

① 발전기의 전압이 너무 낮다.
② 발전기의 주파수가 너무 낮다.
③ 해당 펌프의 전동기가 과부하로 트립되었다.
④ 해당 펌프의 전동기가 과속도로 트립되었다.

**해설**

발전기의 전압이나 주파수가 높거나 낮으면 발전기가 트립되거나 기중차단기(ACB)가 차단되어 여러 펌프로 공급되는 전기 전체가 차단된다. 여러 펌프를 운전하던 중 1번 해수펌프만 정지된 것은 해수펌프의 과부하 운전으로 인해 해수펌프의 차단기만 트립된 것이다. 해수펌프의 전동기의 속도는 일정하므로 과속도 운전 트립은 없다.

**17** 선박에서 사용되는 동기발전기는 무엇인가?

① 분권발전기
② 브러시리스 발전기
③ 타려식 발전기
④ 유도발전기

**해설**

브러시리스 동기발전기 : 대부분의 선박에서 교류발전기로 사용되고 있는 발전기이며, 계자코일이 고정되어 브러시와 슬립 링이 필요 없이 직접 여자전류를 계자코일에 공급하는 발전기이다. 계자코일은 내측 중심에, 고정자 코일은 외측에 고정되어 있고 그 사이를 로터가 회전하는 형식으로 보수와 점검이 간단하다.

**18** 다음 중 납축전지의 성능에 가장 좋지 않은 것은?

① 1시간 동안 과방전된 경우
② 5시간 동안 과방전된 경우
③ 1시간 동안 과충전된 경우
④ 5시간 동안 과충전된 경우

**해설**

일반적으로 방전전류의 세기가 크고 쉬는 시간이 길며 사용온도가 낮거나 방전을 바닥 상태까지 하면 축전지의 수명은 짧아진다.

**19** 납축전지가 충전되는 과정에서 나타나는 현상으로 틀린 것은?

① 음극에서 수소가스가 발생한다.
② 양극에서 산소가스가 발생한다.
③ 전압이 상승한다.
④ 전해액의 비중이 내려간다.

**해설**

납축전지를 충전할 때는 충전이 진행됨에 따라 전압과 비중은 상승한다. 어느 정도 충전이 진행되면 양극에서는 산소가, 음극에서는 수소가 발생한다. 반면에 납축전지의 방전이 시작되면 전압과 전류는 강하되고 전해액의 비중도 시간이 지남에 따라 감소한다.

**20** 납축전지의 주요 구조물에 해당하지 않는 것은?

① 중극판
② 양극판
③ 음극판
④ 전 조

**해설**

납축전지는 극판군, 전해액, 전조로 이루어진다.
• 극판군 : 여러 장의 양극판, 음극판, 격리판으로 구성되어 있다.
• 전해액 : 진한 황산과 증류수를 혼합하여 비중 1.28 내외로 사용한다.
• 전조 : 전지의 용기로, 깨지지 않고 가벼운 재질로 만든다.

**21** 3상 유도전동기의 명판에 표시되지 않는 것은?

① 정격저항
② 정격전압
③ 정격전류
④ 정격 회전수

해설
유도전동기의 명판에는 정격전압, 정격전류, 극수, 주파수, 회전수 등의 정보들이 표시되어 있다.

---

**22** 배전반의 차폐형 회로차단기로 주로 단락사고로부터 배선 및 기기를 보호하는 역할을 하는 것은?

① MC      ② MCCB
③ PB      ④ AVR

해설
배전반의 차단기에는 NFB(배선용 차단기), MCCB 또는 MCB(배선용 차단기, 성형 케이스 회로차단기), ACB(기중차단기) 등이 있는데 용량에 따라 사용하는 차단기는 다르지만 역할은 거의 동일하다.
• NFB(No Fuse Breaker) : 배선용 차단기
• MCCB(Moulded Case Circuit Breaker) : 성형 케이스 회로차단기, 배선용 차단기
• ACB(Air Circuit Breaker) : 기중차단기

---

**23** 선박에서 사용하는 조명용 회로의 일반적인 배전방식은?

① 단상 2선식      ② 단상 3선식
③ 3상 3선식      ④ 4상 4선식

해설
선박에서 사용하는 조명의 배전방식은 단상 2선식이고 병렬연결을 하여 사용한다.

---

**24** 다음 중 반도체 소자로 이용할 수 있는 물질은?

① 아 연      ② 실리콘
③ 철      ④ 알루미늄

해설
불순물이 전혀 들어 있지 않은 순수한 실리콘 및 게르마늄과 같은 물질이 반도체 소자로 이용된다.

---

**25** 선박의 배터리 충전기에 내장된 정류용 반도체 소자는 무엇인가?

① 저 항      ② 다이오드
③ 코 일      ④ 전자석

---

## 제4과목 직무일반

**01** 항해 중 당직 기관사가 당직 항해사에게 연락해야 할 경우에 해당하지 않는 것은?

① 발전기를 병렬 운전할 경우
② 전력 생산이 어려울 경우
③ 주기관의 회전수를 변경할 경우
④ 조타기에 이상이 발생했을 경우

해설
당직 기관사가 당직 항해사에게 통보해야 할 사항
• 주기관의 회전수를 변경할 경우
• 조타기에 이상이 있을 경우
• 발전기 또는 전선 등의 고장으로 송전에 영향이 있을 경우
• 갑판부로부터 요구되는 송수, 송기, 화물창의 빌지 배출 등에 지장이 있을 경우
• 통풍, 냉・난방장치에 고장이 있을 때
• 정박 중에 프로펠러를 회전할 경우
• 보일러의 수트블로(Soot Blow)를 실시할 때
• 선체 또는 갑판상을 오손할 염려가 있을 때

---

**02** 기관구역 기름기록부의 기록사항 중 연료유 또는 벌크 상태 윤활유의 수급에 관한 기록부호로 옳은 것은?

① C
② D
③ F
④ H

해설
기름기록부를 작성할 때는 각 상황별로 주어진 코드부호를 쓰고 기사를 써야 한다.
• A : 연료유 탱크에 밸러스트 적재 또는 연료유 탱크의 세정
• B : A에 언급된 연료유 탱크로부터 더티 밸러스트 또는 세정수의 배출
• C : 유성잔류물(슬러지)의 저장 및 처분
• D : 기관실 빌지의 비자동방식에 의한 선외 배출 또는 그 밖의 다른 처리방법에 의한 처리
• E : 기관실 빌지의 자동방식에 의한 선외 배출 또는 그 밖의 다른 방법에 의한 처분
• F : 기름배출감지제어장비의 상태
• G : 사고 또는 기타 예외적인 기름 배출
• H : 연료 또는 산적 윤활유의 적재

---

**03** 기관실에서의 재해방지대책으로 적절하지 않은 것은?

① 작업 시 안전모와 안전화를 착용한다.
② 기관실 순찰 시 안전벨트를 착용한다.
③ 용접작업 시 보호장갑을 착용한다.
④ 수리작업 시 청각보호용 귀마개를 착용한다.

**해설**
안전벨트는 고소작업을 할 때 사용하며 순찰 시에는 착용하지 않는다.

**04** 선원법상 선원이 10명 이상인 국적 선박에서 임명되는 안전 담당자의 임무에 해당하지 않는 것은?

① 적정한 작업 인원의 배치
② 보호기구의 사용방법과 안전에 관한 교육
③ 안전관리에 관한 기록의 작성 및 보관
④ 비상배치표에 의한 선내 비상훈련 실시

**해설**
선원법 제82조(선박 소유자 등의 의무), 선원의 안전 및 위생에 관한 규칙 제4조(안전 담당자의 선임)
선박 소유자는 선내 작업으로 인한 위험을 방지하고 기타 이 규칙에서 정하는 사항을 이행하기 위하여 선박에 기관장 또는 2년 이상 승선 근무한 경험이 있는 기관사 중에서 안전 담당자 1인을 선임하여야 한다. 다만, 선원이 10인 이하인 선박의 경우에는 선장을 안전 담당자로 할 수 있다.
선원의 안전 및 위생에 관한 규칙 제5조(안전 담당자의 임무)
• 선내 작업상의 안전도 확인 및 적정한 작업 인원의 배치
• 안전장비·위험탐지기구·소화기구·보호기구 기타 위험방지를 위한 설비·용구 등의 비치 및 점검
• 작업 중 위험한 사태가 발생하였거나 발생할 우려가 있을 때의 응급조치 또는 방지조치
• 안전장비 및 보호기구 등의 사용방법과 안전수칙 기타 작업의 안전에 관한 교육
• 선내 안전관리에 관한 기록의 작성 및 보관
• 기타 안전조치에 필요한 사항

**05** 한국 선급의 보일러 검사 시 검사내용으로 옳지 않은 것은?

① 안전밸브의 분출압력을 검사한다.
② 부속품과 안전밸브를 검사한다.
③ 물, 증기, 화염측의 내부를 검사한다.
④ 보일러와 급수측의 수질을 검사한다.

**해설**
선급의 보일러 검사항목으로는 보일러, 과열기 및 이코노마이저의 내부 검사, 안전밸브 작동시험 및 분출장치검사, 외관검사, 압력시험 등을 시행한다. 유지·관리 내역, 수리 내역 및 급수화학처리의 내용은 기록을 검토하여 유지·관리가 잘되고 있는지 확인하고 직접 수질을 검사하지는 않는다.

**06** 산소검지기로 산소농도 측정 시의 주의사항이 아닌 것은?

① 탱크 내에 직접 들어가서 측정한다.
② 산소검지기의 작동 상태를 확인한다.
③ 산소검지기의 영점 조정을 한 후 측정한다.
④ 밀폐구역 내부를 충분히 환기시키고 측정한다.

**해설**
밀폐구역에 직접 들어가기 전에 먼저 산소검지기(산소측정기)에 샘플 공기를 빨아들여 가스농도를 측정할 수 있도록 긴 관을 연결하여 밀폐구역 안의 가스농도를 검지한 후 안전 여부를 확인하고 산소검지기를 휴대하고 들어가야 한다.

**07** 선박에서 해양오염방지관리인이 될 수 없는 사람은?

① 1등 기관사          ② 선 장
③ 기관장              ④ 1등 항해사

**해설**
해양환경관리법 제32조(선박 해양오염방지관리인) 및 선박에서의 오염방지에 관한규칙 제27조(해양오염방지관리인 승무 대상 선박)
총톤수 150[ton] 이상의 유조선과 총톤수 400[ton] 이상인 선박의 소유자는 그 선박으로부터의 오염물질 및 대기오염물질의 배출방지에 관한 업무를 관리하게 하기 위하여 대통령령으로 정하는 자격을 갖춘 사람을 해양오염방지관리인으로 임명해야 한다. 단, 선장, 통신장 및 통신사는 제외한다.

**08** 해양환경관리법에서 규정하고 있는 각종 오염물질의 용어 정의에 대한 설명으로 틀린 것은?

① 분뇨는 화장실 등으로부터 나오는 배출물과 쓰레기를 말한다.
② 유성찌꺼기(슬러지)는 기관구역에서 기름의 누출 등으로 생기는 폐유를 말한다.
③ 기름이란 원유 및 석유제품과 이들이 함유하고 있는 액상 상태의 유성혼합물 및 폐유를 말한다.
④ 기름여과장치는 선저폐수를 유분 함유량 15[%] 이하로 처리하여 배출할 수 있는 설비를 말한다.

해설
기름여과장치는 유분 함량이 15[ppm] 이하로 처리하여 배출할 수 있는 설비이다.
해양환경관리법 제2조(정의)
기름이라 함은 석유 및 석유대체연료사업법에 따른 원유 및 석유제품(석유가스를 제외한다)과 이들을 함유하고 있는 액체 상태의 유성혼합물 및 폐유를 말한다.
선박에서의 오염방지에 관한 규칙 제2조(정의)
기름여과장치란 기름이 섞여있는 폐수를 유분 함유량 0.0015[%] (15[ppm])이하로 처리하여 배출할 수 있는 해양오염방지설비를 말한다.

**09** 해양환경관리법상 선박으로부터 오염물질의 배출을 신고할 경우 신고내용으로 옳지 않은 것은?

① 사고 선박의 명칭, 종류 및 규모
② 해양오염사고의 발생 일시, 장소 및 원인
③ 유처리제, 유흡착재 및 유겔화제의 보유량
④ 해면 상태 및 기상 상태

해설
해양환경관리법 제63조(오염물질이 배출되는 경우의 신고 의무) 및 해양환경관리법 시행규칙 제29조(해양시설로부터의 오염물질 배출 신고)
배출기준을 초과하는 오염물질이 해양에 배출되거나 배출될 우려가 있다고 예상되는 경우 지체 없이 해양경찰청장 또는 해양경찰서장에게 이를 신고하여야 한다. 신고사항은 다음과 같다.
• 해양오염사고의 발생 일시 · 장소 및 원인
• 배출된 오염물질의 종류, 추정량 및 확산상황과 응급조치상황
• 사고 선박 또는 시설의 명칭, 종류 및 규모
• 해면 상태 및 기상 상태

**10** 해양환경관리법상 총톤수 150[ton] 미만의 유조선에 비치해야 할 화물구역용 폐유저장용기의 최소 저장용량은 얼마인가?

① 100[L]  　　② 200[L]
③ 400[L]  　　④ 600[L]

해설
선박에서 오염방지에 관한 규칙 [별표7]
• 기관구역용 폐유저장용기의 용량은 다음 표와 같으며 폐유저장용기는 견고한 금속성 재질 또는 플라스틱 재질로서 폐유가 새지 않도록 제작되고 동 용기의 표면에는 선명 및 선박번호를 기재하고 그 내용물이 폐유임을 확인할 수 있어야 한다.

• 폐유저장용기는 2개 이상으로 나누어 비치할 수 있다.
 − 기관구역용 폐유저장용기

| 대상 선박 | 저장용량(단위 : L) |
|---|---|
| 총톤수 5[ton] 이상 10[ton] 미만의 선박 | 20 |
| 총톤수 10[ton] 이상 30[ton] 미만의 선박 | 60 |
| 총톤수 30[ton] 이상 50[ton] 미만의 선박 | 100 |
| 총톤수 50[ton] 이상 100[ton] 미만으로서 유조선이 아닌 선박 | 200 |

 − 화물구역용 폐유저장용기

| 대상 선박 | 저장용량(단위 : L) |
|---|---|
| 총톤수 150[ton] 미만의 유조선 | 400 |

**11** 화물창에 남아 있는 유해액체물질을 사전 처리하여 영해기선에서 12해리 이상 떨어진 수심 25[m] 이상의 해역에서 동력선의 경우 얼마 이상으로 항해하면서 흘수선 아래에서 배출할 수 있는가?

① 1노트  　　② 3노트
③ 4노트  　　④ 7노트

해설
선박에서의 오염방지에 관한 규칙 [별표 5]
유해액체물질 배출기준
• 자항선은 7노트 이상, 비자항선은 4노트 이상의 속력으로 항해 중일 것
• 수면하 배출구를 통하여 설계된 최대 배출률 이하로 배출할 것
• 영해기선으로부터 12해리 이상 떨어진 수심 25[m] 이상의 장소에서 배출할 것. 다만, 국내 항해에만 종사하는 선박에 대하여는 지방해양수산청장이 정하는 바에 따라 거리요건을 적용하지 아니할 수 있다.

**12** 다음 중 출혈의 증상은?

① 호흡이 느려진다.  　　② 혈압이 올라간다.
③ 피부가 차가워진다.  　　④ 맥박이 강해진다.

해설
내부 출혈의 증상
• 맥박이 약해지고 빨라진다.
• 피부가 차가워지고 축축해진다.
• 혈압이 점점 저하된다.
• 환자는 갈증을 느끼면서 불안함을 느낀다.
• 오심이나 구토가 발생할 수 있다.
• 동공이 확대되고 빛에 대한 동공반응이 느리다.

**13** 화상의 응급처리 시 주의사항으로 가장 옳은 것은?

① 물집은 빨리 터트려서 화상연고를 바른다.

② 피부에 밀착된 옷은 억지로 떼어내서는 안 된다.

③ 화상 부위에 기름, 바셀린 또는 고약 등으로 우선 처치한다.

④ 화상 부위는 깨끗하게 하기 위하여 가능한 한 빨리 뜨거운 물로 씻는다.

해설
화상은 열작용에 의해 피부조직이 상해된 것으로 화염, 증기, 열상, 각종 폭발, 가열된 금속 및 약품 등에 의해 발생되는데 다음과 같이 조치해야 한다.
• 가벼운 화상은 찬물에서 5~10분간 냉각시킨다.
• 심한 경우는 찬물 등으로 어느 정도 냉각시키면서 감염되지 않도록 멸균거즈 등을 이용하여 상처 부위를 가볍게 감싸도록 한다. 옷이 피부에 밀착된 경우에는 그 부위는 잘라서 남겨 놓고 옷을 벗기고 냉각시켜야 한다.
• 2~3도 화상일 경우 그 범위가 체표 면적의 20[%] 이상이면 전신장애를 일으킬 수 있으므로 즉시 의료기관의 도움을 요청한다.

**14** 기관실의 빌지 흡입관 끝에 설치하는 장치는?

① 공기실
② 로즈 박스
③ 호수장치
④ 마우스 링

해설
선저폐수(빌지) 웰의 흡입관에는 이물질이 흡입되지 않도록 로즈박스가 설치되어 있다. 조립, 분해가 가능하도록 되어 있다.

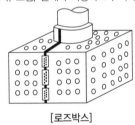

[로즈박스]

**15** 침수 시 응급조치의 순서로 올바른 것은?

> ㉠ 펌프를 이용해서 배수
> ㉡ 피해 장소와 그 원인 파악
> ㉢ 파손된 구멍을 막음
> ㉣ 선박의 경사 수정

① ㉡→㉣→㉢→㉠
② ㉡→㉠→㉢→㉣
③ ㉢→㉠→㉣→㉡
④ ㉢→㉡→㉣→㉠

해설
침수 시에는 침수의 원인과 침수 구멍의 크기, 깊이, 침수량 등을 파악하여 모든 방법을 동원해 배수하는 것이 최우선이다. 파손된 구멍을 막고 필요시에는 배의 경사를 수정하여 배수를 원활히 하고 추가 침수를 막아야 한다. 초기 응급조치가 실패할 경우 수밀문의 폐쇄 등을 통해 최소한의 구역만 침수되도록 해야 한다.

**16** '선체에 뚫린 구멍이 크고 그 구멍이 수면에서 깊은 곳에 있을 경우에는 (    )를(을) 선체 외부에 대어 방수하는 것이 효과적이다.'에서 (    ) 안에 들어갈 용어로 알맞은 것은?

① 방수매트
② 나무판자
③ 쐐 기
④ 강재 철판

해설
• 수면 아래의 큰 구멍은 방수판을 먼저 붙이고 선체 외부에 방수매트로 응급조치한 후 콘크리트 작업을 시행한다.
• 수면 위나 아래의 작은 구멍은 쐐기를 박고 콘크리트로 부어서 응고시킨다.

**17** '해수 윤활식 선미관 장치가 설치된 선박에서 기관실 침수사고를 방지하기 위해 입항하면 반드시 선미관의 (    )를(을) 조정한다.'에서 (    ) 안에 들어갈 용어로 알맞은 것은?

① 패킹 글랜드
② 슬리브
③ 베어링
④ 윤활유 압력

해설
해수 윤활식 선미관의 한 종류인 글랜드 패킹형은 항해 중에는 해수가 약간 새어들어 오는 정도로 글랜드를 죄어 주고, 정박 중에는 물이 새어나오지 않도록 죄어 준다. 축이 회전 중에 해수가 흐르지 않게 너무 꽉 잠그면 글랜드 패킹의 마찰에 의해 축 슬리브의 마멸이 빨라지거나 소손된다. 글랜드 패킹의 마멸을 방지하기 위해 소량의 누설 해수와 정기적인 그리스 주입으로 윤활이 잘 일어나도록 출항 전에는 원상태로 조정해야 한다.

**18** 일반적으로 공기 중의 산소농도가 최소 얼마 이상되어야 연소가 가능한가?

① 5[%]
② 16[%]
③ 21[%]
④ 25[%]

공기 중의 산소농도는 약 21[%]인데 일반적으로 산소농도가 약 16[%]
이상이 되어야 연소가 일어난다.

**19** D급 화재를 일으키는 물질은?

① 종 이      ② 알루미늄 분말

③ 전 기      ④ 윤활유

해설
D급 화재(금속 화재) : 철분, 칼륨, 나트륨, 마그네슘 및 알루미늄
등과 같은 가연성 금속에 의한 화재이다.

**20** 화재 발생을 초기 단계에 감지하여 자동적으로 경보를
울려 주는 것은?

① 소화경보장치      ② 화재탐지장치

③ 수소화장치      ④ 이산화탄소소화장치

해설
화재탐지장치는 화재의 초기 단계에서 자동적으로 경보를 울리는 장치
이다. 선박에서는 연기탐지기와 화염탐지기가 가장 많이 사용된다.

**21** 소화기 내부에 설치된 작은 이산화탄소 통의 압력을
이용하여 소화제를 분출시키는 것은?

① 휴대용 분말소화기

② 고정식 스프링클러

③ 휴대용 화학식 포말소화기

④ 고정식 이산화탄소소화장치

해설
분말소화기는 소화제에 특수가공한 탄산수소나트륨 분말을 사용하여
질소나 이산화탄수 등 불연성 고압가스에 의해 약제를 방사하여 질식효
과, 냉각효과, 부촉매효과로 소화한다.

**22** 선원법상 항해선인 상선에 승무하는 기관사의 1주간
근로시간의 기준은?

① 56시간      ② 48시간

③ 44시간      ④ 40시간

해설
선원법 제60조제1항(근로시간 및 휴식시간)
근로시간은 1일 8시간, 1주간 40시간으로 한다. 다만, 선박 소유자와
선원 간에 합의하여 1주간 16시간을 한도로 근로시간을 연장(이하
'시간 외 근로'라고 한다)할 수 있다.

**23** 6급 기관사 면허를 가진 해기사의 최저 승무자격으로
틀린 것은?

① 무제한수역의 총톤수 750[ton] 미만 어선의 1등
기관사

② 연안수역의 주기관 추진력 750[kW] 미만 상선의
기관장

③ 원양수역의 주기관 추진력 750[kW] 미만 상선의
1등 기관사

④ 무제한수역이 총톤수 200[ton] 이상 500[ton] 미
만 어선의 기관장

해설
선박직원법 시행령 [별표 3]
• 어선 외의 선박
  – 평수구역의 주기관 추진력 750[kW] 미만 기관장
  – 평수구역을 제외한 연안구역 주기관 추진력 750[kW] 미만 기관장
  – 평수구역을 제외한 연안구역 주기관 추진력 750[kW] 이상
    1,500[W] 미만 기관장 1등 기관사
  – 원양수역의 주기관 추진력 750[kW] 미만 1등 기관사
• 어 선
  – 제한수역의 주기관 추진력 750[kW] 미만 기관장
  – 제한수역의 주기관 추진력 750[kW] 이상 1,500[kW] 미만 기관장
    1등 기관사
  – 무제한수역의 주기관 추진력 750[kW] 미만 1등 기관사
  – 무제한수역의 주기관 추진력 750[kW] 이상 1,500[kW] 미만 기관
    장 1등 기관사

**24** 선박안전법상 선박검사의 종류에 해당하지 않는 것은?

① 건조검사      ② 중간검사

③ 기관계속검사      ④ 특별검사

해설
선박안전법상 검사의 종류에는 건조검사, 정기검사, 중간검사, 임시검
사, 임시항행검사 및 특별검사가 있다.

**25** 해양환경관리법상 폐기물관리계획서를 비치해야 할 선박의 기준은?

① 총톤수 50[ton] 이상

② 총톤수 100[ton] 이상

③ 총톤수 500[ton] 이상

④ 총톤수 1,000[ton] 이상

**해설**

선박에서의 오염방지에 관한 규칙 [별표 3]

총톤수 100[ton] 이상의 선박과 최대 승선인원 15명 이상의 선박은 선원이 실행할 수 있는 폐기물관리계획서를 비치하고 계획을 수행할 수 있는 책임자를 임명하여야 한다. 이 경우 폐기물관리계획서에는 선상장비의 사용방법을 포함하여 쓰레기의 수집, 저장, 처리 및 처분의 절차가 포함되어야 한다.

## 제1과목 기관 1

**01** 디젤기관에 대한 설명으로 맞는 것은?

① 기화기가 설치되어 연료를 혼합가스로 만든다.
② 흡입한 공기를 압축하여 점화한다.
③ 전기적인 불꽃을 이용해서 점화한다.
④ 연료는 휘발유만 사용이 가능하다.

**해설**
- 압축점화기관 : 디젤기관의 점화방식으로 공기를 압축하여 실린더 내의 온도를 발화점 이상으로 올려 연료를 분사하여 점화하는 기관
- 불꽃점화기관 : 가솔린기관의 점화방식으로 전기불꽃장치(점화플러그)에 의해 실린더 내에 흡입된 연료를 점화하는 기관

**02** '( )는(은) 실린더 내를 왕복운동하면서 새로운 공기를 흡입하고 압축시키는 역할을 한다.'에서 ( ) 안에 들어갈 용어로 알맞은 것은?

① 플라이휠       ② 피스톤
③ 과급기         ④ 보조 송풍기

**해설**
피스톤은 실린더 내를 왕복운동하여 공기를 흡입하고 압축하며, 연소가스의 압력을 받아 커넥팅 로드를 거쳐 크랭크에 전달하여 크랭크축을 회전시키는 역할을 한다.

**03** 디젤기관에서 연료 분사량을 조절하여 기관의 회전속도를 원하는 속도로 유지하는 것은?

① 조속기         ② 과급기
③ 차단기         ④ 송풍기

**해설**
조속기(거버너)는 여러 가지 원인에 의해 기관의 부하가 변동할 때 연료 공급량을 조절하여 기관의 회전속도를 원하는 속도로 유지하거나 가감하기 위한 장치이다.

**04** 디젤기관의 윤활장치에서 윤활유를 순환시키는 장치는?

① 윤활유 가열기
② 윤활유 여과기
③ 윤활유 청정기
④ 윤활유펌프

**해설**
디젤기관의 윤활유를 순환시키는 장치는 윤활유펌프이다. 각 선박의 크기와 엔진 타입에 따라 윤활유펌프가 기관에 함께 부착된 상태로 설치되는 것과 기관 밖에 별도의 윤활유펌프가 설치되는 것으로 나뉜다.

**05** 디젤 주기관에서 실린더라이너의 외부측을 냉각하기 위해 사용되는 것은?

① 공 기
② 빌 지
③ 연료유
④ 청 수

**해설**
대부분의 디젤기관에서 실린더라이너를 냉각시키는 냉각수는 청수를 사용한다.

**06** 소형 4행정 사이클 디젤기관에서 피스톤을 냉각하는 냉각재로 가장 좋은 것은?

① 폐 수
② 해 수
③ 공 기
④ 윤활유

**해설**
소형 4행정 사이클 디젤기관에서는 윤활유가 순환하여 피스톤을 냉각한다.

**07** 디젤기관에서 블로바이에 대한 설명으로 가장 옳은 것은?

① 피스톤 링의 표면이 손상되는 현상이다.
② 피스톤 링의 마멸, 고착, 절손 등에 의해 연소가스가 누설되는 현상이다.
③ 피스톤 링이 마멸되어 윤활유를 위로 긁어 올리는 현상이다.
④ 피스톤 링이 링 홈 안에서 떨리는 현상이다.

**08** 자유 상태에 있는 피스톤 링을 실린더에 맞추어 끼워 넣었을 때 벌어지려고 하는 힘은?

① 면 압
② 응집력
③ 장 력
④ 압축력

해설
장력 : 압축과 반대되는 용어로, 물체 내 임의의 면에 대하여 법선 방향으로 양쪽에서 끌어당기는 변형력이다.

**09** 4행정 사이클 디젤기관에서 피스톤 링의 절구 틈이 클 때 기관에 미치는 영향으로 적절하지 않은 것은?

① 가스가 누설된다.
② 압축압력이 감소된다.
③ 윤활유가 오손되기 쉽다.
④ 거버너의 작동이 불량해진다.

해설
절구 틈이 커지면 연소가스의 누설이 발생하여 기관의 출력이 낮아지고 링의 배압이 커져서 실린더 내벽의 마멸이 크게 되어 블로바이(blow-by)가 발생한다.
블로바이(Blow-by) : 피스톤과 실린더라이너 사이의 틈새로부터 연소가스가 누출되어 크랭크 케이스로 유입되는 현상이다. 피스톤 링의 마멸, 고착, 절손, 옆 틈이 적당하지 않을 때 또는 실린더라이너의 불규칙한 마모나 상하의 흠집이 생겼을 때 발생한다. 블로바이가 일어나면 출력이 저하될 뿐만 아니라 크랭크실 윤활유의 상태도 변질된다.

**10** 디젤기관의 커넥팅 로드 본체와 대단부 사이에 설치하는 풋라이너의 역할로 옳은 것은?

① 냉각작용
② 중량 경감
③ 압축비 가감
④ 윤활유 급유

해설
풋라이너를 삽입하면 피스톤의 높이가 전체적으로 풋라이너 두께만큼 위로 올라가고 그만큼 연소실의 부피(압축 부피)는 작아진다. 피스톤 행정은 상사점과 하사점 사이의 거리인데 행정 길이는 변함이 없고 상사점과 하사점의 위치만 변화가 있다.

$$압축비 = \frac{실린더\ 부피}{압축\ 부피} = \frac{압축\ 부피 + 행정\ 부피}{압축\ 부피} = 1 + \frac{행정\ 부피}{압축\ 부피}$$

풋라이너를 삽입하면 압축 부피가 줄어들어 결국 압축비가 커지게 된다.
※ 풋라이너 : 커넥팅 로드의 종류 중 풋라이너를 삽입할 수 있는 커넥팅 로드는 풋라이너를 가감함으로써 압축비를 조정할 수 있다.

**11** 직렬형 소형 기관에서 메인 베어링의 개수는 일반적으로 어떻게 정하는가?

① 실린더 수만큼
② 실린더 수 +1
③ 실린더 수 +2
④ 출력에 따라서 다름

해설
일반적으로 기관의 메인 베어링의 개수는 실린더수에 1개가 더 있다. 메인 베어링은 크랭크 저널을 지지해 주는 역할을 하는데 크랭크 저널의 수는 다음 그림과 같이 기관 베드의 선수쪽과 선미쪽에는 꼭 있어야 하므로 실린더 개수보다 1개 더 있어야 한다.

크랭크저널
[크랭크 저널의 위치]

**12** 디젤기관에서 크랭크축 구성요소로만 짝지어진 것은?

① 링, 암, 저널
② 림, 암, 보스
③ 핀, 암, 저널
④ 핀, 암, 보스

해설

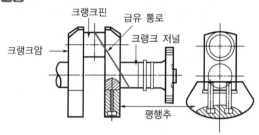

[크랭크축의 구조]

• 크랭크핀 : 크랭크 저널을 중심에서 크랭크 반지름만큼 떨어진 곳에 있으며, 저널과 평행하게 설치되고 커넥팅 로드 대단부와 연결된다.
• 크랭크암 : 크랭크 저널과 크랭크핀을 연결하는 부분이다. 크랭크핀 반대쪽으로 평형추를 설치하여 크랭크 회전력의 평형을 유지하고 불평형 관성력에 의한 기관의 진동을 줄인다.
• 크랭크 저널 : 메인 베어링에 의해서 지지되는 회전축이다.

**13** 디젤기관의 크랭크암 개폐작용을 측정하는 기기는?

① 필러 게이지
② 마이크로미터
③ 다이얼 게이지
④ 버니어캘리퍼스

해설

다음 그림은 크랭크암 개폐작용(크랭크암 디플렉션)을 계측하는 것이다. 크랭크암과 암 사이의 간극을 계측하는데 크랭크축이 1바퀴 회전을 기준으로 각 기통마다 5곳의 값을 측정한다. 다음 그림과 같이 다이얼 게이지가 설치되고 크랭크핀이 상사점, 좌현, 우현, 하사점 방향을 기준으로 측정값을 기입하는데 크랭크핀이 하사점에 있을 때는 다이얼 게이지가 커넥팅 로드와 접촉을 하게 되어 측정이 불가하므로 하사점 부근에서는 커넥팅 로드와 부딪치지 않는 범위에서 2곳을 더 계측을 하여 총 5곳을 계측한다.

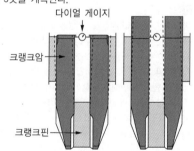

**14** 다음 그림은 보슈식 연료분사펌프의 구조이다. A, B, C, D 중 기관 운전 중 회전수를 올리기 위해 조속기가 직접 연료의 양을 조절하는 장치는?

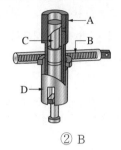

① A
② B
③ C
④ A와 C

해설

보슈식 연료분사펌프에서 연료유의 공급량을 조정하는 것은 조정래크이다. 조정래크를 움직이면 플런저와 연결되어 있는 피니언이 움직이게 되고 피니언은 플런저를 회전시키게 된다. 플런저를 회전시키면 플런저 상부의 경사 홈이 도출구와 만나는 위치가 변화되어 연료의 양을 조정하게 된다.

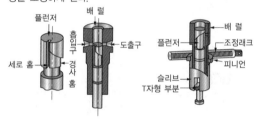

**15** 디젤기관의 노크현상을 방지하는 방법으로 적절하지 않은 것은?

① 착화성이 좋은 연료를 사용한다.
② 연소실 내의 와류를 증가시킨다.
③ 분사시기를 상사점 근처에 분사되도록 조정한다.
④ 착화 전에 연료 분사량을 많게 한다.

해설

디젤노크의 방지책
• 세탄가가 높아 착화성이 좋은 연료를 사용한다.
• 압축비, 흡기온도, 흡기압력의 증가와 더불어 연료 분사 시의 공기압력을 증가시킨다.
• 발화 전에 연료 분사량을 적게 하고, 연료가 상사점에 근처에서 분사되도록 분사시기를 조정한다(복실식 연소실 기관에서는 스로틀 노즐을 사용한다).
• 부하를 증가시키거나 냉각수 온도를 높여 연소실 벽의 온도를 상승시킨다.
• 연소실 안의 와류를 증가시킨다.

**16** 디젤기관의 시동 시 주의사항으로 적절하지 않은 것은?

① 플라이휠로부터 터닝기어가 빠져 있는지를 확인한다.

② 전·후진 캠의 위치를 확인한다.

③ 충분히 예열한 후 시동한다.

④ 연료분사펌프의 래크가 움직이지 않도록 한다.

**해설**

연료유의 공급량을 조정하는 것은 조정래크이다. 시동 시 래크가 움직이지 않으면 연료 공급량이 조정되지 않아 시동이 곤란할 수 있다.

**17** 알칼리도가 높은 보일러 물이 큰 응력을 받는 부분에 접촉하여 재질을 약화시켜 균열이 발생하는 현상을 무엇이라고 하는가?

① 스케일

② 기수공발

③ 가성취화

④ 프라이밍

**해설**

• 스케일 : 보일러에 공급된 급수 중에 포함되어 있는 경도 성분이나 실리카 등이 농축되어 보일러 물측의 열전달면에 부착되는 것이다. 스케일은 열전도를 방해하여 보일러의 효율을 급격히 저하시킨다.

• 가성취화 : 보일러수의 알칼리도가 높으면, 리벳 이음판 중첩부의 틈새 사이나 용접부 등에 보일러수가 침입하여 알칼리 성분이 가열에 의해 농축되고, 이 알칼리와 이음부 등의 반복응력의 영향으로 균열이 생기는 열화현상이다.

• 기수공발(캐리오버, Carry Over) : 프라이밍, 포밍 및 증기거품이 수면에서 파열될 때 생기는 작은 물방울들이 증기에 혼입되는 현상이다. 현상은 증기의 순도를 저하시키고 증기 속에 물방울이 다량 포함되기 때문에 보일러수 속의 불순물도 동시에 송출됨으로써 수격현상을 초래하거나 증기배관이 오염되고, 과열기가 있는 보일러에서는 과열기를 오손시키고 과열 증기의 과열도 저하 등 많은 문제를 유발한다.

– 프라이밍 : 비등이 심한 경우나 급하게 주증기밸브를 개방할 경우 기포가 급히 상승하여 수면에서 파괴되고 수면을 교란하여 수분이 증기와 함께 배출되는 현상이다.

– 포밍 : 전열면에 발생한 기포가 수중에 있는 불순물의 영향을 받아 파괴되지 않고 계속 증가하여 이것이 증기와 함께 배출되는 현상이다.

**18** 보일러 운전 중 전열면에 부착된 그을음이나 재를 제거하기 위해 시행하는 수트블로 시 많이 사용하는 유체는 무엇인가?

① 공기와 증기

② 청수와 해수

③ 증기와 청수

④ 공기와 빌지

**해설**

보일러의 수트블로장치 : 보일러의 연소가스가 닿는 전열면에는 그을음(수트, Soot)과 재가 퇴적되어 열교환을 방해하거나 부식을 일으키므로, 이 전열면에 증기 또는 공기를 강제로 불어 넣어서 그을음을 제거하는 장치이다.

**19** 프로펠러의 추력을 선체에 전달하는 베어링은?

① 메인 베어링

② 스러스트 베어링

③ 중간 베어링

④ 크랭크핀 베어링

**해설**

추력 베어링(스러스트 베어링)은 선체에 부착되어 있고 추력 칼라의 앞과 뒤에 설치되어 프로펠러로부터 전달되어 오는 추력을 추력 칼라에서 받아 선체에 전달하여 선박을 추진시키는 역할을 한다. 상자형 추력 베어링, 미첼형 추력 베어링 등이 있다.

**20** 다음 저항 중 저속으로 항해하는 선박에서 가장 크게 영향을 미치는 것은?

① 마찰저항

② 조파저항

③ 와류저항

④ 공기저항

**해설**

• 마찰저항 : 선박이 전진할 때 선체의 표면에 접촉하는 물의 점성에 의해 생긴 마찰이다. 저속일 때 전체 저항의 70~80[%]이고, 속도가 높아질수록 그 비율이 감소한다.

• 와류저항 : 선미 주위에서 많이 발생하는 저항으로, 선체 표면의 급격한 형상 변화 때문에 생기는 와류(소용돌이)로 인한 저항이다.

• 조파저항 : 배가 전진할 때 받는 압력으로 배가 만들어내는 파도의 형상과 크기에 따라 저항의 크기가 결정된다. 저속일 때는 저항이 미미하지만 고속 시에는 전체 저항의 60[%]로 이를 정도로 증가한다.

• 공기저항 : 수면 위 공기의 마찰과 와류에 의하여 생기는 저항이다.

**21** 프로펠러 속도($V_P$)가 10노트, 실제 선박의 속도 ($V_s$)가 9.6노트라면 겉보기 슬립은 얼마인가?

① 4[%]

② 6[%]

③ 9.6[%]

④ 10[%]

해설

선박에서 통용되는 슬립은 겉보기 슬립을 의미한다. 프로펠러 슬립이란 프로펠러의 속도와 배의 속도 차의 비이다.

$$\text{프로펠러 슬립} : \frac{\text{프로펠러 속도} - \text{실제 배의 속도}}{\text{프로펠러 속도}} \times 100[\%]$$

**22** 제동동력이 800[kW], 지시동력이 1,000[kW]이면 기계효율은?

① 0.4　　　　② 0.8

③ 1.0　　　　④ 1.25

해설

기계효율 : 크랭크축이 행하는 일량으로 제동마력(BHP)과 실린더 내 연소가스의 일량을 나타내는 지시마력(IHP)과의 비이다.

$$\text{기계효율}(n_m) = \frac{BHP}{IHP}$$

**23** 연료유의 점도가 낮을 때 나타나는 현상으로 맞는 것은?

① 연료유 관 계통의 유동저항이 커진다.

② 연료유 분무 시 관통력이 약해진다.

③ 연료유 분무 시 유립이 커진다.

④ 연료분사밸브의 누설량이 감소한다.

해설

점도는 유체의 흐름에서 분자 간 마찰로 인해 유체가 이동하기 어려움의 정도로, 유체의 끈적끈적한 정도를 나타낸다. 유체의 온도가 올라가면 점도는 낮아지고 온도가 내려가면 점도는 높아진다. 점도가 낮아지면 유동저항이 작아지고 분무 시 유립이 작아져 관통력이 약해진다.

※ 관통 : 분사된 연료유가 압축된 공기 중을 뚫고 나가는 상태로, 연료유 입자가 커야 하는데 관통과 무화는 조건이 반대가 되므로 두 조건을 적절하게 만족하도록 조정해야 한다.

**24** 연료유 중 탄소가 완전연소되면 생기는 물질은?

① 일산화탄소

② 일산화질소

③ 이산화탄소

④ 수증기와 물

해설

연료유 중 탄소가 완전연소했을 경우에 이산화탄소가 발생한다.

**25** 내연기관에서 윤활유의 열화원인으로 적합하지 않은 것은?

① 산화방지제의 혼합

② 열에 의한 변질

③ 물의 의한 유화

④ 연소가스의 혼입

해설

윤활유는 사용함에 따라 점차 변질되어 성능이 떨어지는데, 이것을 윤활유의 열화라고 한다. 열화의 가장 큰 원인은 공기 중의 산소에 의한 산화작용이다. 고온에 접촉되거나 물이나 금속가루 및 연소 생성물 등이 혼입되는 경우에는 열화가 더욱 촉진된다. 그리고 윤활유가 고온에 접하면 그 성분이 열분해되어 탄화물이 생기고 점도는 높아진다. 탄화물은 실린더의 마멸과 밸브나 피스톤 링의 고착원인이 된다.

제**2**과목　**기관 2**

**01** 원심펌프의 운전 시 전동기가 과부하되는 원인으로 적절하지 않은 것은?

① 베어링이 심하게 손상된 경우

② 글랜드 패킹 커버가 과도하게 죄어 있는 경우

③ 회전차에 이물질이 끼여 있는 경우

④ 흡입양정이 너무 큰 경우

해설

흡입양정이 큰 것은 펌프가 원활히 운전할 수 있는 요건에 해당한다.

## 02 일반적으로 기관실에 설치되는 보조기계에 해당하지 않는 것은?

① 유청정기  ② 보일러
③ 조수장치  ④ 캡스턴

해설
캡스턴은 직립한 드럼을 회전시켜 계선줄이나 앵커체인을 감아올리는 데 사용되는 계선장치로, 갑판에 설치한다.

## 03 다음 펌프 중 고압의 구동유체를 노즐을 통하여 고속 분사시켜서 배기, 배수 등에 사용하는 것은?

① 왕복펌프  ② 원심펌프
③ 나사펌프  ④ 제트펌프

해설
제트펌프는 분사펌프라고도 하는데 고압의 구동유체를 노즐을 통해 목(Throat) 부분으로 고속 분사시키는 펌프이다. 일반 펌프에 비해 효율이 낮으나 구조에 있어서는 운동하는 기계 부분이 없어서 간단하고 제작비가 싸며 취급도 편리하다. 배기 또는 배수에 사용하는 이젝터(Ejector), 보일러 급수펌프와 같은 고압용기 내에 액체를 압입하는 데 사용하는 인젝터(Injector)가 있다.

## 04 펌프의 분류에서 터보형인 것은?

① 원심펌프  ② 기어펌프
③ 나사펌프  ④ 제트펌프

해설
펌프는 크게 터보형, 용적형, 특수형으로 나뉜다.
• 터보형 : 원심식(벌류트형, 터빈형 펌프), 사류식, 축류식
• 용적형 : 왕복식(버킷, 피스톤, 플런저펌프), 회전식(기어, 나사, 베인 펌프)
• 특수형 : 마찰, 점성, 제트, 기포, 수격펌프 등

## 05 선박에서 일반적으로 많이 사용되는 열교환기는?

① 코일식 열교환기
② 증발식 열교환기
③ 원통 다관식 열교환기
④ 핀튜브식 열교환기

해설
대부분의 선박에서 사용하는 열교환기의 종류로는 원통 다관식과 판형 열교환기가 있다.
※ 열교환기는 유체의 온도를 원하는 온도로 유지하기 위한 장치로, 고온에서 저온으로 열이 흐르는 현상을 이용해 유체를 가열 또는 냉각시키는 장치이다. 종류에는 원통 다관식 열교환기 및 판형 열교환기가 있고 이 외에 핀 튜브식, 코일식 등이 있다.

## 06 밸브 내부에 스프링이 있는 것은?

① 글러브밸브  ② 버터플라이밸브
③ 릴리프밸브  ④ 게이트밸브

해설
릴리프밸브는 과도한 압력 상승으로 인한 손상을 방지하기 위한 장치이다. 펌프의 송출압력이 설정압력 이상으로 상승하면 밸브가 작동하여 유체를 흡입측으로 되돌려 과도한 압력 상승을 방지하고 다시 압력이 낮아지면 밸브를 닫는다. 이때 스프링의 장력을 이용하여 릴리프밸브의 작동압력을 설정한다.

## 07 펌프 내부에 흡입밸브와 송출밸브가 설치되어 있는 펌프는?

① 왕복펌프  ② 사류펌프
③ 원심펌프  ④ 기어펌프

해설
왕복펌프는 실린더 속에 피스톤, 플런저 또는 버킷 등이 왕복운동을 하여 유체를 흡입하고 송출하는 펌프로 내부에 흡입밸브와 송출밸브가 설치된다.

[왕복펌프 중 피스톤 펌프]

## 08 선박을 안벽에 계류시키기 위해 워핑드럼이 수직축상에 설치하는 장치는?

① 캡스턴  ② 양묘기
③ 조타기  ④ 카고윈치

해설
캡스턴은 워핑드럼이 수직축상에 설치된 계선용 장치이다. 직립한 드럼을 회전시켜 계선줄이나 앵커체인을 감아올리는 데 사용되는데, 웜기어장치에 의해 감속되고 역전을 방지하기 위해 하단에 래칫기어를 설치한다.

**09** 선박설비기준상 닻줄(묘쇄) 1련의 길이는?

① 27.5[m]　　　　② 30.5[m]

③ 37.5[m]　　　　④ 40.5[m]

해설
앵커체인(닻줄)은 선박의 앵커(닻)에 연결하여 선박의 계류 및 앵커를 들어 올리는 데 사용한다. 길이의 기준이 되는 1련(섀클)의 길이는 25[m](영국과 미국은 27.5[m])이다.

**10** 중형 선박 이상에서 가장 많이 사용되는 양묘기의 구동 방법은?

① 공기압식 구동　　② 전동유압식 구동

③ 증기식 구동　　　④ 공기유압식 구동

해설
조타장치의 원동기로 전동유압식이 가장 널리 사용된다.
양묘기(Windlass)는 증기구동식, 전동유압식, 전동식 등이 있다. 중형 이상의 선박에서는 강력한 힘과 편리성이 좋은 전동유압식을 많이 채용하는데, 특히 유조선과 같이 휘발성이 있는 위험화물을 탑재하는 선박에서는 불꽃이 생기면 위험하므로 전동유압식을 채용한다.

**11** 양묘기에서 회전축에 설치되어 계선줄을 직접 감는 것은?

① 워핑드럼

② 클러치

③ 체인드럼

④ 마찰 브레이크

해설
• 워핑드럼 : 회전축에 연결되어 체인드럼을 통하지 않고 계선줄을 직접 조정한다.
• 클러치 : 회전축에 동력을 전달한다.
• 체인드럼 : 앵커체인이 홈에 꼭 끼도록 되어 있어서 드럼의 회전에 따라 체인을 내어 주거나 감아올린다.
• 마찰 브레이크 : 회전축에 동력이 차단되었을 때 회전축의 회전을 억제한다.

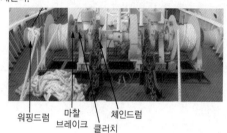

[양묘기]

**12** 구명정에 대한 설명으로 가장 옳은 것은?

① 충분한 복원력과 전복되더라도 가라앉지 않는 부력을 갖추도록 설계해야 한다.

② 안전을 위해 구명정은 반드시 수면에 내린 후 모든 승조원이 탑승해야 한다.

③ 선박이 침몰할 때 자동적으로 이탈된 후 모든 승조원이 탑승해야 한다.

④ 다른 선박의 익수자를 구조할 때 사용하는 장비이다.

해설
구명정은 충분한 복원력과 부력을 갖추도록 설계되어야 하고 퇴선을 할 때는 선원이 탑승한 후 최종적으로 바다 위로 내려야 한다. 선박이 침몰했을 때 자동적으로 이탈되는 장비는 구명뗏목이다. 익수자를 구조할 때 사용하는 것은 구조정이다. 법적 요건을 충족할 경우 구명정과 구조정을 겸용으로 사용하는 선박도 있다.
**구명정이 갖추어야 할 주요사항**
• 구명정의 기관은 영하 15[°C]에서도 시동이 가능해야 한다.
• 추진속력은 6노트 이상이어야 한다.
• 정원수, 소속된 선박 및 선적항 등을 표시해야 한다.
• 노, 양동이, 생존안내서, 닻줄, 수밀용기, 식량, 신호홍염, 발연부 신호 등의 의장품이 비치되어 있어야 한다.
• 구명정의 색깔은 2마일 밖에서도 식별할 수 있도록 주황색으로 칠하고, 밤에도 잘 보이도록 야광테이프를 붙여야 한다.

**13** 다음 펌프 중 유압실린더와 조합하여 조타장치에 많이 사용되는 것은?

① 이모펌프

② 축류펌프

③ 원심펌프

④ 가변용량형 펌프

**해설**
대부분의 선박에서는 전동유압식 조타장치를 사용하는데, 전동유압식 원동기는 전동기로 가변용량펌프를 구동하고 그 유압으로 유압실린더를 구동시켜 타에 회전력을 주는 방식이다.

**14** 해상으로 유출된 기름의 확산을 방지할 때 무엇을 사용하는가?

① 유겔화제

② 오일펜스

③ 유흡착재

④ 톱 밥

**해설**
• 오일펜스 : 바다 위에 유출된 기름이 퍼지는 것을 막기 위해서 울타리 모양으로 수면에 설치하는 것이다.
• 유흡착재 : 기름의 확산과 피해의 확대를 막기 위해 기름을 흡수하여 회수하기 위한 것으로 폴리우레탄이나 우레탄 폼 등의 재료로 만든다.
• 유처리제 : 유화ㆍ분산작용을 이용하여 해상의 유출유를 해수 중에 미립자로 분산시키는 화학처리제이다.
• 유겔화제 : 해양에 기름 등이 유출되었을 때 액체 상태의 기름을 아교(겔) 상태로 만드는 약제이다.
• 톱밥 : 유출된 기름의 방제를 위한 흡착제이다.

**15** 오수처리장치에서 처리과정으로 올바른 것은?

① 폭기탱크 → 침전탱크 → 멸균탱크

② 폭기탱크 → 멸균탱크 → 침전탱크

③ 멸균탱크 → 폭기탱크 → 침전탱크

④ 침전탱크 → 멸균탱크 → 폭기탱크

**해설**
생물화학적 오수처리장치는 폭기실(공기용해탱크), 침전실, 멸균실로 구성되어 있다. 폭기탱크에서 호기성 미생물의 번식이 활발해져 오물을 분해시키고, 침전탱크에서 활성 슬러지는 바닥에 침전되며 상부의 맑은 물은 멸균탱크로 이동하고, 멸균실에서는 살균이 이루어진 후 선외로 배출된다.

**16** 다음 중 오존층 파괴지수가 가장 큰 가스는?

① R-12

② R-134a

③ 이산화탄소

④ 불활성가스

**해설**
프레온 냉매의 종류에는 R-12, R-13, R-113, R-22 등이 있으나 오존층 파괴로 인한 환경보호를 위해 R-12는 R-134a로, R-13은 R-23으로, R-22는 R-407A와 R-407C로 대체되고 있다. R-134a는 오존층 파괴지수(ODP)가 0이며 지구온난화지수(GWP)도 매우 낮기 때문에 지구 환경을 보호하는 냉매로 널리 사용된다.

**17** 오수처리장치에서 소독약품을 공급해 주는 것은?

① 도싱펌프

② 배출펌프

③ 공기배출구

④ 고위 경보장치

**해설**
생물화학적 오수처리장치에서 소독탱크는 투약펌프/도싱펌프(Dosage Pump 또는 Dosing Pump)에 의해 투입되는 소독약으로 대장균을 살균한다.

**18** 선박에서 발생하는 폐유, 슬러지 등을 선내에서 처리하는 것은?

① 기름여과장치

② 청정기

③ 소각기

④ 분뇨처리장치

**해설**
선박의 폐유소각기는 기관실에서 발생하는 폐유(슬러지)와 기름걸레 및 선내 폐기물을 소각한다.

**19** 기름여과장치 중에서 일정한 크기 이상의 기름입자를 흡착하여 입자를 분리하는 방법은 무엇인가?

① 스트레이너에 의한 분리법

② 원심력에 의한 분리법

③ 콜레서에 의한 분리법

④ 평행판에 의한 분리법

**해설**
콜레서(Coalescer) 필터방식의 빌지분리장치는 필터에 기름 성분을 흡착시켜 분리하는 방식이다.

**20** 기관실의 유수 혼합액을 교반시키면 나타나는 현상으로 기름 성분과 물의 분리가 어려운 상태가 되는 현상을 무엇이라고 하는가?

① 유 화　　　　② 기 화
③ 용 해　　　　④ 융 해

해설
유화 : 기름과 물이 혼합되는 것

**21** 냉동장치의 액분리기에서 분리된 냉매액이 보내지는 곳은?

① 압축기 입구　　② 유분리기 출구
③ 수액기 출구　　④ 증발기 입구

해설
증발기에서 완전히 증발하지 않은 액체와 기체의 혼합냉매가 압축기로 흡입되면 액해머(Liquid Hammer)작용으로 실린더헤드가 파손되거나 냉동장치의 효율이 저하될 수 있다. 이를 방지하기 위해 기본적으로 압축기 흡입관측에 액분리기를 설치하여 액냉매는 증발기 입구로 되돌려 보낸다.

**22** 증기압축식 냉동장치의 구성요소에 해당되지 않는 것은?

① 압축기　　　　② 증류기
③ 증발기　　　　④ 팽창밸브

해설
증기압축식 냉동기의 4요소는 압축기, 응축기, 팽창밸브, 증발기이다. 건조기, 액분리기, 유분리기 등도 냉동기의 구성요소이다.

**23** 증기압축식 냉동장치의 유분리기에서 분리된 기름이 보내지는 곳은?

① 압축기　　　　② 응축기
③ 수액기　　　　④ 증발기

해설
유분리기는 압축기와 응축기 사이에 설치하며 압축기에서 냉매가스와 함께 혼합된 윤활유를 분리·회수하여 다시 압축기의 크랭크 케이스로 윤활유를 돌려보내는 역할을 한다.

**24** 공기조화기의 구성장치에 해당되지 않는 것은?

① 공기여과기　　② 냉동기
③ 공기냉각기　　④ 가습기

해설
공기조화기는 실내로 공급되는 공기를 사용목적에 적합하도록 조절하는 기기로, 예를 들면 가정이나 사무실의 실내에서 에어컨 바람이 나오는 부분이다. 공기의 온도와 습도 조절뿐만 아니라 공기를 정화하는 기기도 포함되며 냉각기, 가열기, 가습기 및 공기여과기 등으로 구성된다.

**25** 증기압축식 냉동 사이클에 있어서 고온·고압의 증기가 공기 또는 냉각수에 의해 액화되는 과정을 무엇이라고 하는가?

① 복사과정
② 증발과정
③ 응축과정
④ 승화과정

해설
냉동기에서 응축과정은 압축기로부터 나온 고온·고압의 냉매가스를 물이나 공기로 냉각하여 액화시키는 과정이다.

제3과목　기관 3

**01** 전기회로도에서 다음 기호가 나타내는 것은?

① 직류전원　　　② 콘덴서
③ 전 압　　　　④ 접 지

해설
문제의 그림은 접지를 나타내는 기호이다. 접지란 전기기기의 본체를 선체의 일부와 연결시킨 것으로, 고층 건물의 피뢰침과 같은 역할을 한다. 전기기기의 내부 누설이나 기타 고압의 전류가 흘렀을 때 전류를 선체로 흘려보내 전위차를 없애 주고, 전기기기의 보호 및 감전을 예방한다.

**02** 직류전동기에서 기동저항기(기동기)가 하는 역할은?

① 기동전류를 제한한다.

② 전압을 증가시킨다.

③ 전류를 증가시킨다.

④ 속도를 조절한다.

해설

전동기를 처음 기동할 때는 큰 기동전류가 흐르는데 너무 큰 전류가 흐르게 되면 전동기를 손상시키거나 전원전압을 일시적으로 저하시키는 원인이 된다. 기동저항기(기동기, Starter)는 기동할 때 전기자회로에 적당한 저항을 삽입하여 기동전류를 전부하의 2배 이내로 제한해주는 가감저항기이다. 오늘날에는 기동저항을 자동으로 제어해 주는 자동기동기를 사용한다.

**03** 다음 전기기기 중 플레밍의 왼손법칙과 관련 있는 것은?

① 차단기

② 변압기

③ 전동기

④ 발전기

해설

전동기의 원리에는 플레밍의 왼손법칙이 적용된다. 자기장 내에 도체를 놓고 전류를 흘리면 플레밍의 왼손법칙에 의해 전자력이 발생되어 회전하게 되는데 엄지손가락은 회전 방향, 검지손가락은 자력선의 방향, 가운데 손가락은 전류의 방향을 나타낸다.

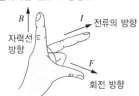

[플레밍의 왼손법칙]

**04** 3상 440[V] 분전반에서 접지등의 개수는?

① 1개

② 2개

③ 3개

④ 4개

해설

일반적으로 선박의 공급전압은 3상(R, S, T) 전압으로 배전반에는 3개의 접지등(누전표시등)이 설치된다. 테스트 버튼을 눌렀을 때 세 개의 등이 모두 밝기가 같으면 누전되는 곳 없이 상태가 양호한 것이다. 만약 한 선이 누전되고 있다면 누전되고 있는 선의 접지등은 어두워지고 다른 등은 더 밝게 빛난다.

**05** 변압기와 관계없는 것은?

① 1차 전압

② 2차 전압

③ 극 수

④ 1차 코일권수

해설

변압기는 전압을 용도에 맞게 올리거나 낮추는 장치로, 다음과 같은 식이 성립한다.

$$\frac{V_1}{V_2} = \frac{I_2}{I_1} = \frac{N_1}{N_2} = a\,(V_{1,2} = 1,\ 2\text{차 전압},\ I_{1,2} = 1,\ 2\text{차 전류},$$

$N_{1,2} = 1,\ 2$차 측 코일권수)

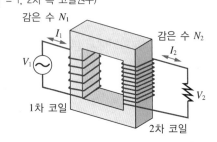

**06** 일반적으로 선박에서 누전램프가 설치되지 않는 곳은 어디인가?

① 동력용 전기분전반

② 전등용 전기분전반

③ 축전지용 전기분전반

④ 윤활유 펌프기동반

해설

선박에서 접지램프는 주배전반의 440[V] 분전반(Feeder Panel), 220[V] 분전반, 비상배전반, 24[V] 배터리 충·방전반(Battery Charger)에 설치되어 선박 전원의 누전 여부를 판단한다.

접지등(누전표시등) : 일반적으로 선박의 공급전압은 3상 전압으로 배전반에는 3개의 접지등(누전표시등)이 설치된다. 테스트 버튼을 눌렀을 때 세 개의 등이 모두 밝기가 같으면 누전되는 곳 없이 상태가 양호한 것이다. 만약 한 선이 누전되고 있다면 누전되고 있는 선의 접지등은 어두워지고 다른 등은 더 밝게 빛난다.

**07** 저항 2개를 직렬로 연결할 때의 합성저항값은?

① 각 저항값을 서로 더한다.

② 각 저항값을 서로 뺀다.

③ 작은 쪽 저항값을 큰 쪽 저항값으로 나눈다.

④ 큰 쪽 저항값을 작은 쪽 저항값으로 나눈다.

해설

• 저항의 직렬접속의 합성저항 : $R = R_1 + R_2 + \cdots$

• 저항의 병렬접속의 합성저항 : $\dfrac{1}{R} = \dfrac{1}{R_1} + \dfrac{1}{R_2} + \dfrac{1}{R_3} + \cdots$

---

**08** 선박에서 사용하는 220[V]의 교류전압의 값은?

① 최댓값　　　　　　② 실횻값

③ 순시값　　　　　　④ 평균값

해설

교류전압계나 교류전류계의 눈금은 실횻값을 나타낸 것이다. 일반 가정이나 선박에서 일반적으로 사용전압이란 실횻값이다.

• 최댓값 : 순시값 중에서 가장 큰 값

• 실횻값 : 교류의 크기를 교류와 동일한 일을 하는 직류의 크기로 바꿔 나타낸 값, $\dfrac{최댓값}{\sqrt{2}}$

• 순시값 : 순간순간 변하는 교류의 임의의 시간에 있어서의 값

• 평균값 : 교류 순시값의 1주기 동안의 평균을 취하여 교류의 크기를 나타낸 값, $\dfrac{2}{\pi} \times$ 최댓값

---

**09** 다음 보기에서 설명하는 법칙은?

[보 기]
발생되는 기전력의 크기는 코일의 감은 횟수와 자속의 매초 변화량의 곱에 비례한다.

① 렌츠의 법칙　　　　② 패러데이의 법칙

③ 앙페르의 법칙　　　④ 플레밍의 오른손법칙

해설

패러데이의 법칙 : 코일 속에 막대자석을 왔다 갔다 이동하면 코일을 통과하는 자기장이 시간에 따라 변하게 되어 전류가 흐르지 않던 코일에 전류가 흐른다. 이때 코일이 많이 감겨 있을수록, 자석을 빨리 움직일수록, 자석의 세기가 셀수록 전류가 더 많이 흐르는데 이것을 패러데이 법칙이라고 한다.

---

**10** 다음 보기에서 설명하는 법칙은?

[보 기]
회로의 접속점에 흘러 들어오는 전류의 합과 흘러나가는 전류의 합은 같다.

① 키르히호프 1법칙

② 플레밍의 왼손법칙

③ 플레밍의 오른손법칙

④ 페러데이의 법칙

해설

• 키르히호프의 제1법칙(전류의 법칙) : 회로의 접속점에 흘러 들어오는 전류의 합과 흘러 나가는 전류의 합은 같다.

• 키르히호프의 제2법칙(전압의 법칙) : 회로망의 어느 폐회로에서도 기전력의 총합은 저항에서 발생하는 전압강하의 총합과 같다.

---

**11** 전기용어와 그 단위가 잘못 연결된 것은?

① 임피던스 – 옴[Ω]　　② 전력 – 와트[W]

③ 전하량 – 쿨롱[C]　　④ 콘덴서 – 헤르츠[Hz]

해설

콘덴서의 단위는 패럿[F]이다.

정전용량 : 물체가 전하를 축적하는 능력을 나타내는 물리량으로, 정전용량값은 $C$로 표시하고, 단위는 패럿[F]이다($C = \dfrac{q}{V}$, $q$는 전하량, $V$는 전압). 전기회로에서의 정전용량은 축전기라는 소자에 관계한다. 콘덴서(커패시터)라고도 하는 축전기는 본질적으로 절연물질 또는 유전체로 분리된 2장의 도체를 가깝게 붙인 샌드위치 모양인데 가장 중요한 기능은 전기에너지를 저장하는 것이다.

---

**12** 다음과 같은 회로에 흐르는 전류가 1[A]일 때 전압은 얼마인가?

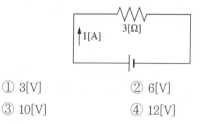

① 3[V]　　　　　　② 6[V]

③ 10[V]　　　　　④ 12[V]

해설

옴의 법칙 : $V = IR$ ($V$ = 전압, $I$ = 전류, $R$ = 저항)

**13** 발전기 모선에 설치되는 기중차단기는 무엇인가?

① UVT
② AVR
③ ACB
④ OCR

**해설**
일반적으로 선내 발전기 배전반의 주회로차단기는 ACB(기중차단기, Air Circuit Breaker)를 사용한다. 현재 저압 배전반(600[V] 이하)에서 가장 널리 사용된다.

※ ACB(기중차단, Air Circuit Breaker) : 전로를 차단하려면 고정 접촉자와 가동 접촉자를 두고 항상 이들을 밀착시켜 전류를 흐르게 하는데, 선로의 어디에선가 고장으로 인해 큰 전류가 흘렀을 때에는 신속히 가동부를 고정부에서 분리해서 전류를 끊어야 한다. 이때 아크가 발생하는데, 이 아크를 끄는 것이 가장 문제가 된다. 이 때문에 양 접촉자를 공기 속에 놓고 접촉자를 분리시켜 아크의 발생을 줄인다.

**14** 발전기의 운전 중 주파수가 증가하는 원인으로 옳은 것은?

① 부하전류의 소비가 증가한 경우
② 여자전류의 공급이 과다한 경우
③ 원동기의 연료량이 부족한 경우
④ 원동기의 연료량이 과다한 경우

**해설**
교류발전기의 거버너를 조정하여 주파수를 조정하는 데 거버너를 증감시키는 것은 연료의 양을 증감시키는 것과 같다. 부하량이 같은 상황일 경우 연료를 더 많이 공급해 주면 회전수는 더 빨라져 주파수가 높아지고, 반대로 연료를 감소시키면 회전수는 느려지고 주파수는 낮아진다.

**15** 납축전지의 취급 시 주의사항으로 적절하지 않은 것은?

① 전원단자가 흔들리지 않도록 조여 준다.
② 과방전되지 않도록 주의한다.
③ 전해액이 부족하면 황산을 보충한다.
④ 축전지실은 잘 환기시킨다.

**해설**
납축전지의 전해액은 황산과 증류수를 혼합한 것이다. 누설이 없이 전해액이 부족한 현상이 일어난 것은 증류수가 증발한 것이므로 증류수를 보충해 준다.

**16** 부하가 일정한 상태에서 동기발전기의 여자전류가 증가하면 단자전압과 주파수는 어떻게 변하는가?

① 단자전압이 올라가고 주파수는 거의 변하지 않는다.
② 단자전압이 올라가고 주파수도 그만큼 올라간다.
③ 단자전압이 내려가고 주파수는 거의 변하지 않는다.
④ 단자전압이 내려가고 주파수도 그만큼 내려간다.

**해설**
발전기에서 계자는 자속을 발생시키는 부분이고, 여자전류는 자계를 발생시키기 위한 전류로 계자권선에 흐르는 전류이다. 자속은 권선에 흐르는 전류에 비례하여 발생하는데 계자전류를 증가시키면 자속이 커지고 자속이 커지면 전압도 증가한다. 이때 부하가 일정한 상태이므로 주파수는 거의 변하지 않는다.

**17** 동일한 주파수에서 4극 유도전동기와 6극 유도전동기를 비교한 설명으로 맞는 것은?

① 4극 전동기에 전류가 더 많이 흐른다.
② 4극 전동기의 속도가 더 빠르다.
③ 6극 전동기의 슬립이 더 작다.
④ 6극 전동기의 크기가 더 작다.

**해설**
회전수와 극수는 반비례하기 때문에 극수가 작은 유도전동기의 회전속도가 더 빠르다.
$n = \dfrac{120f}{p}$ [rpm]($n$ = 전동기의 회전속도, $p$ = 자극의 수, $f$ = 주파수)

**18** 납축전지의 전해액은 무엇으로 구성되어 있는가?

① 증류수와 황산
② 증류수와 염화칼슘
③ 황산과 해수
④ 황산과 염화칼슘

**해설**
납축전지의 전해액은 증류수에 황산을 혼합시킨 것이다.

**19** 전기기기의 절연저항을 측정하는 기기는?

① 전력계  ② 전류계

③ 전압계  ④ 메 거

해설
절연저항을 측정하는 기구는 절연저항계 또는 메거테스터(Megger Tester)라고 한다.

**20** 선박에서 사용되는 형광등은 서로 어떻게 연결되어 있는가?

① 직렬접속

② 병렬접속

③ 직병렬 혼합접속

④ 직렬 3선식 접속

해설
선박의 형광등은 병렬연결되어 있다. 그 이유는 각 형광등에 걸리는 전압을 모두 같게 하기 위해서이다. 또한 병렬회로에서는 한 방의 형광등의 스위치를 끄거나 고장을 일으켜도 다른 방의 형광등은 꺼지지 않고, 공급되는 전기가 차단되지 않기 때문이다. 만약 직렬로 배선되어 있다면 사용하고 있는 형광등 하나만 고장 나도 다른 모든 형광등의 전원이 차단되어 꺼진다.

**21** 선박에서 가장 많이 사용되는 동기발전기는?

① 회전전기자형 동기발전기

② 회전정류자형 동기발전기

③ 회전계자형 동기발전기

④ 회전유도자형 동기발전기

해설
선박에서 사용하는 발전기의 대부분은 회전계자형 동기발전기를 사용하는데 그 이유는 다음과 같다.
• 권선수가 많은 전기자보다 상대적으로 적은 계자가 회전하는 것이 더욱 견고한 구조이다.
• 계자는 직류이므로 전류의 변화가 작아 전기자에 비해 불꽃이 일어날 가능성이 작다.
• 전기자가 고정자이므로 절연이 쉬워 대용량으로 설비할 수 있다.
• 계자는 직류의 저전력을 소모하므로 회전자의 기계적 제작이 용이하므로 제작비용과 유지비가 적게 든다.

**22** 정격전압이 220[V]인 100[W]와 200[W] 백열전구에 대한 설명으로 틀린 것은?

① 공급전압이 같다면 200[W] 전구에 전류가 더 많이 흐른다.

② 공급전압이 같다면 200[W] 전구에서 전력이 더 많이 소비된다.

③ 공급전압이 같다면 200[W] 전구의 저항이 더 크다.

④ 공급전압이 같다면 200[W] 전구의 빛이 더 밝다.

해설

$P(\text{전력}) = VI = I^2R = \dfrac{V^2}{R}$ 로 표현할 수 있다.

• 공급전압이 같다면, 소비전력이 200[W]인 전구가 100[W]인 전구보다 소비하는 전력이 더 많고 빛이 더 밝다.
• $P = VI$에서 공급전압이 같으므로 전력은 전류에 비례한다. 따라서 200[W]인 전구가 전류가 더 많이 흐른다.
• $P = \dfrac{V^2}{R}$ 에서 공급전압이 같으므로 전력은 저항에 반비례한다. 따라서 200[W]인 전구의 저항이 100[W]인 전구보다 작다.

**23** 1차 측 권수가 1,000이고 2차 측 권수가 500인 변압기의 1차 측에 10[A]의 전류가 흐르면 2차 측의 전류는 얼마인가?

① 10[A]  ② 20[A]

③ 50[A]  ④ 100[A]

해설
변압기는 전압을 용도에 맞게 올리거나 낮추는 장치로, 다음과 같은 식이 성립한다.

$$\dfrac{V_1}{V_2} = \dfrac{I_2}{I_1} = \dfrac{N_1}{N_2} = a$$

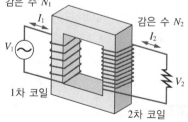

문제에서 전류와 코일의 권수가 주어졌으므로, $\dfrac{I_2}{I_1} = \dfrac{N_1}{N_2}$ 에 값을 대입하면 $\dfrac{I_2}{10} = \dfrac{1,000}{500}$ 이므로 2차 측 코일의 전압은 $I_2 = 20$[A]가 된다.

**24** 작은 전기신호를 큰 전기신호로 증폭하는 데 사용되는 것은?

① 다이오드
② 콘덴서
③ 트랜지스터
④ 실리콘 제어정류기

해설
트랜지스터는 베이스, 컬렉터, 이미터의 3단자로 이루어져 있고, 증폭 작용과 스위칭 역할을 하여 디지털회로의 증폭기, 스위치, 논리회로 등을 구성하는 데 이용된다.

**25** 다음 중 전류가 잘 통하는 물질은?

① 도 체       ② 절연체
③ 반도체       ④ 부도체

해설
① 도체 : 열이나 전기를 잘 전달하는 물체
② 절연체 : 열이나 전기를 전달하지 못하는 물체
③ 반도체 : 전기를 전하는 성질이 도체와 부도체의 중간 정도인 물질을 총칭하는 용어
④ 부도체 : 열이나 전기를 전혀 전달하지 못하거나 잘 전달하지 못하는 물체

---

### 제4과목  직무일반

**01** 항해 중 갑자기 주기관의 정지나 후진이 지령된 경우 당직 기관사가 조치해야 할 순서로 맞는 것은?

① 텔레그래프 회신 → 주기관 조작 → 기관장 보고
② 기관장 보고 → 텔레그래프 회신 → 주기관 조작
③ 기관장 보고 → 주기관 조작 → 텔레그래프 회신
④ 주기관 조작 → 기관장 보고 → 텔레그래프 회신

해설
당직 기관사는 항해 중 주기관의 정지나 후진 지령 시 즉시 응답해서 주기관을 조작해야 하고 필요시 기관장에 상황을 보고해야 한다.

**02** 당직기관사의 근무요령으로 적절하지 않은 것은?

① 술을 마시고 당직에 임하지 않도록 한다.
② 당직 중 최소한 1회 화물의 관리 상태를 확인한다.
③ 각종 사고에 대비하여 응급조치요령을 익혀 둔다.
④ 배관장치 및 밸브 등의 위치를 정확히 파악해 둔다.

해설
화물의 관리는 항해사와 관련이 있다.

**03** 입거 전의 주의사항으로 틀린 것은?

① 선체 경사를 적절하게 맞춘다.
② 육상 전원의 연결부를 확인한다.
③ 선저폐수는 선저에 그대로 둔다.
④ 냉각수가 필요한 기기의 연결부를 확인한다.

해설
선내 빌지는 입거 전에 적법한 절차를 거쳐 선외로 배출하여 관련 탱크를 비우고 들어가는 것이 좋다. 입거 시 탱크검사를 실시해야 되는 것도 있고 타 작업으로 인한 빌지가 쌓여 용량이 부족할 경우가 발생하기 때문이다.

**04** 선박이 선거에 입거해야만 검사할 수 있는 것은?

① 주기관 배기변 검사
② 시동공기탱크 검사
③ 구명설비 검사
④ 프로펠러축 검사

해설
입거검사 주요항목
• 선체 외관 소제 및 선저, 선외변 개방 소제
• 타, 타의 커플링, 볼트 상태 및 베어링 틈새 계측
• 앵커, 앵커체인을 배열하여 계측
• 프로펠러축 검사
• 프로펠러, 선미관 베어링 틈새 계측
• 선체의 손상 여부, 도장 상태 확인

**05** 입거 수리 완료 후 출항 전 점검사항으로 옳은 것을 모두 고르면?

> ㉠ 검사의 수검 여부
> ㉡ 선저밸브의 조립 상태
> ㉢ 슬러지펌프의 운전 상태
> ㉣ 본선 발전기로의 송전 준비 상태

① ㉠, ㉡, ㉢
② ㉠, ㉡, ㉣
③ ㉠, ㉢, ㉣
④ ㉡, ㉢, ㉣

**해설**
슬러지펌프의 운전 상태는 슬러지 이송이나 양륙하기 전 확인사항으로, 입거 수리 완료 후 출거하기 전 사항과는 거리가 있다.

**06** 배관 용접작업 시의 보호장구에 포함되지 않는 것은?

① 발 덮개와 각반
② 장 갑
③ 차광용 헬멧
④ 산소호흡기

**해설**
용접작업 시의 보호장구 : 장갑, 앞치마, 발 덮개, 팔 덮개, 각반, 안전화, 차광용 헬멧 등

**07** 해양환경관리법상 선박검사의 종류에 해당하지 않는 것은?

① 정기검사
② 임시검사
③ 연차검사
④ 중간검사

**해설**
선박의 검사는 정기적으로 시행되는데 용어의 차이가 있다. 해양환경관리법에서는 시행하는 제2종 중간검사의 개념이 선급검사에서는 연차검사로 사용되기도 한다. 해양환경관리법에서 정의하는 검사의 종류는 다음과 같다(해양환경관리법 제49조~제52조).
• 정기검사 : 해양오염방지설비, 선체 및 화물창을 선박에 최초로 설치하여 항행에 사용하려는 때 또는 해양오염방지검사증서의 유효기간이 만료(5년) 때에 시행하는 검사이다.
• 중간검사 : 정기검사와 정기검사 사이에 행하는 검사로 제1종 중간검사와 제2종 중간검사로 구별된다.
• 임시검사 : 해양오염방지설비 등을 교체, 개조 또는 수리하고자 할 때 시행하는 검사이다.
• 임시항행검사 : 해양오염방지검사증서를 교부받기 전에 임시로 선박을 항해에 사용하고자 하는 때 또는 대한민국 선박을 외국인 또는 외국 정부에 양도할 목적으로 항해에 사용하려는 경우나 선박의 개조, 해체, 검사, 검정 또는 톤수 측정을 받을 장소로 항해하려는 경우에 실시된다.

**08** 선박에서 해양오염방지관리인으로 임명될 수 없는 사람은?

① 선 장
② 기관장
③ 일항사
④ 일기사

**해설**
해양환경관리법 제32조(선박 해양오염방지관리인) 및 선박에서의 오염방지에 관한규칙 제27조(해양오염방지관리인 승무 대상 선박)
총톤수 150[ton] 이상의 유조선과 총톤수 400[ton] 이상인 선박의 소유자는 그 선박으로부터의 오염물질 및 대기오염물질의 배출방지에 관한 업무를 관리하게 하기 위하여 대통령령으로 정하는 자격을 갖춘 사람을 해양오염방지관리인으로 임명해야 한다. 단, 선장, 통신장 및 통신사는 제외한다.

**09** 해양환경관리법상 선박으로부터 오염물질의 배출을 신고할 경우 신고내용으로 옳지 않은 것은?

① 사고 선박의 명칭, 종류 및 규모
② 해양오염사고의 발생 일시, 장소 및 원인
③ 유처리제, 유흡착재 및 유겔화제의 보유량
④ 배출된 오염물질의 추정량 및 확산상황과 응급조치상황

**해설**
해양환경관리법 제63조(오염물질이 배출되는 경우의 신고 의무) 및 해양환경관리법 시행규칙 제29조(해양시설로부터의 오염물질 배출 신고)
배출기준을 초과하는 오염물질이 해양에 배출되거나 배출될 우려가 있다고 예상되는 경우 지체 없이 해양경찰청장 또는 해양경찰서장에게 이를 신고하여야 한다. 신고사항은 다음과 같다.
• 해양오염사고의 발생 일시·장소 및 원인
• 배출된 오염물질의 종류, 추정량 및 확산상황과 응급조치상황
• 사고 선박 또는 시설의 명칭, 종류 및 규모
• 해면 상태 및 기상 상태

**10** 기관실 비상빌지관이 주로 연결되어 있는 펌프가?

① 기관실에 있는 최대 용량의 해수펌프
② 기관실에 있는 최소 용량의 해수펌프
③ 갑판상에 있는 최대 용량의 해수펌프
④ 갑판상에 있는 최소 용량의 해수펌프

**해설**

비상빌지관은 침수되었을 때 급박한 상황에서 사용하는 것이다. 일반적으로 용량이 제일 크고 선외로 배수라인이 연결되어 있는 주냉각해수펌프에 비상선저빌지관을 연결한다. 유수분리기(빌지분리장치)를 거치지 않으므로 평상시에 빌지 배출목적으로 사용해서는 안 된다.

**11** 기관구역 기름기록부의 기재사항이 아닌 것은?

① 기관구역의 유성찌꺼기를 처리했을 때
② 유성혼합물을 수용시설로 배출했을 때
③ 연료유 및 벌크 상태의 윤활유를 수급했을 때
④ 폐기물을 수용시설 또는 다른 선박으로 배출했을 때

**해설**

폐기물 관련 사항은 폐기물기록부에 기입하는데 주로 항해사가 기록·관리한다.

**12** 성인은 1분간 정상적인 호흡을 몇 회 정도 하는가?

① 1~6회  　② 12~18회
③ 25~30회  　④ 40~45회

**해설**

성인의 경우 1분당 12~18회 정도 호흡한다.

**13** 화상으로 인하여 화상 부위에 홍반이 생겼다면 몇 도 화상인가?

① 1도 화상  　② 2도 화상
③ 3도 화상  　④ 4도 화상

**해설**

• 1도 화상(홍반점) : 표피가 붉게 변하며 쓰린 통증이 있는 정도이다.
• 2도 화상(수포성) : 표피와 진피가 손상되어 물집이 생기며 심한 통증을 수반한다.
• 3도 화상(괴정성) : 피하조직 및 근육조직이 손상되어 검게 타고 짓무른 상태가 되어 흉터를 남긴다.
• 4도 화상 : 3도 화상에서 더 심각한 상태이며 피부 겉은 물론 체내의 근육과 뼈까지 손상을 입을 정도의 화상으로 극심한 신체적 장애 및 변화가 동반되며 사망률이 높다.

**14** 기관실에서 조그맣게 찢어진 선체의 틈으로 침수되고 있을 때의 조치사항으로 적절하지 않은 것은?

① 주기관과 발전기를 정지시킨다.
② 나무쐐기를 박고 콘크리트를 부어서 응고시킨다.
③ 선교에 연락하여 선내에 알리도록 한다.
④ 빌지펌프나 다른 배수장치를 운전하여 빌지를 배출한다.

**해설**

침수상황에서는 침수부의 방수조치 및 배수가 매우 중요하다. 발전기가 정지된다면 배수에 필요한 펌프의 전원이 차단되므로 매우 위험한 조치이다. 상황에 따라 주기관을 기동하여 수심이 낮고 안전한 곳으로 이동시켜야 한다.

**15** 소형 선박에서 항해 중 기관실 빌지가 과도하게 증가했을 때의 점검사항으로 적합하지 않은 것은?

① 선미관에서의 누수 여부
② 주해수펌프의 파손 여부
③ 선체의 균열로 인한 누수 여부
④ 연료탱크 공기관으로의 해수 유입 여부

**해설**

연료탱크의 공기관(Air Vent)은 탱크의 상부나 갑판상에 설치가 되어 있다. 공기관으로 해수가 유입되더라도 연료탱크의 수위 경보가 발생할 수 있으나 기관실의 빌지가 증가하는 현상과는 거리가 있다.

**16** 선박 충돌사고 시 침수량이 많을 때 취해야 할 우선조치로 적절하지 않은 것은?

① 발전기의 병렬 운전
② 배수작업
③ 격벽 보강 및 경사 수정
④ 수밀문 폐쇄

**해설**

침수 시에는 침수의 원인과 침수 구멍의 크기, 깊이, 침수량 등을 파악하여 응급조치하고 모든 방법을 동원해 배수하는 것이 최우선이다. 응급조치에도 불구하고 침수량이 급격히 늘어난다면 수밀문을 폐쇄하고 격벽 보강 및 경사를 수정하여 한 구획만 침수되도록 하여 피해를 최소화해야 한다. 발전기 병렬 운전은 전력소모량이 많을 경우의 조치이며 침수 시 우선 조치사항과는 거리가 멀다.

**17** 독립 빌지관이 설치되는 장소는?

① 기관실

② 타기실

③ 비상발전기실

④ 선미부 선창

해설

독립 빌지관 및 비상 빌지관은 빌지펌프 및 최대 용량의 해수펌프가 있는 기관실에 설치되어 있다.

**18** 이산화탄소($CO_2$)소화제의 특성으로 틀린 것은?

① 공기보다 가볍다.

② 비점이 매우 낮다.

③ 무색, 무취, 무미의 기체이다.

④ C급 화재의 소화에 적합하다.

해설

이산화탄소소화기($CO_2$ 소화기)는 피연소물질에 산소 공급을 차단시키는 질식효과와 열을 빼앗는 냉각효과로 소화하는 것으로 C급 화재(전기 화재)에 효과적이다. 이산화탄소는 공기보다 약 1.5배 무겁기 때문에 가연물 주변을 피복하여 공기와의 접촉을 차단시키는 역할을 한다.

**19** 기관구역의 화재예방을 위한 점검사항으로 적합하지 않은 것은?

① 쓰레기나 기름걸레 등은 일정 장소에 모은다.

② 기름파이프 계통에 누설되는 곳이 있는지를 확인한다.

③ 소화기는 정해진 위치에 잘 보관되어 있는지를 확인한다.

④ 분전반에서 배선차단기의 과전류 차단동작을 매일 시험한다.

해설

배선차단기의 과전류 차단동작시험은 주기적으로 실시하지만 매일 실시하지는 않는다. 과전류 차단동작시험보다는 순찰 시 분전반에서 기동되는 전동기의 베어링의 윤활 상태나 전동기의 발열 상태를 확인하는 것이 좋다.

**20** 다음 중 인화점이 가장 낮은 것은?

① 휘발유

② 경 유

③ 중 유

④ 윤활유

해설

원유를 정제하는 순서대로 인화점이 낮다.

• 원유의 정제 순서 : LPG → 나프타 → 휘발유(가솔린) → 등유 → 경유 → 중유 → 윤활기유 → 피치 → 아스팔트

• 인화점 : 가연성 물질에 불꽃을 가까이 했을 때 불이 붙을 수 있는 최저 온도로 인화점이 낮으면 화재의 위험성이 높은 것이다.

**21** 포말소화기의 사용방법으로 틀린 것은?

① 거꾸로 뒤집어 4~5회 흔들어 방사한다.

② 안전핀을 뽑고 사용한다.

③ 레버를 움켜지면 소화제가 사출된다.

④ A급 화재는 유면을 덮도록 사출하고, B급 화재는 화재 중심부에 사출한다.

해설

포말소화기는 약제의 화합으로 포말을 발생시켜 공기의 공급을 차단시켜 소화한다. 사용되는 약제는 탄산수소나트륨(중조), 카세인, 젤라틴, 사포닌, 소다회 및 황산알루미늄이다. 목재, 섬유 등 일반화재에도 사용되지만, 특히 가솔린과 같은 타기 쉬운 유류나 화학약품의 화재에 적당하며, 전기화재에는 부적당하다. 구조는 손잡이, 자동안전밸브, 거름망, 호스, 노즐, 내통 외통으로 되어 있다. 사용할 때는 먼저 소화기의 손잡이를 잡고 화재현장에서 5~6[m] 정도 거리를 둔 다음(이때 소화기는 바르게 들고 가야 함) 소화기의 노즐을 잡고 거꾸로 뒤집어 4~5회 흔든 후 노즐 구멍을 막고 있던 손을 떼고 불을 향해 가까운 곳부터 비로 쓸듯이 방사한다.

**22** 선원법상 해원의 징계에 대한 설명으로 틀린 것은?

① 상륙금지는 정박 중에 10일 이내로 한다.

② 징계의 종류는 훈계, 상륙금지 및 하선이 있다.

③ 선장은 징계위원회의 의견을 거치지 않고 징계할 수 있다.

④ 선장은 정당한 사유 없이 지정한 시간까지 승선하지 않는 경우 징계할 수 있다.

해설

**선원법 제22조(해원의 징계)**

선장은 해원을 징계할 경우에는 미리 5명(해원수가 10명 이내인 경우에는 3명) 이상의 해원으로 구성되는 징계위원회의 의결을 거쳐야 한다.

**23** '기관실 선저 폐수를 배출할 경우 허용되는 기름의 유분농도는 (    ) 이하이어야 한다.'에서 (    )에 알맞은 내용은?

① $\dfrac{5}{100만}$

② $\dfrac{15}{100만}$

③ $\dfrac{30}{100만}$

④ $\dfrac{60}{100만}$

**해설**

기름오염방지설비 중 하나인 기름여과장치로 선저폐수(빌지)를 선외로 배출할 경우에는 다음과 같은 사항이 동시에 충족될 때 가능하다.
- 기름오염방지설비를 작동하여 배출할 것
- 항해 중에 배출할 것
- 유분의 함량이 15[ppm](백만분의 15) 이하일 때만 배출할 것

**24** 선박에 승무할 사람의 자격을 규정하는 법은?

① 선박안전법

② 선박직원법

③ 해사안전법

④ 해양환경관리법

**해설**

선박직원법 제1조(목적)

이 법은 선박직원으로서 선박에 승무할 사람의 자격을 정함으로써 선박 항행의 안전을 도모함을 목적으로 한다.

**25** 해양사고와 관련하여 제2심의심판을 하는 곳은?

① 대법원

② 중앙해양안전심판원

③ 사고 발생 해역을 관할하는 지방해양안전심판원

④ 선박의 선적항을 관할하는 지방해양안전심판원

**해설**

해양사고의 조사 및 심판에 관한 법률 제58조(제2심의 청구)

조사관 또는 해양사고관련자는 지방심판원의 재결(특별심판부의 재결을 포함한다)에 불복하는 경우에는 중앙심판원에 제2심을 청구할 수 있다.

# MEMO

# 참 / 고 / 문 / 헌

◉ 참고도서

- 열기관, 김동광 외, 인천광역시교육청
- 선박보조기계, 박주성 외, 인천광역시교육청
- 선박전기전자, 소명옥 외, 부산광역시교육청
- 해사법규, 이윤철 외, 부산광역시교육청
- 직무일반, 노범석 외, 부산광역시교육청
- 기관실무, 안택수 외, 부산광역시교육청
- 선박기관운전, 남택근 외, 한국직업능력개발원
- 해사일반, 채양범 외, 부산광역시교육청
- 선박기관, 양현수, 미전사이언스
- 선박기관사 면접시험, 강희준, 해광출판사
- 4급 · 5급 기관사, 해기사시험연구회, 해광출판사
- 최신 3급 기관사, 장세호 · 최교호, 신화전산기획
- 해양경찰기관술, 최일영 · 박량근, 서울고시각
- Win-Q 전기기능사 실기, 박성운, 시대고시기획


◉ 참고사이트

- 법제처(http://www.moleg.go.kr)
- 해양수산부(http://www.mof.go.kr)
- 한국해양수산연수원(http://www.seaman.or.kr)
- 한국선급(http://www.krs.co.kr)
- 국가직무능력표준, NCS(http://www.ncs.go.kr)
- 한국응급처치교육원(http://www.ket.or.kr)

# 좋은 책을 만드는 길
# 독자님과 함께하겠습니다.

도서나 동영상에 궁금한 점, 아쉬운 점, 만족스러운 점이
있으시다면 어떤 의견이라도 말씀해 주세요.
시대고시기획은 독자님의 의견을 모아 더 좋은 책으로 보답하겠습니다.

## www.sidaegosi.com

## Win-Q 기관사 6급 필기

| | |
|---|---|
| 개정2판1쇄 발행 | 2020년 07월 06일 (인쇄 2020년 05월 28일) |
| 초 판 발 행 | 2018년 01월 05일 (인쇄 2017년 11월 17일) |
| 발 행 인 | 박영일 |
| 책 임 편 집 | 이해욱 |
| 편 저 | 조성민 |
| 편 집 진 행 | 윤진영·최 영 |
| 표 지 디 자 인 | 조혜령 |
| 편 집 디 자 인 | 심혜림·박동진 |
| 발 행 처 | (주)시대고시기획 |
| 출 판 등 록 | 제10-1521호 |
| 주 소 | 서울시 마포구 큰우물로 75 [도화동 538 성지 B/D] 9F |
| 전 화 | 1600-3600 |
| 팩 스 | 02-701-8823 |
| 홈 페 이 지 | www.sidaegosi.com |
| I S B N | 979-11-254-7268-1(13550) |
| 정 가 | 24,000원 |

(주)시대고시기획이 만든

기술직 공무원 합격 대비서

# TECH BIBLE

기술직 공무원 화학

별판 | 20,000원

기술직 공무원 생물

별판 | 20,000원

합격을 열어주는 완벽 대비서

## 테크 바이블 시리즈만의 특징

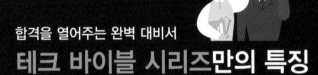

| 01 | 02 | 03 |
|---|---|---|
| 핵심이론 | 필수확인문제 | 최신 기출문제 |
| 한눈에 이해할 수 있도록 체계적으로 정리한 핵심이론 | 철저한 시험유형 파악으로 만든 필수확인문제 | 국가직 · 지방직 등 최신 기출문제와 상세 해설 수록 |

기술직 공무원 물리

별판 | 20,000원

**기술직 공무원 전기이론**
별판 | 21,000원

**기술직 공무원 전기기기**
별판 | 21,000원

**기술직 공무원 기계일반**
별판 | 21,000원

**기술직 공무원 환경공학개론**
별판 | 20,000원

**기술직 공무원 재배학개론**
별판 | 23,000원

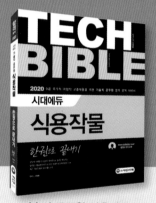

**기술직 공무원 식용작물**
별판 | 24,000원

**기술직 공무원 기계설계**
별판 | 21,000원

**기술직 공무원 임업경영**
별판 | 20,000원

**기술직 공무원 조림**
별판 | 20,000원

※도서의 이미지와 가격은 변경될 수 있습니다.